SISTEMAS DIGITAIS

SOBRE O AUTOR

Frank Vahid é professor de ciência da computação e de engenharia elétrica da University of California, Riverside (UCR). Ele é graduado em engenharia elétrica e ciência da computação; trabalhou e foi consultor da Hewlett Packard, da AMCC, da NEC, da Motorola e de fabricantes de equipamentos médicos; possui três patentes nos Estados Unidos; recebeu diversos prêmios relativos ao ensino; ajudou a montar o programa de engenharia de computação da UCR; é autor de dois livros anteriores e publicou cerca de 120 artigos sobre tópicos de projeto digital (automação, arquitetura e baixo consumo de energia).

M127s	Vahid, Frank
	Sistemas digitais : projeto, otimização e HDLs / Frank Vahid ; tradução Anatólio Laschuk. – Porto Alegre : Artmed, 2008.
	560p. ; 25 cm.
	ISBN 978-85-7780-190-9
	1. Engenharia elétrica. 2. Construção de circuitos elétricos – Circuitos digitais. I. Título.
	CDU 621.3

Catalogação na Publicação Mônica Ballejo Canto – CRB 10/1023.

FRANK VAHID
University of Califórnia, Riverside

Sistemas Digitais
Projeto, Otimização e HDLs

Tradução:
Anatólio Laschuk
Mestre em Ciência da Computação pela UFRGS
Professor aposentado pelo Departamento de Engenharia Elétrica da UFRGS

Reimpressão 2010

2008

Obra originalmente publicada sob o título *Digital Design*
ISBN 978-0-470-04437-7

© Copyright 2007 John Wiley & Sons, Inc. All rights reserved. This translation published under license.

Capa: *Gustavo Demarchi, arte sobre capa original*

Leitura final: *Rachel Garcia Valdez*

Supervisão editorial: *Denise Weber Nowaczyk*

Editoração eletrônica: *Techbooks*

Reservados todos os direitos de publicação, em língua portuguesa, à
ARTMED® EDITORA S. A.
(BOOKMAN® COMPANHIA EDITORA é uma divisão da ARTMED® EDITORA S.A.)
Av. Jerônimo de Ornelas, 670 - Santana
90040-340 Porto Alegre RS
Fone (51) 3027-7000 Fax (51) 3027-7070

É proibida a duplicação ou reprodução deste volume, no todo ou em parte, sob quaisquer formas ou por quaisquer meios (eletrônico, mecânico, gravação, fotocópia, distribuição na Web e outros), sem permissão expressa da Editora.

SÃO PAULO
Av. Embaixador Macedo Soares, 10.735 - Pavilhão 5 - Cond. Espace Center
Vila Anastácio 05095-035 São Paulo SP
Fone (11) 3665-1100 Fax (11) 3667-1333

SAC 0800 703-3444

IMPRESSO NO BRASIL
PRINTED IN BRAZIL
Impresso sob demanda na Meta Brasil a pedido de Grupo A Educação.

À minha família, Amy, Eric, Kelsi e Maya; e aos engenheiros que aplicam suas habilidades para construir coisas que melhoram a condição humana.

Prefácio

AO ESTUDANTE A RESPEITO DO ESTUDO DE PROJETO DIGITAL

Os circuitos digitais, que formam a base dos computadores de propósitos gerais e também de dispositivos especiais, como telefones celulares ou consoles de videogames, estão alterando dramaticamente o mundo. O estudo de projeto digital não lhe dará apenas a confiança que resulta da compreensão de como os circuitos digitais funcionam na sua essência, irá apresentar também uma orientação empolgante e útil para uma possível carreira. Isso se aplica independentemente de sua graduação ser em engenharia elétrica, engenharia de computação ou mesmo ciência da computação (de fato, a necessidade de projetistas digitais com sólida capacitação em ciência da computação continua crescendo). Eu espero que você ache esse assunto tão interessante, empolgante e útil quanto eu o achei.

Ao longo deste livro, tentei introduzir conceitos da forma mais intuitiva e fácil de se aprender e também mostrar como esses conceitos podem ser aplicados a sistemas do mundo real, como marca-passos, máquinas de ultra-som, impressoras, automóveis e telefones celulares. Algumas vezes, estudantes de engenharia, jovens e capazes (incluindo estudantes de ciência da computação), abandonam o seu curso de graduação, alegando que querem um trabalho que seja mais "orientado a pessoas". No entanto, mais do que nunca, necessitamos desses estudantes, já que os empregos para engenheiros estão se tornando cada vez mais voltados a pessoas sob diversas formas. Primeiro, os engenheiros geralmente trabalham em *grupos fortemente integrados*, envolvendo numerosos outros engenheiros (ao invés de ficarem "sentados sozinhos à frente de um computador durante o dia todo", como muitos estudantes acreditam). Segundo, os engenheiros freqüentemente trabalham *diretamente com os clientes* (como empresários, médicos, advogados, funcionários de alto escalão do governo, etc.) e devem portanto ser capazes de fazer contatos com esses clientes que não são engenheiros. Terceiro, e em minha opinião o mais importante, *os engenheiros constroem coisas que têm um grande impacto sobre a vida das pessoas*. São necessários engenheiros, que combinem o seu entusiasmo, criatividade e inovação com sólidas habilidades em engenharia, para conceber e construir novos produtos que melhorem a qualidade de vida das pessoas.

Eu inclui uma seção chamada "Perfil de Projetista" no final da maioria dos capítulos. Os projetistas, cuja experiência pode variar desde apenas um ano até várias décadas e cujas empresas vão desde as pequenas até as gigantescas, irão compartilhar com você as suas experiências, *insights* e conselhos. Você notará que muito seguidamente eles discutem os aspectos pessoais de seus empregos. Você também poderá observar o entusiasmo e a paixão deles pelos seus trabalhos.

AOS PROFESSORES DE PROJETO DIGITAL

Este livro faz uma ruptura em relação ao ponto de vista de projeto digital das décadas de 1970 e 1980, cuja ênfase era o projeto limitado em tamanho; em contrapartida, enfatiza a situação da década de 2000 que envolve o projeto **em nível de transferência entre registradores (RTL)**. Fazendo a distinção nítida entre o tópico do projeto básico e o da otimização, dois tópicos que anteriormente estavam inseparavelmente entrelaçados, o livro permite que uma primeira disciplina de projeto digital atinja e até mesmo dê ênfase ao projeto RTL. Um estudante que for apresentado ao projeto RTL em uma primeira disciplina terá uma visão mais relevante do campo atual de projeto digital, conduzindo não só a uma melhor apreciação dos modernos computadores e outros dispositivos digitais, mas também a um entendimento mais exato das profissões que envolvem o projeto digital. Essa compreensão acurada é crítica para atrair estudantes de computação a carreiras que envolvem alguma coisa de projeto digital e para criar um quadro de engenheiros que estejam à vontade tanto em "software" como em "hardware" e que são necessários ao moderno projeto de sistemas de computação embarcados.

A distinção entre projeto básico e otimização não deve ser interpretada como se se estivesse evitando uma abordagem ascendente, de baixo para cima, ou encobrindo passos importantes – o livro assume uma abordagem ascendente concreta. Começa com transistores e vai construindo gradativamente, passando por portas, flip-flops, registradores, blocos de controle, componentes de bloco operacional, etc. Pelo contrário, essa distinção permite que os estudantes desenvolvam inicialmente um entendimento sólido do projeto básico, antes de examinar o tópico mais avançado da otimização, de modo semelhante ao de um livro de física que, ao introduzir as leis de Newton do movimento, assume superfícies sem atrito e nenhuma resistência com o ar. Além disso, hoje a otimização envolve mais do que a simples minimização de tamanho, requerendo pelo contrário uma compreensão mais ampla de *tradeoffs** entre tamanho, desempenho e consumo, e mesmo de *tradeoffs* envolvendo circuitos digitais customizados e softwares de microprocessador. Novamente, a abrangência dos tópicos é mantida dentro do real e adequada a uma disciplina introdutória de projeto digital.

Entretanto, o livro faz uma distinção entre projeto digital e otimização de modo tal que propicia claramente ao professor um máximo de flexibilidade para introduzir a otimização no momento e com a extensão que ele desejar. Em particular, cada uma das subseções do capítulo de otimização (Capítulo 6) corresponde diretamente a um capítulo anterior. Desse modo, a Seção 6.2 pode vir imediatamente após o Capítulo 2, a Seção 6.3 pode vir após o Capítulo 3, a 6.4 pode vir depois do 4, e a 6.5 pode vir depois do 5.

Diversas características adicionais do livro são:

- *Uso amplo de exemplos de aplicação e figuras.* Depois de descrever um novo conceito e dar exemplos básicos, o livro fornece exemplos que aplicam o conceito a situações familiares para o estudante, como um sistema de alarme para cinto de segurança não apertado, um jogo de xadrez computadorizado, uma impressora a cores ou uma câmera de vídeo digital. Além disso, no final da maioria dos capítulos, há um perfil de produto, cujo propósito é dar aos estudantes uma visão ainda mais ampla da aplicação dos conceitos e introduzir conceitos específicos para aplicações mais engenhosas, que o estudante poderá achar muito interessantes – como as idéias da formação de feixe em uma máquina de ultra-som ou da filtragem em um telefone celular. O livro faz um amplo uso de figuras para ilustrar conceitos, incluindo mais de 600 figuras.

- *Aprendizagem através da descoberta.* O livro enfatiza a compreensão da necessidade de novos conceitos, que não só ajudam os estudantes a apreender e lembrar os conceitos, mas desenvolvem habilidades de raciocínio que podem permitir a aplicação dos conceitos a outros domínios. Por exemplo, ao invés de apenas exibir um somador com antecipação de "vai-um", o livro mostra abordagens intuitivas, mas ineficientes, de se construir um somador mais rápido, para então resolver as deficiências e conduzir ("descobrir") ao projeto com antecipação de "vai-um".

---

* N. de T: Um *tradeoff*, envolvendo diversos critérios, pode ser entendido como uma forma de otimização em que se melhora um dos critérios em detrimento de outros, também de nosso interesse, mas de menor importância.

- *Introdução aos FPGAs.* O livro inclui uma introdução completa aos FPGAs, de baixo para cima, mostrando concretamente aos estudantes como um circuito pode ser convertido em um encadeamento de bits que é usado para programar as tabelas individuais de consulta, matrizes de chaveamento e outros componentes programáveis de um FPGA. Essa introdução concreta desfaz o mistério dos dispositivos FPGAs, os quais estão se tornando cada vez mais comuns.

- *Flexibilidade na cobertura HDL.* A organização do livro permite que os professores cubram de forma clara as HDLs (linguagens de descrição de hardware) em combinação com a introdução dos conceitos de projeto, cobrir as HDLs mais tarde, ou não cobri-las. As subseções do capítulo sobre HDLs (Capítulo 9) correspondem cada uma a um capítulo anterior, de modo que a Seção 9.2 pode seguir imediatamente o Capítulo 2, a 9.3 pode seguir o 3, a 9.4 pode seguir o 4 e a 9.5 pode seguir o 5. Além disso, o livro cobre igualmente as três HDLs – VHDL, Verilog e a relativamente nova SystemC. Usamos também a nossa ampla experiência em síntese, com utilização de ferramentas comerciais, para criar descrições em HDL, as quais são bem adequadas à síntese e também apropriadas para simulações.

- *Livros associados de introdução às HDLs.* Os professores que desejam cobrir as HDLs com amplitude ainda maior podem utilizar um de nossos livros de introdução às HDLs, concebidos especificamente para acompanhar este livro e escritos pelo mesmo autor. Nossos livros de introdução às HDLs seguem a mesma estrutura de capítulos do presente livro e usam exemplos seus. Assim, eliminam a situação corriqueira de estudantes que ficam se esforçando para correlacionar tópicos distintos, e algumas vezes contraditórios, em seus livros de HDL e de projeto digital. Nossos livros discutem com mais profundidade os conceitos de linguagem, simulação e teste, propiciando numerosos exemplos de HDL. Eles também são estruturados para serem usados isoladamente durante a aprendizagem ou como referência de uma HDL. Os livros enfatizam a utilização das linguagens em projetos reais, distinguindo claramente entre o uso para síntese e o uso para teste de uma HDL, incluindo muitos exemplos e figuras para ilustrar os conceitos. Os nossos livros de introdução às HDLs são acompanhados por *slides* em PowerPoint, que usam gráficos e animações, servindo como um tutorial fácil de ser seguido sobre HDL.

- *Slides gráficos animados em PowerPoint e criados pelo autor.** Um rico conjunto de *slides* em PowerPoint está disponível para os professores. Os *slides* foram criados pelo autor deste livro, resultando uma consistência de perspectiva e ênfase entre eles e o livro. Os *slides* foram concebidos para ser uma ferramenta de ensino verdadeiramente efetiva para o professor. A maioria deles é baseada em gráficos (evitando *slides* que consistem apenas em listas de itens textuais). Os *slides* fazem amplo uso de animações, onde forem apropriadas, para se desvendar gradativamente os conceitos ou os circuitos já construídos. Além disso, os *slides* animados podem ser impressos e analisados. A grande maioria de todas as figuras, conceitos e exemplos deste livro está incluída em um conjunto de quase 500 *slides*, do qual os professores podem fazer suas escolhas.

- *Manual completo de soluções.** Os professores podem obter um manual completo (cerca de 200 páginas) contendo as soluções de todos os exercícios de final de capítulo deste livro. Figuras são amplamente utilizadas para ilustrar as soluções do manual.

---

* Professores interessados em acessar esse material de apoio devem acessar a Área do Professor no site www.bookman.com.br.

COMO USAR ESTE LIVRO

Este livro foi concebido para permitir flexibilidade de escolha entre as formas mais comuns de se cobrir o material. Descreveremos a seguir diversas abordagens.

Abordagem focada em RTL

Uma abordagem centrada em RTL é simplesmente a cobertura dos seis primeiros capítulos nesta ordem:

1. Introdução (Capítulo 1)
2. Projeto lógico combinacional (Capítulo 2)
3. Projeto lógico seqüencial (Capítulo 3)
4. Projeto de componentes combinacionais e seqüenciais (Capítulo 4)
5. Projeto RTL (Capítulo 5)
6. Otimizações e *Tradeoffs* (Capítulo 6), com a extensão desejada e
7. Implementação física (Capítulo 7) e/ou Projeto de processadores (Capítulo 8), com a extensão desejada

Pensamos que essa é uma ótima maneira de ordenar o material; os estudantes estarão fazendo projetos RTL interessantes em cerca de sete semanas. As HDLs poderão ser introduzidas no final, se o tempo permitir, poderão ser deixadas para uma segunda disciplina sobre projeto digital (como é feito na University of California, Riverside) ou ainda poderão ser estudadas imediatamente após cada capítulo – as três abordagens parecem ser bem comuns.

Abordagem tradicional com alguma reordenação

Este livro pode ser usado diretamente, seguindo-se uma abordagem tradicional que introduz a otimização juntamente com o projeto básico, com uma ligeira diferença em relação a ela. Essa diferença consiste em uma troca na ordem de apresentação dos componentes combinacionais e de lógica seqüencial, como segue:

1. Introdução (Capítulo 1)
2. Projeto lógico combinacional (Capítulo 2), seguido pela otimização de lógica combinacional (Seção 6.2)
3. Projeto lógico seqüencial (Capítulo 3), seguido pela otimização de lógica seqüencial (Seção 6.3)
4. Projeto de componentes combinacionais e seqüenciais (Capítulo 4), seguido por *tradeoffs* de componentes (Seção 6.4)
5. Projeto RTL (Capítulo 5), com a extensão desejada, seguido de otimizações e *tradeoffs* RTL (Seção 6.5)
6. Implementação física (Capítulo 7) e/ou Projeto de processadores (Capítulo 8), até o ponto desejado

Essa é uma abordagem bem razoável e eficaz, que abarca toda a discussão de um tópico (por exemplo, projeto FSM assim como otimização) antes que se avance para o próximo. Essa reordenação em relação à abordagem tradicional apresenta o projeto seqüencial básico (FSMs e bloco de controle) antes dos componentes combinacionais (por exemplo, somadores, comparadores, etc.). Tal reordenação pode conduzir mais naturalmente ao projeto RTL do que numa abordagem tradicional, adotando-se em seu lugar uma abordagem de abstração crescente, em vez da abordagem tradicional que separa o projeto combinacional do seqüencial. Novamente, as HDLs podem ser introduzidas no final, deixadas para uma outra disciplina ou integradas após cada capítulo. Essa abordagem também poderia ser usada como passo intermediário quando se migra de uma abordagem totalmente tradicional para uma abordagem RTL. A migração pode envolver o adiamento gradual das seções do Capítulo 6 – por exemplo, cobrir os Capítulos 2 e 3 e, em seguida, as Seções 6.2 e 6.3, antes de se passar para o Capítulo 4.

Abordagem tradicional

Este livro também pode ser usado de forma tradicional, como segue:

1. Introdução (Capítulo 1)
2. Projeto lógico combinacional (Capítulo 2), seguido pela otimização de lógica combinacional (Seção 6.2)
3. Projeto de componentes combinacionais (Seções 4.1, 4.3, 4.4, 4.5, 4.7, 4.8 e 4.9), seguido por *tradeoffs* de componentes combinacionais (Seção 6.4 – Somadores)
4. Projeto lógico seqüencial (Capítulo 3), seguido pela otimização de lógica seqüencial (Seção 6.3)
5. Projeto de componentes seqüenciais (Capítulo 4, Seções 4.2, 4.6 e 4.10), seguido por *tradeoffs* de componentes seqüenciais (Seção 6.4 – Multiplicadores)
6. Projeto RTL (Capítulo 5), até o ponto desejado, seguido de otimizações e *tradeoffs* RTL (Seção 6.5) e
7. Implementação física (Capítulo 7) e/ou Projeto de processadores (Capítulo 8), até o ponto desejado

Esta abordagem foi a mais usada nas últimas duas décadas, com o acréscimo de RTL mais no final. Embora a distinção enfatizada entre os projetos combinacional e seqüencial possa não ser mais relevante na era de projeto RTL (em que ambos os tipos de projeto estão misturados), algumas pessoas acreditam que tal distinção torna o caminho de aprendizagem mais fácil, o que pode ser verdadeiro. As HDLs podem ser incluídas no final, deixadas para uma disciplina posterior ou integradas do começo ao fim.

AGRADECIMENTOS

Muitas pessoas e organizações contribuíram para a edição do livro.

- Integrantes do quadro da John Wiley and Sons Publishers apoiaram amplamente o desenvolvimento do livro, incluindo Catherine Schultz, Gladys Soto, Dana Kellogg e Kelly Boyle. Bill Zobrist, que apoiou meu livro anterior "Embedded System Design", motivou-me a escrever o presente livro e deu ótimos conselhos ao longo de seu desenvolvimento.
- Ryan Mannion contribuiu com muitos itens, incluindo apêndices, numerosos exemplos e exercícios, verificação de fatos, ampla revisão do texto, enorme auxílio durante a produção, ajuda com os *slides*, profusão de idéias durante as discussões e muito mais.
- Roman Lysecky desenvolveu numerosos exemplos e exercícios, contribuiu com a maior parte do conteúdo do capítulo sobre HDL e foi co-autor de nossos livros associados sobre HDLs. Roman e Susan Lysecky propiciaram muita ajuda na revisão do texto.
- Numerosos revisores forneceram uma notável realimentação para as diversas versões do livro. Agradecimentos especiais aos que primeiro o adotaram, como Nikil Dutt, Shannon

Tauro, J. David Gillanders, Sheldon Tan, Travis Doom, Roman Lysecky e outros, que deram excelentes realimentações a partir deles mesmos e de seus estudantes.

- A importância do apoio proporcionado à minha pesquisa e à minha carreira de professor pelo National Science Foundation foram muito grandes. Apoio adicional da Semiconductor Research Corporation catalisou colaborações com a indústria que, por sua vez, influenciaram muitas das perspectivas deste livro.

SOBRE A CAPA

A imagem da capa, com quadrados encolhendo-se, mostra graficamente um notável fenômeno da vida real em que o tamanho dos circuitos digitais ("*chips* de computador") tem diminuído à metade a aproximadamente cada dezoito meses, por diversas décadas, sendo freqüentemente referido como lei de Moore. Esse encolhimento possibilitou que incríveis circuitos de computação coubessem em minúsculos dispositivos, como os modernos telefones celulares, os dispositivos médicos e os videogames portáteis. Veja página 51 para uma discussão sobre a lei de Moore.

Revisores e Avaliadores

Rehab Abdel-Kader	Georgia Southern University
Otmane Ait Mohamed	Concordia University
Hussain Al-Asaad	University of California, Davis
Rocio Alba-Flores	University of Minnesota, Duluth
Bassem Alhalabi	Florida Atlantic University
Zekeriya Aliyazicioglu	California Polytechnic State University, Pomona
Vishal Anand	SUNY Brockport
Bevan Baas	University of California, Davis
Noni Bohonak	University of South Carolina, Lancaster
Don Bouldin	University of Tennessee
David Bourner	University of Maryland Baltimore County
Elaheh Bozorgzadeh	University of California, Irvine
Frank Candocia	Florida International University
Ralph Carestia	Oregon Institute of Technology
Rajan M. Chandra	California Polytechnic State University, Pomona
Ghulam Chaudhry	University of Missouri, Kansas City
Michael Chelian	California State University, Long Beach
Russell Clark	Saginaw Valley State University
James Conrad	University of North Carolina, Charlotte
Kevan Croteau	Francis Marion University
Sanjoy Das	Kansas State University
James Davis	University of South Carolina
Edward Doering	Rose-Hulman Institute of Technology
Travis Doom	Wright State University
Jim Duckworth	Worcester Polytechnic Institute
Nikil Dutt	University of California, Irvine
Dennis Fairclough	Utah Valley State College
Paul D. Franzon	North Carolina State University
Subra Ganesan	Oakland University
Zane Gastineau	Harding University
J. David Gillanders	Arkansas State University
Clay Gloster	Howard University
Ardian Greca	Georgia Southern University
Eric Hansen	Dartmouth College
Bruce A. Harvey	FAMU-FSU College of Engineering
John P. Hayes	University of Michigan
Michael Helm	Texas Tech University
William Hoff	Colorado School of Mines
Erh-Wen Hu	William Paterson University of New Jersey
Baback Izadi	SUNY New Paltz

Jeff Jackson	University of Alabama
Anura Jayasumana	Colorado State University
Bruce Johnson	University of Nevada, Reno
Richard Johnston	Lawrence Technological University
Rajiv Kapadia	Minnesota State University, Mankato
Bahadir Karuv	Fairleigh Dickinson University
Robert Klenke	Virginia Commonwealth University
Clint Kohl	Cedarville University
Hermann Krompholz	Texas Tech University
Timothy Kurzweg	Drexel University
Jumoke Ladeji-Osias	Morgan State University
Jeffrey Lillie	Rochester Institute of Technology
David Livingston	Virginia Military Institute
Hong Man	Stevens Institute of Technology
Gihan Mandour	Christopher Newport University
Diana Marculescu	Carnegie Mellon University
Miguel Marin	McGill University
Maryam Moussavi	California State University, Long Beach
Olfa Nasraoui	University of Memphis
Patricia Nava	University of Texas, El Paso
John Nestor	Lafayette College
Rogelio Palomera	Garcia University of Puerto Rico, Mayaguez
James Peckol	University of Washington
Witold Pedrycz	University of Alberta
Andrew Perry	Springfield College
Denis Popel	Baker University
Tariq Qayyum	California Polytechnic State University, Pomona
Gang Qu	University of Maryland
Mihaela Radu	Rose-Hulman Institute of Technology
Suresh Rai	Louisiana State University, Baton Rouge
William Reid	Clemson University
Musoke Sendaula	Temple University
Scott Smith	Boise State University
Gary Spivey	George Fox University
Larry Stephens	University of South Carolina
James Stine	Illinois Institute of Technology
Philip Swain	Purdue University
Shannon Tauro	University of California, Irvine
Carlos Tavora	Gonzaga University
Marc Timmerman	Oregon Institute of Technology
Hariharan Vijayaraghavan	University of Kansas
Bin Wang	Wright State University
M. Chris Wernicki	New York Institute of Technology
Shanchieh Yang	Rochester Institute of Technology
Henry Yeh	California State University, Long Beach
Naeem Zaman	San Jaoquin Delta College

Sumário

▶ CAPÍTULO 1
Introdução 17
1.1 Sistemas digitais no mundo que nos cerca 17
1.2 O mundo dos sistemas digitais 20
1.3 Implementando sistemas digitais: programação de microprocessadores versus projeto de circuitos digitais 33
1.4 Sobre este livro 39
1.5 Exercícios 40

▶ CAPÍTULO 2
Projeto Lógico Combinacional 46
2.1 Introdução 46
2.2 Chaves 46
2.3 O transistor CMOS 51
2.4 Portas lógicas booleanas – blocos construtivos dos circuitos digitais 54
2.5 Álgebra booleana 63
2.6 Representações de funções booleanas 71
2.7 O processo de projeto lógico combinacional 83
2.8 Mais portas 89
2.9 Decodificadores e multiplexadores 93
2.10 Considerações adicionais 99
2.11 Otimizações e tradeoffs em lógica combinacional 102
2.12 Descrição de lógica combinacional usando linguagens de descrição de hardware 102
2.13 Resumo do capítulo 102
2.14 Exercícios 103

▶ CAPÍTULO 3
Projeto Lógico Seqüencial – Blocos de Controle 111
3.1 Introdução 111
3.2 Armazenando um bit – flip-flops 112
3.3 Máquinas de estados finitos (FSMs) e blocos de controle 127
3.4 Projeto de bloco de controle 136
3.5 Mais sobre flip-flops e blocos de controle 146
3.6 Otimizações e tradeoffs em lógica seqüencial 153
3.7 Descrição de lógica seqüencial usando linguagens de descrição de hardware 153
3.8 Perfil de produto – o marca-passo 153
3.9 Resumo do capítulo 156
3.10 Exercícios 156

▶ CAPÍTULO 4
Componentes de Blocos Operacionais 166
4.1 Introdução 166
4.2 Registradores 167
4.3 Somadores 182
4.4 Deslocadores 190
4.5 Comparadores 193
4.6 Contadores 198
4.7 Multiplicadores – estilo array 205
4.8 Subtratores 207
4.9 Unidades lógico-aritméticas – ALUs 218
4.10 Bancos de registradores 221
4.11 Tradeoffs com componentes de bloco operacional 226
4.12 Descrição de componentes de bloco operacional usando linguagens de descrição de hardware 226
4.13 Perfil de produto: uma máquina de ultra-som 226
4.14 Resumo do capítulo 233
4.15 Exercícios 234

▶ CAPÍTULO 5
Projeto em Nível de Transferência entre Registradores (RTL) 242
5.1 Introdução 242
5.2 O método de projeto RTL 243
5.3 Exemplos e questões de projeto RTL 255
5.4 Determinando a freqüência de relógio 269
5.5 Descrição em nível comportamental: passando de C para portas (opcional) 272
5.6 Componentes de memória 276
5.7 Filas (FIFOS) 289
5.8 Hierarquia – um conceito-chave de projeto 293
5.9 Otimizações e tradeoffs em projeto RTL 296

5.10 Descrição de projeto RTL usando linguagens de descrição de hardware 297
5.11 Perfil de produto – telefone celular 297
5.12 Resumo do capítulo 303
5.13 Exercícios 303

▶ **CAPÍTULO 6**
Otimizações e Tradeoffs 312
6.1 Introdução 312
6.2 Otimizações e tradeoffs em lógica combinacional 314
6.3 Otimizações e tradeoffs em lógica seqüencial 335
6.4 Tradeoffs de componentes de bloco operacional 351
6.5 Otimizações e tradeoffs em projeto RTL 363
6.6 Mais sobre otimizações e tradeoffs 372
6.7 Perfil de produto – gravador e tocador digital de vídeo 379
6.8 Resumo do capítulo 388
6.9 Exercícios 388

▶ **CAPÍTULO 7**
Implementação Física 397
7.1 Introdução 397
7.2 Tecnologias de ICs manufaturados 397
7.3 Tecnologia de ICs programáveis – FPGA 406
7.4 Outras tecnologias 419
7.5 Comparações entre tecnologias de ICs 427
7.6 Perfil de produto – display de vídeo gigante 430
7.7 Resumo do capítulo 434
7.8 Exercícios 435

▶ **CAPÍTULO 8**
Processadores Programáveis 439
8.1 Introdução 439
8.2 Arquitetura básica 440
8.3 Um processador programável de três instruções 446
8.4 Um processador programável de seis instruções 452
8.5 Programas exemplos em linguagem assembly e em código de máquina 456
8.6 Outras extensões do processador programável 457

8.7 Resumo do capítulo 459
8.8 Exercícios 460

▶ **CAPÍTULO 9**
Linguagens de Descrição de Hardware 463
9.1 Introdução 463
9.2 Descrição de lógica combinacional usando linguagens de descrição de hardware 465
9.3 Descrição de lógica seqüencial usando linguagens de descrição de hardware 477
9.4 Descrição de componentes de bloco operacional usando linguagens de descrição de hardware 485
9.5 Projeto RTL usando linguagens de descrição de hardware 493
9.6 Resumo do capítulo 510
9.7 Exercícios 510

▶ **APÊNDICE A**
Álgebra Booleana 515
A.1 Álgebra booleana 515
A.2 Álgebra de chaveamento 516
A.3 Teoremas importantes na álgebra booleana 517
A.4 Outros exemplos de álgebras booleanas 522
A.5 Leituras adicionais 523

▶ **APÊNDICE B**
Tópicos Adicionais de Sistemas Binários de Numeração 525
B.1 Introdução 525
B.2 Representação de números reais 525
B.3 Aritmética de ponto fixo 528
B.4 Representação em ponto flutuante 529
B.5 Exercícios 534

▶ **APÊNDICE C** 535
Exemplo Estendido de Projeto RTL 535
C.1 Introdução 535
C.2 Projetando o bloco de controle da máquina de fornecer refrigerantes 536
C.3 Compreendendo o comportamento dos blocos de controle e operacional da máquina de fornecer refrigerantes 539

▶ **ÍNDICE 545**

CAPÍTULO 1

Introdução

1.1 SISTEMAS DIGITAIS NO MUNDO QUE NOS CERCA

Conheça Arianna. Arianna é uma menina de cinco anos que vive na Califórnia. É uma criança querida e extrovertida que gosta de ler, jogar futebol, dançar e contar piadas inventadas por ela mesma.

Um dia, a família de Arianna estava voltando de carro de uma partida de futebol. Ela estava falando empolgadamente sobre o jogo, quando de repente a *van* em que se encontrava foi atingida por um carro que entrou na contramão. Embora o acidente não tenha sido particularmente violento, o impacto fez com que um objeto solto na traseira da *van* fosse projetado para a frente atingindo Arianna na parte posterior da cabeça. Ela ficou inconsciente.

Arianna foi levada às pressas a um hospital. Imediatamente, os médicos repararam que a sua respiração estava muito fraca – uma situação comum após uma batida forte na cabeça – de modo que eles a colocaram em uma máquina de ventilação pulmonar assistida, um aparelho médico usado para auxiliar a respiração. Ela teve um traumatismo cerebral devido ao impacto na cabeça e permaneceu inconsciente por diversas semanas. Todos os seus sinais vitais eram estáveis, exceto que ela continuava precisando do ventilador pulmonar para respirar. Algumas vezes, os pacientes nessa situação recuperam-se, outras vezes não. Podem ser necessários muitos meses para total recuperação.

Graças aos modernos ventiladores pulmonares portáteis, os pais de Arianna puderam levá-la para se recuperar em casa. Além do monitoramento remoto dos sinais vitais e as visitas diárias de uma enfermeira e de uma fisioterapeuta da respiração, Ariana esteve cercada por

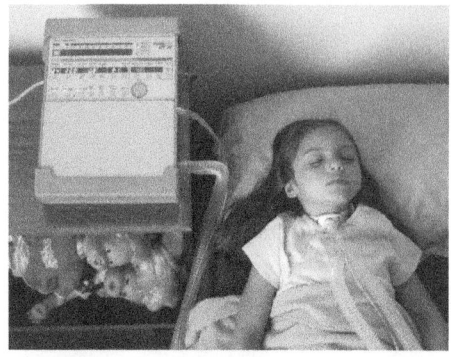

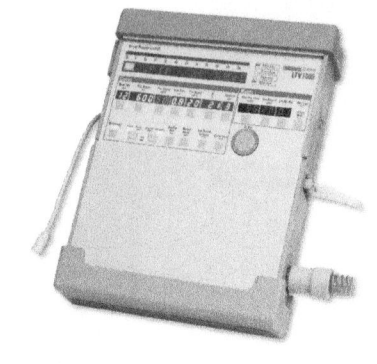

seus pais, irmão, irmã, primos, outras famílias e amigos. Durante a maior parte do dia, alguém estava segurando a sua mão, cantando para ela, sussurrando em seu ouvido e encorajando-a a recuperar-se. A sua irmã dormia próximo dela. Alguns estudos mostram que essas interações pessoais aumentam as chances de recuperação.

E recuperar-se, ela conseguiu. Um dia, muitos meses depois e com a mamãe sentada a seu lado, Arianna abriu os olhos. Ela foi levada de volta ao hospital e, depois de algum tempo, o aparelho de ventilação pulmonar foi retirado. Então, após um longo período de recuperação e reabilitação, Arianna finalmente voltou para casa. Hoje, com seis anos, ela mostra poucos sinais do acidente que quase custou-lhe a vida.

O que essa história tem a ver com projeto digital? A recuperação de Arianna foi auxiliada por um dispositivo portátil de ventilação pulmonar, o qual por sua vez foi tornado possível graças aos circuitos digitais. Durante as três últimas décadas, a quantidade de circuitos digitais que pode ser colocada em uma única pastilha de circuito integrado de computador aumentou espantosamente – aproximadamente 100.000 vezes, acredite se quiser. Desse modo, os ventiladores pulmonares, como praticamente qualquer outro dispositivo que funciona com eletricidade, podem tirar vantagem dos circuitos digitais, potentes e rápidos, e ainda ser de baixo custo. No caso de Arianna, o ventilador era o Pulmonetics LTV 1000. Um ventilador do início da década de 1990 poderia ter o tamanho de uma máquina de fazer cópias de grande porte e custar possivelmente US$ 100.000, o LTV 1000 não é maior nem mais pesado do que este livro e custa apenas uns poucos milhares de dólares – suficientemente pequeno e barato para ser transportado em helicópteros e ambulâncias de resgate médico, em situações de salvamento de vidas, e inclusive ser enviado para casa juntamente com o paciente. Os circuitos digitais internos monitoram continuamente a respiração do paciente e fornecem exatamente as quantidades de pressão e volume de ar necessárias. *Cada ciclo de respiração* que o aparelho fornece requer *milhões* de cálculos que são realizados pelos circuitos digitais internos.

Os ventiladores portáteis ajudam não só as vítimas de traumatismos, mas auxiliam pacientes com doenças debilitantes, como esclerose múltipla, a conseguir se movimentar. Agora, essas pessoas podem se deslocar de um lado para outro em uma cadeira de rodas e, desse modo, fazer coisas como freqüentar a escola, visitar museus e participar de piqueniques com a família, ex-

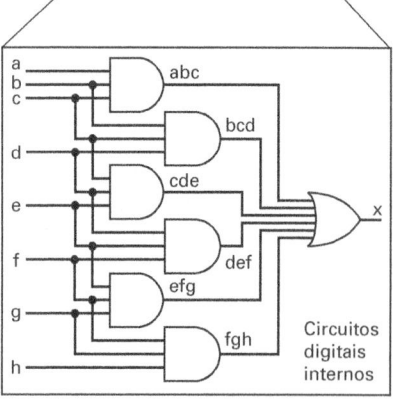

Ventilador portátil

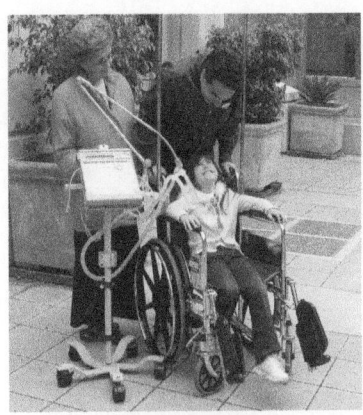

Foto cortesia da Pulmonetics

Foto cortesia da Pulmonetics

perimentando uma qualidade de vida muito superior à que era possível até há apenas uma década, quando essas pessoas tinham de permanecer confinadas a uma cama e conectadas a um ventilador pulmonar pesado, de grande porte e de custo elevado. Por exemplo, a jovem da foto ao lado provavelmente precisará de um ventilador para o resto de sua vida – mas ela será capaz de se movimentar muito livremente para todos os lados em sua cadeira de rodas, ao invés de ficar confinada a seu lar durante a maior parte do tempo.

O ventilador LTV 1000 descrito anteriormente foi concebido e projetado por um pequeno grupo de pessoas, fotografado ao lado, o qual procurou construir um ventilador portátil e confiável para ajudar pessoas como Arianna e outros milhares como ela (além de conseguir um bom dinheiro fazendo isso!). Esses projetistas começaram provavelmente como você, lendo livros e assistindo a disciplinas de projeto digital, programação, eletrônica e/ou outros temas.

O ventilador pulmonar é apenas um de literalmente *milhares* de dispositivos úteis que surgiram e continuam a ser criados graças à era dos circuitos digitais. Se você parar e pensar sobre a quantidade de dispositivos a seu redor dos quais você depende, ou que são possíveis graças aos circuitos digitais, você ficará surpreso. Alguns poucos desses dispositivos são:

Freios antibloqueio, *airbags*, câmaras com autofoco, máquinas de autoatendimento, controladores e navegadores digitais de aeronaves, *camcorders*, caixas registradoras, telefones celulares, redes de computadores, leitoras de cartão de crédito, *cruise controllers**, defibriladores, câmeras digitais, aparelhos tocadores de DVD, leitores de cartão, jogos eletrônicos, pianos eletrônicos, máquinas de fax, identificadores de impressões digitais, próteses auditivas, sistemas de segurança doméstica, modens, marca-passos, *pagers*, computadores pessoais, assistentes digitais pessoais, fotocopiadoras, tocadores portáteis de música, braços robóticos, escaneadoras, televisores, controladores de termostato, receptores de TV a cabo, ventiladores, consoles de videogames – a lista continua.

Um indicador da velocidade com que novas invenções são desenvolvidas é o número de concessões de novas patentes – 170.000 por ano apenas nos Estados Unidos!

Esses aparelhos foram criados por dezenas de milhares de projetistas, incluindo cientistas de computação, engenheiros de computação, engenheiros eletricistas, engenheiros mecânicos e outros, trabalhando em conjunto com cientistas, médicos, empresários, professores, etc. Algo que parece claro é que novos dispositivos continuarão a ser inventados no futuro previsível – dispositivos que dentro de uma década serão centenas de vezes menores, mais baratos e mais poderosos que os atuais, permitindo novas aplicações que nem sonhamos hoje. Estamos vendo novas e espantosas aplicações que parecem futurísticas, embora já existindo atualmente, como minúsculos dispositivos para injeção de medicamentos que são controlados por circuitos digitais implantados sob a pele, controladores guiados a laser para itinerário de automóveis, e mais. O que não está claro é quais aplicações novas e empolgantes serão desenvolvidas no futuro, ou quem serão os beneficiados por elas. Os futuros projetistas, como você possivelmente, determinarão isso.

---

* N. de T: Sistema que exerce o papel de um piloto, controlando a velocidade e a aceleração de um veículo ao longo de um trajeto. Aparece traduzido como "sistema de CC"de um veículo.

1.2 O MUNDO DOS SISTEMAS DIGITAIS

Digital versus analógico

Um sinal *digital* é aquele que pode assumir um de um conjunto finito de valores possíveis, a qualquer instante, sendo também conhecido como sinal discreto. Em comparação, um sinal *analógico* pode ter um valor de um conjunto infinito de valores possíveis, sendo também conhecido como sinal contínuo. Um sinal é apenas um fenômeno físico que tem um único valor em cada instante de tempo. Um exemplo cotidiano de um sinal analógico é a temperatura externa, porque a temperatura física é um valor contínuo – a temperatura pode ser 33,53148144... graus. Um exemplo cotidiano de um sinal digital é o número de dedos que você mostra, porque o valor deve ser 0, 1, 2, 3, 4, 5, 6, 7, 8, 9 ou 10 – um conjunto finito de valores. De fato, o termo "digital" deriva da palavra latina para "dígito" (digitus), cujo significado é dedo.

Nos sistemas de computação, os sinais digitais mais comuns são aqueles que podem assumir um entre apenas dois valores, como ligado ou desligado (representado freqüentemente como 1 ou 0). Essa representação com dois valores é conhecida como representação *binária*. Um *sistema digital* é aquele que recebe entradas digitais e gera saídas digitais. Um *circuito digital* é uma conexão de componentes digitais que juntos constituem um sistema digital. Neste livro, o termo digital irá se referir a sistemas com sinais de valor binário. Um sinal binário simples é conhecido como dígito binário ou *bit*, abreviadamente (da expressão *b*inary dig*it*, em inglês). A eletrônica digital tornou-se extremamente popular em meados do século passado após a invenção do transistor, uma chave elétrica que pode ser ligada ou desligada usando um outro sinal elétrico. Iremos descrever os transistores com mais detalhes no próximo capítulo.

Um computador de propósitos gerais

Os circuitos digitais são a base dos computadores
No mundo que nos cerca, a aplicação mais conhecida dos circuitos digitais está provavelmente na construção de microprocessadores, os quais funcionam como cérebro nos computadores de propósitos gerais, como o computador pessoal ou o *laptop* que você talvez tenha em casa. Os computadores de propósitos gerais são também usados como servidores, operando e permitindo a implementação de *banking**, reserva de passagens aéreas, pesquisa na web, folhas de pagamento e outros sistemas similares a esses. Esses computadores recebem dados digitais de entrada, como letras e números recebidos de arquivos ou teclados e produzem novos dados digitais de saída, como novas letras e números armazenados em arquivos ou exibidos em um monitor. Portanto, aprender projeto digital é útil para compreender como os computadores funcionam dentro do gabinete e, por essa razão, tem sido um pré-requisito em muitos cursos de graduação em engenharia elétrica e em engenharia de computação por décadas. Com base no material dos próximos capítulos, iremos projetar um computador simples no Capítulo 8.

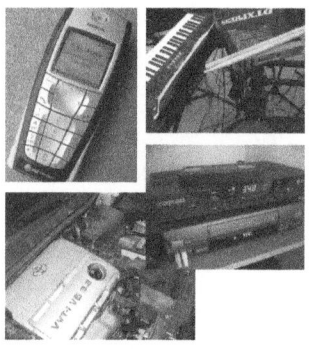
Sistemas embarcados

Os circuitos digitais são a base para muito mais
Progressivamente, os circuitos digitais estão sendo usados para muito mais coisas do que a implementação de computadores de propósitos gerais. Cada vez mais, novas aplicações convertem sinais analógicos em digitais e submetem esses sinais a circuitos digitais construídos

---
* N. de T: Termo de uso comum em inglês, significando as atividades relativas a um banco.

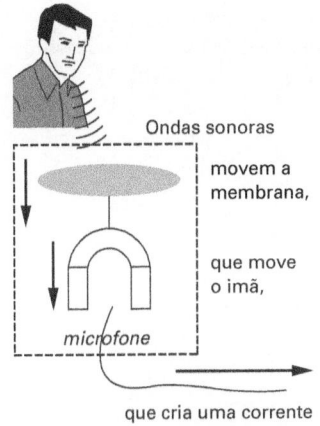

Ondas sonoras movem a membrana, que move o ímã, que cria uma corrente no fio próximo.

microfone

especialmente para se conseguir numerosos benefícios. Entre essas aplicações, encontram-se telefones celulares, câmeras digitais e *camcorders*, consoles de videogames e assim por diante. Os circuitos digitais encontrados nas diferentes aplicações dos computadores de propósitos gerais são chamados freqüentemente de *sistemas embarcados*, porque esses sistemas estão colocados dentro de um outro dispositivo eletrônico.

O mundo em sua maior parte é analógico e, portanto, muitas aplicações foram implementadas anteriormente com circuitos analógicos. No entanto, muitas aplicações já mudaram ou estão mudando para implementações digitais. Para compreender a razão, poderíamos primeiro constatar que, embora o mundo seja analógico em sua maior parte, as pessoas freqüentemente obtêm vantagens quando os sinais analógicos são convertidos para digitais antes que essa informação seja "processada". Por exemplo, uma buzina de carro é na realidade um sinal analógico – o volume pode assumir um número infinito de valores possíveis e variar ao longo do tempo devido a variações na carga, temperatura, etc. da bateria. No entanto, nós humanos desprezamos essas variações e "digitalizamos" o som que ouvimos usando dois valores: a buzina está "desligada" ou está "ligada".

A conversão de um fenômeno analógico em digital, para ser usado por circuitos digitais, pode trazer muitas vantagens. Vamos ilustrar esse ponto analisando com algum detalhe um exemplo, a gravação de áudio. O som é claramente um sinal analógico, com um número infinito de freqüências e volumes possíveis. Considere a gravação de um sinal de áudio, como a música, usando um microfone de modo que a música possa ser posteriormente reproduzida nos alto-falantes de um aparelho de som. Um tipo de microfone, o dinâmico, trabalha baseado em um dos princípios do eletromagnetismo – o deslocamento de um ímã próximo de um fio causa uma corrente variável (e conseqüentemente uma tensão) no fio. Quanto mais o ímã deslocar-se, mais elevada será a tensão no fio. Dessa maneira, um microfone tem uma pequena membrana acoplada a um ímã próximo de um fio – quando o som atinge a membrana, o ímã move-se fazendo aparecer uma corrente no fio. De modo semelhante, um alto-falante funciona baseado no mesmo princípio, mas operando ao contrário – uma corrente variável em um fio causa um movimento em um ímã que esteja nas proximidades, o qual, se acoplado a uma membrana, irá produzir um som. (Se você tiver a oportunidade, desmonte um alto-falante antigo – você encontrará um ímã muito forte em seu interior.) Se o microfone for ligado diretamente ao alto-falante (por meio de um amplificador que aumenta a intensidade da corrente de saída do microfone), então nenhuma digitalização será necessária. No entanto, o que acontecerá se quisermos armazenar o som em algum tipo de mídia de modo que possamos gravar uma canção agora e reproduzi-la mais tarde? Podemos gravar o som usando métodos analógicos ou digitais, mas estes últimos têm muitas vantagens.

Uma das vantagens dos métodos digitais é a ausência da deterioração da qualidade com o tempo. Quando eu estava crescendo, a fita cassete de áudio, um método analógico, era o meio mais comum de se gravar canções. A fita de áudio contém quantidades enormes de partículas magnéticas que podem ser movimentadas por um ímã até certas orientações em particular, as quais podem ser mantidas mesmo depois que o ímã tenha sido removido. Desse modo, usando o magnetismo, pudemos alterar a superfície da fita, umas partes para cima, algumas mais para cima, outras para baixo, etc. Isso é semelhante a quando, usando gel para cabelo, você cria pontas em seu cabelo, algumas para cima, algumas para o lado e outras para baixo. As orientações possíveis das partículas da fita, e de seu cabelo, são infinitas, de modo que a fita é definitivamente analógica. Para gravar, passamos a fita por debaixo de uma "cabeça", a qual gera um campo magnético a partir da corrente que circula no fio, vinda de um microfone. Desse modo, as partículas da fita são movidas até assumir certas orientações. Para reproduzir uma canção gravada, passaríamos novamente a fita sob a cabeça, mas desta vez a cabeça opera ao contrário, gerando uma corrente em um fio com base no campo magnético variável da fita. Em seguida, essa corrente é amplificada e enviada aos alto-falantes.

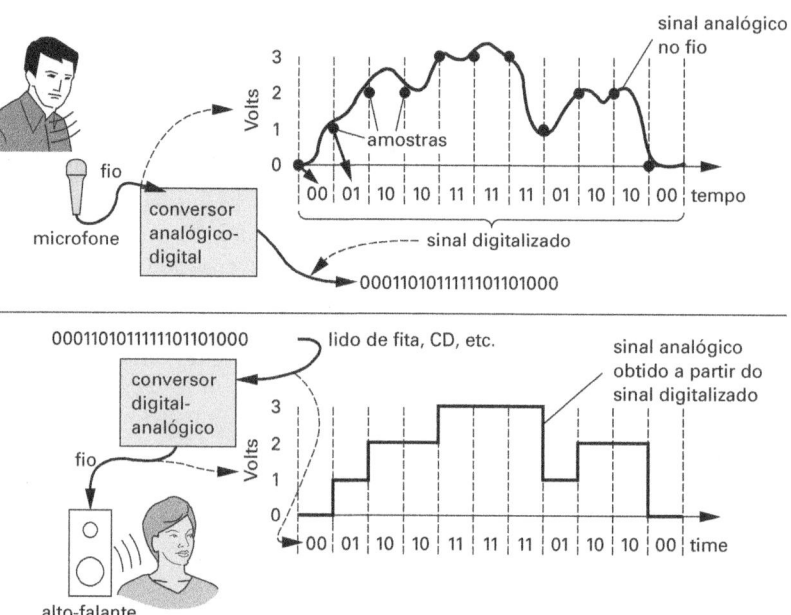

Figura 1.1 Conversão de um sinal analógico em digital (em cima) e vice-versa (embaixo). Observe uma certa perda de qualidade no sinal reproduzido.

Um problema da fita de áudio é que as orientações das partículas presentes na superfície da fita sofrem alterações com o tempo – exatamente como um penteado com pontas pela manhã acaba se alisando durante o dia. Assim, a qualidade da fita de áudio deteriora-se com o tempo. Essa deterioração é um problema em muitos sistemas analógicos.

A digitalização de áudio pode reduzir essa deterioração. O áudio digitalizado funciona como está mostrado na Fig. 1.1. A figura mostra um sinal analógico em um fio durante um intervalo de tempo. Nós *amostramos* esse sinal em instantes particulares de tempo, mostrados pelas linhas tracejadas. Supondo que o valor do sinal pode variar dentro do intervalo de 0 a 3 volts e que planejamos armazenar cada amostra de sinal analógico usando dois bits, então devemos arredondar cada amostra para o valor em volts mais próximo (0, 1, 2 ou 3), mostrados como pontos na figura. Podemos armazenar 0 volts como os dois bits 00, 1 volt como os dois bits 01, 2 volts como os dois bits 10 e 3 volts como os dois bits 11. Desse modo, iremos converter o sinal analógico mostrado no seguinte sinal digital: 0001101011111101101000.

Para gravar esse sinal digital, precisamos apenas armazenar 0s e 1s na mídia de gravação. Poderíamos usar fita comum de áudio, usando um breve bipe para representar um 1 e a ausência dele para representar um 0, por exemplo. Mesmo que o sinal de áudio na fita venha a se deteriorar com o tempo, com certeza ainda poderemos distinguir entre um bipe e sua ausência, do mesmo modo que conseguimos distinguir entre uma buzina de carro que está acionada ou não. Um bipe ligeiramente mais fraco ainda é um bipe. Provavelmente, você já ouviu dados digitalizados sendo transmitidos de modo semelhante a esses bipes, quando você tirou do gancho um telefone que estava sendo utilizado por um modem de computador ou uma máquina de fax. Melhor ainda do que fita de áudio, podemos gravar o sinal digital usando uma mídia projetada especificamente para armazenar 0s e 1s. Por exemplo, a superfície de um CD (*compact disk*) pode ser configurada para refletir intensa ou fracamente um feixe de raio laser até um sensor, armazenando assim facilmente 1s e 0s. De modo similar, os discos rígidos de computador usam a orientação das partículas magnéticas para armazenar 0s e 1s, tornando esses discos similares a fitas de áudio, mas permitindo um acesso mais rápido a partes aleatórias do disco, já que a cabeça pode se mover lateralmente sobre o disco que está girando.

Para reproduzir esse sinal de áudio digitalizado, podemos simplesmente converter o valor digital de cada intervalo de amostragem em um sinal analógico, como se mostra na parte inferior da Fig. 1.1. Observe que o sinal reproduzido não é uma réplica exata do sinal analógico original. No entanto, quanto mais rapidamente amostrarmos o sinal analógico e quanto mais bits usarmos para cada amostra, melhor será a aproximação entre o sinal analógico, reproduzido e obtido a partir do sinal digitalizado, e o sinal analógico original – em algum ponto, as pessoas não conseguem mais notar a diferença entre um sinal de áudio puro e outro que foi digitalizado e então convertido de volta à forma analógica.

Uma outra vantagem do áudio digitalizado é a compressão. Suponha que iremos armazenar cada amostra usando dez bits, ao invés de dois como antes, para conseguir uma qualidade muito superior devido a arredondamentos menores. No entanto, isso significa uma quantidade muito maior de bits para o mesmo áudio – o sinal na Fig. 1.1 tem onze amostras e, a dez bits por amostra, isso produzirá cento e dez bits para armazenar o áudio. Se fizermos a amostragem a uma taxa de centenas ou milhares de vezes por segundo, acabaremos com quantidades enormes de bits. Suponha, no entanto, que uma gravação de áudio em particular apresente muitas amostras contendo os valores 0000000000 e 1111111111. Poderíamos comprimir o arquivo digital usando a seguinte codificação: se o primeiro bit de uma amostra for 0, então, quando o próximo bit for 0, isso significará que a amostra deverá ser expandida para 0000000000 e, quando o próximo bit for 1, significará que a amostra será 1111111111. Desse modo, 00 é a forma abreviada de 0000000000 e 01 é a de 1111111111. Se o primeiro bit de uma amostra for 1, então os próximos dez bits representam a amostra como ela é realmente. Desse modo o sinal digitalizado "0000000000 0000000000 0000001111 1111111111" seria comprimido como "00 00 10000001111 01." O receptor, que deve conhecer o esquema de compressão, irá fazer a descompressão do sinal produzindo o sinal digitalizado original. Há muitos outros truques que podem ser usados para comprimir áudio digitalizado. Provavelmente, o esquema de compressão de áudio mais amplamente conhecido é o *MP3*, que é popular por comprimir canções digitalizadas. Uma canção típica pode requerer muitas dezenas de megabytes não comprimidos, mas depois de comprimida requer usualmente cerca de 3 ou 4 megabytes. Um CD de áudio pode armazenar cerca de 20 canções não comprimidas, mas cerca de 200 quando comprimidas. Graças à compressão (combinada com discos de capacidade mais elevada), os tocadores portáteis de música podem armazenar milhares de canções – uma capacidade não sonhada pela maioria das pessoas na década de 1990.

O áudio digitalizado é usado largamente não só na gravação de música, mas também nas comunicações envolvendo a voz. Por exemplo, os telefones celulares digitais digitalizam a sua voz e então comprimem o sinal digital antes de transmiti-lo. Isso permite que um número bem maior de celulares opere em uma certa região do que seria possível usando telefones celulares analógicos.

Tocadores portáteis de música	Satélites		Tocadores de DVD		Gravadores de vídeo		Instrumentos musicais
	Telefones celulares			Câmeras		TVs	???
1995	1997	1999	2001	2003	2005	2007	

Figura 1.2 Mais e mais produtos analógicos estão se tornando basicamente digitais.

Fotografias e vídeos podem ser digitalizados de modo similar ao descrito para áudio. As câmeras digitais, por exemplo, armazenam as fotos de forma digital altamente comprimida e os gravadores de vídeo digital também armazenam digitalmente os vídeos em fitas ou discos.

Áudio, fotos e vídeos digitalizados são apenas algumas poucas das centenas de aplicações novas e futuras que se beneficiam da digitalização de fenômenos analógicos. Como se mostra na Fig. 1.2, durante a última década, numerosos produtos analógicos, que anteriormente baseavam-se em tecnologia analógica, foram convertidos basicamente para a tecnologia digital. Tocadores de música portáteis, por exemplo, passaram de fitas cassetes para CDs nos meados da década de 1990 e recentemente para MP3s e outros formatos digitais. Os primeiros telefones celulares usavam comunicação analógica, mas no final da década de 1990 a comunicação digital, de idéia semelhante à mostrada na Fig. 1.1, tornou-se dominante. No início dos anos 2000, os tocadores de fita VHS analógicos abriram espaço para os tocadores de DVD digitais. Os gravadores de vídeo começaram a digitalizar os vídeos antes de armazená-los em fita, ao passo que as câmeras eliminaram completamente o filme e em seu lugar armazenam as fotos em cartões digitais. Os instrumentos musicais estão progressivamente se tornando digitais. Baterias e teclados estão se tornando mais populares e surgiram recentemente as guitarras elétricas com processamento digital. A TV analógica está dando passagem à digital. Centenas de outros dispositivos foram convertidos de analógico em digital nas últimas décadas, como relógios de parede e de pulso, termostatos domésticos, termômetros clínicos (que agora funcionam na orelha e não sob a língua ou outros lugares), controladores para motores de automóveis, bombas de gasolina, próteses auditivas e assim por diante.

Muitos dispositivos nunca foram analógicos, já foram introduzidos em forma digital desde o início. Por exemplo, desde o seu começo os videogames foram digitais.

A digitalização requer que codifiquemos coisas usando 1s e 0s. Computações que usam circuitos digitais requerem que representemos os números usando 1s e 0s. Apresentaremos agora esses aspectos dos circuitos digitais.

▶ O TELEFONE

O telefone, patenteado por Alexander Graham Bell no final dos anos 1800 (apesar de ter sido inventado por Antonio Meucci), opera usando o princípio eletromagnético descrito antes – a sua fala cria ondas sonoras que movem uma membrana, a qual move um ímã que cria uma corrente em um fio próximo. Estenda esse fio até uma certa distância, coloque próximo desse fio um ímã acoplado a uma membrana e então essa membrana irá se mover, produzindo ondas sonoras semelhantes às suas quando você está falando. Atualmente, a maior parte dos sistemas telefônicos digitaliza o áudio para melhorar a qualidade e a quantidade de áudio transmitido a longas distâncias. Dois fatos interessantes sobre o telefone:

- Acredite ou não, a Western Union realmente rejeitou a proposta inicial de Bell para desenvolver o telefone, talvez pensando que o então popular telégrafo era tudo que as pessoas precisavam.

- Bell e seu assistente Watson discordaram sobre como responder a uma chamada telefônica.

Watson queria "Hello", que venceu, mas Bell queria "Hoy hoy" no seu lugar. (Os fãs do seriado "Os Simpsons" podem ter observado que o chefe de Homer, o sr. Burns, atende o telefone com um "hoy hoy.")

Um telefone de estilo antigo.

(Fonte de parte do material anterior: www.pbs.org, transcrição de "The Telephone").

Introdução ◀ 25

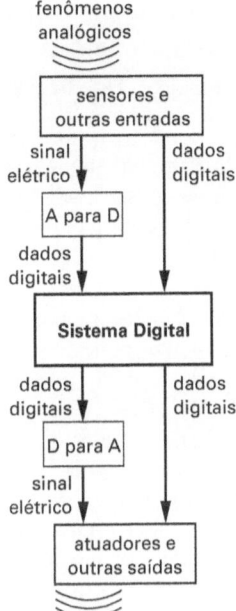

Figura 1.3 Um sistema digital típico.

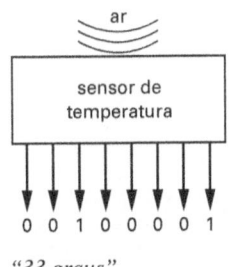

"33 graus"

Codificações digitais e números binários

A seção anterior mostrou um exemplo de um sistema digital, o qual envolveu a digitalização de um sinal de áudio em bits, que então poderíamos processar por meio de um circuito digital para obter diversos benefícios. Esses bits *codificaram* os dados de interesse. A codificação de dados em bits é uma tarefa central nos sistemas digitais. Alguns dos dados que desejamos processar já podem estar na forma digital, ao passo que outros podem estar em forma analógica (como, por exemplo, áudio, vídeo e temperatura) e, portanto, necessitam primeiro da conversão para digital, como está ilustrado na parte de cima da Fig. 1.3. Um sistema digital recebe dados digitais como entrada e produz dados digitais de saída.

Codificando fenômenos analógicos

Qualquer fenômeno analógico pode ser digitalizado. Conseqüentemente, um número sem fim de aplicações que digitalizam fenômenos analógicos foram e continuam sendo desenvolvidas. Automóveis digitalizam informações sobre a temperatura do motor, a velocidade do carro, o nível de combustível, etc. de modo que um computador montado em um único circuito integrado pode monitorar e controlar o veículo. O ventilador pulmonar que introduzimos antes digitaliza a medida do fluxo de ar que é aspirado pelo paciente. Desse modo, um computador pode fazer os cálculos para determinar o fluxo adicional que deve ser fornecido, e assim por diante. A digitalização de fenômenos analógicos requer:

- Um *sensor* que mede o fenômeno físico analógico e converte o valor medido em um sinal elétrico. Um exemplo é o microfone (que mede o som) da Fig. 1.1. Outros exemplos comuns incluem os dispositivos de captura de vídeo (que medem a luz), termômetros (que medem a temperatura) e velocímetros (que medem a velocidade).

- Um *conversor analógico-digital* que converte o sinal elétrico em códigos binários. O conversor deve amostrar (medir) o sinal elétrico a uma taxa regular e converter cada amostra em um valor de bits. Esse conversor foi caracterizado na Fig. 1.1 e é mostrado como o componente *A-D* na Fig. 1.3.

De modo similar, um *conversor digital-analógico* (mostrado como *D-A* na Fig. 1.3) converte bits de volta à forma de sinal elétrico e um *atuador* converte esse sinal elétrico de volta à forma de fenômeno físico. Sensores e atuadores juntos são tipos de dispositivos conhecidos como *transdutores* – dispositivos que convertem uma forma de energia em uma outra.

Em muitos exemplos deste livro, iremos utilizar sensores ideais que sozinhos produzem dados de saída digitalizados. Por exemplo, poderíamos utilizar um sensor de temperatura que lê a temperatura atual produzindo uma saída de 8 bits em uma forma de codificação que representa a temperatura como um número binário (veja as próximas seções em relação às codificações de números binários).

Codificando fenômenos digitais

Outros fenômenos são inerentemente digitais. Tais fenômenos podem assumir apenas um valor de um conjunto finito de valores.

Alguns fenômenos digitais podem assumir apenas um de dois valores possíveis e, dessa forma, podem ser codificados diretamente como um único bit. Por exemplo, os seguintes tipos de sensores podem produzir um sinal elétrico de saída que assume um de dois valores:

- Sensor de movimento: produz uma saída de tensão positiva (digamos + 3 V) quando um movimento é detectado e 0 V, em caso contrário.

- Sensor luminoso: produz uma saída de tensão positiva quando a luz é detectada e 0 V, em caso contrário.
- Botão (sensor): produz uma tensão positiva quando o botão é pressionado e 0 V, em caso contrário.

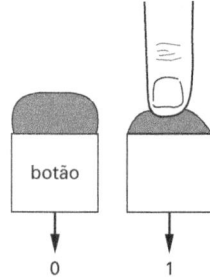

Podemos codificar diretamente a saída de cada sensor com um bit, sendo que 1 representa a tensão positiva e 0 representa 0 V. Nos exemplos deste livro, iremos utilizar sensores ideais que geram diretamente o valor de bit codificado.

Outros fenômenos digitais podem assumir diversos valores possíveis. Por exemplo, um teclado pode ter quatro botões de cores vermelho, azul, verde e preto. Um projetista poderia criar um circuito tal que quando o botão vermelho fosse pressionado, uma saída de três bits teria o valor 001; o azul poderia produzir 010, o verde 011 e o preto 100. Se nenhum botão for pressionado, a saída poderia ser 000. A Fig. 1.4 ilustra esse teclado.

Um fenômeno digital mais genérico é o alfabeto inglês. Cada caracter deriva de um conjunto finito de caracteres, de modo que, ao pressionarmos um botão de um teclado, resultam dados digitais, não analógicos. Podemos converter os dados digitais para bits atribuindo uma codificação de bits para cada caracter. Uma forma popular de codificação dos caracteres ingleses é conhecida como ASCII (American Standard Code for Information Interchange*), que codifica cada caracter com sete bits. Por exemplo, o código ASCII para a letra maiúscula 'A' é "1000001" e para 'B' é "1000010". A letra minúscula 'a' é "1100001," e 'b' é "1100010". Assim, o nome "ABBA" seria codificado como "1000001 1000010 1000010 1000001". O ASCII define códigos de 7 letras para todas as 26 letras inglesas (maiúsculas e minúsculas), os símbolos numéricos de 0 a 9, os sinais de pontuação e também uma série de códigos não imprimíveis, usados em operações de "controle". No total, há 128 codificações em ASCII. Um subconjunto do código ASCII está mostrado na Fig. 1.5. Um outro código, o Unicode, usa 16 bits por caracter, ao invés de apenas os 7 bits usados em ASCII, e representa caracteres de diversas línguas do mundo.

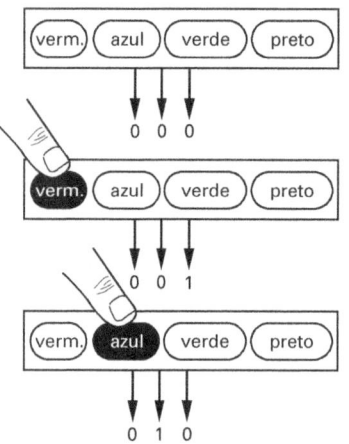

Figura 1.4 Codificação em um teclado.

Símbolo	Codificação	Símbolo	Codificação
R	1010010	r	1110010
S	1010011	s	1110011
T	1010100	t	1110100
L	1001100	l	1101100
N	1001110	n	1101110
E	1000101	e	1100101
0	0110000	9	0111001
.	0101110	!	0100001
<parágrafo>	0001001	<espaço>	0100000

Figura 1.5 Exemplos de codificações em ASCII.

Codificando números

O uso mais importante de circuitos digitais talvez seja a execução de cálculos aritméticos. De fato, uma motivação chave para o projeto dos primeiros computadores foi os cômputos arit-

---

* N. de T: Código Padrão Americano para Intercâmbio de Informação, em português.

▶ **POR QUE A BASE DEZ?**

As pessoas têm dez dedos, de modo que elas escolheram um sistema de numeração no qual cada dígito representa dez valores possíveis. Se as pessoas tivessem nove dedos, provavelmente usaríamos um sistema de numeração baseado no nove. Ocorre que no passado a base doze também foi usada em certa medida, porque com o polegar podemos facilmente apontar para doze pontos diferentes dos demais dedos da mesma mão – as quatro partes superiores, médias e inferiores desses dedos. Essa é provavelmente a razão pela qual o número doze é usado comumente nas contagens feitas pelas pessoas hoje em dia, como no uso do termo "dúzia" e as doze horas de um relógio.

(Fonte: "Ideas and Information", Arno Penzias, W.W. Norton and Company).

$$\frac{}{10^4} \; \frac{}{10^3} \; \frac{5}{10^2} \; \frac{2}{10^1} \; \frac{3}{10^0}$$

Figura 1.6 Sistema de numeração de base dez.

*O nome da ferramenta de pesquisa **Google** deriva da palavra "googol" (gugol, em português) – um 1 seguido por 100 zeros, aparentemente subentendendo que a ferramenta pode pesquisar uma quantidade enorme de informações.*

$$\frac{}{2^4} \; \frac{}{2^3} \; \frac{1}{2^2} \; \frac{0}{2^1} \; \frac{1}{2^0}$$

Figura 1.7 Sistema de numeração de base dois.

méticos das trajetórias balísticas da Segunda Guerra Mundial. Para executar os cálculos aritméticos, precisamos de uma maneira para representar os números por meio de dígitos binários – precisamos dos números binários.

Para compreender os números binários, devemos assegurar-nos primeiro de que compreendemos os números decimais, os quais usam o sistema de numeração de base dez. A definição fundamental da base dez é que se trata de um sistema de numeração em que o dígito mais à direita representa o número de unidades (10^0) que temos, o próximo dígito representa o número de dezenas (10^1) que temos, o dígito seguinte representa o número de grupos de dez dezenas (10^2) que temos, e assim por diante como está ilustrado na Fig. 1.6. Desse modo os dígitos "523" na base 10 representam $5*10^2 + 2*10^1 + 3*10^0$.

Como as pessoas têm dez dedos, elas desenvolveram e usam um sistema de numeração de base dez. Elas criaram símbolos para representar as quantidades que vão desde a ausência de dedos (0) até todos os dedos menos um (9) – no entanto, são chamadas de "unidades" e não "dedos", porque nem sempre estamos contando dedos. Para representar uma quantidade superior a nove, as pessoas introduziram um outro dígito para representar o número de grupos que contêm todos os dedos, é chamado de "dezena". Observe que não precisamos de um símbolo próprio para representar a quantidade dez em si, porque essa quantidade pode ser representada por um grupo de uma dezena e nenhuma unidade. Para representar mais de nove dezenas, as pessoas introduziram um outro símbolo representando dez dezenas chamado de "centena". Para representar dez centenas, elas introduziram mais um símbolo chamado de "milhar". A língua inglesa (falada nos Estados Unidos) não tem um nome para o grupo que representa dez milhares, nem para o grupo que representa dez dezenas de milhares, que é referido como centena de milhares. O próximo grupo é o dos milhões. Outros grupos que são múltiplos de um milhar também têm nomes (bilhões, trilhões, quatrilhões, etc.).

Agora que compreendemos melhor os números de base dez, podemos introduzir os números de base dois, conhecidos como **números binários**. Como os circuitos digitais trabalham com valores que são "ligado" ou "desligado", tais circuitos precisam de apenas dois símbolos, em vez de dez símbolos. Vamos definir que esses dois símbolos são 0 e 1. Se precisarmos representar uma quantidade superior a 1, usaremos um outro dígito, que representará o número de grupos de 2^1, que chamaremos de dois. Desse modo, "10" na base dois representa 1 dois e 0 unidades. Cuide para não chamar "10" de dez – em vez disso, diga "dois". Se precisarmos de uma quantidade maior, usaremos mais um dígito, que representará o número de grupos de 2^2, que chamaremos de quatro. Os pesos de cada dígito na base dois são mostrados na Fig. 1.7.

► CONTANDO "CORRETAMENTE" NA BASE DEZ

O fato de que há nomes para alguns dos grupos da base dez, mas não para outros, impede que muitas pessoas tenham uma compreensão intuitiva da base dez. Acrescente-se ainda a essa confusão que há abreviações para os grupos das dezenas – os números 10, 20, 30, ..., 90 deveriam ser chamados de uma dezena, duas dezenas, três dezenas, ..., nove dezenas, mas ao invés disso são usados nomes abreviados: uma dezena como simplesmente "dez", duas dezenas como "vinte", três dezenas como "trinta", ..., e nove dezenas como "noventa". Pode-se ver como noventa é uma abreviação de "nove dezenas".* Além disso, nomes curtos são usados também para os números entre 10 e 20. 11 deveria ser "uma dezena, um" mas, no entanto, é "onze" e 19 deveria ser "uma dezena, nove" mas é, "dezenove". A Tabela 1.1 mostra como se conta "corretamente" na base dez (onde eu ousadamente defino "corretamente" como sendo o modo de contar que acredito fazer mais sentido). Assim, o número 523 seria lido como "cinco centenas, duas dezenas, três" ao invés de "quinhentos e vinte e três". Acredito que as crianças passam trabalho para aprender matemática devido à confusão causada pela maneira de dar nomes aos números – por exemplo, levar um da coluna das unidades para à das dezenas faz mais sentido se o um que é levado da coluna das unidades for somado a "uma dezena, sete" do que a "dezessete"– o resultado obviamente adiciona um à coluna das dezenas. A aprendizagem do sistema binário é um pouco mais difícil para alguns estudantes, devido à falta de uma compreensão sólida da base 10, causada em grande parte pela confusão de nomes. Talvez, quando um balconista lhe disser "que vai custar noventa e nove reais", você possa corrigi-lo dizendo "você quer dizer nove dezenas e nove reais". Se muitos de nós fizessem isso, será que ele iria entender?

TABELA 1.1 Contando "corretamente" na base dez

0 a 9	Como de costume: "zero", "um", "dois", etc.
10 a 99	10, 11, 12, ..., 19: "uma dezena", "uma dezena, um", "uma dezena, dois", ..., "uma dezena, nove" 20, 21, 22, ..., 29: "duas dezenas", "duas dezenas, um", "duas dezenas, dois", ..., "duas dezenas, nove" 30, 40, ..., 90: "três dezenas", "quatro dezenas", ..., "nove dezenas"
100 a 900	Como: "uma centena", "duas centenas", ..., "nove centenas". Melhor ainda seria substituir a palavra "centena" por "dez elevado à potência 2".
1000 e mais	Como de costume. Melhor ainda: substituir "mil (ou milhar)" por "dez elevado à potência 3", "dez mil" por "dez elevado à potência 4", etc. eliminando todos os nomes.

Eu vi o seguinte texto em uma camiseta e o achei bem divertido:

"Há 10 tipos de pessoas no mundo: as que entendem binário e as que não".

Figura 1.8 Sistema de numeração de base dois.

Por exemplo, o número 101 na base dois é igual a $1*2^2 + 0*2^1 + 1*2^0$, ou 5, na base dez. Em outras palavras, 101 pode ser lido como "um quatro, zero dois, uma unidade". A maioria das pessoas que está à vontade com a numeração binária diz apenas "um zero um". Para ser bem claro, você poderia dizer "um zero um, base dois". Entretanto, definitivamente você *não* deverá dizer "cento e um, base dois". Na base dez, 101 é cento e um, mas o 1 mais à esquerda não representa cem na base dois.

Quando estamos escrevendo números em bases diferentes e as bases dos números não são óbvias, indicamos a base com um índice, como segue: $101_2 = 5_{10}$. Poderíamos ler isso como "um zero um na base dois é igual a cinco na base dez."

Como o sistema binário não é tão popular como o decimal, observe que as pessoas não criaram nomes para os grupos de 2^1, 2^2, e assim por diante, como o fizeram para os grupos da base dez (centenas, milhares, milhões, etc.). As pessoas simplesmente usam o nome equivalente na base dez para o grupo – uma fonte de confusão para as pessoas que estão começando a aprender a numeração binária. Entretanto, pode ser mais fácil pensar a respeito de cada grupo da base dois usando nomes da base 10 e não potências crescentes de dois, como está mostrado na Fig. 1.8.

---

* N. de T: O autor está se referindo, em inglês, à *ninety* (noventa) como forma abreviada de *"nine tens"* (nove dezenas).

► EXEMPLO 1.1 Binário para decimal

Converta os seguintes números binários para decimais: 1, 110, 10000, 10000111 e 00110.

1_2 é simplesmente $1*2^0$, ou 1_{10}.
110_2 é $1*2^2 + 1*2^1 + 0*2^0$ ou 6_{10}. Poderíamos ver isso usando os pesos mostrados na Fig. 1.8: $1*4 + 1*2 + 0*1$ ou 6.
10000_2 é $1*16 + 0*8 + 0*4 + 0*2 + 0*1$, ou 16_{10}.
10000111_2 é $1*128 + 1*4 + 1*2 + 1*1 = 135_{10}$. Observe que desta vez não nos preocupamos em escrever os grupos que têm bit 0.
00110_2 é o mesmo que o 110_2 anterior – os bits à esquerda com 0 não alteram o valor. ◄

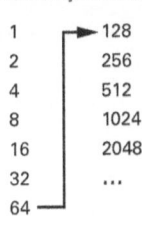

O conhecimento das potências de dois ajuda a aprender a numeração binária:

1	128
2	256
4	512
8	1024
16	2048
32	...
64	

Quando as pessoas convertem de binário para decimal, acham útil conhecer as potências de dois, pois cada casa sucessiva à esquerda em um número binário é o dobro da casa anterior. Em binário, a primeira casa, a mais à direita, é 1, a segunda casa é 2, e então 4, 8, 16, 32, 64, 128, 256, 512, 1024, 2048 e assim por diante. Você poderia interromper aqui essa seqüência e praticar a contagem em potências de dois algumas vezes: 1, 2, 4, 8, 16, 32, 64, 128, 256, 512, 1024, 2048. Agora, quando você vir o número 10000111, você poderá deslocar-se ao longo do número indo da direita para a esquerda e contar em potências de dois a cada bit, de modo a determinar o peso do bit mais à esquerda: 1, 2, 4, 8, 16, 32, 64, *128*. O 1 seguinte mais elevado tem um peso de (contando novamente) 1, 2, *4*; somando 4 a 128 dá 132. O 1 seguinte tem um peso de 2, que somado a 132 fornece 134. O 1 mais à direita tem um peso de 1, que somado a 134 dá 135. Assim, 100000111 é igual a 135 na base dez.

► EXEMPLO 1.2 Contando em binário

A contagem de 0 a 7 em binário é escrita como: 000, 001, 010, 011, 100, 101, 110, 111. ◄

Um fato interessante sobre os números binários – você pode determinar rapidamente se um número binário é ímpar simplesmente examinando se o dígito mais à direita é 1. Se esse dígito fosse 0, então o número seria par porque ele seria a soma de números pares.

Conversão entre números decimais e binários usando o método da subtração

Como vimos anteriormente, a conversão de um número binário em decimal é fácil – simplesmente somamos os pesos dos dígitos que são 1. A conversão de um número decimal em binário necessita um pouco mais de trabalho. Um método de se converter um número de decimal para binário, que chamaremos de *método da subtração* e que é fácil de ser feito à mão pelas pessoas, está mostrado na Tabela 1.2. O método começa com um número binário que é constituído só de 0s.

TABELA 1.2 Método da subtração para se converter um número de decimal para binário

	Passo	Descrição
Passo 1	Coloque 1 na casa mais elevada	Coloque um 1 na casa binária de peso mais elevado e que é menor ou igual ao número decimal.
Passo 2	Atualize o número decimal	Atualize o número decimal subtraindo o peso da casa binária mais elevada do número decimal. O novo número decimal é a quantidade que resta para ser convertida em binário. Se o número decimal atualizado não for zero, retorne ao passo 1.

Por exemplo, podemos converter o número decimal 12 como mostrado na Fig. 1.9

	Decimal	Binário	

1. Coloque 1 na casa mais elevada
  Tente a casa 16, grande demais (16>12)
  Próxima casa, 8, é a maior (8<12)
2. Atualize o número decimal
  Decimal diferente de zero, retorne ao Passo 1
	12
	$\dfrac{-8}{4}$
		$\dfrac{\cancel{1}}{16}\ \dfrac{1}{8}\ \dfrac{0}{4}\ \dfrac{0}{2}\ \dfrac{0}{1}$	(o valor
			corrente
			é 8)

1. Coloque 1 na casa mais elevada
  Próxima casa, 4, é a maior (4=4)
2. Atualize o número decimal
  O número decimal é zero, fim.
	$\dfrac{-4}{0}$	$\dfrac{1}{16}\ \dfrac{1}{8}\ \dfrac{0}{4}\ \dfrac{0}{2}\ \dfrac{0}{1}$	(o valor
			corrente
			é 12)

Figura 1.9 Conversão do número decimal 12 para binário usando o método da subtração.

Agora podemos verificar o nosso trabalho, convertendo 1100 de volta à forma decimal: 1*8 + 1*4 + 0*2 + 0*2 = 12.

Como outro exemplo, a Fig. 1.10 ilustra o método da subtração sendo usado para converter o número decimal 23 para binário. Podemos conferir o nosso trabalho convertendo o resultado, 10111, de volta à forma decimal: 1*16 + 0*8 + 1*4 + 1*2 + 1*1 = 23.

	Decimal	Binário	

1. Coloque 1 na casa mais elevada
  A casa 32 é grande demais, mas 16 serve
2. Atualize o número decimal
  Decimal diferente de zero, retorne ao Passo 1
	23
	$\dfrac{-16}{7}$
		$\dfrac{1}{16}\ \dfrac{0}{8}\ \dfrac{0}{4}\ \dfrac{0}{2}\ \dfrac{0}{1}$	(o valor
			corrente é 16)

1. Coloque 1 na casa mais elevada
  A próxima casa é 8, grande demais (8>7)
  4 serve (4<7)
2. Atualize o número decimal
  O número decimal não é zero, retorne
  ao Passo 1
	$\dfrac{-4}{3}$	$\dfrac{1}{16}\ \dfrac{0}{8}\ \dfrac{1}{4}\ \dfrac{0}{2}\ \dfrac{0}{1}$	(o valor
			corrente é 20)

1. Coloque 1 na casa mais elevada
  A próxima casa é 2, serve (2<3)
2. Atualize o número decimal
  Decimal diferente de zero, retorne ao Passo 1
	$\dfrac{-2}{1}$	$\dfrac{1}{16}\ \dfrac{0}{8}\ \dfrac{1}{4}\ \dfrac{1}{2}\ \dfrac{0}{1}$	(o valor
			corrente é 22)

1. Coloque 1 na casa mais elevada
  A próxima casa é 1, serve (1=1)
2. Atualize o número decimal
  O número decimal é zero, fim
	$\dfrac{-1}{0}$	$\dfrac{1}{16}\ \dfrac{0}{8}\ \dfrac{1}{4}\ \dfrac{1}{2}\ \dfrac{1}{1}$	(o valor
			corrente é 23)

Figura 1.10 Conversão do número decimal 23 para binário usando o método da subtração.

▶ **EXEMPLO 1.3 Decimal para binário**

Converta os seguintes números decimais para binário usando o método da subtração: 8, 14, 99.

A fim de converter 8 para binário, começamos colocando um 1 na casa de peso 8, resultando 1000. Como 8 – 8 = 0, então temos o resultado – a resposta é 1000.

A fim de converter 14 para binário, começamos colocando um 1 na casa de peso 8 (16 é demais), resultando 1000. 14 – 8 = 6, logo colocaremos um 1 na casa de peso 4, dando 1100. Como 6 – 4 = 2, e colocaremos um 1 na casa de peso 2, resultando 1110. Como 2 – 2 = 0, chegamos assim ao fim – a resposta é 1110. Podemos verificar rapidamente o nosso trabalho convertendo de volta para decimal: 8 + 4 + 2 = 14...

A fim de converter 99 para binário, começamos colocando um 1 na casa de peso 64 (a casa mais elevada seguinte, 128, é grande demais – observe que é prático ser capaz de contar em potências de dois neste problema), resultando 1000000. Como 99 – 64 é 35, colocamos um 1 na casa de peso 32, dando 1100000. Como 35 – 32 é 3, colocamos um 1 na casa de peso 2, resultando

1100010. Como 3 − 2 é 1, colocamos um 1 na casa de peso 1, resultando a resposta final 1100011. Podemos conferir o nosso trabalho convertendo de volta para decimal: 64 + 32 + 2 + 1 = 99. ◀

Conversão entre números decimais e binários usando o método da divisão por 2

Uma abordagem alternativa para se converter um número decimal para binário, talvez menos intuitiva do que o método da subtração, mas mais fácil de implementar quando se usa um programa de computador, envolve a divisão repetida do número decimal por 2 – iremos chamá-la de *método da divisão por 2*. O resto em cada passo (0 ou 1) torna-se um bit do número binário, começando do dígito menos significativo (mais à direita). Por exemplo, a Fig. 1.11 mostra o processo de conversão do número decimal 12 em binário usando o método da divisão por 2.

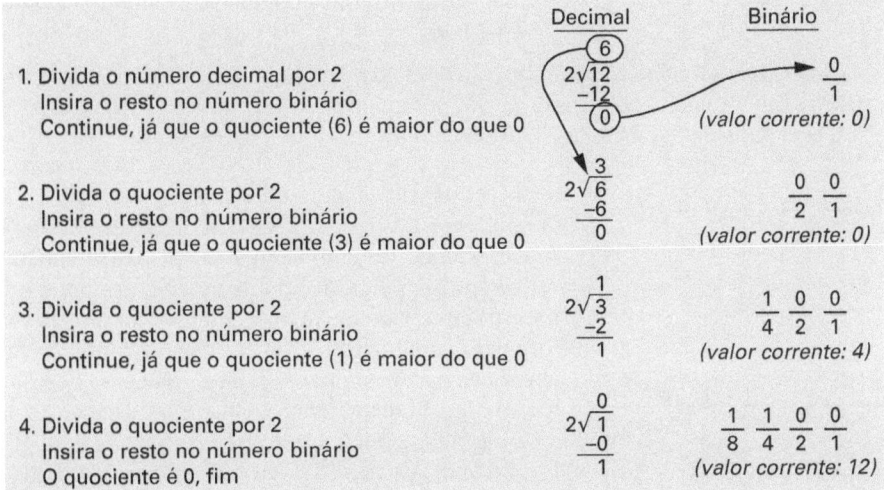

Figura 1.11 Conversão do número decimal 12 em binário usando o método da divisão por 2.

▶ **EXEMPLO 1.4** **Decimal para binário usando o método da divisão por 2**

Converta os seguintes números para binário usando o método da divisão por 2: 8, 14, 99.

A fim de converter 8 para binário, começamos dividindo 8 por 2: 8/2 = 4, resto 0. A seguir, dividimos o quociente, 4, por 2: 4/2 = 2, resto 0. Então, dividimos 2 por 2: 2/2 = 1, resto 0. Finalmente, dividimos 1 por 2: 1/2 = 0, resto 1. Paramos de dividir porque o quociente agora é 0. Combinando todos os restos, com o dígito menos significativo primeiro, obtemos o número binário 1000. Podemos verificar essa resposta multiplicando cada dígito binário pelo seu peso e somando os termos: $1*2^3 + 0*2^2 + 0*2^1 + 0*2^0 = 8$.

A fim de converter 14 para binário, seguimos um processo similar: 14/2 = 7, resto 0. 7/2 = 3, resto 1. 3/2 = 1, resto 1. 1/2 = 0, resto 1. Combinando os restos obtemos o número binário 1110. Conferindo a resposta, verificamos que 1110 está correto: $1*2^3 + 1*2^2 + 1*2^1 + 0*2^0 = 8 + 4 + 2 + 0 = 14$.

A fim de converter 99 para binário, o processo é o mesmo mas naturalmente necessitará de mais passos: 99/2 = 49, resto 1. 49/2 = 24, resto 1. 24/2 = 12, resto 0. 12/2 = 6, resto 0. 6/2 = 3, resto 0. 3/2 = 1, resto 1. 1/2 = 0, resto 1. Combinando os restos dá o número 1100011. Sabemos do Exemplo 1.3 que essa é a resposta correta. ◀

Conversão de qualquer base para qualquer outra base usando o método da divisão por *n*

Estivemos dividindo por 2 para fazer a conversão para a base 2, mas podemos usar o mesmo método básico para converter um número na base 10 para um número em *qualquer* base. Para converter um número da base 10 para a base *n*, simplesmente dividimos repetidamente o número por *n* e acrescentamos o resto para o número na nova base *n*, começando a partir do dígito menos significativo.

▶ **EXEMPLO 1.5** **Decimal para bases arbitrárias usando o método da divisão por *n***

Converta o número 3439 para as bases 10 e 7.

Sabemos que o número 3439 é 3439 na base 10, mas vamos usar o método da divisão por *n* (em que *n* é 10) para mostrar que o método funciona com qualquer base. Começamos dividindo 3439 por 10: 3439/10 = 343, resto 9. Dividimos então o quociente por 10: 343/10 = 34, resto 3. Fazemos o mesmo com o novo quociente: 34/10 = 3, resto 4. Finalmente, dividimos 3 por 10: 3/10 = 0, resto 3. Combinando os restos, dígito menos significativo primeiro, obtemos o número 3439 na base 10.

Para converter 3439 para a base 7, a abordagem é semelhante, exceto que agora dividimos por 7. Começamos dividindo 3439 por 7: 3439/7 = 491, resto 2. Continuando nossos cálculos, obtemos: 491/7 = 70, resto 1. 70/7 = 10, resto 0. 10/7 = 1, resto 3. 1/7 = 0, resto 1. Portanto, 3439 na base 7 é 13012. Conferindo a resposta, verificamos que obtivemos o resultado correto: $1*7^4 + 3*7^3 + 0*7^2 + 1*7^1 + 2*7^0 = 2401 + 1029 + 7 + 2 = 3439$. ◀

Em geral, um número pode ser convertido de uma base para uma outra convertendo primeiro aquele número para a base dez e, então, convertendo o número em base dez para a base desejada por meio do método da divisão por *n*.

Números hexadecimais e octais

Os números de base dezesseis, conhecidos como **números hexadecimais** ou simplesmente **hex**, são também populares em projeto digital, principalmente porque um dígito de base dezesseis é equivalente a quatro dígitos de base dois, tornando os números hexadecimais uma boa representação abreviada para os números binários. Na base dezesseis, o primeiro dígito representa até quinze unidades – os dezesseis símbolos comumente usados são 0, 1, 2, ..., 9, A, B, C, D, E, F (portanto, A = dez, B = onze, C = doze, D = treze, E = quatorze e F = quinze). O próximo dígito representa o número de grupos de 16^1, o dígito seguinte representa o número de grupos de 16^2, etc. como está mostrado na Fig. 1.12. Assim, $8AF_{16}$ é igual a $8*16^2 + 10*16^1 + 15*16^0$, ou 2223_{10}. Como um dígito na base 16 representa 16 valores, e quatro dígitos na base dois representam 16 valores, então cada dígito na base 16 representa quatro dígitos na base dois, como está mostrado na parte inferior da Fig. 1.12. Assim, para converter $8AF_{16}$ para binário, convertemos 8_{16} em 1000_2, A_{16} em 1010_2 e F_{16} em 1111_2, resultando $8AF_{16} = 100010101111_2$.

hex	binário	hex	binário
0	0000	8	1000
1	0001	9	1001
2	0010	A	1010
3	0011	B	1011
4	0100	C	1100
5	0101	D	1101
6	0110	E	1110
7	0111	F	1111

Figura 1.12 Sistema de numeração de base dezesseis.

Você pode ver porque o sistema hexadecimal é uma forma popular de abreviar os números em sistema binário: 8AF é muito mais simples de se ver do que 100010101111.

A fim de converter um número binário para decimal, simplesmente substituímos cada quatro bits pelo correspondente dígito hexadecimal. Assim, a fim de converter 101101101_2 para hexadecimal, distribuímos os bits em grupos de quatro, começando pela direita, resultando 1 0110 1101. A seguir, substituímos cada grupo de quatro bits por um dígito hexadecimal simples. 1101 é D, 0110 é 6 e 1 é 1, resultando o número hexadecimal $16D_{16}$.

▶ **EXEMPLO 1.6** **Hexadecimal para/de binário**

Converta os seguintes números hexadecimais para binário: FF, 1011, A0000. A fim de expandir cada dígito hexadecimal para quatro bits, você poderá achar útil referir-se à Fig. 1.12.

FF_{16} é 1111 (para o F esquerdo) e 1111 (para o F direito) ou 11111111_2.

1011_{16} é 0001, 0000, 0001, 0001 ou 00010000000010001_2. Não se deixe confundir pelo fato de que 1011 não apresenta nenhum símbolo diferente de 1 e 0 (o que torna o número parecido com um número binário). Dissemos que ele era de base 16, e assim ele foi. Se tivéssemos dito que ele era de base 10, então 1011 seria igual a um mil e onze.

$A0000_{16}$ é 1010, 0000, 0000, 0000, 0000, ou 10100000000000000000_2.

Converta os seguintes números binários para hexadecimal: 0010, 01111110, 111100.

0010_2 é 2_{16}.
01111110_2 é 0111 e 1110, significando 7 e E ou $7E_{16}$.
111100_2 é 11 e 1100, ou 0011 e 1100, significando 3 e C ou $3C_{16}$. Observe que começamos a agrupar os bits em conjuntos de quatro a partir da direita, e não da esquerda. ◀

O método da subtração ou o da divisão por 16 também podem ser usados para converter decimais em hexadecimais. No entanto, fazer essa conversão pode ser muito trabalhoso, já que não estamos acostumados a trabalhar com potências de dezesseis. No lugar disso, freqüentemente é mais rápido converter de decimal para binário, usando o método da subtração ou o da divisão por 2, e então fazer a conversão de binário para hexadecimal agrupando em conjuntos de 4 bits.

▶ **EXEMPLO 1.7 Decimal para hexadecimal**

Converta 29 da base 10 para a base 16.

Para realizar essa conversão, podemos primeiro converter 29 para binário e então converter o resultado binário para hexadecimal.

A conversão de 29 para binário é imediata usando o método da divisão por 2: 29/2 = 14, resto 1. 14/2 = 7, resto 0. 7/2 = 3, resto 1. 3/2 = 1, resto 1. 1/2 = 0, resto 1. Portanto, 29 é 11101 na base 2.

A conversão de 11101_2 para hexadecimal pode ser feita agrupando conjuntos de quatro bits. Desse modo, 11101_2 é 1_2 e 1101_2, o que significa 1_{16} e D_{16} ou $1D_{16}$.

Naturalmente, podemos usar o método da divisão por 16 para converter diretamente de decimal para hexadecimal. Começando com 29, dividimos por 16: 29/16 = 1, resto 13 (D_{16}). 1/16 = 0, resto 1. Reunindo os restos dá $1D_{16}$. Embora essa conversão em particular seja simples, a conversão de números maiores diretamente de decimal para hexadecimal pode levar muito tempo, de modo que pode ser preferível a conversão em duas etapas. ◀

Algumas vezes, os números de base oito, conhecidos como números *octais*, são usados também como forma para abreviar números binários, porque um dígito em base oito é igual a três dígitos binários. 503_8 é igual a $5*8^2 + 0*8^1 + 3*8^0 = 323_{10}$. Podemos converter 503_8 diretamente para a base binária simplesmente substituindo cada dígito por três bits, resultando 503_8 = 101 000 011 ou 101000011_2. De modo semelhante, podemos converter de binário para octal organizando o número binário em grupos de três bits a partir da direita e então substituindo cada grupo pelo dígito octal correspondente. Assim, 1011101_2 produz 1 011 101 ou 135_8.

O Apêndice A discute com mais detalhes as representações numéricas.

▶ 1.3 IMPLEMENTANDO SISTEMAS DIGITAIS: PROGRAMAÇÃO DE MICROPROCESSADORES VERSUS PROJETO DE CIRCUITOS DIGITAIS

Os projetistas podem implementar um sistema digital para uma aplicação, usando um entre dois métodos comuns de implementação: programando um microprocessador, ou criando um circuito digital próprio, feito especialmente sob medida para atender a uma necessidade. É conhecido também por circuito digital customizado. Este método é conhecido por projeto digital.

Como exemplo concreto, considere uma aplicação simples que acende uma lâmpada sempre que há movimento em um quarto escuro. Assuma que o detector de movimento tem um fio de saída chamado a que fornece um bit 1 quando algum movimento é detectado e um bit 0 em caso contrário. Assuma que o sensor de luz tem um fio de saída b que fornece um bit 1 quando luz é detectada e um bit 0 em caso contrário. Assuma também que há um fio F que liga a lâmpada quando F é 1 e a desliga quando é 0. Um desenho do sistema está mostrado na Fig. 1.13(a).

O problema do projeto é determinar o que acontece no bloco chamado *Detector*. Esse bloco recebe os fios a e b como entradas e gera um valor em F, tal que a lâmpada é acesa quando está escuro e um movimento é detectado. Essa aplicação do *Detector* pode ser implementada facilmente como um sistema digital, já que as entradas e saídas da aplicação são obviamente digitais, tendo apenas dois valores possíveis cada. Um projetista pode implementar o bloco *Detector*, programando um microprocessador (Fig. 1.13(b)) ou usando um circuito digital customizado (Fig. 1.13(c)).

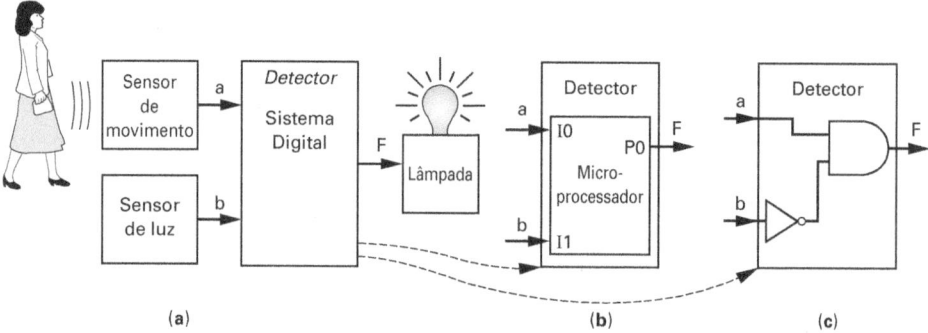

Figura 1.13 Sistema detector de movimento no escuro: (a) diagrama de blocos do sistema, (b) implementação usando um microprocessador e (c) implementação usando um circuito digital customizado.

Software em microprocessadores: o núcleo dos sistemas digitais modernos

Um "processador" processa, ou transforma, dados. Um "microprocessador" é um processador programável implementado em um único circuito integrado – aqui "micro" significa simplesmente pequeno. O termo microprocessador tornou-se popular na década de 1980, quando os processadores foram diminuindo, passando de múltiplos circuitos integrados para um único. O primeiro microprocessador de um único circuito integrado foi o Intel 4004 em 1971.

Os projetistas que precisam trabalhar com fenômenos digitais freqüentemente compram um microprocessador direto da loja e escrevem um software para esse microprocessador, ao invés de projetar um circuito digital customizado. Os microprocessadores são realmente o núcleo dos sistemas digitais modernos realizando a maioria das tarefas de processamento digital.

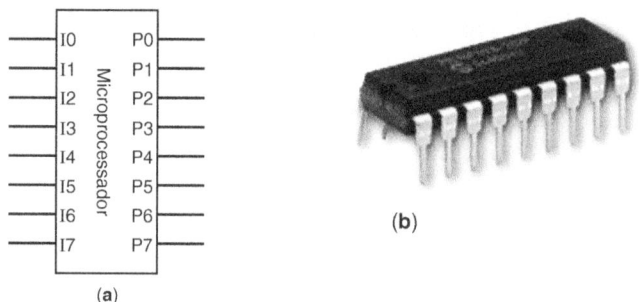

Figura 1.14 Pinos de entrada e saída de um microprocessador básico.

Um **microprocessador** é um dispositivo digital programável que executa uma seqüência de instruções especificadas pelo usuário, conhecida como *programa* ou *software*. Algumas dessas instruções lêem as entradas do microprocessador, outras escrevem nas saídas do microprocessador e outras instruções realizam cômputos com os dados de entrada. Vamos assumir que temos um microprocessador básico com oito pinos de entrada, denominados I0, I1, ..., I7, e oito pinos de saída, P0, P1, ..., P7, como está mostrado na Fig. 1.14(a). Uma fotografia de um encapsulamento real de microprocessador com esses pinos está mostrada na Fig. 1.14(b) (o nono pino deste lado é de alimentação elétrica e o do outro lado é de terra).

Uma solução baseada em microprocessador para a aplicação do detector de movimento no escuro está ilustrada na Fig. 1.13(b) e uma fotografia de uma implementação física real está mostrada na Fig. 1.15. O projetista conecta o fio a ao pino I0 de entrada do microprocessador, o b ao pino de entrada I1 e o pino de saída P0 ao fio F. O projetista poderia então especificar as instruções do microprocessador escrevendo o seguinte código em C:

```
void main()
{
    while (1) {
       P0 = I0 && !I1;  // F = a and !b,
    }
}
```

C é uma de diversas linguagens populares usadas para descrever as instruções que devem ser executadas no microprocessador. O código em C acima trabalha como segue. O microprocessador, depois de ter sido energizado eletricamente e inicializado, executa as instruções contidas dentro das chaves { } de main. A primeira instrução é "while (1)" que simplesmente significa repetir indefinidamente as instruções contidas nas chaves. Dentro das chaves da instrução while, há apenas uma instrução "P0 = I0 && !I1", que atribuirá o valor 1 ao pino de saída P0 se o pino de entrada I0 for 1 e (escrito como &&) o pino de entrada I1 não for 1 (significando que I1 é 0). Assim, o pino de saída P0, que liga ou desliga a lâmpada, receberá repetidamente e por tempo indefinido valores apropriados com base nos valores dos pinos de entrada, os quais são produzidos pelos sensores de movimento e luz.

A Fig. 1.16 exemplifica os sinais a, b e F ao longo do tempo que corre para a direita. À medida que o tempo passa, cada sinal pode ser 0 ou 1. Isso é ilustrado pelos níveis alto ou baixo da respectiva linha de cada sinal. Fizemos com que o sinal a fosse igual a 0 até 7:05, quando o mudamos para 1. A seguir, fizemos com que ele permanecesse em 1 até 7:06, quando o levamos de volta a 0. Fizemos a permanecer

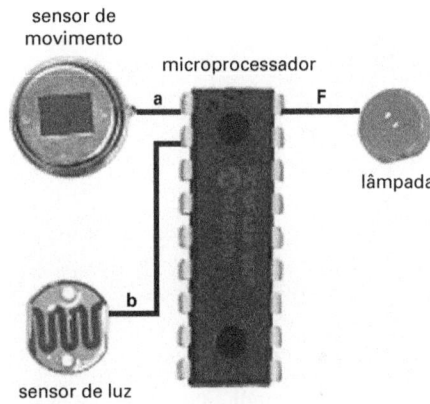

Figura 1.15 Implementação física de um detector de movimento no escuro, usando um microprocessador.

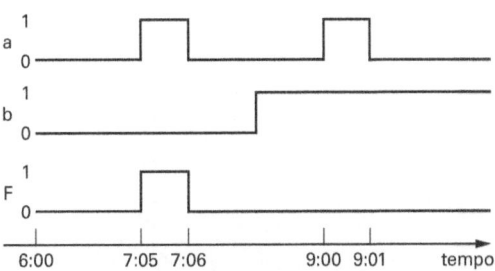

Figura 1.16 Diagrama de tempo do sistema detector de movimento no escuro.

em 0 até 9:00, o tornamos 1 e, em 9:01 fizemos voltar a 0. Por outro lado, fizemos b começar em 0 e então tornar-se 1 em algum instante entre 7:06 e 9:00. O diagrama mostra o valor que seria dado a F pelo programa em C que está sendo executado no microprocessador – quando a é 1 e b é 0 (de 7:05 a 7:06), F será 1. Um diagrama com o tempo correndo para a direita e os valores dos sinais digitais mostrados por linhas altas ou baixas é conhecido como *diagrama de tempo*. Desenhamos as linhas de entrada (a e b) com valores quaisquer definidos por nós, mas a linha de saída (F) deve descrever o comportamento do sistema digital.

▶ **EXEMPLO 1.8** **Sistema de notificação de movimento externo usando um microprocessador**

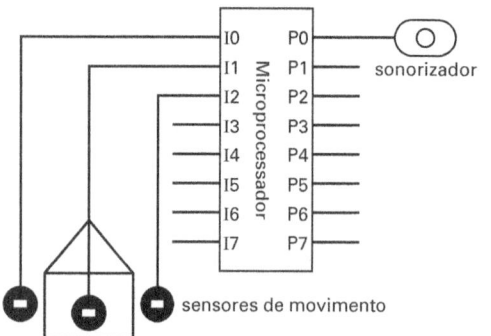

Figura 1.17 Sensores de movimento conectados ao microprocessador.

Vamos usar o microprocessador básico da Fig. 1.14 para implementar um sistema que ativa um sonorizador quando algum movimento é detectado em qualquer um de três sensores de movimento, no lado externo de uma casa. Conectamos os sensores de movimento a três pinos de entrada I0, I1 e I2 e o pino de saída P0 a um sonorizador (Fig. 1.17). (Estamos assumindo que os sensores de movimento e o sonorizador têm interfaces eletrônicas adequadas com os pinos do microprocessador.) Podemos então escrever o seguinte programa em C:

```
void main()
{
    while (1) {
        P0 = I0 || I1 || I2;
    }
}
```

O programa executa repetidamente a instrução contida no laço de while. Essa instrução faz com que P0 seja 1 quando I0 é 1 *ou* (escrita como || em linguagem C) I1 é 1 ou I2 é 2. Em caso contrário, a instrução faz com que P0 seja 0. ◀

▶ **EXEMPLO 1.9** **Contando o número de sensores de movimento ativos**

Neste exemplo, usaremos o microprocessador básico da Fig. 1.14 para implementar um sistema digital simples que fornece o número binário de sensores de movimento que estão detectando algum movimento neste momento. Vamos assumir dois sensores, significando que precisaremos produzir um número de dois bits na saída, o qual pode representar as contagens possíveis 0 (00), 1 (01) e 2 (10). Iremos conectar os sensores de movimento aos pinos de entrada I0 e I1 do microprocessador e o valor do contador será enviado para os pinos de saída P1 e P0. Agora podemos escrever o seguinte programa em C:

```
void main()
{
    while (1) {
        if (!I0 && !I1) {
            P1 = 0; P0 = 0; // 00 de saída, significando zero
        }
        else if ( (I0 && !I1) || (!I0 && I1) ) {
            P1 = 0; P0 = 1; // 01 de saída, significando um
        }
        else if (I0 && I1) {
            P1 = 1; P0 = 0; // 10 de saída, significando dois
        }
    }
}
```
◀

Os projetistas gostam de usar microprocessadores em seus sistemas digitais porque são facilmente encontrados, de baixo custo, fáceis de programar e reprogramar. Você poderá se surpreender ao saber que pode comprar microprocessadores por menos de um dólar. Esses microprocessadores são encontrados em lugares como secretárias eletrônicas, fornos de microondas, carros, brinquedos, certos aparelhos médicos e mesmo em sapatos com luzes piscantes. Como exemplos, incluem-se o 8051 (originalmente projetado pela Intel), o 68HC11 (feito pela Motorola) e o PIC (produzido pela MicroChip). Outros microprocessadores podem custar dezenas de dólares e são encontrados em lugares como telefones celulares, assistentes digitais portáteis, equipamentos de automação de escritório e em equipamentos médicos. Entre esses processadores estão o ARM (feito pela Arm Corporation), o MIPS (produzido pela MIPS Corporation) e outros. Outros microprocessadores, como o bem conhecido Pentium da Intel, podem custar algumas centenas de dólares e podem ser encontrados em computadores de mesa. Alguns microprocessadores podem custar diversos milhares de dólares e são encontrados em computadores de grande porte, executando, por exemplo, o software de um sistema de reservas aéreas. Há literalmente centenas, e possivelmente milhares, de tipos diferentes de microprocessadores disponíveis, os quais se diferenciam pelo desempenho, custo, consumo e outras características. Além disso, muitos dos processadores pequenos de baixo consumo custam menos de um dólar.

Alguns leitores podem estar familiarizados com a programação de software, outros não. O conhecimento de programação não é essencial para aprender o conteúdo deste livro. Ocasionalmente, iremos comparar circuitos digitais customizados com suas correspondentes implementações em software - as conclusões dessas comparações podem ser compreendidas sem o conhecimento da programação em si.

Um "processador" processa, ou transforma, dados. Um "microprocessador" é um processador programável implementado em um único circuito integrado – aqui "micro" significa simplesmente pequeno. O termo microprocessador tornou-se popular na década de 1980, quando os processadores foram diminuindo, passando de múltiplos circuitos integrados para apenas um único. O primeiro microprocessador de um único circuito integrado foi o Intel 4004 em 1971.

Figura 1.18 Encapsulamentos de microprocessadores: (a) microprocessadores PIC e 8051, custando cerca de um dólar cada, (b) um processador Pentium com parte de seu encapsulamento removida, mostrando a pastilha de silício em seu interior.

Projeto digital – quando os microprocessadores não são bons o suficiente

Com os microprocessadores prontamente disponíveis, por que alguém precisaria projetar novos circuitos digitais, a não ser aquelas pessoas, em número relativamente pequeno, que projetam os próprios microprocessadores? A razão é que o software que é executado em um microprocessador freqüentemente não é bom o suficiente para uma aplicação em particular. Em muitos casos, o software pode ser lento demais. Os microprocessadores executam apenas uma instrução (ou no máximo umas poucas) de cada vez. Entretanto, um circuito digital customizado pode executar dúzias, ou centenas, ou mesmo milhares de computações em paralelo. Muitas aplicações, como compressão de imagem ou vídeo, reconhecimento de impressões digitais, detecção de comandos de voz, ou exibição gráfica, requerem que quantidades enormes de cômputos sejam realizadas em um breve período de tempo para que sejam práticas; afinal, quem quer um telefone controlado por voz que demora 5 minutos para decodificar o seu comando de voz ou uma câmera digital que precisa de 15 minutos para bater cada foto? Em outros casos, os microprocessadores são grandes demais, consomem muita energia elétrica ou têm um custo demasiado, fazendo com que os circuitos digitais customizados sejam preferíveis.

No caso da aplicação do detector de movimento no escuro, uma alternativa para o projeto baseado em microprocessador usa um circuito digital customizado dentro do bloco *Detector*. Um *circuito* é uma interconexão de componentes elétricos. Precisamos projetar um circuito que, para cada combinação diferente de entradas a e b, gera o valor apropriado de F. Um circuito como esse está mostrado na Fig. 1.13(c). Iremos descrever os componentes desse circuito mais adiante. No entanto, agora você já viu um exemplo simples de projeto de circuito digital usado para resolver um problema. O microprocessador também tem um circuito em seu interior, mas como esse circuito foi projetado para executar programas e não simplesmente detectar movimento à noite, o circuito do microprocessador pode conter cerca de dez mil componentes, comparado a apenas dois em nosso circuito digital customizado. Desse modo, o nosso circuito pode ser menor, mais barato, mais rápido e consumir menos energia elétrica do que uma implementação com microprocessador.

Muitas aplicações usam microprocessadores e projetos digitais customizados para obter um sistema que consegue exatamente o equilíbrio certo entre desempenho, custo, potência, tamanho, tempo de projeto, flexibilidade, etc.

▶ **EXEMPLO 1.10** **Decidindo entre um microprocessador e um circuito digital customizado**

Devemos projetar um circuito digital para controlar a asa de um avião caça a jato. Para controlar adequadamente a aeronave, o sistema digital deve executar, 100 vezes por segundo, uma computação que ajusta a posição da asa com base nas velocidades atual e desejada, na arfagem e na guinada*, além de outros fatores associados ao vôo. Suponha que temos uma estimativa de que um software em um microprocessador iria necessitar de 50 ms (milissegundos) para executar cada uma das tarefas de computação, ao passo que um circuito digital customizado iria requerer 5 ms para cada execução.

Para executar a tarefa de computação 100 vezes no microprocessador seriam necessários 100 * 50 ms = 5000 ms ou 5 segundos. Entretanto, precisamos que essas 100 execuções sejam realizadas em 1 segundo e, portanto, o microprocessador não é rápido o suficiente. Executar 100 vezes as mesmas tarefas de computação no circuito digital customizado iria requerer 100 + 5 ms = 500 ms ou 0,5 segundo. Como 0,5 segundo é menor do que 1 segundo, o circuito digital customizado pode atender à especificação de desempenho do sistema. Desse modo, optamos por implementar o sistema digital como um circuito digital customizado. ◀

▶ **EXEMPLO 1.11** **Partição de tarefas em uma câmera digital**

Uma câmera digital captura imagens digitalmente usando uma seqüência de passos. Quando o botão do disparador é pressionado, uma grade contendo alguns milhões de elementos eletrônicos sensíveis à luz capturam a imagem. Cada elemento armazena um número binário (possivelmente 16 bits) que representa a intensidade da luz que está incidindo sobre o elemento. A seguir, a câmera realiza diversas tarefas: ela *lê* os bits de cada um desses elementos, *comprime* as dezenas de milhões de bits em talvez alguns poucos milhões de bits e *armazena* os bits comprimidos em um arquivo na sua memória *flash*, entre outras tarefas. A Tabela 1.3 fornece alguns exemplos de tempos de execução para cada uma dessas tarefas em um microprocessador de custo reduzido e baixo consumo elétrico *versus* um circuito digital. ◀

TABELA 1.3 Exemplos de tempos de execução (em segundos) de tarefas em uma câmera digital, realizadas com microprocessador e com circuito digital

Tarefa	Microprocessador	Circuito digital customizado
Leitura	5	0,1
Compressão	8	0,5
Armazenamento	1	0,8

---

* N. de T: A arfagem e a guinada correspondem aos movimentos executados por uma aeronave em torno de seus eixos transversal e vertical.

Precisamos decidir que tarefas devem ser implementadas no microprocessador e quais na forma de circuitos digitais customizados, sujeito à restrição de que devemos nos empenhar em minimizar a quantidade de circuitos digitais customizados de modo a reduzir os custos do circuito integrado. Essas decisões são conhecidas como *partição*. Três opções de partição estão mostradas na Fig. 1.19. Se implementarmos todas no microprocessador, a câmera necessitará de 5 + 8 + 1 = 14 segundos para bater uma foto – tempo demasiado para que a câmera seja popular entre os consumidores. Poderíamos implementar todas as tarefas na forma de circuitos digitais customizados, resultando em 0,1 + 0,5 + 0,8 = 1,4 segundo. Em vez disso, poderíamos implementar as tarefas de leitura e compressão com circuitos digitais customizados, deixando o armazenamento para o microprocessador, resultando em 0,1 + 0,5 + 1, ou 1,6 segundo. Poderíamos decidir por esta última forma de implementação, de modo a economizar no custo sem que resulte um tempo extra perceptível.

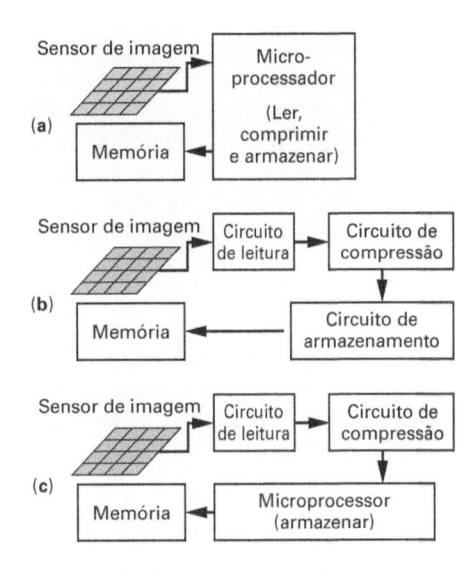

Figura 1.19 Câmera digital implementada com: (a) um microprocessador, (b) circuitos customizados e (c) uma combinação de circuitos customizados e um microprocessador.

▶ 1.4 SOBRE ESTE LIVRO

A Seção 1.1 discutiu como os sistemas digitais nos dias atuais aparecem em todos os lugares e como produzem um impacto significativo sobre a maneira de vivermos. A Seção 1.2 destacou como o aprendizado de projeto digital atinge dois objetivos: mostra-nos como os microprocessadores funcionam "por dentro" e capacita-nos a implementar sistemas usando circuitos digitais customizados no lugar de, ou com, microprocessadores para conseguir implementações melhores. Este último objetivo está se tornando cada vez mais significativo já que muitos fenômenos analógicos, como música e vídeo, estão se tornando digitais. Aquela seção também introduziu um método chave para se digitalizar sinais analógicos, a saber, os números binários. Descreveu também como fazer a conversão entre números decimais e binários. A Seção 1.3 descreveu como os projetistas tendem a preferir a implementação de sistemas digitais escrevendo softwares que são executados em um microprocessador. No entanto, os projetistas freqüentemente usam circuitos digitais customizados para atender especificações de desempenho ou outras da aplicação.

No restante deste livro, você aprenderá a respeito do empolgante e desafiante campo do projeto digital, no qual convertemos um comportamento desejado em um sistema que está em um circuito digital customizado. O Capítulo 2 apresentará a forma mais básica de circuito digital, os circuitos combinacionais, cujas saídas são simplesmente uma função dos valores presentes no momento nas entradas do circuito. Esse capítulo irá nos mostrar como usar uma forma de matemática chamada álgebra booleana para descrever o funcionamento que desejamos de nosso circuito, além de fornecer passos claros para se converter equações booleanas em circuitos. O Capítulo 3 introduzirá um tipo mais avançado de circuito, os circuitos seqüenciais, cujas saídas são função não só dos valores presentes no momento nas entradas, mas também dos valores anteriores; em outras palavras, os circuitos seqüenciais têm memória. Tais circuitos serão referidos como blocos de controle. Esse capítulo irá nos mostrar como usar outra abstração matemática, conhecida como máquina de estados finitos, para representar o comportamento seqüencial desejado além de fornecer passos claros para se converter máquinas de estados finitos em circuitos. Como em qualquer tipo de projeto, freqüentemente usamos blocos construtivos pré-projetados, ou componentes, para tornar o nosso trabalho de projeto mais fácil. O Capítulo 4 descreve diversos desses componentes, conhecidos como componentes de bloco operacional, incluindo registradores (para armazenar dados digitais), somadores, comparadores, multiplicadores e pequenas memórias chamadas de banco de registradores, entre outros blocos. O Capítulo 5 introduz uma abordagem moderna ao projeto digital, conhecida como projeto em nível de transferência entre registradores, no qual projetamos sistemas digitais que são constituídos por componentes de bloco operacional, os quais são controlados pelos blocos de controle (referidos antes), com a finalidade de implementar circuitos digitais customizados, interessantes e úteis. De fato, esse capítulo mostra como converter um programa em C em um circuito digital customizado – demonstrando claramente que qualquer função desejada pode ser implementada como software em um microprocessador ou como circuito digital customizado. Esse capítulo introduz também alguns componentes adicionais, incluindo memórias ROM e RAM além de filas. Os Capítulos 1 a 5 formam o núcleo deste livro – depois desses cinco capítulos, o leitor poderá especificar uma ampla variedade de comportamentos desejados e poderá converter esses comportamentos em um circuito digital customizado operante.

O Capítulo 6 apresenta métodos para se projetar circuitos digitais *melhores*. O capítulo descreve métodos para se melhorar os projetos de circuitos digitais básicos, circuitos seqüenciais básicos, componentes de bloco operacional e projetos em nível de transferência entre registradores. Esse capítulo enfatiza a importante noção de *tradeoffs*, pela qual podemos melhorar um dos aspectos do projeto, mas às custas de prejudicar algum outro aspecto. Os *tradeoffs* são a essência do projeto.

O Capítulo 7 descreve diferentes dispositivos físicos com os quais podemos implementar nossos circuitos digitais, incluindo circuitos integrados para aplicações específicas, *gate arrays* programáveis no campo (FPGAs), dispositivos lógicos programáveis simples e CIs (circuitos integrados) de baixo custo que podem ser comprados em lojas.

O Capítulo 8 aplica os métodos de projeto digital dos capítulos anteriores para construir um tipo de circuito digital amplamente usado: um microprocessador programável. Esse capítulo desmistifica o modo de funcionamento de um microprocessador por meio do projeto de um microprocessador muito simples para ilustrar os conceitos.

O Capítulo 9 introduz as linguagens de descrição de hardware, que são amplamente usadas em projeto digital moderno para descrever o comportamento desejado do circuito, assim como para representar o projeto final do circuito digital customizado. As linguagens de descrição de hardware, parecendo-se mais com linguagens de programação de software, mas com extensões e diferenças importantes, servem de entrada para as mais modernas ferramentas de projeto digital.

▶ 1.5 EXERCÍCIOS

Os exercícios assinalados com asterisco (*) são mais desafiadores.

SEÇÃO 1.2: O MUNDO DOS SISTEMAS DIGITAIS

1.1 Suponha que um sinal analógico de áudio venha através de um fio e que a tensão no fio pode variar entre 0 volts (V) e 3 V. Você deseja converter o sinal analógico em digital. Você decide codificar cada amostra usando dois bits, de modo que 0 V seria codificado como 00, 1 V como 01, 2 V como 10 e 3 V como 11. Você amostra o sinal a cada 1 milissegundo e detecta a seguinte seqüência de tensões: 0V 0V 1V 2V 3V 2V 2V. Mostre o sinal convertido para digital como uma seqüência de 0s e 1s.

1.2 Neste problema, use o mapeamento de tensões para codificações de 2 bits do Exercício 1. Você recebe uma codificação digital de um sinal de áudio como segue: 1111101001010000. Recrie o sinal plotando-o com o tempo no eixo dos *x* e a tensão no eixo dos *y*. Assuma que a tensão correspondente a cada codificação deve permanecer na saída por 1 milissegundo.

1.3 Assuma que o sinal é codificado usando 12 bits e que muitas das codificações são 000000000000, 000000000001 ou 111111111111. Desse modo, decidimos usar uma codificação com compressão representando 000000000000 como 00, 000000000001 como 01 e 111111111111 como 10. 11 significa que em seguida virá uma codificação sem compressão. Usando esse esquema de codificação, faça a descompressão da seguinte seqüência codificada:
00 00 01 10 11 010101010101 00 00 10 10

1.4 Usando o mesmo esquema de codificação do Exercício 3, comprima a seguinte seqüência não codificada:
000000000000 000000000001 000000000000 100000000000 111111111111

1.5 Codifique as seguintes palavras em bits usando a tabela do código ASCII da Fig. 1.5.
(a) SEJA
(b) INICIALIZE!
(c) T9.Net

1.6 Converta os seguintes números binários para números decimais:
(a) 100
(b) 1011
(c) 0000000000001
(d) 111111
(e) 101010

1.7 Converta os seguintes números binários para números decimais:
(a) 1010
(b) 1000000
(c) 11001100
(d) 11111
(e) 10111011001

1.8 Converta os seguintes números binários para números decimais:
(a) 000111
(b) 1111
(c) 11110
(d) 111100
(e) 0011010

1.9 Converta os seguintes números decimais para números binários usando o método da subtração:
(a) 9
(b) 15
(c) 32
(d) 140

1.10 Converta os seguintes números decimais para números binários usando o método da subtração:
(a) 19
(b) 30
(c) 64
(d) 128

1.11 Converta os seguintes números decimais para números binários usando o método da subtração:
(a) 3
(b) 65
(c) 90
(d) 100

1.12 Converta os seguintes números decimais para números binários usando o método da divisão por 2:
(a) 9
(b) 15
(c) 32
(d) 140

1.13 Converta os seguintes números decimais para números binários usando o método da divisão por 2:
(a) 19
(b) 30
(c) 64
(d) 128

1.14 Converta os seguintes números decimais para números binários usando o método da divisão por 2:
(a) 3
(b) 65
(c) 90
(d) 100

1.15 Converta os seguintes números decimais para números binários usando o método da divisão por 2:
(a) 23
(b) 87
(c) 123
(d) 101

1.16 Converta os seguintes números binários para hexadecimais:
(a) 11110000
(b) 11111111
(c) 01011010
(d) 1001101101101

1.17 Converta os seguintes números binários para hexadecimais:
(a) 11001101
(b) 10100101
(c) 11110001
(d) 1101101111100

1.18 Converta os seguintes números binários para hexadecimais:
(a) 11100111
(b) 11001000
(c) 10100100
(d) 011001101101101

1.19 Converta os seguintes números hexadecimais para binários:
(a) FF
(b) F0A2
(c) 0F100
(d) 100

1.20 Converta os seguintes números hexadecimais para binários:
(a) 4F5E
(b) 3FAD
(c) 3E2A
(d) DEED

1.21 Converta os seguintes números hexadecimais para binários:
(a) B0C4
(b) 1EF03
(c) F002
(d) BEEF

1.22 Converta os seguintes números hexadecimais para decimais:
(a) FF
(b) F0A2
(c) 0F100
(d) 100

1.23 Converta os seguintes números hexadecimais para decimais:
(a) 10
(b) 4E3
(c) FF0
(d) 200

1.24 Converta o número decimal 128 para os seguintes sistemas de numeração:
(a) binário
(b) hexadecimal
(c) base três
(d) base cinco
(e) base quinze

1.25 Compare o número de dígitos necessário para representar os seguintes números decimais em representações binária, octal, decimal e hexadecimal. Você não precisa determinar a representação verdadeira – apenas o número necessário de dígitos. Por exemplo, para representar o número decimal 12, serão necessários quatro dígitos em binário (1100 é a representação verdadeira), dois dígitos em octal (14), dois dígitos em decimal (12) e um dígito em hexadecimal (C).
(a) 8
(b) 60
(c) 300
(d) 1000
(e) 999.999

1.26 Determine o intervalo de números decimais que podem ser representados nos sistemas binário, octal, decimal e hexadecimal, usando os seguintes números de dígitos. Por exemplo, 2 dígitos podem representar os intervalos de números decimais de 0 a 3 em binário (00 a 11), 0 a 63 em octal (00 a 77), 0 a 99 em decimal (00 a 99), e 0 a 255 em hexadecimal (00 a FF).
(a) 1
(b) 3
(c) 6
(d) 8

SEÇÃO 1.3: IMPLEMENTANDO SISTEMAS DIGITAIS: PROGRAMAÇÃO DE MICROPROCESSADORES VERSUS PROJETO DE CIRCUITOS DIGITAIS

1.27 Use um microprocessador como o da Fig. 1.14 para implementar um sistema que ativa um alarme sonoro sempre que um movimento for detectado ao mesmo tempo em três quartos diferentes. A saída do sensor de movimento de cada quarto chega até nós por um fio na forma de um bit, 1 significa movimento, 0 significa ausência de movimento. O sonorizador do alarme é ativado quando um fio de saída "alarme" é levado a 1. Mostre as conexões que entram e saem do microprocessador e o código em C que deve ser executado no microprocessador.

1.28 Use um microprocessador como o da Fig. 1.14 para implementar um sistema que conta o número de carros em um parque de estacionamento que tem sete vagas. Cada vaga tem um sensor que irá gerar uma saída 1 se o carro estiver presente e 0, em caso contrário. A saída deve ser enviada em binário por três fios. Mostre as conexões com o microprocessador e o código em C. Sugestão: use um laço e uma variável inteira para contar o número de carros presentes. Então, use um comando "if-else" ou "switch" para converter o inteiro na saída adequada de 3 bits.

1.29 Use um microprocessador como o da Fig. 1.14 para implementar um sistema que exibe em um painel de LEDs o número de pessoas presentes em uma sala de espera. Há oito LEDs dispostos em fila e oito cadeiras na sala de espera, cada uma equipada com um sensor que fornece um 1 quando a cadeira está em uso. O número de LEDs acesos irá corresponder ao número de cadeiras ocupadas. Por exemplo, se duas cadeiras estiverem ocupadas (independentemente de quais duas sejam elas), os dois primeiros LEDs irão acender; se três cadeiras estiverem ocupadas, os três primeiros

LEDs irão acender. Independentemente de quais cadeiras em particular estão sendo ocupadas, as luzes irão acender de forma incremental. Mostre as conexões com o microprocessador e o código em C apropriado.

1.30 Suponha que um receptor em particular de TV a cabo em um hotel opera com vídeo codificado e que a decodificação de cada quadro de vídeo consiste em três subtarefas A, B e C. Os tempos de execução de cada tarefa em um microprocessador *versus* um circuito digital customizado são 100 ms *versus* 1 ms para a tarefa A, 10 ms *versus* 2 ms para a B e 15 ms *versus* 1 ms para a C. Faça a partição das tarefas entre o microprocessador e os circuitos digitais customizados, de modo que você minimize a quantidade de circuitos digitais customizados e atenda ao mesmo tempo a restrição de que no mínimo 30 quadros sejam decodificados por segundo.

1.31 A proprietária de um estádio de beisebol deseja eliminar os ingressos em papel que dão acesso aos jogos. Ela gostaria de vender os ingressos eletronicamente e permitir que os espectadores entrem por meio do escaneamento de suas impressões digitais. A proprietária tem duas opções para implementar o sistema de reconhecimento de impressões digitais. A primeira opção é um sistema que implementa o sistema de reconhecimento usando um software que é executado em um microprocessador. A segunda opção é um circuito digital customizado projetado especialmente para o reconhecimento de impressões digitais. O sistema com software requer 5,5 segundos para reconhecer uma impressão digital individual e custa 50 dólares por unidade, ao passo que o circuito digital requer 1,3 segundo para cada reconhecimento e custa 100 dólares por unidade. A proprietária quer se assegurar de que todos os que vão assistir ao jogo possam entrar no estádio antes que o jogo comece. Isso deve se dar de tal modo que ela seja capaz de permitir que 100.000 pessoas entrem no estádio em 15 minutos. Compare os dois sistemas alternativos em termos de quantas pessoas por minuto cada sistema podem atender, quantas unidades de cada sistema seriam necessárias para atender 100.000 pessoas em quinze minutos e qual seria o custo total de instalação de cada um dos dois sistemas concorrentes.

1.32 Quantas partições podem existir em um conjunto de N tarefas em que cada tarefa pode ser implementada em um microprocessador ou em um circuito digital customizado?

1.33 *Escreva um programa que automaticamente faz a partição de um conjunto de 10 tarefas entre um microprocessador e circuitos digitais customizados. Assuma que cada tarefa tem dois tempos de execução associados, um para o microprocessador e outro para o circuito digital customizado. Assuma que cada tarefa tem associado um número de tamanho, o qual representa a quantidade de circuitos digitais necessários para implementar a tarefa. O seu programa deve ler os tempos de execução e os tamanhos em um arquivo, deve procurar minimizar a quantidade de circuitos digitais atendendo ao mesmo tempo uma restrição especificada em relação à soma dos tempos de execução e deve gerar uma saída que fornece a partição (o nome de cada tarefa e se a tarefa está associada ao microprocessador ou ao circuito digital customizado), o tempo total de execução das tarefas para aquela partição e o tamanho total do circuito digital. Sugestão: você provavelmente não poderá tentar todas as partições possíveis das 10 tarefas. Desse modo, aborde o problema da partição estipulando algumas suposições iniciais razoáveis. Provavelmente, o seu programa não poderá garantir que encontrará a melhor partição, mas deve ao menos encontrar uma boa partição.

▶ **PERFIL DE PROJETISTA**

Kelly interessou-se por engenharia ao assistir uma palestra a respeito em uma feira de profissões no segundo grau. "Eu estava deslumbrada pelas idéias interessantes e pelos gráficos 'legais'." Enquanto ainda estava no segundo grau, ela aprendeu que "havia muito mais coisas em relação à engenharia do que idéias e gráficos. Os engenheiros *aplicam* suas idéias e habilidades para construir coisas que realmente fazem diferença na vida das pessoas por muitas gerações".

Em seus primeiros anos como engenheira, Kelly trabalhou em vários projetos "que podem ajudar numerosos indivíduos". Um desses projetos era um sistema de ventilação pulmonar, como o mencionado no início deste capítulo. "Nós projetamos um novo sistema de controle capaz de permitir às pessoas que usam ventiladores respirar com mais conforto e continuar recebendo a mesma quantidade de oxigênio." Além disso, ela analisou implementações alternativas daquele sistema de controle, incluindo microprocessador, circuito digital customizado e uma combinação dos dois. "As tecnologias de hoje, como as de FPGA, proporcionam muitas opções diferentes. Examinamos diversas alternativas para ver quais eram os *tradeoffs* entre elas. Compreender os *tradeoffs* entre as opções é muito importante se desejamos construir o melhor sistema possível."

Ela também trabalhou em um projeto que desenvolveu "pequenos blocos eletrônicos auto-explicativos que as pessoas poderiam interconectar para construir sistemas úteis, envolvendo qualquer tipo de sensor, como os de movimento ou de luz. Esses blocos poderiam ser usados por crianças para aprender conceitos básicos de lógica e computadores, muito importantes atualmente. A nossa expectativa é que esses blocos venham a ser usados como ferramentas educativas nas escolas. Os blocos também podem ser usados para ajudar os adultos a montar sistemas úteis em suas casas, como possivelmente o monitoramento de pais idosos ou de uma criança adoentada em casa. O potencial para esses blocos é grande – será interessante ver o impacto que terão."

"A minha idéia favorita a respeito da engenharia é a variedade de habilidades e a criatividade envolvidas. Enfrentamos problemas que precisam ser resolvidos e os resolvemos aplicando técnicas conhecidas de modo criativo. Para que sejam bons projetistas, os engenheiros devem continuamente aprender novas tecnologias, ouvir novas idéias e analisar os produtos que estão surgindo correntemente. É tudo muito empolgante e desafiador. Cada dia no trabalho é diferente. Cada dia é estimulante e é uma experiência de aprendizagem."

"Estudar para ser engenheiro pode representar uma grande quantidade de trabalho mas vale a pena. A chave é permanecer focado, manter a mente aberta e fazer bom uso dos recursos disponíveis. Permanecer focado significa manter em ordem as suas prioridades – por exemplo, como estudante, o estudo vem primeiro, o lazer depois. Manter a mente aberta significa estar sempre receptivo a idéias diferentes e aprender novas tecnologias. Fazer bom uso dos recursos significa procurar agressivamente informações na Internet, com os colegas, nos livros e assim por diante. Você nunca sabe para onde deve ir a fim de conseguir a próxima informação importante, e você não a conseguirá a menos que a procure."

CAPÍTULO 2

Projeto Lógico Combinacional

▶ 2.1 INTRODUÇÃO

Um circuito digital cujas saídas dependem exclusivamente da *combinação dos valores presentes na entrada* é chamado de **circuito combinacional**. Os circuitos combinacionais constituem uma classe básica, porém importante de circuitos digitais. São capazes de implementar alguns sistemas simples mas assumem importância bem maior quando servem de base para classes mais complexas de circuitos. Este capítulo introduz o projeto de circuitos combinacionais básicos. Capítulos posteriores tratarão de circuitos combinacionais mais avançados e de circuitos seqüenciais cujas saídas dependem da seqüência (história) de valores que apareceram nas entradas do circuito. A Figura 2.1 ilustra as diferenças entre circuitos seqüenciais e combinacionais.

```
a ──1──▶┌─────────────┐           a ──1──▶┌─────────────┐
        │ Circuito digital│──1──▶ F        │ Circuito digital│──?──▶ F
b ──0──▶│ combinacional  │           b ──0──▶│  seqüencial    │
        └─────────────┘                    └─────────────┘
```

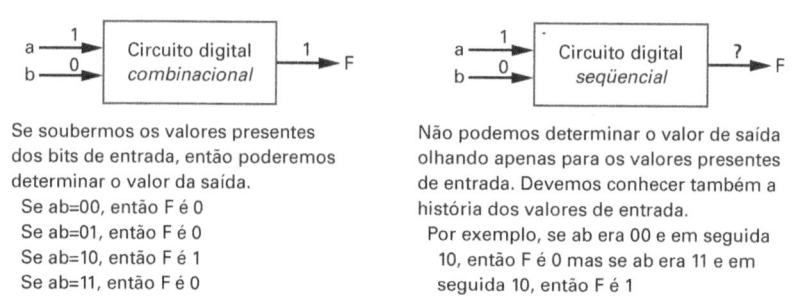

Se soubermos os valores presentes   Não podemos determinar o valor de saída
dos bits de entrada, então poderemos   olhando apenas para os valores presentes
determinar o valor da saída.   de entrada. Devemos conhecer também a
  Se ab=00, então F é 0   história dos valores de entrada.
  Se ab=01, então F é 0   Por exemplo, se ab era 00 e em seguida
  Se ab=10, então F é 1   10, então F é 0 mas se ab era 11 e em
  Se ab=11, então F é 0   seguida 10, então F é 1

Figura 2.1 Circuito combinacional versus seqüencial.

Este capítulo introduzirá os blocos construtivos básicos dos circuitos combinacionais, conhecidos como portas lógicas, e apresentará também uma forma de matemática, conhecida como álgebra booleana, que é útil no projeto de circuitos combinacionais.

▶ 2.2 CHAVES

As chaves eletrônicas formam a base de todos os circuitos digitais, constituindo-se em um ótimo ponto de partida para a discussão desses circuitos. Você usa um tipo de chave, interruptor de luz, sempre que você acende ou apaga as luzes. Para compreender uma chave, é útil rever um pouco de eletrônica básica.

Eletrônica básica

Provavelmente, você está familiarizado com a idéia de elétrons, ou simplesmente de partículas com carga, deslocando-se através de fios e fazendo com que as lâmpadas iluminem-se ou os aparelhos de som produzem música. Uma situação análoga é a água fluindo através de encanamentos e fazendo com que esguichos jorrem água ou que turbinas girem. Descreveremos agora três termos elétricos básicos:

Embora seja opcional compreender a eletrônica que fundamenta as portas lógicas digitais, muitas pessoas acham que um entendimento básico satisfaz muito da curiosidade e também ajuda a compreender o comportamento não ideal das portas digitais mais adiante.

- **Tensão** é a diferença de potencial elétrico entre dois pontos. A tensão é medida em volts (V). A convenção diz que o chamado ponto de *terra* ou *massa* tem 0 V. Informalmente a tensão nos diz quão "ansiosas" estão as partículas carregadas de um lado de um fio para chegar à terra (ou qualquer tensão inferior) no outro lado. A tensão é análoga à pressão da água tentando deslocar-se através de um encanamento – água sob pressão elevada está mais "ansiosa" para fluir, mesmo se na realidade não puder deslocar-se devido talvez a uma torneira fechada.

- **Corrente** é uma medida do fluxo de partículas carregadas. Informalmente, a corrente nos diz com que velocidade as partículas estão fluindo de fato. A corrente é análoga à água que flui através de um encanamento. Ela é medida em ampères (A).

- **Resistência** é a tendência de um fio (ou de qualquer coisa, realmente) a resistir ao fluxo de corrente. A resistência é análoga ao diâmetro de um encanamento – um cano estreito resiste ao fluxo de água ao passo que um cano largo permite que a água flua mais livremente. A resistência elétrica é medida em ohms (Ω).

Considere uma bateria. As cargas no terminal positivo querem fluir para o terminal negativo. Quão "ansiosas" elas estão para fluir? Dependerá da diferença de tensão entre os terminais – as cargas de uma bateria de 9 V estão mais ansiosas para fluir do que as de uma bateria de 1,5 V porque as de uma bateria de 9 V têm mais energia potencial. Suponha agora que você conecte o terminal positivo ao negativo por meio de uma lâmpada incandescente como mostrado na Figura 2.2. A bateria de 9 V produzirá um fluxo mais intenso de corrente e, conseqüentemente, uma luz mais brilhante, do que a bateria de 1,5 V. Exatamente quanto de corrente fluirá será determinado usando-se a equação:

$$V = IR \text{ (conhecida como lei de Ohm)}$$

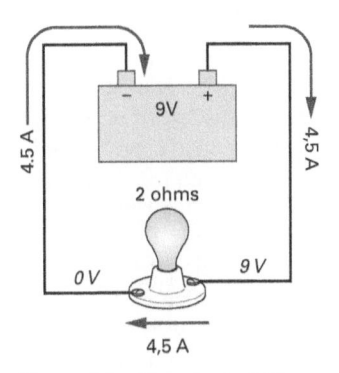

Figura 2.2 Bateria de 9 V conectada a uma lâmpada incandescente.

em que V é a tensão, I é a corrente e R é a resistência (nesse caso, a da lâmpada incandescente). Portanto, se a resistência fosse de 2 ohms, uma bateria de 9 V produziria 4,5 A (pois 9 = I*2), ao passo que uma bateria de 1,5 V produziria 0,75 A.

Se reescrevermos a equação como I = V/R, poderá fazer mais sentido intuitivamente – tensão mais elevada, mais corrente; resistência mais elevada, menos corrente. Em eletrônica, a lei de Ohm é possivelmente a equação mais fundamental.

A incrível chave que encolheu

Agora, retornemos às chaves. A Fig. 2.3(b) mostra que uma chave tem três partes – vamos chamá-las de entrada da fonte, saída e entrada de controle. A entrada da fonte tem uma tensão maior do que a saída, de modo que a corrente desejará fluir desde a entrada da fonte, através da chave e até a saída. O grande objetivo de uma chave é bloquear essa corrente quando o controle coloca a chave na condição de "desligada" e permitir que essa corrente flua quando o controle coloca a chave na condição de "ligada". Por exemplo, quando você move a alavanca de uma chave para ligá-la, a chave faz com que o fio de entrada da fonte entre em contato físico com o fio de saída. Desse modo, a corrente flui. Quando você move a alavanca da chave para desligá-la, a chave separa fisicamente a entrada da fonte da saída. Em nossa analogia com a água, a entrada de controle é como a válvula de uma torneira determinando se a água deve fluir no encanamento.

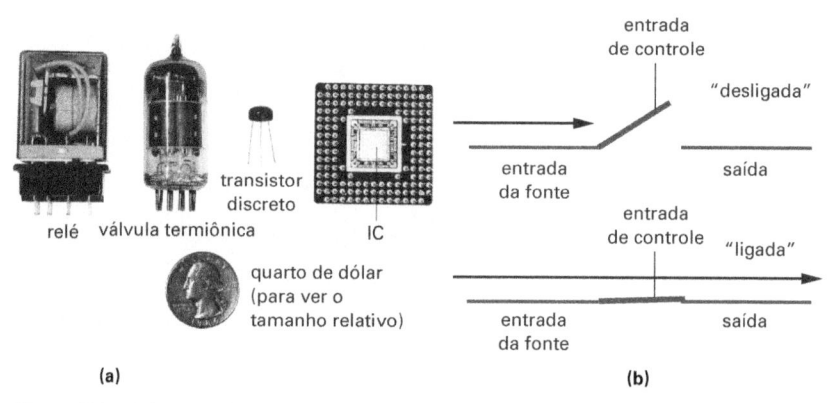

Figura 2.3 (a) A evolução das chaves: relés (década de 1930), válvulas termiônicas (década de 1940), transistores discretos (década de 1950) e circuitos integrados (ICs*) contendo transistores (década de 1960 até o presente). Originalmente os ICs continham dez transistores; agora eles podem ter mais de um milhão. (b) Vista esquemática simples de uma chave.

As chaves são a causa dos circuitos digitais utilizarem números binários constituídos de bits – a natureza de uma chave de estar ligada ou desligada corresponde aos 1s e 0s do sistema binário. Discutiremos agora a evolução das chaves ao longo do século passado conduzindo às chaves de transistores CMOS, que são comumente usadas hoje em dia nos circuitos digitais.

Década de 1930 – relés
Os engenheiros na década de 1930 tentavam imaginar maneiras de se realizar cálculos usando chaves controladas eletronicamente – chaves cuja entrada de controle era uma outra tensão. Uma dessas chaves, um relé eletromagnético como o da Fig. 2.3(a), já estava sendo usada na indústria telefônica para realizar o chaveamento das chamadas telefônicas. Um relé tem uma entrada de controle que é um tipo de imã, que se torna magnetizado quando o controle apresenta uma tensão positiva. Em um certo tipo de relé, esse imã puxa uma peça de metal para baixo, resultando uma conexão entre a entrada da fonte e a saída – semelhante a baixar uma ponte levadiça para ligar uma estrada a outra. Quando a entrada de controle retorna a 0 V, a peça de metal volta a subir novamente (possivelmente puxada por uma pequena mola), desfazendo a conexão entre a saída e a entrada da fonte. Em sistemas telefônicos, os relés permitiam que as chamadas fossem interligadas indo de um telefone a outro, sem a necessidade daquelas belas operadoras, as telefonistas, que antigamente faziam manualmente a conexão entre uma linha telefônica e outra.

Década de 1940 – válvulas termiônicas
Os relés baseavam-se em partes metálicas que se moviam para cima e para baixo e, assim, eram bastante lentos. Nas décadas de 1940 e 1950, as válvulas termiônicas, mostradas na Fig. 2.3(a) e originalmente usadas para amplificar sinais elétricos fracos, como os presentes em telégrafos, começaram a substituir os relés em computadores. As válvulas termiônicas não tinham partes móveis e conseqüentemente eram muito mais rápidas do que os relés.

---
* N. de T: *Integrated Circuits*, em inglês.

> ### "DEBUGGING"
>
> Em 1945, uma traça ficou presa em um dos relés do computador Mark II em Harvard. Para que o computador voltasse a operar adequadamente, os técnicos acharam e removeram o inseto (*bug*, em inglês). O termo "*bug*" já era usado pelos engenheiros há décadas para indicar um defeito em um equipamento mecânico ou elétrico, porém a remoção daquela traça em 1945 é considerada a fonte de origem do termo "*debugging*" tal como é usado na programação de computadores. Os técnicos prenderam a traça com fita adesiva em seu relatório escrito (mostrado na figura ao lado) e agora essa traça está exposta no National Museum of American History em Washington, D.C.

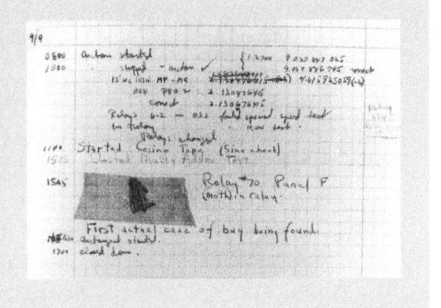

A máquina que é considerada como sendo o primeiro computador de propósitos gerais, o ENIAC (Electronic Numerical Integrator And Computer), foi terminada em 1946 nos EUA O ENIAC continha cerca de 18.000 válvulas termiônicas e 1.500 relés, pesava mais de 27 toneladas, tinha 33 metros de comprimento e 2,4 metros de altura (de modo que, provavelmente, ele não caberia em nenhum aposento de sua casa, a não ser que você tenha uma casa absurdamente grande), e consumia 174.000 watts de energia elétrica. Imagine o calor que seria gerado em um quarto lotado com 1740 lâmpadas incandescentes de 100 watts cada uma. É muito calor. Com isso tudo, o ENIAC podia calcular cerca de 5.000 operações por segundo – compare isso com os bilhões de operações por segundo dos computadores pessoais atuais, ou mesmo as dezenas de milhões de computações por segundo de um telefone celular portátil.

Embora as válvulas fossem mais rápidas do que os relés, elas consumiam muita energia elétrica, geravam muito calor e falhavam freqüentemente.

As válvulas eram comuns em muitos aparelhos eletrônicos das décadas de 1960 e 1970. Lembro-me de ir às lojas com o meu pai no início da década de 1970 para comprar válvulas de reposição para o nosso aparelho de televisão. Um lugar onde você ainda poder encontrar as válvulas é nos amplificadores eletrônicos de guitarra. O som que é próprio dos amplificadores de áudio a válvula é ainda muito procurado pelos entusiastas de guitarra *rock*. Eles querem que suas versões das canções de *rock* clássicas tenham um som exatamente igual ao original.

Década de 1950 – transistores discretos

A invenção do transistor em 1947, creditada a William Shockley, John Bardeen e Walter Brattain dos Laboratórios Bell (o setor de pesquisas da AT&T), resultou em computadores de tamanho e consumo elétrico menores. Um transistor de estado sólido (discreto), mostrado na Fig. 2.3(a), usa um pequeno pedaço de silício "dopado", com alguns materiais extras para produzir uma chave. Como essas chaves usavam materiais "sólidos" em vez do vácuo das válvulas ou mesmo as partes móveis dos relés, elas eram comumente referidas como transistores de estado sólido. Esses transistores eram menores, mais baratos, mais rápidos e mais confiáveis do que as válvulas, tornando-se a chave mais usada nos computadores das décadas de 1950 e 1960.

A invenção do IC é freqüentemente creditada a Jack Kilby da Texas Instruments e Robert Noycee da Fairchild Semiconductors que o inventaram independentemente.

Década de 1960 – circuitos integrados

A invenção do **circuito integrado (IC)** em 1958 realmente revolucionou a computação. Um IC, também conhecido como um *chip*, acondiciona numerosos transistores de tamanho minúsculo em um pedaço de silício do tamanho de uma unha. Assim, ao invés de 10 transistores necessitarem de 10 componentes eletrônicos discretos na sua placa, 10 transistores podem ser implementados em um único componente, o *chip*. A Fig. 2.3(a) mostra uma foto de um IC que tem alguns milhões de transistores. Apesar dos primeiros ICs terem contido apenas dezenas de transistores, os progressos na tecnologia dos circuitos integrados levaram a quase UM BILHÃO de transistores em um *chip* hoje em dia. A tecnologia de IC encolheu os transistores alcançando uma escala totalmente diferente. Uma válvula (com cerca de 10 cm de comprimento) está para um transistor contido em um IC moderno (cerca de 100 nm) como um arranha-céu (cerca de 500 m) está para a espessura de um cartão de crédito (cerca de 0,5 mm).

Eu venho trabalhando nesse campo por duas décadas e a quantidade de transistores em um *chip* ainda me deixa maravilhado. O número 1 bilhão é mais do que a maioria de nós é capaz de sentir intuitivamente. Pense em moedas de 10 centavos e considere o volume que 1 bilhão dessas moedas ocuparia. Caberiam elas em seu quarto? A resposta é provavelmente não (a menos que você tenha um quarto realmente grande), porque um quarto de dormir típico tem cerca de 40 metros cúbicos, ao passo que um bilhão de moedas ocuparia 575 metros cúbicos aproximadamente. Assim, você precisaria em torno de 14 quartos de dormir, aproximadamente o tamanho de uma casa grande inteira. As moedas deveriam ser empilhadas de parede a parede e do chão ao teto para poder guardar todo esse dinheiro. Se empilhássemos as moedas, elas alcançariam cerca de 2.200 km céu acima – em comparação, um jato voa a uma altitude de 8 km. É uma quantidade muito grande de moedas. No entanto, conseguimos lidar e colocar 1 bilhão de transistores em um *chip* com apenas uns poucos centímetros quadrados. Realmente assombroso.

Os fios que ligam todos esses transistores em um *chip* alcançariam alguns quilômetros, se fossem enfileirados em um fio esticado.

Os transistores de ICs são muito menores, mais confiáveis, mais rápidos e menos famintos por energia elétrica que os transistores discretos. Desse modo, atualmente os transistores dos ICs são de longe as chaves mais comumente usadas em computação.

Os ICs do início da década de 1960 podiam conter dezenas de transistores e são conhecidos hoje em dia como sendo de integração de pequena escala (**SSI**, de *Small-Scale Integration*). À medida que os transistores foram diminuindo de tamanho, no final da década de 1960 e início da de 1970, os ICs passaram a conter centenas de transistores, conhecidos como de integração de média escala (**MSI**, de *Medium-Scale Integration*). Os anos da década de 1970 viram o desenvolvimento de ICS com integração de larga escala (**LSI**, de *Large-Scale Integration*) contendo milhares de transistores, ao passo que nos anos da década de 1980 os *chips* com integração de muito larga escala (**VLSI**, de *Very Large-Scale Integration*) foram desenvolvidos. Desde então, os ICs continuaram a aumentar em capacidade até cerca de 1 bilhão de transistores. Para ajustar a sua compreensão desse número, considere que o primeiro microprocessador Pentium do início da década de 1990 requeria apenas cerca de 3 milhões de transistores e alguns microprocessadores populares, mas relativamente pequenos, necessitavam de apenas 100.000 transistores aproximadamente. Muitos dos *chips* atuais de qualidade superior, portanto, contêm dúzias de microprocessadores e é possível conceber que eles possam conter centenas de pequenos microprocessadores (ou apenas um ou dois microprocessadores de grande porte).

▶ UMA INVENÇÃO SIGNIFICATIVA

Sabemos agora que a invenção do transistor marcou o início de revoluções surpreendentes em computação e comunicação, que ocorreram na segunda metade do século 20, capacitando-nos a fazer coisas como ver o mundo na TV, surfar na Internet e falar em telefones celulares. No entanto, as implicações do transistor não eram conhecidas pela maioria das pessoas por ocasião de sua invenção. Os jornais não transformaram essas notícias em manchetes, sendo que a maioria das matérias que apareceram prediziam simplesmente que os transistores iriam melhorar coisas como rádios e próteses auditivas. Pode-se perguntar quais entre as tecnologias recentemente inventadas, mas não percebidas, poderão vir a alterar o mundo de modo significativo.

▶ COMO TRANSISTORES TÃO PEQUENOS SÃO FABRICADOS? USANDO MÉTODOS FOTOGRÁFICOS

Se você pegar um lápis e fizer o menor ponto que conseguir sobre uma folha de papel, a área desse ponto poderia alojar muitos milhares de transistores em um *chip* moderno de silício. Como os fabricantes de *chip* podem criar transistores tão minúsculos? A chave está nos métodos fotográficos. Os fabricantes depositam um produto químico especial sobre a superfície do *chip*, especial porque o produto químico altera-se quando é exposto à luz. A seguir, os fabricantes de *chip* lançam luz por meio de uma lente focando-a em regiões extremamente pequenas do *chip* – de maneira similar ao modo como uma lente de microscópio permite-nos ver coisas muito pequenas ao focarmos a luz, mas ao inverso. Nas regiões pequenas que são iluminadas, o produto químico sofre alteração e então um solvente o remove, mas algumas regiões ficam inalteradas por não terem sido atingidas pela luz. As regiões que permaneceram formam partes de transistores. Repetindo esse processo muitas e muitas vezes e usando diferentes produtos químicos em diversos passos, resultam não só transistores, mas também conexões que interligam os transistores e isoladores que evitam o contato entre as conexões que se cruzam.

Fotografia de um chip de silício de um processador Pentium contendo milhões de transistores. O tamanho real é de 1 cm em cada lado.

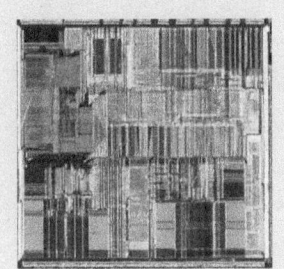

A densidade dos ICs vem dobrando aproximadamente a cada 18 meses desde a década de 1960. A duplicação da densidade dos ICs a cada 18 meses é amplamente conhecida como **Lei de Moore**, em atenção a Gordon Moore, um co-fundador da Intel Corporation, que já em 1965 fez previsões de que o número de componentes por IC iria duplicar a cada ano ou tanto. Em algum momento, os fabricantes de *chips* não serão mais capazes de reduzir os transistores ainda mais. Afinal de contas, o transistor tem de ser suficientemente largo para deixar passar os elétrons. Há mais de uma década, as pessoas vêm prevendo o final da Lei de Moore, mas os transistores continuam encolhendo.

Transistores e conexões menores proporcionam não só mais funcionalidade em um *chip*, mas permitem também circuitos mais rápidos, em parte porque os elétrons não precisam se deslocar tão longe para passar de um transistor ao próximo. Esse aumento de velocidade é a razão principal pela qual as velocidades dos relógios dos computadores pessoais aumentaram tão drasticamente em décadas recentes, de quilohertz de freqüência na década de 1970 a gigahertz no início da década de 2000.

▶ 2.3 O TRANSISTOR CMOS

O transistor mais popular usado em CIs é do tipo CMOS. Uma explicação detalhada do funcionamento de um transistor CMOS está além do escopo deste livro. Mesmo assim, eu constatei que há muita curiosidade que pode ser satisfeita com uma explicação simplificada.

Um *chip* é feito basicamente a partir do elemento silício. Um *chip*, também conhecido como circuito integrado, ou IC, tem tipicamente o tamanho de uma unha. Mesmo que você abrisse um computador ou outro dispositivo baseado em *chips*, você não veria o *chip* de silício, porque na realidade os *chips* estão dentro de um encapsulamento maior, usualmente preto, de proteção. No entanto, você certamente poderá ver esses dispositivos pretos, montados sobre uma placa de circuito impresso, dentro de diversos aparelhos eletrônicos domésticos.

A Fig. 2.4 ilustra uma seção reta de uma parte minúscula de um *chip* de silício, mostrando a vista lateral de um tipo de transistor CMOS – o transistor nMOS. O transistor tem as três partes de uma chave: (1) a entrada da **fonte**; (2) a saída, que é chamada de **dreno**, porque as cargas elétricas, suponho eu, fluem para o dreno da mesma forma que a água flui para

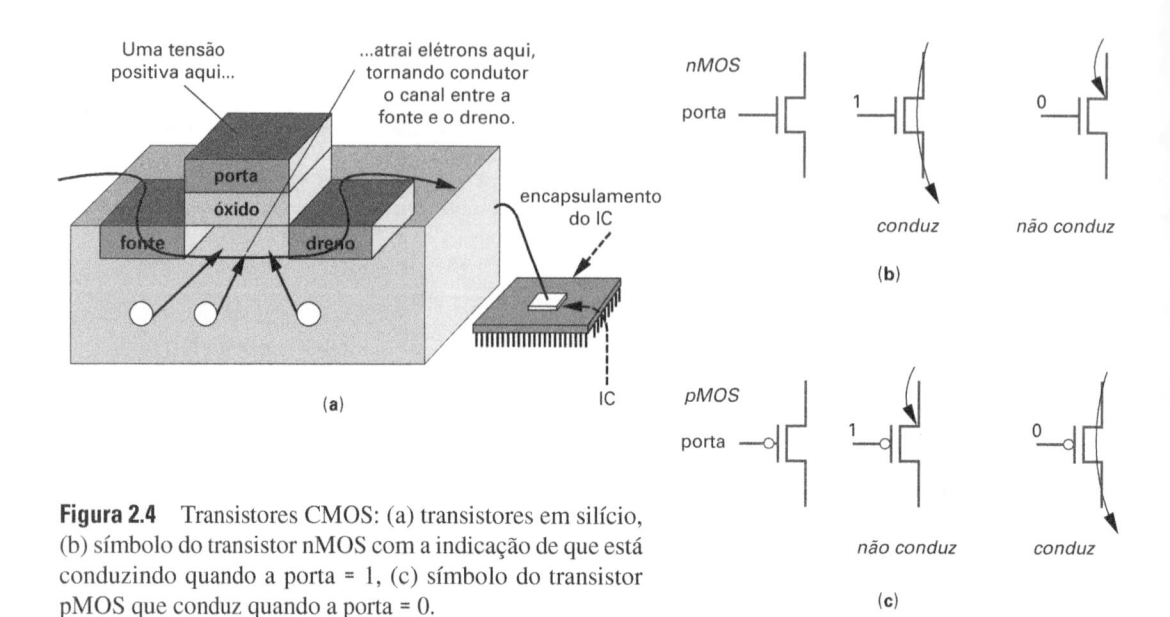

Figura 2.4 Transistores CMOS: (a) transistores em silício, (b) símbolo do transistor nMOS com a indicação de que está conduzindo quando a porta = 1, (c) símbolo do transistor pMOS que conduz quando a porta = 0.

o dreno; e (3) a entrada de controle, que é chamada de **porta** (ou **gate**, em inglês) porque, suponho eu, a porta bloqueia o fluxo de corrente como um portão impede um cão de escapar do quintal. Um fabricante de *chip* cria a fonte e o dreno pela injeção de certos elementos no silício. A Fig. 2.4 mostra também o símbolo eletrônico de um transistor nMOS.

Suponha que o dreno esteja conectado a uma tensão positiva de valor baixo (as tecnologias modernas usam em torno de 1 ou 2 V) conhecida como "fonte de alimentação", e que a fonte foi ligada à terra por meio de um resistor. Assim, a corrente quer fluir do dreno para a fonte e em seguida para a terra. (Nota: infelizmente, a convenção define o fluxo de corrente usando carga positiva mesmo que, na realidade, as cargas que fluem sejam elétrons carregados negativamente. Desse modo, você poderá notar que dizemos que a corrente flui do dreno para a fonte, ainda que os elétrons estejam fluindo da fonte para o dreno.) No entanto, o canal de silício entre a fonte e o dreno não é normalmente um condutor ou, em outras palavras, o canal é normalmente um isolador. Podemos pensar em um isolador como sendo uma resistência extremamente elevada. Como I = V/R, então I será basicamente 0. A chave está desligada.

A coisa realmente interessante a respeito do silício é que podemos mudar o canal de condutor para isolador simplesmente aplicando uma pequena tensão positiva à porta. A tensão da porta não causa um fluxo de corrente da porta para o canal, devido ao isolador (óxido) de pequena espessura entre a porta e o canal. No entanto, aquela tensão positiva de porta cria um campo elétrico positivo que atrai elétrons, de carga negativa, da região espessa do silício para dentro da região do canal – semelhante a mover clipes de papel sobre o tampo de uma mesa movendo um imã debaixo dela. Quando elétrons suficientes aglomeram-se no canal, esse subitamente torna-se condutor. Um condutor tem uma resistência extremamente baixa de modo que a corrente flui quase livremente entre o dreno e a fonte. A chave agora está na condição de ligada. Como você pode ver, o silício não é bem um condutor mas também não é um isolador, representando mais apropriadamente alguma coisa intermediária, daí o termo *semicondutor*.

Uma analogia da corrente que está tentando passar pelo canal é uma pessoa tentando cruzar um rio. Normalmente, o rio não tem pedras espalhadas em quantidade suficiente para que a pessoa possa atravessá-lo. No entanto, se pudéssemos atrair pedras de outras partes do rio, formando uma passagem (o canal), a pessoa poderia facilmente atravessá-lo (Fig. 2.5).

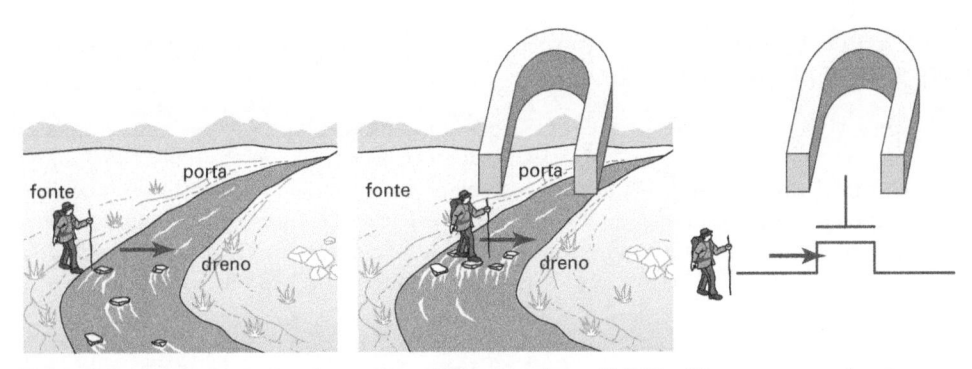

Figura 2.5 Analogia do funcionamento de um transistor CMOS – Uma pessoa pode não conseguir atravessar um rio até que pedras suficientes sejam atraídas, formando uma passagem. De modo semelhante, os elétrons não conseguem passar pelo canal entre a fonte e o dreno até que elétrons suficientes sejam atraídos para dentro do canal.

Mencionamos que nMOS era um tipo de transistor CMOS. O outro tipo é o pMOS. Ele é semelhante, exceto que o canal tem o funcionamento oposto – o canal é normalmente condutor, mas *não* conduz quando a porta recebe uma tensão positiva. A Fig. 2.4 mostra o símbolo eletrônico de um transistor pMOS. A letra C de CMOS vem do uso desses dois tipos "complementares" de transistores. O MOS significa *Metal Oxide Semiconductor*, mas as razões desse nome vão além do escopo dessa discussão.

▶ **SILICON VALLEY E A FORMA DO SILÍCIO**

O Silicon Valley (Vale do Silício) não é uma cidade, mas refere-se a uma área no norte da Califórnia, cerca de uma hora ao sul de San Francisco, que abrange diversas cidades como San Jose, Mountain View, Sunnyvale, Milpitas, Palo Alto e outras. A área está densamente ocupada por companhias de computadores e de outras altas tecnologias, sendo em larga extensão o resultado dos esforços da Stanford University (localizada em Palo Alto) para atrair e criar tais empresas. **Qual é a forma do silício**? Uma vez, quando o meu avião estava chegando a Silicon Valley, a pessoa a meu lado (que por acaso era um estudante de último ano de Ciência da Computação) perguntou-me "Afinal, qual é a forma de um silício?" Eu acabei dando-me conta de que ele pensava que o silício era um tipo de polígono, como um pentágono ou um octágono. Bem, as palavras realmente soam de formas semelhantes.* O silício não é uma forma, mas um elemento, como o carbono, alumínio e prata. O número atômico do silício é 14, o seu símbolo químico é Si e é o segundo elemento mais abundante (próximo do oxigênio) na crosta da terra. Ele é encontrado em materiais como areia e barro. O silício é usado para fazer espelhos e vidros, além de *chips*.

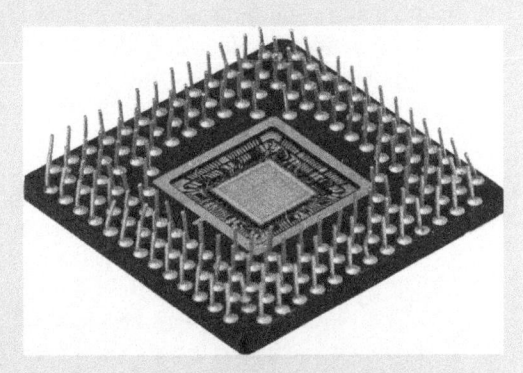

Um encapsulamento de chip com a sua cobertura removida – você pode ver o chip de silício semelhante a um espelho no centro.

---

* N. de T: Em inglês: *silicon, polygon, pentagon, octagon*.

2.4 PORTAS LÓGICAS BOOLEANAS – BLOCOS CONSTRUTIVOS DOS CIRCUITOS DIGITAIS

Você viu que os transistores CMOS podem ser usados para implementar chaves em uma escala incrivelmente pequena. Entretanto, usar chaves como nossos blocos construtivos para construir circuitos digitais complexos é semelhante a tentar construir uma ponte usando pedregulhos, como está ilustrado na Fig. 2.6. Com certeza, você provavelmente poderia construir alguma coisa com blocos construtivos rudimentares, mas o processo construtivo seria muito penoso. Simplesmente, as chaves (e pedregulhos) são blocos construtivos de nível baixo demais.

Com estes blocos,...   ...é difícil de se trabalhar.   É difícil trabalhar com transistores.

Os blocos construtivos certos...   ...possibilitam projetos grandes.   As portas lógicas que logo introduziremos possibilitam projetos grandes.

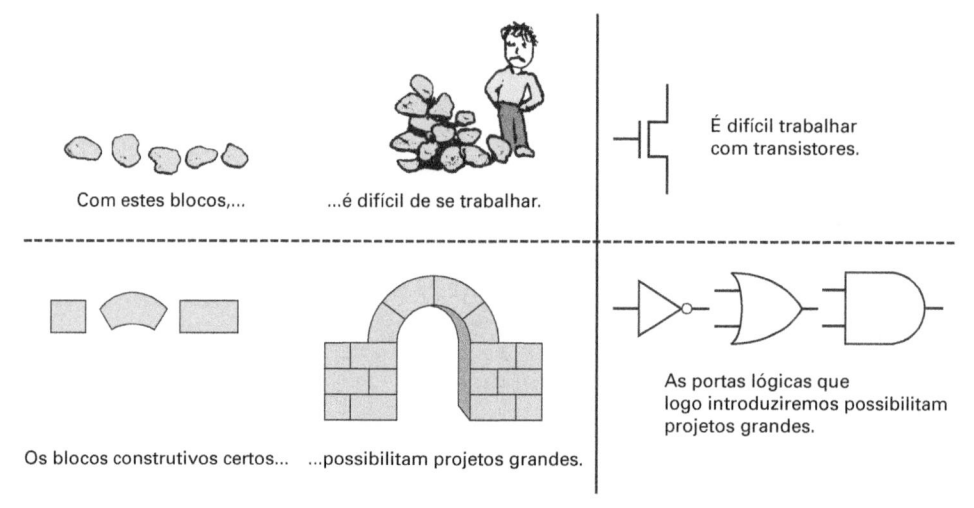

Figura 2.6 Ter os blocos construtivos certos pode fazer toda a diferença quando se constroem coisas.

A álgebra booleana e sua relação com os circuitos digitais

Felizmente, na tarefa de projeto, as portas lógicas booleanas ajudam-nos, permitindo representar os blocos construtivos dos circuitos digitais de uma forma com a qual se pode trabalhar com muito mais facilidade do que com chaves. A lógica booleana foi desenvolvida em meados do século 19 pelo matemático George Boole, não para construir circuitos digitais (os quais não eram nem mesmo um vislumbre aos olhos de qualquer pessoa), mas como um esquema para usar os métodos algébricos na formalização da lógica e raciocínio humanos.

Uma *álgebra* é um ramo da matemática que usa letras e símbolos para representar números e valores, na qual essas letras e símbolos podem ser combinados de acordo com um conjunto de regras conhecidas. A ***álgebra booleana*** usa variáveis cujos valores podem ser apenas 1 ou 0 (representando verdadeiro ou falso, respectivamente) e cujos operadores, como AND, OR e NOT*, operam com essas variáveis e dão como retorno 1 ou 0. Assim, poderíamos declarar as variáveis x, y e z, e então dizer que z = x OR y, significando que z será 1 apenas se, no mínimo, uma das duas, x ou y, for 1. Do mesmo modo, poderíamos dizer que z = x AND NOT(y), significando que z será 1 apenas se x for 1 e y for 0. Faça uma comparação entre a álgebra booleana e a corriqueira que lhe é familiar desde provavelmente o segundo grau,

---

* N. de T: Respectivamente E, OU e NÃO. Esses operadores não serão traduzidos por estarem sendo amplamente usados em suas formas originais em inglês.

na qual os valores das variáveis podem ser números inteiros (por exemplo) e os operadores podem ser a adição, a subtração e a multiplicação.

Os operadores booleanos básicos são AND, OR e NOT:

"ab = 01" é uma forma abreviada para "a = 0, b = 1."

- AND produz 1 quando *ambos* os operandos são 1. Desse modo, o resultado de a AND b é 1 quando ambos a = 1 e b = 1, em caso contrário o resultado é 0.

- OR produz 1 quando *um* ou *ambos* os operandos são 1. De modo que o resultado de a OR b é 1 em qualquer um dos seguintes casos: ab = 01, ab = 10, ab = 11. Desse modo, o único caso em que a OR b é 0 é quando ab = 00.

- NOT produz 1 quando seu operando é 0. Desse modo, NOT(a) retorna 1 quando a é 0, e 0 quando a é 1.

A todo momento, quando estamos pensando, usamos os operadores lógicos, como na frase "Eu irei almoçar se Maria ou (OR) João forem e (AND) Silvia não". Isso pode ser representado por meio dos conceitos booleanos, fazendo F representar a minha ida ao almoço (F = 1 significa que eu irei almoçar, F = 0 significa que eu não irei). As variáveis booleanas m, j e s representam Maria, João e Silvia, indo cada um almoçar. Então, podemos traduzir a frase acima para a equação booleana:

$$F = (m \text{ OR } j) \text{ AND NOT}(s)$$

Assim F será igual a 1 se m ou j forem 1 e s for 0. Agora, que traduzimos a frase em uma equação booleana, poderemos realizar diversas manipulações matemáticas com a equação.

Algo que podemos fazer é determinar o valor de F para valores diferentes de m, j e s:

- m = 1, j = 0, s = 1 → F = (1 OR 0) AND NOT(1) = 1 AND 0 = 0
- m = 1, j = 1, s = 0 → F = (1 OR 1) AND NOT(0) = 1 AND 1 = 1

No primeiro caso, eu não vou almoçar; no segundo caso, eu vou.

Uma segunda coisa que podemos fazer é aplicar algumas regras algébricas (que discutiremos mais adiante) para modificar a equação original obtendo a equação equivalente:

$$F = (m \text{ AND NOT}(s)) \text{ OR } (j \text{ AND NOT}(s))$$

Em outras palavras, eu irei almoçar se Maria for e (AND) Silvia não, ou (OR) se João for e (AND) Silvia não. Esta afirmação é equivalente à anterior, mesmo parecendo diferente.

Uma terceira coisa que poderíamos fazer é demonstrar formalmente algumas propriedades da equação. Por exemplo, poderíamos provar que se Silvia for almoçar (s = 1), então eu não irei (F = 0) independentemente de quem mais irá ou não, usando a equação:

$$F = (m \text{ OR } j) \text{ AND NOT}(1) = (m \text{ OR } j) \text{ AND } 0 = 0$$

Não importando quais são os valores de m e j, F será igual a 0.

Prestando atenção a todas as atividades matemáticas que podemos realizar usando as equações booleanas, você poderá começar a perceber o que Boole estava tentando fazer ao formalizar o raciocínio humano.

▶ **EXEMPLO 2.1** **Convertendo o enunciado de um problema em uma equação booleana**

Converta os seguintes enunciados de problemas em equações booleanas usando os operadores AND, OR e NOT. F deve ser igual a 1 apenas se:

1. a é 1, e b é 1. *Resposta:* F = a AND b

2. 1 ou b é 1. *Resposta:* F = a OR b

3. ambos a e b não são 0: *Resposta:*

(a) Opção 1: F = NOT(a) AND NOT(b)

(b) Opção 2: F = a OR b

4. a é 1, e b é 0. *Resposta:* F = a AND NOT(b)

Converta os seguintes enunciados de problemas em equações booleanas:

1. Um chuveiro automático de um sistema de combate a incêndio deve borrifar água quando uma temperatura elevada for detectada e o sistema estiver habilitado. *Resposta:* Vamos definir as variáveis booleanas: h representa "temperatura elevada detectada", e representa "habilitado" e F representa "borrifar água". Então, a equação é F = h AND e.

2. Um alarme sonoro de carro deverá ser ativado se o sistema de alarme estiver habilitado e se o carro for sacudido ou se a porta for aberta. *Resposta:* Vamos definir as variáveis: a representa "alarme habilitado", s representa "carro sacudido", d representa "porta aberta" e F representa "alarme ativado". Então, a equação é F = a AND (s OR d).

(a) Alternativamente, assumindo que o nosso sensor de porta d representa "porta fechada" ao invés de aberta (significando d = 1 quando a porta está fechada e 0, quando aberta), obtemos a seguinte equação: F = a AND (s OR NOT(d)). ◀

▶ **EXEMPLO 2.2 Avaliação de equações booleanas**

Calcule o valor da equação booleana F = (a AND b) OR (c AND d) para os valores dados das variáveis a, b, c e d:

- a = 1, b = 1, c = 1, d = 0. *Resposta:* F = (1 AND 1) OR (1 AND 0) = 1 OR 0 = 1.
- a = 0, b = 1, c = 0, d = 1. *Resposta:* F = (0 AND 1) OR (0 AND 1) = 0 OR 0 = 0.
- a = 1, b = 1, c = 1, d = 1. *Resposta:* F = (1 AND 1) OR (1 AND 1) = 1 OR 1 = 1. ◀

Alguém poderia estar agora perguntando o que tem a álgebra booleana a ver com a construção de circuitos usando chaves. Em 1938, um estudante de pós-graduação do MIT chamado Claude Shannon escreveu um artigo (baseado em sua tese de mestrado) que descrevia como a álgebra booleana poderia ser aplicada a circuitos baseados em chaves, mostrando que chaves "ligadas" poderiam ser tratadas como um 1 (ou verdadeiro) e "desligadas", como um 0 (ou falso) Para isso, as chaves deveriam ser ligadas entre si de um certo modo (Fig. 2.7). A sua tese é amplamente considerada a semente que se desenvolveu produzindo o moderno projeto digital. Como a álgebra booleana contém um rico conjunto de axiomas, teoremas, postulados e regras, podemos usar todas essas coisas para, usando álgebra, manipular os circuitos digitais. Em outras palavras:

Shannon, a propósito, é também considerado o pai da teoria da informação, devido a seu trabalho posterior sobre a comunicação digital.

Álgebra booleana (meados do século 19) → Plano de Boole: formalizar o raciocínio humano

Chaves (década de 1930) → Para comutação telefônica e outros usos eletrônicos

Shannon (1938) → Mostrou a aplicação da álgebra booleana ao projeto de circuitos baseados em chaves

Projeto digital

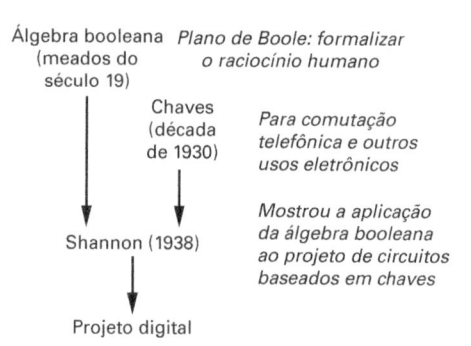

Figura 2.7 Shannon aplicou a álgebra booleana aos circuitos baseados em chaves, dando uma base formal ao projeto de circuitos digitais.

Podemos construir coisas fazendo matemática.

Esse é um conceito extremamente poderoso. Ao longo deste capítulo, construiremos circuitos fazendo matemática.

Portas AND, OR e NOT

Antes, dissemos que uma "porta" era a entrada de controle do chaveamento de um transistor CMOS, mas agora estamos falando a respeito de "portas lógicas". Devido a uma semelhança inadequada de nomes, a mesma palavra (porta) refere-se a duas coisas diferentes. Entretanto, não se preocupe; depois da próxima seção, usaremos a palavra porta somente para nos referirmos a uma "porta lógica".

A fim de construir circuitos digitais que possam ser manipulados usando a álgebra booleana, implementamos primeiro os operadores booleanos AND, OR e NOT usando pequenos circuitos de chaves, os quais chamaremos de portas lógicas booleanas. Então, *esquecemos as chaves* e, no seu lugar, usamos as portas lógicas como nossos blocos construtivos. De repente, temos o poder da álgebra booleana na ponta dos nossos dedos para projetar circuitos mais complexos! Isso é semelhante a primeiro juntar pedregulhos formando três tipos de tijolos e, então, construir estruturas como pontes com esses tijolos, como está ilustrado na Fig. 2.6. Tentar construir uma ponte com pedregulhos é muito mais difícil do que construí-la com esses três tipos básicos de tijolos. De modo semelhante, tentar construir um circuito para detectar movimento no escuro (ou qualquer circuito digital) usando chaves é mais difícil do que construí-lo com portas lógicas booleanas.

Primeiro, vamos implementar as portas lógicas booleanas usando transistores CMOS e então mais adiante mostraremos como a álgebra booleana ajuda-nos a construir circuitos melhores. Você realmente *não precisa* compreender a implementação das portas lógicas, que está por baixo em nível de transistor, para aprender os métodos de projeto digital no restante deste livro e, de fato, muitos livros omitem inteiramente a discussão sobre transistores. No entanto, para um estudante, uma compreensão da implementação em nível de transistor pode ser bem satisfatório porque não fica nada de "misterioso". Essa compreensão pode ser útil também para entender o comportamento não ideal das portas lógicas, o qual mais tarde poderá vir a se tornar necessário aprender para se poder lidar com os projetos digitais.

Vamos começar usando "1" para representar o nível de tensão da fonte, que hoje está usualmente entre 1 e 2 V para a tecnologia CMOS (por exemplo, 0,7 V ou 1,3 V). Vamos usar "0" para representar a terra. Observe que poderíamos ter escolhido quaisquer dois símbolos ou palavras, em lugar de "1" e "0", para representar os níveis de tensão da fonte e da terra. Por exemplo, poderíamos ter usado "verdadeiro" e "falso", ou "H" e "L". Lembre-se de que o "1" não corresponde necessariamente a 1 V e o "0", a 0 V. De fato, cada um deles representa usualmente um *intervalo* de tensão, como "1" representando qualquer tensão entre 1,2 e 1,4 V.

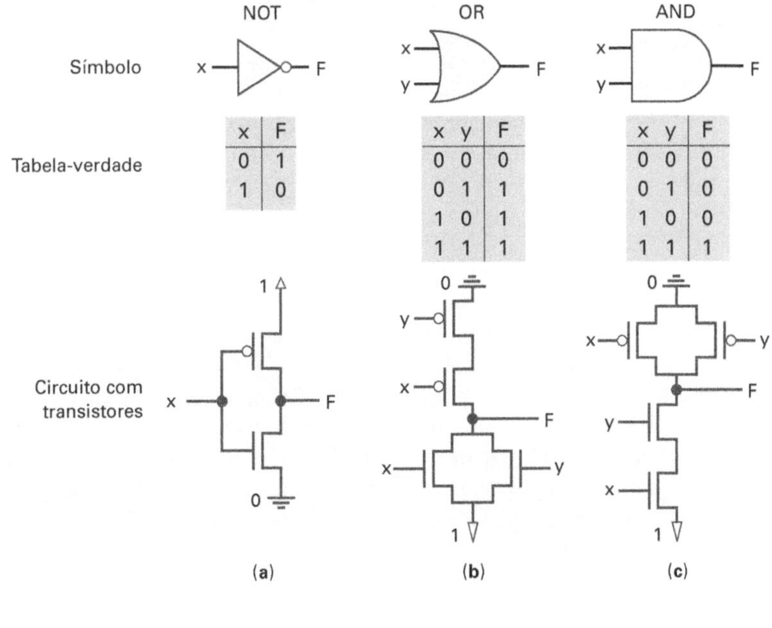

Figura 2.8 Símbolos, tabelas-verdade e circuitos transistorizados de portas lógicas básicas: (a) porta NOT (inversor), (b) porta OR de 2 entradas, (c) porta AND de 2 entradas. Alerta: na realidade as portas reais AND e OR *não são* construídas desse modo, mas sim de modo mais complexo – veja a Seção 2.8.

Porta NOT

Uma *porta* **NOT** tem uma entrada x e uma saída F. O valor de F deve ser sempre o oposto, ou inverso, de x – por essa razão, uma porta NOT é comumente chamada de *inversor*. Poderemos construir uma porta NOT, usando um transistor pMOS e um nMOS, como está mostrado na Fig. 2.8(a). O triângulo no topo do circuito transistorizado representa a tensão positiva da fonte de alimentação, que representamos como 1. A série de linhas na base do circuito representa a terra, que representamos como 0. Quando a entrada x é 0, o transistor pMOS irá conduzir, mas o nMOS não conduzirá, como mostra a Fig. 2.9(a). Nesse caso, podemos pensar no circuito como sendo um fio de 1 a F, de modo que quando x = 0, então F = 1. Por outro lado, quando x é 1, o nMOS irá conduzir, mas o pMOS não irá, como está mostrado na Fig. 2.9(b). Nesse caso, podemos pensar no circuito como sendo um fio de 0 a F, de modo que quando x = 1, então F = 0. A Tabela da Fig. 2.8, chamada de *tabela-verdade*, resume o comportamento da porta NOT, listando a saída da porta para cada entrada possível.

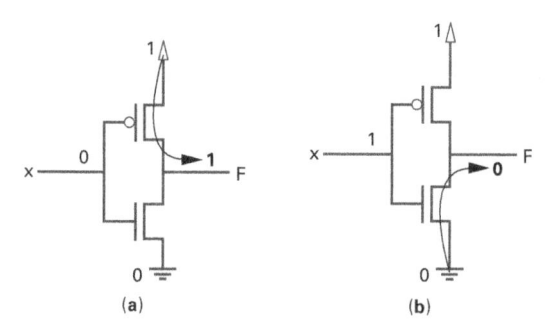

Figura 2.9 Caminhos de condução do inversor quando: (a) a entrada é 0 e (b) a entrada é 1.

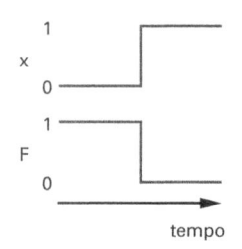

Figura 2.10 Diagrama de tempo do inversor.

A Fig. 2.10 mostra um diagrama de tempo de um inversor – quando a entrada é 0, a saída é 1; quando a entrada é 1, a saída é 0.

Eletricamente, a combinação de transistores pMOS e nMOS dessa forma traz o benefício do baixo consumo de energia. Observe na Fig. 2.8(a) que, para qualquer valor de x, ou o transistor pMOS ou o nMOS não conduz. Assim (conceitualmente), a corrente nunca pode fluir da fonte de alimentação até a terra – essa característica também será verdadeira para as portas AND e OR que definiremos em seguida. Isso faz com que os circuitos CMOS consumam muito menos energia do que as outras tecnologias de transistor e explica em parte por que atualmente a tecnologia de portas lógicas transistorizadas mais popular é a CMOS.

Porta OR

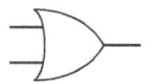

Uma *porta* **OR** básica tem duas entradas x e y e uma saída F. O valor de F deve ser 1 somente se, no mínimo, uma das entradas x ou y for 1. Poderemos construir uma porta OR usando dois transistores pMOS e dois nMOS, como está mostrado na Fig. 2.8(b) (veremos na Seção 2.8 que, na realidade, as portas OR são construídas de forma mais complexa). Se, no mínimo, uma das entradas x ou y for 1, então teremos uma ligação de 1 para F e nenhuma de 0 para F, de modo que F será 1, como está mostrado na Fig. 2.11(a). Se ambas as entradas x e y forem 0, então teremos uma ligação de 0 para F e nenhuma de 1 para F. Desse modo, F será 0, como está mostrado na Fig. 2.11(b). A tabela-verdade da porta OR aparece na Fig. 2.8(b).

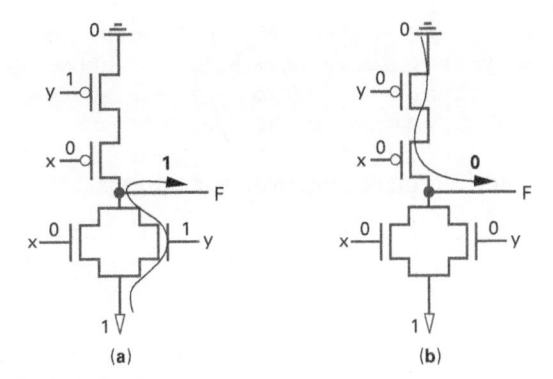

Figura 2.11 Caminhos de condução de uma porta OR quando: (a) uma entrada é 0 e (b) ambas as entradas são 0.

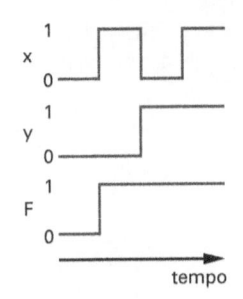

A Fig. 2.12 mostra um diagrama de tempo de uma porta OR. (Veja a Seção 1.3 para uma introdução aos diagramas de tempo.) Aplicamos cada combinação possível de valores às entradas x e y e mostramos que F será 1 se ambas as entradas ou qualquer uma delas for 1.

Portas OR maiores, tendo mais de duas entradas, também são possíveis. Se, no mínimo, uma das entradas da porta OR for 1, então a saída será 1. Em uma porta OR de três entradas, o circuito transistorizado da Fig. 2.8(b) terá três transistores pMOS em cima e três nMOS em baixo, ao invés de dois transistores de cada tipo.

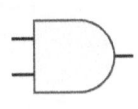

Figura 2.12 Diagrama de tempo da porta OR.

Porta AND

Uma *porta AND* básica tem duas entradas x e y e uma saída F. O valor de F deve ser 1 somente se ambas as entradas x e y forem 1. Poderemos construir uma porta AND usando dois transistores pMOS e dois nMOS, como está mostrado na Fig. 2.8(c) (novamente, veremos na Seção 2.8 que na realidade as portas AND são construídas de forma mais complexa). Se ambas as entradas x e y forem 1, então teremos uma ligação da fonte de alimentação para F e nenhuma da terra para F, de modo que F será 1, como está mostrado na Fig. 2.13(a). Se, no mínimo, uma das entradas x ou y for 0, então teremos uma ligação da terra para F e nenhuma da fonte para F. Desse modo, F será 0, como está mostrado na Fig. 2.13(b). A tabela-verdade da porta AND aparece na Fig. 2.8(c).

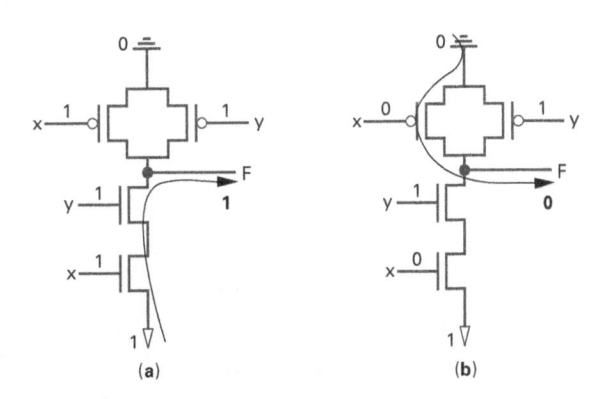

Figura 2.13 Caminhos de condução de uma porta AND quando: (a) todas as entradas são 1 e (b) uma entrada é 0.

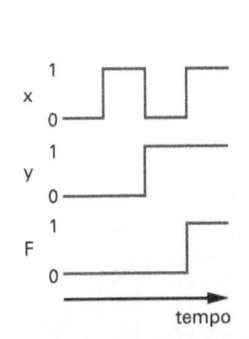

Figura 2.14 Diagrama de tempo da porta AND.

A Fig. 2.14 mostra um diagrama de tempo de uma porta AND. Aplicamos cada combinação possível de valores às entradas x e y e mostramos que F será 1 apenas se ambas as entradas forem 1.

Portas AND maiores, tendo mais de duas entradas, também são possíveis. A saída será 1 apenas se todas as entradas forem 1. Em uma porta AND de três entradas, o circuito transistorizado da Fig. 2.8(c) teria três transistores pMOS no topo e três nMOS na base, ao invés de dois transistores de cada tipo.

Construindo circuitos simples usando portas

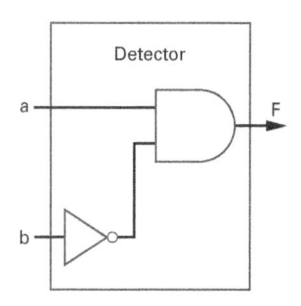

Depois de termos construído portas lógicas como blocos construtivos a partir de transistores, mostraremos agora como construir circuitos úteis a partir desses blocos. Lembre-se do exemplo de sistema digital da Fig. 1.13, o detector de movimento no escuro. Quando a = 1 significava movimento, b = 0 significava escuridão e queríamos F = a AND NOT(b). Podemos conectar b a um inversor obtendo NOT(b) e ligar o resultado junto com a na entrada de uma porta AND, cuja saída é F. O circuito resultante aparece na Fig. 1.13(c), mostrado aqui novamente à esquerda por conveniência. Agora vamos apresentar mais exemplos.

▶ **EXEMPLO 2.3** Convertendo uma equação booleana em um circuito com portas lógicas

Converta a seguinte equação em um circuito:

F = a AND NOT(b OR NOT(c))

Começamos desenhando F à direita e então trabalhamos inversamente em direção às entradas. (Também poderíamos começar desenhando as entradas à esquerda e trabalhar em direção à saída.) A equação de F contém uma porta AND de dois itens: a e a saída de um NOT. Desse modo, começamos desenhando o circuito da Fig. 2.15(a). A entrada da NOT vem de uma porta OR com dois itens de entrada: b e NOT(c). Assim, completamos o desenho da Fig. 2.15(b) incluindo uma porta OR e uma NOT como mostrado. ◀

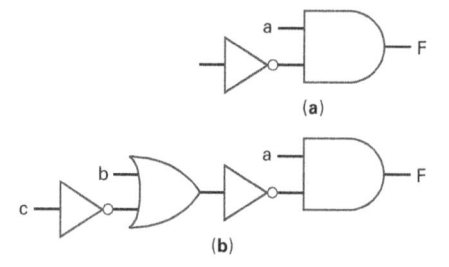

Figura 2.15 Construção do circuito para F: (a) parcial, (b) completo.

▶ **EXEMPLO 2.4** Mais exemplos de conversão de equações booleanas em portas

A Fig. 2.16 dá mais dois exemplos de conversão de equações booleanas em circuitos, construídos com portas lógicas. Começamos novamente com a saída e trabalhamos inversamente em direção às entradas. A figura mostra a correspondência entre os operadores das equações e as portas, além da ordem que seguimos para colocar cada porta no circuito.

F = a AND (s OR d)

(a)

F = (a AND NOT(b)) OR (b AND NOT(c))

(b)

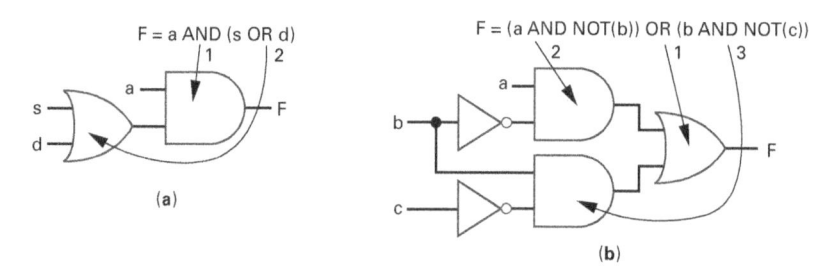

Figura 2.16 Exemplos de conversão de equações booleanas em circuitos.

▶ **EXEMPLO 2.5   Usando portas AND e OR com mais de duas entradas**

A Fig. 2.17(a) mostra uma implementação da equação F = a AND b AND c, usando portas AND de duas entradas. Em lugar disso, no entanto, os projetistas implementarão tipicamente essa equação usando uma única porta AND de três entradas, mostrada na Fig. 2.17(b). A função é a mesma, mas a porta AND de três entradas usa menos transistores, 6 em lugar de 4+4 = 8 (além de ter menos atraso de tempo – depois veremos mais sobre atrasos de tempo). De modo semelhante, tipicamente F = a AND b AND c AND d seria implementada usando uma porta AND de quatro entradas.

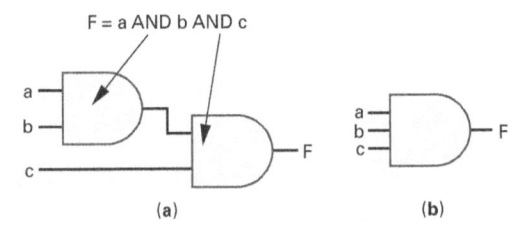

Figura 2.17   Uso de portas AND de entradas múltiplas: (a) usando portas AND de 2 entradas, (b) usando uma porta AND de 3 entradas.

A mesma abordagem aplica-se a portas OR. Por exemplo, F = a OR b OR c seria implementada tipicamente usando uma porta OR de três entradas. ◀

Agora, apresentaremos exemplos que começam com as descrições verbais dos problemas, as quais são convertidas em equações booleanas que, finalmente, são implementadas na forma de circuitos.

▶ **EXEMPLO 2.6   Luz de alerta para cinto de segurança**

Suponha que você quer projetar um sistema para automóvel que acenderá uma lâmpada de alerta sempre que o cinto de segurança não estiver engatado e a chave estiver na ignição. Assuma os seguintes sensores:

- um sensor de saída s indica se o cinto de segurança do motorista está engatado (s = 1 significa que o cinto está engatado), e
- um sensor com saída k indica se a chave está na ignição (k = 1 significa que a chave está colocada).

Assuma que a luz de alerta tem uma entrada simples w que acende a luz quando w é 1. Assim, as entradas do nosso sistema digital são s e k, e a saída é w. w deve ser 1 quando ambas as condições seguintes ocorrem: s é 0 e k é 1.

Primeiro, vamos escrever um programa simples em C, executável em microprocessador, que seja capaz de resolver esse problema de projeto. Se conectarmos s a I0, k a I1 e w a P0, então o nosso código em C dentro da função main() do programa em C seria:

```
while (1) {
    P0 = !I0 && I1;
}
```

Repetidamente, o código verifica os sensores e atualiza a luz de alerta.

Agora, vamos escrever uma equação booleana que descreve um circuito capaz de implementar o projeto:

$$w = \text{NOT}(s) \text{ AND } k$$

Usando as portas lógicas AND e NOT que introduzimos antes, podemos completar facilmente o projeto do nosso primeiro sistema, conectando s a uma porta NOT e ligando a porta NOT(s) resultante e k a uma porta AND de 2 entradas, como está mostrado na Fig. 2.18.

A Fig. 2.19 mostra um diagrama de tempo para o circuito. Em um diagrama de tempo, podemos aplicar quaisquer valores que queiramos às entradas, mas então a linha de saída deverá ser desenhada de modo que acompanhe a função do circuito. Na figura, aplicamos 00 a s e a k, a seguir, 01, então 10, e finalmente 11. O único intervalo em que a saída w é 1 é quando s é 0 e k é 1, como mostrado na figura. ◀

Figura 2.18 Circuito de alerta para cinto de segurança.

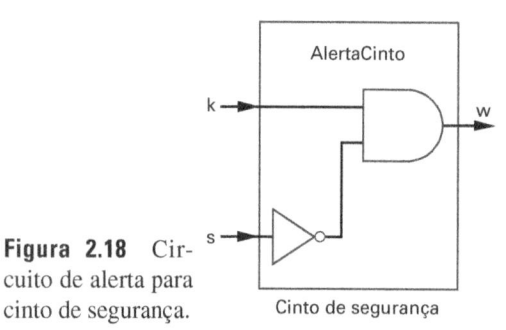

Figura 2.19 Diagrama de tempo do circuito de alerta para cinto de segurança.

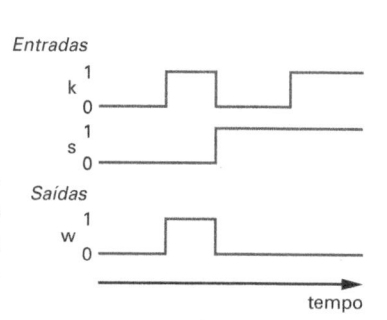

Dissemos anteriormente que, no projeto de circuitos digitais, as portas lógicas são mais apropriadas do que os transistores como blocos construtivos. Em última análise, no entanto, observe que as portas lógicas são implementadas usando os transistores, como está mostrado na Fig. 2.20. Para os programadores de C, uma analogia é que é mais fácil escrever programas em C do que em *assembly*, mesmo que o programa em C termine sendo implementado, em última análise, em *assembly*. Observe como o circuito baseado em transistores da Fig. 2.20 é muito menos intuitivo do que o circuito equivalente baseado em portas lógicas da Fig. 2.18.

▶ **EXEMPLO 2.7 Luz de alerta para cinto de segurança com sensor de presença de motorista**

Vamos expandir o exemplo anterior adicionando um sensor, com saída p, que detecta se uma pessoa está de fato sentada no assento do motorista. Iremos também alterar o funcionamento do sistema para que a luz de alerta seja acesa somente quando é detectada a presença de uma pessoa no assento (p = 1). Desse modo, a equação do novo circuito é:

$$w = p \text{ AND NOT}(s) \text{ AND } k$$

Neste caso, precisamos de uma porta AND de 3 entradas. O circuito está mostrado na Fig. 2.21.

Tenha em mente que a ordem das entradas na porta AND é irrelevante. ◀

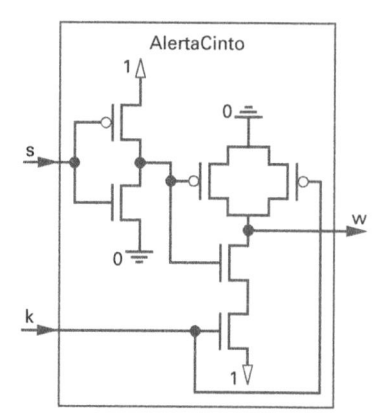

Figura 2.20 Circuito de alerta para cinto de segurança usando transistores.

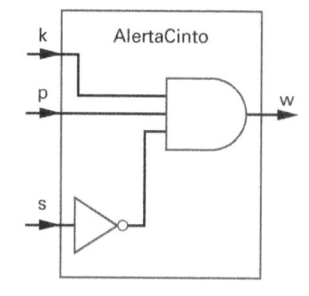

Figura 2.21 Circuito de alerta para cinto de segurança com sensor de presença de pessoa.

▶ **EXEMPLO 2.8** Luz de alerta para cinto de segurança com acendimento inicial

Vamos expandir ainda mais o exemplo anterior. Os automóveis costumam acender todas as luzes de alerta quando você gira a chave de ignição na partida. Assim, você pode verificar se todas as luzes de alerta estão funcionando. Assuma que o nosso sistema recebe uma entrada t que é 1 durante os primeiros 5 segundos após a colocação da chave na ignição e então torna-se 0, a partir desse instante em diante (não se preocupe com quem ou o que faz t assumir esses valores). Desse modo queremos w = 1 quando p = 1 e s = 0 e k = 1, ou quando t = 1. Observe que, quando t = 1, acendemos a luz, independentemente dos valores de p, s e k. A equação do novo circuito é:

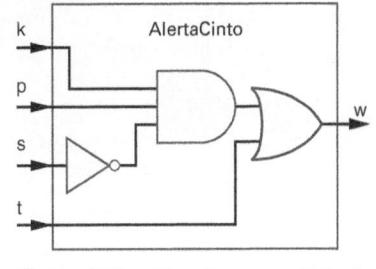

Figura 2.22 Circuito expandido de alerta para cinto de segurança.

W = (p AND NOT(s) AND k) OR t

O circuito está mostrado na Fig. 2.22.   ◀

Algumas regras e convenções de desenho de circuitos

Há algumas regras e convenções que os projetistas seguem normalmente quando desenham circuitos com portas lógicas:

- As portas lógicas têm uma saída e uma ou mais entradas, mas normalmente não rotulamos as saídas e as entradas das portas. Lembre-se de que a ordem das entradas em uma porta não tem efeito sobre o seu comportamento lógico.

- Cada fio tem um sentido implícito, indo da saída de uma porta para a entrada de uma outra porta, mas normalmente não desenhamos as setas indicando o sentido.

- Um fio simples pode se ramificar em dois (ou mais) fios que vão para as entradas de diversas portas – os ramos têm o mesmo valor que o fio simples. Entretanto, dois fios NÃO podem se juntar em um único – qual seria o valor desse fio simples se os dois fios que chegam tivessem valores diferentes?

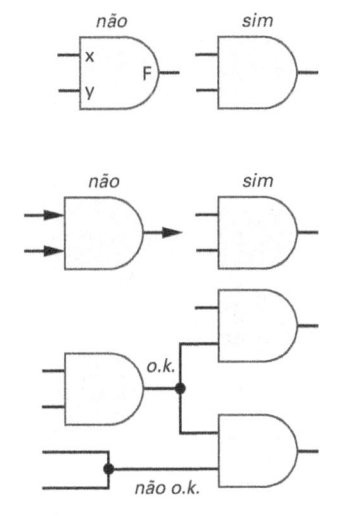

▶ **2.5 ÁLGEBRA BOOLEANA**

As portas lógicas são úteis para implementar circuitos, mas as equações são melhores para manipular esses circuitos. As ferramentas algébricas da álgebra booleana permitem-nos manipular as equações booleanas de modo que podemos fazer coisas tais como simplificar as equações, verificar se duas equações são equivalentes, encontrar a inversa de uma equação, demonstrar as propriedades das equações, etc. Como uma equação booleana, consistindo em operações AND, OR e NOT, pode ser facilmente transformada em um circuito de portas AND, OR e NOT, pode-se considerar a manipulação das equações booleanas como sendo uma manipulação de circuitos digitais.

Vamos introduzir informalmente algumas das ferramentas algébricas mais úteis da álgebra booleana. O Apêndice A fornece uma definição formal de álgebra booleana.

Notação e terminologia

Agora definiremos uma terminologia e um sistema de notação para descrevermos as equações booleanas. Usaremos extensivamente essas definições por todo o livro.

Operadores

Escrever os operadores AND, OR e NOT nas equações é incômodo. Assim, a álgebra booleana usa uma notação mais simples para esses operadores:

- "NOT(a)" é escrito tipicamente como a' ou $\bar{a}$. Usaremos a' que é lido como "a *linha*". O termo a' é também conhecido como o **complemento** de a, ou o *inverso* de a.

- "a OR b" é escrito tipicamente como "a + b", com a intenção específica de ser semelhante ao operador de adição da álgebra comum. A expressão "a + b" é então referida como a *soma* de a e b. A expressão "a + b" é lida usualmente como "a ou b".

- "a AND b" é escrito tipicamente como "a b" ou "a · b", com a intenção específica de ser similar ao operador de multiplicação da álgebra comum e é referido mesmo como o **produto** de a e b. Como na álgebra comum, podemos mesmo escrever "ab" como sendo o produto de a e b, desde que fique claro que a e b são variáveis separadas. A expressão "a * b" é lida usualmente como "a e b" ou simplesmente "ab".

Os matemáticos freqüentemente usam outras notações para os operadores booleanos, mas a notação anterior parece ser a mais popular entre os engenheiros, devido provavelmente à semelhança intencional desses operadores com os da álgebra comum.

Usando a notação mais simples, o nosso exemplo anterior do cinto de segurança:

$$w = (p \text{ AND NOT}(s) \text{ AND } k) \text{ OR } t$$

poderia ser reescrito de forma concisa como:

$$w = ps'k + t$$

que seria lido como "w é igual a p, s linha, k ou t".

▶ **EXEMPLO 2.9 Lendo equações booleanas**

Leia as seguintes equações:

1. F = a'b' + c. *Resposta*: "F é igual a a linha b linha, ou c."

2. F = a + b * c'. *Resposta*: "F é igual a a, ou b e c linha."

Converta as seguintes leituras de equações em equações escritas:

1. "F é igual a a b linha c linha." *Resposta*: F = ab'c'.

2. "F é igual a a b c, ou d e linha." *Resposta*: F = abc + de'. ◀

As regras da álgebra booleana exigem que avaliemos as expressões usando as regras de precedência de que: * tem precedência sobre +, a complementação de uma variável tem precedência sobre * e +, e naturalmente calculamos primeiro o que está dentro de parênteses. Podemos tornar explícita a ordem de avaliação da expressão anterior usando parênteses como segue: w = (p * (s') * k) + t.

A Tabela 2.1 resume as regras de precedência da álgebra booleana.

TABELA 2.1 Regras de precedência da álgebra booleana, precedência mais elevada primeiro

Símbolo	Nome	Descrição
( )	Parênteses	Avalie primeiro as expressões contidas em parênteses
'	NOT	Avalie da esquerda para a direita
*	AND	Avalie da esquerda para a direita
+	OR	Avalie da esquerda para a direita

Convenções

Embora tenhamos tomado emprestado da álgebra comum as operações de adição e de multiplicação, e mesmo usado os termos soma e produto, *não* dizemos "vezes" para AND e "mais" para OR.

Os livros de projeto digital designam tipicamente cada variável usando um único caracter, porque as equações tornam-se mais concisas. Como escreveremos muitas equações, a concisão irá facilitar a compreensão delas evitando que se desdobrem por muitas linhas ou páginas. Desse modo, seguiremos a convenção de usar caracteres simples. No entanto, quando você descreve sistemas digitais usando uma linguagem de descrição de hardware ou uma linguagem de programação como C, provavelmente você deverá usar nomes muitos mais descritivos para que o seu código seja entendido. Assim, ao invés de usar "s" para representar a saída de um sensor de cinto de segurança engatado, você poderá usar "CintodeSegurançaEngatado".

▶ **EXEMPLO 2.10** Avaliando equações booleanas usando as regras de precedência

Avalie as seguintes equações booleanas, assumindo a = 1, b = 1, c = 0 e d = 1.

1. F = a * b + c. *Resposta:* * tem precedência sobre + e assim, avaliando a expressão, obtemos F = (1 * 1) + 0 = (1) + 0 = 1 + 0 = 1.

2. F = ab + c. *Resposta:* o problema é idêntico ao anterior, usando a notação abreviada de *.

3. F = ab'. *Resposta:* primeiro avaliamos b', porque NOT tem precedência sobre AND, resultando F = 1 * (1') = 1 * (0) = 1 * 0 = 0.

4. F = (ac)' *Resposta:* primeiro avaliamos o que está dentro dos parênteses e, a seguir, aplicamos o NOT ao resultado produzindo (1*0)' = (0)' = 0' = 1.

5. F = (a + b') * c + d'. *Resposta:* os parênteses têm a máxima precedência. Dentro dos parênteses, o NOT tem a precedência mais elevada. Assim, avaliamos a parte dos parênteses como (1 + (1')) = (1 + (0)) = (1 + 0) = 1. A seguir, * tem precedência sobre +, resultando (1 * 0) + 1' = (0) + 1'. O NOT tem precedência sobre o OR, dando (0) + (1') = (0) + (0) = 0 + 0 = 0. ◀

Variáveis, literais, termos e soma de produtos

Vamos definir mais alguns conceitos, usando como exemplo a equação: F(a,b,c) = a'bc + abc' + ab + c.

- **Variável:** Uma variável representa uma quantidade (0 ou 1). A equação acima tem três variáveis: a, b e c. Tipicamente, usamos variáveis nas equações booleanas para representar as entradas de nossos sistemas. Algumas vezes, listamos explicitamente as variáveis da função como antes ("F(a,b,c) = ..."). Outras vezes, omitimos a lista explícita ("F = ...").

- *Literal:* Literal é a expressão de uma variável na formas complementada ou não complementada (afirmada). A equação acima tem 9 literais: a', b, c, a, b, c', a, b e c.

- *Termo de produto:* Um termo de produto é um produto de literais. A equação acima tem quatro termos: a'bc, abc', ab e c.

- *Soma de produtos:* Uma equação escrita como uma operação OR de termos de produtos é conhecida como estando na forma de uma soma de produtos. O exemplo anterior de equação para F está na forma de uma soma de produtos. Todas as seguintes equações estão na forma de uma soma de produtos:

    ```
    abc + abc'
    ab + a'c + abc
    a + b' + ac
    ```
    (observe que é possível haver um termo de produto que contenha apenas uma literal).

    As seguintes equações NÃO estão na forma de soma de produtos:

    ```
    (a + b)c
    (ab + bc)(b + c)
    (a')' + b
    a(b + c(d + e))
    (ab + bc)'
    ```

Algumas propriedades da álgebra booleana

Listaremos agora algumas das regras chaves da álgebra booleana. Suponha que a, b e c sejam variáveis booleanas que apresentam os valores 0 ou 1.

Propriedades Básicas

Assuma que as seguintes propriedades, conhecidas como postulados, são verdadeiras:

- *Comutativa*

    ```
    a + b = b + a
    a * b = b * a
    ```

    Essa propriedade deve ser óbvia. Simplesmente, teste-a com diferentes valores de a e b.

- *Distributiva*

    ```
    a * (b + c) = a * b + a * c
    a + (b * c) = (a + b) * (a + c)   (essa é enganadora!)
    ```

    Cuidado, a segunda pode não ser óbvia. É diferente da álgebra comum. No entanto, você pode verificar que ambas as propriedades distributivas são verdadeiras simplesmente avaliando ambos os membros de cada equação usando todas as combinações possíveis de valores de a, b e c.

- *Associativa*

    ```
    (a + b) + c = a + (b + c)
    (a * b) * c = a * (b * c)
    ```

    Novamente, teste-a para diferentes valores de a e b para ver que é verdadeira.

- *Identidade*

    ```
    0 + a = a + 0 = a
    1 * a = a * 1 = a
    ```

Intuitivamente, parece fazer sentido, certo? Fazer uma operação OR de a com 0, (a + 0), significa apenas que o resultado será o que quer que seja a. Afinal de contas, 1 + 0 é 1, ao passo que 0 + 0 é 0. De modo semelhante, uma AND de a com 1, (a*1), resulta em a. O valor de 1*1 é 1, ao passo que 0*1 é 0.

- *Complemento*

$$a + a' = 1$$
$$a * a' = 0$$

Intuitivamente, essa também faz sentido. Independentemente do valor de a, a' terá o valor oposto, de modo que você obtém 0 e 1, ou, 1 e 0. Uma das variáveis de (a, a') sempre será 1. Desse modo, se você fizer uma operação OR com elas, então (a + a') deverá produzir um 1. De modo semelhante, uma variável de (a + a') sempre será 0 e, desse modo, uma AND com elas (a*a') deverá produzir um 0.

Agora, vamos aplicar essas propriedades básicas a alguns exemplos de projeto digital para ver como elas podem nos ajudar.

▶ **EXEMPLO 2.11   Aplicando as propriedades da álgebra booleana**

Use as propriedades da álgebra booleana nos seguintes problemas:

- Mostre que abc' é equivalente a c'ba.
  Pela propriedade comutativa, podemos permutar os operandos de uma seqüência de ANDs. Desse modo, a*b*c' = a*c'*b = c'*a*b = c'*b*a = c'ba.

- Mostre que abc + abc' = ab.
  A primeira propriedade distributiva permite-nos colocar em evidência o termo ab: abc + abc' = ab(c + c'). Então, a propriedade do complemento permite-nos substituir o c+c' por 1:ab(c+c') = ab(1). Finalmente, a propriedade da identidade permite-nos remover o 1 do termo AND: ab(1) = ab*1 = ab.

- Mostre que a equação x + x'z é equivalente a x + z.
  A segunda propriedade distributiva (a enganadora) permite-nos substituir x+x'z por (x+x')*(x+z). A propriedade do complemento permite-nos substituir (x+x') por 1 e a propriedade da identidade permite-nos substituir 1*(x+z) por x+z. ◀

▶ **EXEMPLO 2.12   Simplificação de um sistema de porta de correr automática**

Suponha que você deseja projetar um sistema para controlar uma porta de correr automática, como as que podem ser encontradas nas entradas de algumas lojas. Em nosso sistema, uma entrada p indica se um sensor detectou a presença de uma pessoa à frente da porta (p = 1 significa que uma pessoa foi detectada). Uma entrada h indica se a porta deve permanecer aberta manualmente (h = 1) independentemente da detecção ou não da presença de uma pessoa. Uma entrada c indica se a porta deve permanecer fechada (como quando a loja não está aberta para funcionamento) – c = 1 significa que a porta deve permanecer fechada. Normalmente, estes dois últimos casos seriam acionados por um gerente autorizado. Uma saída f abre a porta quando f é 1. Queremos abrir a porta quando ela está sendo acionada manualmente para ser mantida aberta, ou (OR) quando a porta não está sendo mantida aberta manualmente, mas uma pessoa está sendo detectada. Entretanto, em ambos esses casos, somente abriremos a porta se ela não estiver sendo acionada para permanecer fechada. Podemos traduzir esses requisitos em uma equação booleana na forma de:

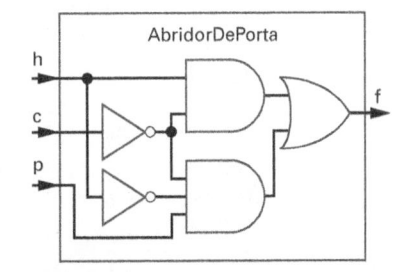

Figura 2.23   Circuito inicial de abertura de porta.

$$f = hc' + h'pc'$$

Poderíamos construir um circuito para implementar essa equação, como na Fig. 2.23.

Agora, vamos manipular a equação usando as propriedades descritas anteriormente. Olhando as equações, parece-nos que podemos colocar em evidência o c'. Então, poderíamos simplificar também a parte restante "h+h'p". Vamos tentar algumas simplificações, colocando em evidência primeiro c':

```
f = hc' + h'pc'
f = c'h + c'h'p              (pela propriedade comutativa)
f = c'(h + h'p)              (pela primeira propriedade distributiva)
f = c'((h+h')*(h+p))         (pela segunda propriedade distributiva – a enganadora!)
f = c'((1)*(h + p))          (pela propriedade do complemento)
f = c'(h+p)                  (pela propriedade da identidade)
```

Observe que intuitivamente a equação simplificada ainda faz sentido – abrimos a porta apenas quando ela não é mantida fechada (c') e (AND) ou a porta é mantida aberta (h) ou (OR) uma pessoa está sendo detectada (p). Um circuito que implementa essa equação está mostrado na Fig. 2.24. Assim, aplicando as propriedades algébricas, obtivemos um circuito mais simples. Em outras palavras, usamos matemática para simplificar o circuito.

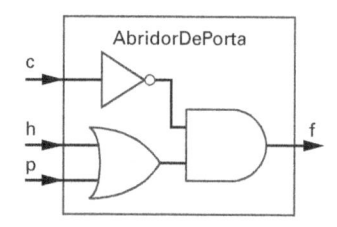

A simplificação de circuitos será o foco da Seção 2.11.

Figura 2.24 Circuito simplificado de abertura de porta.

▶ **EXEMPLO 2.13** **Equivalência de dois sistemas de abertura automática de porta**

Suponha que você encontrou um dispositivo realmente barato para ser usado em sistemas automáticos de abertura de portas de correr. O dispositivo tem entradas c, h e p além de uma saída f, como no Exemplo 2.12, mas a documentação do dispositivo diz que:

$$f = c'hp + c'hp' + c'h'p$$

Esse dispositivo faz o mesmo que o do Exemplo 2.12? Uma maneira de verificar isso é ver se podemos manipular a equação acima transformando-a na equação do Exemplo 2.12:

```
f = c'hp + c'hp' + c'h'p
f = c'h(p + p') + c'h'p      (pela propriedade distributiva)
f = c'h(1) + c'h'p           (pela propriedade do complemento)
f = c'h + c'h'p              (pela propriedade da identidade)
f = hc' + h'pc'              (pela propriedade comutativa)
```

Essa equação é a mesma que a original do Exemplo 2.12 e, portanto, o dispositivo deve servir. ◀

Propriedades adicionais

Vamos examinar algumas propriedades adicionais que são chamadas de teoremas porque podem ser demonstradas usando os postulados anteriores:

- *Elementos nulos*

$$a + 1 = 1$$
$$a * 0 = 0$$

Essas propriedades devem ser bem óbvias. O valor de 1 OR qualquer coisa será 1, ao passo que 0 AND qualquer coisa será 0.

- **Lei da idempotência**

$$a + a = a$$
$$a * a = a$$

Novamente, isso deve ser bem óbvio. Quando a é 1, então 1 + 1 = 1 e 1*1 = 1, ao passo que quando a é 0, 0 + 0 = 0 e 0*0 = 0.

- **Lei da involução**

$$(a')' = a$$

De novo, bem óbvia. Se a for 1, a primeira negação dará 0, ao passo que a segunda dará 1 novamente. De modo semelhante, se a for 0, a primeira negação dará 1, ao passo que a segunda dará 0 novamente.

- **Lei de DeMorgan**

$$(a + b)' = a'b'$$
$$(ab)' = a' + b'$$

Essas propriedades não são tão óbvias. As suas demonstrações estão no Apêndice A. Aqui, ambas as equações serão analisadas intuitivamente. Considere (a + b)' = a'b'. O primeiro membro da equação será 1 apenas se o valor de (a + b) for 0, o que ocorre apenas quando ambos a AND b são 0, significando a'b' – o segundo membro da equação. De modo semelhante, considere (ab)' = a' + b'. O primeiro membro será 1 apenas se o valor de (ab) for 0, significando que ao menos uma das variáveis de a OR b deverá ser 0, ou a' + b' – o segundo membro. A lei de DeMorgan pode ser enunciada da seguinte maneira: o complemento de uma soma é igual ao produto dos complementos; o complemento de um produto é igual à soma dos complementos. A lei de DeMorgan é amplamente usada. Portanto, gaste um tempo agora para compreendê-la e memorizá-la.

Vamos aplicar algumas dessas propriedades adicionais a mais exemplos.

▶ **EXEMPLO 2.14 Aplicando as propriedades adicionais**

- Converta a equação F = ab(c+d) para a forma de soma de produtos.
  A propriedade distributiva permite-nos expandir a equação produzindo F = abc + abd.

- Converta a equação F = wx(x'y + zy' + xy) para a forma de soma de produtos e faça as simplificações.
  A propriedade distributiva permite-nos expandir a equação produzindo wx(x'y+zy'+ xy) = wxx'y + wxzy' + wxxy. Essa equação está na forma de soma de produtos. A propriedade do complemento permite-nos substituir wxx'y por w*0*y, e a propriedade do elemento nulo significa que w*0*y = 0. A propriedade da idempotência permite-nos substituir wxxy por wxy (porque xx = x). A equação resultante é 0 + wxzy' + wxy = wxzy' + wxy.

- Demonstre que x(x' + y(x'+y')) nunca pode ter valor 1.
  A aplicação repetida da primeira propriedade distributiva produz: xx'+xy(x'+y') = xx' + xyx' + xyy'. A propriedade do complemento diz-nos que xx'=0 e yy'=0, resultando 0 + 0*y + x*0. A propriedade do elemento nulo leva a 0 + 0 + 0, que é igual a 0. Assim, a equação sempre tem valor 0, independentemente dos valores reais de x e y.

- Determine a função oposta (NOT) de F = (ab' + c).
  A função desejada é G = F' = (ab'+c)'. A lei de DeMorgan fornece G = (ab')'* c'. Aplicando novamente a lei ao primeiro termo, obtém-se G = (a'+(b')') *c'. A propriedade da involução dá (a' + b) * c'. Finalmente, a propriedade distributiva fornece G = a'c' + bc'. ◀

▶ **EXEMPLO 2.15** **Aplicando a lei de DeMorgan a uma luz de sinalização de um lavatório de avião**

As aeronaves normalmente têm um sinal luminoso que indica se um lavatório (banheiro) está desocupado. Suponha que um avião tenha três lavatórios. Cada lavatório tem um sensor que produz 1 em sua saída quando a porta do lavatório está trancada e 0, em caso contrário. Nosso circuito terá três entradas a, b e c, vindas desses sensores, como mostrado na Fig. 2.25. Se *qualquer uma* das portas estiver destrancada (podendo ser uma, duas ou todas as três portas destrancadas), poderíamos acender o sinal de "Desocupado" fazendo a saída do circuito S ir para 1.

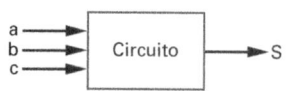

Figura 2.25 Bloco de sinal luminoso de um lavatório de avião.

Tendo compreendido isso, vemos que a função OR é adequada ao problema, já que o operador OR produz 1 quando qualquer uma de suas entradas está em 1, independentemente de quantas entradas estão em 1. Começamos escrevendo uma equação para S. O valor de S deverá ser 1 se a for 0, ou b for 0, ou c for 0. Dizer que a é 0 é o mesmo que dizer a'. Desse modo, a equação de S é:

S = a' + b' + c'

Traduzimos a equação no circuito da Fig. 2.26.

Podemos aplicar a lei de DeMorgan (ao contrário) à equação observando que (abc)' = a'+b'+c'. Desse modo, podemos substituir a equação por:

S = (abc)'

O circuito para a equação está na Fig. 2.27.

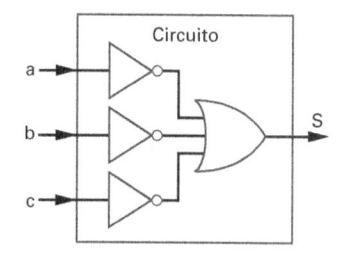

Figura 2.26 Circuito de sinal luminoso de um lavatório de avião.

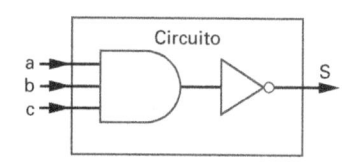

Figura 2.27 Circuito após a aplicação da lei de DeMorgan.

◀

▶ **EXEMPLO 2.16** **Demonstrando uma propriedade do sistema de porta de correr automática**

O seu chefe quer de você a *prova* de que, no circuito de porta de correr automática do Exemplo 2.12, é garantido que a porta ficará fechada quando supostamente ela for obrigada a permanecer fechada, ou seja, quando c = 1. Se a função f = c'(h+p) descrever a porta de correr, você poderá demonstrar que a porta permanecerá fechada (f = 0) usando as propriedades da álgebra booleana:

f = c'(h+p)
Seja c = 1 (porta obrigada a permanecer fechada)
f = 1'(h+p)
f = 0(h+p)
f = 0h + 0p (pela propriedade distributiva)
f = 0 + 0 (pela propriedade dos elementos nulos)
f = 0

Portanto, não interessando quais sejam os valores de h e p, se c = 1, então f será igual a 0 – a porta permanecerá fechada.

◀

▶ **EXEMPLO 2.17** **Porta de correr automática com polaridade oposta**

No Exemplo 2.12, computamos a função de abertura de uma porta de correr automática como:

f = c'(h + p)

▶ O SEU PROBLEMA É O MEU PROBLEMA

O uso da álgebra booleana em projeto digital é um exemplo do poderoso conceito geral de transformação de um problema em outro. Ao transformar um problema novo (projeto digital) em um problema antigo (representação lógica), as soluções (álgebra booleana) do problema antigo podem ser aplicadas ao problema novo. Imediatamente, o novo problema pode se beneficiar de talvez décadas de trabalho voltadas à resolução do problema antigo. A transformação de um problema em outro é extremamente comum em engenharia, especialmente em computação. Afinal de contas, por que reinventar a roda?

Suponha que o controle de sua porta automática tenha uma entrada com a polaridade oposta. Assim, teremos: 0 significa abrir a porta ao passo que 1 significa fechar. Podemos desenvolver a função g que abre a porta e simplificá-la como segue:

g = f'
g = (c'(h+p))'   (substituindo a equação em f)
g = (c')' + (h+p)'   (pela lei de DeMorgan)
g = c + (h+p)'   (pela lei da involução)
g = c + h'p'   (pela lei de DeMorgan)   ◀

▶ 2.6 REPRESENTAÇÕES DE FUNÇÕES BOOLEANAS

Uma *função booleana* é um *mapeamento* de cada uma das combinações possíveis de valores das variáveis da função (as entradas) para ou 0 ou 1 (a saída). Um exemplo de uma função booleana descrita em português comum é uma função F das variáveis a e b, tais que a função dá como saída 1 quando a é 0 e b é 0, ou quando a é 0 e b é 1. Há diversas outras representações melhores do que a descrição em português de uma função booleana, incluindo equações, circuitos e tabelas-verdade, como mostrado na Fig. 2.28. Cada representação tem suas próprias vantagens e desvantagens e cada uma é útil em diferentes momentos durante o projeto. Mesmo assim, as representações, por mais diferentes que pareçam entre si, representam exatamente a mesma função. É como a representação, sob diferentes formas, de uma receita em particular de biscoitos de chocolate: escrita, fotográfica ou mesmo em forma de vídeo. Não interessa como a receita é representada, trata-se da mesma receita.

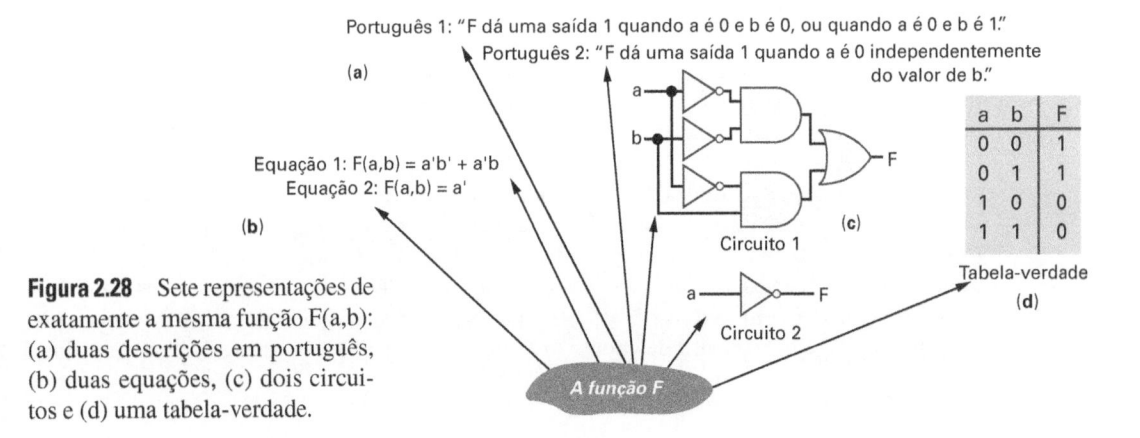

Figura 2.28 Sete representações de exatamente a mesma função F(a,b): (a) duas descrições em português, (b) duas equações, (c) dois circuitos e (d) uma tabela-verdade.

Português 1: "F dá uma saída 1 quando a é 0 e b é 0, ou quando a é 0 e b é 1."
Português 2: "F dá uma saída 1 quando a é 0 independentemente do valor de b."
(a)

Equação 1: F(a,b) = a'b' + a'b
Equação 2: F(a,b) = a'
(b)

Circuito 1
Circuito 2
(c)

a	b	F
0	0	1
0	1	1
1	0	0
1	1	0

Tabela-verdade
(d)

A função F

Equações

Uma maneira de se representar uma função booleana é usando uma equação. Uma equação é um enunciado matemático que iguala uma expressão a outra. F(a,b) = A'b'+ a'b é um exemplo de equação. O segundo membro da equação é referido freqüentemente como sendo uma *expressão*, cujo valor pode ser 0 ou 1.

Vimos que diferentes equações podem representar a mesma função. A equação F(a,b) = a'b'+ a'b representa a mesma função que F(a,b) = a'. Ambas as equações realizam exatamente o mesmo mapeamento dos valores de entrada em valores de saída – escolha quaisquer valores de entrada (por exemplo, a = 0 e b = 0) e ambas as equações irão transformar esses valores de entrada no mesmo valor de saída (a = 0 e b = 0 serão mapeados para F = 1 por ambas as equações).

Uma vantagem de uma equação ser representada como função booleana, em comparação a outras representações, é que podemos facilmente manipular essa equação usando as propriedades da álgebra booleana. Isso nos capacita a simplificar uma equação, provar que duas equações representam a mesma função, demonstrar propriedades relativas a uma função, e mais.

Circuitos

Uma segunda forma de se representar uma função booleana é usando um circuito com portas lógicas. Um *circuito* é uma interconexão de componentes. Como os componentes, portas lógicas, têm um mapeamento predefinido entre valores de entrada e valores de saída e como os fios apenas transmitem os valores sem alterá-los, um circuito descreve uma função.

Vimos que diferentes circuitos podem representar a mesma função. Os dois circuitos da Fig. 2.28 representam ambos a mesma função F. O circuito inferior usa menos portas mas a função é exatamente a mesma que a do circuito superior.

Uma vantagem de se representar um circuito como função booleana, em comparação a outras representações, é que um circuito pode representar a implementação física real de uma função booleana e, em última análise, o nosso objetivo é a implementação física de circuitos digitais. Uma outra vantagem é que um circuito desenhado graficamente pode permitir que as pessoas entendam uma função de forma rápida e fácil.

Tabela-verdade

Uma terceira maneira de se representar uma função booleana é usando uma *tabela-verdade*. A coluna esquerda de uma tabela-verdade lista as variáveis de entrada e mostra *todas as combinações possíveis de valores para essas entradas*, usando uma linha para cada combinação, como está mostrado na Fig. 2.29. A coluna direita de uma tabela-verdade lista então o valor (1 ou 0) de saída da função, correspondente à combinação dos valores de entrada daquela linha em particular, como foi mostrado na Fig. 2.28(d). Qualquer função de duas variáveis terá essas quatro combinações de entrada na coluna esquerda. As pessoas usualmente listam as combinações de entrada em ordem de valores binários crescentes (00 = 0, 01 = 1, 10 = 2 e 11 = 3), como fizemos antes. No entanto,

Entradas		Saída
a	b	F
0	0	
0	1	
1	0	
1	1	

Figura 2.29 Estrutura da tabela-verdade de uma função F(a,b) de duas entradas.

poderíamos ter listado as combinações em qualquer ordem, desde que todas as combinações possíveis fossem listadas. Para qualquer combinação dos valores de entrada, (por exemplo, a = 0 e b = 0), simplesmente precisamos olhar o valor correspondente na coluna de saída (no caso de a = 0 e b = 0, a saída mostrada na Fig. 2.28(d) é 1) para determinar a saída da função.

A Fig. 2.30 mostra as estruturas das tabelas-verdade de funções de duas, três e quatro entradas.

a	b	F
0	0	
0	1	
1	0	
1	1	

(a)

a	b	c	F
0	0	0	
0	0	1	
0	1	0	
0	1	1	
1	0	0	
1	0	1	
1	1	0	
1	1	1	

(b)

a	b	c	d	F
0	0	0	0	
0	0	0	1	
0	0	1	0	
0	0	1	1	
0	1	0	0	
0	1	0	1	
0	1	1	0	
0	1	1	1	
1	0	0	0	
1	0	0	1	
1	0	1	0	
1	0	1	1	
1	1	0	0	
1	1	0	1	
1	1	1	0	
1	1	1	1	

(c)

Figura 2.30 Estruturas de tabelas-verdade de funções: (a) F(a,b) de duas entradas, (b) F(a,b,c) de três entradas e (c) F(a,b,c,d) de quatro entradas. A determinação de uma função específica envolveria o preenchimento da coluna de F mais à direita com valores 0 ou 1 em cada linha.

As tabelas-verdade não são encontradas apenas em projeto digital. Se você estudou biologia básica, provavelmente viu um tipo de tabela-verdade que descreve o resultado de vários pares de genes. Por exemplo, a tabela à direita mostra os resultados de diferentes genes de cor de olhos. Cada pessoa tem dois genes de cor de olhos, um da mãe (rotulado M) e outro do pai (rotulado P).

Par de genes		Resultado
M	P	F
azul	azul	azul
azul	castanho	castanho
castanho	azul	castanho
castanho	castanho	castanho

Assumindo apenas dois valores possíveis para cada gene, azul e castanho, a tabela lista todas as combinações possíveis de pares de genes de cor de olhos que uma pessoa pode ter. Para cada combinação, a tabela fornece o resultado. Apenas quando uma pessoa tem dois genes de olhos azuis é que ela terá olhos azuis. Se ela tiver um ou mais genes de olhos castanhos, o resultado será olhos castanhos (devido ao gene de olhos castanhos ser dominante em relação ao gene de olhos azuis.)

Diferentemente de equações e circuitos, uma função booleana tem apenas *uma* representação por tabela-verdade.

Uma vantagem de uma tabela-verdade como forma de representar uma função booleana, em comparação a outras formas, é o fato de que uma função pode ter apenas uma representação na forma de tabela-verdade. Desse modo, podemos converter quaisquer representações de funções booleanas em tabelas-verdade, para determinar se representações diferentes representam a mesma função – se elas representarem a mesma função, as suas tabelas-verdade serão idênticas. Além disso, as tabelas-verdade são também bem intuitivas para as pessoas, já que uma tabela-verdade mostra claramente a saída para cada entrada possível. Desse modo, observe que na Fig. 2.8 usamos tabelas-verdade para descrever de maneira intuitiva o comportamento das portas lógicas básicas.

Uma desvantagem das tabelas-verdade é que, para um número grande de entradas, o número de linhas pode ser extremamente grande. Dada uma função com n entradas, o número de combinações de entrada é 2^n. Uma função com 10 entradas teria $2^{10} = 1024$ combinações possíveis de entrada – você não pode ver quase nada em uma tabela com 1024 linhas. Uma função com 16 entradas teria 65.536 linhas em sua tabela-verdade.

▶ **EXEMPLO 2.18**   Obtendo uma função na forma de tabela-verdade

TABELA 2.2   Tabela-verdade da função igual ou maior a 5

a	b	c	F
0	0	0	0
0	0	1	0
0	1	0	0
0	1	1	0
1	0	0	0
1	0	1	1
1	1	0	1
1	1	1	1

Crie uma tabela-verdade para descrever uma função que detecta se o valor de uma entrada de três bits, representando um número binário, é igual ou maior que 5. A Tabela 2.2 mostra uma tabela-verdade da função. Primeiro, listamos todas as combinações possíveis dos três bits de entrada, que designamos por a, b e c. A seguir, na coluna de saída, colocamos um 1 nas linhas em que as entradas representam 5, 6 ou 7, em binário. Nas demais linhas, colocamos 0s.   ◀

Convertendo entre representações de funções booleanas

Dadas as representações anteriores, podemos ver o projeto lógico combinacional como sendo a definição de uma função booleana apropriada para se dar uma solução a um problema em particular e, em seguida, a obtenção da representação do circuito dessa função. A definição da função booleana apropriada requer que pensemos não apenas em como a função deve ser, mas também que capturemos essa função de alguma forma – normalmente como equação ou tabela-verdade. Então, deveremos transformar essa representação da função obtida em circuito. Desse modo, o projeto lógico combinacional requer que saibamos como converter as representações da função booleana em outras. Para as três representações que discutimos até agora (equações, circuitos e tabelas-verdade), há seis conversões possíveis entre elas, que passaremos a descrever a partir de agora (Fig. 2.31).

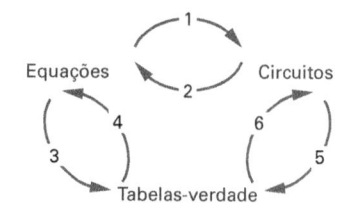

Figura 2.31   Conversões possíveis de uma representação de função booleana em outra.

1. Equações em circuitos
A conversão de uma equação em circuito pode ser feita facilmente usando uma porta AND para cada operador AND, uma porta OR para cada operador OR e uma porta NOT para cada operador NOT. Já demos diversos exemplos de tais conversões na Seção 2.4.

2. Circuitos em equações
A conversão de um circuito em uma equação pode ser feita começando com as entradas do circuito e, então, escrevendo a saída de cada porta como sendo uma expressão que contém as entradas da porta. A expressão para a última porta, anterior à saída, representa a expressão

da função do circuito. Por exemplo, suponha que nos seja fornecido o circuito da Fig. 2.32. Para convertê-lo em uma equação, começamos com o inversor, cuja saída será c'. Continuamos com a porta OR – observe que não podemos determinar a saída da porta AND até que tenhamos criado expressões para todas as entradas daquela porta. A saída da porta OR é h+p. Finalmente, escrevemos a saída da AND como sendo c'(h+p). Assim, a equação F(c,h,p) = c'(h+p) representa a mesma função que o circuito.

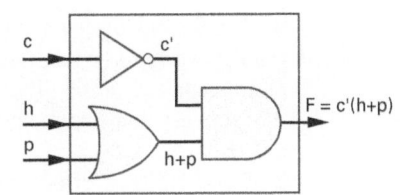

Figura 2.32 Convertendo um circuito em uma equação.

3. Equações em tabelas-verdade

A conversão de uma equação em uma tabela-verdade pode ser feita preparando primeiro uma tabela-verdade apropriada para o número de variáveis de entrada da função e, em seguida, calculando o valor do segundo membro da equação para cada combinação de valores de entrada. Por exemplo, para converter a equação F(a,b) = a'b' + a'b em uma tabela-verdade, iríamos preparar primeiro uma tabela-verdade para uma função de duas entradas, como está mostrado na Fig. 2.30(a). A seguir, calcularíamos o valor do segundo membro da equação para a combinação de valores de entrada de cada linha, como segue:

Entradas		Saída
a	b	F
0	0	1
0	1	1
1	0	0
1	1	0

Figura 2.33 Tabela-verdade para F(a,b)=a'b'+a'b.

- a=0 e b=0, F = 0'*0' + 0'*0 = 1*1 + 1*0 = 1 + 0 = 1
- a=0 e b=1, F = 0'*1' + 0'*1 = 1*0 + 1*1 = 0 + 1 = 1
- a=1 e b=0, F = 1'*0' + 1'*0 = 0*1 + 0*0 = 0 + 0 = 0
- a=1 e b=1, F = 1'*1' + 1'*1 = 0*0 + 0*1 = 0 + 0 = 0

Portanto, iríamos preencher a coluna direita da tabela como mostrado na Fig. 2.33. Observe que aplicamos as propriedades da álgebra booleana (principalmente as propriedades da identidade e dos elementos nulos) para avaliar as equações.

Observe que a conversão da equação F(a,b)=a' em uma tabela-verdade produz exatamente a mesma tabela-verdade mostrada na Fig. 2.33. Em particular, avaliando o segundo membro dessa equação, usando a combinação de valores de entrada de cada linha, obtém-se:

- a=0 e b=0, F = 0' = 1
- a=0 e b=1, F = 0' = 1
- a=1 e b=0, F = 1' = 0
- a=1 e b=1, F = 1' = 0

Algumas pessoas acham útil criar colunas intermediárias na tabela-verdade para computar os valores intermediários da equação. Assim, preenche-se cada coluna da tabela indo da esquerda para a direita e desloca-se para a coluna seguinte somente após todas as linhas da coluna corrente estarem preenchidas. Um exemplo para a equação F(a,b) = a'b' + a'b está mostrado na Fig. 2.34.

Entradas				Saída
a	b	a' b'	a' b	F
0	0	1	0	1
0	1	0	1	1
1	0	0	0	0
1	1	0	0	0

Figura 2.34 Tabela-verdade para F(a,b)=a'b+a'b com colunas intermediárias.

4. Tabelas-verdade em equações

Para converter uma tabela-verdade em uma equação, criamos um termo de produto para cada 1 da coluna de saída e, então, aplicamos um operador OR a todos os termos de produto. Para a tabela ao lado (Fig. 2.35), obtemos os termos mostrados na coluna mais à direita. Aplicando uma operação OR a esses termos, obtém-se F = a'b' + a'b.

Entradas		Saída	Termo
a	b	F	F = soma de
0	0	1	a' b'
0	1	1	a' b
1	0	0	
1	1	0	

Figura 2.35 Convertendo uma tabela-verdade em equação.

5. Circuitos em tabelas-verdade

Podemos converter um circuito combinacional em uma tabela-verdade, convertendo primeiro o circuito em uma equação (descrito anteriormente) e, então, convertendo a equação em uma tabela-verdade (também descrito anteriormente).

6. Tabelas-verdade em circuitos

Podemos converter uma tabela-verdade em um circuito combinacional, convertendo primeiro a tabela-verdade em uma equação (descrito anteriormente) e, então, convertendo a equação em um circuito (também descrito anteriormente).

▶ **EXEMPLO 2.19** **Circuito gerador de paridade começando com uma tabela-verdade**

Nada é perfeito e os circuitos digitais não são exceções. Algumas vezes, um bit em um fio altera-se quando não deveria. Assim, um 1 torna-se um 0, ou um 0 torna-se um 1. Por exemplo, um 0 pode estar se deslocando ao longo de um fio quando subitamente um ruído elétrico surge do nada e muda o 0 para 1. Mesmo que possamos diminuir a probabilidade de tais erros, possivelmente usando fios com boa isolação, não podemos evitá-los completamente nem detectar e corrigir todos eles – mas podemos detectar *alguns* deles. Tipicamente, os projetistas procuram situações nas quais é provável a ocorrência de erros, tais como dados que estão sendo transmitidos entre dois circuitos integrados através de fios compridos – como de um computador até uma impressora através de um cabo de impressora, ou de um computador a outro através de uma linha telefônica. Nessas situações, os projetistas acrescentam circuitos que no mínimo tentam detectar se um erro ocorreu, caso em que o circuito de recepção pode solicitar ao circuito de transmissão que reenvie os dados.

Um método comum de se detectar um erro é o chamado método da paridade. Digamos que tenhamos 7 bits de dados que devem ser transmitidos. Acrescentamos um bit extra, chamado bit de paridade, para obter um total de 8 bits. O transmissor atribuirá o valor 1 a esse bit de paridade se isso tornar par o número total de 1s – a chamada ***paridade par***. Por exemplo, se os 7 bits de dados fossem 0000001, então o bit de paridade seria 1, o que tornará o número total de 1s igual a 2 (um número par). Ao todo, os 8 bits seriam 00000011. Se os 7 bits de dados fossem 1011111, então o bit de paridade seria 0, tornando o número total de 1s igual a 6 (um número par). Os 8 bits completos seriam 10111110.

Agora, o receptor pode detectar se um bit foi alterado durante a transmissão, verificando se há um número par de 1s nos 8 bits recebidos. Se par, assume-se que a transmissão está correta. Se ímpar, um erro ocorreu durante a transmissão. Por exemplo, se o receptor receber 00000011, assumiremos que a transmissão está correta e o bit de paridade poderá ser descartado, ficando 0000001. Assuma, em vez disso, que ocorreu um erro e que o receptor recebeu 10000011. Vendo o número ímpar de 1s, o receptor sabe que ocorreu um erro – observe que o receptor *não* sabe qual bit é o errado. Do mesmo modo, 00000010 representaria um erro também. Observe que, nesse caso, o erro ocorreu no bit de paridade mas o receptor não sabe onde isso ocorreu.

Vamos descrever uma função que gera um bit de paridade par P para três bits de dados a, b e c. Começar com uma equação é trabalhoso – qual é a equação? Neste exemplo, começar com uma tabela-verdade é a escolha natural, como mostrado na Tabela 2.3. Para cada configuração de bits de dados (isto é, para cada linha da tabela-verdade), atribuímos ao bit de paridade um valor que torna par o número total de 1s. Da tabela-verdade, obtemos então a seguinte equação para o bit de paridade:

Neste exemplo, uma escolha mais natural é começar com uma tabela-verdade, do que com uma equação.

$$P = a'b'c + a'bc' + ab'c' + abc$$

Então, poderíamos projetar o circuito usando quatro portas AND e uma OR.

Observe que paridade par não significa certeza de que os dados estão corretos (observe que fomos cuidadosos ao dizer anteriormente que a transmissão era "assumida" correta quando o bit de paridade estava correto). Em particular, se dois erros ocorrerem em bits diferentes, então a paridade ainda será par. Por exemplo, o transmissor pode enviar 0110 mas o receptor pode receber 1111. O valor 1111 tem paridade par e assim parece correto. Métodos mais poderosos de detecção de erros são possíveis para se detectar erros múltiplos como esse, mas ao preço de se acrescentar bits extras.

A paridade ímpar é também um tipo comum de paridade – o valor do bit de paridade torna ímpar o número total de 1s. Não há nenhuma diferença de qualidade entre as paridades par e ímpar – o decisivo é simplesmente o transmissor e o receptor usarem ambos o mesmo tipo de paridade, par ou ímpar.

Uma representação popular de letras e números é conhecida como ASCII, a qual codifica cada caracter com 7 bits. O código ASCII acrescenta um bit para a paridade, perfazendo um total de 8 bits por caracter.

TABELA 2.3 Paridade par para 3 bits de dados

a	b	c	P
0	0	0	0
0	0	1	1
0	1	0	1
0	1	1	0
1	0	0	1
1	0	1	0
1	1	0	0
1	1	1	1

▶ **EXEMPLO 2.20** Convertendo um circuito combinacional em uma tabela-verdade

Converta o circuito mostrado na Fig. 2.36(a) em uma tabela-verdade.

Começamos transformando o circuito em uma equação. Iniciando com as portas mais próximas das entradas – neste caso, a porta AND e o inversor mais à esquerda – iremos rotular a saída de cada porta na forma de uma expressão de suas entradas. Vamos rotular a saída da porta AND mais à esquerda com o termo ab, por exemplo. De modo semelhante, rotulamos a saída do inversor mais à esquerda com c'. Continuando através das portas do circuito, rotulamos a saída do inversor mais à direita com (ab)'. Finalmente, rotulamos a saída da porta AND mais à direita com (ab)'c', o que corresponde à equação booleana de F. O circuito com as saídas de todas as portas rotuladas está mostrado na Fig. 2.36(b).

Usando a equação booleana, podemos construir agora a tabela-verdade do circuito combinacional. Como nosso circuito tem três entradas – a, b e c – há $2^3 = 8$ combinações possíveis de entradas (isto é, abc = 000, 001, 010, 011, 100, 101, 110, 111). Desse modo, nossa tabela-verdade tem as oito linhas mostradas na Fig. 2.37. Para cada combinação de entradas, calculamos o valor de F e preenchemos a casa correspondente na tabela-verdade. Por exemplo, quando a = 0, b = 0 e c = 0, então F é (00)'*0' = (0)'*1 = 1*1 = 1. Calculamos a saída do circuito para as combinações restantes de entrada usando uma tabela-verdade com valores intermediários, mostrada na Fig. 2.37. ◀

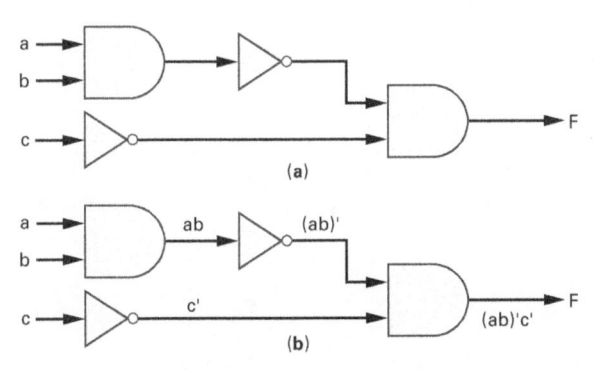

Figura 2.36 (a) Circuito combinacional e (b) circuito com as expressões de saída rotuladas das portas.

Entradas						Saídas
a	b	c	ab	(ab)'	c'	F
0	0	0	0	1	1	1
0	0	1	0	1	0	0
0	1	0	0	1	1	1
0	1	1	0	1	0	0
1	0	0	0	1	1	1
1	0	1	0	1	0	0
1	1	0	1	0	1	0
1	1	1	1	0	0	0

Figura 2.37 Tabela-verdade da equação do circuito.

Representação padrão e forma canônica

Dissemos antes que, embora haja muitas representações possíveis usando equações e circuitos para a mesma função booleana, há apenas uma representação que usa tabela-verdade para uma função booleana. As tabelas-verdade, portanto, constituem uma ***representação padrão*** de uma função – para qualquer função, pode haver muitas equações e circuitos possíveis, mas há apenas uma tabela-verdade. A representação por tabela-verdade é única.

Um uso da representação padrão de uma função booleana é na comparação de duas funções para ver se são equivalentes. Suponha que você quisesse verificar se duas equações booleanas são equivalentes. Uma maneira seria tentar manipular uma delas até que ficasse igual à outra, como fizemos no caso da porta de correr automática do nosso Exemplo 2.13. No entanto, suponha que não fomos bem-sucedidos em torná-las iguais – foi porque na realidade elas não são a mesma, ou por que simplesmente não manipulamos a equação o suficiente? Como podemos saber se as duas equações não são realmente a mesma?

Uma maneira conclusiva de verificar se duas funções são a mesma é criar uma tabela-verdade para cada uma e, então, ver se as tabelas-verdade são idênticas. Assim, para determinar se F = ab + a' é equivalente a F = a'b' + a'b + ab, poderíamos gerar as suas tabelas-verdade, usando o método descrito anteriormente para obter o valor da função em cada linha de saída, como mostrado à direita.

Vemos que as duas funções são de fato equivalentes, porque as saídas são idênticas para cada combinação de entradas. Agora, vamos verificar se F = ab + a' é equivalente a F = (a+b)' comparando as tabelas-verdade.

Como vemos claramente à direita, estas duas funções não são equivalentes. A comparação das duas tabelas não deixa dúvidas.

F = ab + a'		
a	b	F
0	0	1
0	1	1
1	0	0
1	1	1

F = a'b' + a'b + ab		
a	b	F
0	0	1
0	1	1
1	0	0
1	1	1

F = ab + a'		
a	b	F
0	0	1
0	1	1
1	0	0
1	1	1

F = (a+b)'		
a	b	F
0	0	1
0	1	0
1	0	0
1	1	0

Embora a comparação de tabelas-verdade funcione bem quando uma função tem apenas 2 entradas, o que acontece se a função tiver 5 entradas, ou 10 ou 32? A criação de tabelas-verdade torna-se cada vez mais trabalhosa, ficando em muitos casos totalmente fora da realidade, porque o número de linhas de uma tabela-verdade é igual a 2^n, onde n é o número de entradas. A função 2^n cresce muito rapidamente. O valor de 2^{32} é aproximadamente 4 bilhões, por exemplo. Não podemos esperar comparar realisticamente 2 tabelas com 4 bilhões de linhas cada.

No entanto, em muitos casos, o número de 1s de saída em uma tabela-verdade pode ser muito pequeno em comparação ao número de 0s de saída. Por exemplo, considere uma função G de 5 variáveis a, b, c, d e e: G = abcd + a'bcde. Uma tabela-verdade dessa função teria 32 linhas e apenas três 1s na coluna de saída – um 1 de a'bcde e dois 1s de abcd (que abrange as linhas correspondentes a abcde e abcde'). Isso nos leva à questão:

Há uma representação mais compacta, mas ainda *padrão*, de uma função booleana?

Forma canônica – equação da soma de mintermos

A resposta para a questão anterior é "sim". A chave da questão está em se criar uma representação padrão que descreve apenas as situações em que a saída da função é 1, assumindo-se que nas demais situações ela é 0. Uma equação, como G = abcd + a'bcde, é na realidade uma representação que descreve apenas as situações em que G é 1, mas essa representação não é única, isto é, a representação não é padrão. Portanto, queremos definir a forma padrão de equação booleana que é conhecida como *forma canônica*.

Você já viu formas canônicas na álgebra comum. Por exemplo, a forma canônica de um polinômio de grau dois é: $ax^2 + bx + c$. Para verificar se a equação $9x^2 + 3x + 2 + 1$ é equivalente à equação $3*(3x^2 + 1 + x)$, passamos cada uma delas para a forma canônica, resultando $9x^2 + 3x + 3$ para ambas as equações.

Uma das formas canônicas para uma função booleana é conhecida como soma de mintermos. Um *mintermo* de uma função é um termo de produto que contém todas as literais da função *exatamente uma vez*, seja na forma afirmada ou na complementada. A função F(a,b,c) = a'bc + abc' + ab + c tem quatro termos. Os primeiros dois termos, a'bc e abc', são mintermos. O terceiro termo, ab, não é um mintermo pois c não está presente. Do mesmo modo, o quarto termo, c, não é um mintermo, já que nem a nem b aparecem nesse termo. Uma equação estará na *forma de soma de mintermos* se a equação estiver na forma de uma soma de produtos e se cada produto for um mintermo.

A conversão de qualquer equação para a forma canônica de soma de mintermos pode ser realizada seguindo simplesmente alguns passos:

1. Primeiro, manipulamos a equação até que ela esteja na forma de uma soma de produtos. Suponha que nos seja dada a equação F(a,b,c)=(a+b)(a'+ac)b. Nós a manipulamos como segue:

    F = (a+b)(a'+ac)b
    F = (a+b)(a'b+acb)   (pela propriedade distributiva)
    F = a(a'b+acb) + b(a'b+acb)   (propriedade distributiva)
    F = aa'b + aacb + ba'b + bacb (propriedade distributiva)
    F = 0*b + acb + a'b + acb   (complemento, comutativa, idempotência)
    F = acb + a'b + acb   (elementos nulos)
    F = acb + a'b   (idempotência)

2. Segundo, expandimos os termos até se tornarem mintermos:

F = acb + a'b
F = acb + a'b*1   (identidade)
F = acb + a'b*(c+c')   (complemento)
F = acb + a'bc + a'bc'   (distributiva)

3. (Passo opcional) Por uma questão de clareza, dispomos as literais dentro de cada termo em uma ordem consistente (digamos, alfabética). Podemos dispô-las também na ordem em que apareciam em uma tabela-verdade:

F = a'bc' + a'bc + abc

Agora, a equação está na forma de soma de mintermos. A equação está na forma de soma de produtos, e cada termo de produto contém cada uma das variáveis exatamente uma vez.

Uma forma canônica alternativa é conhecida como produto de maxtermos. Um ***maxtermo*** é um termo de soma em que cada uma das variáveis aparece exatamente uma vez, seja na forma afirmada, seja na complementada, como (a + b + c') para o caso de uma função de três variáveis a, b e c. Uma equação estará na *forma de produto de maxtermos* se a equação for o produto de termos de soma e se cada termo de soma for um maxtermo. Um exemplo de função (diferente da anterior) na forma de produto de maxtermos é J(a,b,c) = (a + b + c')(a' + b' + c'). Para evitar confundir o leitor, não discutiremos o produto de maxtermos além deste ponto, já que na prática a soma de mintermos é mais comum, sendo suficiente para os nossos propósitos.

▶ **EXEMPLO 2.21** **Comparando duas funções usando a forma canônica**

Suponha que queremos determinar se as funções G(a,b,c,d,e) = abcd + a'bcde e H(a,b,c,d,e) = abcde + abcde' + a'bcde + a'bcde(a' + c) são equivalentes. Primeiro, convertemos G para a forma de soma de mintermos:

G = abcd + a'bcde
G = abcd(e+e') + a'bcde
G = abcde + abcde' + a'bcde
G = a'bcde + abcde' + abcde

A seguir, convertemos H para a forma de soma de mintermos:

H = abcde + abcde' + a'bcde + a'bcde(a' + c)
H = abcde + abcde' + a'bcde + a'bcdea' + a'bcdec
H = abcde + abcde' + a'bcde + a'bcde + a'bcde
H = abcde + abcde' + a'bcde
H = a'bcde + abcde' + abcde

Claramente, G e H são equivalentes.

Observe que a verificação da equivalência usando tabelas-verdade teria resultado em duas tabelas-verdade bem grandes com 32 linhas cada uma. O uso da soma de mintermos foi mais apropriado aqui. ◀

Representação compacta da soma de mintermos

Uma representação mais compacta da forma de soma de mintermos consiste em listar cada mintermo como se fosse um número. Cada um desses números é determinado a partir da representação binária dos valores de suas variáveis. Por exemplo, a'bcde corresponde a 01111, ou 15, abcde' corresponde a 11110, ou 30, e abcde corresponde a 11111, ou 31. Assim, podemos dizer que a função H, representada pela equação:

$$H = a'bcde + abcde' + abcde$$

é a soma dos mintermos 15, 30 e 31, que podem ser escritos de forma compacta como:

$$H = \Sigma m(15,30,31)$$

O símbolo de somatório significa a soma e, então, os números dentro dos parênteses representam os mintermos que estão sendo somados no segundo membro da equação.

Circuitos combinacionais de múltiplas saídas

Muitos circuitos combinacionais não só incluem mais de uma entrada como também contêm mais de uma saída. A abordagem mais simples para se lidar com um circuito de múltiplas saídas é tratar separadamente cada saída, criando um circuito em separado para cada uma delas. Na realidade, os circuitos não precisam estar completamente separados – eles podem compartilhar as portas comuns. Mostraremos como lidar com circuitos de múltiplas saídas por meio de exemplos.

▶ **EXEMPLO 2.22   Circuito combinacional de duas saídas**

Projete um circuito para implementar as duas equações seguintes de três entradas a, b e c cada uma:

$$F = ab + c'$$
$$G = ab + bc$$

Podemos projetar o circuito criando dois circuitos separados, como mostrado na Fig. 2.38(a).

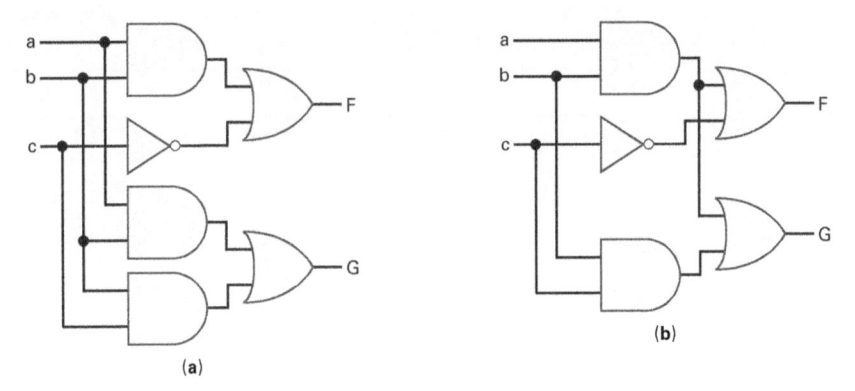

Figura 2.38   Circuito de múltiplas saídas: (a) tratado como dois circuitos separados e (b) com compartilhamento de portas.

Em vez disso, podemos observar que o termo ab é comum a ambas as equações. Assim, os dois circuitos podem compartilhar a porta que computa ab, como mostrado na Fig. 2.38(b).   ◀

▶ **EXEMPLO 2.23   Conversor de número binário para um display de sete segmentos**

Muitos eletrodomésticos exibem um número para ser lido por nós. Exemplos desses eletrodomésticos incluem relógios, fornos de microondas e secretárias eletrônicas. Um dispositivo muito popular e simples, capaz de exibir um número de um único dígito, é o *display* de sete segmentos, ilustrado na Fig. 2.39.

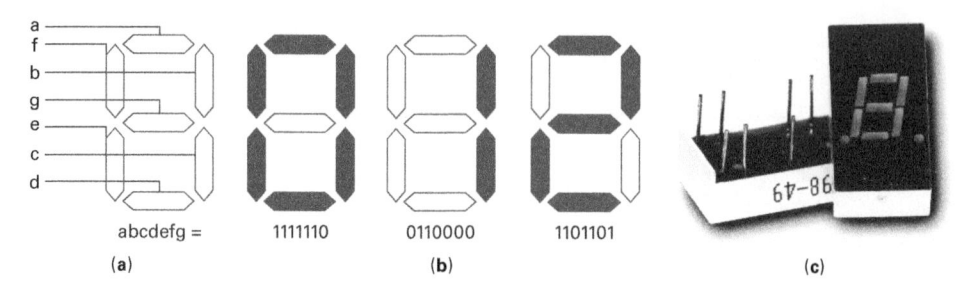

Figura 2.39 *Display* de sete segmentos: (a) ligações das entradas aos segmentos, (b) valores de entrada para os números 0, 1 e 2, e (c) um par de *displays* de sete segmentos reais.

O *display* consiste em sete segmentos luminosos, cada um dos quais pode ser aceso independentemente dos demais. Podemos exibir o dígito desejado ativando adequadamente os sinais a, b, c, d, e, f e g. Desse modo, para mostrar o dígito 8, colocamos todos os sete sinais em 1. Para mostrar o dígito 1, colocamos b e c em 1.

Um circuito combinacional útil é um que converte um número binário nos sinais a-g do *display* de sete segmentos, o qual mostrará o número como um dígito decimal. Precisamos de quatro bits, digamos w, x, y e z, para representar os valores binários dos dez dígitos possíveis de 0 a 9. A Tabela 2.4 descreve a conversão de cada número binário em sinais para o *display* de sete segmentos. Decidimos não ativar nenhum sinal para os números de 10 a 15.

Neste exemplo, começar com uma tabela-verdade, ao invés de uma equação, é uma escolha mais natural.

TABELA 2.4 Tabela-verdade da conversão entre um número binário de 4 bits e um *display* de sete segmentos

w	x	y	z	a	b	c	d	e	f	g
0	0	0	0	1	1	1	1	1	1	0
0	0	0	1	0	1	1	0	0	0	0
0	0	1	0	1	1	0	1	1	0	1
0	0	1	1	1	1	1	1	0	0	1
0	1	0	0	0	1	1	0	0	1	1
0	1	0	1	1	0	1	1	0	1	1
0	1	1	0	1	0	1	1	1	1	1
0	1	1	1	1	1	1	0	0	0	0
1	0	0	0	1	1	1	1	1	1	1
1	0	0	1	1	1	1	1	0	1	1
1	0	1	0	0	0	0	0	0	0	0
1	0	1	1	0	0	0	0	0	0	0
1	1	0	0	0	0	0	0	0	0	0
1	1	0	1	0	0	0	0	0	0	0
1	1	1	0	0	0	0	0	0	0	0
1	1	1	1	0	0	0	0	0	0	0

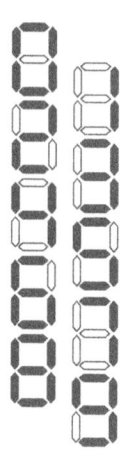

Podemos criar um circuito lógico customizado para implementar o conversor. Observe que a tabela acima está na forma de uma tabela-verdade que tem saídas múltiplas (a a g). Podemos tratar cada saída separadamente, Assim, projetamos um circuito para a, então um para b, etc. Observando os 1s da coluna de a, obtemos a seguinte equação para a:

$$a = w'x'y'z' + w'x'yz' + w'x'yz + w'xy'z + w'xyz' + w'xyz + wx'y'z' + wx'y'z$$

Observando os 1s da coluna de b, obtemos a seguinte equação para b:

$$b = w'x'y'z' + w'x'y'z + w'x'yz' + w'x'yz + w'xy'z' + w'xyz + wx'y'z' + wx'y'z$$

Então, poderíamos prosseguir criando equações para as demais saídas c a g. Finalmente, montaríamos um circuito para a contendo 8 portas AND de 4 entradas e uma porta OR de 8 entradas, um outro circuito para b contendo 8 portas AND de 4 entradas e uma porta OR de 8 entradas, e assim por diante para c até g. Naturalmente, poderíamos ter minimizado a lógica de cada equação antes de criar cada um dos circuitos.

Você pode observar que as equações de a e b têm diversos termos em comum. Por exemplo, o termo $w'x'y'z'$ aparece em ambas as equações. Sendo assim, faria sentido para ambas as saídas compartilhar a porta AND, que gera esse termo. Olhando a tabela-verdade, vemos que o termo $w'x'y'z'$ é de fato necessário às saídas a, b, c, e, f e g. Desse modo, a porta AND que produz tal termo poderia ser compartilhada por todas as seis saídas. De modo semelhante, cada um dos demais termos necessários é compartilhado por diversas saídas. Isso significa que cada porta geradora de um dado termo poderia ser compartilhada por diversas saídas.

▶ 2.7 O PROCESSO DE PROJETO LÓGICO COMBINACIONAL

Baseado nas seções anteriores, podemos definir um método direto para projetar lógica combinacional, resumido na Tabela 2.5.

TABELA 2.5 Procedimento de projeto lógico combinacional

	Passo	Descrição
Passo 1	*Capture* a função	Crie uma tabela-verdade ou equações, o que for mais natural para o problema dado, descrevendo o comportamento desejado da lógica combinacional.
Passo 2	*Converta* para equações	Este passo é necessário apenas se você capturou a função usando uma tabela-verdade em lugar de equações. Crie uma equação para cada saída usando um operador OR com todos os mintermos daquela saída. Simplifique as equações, se desejado.
Passo 3	*Implemente* um circuito baseado em portas	Para cada saída, crie um circuito correspondente à equação dessa saída. (Opcionalmente, pode-se compartilhar portas entre as saídas múltiplas.)

Circuitos baseados em portas lógicas, projetados de tal forma que as entradas alimentam uma coluna de portas AND que, por sua vez, alimentam uma porta OR simples, são conhecidos como ***implementações lógicas de dois níveis***.

▶ **EXEMPLO 2.24** **Detector de um padrão composto por três 1s**

Queremos implementar um circuito que pode detectar se um padrão de, no mínimo, três 1s adjacentes ocorre em algum ponto de uma entrada de 8 bits. Nesse caso, um 1 será produzido na sua saída.

As entradas são a, b, c, d, e, f, g e h, e a saída é y. Assim, para uma entrada abcdefgh = 00011101, y deve ser 1, já que há três 1s adjacentes (nas entradas d, e e f). Para uma entrada 10101011, a saída deve resultar 0, porque não há três 1s adjacentes em lugar algum. Uma entrada 11110000 deve resultar em y = 1, já que a presença de mais de três 1s adjacentes também deve produzir 1 de saída. Esse circuito é um exemplo extremamente simples de uma classe geral de circuitos conhecida como detectores de padrões. Os detectores de padrões são largamente usados, por exemplo, no processamento de imagens para detectar coisas, como pessoas ou tanques, em uma imagem digitalizada de vídeo, ou para detectar falas específicas em uma seqüência de áudio digitalizado.

Neste exemplo, começar com uma equação, em vez de uma tabela-verdade, é uma escolha mais natural.

Passo 1: *Capture a função.* Poderíamos capturar a função na forma de uma tabela-verdade bastante grande, listando todas as 256 combinações de entradas e atribuindo 1 à saída y em cada linha onde ocorrem pelo menos três 1s adjacentes. Entretanto, um método mais simples para capturar essa função em particular é criar uma equação que especifica as ocorrências possíveis de três 1s adjacentes. Uma possibilidade é abc=111. Outra é bcd=111. De modo semelhante, quando cde=111, def=111, efg=111 ou fgh=111, devemos gerar uma saída 1. Para cada possibilidade, os valores das outras entradas não interessam. Assim, se abc=111, geramos um 1, independentemente dos valores de d, e, f, g e h. Desse modo, uma equação que descreve y é simplesmente:

$$y = abc + bcd + cde + def + efg + fgh$$

Passo 2: *Converta para equações.* Podemos desconsiderar esse passo, pois já temos uma equação.

Passo 3: *Implemente um circuito baseado em portas.* Não é possível fazer simplificação alguma na equação. O circuito resultante está mostrado na Fig. 2.40.

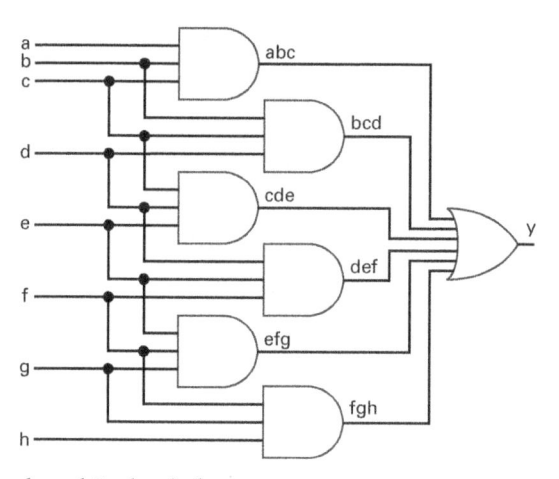

Figura 2.40 Detector do padrão de três 1s. ◀

▶ **EXEMPLO 2.25** **Contador de número de 1s**

Neste exemplo, começar com uma tabela-verdade, em vez de uma equação, é uma escolha mais natural.

Queremos projetar um circuito que conta o número de 1s presentes em três entradas a, b e c, como saída, fornece esse número em binário, por meio de duas saídas y e z. A entrada 110 tem dois 1s e, nesse caso, o nosso circuito deve produzir 10 como saída. O número de 1s nas três entradas pode variar de 0 a 3. Assim, uma saída de dois bits é suficiente, pois dois bits podem representar os números de 0 a 3. Um circuito contador de 1s é útil em diversas situações, como na detecção da densidade de partículas eletrônicas que estão atingindo um conjunto de sensores. Isso é feito contando-se quantos sensores estão ativados. Em aeroportos, um outro exemplo são os estacionamentos. Por cima das vagas, há sensores conectados a sinais luminosos que informam aos motoristas o número de vagas disponíveis em um andar em particular entre os diversos de um edifício de estacionamento (isso é feito contando-se o número de zeros, o que é equivalente a contar o número de 1s, tendo-se primeiro complementado todas as entradas).

Passo 1: *Capture a função.* Neste exemplo, a forma mais natural de se capturar a função é usando uma tabela-verdade. Listamos todas as combinações possíveis de entrada e o número desejado na saída, como na Tabela 2.6.

TABELA 2.6 Tabela-verdade para o contador do número de 1s

Entradas			(Número de 1s)	Saídas	
a	b	c		y	z
0	0	0	(0)	0	0
0	0	1	(1)	0	1
0	1	0	(1)	0	1
0	1	1	(2)	1	0
1	0	0	(1)	0	1
1	0	1	(2)	1	0
1	1	0	(2)	1	0
1	1	1	(3)	1	1

Passo 2: *Converter para equações.* Criamos as equações das saídas como segue:

$$y = a'bc + ab'c + abc' + abc$$
$$z = a'b'c + a'bc' + ab'c' + abc$$

Podemos simplificar algebricamente a primeira equação:

$$y = a'bc + ab'c + ab(c' + c) = a'bc + ab'c + ab$$

Passo 3: *Implemente um circuito baseado em portas.* Então, criamos os circuitos finais das duas saídas, como mostrado na Fig. 2.41. ◀

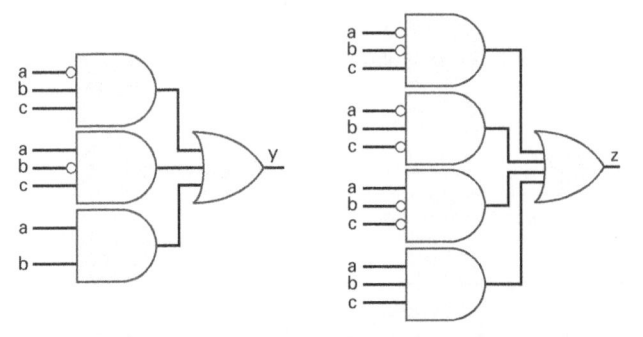

Figura 2.41 Circuito do contador do número de 1s baseado em portas lógicas.

Simplificando as notações de circuito

No exemplo anterior, um par de novas notações simplificadas foi usado em nossos circuitos. Em uma dessas notações, as entradas são especificadas múltiplas vezes para evitar que tenhamos linhas cruzando-se em nosso desenho – assume-se que uma entrada especificada diversas vezes foi ramificada a partir de uma mesma entrada.

Uma outra notação simplificada é o uso, no lugar de uma porta NOT, de uma pequena "bolha" inversora na entrada de uma porta. Assume-se que uma entrada, aparecendo invertida em muitas portas, é aplicada primeiro a uma porta inversora e então chega a essas portas através de ramificações.

▶ **EXEMPLO 2.26** Conversor de um teclado de 12 teclas em um código de 4 bits

Você provavelmente já viu teclados de 12 teclas em muitos lugares, como em um telefone ou uma máquina de auto-atendimento, como mostrado na Fig. 2.42. A primeira linha têm as teclas 1, 2 e 3, a segunda linha tem as teclas 4, 5 e 6, a terceira linha, 7, 8 e 9, e a última linha, *, 0 e #. As saídas de um teclado como esse consistem em sete sinais – um para cada uma das quatro linhas (r1, r2, r3 e r4) e um para cada uma das três colunas (c1, c2 e c3). Apertando uma tecla em particular faz com que exatamente duas saídas tornem-se 1, correspondentes à linha e à coluna daquela tecla. Assim, quando apertamos a tecla "1", temos r1 = 1 e c1 = 1, ao passo que, quando apertamos a tecla "#", obtemos r4 = 1 e c3 = 1. Queremos projetar um circuito que converte os sete sinais do teclado em um número de quatro bits wxyz indicando qual tecla foi pressionada. Queremos que as teclas "0" a "9" sejam codificadas como 0000 a 1001 (0 a 9 em binário), respectivamente. Vamos codificar a tecla "*" como 1010, # como 1011 e vamos fazer com que 1111 signifique que nenhuma tecla está sendo pressionada. Vamos assumir por enquanto que apenas "uma" tecla pode ser pressionada em um instante qualquer.

Figura 2.42 Teclado de 12 teclas.

Neste exemplo, começar com equações, em vez de uma tabela-verdade, é uma escolha mais natural, mesmo que tenhamos usado uma tabela informal (não uma tabela-verdade) para nos ajudar a determinar as equações.

Poderíamos capturar as funções para w, x, y e z usando uma tabela-verdade, com as sete entradas, nas colunas do lado esquerdo da tabela, e as quatro saídas, no lado direito. Entretanto, essa tabela teria $2^7 = 128$ linhas e a maioria delas corresponderia simplesmente a diversas teclas pressionadas simultaneamente. Em vez disso, vamos tentar capturar as funções usando equações. A Tabela 2.7 informal pode nos ajudar no começo.

TABELA 2.7 Tabela informal do conversor de teclado de 12 teclas para código de 4 bits

Tecla	Sinais		Saídas do código de 4 bits				Tecla	Sinais		Saídas do código de 4 bits			
			w	x	y	z				w	x	y	z
1	r1	c1	0	0	0	1	8	r3	c2	1	0	0	0
2	r1	c2	0	0	1	0	9	r3	c3	1	0	0	1
3	r1	c3	0	0	1	1	*	r4	c2	1	0	1	0
4	r2	c1	0	1	0	0	0	r4	c2	0	0	0	0
5	r2	c2	0	1	0	1	#	r4	c3	1	0	1	1
6	r2	c3	0	1	1	0	(nenhuma)			1	1	1	1
7	r3	c1	0	1	1	1							

▶ **DIMINUA A VELOCIDADE! O TECLADO QWERTY**

Dentro de um teclado padrão de computador há um pequeno microprocessador e uma memória ROM. O microprocessador detecta qual tecla está sendo apertada, consulta na ROM qual é o código de 8 bits daquela tecla (de forma muito semelhante ao teclado de 12 teclas do Exemplo 2.26) e envia esse código ao computador. Há uma história interessante sobre como as teclas foram dispostas em um teclado padrão de PC, conhecido como teclado QWERTY porque essas são as teclas que estão no lado esquerdo da linha superior das letras. A disposição QWERTY foi feita na era das máquinas de escrever (mostrada na figura abaixo). No caso de você não ter visto uma, cada tecla era conectada a uma haste de metal que podia girar para cima e pressionar uma fita de tinta contra uma folha de papel.

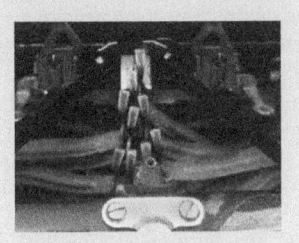

Hastes emperradas!

Um problema irritante com as máquinas de escrever era que, quando se tentava digitar rápido demais, as hastes seguidamente emperravam, aglomerando-se lado a lado próximo do papel – como quando pessoas demais tentam passar ao mesmo tempo por uma porta. Como conseqüência, as teclas das máquinas de escrever foram dispostas na forma QWERTY para que a velocidade de digitação fosse *diminuída* por meio do *afastamento* entre si das letras mais usadas, já que uma velocidade menor de digitação reduzia as ocorrências de aglomeração de teclas. Quando os PCs foram inventados, a disposição QWERTY foi a escolha natural de teclado porque as pessoas estavam acostumadas a usar essa disposição. Algumas pessoas dizem que o chamado teclado Dvorak, com uma disposição diferente de teclas, permite digitar mais rapidamente. No entanto, esse tipo de teclado não é muito comum porque as pessoas simplesmente estão muito acostumadas a usar o teclado QWERTY.

Teclas conectadas a hastes

Usando essa tabela, podemos obter equações para cada uma das quatro saídas, como segue:

```
w = r3c2 + r3c3 + r4c1 + r4c3 + r1'r2'r3'r4'c1'c2'c3'
x = r2c1 + r2c2 + r2c3 + r3c1 + r1'r2'r3'r4'c1'c2'c3'
y = r1c2 + r1c3 + r2c3 + r3c1 + r4c1 + r4c3 + r1'r2'r3'r4'c1'c2'c3'
z = r1c1 + r1c3 + r2c2 + r3c1 + r3c3 + r4c3 + r1'r2'r3'r4'c1'c2'c3'
```

Poderíamos então criar um circuito para cada saída. Obviamente, o último termo de cada equação poderia ser compartilhado por todas as quatro saídas. De modo semelhante, outros termos poderiam ser compartilhados também (como r2c3).

Observe que esse circuito não funcionaria bem se múltiplas teclas fossem pressionadas ao mesmo tempo. Nessa situação, o nosso circuito irá gerar como saída um código válido ou não, dependendo de quais teclas foram pressionadas. Seria preferível um circuito que tratasse essa situação de diversas teclas apertadas ao mesmo tempo como se nenhuma tecla estivesse sendo pressionada. Deixamos o projeto desse circuito como exercício.

Nos teclados de computador, existem circuitos semelhantes a esse que acabamos de projetar, exceto que há muito mais linhas e colunas. ◀

▶ **EXEMPLO 2.27 Controlador de válvula de esguicho**

Os sistemas automáticos de esguicho para gramado usam um sistema digital para controlar a abertura e o fechamento das válvulas de água. Um sistema de esguicho suporta diversas zonas diferentes, tais como os fundos, os lados esquerdo e direito, a frente, etc. de um quintal. Em um dado momento, pode-se abrir apenas uma válvula por zona para manter uma pressão de água suficiente nos esguichos daquela zona. Suponha que um sistema de esguicho suporta até 8 zonas. Tipicamente, um sistema de esguicho é controlado por um microprocessador, pequeno e de baixo custo, que executa um programa para abrir cada válvula apenas em determinados momentos e por um tempo específico. Suponha que o microprocessador tenha apenas quatro pinos de saída disponíveis para controlar as válvulas e não oito, como seria necessário para as oito zonas. Em vez disso, podemos programar o microprocessador para usar um pino que indica se uma válvula deve ser aberta ou não e usar os outros três pinos para indicar em binário qual é a zona ativa (0, 1, ..., 7). Assim, precisamos projetar um circuito combinacional de quatro entradas, e (a entrada de habilitação) e a, b e c (o valor binário da zona ativa), além de oito saídas d7, d6, ..., d0 (os controles das válvulas), como mostrado na Fig. 2.43. Quando e=1, o circuito deve decodificar a entrada binária de três bits colocando exatamente uma saída em 1.

Passo 1: *Capture a função.* A válvula 0 deve estar ativa quando abc = 000 e e = 1. Desse modo, a equação para d0 é:

$$d0 = a'b'c'e$$

De modo semelhante, a válvula 1 deve estar ativa quando abc = 001 e e = 1. Desse modo, a equação para d1 é:

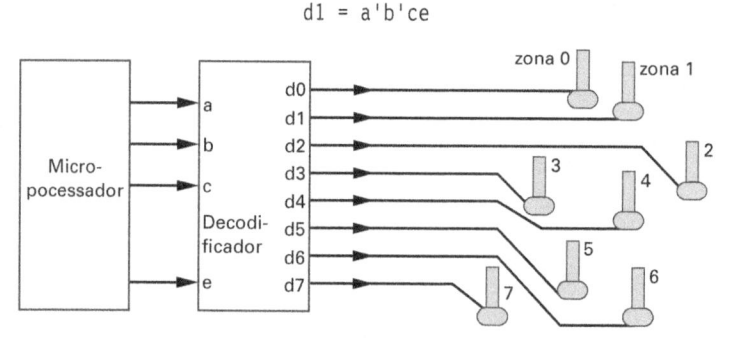

$$d1 = a'b'ce$$

Figura 2.43 Diagrama de blocos do controlador de válvula de esguicho.

As equações das demais saídas podem ser determinadas de forma semelhante:

Neste exemplo, começar com as equações, em vez de uma tabela-verdade, é uma escolha mais natural.

$$d2 = a'bc'e$$
$$d3 = a'bce$$
$$d4 = ab'c'e$$
$$d5 = ab'ce$$
$$d6 = abc'e$$
$$d7 = abce$$

Passo 2: *Converta para equações.* Nenhuma conversão é necessária porque já temos as equações.

Passo 3: *Implemente um circuito baseado em portas.* O circuito que implementa as equações está representado na Fig. 2.44. Na realidade, o circuito que projetamos é um componente muito usado, conhecido como *decodificador com habilitação*. Introduziremos os decodificadores como blocos construtivos mais adiante.

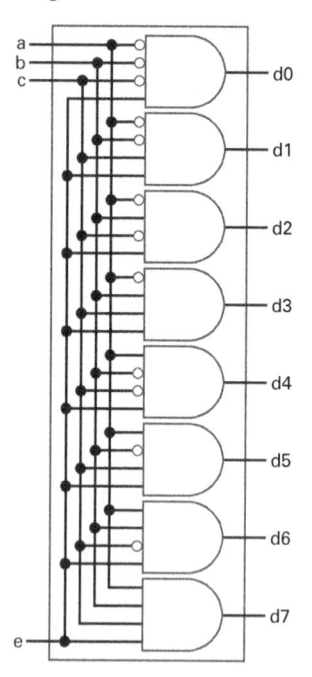

Figura 2.44 Circuito do controlador de válvula de esguicho (na realidade um decodificador 3x8 com habilitação).

2.8 MAIS PORTAS

Anteriormente, introduzimos três portas lógicas básicas: AND, OR e NOT. Os projetistas também usam comumente diversos outros tipos de portas lógicas: NAND, NOR, XOR e XNOR.

NAND e NOR

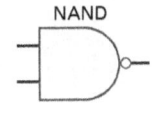

Uma porta **NAND** (abreviatura de "NOT AND") tem a saída oposta de uma porta AND, produzindo um 0 quando todas as entradas são 1, e um 1 se qualquer uma das entradas for 0. Uma porta NAND tem o mesmo comportamento de uma porta AND seguida de uma NOT. A Fig. 2.45(a) ilustra uma porta NAND.

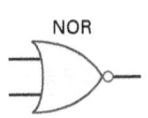

Uma porta **NOR** (abreviatura de "NOT OR") tem a saída oposta de uma porta OR, produzindo um 0 quando no mínimo uma das entradas é 1, e um 1 se todas as entradas forem 0. Uma porta NOR tem o mesmo comportamento de uma porta OR seguida de uma NOT. A Fig. 2.45(b) ilustra uma porta NOR.

Anteriormente, na Seção 2.4, chamamos a atenção para que nossas implementações das portas AND e OR, usando transistores CMOS, não eram realísticas. Aqui está o porquê. Acontece que, na realidade, os transistores pMOS não conduzem muito bem os 0s, mas conduzem bem os 1s. De modo semelhante, os transistores nMOS não conduzem muito bem os 1s, mas conduzem bem os 0s. As razões dessas assimetrias estão além dos objetivos deste livro. No entanto, as implicações são que as portas AND e OR que construímos antes (veja a Fig. 2.8) não são factíveis, já que elas baseiam-se na capacidade dos transistores pMOS de conduzir 0s (entretanto, os pMOS conduzem mal os 0s) e dos nMOS de conduzir 1s (entretanto, os nMOS conduzem mal os 1s). Por outro lado, se permutarmos a fonte de alimentação pela terra nos circuitos AND e OR da Fig. 2.8, obteremos as portas mostradas nas Figs. 2.45 (a) e (b). Essas portas têm o comportamento das NAND e NOR. Isso faz sentido pois os 1s de saída são substituídos por 0s e os 0s por 1s.

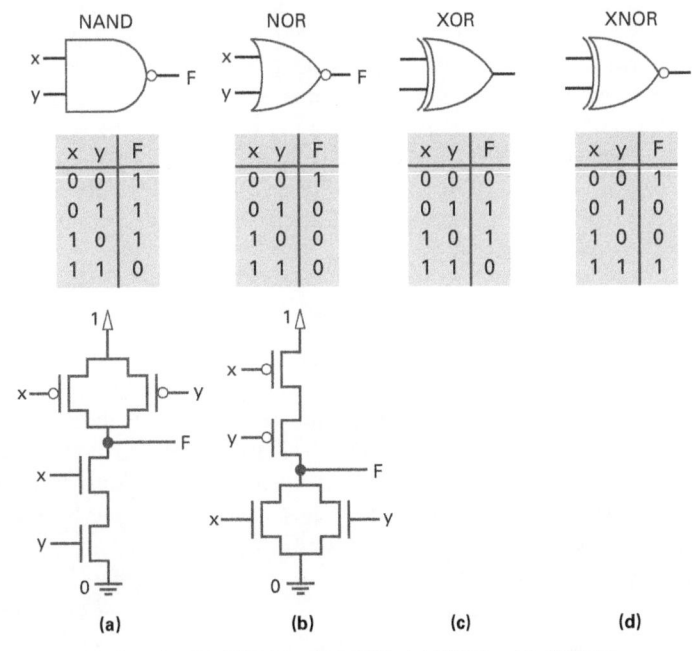

Figura 2.45 Portas adicionais: (a) NAND, (b) NOR, (c) XOR e (d) XNOR.

Ainda podemos implementar uma porta AND em CMOS, mas faríamos isso acrescentando uma porta NOT à saída de uma porta NAND (uma NAND seguida de uma NOT dá uma AND), como está mostrado na Fig. 2.46. De modo semelhante, implementaríamos uma porta OR acrescentando uma porta NOT à saída de uma porta OR. No entanto, isso é obviamente mais lento do que um circuito implementado diretamente como NAND ou NOR. Felizmente, podemos aplicar métodos imediatos para converter qualquer circuito AND/OR/NOT em um circuito constituído apenas por portas NANDs ou NORs. Descreveremos esses métodos na Seção 7.2.

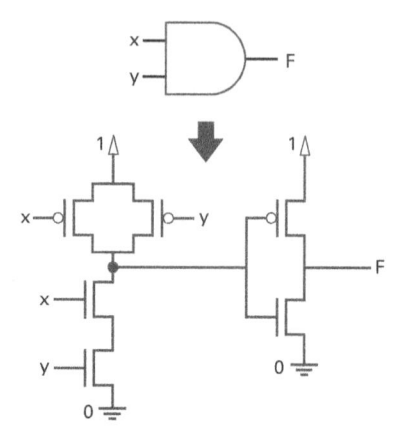

Figura 2.46 Porta AND em CMOS.

▶ **EXEMPLO 2.28** Luz de sinalização de um lavatório de avião usando uma porta NAND

No Exemplo 2.15, foi desenvolvido uma luz de sinalização de lavatório desocupado que usava a seguinte equação:

$$S = (abc)'$$

Observando que o termo no segundo membro da equação corresponde a uma NAND, podemos implementar o circuito usando uma única porta NAND, como está mostrado na Fig. 2.47. ◀

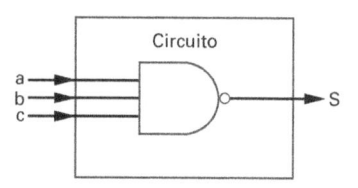

Figura 2.47 Circuito que usa porta NAND.

XOR e XNOR

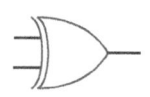

Uma porta XOR de 2 entradas, abreviação de "*exclusive or* (OR exclusivo)", produzirá uma saída 1 se *exatamente* uma das duas entradas for 1. Assim, se essa porta tiver entradas a e b, então a saída F será 1 se a=1 e b=0, ou se b=1 e a=0. A Fig. 2.45(c) ilustra uma porta XOR (por simplicidade, omitimos a sua implementação em nível de transistor). No caso de portas XOR com 3 ou mais entradas, a saída será 1 apenas se o número de 1s de entrada for ímpar. Uma porta XOR de 2 entradas é equivalente à função F = ab' + a'b.

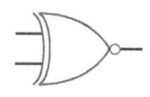

Uma porta XNOR, abreviação de "*exclusive nor* (NOR exclusivo)", é simplesmente o oposto de uma XOR. Uma XNOR de 2 entradas é equivalente a F = a'b' + ab. A Fig. 2.45(d) ilustra uma porta XNOR, tendo-se omitido por simplicidade a implementação em nível de transistor.

Usos interessantes para essas portas adicionais

Detectando somente 0s usando uma NOR

Uma porta NOR pode detectar a situação de um item de dados ser igual a 0, porque uma porta NOR produz um 1 de saída apenas quando todas as entradas são 0. Por exemplo, suponha que, em seu sistema, uma entrada de um byte (8 bits) esteja em contagem decrescente de 99 a 0. Quando o byte chegar a 0, você quer que um alarme seja soado. Você pode detectar quando o byte é igual a 0 simplesmente conectando os 8 bits do byte a uma porta NOR de 8 entradas.

Detectando uma igualdade usando XNOR

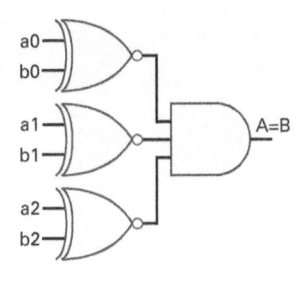

As portas XNOR podem ser usadas para comparar dois itens de dados e verificar se são iguais, porque uma XNOR de 2 entradas fornece um 1 de saída apenas quando as entradas forem ambas 0 ou ambas 1. Por exemplo, suponha que, em seu sistema, uma entrada de um byte A (a7a6a5...a0) esteja em contagem decrescente a partir de 99 e você quer que soe um alarme quando A tiver o mesmo valor que um segundo byte de entrada B (b7b6b5...b0). Você pode detectar essa igualdade usando oitos portas XNOR de 2 entradas, conectando a7 e b7 à primeira porta XNOR, a6 e b6 à segunda porta XNOR, etc. Cada porta XNOR diz-nos se os bits daquela casa binária em particular são iguais. Aplicando uma AND a todas as saídas das XNORs, poderemos dizer se todas as casas binárias são iguais.

Gerando e detectando paridade usando XOR

Uma porta XOR pode ser usada para gerar o bit de paridade de um conjunto de bits de dados (veja o Exemplo 2.19). A aplicação de uma XOR aos bits de dados resulta em 1 quando há um número ímpar de 1s nos dados. Desse modo, uma XOR calcula o bit de paridade correto no caso de paridade par, já que a saída 1 da XOR torna par o número total de 1s. Observe que a tabela-verdade que criamos para gerar um bit de paridade par na Tabela 2.3 representa de fato uma porta XOR de três bits.

De modo semelhante, uma porta XNOR pode ser usada para gerar um bit de paridade ímpar.

A porta XOR também pode ser usada para detectar se a paridade está correta. A aplicação de uma XOR aos bits de entrada, juntamente com o bit de paridade que está chegando, dará 1 se o número de 1s for ímpar. Assim, no caso de paridade par, a XOR pode ser usada para indicar se ocorreu um erro, já que o número de 1s é supostamente par.

Quando se usa paridade ímpar, a XNOR pode ser usada para detectar se ocorreu um erro.

Completude de AND/OR/NOT, AND/NOT, OR/NOT, NAND, NOR

Deve ser bem óbvio que, se você dispuser de portas dos tipos AND, OR e NOT, você poderá implementar qualquer função booleana. Isso é possível porque uma função booleana pode ser representada como uma soma de produtos, a qual consiste apenas em operadores AND, OR e NOT.

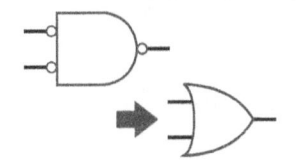

O que pode ser menos óbvio é que se você tiver apenas portas dos tipos AND e NOT, você ainda poderá implementar qualquer função booleana. Por quê? Aqui está uma explicação simples – para obter uma OR, simplesmente coloque portas NOT nas entradas e na saída de uma AND. Isso funciona porque F = (a'b')' = a'' + b'' (pela lei de DeMorgan) = a + b.

De modo semelhante, se você tiver apenas portas dos tipos OR e NOT, você poderá implementar qualquer função booleana. Para obter uma AND, você poderá simplesmente inverter as entradas e a saída de uma OR, já que F = (a'+b')' = a''*b'' = ab.

Segue-se que, se você dispuser *apenas* de portas do tipo NAND, você ainda poderá implementar qualquer função booleana. Por quê? Porque podemos pensar em uma porta NOT como sendo uma porta NAND de uma entrada e porque podemos implementar uma porta AND usando uma NAND seguida de uma outra NAND com uma entrada. Como podemos implementar qualquer função usando portas NOT e AND, poderemos portanto implementar qualquer função booleana usando apenas NANDs. Por essa razão, uma porta NAND é conhecida como uma porta ***universal***.

De modo semelhante, se você dispuser apenas de portas do tipo NOR, você poderá implementar qualquer função booleana, porque poderemos implementar uma porta NOT usando uma porta NOR de uma entrada, e uma porta OR usando uma NOR seguida de uma NOR com uma entrada. Como NOT e OR podem implementar qualquer função booleana, a NOR também poderá fazê-lo. Uma porta NOR é, por essa razão, também conhecida como uma porta universal.

Número de portas lógicas possíveis

Depois de ter visto diversos tipos diferentes de portas lógicas básicas de duas entradas (AND, OR, NAND, NOR, XOR e XNOR), pode-se perguntar quantas portas lógicas de duas entradas são possíveis. Isso é o mesmo que perguntar quantas funções booleanas de duas variáveis existem. Para responder a essa questão, primeiro observamos que a tabela-verdade de uma função de duas variáveis tem $2^2=4$ linhas. Para cada linha, a função pode gerar uma saída com um entre dois valores possíveis (0 ou 1). Assim, como mostrado na Fig. 2.48, há $2*2*2*2 = 2^4 = 16$ funções possíveis.

a	b	F		
0	0	0 ou 1	2 opções	2
0	1	0 ou 1	2 opções	*2
1	0	0 ou 1	2 opções	*2
1	1	0 ou 1	2 opções	*2

$2^4 = 16$
funções possíveis

Figura 2.48 Contando o número de funções booleanas de duas variáveis possíveis.

A Fig. 2.49 lista todas essas 16 funções. Nessa figura, assinalamos as seis funções já conhecidas. Algumas das funções restantes são 0, a, b, a', b' e 1. As demais funções não são necessariamente funções comuns, mas poderiam ser úteis em algumas aplicações particulares. Assim, não precisamos necessariamente construir portas lógicas para representar essas funções. Pelo contrário, construiremos essas funções como circuitos que usam as portas lógicas básicas.

a	b	f0	f1	f2	f3	f4	f5	f6	f7	f8	f9	f10	f11	f12	f13	f14	f15
0	0	0	0	0	0	0	0	0	0	1	1	1	1	1	1	1	1
0	1	0	0	0	0	1	1	1	1	0	0	0	0	1	1	1	1
1	0	0	0	1	1	0	0	1	1	0	0	1	1	0	0	1	1
1	1	0	1	0	1	0	1	0	1	0	1	0	1	0	1	0	1
		0	a AND b		a		b	a XOR b	a OR b	a NOR b	a XNOR b	b'		a'		a NAND b	1

Figura 2.49 As 16 funções booleanas de duas variáveis possíveis.

Uma questão mais geral de interesse é saber quantas funções booleanas de N variáveis existem. Podemos determinar esse número observando primeiro que uma função de N variáveis terá 2^N linhas em sua tabela-verdade. Então, observamos que o valor da saída em cada linha pode ser um entre dois possíveis. Assim, o número de funções possíveis será $2*2*2*\text{---}2^N$ vezes. Portanto, o número total de funções é:

$$2^{2^N}$$

Desse modo, há: $2^{2^3} = 2^8 = 256$ funções booleanas possíveis para três variáveis e $2^{2^4} = 2^{16} = 65.536$ para quatro variáveis.

2.9 DECODIFICADORES E MULTIPLEXADORES

Dois componentes adicionais, o decodificador e o multiplexador, também são comumente usados como blocos construtivos de circuitos digitais, mesmo que eles próprios possam ser construídos usando portas lógicas.

Decodificadores

Um decodificador é um bloco construtivo de nível mais elevado comumente usado em circuitos digitais. Um *decodificador*, como o nome diz, decodifica um número binário de n bits de entrada colocando exatamente uma das 2^n saídas do decodificador em 1. Por exemplo, um decodificador de duas entradas, ilustrado na Fig. 2.50, tem $2^2 = 4$ saídas, d3, d2, d1 e d0. Se as duas entradas i1i0 forem 00, então d0 será 1 e as demais saídas serão 0. Se i1i0=01, d1 será 1. Se i1i0=10, d2 será 1. Se i1i0=11, d3 será 1.

O projeto interno de um decodificador é imediato. Considere um decodificador 2x4. Cada saída d0, d1, d2 e d3 é uma função distinta. A saída d0 deve ser 1 apenas quando i1=0 e i0=0 de modo que d0 = i1'i0'. De modo semelhante, d1=i1'i0, d2=i1i0' e d3=i1i0. Assim, construímos o decodificador com uma porta AND para cada saída, ligando os valores de i1 e i0 ou seus complementos a cada porta, como mostrado na Fig. 2.50.

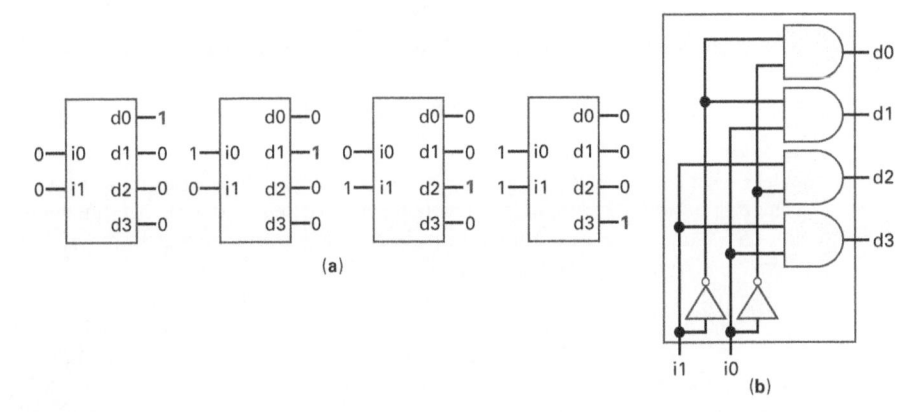

Figura 2.50 Um decodificador 2x4: (a) saídas para as combinações possíveis de entrada, (b) projeto interno.

O projeto interno de um decodificador 3x8 é semelhante: d0=i2'i1'i0', d1=i2'i1'i0, etc.

Um decodificador freqüentemente tem uma entrada extra chamada *enable* (habilitar). Quando *enable* é 1, o decodificador atua normalmente, mas, quando *enable* é 0, o decodificador coloca todas as suas saídas em 0 – nenhuma saída é 1. O sinal de habilitação (*enable*) é útil quando algumas vezes você não quer que nenhuma das saídas seja ativada. Sem uma entrada de habilitação, uma das saídas do decodificador *deve* ser 1, porque o decodificador tem uma saída para cada um dos valores possíveis da entrada de n bits do decodificador. Na Fig. 2.44, tínhamos criado e usado um decodificador com habilitação. A Fig. 2.51 mostra o diagrama de blocos de um decodificador com habilitação.

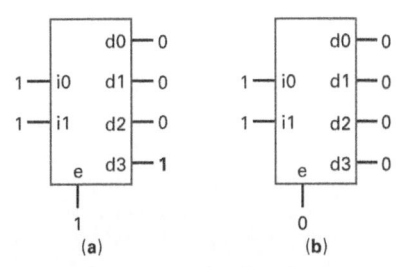

Figura 2.51 Decodificador com habilitação: (a) e=1: decodificação normal e (b) e=0: todas as saídas em 0.

Quando projetamos um sistema em particular, verificamos se parte (ou o todo) da funcionalidade do sistema poderia ser realizada com um decodificador. O uso de um decodificador diminui a quantidade de projeto lógico combinacional que precisamos executar, como você verá no Exemplo 2.30.

▶ **EXEMPLO 2.29** **Perguntas básicas sobre decodificadores**

1. Quais seriam os valores de saída de um decodificador 2x4 quando as entradas são 00? *Resposta*: d0=1, d1=0, d2=0 e d3=0.

2. Quais seriam os valores de saída de um decodificador 2x4 quando as entradas são 00? *Resposta*: d0=1, d1=0, d2=0 e d3=1.

3. Quais são os valores de entrada de um decodificador 2x4 que fazem com que mais de uma das saídas estejam em 1 ao mesmo tempo? *Resposta*: Tais valores de entrada não existem. Em um dado momento, apenas uma das saídas do decodificador pode estar em 1.

4. Quais serão os valores de entrada de um decodificador se os valores de saída forem d0=0, d1=1, d2=0 e d3=0. *Resposta*: Os valores de entrada devem ser i1=0 e i0=1.

5. Quais serão os valores de entrada de um decodificador se os valores de saída forem d0=1, d1=1, d2=0 e d3=0. *Resposta*: Esta pergunta não é válida. Em qualquer momento, um decodificador tem apenas uma saída em 1.

6. Quantas saídas teria um decodificador de cinco entradas? *Resposta*: 2^5 ou 32. ◀

▶ **EXEMPLO 2.30** **Display de contagem regressiva para véspera de ano novo**

Um *display* de contagem regressiva para véspera de ano novo pode usar um decodificador. O *display* pode ter 60 lâmpadas dispostas em um poste. Queremos que uma lâmpada seja acesa a cada segundo (e a anterior apagada), começando com a lâmpada 59 na base do poste e terminando com a lâmpada 0 no topo. Poderemos usar um microprocessador para fazer a contagem regressiva de 59 a 0, mas provavelmente o microprocessador não terá os 60 pinos de saída que precisaríamos para controlar cada lâmpada. Ao invés disso, o nosso microprocessador poderia fornecer os números 59, 58, ..., 2, 1 e 0 em binário, por meio de uma porta de saída de seis bits (produzindo assim 111011, 111010, ..., 000010, 000001 e 000000). Poderíamos ligar esses seis bits a um decodificador de seis entradas e 64 (2^6)-saídas. A saída d59 do decodificador acenderia a lâmpada 59, a d58, a lâmpada 58, etc.

Provavelmente, gostaríamos de ter um sinal de habilitação para o decodificador deste nosso exemplo, pois queremos que todas as lâmpadas estejam apagadas até começarmos a contagem regressiva. Inicialmente, o microprocessador colocará o sinal de habilitação (*enable*) em 0 de modo que todas as lâmpadas fiquem apagadas. Quando começar a contagem regressiva de 60 segundos, o microprocessador ativará o sinal *enable* com 1 e, então, colocará 59 na saída, em seguida 58 (um segundo após), 57, etc. O sistema final ficaria como o mostrado na Fig. 2.52.

Figura 2.52 Uso de um decodificador 6x64 no interfaceamento entre um microprocessador e um poste de lâmpadas com um *display* de véspera de ano novo. Quando a contagem do minuto final começa, o microprocessador faz e=1 (habilitação) e então coloca os valores da contagem regressiva em binário nos pinos i5 .. i0. Observe que o microprocessador nunca coloca os valores 60, 61, 62 ou 63 em i5 .. i0 e, desse modo, essas saídas do decodificador ficam sem uso.

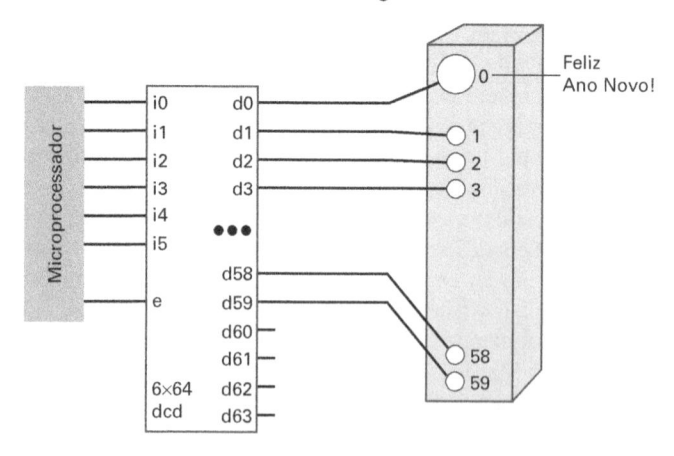

Observe que implementamos este sistema sem necessidade de projetar qualquer lógica combinacional em nível de portas básicas – simplesmente usamos um decodificador e o conectamos às entradas e saídas apropriadas. ◄

Sempre que você tiver saídas em que apenas uma delas estará em 1, tomando como base os valores das entradas que estão representando um número binário, pense em usar um decodificador.

Multiplexador (mux)

Um multiplexador ("mux", em forma abreviada) é um outro bloco construtivo de nível mais elevado usado em circuitos digitais. Um ***multiplexador*** Mx1 tem M entradas de dados e 1 saída, permitindo que apenas uma das entradas seja passada para a saída. Algumas vezes, os multiplexadores são chamados de ***seletores*** porque selecionam uma das entradas para ser passada à saída.

Um multiplexador é como um aparelho de mudança de via em um parque ferroviário de manobras, que põe em conexão diversas vias de entrada com uma única via de saída, como mostrado na Fig. 2.53. A alavanca de controle do aparelho de mudança de via estabelece a conexão entre a via de entrada adequada e a via de saída. O surgimento de um trem na saída dependerá de se há um trem presente na via de entrada selecionada no momento. Em um multiplexador, o controle não é uma alavanca, mas sim entradas de seleção, as quais representam a conexão desejada em binário. Ao invés de um trem aparecer ou não na saída, um multiplexador produz um 1 ou um 0 na saída, dependendo de se a entrada selecionada tem um 1 ou um 0.

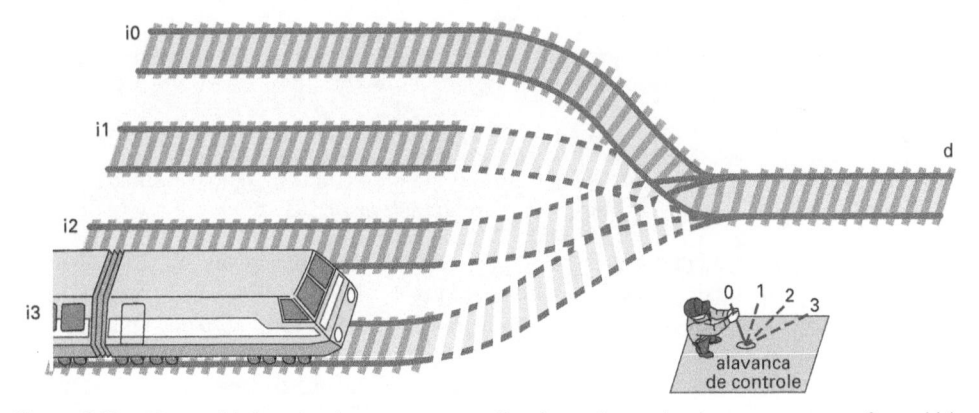

Figura 2.53 Um multiplexador é como um aparelho de mudança de via em um parque ferroviário de manobras. Ele determina qual via de entrada será conectada à única via de saída, de acordo com a alavanca de controle do aparelho de mudança de via.

Um multiplexador de duas entradas, conhecido como multiplexador 2x1, tem duas entradas de dados i1 e i0, uma entrada de seleção s0 e uma saída de dados d, como mostrado na Fig. 2.54. Se s0=0, o valor de i0 passará para a saída. Se s0=1, o valor que passará será o de i1.

A estrutura interna de um multiplexador 2x1 está mostrada na Fig. 2.54. Quando s0=0, a porta AND superior gera uma saída dada por 1*i0=i0 e a porta AND inferior produz uma saída dada por 0*i1=0. Desse modo, a porta OR fornece a saída dada por i0+0=i0 e, assim, i0 passa à saída, como desejado. Do mesmo modo, quando s0=1, a porta inferior deixa passar i1, ao passo que a porta superior coloca a saída em 0, resultando que a porta OR deixa passar i1.

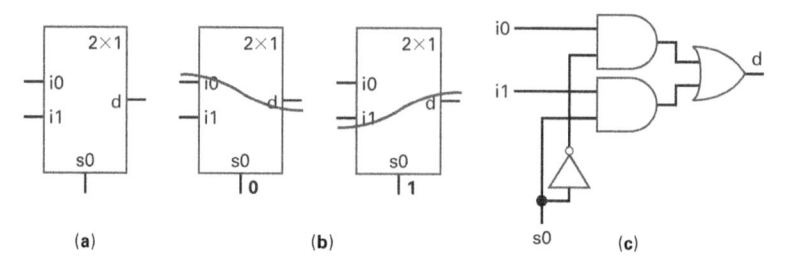

Figura 2.54 Multiplexador 2x1: (a) símbolo na forma de bloco, (b) conexões para s0=0 e s0=1, (c) estrutura interna.

Um multiplexador de quatro entradas, conhecido como multiplexador 4x1, tem quatro entradas de dados i3, i2, i1 e i0, duas entradas de seleção s1 e s0, e uma saída de dados d (um multiplexador *sempre* tem apenas uma saída de dados, não importando quantas entradas). Um diagrama de blocos de um multiplexador está mostrado na Fig. 2.55.

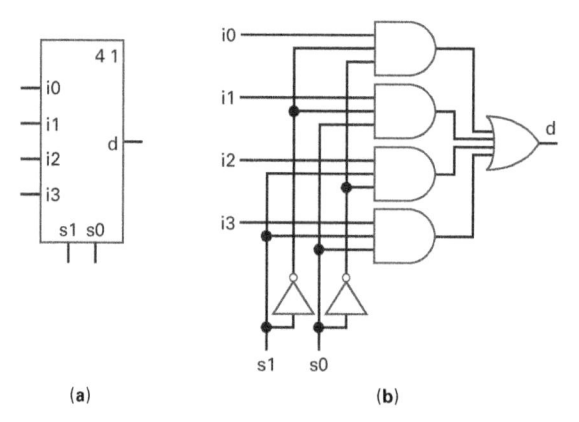

Figura 2.55 Multiplexador 4x1: (a) símbolo na forma de bloco e (b) estrutura interna.

A estrutura interna de um multiplexador 4x1 está mostrada na Fig. 2.55. Quando s1s0=00, a porta AND superior gera uma saída dada por i0*1*1=i0, a próxima porta AND gera i1*0*1=0, a próxima, i2*1*0=0, e a porta AND inferior produz uma saída dada por i3*0*0=0. A porta OR fornece i0+0+0+0=i0 e, assim, i0 passa à saída, como desejado. Do mesmo modo, quando s1s0=01, a segunda porta AND deixa passar i1, ao passo que as todas as demais portas AND produzem um 0 em suas saídas. Quando s1s0=10, a terceira porta AND deixa passar i2 e as demais portas AND produzem um 0 em suas saídas. Quando s1s0=11, a porta AND inferior deixa passar i3, e as outras portas AND produzem um 0 em suas saídas. Para qualquer valor de s1s0, apenas uma porta AND terá dois 1s em suas entradas de seleção, deixando passar assim o valor presente em sua entrada de dados: as demais portas AND terão no mínimo um 0 em suas entradas de seleção e, conseqüentemente, produzirão um 0 em suas saídas.

Um multiplexador 8x1 tem oito entradas de dados i7...i0, três entradas de seleção s2, s1 e s0, e uma saída de dados. De forma mais genérica, um multiplexador Mx1, tem M entradas de dados, $\log_2(M)$ entradas de seleção e uma saída de dados. Lembre-se de que um multiplexador sempre tem somente uma saída.

▶ **EXEMPLO 2.31 Perguntas básicas sobre multiplexadores**

Assuma que, no momento, as quatro entradas de um multiplexador 4x1 têm os seguintes valores: i0=1, i1=1, i2=0 e i3=0. Qual será o valor na saída d de um multiplexador para os seguintes valores de entrada de seleção?

1. s1s0=01. *Resposta*: Como s1s0=01 deixa passar a entrada i1 para d, então d terá o valor de i1 que é 1, no momento.

2. s1s0=01. *Resposta*: Essa configuração de valores de entrada da linha de seleção deixa passar i3, então d terá o valor de i3 que é 0, no momento.

3. Quantas entradas de seleção devem estar presentes em um multiplexador 16x1? *Resposta*: Quatro entradas de seleção são necessárias para indicar qual das 16 entradas deverá ser passada para a saída porque $\log_2(16)=4$.

4. Quantas entradas de seleção há em um multiplexador 4x2? *Resposta*: A pergunta não é válida – não existe nada como um multiplexador 4x2. Um multiplexador tem exatamente uma saída.

5. Quantas entradas há em um multiplexador que tem cinco entradas de seleção? *Resposta*: Cinco entradas de seleção podem indicar uma única entrada entre $2^5=32$ entradas. Essa entrada deverá ser passada à saída. ◀

▶ **EXEMPLO 2.32** **Sistema para exibir o voto de um prefeito usando multiplexador**

Considere uma pequena cidade com um prefeito muito impopular. Durante as assembléias municipais*, o moderador da reunião apresenta quatro proposições ao prefeito, que então vota cada uma delas (aprovando ou rejeitando). Seguidamente, logo após o prefeito votar, os cidadãos passam a vaiá-lo e a gritar palavras impróprias – independentemente de como ele votou. Depois de muito abuso desse tipo, o prefeito construiu um sistema digital simples (acontece que o prefeito tinha feito um curso de projeto digital), mostrado na Fig. 2.56. Ele providenciou quatro chaves para o seu próprio uso que podem ser posicionadas em cima ou em baixo, dando uma saída 1 ou 0, respectivamente. Durante as assembléias, quando chega o momento de votar a primeira proposição, ele leva a primeira chave para cima (aprovação) ou para baixo (rejeição) – mas ninguém mais consegue ver a posição da chave. Quando chega o momento de votar a segunda proposição, ele leva a chave para cima ou para baixo. E, assim por diante. Depois de votar todas as proposições, ele sai da assembléia e vai tomar um café. Sem a presença do prefeito, o moderador liga um grande painel luminoso de cor verde ou vermelha. Quando o sinal de entrada do painel é 0, o painel fica vermelho. Quando a entrada é 1, o painel fica verde. O moderador controla duas chaves com as quais pode escolher e conectar qualquer uma das saídas das chaves, usadas pelo prefeito, com o painel luminoso. Desse modo, o moderador usa todas as configurações das chaves, começando com a configuração 00 (e dizendo "Nesta proposição, o voto do prefeito foi ..."), então 01, 10 e finalmente 11. Em cada configuração, o painel fica aceso com a cor verde ou vermelha, de acordo com as posições das chaves do prefeito. O sistema pode ser facilmente implementado usando um multiplexador 4x1, como mostrado na Fig. 2.56. ◀

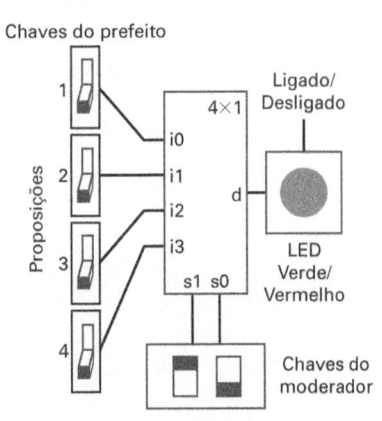

Figura 2.56 Implementação com multiplexador 4x1 de um sistema para exibir o voto de um prefeito.

Multiplexador Mx1 de *N* bits

Os multiplexadores freqüentemente são usados para seletivamente deixar passar não só bits isolados, mas também itens com *N* bits de dados. Por exemplo, um conjunto de entradas A pode consistir em quatro bits a3, a2, a1 e a0, e um outro conjunto de entradas B também pode consistir em quatro bits b3, b2, b1 e b0. Queremos multiplexar essas entradas conduzindo-as

---

* N. de T: Nos Estados Unidos, há governos municipais em que as decisões importantes são tomadas por todos os cidadãos reunidos em uma assembléia (*town meeting*).

a uma saída de quatro bits C consistindo em c3, c2, c1 e c0. A Fig. 2.57(a) mostra como obter essa multiplexação usando quatro multiplexadores 2x1.

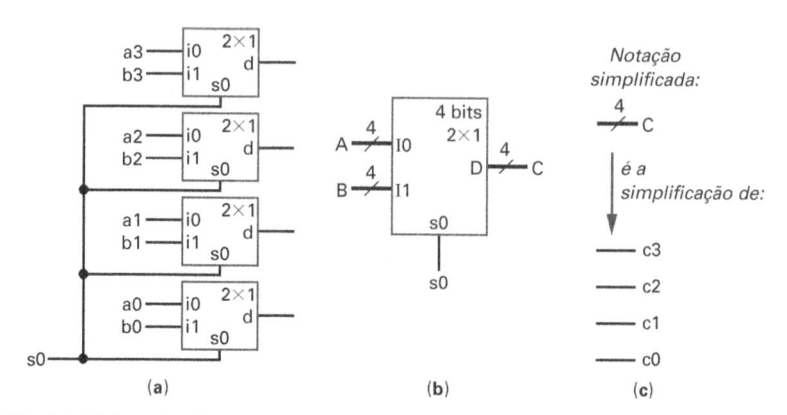

Figura 2.57 Multiplexador 2x1 de quatro bits: (a) estrutura interna usando quatro multiplexadores 2x1 para selecionar entre os itens A ou B de quatro bits de dados e (b) símbolo para diagrama de blocos de um multiplexador 2x1 de quatro bits. (c) O diagrama de blocos usa uma notação simplificada comum, consistindo em uma linha cheia com um traço inclinado e o número 4, para representar quatro fios simples.

Como a multiplexação de dados é muito usada, um outro bloco construtivo comum é um multiplexador *M*x1 com *N* bits de largura de dados. Assim, em nosso exemplo, usaríamos um multiplexador 2x1 de 4 bits. Não fique confuso, contudo – um multiplexador *M*x1 de *N* bits é na realidade simplesmente o mesmo que *N* multiplexadores *M*x1 separados, mas que compartilham as mesmas entradas de seleção. A Fig. 2. 57(b) mostra o símbolo de um multiplexador 2x1 de 4 bits.

▶ **EXEMPLO 2.33 Display multiplexado de automóvel colocado acima do espelho retrovisor**

Alguns carros vêm com um *display* colocado acima do espelho retrovisor, como mostrado na Fig. 2.58. O motorista pode pressionar um botão chamado modo para mostrar a temperatura exterior, o consumo médio do carro em quilômetros por litro, o consumo instantâneo em quilômetros por litro ou a distância restante aproximada que ainda pode ser percorrida antes que acabe o combustível. Assuma que o computador central do carro envia os dados ao *display* na forma de quatro números binários de oito bits, T (a temperatura), M (consumo médio em km/litro), I (consumo instantâneo em km/litro) e Q (quilômetros restantes). T consiste em oito bits: t7, t6, t5, t4, t3, t2, t1 e t0. O mesmo ocorre com M, I e Q. Assuma que o sistema de *display* tem duas entradas adicionais x e y, que sempre mudam de valor seguindo a seqüência seguinte – 00, 01, 10 e 11 – a cada vez que o botão de modo é apertado (veremos em um capítulo posterior como criar tal seqüência). Quando xy = 00, queremos exibir T, quando xy=01, queremos exibir M, quando xy=10, queremos exibir I e quando xy=11, queremos exibir Q. Assuma que as saídas D vão a um *display* que sabe como converter esse número binário D de oito bits em um número que pode ser exibido e lido pelas pessoas, como na Fig. 2.58*.

Figura 2.58 *Display* acima do retrovisor.

---

* N. de T: No caso, está sendo mostrada a temperatura exterior (*outside*) de 87 graus Fahrenheit (ou 31 graus centígrados).

Podemos projetar o sistema de *display* usando oito multiplexadores 4x1, como mostrado na Fig. 2.59.

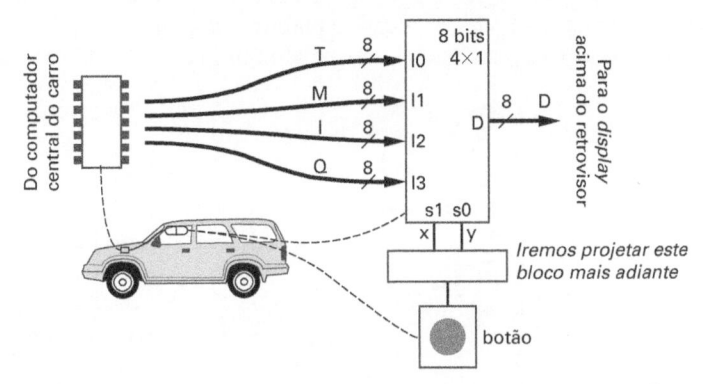

Figura 2.59 *Display* colocado acima do retrovisor, usando um multiplexador 4x1 de oito bits.

Observe quantos fios devem ser estendidos desde o computador central do carro, que pode estar localizado abaixo do capô, até o *display* colocado acima do retrovisor – 8 * 4 = 32 fios. Isso é muito fio. Em um capítulo posterior, veremos como reduzir o número de fios. ◄

Observe no exemplo anterior como um projeto pode ser simples, quando utilizamos blocos construtivos de nível mais elevado. Se tivéssemos de usar multiplexadores comuns de 4x1, teríamos oito deles e muitos fios desenhados. Se tivéssemos de usar portas, teríamos 40 delas. Naturalmente, por baixo do nosso projeto simples da Fig. 2.59 há, de fato, oito multiplexadores 4x1, e por baixo desses há 40 portas e, ainda, por baixo dessas há grandes quantidades de transistores. Vemos que o uso de blocos construtivos de nível mais elevado torna a nossa tarefa de projeto muito mais tratável.

▶ 2.10 CONSIDERAÇÕES ADICIONAIS

Captura de esquemáticos e simulação

Ao projetar um circuito, como saber se estamos projetando corretamente? Talvez tenhamos criado a tabela-verdade com algum erro, colocando um 0 em alguma casa da coluna de saída quando deveríamos ter posto um 1; ou talvez tenhamos escrito um mintermo errado, escrevendo xyz quando deveríamos ter escrito xyz'. Por exemplo, considere o contador do número de 1s do Exemplo 2.25. Criamos uma tabela-verdade, a seguir criamos equações e finalmente, um circuito. O circuito está correto?

Um método de verificarmos o nosso trabalho é fazendo a chamada engenharia reversa da função a partir do circuito – começando com o circuito, poderíamos convertê-lo em equações e, em seguida, essas em uma tabela-verdade. Se obtivermos a mesma tabela-verdade original, então o circuito deverá estar correto. Entretanto, algumas vezes, começamos com uma equação, ao invés de uma tabela-verdade, como no Exemplo 2.24. Poderemos fazer a engenharia reversa de um circuito obtendo uma equação, mas essa equação pode ser diferente da original, especialmente se tivermos manipulado algebricamente a equação original durante o projeto do circuito. Além disso, para verificar se duas equações são equivalentes, pode ser necessário que as equações sejam convertidas para a forma canônica (soma de mintermos). Se a nossa função tiver um grande número de entradas, isso poderá produzir equações enormes.

De fato, mesmo se não fizermos nenhum erro quando estivermos convertendo o que está em nossa mente, a respeito da função desejada, para a forma de tabela-verdade ou equação, como saberemos se o nosso entendimento estava correto?

Um método comumente usado para verificar se um circuito funciona como esperávamos é chamado de simulação. A ***simulação*** de um circuito é o processo de se fornecer valores de entradas ao circuito e executar um programa de computador que calcula a saída do circuito com essas entradas. Poderemos então conferir se a saída está de acordo com o que esperamos. O programa de computador que executa a simulação é chamado de ***simulador***.

Para usar a simulação na verificação de um circuito, deveremos descrevê-lo usando um método que permita a leitura do circuito pelos programas de computador. Um método para se descrever um circuito é desenhando-o por meio de uma ferramenta de captura de esquemático. Uma ***ferramenta de captura de esquemático*** permite que um usuário coloque portas lógicas em uma tela de computador e desenhe fios para conectar essas portas. A ferramenta permite aos usuários guardar seus desenhos de circuitos na forma de arquivos de computador. Todos os desenhos dos circuitos deste capítulo são exemplos de esquemáticos – por exemplo, o desenho do circuito da Fig. 2.50(b), representando um decodificador 2x4, é um exemplo de esquemático. A Fig. 2.60 mostra um esquemático do mesmo projeto, que foi desenhado usando uma ferramenta comercial bem conhecida de captura de esquemático. A captura de esquemáticos é usada não só para capturar os circuitos que serão usados pelas ferramentas de simulação, como também pelas ferramentas que mapeiam nossos circuitos para implementações físicas, como será discutido no Capítulo 7.

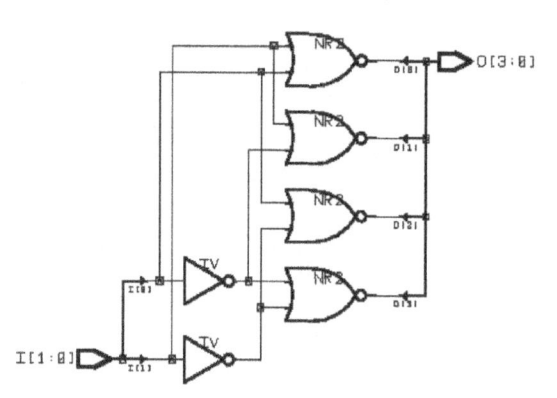

Figura 2.60 Imagem de tela de uma ferramenta comercial de captura de esquemático.

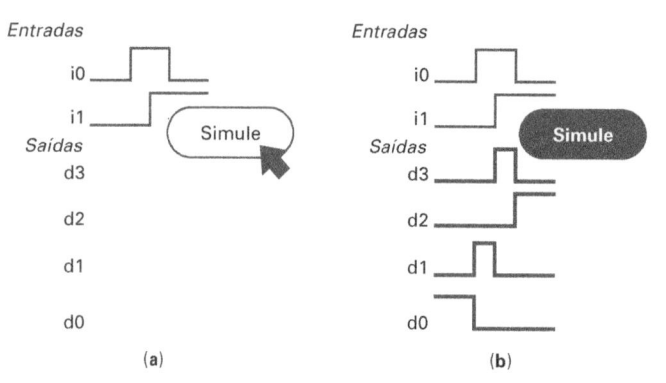

Figura 2.61 Simulação: (a) começa com nós para definir os sinais das entradas ao longo do tempo, (b) gera automaticamente as formas de onda de saída quando solicitamos que o simulador faça a simulação do circuito.

Depois de criar um circuito por meio da captura de esquemático, devemos fornecer ao simulador um conjunto de entradas, para as quais desejamos verificar se as saídas são as corretas. Uma das maneiras de se fornecer as entradas é desenhando as formas de onda das entradas do circuito. Uma ***forma de onda*** de entrada é uma linha que vai da esquerda para a direita, representando o valor da entrada à medida que o tempo avança para a direita. Em momentos diferentes, a linha está alta para representar 1 ou baixa para representar 0, como mostrado na Fig. 2.61(a). Depois de estarmos satisfeitos com as nossas formas de onda de entrada, instruímos o simulador a simular o nosso circuito usando as formas de onda de entrada dadas. O simulador determina quais são as saídas do circuito para cada combinação exclusiva de entradas e gera as formas de onda das saídas, como mostrado na Fig. 2.61(b). Então, podemos conferir se as formas de onda de saída estão em concordância com os valores de saída que estávamos esperando para cada entrada. Essa verificação pode ser feita visualmente ou, então, fornecendo certas expressões de verificação (freqüentemente chamadas de asserções) ao simulador.

A simulação ainda não garante que o nosso circuito está correto, mas aumenta a nossa *confiança*.

Comportamento não ideal das portas – atraso de tempo

Idealmente, as saídas das portas lógicas deveriam mudar de valor instantaneamente em respostas a alterações em suas entradas. Nos diagramas de tempo anteriores deste capítulo, assumiu-se que as portas ideais tinham esse atraso nulo, como mostrado novamente na Fig. 2.62(a) para o caso de uma porta OR. Infelizmente, as saídas das portas reais não mudam de valor imediatamente mas, pelo contrário, após um breve intervalo de tempo. Afinal de contas, mesmo o mais veloz dos automóveis não pode acelerar de 0 a 100 km/h em 0 segundo. O atraso nas portas é devido em parte ao fato de que os transistores não são chaveados instantaneamente do estado de não condução para o de condução (ou vice-versa) – por exemplo, leva algum tempo para que os elétrons se acumulem no canal de um transistor nMOS. Além disso, a corrente elétrica viaja a uma grande velocidade, a qual, embora muito elevada, não é ainda infinitamente rápida. Além disso, os fios não são perfeitos e podem retardar a corrente elétrica devido a características "parasíticas" como capacitância e indutância. O diagrama de tempo da Fig. 2.62(b) ilustra como a saída de uma porta real é ligeiramente diferente da ideal depois de ocorrerem algumas alterações nas entradas. Os atrasos nas portas CMOS modernas podem levar menos de um nanossegundo para responder às alterações – extremamente rápidos, mas ainda não nulos.

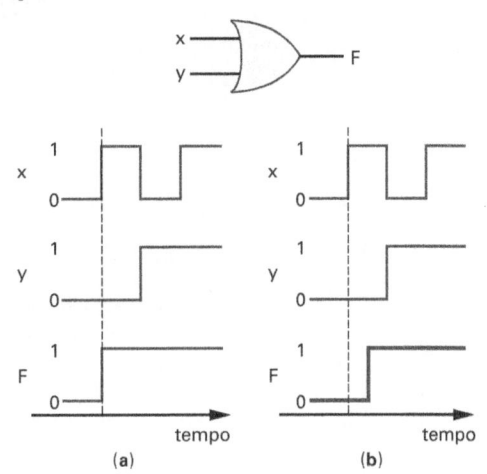

Figura 2.62 Diagrama de tempo de uma porta OR: (a) sem atraso de porta, (b) com atraso.

Demultiplexadores e codificadores

Dois componentes adicionais, demultiplexadores e codificadores, também podem ser considerados blocos construtivos combinacionais. No entanto, esses componentes são bem menos usados do que os seus opostos, os multiplexadores e os decodificadores. No entanto, por uma questão de completude, iremos introduzir brevemente aqui esses componentes adicionais. Você poderá notar que ao longo deste livro os demultiplexadores e codificadores não aparecem em muitos exemplos, se é que aparecem.

Demultiplexador
Um demultiplexador tem aproximadamente o comportamento oposto ao de um multiplexador. De forma específica, um **demultiplexador** 1xM tem uma entrada de dados e, com base nos valores de $\log_2(M)$ linhas de seleção, passa essa entrada para uma das M saídas. As outras saídas permanecem em 0.

Codificador
Um codificador tem o comportamento oposto ao de um decodificador. De forma específica, um decodificador $\log_2(n)$ tem n entradas e $\log_2(m)$ saídas. Das n entradas, assume-se que apenas uma delas, em qualquer momento dado, é 1 (esse seria o caso se a entrada consistisse em uma chave deslizante ou rotativa com n posições possíveis, por exemplo). O codificador coloca um valor binário nas $\log_2(n)$ saídas indicando qual das n entradas é 1. Por exemplo, um codificador 4x2 tem quatro entradas d3, d2, d1 e d0 e duas saídas e1 e e0. Quando a entrada

é 0001, a saída é 00. Para 0010, a saída é 01. Para 0100, a saída é 10 e para 1000, a saída é 11. Em outras palavras, d0=1 resulta na saída de 0 em binário, d1=1 resulta na saída de 1 em binário, d2=1 resulta na saída de 2 em binário e d3=1 resulta na saída de 3 em binário.

Um **codificador de prioridade** tem comportamento similar, mas lida com situações em que mais de uma entrada são 1 ao mesmo tempo. Um *codificador de prioridade* dá prioridade à entrada mais elevada que tem um 1 e fornece o valor binário dessa entrada. Por exemplo, se um *codificador de prioridade* 4x2 tiver as entradas d3 e d1 iguais a 1 (de modo que as entradas são 1010), o *codificador de prioridade* dará prioridade a d3 e, portanto, produzirá a saída 11.

▶ 2.11 OTIMIZAÇÕES E TRADEOFFS EM LÓGICA COMBINACIONAL (VEJA A SEÇÃO 6.2)

As seções anteriores deste capítulo descreveram como criar os circuitos combinacionais básicos. Neste livro, o conteúdo desta seção, Seção 2.11, está de fato na Seção 6.2, onde se descreve como melhorar esses circuitos (menores, mais rápidos, etc.) – ou seja, como fazer otimizações e *tradeoffs*. Uma maneira de se usar este livro é tratando das otimizações e *tradeoffs* logo após a introdução do projeto lógico combinacional, ou seja, agora (como Seção 2.11). Um uso alternativo é tratar das otimizações e *tradeoffs* mais tarde (como Seção 6.2), após ter introduzido também o projeto seqüencial básico, os componentes de bloco operacional e o projeto em nível de transferência entre registradores – ou seja, após os Capítulos 3, 4 e 5.

▶ 2.12 DESCRIÇÃO DE LÓGICA COMBINACIONAL USANDO LINGUAGENS DE DESCRIÇÃO DE HARDWARE (VEJA A SEÇÃO 9.2)

As linguagens de descrição de hardware (HDLs) permitem aos projetistas descrever seus circuitos usando uma linguagem textual ao invés de usar os desenhos dos circuitos. Esta seção, Seção 2.12, introduz o uso de HDLs para descrever a lógica combinacional. Neste livro, o conteúdo desta seção está fisicamente na Seção 9.2. Uma maneira de se usar este livro é introduzir as HDLs agora (como Seção 2.12), imediatamente após a lógica combinacional básica ter sido introduzida. Um uso alternativo é introduzir as HDLs mais tarde (como Seção 9.2), após ter obtido domínio dos projetos combinacional e seqüencial básicos e em nível de transferência entre registradores.

▶ 2.13 RESUMO DO CAPÍTULO

A Seção 2.1 introduziu a idéia de se usar um circuito customizado para se implementar um comportamento desejado de sistema e uma lógica combinacional. Esta última é definida na forma de um circuito digital, cujas saídas são uma função das entradas atuais do circuito. A Seção 2.2 forneceu uma breve história das chaves digitais, começando com os relés da década de 1930 e chegando aos transistores CMOS de hoje. A marca principal desse período é a velocidade surpreendente com que o tamanho e o atraso das chaves vem encolhendo continuamente por diversas décadas, chegando aos ICs capazes de alojar um bilhão ou mais de transistores. A Seção 2.3 descreveu o comportamento básico de um transistor CMOS – com apenas o suficiente de informação para elucidar o mistério de como funcionam os transistores. A Seção 2.4 introduziu três blocos construtivos fundamentais que são usados na construção de circuitos digitais – as portas AND, as portas OR e as portas NOT (inversores), com as quais é muito mais fácil de se trabalhar do que com transistores. A Seção 2.5 mostrou como a álgebra booleana poderia ser usada para representar circuitos construídos a partir de portas AND, OR e NOT, permitindo-nos construir e manipular circuitos usando a matemática – um conceito extremamente poderoso. A Seção 2.6 introduziu diversas representações diferentes das funções booleanas, a saber, equações, circuitos e tabelas-verdade. A Seção 2.7 descreveu um procedimento direto de três passos para o projeto de circuitos combinacionais e deu diversos exemplos de construção de circuitos reais usando esse procedimento. A Seção 2.8 descreveu por que as portas NAND e NOR são na realidade mais comumente usadas do que as portas AND e OR na tecnologia CMOS, e mostrou que qualquer circuito construído com portas AND, OR e NOT poderia ser construído usando apenas portas NAND ou apenas NORs. Aquela seção introduziu também duas outras portas comumente usadas, XOR e XNOR. A Seção 2.9 introduziu dois blocos construtivos adicionais que são comumente usados, os decodificadores e os multiplexadores. A Seção 2.10 introduziu as ferramentas de captura de esquemáticos, que nos permitem desenhar os circuitos de modo que possam ser lidos pelos programas de computador, e introduziu também a simulação, a qual gera as formas de onda de saída que correspondem às formas de onda de entrada, fornecidas pelo usuário, de modo a nos ajudar a verificar se criamos corretamente um circuito. Aquela seção discutiu também como as portas reais apresentam um pequeno atraso entre o instante em que as entradas mudam de valor e o instante em que a saída da porta se altera. Naquela seção, também foram introduzidos alguns blocos construtivos combinacionais que são menos comumente usados, os demultiplexadores e os codificadores.

▶ 2.14 EXERCÍCIOS

Os exercícios assinalados com um asterisco (*) são mais desafiadores.

SEÇÃO 2.2: CHAVES

2.1 Um microprocessador em 1980 usava cerca de 10.000 transistores. Quantos desses microprocessadores caberiam em um *chip* moderno com 1 bilhão de transistores?

2.2 O primeiro microprocessador Pentium tinha cerca de 3 milhões de transistores. Quantos desses microprocessadores caberiam em um *chip* moderno com 1 bilhão de transistores?

2.3 Defina a lei de Moore.

2.4 Assuma que, em um dado ano, um *chip* de um certo tamanho, usando o estado da arte em tecnologia, pode conter 1 bilhão de transistores. Assumindo que a lei de Moore pode ser aplicada, um *chip* de mesmo tamanho será capaz de alojar quantos transistores em dez anos?

2.5 Assuma que um telefone celular contém 50 milhões de transistores. De que tamanho seria esse telefone se ele usasse válvulas termiônicas ao invés de transistores, considerando-se que uma válvula ocupa aproximadamente um volume de 15 centímetros cúbicos?

2.6 Um processador moderno usado em computadores de mesa (*desk-top*), como o Pentium 4, tem cerca de 300 milhões de transistores. De que tamanho seria esse processador se usássemos válvulas, como as da década de 1940, assumindo que cada uma ocupa uma área de uma polegada quadrada (6,5 centímetros quadrados)?

SEÇÃO 2.3: O TRANSISTOR CMOS

2.7 Descreva o funcionamento do circuito construído com transistores CMOS que está mostrado na Fig. 2.63, indicando claramente quando o circuito conduz.

2.8 Se aplicarmos uma tensão à porta de um transistor CMOS, por que a corrente não flui da porta à fonte ou dreno?

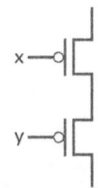

Figura 2.63 Circuito que combina dois transistores CMOS.

SEÇÃO 2.4: PORTAS LÓGICAS BOOLEANAS – BLOCOS CONSTRUTIVOS DOS CIRCUITOS DIGITAIS

2.9 Qual operação booleana, AND, OR ou NOT, é apropriada para cada um dos seguintes casos:
  (a) Detecção de movimento em qualquer um dos sensores de movimento que cercam uma casa (um sensor fornece uma saída 1 quando detecta um movimento).
  (b) Detecção de três botões sendo apertados simultaneamente (um botão fornece uma saída 1 quando é apertado).
  (c) Detecção da ausência de luz usando um sensor luminoso (o sensor fornece uma saída 1 quando detecta a luz).

2.10 Converta os seguintes enunciados em equações booleanas:
  (a) Um detector de inundação deve ligar uma bomba quando é detectada a presença de água e o sistema está habilitado.
  (b) Um sistema doméstico de monitoramento de energia deve soar um alarme quando é de noite, uma luz é detectada dentro de um aposento e nenhum movimento é detectado.
  (c) Um sistema de irrigação deve abrir a válvula de água de um esguicho quando o sistema está habilitado e chuva nem temperaturas congelantes são detectadas.

2.11 Avalie a equação booleana F = (a AND b) OR c OR d para os seguintes valores das variáveis a, b, c e d.
  (a) a=1, b=1, c=1, d=0
  (b) a=0, b=1, c=1, d=0
  (c) a=1, b=1, c=0, d=0
  (d) a=1, b=0, c=1, d=1

2.12 Avalie a equação booleana F = a AND (b OR c) AND d para os seguintes valores das variáveis a, b, c e d.
  (a) a=1, b=1, c=0, d=1
  (b) a=0, b=0, c=0, d=1
  (c) a=1, b=0, c=0, d=0
  (d) a=1, b=0, c=1, d=1

2.13 Avalie a equação booleana F = a AND (b OR (c AND d)) para os seguintes valores das variáveis a, b, c e d.
  (a) a=1, b=1, c=0, d=1
  (b) a=0, b=0, c=0, d=1
  (c) a=1, b=0, c=0, d=0
  (d) a=1, b=0, c=1, d=1

2.14 Mostre os caminhos de condução e o valor de saída do circuito transistorizado da porta OR da Fig. 2.11 quando: (a) x = 1 e y = 0, (b) x = 1 e y = 1.

2.15 Mostre os caminhos de condução e o valor de saída do circuito transistorizado da porta AND da Fig. 2.13 quando: (a) x = 1 e y = 0, (b) x = 1 e y = 1.

2.16 Converta cada uma das seguintes equações diretamente para circuitos em nível de porta:
  (a) F = ab' + bc + c'
  (b) F = ab + b'c'd'
  (c) F = ((a + b') * (c' + d)) + (c + d + e')

2.17 Converta cada uma das seguintes equações diretamente para circuitos em nível de porta:
  (a) F = a'b' + b'c
  (b) F = ab + bc + cd + de
  (c) F = ((ab)' + (c)) + (d + ef)'

2.18 Converta cada uma das seguintes equações diretamente para circuitos em nível de porta:
  (a) F = abc + a'bc
  (b) F = a + bcd' + ae + f'
  (c) F = (a + b) + (c' * (d + e + fg))

2.19 Queremos projetar um sistema que aciona uma campainha elétrica dentro de nossa casa sempre que for detectado um movimento no lado de fora à noite. Assumindo que temos um sensor de movimento com saída M, que indica quando um movimento é detectado (M=1 significa a detecção de um movimento), e um sensor luminoso com saída L, que indica quando uma luz é detectada (L=1 significa a detecção de luz). A campainha dentro de casa tem uma entrada simples C que, quando está em 1, dispara um som alto de alarme. Usando portas AND, OR e NOT, crie um circuito digital simples para implementar o sistema de detecção de movimento à noite.

2.20 Um DJ ("*disc jockey*") é alguém que toca música em uma festa) gostaria de um sistema para controlar automaticamente uma luz strobo e um globo espelhado em um salão de dança dependendo de se há música tocando e se alguém está dançando. Assuma que temos um sensor sonoro com saída S que indica quando a música está tocando (S=1 significa que a música está tocando) e um sensor de movimento M que indica quando há pessoas dançando (M=1 significa que há pessoas dançando). O strobo tem uma entrada L que acende a luz quando L é 1, e o globo tem uma entrada B que põe a bola a girar quando B é 1. O DJ quer que o globo gire apenas quando a música está tocando e ninguém está dançando e ele quer também que o strobo acenda somente quando há música tocando e as pessoas estão dançando. Usando portas AND, OR e NOT, crie um circuito digital simples para ativar: (a) o globo e (b) a luz strobo.

2.21 Queremos descrever de forma concisa a seguinte situação, usando uma equação booleana. Vamos querer despedir um técnico de futebol (fazendo D=1) se ele for mal humorado (representado por M=1). Se ele não for mal humorado mas estiver tendo uma temporada de insucessos (representada pela variável booleana I=1), iremos despedi-lo de qualquer forma. Escreva uma expressão que traduz a situação diretamente em uma equação para D, sem qualquer simplificação.

SEÇÃO 2.5: ÁLGEBRA BOOLEANA

2.22 Para a função F = a + a'b + acd + c':
(a) Liste todas as variáveis.
(b) Liste todas as literais.
(c) Liste todos os termos de produto.

2.23 Para a função F = a'd' + a'c + b'cd' + cd:
(a) Liste todas as variáveis.
(b) Liste todas as literais.
(c) Liste todos os termos de produto.

2.24 Façamos com que a variável T represente ser alto, H, ser pesado e F, ser rápido. Vamos considerar alguém que é baixo como sendo não alto, leve como não pesado e lento como não rápido. Escreva uma equação booleana para representar o seguinte:
(a) Você poderá andar de carrossel em um parque de diversões se você for ou alto e leve, ou baixo e pesado.
(b) Você NÃO poderá andar de carrossel em um parque de diversões se você ou for alto e leve, ou baixo e pesado. Use álgebra para transformar a equação em uma soma de produtos.
(c) Você poderá ser escolhido para jogar em um certo time de basquete se você for alto e rápido, ou alto e lento. Simplifique essa equação.
(d) Você NÃO poderá ser escolhido para jogar em um certo time de futebol se você for baixo e lento, ou se for leve. Transforme a equação em uma soma de produtos.
(e) Você poderá ser escolhido para jogar tanto no time de basquete como no de futebol de acordo com os critérios anteriores. Sugestão: combine as duas equações em uma equação aplicando o operador AND a elas.

2.25 Em relação a um pacote, façamos com que a variável S represente ser pequeno, H, ser pesado e E, ser caro. Vamos considerar um pacote grande como sendo não pequeno, leve como não pesado e barato como não caro. Escreva uma equação booleana para representar o seguinte:
(a) Você poderá entregar pacotes apenas se eles forem ou pequenos e caros, ou grandes e baratos.
(b) Você NÃO poderá entregar um pacote como o do item anterior. Use álgebra para transformar a equação em uma soma de produtos.

(c) Você poderá carregar os pacotes em seu caminhão apenas se os pacotes forem pequenos e leves, pequenos e pesados, ou grandes e leves. Simplifique a equação.

(d) Você NÃO poderá carregar os pacotes descritos no item anterior. Use álgebra para transformar a equação em uma soma de produtos.

2.26 Use manipulação algébrica para converter a seguinte equação para a forma de soma de produtos:
F = a(b + c)(d') + ac'(b + d)

2.27 Use manipulação algébrica para converter a seguinte equação para a forma de soma de produtos:
F = a'b(c + d') + a(b' + c) + a(b + d)c

2.28 Use a lei de DeMorgan para encontrar o inverso (NOT) da seguinte equação: F = abc + a'b. Reduza à forma de soma de produtos. Sugestão: Comece com F' = (abc + a'b)'

2.29 Use a lei de DeMorgan para encontrar o inverso (NOT) da seguinte equação: F = ac' + abd' + acd. Reduza à forma de soma de produtos.

SEÇÃO 2.6: REPRESENTAÇÕES DE FUNÇÕES BOOLEANAS

2.30 Converta as seguintes equações booleanas em circuitos digitais:
(a) F(a,b,c) = a'bc + ab
(b) F(a,b,c) = a'b
(c) F(a,b,c) = abc + ab + a + b + c
(d) F(a,b,c) = c'

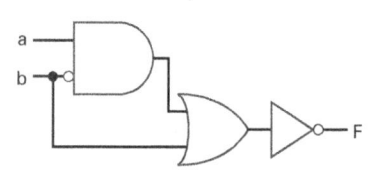

Figura 2.64 Circuito combinacional *F*.

2.31 Crie uma representação com equação booleana para o circuito digital da Fig. 2.64.

2.32 Crie uma representação com equação booleana para o circuito digital da Fig. 2.65.

2.33 Converta cada uma das equações booleanas do Exercício 2.30 em uma tabela-verdade.

2.34 Converta cada uma das seguintes equações booleanas em uma tabela-verdade:
(a) F(a,b,c) = a' + bc'
(b) F(a,b,c) = (ab)' + ac' + bc
(c) F(a,b,c) = ab + ac + ab'c' + c'
(d) F(a,b,c,d) = a'bc + d'

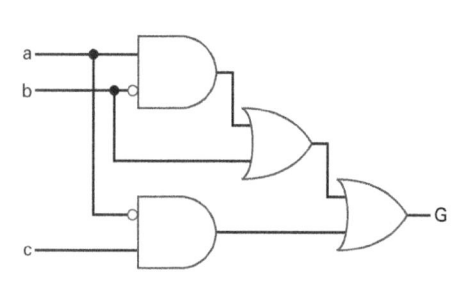

Figura 2.65 Circuito combinacional *G*.

F= ab + b'.

2.35 Preencha as colunas da Tabela 2.8, usando a equação:

TABELA 2.8 Tabela-verdade

Entradas					Saídas
a	b	ab	b'	ab+b'	F
0	0				
0	1				
1	0				
1	1				

TABELA 2.9 Tabela-verdade

a	b	c	F
0	0	0	0
0	0	1	1
0	1	0	1
0	1	1	1
1	0	0	0
1	0	1	1
1	1	0	1
1	1	1	1

TABELA 2.10 Tabela-verdade

a	b	c	F
0	0	0	1
0	0	1	0
0	1	0	1
0	1	1	0
1	0	0	1
1	0	1	1
1	1	0	1
1	1	1	0

TABELA 2.11 Tabela-verdade

a	b	c	F
0	0	0	0
0	0	1	1
0	1	0	0
0	1	1	0
1	0	0	0
1	0	1	0
1	1	0	1
1	1	1	1

2.36 Converta a função F mostrada como tabela-verdade na Tabela 2.9 em uma equação. Não minimize a equação.

2.37 Use manipulação algébrica para minimizar a equação obtida no Exercício 2.36.

2.38 Converta a função F mostrada como tabela-verdade na Tabela 2.10 em uma equação. Não minimize a equação.

2.39 Use manipulação algébrica para minimizar a equação obtida no Exercício 2.38.

2.40 Converta a função F mostrada como tabela-verdade na Tabela 2.11 em uma equação. Não minimize a equação.

2.41 Use manipulação algébrica para minimizar a equação obtida no Exercício 2.40.

2.42 Crie uma tabela-verdade para o circuito da Fig. 2.64.

2.43 Crie uma tabela-verdade para o circuito da Fig. 2.65.

2.44 Converta a função F mostrada como tabela-verdade na Tabela 2.9 em um circuito digital.

2.45 Converta a função F mostrada como tabela-verdade na Tabela 2.10 em um circuito digital.

2.46 Converta a função F mostrada como tabela-verdade na Tabela 2.11 em um circuito digital.

2.47 Converta as seguintes equações booleanas para a forma canônica da soma de mintermos:
(a) $F(a,b,c) = a'bc + ab$
(b) $F(a,b,c) = a'b$
(c) $F(a,b,c) = abc + ab + a + b + c$
(d) $F(a,b,c) = c'$

2.48 Determine se as funções booleanas $F = (a + b)'*a$ e $G = a + b'$ são equivalentes, usando (a) manipulação algébrica e (b) tabelas-verdade.

2.49 Determine se as funções booleanas $F = ab'$ e $G = (a' + ab)'$ são equivalentes, usando (a) manipulação algébrica e (b) tabelas-verdade.

2.50 Determine se a função booleana $G = a'b'c + ab'c + abc' + abc$ é equivalente à função representada pelo circuito da Fig. 2.66.

2.51 Determine se os dois circuitos da Fig. 2.67 são equivalentes, usando (a) manipulação algébrica e (b) tabelas-verdade.

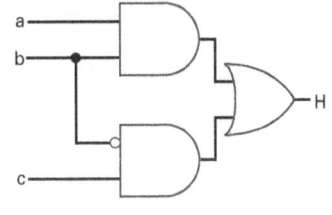

Figura 2.66 Circuito combinacional H.

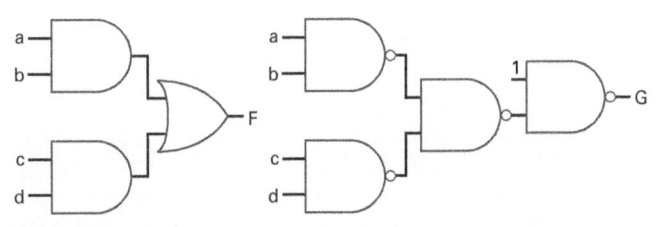

Figura 2.67 Circuitos combinacionais F e G.

2.52 *A Fig. 2.68 mostra dois circuitos nos quais as entradas não receberam nomes.
(a) Determine se os dois circuitos são equivalentes. Sugestão: Tente todas as possibilidades de nomes para as entradas de ambos os circuitos.
(b) Quantas comparações de circuitos você terá de realizar para determinar se dois circuitos, com 10 entradas sem nomes, são equivalentes?

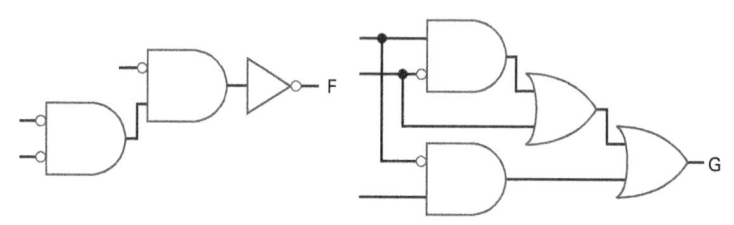

Figura 2.68 Circuitos combinacionais F e G.

SEÇÃO 2.7: O PROCESSO DE PROJETO LÓGICO COMBINACIONAL

2.53 Um museu tem três salões, cada um com um sensor de movimento (m0, m1 e m2) que fornece uma saída 1 quando é detectado algum movimento. À noite, a única pessoa no museu é o guarda da segurança que caminha de salão a salão. Crie um circuito que soa um alarme (colocando a sua saída A em 1) apenas quando, em algum momento, um movimento é detectado em mais de um salão isto é, em dois ou três salões), significando que deve haver um ou mais intrusos no museu. Comece com uma tabela-verdade.

2.54 Crie um circuito para o museu do Exercício 2.53 que detecta se o guarda está fazendo a ronda no museu de maneira apropriada. Isso pode ser detectado quando há *exatamente* um sensor de movimento em 1. (Se nenhum sensor estiver em 1, o guarda deve estar sentado ou dormindo.)

2.55 Considere a função do alarme de segurança para museu do Exercício 2.53, mas para um museu com 10 salões. Uma tabela-verdade não é um bom ponto de partida (linhas demais), nem uma equação que descreva quando o alarme deve soar (equações demais). No entanto, a inversa (NOT) da função de alarme pode ser obtida rapidamente na forma de uma equação. Projete o circuito para um sistema de segurança de 10 salões, projetando o inverso da função e, então, simplesmente acrescentando um inversor antes da saída da função.

2.56 Um roteador de rede interconecta diversos computadores e permite-lhes enviar mensagens entre si. Se dois ou mais computadores enviarem mensagens simultaneamente, ela colidirão e as mensagens terão de ser enviadas novamente. Usando o procedimento de projeto combinacional da Tabela 2.5, crie um circuito de detecção de colisão para um roteador que interconecta quatro computadores. O circuito tem quatro entradas denominadas M0 a M3 que estão em 1 quando o respectivo computador está enviando uma mensagem ou em 0, em caso contrário. O circuito tem uma saída denominada C que é 1 quando uma colisão é detectada ou 0, em caso contrário.

2.57 Usando o procedimento de projeto combinacional da Tabela 2.5, crie um detector de número primo de quatro bits. O circuito tem quatro entradas, N3, N2, N1 e N0 que correspondem a um número de quatro bits (N3 é o bit mais significativo) e uma saída denominada P que fornece 1 quando a saída é um número primo ou 0, em caso contrário.

2.58 Um carro tem um detector de nível baixo de combustível que fornece o nível corrente de combustível na forma de um número binário de três bits, com 000 significando vazio e 111 significando cheio. Crie um circuito que acende a luz indicadora "Pouco combustível" (fazendo uma saída L ir para 1) quando o nível de combustível cai para abaixo do nível 3.

2.59 Um carro tem um sensor para pressão baixa de pneu que fornece a pressão atual do pneu na forma de um número binário de cinco bits. Crie um circuito que acende a luz indicadora "Pressão de pneu baixa" (fazendo uma saída L ir para 1) quando a pressão cai para abaixo do nível 16. Sugestão: pode ser mais fácil criar um circuito que detecta a função inversa. Você poderá então acrescentar simplesmente um inversor à saída do circuito.

SEÇÃO 2.8: MAIS PORTAS

2.60 Mostre os caminhos de condução e o valor de saída do circuito transistorizado da porta NAND da Fig. 2.45 quando: (a) x = 1 e y = 0 e (b) x = 1 e y = 1.

2.61 Mostre os caminhos de condução e o valor de saída do circuito transistorizado da porta NOR da Fig. 2.45 quando: (a) x = 1 e y = 0 e (b) x = 0 e y = 0.

2.62 Mostre os caminhos de condução e o valor de saída do circuito transistorizado da porta AND da Fig. 2.46 quando: (a) x = 1 e y = 1 e (b) x = 0 e y = 1.

2.63 Duas pessoas, indicadas pelas variáveis A e B, querem dar uma volta na sua motocicleta. Escreva uma equação booleana para indicar que exatamente uma das duas pessoas pode vir na moto (A=1 significa que A pode vir e A=0 significa que não). Use então XOR para simplificar a sua equação.

2.64 Simplifique a seguinte equação usando XOR sempre que possível: F = a'b + ab' + cd' + c'd + ac.

2.65 Use XOR para criar um circuito que fornece um 1 sempre que o número de 1s nas entradas a, b e c é ímpar.

2.66 Use XOR ou NOR para criar um circuito que detecta quando todas as entradas a, b e c são 0s.

2.67 Use XOR ou XNOR para criar um circuito que detecta quando há um número par de 1s nas entradas a, b e c.

2.68 Mostre que uma porta XOR de quatro bits é uma função ímpar (no sentido de que a saída é 1 apenas quando o número de 1s na entrada é ímpar).

SEÇÃO 2.9: DECODIFICADORES E MULTIPLEXADORES

2.69 Projete um decodificador 3x8 usando portas AND, OR e NOT.

2.70 Projete um decodificador 4x16 usando portas AND, OR e NOT.

2.71 Projete um decodificador 3x8 com habilitação usando portas AND, OR e NOT.

2.72 Projete um multiplexador 8x1 usando portas AND, OR e NOT.

2.73 Projete um multiplexador 16x1 usando portas AND, OR e NOT.

2.74 Projete um multiplexador 4x1 de quatro bits usando multiplexadores 4x1.

2.75 Crie um circuito que toca uma campainha sempre que um movimento é detectado em um de dois sensores de movimento. Uma chave S determina qual sensor deve receber atenção: S=0 significa tocar a campainha quando há movimento no sensor 1, S=1 significa o mesmo com o sensor 2.

2.76 Um centro de entretenimento doméstico tem quatro fontes diferentes de áudio que podem ser tocadas com o mesmo conjunto de alto-falantes. Cada uma das fontes de áudio, denominadas A, B, C e D, é conectada usando-se oito fios, pelos quais o sinal de áudio digitalizado é transmitido. O usuário seleciona qual fonte de áudio deverá ser tocada usando uma chave rotativa com quatro saídas, s0, s1, s2 e s3, das quais apenas uma será 1 em um dado momento. Se s0=1, a fonte de áudio A deverá ser tocada, se s1=1, a fonte de áudio B deverá ser tocada, e assim por diante. Crie um circuito digital com uma única saída O de oito bits que fornecerá em sua saída a fonte de áudio selecionada pelo usuário.

SEÇÃO 2.10: CONSIDERAÇÕES ADICIONAIS

2.77 Projete um demultiplexador 1x4 usando portas AND, OR e NOT.

2.78 Projete um demultiplexador 1x8 usando portas AND, OR e NOT.

2.79 Projete um codificador 4x2 usando portas AND, OR e NOT.

2.80 Projete um codificador 8x3 usando portas AND, OR e NOT. Assuma que apenas uma entrada será 1 em um momento qualquer.

2.81 Projete um codificador de prioridade 4x2, usando portas AND, OR e NOT. Assuma que quando todas as entradas são 0s, o código de saída é 00.

▶ **PERFIL DE PROJETISTA**

Durante a graduação, Samson apreciava física e matemática e durante seus estudos avançados concentrou-se no projeto de circuitos integrados (ICs), acreditando que a indústria tinha um grande futuro. Agora, anos depois, ele se dá conta de que estava certo: "Olhando para trás, nesses últimos 20 anos de tecnologia, experimentamos quatro grandes revoluções: a revolução do PC, a revolução digital, a revolução da comunicação e a revolução da Internet – todas tornadas possíveis pela indústria dos ICs. O impacto dessas revoluções sobre a nossa vida diária é profunda."

Ele descobriu que seu emprego era "muito desafiante, interessante e empolgante. Eu desenvolvi continuamente novas habilidades para manter e fazer meu trabalho de forma mais eficiente."

Um dos projetos-chave de Samson foi em televisão digital, ou seja, a TV de alta definição (HDTV), que envolveu empresas como Zenith, Philips e Intel. Ele liderou a equipe de projeto de doze pessoas que construiu o primeiro *chip* de cristal líquido da Intel em silício (LCoS-*Liquid Crystal on Silicon*) para retroprojeção de HDTV. "Os *chips* LCoS tradicionais são analógicos. Eles aplicam diferentes tensões analógicas a cada pixel do *chip* de exibição, de modo que possam produzir uma imagem. No entanto, o LCoS analógico é muito sensível ao ruído e às variações de temperatura. Usamos sinais digitais para realizar modulação por largura de pulso em cada pixel." Samson está muito orgulhoso das realizações da sua equipe: "A qualidade da nossa imagem de HDTV era muito superior".

Samsom também trabalhou com a equipe de projeto de 200 pessoas que desenvolveu o processador Pentium II da Intel. Essa experiência foi bem diferente. "Em uma equipe menor de projeto, cada pessoa tinha mais responsabilidade e a eficiência global era elevada. Em uma equipe grande, cada pessoa trabalhava em uma parte específica do projeto – o *chip* foi dividido em blocos, cada bloco em unidades e cada unidade tinha um líder. Nós nos baseávamos fortemente em fluxos e metodologias de projeto."

Samsom viu os picos e vales da indústria durante as duas últimas décadas: "Como em qualquer indústria, o mercado de empregos na área de ICs tem seus altos e baixos." Ele acredita que a indústria sobrevive aos momentos de baixa em grande parte devido à "inovação". "As marcas de renome vendem produtos, mas sem a inovação, os mercados vão para algum outro lugar. Assim, temos de ser bem inovadores, criando novos produtos para que estejamos à frente na competição global."

No entanto, "a inovação não dá em árvores", Samson salienta. "Há dois tipos de inovações. A primeira é a invenção, que requer uma boa compreensão da física que está por trás da tecnologia. Por exemplo, para passar da TV analógica para a digital, devemos saber como os olhos das pessoas percebem as imagens, que partes podem ser convertidas para a forma digital, como as imagens digitais podem ser produzidas em um *chip* de silício, etc. O segundo tipo de inovação reutiliza a tecnologia já existente em novas aplicações. Por exemplo, podemos reutilizar as tecnologias espaciais avançadas em um novo produto não-espacial atendendo a um mercado maior. A empresa e-Bay é um outro exemplo – ela reutilizou a tecnologia da Internet para realizar leilões *on-line*. As inovações levam a novos produtos e conseqüentemente a novos empregos por muitos anos.

Desse modo, Samson aponta que "a indústria está contando com que os novos engenheiros oriundos das universidades sejam inovadores e que possam continuar a impulsionar a indústria de alta tecnologia. Quando você se formar na universidade, caberá a *você* tornar as coisas melhores."

CAPÍTULO 3

Projeto Lógico Seqüencial – Blocos de Controle

3.1 INTRODUÇÃO

A saída de um circuito combinacional é uma função que depende apenas das entradas atuais do circuito. Um circuito combinacional não tem memória – não podemos armazenar bits em um circuito combinacional e mais tarde ler esses bits. Os circuitos combinacionais em si são muito limitados em sua utilidade. Por outro lado, usualmente os projetistas usam os circuitos combinacionais como parte de circuitos maiores, chamados de circuitos seqüenciais – circuitos que realmente têm memória. Um *circuito seqüencial* é um circuito cujas saídas dependem não somente das entradas atuais, mas também do seu *estado* atual, que é o conjunto de todos os bits armazenados no circuito. O estado do circuito, por sua vez, depende da *seqüência* passada de valores que apareceram nas entradas do circuito.

Um exemplo cotidiano de um circuito combinacional é uma campainha: aperte o botão (a entrada) agora e a campainha (a saída) toca. Aperte o botão de novo e a campainha toca novamente. Aperte o botão amanhã, ou na próxima semana, e a campainha tocará da mesma forma a cada vez. Uma campainha não tem estado, nenhuma memória – seu valor de saída (independentemente de se a campainha está tocando ou não no momento) irá depender somente do valor atual de sua entrada (se o botão está apertado ou não). Por outro lado, um exemplo de circuito seqüencial é um sistema de porta automática de garagem – aperte o botão (a entrada) agora e a porta abre. Aperte o botão novamente e desta vez a porta se fecha. Aperte o botão amanhã e a porta se abre novamente. A saída do sistema (se a porta deve abrir ou fechar) dependerá do estado do sistema (se a porta, no momento, está aberta ou fechada), o que por sua vez dependerá da seqüência de valores *passados* desde o momento em que ligamos o sistema.

A maioria dos sistemas digitais com os quais você está familiarizado contém circuitos seqüenciais que armazenam bits. Uma calculadora de bolso deve conter um circuito seqüencial, porque ela deve armazenar os números fornecidos por você antes de operar com eles. Uma câmera digital armazena fotos. Um controlador de semáforos armazena informações que indicam qual deles no momento está verde. Um circuito que faz uma contagem decrescente de 59 a 0 armazena o valor atual da contagem para saber qual deve ser o valor seguinte.

Neste capítulo, descreveremos alguns blocos construtivos básicos de circuitos seqüenciais e o projeto de uma certa classe de circuitos seqüenciais conhecida como blocos de controle.

3.2 ARMAZENANDO UM BIT – FLIP-FLOPS

Para construir um circuito seqüencial, precisamos de um bloco construtivo que nos capacite a armazenar um bit. Armazenar um bit significa que podemos armazenar um bit no bloco (digamos um 1) e depois voltar para ver o que foi armazenado. Como exemplo, suponha que queiramos construir o sistema de botão de chamada de aeromoça da Fig. 3.1. Um passageiro do avião pode apertar o botão de *Chamar* para que uma pequena lâmpada azul seja acesa acima do seu banco. Isso indica à aeromoça que o passageiro precisa de atendimento. A lâmpada permanecerá acesa, mesmo depois de o botão de chamar

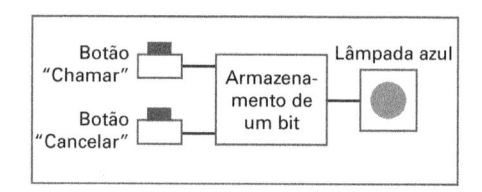

Figura 3.1 Sistema de botão de chamada de aeromoça. Quando o botão "Chamar" é pressionado, a luz acende-se e mantém-se assim depois que "Chamar" é solto. Quando o botão "Cancelar" é pressionado, a luz apaga-se.

ter sido solto. A lâmpada pode ser apagada pressionando-se o botão de *Cancelar*. Como a lâmpada deve permanecer acesa, mesmo após o botão de chamar ter sido solto, precisamos de um modo para "lembrar" que o botão de chamar foi pressionado. Isso pode ser feito usando-se um bloco de armazenamento de um bit e armazenando um 1 no bloco quando o botão de chamar é apertado, ou um 0 quando o botão de cancelar é apertado. Nós ligamos a saída desse bloco de armazenamento de um bit à lâmpada azul. A lâmpada acende quando a saída do bloco é 1.

Para introduzir o projeto interno de um bloco de armazenamento de um bit como esse, vamos apresentar uma série de diversos circuitos, cada vez mais complexos, capazes de armazenar um bit – um latch SR básico, um latch SR sensível ao nível, um latch D sensível ao nível e um flip-flop D sensível à borda. O flip-flop D será usado então para criar um bloco, conhecido como registrador, que é capaz de armazenar múltiplos bits e que servirá como nosso principal bloco de armazenamento de bits, pelo restante do livro. Cada circuito sucessivo elimina algum problema do anterior, chegando-se ao robusto flip-flop D e então, ao registrador.

Esteja ciente de que os projetistas raramente usam blocos de armazenamento de bits que não sejam os flip-flops D. Apresentaremos os outros blocos principalmente para dar ao leitor a intuição do que está por baixo do projeto baseado em flip-flops D.

Realimentação – o método básico de armazenamento

O método básico usado para armazenar um bit em um circuito digital é a ***realimentação*** (*feedback*). Você com certeza já experimentou a realimentação na forma de realimentação de áudio, quando alguém estava falando em um microfone e ficou à frente do alto-falante, fazendo com que um forte zunido contínuo saísse dos alto-falantes (o que por sua vez fez com que todos tapassem seus ouvidos e rissem). A pessoa gerou um som que foi captado pelo microfone, saiu pelos alto-falantes (amplificado), foi captado *novamente* pelo microfone, de novo saiu pelos alto-falantes (amplificado ainda mais) e assim por diante. Isso é a realimentação.

Em sistemas de áudio, a realimentação é irritante, mas é extremamente útil em sistemas digitais. Intuitivamente, em uma porta lógica, sabemos que de algum modo precisamos alimentar a entrada usando de volta a saída de uma porta lógica, de modo que o bit armazenado fica dando voltas, como um cão que corre atrás de seu próprio rabo. Poderíamos tentar o circuito da Fig. 3.2.

Suponha inicialmente que Q seja 0 e S seja 0. Em algum momento, suponha que tornemos S igual a 1. Isso fará com que Q torne-se 1 e esse 1 será realimentado de volta à porta OR, obri-

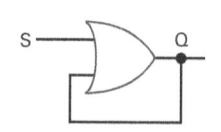

Figura 3.2 Primeira tentativa (mal sucedida) de usar realimentação para armazenar um bit.

gando Q a ser 1, e assim por diante. Desse modo, mesmo que S volte a 0, Q permanecerá em 1. Infelizmente, daí em diante, Q permanecerá em 1. Não temos como fazer Q voltar a 0. No entanto, esperamos agora que você tenha entendido a idéia básica da realimentação – usando-a, nós armazenamos com sucesso um 1.

Desenhamos na Fig. 3.3 o diagrama de tempo do circuito tentativo de realimentação mostrado na Fig. 3.2. Observe que assumimos que a porta OR tem um pequeno atraso entre a entrada e a saída, como discutido na Seção 2.10. Inicialmente, vamos assumir que ambas as entradas da porta OR são 0 (Fig. 3.3(a)). A seguir, tornamos S igual a 1 (Fig. 3.3(b)), o que leva Q a tornar-se 1 um pouco depois (Fig. 3.3(c)). Isso, por sua vez, faz t tornar-se 1 um pouco depois (Fig. 3.3(d)). Finalmente, quando trazemos S de volta a 0 (Fig. 3.3(e)), Q permanecerá em 1 porque agora t é 1. A primeira linha curva com seta indica que o evento de S passar de 0 para 1 faz com que ocorra o evento de Q passar de 0 para 1. Por sua vez, a segunda linha curva com seta indica que o evento de Q passar de 0 para 1 faz com que ocorra o evento de t passar de 0 para 1. Então, esse 1 continuará a circular, para sempre, entre a saída e a entrada, sem que haja maneira de fazer S obrigar Q a ser 0.

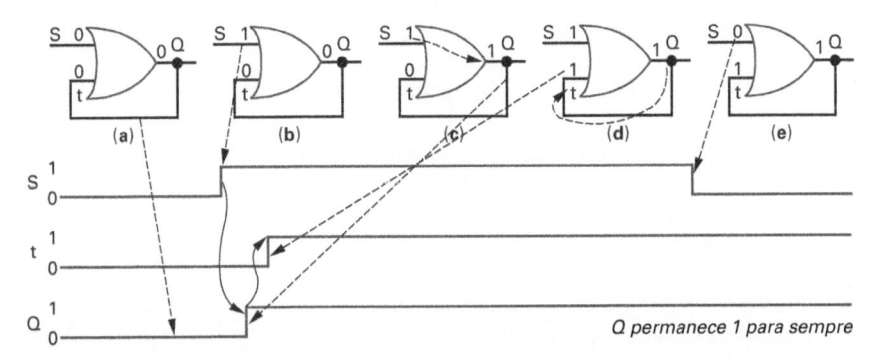

Figura 3.3 Análise do comportamento da nossa primeira tentativa de armazenamento de bit.

Latch SR

Dá para demonstrar que o circuito simples da Fig. 3.4, chamado de *latch SR básico*, é capaz de implementar o bloco construtivo que desejamos para o armazenamento de um bit. O circuito consiste apenas em um par de portas NOR com interconexões cruzadas. Quando a entrada S do circuito é tornada 1, a saída Q é obrigada a se tornar 1, ao passo que, quando R é tornada igual a 1, Q é obrigada a se tornar 0. Fazer ambas S e R iguais a 0 faz com que o valor de Q, seja qual for, permaneça circulando entre a saída e a entrada. Em outras palavras, S "faz um *set*" no latch obrigando-o a ser 1, ao passo que R "faz um *reset*" no latch obrigando-o a ser 0 – daí as letras S (para *set*) e R (para *reset*)*.

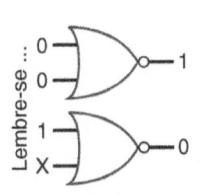

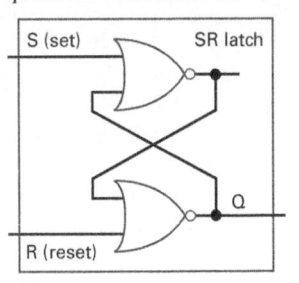

Figura 3.4 Latch SR básico.

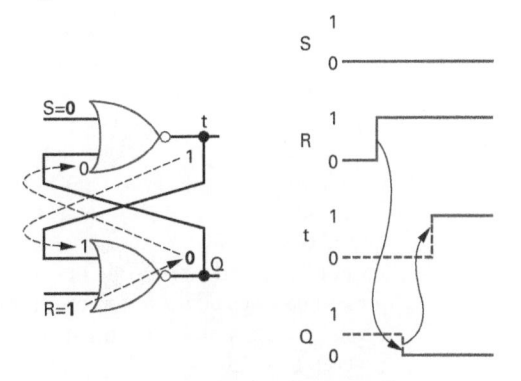

Figura 3.5 Latch SR, quando S=0 e R=1.

---

* N. de T: O uso dos termos ingleses *set*, para carregar um latch com 1, e *reset*, para carregar um latch com 0, será mantido neste livro, tendo em vista o seu uso consagrado em português.

Vamos ver porque o latch SR básico funciona como tal. Lembre-se de que uma porta NOR apresenta 1 na saída quando todas as entradas da porta são iguais a 0. Se pelo menos uma das entradas for 1, a porta NOR dará 0 na saída.

Suponha que façamos S=0 e R=1, como no circuito de latch SR da Fig. 3.5, e que inicialmente não saibamos quais são os valores de Q e t. Como a porta inferior do circuito tem pelo menos uma entrada igual a 1 (R), a porta terá um 0 em sua saída – no diagrama de tempo, quando R torna-se 1, Q é obrigado a tornar-se 0. No circuito, o 0 do Q realimenta a porta NOR superior, que terá ambas as entradas em 0 e, portanto, a saída igual a 1. No diagrama de tempo, quando Q torna-se 0, t é obrigado a tornar-se 1. No circuito, esse 1 realimenta a porta NOR inferior, que tem pelo menos uma das entradas igual a 1 (na realidade, ambas as entradas são 1), e assim a porta inferior continuará a ter 0 em sua saída. Conseqüentemente, a saída Q será 0 e todos os valores serão estáveis.

Agora suponha que façamos S=0 e R=0, como na Fig. 3.6. A porta inferior ainda tem pelo menos uma das entradas igual a 1 (a entrada que vem da porta superior), de modo que a porta inferior continua a fornecer um 0 em sua saída. A porta superior continua a ter ambas as entradas iguais a 0 e continua a produzir um 1 em sua saída. Assim, a saída Q ainda será igual a 0. Desse modo, o R=1 anterior *armazenou* um 0 no latch SR. Isso também é conhecido *resetting* do latch. Esse 0 permanecerá armazenado mesmo quando fazemos R retornar a 0.

Figura 3.6 Latch SR, quando S=0 e R=0, depois de R ter sido 1.

Agora, vamos fazer S=1 e R=0, como na Fig. 3.7. A porta superior do circuito tem agora uma entrada igual a 1, de modo que ela fornece 0 na sua saída – o diagrama de tempo mostra que a passagem de 0 para 1 de S obriga t a mudar de 1 para 0. A saída 0 da porta superior realimenta a porta inferior, a qual agora tem ambas as entradas iguais a 0 e fornece 1 em sua saída – o diagrama de tempo mostra que a passagem de 1 para 0 de t obriga Q a mudar de 0 para 1. A saída 1 da porta inferior (Q) realimenta a porta superior, a qual tem pelo menos uma das entradas igual a 1 (na realidade, ambas as entradas são 1 agora), de modo que a saída da porta superior continua a fornecer 0. Portanto, a saída Q é 1 e todos os valores são estáveis.

Figura 3.7 Latch SR, quando S=1 e R=0.

Agora, vamos fazer novamente S=0 e R=0, como na Fig. 3.8. A porta superior do circuito ainda tem pelo menos uma das entradas igual a 1 (a entrada que vem da porta inferior), de modo que ela continua a gerar 0 na sua saída. A porta inferior continua a ter 0 em ambas as entradas e continua a gerar 1 em sua saída. A saída Q ainda é igual a 1. Desse modo, o S=1 anterior *ar-*

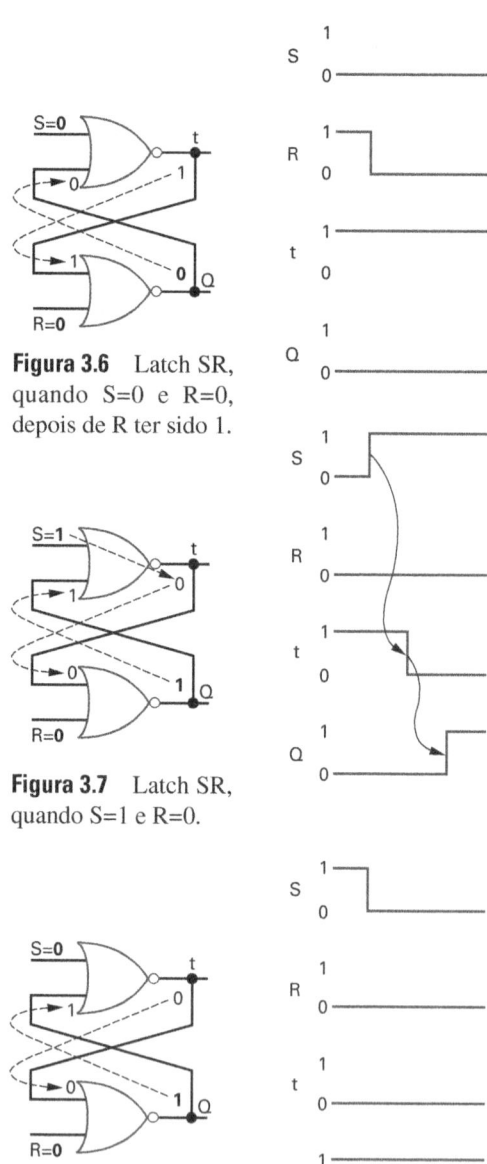

Figura 3.8 Latch SR, quando S=0 e R=1.

mazenou um 1 no latch SR. Isso também é conhecido como *setting* do latch. Esse 1 permanecerá armazenado mesmo se fizermos S retornar a 0.

Agora, o latch SR básico pode ser usado para implementar o sistema de botão de chamada de aeromoça (Fig. 3.9). Conectamos o botão de chamar à entrada S, o botão de cancelar à R e a lâmpada à saída Q. Quando se pressiona o botão de chamar, a saída Q torna-se 1 e a lâmpada acende-se. A saída Q permanecerá em 1 mesmo depois de se soltar o botão. Pressionando-se o botão de cancelar, Q torna-se 0 e conseqüentemente a lâmpada apaga-se. A saída Q permanecerá em 0 mesmo depois de se soltar o botão de cancelar.

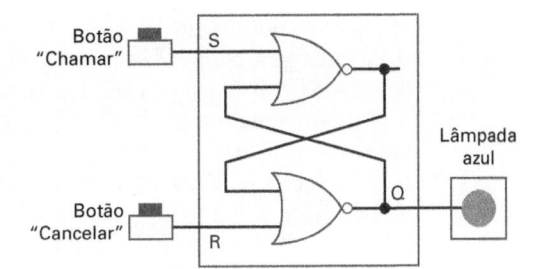

Figura 3.9 Sistema de botão de chamada de aeromoça que usa um latch SR.

Latch SR sensível ao nível

Um problema que ocorre com o latch SR básico é que, quando ambas as entradas S e R são 1 ao mesmo tempo, pode ocorrer um comportamento indefinido – um 1 pode ter sido armazenado, um 0 pode ter sido armazenado ou ainda a saída do latch pode ter entrado em oscilação passando de 1 para 0 para 1 para 0 e assim por diante. Vamos ver por quê.

Se S=1 e R=1, ambas as portas terão pelo menos uma das entradas iguais a 1, e assim ambas as portas terão 0 nas suas saídas, como mostrado na Fig. 3.10(a). Um problema ocorrerá se tornamos S e R iguais a 0 novamente. Suponha que S e R retornem ao valor 0 exatamente ao mesmo tempo. Então, ambas as portas terão 0s em todas as suas entradas, de modo que suas saídas irão mudar de 0s para 1s, como mostrado na Fig. 3.10(b). Com esses 1s, as entradas das portas serão realimentadas, obrigando-as a gerar 0s em suas saídas, como mostrado na Fig. 3.10(c). Com esses 0s, as entradas das portas são realimentas novamente, obrigando as portas a gerar 1s em suas saídas, e assim por diante. Ir de 1 para 0 para 1 para 0 e assim por diante é chamado de *oscilação*. A oscilação não é uma característica desejável de um bloco de armazenamento de bit.

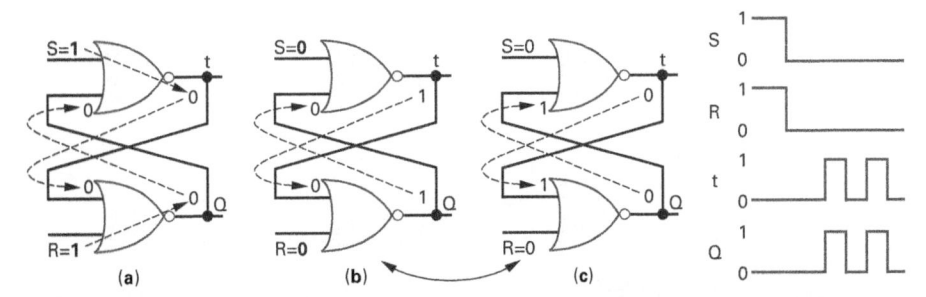

Figura 3.10 A situação de S=1 e R=1 causa problemas – o valor de Q oscila quando S e R voltam a 00.

Em um circuito real, os atrasos nos fios e nas portas superior e inferior são ligeiramente diferentes entre si. Assim, depois de um período de oscilação, uma das portas poderá se adiantar em relação à outra (gerando um 1 antes da outra, em seguida um 0 antes da outra, e assim por diante), até que ela esteja suficientemente adiantada e leve o circuito a entrar em uma condição estável com Q=0 ou Q=1 – não sabemos qual dos casos ocorrerá. Tal situação, em que o valor de um circuito com memória depende dos atrasos nos fios e portas, é conhecida como **condição de corrida** (*race condition*). A Fig. 3.11 mostra uma condição de corrida que envolveu uma oscilação, mas que terminou em uma condição estável com Q=1. No entanto, não sabíamos que valor seria assumido no final pela saída Q (poderia ter sido Q=0). Sendo assim, o fato de que Q terminou sendo igual a 1 não nos é útil no uso que queremos fazer do nosso bloco de armazenamento de bit.

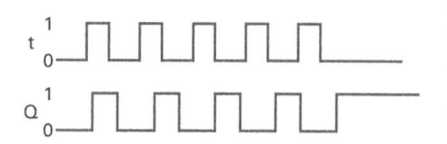

Figura 3.11 A saída Q terminará finalmente assumindo o valor 0 ou 1, devido à condição de corrida.

Em nosso sistema de botão de chamada de aeromoça, se o passageiro pressionar ambos os botões ao mesmo tempo, então o resultado poderá ser uma lâmpada azul começando a oscilar e que termina ficando acesa ou não.

S e R nunca devem ser ambas iguais a 1 em um latch SR

Em resumo, as entradas S e R nunca devem ser ambas iguais a 1 em um latch SR.

Na prática, nunca ligaríamos de fato ambos os botões diretamente às entradas de um latch SR (fizemos isso somente com o propósito de mostrar um exemplo intuitivo). Assim, podemos assumir com segurança que as entradas S e R vêm de um circuito digital. Dessa forma, poderemos projetar esse circuito digital de modo que as entradas S e R nunca sejam ambas iguais a 1. Entretanto, mesmo que tentemos projetar esse circuito de modo que S e R nunca sejam iguais a 1, ainda poderíamos nos deparar com o caso de que S e R inadvertidamente sejam 1 ao mesmo tempo. Por exemplo, considere o circuito simples da Fig. 3.12. Em teoria, S e R nunca podem ser simultaneamente 1–se X=1, então S=1, mas R=0. Se X=0, R pode ser igual a 1 mas S=0. Assim, S e R nunca podem ser 1 – em teoria.

Na realidade, neste circuito, as entradas S e R podem permanecer em 1 durante um breve intervalo de tempo. Isso é devido ao atraso que as portas reais apresentam, como já foi mostrado na Fig. 2.62. Suponha que X tenha sido 0 e Y tenha sido 1 por um período de tempo longo, de modo que S=0 e R=1. Suponha então que mudemos X para 1. Quase imediatamente, S irá mudar para 1 mas R permanecerá em 1 ainda por um breve intervalo de tempo, enquanto um novo valor de X propaga-se através do inversor e da porta AND. Em seguida, R mudará seu valor para 0. Se cada componente tiver um atraso de 1 ns (nanossegundo), então na realidade S e R permanecerão ao mesmo tempo em 1 durante 2 ns (Fig. 3.13). Valores temporários de sinais, devido a atrasos de tempo em portas, são referidos como **glitches**.

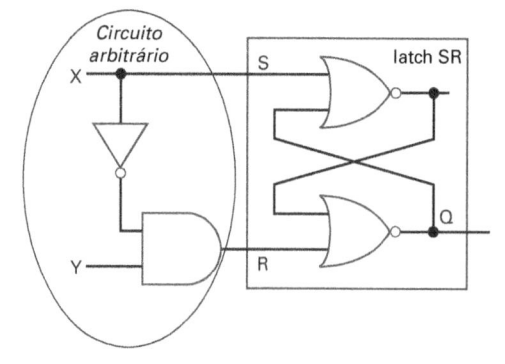

Figura 3.12 Conceitualmente, as entradas S e R não podem ser 1 neste exemplo de circuito. No entanto, na realidade isso pode ocorrer devido aos atrasos de tempo do inversor e da porta AND.

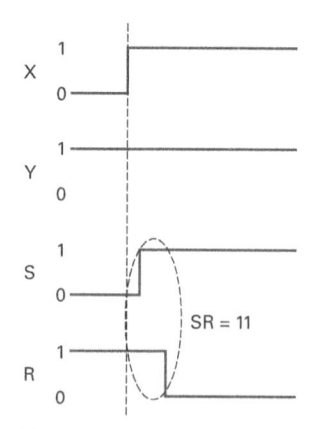

Figura 3.13 Atrasos de tempo podem fazer com que SR = 11.

Uma solução parcial para esse problema é acrescentar uma entrada de habilitação C ao latch SR, como mostrado na Fig. 3.14. Quando C=1, os sinais S e R propagam-se através das duas portas AND até as entradas S1 e R1 do circuito do latch SR básico, porque S*1=S e R*1=R. No entanto, quando C=0, as duas portas AND fazem com que S1 e R1 sejam 0, independentemente dos valores de S e R. Assim, quando C=0, o valor do latch básico não pode ser alterado. (Você poderia perceber que a diferença entre os atrasos de tempo das portas AND superior e inferior poderia fazer com que S1 e R1 fossem ambos 1, durante um intervalo de tempo muito curto, igual à diferença entre eles, mas esse tempo é breve demais para causar problema.)

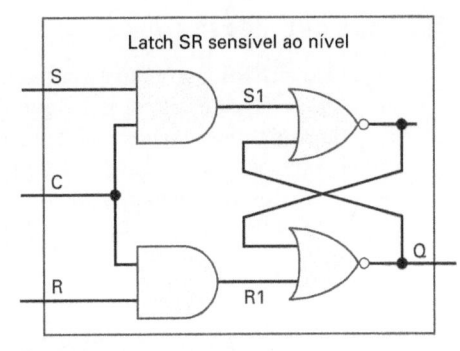

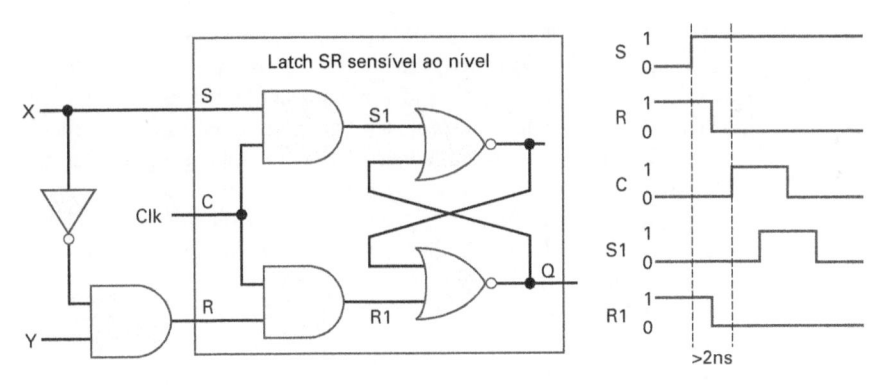

Figura 3.14 Latch SR sensível ao nível – um latch SR com entrada de habilitação C.

A introdução da entrada de habilitação leva-nos à idéia de tornar a habilitação igual a 1 apenas quando estamos *seguros* de que S e R têm valores estáveis. A Fig. 3.15 mostra o circuito de inversor e AND da Fig. 3.12, mas desta vez usando um latch SR com uma entrada de habilitação. Se alterarmos X, deveremos esperar por no mínimo 2 ns antes de fazer com que a entrada de habilitação C seja 1, para nos assegurarmos de que as entradas SR do latch estejam estáveis e não sejam iguais a 11.

Figura 3.15 Latch SR sensível ao nível – um latch SR com entrada de habilitação C.

Um latch SR com uma habilitação é conhecido como **latch SR sensível ao nível**, porque o latch é sensível a suas entradas S e R apenas quando o nível da entrada de habilitação é 1. Esse latch é também chamado de latch *transparente*, porque quando se coloca a entrada de habilitação em 1, o latch SR interno torna-se transparente às entradas S e R.

Você pode ter observado que a porta NOR superior de um latch SR gera uma saída com valor oposto ao da saída da porta inferior, a qual está conectada à saída Q. Assim, podemos incluir uma saída Q' em um latch SR quase de graça, simplesmente conectando a porta superior a essa saída. A maioria dos latches vêm na realidade com as duas saídas, Q e Q'. O símbolo de um latch SR sensível ao nível com duas dessas saídas está mostrado na Fig. 3.16.

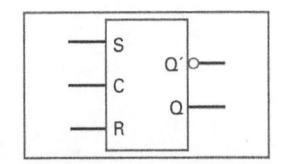

Figura 3.16 Símbolo do latch SR sensível ao nível de saída dupla.

Relógios e circuitos síncronos

O latch SR sensível ao nível usa uma entrada de habilitação C que deverá ser tornada 1 depois que estivermos seguros de que S e R estão estáveis. No entanto, como poderemos decidir quando tornar C igual a 1? A maioria dos circuitos seqüenciais simplesmente usa um sinal de habilitação que pulsa a uma taxa constante. Por exemplo, poderíamos fazer o sinal de habilitação ficar em nível alto por 10 ns, então baixo por 10 ns, então alto por 10 ns, então baixo por 10 ns, etc., como mostrado na Fig. 3.17.

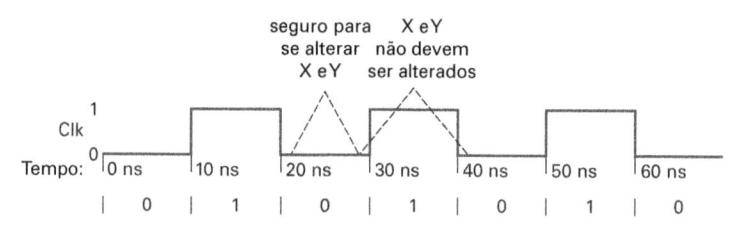

Figura 3.17 Exemplo de um sinal de relógio de nome *Clk*.* As entradas do circuito só podem mudar de valor enquanto Clk=0, de modo que as entradas do latch estão estáveis quando Clk=1.

Os intervalos de sinal alto e de sinal baixo não precisam ser os mesmos – por exemplo, poderíamos criar um sinal que fica baixo por 10 ns, alto por 1 ns, baixo por 10 ns, alto por 1 ns, etc.

Esse sinal de habilitação pulsante é chamado de sinal de ***relógio***, porque o sinal faz tique-taque (alto, baixo, alto, baixo) como um relógio, Um circuito, cujos elementos de armazenamento (no caso, latches) podem sofrer mudanças apenas quando um sinal de relógio está ativo, é conhecido como circuito seqüencial síncrono, ou simplesmente ***circuito síncrono*** (o aspecto seqüencial está implícito–não há nada como um circuito combinacional síncrono). Um circuito seqüencial que não usa um relógio é chamado de ***circuito assíncrono***. Deixaremos o tópico do projeto de circuitos assíncronos, importante e desafiador, para algum livro de projeto digital mais avançado. A maioria dos circuitos seqüenciais projetados e em uso atualmente são síncronos.

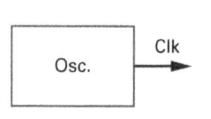

Os projetistas normalmente usam um oscilador para gerar um sinal de relógio. Um ***oscilador*** é um circuito que gera uma saída que se alterna entre 1 e 0 a uma freqüência constante, como o da Fig. 3.17. Tipicamente, um componente oscilador não tem entradas (além da alimentação de energia elétrica) e tem uma saída que representa o sinal de relógio.

O ***período*** de um sinal de relógio é o intervalo de tempo após o qual o sinal volta a se repetir – ou mais simplesmente, o intervalo de tempo entre 1s sucessivos. O sinal da Fig. 3.17 tem um período de 20 ns. Um ***ciclo de relógio*** refere-se a um desses intervalos de tempo, significando um intervalo no qual o relógio é primeiro 1 e em seguida 0. A Fig. 3.17 mostra três ciclos e meio de um relógio. A ***freqüência*** de um sinal de relógio é o número de ciclos por segundo sendo calculada como 1/(o período do relógio). O sinal da Fig. 3.17 tem uma freqüência de 1/20 ns = 50 MHz. A unidade de freqüência é o hertz (Hz), em que 1 Hz = 1 ciclo por segundo. MHz é a forma abreviada de megahertz, ou um milhão de Hz.

Uma maneira conveniente de converter mentalmente períodos de relógio comuns, usados em computadores, em freqüências, e vice-versa, é lembrando-se de que um período de 1 ns é igual a uma freqüência de 1 GHz (Gigahertz, significando um bilhão de Hz). Então se um deles for mais lento (ou mais rápido) por um fator de 10, o outro será mais lento (ou rápido) por um fator de 10 também – assim, um período de 10 ns é igual a 100 MHz, ao passo que um período de 0,1 ns é igual a 10 GHz.

Freq.	Período
100 GHz	0,01 ns
10 GHz	0,1 ns
1 GHz	**1 ns**
100 MHz	10 ns
10 MHz	100 ns

---

* N. de T: Usaremos o termo original *Clk* (de *clock*, relógio, em inglês) tendo em vista o seu amplo uso em publicações técnicas, folhas de especificações de componentes, livros, etc.

▶ **COMO FUNCIONA? OSCILADORES A QUARTZO**

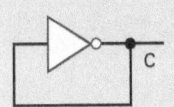

Conceitualmente, um oscilador deve ser entendido como um inversor que se realimenta com a própria saída, como mostrado à esquerda. Se C for inicialmente 1, o valor será re-alimentado por meio do inversor de modo que C torna-se 0, o qual, realimentado pelo inversor, volta a ser 1, e assim por diante. A freqüência de oscilação depende do atraso de tempo do inversor. Os osciladores reais devem regular a freqüência de oscilação com mais precisão. Um tipo comum de oscilador usa *quartzo*, um mineral que consiste em dióxido de silício em forma cristalina. Ocorre que o quartzo é tal que vibra quando aplicamos uma corrente elétrica. Essa vibração tem uma freqüência precisa determinada pelo tamanho e forma do quartzo. Além disso, quando o quartzo vibra, gera uma tensão. Portanto, dando ao quartzo um tamanho e forma específicos e em seguida aplicando uma corrente, obtemos um oscilador eletrônico preciso. Conectamos o oscilador à entrada de sinal de relógio de um IC, como está mostrado acima. Alguns ICs vêm com um oscilador interno.

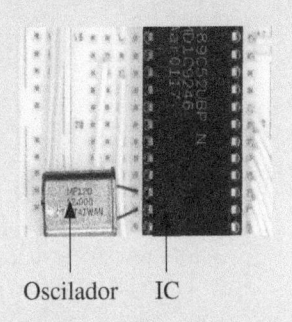

Flip-flop D

Embora o latch SR seja útil para se introduzir a noção de armazenamento de um bit em um circuito digital, a maioria dos circuitos usa na realidade dispositivos um pouco mais avançados, os latches D e os flip-flops D, para armazenar bits.

Latch D Sensível ao Nível – Um Circuito Básico de Armazenamento de Bit

Quando o relógio está alto, o latch SR tem o problema irritante de entrar em um estado indefinido se as entradas S e R forem 1. Assegurar que os circuitos projetados por nós não irão colocar um 1 em S e R significa que uma sobrecarga será imposta ao projetista. Uma maneira de aliviar os projetistas desta sobrecarga é, em lugar disso, usar um novo tipo de latch, chamado **latch D**, mostrado na Fig. 3.18.

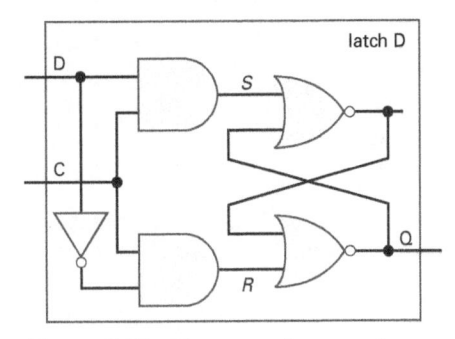

Enquanto C=1, um latch D armazenará qualquer valor que esteja presente na sua entrada D e manterá esse valor enquanto C=0. Internamente, a entrada D do latch está conectada diretamente à entrada S e à R através de um inversor. A Fig. 3.19 mostra um diagrama de tempo do latch D para alguns exemplos de valores de entrada em D e C. Quando D é 1 e C é 1, a saída do latch torna-se 1, porque S é 1 e R é 0. Ao tornar R o oposto de S, estamos nos assegurando de que S e R não serão ambos 1 ao mesmo tempo, desde que alteremos S e R apenas quando C é 0.

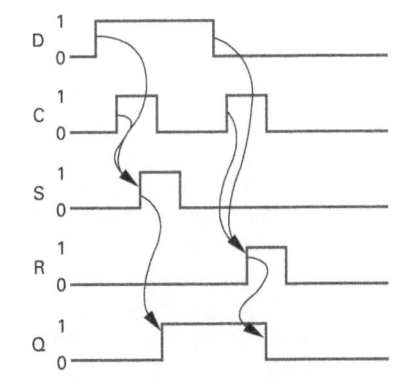

Figura 3.18 Estrutura interna de um latch D.

Figura 3.19 Diagrama de tempo de um latch D.

O símbolo de um latch D com duas saídas (Q e Q') está mostrado na Fig. 3.20.

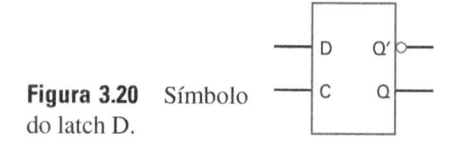

Figura 3.20 Símbolo do latch D.

Flip-Flop D sensível à borda – um circuito robusto de armazenamento de bit

O latch D tem ainda outro problema potencialmente nocivo, que pode causar comportamento imprevisível em um circuito, que são os sinais que podem se propagar da saída de um latch à entrada de outro enquanto o relógio está em 1. Por exemplo, considere o circuito da Fig. 3.21. Quando `Clk=1`, o valor de Y será carregado no primeiro latch e aparecerá na sua saída. Se `Clk` ainda for igual a 1, então aquele valor também será carregado no segundo latch. O valor permanecerá se propagando através dos latches até que `Clk` retorne a 0. Através de quantos latches irá o valor se propagar? É difícil de dizer, teríamos de conhecer as informações específicas de atraso de tempo de cada latch.

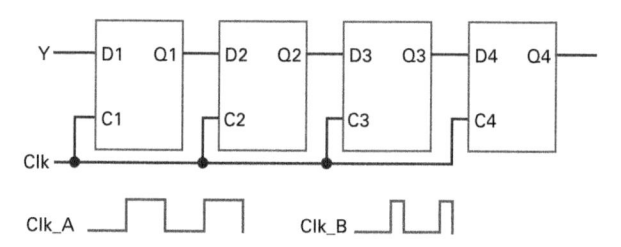

Figura 3.21 Um problema com latches – através de quantos latches Y irá se propagar em cada pulso de `Clk_A`? de `Clk_B`?

A Fig. 3.22 ilustra esse problema de propagação com mais detalhes. Suponha que D1 seja inicialmente 0 durante um longo período de tempo. A seguir, torna-se 1 por um tempo suficientemente longo para tornar-se estável, quando então `Clk` muda para 1. Assim, após três atrasos de porta, Q1 irá mudar de 0 para 1 e, então, D2 também irá mudar de 0 para 1, como mostrado no diagrama de tempo da esquerda. Se `Clk` ainda for 1, então esse novo valor de D2 irá se propagar através das portas AND do segundo latch, fazendo S2 mudar de 0 para 1 e R2 mudar de 1 para 0, o que faz Q2 mudar de 0 para 1, como mostrado no diagrama de tempo da esquerda. Observe também, nesse diagrama, que a mudança que ocorre em D2, enquanto C2=1, faz com que S2 e R2 sejam iguais a 1 durante um breve intervalo de tempo, devido ao atraso de tempo extra causado pelo inversor no caminho para R2, embora provavelmente o tempo em que ambos são 1 seja curto demais para causar um problema.

Você talvez sugira que o sinal de relógio seja tal que torne-se 1 apenas durante um breve intervalo de tempo. Desse modo, não haverá tempo suficiente para que a nova saída de um latch se propague até as entradas do próximo. No entanto, quão breve é breve o suficiente? 50 ns? 10 ns? 1 ns? 0,1 ns? No caso de tornamos curto demais o tempo em que o sinal de relógio está em 1, poderá ocorrer desse tempo não ser suficientemente longo para que o bit na entrada D do latch torne-se estável no circuito de realimentação do latch. Conseqüentemente, poderemos não armazenar de forma bem-sucedida o bit, como mostrado na Fig. 3.22(c).

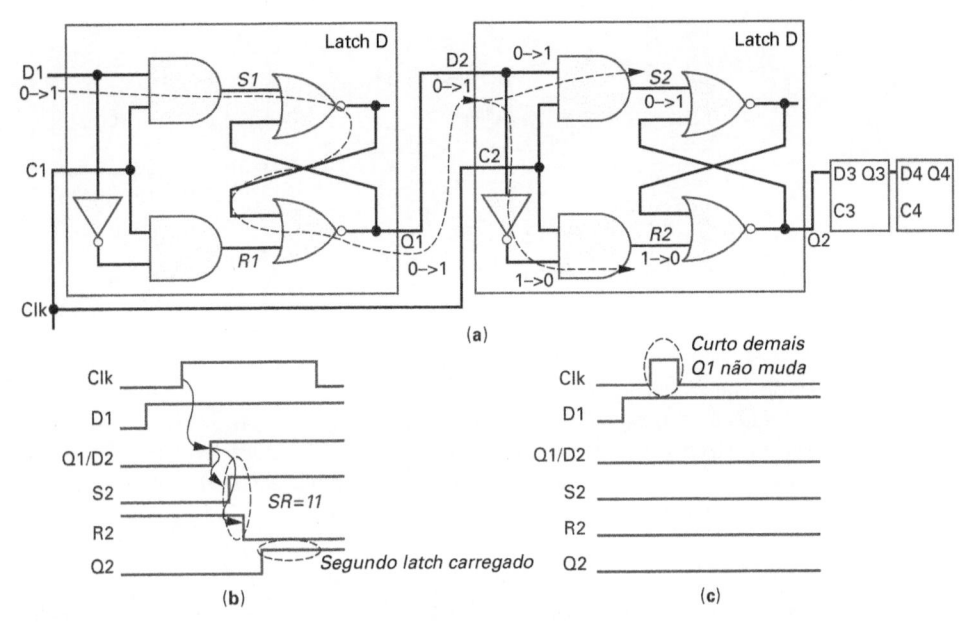

Figura 3.22 Um problema com os latches sensíveis ao nível: (a) enquanto C=1, o novo valor de Q1 pode se propagar até D2, (b) tal propagação pode fazer com que S2 e R2 sejam ambos 1 durante um breve intervalo de tempo enquanto a habilitação do latch é 1 (mas supostamente SR=11 nunca deveria ocorrer). Pode também fazer com que um número desconhecido de latches seja atualizado em seqüência, (c) simultaneamente, é difícil conseguir um intervalo de tempo, com o relógio em nível alto, que seja suficientemente reduzido para evitar uma propagação para o próximo latch, mas ainda suficientemente longo para permitir que um latch atinja uma situação estável de realimentação. A razão está em que um tempo breve demais em nível alto impede o carregamento apropriado do latch.

Uma boa solução é projetar um bloco mais robusto para o armazenamento de um bit – um bloco que armazena o bit que está na entrada D no *instante* em que o relógio sobe de 0 para 1. Observe que não dissemos que o bloco armazenará o bit instantaneamente. Ao contrário, o bit que acabará sendo armazenado no bloco é o bit que se encontrava estável em D no instante em que o relógio subiu de 0 para 1. Tal bloco é chamado de *flip-flop D sensível à borda*. A palavra "borda" refere-se à parte vertical da linha que representa o sinal de relógio quando esse sinal está fazendo uma transição de 0 para 1. A Fig. 3.23 mostra três ciclos de um relógio e indica as três bordas de subida, ou ascendentes, desses ciclos.

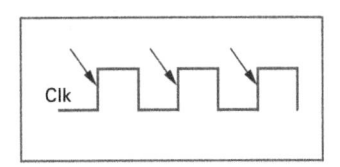

Figura 3.23 Bordas de subida, ou ascendentes, de relógio.

Flip-Flop D Sensível à Borda Usando uma Estrutura Mestre-Servo. Uma maneira de se projetar um flip-flop D sensível à borda é usando *dois* latches D, como mostrado na Fig. 3.24.

O primeiro latch D, conhecido como **mestre**, é habilitado (pode armazenar novos valores de Dm) quando Clk é 0 (devido ao inversor), ao passo que o segundo latch D, conhecido como **servo**, é habilitado quando Clk é 1. Assim, enquanto Clk é 0, o bit em D é armazenado no latch mestre, e portanto atualizando Qm e Dm – mas o latch servo não armazena esse novo bit

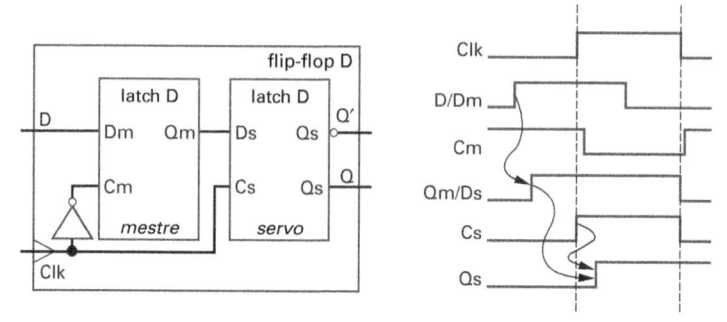

Figura 3.24 Um flip-flop D que implementa um bloco de armazenamento de um bit sensível à borda e usa internamente dois latches em uma disposição mestre-servo. O latch D mestre armazena a sua entrada Dm enquanto Clk=0. No entanto, o novo valor que aparecerá em Qm e portanto em Ds não será armazenado no latch servo, porque este latch está desabilitado quando Clk =0. Quando Clk torna-se 1, o latch servo fica habilitado e assim armazena o valor qualquer que estava no latch mestre imediatamente antes de Clk mudar de 0 para 1.

porque ele não está habilitado, pois Clk não é 1. Quando Clk torna-se 1, o latch mestre é desabilitado (mantém o valor armazenado) e, desse modo, retém o bit qualquer que estava na entrada D, imediatamente antes de Clk mudar de 0 para 1. Também, quando Clk torna-se 1, o latch servo fica habilitado e armazena, desse modo, o bit que o mestre já tinha armazenado, e que é o bit que estava na entrada D imediatamente antes de Clk mudar de 0 para 1, implementando dessa forma o bloco de armazenamento sensível à borda.

Assim, o bloco sensível à borda, que usa dois latches internos, impede que o bit armazenado propague-se por mais de um latch quando o relógio é 1. Considere a seqüência de flip-flops da Fig. 3.25, que é similar à da Fig. 3.21, mas que usa flip-flops D em lugar dos latches D. Sabemos que o sinal Y irá se propagar através de exatamente um flip-flop a cada ciclo de relógio.

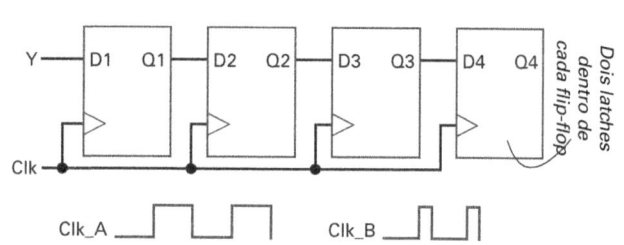

Figura 3.25 Usando flip-flops D, agora sabemos através de quantos flip-flops o sinal Y irá se propagar nos casos de Clk_A e Clk_B – exatamente um flip-flop por pulso, nos dois casos.

Na verdade, o nome comum é "mestre-escravo". Alguns, ao invés disso, optam pelo termo "servo" porque há pessoas que julgam ofensivo o termo "escravo". Outros usam os termos "primário-secundário".

A desvantagem de uma abordagem mestre-servo é que precisamos agora de dois latches D para armazenar um bit. Assim, a Fig. 3.25 mostra quatro flip-flops, mas há dois latches dentro de cada flip-flop, totalizando oito latches.

Há muitos métodos alternativos além do de mestre-servo para se projetar um flip-flop sensível à borda. De fato, há centenas de modelos diferentes de latches e flip-flops além dos que mostramos antes, com diferenças em termos de tamanho, velocidade, consumo, etc. Quando usamos um flip-flop sensível à borda, usualmente não nos preocupamos se o flip-flop é sensível à borda usando o método de mestre e servo ou se usa algum outro método. Precisamos apenas saber que o flip-flop é sensível à borda, significando que o valor do dado que está presente, quando a borda do relógio está subindo, é o valor que será carregado no flip-flop e que aparecerá na saída do flip-flop algum tempo depois.

Na verdade, o que descremos são os chamados flip-flops sensíveis à borda *positiva* ou *de subida*, que são disparados quando o sinal de relógio vai de 0 a 1. Há também flip-flops conhecidos como sensíveis à borda *negativa* ou *de descida*, que são disparados quando o sinal de relógio passa de 1 a 0. Podemos construir um flip-flop D sensível à borda negativa usando uma estrutura mestre-servo em que a entrada de relógio do segundo flip-flop é a invertida e não a do primeiro.

Flip-flops sensíveis à borda positiva são desenhados usando um pequeno triângulo na entrada de relógio, e os sensíveis à borda negativa são desenhados com um pequeno triângulo acompanhado de uma "bolha" inversora, como mostrado na Fig. 3.26.

Tenha claro que, embora nossa estrutura mestre-servo não altere a saída até a borda de descida do relógio, o flip-flop ainda é sensível à borda positiva, porque o flip-flop armazena o valor que está na entrada D no instante em que a borda do relógio está *subindo*.

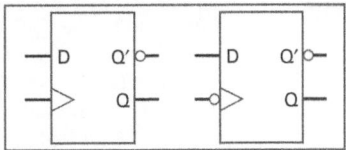

Figura 3.26 Flip-flops D sensíveis às bordas positiva (mostrado à esquerda) e negativa (à direita). A entrada lateral na forma de triângulo representa uma entrada de relógio que é sensível à borda.

Latches versus Flip-Flops: Vários livros definem os termos latch e flip-flop de modos diferentes. Usaremos o que parece ser a convenção mais comum entre os projetistas, ou seja:

- um *latch* é sensível ao nível e
- um *flip-flop* é sensível à borda.

Assim, dizer "flip-flop sensível à borda" é redundante, porque os flip-flops são, por definição, sensíveis à borda. Do mesmo modo, dizer "latch sensível ao nível" é redundante, porque os latches são, por definição, sensíveis ao nível.

A Fig. 3.27 usa um exemplo de diagrama de tempo para ilustrar a diferença entre blocos de armazenamento de bit sensíveis ao nível e à borda. A figura exemplifica o que ocorre com um sinal de relógio e os valores de um sinal D. A primeira análise de sinal será com a saída Q do latch D, o qual como sabemos é sensível ao nível. O latch ignora o primeiro pulso em D (indicado por *3* na figura) porque o Clk está baixo. No entanto, quando Clk torna-se alto (*1*), o latch acompanha a entrada D, de modo que quando D muda de 0 para 1 (*4*), a saída do latch faz o mesmo (*7*). O latch ignora a próxima mudança em D quando o Clk está baixo (*5*), mas então volta a acompanhar D quando o Clk fica alto (*6*, *8*).

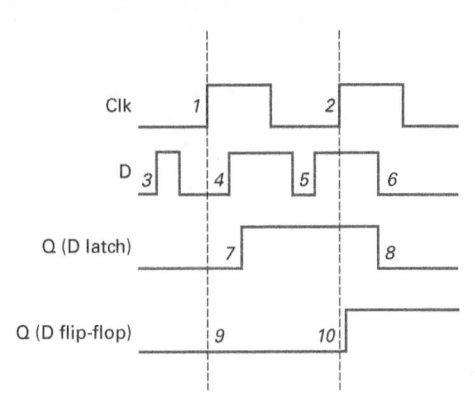

Figura 3.27 Diagrama de tempo de um latch *versus* um flip-flop.

Compare isso com a próxima análise de sinal, que mostrará o comportamento de um flip-flop D sensível à borda de subida. Na primeira borda de subida do relógio (*1*), o flip-flop amostra o sinal D e o encontra em 0. Assim, o flip-flop armazena e gera um 0 na saída (*9*). Na próxima borda de subida (*2*), o flip-flop amostra D, encontrando-o em 1. A seguir, ele armazena e gera um 1 na saída (*10*). Observe que o flip-flop ignora todas as mudanças em D que ocorrem entre as bordas de subida (*3*, *4*, *5*, *6*)–ignorando mesmo as mudanças em D, enquanto o relógio está alto (*4*, *6*).

▶ **EXEMPLO 3.1** **Botão de chamada de aeromoça usando um flip-flop D**

TABELA 3.1 Tabela-verdade D para o sistema de botão de chamada

Chamar	Cancelar	Q	D
0	0	0	0
0	0	1	1
0	1	0	0
0	1	1	0
1	0	0	1
1	0	1	1
1	1	0	1
1	1	1	1

Vamos projetar o nosso sistema de botão de chamada de aeromoça usando um flip-flop D. Se Chamar for pressionado, queremos armazenar um 1. Se Cancelar for pressionado, queremos armazenar um 0. Se nenhum dos dois for pressionado, queremos armazenar o valor qualquer que já está armazenado no momento, isto é, o que se encontra em Q. Desse modo, precisamos de um circuito combinacional simples que esteja à frente da entrada D e seja descrito pela tabela-verdade dada na Tabela 3.1. Quando Chamar=0 e Cancelar=0 (as duas primeiras linhas), D é igual ao valor de Q. Quando Chamar=0 e Cancelar=1 (as próximas duas linhas), D=0. Quando Chamar=1 e Cancelar=0 (as próximas duas linhas), D=1. Finalmente, quando ambos Chamar=1 e Cancelar=1 (as duas últimas linhas), daremos prioridade ao botão de Chamar. Assim, D=1.

Depois de algumas simplificações algébricas, obtemos a seguinte equação para D:

$$D = Cancelar'Q + Chamar$$

O sistema final está mostrado na Fig. 3.28. ◀

Esse projeto, realizado com flip-flops D, usou mais portas do que o baseado em latches SR, mostrado na Fig. 3.9 (no qual também se pode usar facilmente um flip-flop SR). Uma razão para as portas extras é que um flip-flop D sempre armazena o valor da sua entrada D a cada ciclo de relógio. Dessa maneira, devemos explicitamente enviar Q de volta à entrada D para que esse mesmo valor seja mantido. Em comparação, quando usamos um flip-flop SR, podemos fazer simplesmente S=R=0 para manter o mesmo valor. Além disso, precisamos converter os apertos de botão em valores apropriados para a entrada em D. Ao invés de simplesmente carregar ou S ou R com 1, é necessário uma lógica extra.

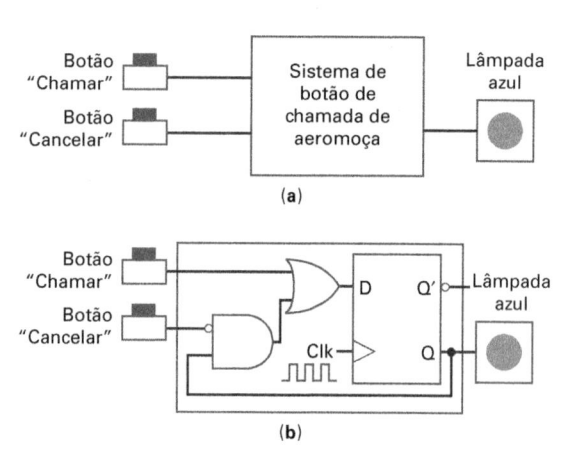

Figura 3.28 Sistema para botão de chamada de aeromoça: (a) diagrama de blocos e (b) implementação usando um flip-flop D.

No final da década de 1970 e começo da de 1980, essas portas extras representavam um item importante do projeto, porque os ICs vinham apenas com algumas portas. Assim, portas extras significavam freqüentemente ICs extras, representando aumento de tamanho, custo, consumo, etc. No entanto, atualmente, nesta época de ICs com milhões de portas, a economia representada por um flip-flop SR é de pouca importância. No projeto moderno, quase todos os projetos usam flip-flops D, e não flip-flops SR.

A título de informação, os projetistas geralmente referem-se aos flip-flops apenas como *flops*.

Examinamos diversos modelos intermediários antes de chegar ao nosso modelo robusto de flip-flop D, que será usado como bloco de armazenamento de um bit. A Fig. 3.29 resume esses modelos, mostrando suas características e problemas além de nos conduzir ao robusto flip-flop D sensível à borda. Ao olhar o resumo, observe que o flip-flop D baseia-se em um latch D interno para poder manter armazenado um bit *durante um* ciclo de relógio, e depende do projetista para que esse introduza realimentação fora do flip-flop D, de modo que um bit permaneça armazenado *durante vários* ciclos de relógio.

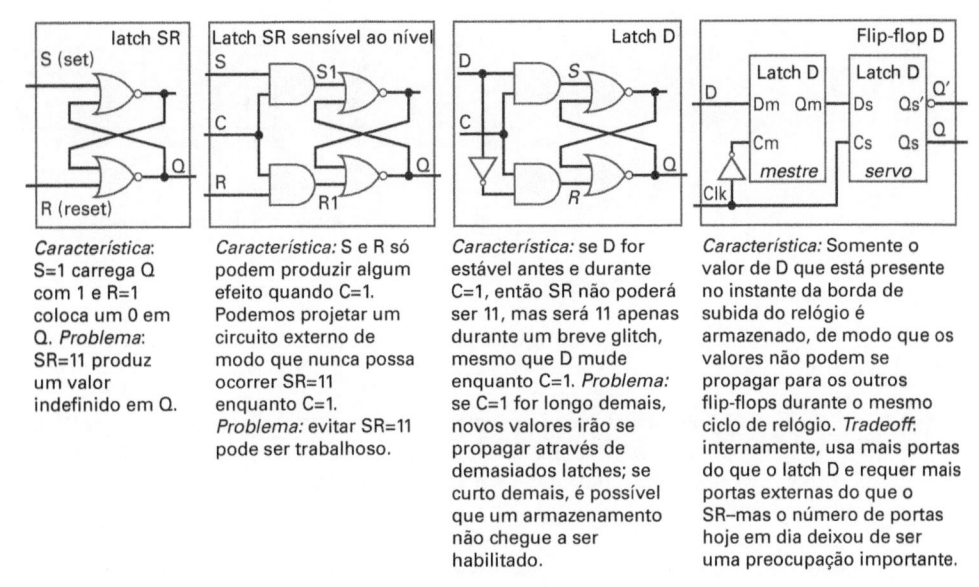

Figura 3.29 Blocos cada vez melhores para se armazenar bits, culminando com o flip-flop D.

Registrador básico – armazendo múltiplos bits

Um *registrador* é um componente seqüencial que pode armazenar múltiplos bits. Podemos construir um registrador básico usando simplesmente múltiplos flip-flops, como mostrado na Fig. 3.30. Esse registrador pode armazenar quatro bits. Quando o relógio sobe, todos os quatro flip-flops são carregados com as entradas I0, I1, I2 e I3 simultaneamente.

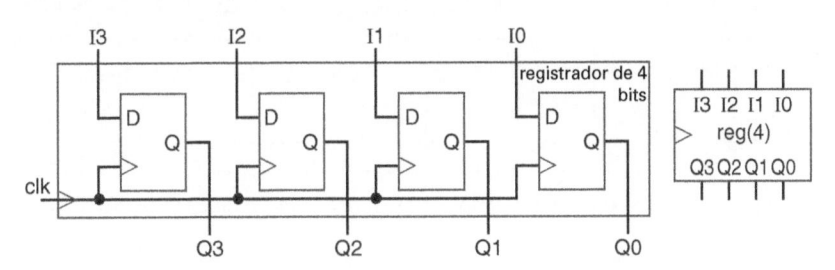

Figura 3.30 A estrutura interna (à esquerda) de um registrador básico de quatro bits e o símbolo para diagrama de blocos (à direita).

Esse registrador, construindo de modo simples a partir de múltiplos flip-flops, é a forma mais básica de um registrador, tão básica que algumas empresas chamam esse registrador de simplesmente "flip-flop D de 4 bits". No Capítulo 4, iremos descrever registradores mais avançados, ou seja, registradores com mais características e com mais possibilidades de operação.

▶ **EXEMPLO 3.2 Mostrador da história de temperaturas que usa registradores**

Queremos projetar um sistema que grave o valor da temperatura externa a cada hora e exiba as últimas três temperaturas registradas, de modo que um observador possa ver a tendência da temperatura. Uma arquitetura do sistema está mostrada na Fig. 3.31.

Um temporizador gera um pulso C que é aplicado à entrada de relógio a cada hora. Um sensor de temperatura fornece a temperatura atual na forma de um número binário de cinco bits, variando de 0 a 31 e correspondendo a temperaturas na escala Celsius. Um mostrador numérico é construído usando três *displays* com entradas binárias de cinco bits cada um.

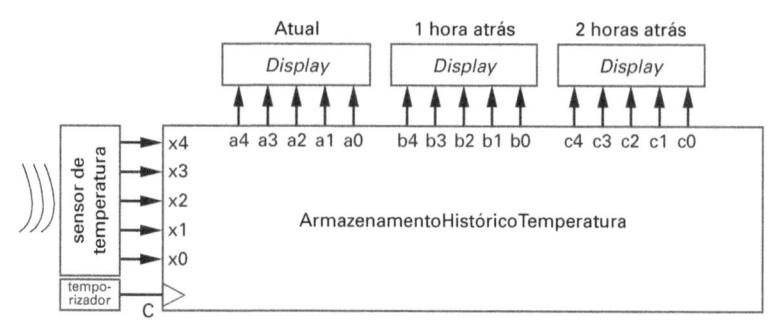

Figura 3.31 Sistema que mostra o histórico de temperaturas.

(Na prática, evitaríamos conectar a saída C do temporizador a uma entrada de relógio, ligaríamos a saída de um oscilador a uma entrada de relógio.)

Podemos implementar o componente, que chamaremos de *ArmazenamentoHistóricoTemperatura**, usando três registradores de cinco bits, como está mostrado na Fig. 3.32. Cada pulso de C carrega a temperatura atual em Ra através das entradas x4, ... x0 (carregando os cinco flip-flops que estão dentro de Ra com os cinco bits de entrada). Ao mesmo tempo, esse registrador Ra é carregado com a temperatura atual e o registrador Rb é carregado com o valor que estava em Ra. De modo semelhante, Rc é carregado com o valor de Rb. Os três armazenamentos ocorrem ao mesmo tempo, isto é, na borda de subida de C. O efeito é que os valores que estavam imediatamente antes da borda do relógio em Ra e Rb são deslocados para Rb e Rc, respectivamente.

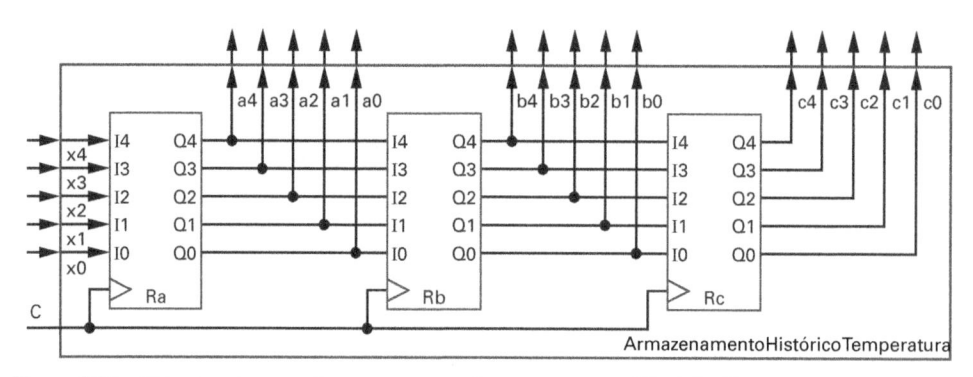

Figura 3.32 Estrutura interna do componente *ArmazenamentoHistóricoTemperatura*.

A Fig. 3.33 mostra alguns exemplos de valores que estão presentes nos registradores, em diversos ciclos de relógio. Assume-se que todos os registradores tinham 0s inicialmente e que, conforme o tempo avança, as entradas x4, ... x0 têm os valores mostrados no topo do diagrama de tempo.

Figura 3.33 Exemplos de valores presentes nos registradores de *ArmazenamentoHistóricoTemperatura*. Um item de dados em particular, o 18, aparece movendo-se através dos registradores a cada ciclo de relógio.

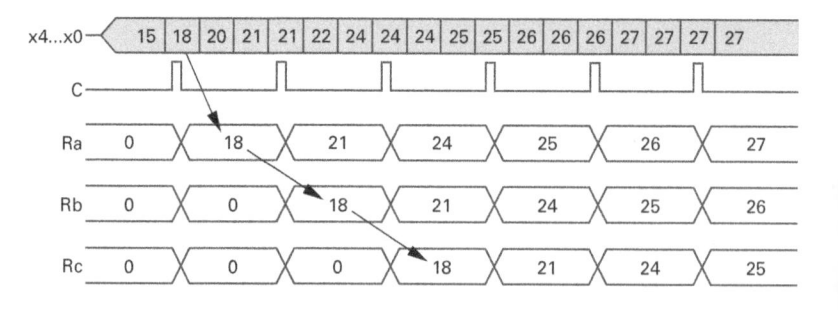

---

* N. de T: Essa forma de escrever o nome do componente tem a ver com as linguagens de descrição de hardware (HDL), como será visto mais adiante.

Esse exemplo mostra uma das grandes coisas a respeito dos circuitos síncronos construídos a partir dos flip-flops sensíveis à borda: muitas coisas acontecem ao mesmo tempo e, não obstante, não precisamos nos preocupar com a propagação demasiadamente rápida de sinais entre um registrador e outro. A razão disso é que os registradores só *são carregados na borda de subida do relógio*, o que efetivamente é um intervalo de tempo infinitamente pequeno. Desse modo, quando os sinais estão se propagando através de um registrador até um outro, já é tarde demais: esse segundo registrador não está mais prestando atenção a suas entradas de dados. ◀

Devemos mencionar que, na prática, os projetistas tentam evitar a ligação de qualquer sinal, que não seja a saída de um oscilador, à entrada de relógio de um flip-flop ou registrador. Assim, deveríamos evitar a conexão do sinal C às entradas de relógio, pois C vem da saída de um temporizador, não de um oscilador. Veremos no Capítulo 4, Exemplo 4.3, como projetar um sistema similar usando um oscilador para o relógio.

▶ 3.3 MÁQUINAS DE ESTADOS FINITOS (FSMS) E BLOCOS DE CONTROLE

Em um circuito digital, os registradores armazenam bits. Bits armazenados significam que o circuito tem memória, o que é também conhecido como *estado*, resultando os chamados circuitos seqüenciais. Um registrador, que esteja armazenando bits, resulta em um circuito com estados. Por outro lado, na realidade, poderemos usar esses estados para projetar circuitos que tenham determinados comportamentos ao longo do tempo. Por exemplo, poderemos especificamente projetar um circuito que gera um 1 durante exatamente três ciclos, sempre que um botão for apertado, ou então poderemos projetar um circuito que põe luzes a piscar seguindo um padrão específico, ou ainda poderemos projetar um circuito que é capaz de detectar se três botões foram apertados segundo uma seqüência em particular e, então, destravar uma porta. Nesses três casos, faríamos uso dos estados para criar comportamentos específicos, ordenados no tempo, para o nosso circuito. Um circuito seqüencial que controla saídas booleanas com base em entradas booleanas e em um comportamento específico, ordenado no tempo, é referido freqüentemente como sendo um *bloco de controle*.

▶ **EXEMPLO 3.3** **Temporizador para manter ligado um laser durante três ciclos – um primeiro projeto malfeito**

Considere o projeto de uma parte de um sistema de cirurgia a laser, como um sistema para remover cicatrizes ou de visão corretiva. Tais sistemas funcionam acionando um laser durante um intervalo de tempo preciso (veja "Como funciona? Cirurgia a laser" na página 128). Uma arquitetura genérica de um sistema como esse está mostrada na Fig. 3.34.

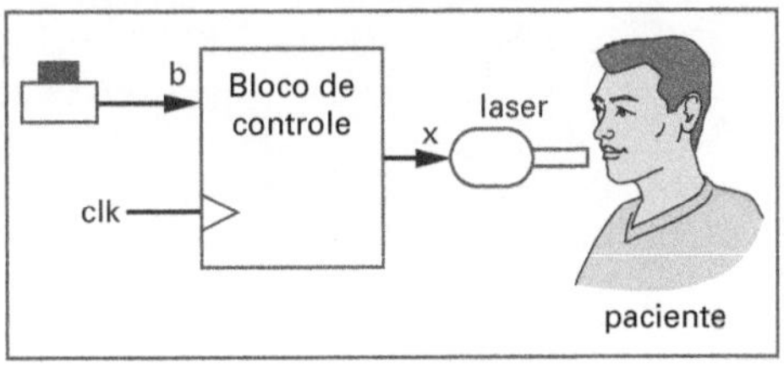

Um cirurgião ativa o laser pressionando um botão. Assuma então que o laser deve per-

Figura 3.34 Sistema temporizador de laser.

manecer ativado por exatamente 30 ns. Assumindo que o período de nosso relógio é 10 ns, então 30 ns significa 3 ciclos de relógio. (Assuma que b está sincronizado com o relógio e permanece alto por apenas 1 ciclo de relógio.) Precisamos projetar um componente de bloco de controle que, tendo detectado que b=1, mantém x em nível alto por exatamente 3 ciclos de relógio, ativando portanto o laser por exatamente 30 ns.

Esse é um exemplo para o qual uma solução por software poderá não funcionar. Usando apenas comandos comuns de programação para ler as portas de entrada e escrever nas portas de saída, é possível que não consigamos uma maneira de manter uma porta em nível alto por exatamente 30 ns – como, por exemplo, no caso de a freqüência do relógio do microprocessador não ser rápida o suficiente, ou quando cada comando necessita de dois ciclos para ser executado.

Vamos tentar criar uma implementação para o sistema que será baseada em um circuito seqüencial. Depois de pensar a respeito por algum tempo, poderemos chegar à implementação (não tão boa) da Fig. 3.55.

Sabendo que precisamos manter a saída em nível alto durante três ciclos de relógio, usamos três flip-flops. A idéia é fazer com que um 1 seja deslocado através desses três flip-flops, levando três ciclos de relógio para que o bit percorra todos eles. Aplicamos as saídas dos três flip-flops a uma porta OR, a qual gera um sinal x de modo que, se qualquer flip-flop tiver um 1, o laser será acionado. Fizemos b ser a entrada do primeiro flip-flop, de modo que quando b=1, o primeiro flip-flop armazenará um 1 no próximo ciclo de relógio. Um ciclo de relógio depois, o segundo flip-flop será carregado com 1 e,

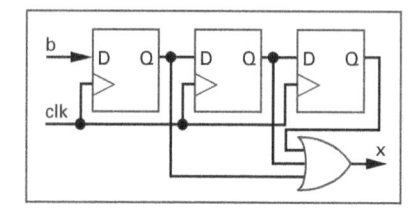

Figura 3.35 Primeira tentativa (ruim) de implementação do sistema de cirurgia a laser.

assumindo que b tenha agora voltado a 0, o primeiro flip-flop será carregado com 0. Um ciclo de relógio após, o terceiro flip-flop será carregado com 1 e o segundo flip-flop, com 0. Finalmente, mais um ciclo de relógio e o terceiro flip-flop será carregado com 0. Desse modo, após o botão ter sido apertado, o circuito mantém a saída x em 1 durante três ciclos de relógio. ◀

O exemplo anterior ilustrou a necessidade de se dispor de uma forma para se descrever o comportamento que se deseja de um circuito seqüencial.

Não fizemos um bom trabalho quando implementamos esse sistema. Em primeiro lugar, o que acontecerá se o cirurgião pressionar o botão outra vez, antes que os três ciclos tenham transcorrido? Tal situação poderia fazer com que o laser ficasse ativado por tempo demasiado. Levando em consideração esse comportamento, há uma maneira simples de reparar o nosso circuito? Em segundo lugar, não utilizamos nenhum método organizado para projetar o circuito – a idéia de usar uma OR com as saídas dos flip-flops surgiu, mas surgiu de onde essa idéia? Esse método funcionaria para qualquer comportamento seqüenciado no tempo que pudéssemos vir a desejar?

Para projetarmos circuitos que têm um comportamento ordenado no tempo e fazermos um trabalho melhor, precisaremos de uma maneira de representar explicitamente o comportamento que desejamos do circuito – com esse propósito, iremos introduzir a chamada repre-

▶ **COMO FUNCIONA? CIRURGIA A LASER**

A cirurgia a laser tornou-se muito popular na década passada, tendo se tornado possível devido aos sistemas digitais. O laser, inventado no início da década de 1960, gera um feixe intenso e estreito de luz coerente, com todos os fótons apresentando um único comprimento de onda e estando em fase entre si (é como estar no ritmo). Em contraste, os fótons de uma luz comum espalham-se em todas as direções, com uma diversidade de comprimentos de onda. Pense em um laser como sendo um pelotão de soldados marchando em sincronismo, ao passo que uma luz comum é mais parecido com crianças que correm quando estão deixando a escola, após o sino de encerramento das aulas ter sido tocado. Uma luz laser pode ser tão intensa que é capaz de cortar aço. A capacidade de um circuito digital para controlar cuidadosamente a localização, a intensidade e a duração do laser é o que o torna tão útil em cirurgias.

Um uso popular do laser em cirurgia é na remoção de cicatrizes. O laser é focado nas células danificadas, ligeiramente abaixo da superfície, fazendo com essas células sejam vaporizadas. O laser também pode ser usado para vaporizar as células da pele que formam saliências, devido a cicatrizes ou verrugas. De modo semelhante, os lasers podem reduzir as rugas alisando a pele ao seu redor, tornando as fissuras mais graduais e conseqüentemente menos óbvias, ou ainda excitando o tecido sob a pele para estimular o crescimento de novo colágeno.

Um outro uso freqüente de lasers em cirurgia é na correção da visão. Em uma cirurgia a laser muito comum, o cirurgião corta a córnea expondo uma aba em sua superfície. A seguir, o laser dá uma nova forma à região exposta da córnea, tornando-a mais fina segundo um certo padrão. Esse adelgaçamento é obtido por meio da vaporização de células.

Um sistema digital controla a localização, a energia e a duração do laser, baseando-se na informação previamente programada para a cirurgia desejada. Atualmente, a disponibilidade de lasers em combinação com circuitos digitais, de baixo custo e alta velocidade, tornou possíveis tais cirurgias de precisão e utilidade.

sentação por máquinas de estados finitos – e precisaremos de um método estruturado para implementar tal comportamento na forma de um circuito seqüencial – apresentaremos um método que servirá de modelo.

Máquinas de estados finitos (FSMs)

No capítulo anterior, você viu que poderíamos projetar um circuito combinacional descrevendo primeiro o comportamento do circuito desejado por meio de um formalismo matemático, conhecido como equação booleana, e então convertendo a equação em um circuito. Em um circuito seqüencial, uma equação booleana sozinha não é suficiente para descrever o comportamento, precisamos de um formalismo mais poderoso que incorpore o tempo.

As máquinas de estados finitos (FSMs, de *Finite State Machines*) constituem exatamente tal método. O nome é um tanto estranho, mas o conceito é simples. Uma FSM consiste em diversas coisas, a mais importante delas é um conjunto de estados que representa todos os estados, ou modos, possíveis de um sistema.

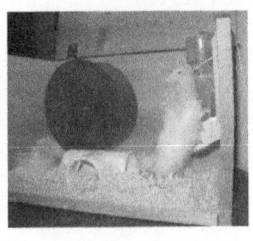

Tentando escapar

Eu gosto de usar o *hamster* de minha filha como exemplo intuitivo. Depois de ter tido um *hamster* como bichinho de estimação, aprendi que os *hamsters* têm basicamente quatro estados: *Dormir, Comer, CorrerNaRoda* e *TentarEscapar*. Eles passam a maior parte do dia dormindo (são animais noturnos), um pouco do tempo comendo ou correndo na roda, e o resto do tempo tentando desesperadamente escapar da gaiola.

Como um exemplo mais orientado para a eletrônica, vamos projetar um sistema que repetidamente carrega uma saída x com 0 em um ciclo de relógio e com 1 em outro ciclo de relógio. O sistema tem claramente apenas dois estados, que chamaremos de *Desligado* e *Ligado*. No estado *Desligado*, x=0 e no estado *Ligado*, x=1. Podemos mostrar esses estados e as transições entre eles, usando o diagrama de estado da Fig. 3.36.

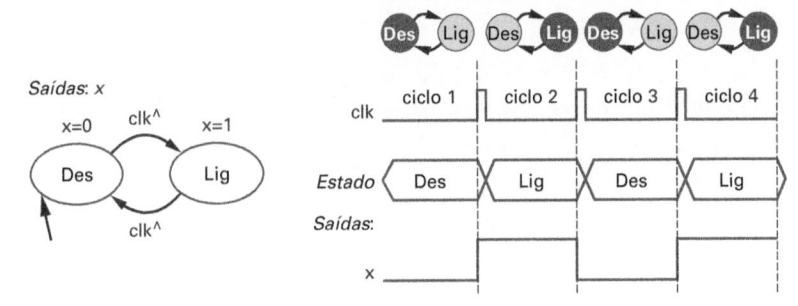

Figura 3.36 Um diagrama de estados simples (à esquerda) cujo comportamento é descrito pelo diagrama de tempo (à direita). Acima do diagrama de tempo, vemos a FSM passando de um estado a outro a cada ciclo de relógio. A borda de subida do sinal de relógio é representada por "clk^".

Assuma que começamos no estado *Desligado*, ou *Des*, abreviadamente. O diagrama mostra que x é carregado com 0 enquanto o sistema está nesse estado. O diagrama mostra também que, na próxima borda de subida do sinal de relógio, *clk^*, o sistema faz uma transição para o estado *Ligado*, ou *Lig*, abreviadamente, e que x é carregado com 1 nesse estado. Na próxima borda de subida do relógio, o diagrama mostra que o sistema faz uma transição de volta ao estado *Desligado*. O diagrama de tempo que mostra o comportamento do sistema está na Fig. 3.36.

Lembre-se do Exemplo 3.3 no qual desejávamos um sistema que mantivesse a saída em nível alto, durante três ciclos. Tendo em vista aquele objetivo, vamos ampliar o diagrama de estados simples da Fig. 3.36, incluindo um estado de desligado e três estados de ligado, como está mostrado na Fig. 3.37. A saída x será 0 durante um ciclo e então 1, durante três ciclos, como mostrado no diagrama de tempo da figura.

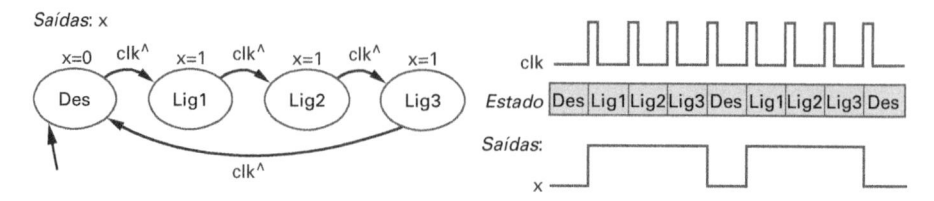

Figura 3.37 Sistema de três ciclos em nível alto: diagrama de estados (à esquerda) e diagrama de tempo (à direita).

Para ampliar ainda mais o comportamento, podemos impor condições de entrada às transições. Iremos expandir o diagrama de estados na Fig. 3.38, alterando a condição necessária para que ocorra uma transição do estado *Desligado (Des)* para o *Ligado1 (Lig1)*. A nova condição exigirá não só uma borda de subida no relógio, mas também que b=1. Acrescentaremos também uma transição do estado *Desligado* retornando ao próprio *Desligado*, com a condição de que ocorra uma borda de subida no relógio e que b=0. O diagrama de tempo da figura mostra o comportamento de estado e de saída do sistema para os valores dados de b.

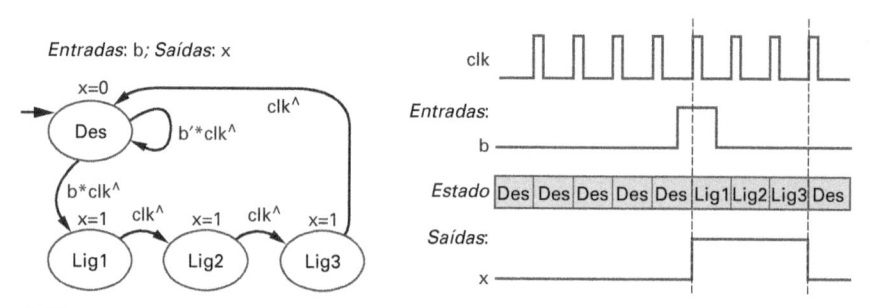

Figura 3.38 Sistema para três ciclos em nível alto: diagrama de estados (à esquerda) e diagrama de tempo (à direita).

Dos exemplos anteriores, podemos ver que uma **máquina de estados finitos**, ou **FSM**, é um formalismo matemático que consiste em diversas coisas:

- Um conjunto de estados. O nosso exemplo tinha quatro estados: {*Ligado1*, *Ligado2*, *Ligado3*, *Desligado*}.
- Um conjunto de entradas e um conjunto de saídas. Nosso exemplo tinha uma entrada: {b} e uma saída {x}.
- Um estado inicial, isto é, um estado para se começar quando o sistema é energizado. O estado inicial de uma FSM pode ser indicado graficamente por meio de uma linha com seta, chamada de aresta, que não tem estado de origem e aponta para o estado inicial. Uma FSM pode ter apenas um estado inicial. O estado inicial do nosso exemplo é o de *Desligado*.
- Uma descrição que indique para qual estado deveremos ir a seguir, com base no estado atual e nos valores das entradas. Nosso exemplo usa arestas orientadas ou dirigidas juntamente com as **condições** de entrada associadas, as quais nos dizem qual é o próximo estado. Essas arestas são conhecidas como **transições**.
- Uma descrição de quais são os valores de saída que devem ser gerados em cada estado. O nosso exemplo atribuiu um valor para x em cada estado. Em uma FSM, a atribuição de uma saída é conhecida como uma *ação*.

Usamos uma representação gráfica, conhecida como **diagrama de estados**, para mostrar a FSM do nosso exemplo. Em lugar disso, poderíamos ter representado a FSM na forma de um texto. No entanto, os diagramas de estados são os mais usados na visualização do comportamento de uma FSM.

Projeto Lógico Seqüencial – Blocos de Controle ◄ 131

▶ **EXEMPLO 3.4 FSM para um temporizador que liga um laser durante três ciclos**

Podemos criar uma FSM para descrever o sistema temporizador de laser que foi apresentado anteriormente. O sistema deverá ter quatro estados: *Ligado1*, *Ligado2*, *Ligado3* e *Desligado*. No estado *Desligado*, ou *Des*, abreviadamente, o laser deverá estar desligado (x=0). Durante o estado *Ligado1*, ou *Lig1*, abreviadamente, ocorrerá o primeiro ciclo de relógio em que o laser estará ligado (x=1). O estado *Ligado2*, ou *Lig2*, será o segundo e *Ligado3*, ou *Lig3*, o terceiro. Na realidade, o diagrama de estados da FSM é idêntico ao mostrado na Fig. 3.38.

A FSM deve ser interpretada como segue. Começamos com o nosso estado inicial de *Desligado*. Permanecemos nesse estado até que uma das duas transições que saem dele esteja na condição de verdadeira. Uma dessas transições tem por condição b' AND uma borda de subida de relógio (b'*clk^); nesse caso, a transição irá se dar retornando ao estado *Desligado*. A outra transição tem por condição a AND uma borda de subida de relógio (b*clk^); nesse caso, a transição ocorrerá indo para o estado *Lig1*. Permanecemos no estado *Lig1* até que se torne verdadeira a condição necessária à transição de saída do estado, ou seja, uma borda de subida de relógio–nesse caso, a transição irá se dar passando-se ao estado *Lig2*. De modo semelhante, permanecemos no estado *Lig2* até a próxima borda de subida de relógio, quando ocorrerá uma transição para o estado *Lig3*. Permanecemos em *Lig3* até a próxima borda de subida de relógio, quando será feita uma transição de volta ao estado *Desligado*. No estado *Desligado*, temos a ação associada à saída x=0, ao passo que, nos estados *Lig1*, *Lig2* e *Lig3*, temos a ação associada à x=1.

Desse modo, usando uma FSM, descrevemos precisamente o comportamento seqüenciado no tempo que é esperado do sistema temporizador de laser.

Enquanto o laser está ligado, é interessante examinar o comportamento dessa FSM se o botão for apertado uma segunda vez. Observe que as transições entre os estados de *Ligado* são independentes do valor de b. Desse modo, esse sistema sempre irá ligar o laser por exatamente três ciclos e então retornar ao estado de *Desligado* para esperar que o botão seja pressionado novamente. ◄

Simplificando a notação da FSM: tornando implícita a borda de subida do relógio

Até este ponto, incluímos a borda de subida do relógio (clk^) como parte da condição necessária para cada uma das transições da FSM. Incluímos essa aresta porque estamos considerando apenas o projeto de circuitos seqüenciais que sejam síncronos e, para armazenar bits, usem flip-flops disparados pela borda de subida do relógio. Na moderna prática de projeto, os circuitos seqüenciais síncronos, construídos com flip-flops sensíveis à borda, constituem a vasta maioria dos circuitos seqüenciais. Como tal, para tornar seus diagramas de estados mais legíveis, a maioria dos livros e projetistas seguem a convenção de que, para todas as transições de

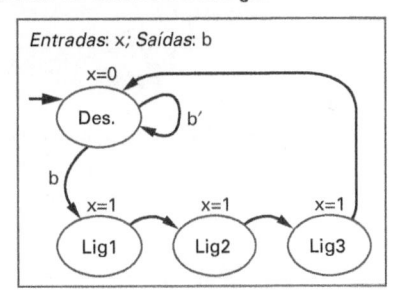

Figura 3.39 Diagrama de estados do temporizador de laser, no qual se assume que qualquer transição está sendo submetida a uma operação AND juntamente com a borda de subida de um relógio.

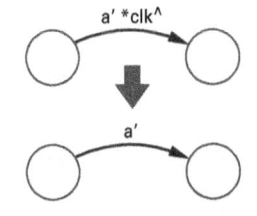

▶ **"ESTADOS", EU COMPREENDO, MAS POR QUE OS TERMOS "FINITOS" E "MÁQUINA"?**

As máquinas de estados finitos, ou FSMs, têm esse nome bem estranho que, algumas vezes, traz confusão. O termo "finitos" está presente para diferenciar as FSMs de uma representação similar usada em matemática, que pode ter um número infinito de estados. Essa representação não é muito útil em projeto digital. Pelo contrário, as FSMs têm um número limitado, ou finito, de estados. O termo "máquina"

é usado no sentido matemático ou de ciência da computação, sendo um objeto *conceitual* que pode executar uma linguagem abstrata – especificamente, esse sentido de máquina *não* é o de hardware. As máquinas de estados finitos são também conhecidas como **autômatos de estados finitos**. As FSMs são usadas para muitas outras coisas além de projeto digital.

uma FSM, há *implicitamente uma operação AND sendo realizada* com a borda de subida de um relógio. Por exemplo, uma transição indicada por "a'" significa na realidade "a'clk^". Daqui em diante, quando desenharmos as transições de uma FSM, não incluiremos a borda de subida do relógio e seguiremos a convenção de que para *todas* as transições há implicitamente uma operação AND com a borda de subida de um relógio. A Fig. 3.39 ilustra o diagrama de estados do temporizador de laser da Fig. 3.38, que foi redesenhado usando-se um relógio implícito.

No próximo ciclo de relógio, ao qual não há condições associadas, uma transição leva simplesmente ao estado seguinte, devido à borda de subida que está implícita na aresta da transição.

Vamos examinar mais alguns exemplos, mostrando como descrever um comportamento sequenciado no tempo por meio das FSMs.

▶ **EXEMPLO 3.5 Chave de carro segura**

Você já notou que as chaves de muitos dos novos automóveis apresentam uma cabeça de plástico mais espessa do que as encontradas no passado (veja a Fig. 3.40)? A razão é que, acredite se quiser, há um *chip* de computador dentro da cabeça da chave, implementando o que se conhece por chave de carro segura. Em uma versão básica dessa chave, quando o motorista gira a chave de ignição, o computador do carro (que está debaixo da tampa do motor e comunica-se usando o que é chamado de *estação de base*) envia um sinal de rádio solicitando ao *chip* da chave do carro que responda enviando o seu identificador via um sinal de rádio. Então, o *chip* da chave responde enviando o identificador (ID), por meio do que é conhecido como *transponder* (um *transponder* "transmite" "respondendo" a uma solicitação). Se a estação de base não receber uma resposta, ou se a resposta da chave tiver um ID diferente do ID programado no computador do carro, então o computador irá se tornar inoperável e o carro não dará a partida.

Figura 3.40 Por que as cabeças das chaves estão se tornando mais espessas? Observe que a chave da direita é mais espessa do que a da esquerda. A da direita tem um *chip* de computador em seu interior que envia um identificador ao computador do carro, ajudando dessa forma a reduzir os roubos de carro.

Vamos projetar um bloco de controle para uma dessas chaves, cujo ID é 1011 (os IDs reais têm tipicamente 32 bits ou mais de comprimento, e não apenas quatro bits). Assuma que o bloco de controle tem uma entrada a que deverá ser 1 quando o computador do carro estiver solicitando o ID do carro. Assim, inicialmente, o bloco de controle espera que a entrada a torne-se 1. Então, a chave deve enviar seu ID (1011) em forma serial, começando com o bit mais à direita, por meio de uma saída r. A chave envia 1 no primeiro ciclo de relógio, 1 no segundo ciclo, 0 no terceiro e, finalmente, 1 no quarto. A FSM do bloco de controle está mostrada na Fig. 3.41. Observe que a FSM envia os bits começando com o bit da direita, que é conhecido como *bit menos significativo* (LSB, de *least significant bit*).

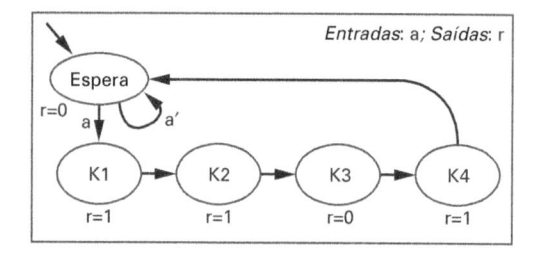

Figura 3.41 A FSM da chave de carro segura.

A Fig. 3.42 mostra o diagrama de tempo da FSM para uma situação particular. Quando fazemos a=1, a FSM entra no estado *K1* e gera a saída r=1. Então, a FSM prosseguirá, passando pelos estados *K2*, *K3* e *K4*, e gerando as saídas r=1, 0 e 1, respectivamente, mesmo que a entrada volte a 0.

Os diagramas de tempo representam situações particulares, que são definidas pelo modo de atribuir valores às entradas. Que teria acontecido se tivéssemos mantido a=1 por muito mais ciclos? O diagrama de tempo da Fig. 3.43 ilustra essa situação. Observe como a FSM, após ter retornado ao estado de *Espera*, vai novamente para o estado *K1* no próximo ciclo.

O *chip* de computador dentro da chave tem circuitos que convertem os sinais de rádio em bits e vice-versa.

"Sendo assim, algum dia a chave do meu carro precisará que sua pilha seja trocada?" você poderia perguntar. Na verdade, não; esses *chips* extraem a energia e também o sinal de relógio da componente magnética do campo de radiofrequência que é gerado pela estação de base do computador. As necessidades extremamente baixas de energia fazem dos circuitos digitais customizados, ao invés de software em microprocessador, o método de implementação preferido.

As chaves com *chip* de computador tornam o roubo de carro muito mais difícil, porque não são mais possíveis as "ligações diretas" para dar partida ao carro, já que o computador não funcionará a menos que receba o identificador correto. Esse método é na verdade muito simplista: na maioria dos carros, ocorre uma comunicação mais sofisticada entre o computador e a chave, envolvendo o envio de diversas mensagens em ambos os sentidos, usando inclusive mensagens criptografadas, o que dificulta ainda mais enganar o computador. Uma desvantagem das chaves de carro seguras é que você não pode mais ir até o chaveiro e fazer cópias dessas chaves por R$ 10,00, a cópia dessas chaves exige ferramentas especiais, elevando o custo a R$ 100,00 ou mais. Quando as chaves com *chips* de computador estavam surgindo, um problema comum era que os fazedores de cópias de chave não se davam conta de que havia *chips* dentro delas. As cópias eram feitas e os proprietários de carro iam para casa e depois não conseguiam descobrir porque seus carros não davam partida, mesmo que a chave entrasse e girasse na chave de ignição. ◀

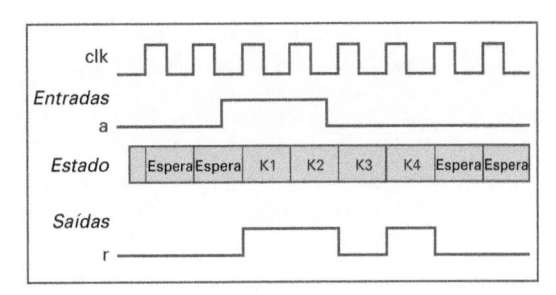

Figura 3.42 O diagrama de tempo da chave de carro segura.

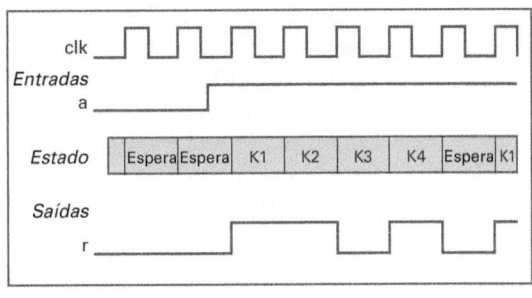

Figura 3.43 Diagrama de tempo da chave de carro segura para uma sequência diferente de valores da entrada a.

▶ **EXEMPLO 3.6 Detector de código**

Você provavelmente já viu portas em aeroportos ou hospitais que, para serem abertas, necessitam que uma pessoa aperte uma sequência particular de botões (isto é, um código). Por exemplo, pode haver três botões, de cores vermelho, verde e azul, e um quarto botão para dar início ao código. Quando se aperta o botão de iniciar e, então, a seguinte sequência – vermelho, azul, verde e vermelho – a porta é aberta. Esse sistema pode ter a arquitetura geral mostrada na Fig. 3.44. Uma saída extra do painel de botões, a, é 1 sempre que um botão *qualquer* estiver sendo pressionado.

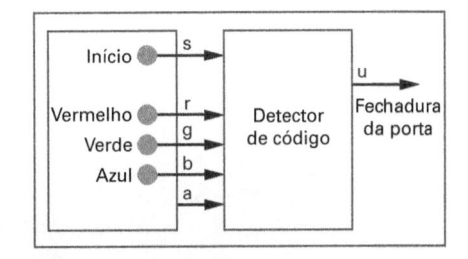

Figura 3.44 Arquitetura do detector de código.

Podemos descrever o comportamento do bloco *DetectorDeCódigo* usando uma FSM com o diagrama de estados da Fig. 3.45.

Por simplicidade, assuma que cada botão tem um circuito especial que o deixa sincronizado com o sinal de relógio, criando um pulso com a duração de exatamente um ciclo de relógio para cada aperto de botão. Isso é necessário para garantir que o estado atual não avance erroneamente para um outro seguinte, caso o aperto venha a durar mais de um único ciclo de relógio. (Projetaremos tal circuito de sincronização no Exemplo 3.9.)

- O comportamento da FSM é o seguinte:

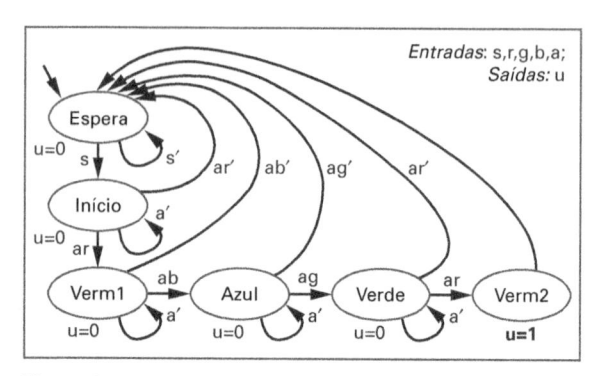

Figura 3.45 FSM para detector de código.

- A FSM começa no estado *Espera*. Enquanto o botão de início não for apertado (`s'`), a FSM permanecerá em *Espera*; quando o botão de início é pressionado (`s`), a FSM passa para o estado *Início*.
- Como a FSM está no estado *Início*, isso significa que ela agora está pronta para detectar a seqüência vermelho, azul, verde e vermelho. Se nenhum botão for apertado (`a'`), a FSM permanecerá em *Início*. Se um botão for pressionado e (AND) se esse botão for o vermelho (`ar`), a FSM irá para o estado *Vermelho1* ou *Verm1*, abreviadamente. Se um botão for pressionado e (AND) se esse botão não for o vermelho (`ar'`), a FSM retornará ao estado *Espera*–observe que, quando se está no estado *Espera*, apertos nos botões de cores serão ignorados até que o botão de início seja pressionado novamente.
- A FSM permanecerá no estado *Verm1* enquanto nenhum botão for pressionado (`a'`). Se um botão for pressionado e se esse botão for o azul (`ab`), a FSM avançará para o estado *Azul*; se esse botão não for o azul (`ab'`), a FSM retornará ao estado de *Espera*.
- De modo semelhante, a FSM permanecerá no estado *Azul* enquanto nenhum botão for pressionado (`a'`) e passa para o estado *Verde* se ocorrer a condição `ag` e o estado *Espera* se ocorrer a condição `ag'`.
- Finalmente, a FSM permanecerá em *Verde* se nenhum botão for pressionado e irá para o estado *Vermelho2*, ou *Verm2*, abreviadamente, se ocorrer a condição `ar` e para o estado *Espera*, se ocorrer a condição `ar'`.
- Se a FSM chegar até o estado *Vermelho2*, isso significa que a pessoa apertou os botões na seqüência correta – assim, *Vermelho2* faz `u=1` destrancando a porta. Observe que todos os outros estados fazem `u=0`. A FSM retorna então ao estado *Espera*.

Lembre-se de que implicitamente qualquer condição associada a uma transição está fazendo uma operação AND com uma borda de subida de relógio. ◀

Conferindo o comportamento da FSM

Definir corretamente o comportamento de um sistema é difícil. Quanto antes acharmos os problemas, mais fácil será consertá-los. Assim, depois de criarmos a FSM, poderíamos passar um tempo fazendo perguntas sobre como o circuito irá se comportar em certas situações de entrada e verificar então se a FSM irá responder como esperávamos. Considere a FSM do detector de código que está na Fig. 3.45. O que acontecerá se a pessoa

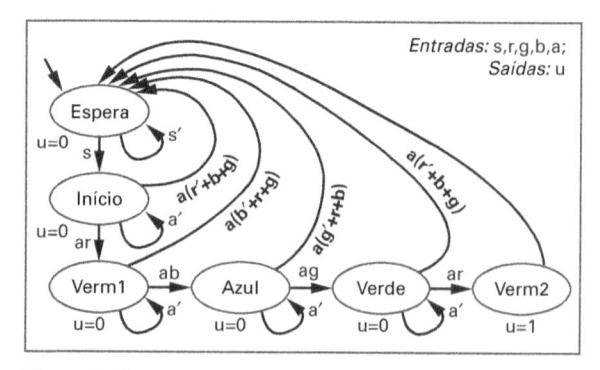

Figura 3.46 FSM melhorada para detector de código.

pressionar o botão de início e em seguida apertar simultaneamente todos os três botões de cores, quatro vezes seguidas? Bem, do modo que definimos a FSM, a porta será destrancada! Uma solução para essa situação indesejada é modificar as condições das arestas de transição que retornam ao estado *Espera*. No lugar da condição ar', poderíamos usar a condição a(r'+b+g). Assim, enquanto a FSM está esperando que o botão vermelho seja pressionado, se o botão vermelho não for pressionado ou se os botões azul ou verde forem apertados, ela retornará ao estado *Espera* e, conseqüentemente, a porta não será destrancada. Quando estivermos esperando pelos outros botões específicos, uma situação semelhante ocorrerá. Uma FSM melhorada está mostrada na Fig. 3.46. Consertar a FSM foi fácil, mas tentar consertar um circuito provindo de uma FSM seria muito mais difícil.

Ocorre que a FSM da Fig. 3.46 ainda tem um problema e bem sério. Descreveremos esse problema no Exemplo 3.13.

Arquitetura padrão do bloco de controle para implementar uma FSM na forma de circuito seqüencial

Agora que vimos como descrever o comportamento seqüencial usando uma FSM, precisamos de um método estruturado para converter uma FSM em circuito seqüencial. Na verdade, quando se utiliza uma arquitetura padrão para implementar o circuito, o método torna-se muito simples, consistindo em um registrador de estado e uma lógica combinacional, os quais são conhecidos como bloco de controle. Há muitas outras formas de se implementar uma FSM, mas limitar-se a uma arquitetura padrão resulta um método direto de projeto. A arquitetura padrão pode não produzir o número mínimo de transistores, mas como já mencionamos muitas vezes isso não é mais uma desvantagem nos dias atuais.

A arquitetura de um bloco de controle padrão para uma FSM consiste em um registrador de estado e uma lógica combinacional. A arquitetura padrão para a FSM do temporizador de laser da Fig. 3.39 está mostrada na Fig. 3.47. A arquitetura consiste em um registrador de estado e uma lógica combinacional.

O registrador de estado é um registrador de dois bits que contém um número binário que representa o estado atual (no caso, o registrador tem dois bits de largura para representar cada um dos quatro estados possíveis).

As entradas da lógica combinacional são as entradas da FSM (neste caso, b) e também as saídas do registrador de estado (s1 e s0). As saídas da lógica combinacional são as saídas da FSM (x) e também os bits do próximo estado que serão carregados no registrador de estado (n1 e n0). Os detalhes da lógica combinacional determinam o comportamento do circuito. O processo de desenvolvimento desses detalhes serão cobertos na próxima seção.

Uma visão mais geral da arquitetura do bloco de controle padrão aparece na Fig. 3.48*. Essa figura assume que o registrador de estado tem *m* bits de largura.

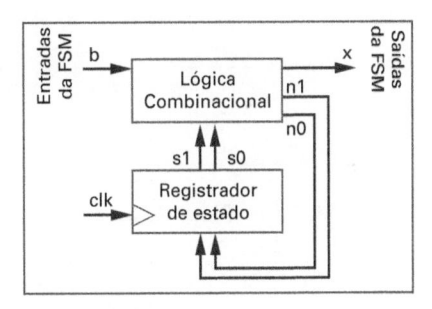

Figura 3.47 Arquitetura de bloco de controle padrão para o temporizador de laser.

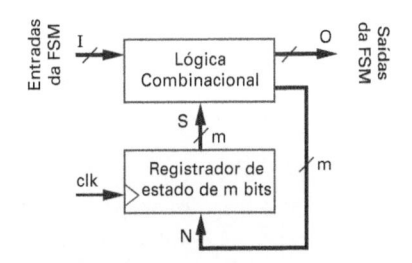

Figura 3.48 Arquitetura de um bloco de controle padrão – visão geral.

---

* N. de T: Conforme a prática comum, manteremos as letras I, O e S para indicar respectivamente a entrada (*Input*), a saída (*Output*) e o estado (*State*) do bloco de controle.

▶ 3.4 PROJETO DE BLOCO DE CONTROLE

Processo de projeto de bloco de controle em cinco passos

Podemos projetar um bloco de controle usando um processo de cinco passos, resumido na Tabela 3.3. Iremos ilustrar esse processo com alguns exemplos.

TABELA 3.2 Processo de projeto de um bloco de controle

Passo		Descrição
Passo 1	Capture a FSM	Crie uma FSM que descreva o comportamento desejado do bloco de controle.
Passo 2	Crie a arquitetura	Crie a arquitetura padrão usando um registrador de estado com largura apropriada e uma lógica combinacional, cujas entradas são os bits do registrador de estado e as entradas da FSM e cujas saídas são os bits de próximo estado e as saídas da FSM.
Passo 3	Codifique os estados	Atribua um número binário único a cada um dos estados. Cada número binário que representa um estado é conhecido como uma *codificação*. Qualquer codificação poderá ser usada desde que cada estado tenha uma codificação única.
Passo 4	Crie a tabela de estados	Crie uma tabela-verdade para a lógica combinacional de modo tal que a lógica irá gerar as saídas e os sinais de próximo estado corretos para a FSM. Ordenando as entradas primeiro com os bits de estado faz com que a tabela-verdade descreva o comportamento dos estados. Assim, a tabela é uma tabela-verdade.
Passo 5	Implemente a lógica combinacional	Implemente a lógica combinacional usando qualquer método.

▶ **EXEMPLO 3.7** Bloco de controle para o temporizador que liga um laser durante três ciclos (continuação)

Podemos implementar o temporizador do laser (veja o Exemplo 3.4) como um circuito seqüencial usando o processo de cinco passos.

Passo 1: **Capture a FSM.** A FSM já foi criada antes (veja a Fig. 3.39).

Passo 2: **Crie a arquitetura.** A arquitetura do bloco de controle padrão para a FSM do temporizador de laser foi mostrada na Fig. 3.47. O registrador de estado tem dois bits para representar cada um dos quatro estados, A lógica combinacional tem a entrada externa b e as entradas s1 e s0 que vêm do registrador de estado, e tem a saída externa x e as saídas n1 e n0 que se dirigem ao registrador de estado.

Passo 3: **Codifique os estados.** Podemos codificar os estados como segue–*Des*: 00; *Lig1*: 01; *Lig2*: 10 e *Lig3*: 11. Lembre-se, qualquer codificação não repetida é aceitável. O diagrama de estados com as codificações está mostrado na Fig. 3.49.

Passo 4: **Crie a tabela de estados.** Dadas a arquitetura da implementação e a codificação binária de cada estado, podemos criar a tabela de estados para

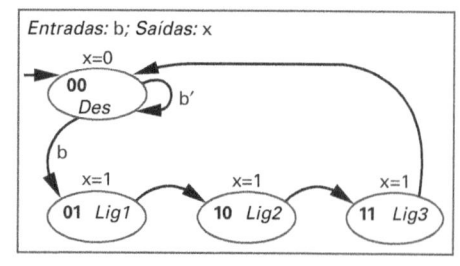

Figura 3.49 Diagrama de estados do temporizador de laser com os estados codificados.

a lógica combinacional, como mostrado na Tabela 3.3. Nas colunas de entrada, se listarmos primeiro as entradas do registrador de estado, então poderemos ver facilmente quais linhas correspondem a quais estados. Na esquerda, preenchemos todas as combinações de entradas como se faz com uma tabela-verdade. Em cada linha, olhamos no diagrama de estados na Fig. 3.49 para determinar as saídas apropriadas. Para as duas linhas que começam com s1s0=00 (estado *Desligado*), x deve ser 0. Se b=0, o bloco de controle deverá permanecer no estado *Desligado*, de modo que n1n0 deverá ser 00. Se b=1, o bloco de controle deverá ir para o estado *Ligado1 (Lig1)*, de modo que n1n0 deverá ser 01.

De modo semelhante, para as duas linhas que começam com s1s0=01 (estado *Lig1*), x deve ser 1 e o próximo estado deve ser *Lig2* (independentemente do valor de b), de modo que n1n0 deverá ser 10. Completamos as últimas quatro linhas de modo semelhante.

Tenha cuidado e observe a diferença entre as entradas e as saídas da FSM da Fig. 3.49 e as entradas e as saídas da lógica combinacional da Fig. 3.50; esta última inclui os bits que se originam no registrador de estado e os que se destinam a esse mesmo registrador.

TABELA 3.3 Tabela de estados para o bloco de controle do temporizador de laser

	Entradas			Saídas		
	s1	s0	b	x	n1	n0
Des	0	0	0	0	0	0
	0	0	1	0	0	1
Lig1	0	1	0	1	1	0
	0	1	1	1	1	0
Lig2	1	0	0	1	1	1
	1	0	1	1	1	1
Lig3	1	1	0	1	0	0
	1	1	1	1	0	0

Passo 5: **Implemente a lógica combinacional.** Podemos terminar o projeto usando o processo de projeto de lógica combinacional do Capítulo 2. Da tabela-verdade, obtemos as seguintes equações para as três saídas da lógica combinacional:

$$x = s1 + s0 \text{ (observe da tabela que x=1 se s1=1 ou s0=1)}$$
$$n1 = s1's0b' + s1's0b + s1s0'b' + s1s0'b$$
$$n1 = s1's0 + s1s0'$$
$$n0 = s1's0'b + s1s0'b' + s1s0'b$$
$$n0 = s1's0'b + s1s0'$$

Obtemos então o circuito seqüencial da Fig. 3.50, que implementa a FSM. ◀

Muitos livros organizam a tabela de estados diferentemente da Tabela 3.3. No entanto, intencionalmente organizamos a tabela de modo que ela sirva tanto como uma tabela de estados como uma tabela-verdade, que pode ser usada para projetar a lógica combinacional do bloco de controle.

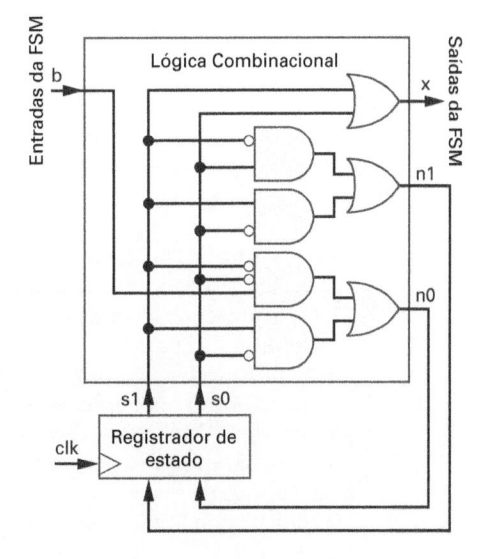

Figura 3.50 Implementação final do bloco de controle para o temporizador de laser de três ciclos em nível alto.

▶ **EXEMPLO 3.8** Compreendendo o comportamento do bloco de controle do temporizador de laser

Para melhor compreendermos como um bloco de controle implementa uma FSM, vamos analisar o comportamento do bloco de controle para o temporizador do laser de três ciclos em nível alto. Assuma que inicialmente estamos no estado 00 (s1s0=00), b é 0. O relógio está em nível baixo, no momento. Como mostrado na Fig. 3.51 (lado esquerdo) e baseando-se na lógica combinacional, x será 0 (o valor desejado de saída para o estado 00), n1 será 0 e n0 será 0, significando que o valor 00 estará esperando na entrada do registrador de estado. Assim, na *próxima* borda de relógio, 00 será carregado no registrador de estado. Isso significa que iremos permanecer no estado 00, o que é o correto.

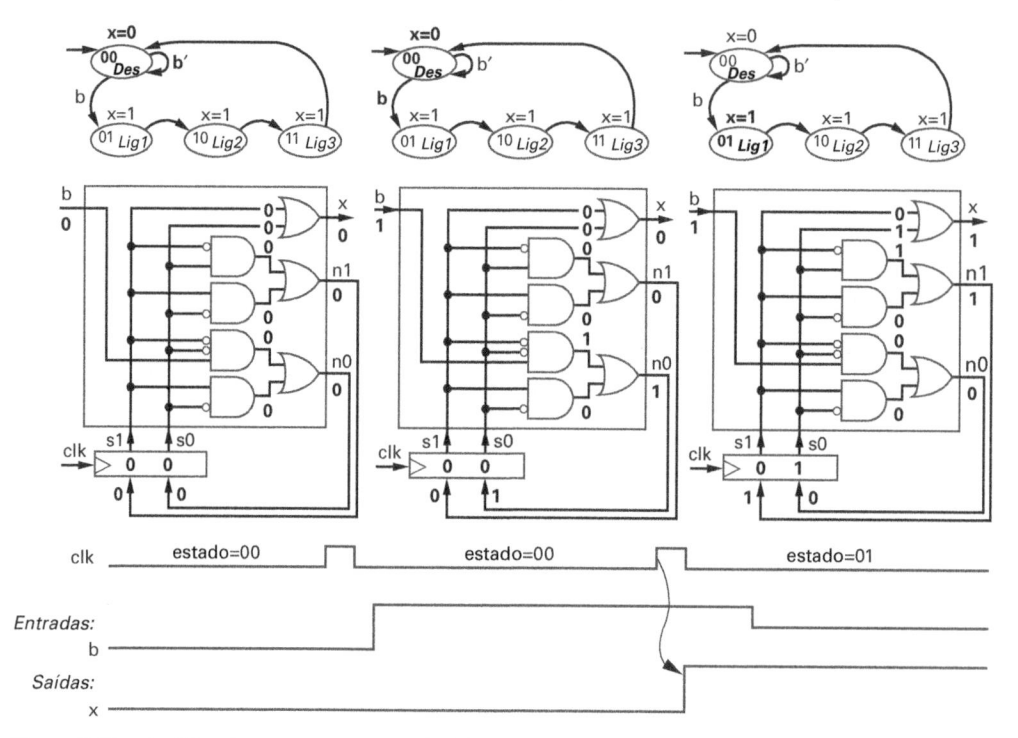

Figura 3.51 Análise do comportamento do bloco de controle para o temporizador do laser de três ciclos em nível alto.

Agora, suponha que b torne-se 1. Como mostrado na Fig. 3.51 (no meio), x ainda será 0, como desejado, mas n0 será 1, significando que o valor 01 estará esperando na entrada do registrador de estado. Assim, na *próxima* borda de relógio, 01 será carregado no registrador de estado, como desejado.

Como mostrado na Fig. 3.51 (lado direito), um pouco depois de 01 ter sido carregado no registrador de estado, x irá se tornar 1 (após a carga no registrador, haverá um pequeno atraso de tempo para que os novos valores de s1 e s0 propaguem-se através das portas da lógica combinacional). Essa saída é a correta – devemos gerar uma saída x=1 quando estamos no estado 01. Além disso, n1 irá se tornar 1 e n0 será igual a 0, significando que o valor 10 estará esperando na entrada do registrador de estado. Assim, na próxima borda de relógio, 10 será carregado no registrador de estado, como se deseja.

Depois de 10 ter sido carregado no registrador de estado, x permanecerá 1 e n1n0 irá se tornar 11. Quando vier uma outra borda de relógio, 11 será carregado no registrador, x permanecerá 1 e n1n0 irá se tornar 00.

Na próxima borda de relógio, 00 será carregado no registrador. Logo após, x irá se tornar 0 e, se b for 0, n1n0 irá permanecer 00, mas, se b for 1, n1n0 irá tornar 01. Observe que estamos de volta ao ponto de onde começamos.

A compreensão de como um registrador de estado e uma lógica combinacional implementam uma máquina de estados pode exigir um pouco de tempo, já que, quando estamos em um estado em particular (indicado pelo valor atual do registrador de estado), geramos a saída externa daquele estado e também os sinais para o *próximo* estado – mas não faremos a transição (isto é, não carregaremos o registrador de estado) até que ocorra a próxima borda de relógio.

▶ **EXEMPLO 3.9** **Sincronizador de aperto de botão**

Queremos construir um circuito que sincroniza um aperto de botão com um sinal de relógio, de tal modo que, quando uma pessoa apertar o botão, o resultado será um sinal que fica em nível alto por exatamente um ciclo de relógio. Esse sinal sincronizado é útil para evitar que um simples aperto de botão, que dura diversos ciclos de relógio, seja interpretado como múltiplos apertos de botão. A Fig. 3.52 usa um diagrama de tempo para ilustrar o comportamento desejado para o circuito.

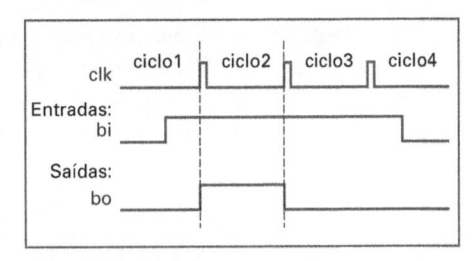

Figura 3.52 Diagrama de tempo desejado para o sincronizador de aperto de botão.

A entrada do circuito será o sinal bi e a saída, o sinal bo. Quando bi torna-se 1, representando o fato de que o botão está sendo apertado, queremos que bo seja 1 por exatamente um ciclo. A seguir, esperamos que bi retorne a 0 e, então, esperamos que bi torne-se 1 novamente, o que indicaria o próximo aperto do botão.

Passo 1: **Capture a FSM.** A Fig. 3.53(a) mostra uma FSM que descreve o comportamento do circuito. A FSM fica esperando no estado *A*, gerando a saída bo=0 até que bi seja 1. Então, a FSM faz a transição para o estado *B*, produzindo a saída bo=1. A seguir, a FSM faz uma transição para o estado *A* ou *C*, os quais ambos geram bo=0 novamente. Desse modo, bo foi 1 por apenas um ciclo, como se desejava. Se bi retornar a 0, a FSM pas-

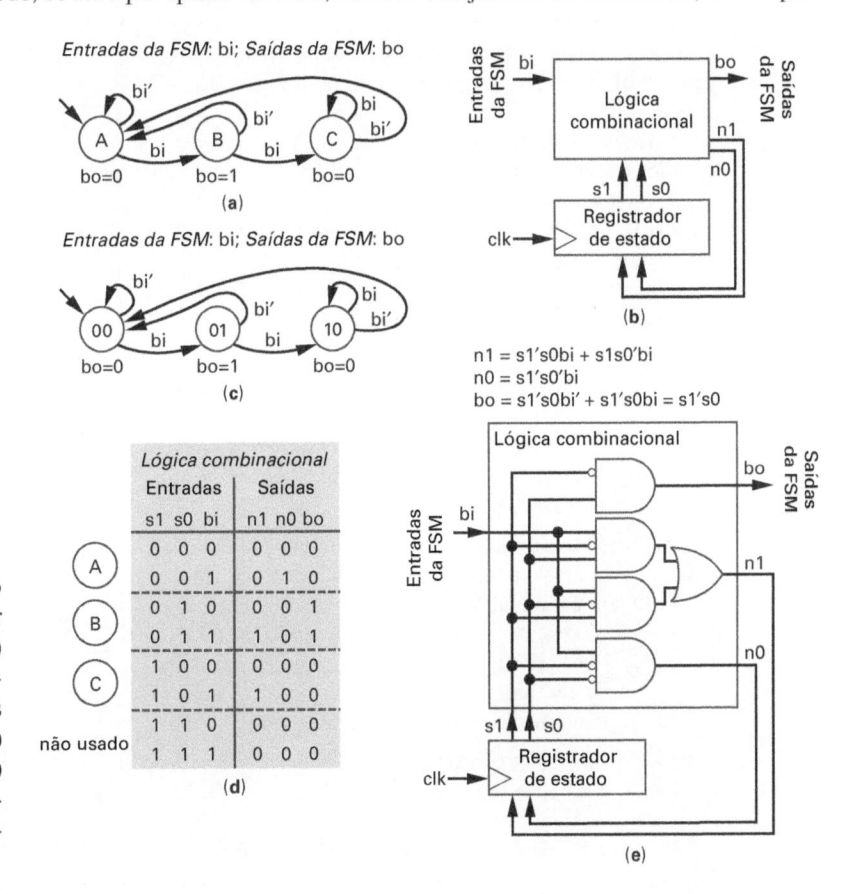

Figura 3.53 Passos do projeto do sincronizador de aperto de botão: (a) FSM inicial, (b) arquitetura, (c) FSM com os estados codificados, (d) tabela de estados e (e) circuito final com a lógica combinacional implementada.

$n1 = s1's0bi + s1s0'bi$
$n0 = s1's0'bi$
$bo = s1's0bi' + s1's0bi = s1's0$

Lógica combinacional					
Entradas			Saídas		
s1	s0	bi	n1	n0	bo
0	0	0	0	0	0
0	0	1	0	1	0
0	1	0	0	0	1
0	1	1	1	0	1
1	0	0	0	0	0
1	0	1	1	0	0
1	1	0	0	0	0
1	1	1	0	0	0

(estados A, B, C e não usado)

sará de *B* para *A*. Se bi ainda for 1, a FSM irá para o estado *C*, no qual fica esperando que bi retorne a 0, causando uma transição de volta ao estado *A*.

Passo 2: **Crie a arquitetura.** Como a FSM tem três estados, a arquitetura tem um registrador de estado de dois bits, como mostrado na Fig. 3.53(b).

Passo 3: **Codifique os estados.** Podemos codificar os estados imediatamente como 00, 01 e 10, como mostrado na Fig. 3.53(c).

Passo 4: **Crie a tabela de estados.** Convertemos a FSM, com os estados codificados, em uma tabela de estados como mostrado na Fig. 3.53(d). No caso do estado 11, que não foi usado, escolhemos uma saída bo=0 e uma transição de volta ao estado 00.

Passo 5: **Implemente a lógica combinacional.** Deduzimos a equação de cada saída da lógica combinacional, como mostrado na Fig. 3.53(e), e então criamos o circuito final também mostrado.

◀

▶ **EXEMPLO 3.10 Gerador de seqüência**

Queremos projetar um circuito com quatro saídas: w, x, y e z. O circuito deve gerar a seguinte seqüência de padrões de saída: 0001, 0011, 1100 e 1000. Depois de 1000, o circuito deve repetir a seqüência, começando em 0001 novamente. Queremos que o circuito produza o padrão seguinte de bits apenas na borda de subida do relógio.

Os geradores de seqüência são comuns em uma ampla variedade de sistemas. Por exemplo, poderemos querer que um conjunto de quatro lâmpadas seja colocado a piscar de acordo com um padrão em particular, tal como ocorre com painéis luminosos em festas. Poderíamos, em vez disso, querer que um motor elétrico realizasse rotações com um número determinado de graus a cada ciclo de relógio. Eletroímãs em torno do motor são energizados segundo uma seqüência específica de modo a atrair o motor magnetizado para a posição seguinte da rotação–tal motor é conhecido como ***motor de passo***, já que o motor gira em passos.

Podemos projetar o bloco de controle do gerador de seqüência usando o nosso processo de cinco passos.

Passo 1: **Capture a FSM.** Obtemos o comportamento do sistema na forma da FSM mostrada na Fig. 3.54. A FSM tem quatro estados que denominamos de *A*, *B*, *C* e *D* (embora quaisquer outros nomes não repetidos também sejam aceitáveis).

Passo 2: **Crie a arquitetura.** A arquitetura do bloco de controle padrão para o gerador de seqüência terá um registrador de estado de dois bits para representar os quatro estados possíveis. As saídas da lógica serão w, x, y e z juntamente com n1 e n0, como mostrado na Fig. 3.55. A lógica combinacional não tem entradas.

Passo 3: **Codifique os estados.** Codificaremos os estados como segue–*A*: 00; *B*: 01; *C*: 10 e *D*: 11. Qualquer outra codificação, com um código único para cada estado, também seria aceitável.

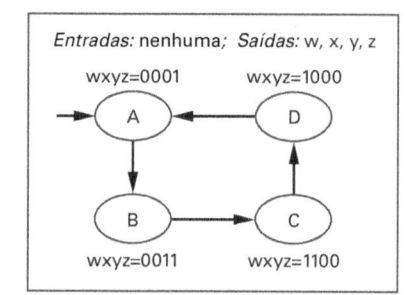

Figura 3.54 FSM do gerador de seqüência.

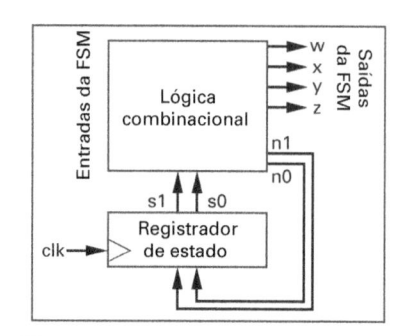

Figura 3.55 Arquitetura do bloco de controle do gerador de seqüência.

TABELA 3.4 Tabela de estados para o bloco de controle do gerador de seqüência

	Entradas		Saídas				
	s1	s0	w	x	y	z	n1	n0
A	0	0	0	0	0	1	0	1
B	0	1	0	0	1	1	1	0
C	1	0	1	1	0	0	1	1
D	1	1	1	0	0	0	0	0

Passo 4: **Crie a tabela de estados.** A tabela de estados para a FSM com os estados codificados está mostrada na Tabela 3.4.

Passo 5: **Implemente a lógica combinacional.** Deduzimos as equações para as saídas da lógica combinacional a partir da tabela. Depois de algumas simplificações algébricas, as equações são as seguintes:

w = s1
x = s1s0'
y = s1's0
z = s1'
n1 = s1 xor s0
n0 = s0'

O circuito final está mostrado na Fig. 3.56.

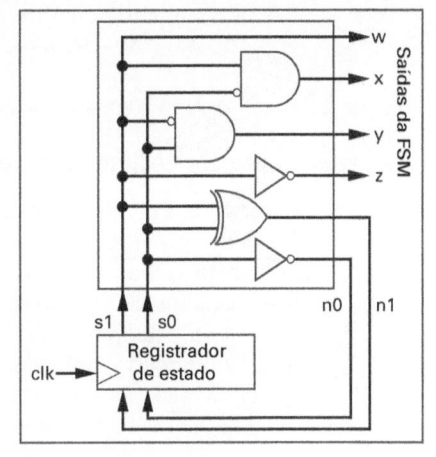

Figura 3.56 Arquitetura do bloco de controle do gerador de seqüência.

▶ **EXEMPLO 3.11 Chave de carro segura**

Vamos completar o projeto do bloco de controle de chave de carro segura do Exemplo 3.5. Do processo de cinco passos, já realizamos o de "**Capture a FSM**", tendo-se obtido a FSM mostrada na Fig. 3.41. Os demais passos são os seguintes.

Passo 2: **Crie a arquitetura.** Como a FSM tem cinco estados, precisaremos de um registrador de estado de três bits. Esse registrador pode representar oito estados. Portanto, três estados não serão usados. O sinal a é a entrada da lógica combinacional, ao passo que as saídas são o sinal r e as saídas de próximo estado n2, n1 e n0. A arquitetura está mostrada na Fig. 3.57.

Passo 3: **Codifique os estados.** Vamos codificar os estados usando uma codificação binária contínua de 000 a 100. A FSM com as codificações de estado está mostrada na Fig. 3.58.

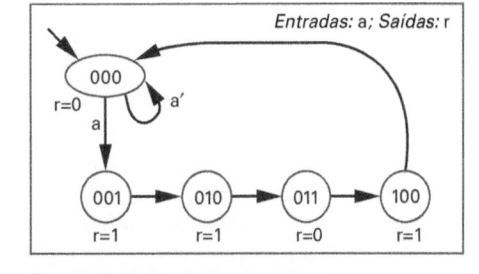

Figura 3.58 FSM da chave de carro segura com os estados codificados.

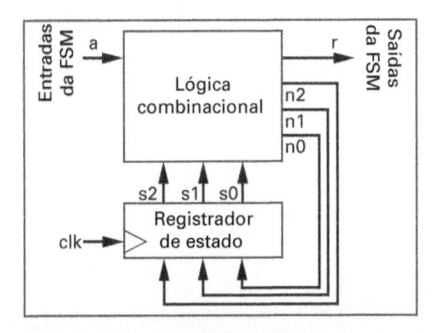

Figura 3.57 Arquitetura do bloco de controle para a chave de carro segura.

Passo 4: **Crie a tabela de estados.** A FSM convertida em uma tabela de estados está mostrada na Tabela 3.5. Para os estados que não foram usados, decidimos fazer r=0 e o estado seguinte ser 000.

Passo 5: **Implemente a lógica combinacional.** Para implementar a lógica combinacional, podemos projetar quatro circuitos, um para cada saída. Deixamos esse passo como exercício para o leitor. ◂

Mais sobre o projeto de blocos de controle

Convertendo um circuito em uma FSM

Mostramos na Seção 2.6 que um circuito, uma tabela-verdade e uma equação eram todos maneiras de se representar a mesma função combinacional. De modo semelhante, um circuito, uma tabela de estados e uma FSM são todos maneiras de se representar a mesma função seqüencial.

Estivemos convertendo uma FSM em um circuito usando um processo de cinco passos. Podemos também converter um circuito em uma FSM, aplicando o processo de cinco passos da Tabela 3.2 ao contrário. Em geral, a conversão de um circuito em uma equação ou FSM é conhecida como "fazer *engenharia reversa*" do comportamento do circuito.

TABELA 3.5 Tabela de estados para o bloco de controle da chave de carro segura

	Entradas				Saídas			
	s2	s1	s0	a	r	n2	n1	n0
Espera	0	0	0	0	0	0	0	0
	0	0	0	1	0	0	0	1
K1	0	0	1	0	1	0	1	0
	0	0	1	1	1	0	1	0
K2	0	1	0	0	1	0	1	1
	0	1	0	1	1	0	1	1
K3	0	1	1	0	0	1	0	0
	0	1	1	1	0	1	0	0
K4	1	0	0	0	1	0	0	0
	1	0	0	1	1	0	0	0
Não usado	1	0	1	0	0	0	0	0
	1	0	1	1	0	0	0	0
	1	1	0	0	0	0	0	0
	1	1	0	1	0	0	0	0
	1	1	1	0	0	0	0	0
	1	1	1	1	0	0	0	0

▶ **EXEMPLO 3.12** **Convertendo um circuito seqüencial em uma FSM**

Dado o circuito seqüencial da Fig. 3.59, encontre a FSM equivalente.

Começamos com o passo 5 do processo de cinco passos descrito na Tabela 3.2. O circuito combinacional já foi implementado e, portanto, podemos passar para o passo 4, onde criaremos uma tabela de estados.

A lógica combinacional da arquitetura do bloco de controle tem três entradas: duas entradas, s0 e s1, representando o conteúdo do registrador de estado, e uma entrada, x, que é uma entrada externa. Portanto, a nossa tabela de estados terá oito linhas porque há $2^3 = 8$ combinações possíveis de entrada.

Depois de termos montado a tabela de estados e enumerado todas as combinações possíveis de entradas (por exemplo, s1s0x=000, ..., s1s0x=111), usamos as técnicas descritas na Seção 2.6 para preencher os valores de saída. Por exemplo, considere a saída y. Do circuito combinacional, vemos que y = s1'. Sabendo disso, colocamos um 1 em todas as casas da coluna y da tabela de estados em que s1=0 e colocamos um 0 nas demais casas da coluna y. Agora, considere n0, o qual vemos que tem a equação booleana n0 = s1's0'x. Conseqüentemente, fazemos n0 ser 1, quando s1=0, s0=0 e x=1. Usando uma análise similar, preenchemos as colunas z e n1 e passamos ao passo seguinte.

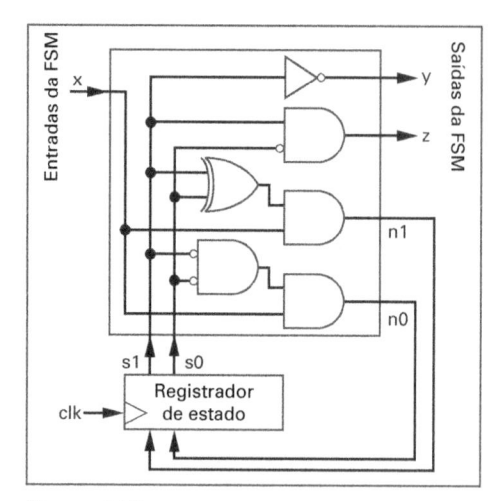

Figura 3.59 Um circuito seqüencial com comportamento desconhecido.

No passo 3, devemos codificar os estados. Naturalmente, os estados já foram codificados, mas ainda podemos dar nome a cada um deles. Arbitrariamente, escolhemos os rótulos A, B, C e D, vistos na Tabela 3.6.

O passo 2 diz para se criar a arquitetura padrão do bloco de controle. Esse passo não requer trabalho algum porque a arquitetura do bloco de controle já foi definida.

Finalmente, no passo 1, obtemos a FSM. Inicialmente, montamos um diagrama para a FSM com os quatro estados que rotulamos no passo 3, como mostrado na Fig. 3.60(a). A seguir, colocamos os valores das saídas y e z próximos de cada estado. Por exemplo, no estado A (s1s0=00), as saídas y e z são 1 e 0, respectivamente. Portanto, escrevemos "yz=10" com o estado A na FSM.

TABELA 3.6 Tabela de estados para o circuito seqüencial

	Entradas			Saída			
	s1	s0	x	n1	n0	y	z
A	0	0	0	0	0	1	0
	0	0	1	0	1	1	0
B	0	1	0	0	0	1	0
	0	1	1	1	0	1	0
C	1	0	0	0	0	0	1
	1	0	1	1	0	0	1
D	1	1	0	0	0	0	0
	1	1	1	0	0	0	0

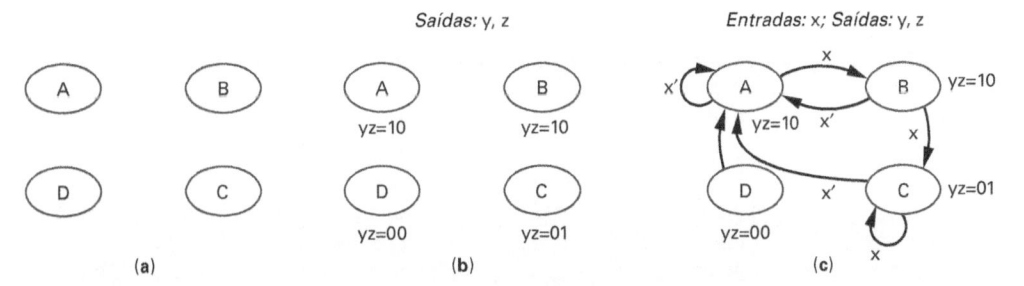

Figura 3.60 Conversão de uma tabela de estados em um diagrama de FSM: (a) a FSM inicial, (b) a FSM com as saídas especificadas e (c) a FSM com as saídas e as transições especificadas.

Depois de listar as saídas dos estados B, C e D, mostradas na Fig. 3.60(b), voltamos nossa atenção às transições de estado, especificadas na tabela de estados por n1 e n0. Considere a primeira linha da tabela de estados, a qual mostra que n1n0=00 quando s1s0x=000. Em outras palavras, quando estamos no estado A (s1s0=00), o próximo estado será o estado A (n1n0=00) se x for 0. No diagrama da FSM, isso pode ser representado desenhando uma seta que vai do estado A ao próprio estado A e rotulando a nova transição com "x'." Agora, considere a segunda linha da tabela de estados, a qual indica que, tendo como origem o estado A, deveremos fazer uma transição para o estado B se x=1. Desenhamos uma seta de transição do estado A para o B e a rotulamos com "x". Depois de rotular todas as transições, ficamos com a FSM da Fig. 3.60(c).

Você poderá notar que o estado D não pode ser alcançado a partir de nenhum outro estado e dele sai uma transição para o estado A, que não depende do valor da entrada. É razoável inferir que a FSM original tinha apenas três estados e que o estado D é um estado extra, não usado. No entanto, por completitude, é preferível deixar o estado D no diagrama final. ◀

Dado qualquer circuito síncrono, consistindo em portas lógicas e flip-flops, poderemos sempre redesenhar o circuito como sendo constituído por um registrador de estado e uma lógica combinacional – a arquitetura do bloco de controle padrão – simplesmente agrupando todos os flip-flops. Desse modo, a abordagem descrita anteriormente funciona para qualquer circuito síncrono, não apenas para circuitos já desenhados na forma da nossa arquitetura de bloco de controle padrão.

"Armadilhas" comuns

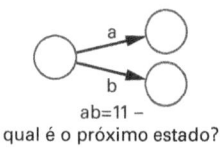

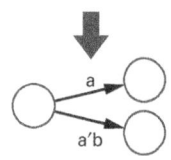

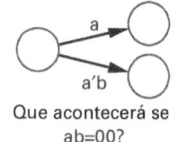

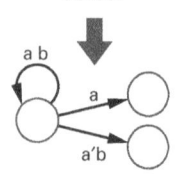

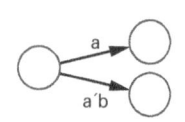

Quando se faz a captura de uma FSM, é comum cometer erros relacionados com as propriedades das transições que saem de um estado. Em resumo, uma e *apenas* uma das condições de transição deve ser verdadeira durante qualquer borda de subida de relógio. As propriedades são:

1. *Apenas uma* condição deve ser verdadeira. Em um dado estado, não deve haver mais de uma condição de transição que seja verdadeira no momento da borda de subida do relógio. Por exemplo, considere uma FSM com entradas a e b e um estado *Estado1* com duas transições de saída (que saem do estado), uma rotulada com "a" e a outra com "b". O que acontece quando a=1 e b=1? Qual das duas transições deverá será seguida pela FSM? O projetista da FSM deve se assegurar de que as condições sejam exclusivas, apenas uma delas poderá ser verdadeira em um dado instante. No exemplo, o projetista poderia atribuir "a" e "a'b" às transições para resolver o problema. Na realidade, um tipo particular de FSM, conhecida como **FSM não-determinística**, permite de fato mais de uma condição verdadeira e que uma delas seja escolhida de modo arbitrário. Entretanto, quando projetamos circuitos, usualmente queremos um comportamento determinístico. Por essa razão, não iremos levar adiante a análise das FSMs não-determinísticas.

2. *Uma das condições deve ser verdadeira*. Em um dado estado, no momento da borda de subida do relógio, *uma* das transições de saída deve ser escolhida. Em outras palavras, em cada estado, todas as combinações possíveis de entrada devem ser consideradas. Algumas vezes, os projetistas não se lembram de garantir isso. Por exemplo, considere uma FSM com entradas a e b, e um estado *Estado1* com duas transições de saída, uma denominada "a" e outra "a'b". Que acontecerá se a FSM estiver no *Estado1* e se a = 0 e b = 0? Nenhuma das condições das duas transições será verdadeira. A FSM não está completamente especificada, precisamos acrescentar uma terceira transição, indicando a que estado ir se a'b' for verdadeira. Com essa terceira condição, cobrimos todos os valores possíveis de a e b. Uma transição comumente esquecida é aquela que aponta de volta ao próprio estado.

Podemos verificar as duas propriedades acima usando a álgebra booleana. No caso da primeira propriedade, em que apenas uma das condições deve ser verdadeira, podemos verificar se o resultado da *AND de cada par de condições para as transições de um estado sempre será 0*. Por exemplo, se um estado tiver duas transições, uma com a condição a e a outra com a condição a'b, então por meio de transformações booleanas poderemos obter:

$$a * a'b$$
$$= (a * a') * b$$
$$= 0 * b$$
$$= 0$$

No caso da segunda propriedade, em que deve haver uma condição verdadeira, podemos verificar se a *OR de todas as condições de transição de um estado sempre resultará em 1*. Considerando o mesmo exemplo de um estado com duas transições, uma com a condição a e a outra com a condição a'b, por meio de transformações booleanas, obteremos:

$$a + a'b$$
$$= a*(1+b) + a'b$$
$$= a + ab + a'b$$
$$= a + (a+a')b$$
$$= a + b$$

Está claro que a OR dessas duas condições não é 1, mas é a+b. Assim, se a e b fossem ambas 0, não haveria condição verdadeira e, portanto, o próximo estado não estaria especificado na FSM. Anteriormente, resolvemos esse problema acrescentando uma outra condição, a'b'. Conferindo novamente, temos:

$$a + a'b + a'b'$$
$$= a + a'(b+b')$$
$$= a + a'*1$$
$$= a + a'$$
$$= 1$$

A análise das equações obtidas a partir das condições de cada estado e as demonstrações de que elas são 1 ou 0 representam um trabalho enorme. Portanto, uma boa ferramenta de captura de FSM irá detectar essas duas situações e informar o projetista sobre isso.

▶ **EXEMPLO 3.13** **Verificação das propriedades das transições da FSM do detector de código**

A Fig. 3.46 mostrou a FSM de um detector de código. Queremos verificar a propriedade de que "apenas uma condição deve ser verdadeira" no casos das transições de saída do estado *Início*. Há três condições: ar, a' e a(r'+b+g). Assim, temos três pares de condições, aos quais aplicamos o operador AND e demonstramos que cada um é igual a 0 como segue:

```
ar * a'              a' * a(r'+b+g)        ar * a(r'+b+g)
= (a*a')r            = (a'*a)*(r'+b+g)     = (a*a)*r*(r'+b+g)
= 0*r                = 0*(r'+b+g)          = a*r*(r'+b+g)
= 0                  = 0                   = arr'+arb+arg
                                           = 0 + arb+arg
                                           = arb + arg
                                           = ar(b+g)
```

Como evidência de como essa "armadilha" é comum na realidade, admitimos que o erro cometido na Fig. 3.46 é genuíno e que não foi feito apenas com objetivos educativos. Foi um revisor do livro que o localizou. De propósito, deixamos o erro e acrescentamos este exemplo para enfatizar como os erros são comuns.

Parece que nossa FSM não está completamente especificada já que o AND do terceiro par de condições não é 0, o que por sua vez significa que ambas as condições poderão ser verdadeiras ao mesmo tempo, resultando em uma FSM não-determinística (se ambas as condições forem verdadeiras, qual será o próximo estado?). Lembre-se, da descrição do problema do detector de código, que devemos passar do estado *Início* para o estado *Vermelho1* quando um botão é pressionado (a=1), que esse botão é o vermelho e nenhum outro botão de cor está sendo pressionado. A FSM da Fig. 3.46 apresenta a condição ar. Nosso erro foi fazer uma especificação parcial dessa condição, em seu lugar deveria ter sido arb'g' – em outras palavras, um botão foi pressionado (a), é o botão vermelho (r), o botão azul não foi pressionado (b') e o botão verde também não foi pressionado (g'). Então, a transição que vai de *Início1* voltando ao estado *Espera* poderia ter sido escrita como a(rb'g')' (o mesmo da Fig. 3.46 depois da aplicação da lei de DeMorgan). Depois dessa alteração, poderemos tentar comprovar novamente a propriedade de que "apenas uma condição deve ser verdadeira" em todos os pares de condições, envolvendo arb'g', a' e a(rb'g')':

```
arb'g' * a'          a'*a(rb'g')'          arb'g' * a(rb'g')'
= aa'*rb'g'          = 0*(rb'g')'          = a*a*(rb'g')*(rb'g')'
= 0*rb'g'            = 0                   escreva rb'g' como Y para ficar mais claro...
= 0                                        = a*a*Y*Y'
                                           = a*a*0
                                           = 0
```

De modo semelhante, necessitaríamos alterar as condições de transição dos demais estados e, então, verificar também os pares de condições dessas transições.

No estado *Espera*, para verificar a propriedade "uma condição deve ser verdadeira", aplicamos o operador OR às três condições e demonstramos que o resultado é 1:

```
          arb'g' + a' + a(rb'g')'
        = a' + arb'g' + a(rb'g')'  (escreva rb'g' como Y para ficar mais claro)
        = a' + aY + aY'
        = a' + a(Y+Y') = a' + a(1)
        = a' + a
        = 1
```

Precisaríamos verificar essa propriedade em todos os outros estados, também. ◀

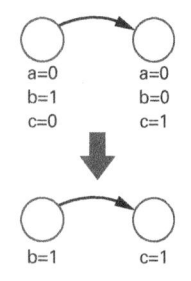

Simplificando as notações de uma FSM: saídas sem atribuição de valores

Nós já introduzimos uma notação simplificada de FSM em que implicitamente qualquer transição atua fazendo uma operação AND com a borda de subida do relógio. Uma outra simplificação que é feita comumente envolve a atribuição dos valores de saída. Se uma FSM tiver muitas saídas, a listagem da atribuição de valores para todas as saídas de cada estado poderá ser incômoda, além de tornar difícil o discernimento do que é relevante no comportamento da FSM. Uma simplificação comum da notação é a seguinte: se um valor de saída não for explicitamente atribuído a um estado, então o valor dessa saída será *implicitamente* 0.

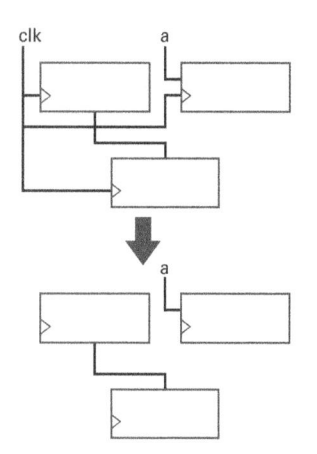

Simplificando os desenhos de circuito: conexões de relógio implícitas

Muitos, se não a maioria, dos circuitos seqüenciais têm um único sinal de relógio conectado a todos os componentes seqüenciais. Sabemos que um componente é seqüencial devido à entrada que é desenhada com um pequeno triângulo no símbolo do componente. Muitos desenhos de circuitos usam uma simplificação na qual se assume que o sinal de relógio está conectado a todos os componentes seqüenciais. Essa simplificação permite um desenho com menos acúmulo de conexões.

Formalismos matemáticos no projeto de circuitos combinacionais e seqüenciais

Descrevemos dois formalismos matemáticos, funções booleanas e FSMs, que são usados no projeto de circuitos combinacionais e seqüenciais, respectivamente. Observe que *não* precisamos usar esses formalismos para projetar os circuitos. Lembre-se de nossa primeira tentativa de construir o temporizador de laser da Fig. 3.35, que fica ligado durante três ciclos. Simplesmente reunimos e conectamos componentes com a expectativa de obter um circuito que funcionasse corretamente. No entanto, o uso de formalismos proporciona um método estruturado e confiável de se projetar circuitos. Esses formalismos também fornecem embasamento para as potentes ferramentas automatizadas que nos ajudam a realizar projetos, tais como as ferramentas que automaticamente verificam a existência das "armadilhas" comuns que foram descritas anteriormente nesta seção, as que automaticamente convertem equações booleanas ou FSMs em circuitos, as que verificam se dois circuitos são equivalentes, as que simulam os nossos sistemas, etc. Contudo, mal conseguimos tocar em todos os benefícios dos formalismos matemáticos que se relacionam com a automatização dos vários aspectos do projeto e com a verificação do comportamento correto dos circuitos. Não dá para exagerar o quanto é importante o uso de formalismos matemáticos confiáveis na condução dos projetos.

▷ 3.5 MAIS SOBRE FLIP-FLOPS E BLOCOS DE CONTROLE

Outros tipos de flip-flops

Atualmente, para implementar as necessidades de armazenamento de bits, os projetistas geralmente usam os registradores, os quais são construídos tipicamente com flip-flops D. No entanto, no passado, os transistores eram muitos mais escassos do que hoje. Assim, os projetistas utilizavam com freqüência outros tipos de flip-flops, os quais tinham uma funcionalidade maior que a dos flip-flops D. Com isso, conseguia-se que as portas lógicas requeridas do lado de fora dos flip-flops fossem reduzidas e conseqüentemente que o número de ICs necessários para implementar um circuito fosse reduzido. Esses tipos incluíam os flip-flops SR, JK e T.

Flip-flop SR
O flip-flop SR é semelhante ao latch SR descrito anteriormente. Ele contém uma lógica adicional que torna o circuito disparável pela borda de subida do relógio, em vez de simplesmente pelo nível.

Flip-flop JK
O flip-flop JK é semelhante ao flip-flop SR, com J correspondendo a S e K, a R. O comportamento de um flip-flop JK se diferencia do de um SR quando ambas as entradas são 1. Lembre-se de que o comportamento de um flip-flop SR é indefinido quando ambas as entradas são 1. Em contraste, um flip-flop JK inverte de valor quando ambas as entradas recebem 1 (na próxima borda de relógio, naturalmente). Inverter significa passar para o estado oposto. Isso significa que, se o bit armazenado atualmente for 1, então o próximo bit a ser armazenado será 0. De modo semelhante, se o bit armazenado atualmente for 0, então o próximo bit será 1.

Flip-flop T
Um flip-flop T atua como um JK cujas entradas (JK) foram reunidas em uma única para formar a entrada T. Em outras palavras, sempre que T for 0, o flip-flop manterá o seu estado atual e, sempre que T for 1, o flip-flop inverterá o valor de saída.

Comportamento de um flip-flop não ideal

Geralmente, quando aprendemos pela primeira vez sobre projeto digital, assumimos que as portas lógicas e os flip-flops têm comportamentos ideais. Do mesmo modo, quando aprendemos a física do movimento pela primeira vez, assumimos que não há atrito nem resistência do ar. Entretanto, o comportamento não ideal dos flip-flops – a metaestabilidade – é um problema comum de tal ordem na prática do projeto digital real que nos sentimos obrigados a discutir brevemente essa questão aqui. Na prática, os projetistas digitais devem estudar muito profundamente a metaestabilidade e as possíveis soluções antes de realizar projetos sérios.

A metaestabilidade surge da incapacidade de observar os chamados tempos de *setup* e de *hold*, que são introduzidos a seguir.

Tempos de setup e de hold

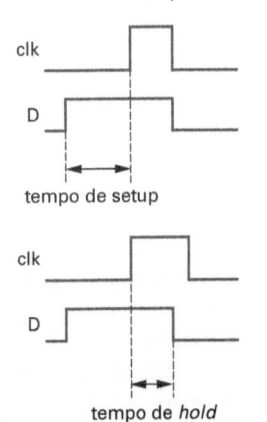

Os flip-flops são construídos com condutores e portas lógicas, os quais apresentam atrasos de tempo. Assim, um flip-flop real impõe algumas restrições relativas ao instante em que as entradas dos flip-flops podem mudar de valor em relação à borda de relógio, de modo a assegurar uma operação correta apesar desses atrasos. Duas restrições importantes são:

- **Tempo de setup**: As entradas de um flip-flop (por exemplo, a entrada D) devem estar estáveis durante um intervalo de tempo mínimo, conhecido como tempo de *setup*, *antes* da chegada da borda do relógio. Intuitivamente, isso faz sentido: os valores de entrada devem ter tempo para se propagar através das lógicas combinacionais internas e estar à espera nas entradas das portas lógicas internas antes da chegada do pulso de relógio.

- **Tempo de hold**: As entradas de um flip-flop devem permanecer estáveis por um intervalo de tempo mínimo, conhecido como tempo de *hold**, *após* a che-

---

* N. de T: Os tempos de *setup* e *hold* também são conhecidos por tempos de preparação e manutenção, respectivamente.

gada da borda do relógio. Intuitivamente, isso também faz sentido–o sinal de relógio deve ter tempo para se propagar através das portas internas e criar um estado com realimentação estável.

Uma restrição associada relaciona-se com a largura (duração) mínima do pulso de relógio; o pulso deve ser suficientemente largo para garantir que os valores corretos possam se propagar através da lógica interna e estabelecer um estado de realimentação estável.

Normalmente, um flip-flop vem acompanhado de uma folha de especificações que descreve os tempos de *setup*, *hold* e as larguras mínimas do pulso de relógio.

A Fig. 3.61 ilustra um exemplo de violação do tempo de *setup*. D mudou para 0 próximo demais da borda de subida de relógio. O resultado é que R não mantém o valor 1 por tempo suficiente para criar uma realimentação estável nas portas NORs, de conexões cruzadas, permitindo que Q permaneça 0. Em vez disso, Q fica temporariamente em 0. Esse pulso de curta duração alimenta a porta NOR superior, causando um pulso em Q' que vai a 1 por um breve intervalo de tempo. Esse pulso volta à porta NOR inferior realimentado-a, e assim por diante. Provavelmente, a oscilação continuará até que uma condição de corrida obrigue o circuito a entrar em uma situação estável com Q = 0 ou Q = 1 – ou então o circuito entrará em um estado metaestável, que passaremos a descrever agora.

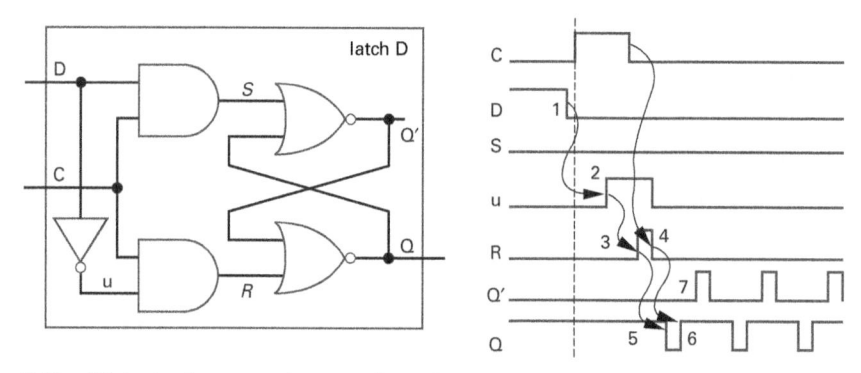

Figura 3.61 Violação do tempo de *setup*: D muda para 0 (1) próximo demais da borda de subida de relógio. O sinal u muda para 1 após o atraso de tempo do inversor (2) e, então, R muda para 1 após o atraso da porta AND (3). Neste momento, o pulso de relógio está terminado fazendo R retornar a 0 (4) antes que uma situação de realimentação estável tenha ocorrido, produzindo Q = 0 nas portas NOR de conexões cruzadas. A mudança em R que gerou um 1 obriga Q a mudar para 0 após o atraso de tempo da porta NOR (5), mas o retorno de R a 0 obriga Q a voltar imediatamente a 1 (6). O pulso de um 0 em Q alimenta a porta NOR superior, levando Q' a produzir um pulso curto de 1 (7). Esse pulso de 1 realimenta a porta NOR inferior, produzindo outro pulso curto de 0 em Q. Esse pulso fica circulando no circuito de portas NORs em conexão cruzada (oscilação); em algum momento, no final, uma condição de corrida levará Q a permanecer em 1 ou 0, ou possivelmente, entrar em um estado metaestável (a ser discutido).

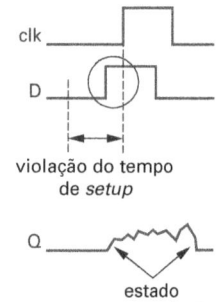

Metaestabilidade

Se um projetista não conseguir se assegurar de que um circuito obedece aos tempos de *setup* e *hold* de um flip-flop, o resultado poderá ser que o flip-flop entrará em um estado metaestável. Um flip-flop em **estado metaestável** está em um estado diferente de 0 ou 1, estáveis. Geralmente, metaestável significa que um sistema está apenas marginalmente estável – o sistema tem outros estados que são muito mais estáveis. Um flip-flop em estado metaestável terá uma saída com tensão intermediária entre a tensão de um 0 e a de um 1. Essa tensão também pode oscilar um pouco. Isso é um problema. Como a saída de um flip-flop está conectada a outros componentes, como portas lógicas e outros flip-flops, esse valor incomum de tensão poderá causar valores estranhos de saída em outros componentes e, logo, os valores presentes em todo o nosso poderão estar em má forma.

Por que iríamos violar os tempos de *setup* e *hold*? Afinal de contas, dentro de um circuito que nós mesmos projetamos, podemos medir o caminho mais longo, desde a saída de um dado flip-flop até a entrada de qualquer flip-flop. Desde que façamos o período de relógio suficientemente mais longo do que o caminho mais longo, poderemos assegurar que o nosso circuito atenderá aos tempos de *setup*. De modo similar, poderemos assegurar que os tempos de *hold* também serão satisfeitos.

O problema é que provavelmente o nosso circuito contém uma interface com as entradas externas e não podemos controlar quando essas entradas irão mudar de valor. Isso significa que as entradas poderão violar os tempos de *setup* e *hold*, se forem conectadas às entradas de um flip-flop. Por exemplo, uma entrada pode estar ligada a um botão que é apertado por uma pessoa – não será possível lhe dizer que fique apertando o botão durante tantos nanossegundos antes da borda do relógio e que mantenha o botão apertado durante tantos nanossegundos após a borda do relógio, de modo que os tempos de *setup* e *hold* sejam satisfeitos. Assim, a metaestabilidade é basicamente um problema que ocorre quando um flip-flop tem entradas que não estão sincronizadas com o relógio do circuito; essas entradas são ditas **assíncronas**.

Usualmente, os projetistas tentam sincronizar a entrada assíncrona de um circuito com o seu relógio, antes que essa entrada propague-se até os componentes do circuito. Uma maneira comum de se sincronizar uma entrada assíncrona é primeiro *alimentar um único flip-flop D com a entrada assíncrona* e então usar a saída desse flip-flop sempre que a entrada for necessária, como mostrado na Fig. 3.62 para o caso da entrada assíncrona ai. Usando um único flip-flop, como mostrado, elimina-se também um segundo problema: os diferentes valores do mesmo sinal que aparecem nos flip-flops internos, em uma borda de relógio, devido aos diferentes atrasos de tempo dos diversos caminhos.

"Pare aí mesmo, agora!" você poderia dizer. Esse flip-flop de sincronização não está sujeito ao mesmo problema dos tempos de *setup* e *hold* e conseqüentemente à mesma questão de metaestabilidade? Sim, isso é verdade. No entanto, pelo menos, a entrada assíncrona afetará apenas *um* flip-flop diretamente e não possivelmente diversos ou dúzias de flip-flops e outros componentes. Além disso, aquele flip-flop de sincronização foi introduzido especificamente com o objetivo de sincronização, ao passo que os demais flip-flops são usados para armazenar bits com outras finalidades. Portanto, podemos escolher um flip-flop de sincronização que minimize o problema da metaestabilidade, podemos escolher um flip-flop extremamente rápido e/ou um outro com tempos de *setup* e *hold* muito pequenos e/ou ainda um outro com circuitos especiais para minimizar a metaestabilidade. Esse flip-flop poderá ser maior ou consumir mais energia do que o normal, mas haverá apenas um único deles para cada entrada assíncrona, de modo que essas questões não serão um problema. No entanto, não esqueça que, não importando o que façamos, o flip-flop de sincronização ainda poderá tornar-se metaestável, mas pelo menos poderemos minimizar a probabilidade de acontecer um estado metaestável se escolhermos um bom flip-flop.

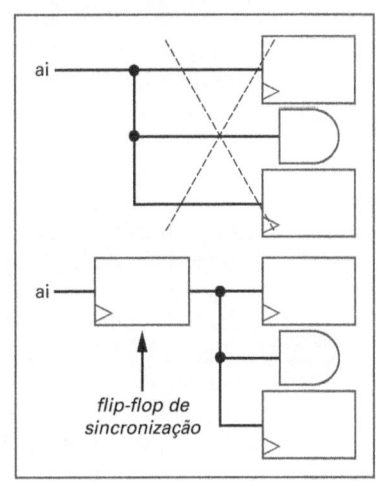

Figura 3.62 A alimentação de apenas um único flip-flop com entradas assíncronas externas poderá reduzir os problemas de metaestabilidade.

Uma outra coisa que devemos considerar é que tipicamente um flip-flop não irá permanecer metaestável por muito tempo. No final, em algum instante, o flip-flop irá "tombar" para um 0 ou 1 estável, como uma moeda que lançada ao chão poderá girar por um instante (um estado metaestável), mas que acabará finalmente tombando para o lado da cara ou coroa estáveis. Portanto, o que muitos projetistas fazem é introduzir dois ou mais flip-flops em série com propósitos de sincronização, como mostrado na Fig. 3.63. Assim, mesmo que o primeiro flip-flop torne-se metaestável, ele provavelmente irá alcançar um estado estável antes do próximo período de relógio e, desse modo, o segundo flip-flop terá ainda menos probabilidade de se tornar metaestável. Assim, é muito baixa a probabilidade de um sinal metaestável atingir realmente os flip-flops normais do nosso circuito. Essa abordagem tem a desvantagem óbvia de atrasar em diversos ciclos as alterações que ocorrem no sinal de entrada; na Fig. 3.63, o restante do circuito não verá mudanças na entrada ai antes que tenham decorrido três ciclos.

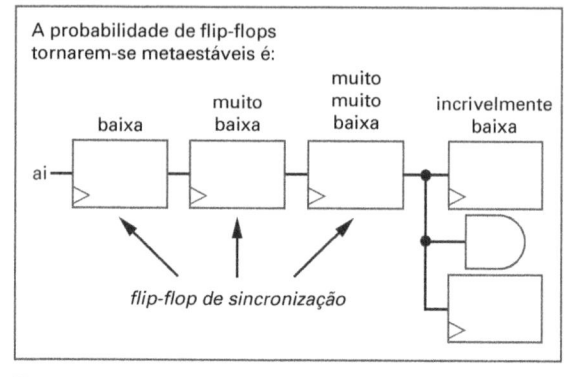

Figura 3.63 Flip-flops de sincronização diminuem a probabilidade de metaestabilidade em nossos flip-flops comuns.

À medida que o período do relógio torna-se cada vez menor, a probabilidade do primeiro flip-flop estabilizar-se antes do próximo ciclo de relógio diminui. Desse modo, a metaestabilidade torna-se um problema cada vez mais desafiador à medida que o período de relógio encurta. Muitos métodos avançados de se lidar com essa questão foram propostos.

Apesar disso, não interessa quão arduamente nós tentemos, a metaestabilidade sempre será uma possibilidade. Isso significa que o nosso circuito *poderá falhar*. Poderemos minimizar a probabilidade de falha, mas não poderemos eliminar completamente as falhas, devido à metaestabilidade. Os projetistas freqüentemente qualificam os seus projetos usando uma medida chamada **tempo médio entre falhas**, ou **MTBF***. Eles geralmente procuram obter MTBFs de muitos anos. Muitos estudantes acham esse conceito de não poder projetar circuitos à prova de falhas um tanto desconcertante. No entanto, isso é a situação real do que ocorre em projetos.

Os projetistas de circuitos digitais sérios de alta velocidade deveriam estudar profundamente o problema da metaestabilidade e as soluções modernas para ele.

Entradas de reset e set dos flip-flops

Alguns flip-flops D (assim como outros tipos de flip-flop) têm entradas extras que podem forçar o flip-flop a 0 ou 1, independentemente da entrada D. Uma delas é a entrada de *clear*, ou *reset*, que força o flip-flop a 0. Uma outra é a entrada de *set*, que força o flip-flop a 1. As entradas de *reset* e *set* são muito úteis na inicialização dos flip-flops, carregando-os com um valor inicial (por exemplo, inicializar todos os flip-flops com 0s) quando os circuitos

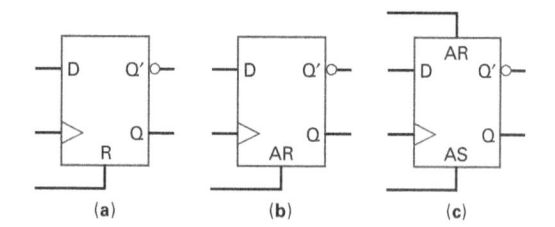

Figura 3.64 Flip-flops D com: (a) *reset* síncrono R, (b) *reset* assíncrono AR e (c) *reset* e *set* assíncronos.

são energizados ao serem ligados, ou quando se deseja levar o sistema ao estado de partida (*resetting do sistema*). Essas entradas de *reset* e *set* não devem ser confundidas com as entradas R e S de um latch ou flip-flop RS: as entradas de *reset* e *set* são entradas especiais de

---

* N. de T: De *mean time between failures*, em inglês.

controle, presentes em qualquer tipo de flip-flop (D, RS, T e JK), tendo prioridade sobre as entradas normais de dados do flip-flop.

As entradas de *reset* e *set* de um flip-flop podem ser síncronas ou assíncronas. No instante da borda de subida do relógio, uma entrada de **reset síncrono** força o flip-flop a 0, independentemente do valor presente na entrada D. No flip-flop da Fig. 3.64(a), a aplicação de um 1 em R fará com que o flip-flop seja forçado a 0 na próxima borda de subida do relógio. Do mesmo modo, a aplicação de um **set síncrono** forçará o flip-flop a 1 na borda de subida do relógio. Assim, as entradas de *reset* e *set* têm prioridade sobre a entrada D. Se um flip-flop tiver ambas as entradas de *set* e *reset* síncronas e se ambas estiverem em 1, as folhas de dados de especificação deverão informar ao usuário do flip-flop qual delas tem a prioridade.

Uma entrada de **reset assíncrono** força o flip-flop a 0 independentemente do sinal de relógio (ele não precisa estar subindo, nem mesmo ser 1, para que o *reset* assíncrono ocorra) daí o termo "assíncrono". Do mesmo modo, a entrada de **set assíncrono**, também conhecida como **preset**, pode ser usada para forçar assincronamente o flip-flop a 1.

Omitiremos a discussão sobre como as entradas síncronas e assíncronas dos sinais de *set* e *reset* são projetadas internamente em um flip-flop.

Um exemplo do comportamento de uma entrada de *reset* assíncrono em um flip-flop está mostrado na Fig. 3.65. Assumimos que inicialmente o flip-flop armazena um 1. Fazendo AR ser 1, o flip-flop é forçado a 0, independentemente de qualquer borda de relógio. Quando a próxima borda de relógio chega, AR ainda é 1, de modo que o flip-flop permanece em 0 mesmo que a entrada D seja 1. Quando AR retorna a 0, o flip-flop passa a acompanhar a entrada D nas sucessivas bordas de relógio, como está mostrado.

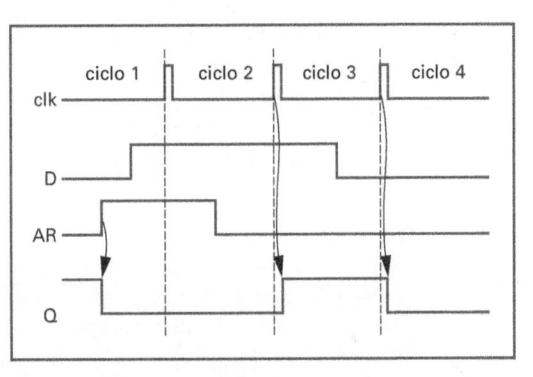

Figura 3.65 A entrada de *reset* assíncrono força o flip-flop a 0, independentemente de `clk` ou D.

Estado inicial de um bloco de controle

Nesta seção, quando implementamos as FSMs como blocos de controle, leitores particularmente observadores poderão ter se perguntado quando projetamos o bloco de controle que implementou a FSM, o que aconteceu com o estado inicial que tinha sido apontado por nós? O estado inicial de uma FSM é o estado no qual ela começa a sua atividade quando é ativada inicialmente–ou, em termos de bloco de controle, quando o bloco de controle é inicialmente energizado. Por exemplo, a FSM do bloco de controle do temporizador de laser da Fig. 3.39 tem o estado inicial *Desligado*. Nesta seção, quando convertemos as nossas FSMs em forma de gráfico para tabelas de estado, ignoramos a informação do estado inicial. Assim, todos os nossos circuitos de blocos de controle partiam de um estado qualquer baseado nos valores que estivessem presentes por acaso no registrador de estado quando energizávamos o circuito inicialmente. O desconhecimento do estado inicial pode resultar em problemas, por exemplo, não queremos que o bloco de controle do temporizador de laser comece em um estado que acione o laser de imediato.

Uma solução é acrescentar uma entrada adicional, `reset`, a cada bloco de controle. Fazer `reset` ser 1 obrigará o registrador de estado a carregar o estado inicial. Esse estado inicial deve ser forçado para dentro do registrador de estado. As entradas de *reset* e *set* de um flip-flop aparecem de forma muito conveniente nessa situação. Podemos simplesmente conectar a entrada de `reset` do bloco de controle às entradas de *reset* e *set* dos flip-flops do registrador de estado de maneira tal que os flip-flops são carregados com o estado inicial quando `reset` é 1. Por exemplo, se o estado inicial de um registrador de estado de dois bits tiver que ser 01, então poderemos conectar a entrada de reset do bloco de controle às entradas de *reset* e *set* dos dois flip-flops, como mostrado na Fig. 3.66.

No bloco de controle, naturalmente, para que esse processo de inicialização funcione como desejado, o projetista deve se assegurar de que o *reset* do bloco de controle estará em 1 quando o sistema for energizado inicialmente. A garantia de que a entrada de *reset* estará em 1 durante a energização inicial pode ser conseguida usando um circuito eletrônico apropriado, conectado à chave de liga/desliga, cuja descrição está além dos nossos objetivos.

Observe que, se as entradas síncronas de *reset* ou *set* de um flip-flop forem usadas, então a discussão anterior sobre tempos de *setup* e *hold*, assim como as questões de metaestabilidade, aplicam-se a essas entradas de *reset* e *set*.

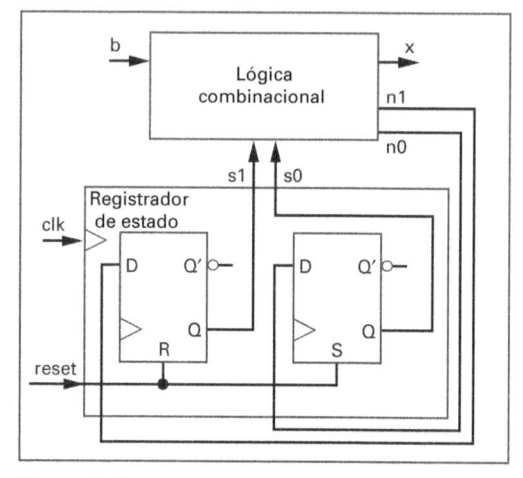

Figura 3.66 Bloco de controle de um temporizador que liga um laser durante três ciclos com uma entrada de *reset* que carrega o registrador de estado com o estado inicial 01.

Comportamento não ideal de um bloco de controle: glitches de saída

Glitching é a presença de valores temporários em um condutor elétrico, causado tipicamente por diferentes atrasos de tempo devido a caminhos lógicos diferentes que chegam até esse condutor. Vimos um exemplo de *glitching* na Fig. 3.13. *Glitching* também ocorre freqüentemente quando um bloco de controle altera os estados, devido aos diferentes comprimentos dos caminhos entre cada um dos flip-flops do registrador de estado do bloco de controle e as saídas deste. Considere o projeto do temporizador que liga um laser durante três ciclos da Fig. 3.50. O laser deve estar desligado (saída x=0) no estado s1s0=00 e ligado (x=1) nos estados s1s0=01, s1s0=10 e s1s0=11. Entretanto, o atraso de tempo de s1 até a porta OR do x da figura poderia ser maior do que o atraso de s0 até essa porta. O resultado poderia ser que, quando o registrador de estado muda de estado indo de s1s0=01 a s1s0=10, as entradas da porta OR veriam momentaneamente um 00. A porta OR produziria assim momentaneamente (*glitch*) um 0. No exemplo do temporizador do laser, esse *glitch* poderia momentaneamente desligar o laser, o que seria uma situação indesejável. Pior ainda seriam *glitches* que momentaneamente *ativassem* o laser.

Os verdadeiros projetistas devem determinar se tal *glitching* é realmente um problema em um sistema em particular. Se for o caso, eles deverão tomar providências para evitá-lo. Uma solução, no caso do exemplo do temporizador do laser, poderia ser a inserção de um flip-flop D após a porta OR do x da Fig. 3.50. Isso iria atrasar a saída x em 1 ciclo de relógio (resultando ainda três ciclos ativos). No entanto, os *glitches* vistos na saída de x poderiam ser eliminados, já que apenas valores estáveis, que aparecessem na saída, seriam carregados no flip-flop durante as bordas de subida do relógio.

Entradas ativas em nível baixo (lógica negativa)

Até agora, assumimos flip-flops e outros componentes cujas entradas eram ativas em nível alto. Uma **entrada ativa em nível alto** é uma entrada de controle cuja operação associada é ativada fazendo a entrada ser 1. Por exemplo, quando fazíamos um *reset* em um flip-flop, assumíamos que o valor da entrada de *reset* era 1. Entretanto, ao invés disso, um componente pode ter uma entrada que é ativa em nível baixo. Uma

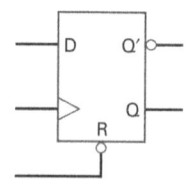

Figura 3.67 Flip-flop D com entrada síncrona de *reset*, ativa em nível baixo.

entrada ativa em nível baixo (também conhecida como entrada de *lógica negativa*) é uma entrada de controle cuja operação é ativada quando se faz a entrada ser 0. A Fig. 3.67 mostra um flip-flop D com uma entrada síncrona de *reset*, que é ativada em nível baixo (o círculo na entrada de R indica que ela é ativada em nível baixo). Assim, para colocar a saída do flip-flop em 0, precisamos tornar R igual a 0, ao passo que, no funcionamento normal de um flip-flop D, faríamos R igual a 1.

Entradas ativas em nível baixo podem existir em qualquer componente com entradas de controle, não apenas em flip-flops. Por exemplo, a entrada de controle de habilitação de um decodificador poderia ser ativada em nível baixo – quando fizéssemos a habilitação ser 0 (significando que o decodificador estava habilitado), teríamos o funcionamento normal do decodificador, ao passo que quando ela fosse igual a 1 (significando que o decodificador estaria desabilitado), teríamos todas as saídas iguais a 0.

Quando o comportamento de um componente é discutido, os projetistas freqüentemente usam o termo *assert** para dizer que estamos colocando o valor que ativa a operação associada na entrada de controle. Desse modo, diríamos que devemos ativar (*assert*) a entrada R do flip-flop D da Fig. 3.67 para fazer um *reset* que colocará a saída em 0. O uso do termo *assert* evita possíveis confusões que poderiam ocorrer quando algumas entradas de controle são ativadas em nível alto e outras, em nível baixo.

Tipicamente, as entradas ativas em nível baixo ocorrem quando a implementação do projeto interno de um componente requer menos portas do que quando é implementado com entradas ativas em nível alto.

▶ 3.6 OTIMIZAÇÕES E TRADEOFFS EM LÓGICA SEQÜENCIAL (VEJA A SEÇÃO 6.3)

As seções anteriores descreveram como fazer o projeto de lógica seqüencial básica. Esta seção, cujos conteúdos estão de fato na Seção 6.3, descreve como criar uma lógica seqüencial *melhor* (menor, mais rápida, etc.) usando otimizações e *tradeoffs*. Uma forma de se usar este livro consiste em introduzir otimizações e *tradeoffs* para a lógica seqüencial imediatamente após a introdução do projeto lógico seqüencial básico, ou seja, agora. Um uso alternativo deste livro deixa esse estudo para mais tarde, após completar a introdução dos componentes básicos de bloco operacional e de projeto RTL (Capítulos 4 e 5).

▶ 3.7 DESCRIÇÃO DE LÓGICA SEQÜENCIAL USANDO LINGUAGENS DE DESCRIÇÃO DE HARDWARE (VEJA A SEÇÃO 9.3)

Esta seção, cujos conteúdos estão de fato na Seção 9.3, introduz o uso de HDLs para descrever a lógica seqüencial básica. Uma forma de uso deste livro consiste em apresentar o uso de HDLs imediatamente após a introdução do projeto lógico seqüencial básico, isto é, agora. Em uma forma alternativa, essa introdução é feita mais tarde.

▶ 3.8 PERFIL DE PRODUTO – O MARCA-PASSO

Um marca-passo é um dispositivo eletrônico que fornece estímulos elétricos ao coração para ajudar a regular o seu batimento. Permite a estabilização de um coração cujo "marca-passo" intrínseco, natural do corpo, não está funcionando de forma adequada, devido possivelmente a alguma doença. Marca-passos implantáveis, colocados abaixo da pele por meio de cirurgia, como está mostrado na Fig. 3.68, são usados por mais de meio milhão de americanos. Eles são alimentados por uma bateria que dura dez anos ou mais. Os marca-passos têm melhorado e prolongado a vida de milhões de pessoas.

---

* N. de T: Afirmar, estabelecer, com o sentido de fazer ter um efeito.

Um coração tem duas aurículas (esquerda e direita) e dois ventrículos (esquerdo e direito). Os ventrículos bombeiam o sangue para as artérias, ao passo que as aurículas recebem o sangue das veias. Um marca-passo muito simples tem um sensor que detecta as contrações naturais do ventrículo direito do coração e um fio de saída para aplicar estímulos elétricos nesse mesmo ventrículo, caso a contração natural não ocorra dentro de um período de tempo específico (tipicamente, um pouco inferior a um segundo). Esses estímulos elétricos causam contrações, não apenas no ventrículo direito, mas também no esquerdo.

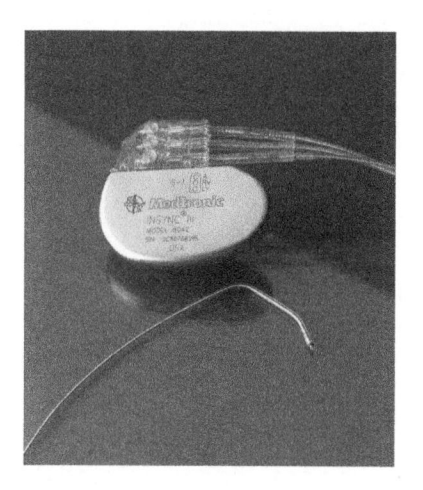

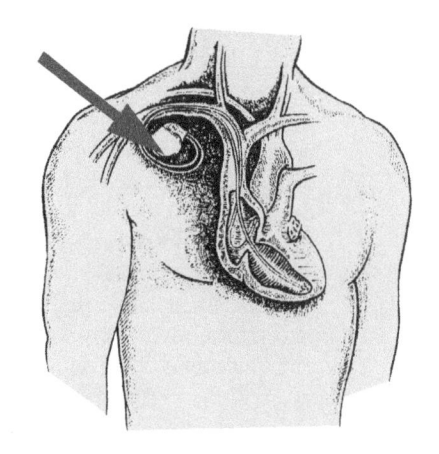

Figura 3.68 Marca-passo com fios terminais (esquerda) e a localização do marca-passo abaixo da pele (direita). Cortesia da Medtronic, Inc.

Podemos descrever o funcionamento do bloco de controle de um marca-passo simples usando a FSM da Fig. 3.69. O lado esquerdo da figura mostra o marca-passo que consiste em um bloco de controle e um temporizador. O temporizador tem uma entrada t, que aplica um *reset* quando t=1. Depois do *reset*, o temporizador começa uma contagem regressiva a partir de 0,8 segundo. Se o temporizador chegar a 0, ele colocará sua saída z em 1. Pode acontecer do temporizador sofrer um *reset* antes de chegar a 0, caso em que o temporizador não colocará z em 1 e o temporizador começará uma nova contagem regressiva a partir de 0,8 segundo. O bloco de controle tem uma entrada s, que se torna 1 quando uma contração é detectada no ventrículo direito. O bloco de controle tem uma saída p, que é colocada em 1 quando o bloco de controle deve disparar uma contração.

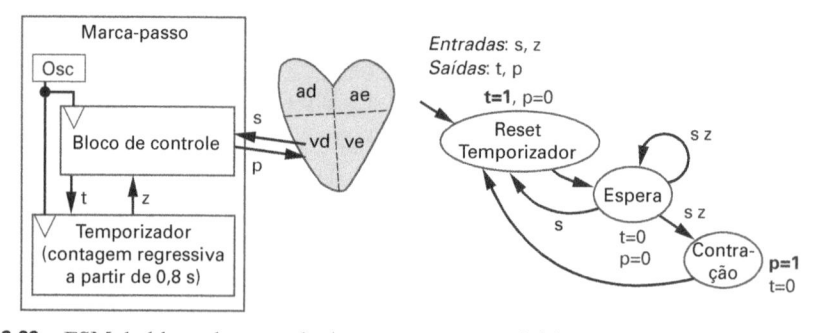

Figura 3.69 FSM do bloco de controle de um marca-passo básico.

O lado direito da figura mostra o funcionamento do bloco de controle como uma FSM. Inicialmente, no estado *ResetTemporizador*, o bloco de controle causa um *reset* no temporizador fazendo t=1. Normalmente, o bloco de controle ficará esperando no estado *Espera* e assim permanecerá, enquanto uma contração não for detectada (s') nem o temporizador tiver chegado a 0 (z'). Se o bloco de controle detectar uma contração natural (s), então ele fará novamente um *reset* no temporizador e voltará a ficar esperando. Por outro lado, se o bloco de controle ver que o temporizador chegou a 0 (z=1), então ele seguirá para o estado *Contração*, o qual obrigará o coração a se contrair aplicando p=1. Em seguida, o bloco de controle voltará a esperar novamente. Assim, enquanto o coração estiver se contraindo naturalmente, o marca-passo não aplicará estímulo ao coração. Entretanto, se o coração não se contrair dentro de 0,8 segundo, após a última contração (natural ou forçada), o marca-passo irá forçar uma contração.

As aurículas recebem sangue das veias e contraem-se para bombear o sangue para dentro dos ventrículos. As contrações auriculares ocorrem um pouco antes das ventriculares. Assim, muitos marca-passos, conhecidos como "atrioventriculares (A-V)", detectam e forçam não apenas as contrações ventriculares mas também as auriculares. Desse modo, esses marca-passos têm dois sensores e dois fios de saída para os estímulos elétricos e podem proporcionar uma saída cardíaca melhor, com o resultado desejável de pressão sanguínea mais elevada (Fig. 3.70).

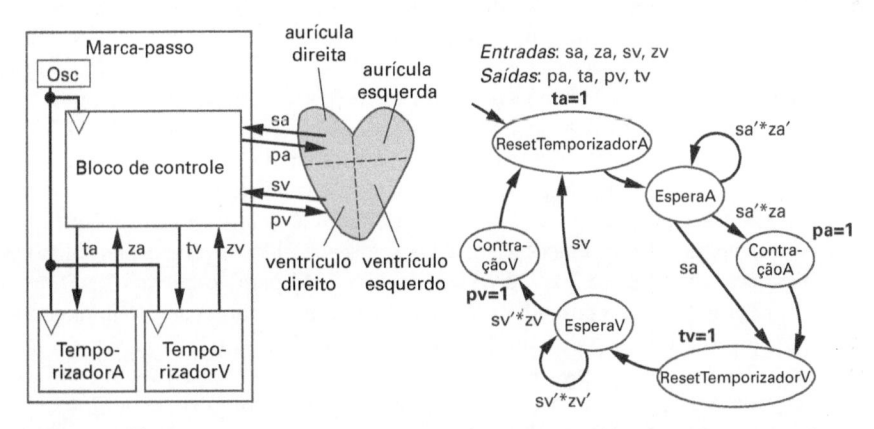

Figura 3.70 FSM do bloco de controle de um marca-passo atrioventricular (na qual se usou a convenção de que as saídas que não estão explicitamente ativadas estão implicitamente em 0).

O marca-passo tem dois temporizadores, um para a aurícula direita (*TemporizadorA*) e um para o ventrículo direito (*TemporizadorV*). Inicialmente, no estado *ResetTemporizadorA*, o bloco de controle faz *reset* no *TemporizadorA* e, então, fica esperando por uma contração auricular natural ou que o temporizador chegue a 0. Se o bloco de controle detectar uma contração auricular natural (sa), então o bloco de controle deixará de forçar a contração da aurícula. Por outro lado, se o *TemporizadorA* chegar antes a 0, então o bloco de controle seguirá para o estado *ContraçãoA*, o qual forçará uma contração na aurícula aplicando pa=1. Depois de uma contração auricular (natural ou forçada), no estado *ResetTemporizadorV*, o bloco de controle fará *reset* no *TemporizadorV* e, então, ficará esperando uma contração ventricular natural ou que o temporizador chegue a 0. Se ocorrer uma contração ventricular natural, então o bloco de controle deixará de forçar a contração do ventrículo. Por outro lado, se o *TemporizadorV* chegar antes a 0, então o bloco de controle seguirá para o estado *ContraçãoV*, o qual forçará uma contração no ventrículo aplicando pv=1. A seguir, o bloco de controle irá retornar aos estados relacionados com a aurícula.

A maioria dos marca-passos modernos pode ter os parâmetros do temporizador programados por meio de sinais de rádio, sem a necessidade de fios. Desse modo, os médicos podem tentar diversos tratamentos sem precisar remover, programar e reimplantar cirurgicamente o marca-passo.

Esse exemplo demonstra a utilidade das FSMs na descrição do comportamento de um bloco de controle. Os marca-passos reais têm blocos de controle com dezenas ou mesmo centenas de estados para poder lidar com os diversos detalhes que por simplicidade não foram incluídos nesse exemplo.

Com o surgimento dos microprocessadores de consumo muito baixo, uma tendência do projeto de marca-passos é o uso de microprocessadores para implementar a FSM, no lugar de um circuito seqüencial customizado. A implementação com microprocessador traz a vantagem da reprogramação da FSM ser facilitada, ampliando a faixa de tratamentos que podem ser experimentados por um médico.

▶ 3.9 RESUMO DO CAPÍTULO

A Seção 3.1 introduziu o conceito de circuitos seqüenciais, isto é, circuitos que armazenam bits, significando circuitos que têm memória, ou estado como é conhecido. A Seção 3.2 desenvolveu uma série de blocos de armazenamento de bit, cada vez mais robustos, incluindo-se o latch SR, o latch D o flip-flop D e finalmente um registrador que pode armazenar múltiplos bits; introduziu também o conceito de relógio, que sincroniza as cargas nos registradores. A Seção 3.3 introduziu as máquinas de estados finitos (FSMs) para descrever o comportamento esperado de um circuito seqüencial e uma arquitetura padrão capaz de implementar as FSMs. Essa arquitetura padrão é conhecida como bloco de controle. Em seguida, a Seção 3.4 descreveu um processo de cinco passos para converter uma FSM em uma implementação baseada em bloco de controle. A Seção 3.5 destacou alguns tipos de flip-flops diferentes do flip-flop D, os quais foram populares no passado, e também descreveu diversas questões de tempo relativas ao uso dos flip-flops. Incluem-se nesse caso os tempos de *setup* e *hold* e a metaestabilidade. A seção apresentou as entradas assíncronas de *clear* e *set* dos flip-flops, descrevendo o seu uso para colocar uma FSM em seu estado inicial. A Seção 3.8 pôs em destaque um marca-passo cardíaco, tendo ilustrado o uso de uma FSM para descrever o seu funcionamento.

O projeto de um circuito combinacional começa com a descrição do comportamento esperado do circuito por meio de uma equação ou uma tabela-verdade. Após, segue-se um processo de diversos passos que converte tal comportamento em um circuito combinacional. O projeto de um circuito seqüencial começa descrevendo-se o comportamento esperado do circuito na forma de uma FSM. Após, segue-se um processo de diversos passos que converte esse comportamento em um circuito. Tal circuito é conhecido como bloco de controle e é constituído por um registrador e um circuito combinacional. Conceitualmente, portanto, com os conhecimentos dos Capítulos 2 e 3, podemos construir qualquer circuito digital. Entretanto, muitos circuitos digitais lidam com dados de entrada que têm muitos bits de largura, como por exemplo cinco entradas de 32 bits de largura. Imagine quão complexas nossas equações, tabelas-verdade ou FSMs poderiam se tornar se elas envolvessem 5*32=160 entradas. Felizmente, foram desenvolvidos componentes para lidar especificamente com as entradas de dados e assim simplificar o processo de projeto–componentes esses que serão descritos no próximo capítulo.

▶ 3.10 EXERCÍCIOS

Os exercícios indicados com um asterisco (*) são mais desafiadores.

SEÇÃO 3.2: ARMAZENANDO UM BIT – FLIP-FLOPS

3.1 Calcule o período de relógio para as seguintes freqüências de relógio.
 (a) 50 kHz (primeiros computadores)
 (b) 300 Mhz (processador da Playstation 2 da Sony)
 (c) 3,4 GHz (processador Pentium 4 da Intel)

(d) 10 Ghz (PCs do início da década de 2000)
(e) 1 THz (1 Terahertz)

3.2 Calcule o período de relógio para as seguintes freqüências de relógio.
(a) 32,768 kHz
(b) 100 Mhz
(c) 1,5 GHz
(d) 2,4 Ghz

3.3 Calcule as freqüências de relógio para os seguintes períodos de relógio.
(a) 1 s
(b) 1 ms
(c) 20 ns
(d) 1 ns
(e) 1,5 ps

3.4 Calcule as freqüências de relógio para os seguintes períodos de relógio.
(a) 500 ms
(b) 400 ns
(c) 4 ns
(d) 20 ps

3.5 *Assuma que os cientistas desenvolveram um *chip* que tem transistores perfeitos e fios condutores com resistência nula, significando que os sinais no interior desse *chip* podem viajar à velocidade da luz, ou 3×10^8. Assumindo que o nosso circuito tem uma largura de 25 mm e uma altura de 25 mm, calcule o período e a freqüência do relógio, quando a distância mais longa que qualquer sinal deve percorrer em um único período de relógio é:
(a) um oitavo da largura do circuito
(b) metade da altura do circuito
(c) a largura do circuito
(d) diagonal em relação ao circuito
(e) o perímetro do circuito

3.6 Analise o comportamento de um latch SR para a seguinte situação: Q, S e R são 0 e haviam permanecido assim anteriormente por um longo tempo. Então, S muda para 1 e fica assim por um longo tempo. A seguir, S muda de volta a 0. Usando um diagrama de tempo, mostre os valores que aparecem em cada fio para todas as alterações de valor nos fios. Assuma que as portas lógicas têm um atraso de tempo muito pequeno, diferente de zero.

3.7 Repita o Exercício 3.6, mas assuma que S muda para 1 e permanece assim durante o tempo exato para que o sinal propague-se através de uma porta lógica. Após isso, S muda de volta a 0; em outras palavras, S não satisfaz ao tempo de *hold* do latch.

3.8 Analise o comportamento de um latch SR sensível ao nível (veja a Fig. 3.14) para o padrão de entradas da Fig. 3.71. Assuma que S1, R1 e Q são inicialmente 0. Complete o diagrama de tempo, assumindo que as portas lógicas têm um tempo de atraso muito pequeno, diferente de zero.

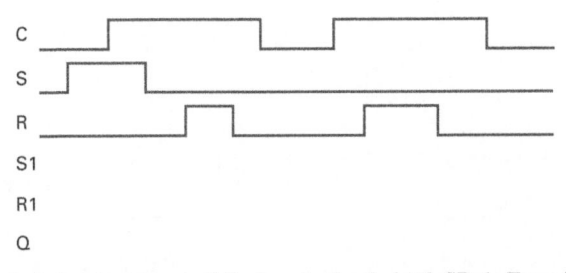

Figura 3.71 Diagrama de tempo para o padrão de entradas do latch SR do Exercício 3.8.

3.9 Analise o comportamento de um latch SR sensível ao nível (veja a Fig. 3.14) para o padrão de entradas da Fig. 3.72. Assuma que S1, R1 e Q são inicialmente 0. Complete o diagrama de tempo, assumindo que as portas lógicas têm um tempo de atraso muito pequeno, diferente de zero.

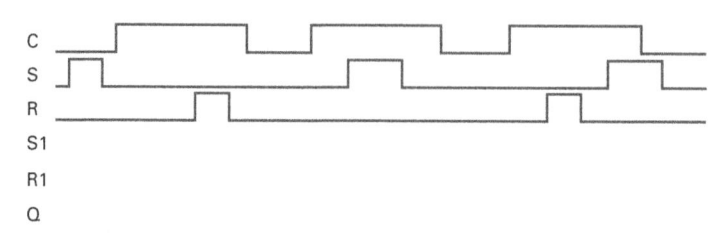

Figura 3.72 Diagrama de tempo para o padrão de entradas do latch SR do Exercício 3.9.

3.10 Analise o comportamento de um latch SR sensível ao nível (veja a Fig. 3.14) para o padrão de entradas da Fig. 3.73. Assuma que S1, R1 e Q são inicialmente 0. Complete o diagrama de tempo, assumindo que as portas lógicas têm um tempo de atraso muito pequeno, diferente de zero.

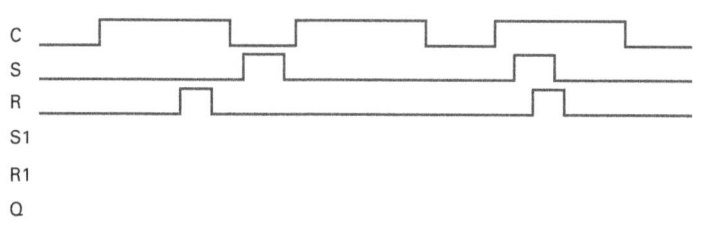

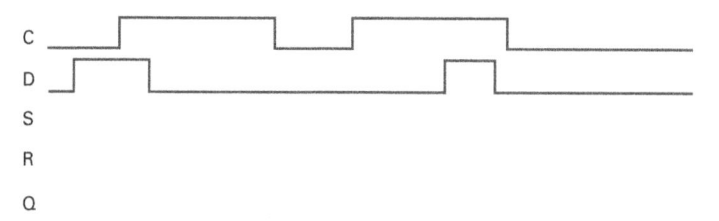

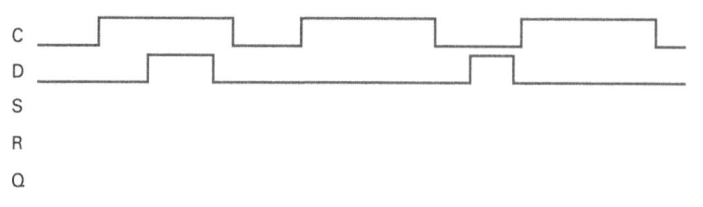

Figura 3.73 Diagrama de tempo para o padrão de entradas do latch SR do Exercício 3.10.

3.11 Analise o comportamento de um latch D (veja a Fig. 3.18) para o padrão de entradas da Fig. 3.74. Assuma que Q é inicialmente 0. Complete o diagrama de tempo, assumindo que as portas lógicas têm um tempo de atraso muito pequeno, diferente de zero.

Figura 3.74 Diagrama de tempo para o padrão de entradas do latch D do Exercício 3.11.

3.12 Analise o comportamento de um latch D (veja a Fig. 3.18) para o padrão de entradas da Fig. 3.75. Assuma que Q é inicialmente 0. Complete o diagrama de tempo, assumindo que as portas lógicas têm um tempo de atraso muito pequeno, diferente de zero.

Figura 3.75 Diagrama de tempo para o padrão de entradas do latch D do Exercício 3.12.

3.13 Analise o comportamento de um flip-flop D sensível à borda, que usa uma estrutura de mestre e servo (veja a Fig. 3.24), para o padrão de entradas da Fig. 3.76. Assuma que cada latch interno armazena inicialmente um 0. Complete o diagrama de tempo, assumindo que as portas lógicas têm um tempo de atraso muito pequeno, diferente de zero.

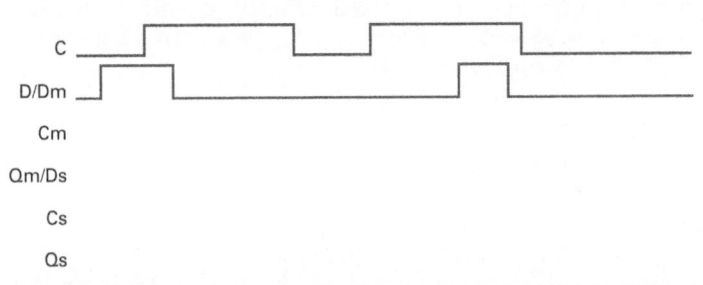

Figura 3.76 Diagrama de tempo para o padrão de entradas do flip-flop D do Exercício 3.13.

3.14 Analise o comportamento de um flip-flop D sensível à borda, que usa uma estrutura de mestre e servo (veja a Fig. 3.24), para o padrão de entradas da Fig. 3.77. Assuma que cada latch interno armazena inicialmente um 0. Complete o diagrama de tempo, assumindo que as portas lógicas têm um tempo de atraso muito pequeno, diferente de zero.

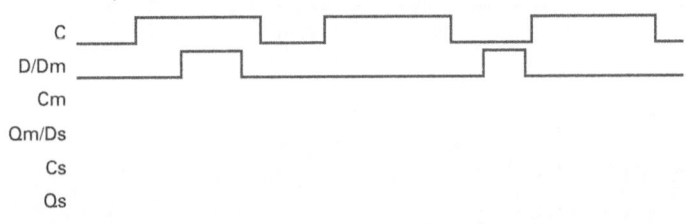

Figura 3.77 Diagrama de tempo para o padrão de entradas do flip-flop D do Exercício 3.14.

3.15 Compare os comportamentos de um latch D e um flip-flop D completando o diagrama de tempo da Fig. 3.78. Assuma que cada dispositivo armazena inicialmente um 0. Dê uma breve explicação do comportamento de cada dispositivo.

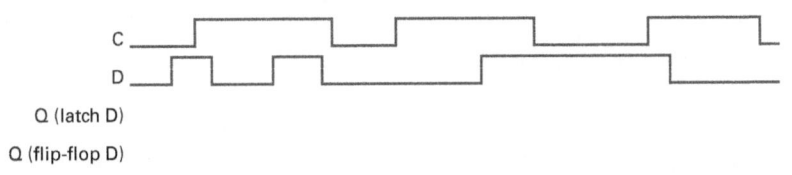

Figura 3.78 Diagrama de tempo para o padrão de entradas do latch D e do flip-flop D do Exercício 3.15.

3.16 Compare os comportamentos de um latch D e um flip-flop D completando o diagrama de tempo da Fig. 3.79. Assuma que cada dispositivo armazena inicialmente um 0. Dê uma breve explicação do comportamento de cada dispositivo.

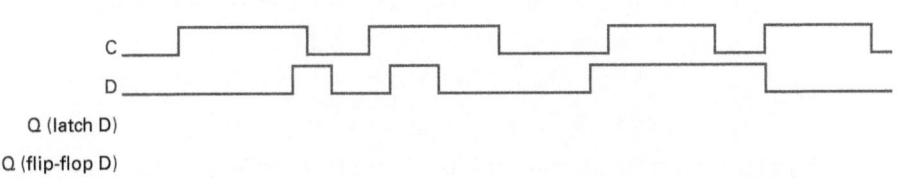

Figura 3.79 Diagrama de tempo para o padrão de entradas do latch D e do flip-flop D do Exercício 3.16.

3.17 Crie um circuito de três latches D sensíveis à borda, conectados em série (a saída de um está ligada à entrada do próximo). Mostre como um relógio, que permanece um longo tempo em nível alto, pode fazer com que o valor de entrada do primeiro latch D propague-se através de mais de um latch durante o mesmo ciclo de relógio.

3.18 Repita o Exercício 17 usando flip-flops D sensíveis à borda e mostre como a entrada do primeiro latch D não se propaga até o próximo flip-flop, independentemente de quanto tempo o sinal de relógio permanece em nível alto.

3.19 Usando flip-flops D, crie um circuito com uma entrada X e uma saída Y, tal que Y é sempre igual a X, mas atrasado em dois ciclos de relógio.

3.20 Usando quatro registradores, projete um circuito que armazena os quatro valores anteriores vistos em uma entrada D de oito bits. O circuito deverá ter uma saída simples de oito bits que pode ser configurada, usando duas entradas s1 e s0, para fornecer o valor de qualquer um dos quatro registradores. (Sugestão: use um multiplexador 4x1 de oito bits.)

3.21 Considere três registradores de quatro bits que estão conectados entre si como mostrado na Fig. 3.80. Assuma que os valores iniciais dos registradores são desconhecidos. Analise o comportamento dos registradores completando o diagrama de tempo da Fig. 3.81.

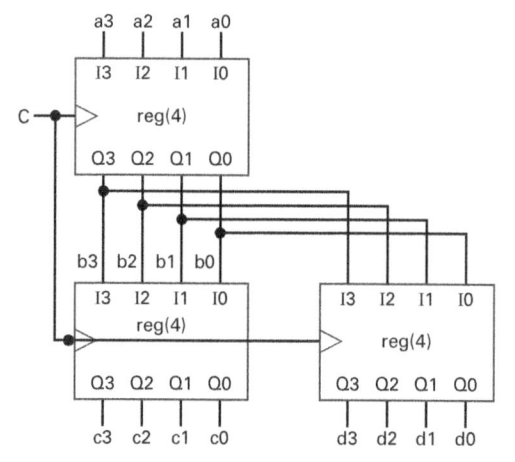

Figura 3.80 Configuração de registradores.

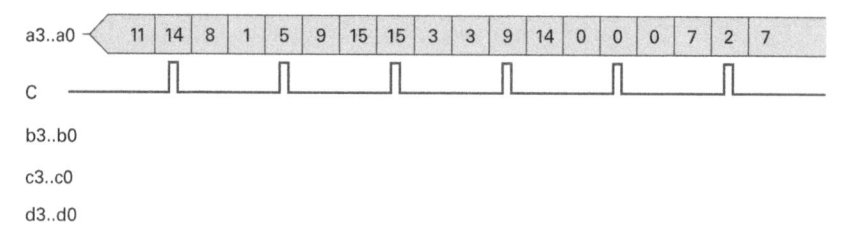

Figura 3.81 Diagrama de tempo para o padrão de entradas do registrador de quatro bits do Exercício 3.21.

3.22 Considere três registradores de quatro bits que estão conectados entre si como mostrado na Fig. 3.83. Assuma que os valores iniciais dos registradores são desconhecidos. Analise o comportamento dos registradores completando o diagrama de tempo da Fig. 3.82.

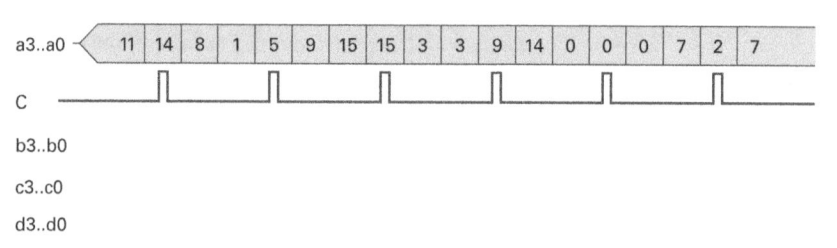

Figura 3.82 Diagrama de tempo para o padrão de entradas do registrador de quatro bits do Exercício 3.22.

SEÇÃO 3.3: MÁQUINAS DE ESTADOS FINITOS (FSMs) E BLOCOS DE CONTROLE

3.23 Desenhe um diagrama de estados para uma FSM que tem uma entrada X e uma saída Y. Sempre que X mudar de 0 para 1, Y deverá ser 1 por dois ciclos de relógio e então retornar a 0–mesmo que X ainda seja 1. (Neste problema e em todos os demais problemas que envolvem FSMs, assuma que, em qualquer transição, uma borda implícita de relógio faz uma operação AND juntamente com a condição de transição).

3.24 Desenhe o diagrama de estados de uma FSM sem entradas e três saídas, x, y e z. Os valores de xyz devem seguir sempre a seguinte seqüência: 000, 001, 010, 100, repetir. A saída deverá mudar apenas na borda de subida do relógio. Torne 000 o estado inicial.

3.25 Faça novamente o Exercício 24, mas acrescente uma entrada I que, ao ser posta em 0, interrompe a seqüência. Quando a entrada I volta a 1, a seqüência prossegue a partir do ponto em que foi interrompida.

3.26 Refaça o Exercício 25, exceto que a seqüência começará em 000 sempre que I retornar a 1.

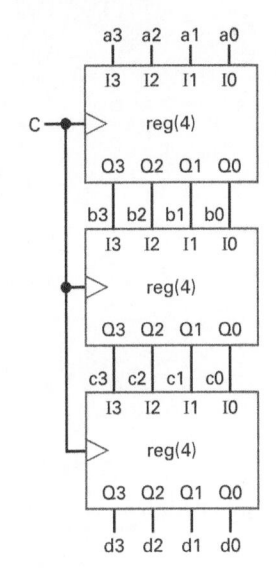

Figura 3.83 Configuração de registradores.

3.27 O mostrador de um relógio de pulso pode fornecer uma de quatro informações: hora atual, alarme, cronômetro e data, que são controladas por dois sinais s1 e s0 (00 exibe a hora atual, 01, a do alarme, 10, a do cronômetro e 11, a data – assuma que s1s0 controla um multiplexador de N bits de largura que deixa passar os dados do registrador apropriado). Quando se pressiona um botão B (o que faz B=1), o próximo item da seqüência será exibido (se, no momento, o item mostrado for a data, o próximo será a hora atual). Crie um diagrama de estados para uma FSM que descreva esse comportamento de forma seqüencial. A FSM terá um bit de entrada B e dois bits de saída, s1 e s0. Sempre que o botão for pressionado, assegure-se de que ocorrerá o avanço de apenas um item, independentemente de quanto tempo o botão permanece pressionado; isto é, depois de ter avançado para o próximo item dentro da seqüência, espere primeiro que o botão seja solto. Use nomes curtos mas sugestivos para cada estado. Faça com que a exibição da hora atual seja o estado inicial.

3.28 Expanda o diagrama de estados que você criou no Exercício 27 acrescentando uma entrada R. Quando R=1, a FSM é forçada a voltar ao estado que exibe a hora atual.

3.29 Desenhe o diagrama de estados de uma FSM que tem uma entrada *gcnt* e três saídas, *x*, *y* e *z*. As saídas *xyz* geram uma seqüência chamada "código Gray" em que exatamente uma das três saídas muda de 0 para 1 ou de 1 para 0. A seqüência em código Gray que a FSM deve produzir é 000, 010, 011, 001, 101, 111, 110, 100 voltando a se repetir. A saída deve mudar apenas na borda de subida do relógio quando *gcnt* = 1. Faça 000 ser o estado inicial.

3.30 Analise o funcionamento da FSM que você criou no Exercício 29 completando o diagrama de tempo da Fig. 3.84, em que C é a entrada de relógio e S é o registrador de estado de n bits. Assuma que S é inicialmente 000.

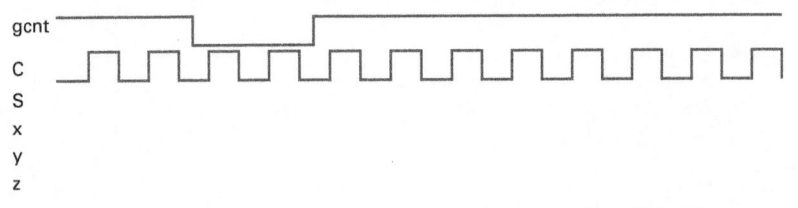

Figura 3.84 Diagrama de tempo para o padrão de entradas da FSM do Exercício 3.30.

3.31 Desenhe um diagrama de tempo para a FSM da Fig. 3.85, tal que a FSM comece no estado *Espera*, chegue ao estado *EN* e retorne ao estado *Espera*. Descreva o comportamento do circuito em português.

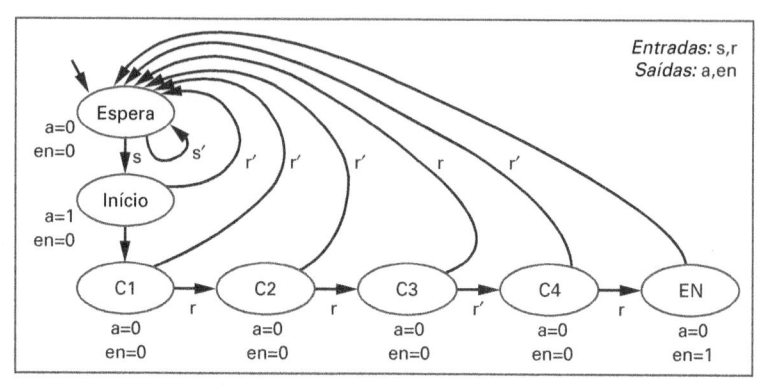

Figura 3.85 FSM do Exercício 3.31.

3.32 Para as FSMs com os seguintes números de estados, indique qual é o menor número possível de bits que o registrador de estado deve ter para poder representar os estados em cada um dos casos:
(a) 4
(b) 8
(c) 9
(d) 23
(e) 900

3.33 Quantos estados possíveis podem ser representados por um registrador de 16 bits?

3.34 Se uma FSM tivesse N estados, qual seria o número máximo de transições possíveis que poderiam existir (assume-se que há um número grande de entradas, querendo-se dizer com isso que o número de transições não é limitado pelo número de entradas)?

3.35 *Assumindo uma entrada e uma saída, quantas FSMs existem com quatro estados possíveis?

3.36 *Suponha que lhe sejam dadas duas FSMs que funcionam concorrentemente. Descreva uma maneira de se combinar essas duas FSMs em uma única FSM que tenha funcionalidade idêntica às das duas FSMs separadas. Dê um exemplo. Se a primeira FSM tiver N estados e a segunda tiver M estados, quantos estados terá a FSM combinada?

3.37 *Algumas vezes, a divisão de uma FSM grande em duas FSMs menores resulta em um circuito mais simples. Divida a FSM mostrada na Fig. 3.88 em duas FSMs, uma contendo G0–G3 e a outra, G4–G7. Se for necessário, você poderá acrescentar estados, transições, entradas e saídas adicionais entre as duas FSMs. Sugestão: você terá de introduzir sinais entre as FSMs para que uma avise a outra para ir a algum estado.

SEÇÃO 3.4: PROJETO DE BLOCO DE CONTROLE

3.38 Usando o processo de cinco passos para se projetar um bloco de controle, converta a FSM da Fig. 3.86 em um bloco de controle. Implemente-o usando um registrador de estado e portas lógicas.

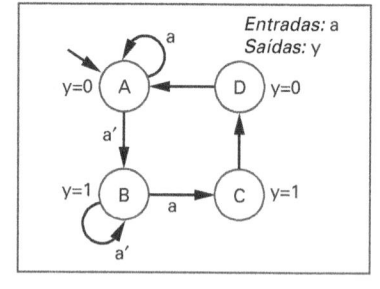

Figura 3.86 FSM do Exercício 3.38.

3.39 Usando o processo de cinco passos para se projetar um bloco de controle, converta a FSM da Fig. 3.87 em um bloco de controle. Implemente-o usando um registrador de estado e portas lógicas.

3.40 Usando o processo de cinco passos para se projetar um bloco de controle, converta a FSM que você criou no Exercício 24 em um bloco de controle. Implemente-o usando um registrador de estado e portas lógicas.

3.41 Usando o processo de cinco passos para se projetar um bloco de controle, converta a FSM que você criou no Exercício 27 em um bloco de controle. Implemente-o usando um registrador de estado e portas lógicas.

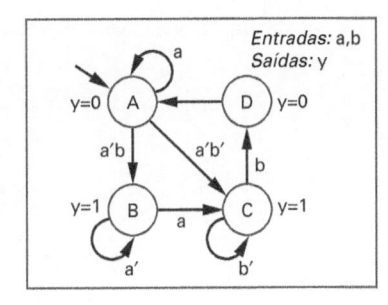

Figura 3.87 FSM do Exercício 3.39.

3.42 Usando o processo de cinco passos para se projetar um bloco de controle, converta a FSM que você criou no Exercício 29 em um bloco de controle. Implemente-o usando um registrador de estado e portas lógicas.

3.43 Usando o processo de cinco passos para se projetar um bloco de controle, converta a FSM da Fig. 3.88 em um bloco de controle, interrompendo o processo quando você criar a tabela de estados. Observação: A sua tabela de estados será bastante grande, tendo 32 linhas, talvez seja o caso de usar algum programa, como processador de texto ou planilha eletrônica, para desenhar a tabela.

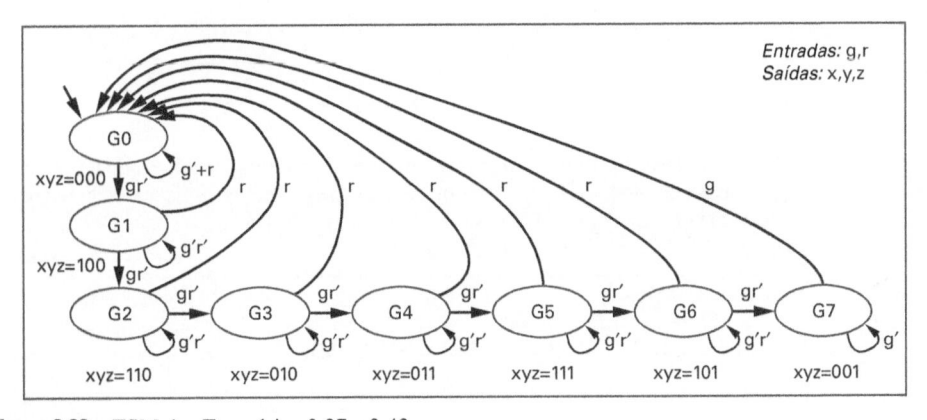

Figura 3.88 FSM dos Exercícios 3.37 e 3.43.

3.44 Crie uma FSM que tenha uma entrada X e uma saída Y. Sempre que X mudar de 0 para 1, Y deverá ser 1 por cinco ciclos de relógio e então retornar a 0, mesmo que X ainda seja 1. Usando o processo de cinco passos para se projetar um bloco de controle, converta a FSM em um bloco de controle, interrompendo o processo quando você criar a tabela de estados.

3.45 A FSM da Fig. 3.89 tem dois problemas: há um estado que tem duas transições cujas condições podem ser verdadeiras ao mesmo tempo e há outros estados que têm transições sem haver garantia de que uma delas é verdadeira. Aplicando as operações OR e AND às condições das transições de cada estado, demonstre que de fato esses problemas existem. Então, conserte-os aperfeiçoando a FSM. Para tanto, faça o melhor que puder para tentar supor o que pretendeu o criador da FSM.

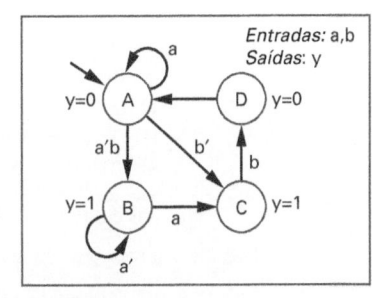

Figura 3.89 FSM do Exercício 3.45.

3.46 Faça a engenharia reversa do comportamento do circuito seqüencial mostrado na Fig. 3.90.

Figura 3.90 Circuito seqüencial no qual deve-se fazer engenharia reversa.

SEÇÃO 3.5: MAIS SOBRE FLIP-FLOPS E BLOCOS DE CONTROLE

3.47 Considere três flip-flops T ligados como mostrado na Fig. 3.92. Analise o comportamento dos flip-flops completando o diagrama de tempo da Fig. 3.91. Assuma que inicialmente todos os flip-flops contêm 0s.

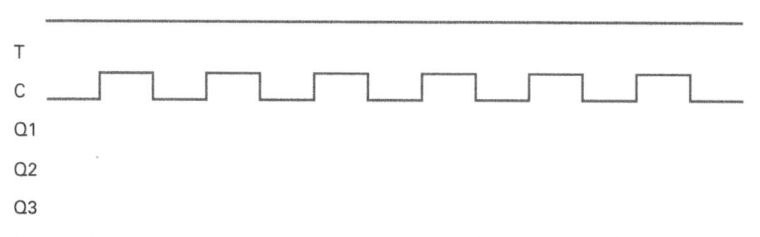

Figura 3.91 Diagrama de tempo para o padrão de entradas do flip-flop T do Exercício 3.47.

3.48 Mostre como conectar quatro flip-flops T entre si para criar um circuito que conta de 0 a 15 e então retorna a 0 novamente–em outras palavras, ele faz a contagem 0000, 0001, 0010, ..., 1111 e retorna a 0000. Sugestão: considere o uso da saída Q de um flip-flop como sendo a entrada de relógio de um outro flip-flop. Assuma que inicialmente todos os flip-flops contêm 0s.

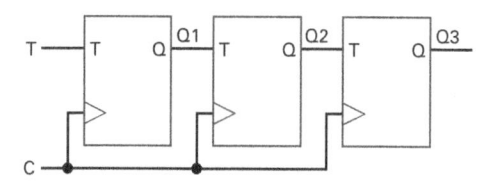

Figura 3.92 Três flip-flops T.

3.49 Defina metaestabilidade.

3.50 Projete um bloco de controle que tem um registrador de estado de quatro bits. Quando uma entrada de *reset* é colocada em 1, ele é inicializado de forma síncrona com o estado 1010.

3.51 *Projete um flip-flop D com entradas assíncronas de *reset* (AR) e *set* (AS), usando portas lógicas básicas.

▶ **PERFIL DE PROJETISTA**

Brian graduou-se como bacharel em engenharia elétrica e trabalhou por vários anos. Ao perceber que haveria uma futura demanda pelo projeto digital baseado em um tipo cada vez mais popular de *chip* digital, conhecido como FPGA (veja o Capítulo 7), ele retornou à universidade para obter um grau de mestre em engenharia elétrica, com uma dissertação cujo tema tinha como alvo o projeto digital baseado em FPGAs. Ele trabalhou em duas companhias diferentes e agora está trabalhando como consultor independente na área de projeto digital.

Ele participou de diversos projetos, incluindo um sistema que impede a ocorrência de incêndio em casas, desarmando um disjuntor quando a corrente que circula no circuito indica que está ocorrendo um arco voltaico, uma arquitetura de microprocessador para acelerar o processamento de vídeo digitalizado e uma máquina para mamografia que permite a localização exata de tumores em mulheres.

Um dos projetos que lhe pareceu mais interessante foi uma escaneadora de bagagens para detectar explosivos. "Nesse sistema, há muitos dados sendo adquiridos, além de motores funcionando, raios X sendo emitidos e outras coisas, tudo acontecendo ao mesmo tempo. Para ser bem-sucedido, você tem que dar atenção aos detalhes e comunicar-se com as demais equipes do projeto, de modo que todos fiquem no mesmo barco." Ele achou aquele projeto particularmente interessante porque "estava trabalhando em uma pequena parte de uma máquina muito grande e complexa. Tínhamos de manter o foco na nossa parte do projeto e, ao mesmo tempo, perceber como todas as partes iriam se encaixar no final." Assim, era importante ser capaz de trabalhar sozinho e em grande grupo. Isso exigia capacidade para exercer uma boa comunicação e trabalhar em grupo. Além disso, também era importante compreender não apenas uma das partes do sistema, mas os aspectos importantes das demais partes, exigindo conhecimento sobre diversos assuntos.

Atualmente, Brian é consultor independente de projeto digital. Depois de adquirir experiência em seus campos, muitos engenheiros eletricistas, engenheiros de computação e cientistas de computação passam a fazer consultoria. "Eu gosto da flexibilidade que um consultor tem. O aspecto positivo é trabalhar em uma ampla variedade de projetos. A desvantagem é que algumas vezes eu só trabalho em uma pequena parte de um projeto, em vez de acompanhar um produto desde o seu início até estar concluído. Naturalmente, ser um consultor independente significa que há menos estabilidade do que quando se ocupa uma posição regular em uma empresa, mas eu não me preocupo com isso."

Brian tirou vantagem da flexibilidade proporcionada pela consultoria e assumiu um emprego de tempo parcial para dar aulas em uma disciplina de projeto digital e outra de *sistemas embarcados* em uma universidade. "Eu realmente gosto de dar aula e aprendi muito ensinando. Eu também gosto de introduzir os estudantes no campo dos *sistemas embarcados*."

Quando perguntado a respeito do que ele mais gosta no campo de projeto digital, ele responde "gosto de construir produtos que tornem a vida das pessoas mais fácil, segura e divertida. Isso é muito satisfatório".

Perguntado sobre que conselho daria aos estudantes, ele diz que uma coisa importante é "fazer perguntas. Não tenha receio de parecer estúpido quando você fizer perguntas em um novo emprego. As pessoas não esperam que você saiba tudo, mas esperam realmente que você pergunte quando se sentir inseguro. Além disso, fazer perguntas é uma parte importante do aprendizado".

CAPÍTULO 4

Componentes de Blocos Operacionais

4.1 INTRODUÇÃO

Os Capítulos 2 e 3 introduziram blocos construtivos gradativamente mais complexos que podem ser usados para construir circuitos digitais. Esses blocos eram as portas lógicas, os multiplexadores, os decodificadores, os registradores básicos e finalmente os blocos de controle. Os blocos de controle são bons na implementação de sistemas que tenham alguns sinais de controle na entrada e que gerem alguns sinais de controle na saída. Por exemplo, se vermos que uma entrada de controle em particular tornou-se 1 (correspondendo talvez a um botão que foi apertado), então poderemos querer gerar um 1 em uma saída de controle (correspondendo possivelmente a uma lâmpada que deve ser acesa). Neste capítulo, iremos focar na criação de blocos construtivos que são bons para sistemas com entradas e saídas de *dados*. Em geral, os sistemas digitais têm dois tipos de entradas (e de saídas, também):

- *Controle:* Uma entrada de controle tem tipicamente um bit, o qual representa algum evento específico que está ocorrendo fora do sistema, como um botão que está sendo apertado, ou o estado em que se encontra alguma coisa em particular fora do sistema, como uma porta que está sendo fechada ou um carro que está passando por um cruzamento. As entradas de controle podem ser agrupadas em bits múltiplos, como quatro bits para representar qual entre 16 botões está sendo apertado, ou dois bits para representar cada um de quatro estados possíveis de uma porta (fechada, um terço aberta, dois terços aberta e completamente aberta). Normalmente, as entradas de controle são usadas para influenciar o estado atual do bloco de controle.

- *Dados:* Tipicamente, uma entrada de dados tem bits múltiplos, que em conjunto representam uma entidade única. Por exemplo, uma entrada de 32 bits pode representar uma temperatura em binário. Uma entrada de sete bits pode representar o andar em que um elevador encontra-se em um edifício de cem andares. Uma entrada de dados pode ter apenas um único bit. Essa entrada diferencia-se de uma de controle, de um bit, porque não dependemos diretamente do valor desse bit para influenciar o estado atual do bloco de controle.

Nem todas as entradas podem ser classificadas rigorosamente como sendo de controle ou de dados, há algumas entradas que estão no limite entre esses dois tipos. No entanto, a maioria das entradas pode ser classificada como sendo de um ou outro tipo. (Naturalmente, um sistema digital também tem entradas de alimentação elétrica, de terra e de relógio, além das entradas de controle e dados.)

O bloco de controle é um bloco construtivo usado para se criar sistemas constituídos principalmente por entradas e saídas de controle. No entanto, precisamos também de blocos construtivos para serem usados em sistemas que contenham entradas e saídas de dados. Em particular, precisamos de registradores para armazenar os dados e unidades funcionais para operar com esses dados (por exemplo, somar ou dividir). Esses componentes são conhecidos como componentes do **nível de transferência entre registradores – RTL** (*Register-Transfer Level*), ou também **componentes de bloco operacional**. Um circuito composto por tais componentes é conhecido como **bloco operacional***.

Os blocos operacionais podem se tornar bem complexos. Portanto, é crucial construir blocos operacionais a partir de componentes que contenham níveis adequadamente elevados de funcionalidade. Por exemplo, se lhe perguntassem que componentes constituem um automóvel, você provavelmente faria uma lista que incluiria motor, pneus, chassi, carroceria, e assim por diante. Cada um desses componentes exerce uma função de alto nível dentro do todo que é o automóvel. Você pensou no pneu e não na borracha, nos cabos internos de aço, na válvula, nos flancos e em outras partes que constituem o pneu. Essas partes detalhadas fazem parte da estrutura de um pneu, não de um automóvel. Quando se pensa no carro, o pneu é um componente de nível adequadamente elevado; não é o caso de uma válvula. De modo semelhante, quando projetamos blocos operacionais, devemos dispor de um conjunto de componentes de bloco operacional com nível adequadamente elevado – as portas lógicas são de um nível demasiadamente baixo.

Este capítulo define tal conjunto de componentes de blocos operacionais e introduz também blocos operacionais simples. No Capítulo 5, veremos como criar blocos operacionais mais avançados e como combiná-los com blocos de controle para construir um componente de nível ainda mais elevado, conhecido como processador.

▶ 4.2 REGISTRADORES

Um **registrador de N bits** é um componente seqüencial capaz de armazenar N bits. Larguras típicas (o número de bits N) de registradores são 8, 16 e 32, embora qualquer largura seja possível. Os bits de um registrador freqüentemente representam dados, como oito bits representando uma temperatura na forma de número binário.

O nome comum usado para armazenar dados em um registrador é **carregar**, embora as palavras *escrever* e *armazenar* também sejam usadas. A ação oposta a carregar um registrador é conhecida como **ler** os conteúdos de um registrador. A leitura consiste simplesmente em se conectar às saídas do registrador – note portanto que a leitura não está sincronizada com o relógio e, além disso, ela não remove os bits do registrador nem os modifica de nenhum modo.

Os registradores estão disponíveis em uma variedade de tipos. Introduziremos alguns dos mais comuns nesta seção. Os registradores são possivelmente o componente de bloco operacional mais fundamental. Assim, iremos fornecer numerosos exemplos de suas estruturas e usos.

Registrador de carga paralela

O tipo mais básico de registrador, mostrado na Fig. 3.30 do Capítulo 3, consiste simplesmente em um conjunto de flip-flops que são carregados a cada ciclo de relógio. Esse registrador básico é útil como registrador de estado em um bloco de controle, já que ele deve ser carregado em todos os ciclos de relógio. No entanto, na maioria dos demais usos dos registradores, queremos de alguma forma controlar se, em um ciclo de relógio em particular, um registrador deve ser carregado ou não (em alguns ciclos, queremos carregá-lo e, em outros, queremos simplesmente manter o valor anterior).

Podemos obter controle sobre a carga de um registrador colocando um multiplexador 2x1 na frente de cada flip-flop, como mostrado na Fig. 4.1(a) para o caso de um registrador de quatro bits. Quando o sinal de carga (*load*)** for 0, load=0, e o sinal de relógio estiver subindo, cada flip-

---

* N. de T: Também conhecido por *datapath*, caminho de dados, em português.

** N. de T: A exemplo de outros sinais que serão vistos mais adiante, o termo *load* será mantido no original em inglês, tendo em vista o seu amplo uso em livros, textos técnicos, folhas de dados de especificação, etc.

> **POR QUE O NOME "REGISTRADOR"?**
>
> Historicamente, o termo "registro*" referia-se a uma tabuleta ou quadro-negro nos quais as pessoas podiam anotar temporariamente as transações em dinheiro e depois fazer a sua contabilidade. Geralmente, o termo refere-se a um dispositivo de armazenamento de dados. Neste contexto, já que um conjunto de flip-flops armazena dados, o nome registro, ou registrador, parece bem apropriado.

flop será carregado com o valor de sua própria saída Q, como mostrado na Fig. 4.1(b). Como Q é o conteúdo atual do flip-flop, ele não irá mudar quando o sinal load for 0. Quando o sinal de load for 1 e o sinal de relógio estiver subindo, cada flip-flop será carregado com uma das entradas de dados I0, I1, I2 ou I3, assim, o registrador será carregado com as entradas de dados quando load for 1.

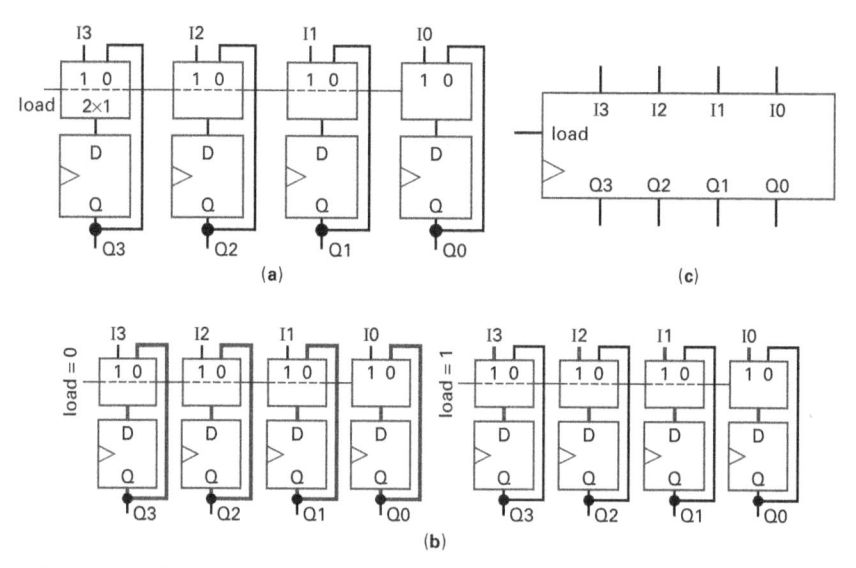

Figura 4.1 Registrador de quatro bits com carga paralela: (a) estrutura interna, (b) caminhos quando load=0 e load=1, (c) símbolo do registrador para diagrama de blocos.

Um registrador com uma linha de carga que controla se o registrador é carregado com entradas externas, com todas elas carregadas em paralelo, é conhecido como ***registrador de carga paralela***. A Fig. 4.1(c) dá um símbolo de diagrama de blocos para um registrador de carga paralela de quatro bits. O ***símbolo de diagrama de blocos*** de um componente mostra as suas entradas e saídas sem mostrar os detalhes internos.

Como os registradores são um componente fundamental dos blocos operacionais, iremos apresentar diversos exemplos envolvendo-os para garantir que o leitor sinta-se à vontade com eles.

▶ **EXEMPLO 4.1 Exemplo básico do uso de registradores**

A Fig. 4.2 mostra uma ligação simples de três registradores *R0*, *R1* e *R2*. Suponha que nos seja dito que os valores de entrada são os mostrados no diagrama de tempo da Fig. 4.3(a). Então, poderemos determinar os valores nos registradores *R0*, *R1* e *R2*, como mostrado na Fig. 4.3(b). Antes da

---

* N. de T: O termo "registro" deu origem a "registrador", usado em português. Há inclusive autores nacionais que usam o termo registro em vez de registrador.

primeira borda de relógio, eles são mostrados como "????", já que não sabemos quais são eles. Na realidade, são combinações de quatro valores de 0 e 1. No entanto, desconhecemos quais são eles em particular.

Antes da primeira borda de relógio, vemos que a entrada a3..a0 torna-se 1111. Assim, na primeira borda do relógio, *R0* será carregado com 1111. No mesmo instante, *R1* e *R2* serão carregados com o valor de *R0*,* que é "????". Desse modo, *R1* e *R2* ainda terão conteúdos "????".

Antes da segunda borda de relógio, vemos que a entrada a3..a0 muda para 0001. Assim, na segunda borda de relógio, *R0* será carregado com 0001. Simultaneamente, *R1* será carregado com o valor de *R0*, que era 1111, e *R2* será carregado com o valor de *R0* invertido, ou seja, 0000.

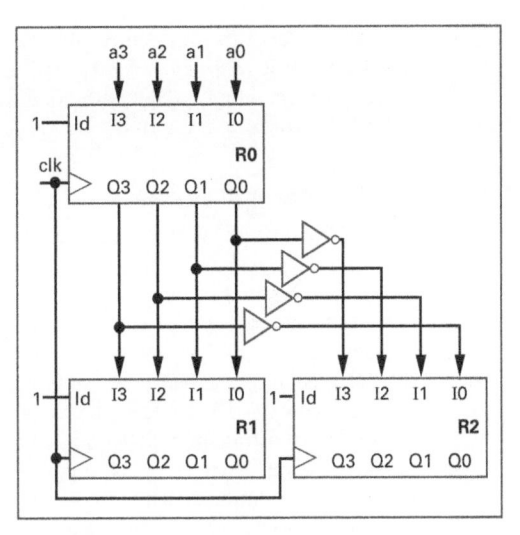

Figura 4.2 Exemplo básico do uso de registradores.

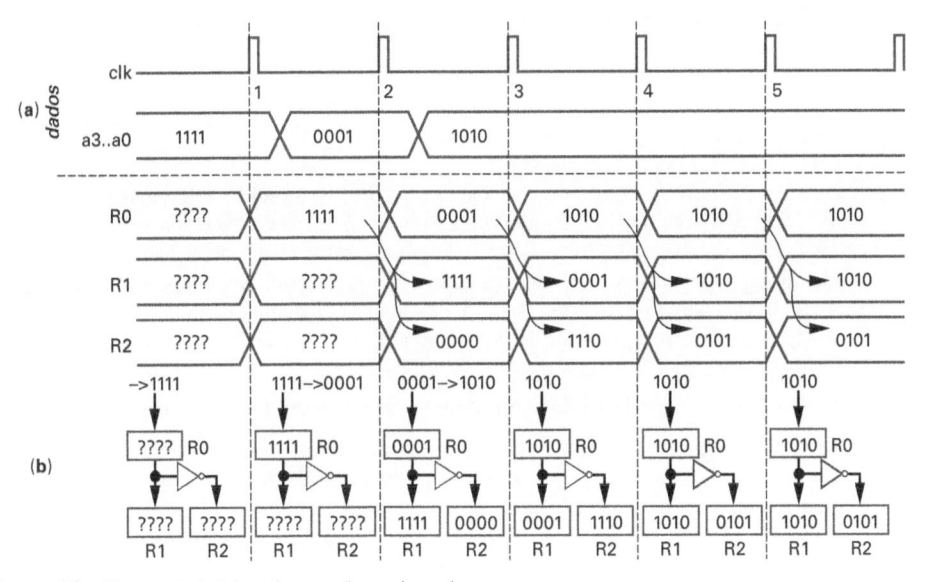

Figura 4.3 Exemplo básico do uso de registradores.

Antes da terceira borda de relógio, vemos que a entrada a3..a0 torna-se 1010. Na terceira borda de relógio, *R0* será carregado com 1010, enquanto simultaneamente *R1* ficará com 0001 e *R2*, com 1110.

Vemos que a3..a0 permanece em 1010 antes da quarta borda de relógio. Na quarta borda de relógio, *R0* será carregado novamente com 1010, enquanto simultaneamente *R1* será carregado com 1010 e *R2*, com 0101.

Como a3..a0 permanece em 1010 antes da quinta borda de relógio, então na quinta borda *R0* será carregado novamente com 1010, enquanto *R1* será carregado novamente com 1010 e *R2*, novamente com 0101.

---

* N. de T: Rigorosamente *R2* será carregado com o valor invertido (NOT) de *R0*. A intenção do autor é mostrar que serão carregados valores desconhecidos tanto em *R1* como em *R2*.

A característica importante que se deve ter em mente, neste exemplo, é que os registradores *R0*, *R1* e *R2* são *todos carregados simultaneamente*. Assim, mesmo que *R0* seja carregado com um novo valor em uma borda de relógio, *R1* e *R2* ficarão com o seu valor *anterior*, não o novo valor, na mesma borda de relógio. ◀

▶ **EXEMPLO 4.2 Amostrador de peso**

Considere uma balança que é usada para pesar frutas em uma mercearia. A balança tem um mostrador que exibe o peso corrente. Queremos acrescentar um segundo mostrador e um botão que o usuário pode apertar para memorizar o peso corrente (isso é chamado algumas vezes de "amostragem"), de modo que quando as frutas são retiradas, o peso memorizado continua a ser exibido no segundo mostrador. Um diagrama do sistema está mostrado na Fig. 4.4.

Assuma que a balança fornece o peso corrente, na forma de um número binário de quatro bits, e que os mostradores de "Peso corrente" e "Peso memorizado" convertem automaticamente o número binário de suas entradas em valores que podem ser lidos pelas pessoas. Podemos projetar o

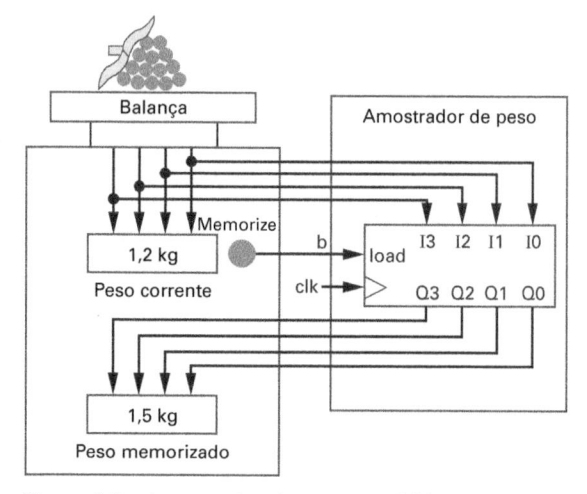

Figura 4.4 Amostrador de peso que foi implementado com um registrador de carga paralela de quatro bits.

bloco de *AmostradorPeso* usando um registrador de carga paralela de quatro bits. Conectamos o sinal b do botão à entrada de carga do registrador. A saída é conectada ao mostrador de "Peso memorizado". Sempre que b for 1, o valor do peso é armazenado no registrador e, desse modo, é exibido no segundo mostrador. Quando b volta a 0, o registrador mantém o seu valor, de modo que o segundo mostrador continua mostrando o mesmo peso, mesmo que outros itens sejam colocados na balança e o primeiro mostrador mude de valor. ◀

▶ **EXEMPLO 4.3 Mostrador do histórico de temperaturas usando registradores (novamente)**

Lembre-se do Exemplo 3.2 do Capítulo 3, no qual um temporizador gerava um pulso em uma entrada C a cada hora. Nós ligamos aquela entrada C às entradas de relógio de três registradores, os quais eram conectados de tal forma que o primeiro registrador era carregado com a temperatura atual, o segundo, com a temperatura anterior à atual, e o terceiro, com a temperatura que precedeu a temperatura anterior à atual, na borda de subida de C. Entretanto, na prática, tipicamente não conectamos nenhuma entrada, que não seja um sinal de relógio (de um oscilador), à entrada de relógio de um registrador. Portanto, podemos refazer o projeto do sistema para que um sinal de relógio seja aplicado à entrada de relógio do registrador, o qual permite carga paralela. Poderíamos então ligar a entrada C às entradas de carga dos registradores, como mostrado na Fig. 4.5.

A freqüência do oscilador pode ser mais rápida do que um pulso por hora. De fato, devido à natureza de como são feitos os osciladores (veja "Como Funciona? Osciladores a Quartzo" na página 119 do Capítulo 3), as suas freqüências estão no mínimo na faixa dos quilohertz.

Temos que garantir que, quando o temporizador gera seu pulso horário em C, esse será 1 durante apenas um ciclo de relógio. Se assim não fosse, os registradores seriam carregados mais de uma vez durante um único pulso (porque, durante esse pulso, muitas bordas de subida do relógio ocorreriam e os registradores seriam carregados a cada borda de subida do relógio). Desse modo, a temperatura atual seria carregada em dois ou mesmo todos os três registradores. Podemos con-

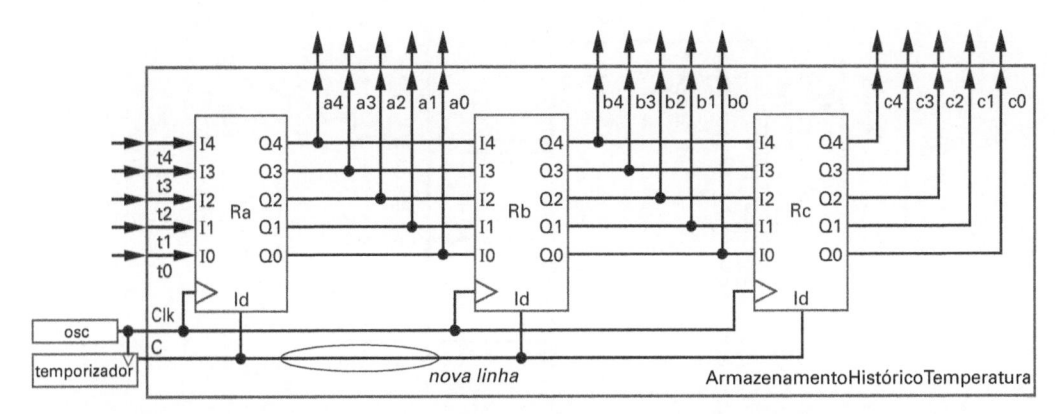

Figura 4.5 Projeto interno do componente *ArmazenamentoHistóricoTemperatura*, que usa registradores de carga paralela.

seguir uma saída que fique em nível alto durante um único ciclo, usando o mesmo relógio como entrada do temporizador. Em seguida, projetamos a máquina de estados interna do temporizador para que produza C=1 durante apenas um estado, de modo similar ao que usamos para fazer uma saída ser 1 durante exatamente três ciclos no Exemplo 3.7 do Capítulo 3. ◄

▶ **EXEMPLO 4.4 Display de automóvel, colocado acima do espelho retrovisor, que usa registradores de carga paralela**

No Capítulo 2, descrevemos o exemplo de um sistema colocado acima do espelho retrovisor que pode mostrar uma de quatro entradas de oito bits: T, M, I e Q. Naquele exemplo, assumimos que o computador central do carro conectava-se ao sistema colocado acima do espelho retrovisor por meio de 32 linhas (4*8). Trinta e dois fios é muito fio para ser conectado entre o computador e o espelho retrovisor. Ao invés disso, assumimos que o computador ligava-se àquele sistema usando oito linhas de dados (C), duas linhas de controle a1a0 que especificavam qual item de dados devia aparecer em C (sendo T quando a1a0=00, M quando a1a0=01, I quando a1a0=10 e Q quando a1a0=11) e ainda uma linha de controle load, totalizando 11 linhas ao invés de 32 linhas. O computador pode enviar os dados em qualquer ordem, a qualquer momento. Quando os itens de dados chegam, o sistema simplesmente os armazena no registrador apropriado (de acordo com a1a0). Desse modo, o sistema necessita de quatro registradores de carga paralela, nos quais são armazenados os itens de dados. As linhas de controle a1a0 servem, portanto, de "endereço", dizendo em qual registrador deve-se fazer a carga. Como no exemplo anterior, as entradas xy determinam qual valor deve ser passado para a saída D que será enviada ao *display* de oito bits (sendo que as entradas xy mudam de valor em seqüência, a cada vez que o usuário aperta o botão de modo).

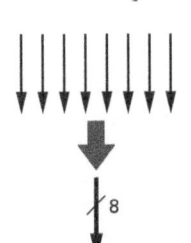

Podemos projetar o sistema como mostrado na Fig. 4.6. A figura mostra uma notação simplificada muito usada que substitui um grupo de fios por um único fio mais espesso que tem um traço inclinado e um número que indica o número de fios presentes no grupo.

Usando a1a0, o decodificador habilita um único dos quatro registradores. A linha de load habilita o decodificador – se load for 0, nenhuma das saídas do decodificador será 1 e, portanto, nenhum dos registradores será carregado. A parte com multiplexador do sistema é a mesma do exemplo anterior no Capítulo 2.

Vamos ver agora como esse sistema funciona, exemplificando com uma seqüência de entradas. Suponha inicialmente que todos os registradores armazenem 0s e que xy=00. Assim, o *display* mostrará 0. Se o usuário apertar quatro vezes o botão de modo, as entradas xy seguirão a seqüência 01, 10, 11 voltando a 00, sendo que o *display* mostrará 0 a cada toque do botão (já que todos os registradores contêm 0s). Agora, suponha que durante um ciclo de relógio, o computador do carro faz a1a0=01, load=1 e C=00001010. Então o registrador 1 será carregado com 00001010. Como xy=00, o *display* ainda estará mostrando os conteúdos do registrador 0, ou seja, 0. Agora, se o usuário pressionar o botão de modo, xy irá se tornar 01 e o *display* irá mostrar o valor decimal de

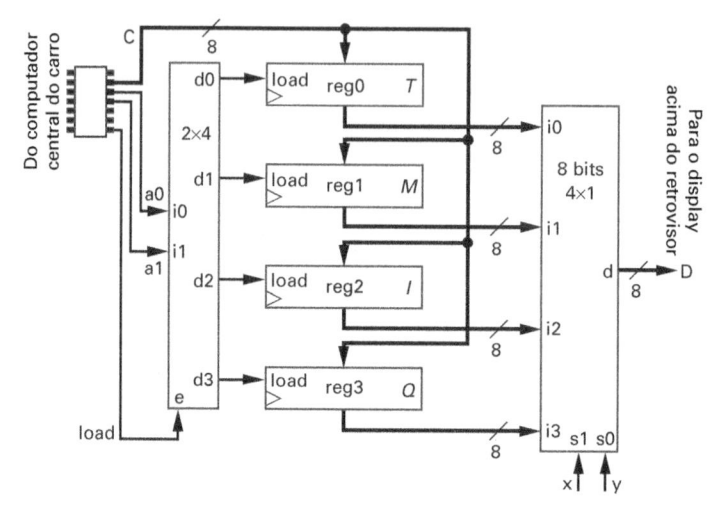

Figura 4.6 *Display* colocado acima do retrovisor. Os sinais a1a0, gerados pelo computador central do carro, determinam qual registrador deve ser carregado com C quando load=1. Os sinais xy, independentes de a1a0 e produzidos quando o usuário aperta o botão de modo, determinam qual registrador deve ter a sua saída colocada na saída D para o *display*.

00001010 que está presente no registrador 1, ou seja, dez em decimal. Apertando mode novamente, xy mudará para 10, de modo que o *display* mostrará o conteúdo do registrador 2, que é 0. A qualquer instante, o computador do carro poderá carregar os outros registradores, ou recarregar o registrador 1, com novos valores, em qualquer ordem. Observe que a carga dos registradores é independente da exibição dos registradores. ◂

▶ **EXEMPLO 4.5 Tabuleiro de damas computadorizado**

O jogo de damas é um dos jogos de tabuleiro mais populares do mundo. Um tabuleiro de damas consiste em 64 quadrados (ou casas), formado por oito fileiras e oito colunas. Cada jogador começa com 12 pedras (ou peças) sobre o tabuleiro. Um tabuleiro de damas computadorizado pode substituir as peças usando um LED (*light-emitting diode*, ou diodo emissor de luz) em cada casa. Um LED aceso representa uma peça que está ocupando aquela casa; um LED apagado representa uma casa desocupada. Para tornar o exemplo mais simples, ignore o problema de cada jogador ter a sua própria cor para as peças. Um exemplo de tabuleiro está mostrado na Fig. 4.7(a).

Tipicamente, um tabuleiro de damas computadorizado tem um microprocessador que acompanha a posição de cada peça, move as peças de acordo com os comandos do jogador ou de acordo com um programa que joga damas (quando o jogador está jogando contra o computador), calcula o número de pontos de cada jogador, etc.

Note que o microprocessador precisa definir os valores de 64 bits, um para cada casa. No entanto, o microprocessador de baixo custo usado neste dispositivo não tem 64 pinos. O microprocessador precisa de registradores externos para armazenar os bits que acionam os LEDs e terá de escrever nesses registradores, um de cada vez. Entretanto, o microprocessador faz as cargas nos registradores tão rapidamente que um observador provavelmente veria todos os LEDs mudando ao mesmo tempo, sem reparar que alguns LEDs mudam alguns microssegundos antes dos outros.

Vamos usar um registrador por coluna. Isso significa que no total precisaremos de oito registradores de oito bits, como mostrado abaixo do tabuleiro da Fig. 4.7(a), com nomes R7 a R0. Cada um dos oito bits de um registrador corresponde a uma casa em uma fileira diferente, mas na mesma coluna do registrador, indicando se o respectivo LED está aceso ou não, como mostrado na Fig. 4.7(b). Os oito registradores são conectados ao microprocessador. O microprocessador usa oito pinos (D) para os dados, três pinos (i2, i1, i0) para endereçar o registrador apropriado (que está decodificado como uma linha de carga para cada um dos oito registradores) e um pino (e) para

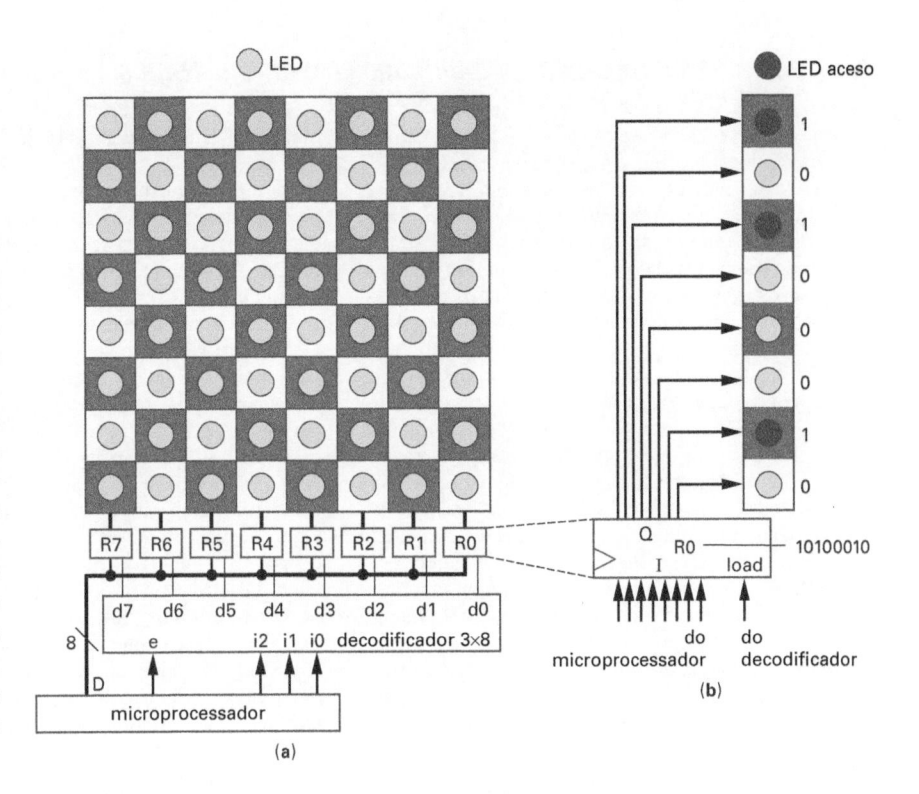

Figura 4.7 Um tabuleiro de damas eletrônico: (a) oito registradores de oito bits (*R7* a *R0*) podem ser usados para acionar os 64 LEDs, usando um registrador por coluna e (b) detalhe de como um registrador é ligado aos LEDs de uma coluna e como o valor 10100010, armazenado nesse registrador, acende três LEDs.

a linha de carga do registrador (implementada usando a habilitação do decodificador), totalizando 12 pinos – um número muito melhor do que 64 pinos. Para configurar o tabuleiro no início de um jogo, o microprocessador cria a seqüência mostrada na Fig. 4.8. ◀

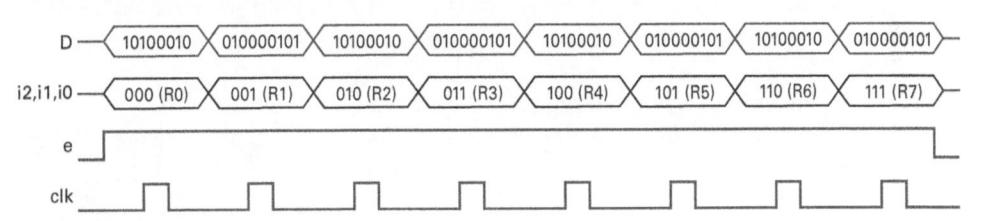

Figura 4.8 Diagrama de tempo mostrando uma seqüência de entradas que pode ser usada na inicialização.

Na primeira borda de subida de relógio, *R0* é carregado com 10100010. Na segunda borda de subida de relógio, *R1* é carregado com 01000101. E assim por diante. Depois de oito ciclos de relógio, os registradores irão conter os valores desejados e os LEDs do tabuleiro estarão acesos, como mostrado na Fig. 4.9. ◀

Registrador de deslocamento

Uma coisa que poderíamos querer fazer com um registrador seria deslocar os conteúdos de um registrador para a esquerda ou para a direita. Deslocar à direita significa mover um bit armazenado (em um flip-flop) para o flip-flop que lhe está à direita. Se um registrador de quatro bits armazena originalmente 1101, então o deslocamento à direita produzirá 0110, como mostrado na Fig. 4.10(a). Perdemos o bit que estava mais à direita (no caso, um 1), e colocamos um 0 no bit mais à esquerda. Para construir um registrador capaz de deslocamento à direita, precisamos conectar os flip-flops do registrador conceitualmente de modo semelhante ao mostrado na Fig. 4.10(b).

> **COMO FUNCIONA? JOGOS DE TABULEIRO COMPUTADORIZADOS**
>
> Muitos de vocês já participaram de algum jogo de computador, como damas, gamão ou xadrez, usando tabuleiros com pequenos *displays* para representar as pedras ou, possivelmente, usando um programa gráfico em um computador pessoal ou *website*. O método principal usado pelos computadores para escolher os movimentos das peças, entre os próximos possíveis, é chamado de antecipação. Para a configuração corrente de peças no tabuleiro, o computador examina todos os movimentos simples possíveis que ele poderia fazer. Para cada um desses movimentos, ele também pode considerar todos os movimentos simples possíveis que o oponente poderá vir a fazer. Para cada configuração nova resultante dos possíveis movimentos, o computador avalia quão boa é a configuração, a chamada qualidade da configuração, e escolhe o movimento que poderá levar à melhor configuração. Cada movimento que o computador antecipa (um movimento do computador, um movimento do oponente, outro movimento do computador, outro do oponente) é chamado de montante de **antecipação**. Os bons programas podem antecipar três, quatro, cinco ou mais movimentos. Os cálculos de antecipação são custosos em termos de tempo e memória de computador – se cada jogador puder realizar 10 movimentos possíveis por vez, então para antecipar dois movimentos resultará em 10*10=100 configurações que devem ser avaliadas; três movimentos resultará em 10*10*10=1000 configurações, quatro movimentos em 10.000 configurações e assim por diante. Os bons programas de jogos de computador "podam" as configurações que parecem ser muito ruins e portanto improváveis de serem escolhidas pelo oponente, exatamente como as pessoas fazem para reduzir o número de configurações a serem analisadas. Os computadores podem examinar milhões de configurações, ao passo que as pessoas podem examinar mentalmente apenas umas poucas dúzias. O xadrez, possivelmente o mais complexo dos jogos populares de tabuleiro, tem atraído muita atenção desde o início da era dos computadores. Alan Turing, considerado um dos pais da ciência da computação, escreveu muito a respeito do uso de computadores para jogar xadrez e lhe é atribuído ter escrito o primeiro programa para jogar xadrez em 1950. No entanto, as pessoas mostraram-se melhores jogadores do que os computadores até 1977, quando o Deep Blue da IBM derrotou o então campeão mundial de xadrez em uma partida de xadrez que se tornou clássica. O Deep Blue tinha 30 processadores IBM RS-6000 SP conectados a 480 *chips* especializados em jogar xadrez. Ele podia avaliar 200 milhões de movimentos por segundo e, portanto, muitos bilhões em alguns minutos. Atualmente, os torneios de xadrez confrontam não apenas pessoas contra programas de computador, mas também programas contra programas. Muitos desses torneios são patrocinados pela International Computer Games Association.
>
> (Fonte: *Computer Chess History*, de Bill Wall).

Podemos criar um registrador capaz de deslocamento à direita, como mostrado na Fig. 4.11. O registrador contém duas entradas de controle, shr e shr_in*. O sinal shr=1 faz com que ocorra um deslocamento à direita, na borda de subida do relógio, ao passo que shr=0 faz o registrador manter o valor corrente. O sinal shr_in é o bit que queremos colocar no bit mais à esquerda durante uma operação de deslocamento.

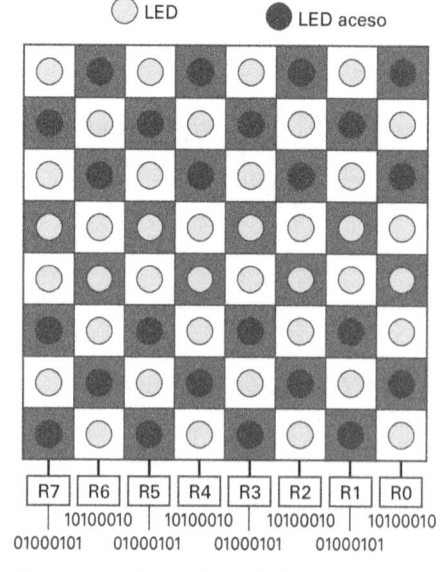

Figura 4.9 O tabuleiro de damas depois de carregar os registradores com as posições iniciais das peças.

---

* N. de T: De *shift right* (*shr*), deslocamento à direita, e *input* (*in*), entrada, em inglês.

Figura 4.10 Exemplo de deslocamento à direita: (a) exemplo de conteúdos antes e depois de um deslocamento à direita e (b) visão bit a bit do deslocamento.

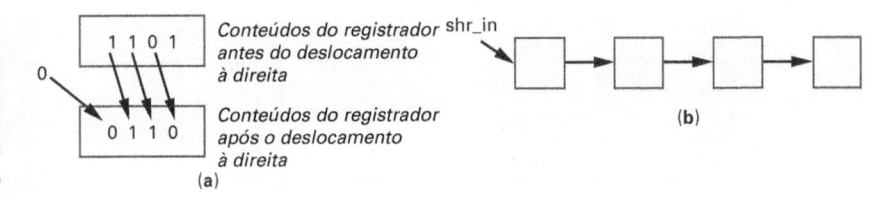

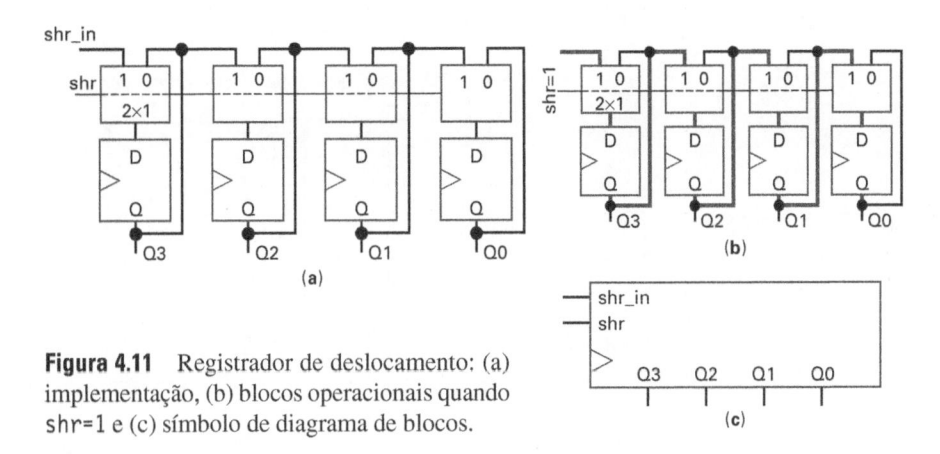

Figura 4.11 Registrador de deslocamento: (a) implementação, (b) blocos operacionais quando shr=1 e (c) símbolo de diagrama de blocos.

Registrador circular

O registrador circular é uma pequena variação de um registrador de deslocamento no qual o bit que está saindo é enviado de volta (rotação) tornando-se o bit que entra no registrador. Dessa forma, o bit mais à direita é deslocado para o flip-flop que está mais à esquerda, como mostrado na Fig. 4.12.

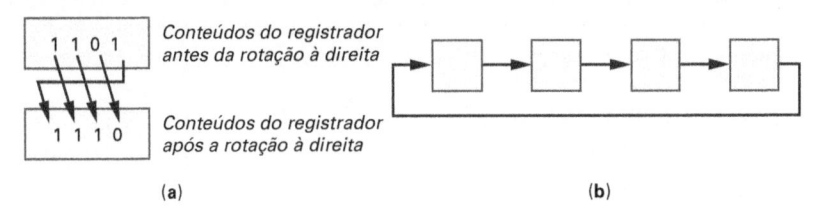

Figura 4.12 Exemplo de rotação à direita: (a) conteúdos do registrador antes e depois da rotação, e (b) vista bit a bit da operação de rotação.

A implementação de um registrador circular é conseguida modificando o projeto da Fig. 4.11. A saída do flip-flop mais à direita, no lugar de shr_in, é colocada na entrada i1 do multiplexador mais à esquerda. Um registrador circular precisa de algum recurso para que se possa colocar valores para dentro do registrador, por deslocamento ou por carga paralela.

▶ **EXEMPLO 4.6** Display colocado acima do retrovisor usando registradores de deslocamento

No Exemplo 4.4, refizemos o projeto da conexão entre o computador central do carro e o sistema de *display* colocado acima do espelho retrovisor para reduzir o número de fios de 32 para 8+2+1=11. No entanto, mesmo 11 fios ainda é muito fio para ser colocado entre o computador e o sistema de *display*. Vamos reduzir ainda mais o número de fios usando registradores de deslocamento no sistema de *display*. As entradas do sistema de *display* vindas do computador do carro serão um bit de dados C, duas linhas de endereço a1a0 e uma linha de comando de deslocamento shift, totalizando apenas quatro fios. Quando o computador precisar escrever em um dos registradores do sistema de *display*, ele definirá valores para a1a0 de forma apropriada e então ativará shift com 1 durante exatamente oito ciclos de relógio.

Este feixe deveria ser fino – uns poucos fios, não onze.

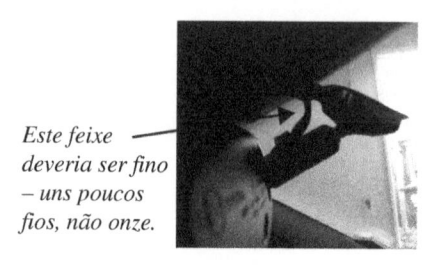

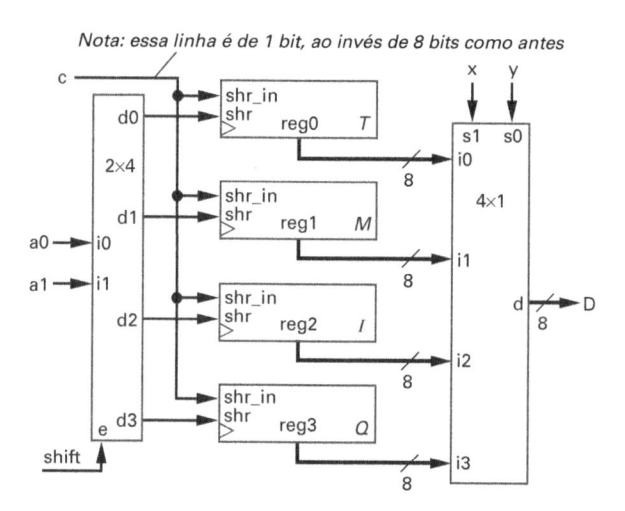

Em cada um desses oito ciclos de relógio, o computador atribuirá a C cada um dos oito bits de dados que devem carregados. Começará com o bit menos significativo, no primeiro ciclo de relógio, e terminará com o bit mais significativo, no oitavo ciclo de relógio. Desse modo, podemos projetar o sistema de *display* como mostrado na Fig. 4.13.

Figura 4.13 Projeto do sistema de *display*, para ser colocado acima do espelho retrovisor, usando registradores de deslocamento para reduzir o número de linhas que vêm do computador do carro. O computador define os valores de a1a0 de acordo com qual será o registrador a ser carregado e, então, mantém shift=1 durante oito ciclos de relógio. O sinal C será igual aos conteúdos do registrador bit a bit, um bit por ciclo de relógio, resultando na carga do registrador com o valor enviado de oito bits.

Quando shift=1, o registrador apropriado será carregado com um novo valor, o qual é deslocado para dentro de registrador durante os próximos oito ciclos de relógio. Esse método produz o mesmo resultado que uma carga paralela a partir de oito entradas separadas, mas utiliza menos fios.

Esse exemplo mostra uma forma de comunicação entre circuitos digitais, conhecida como *comunicação serial*, na qual os circuitos transmitem os dados enviando-os bit a bit. ◄

Registradores com múltiplas funções

Muitos registradores podem realizar uma variedade de operações (também chamadas de *funções*), como carga, deslocamento à direita, deslocamento à esquerda, rotação à direita, rotação à esquerda, etc. O usuário do registrador seleciona a operação desejada no momento definindo as entradas de controle do registrador. Introduziremos agora alguns registradores de múltiplas funções.

▶ **COMO FUNCIONA? COMUNICAÇÕES ENTRE COMPUTADORES EM UM AUTOMÓVEL USANDO TRANSFERÊNCIA SERIAL DE DADOS**

Os automóveis modernos contêm dúzias de computadores distribuídos pelo carro: alguns debaixo do capô, no painel, acima do espelho, alguns na porta, alguns no porta-malas, etc. Estender fios dentro do carro de modo que esses computadores possam se comunicar é um desafio. Assim, a maioria dos computadores de automóvel comunica-se serialmente, isto é, um bit de cada vez, como a comunicação no Exemplo 4.6, para reduzir o número de fios. Um esquema de comunicação particularmente popular em automóveis é o chamado barramento CAN (*Controller Area Network*) que agora tornou-se um padrão internacional definido pelo padrão ISO (International Standards Organization) de número 11.898.

Registrador com carga paralela e deslocamento à direita

Uma combinação muito usada de funções em um registrador é a carga e o deslocamento. Podemos projetar um registrador de 4 bits capaz de executar carga paralela e deslocamento à direita, cujos detalhes estão mostrados na Fig. 4.14(a). A Fig. 4.14(b) mostra um símbolo do registrador para diagrama de blocos.

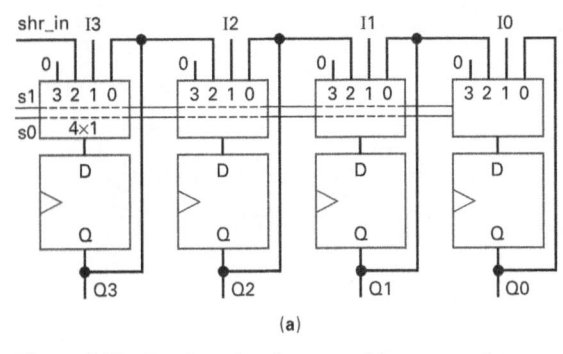

Figura 4.14 Registrador de quatro bits com as funções de carga paralela e deslocamento à direita: (a) estrutura interna e (b) símbolo para diagrama de blocos.

s1	s0	Operation
0	0	Mantenha o valor atual
0	1	Carga paralela
1	0	Desloque à direita
1	1	(não usada – vamos carregar 0s)

Figura 4.15 Tabela de funções de um registrador de quatro bits com as operações de carga paralela e deslocamento à direita.

Observe que usamos um multiplexador 4x1, ao invés de um 2x1, na frente de cada flip-flop, porque cada um deles agora pode receber seu próximo bit de três lugares (a quarta entrada do multiplexador não é usada). O registrador tem duas entradas de controle, com o comportamento mostrado na Fig. 4.15.

Vamos examinar o multiplexador e o flip-flop do bit mais à direita. Quando `s1s0=00`, o multiplexador passa o valor atual do flip-flop de volta ao próprio flip-flop. Isso faz com que o flip-flop seja recarregado com o seu valor corrente na próxima borda de subida de relógio, mantendo assim o valor atual. Quando `s1s0=01`, o multiplexador passa o valor da entrada externa I0 para o flip-flop, fazendo com que o flip-flop seja carregado. Quando `s1s0=10`, o multiplexador passa o valor da saída corrente do flip-flop da esquerda, Q1, causando portanto um deslocamento à direita. O valor `s1s0=11` não é um valor válido de entrada para o registrador e portanto nunca deve ocorrer. Nesse caso, o multiplexador passa 0s.

▶ COMO FUNCIONA? COMUNICAÇÃO USB E SEM FIOS ENTRE DISPOSITIVOS DIGITAIS

A comunicação serial entre dispositivos digitais, como entre computadores pessoais, *laptops*, impressoras, câmeras, etc. está em toda parte. A popular interface USB tem um esquema de comunicação serial (*USB* significa *Universal Serial Bus*, isto é, barramento serial universal) que é usado para ligar um computador pessoal a outros dispositivos por meio de um fio. Além disso, praticamente todos os esquemas de comunicação sem fio, como WiFi e BlueTooth, usam comunicação serial, enviando um bit de cada vez por meio de uma freqüência de rádio. Ao passo que a comunicação de dados entre dispositivos pode ser serial, as computações realizadas dentro dos dispositivos são feitas geralmente em paralelo. Desse modo, os registradores de deslocamento são muito usados dentro dos circuitos para converter dados internos paralelos em dados seriais para serem enviados a um outro dispositivo e para receber dados seriais e convertê-los em dados paralelos que serão usados internamente pelo dispositivo.

Registrador com carga paralela, deslocamento à esquerda e deslocamento à direita

O acréscimo da função de deslocamento à esquerda ao registrador de quatro bits anterior é imediato e está ilustrado na Fig. 4.16. Em vez de colocar 0 em cada entrada I3 do multiplexador 4x1, iremos colocar a saída do flip-flop que está à direita. A entrada I3 do multiplexador da extrema direita será conectada a uma entrada adicional shl_in.*

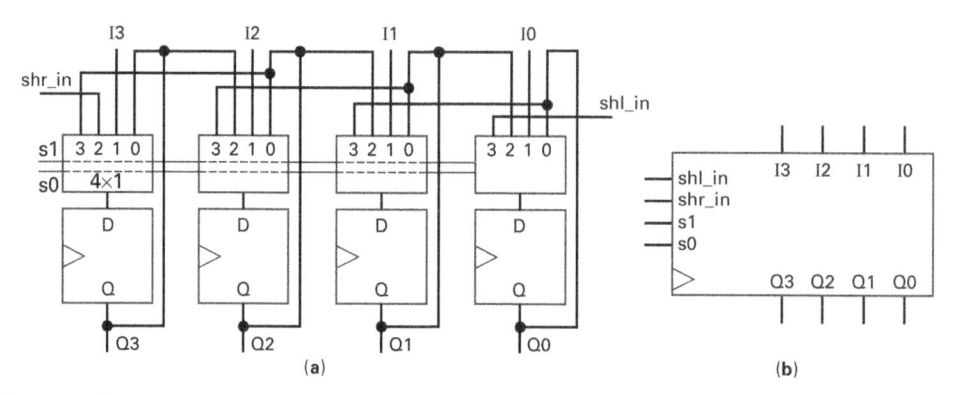

Figura 4.16 Registrador de quatro bits com as funções de carga paralela, deslocamento à esquerda e deslocamento à direita: (a) estrutura interna e (b) símbolo para diagrama de blocos.

O registrador tem as funções mostradas na Fig. 4.17.

Registrador de carga e deslocamento com entradas de controle separadas para cada operação

Geralmente, os registradores não vêm com entradas de controle que codificam a função usando o número mínimo de bits, como as entradas de controle dos registradores que projetamos antes. Ao contrário, cada função tem usualmente a sua própria entrada de controle.

Assim, um registrador, com as funções de carga, deslocamento à esquerda e deslocamento à direita, pode ter a tabela de funções da Fig. 4.18. As quatro funções possíveis (manter, deslocar à esquerda, deslocar à direita e carga) necessitam na realidade de apenas duas entradas de controle, mas a figura mostra que o registrador tem três entradas de controle: ld, shr e shl.

Observe que, se o usuário ativar mais de uma entrada com 1, deveremos decidir qual operação deverá ser realizada. Se o usuário ativar ambas as entradas shr e shl, daremos prio-

s1	s0	Operação
0	0	Mantenha o valor atual
0	1	Carga paralela
1	0	Desloque à direita
1	1	Desloque à esquerda

Figura 4.17 Tabela de funções de um registrador de quatro bits com as operações de carga paralela, deslocamento à esquerda e deslocamento à direita.

▶ ENTRADAS NÃO USADAS

O exemplo da Fig. 4.14 incluiu um multiplexador com quatro entradas das quais usamos apenas três. Note que na realidade atribuímos valores específicos às entradas não usadas, em vez de simplesmente deixá-las desconectadas. Lembre-se de que cada entrada está controlando transistores dentro do componente–se não lhe atribuirmos um valor, o transistor interno conduzirá ou não? Na verdade, não sabemos. Conseqüentemente, poderemos ter um funcionamento indesejado para o multiplexador. As entradas não devem ser deixadas desconectadas. Por outro lado, deixar as saídas desconectadas não representa problema – uma saída desconectada pode ter um 1 ou 0 que simplesmente não controlarão mais nada.

---

* N. de T: De *shift left* (*shl*), deslocamento à esquerda, e *input* (*in*), entrada, em inglês.

ridade à shr. Se o usuário ativar ld e uma ou ambas shr e shl, daremos prioridade à ld.

A estrutura interna desse registrador é similar ao registrador com carga e deslocamento projetado antes, exceto que as três entradas de controle ld, shr e shl precisam ser transformadas usando um circuito combinacional simples nas duas entradas s1 e s0 do registrador anterior, como mostrado na Fig. 4.19.

ld	shr	shl	Operação
0	0	0	Mantenha o valor atual
0	0	1	Desloque à esquerda
0	1	0	Desloque à direita
0	1	1	Desloque à direita–shr tem prioridade sobre shl
1	0	0	Carga paralela
1	0	1	Carga paralela–ld tem prioridade
1	1	0	Carga paralela–ld tem prioridade
1	1	1	Carga paralela–ld tem prioridade

Figura 4.18 Tabela de funções de um registrador de quatro bits com entradas de controle separadas para carga paralela, deslocamento à esquerda e deslocamento à direita.

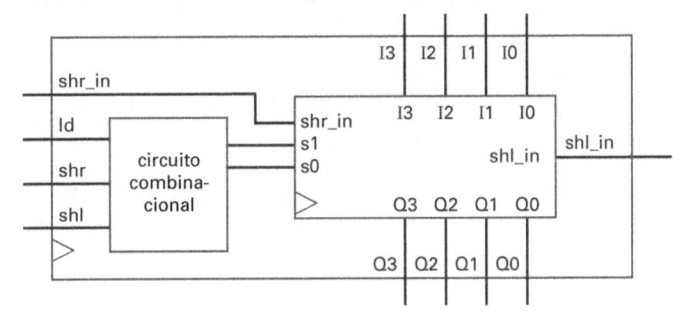

Figura 4.19 Um pequeno circuito combinacional transforma as entradas de controle ld, shr e shl nas entradas de seleção s1 e s0 do multiplexador.

Podemos projetar o circuito combinacional começando com uma tabela-verdade simples como a mostrada na Fig. 4.20(a).

Assim, obtemos as seguintes equações para o circuito combinacional do registrador:

$$s1 = ld'*shr'*shl + ld'*shr*shl' + ld'*shr*shl$$
$$s0 = ld'*shr'*shl + ld$$

Entradas			Saídas		Operação
ld	shr	shl	s1	s0	
0	0	0	0	0	Mantenha o valor
0	0	1	1	1	Desloque à esquerda
0	1	0	1	0	Desloque à direita
0	1	1	1	0	Desloque à direita
1	0	0	0	1	Carga paralela
1	0	1	0	1	Carga paralela
1	1	0	0	1	Carga paralela
1	1	1	0	1	Carga paralela

(a)

ld	shr	shl	Operação
0	0	0	Mantenha o valor
0	0	1	Desloque à esquerda
0	1	X	Desloque à direita
1	X	X	Carga paralela

(b)

Figura 4.20 Tabelas-verdade que descrevem as funções de um registrador com deslocamentos à esquerda e à direita, e carga paralela. Também está descrito o mapeamento das entradas de controle do registrador para as linhas de seleção do multiplexador interno 4x1: (a) tabela de funções completa que define o mapeamento de ld, shr e shl em s1 e s0 e (b) uma versão compacta da tabela de funções.

A substituição da caixa do circuito combinacional da Fig. 4.19 pelas portas descritas pelas equações completará o projeto do registrador.

Tipicamente, as folhas de especificação dos registradores mostram a tabela de funções de forma compacta, tirando vantagem das prioridades das entradas de controle, como mostrado na Fig. 4.20(b). Um único X em uma linha significa que aquela linha representa na realidade duas linhas da tabela completa, com uma linha tendo um 0 na posição do X e outra tendo um 1. Dois Xs em uma linha significa que aquela linha representa na realidade quatro linhas da tabela completa, uma linha tendo 00 na posição dos Xs, uma outra tendo 01, uma outra 10 e ainda uma outra tendo 11. Da mesma forma, três Xs representam oito linhas. Observe que, se colocarmos as entradas de controle com prioridade mais elevada no lado esquerdo da tabela, conseguiremos que as funções da tabela permaneçam bem organizadas.

Processo de projeto de registradores

A Tabela 4.1 descreve um processo genérico para se projetar um registrador com qualquer número de funções.

TABELA 4.1 Processo de quatro passos para se projetar um registrador com múltiplas funções

Passo		Descrição
1	Determine o tamanho do multiplexador	Conte o número de funções (não esqueça da função que mantém o valor corrente!) e coloque um multiplexador à frente de cada flip-flop com, no mínimo, esse número de entradas.
2	Crie a tabela de funções do multiplexador	Crie uma tabela de funções que define as operações desejadas para cada valor possível das linhas de seleção do multiplexador.
3	Conecte as entradas do multiplexador	Para cada função, conecte a entrada de dados correspondente do multiplexador à entrada externa ou saída de flip-flop apropriada (possivelmente passando por alguma lógica combinacional) para obter a função desejada.
4	Mapeie as linhas de controle	Crie uma tabela-verdade que mapeia as linhas de controle externas nas linhas internas de seleção dos multiplexadores, com prioridades apropriadas, e então projete a lógica combinacional que implemente esse mapeamento.

Iremos ilustrar o processo de projeto de um registrador com outro exemplo.

▶ **EXEMPLO 4.7** **Registrador com carga, deslocamento e set e clear síncronos**

Queremos projetar um registrador com as seguintes funções: carga, deslocamento à esquerda, *clear* síncrono e *set* síncrono, tendo entradas exclusivas para cada operação (ld, shl, clr, set). A função de **clear síncrono** em um registrador significa carregar todo o registrador com 0s na próxima borda de subida do relógio. A função de **set síncrono** significa carregar todo o registrador com 1s na próxima borda de subida do relógio. O termo síncrono está incluído porque alguns registradores vêm com operações de *clear* ou *set assíncronos*. Seguindo o processo de projeto de registradores da Tabela 4.1, realizamos os seguintes passos:

Passo 1: **Determine o tamanho do multiplexador.** Há cinco funções: carga, deslocamento à esquerda, *clear* síncrono, *set* síncrono e *manutenção do valor atual*. Não esqueça da função que mantém o valor atual, já que essa operação está implícita.

Passo 2: **Crie a tabela de funções do multiplexador.** Usaremos as primeiras cinco entradas de um multiplexador 8x1 para as cinco funções desejadas. Para as três entradas restantes do multiplexador, optaremos pela manutenção do valor atual, embora essas entradas nunca devam ser utilizadas. A tabela está mostrada na Fig. 4.21.

Figura 4.21 Tabela de funções de um registrador com carga, deslocamento e *set* e *clear* síncrono.

s2	s1	s0	Operação
0	0	0	Mantenha o valor atual
0	0	1	Carga paralela
0	1	0	Desloque à esquerda
0	1	1	Clear síncrono
1	0	0	Set síncrono
1	0	1	Mantenha o valor atual
1	1	0	Mantenha o valor atual
1	1	1	Mantenha o valor atual

Passo 3: Conecte as entradas do multiplexador. Conectamos as entradas do multiplexador como ilustrado na Fig. 4.22, a qual mostra apenas o *n*-ésimo flip-flop e o multiplexador por simplicidade.

Figura 4.22 A *N*-ésima fatia de um registrador com as seguintes funções: manter o valor atual, carga paralela, deslocar à esquerda, *clear* síncrono e *set* síncrono.

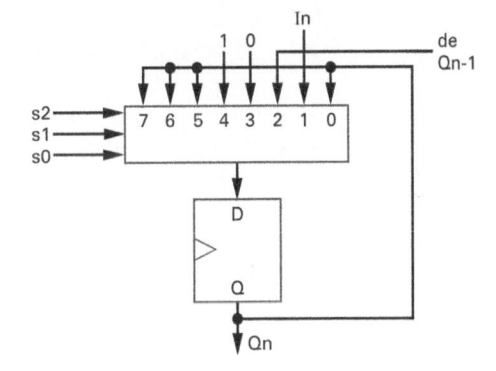

Passo 4: Mapeie as linhas de controle. Daremos a prioridade mais elevada à entrada clr, seguida por set, ld e shl. Assim, as entradas de controle do registrador serão mapeadas nas linhas de seleção do multiplexador 8x1 como mostrado na Fig. 4.23.

Entradas				Saídas			Operação
clr	set	ld	shl	s2	s1	s0	
0	0	0	0	0	0	0	Mantenha o valor atual
0	0	0	1	0	1	0	Desloque à esquerda
0	0	1	X	0	0	1	Carga paralela
0	1	X	X	1	0	0	*Set* (tudo com 1s)
1	X	X	X	0	1	1	*Clear* (tudo com 0s)

Figura 4.23 Tabela-verdade para as linhas de controle de um registrador com a *N*-ésima fatia mostrada na Fig. 4.22.

Observando cada saída da Fig. 4.23, deduzimos as equações que descrevem o circuito que mapeia as entradas de controle externas nas linhas de seleção do multiplexador. Assim, obtemos:

s2 = clr'*set
s1 = clr'*set'*ld'*shl + clr
s0 = clr'*set'*ld + clr

Então, poderemos criar um circuito combinacional que implementa essas equações, as quais mapeiam as entradas externas de controle do registrador nas linhas de seleção do multiplexador, completando assim o projeto do registrador. ◀

Alguns registradores vêm com entradas de controle de *clear* assíncrono e/ou *set* assíncrono. Essas entradas podem ser implementadas conectando-as às entradas de *clear* e/ou *set* assíncronos já existentes nos próprios flip-flops.

▶ 4.3 SOMADORES

A adição de dois números binários é possivelmente a mais comum das operações que é realizada com dados em um sistema digital. Um *somador de N bits* é um componente de bloco operacional que adiciona dois números A e B gerando uma soma S de *N* bits e um transporte (o "vai um") C de 1 bit. Por exemplo, um somador de quatro bits adiciona dois números de quatro bits, como 0111 e 0001, resultando uma soma de quatro bits, 1000 no caso, e um transporte de 0. A adição 1111 + 0001 produz um sinal de transporte de 1 e uma soma igual a 0000 ou 10000, no caso de você tratar o bit de transporte e os bits de soma como sendo um resultado de cinco bits. Freqüentemente, *N* é referido como sendo a *largura* do somador. O projeto de somadores que sejam rápidos e eficientes, mesmo que tenham um grande tamanho (largura), é um tema que vem recebendo uma considerável atenção há muitas décadas.

Embora pareça que possamos projetar um somador de *N* bits seguindo o processo da Tabela 2.5 para se projetar lógica combinacional, ocorre que a construção por esse processo de um somador de *N* bits deixa de ser prático quando *N* é muito maior do que quatro. Um somador de quatro bits tem duas entradas de quatro bits, ou seja, oito entradas no total, e tem quatro saídas de soma e uma saída de transporte. Assim, poderíamos construir o somador usando o processo padrão de projeto de lógica combinacional da Tabela 2.5. Por exemplo, um somador de dois bits, que adiciona dois números de dois bits, poderia ser projetado começando com a tabela-verdade mostrada na Fig. 4.24. Poderíamos então implementar a lógica usando uma implementação de dois níveis baseada em portas lógicas para cada uma das saídas.

Entradas				Saídas			Entradas				Saídas		
a1	a0	b1	b0	c	s1	s0	a1	a0	b1	b0	c	s1	s0
0	0	0	0	0	0	0	1	0	0	0	0	1	0
0	0	0	1	0	0	1	1	0	0	1	0	1	1
0	0	1	0	0	1	0	1	0	1	0	1	0	0
0	0	1	1	0	1	1	1	0	1	1	1	0	1
0	1	0	0	0	0	1	1	1	0	0	0	1	1
0	1	0	1	0	1	0	1	1	0	1	1	0	0
0	1	1	0	0	1	1	1	1	1	0	1	0	1
0	1	1	1	1	0	0	1	1	1	1	1	1	0

Figura 4.24 Tabela-verdade para um somador de dois bits.

O problema desse processo é que, para somadores com larguras maiores, resultam tabelas-verdade muito grandes e portas lógicas demasiadas. Um somador de 16 bits tem 16 + 16 = 32 entradas, significando que a tabela-verdade terá mais de *quatro bilhões de linhas*. Uma implementação de dois níveis dessa tabela, baseada em portas lógicas, provavelmente exigiria milhões de portas. Para ilustrar esse ponto, realizamos um experimento no qual usamos o processo padrão de projeto lógico combinacional para criar somadores com larguras crescentes, começando com somadores de um bit e daí para cima. Usamos a ferramenta de projeto lógico mais avançada disponível no mercado e solicitamos que ela criasse um circuito com dois níveis de lógica combinacional (um nível com portas AND que alimentam uma porta OR, no segundo nível, para cada saída) e um número mínimo de portas (na realidade, transistores).

O gráfico da Fig. 4.25 resume os nossos resultados. Observe com que rapidez o número de transistores cresce com a largura do somador. Esse crescimento rápido é um efeito do crescimento exponencial–se a largura do somador for *N* bits, o número de linhas na tabela-verdade será proporcional a 2^N (mais precisamente, a 2^{N+N}). Naturalmente, esse crescimento exponencial impede-nos de usar o processo de projeto padrão para somadores com larguras superiores a oito ou dez bits. No nosso experimento, não conseguimos completá-lo para larguras maiores do que oito bits – a ferramenta simplesmente não pôde completar o projeto em tempo razoável. Ela precisou de três segundos para construir o somador de seis bits, quarenta segundos para o somador de sete bits e trinta minutos para o de oito bits. Depois de um dia inteiro, o somador de nove bits ainda não tinha sido terminado. Analisando esses dados, poderá você prever o número de transistores exigidos para um somador de 16 bits, ou de 32 bits, usando dois níveis de portas? Com base na figura, parece que o número de transistores duplica a cada aumento de N. Temos cerca de 1000 transistores para $N = 5$, 2000 transistores para $N = 6$, 4000 para $N = 7$ e 8000 para $N = 8$. Assumindo que essa tendência continua para somadores mais largos, então um somador de 16 bits teria oito duplicações além do somador de oito bits. Isso significa que o somador de oito bits será multiplicado por $2^8 = 256$. Assim, um somador de 16 bits exigiria 8000 * 256 = cerca de dois milhões de transistores. Um somador de 32 bits exigiria dezesseis duplicações além do somador de 16 bits, significando que o somador de 16 bits será multiplicado por $2^{16} = 64K$, ou seja, dois milhões vezes 64K = acima de *100 bilhões de transistores*. Esse é um número exorbitante de transistores. Está claro que precisamos de uma outra abordagem para projetar somadores com larguras maiores.

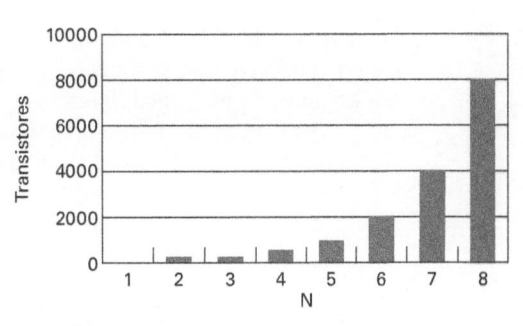

Figura 4.25 Por que somadores de muitos bits de largura não são construídos usando a lógica combinacional padrão de dois níveis–observe o crescimento exponencial? Quantos transistores seriam necessários para um somador de 32 bits?

Somador – estilo propagação de "vai um" (*carry-ripple*)

Há uma outra abordagem, ao invés do processo padrão, para se projetar um circuito lógico combinacional capaz de somar dois números binários. Consiste na criação de um circuito que imita a forma pela qual nós somamos à mão dois números, isto é, uma coluna de cada vez. Considere a adição, coluna a coluna, de um número binário A=1111 (15 na base 10) e um outro B=0110 (6 na base 10), como mostrado na Fig. 4.26.

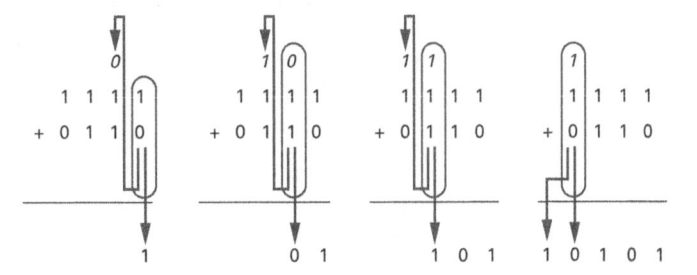

Figura 4.26 Adição de dois números binários à mão, coluna a coluna.

Em cada coluna, somaremos três bits para obter o bit de resultado da soma além do bit de "vai um" para a próxima coluna. A primeira coluna é uma exceção, porque somaremos apenas dois bits, mas ainda assim estaremos produzindo uma soma e um bit de "vai um". O bit de "vai um" da última coluna torna-se o quinto bit da soma, resultando 10101 (21 na base 10).

Podemos projetar um componente combinacional para fazer tal adição, a qual necessariamente deve se realizar em uma única coluna. As entradas e saídas desse componente estão mostradas na Fig. 4.27. Então, tudo que precisamos fazer é projetar esse componente, para que realize a adição em uma coluna, e em seguida conectar diversos deles, como mostrado na Fig. 4.27, criando assim um somador de quatro bits. Tenha em mente, no entanto, que esse método de criação de somadores tem por objetivo o projeto eficiente de somadores com larguras maiores, como o de oito bits visto antes ou com mais bits. Estamos ilustrando esse método por meio de um somador de apenas quatro bits, porque essa largura de bits torna os nossos números pequenos e fáceis de serem lidos. No entanto, se realmente necessitarmos de um somador de quatro bits, o processo padrão para se desenvolver o projeto lógico combinacional em dois níveis também funcionará bem.

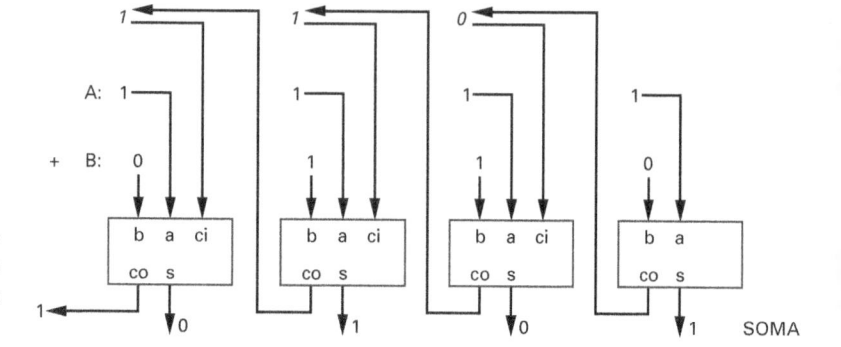

Figura 4.27 Uso de componentes combinacionais para somar dois números binários coluna a coluna.

Agora, projetaremos os componentes de cada coluna da Fig. 4.27.

Meio-somador

Um *meio-somador* é um componente combinacional que adiciona dois bits (a e b) e gera uma soma (s) e um bit de transporte de "vai um" (co)*. (Note que *não* dissemos que um meio-somador soma *dois números de dois bits* – um meio-somador adiciona simplesmente *dois bits*.) O componente na extrema direita da Fig. 4.27 é um meio-somador. Ele soma os dois bits (a e b) da coluna mais à direita e produz a soma (s) e o "vai um" (co). Usando o processo direto de projeto lógico combinacional do Capítulo 2, podemos projetar um meio-somador como segue:

Entradas		Saídas	
a	b	co	s
0	0	0	0
0	1	0	1
1	0	0	1
1	1	1	0

Figura 4.28 Tabela-verdade de um meio-somador.

Passo 1: Capture a função. Usaremos uma tabela-verdade para capturar a função. A tabela-verdade apropriada está mostrada na Fig. 4.28.

Passo 2: Converta para equações. Vemos claramente que co = ab e s = a'b + ab'. Observe que a equação s = a'b + ab' é a mesma que s = a xor b.

Passo 3: Crie o circuito. O circuito de um meio-somador, que implementa as equações anteriores, está mostrado na Fig. 4.29(a). A Fig. 4.29(b) mostra o símbolo, usado em diagramas de blocos, do meio-somador.

Somador completo

Um *somador completo* é um componente combinacional que adiciona três bits (a, b e ci) e gera uma soma (s) e um bit de transporte de "vai um" (co). (Note que *não* dissemos que um somador completo adiciona *dois números de três bits* – um somador completo adiciona simplesmente *três*

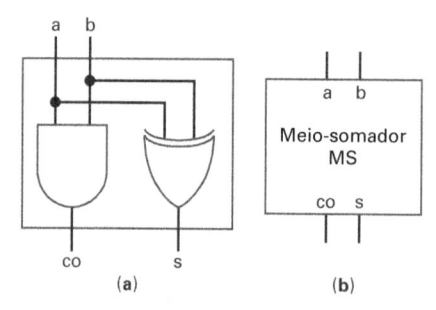

Figura 4.29 Meio-somador: (a) circuito e (b) símbolo para diagrama de blocos.

---

* N. de T: De *carry out*, transportar para fora, em inglês.

bits.) Os três componentes da Fig. 4.27 são somadores completos. Cada um soma dois bits mais o bit de transporte de "vem um" (ci),* que vem da coluna da direita, produzindo a soma (s) e o "vai um" (co). Usando o processo direto de projeto lógico combinacional, podemos projetar um somador completo como segue:

Passo 1: Capture a função. Usaremos uma tabela-verdade para capturar a função, a qual está mostrada na Fig. 4.30.

Passo 2: Converta para equações. Obtemos as seguintes equações para co e s. Por simplicidade, escreveremos ci como c. Usaremos métodos algébricos para simplificar as equações.

```
co = a'bc + ab'c + abc' + abc
co = a'bc + abc + ab'c + abc + abc' + abc
co = (a'+a)bc + (b'+b)ac + (c'+c)ab
co = bc + ac + ab
s = a'b'c + a'bc' + ab'c' + abc
s = a'(b'c + bc') + a(b'c' + bc)
s = a'(b xor c) + a(b xor c)'
s = a xor b xor c
```

Entradas			Saídas	
a	b	ci	co	s
0	0	0	0	0
0	0	1	0	1
0	1	0	0	1
0	1	1	1	0
1	0	0	0	1
1	0	1	1	0
1	1	0	1	0
1	1	1	1	1

Figura 4.30 Tabela-verdade do somador completo.

Durante a simplificação algébrica da equação de co, notamos que cada um dos três primeiros termos pode ser combinado com o último abc, porque cada um dos três primeiros termos é diferente do último em apenas uma variável. Assim, criamos três instâncias (cópias) do último termo abc (o que não altera a função) e combinamos esses termos com cada um dos três primeiros. Não se preocupe se agora você não conseguir acompanhar essa simplificação; a Seção 6.2 apresentará métodos que tornam essa simplificação mais direta. Se você já leu aquela seção, você poderá tentar o uso de um mapa de Karnaugh (introduzido naquela seção) para simplificar as equações.

Passo 3: Crie o circuito. O circuito de um somador completo está mostrado na Fig. 4.31(a). A Fig. 4.31(b) mostra o símbolo, usado em diagramas de blocos, do somador completo.

Somador de quatro bits com propagação do bit de transporte de "vai um"

Usando três somadores completos e um meio-somador, podemos projetar um somador de quatro bits com propagação de "vai um". Ele soma dois números de quatro bits produzindo a soma de quatro bits e também o bit de transporte de "vai um", como mostrado na Fig. 4.32.

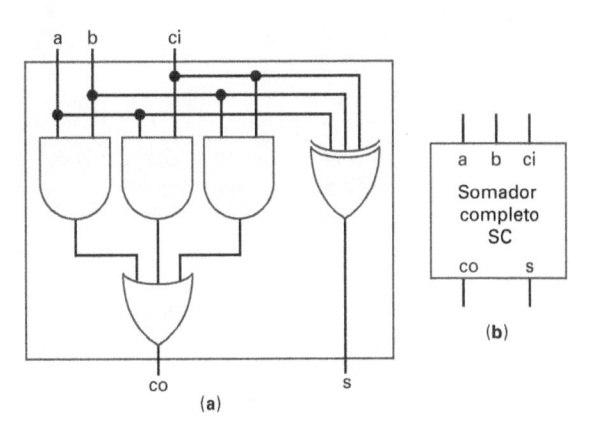

Figura 4.31 Somador completo: (a) circuito e (b) símbolo para diagrama de blocos.

---

* N. de T: De *carry in*, transportar para dentro, em inglês.

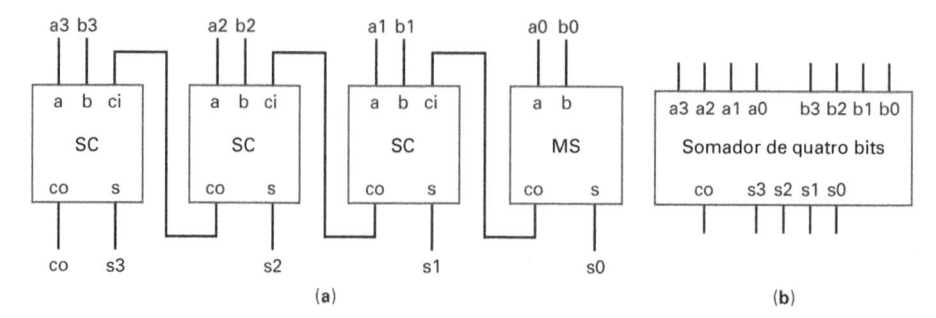

Figura 4.32 Somador de quatro bits: (a) implementação com propagação do bit de transporte de "vai um" usando três somadores completos e um meio-somador e (b) símbolo para diagrama de blocos.

Podemos incluir um bit de "vem um" no somador de quatro bits. Isso nos permitirá conectar somadores de quatro bits, formando somadores com larguras maiores de bit. Para incluir o bit de "vem um", substituímos o meio-somador (que estava na posição de extrema direita) por um somador completo, como mostrado na Fig. 4.33.

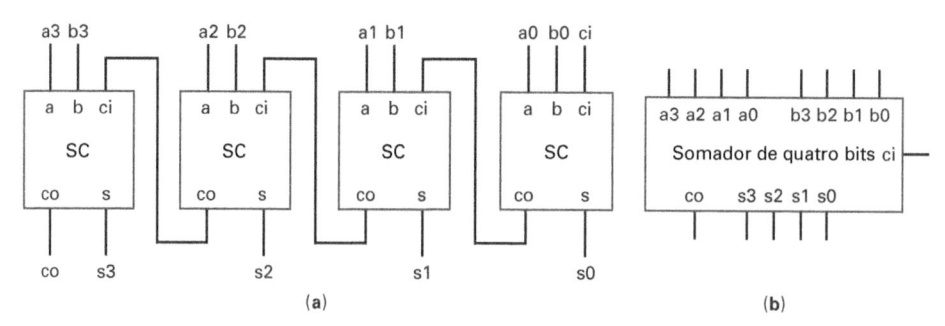

Figura 4.33 Somador de quatro bits: (a) implementação com propagação do bit de transporte e uma entrada de "vem um", e (b) símbolo de diagrama de blocos.

Vamos analisar o comportamento desse somador. Suponha que todas as entradas tenham sido 0s por um longo tempo. Isso significa que S será 0000, co será 0 e todos os valores de ci nos somadores completos também serão 0. Agora, suponha que simultaneamente A torne-se 0111 e B, 0001 (sabemos que a soma dos dois é 1000). Esses novos valores de A e B irão se propagar através dos somadores completos. Suponha que o atraso de um somador completo seja 2 ns. Assim, 2 ns após A e B terem mudado de valor, as saídas de soma dos somadores completos irão mudar, como mostrado na Fig. 4.34(a). Desse modo, s3 irá se tornar 0+0+0=0 (com co3=0), s2 irá se tornar 1+0+0=1 (com co2=0), s1 irá se tornar 1+0+0=1 (com co1=0), e s0 irá se tornar 1+1=0 (com co0=1). No entanto, 1111+0110 não deve ser 00110–pelo contrário, deveria ser 01000. O que é que aconteceu de errado?

Não aconteceu nada de errado; o somador com propagação do "vai um" simplesmente não está pronto depois de apenas 2 ns. Após 2 ns, co0 mudou de 0 para 1. Agora, devemos dar tempo para que o *novo* valor de co0 propague-se através do próximo somador completo. Assim, após mais 2 ns, s1 será igual a 1+0+1=0 e co2 irá se tornar 1. Desse modo, após 4 ns (o atraso de dois somadores completos), a saída será 00100, como mostrado na Fig. 4.34(b).

Fique esperando. Após um terceiro atraso, o novo valor de co2 terá se propagado através do próximo somador completo, resultando que s2 irá se tornar 1+0+1=0 e co2 será igual a 1. Assim, depois de um atraso de três somadores completos, a saída será 00000, como mostrado na Fig. 4.34(c).

Só mais um pouco de paciência. Após um quarto atraso de somador completo, co2 terá tido tempo para se propagar através do último somador, resultando que s3 irá se tornar

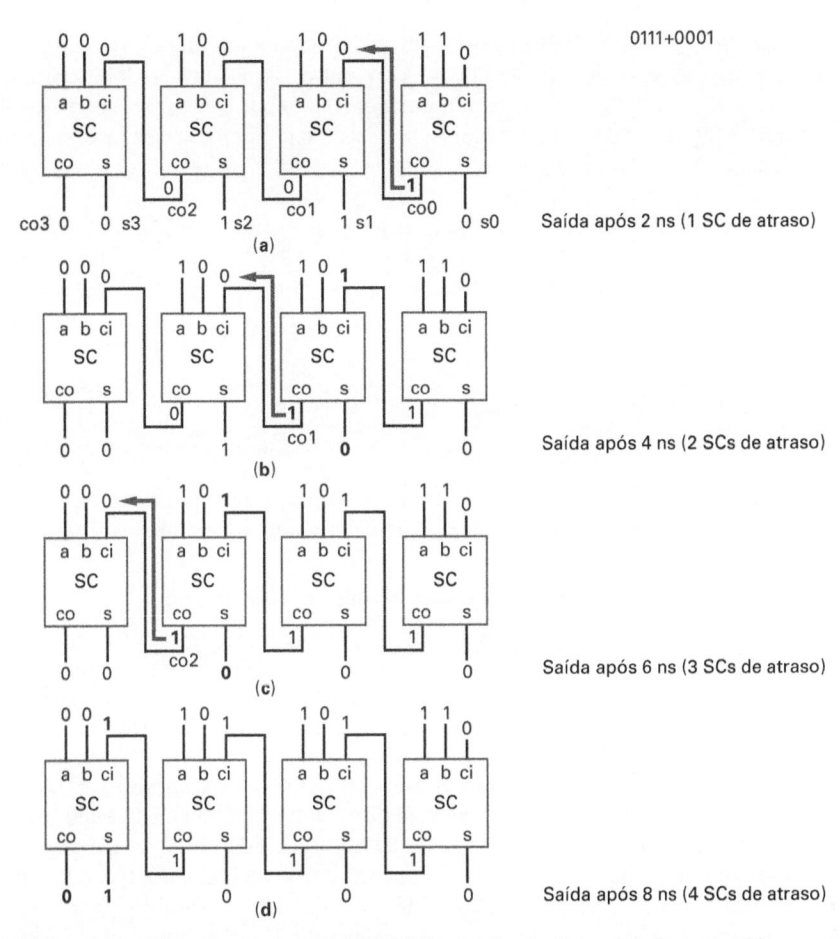

Figura 4.34 Exemplificação da soma 0111+0001 usando um somador de quatro bits com propagação de "vai um". Temporariamente, a saída irá exibir resultados incorretos (espúrios) até que o bit de transporte que se origina no somador completo mais à direita tenha tido tempo de se propagar até o somador completo mais à esquerda.

0+0+1=1 e co3 permanecerá 0. Assim, depois de um atraso de quatro somadores completos, a saída será 01000, como mostrado na Fig. 4.34(d), sendo que 01000 é o resultado correto.

Há diversas formas de se denominar os somadores. Preferimos a expressão "propagação de vai um" para ser consistente com os nomes de outros tipos de somadores, como "seleção de vai um" e "antecipação de vai um", que serão descritos no Capítulo 6.

Recapitulando, até que os bits de transporte tivessem tido tempo para se propagar através de todos os somadores, da direita à esquerda, a saída não estava correta. Os valores intermediários são conhecidos como **valores espúrios**. O atraso do somador de quatro bits, ou seja, o tempo que precisamos esperar até que a saída torne-se o valor estável correto, é igual ao atraso de quatro somadores completos, ou 8 ns neste caso, que é o tempo necessário para que os bits de transporte propaguem-se através de todos os somadores; daí o termo **somador com propagação de "vai um"**.

No início, os estudantes confundem freqüentemente somadores completos com somadores de N bits. Um somador de três bits adiciona dois números de três bits. Um somador completo produz um bit de soma e um bit de "vai um". Usualmente, um somador completo é usado para somar apenas *uma coluna* de dois números binários, ao passo que um somador de N bits é usado para somar dois números de N bits.

Um somador de N bits freqüentemente apresenta um bit de "vem um", de modo que o somador pode ser colocado em cascata com outros somadores de N bits para formar somadores maiores. A Fig. 4.35(a) mostra um somador de oito bits construído a partir de dois somadores de quatro bits. Quando somamos dois números de oito bits, devemos fazer o bit de "vem um" à direita ser 0. A Fig. 4.35(b) mostra o símbolo para diagrama de blocos desse somador de oito bits.

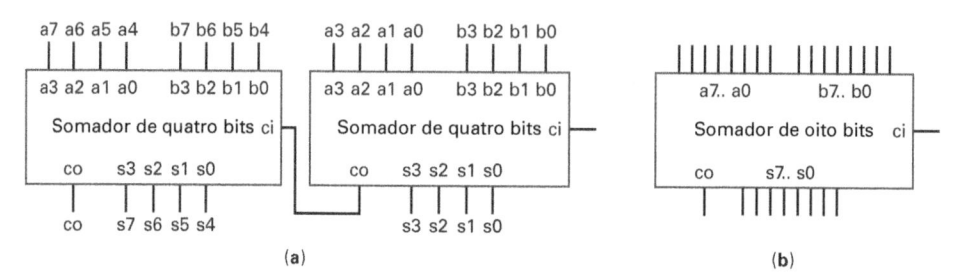

Figura 4.35 Somador de oito bits: (a) implementação com propagação de "vai um" construída a partir de dois somadores com propagação de "vai um" e (b) símbolo de diagrama de blocos.

▶ **EXEMPLO 4.8 Calculadora que realiza somas baseada em DIP-switch**

Vamos projetar uma calculadora muito simples que pode somar dois números binários de oito bits e produzir um resultado de oito bits. Os números binários de entrada virão de chaves DIP de oito botões deslizantes e a saída será mostrada através de oito LEDs, como mostrado na Fig. 4.36. Uma chave **DIP** (***Dual Inline Package***)* de oito bits é um componente digital simples com botões ou chaves que um usuário pode mover para cima ou para baixo. Em cima, é gerado um 1 no bit correspondente e, em baixo, é gerado um 0. Um **LED** (*light-emitting diode*) é apenas uma pequena lâmpada que acende, quando a entrada do LED é 1, e apaga, quando a entrada é 0.

Podemos implementar essa calculadora utilizando no bloco *CALC* um somador de oito bits com propagação de "vai um", como mostrado na Fig. 4.36. Quando uma pessoa move os botões da chave DIP, novos valores binários propagam-se através das portas do somador. Isso produz saídas intermitentes e conseqüentemente faz com que alguns LEDs pisquem rapida-

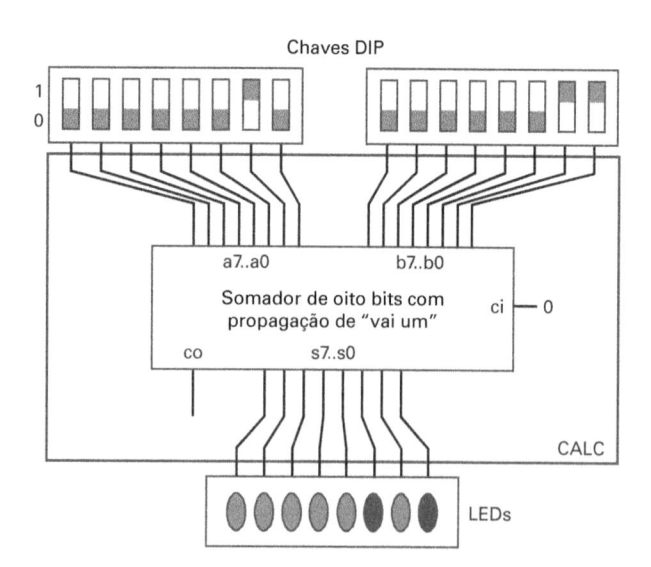

Figura 4.36 Uma calculadora para realizar soma baseada em chaves DIP de oito bits. A figura mostra a soma 2+3=5.

---

* N. de T: Encapsulamento Dual Inline. A expressão "Dual Inline" refere-se a duas filas (linhas) de pinos em paralelo que estão embaixo da chave, usados para conectar eletricamente os botões deslizantes a outros circuitos.

mente até que finalmente os valores tenham se propagado através de todo o circuito. Nesse momento, a saída estabiliza-se e os LEDs exibem corretamente a nova soma.

Se quisermos evitar o piscar dos LEDs, devido aos valores intermitentes, poderemos introduzir no sistema um botão i (significando "é igual a"), que indicará quando o novo valor deverá ser exibido. Apertaremos o botão i somente após ter configurado as duas chaves DIP com novos valores de entrada que deverão ser somados. Podemos usar a entrada i com um registrador, como na Fig. 4.37. Conectamos a entrada i à entrada load de um registrador de carga paralela. Quando uma pessoa move as chaves DIP, novos valores intermitentes aparecem nas saídas do somador. No entanto, esses valores serão bloqueados na entrada do registrador, ao mesmo tempo que o registrador mantém o valor anterior e conseqüentemente os LEDs estarão exibindo esse valor. A seguir, quando o botão i é pressionado, o registrador será carregado na próxima borda de relógio e então os LEDs irão exibir o novo valor.

Observe que o valor exibido será correto apenas se a soma for igual ou inferior a 255. Poderíamos ligar co a um quinto LED para exibir somas entre 256 e 511.

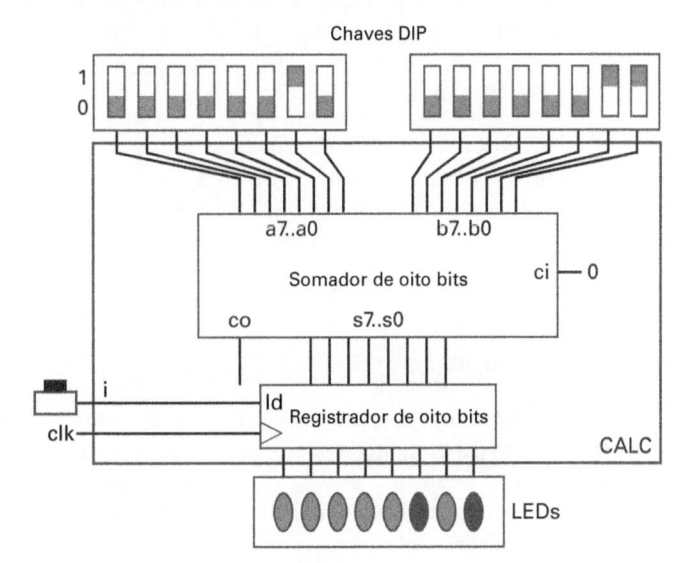

Figura 4.37 Uma calculadora para realizar somas, baseada em chaves DIP de oito bits, usando um registrador para bloquear as saídas espúrias nos LEDs. Esses LEDs são atualizados somente após o botão ser pressionado, fazendo com que o registrador de saída seja carregado.

Atraso e tamanho de um somador com propagação de "vai um"

Assumindo que os somadores completos são implementados usando dois níveis de portas (portas AND seguidas por uma OR) e que cada porta tem um atraso de 1 ns, vamos calcular o atraso total de um somador de 32 bits com propagação de "vai um". Iremos calcular também o tamanho de um somador como esse.

Para determinar o atraso, observe primeiro que o "vai um" deve se propagar desde o primeiro somador completo até o trigésimo segundo. O atraso do primeiro somador é 2 portas * 1 ns/porta = 2 ns. Agora, o novo "vai um" deverá se propagar através do segundo somador completo, resultando em mais 2 ns, e assim por diante. Desse modo, o atraso total do somador de 32 bits será 2 ns/somador completo * 32 somadores completos = 64 ns.

Para determinar o tamanho, observe que um somador completo requer aproximadamente cinco portas (dizemos aproximadamente porque a porta OR de três entradas de um somador requer mais transistores do que uma porta AND de duas entradas. Uma porta XOR de três entradas requer ainda mais transistores). Como o somador de 32 bits tem 32 somadores completos, o tamanho total do somador de 32 bits, com propagação de "vai um", será 5 portas/ somador completo * 32 somadores completos = 160 portas.

O somador de 32 bits, com propagação de "vai um", tem um atraso grande, mas um número razoável de portas. Na Seção 6.4, veremos como construir somadores mais rápidos, à custa de mais portas, mas usando ainda um número razoável de portas.

▶ **EXEMPLO 4.9** Balança com compensação de peso usando um somador

Uma balança, como de banheiro, usa um sensor para determinar o peso de alguma coisa (como uma pessoa) que esteja sobre ela. As leituras feitas desse mesmo objeto podem variar com o tempo, devido ao desgaste do sistema de sensor (como uma mola que perde a elasticidade), resultando possivelmente na exibição de um peso que é alguns quilogramas menor. Assim, a balança pode ter um botão que a pessoa gira para compensar o peso menor. O botão indica o valor que deve ser acrescentado a um dado peso antes de ser exibido. Suponha que o botão possa ser ajustado para produzir um valor de compensação de 0, 1, 2, ..., 7, como mostrado na Fig. 4.38.

Podemos implementar o sistema usando um somador de oito bits, com propagação de "vai um", como mostrado na figura. Em cada borda de subida do relógio, o registrador do mostrador será carregado com a soma do peso medido mais o valor de compensação. ◀

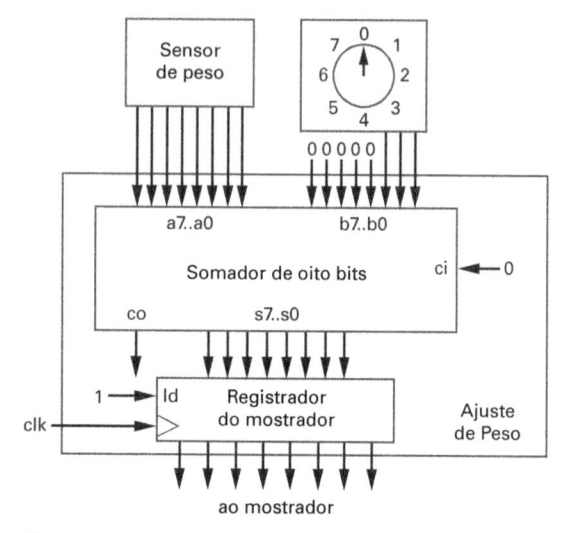

Figura 4.38 Balança com compensação: o mostrador circular exibe um número de 0 a 7 (000 a 111). Esse número é somado ao peso que foi medido produzindo uma soma que então é exibida.

▶ ## 4.4 DESLOCADORES

O deslocamento de bits é uma operação comum aplicada a dados. O deslocamento pode ser usado para manipular bits, como quando queremos inverter a ordem dos bits de um número. O deslocamento é útil para se transmitir dados serialmente, como foi feito no Exemplo 4.6.

O deslocamento também é útil para multiplicar ou dividir por dois. Na base 10, você deve estar familiarizado com a idéia de que se pode multiplicar por 10 acrescentando simplesmente um 0 a um número. Por exemplo, 5 vezes 10 é 50. Acrescentar um 0 é o mesmo que realizar o deslocamento de uma posição à esquerda. Do mesmo modo, na base 2, pode-se multiplicar por 2 acrescentando um 0, ou seja, deslocando os bits uma posição à esquerda. Assim, 0101 vezes 2 é 1010. Além disso, na base 10, pode-se multiplicar por 100 acrescentando-se dois 0s, ou seja, um deslocamento de duas vezes à esquerda. Desse modo, na base 2, pode-se multiplicar por 4 fazendo um deslocamento de duas vezes à esquerda. Na base 2, deslocar os bits à esquerda três vezes é o mesmo que multiplicá-los por 8, e assim por diante. Como deslocar bits à esquerda é o mesmo que multiplicá-los por 2, deslocar à direita é o mesmo que dividi-los por 2. Assim, 1010 dividido por 2 é 0101.

Embora o deslocamento possa ser feito usando um registrador de deslocamento, algumas vezes precisamos de um componente combinacional específico para realizá-lo. Isso deve ser feito deslocando números diferentes de posições e em ambos os sentidos.

Deslocadores simples

Um *deslocador de N bits* é um componente que pode deslocar uma entrada de N bits um certo número de vezes para gerar uma saída de N bits.

O deslocador mais simples faz um deslocamento de uma posição em um dado sentido. Digamos que queiramos um deslocador para fazer um deslocamento de uma posição à esquerda. O projeto desse deslocador simples é imediato, consistindo simplesmente de fios, como mostrado na Fig. 4.39(a) para o caso de um deslocador de quatro bits. Observe que o deslocador tem uma entrada adicional (in, de *input*, entrada) para o valor que deverá ser deslocado para a posição do bit mais à direita.

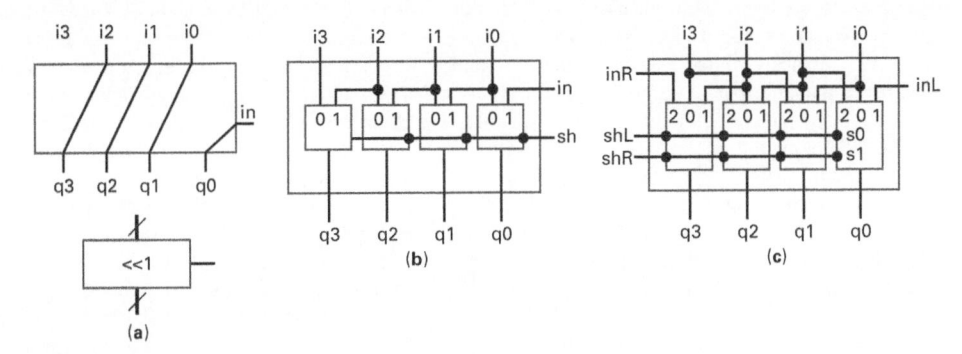

Figura 4.39 Deslocadores combinacionais: (a) deslocador à esquerda com o símbolo de diagrama de blocos mostrado embaixo, (b) componente de deslocamento à esquerda ou de passagem, (c) componente de deslocamento à esquerda/direita ou de passagem.

Um deslocador mais avançado pode fazer deslocamentos de uma posição à esquerda quando uma entrada adicional sh (de *shift*, deslocar) for 1, ou deixar as entradas passarem através do componente até as saídas sem realizar deslocamentos quando sh for 0. Podemos projetar esse deslocador usando multiplexadores 2x1, como mostrado na Fig. 4.39(b).

Um deslocador ainda mais avançado poderá fazer deslocamentos de uma posição à esquerda ou à direita, como mostrado na Fig. 4.39(c). Quando ambas as entradas de controle forem 0, os valores de entrada passam através do componente sem sofrer alterações. Quando shL=1, o deslocador faz um deslocamento à esquerda e, quando shR=1, o deslocador faz um deslocamento à direita. Quando ambas essas entradas de controle são 1, o deslocador pode ser projetado para gerar 0s na saída, pela ligação de 0s às entradas I3 dos multiplexadores (não mostrado). Outras expansões desse deslocador simples são possíveis, como permitir deslocamentos de uma posição ou duas. As estruturas internas desses deslocadores com múltiplas funções requerem multiplexadores grandes e o mapeamento das entradas de controle para as linhas de seleção dos multiplexadores, exatamente como se tornou necessário no projeto dos registradores com múltiplas funções.

▶ **EXEMPLO 4.10 Um conversor aproximado de graus Celsius para Fahrenheit usando um deslocador**

Recebemos um termômetro digital que digitaliza a temperatura em graus Celsius produzindo um número binário C de oito bits. Assim, 30 graus Celsius seria digitalizado como 00011110. Queremos converter essa temperatura em graus Fahrenheit, novamente com oito bits. A equação de conversão necessária é:

F = C*9/5 + 32

Vamos assumir que não estamos preocupados com a exatidão e, assim, substituiremos a equação por uma mais simples:

F = C*2 + 32

Podemos projetar o conversor facilmente usando um deslocador à esquerda (com o valor de entrada de deslocamento igual a 0) para calcular C*2, e então um somador para acrescentar 32 (00100000), como mostrado na Fig. 4.40.

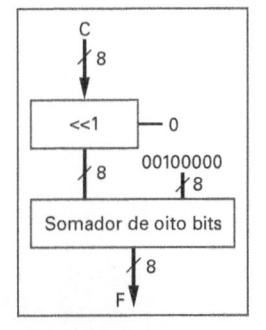

Figura 4.40 Conversor de graus Celsius para Fahrenheit.

> **FAHRENHEIT VERSUS CELSIUS**

Os Estados Unidos representam a temperatura usando a escala Fahrenheit, ao passo que a maior parte do mundo usa a escala Celsius do sistema métrico. Presidentes e outros líderes americanos têm desejado a mudança para o sistema métrico há quase tanto tempo quanto a existência dos Estados Unidos. Muitas leis foram promulgadas ao longo dos séculos, sendo que a mais recente foi a Metric Conversion Act de 1975 (emendada diversas vezes desde então). Essa lei designa o sistema métrico como sendo o sistema preferido de pesos e medidas para ser usado nas atividades comerciais dos Estados Unidos. Mesmo assim, a mudança para o sistema métrico tem sido lenta e atualmente poucos americanos sentem-se confortáveis com ela. O problema dessa transição lenta foi pungentemente demonstrado em 1999 quando a nave espacial Mars Climate Orbiter, custando diversas centenas de milhões de dólares, foi destruída ao entrar rápido demais na atmosfera de Marte. A razão: "um erro de navegação resultou de alguns comandos da espaçonave terem sido enviados em unidades inglesas ao invés de terem sido convertidas para unidades métricas." (Fonte: www.nasa.gov). Será que, se todos os leitores deste livro que moram nos Estados Unidos usassem a escala Celsius quando estivessem conversando, não iríamos acelerar a transição? Assim, em lugar de dizer "Hoje está fazendo um calor de noventa graus lá fora", diga "Hoje está fazendo um calor de trinta e dois graus lá fora". Na realidade, deveríamos dizer "Hoje está fazendo um calor de três dezenas e dois graus lá fora" (você se lembra da maneira correta de se fazer contagem do Capítulo 1?).

▶ **EXEMPLO 4.11 Média de temperatura**

Lembre-se do Exemplo 4.3, no qual registradores foram usados para memorizar o histórico dos valores de temperatura dos três últimos períodos de relógio. Queremos estender esse sistema para memorizar, não os três, mas os quatro últimos valores. Queremos também que o sistema calcule a média dos quatro últimos valores e que coloque esse valor em uma saída Tmed. A média dos quatro valores Ra, Rb, Rc e Rd é (Ra+Rb+Rc+Rd)/4. Observe que dividir por quatro é o mesmo que fazer um deslocamento de duas posições (com um valor de entrada de deslocamento de 0), como mostrado na Fig. 4.41. ◀

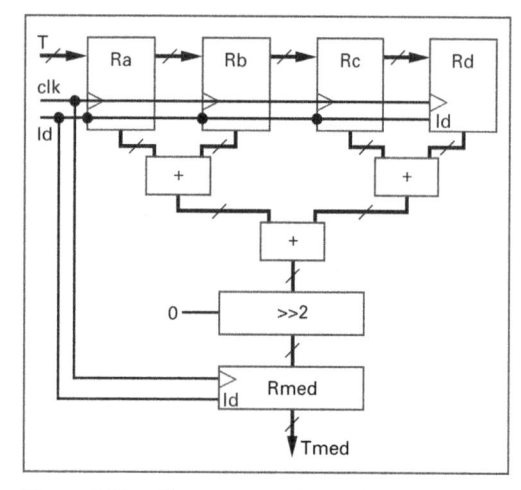

Figura 4.41 Sistema para determinar a temperatura média usando um registrador deslocador que executa dois deslocamentos para fazer a divisão por quatro.

Deslocador barrel*

Um ***deslocador barrel de N bits*** é um deslocador de N bits para uso geral que pode realizar deslocamentos ou rotações de qualquer número de posições. No momento, por simplicidade, vamos considerar apenas deslocamentos à esquerda. Um deslocador *barrel* de oito bits pode realizar deslocamentos de 1 posição, 2 posições, 3 posições, 4 posições, 5 posições, 6 posições, ou 7 posições à esquerda (e naturalmente 0 posições, significando que nenhum deslocamento deve ser realizado). Portanto, um deslocador *barrel* de oito bits requer apenas

---

* N. de T: Literalmente, deslocador barril, em português.

três linhas de controle, digamos x, y e z, para especificar o valor do deslocamento, xyz=000 pode significar nenhum deslocamento, xyz=001 significará deslocamento de uma posição, xyz=010, deslocamento de duas posições, etc.

Poderíamos projetar esse deslocador *barrel* colocando um multiplexador 8x1 à frente de cada uma das oito saídas do deslocador, conectando xyz às entradas de seleção dos oito multiplexadores e, em seguida, conectando as entradas de cada multiplexador com as entradas adequadas do deslocador para cada configuração de x, y e z. Assim, em cada multiplexador, a entrada I0 (correspondendo a xyz=000 e significando ausência de deslocamento) irá simplesmente receber a entrada do deslocador que está na mesma posição que o bit de saída que está sendo considerado. A entrada I1 (correspondendo a xyz=001 e significando deslocamento de uma posição à esquerda) irá receber a entrada do deslocador que está uma posição à direita. A entrada I2 (xyz=010, significando deslocamento de duas posições à esquerda) irá receber a entrada do deslocador que está duas posições à direita, e assim por diante.

Mesmo que seja conceitualmente simples, esse projeto exige fios demasiados para serem estendidos. Por outro lado, também não se presta bem para ser ampliado com larguras maiores de bit, como no caso de um deslocador *barrel* de 32 bits; um multiplexador 32x1 não pode ser construído usando dois níveis de portas (AND/OR), porque portas com 32 entradas são grandes demais para serem implementadas de forma eficiente e, ao contrário, devem ser implementadas usando-se portas menores dispostas em múltiplos níveis.

Um projeto mais elegante de um deslocador *barrel* de oito bits consiste em três deslocadores simples dispostos em cascata, como mostrado na Fig. 4.42. O primeiro pode realizar deslocamentos de quatro (ou nenhuma) posições à esquerda, o segundo, duas (ou nenhuma) posições à esquerda, e o terceiro, uma (ou nenhuma) posição à esquerda. Observe que os deslocamentos "somam-se" entre si: deslocar duas posições à esquerda e então mais uma resulta em um deslocamento total de três posições. Assim, configurando cada deslocador adequadamente, podemos obter qualquer deslocamento com um valor total de posições entre zero e sete. A conexão das entradas de controle x, y e z é fácil: pense simplesmente em xyz como sendo o número binário que representa o número de deslocamentos, x representa um deslocamento de quatro posições, y representa duas posições e z, uma posição. Desse modo, simplesmente conectamos x à entrada do deslocador de quatro posições, y à entrada do de duas posições e z à entrada do de uma posição.

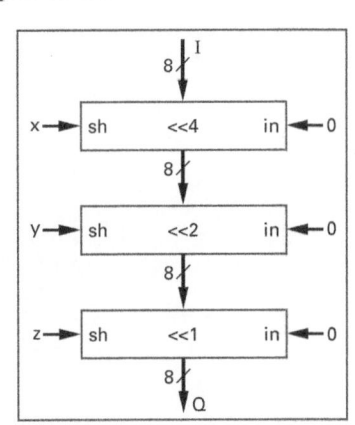

Figura 4.42 Um deslocador *barrel* de oito bits (apenas deslocamento à esquerda).

O projeto acima examinou um deslocador *barrel* que podia realizar deslocamentos apenas para a esquerda. Podemos facilmente ampliar o deslocador *barrel* para incluir ambos os deslocamentos à esquerda e à direita. Vamos substituir os deslocadores à esquerda internos por deslocadores que podem fazer deslocamentos à esquerda e à direita, sendo que cada um tem uma entrada de controle para indicar o sentido do deslocamento. Então, o deslocador *barrel* também terá uma entrada de controle de sentido, que estará conectada à entrada de controle de sentido de cada um dos deslocadores internos.

▶ 4.5 COMPARADORES

Freqüentemente, queremos comparar dois números binários para ver se são iguais ou se um deles é maior do que o outro. Por exemplo, poderemos querer soar um alarme se um termômetro, que mede a temperatura corporal de uma pessoa, indica uma temperatura superior a 39 graus Celsius. Os componentes comparadores realizam tais comparações entre números binários.

Comparador de igualdade (identidade)

Um **comparador de igualdade** (*equality comparator*) **de N bits** (algumas vezes chamado de **comparador de identidade**) é um componente de bloco operacional que compara duas entradas A e B de *N* bits, produzindo na saída um sinal de controle igual a 1 quando as duas entradas são iguais. Duas entradas de *N* bits, digamos duas entradas de quatro bits A=a3a2a1a0 e B=b3b2b1b0, serão iguais se cada par de bits correspondentes forem iguais. Assim, A=B se a3=b3, a2=b2, a1=b1 e a0=b0.

Seguindo o processo de projeto lógico combinacional da Tabela 2.5, começamos obtendo a função de um comparador de igualdade de quatro bits na forma de uma equação:

eq = (a3b3+a3'b3') * (a2b2+a2'b2') * (a1b1+a1'b1') * (a0b0+a0'b0')

Cada termo detecta se os bits correspondentes são iguais, ou seja, se ambos os bits são 1 ou se ambos os bits são 0. As expressões que estão dentro dos parênteses representam o comportamento de uma porta XNOR (lembre-se do Capítulo 2 que uma porta XNOR produz um 1 de saída quando os dois bits de entrada da porta são iguais). Assim, podemos substituir a equação anterior pela equação equivalente:

eq = (a3 xnor b3) * (a2 xnor b2) * (a1 xnor b1) * (a0 xnor b0)

Convertemos essa equação no circuito da Fig. 4.43.

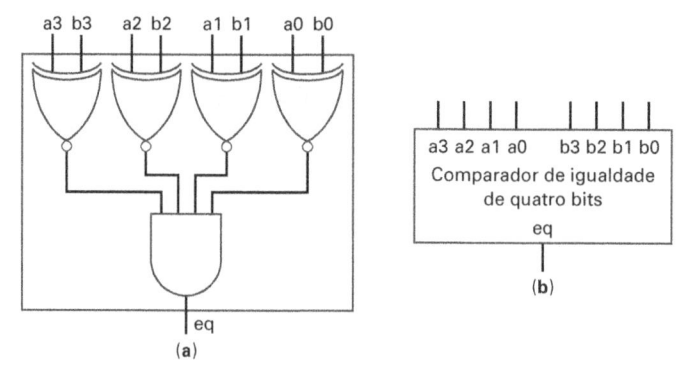

Figura 4.43 Comparador de igualdade: (a) estrutura interna e (b) símbolo de diagrama de blocos.

Naturalmente, poderíamos ter construído o comparador partindo de uma tabela-verdade, mas isso seria muito trabalhoso no caso de um comparador grande, já que haveria demasiadas linhas para que a tabela-verdade fosse trabalhada facilmente à mão. Uma abordagem que usa tabela-verdade enumera todas as possíveis situações em que os bits são todos iguais, já que somente essas situações têm um 1 na coluna da saída eq. No caso de dois números de quatro bits, uma dessas situações será 0000=0000. Uma outra será 0001=0001. Claramente, há tantas situações quantos são os números binários de quatro bits–isto significa que há 2^4=16 situações em que ambos os números são iguais. No caso de dois números de oito bits, há 256 situações de igualdade. No caso de dois números de 32 bits, há quatro bilhões de situações de igualdade. Um comparador construído segundo essa abordagem será grande se não minimizarmos a equação. Por outro lado, essa minimização será difícil devido à grande quantidade de termos. O nosso projeto, que se baseou em portas XNORs, parece ser muito mais simples e pode ser ampliado facilmente para entradas que tenham uma largura elevada de bits.

Comparador de magnitude – usando propagação do bit de transporte (*carry-ripple*)

Um *comparador de magnitude de N bits* é um componente de bloco operacional que compara dois números binários A e B e indica se A>B, A=B ou A<B.

Já vimos diversas vezes que, quando se começa o projeto de certos componentes de blocos operacionais a partir de uma tabela-verdade, essa se torna grande demais. Em lugar disso, vamos projetar um comparador de magnitude analisando como nós comparamos números à mão. Considere a comparação de dois números de quatro bits $A=a3a2a1a0$ e $B=b3b2b1b0$. Começamos olhando os bits de ordem mais elevada de A e B, ou seja, a3 e b3. Como eles são iguais (ambos são 1), olhamos então o próximo par de bits, a2 e b2. Novamente, como são iguais (ambos são 0), olhamos o próximo par de bits, a1 e b1. Como a1>b1 (1>0), concluímos que A>B.

Assim, a comparação de dois números binários é feita pela comparação que se inicia com os pares de bits de ordem mais elevada e segue até os de ordem menos elevada. Se os bits de um par forem iguais, precisaremos comparar o par seguinte, de ordem menos elevada. Tão logo os bits de um par forem diferentes, concluiremos que A>B se ai=1 e bi=0, ou que A<B se bi=1 e ai=0. Desse modo, projetamos um comparador de magnitude usando a estrutura* mostrada na Fig. 4.44.

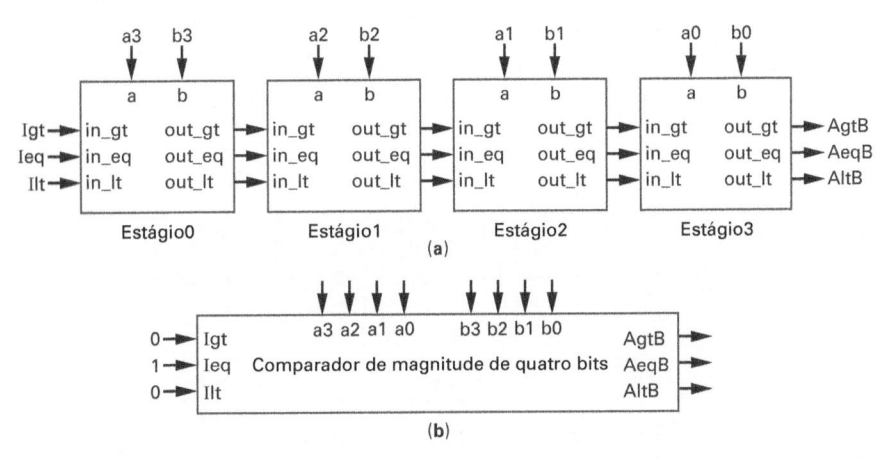

Figura 4.44 Comparador de magnitude de quatro bits: (a) estrutura interna usando componentes idênticos em cada estágio e (b) símbolo de diagrama de blocos.

Cada estágio funciona como segue. Se in_gt=1 (significando que um estágio de ordem mais elevada determinou que A>B), então este estágio não precisa comparar bits e simplesmente produz a saída out_gt=1. Do mesmo modo, se in_lt=1 (significando que um estágio de ordem mais elevada determinou que A<B), então este estágio simplesmente produz a saída out_lt=1. Se in_eq=1 (significando que os pares de bits nos estágios de ordem mais elevada eram todos iguais), então este estágio deve comparar bits e gerar uma saída out_gt=1 se a=1 e b=0, uma saída out_lt=1 se a=0 e b=1, ou então uma saída out_eq=1 se a e b forem ambos iguais a 1 ou 0.

Poderíamos obter a função de um bloco de estágio usando uma tabela-verdade com cinco entradas. Por brevidade, no entanto, iremos simplesmente usar as seguintes equações que foram deduzidas da explicação anterior sobre o funcionamento de cada estágio. O circuito para cada um desses estágios resulta diretamente dessas equações:

---

* N. de T: A exemplo de casos anteriores, alguns termos serão mantidos no original. Pode ser oportuno dar as seguintes indicações: *in* (de *input*, entrada), *out* (de *output*, saída), *gt* (de *greater than*, maior do que), *eq* (de *equal*, igual) e *lt* (de *less than*, menor do que).

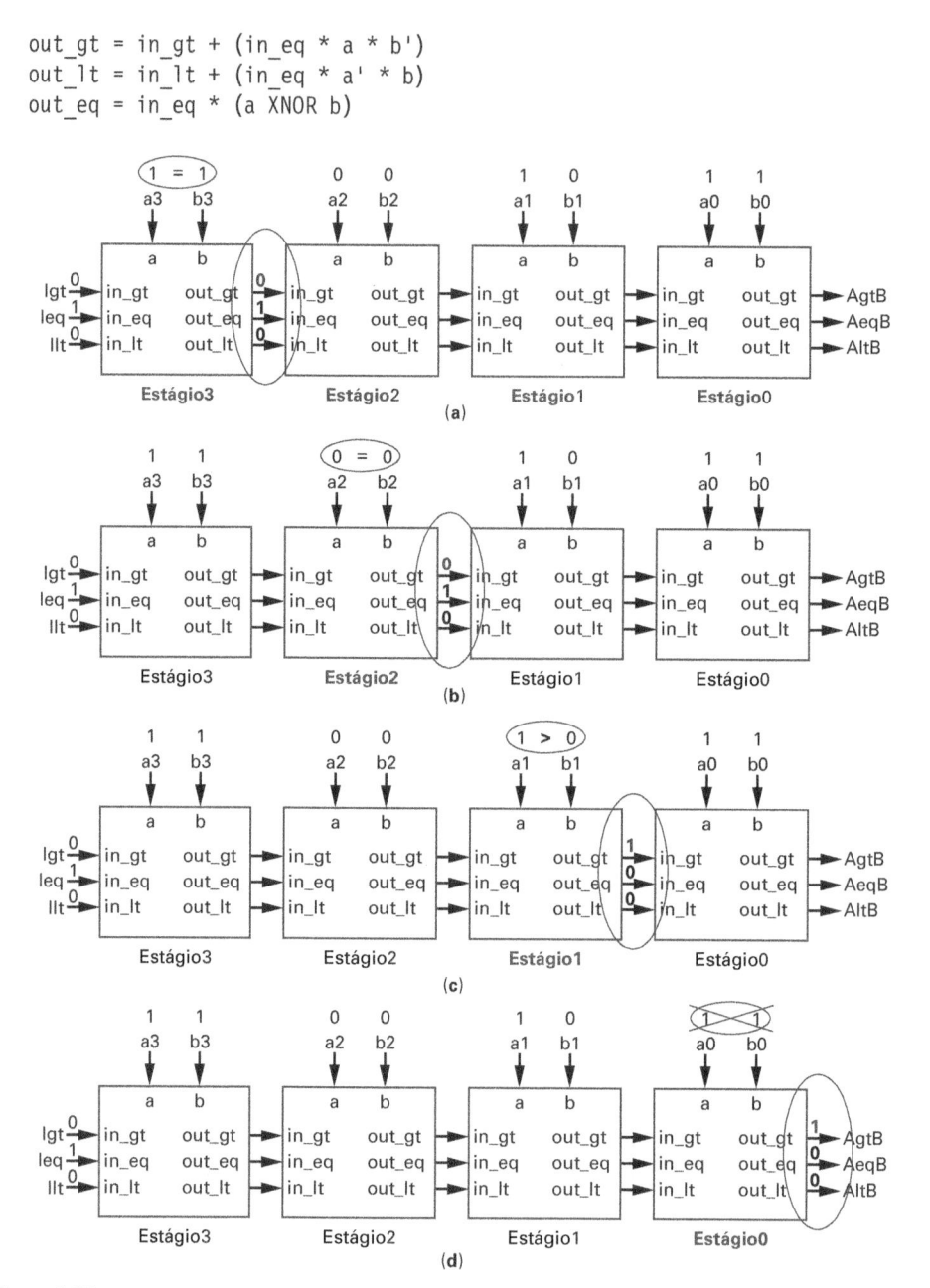

```
out_gt = in_gt + (in_eq * a * b')
out_lt = in_lt + (in_eq * a' * b)
out_eq = in_eq * (a XNOR b)
```

Figura 4.45 A propagação interna de um comparador de magnitude.

A Fig. 4.45 mostra o funcionamento desse comparador para as entradas A=1011 e B=1001. Podemos ver que o comportamento do comparador consiste em quatro estágios:

- No *Estágio3*, mostrado na Fig. 4.45(a), começamos fazendo na entrada externa Ieq=1, obrigando o comparador a fazer a comparação. O *Estágio3* tem in_eq=1 e, como a3=1 e b3=1, então out_eq irá se tornar 1, ao passo que out_gt e out_lt serão 0.

- No *Estágio2*, mostrado na Fig. 4.45(b), vemos que, como a saída out_eq do *Estágio3* está conectada à entrada in_eq do *Estágio2*, então a in_eq do *Estágio2* será 1. Como a2=0 e b2=0, então out_eq irá se tornar 1, ao passo que out_gt e out_lt serão 0.

- No *Estágio1*, mostrado na Fig. 4.45(c), vemos que, como a saída out_eq do *Estágio2* está conectada à entrada in_eq do *Estágio1*, então a in_eq do *Estágio1* será 1. Como a1=1 e b1=0, então out_gt irá se tornar 1, ao passo que out_eq e out_lt serão 0.

- No *Estágio0*, mostrado na Fig. 4.45(d), vemos que as saídas do *Estágio1* obrigam in_gt do *Estágio0* a ser 1, o que diretamente força out_gt do *Estágio0* a ser 1, e out_eq e out_lt a serem 0. Observe que os valores de a0 e b0 são irrelevantes. Como as saídas do *Estágio0* estão ligadas às saídas externas do comparador, AgtB será 1, ao passo que AeqB e AltB serão 0.

Como o resultado propaga-se através dos estágios de maneira semelhante à de um somador com propagação do bit de transporte de "vai um", um comparador de magnitude, assim construído, é freqüentemente referido como tendo uma implementação do tipo "*com propagação de bit de transporte*", embora na realidade o que está se propagando não seja um bit de transporte.

O comparador de magnitude de quatro bits pode ser conectado facilmente a outro comparador de quatro bits para construir um comparador de magnitude de oito bits, e desse modo também outros comparadores de qualquer tamanho, simplesmente conectando as saídas de comparação de um comparador (AgtB, AeqB e AltB) às entradas de comparação do próximo comparador (Igt, Ieq e Ilt).

Se cada estágio for construído com dois níveis de lógica e uma porta tiver um atraso de 1 ns, então cada estágio terá um atraso de 2 ns. Assim, o atraso do comparador de magnitude de quatro bits, com propagação de bit de transporte, terá 4 estágios * 2 ns/estágio = 8 ns. Um comparador de 32 bits construído dessa forma terá um atraso de 32 estágios * 2 ns/estágio = 64 ns.

▶ **EXEMPLO 4.12** **Determinando o menor de dois números usando um comparador**

Queremos projetar um componente combinacional que toma duas entradas A e B de oito bits, e produz uma saída C de oito bits que é a menor entre A e B. Podemos usar um comparador de magnitude e um multiplexador 2x1 de oito bits para implementar esse componente, como mostrado na Fig. 4.46.

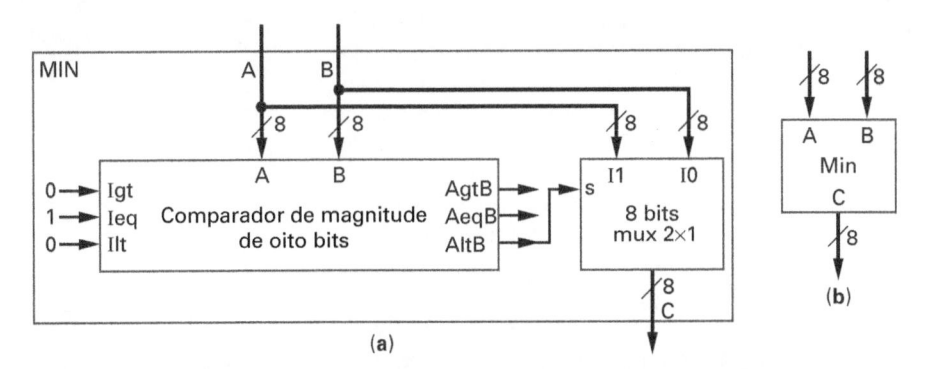

Figura 4.46 Um componente combinacional para determinar o menor entre dois números; (a) projeto interno usando um comparador de magnitude e (b) símbolo de diagrama de blocos.

Se A<B, a saída AltB será 1. Nesse caso, queremos que A passe através do multiplexador. Assim, conectamos AltB à entrada de seleção do multiplexador 2x1 de oito bits e A à entrada I1 do multiplexador. Se AltB for 0, então AgtB=1 ou AeqB=1. Se AgtB=1, iremos querer que B passe. Se AeqB=1, poderemos passar A ou B (pois são iguais). Optamos por passar B. Então, devemos simplesmente conectar B à entrada I0 do multiplexador 2x1 de oito bits. Em outras palavras, se A<B, passaremos A e, se A não for menor que B, passaremos B.

Observe que tornamos a entrada de controle Ieq do comparador igual a 1, e as entradas Igt e Ilt iguais a 0. Esses valores obrigam o comparador a comparar as suas entradas de dados. ◀

▶ 4.6 CONTADORES

Um *contador de N bits* é um componente construído a partir de uma extensão de um registrador de N bits, que pode incrementar ou decrementar o próprio valor a cada ciclo de relógio, quando uma entrada de controle de habilitação de contagem é 1. *Incrementar* significa adicionar 1, *decrementar* significa subtrair 1. Um contador que pode incrementar é conhecido como *contador crescente* (*up-counter*), um contador que pode decrementar é conhecido como *contador decrescente* (*down-counter*) e um contador que pode incrementar e decrementar é conhecido como *contador crescente/decrescente* (*up-down-counter*). Assim, um contador crescente de quatro bits produz a seguinte seqüência: 0000, 0001, 0010, 0011, 0100, 0101, 0110, 0111, 1000, 1001, 1010, 1011, 1100, 1101, 1110, 1111, 0000, 0001, etc. Observe que o contador dá uma *volta completa* retornando do valor mais alto (1111) a 0. Do mesmo modo, um contador decrescente dá uma volta completa indo de 0 para o valor mais elevado. Uma saída de controle do contador, freqüentemente chamada de *contagem terminal*, ou tc (*terminal counter*), torna-se 1 durante o ciclo de relógio no qual o contador atinge seu último (terminal) valor de contagem, após o que o contador retorna ao primeiro valor da contagem.

A Fig. 4.47 mostra o símbolo para diagrama de blocos de um contador crescente de quatro bits. Quando cnt=1, o contador incrementa o seu próprio valor a cada ciclo de relógio. Quando cnt=0, o contador mantém o seu valor corrente. Durante o ciclo em que o contador vai retornar de 1111 para 0000, o contador faz tc=1 durante aquele ciclo e, no próximo ciclo, faz tc retornar a 0.

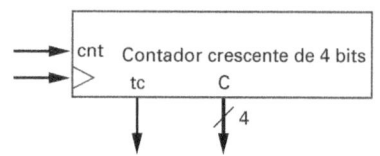

Figura 4.47 Símbolo para diagrama de blocos de um contador crescente de quatro bits.

Contador crescente

Podemos projetar um contador crescente de N bits usando o processo de projeto de registradores descrito na Tabela 4.1 – o valor incrementado do registrador irá alimentar uma entrada de multiplexador e as linhas de controle do contador serão mapeadas para as linhas de seleção do multiplexador. Uma vista mais simples de um projeto de contador crescente está mostrada na Fig. 4.48, na qual se assume que há um componente incrementador para somar 1 ao valor corrente. Quando cnt=0, o registrador deve manter o seu valor corrente. Quando cnt=1, o registrador deve ser carregado com o seu valor corrente mais 1. Note que a porta AND de quatro entradas obriga a contagem terminal tc a tornar-se 1 quando o contador chega a 1111.

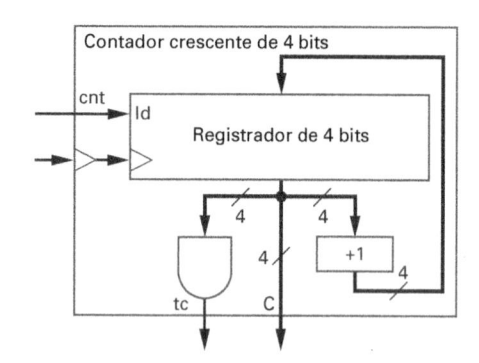

Figura 4.48 Projeto interno de um contador crescente de quatro bits.

Incrementador

Precisamos projetar um circuito combinacional para o contador crescente. Poderíamos simplesmente usar um somador de N bits, colocando na entrada B o valor 0001 e um 0 na entrada de "vem um". No entanto, usar um somador de N bits é demais porque não precisamos de toda a lógica envolvida em somador de N bits, uma vez que B sempre será apenas 0001. Em lugar disso, observe, na Fig. 4.49, que somar 1 a um número binário envolve apenas dois bits por coluna, e não três, como quando dois números binários quaisquer são somados.

Lembre-se de que um meio-somador adiciona dois bits (veja a Seção 4.3). Assim, um contador crescente simples poderia ser construído usando meios-somadores, como mostrado na Fig. 4.50.

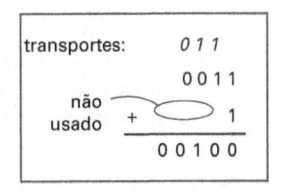

Figura 4.49 Somar 1 a um números binário requer apenas dois bits por coluna.

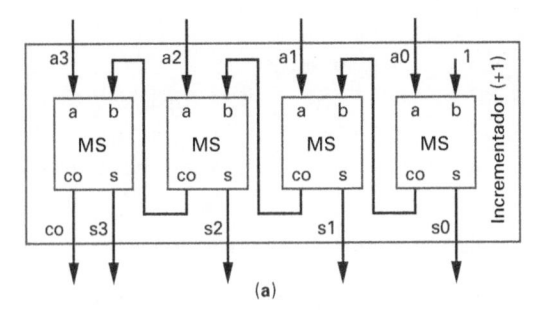

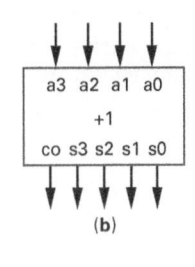

Figura 4.50 Contador crescente de quatro bits: (a) projeto interno e (b) símbolo para diagrama de blocos.

Em lugar disso, podemos projetar um contador crescente usando o processo de projeto lógico combinacional do Capítulo 2. Começamos com a tabela-verdade, mostrada na Fig. 4.51. Obtemos a saída de cada linha simplesmente somando 1 ao número binário correspondente que está na coluna de entradas na mesma linha. Em seguida, deduzimos uma equação para cada coluna de saída. Por exemplo, podemos facilmente ver que a equação para $c0$ é $c0=a3a2a1a0$. Podemos também ver facilmente que $s0=a0'$. Devemos deduzir as equações das demais saídas e, em seguida, implementar um circuito para cada uma delas. O contador crescente resultante terá um atraso total de apenas dois níveis de portas, o que é um atraso inferior ao do contador crescente da Fig. 4.50, construído com meios-somadores.

Poderíamos usar o mesmo processo de projeto lógico combinacional para construir incrementadores maiores. Lembre-se que dissemos na Seção 4.3 que a constru-

Entradas				Saídas				
a3	a2	a1	a0	c0	s3	s2	s1	s0
0	0	0	0	0	0	0	0	1
0	0	0	1	0	0	0	1	0
0	0	1	0	0	0	0	1	1
0	0	1	1	0	0	1	0	0
0	1	0	0	0	0	1	0	1
0	1	0	1	0	0	1	1	0
0	1	1	0	0	0	1	1	1
0	1	1	1	0	1	0	0	0
1	0	0	0	0	1	0	0	1
1	0	0	1	0	1	0	1	0
1	0	1	0	0	1	0	1	1
1	0	1	1	0	1	1	0	0
1	1	0	0	0	1	1	0	1
1	1	0	1	0	1	1	1	0
1	1	1	0	0	1	1	1	1
1	1	1	1	1	0	0	0	0

Figura 4.51 Tabela-verdade para um incrementador de quatro bits.

ção de somadores, usando o processo de projeto lógico combinacional, não era muito prática. No entanto, construímos um incrementador usando esse processo. Uma diferença chave a ser observada é que um somador de quatro bits tem oito entradas, ao passo que um incrementador de quatro bits tem apenas quatro entradas. Assim, a partir do processo de projeto lógico combinacional, poderemos construir incrementadores com larguras maiores usando implementações com lógicas de dois níveis. Naturalmente, em algum ponto, mesmo o número de entradas de um incrementador torna-se grande demais. Nesse caso, poderemos encadear incrementadores menores para formar um incrementador maior.

▶ **EXEMPLO 4.13** **Contador crescente usado no display acima do espelho retrovisor**

Nos Exemplos 4.4 e 4.6, assumimos que quando se apertava o botão de modo, as entradas xy iriam seguir a seqüência 00, 01, 10, 11 voltando a 00 novamente. Um projeto simples para se conseguir tal seqüência, assumindo que a entrada de modo é 1 durante exatamente um ciclo de relógio a cada aperto do botão (veja Exemplo 3.9), utiliza um contador crescente, como mostrado na Fig. 4.52. ◀

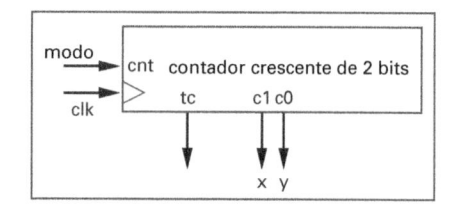

Figura 4.52 Seqüenciador para as entradas xy do *display* colocado acima do espelho retrovisor.

▶ **EXEMPLO 4.14** **Gerador de pulsos de 1 Hz usando um oscilador de 256 Hz**

Suponha que tenhamos um oscilador de 256 Hz, mas gostaríamos de ter um sinal com pulsos de 1 Hz. Poderemos converter o sinal de 256 Hz em um sinal p de 1 Hz usando um contador de oito bits. Esse contador retorna a zero a cada 256 ciclos. Portanto, podemos simplesmente conectar o sinal do oscilador à entrada de relógio do contador, manter a entrada cnt do contador em 1 e então usar a saída tc do contador como sinal de pulsos, como mostrado na Fig. 4.53. Um sinal de 1 Hz pode ser útil para acionar um relógio de horas, por exemplo, já que 1 Hz significa um pulso por segundo. ◀

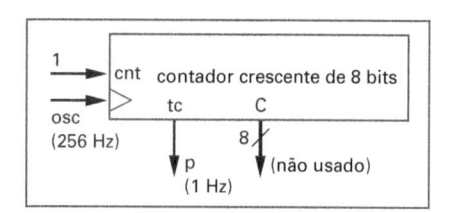

Figura 4.53 Divisor de relógio.

Contador decrescente

Um contador decrescente pode ser projetado de forma semelhante à de um contador crescente, substituindo o incrementador por um decrementador, como mostrado na Fig. 4.54 para o caso de um contador decrescente de quatro bits. Um decrementador poderia ser projetado de forma similar a um incrementador, começando com uma tabela-verdade, como a da Fig. 4.51. Note que a saída tc de contagem terminal torna-se 1 quando o contador decrescente chega a 0000, implementado com uma porta NOR (lembre-se de que a porta NOR dá saída 1 quando todas as suas entradas são 0). A razão do contador decrescente detectar 0000 para tc, ao invés de 1111, como no contador crescente, é que um contador decrescente retorna ao início da contagem depois de 0000, como na seguinte seqüência de contagem: 0100, 0011, 0010, 0001, 0000, 1111, 1110, ...

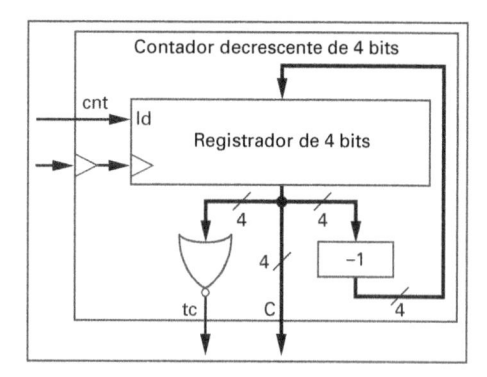

Figura 4.54 Projeto interno de um contador decrescente de quatro bits.

Contador crescente/decrescente

Um contador crescente/decrescente pode contar tanto para cima (contagem crescente) como para baixo (contagem decrescente). Ele requer uma entrada de sinal dir para indicar a direção da contagem, além do sinal de habilitação de contagem cnt. Vamos definir dir=0 como significando uma contagem crescente, e dir=1 como decrescente. A Fig. 4.55 mostra o projeto desse contador crescente/decrescente de quatro bits com uma entrada de controle de *clear* (*reset*) síncrono. Um multiplexador 2x1 deixa passar ou o valor decrementado ou o incrementado, com dir fazendo a seleção entre os dois: dir=0 (contagem crescente) faz passar o valor incrementado e dir=1 (contagem decrescente) deixa

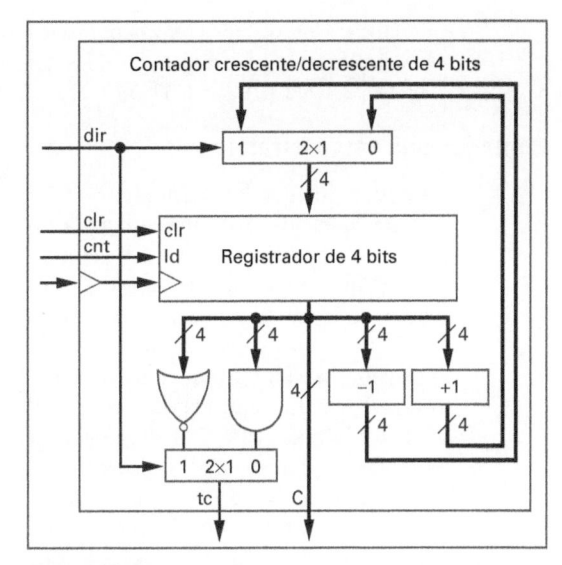

Figura 4.55 Projeto de um contador crescente/decrescente de quatro bits.

passar o valor decrementado. O valor escolhido, depois de passar através do multiplexador, é carregado no registrador de quatro bits se cnt=1. O sinal dir também seleciona a saída ou da porta NOR ou da AND, que será passada para a saída externa de contagem terminal tc – quando dir=0 (contagem crescente) a AND será selecionada, ao passo que quando dir=1 (contagem decrescente) a NOR será a escolhida.

Alternativamente, poderíamos projetar um contador crescente/decrescente usando o processo de projeto da Seção 4.2, conectando diretamente as saídas do incrementador e do decrementador a multiplexadores colocados à frente de cada flip-flop e mapeando os sinais de controle clr, cnt e dir para as linhas de seleção do multiplexador.

Observe que acrescentamos também uma entrada de controle clr, que poderia ter sido acrescentada aos contadores crescente e decrescente anteriores. Quando está em 1, essa entrada faz o ***reset síncrono*** do registrador, ou seja, obriga as saídas do registrador a serem todas 0 na borda de subida de relógio. Usamos um registrador de quatro bits com *clear* para que o contador pudesse dispor da operação de *clear*.

▶ **EXEMPLO 4.15** **Seqüenciador luminoso**

Queremos projetar um sistema com oito lâmpadas enfileiradas, de modo que as lâmpadas sejam acesas, uma de cada vez, da direita para a esquerda e mantenham-se repetindo essa seqüência de iluminação à taxa de uma lâmpada por um segundo. Esse painel luminoso poderá ser atrativo se for colocado no lado de fora de um restaurante ou cinema, por exemplo.

Por simplicidade, assumimos que temos um oscilador que gera um sinal de relógio de 1 Hz (significando uma borda de subida por segundo). Iremos conectar esse relógio a um contador crescente de três bits, e ligar as três saídas do contador a um decodificador 3x8, como mostrado na Fig. 4.56.

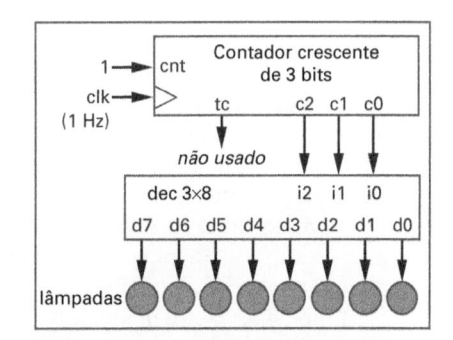

Figura 4.56 Seqüenciador luminoso.

Quando o sistema é energizado, ele contará para cima (não sabemos qual era o valor inicial do contador, mas isso realmente não importa), retornando de 111 a 000. Não necessitamos da saída tc neste exemplo.

Observe que usamos um *contador de três bits com um decodificador* e não um contador de oito bits, mesmo que houvesse oito saídas. Um contador de oito bits iria gerar a seqüência 00000000, 00000001, 00000010, ..., 11111110, 11111111. Essa seqüência não é a desejada. ◄

Contador com carga paralela

Freqüentemente, os contadores vêm com a capacidade de inicialização do valor de contagem. Isso é conseguido carregando-se o registrador do contador com dados em paralelo. A Fig. 4.57 mostra o projeto de um contador crescente de quatro bits com carga paralela. Quando a entrada de controle ld é 1, o multiplexador 2x1 deixa passar a entrada L com os dados a serem carregados; quando ld é 0, o multiplexador deixa passar o valor incrementado. Além disso, fazemos uma operação OR com os sinais ld e cnt do contador para gerar o sinal de carga do registrador. Quando cnt é 1, o valor incrementado é carregado. Quando ld é 1, os dados da carga paralela são carregados. Mesmo que cnt seja 0, ld=1 fará o registrador ser carregado. De modo semelhante, um contador decrescente ou um crescente/decrescente poderia ser ampliado para permitir carga paralela.

A carga paralela é útil quando queremos gerar um sinal pulsado que não pode ser obtido diretamente quando se deixa o contador retornar ao valor inicial pulsando a sua saída tc naturalmente. Um contador de *N* bits retorna naturalmente a seu valor inicial a cada 2^N ciclos. O que fazer se quisermos um pulso a cada *X* ciclos, sendo que *X* não é

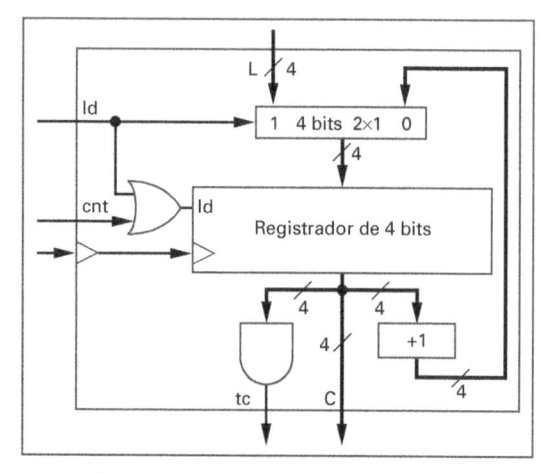

Figura 4.57 Projeto interno de um contador crescente de quatro bits com carga paralela.

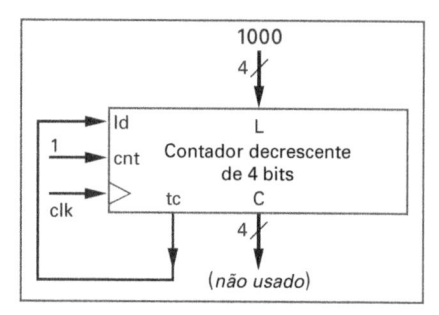

Figura 4.58 Um esquema de contador que produz um pulso tc a cada nove ciclos.

uma potência de 2? Por exemplo, digamos que tenhamos um contador decrescente de quatro bits, que normalmente pulsa a saída tc e retorna ao início a cada 16 ciclos, e suponha que queiramos um pulso a cada 9 ciclos. Podemos conseguir isso, fazendo uma carga paralela em L com o valor 9 menos 1, ou seja, 8 (1000), e conectando a saída tc à entrada de controle de carga ld, como mostrado na Fig. 4.58. Quando o contador atinge seu menor valor (0000), tc irá se tornar 1, obrigando a entrada ld a se tornar 1. Assim, no próximo ciclo de relógio, o contador irá carregar 1000, ao invés de fazer um retorno ao valor inicial 1111. (Observação: a carga ocorre no *próximo* ciclo, não no atual, porque tc muda para 1 *após* a borda de subida de relógio, de modo que o novo valor de ld não estará disponível até a próxima borda de relógio.) Desse modo, o contador iria mostrar a seqüência 8, 7, 6, 5, 4, 3, 2, 1, 0, pulso em tc e então vai para 8. A razão pela qual carregamos 9 menos 1, ao invés de 9, mesmo que queiramos um pulso a cada 9 ciclos, é porque devemos lembrar que o 0 faz parte da seqüência de contagem, do mesmo modo que contar de forma decrescente de 15 a 0 toma 16 ciclos.

Podemos usar um contador crescente para o mesmo propósito, mas o valor de carga deve ser igual ao total de ciclos menos o número de ciclos desejados. Assim, no exemplo anterior, usaríamos um valor total de 16 – 9 = 7 (0111). O contador mostraria a seqüência 7, 8, 9, 10, 11, 12, 13, 14, 15, pulso em tc, e então vai para 7.

▶ **EXEMPLO 4.16**   **Display de contagem regressiva para véspera de ano novo**

No Exemplo 2.30, utilizamos um microprocessador para gerar uma saída, com os números 59 a 0, e com base nessa saída usamos um decodificador para acender uma entre 60 lâmpadas. Neste exemplo, substituiremos o microprocessador por um contador decrescente de carga paralela para realizar a contagem de 59 até 0. Suponha que tenhamos à disposição um contador decrescente de oito bits, que pode contar de 255 até 0. Precisamos carregar 59 e então decrementar. Assuma que uma pessoa pode apertar um botão chamado reset para carregar o valor 59 no contador, e então mover uma chave decrementar da posição de 0 (não contar) para a posição 1 (contar), para começar a contagem regressiva. A implementação do sistema está mostrada na Fig. 4.59.

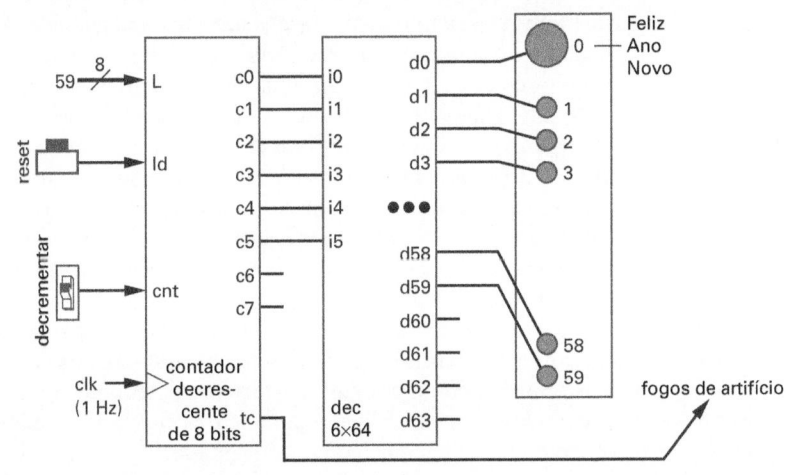

Figura 4.59   Sistema de contagem regressiva para Feliz Ano Novo, usando um contador decrescente.

Observe que o sinal tc é a nossa indicação de "Feliz Ano Novo". Conectamos esse sinal a uma saída chamada fogos_de_artificio e assumimos que ela ativa um dispositivo que acende os fogos de artifício. Feliz Ano Novo!   ◀

▶ **EXEMPLO 4.17**   **Gerador de pulsos de 1 Hz usando um oscilador de 60 Hz**

No Brasil, a eletricidade que chega às casas opera na forma de uma corrente alternada com uma freqüência de 60 Hz. Muitos aparelhos eletrodomésticos convertem esse sinal em um sinal digital de 60 Hz e, então, o de 60 Hz em um sinal de 1 Hz, para acionar um relógio horário ou outro dispositivo que precisa dispor do tempo em nível de segundo. Diferentemente do Exemplo 4.14, não podemos simplesmente usar um contador com uma largura de bits em particular, já que nenhum contador retorna ao início depois de 60 ciclos – um contador de cinco bits retorna a zero depois de 32 ciclos, ao passo que um de seis bits retorna a zero depois de 64 ciclos. Vamos começar com um contador de seis bits, que conta de 0 a 63 e então retorna a 0. Iremos acrescentar alguma lógica extra, como mostrado na Fig. 4.60. A lógica adicional deve detectar quando o contador chega a 59 e então obrigar o contador a retornar a 0, na próxima borda de subida

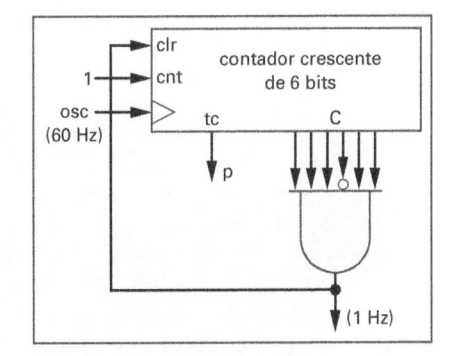

Figura 4.60   Divisor de relógio.

de relógio, ao invés de deixar o contador continuar até 60 e mais adiante. Cinqüenta e nove na forma de um número binário de seis bits é 111011. Assim, a porta AND da Fig. 4.60 detecta 111011, caso em que a saída da porta AND obriga a entrada de *clear* (ou *reset*) ser 1. Assumimos que a entrada *clr* tem prioridade sobre a entrada de habilitação de contagem *cnt* do contador. Como a saída da porta AND irá pulsar a cada 60 ciclos e a freqüência de entrada do relógio é 60 Hz, esse circuito converterá um relógio de entrada de 60 Hz em um relógio de saída de 1 Hz. Um circuito que converte um relógio de entrada em um novo relógio com uma freqüência menor é conhecido como ***divisor de relógio***. ◄

Temporizador

Um uso comum para um contador é como componente central de outro dispositivo chamado de temporizador. Um ***temporizador*** é um tipo especial de contador que mede tempo. A medição de tempo é uma tarefa muito comum em sistemas digitais.

Nós carregamos 999, e não 1000, porque devemos lembrar que 0 é parte da contagem. Tente contar de 9 até 0, levantando um dedo a cada vez que você disser um número. Note que quando você chegar a 0, dez dedos estarão levantados.

Um tipo de temporizador é baseado em um contador decrescente. Armazenamos um valor no contador e esperamos que a contagem terminal (0) seja atingida. Se soubermos a freqüência do oscilador, então poderemos carregar o valor que corresponde a um intervalo de tempo desejado. Por exemplo, suponha que queiramos saber quando passou um segundo, usando um contador que tem uma freqüência de relógio de 1 kHz. Assim, carregaremos 999 (em binário, 1111100111) no contador e habilitaremos a contagem. Depois de 1 segundo, o contador terá chegado a 0, e ativado a sua saída de contagem terminal, avisando-nos que 1 segundo transcorreu. Um temporizador pode repetir esse processo automaticamente, usando a contagem terminal para recarregar automaticamente o valor desejado de tempo (999, no nosso exemplo) no contador.

Esse temporizador pode ser usado em qualquer tipo de relógio que forneça as horas. O nosso temporizador anterior, que foi usado para ligar um laser durante três ciclos (Capítulo 3), poderia ter sido construído usando um temporizador como componente, especialmente se, ao invés de desejar que o laser estivesse ligado durante três ciclos, tivéssemos desejado que ele ficasse aceso por um período de tempo como 1,5 segundo.

Um outro tipo de temporizador é baseado em um contador crescente. Damos *reset* nesse contador forçando-o a 0 e então habilitamos a contagem quando tiver início algum evento que queremos cronometrar. Quando o evento termina, desabilitamos o contador, após o que o contador conterá o número de ciclos que ocorreram durante o evento. Se soubermos a duração de um ciclo de relógio, multiplicaremos o número de ciclos pela duração de um ciclo de relógio para obter a duração total do evento. Por exemplo, se cronometrarmos um evento obtendo 500 ciclos de relógio e se a freqüência do oscilador do temporizador for 1 kHz, então a duração do evento será 500 ciclos * 0,001 s/ciclo = 0,5 s. Ilustraremos esse tipo de temporizador usando um exemplo.

▶ **EXEMPLO 4.18   Sistema de medição de velocidade de rodovia**

Muitas rodovias e auto-estradas têm sistemas que medem a velocidade dos carros em diversos pontos da estrada e enviam essas informações de velocidade a um computador central. Essas informações são usadas pelos agentes de manutenção da lei, planejadores de trânsito e na geração de relatórios de Internet e rádio sobre o tráfego.

Uma técnica de se medir a velocidade de um carro usa dois sensores, colocados abaixo da estrada, como mostrado na Fig. 4.61. Quando um carro está sobre um sensor, esse produz um 1 de saída; em caso contrário, ele produz um 0. As saídas dos sensores viajam através de fios subterrâneos até a caixa do computador de medição de velocidade, algumas das quais estão acima do solo e outras, abaixo. O medidor de velocidade determina a velocidade dividindo a distância entre os sensores (que é fixa e conhecida) pelo tempo necessário para que um veículo viaje do primeiro sensor até o segundo. Se a distância entre os sensores for 0,01 quilômetros e um veículo precisar de 0,5 segundo para se deslocar do primeiro até o segundo sensor, então a velocidade do veículo será 0,01 quilômetros / (0,5 segundo * (1 hora / 3600 segundos)) = 72 quilômetros por hora.

Figura 4.61 Medição das velocidades de veículos em uma rodovia por meio de um sistema de medição de velocidade.

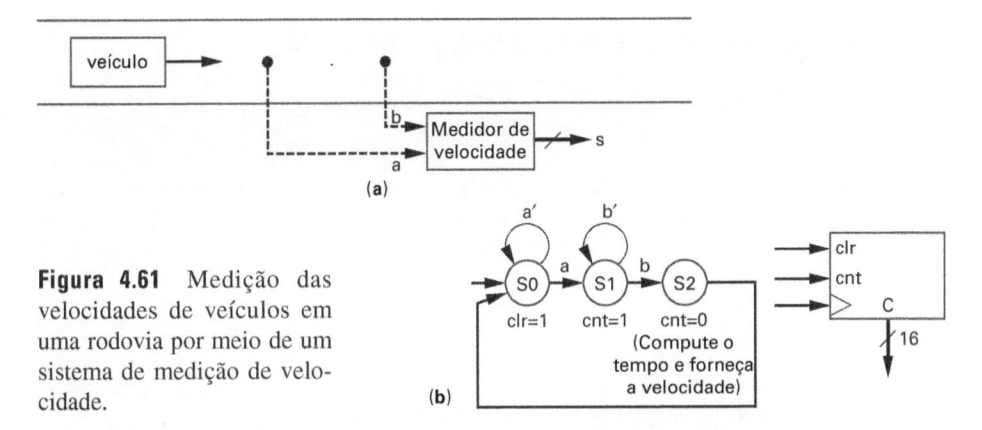

Para medir o tempo entre os sensores, construímos uma FSM simples que controla um temporizador de 16 bits, como mostrado na Fig. 4.61. O estado *S0* força o temporizador a 0. A FSM faz uma transição para o estado *S1* quando um carro passa pelo primeiro sensor. O estado *S1* dispara o início da contagem crescente no temporizador. A FSM permanece em *S1* até que o carro passe pelo segundo sensor, causando uma transição para o estado *S2*. Esse estado *S2* interrompe a contagem e calcula o tempo decorrido usando a saída C do temporizador. Assumindo uma entrada de relógio de 1 kHz no temporizador, significando que cada ciclo dura 0,001 s, então o tempo será C * 0,001 s. Esse resultado seria então multiplicado por 0,01/3600 para obter a velocidade. Omitimos os detalhes de implementação do cálculo da velocidade, o qual muito provavelmente seria implementado como programa em um microprocessador.

▶ 4.7 MULTIPLICADORES – ESTILO ARRAY

Um *multiplicador NxN* é um componente de bloco operacional que multiplica dois números binários de *N* bits, A (o multiplicando) e B (o multiplicador), produzindo um resultado na saída de (*N*+*N*) bits. Por exemplo, um multiplicador de 8x8 faz o produto de dois números binários de oito bits e produz um resultado na saída de 16 bits. O projeto de um multiplicador *NxN* com dois níveis de lógica, usando o processo padrão de projeto lógico combinacional resulta em um projeto demasiadamente complexo, como já vimos anteriormente nas operações de soma e comparação. Para multiplicadores com *N* maior ou igual a quatro, precisamos de um método mais eficiente.

Podemos criar um multiplicador de tamanho razoável imitando a forma de realizarmos a multiplicação à mão. Considere a multiplicação de dois números binários 0110 e 0011 à mão:

```
   0110     (o número superior é chamado de multiplicando)
   0011     (o número inferior é chamado de multiplicador)
   ----     (cada uma das linhas abaixo é chamada de produto parcial)
   0110     (porque o bit mais à direita do multiplicador é 1, e 0110*1=0110)
   0110     (porque o segundo bit do multiplicador é 1, e 0110*1=0110)
   0000     (porque o terceiro bit do multiplicador é 0, e 0110*0=0000)
  +0000     (porque o bit mais à esquerda do multiplicador é 0, e 0110*0=0000)
--------
00010010    (o produto é a soma de todos os produtos parciais: 18, que é 6*3)
```

Cada produto parcial é facilmente obtido fazendo uma operação AND do multiplicador corrente e o multiplicando. Assim, a multiplicação de dois números A (a3a2a1a0) e B (b3b2b1b0) pode ser representada como segue:

▶ COMO FUNCIONA? SENSORES DE CARROS EM RODOVIAS

Em uma auto-estrada, como um sensor de velocidade ou de semáforo sabe que um carro está presente em uma determinada pista? Atualmente, o método principal usa o que é chamado de *laço indutivo*. Um laço de fio é colocado um pouco abaixo do pavimento – geralmente é possível ver os cortes, como mostrado na Fig. 4.62(a). Esse laço de fio tem uma "indutância" particular. Indutância é um termo de eletrônica que descreve a oposição do fio a uma mudança na corrente elétrica; indutâncias maiores significam que o fio tem uma oposição maior a mudanças de corrente. Quando se coloca um pedaço grande de ferro (como um carro) próximo do laço de fio, a indutância é alterada. (Por quê? Porque o metal perturba o campo magnético criado por uma corrente que esteja variando no fio – mas isso está começando a ficar além do nosso objetivo.) O circuito de controle do semáforo permanece verificando a indutância do fio (possivelmente tentando alterar a corrente e vendo de quanto é realmente a sua variação durante um certo período de tempo). Se a indutância for maior que o normal, o circuito assumirá que um carro está em cima do laço de fio.

Muitas pessoas pensam que os laços vistos nas pistas são balanças que medem o peso – eu já vi ciclistas pulando sobre os laços tentando mudar os sinais de um semáforo. Isso não funciona, mas asseguro que é divertido observá-los.

Outras pensam que os pequenos cilindros colocados nos braços de suporte de semáforos, como o da Fig. 4.62(b), detectam veículos. Geralmente são dispositivos que detectam sinais especialmente codificados de rádio ou infravermelho, produzidos por veículos de emergência, que obrigam o semáforo a ficar verde para o veículo de emergência (por exemplo, o sistema "Opticom" da empresa 3M). Esses sistemas são um outro exemplo de sistemas digitais, reduzindo o tempo necessário para que os veículos de emergência cheguem até o local de uma emergência, assim como reduzindo os acidentes que envolvem o próprio veículo de emergência, como quando avança um semáforo e desse modo freqüentemente salva vidas.

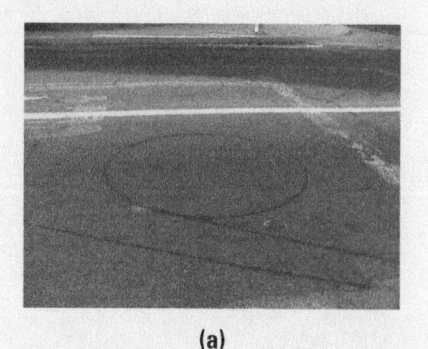

Figura 4.62 (a) Laços indutivos para detecção de veículo em uma estrada, (b) sensor de sinal, emitido por veículos de emergência, que força o semáforo de um cruzamento a se tornar verde para o veículo de emergência que está se aproximando.

```
                   a3    a2    a1    a0
              x    b3    b2    b1    b0
         ------------------------------
                  b0a3  b0a2  b0a1  b0a0    (pp1)
            b1a3  b1a2  b1a1  b1a0    0     (pp2)
      b2a3  b2a2  b2a1  b2a0    0     0     (pp3)
  + b3a3  b3a2  b3a1  b3a    0     0     0     (pp4)
  ---------------------------------------
   p7  p6   p5    p4    p3    p2    p1    p0
```

Depois de gerar os produtos parciais (*pp1*, *pp2*, *pp3* e *pp4*), pela aplicação da operação AND ao bit corrente do multiplicador juntamente com cada bit do multiplicando, precisamos simplesmente somar todos esses produtos parciais. Podemos usar três somadores de larguras variadas para calcular a soma. O projeto resultante está mostrado na Fig. 4.63.

Esse projeto tem um tamanho razoável, cerca de três vezes maior do que um somador com propagação de "vai um". O projeto também tem velocidade razoável. O atraso consiste no atraso de uma porta para a geração dos produtos parciais mais os atrasos dos somadores. Se cada somador for do tipo com propagação de "vai um", então o atraso do somador de cinco bits será 5*2=10 atrasos de porta, o do somador de seis bits será 6*2=12 atrasos de porta, e o do somador de sete bits será 7*2=14 atrasos de porta. Se assumirmos que o atraso total dos somadores é simplesmente a soma dos atrasos dos somadores, então o atraso total seria assim 1 + 10 + 12 + 14 = 37 atrasos de porta. No entanto, o atraso total de somadores com propagação de "vai um", quando encadeados entre si, é na realidade menor do que a sua soma (veja o Exercício 4.15).

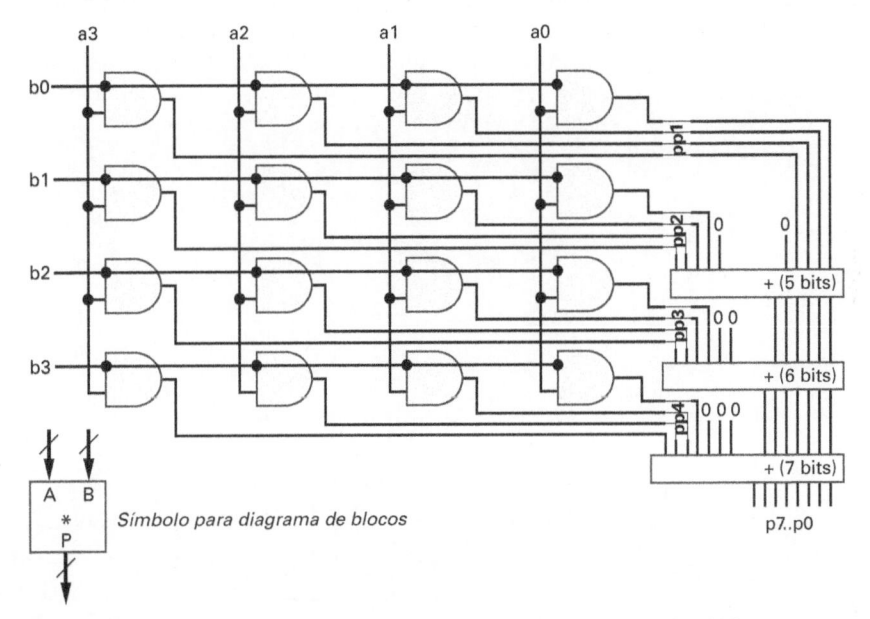

Figura 4.63 Projeto interno de um multiplicador tipo *array** de 4 x 4 bits.

Multiplicadores maiores, que terão mais somadores encadeados, serão mais lentos devido aos atrasos maiores. Projetos de multiplicadores mais rápidos são possíveis, à custa de mais portas.

4.8 SUBTRATORES

Um *subtrator* de N bits é um componente de bloco operacional que toma duas entradas binárias A e B e produz um resultado S na saída igual a A-B.

Subtrator de números positivos apenas

A subtração é um pouco mais complexa quando consideramos resultados negativos, tal como 5 − 7 = −2, porque até o momento não havíamos discutido a representação de números negativos. Por enquanto, vamos assumir que estamos lidando apenas com números positivos, de modo que as entradas do subtrator e o resultado sempre serão positivos. Esse poderia ser o caso, por exemplo, do projeto de um sistema que sempre subtrai números pequenos de números maiores, como ocorre quando estamos compensando uma temperatura amostrada que sempre é maior do que 25 graus, usando um pequeno valor de compensação que sempre será menor do que 5 graus.

---

* N. de T: Arranjo, em inglês. Refere-se à disposição matricial dos elementos da multiplicação.

O projeto de um subtrator de N bits, usando o processo padrão de projeto lógico combinacional, sofre do mesmo problema de crescimento exponencial do tamanho apresentado pelo somador de N bits. (Veja a Seção 4.3.) Em vez disso, podemos tentar novamente imitar em *hardware* a subtração feita à mão.

A Fig. 4.64 mostra a subtração de números binários feita "à mão". Começando com a primeira coluna, vemos que a é menor do que b (0 < 1), necessitando-se pedir emprestado à coluna da esquerda. O resultado da primeira coluna é então 10 - 1 = 1 (na base dez, dois menos um é igual a um). A segunda coluna tem um 0 em a devido ao empréstimo feito pela primeira coluna, tornando a < b (0 < 1), o que leva a pedir emprestado à terceira coluna, que deverá pedir emprestado à quarta coluna. O resultado da segunda coluna será então 10 - 1 = 1. A terceira coluna, devido ao empréstimo feito pela segunda coluna, tem um 1 em a, que não é menor do que b, de modo que o resultado da terceira coluna será 1-1=0. A quarta coluna tem a=0 devido ao empréstimo feito pela terceira coluna e, como b também é 0, o resultado é 0-0=0.

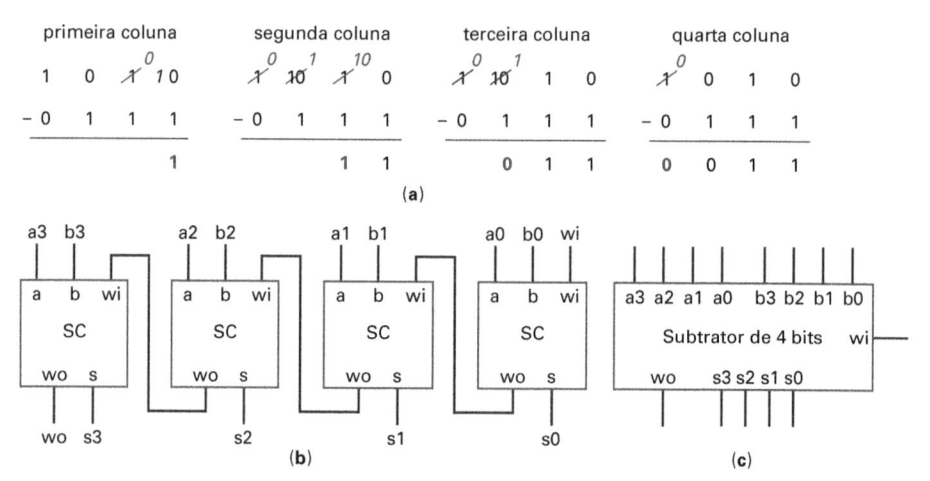

Figura 4.64 Projeto de um subtrator de quatro bits: (a) subtração feita "à mão", (b) implementação da propagação do empréstimo usando subtratores completos com uma entrada de "pedido de empréstimo" wi, e (c) símbolo de diagrama de blocos.

Com base no comportamento recém descrito, poderemos criar o projeto interno de um subtrator completo combinacional para implementar o funcionamento de cada coluna. Um subtrator completo terá uma entrada wi para representar um pedido de empréstimo feito pela coluna anterior, e uma saída wo para representar um pedido de empréstimo feito para a coluna seguinte, além das entradas a e b e a saída s. (Usaremos a letra w para representar os empréstimos e não a letra b porque a letra b já está sendo usada na entrada; o w vem do final da palavra *borrow* – emprestar, em inglês.) Deixamos o projeto de um subtrator completo como exercício para o leitor.

▶ **EXEMPLO 4.19 Calculadora de soma e subtração baseada em chaves do tipo DIP**

No Exemplo 4.8, projetamos uma calculadora simples, que podia somar dois números binários de oito bits e fornecer um resultado de oito bits, usando chaves do tipo DIP para as entradas e um registrador mais LEDs para a saída. Vamos estender aquela calculadora permitindo que o usuário escolha entre as operações de soma e subtração. Vamos introduzir uma chave simples do tipo DIP, como mais uma entrada do sistema, a qual determina o valor de um sinal f (de função). Quando f=0, a calculadora deverá somar e quando f=1, a calculadora deverá subtrair.

Uma implementação dessa calculadora usa um somador, um subtrator e um multiplexador, como mostrado na Fig. 4.65. A entrada f escolhe qual saída de componente, somador ou subtrator, deve ser passada através do multiplexador para as entradas do registrador. Quando o usuário aperta e, o resultado da soma ou da subtração será carregado no registrador e exibido nos LEDs.

Esse exemplo assume que o resultado de uma subtração é sempre um número positivo, nunca negativo. Assume também que o resultado está sempre entre 0 e 255.

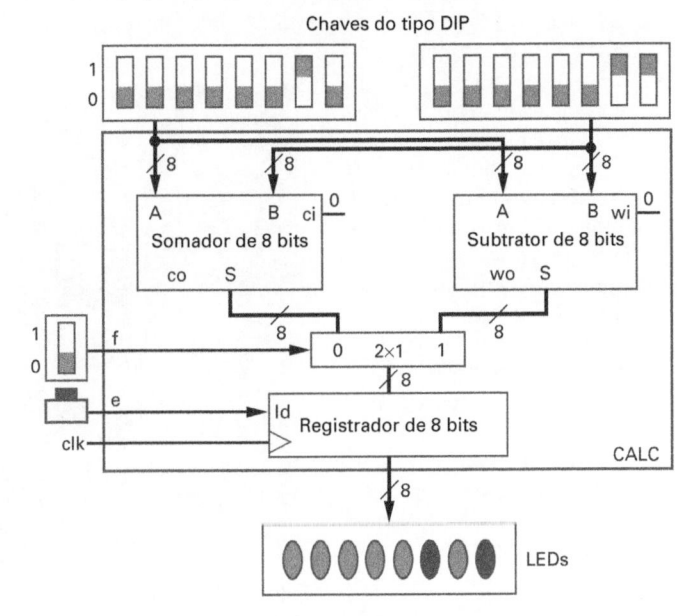

Figura 4.65 Calculadora de soma e subtração baseada em chaves do tipo DIP de oito bits. A entrada f seleciona entre soma e subtração.

▶ **EXEMPLO 4.20 Conversor de espaço de cores – RGB para CMYK**

Imagens coloridas são manipuladas por monitores de computador, câmeras digitais, escaneadores, impressoras e outros dispositivos eletrônicos. Esses dispositivos tratam as imagens como sendo compostas por milhões de minúsculos *pixels* (forma abreviada de *"picture elements"*, elementos de imagem, em inglês), os quais são pontos indivisíveis que representam partes muito pequenas da imagem. Cada pixel tem uma cor, de modo que uma imagem é simplesmente uma coleção de pixels coloridos. Um bom monitor de computador pode suportar mais de dez milhões de cores diferentes em um único pixel. Como pode um monitor criar uma cor exclusiva para cada pixel? Em um método comum, usado no chamado monitor RGB, o monitor tem internamente três fontes luminosas – vermelho, verde e azul. Qualquer luminosidade de cor pode ser criada adicionando-se intensidades específicas de cada uma dessas três cores. Assim, para cada pixel, o monitor emite intensidades específicas de vermelho, verde e azul naquela posição onde se encontra o pixel sobre a tela, de modo que as três cores somam-se para criar a cor de pixel desejada. Cada cor básica (vermelho, verde e azul) é representada normalmente como um número binário de oito bits (cada um abrange um intervalo de 0 a 255). Isso significa que cada cor é representada por 8+8+8=24 bits. Um valor (R, G, B) de (0, 0, 0) representa o preto. O valor (10, 10, 10) representa um cinza muito escuro, ao passo que (200, 200, 200) representa um cinza claro. O valor (255, 0, 0) representa o vermelho, ao passo que (100, 0, 0) representa um vermelho mais escuro (não intenso). O valor (255, 255, 255) representa o branco. O valor (109, 35, 201) representa alguma mistura das três cores básicas. A representação da cor, usando valores de intensidade de vermelho, verde e azul, é conhecida como *espaço de cores RGB* (*red, green, blue*).

O espaço de cores RGB é excelente para os monitores de computador e alguns outros dispositivos, mas não é o melhor para outros, como as impressoras. A mistura das tintas vermelha, verde e azul não produz o branco, mas pelo contrário o preto. Por quê? Porque tinta não é como a luz; pelo contrário, a tinta reflete a luz. Assim, a tinta vermelha *reflete* a cor vermelha, absorvendo os raios luminosos verdes e azuis. De modo semelhante, a tinta verde absorve os raios vermelhos e azuis. A tinta azul absorve os raios vermelhos e verdes. Misture todas as tintas sobre o papel e a mistura irá absorver *toda* a luz, refletindo nada e produzindo assim o preto. Portanto, as impressoras usam um espaço de cores diferente, baseado nas cores complementares das cores vermelho, verde e azul, correspondendo às cores ciano, magenta e amarelo. Esse espaço é conhecido como **espaço de cores CMY** (*cyan, magenta, yellow*). A tinta de cor ciano *absorve* o vermelho refletindo o verde e o azul (a mistura das quais é o ciano). A tinta magenta *absorve* o verde, refletindo o vermelho e o azul (que é a cor magenta). A tinta amarela *absorve* o azul, refletindo o vermelho e o verde (que é o amarelo).

Note que uma impressora a cores pode ter três cartuchos de tinta colorida, um ciano, um magenta e um amarelo. A Fig. 4.66 mostra os cartuchos de tinta de uma impressora a cores em particular. Algumas impressoras têm um único cartucho de cores ao invés de três. Esse cartucho contém internamente compartimentos separados de tinta para as três cores.

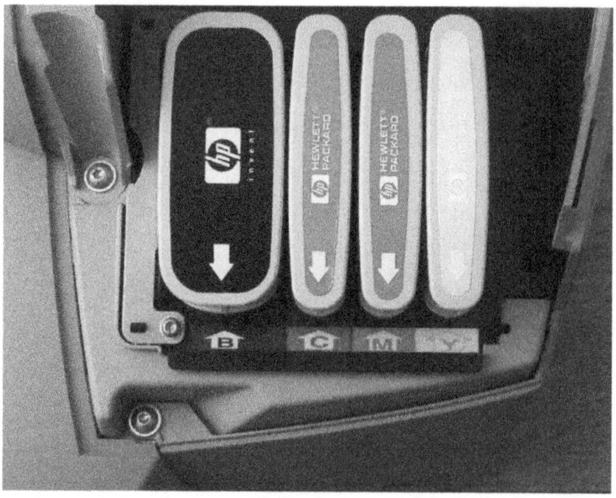

Uma impressora deve converter uma imagem recebida em RGB para CMY. Vamos projetar um circuito rápido para realizar essa conversão. Dados os três valores de R, G e B de um pixel em particular, as equações de C, M e Y são simplesmente:

```
C = 255 - R
M = 255 - G
Y = 255 - B
```

(255 é o valor máximo para um número de oito bits). Um circuito para realizar essa conversão pode ser construído usando subtratores, como mostrado na Fig. 4.67.

Figura 4.66 Uma impressora a cores mistura tintas de cores ciano, magenta e amarelo para criar qualquer cor. A figura mostra o interior de uma impressora a cores com cartuchos dessas três cores à direita, rotuladas de C, M e Y. Em lugar de misturar as três cores para fazer cinzas e preto, essas impressoras podem usar a tinta preta diretamente (o cartucho grande à esquerda). Assim, consegue-se produzir uma cor preta de melhor aspecto e economizar as tintas coloridas de maior custo.

Na realidade, a conversão precisa ser um pouco mais complexa. A tinta não é perfeita, significando que a mistura de ciano, magenta e amarelo dá um preto que não se parece com o preto que você poderia esperar. Além disso, as tintas coloridas são caras em comparação com a tinta preta. Portanto, sempre que possível, as impressoras a cores usam tinta preta. Uma maneira de maximizar o uso da tinta preta é separando o preto presente nos valores de C, M e Y. Em outros palavras, um valor (C, M, Y) de (250, 200, 200) pode ser pensado como (200, 200, 200) mais (50, 0, 0). O valor (200, 200, 200), que é um cinza escuro, pode ser gerado usando tinta preta. O valor restante (50, 0, 0) pode ser produzido usando uma pequena quantidade de ciano e nenhuma tinta magenta ou amarela, economizando assim tinta colorida preciosa. Um espaço de cores CMY estendido ao preto é conhecido como **espaço de cores CMYK** (O "K" vem da última letra da palavra "*black*", preto em inglês. Usa-se "K" e não "B", primeira letra de "*black*", para evitar confusão com o "B" de "*blue*", azul).

Desse modo, um conversor de RGB para CMYK pode ser descrito como:

```
K = Mínimo (C, M, Y)
C2 = C - K
M2 = M - K
Y2 = Y - K
```

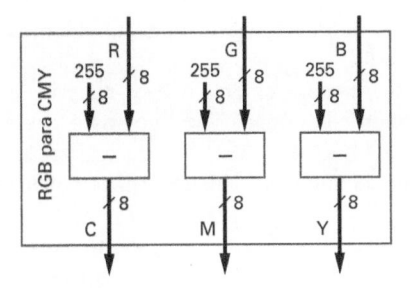

Figura 4.67 Um conversor de RGB para CMY.

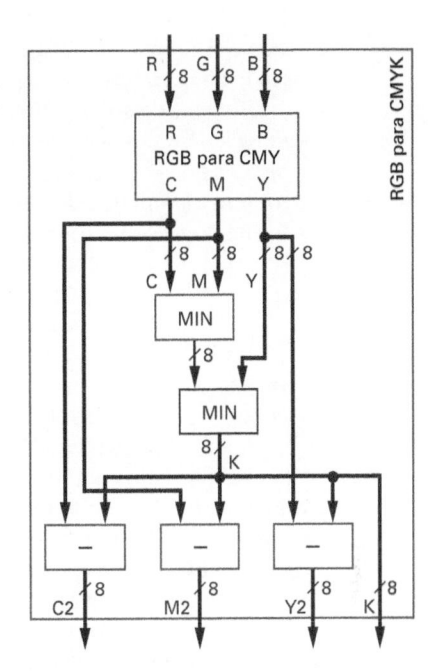

Figura 4.68 Um conversor de RGB para CMYK.

em que C, M e Y já foram definidos antes. Desse modo, criamos o circuito da Fig. 4.68 para converter um espaço de cores RGB em um CMYK. Usamos o componente *RGBparaCMY* da Fig. 4.67. Também usamos duas vezes o componente *MIN* que criamos no Exemplo 4.12 para determinar o mínimo de dois números. Usando dois desses componentes pode-se calcular o mínimo de três números. Finalmente, usamos mais três subtratores para subtrair o valor de K dos valores de C, M e Y. Em uma impressora real, as imperfeições das tintas e do papel requerem ainda mais ajustes. Um conversor de espaço de cores mais realístico multiplica os valores de R, G e B por uma série de constantes, que podem ser descritas usando matrizes:

|C| |m00 m01 m02| |R|
|M| = |m10 m11 m12| * |G|
|Y| |m20 m21 m22| |B|

Discussões adicionais sobre esse conversor baseado em matriz estão além dos objetivos deste exemplo. ◄

Representação números negativos: complemento de dois

O projeto de subtrator da seção anterior assumiu que estávamos lidando apenas com números de entrada e resultados de saída ambos positivos. No entanto, em muitos sistemas, podemos obter resultados que são negativos e, de fato, os nossos valores de entrada podem eles próprios ser negativos. Desse modo, precisamos de uma maneira para representar os números negativos usando bits.

Uma representação óbvia, mas não muito eficiente, é conhecida como *sinal e magnitude*. Nessa representação, o bit de ordem mais elevada é usado apenas para representar o sinal do número, com 0 significando positivo e 1, negativo. Os demais bits de ordem inferior representam a magnitude ou módulo do número. Nessa representação e usando números de quatro bits, 0111 representa +7, ao passo que 1111 representa –7. Assim, quatro bits podem representar os valores entre –7 e +7. (Note, a propósito, que tanto 0000 como 1000 representam 0, o primeiro representa +0 e o segundo, –0.) A representação em sinal e magnitude é fácil de ser compreendida pelas pessoas, mas não se presta facilmente ao projeto de componentes aritméticos simples como somadores e subtratores. Por exemplo, se as entradas de um somador usarem a representação em sinal e magnitude, então o somador terá de examinar o bit de ordem mais elevada e em seguida realizar internamente uma adição ou uma subtração, usando circuitos diferentes para cada.

Em lugar disso, o método mais comum de se representar números negativos e realizar subtração em um sistema digital utiliza na realidade um artifício que nos permite *usar um somador para realizar a subtração*. A utilização de um somador para realizar a subtração permitirá que continuemos a usar o nosso somador simples, além de utilizar o mesmo componente tanto na soma como na subtração.

Estamos introduzindo o complemento de dez somente com propósitos intuitivos–na realidade, estaremos usando o complemento de dois.

A chave para se fazer a subtração usando a adição está no que é conhecido como *complementos*. Primeiro, vamos apresentar os complementos no sistema de numeração de base dez, de modo que você possa se familiarizar com o conceito, mas tenha em mente que a intenção é usar complementos de base dois, e não de base dez.

Considere a subtração que envolve dois números de um dígito, na base dez, digamos 7 – 4. O resultado deve ser 3. Vamos definir o **complemento** de um número A de um dígito, na base dez, como sendo *o número que quando somado a A resulta em dez*. Assim, o complemento de 1 é 9, de 2 é 8, e assim por diante. A Fig. 4.69 mostra os complementos dos números de 1 a 9.

O que há de maravilhoso com os complementos é que você pode utilizá-los para realizar a subtração usando a soma. O número que está sendo subtraído é substituído pelo seu complemento, em seguida faz-se a soma, e finalmente descarta-se o "vai um". Por exemplo:

$$7 - 4 \longrightarrow 7 + 6 = 13 \longrightarrow \cancel{1}3 = 3$$

1 ⟶ 9
2 ⟶ 8
3 ⟶ 7
4 ⟶ 6
5 ⟶ 5
6 ⟶ 4
7 ⟶ 3
8 ⟶ 2
9 ⟶ 1

Figura 4.69 Complementos na base dez.

Substituímos 4 pelo seu complemento, 6, em seguida somamos 6 a 7 e obtivemos 13. Finalmente, descartamos o "vai um", ficando 3, que é o resultado correto. Assim, *realizamos uma subtração usando a adição*.

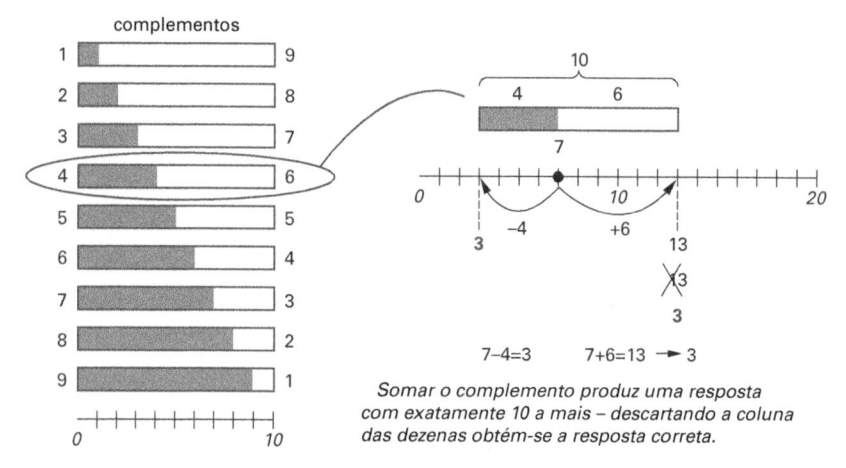

Figura 4.70 Subtraindo por meio da adição–subtrair um número (4) é o mesmo que somar o complemento (6) desse número e então descartar o "vai um", já que pela definição de complemento, o resultado terá exatamente 10 a mais. Afinal de contas, é assim que o complemento foi definido – o número mais seu complemento deve ser igual a 10.

Uma reta marcada com números ajuda-nos a ver o porquê dos complementos funcionarem, como mostrado na Fig. 4.70.

O conceito de complemento funciona com qualquer número de dígitos. Digamos que queremos realizar uma subtração usando dois números de dois dígitos, na base dez, como 55

– 30. O complemento de 30 será o número que adicionado a 30 resulta em 100. Desse modo, o complemento de 30 é 70. A soma 55 + 70 é 125. Descartando o "vai um" fica 25, que é o resultado correto de 55 – 30.

Desse modo, o uso dos complementos permite a realização da subtração usando-se a adição. "Não tão depressa!" você poderá dizer. Para determinar o complemento não tivemos de realizar uma subtração? Sabemos que 6 é o complemento de 4 fazendo 10 – 4 = 6, e que 70 é o complemento de 30 fazendo 100 – 30 = 70. Sendo assim, nós não levamos simplesmente a subtração para uma outra etapa, a etapa do cálculo do complemento?

O complemento de dois pode ser calculado simplesmente invertendo os bits e acrescentando 1–evitando assim a necessidade de subtração quando se calcula um complemento.

Sim. Exceto que na *base dois, podemos calcular o complemento de um modo muito mais simples – simplesmente invertendo todos os bits e somando 1.* Por exemplo, considere o cálculo do complemento do número 001 de três bits, na base dois. O complemento será o número que, quando adicionado a 001, resulta em 1000 – você provavelmente pode ver que o complemento deverá ser 111. Usando o mesmo método de cálculo do complemento que utilizamos com a base dez, calcularemos o complemento de dois de 001 como: 1000 – 001 = 111 – assim, 111 é o complemento de 001. No entanto, ocorre que se simplesmente invertermos todos os bits de 001 e adicionarmos 1, obteremos o mesmo resultado! A inversão dos bits de 001 fornece 110; somando 1 resulta em 110+1 = 111 – o complemento correto.

Desse modo, para realizar uma subtração, digamos 011 – 001, poderemos fazer o seguinte:

```
  011 - 001
—> 011 + ((001)'+1)
 = 011 + (110+1)
 = 011 + 111
 = 1010 (descarte o "vai um" à esquerda)
—> 010
```

Essa é a resposta correta e não envolveu nenhuma subtração–apenas uma inversão de bits e adições.

Omitiremos a discussão que justifica o cálculo do complemento na base dois, fazendo uma inversão de bits e uma adição de 1 – para os nossos propósitos, precisamos saber apenas que esse artifício funciona com os números binários.

Na verdade, há dois tipos de complementos para um número binário. O tipo que vimos antes é conhecido como **complemento de dois**, obtido pela inversão de todos os bits do número binário e pela adição de 1. Um outro tipo é conhecido como **complemento de um**, o qual é obtido simplesmente invertendo todos os bits, sem o acréscimo de 1. O complemento de dois é muito mais usado comumente nos circuitos digitais e resulta em uma lógica mais simples.

Os complementos de dois permitem uma maneira simples de representar números negativos. Digamos que tenhamos quatro bits para representar os números e queiramos representar números positivos e negativos. Podemos optar por representar os números positivos como 0000 a 0111 (0 a 7). Os números negativos podem ser obtidos tomando o complemento de dois dos números positivos porque a – b é o mesmo que a + (–b). Assim, –1 seria representado pelo complemento de 0001, ou (0001)'+1 = 1110+1 = 1111. De modo semelhante, –2 será (0010)'+1 = 1101+1 = 1110, –3 será (0011)'+1 = 1100+1 = 1101, e assim por diante. No caso de –7, teremos (0111)'+1 = 1000+1 = 1001. Note que o complemento de 0000 é 1111+1 = 0000. A representação em complemento de dois tem apenas uma representação para 0, que é 0000 (diferente da representação em sinal e magnitude, a qual tem duas representações para 0). Note também que podemos representar –8 como 1000. Desse modo, a representação em complemento de dois é ligeiramente assimétrica, tendo um número negativo a mais do que números positivos. Um número em complemento de dois de quatro bits pode representar qualquer número de –8 a +7.

Digamos que você tem números de quatro bits e quer armazenar –5. O número –5 será (0101)'+1 = 1010+1 = 1011. Agora, você quer somar –5 a 4 (ou 0100). Assim, simplesmente fazemos a soma: 1011 + 0100 = 1111, que é –1, a resposta correta.

Observe que todos os números negativos têm um 1 no bit de ordem mais elevada. Desse modo, em complemento de dois, esse bit é freqüentemente referido como o **bit de sinal**, 0 significa positivo, 1 significa negativo.

O bit de ordem mais elevada em complemento de dois atua como um bit de sinal: 0 significa positivo, 1 significa negativo.

Se você quiser conhecer a magnitude ou módulo de um número negativo em complemento de dois, você pode obtê-la tomando novamente o complemento de dois. Assim, para determinar o quanto o número 1111 representa, podemos tomar o complemento de dois de 1111: (1111)'+1 = 0000+1 = 0001. Colocamos um sinal negativo na frente para obter –0001, ou –1.

Uma maneira mais rápida para as pessoas obterem mentalmente a magnitude de um número negativo de quatro bits em complemento de dois (tendo um 1 do bit de ordem mais elevada) é subtrair a magnitude dos três bits inferiores de 8. Assim, para 1111, os três bits inferiores são 111 ou 7, e a magnitude é 8 – 7 = 1, significando que 1111 representa –1. Para um número de oito bits em complemento de dois, iremos subtrair a magnitude dos sete bits inferiores de 128. Assim, 10000111 será –(128–7) = –121.

Em resumo, podemos representar os números negativos usando a representação em complemento de dois. A soma de números em complemento de dois é feita sem modificações adicionais, simplesmente somamos os números. Mesmo que um ou ambos os números sejam negativos, simplesmente somamos os números. Para realizar a subtração A – B, tomamos o complemento de dois de B e o somamos a A, resultando em A + (–B). Computamos o complemento de dois de B simplesmente invertendo os bits de B e então adicionando 1.

Construindo um subtrator usando um somador e complementos de dois

Com o conhecimento da representação em complemento de dois, podemos ver agora como fazer a subtração usando um somador. Para computar A – B, calculamos A + (–B), que é o mesmo que A + B' + 1 porque –B pode ser calculado como B' + 1 em complemento de dois. Assim, para realizar a subtração, invertemos B e colocamos um 1 na entrada de "vem um" de um somador, como mostrado na Fig. 4.71.

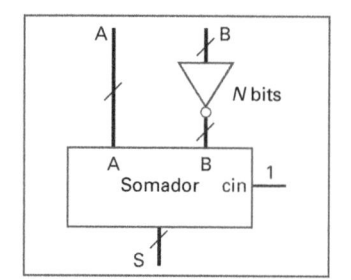

Figura 4.71 Subtrator em complemento de dois usando um somador.

Somador/Subtrator

Uma forma direta de se projetar um componente subtrator/somador consiste em uma entrada sub tal que, quando sub=1, o componente subtrai, mas, quando sub=0, o componente soma, como mostrado na Fig. 4.72(a). O multiplexador 2x1 de N bits deixa passar B quando sub=0, e deixa passar B' quando sub=1. O sinal sub também está conectado à entrada cin de "vem um", de modo que cin é 1 na subtração. Na realidade, portas XOR podem ser usadas em lugar dos inversores e do multiplexador, como mostrado na Fig. 4.72(b). Quando sub=0, a saída da porta XOR é igual

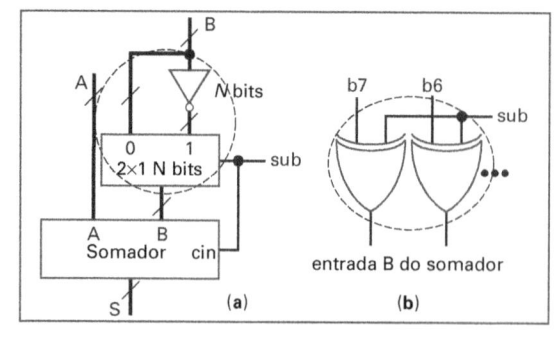

Figura 4.72 (a) Um somador/subtrator em complemento de dois que usa um multiplexador e (b) circuito alternativo para B usando portas XOR.

ao valor da outra entrada. Quando sub=1, a saída da porta XOR é o inverso do valor presente na outra entrada.

▶ **EXEMPLO 4.21   Calculadora de soma e subtração baseada em chaves do tipo DIP (continuação)**

Vamos revisitar a calculadora de soma e subtração, baseada em chaves do tipo DIP, do Exemplo 4.19. Observe que, em qualquer momento, a saída exibe os resultados ou do somador ou do subtrator, mas nunca ambos simultaneamente. Assim, na realidade, não precisamos de um somador e um subtrator funcionando em paralelo. Em vez disso, podemos usar um único componente somador/subtrator. Assumindo que as chaves tenham sido acionadas, os seguintes cômputos são realizados quando fazemos f=0 (somar) *versus* f=1 (subtrair):

```
00001111 + 00000001  (f=0) = 00010000
00001111 - 00000001  (f=1) = 00001111 + 11111110 + 1 =
   00001110
```

Conseguimos isso simplesmente conectando f à entrada sub do somador/subtrator, como mostrado na Fig. 4.73.

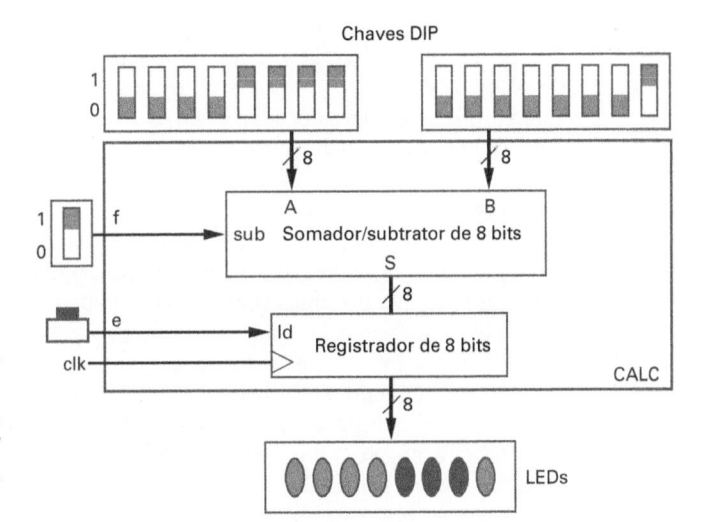

Figura 4.73 Calculadora de soma e subtração de oito bits, baseada em chaves do tipo DIP, usando um somador/subtrator e a representação em complemento de dois.

Vamos considerar os números com sinal que usam complemento de dois. Se o usuário não estiver ciente que a representação em complemento de dois está sendo usada e se ele entrar apenas com números positivos através das chaves DIP, então o usuário deverá usar apenas as sete chaves de ordem inferior das oito chaves DIP de entrada, deixando a oitava chave na posição 0, significando que o usuário só poderá entrar com números que estão de 0 (00000000) a 127 (01111111). A razão pela qual o usuário não pode utilizar o oitavo bit é que, na representação em complemento de dois, quando o bit de ordem mais elevada é tornado 1, o número torna-se negativo.

Se o usuário estiver ciente que complementos de dois estão sendo usados, então o usuário poderá utilizar as chaves DIP para representar também os números negativos entre −1 (11111111) e −128 (10000000). Naturalmente, o usuário deverá verificar o bit mais à esquerda, para determinar se a saída representa um número positivo ou negativo, na forma de complemento de dois. ◀

Detecção de estouro
Quando realizamos aritmética usando números binários de largura fixa de bits, algumas vezes o resultado tem largura maior do que essa largura fixa. Essa situação é conhecida como *estouro* ou *transbordamento*. Por exemplo, considere a soma de dois números binários de quatro bits (por enquanto, apenas números comuns, não em complemento de dois) e o armazenamento do resultado como outro número de quatro bits. A soma de 1111 + 0001 resulta em

10000 – um número de cinco bits, que tem uma largura maior do que os quatro bits que tínhamos para armazenar o resultado. Em outras palavras, 15 + 1 = 16, sendo que 16 requer cinco bits para ser representado em binário. Quando somamos dois números binários, podemos detectar facilmente o estouro observando simplesmente o bit de "vai um" do somador – quando esse bit é 1, então ocorreu um estouro. Desse modo, um somador ao fazer 1111 + 0001 dará a saída 1 + 0000, em que o 1 é o "vai um", indicando um estouro.

Quando são usados números em complemento de dois, a detecção do estouro é mais complicada. Suponha novamente que tenhamos números de quatro bits, mas agora esses números estão na forma de complemento de dois. Considere a soma de dois números positivos, tais como 0111 e 0001 na Fig. 4.74(a). Um somador de quatro bit forneceria uma saída de 1000, mas isso está incorreto: o resultado de 7 + 1 deveria ser 8, e 1000 representa –8 em complemento de dois. O problema é que o maior número positivo que podemos representar em complemento de dois com quatro bits é 7. Assim, quando somamos dois números positivos, podemos detectar o estouro verificando se o bit mais significativo é 1 no resultado.

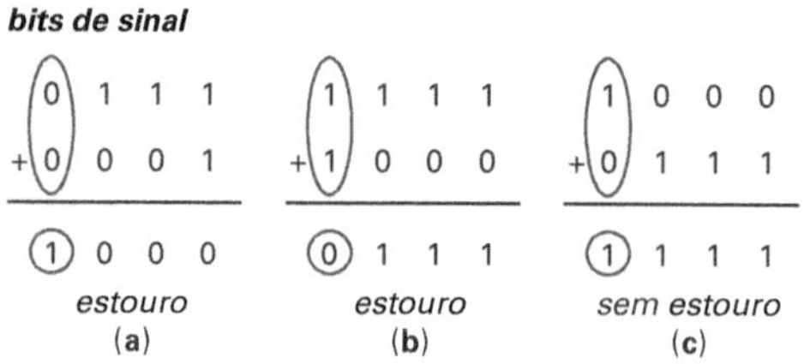

bits de sinal

```
 (0) 1 1 1      (1) 1 1 1      (1) 0 0 0
+(0) 0 0 1     +(1) 0 0 0     +(0) 1 1 1
 ─────────     ─────────      ─────────
(1) 0 0 0      (0) 1 1 1      (1) 1 1 1
 estouro        estouro       sem estouro
   (a)            (b)             (c)
```

Se os bits de sinal dos números tiverem o mesmo valor, o qual é diferente do valor do bit de sinal do resultado, então ocorreu um estouro.

Figura 4.74 Detecção de estouro em complemento de dois pela comparação dos bits de sinal: (a) quando dois números positivos são somados, (b) quando dois números negativos são somados, (c) ausência de estouro.

De modo similar, considere a soma de dois números negativos, tais como 1111 e 1000 na Fig. 4.74(b). Um somador iria produzir na saída uma soma de 0111 (e um "vai um" de 1). O valor 0111 está incorreto: –1 + –8 deveria ser –9, mas 0111 é +7. O problema é que o número mais negativo que podemos representar com quatro bits em complemento de dois é –8. Assim, quando somamos dois números negativos, podemos detectar o estouro verificando se o bit mais significativo é 0 no resultado.

Note que, quando somamos um número positivo com um negativo, ou um negativo com um positivo, nunca pode ocorrer estouro. O resultado sempre será menos negativo do que o número mais negativo, ou menos positivo do que o número mais positivo. Por exemplo, o caso extremo é a soma –8 + 7, que é –1. Nessa soma, aumentando –8 ou diminuindo 7, ainda resulta em um número entre –8 e 7.

Desse modo, a detecção do estouro em complemento de dois envolve a detecção de se ambos os números de entrada são positivos e produzem um resultado negativo, ou se ambos os números de entrada são negativos e produzem um resultado positivo. Dizendo de outra forma, a detecção de estouro em complemento de dois envolve a detecção de se os bits de sinal de ambas as entradas são os mesmos entre si, mas diferem do bit de sinal do resultado. Se chamarmos de a o bit de sinal de uma entrada, de b o da outra entrada e de R o do resultado, então as seguintes equações fornecem uma saída 1 quando há estouro:

```
estouro = abr' + a'b'r
```

Embora o circuito que implementa a equação anterior para a detecção do estouro seja bem simples e intuitivo, podemos criar um circuito ainda mais simples se nosso somador gerar um "vai um". Esse método mais simples compara o bit de transporte que entra na coluna do bit de sinal com o bit de transporte que sai dessa mesma coluna, o "vai um", quando o bit de transporte que entra é diferente do que sai, houve estouro.

A Fig. 4.75 ilustra esse método para diversos casos. Na Fig. 4.75(a), o bit de transporte que entra no bit de sinal é 1, e o que sai é 0. Como o bit de transporte que chega e o que sai são diferentes, então houve estouro. Um circuito para detectar se dois bits são diferentes é simplesmente uma porta XOR, que é mais simples do que o circuito do método anterior. Omitimos a discussão sobre o porquê desse método funcionar, mas o exame dos casos da Fig. 4.75 deve ajudar no entendimento intuitivo.

```
  1 1 1        0 0 0        0 0 0
  0 1 1 1      1 1 1 1      1 0 0 0
+ 0 0 0 1    + 1 0 0 0    + 0 1 1 1
  ───────      ───────      ───────
0 1 0 0 0    1 0 1 1 1    0 1 1 1 1
  estouro      estouro     sem estouro
    (a)          (b)           (c)
```

Se o bit de transporte que entra na coluna de sinal é diferente do que sai, então ocorreu um estouro.

Figura 4.75 Detecção de estouro em complemento de dois pela comparação do bit de transporte que chega com o que sai da coluna do bit de sinal: (a) quando dois números positivos são somados, (b) quando dois números negativos são somados, (c) ausência de estouro.

▶ **POR QUE ESSAS CALCULADORAS DE BAIXO CUSTO?**

Diversos exemplos anteriores lidaram com o projeto de calculadora simples. Calculadoras baratas, custando menos de um dólar, são fáceis de encontrar. Calculadoras são mesmo dadas de graça por muitas companhias que vendem outras coisas. No entanto, uma calculadora contém internamente um *chip* que implementa um circuito digital e, geralmente, os *chips* não são baratos. Por que algumas calculadoras são tais pechinchas?

A razão é conhecida como *economia de escala*, significando que freqüentemente os produtos são mais baratos se produzidos em grandes volumes. Por quê? Porque os custos de projeto e fabricação do *chip* podem ser amortizados com grandes números. Suponha que custe $1.000.000 para projetar um *chip* customizado de calculadora e para realizar a fabricação do *chip* (um valor bem razoável)–os custos de projeto e fabricação são chamados freqüentemente de custos de *desenvolvimento* ou custos *não recorrentes de engenharia* (*NRE*). Se você planeja produzir e vender apenas um desses *chips*, então precisará acrescentar $1.000.00 ao preço de venda do *chip* se você deseja atingir o ponto de equilíbrio quando vender o *chip* (significando recuperar os custos de projeto e fabricação). Se você planeja produzir e vender 10 desses *chips*, então terá de acrescentar $1.000.000/10 = $100.000 ao custo de venda de cada *chip*. Se planeja produzir e vender 1.000.000 desses *chips*, então você deverá acrescentar apenas $1.000.000/1.000.000 = $1 ao preço de venda de cada *chip*. Finalmente, se você planeja produzir e vender 10.000.000 deles, precisará acrescentar apenas $1.000.000/10.000.000 = $0,10 = 10 centavos de dólar ao preço de venda de cada *chip*. Se a matéria prima custar apenas 20 centavos de dólar por *chip*, e se você acrescentar mais 10 centavos de dólar por *chip* a título de lucro, então eu poderei comprar o *chip* de você por apenas 40 centavos de dólar. Nesse caso, eu posso dar de graça essa calculadora, como muitas companhias já fazem como incentivo para as pessoas comprarem algo mais.

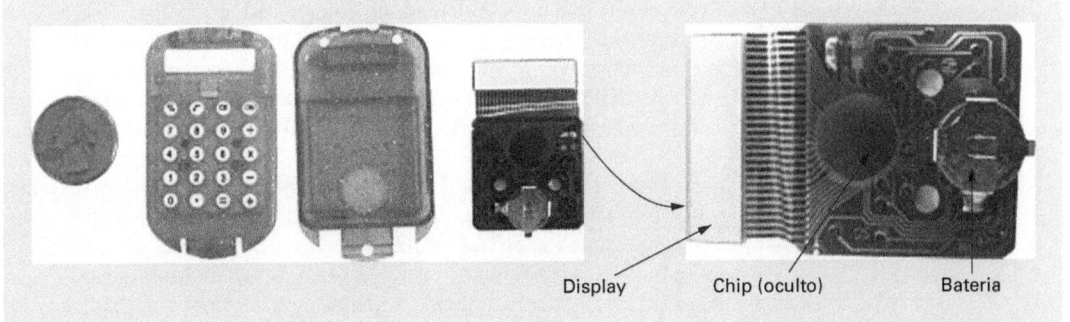

Display   Chip (oculto)   Bateria

4.9 UNIDADES LÓGICO-ARITMÉTICAS – ALUS

Uma **unidade de aritmética e lógica – ALU** (*arithmetic-logic unit*) é um componente de bloco operacional capaz de executar diversas operações aritméticas e lógicas com duas entradas de dados, com N bits de largura, gerando uma saída de dados de N bits. A adição e a subtração são exemplos de operações aritméticas. Alguns exemplos de operações lógicas incluem AND, OR, XOR, etc. As entradas de controle da ALU indicam qual operação em particular deve ser realizada.

Para compreender a necessidade de um componente do tipo ALU, considere o Exemplo 4.22.

▶ **EXEMPLO 4.22 Calculadora multifuncional sem usar uma ALU**

Vamos estender a nossa calculadora anterior, baseada em chaves DIP, para que ela possa realizar oito operações, determinadas por uma chave DIP tripla, que fornece três entradas x, y e z para o nosso sistema, como mostrado na Fig. 4.76. Para cada combinação das três chaves, queremos executar as operações mostradas na Tabela 4.2 com as entradas de dados A e B de oito bits, produzindo uma saída de oito bits em S.

TABELA 4.2 Operações desejadas da calculadora

Entradas			Operação	Exemplo de saída se A=00001111, B=00000101
x	y	z		
0	0	0	S = A + B	S=00010100
0	0	1	S = A – B	S=00001010
0	1	0	S = A + 1	S=00010000
0	1	1	S = A	S=00001111
1	0	0	S = A AND B (AND bit a bit)	S=00000101
1	0	1	S = A OR B (OR bit a bit)	S=00001111
1	1	0	S = A XOR B (XOR bit a bit)	S=00001010
1	1	1	S = NOT A (complemento bit a bit)	S=11110000

A tabela inclui diversas operações bit a bit (AND, OR, XOR e complemento). Uma operação *bit a bit* aplica-se separadamente a cada par de bits correspondentes de A e B.

Podemos projetar um circuito para a nossa calculadora, como mostrado na Fig. 4.76, usando um componente separado para cada operação: usamos um somador para realizar a adição, um subtrator para a subtração, um contador crescente para realizar um incremento, e assim por diante. Entretanto, esse circuito é muito ineficiente em relação ao número de fios, ao consumo de energia e ao atraso. Há fios demais que devem ser estendidos a todos os componentes e especialmente ao multiplexador, que terá 8*8 = 64 entradas. Além disso, todas as operações estão sendo realizadas continuamente, o que desperdiça potência elétrica. Por outro lado, imagine ainda se estivéssemos lidando não com números de oito bits, mas de 32 bits, e se quiséssemos realizar não apenas oito operações, mas 32 operações. Nesse caso, teríamos ainda mais fios (32*32 = 1024 conexões nas entradas do multiplexador) e bem mais consumo de energia. Ademais, um multiplexador 32x1 irá necessitar de diversos níveis de portas, porque, devido a razões práticas, uma porta lógica de 32 entradas (dentro do multiplexador) precisará provavelmente ser implementada usando diversos níveis de portas lógicas menores.

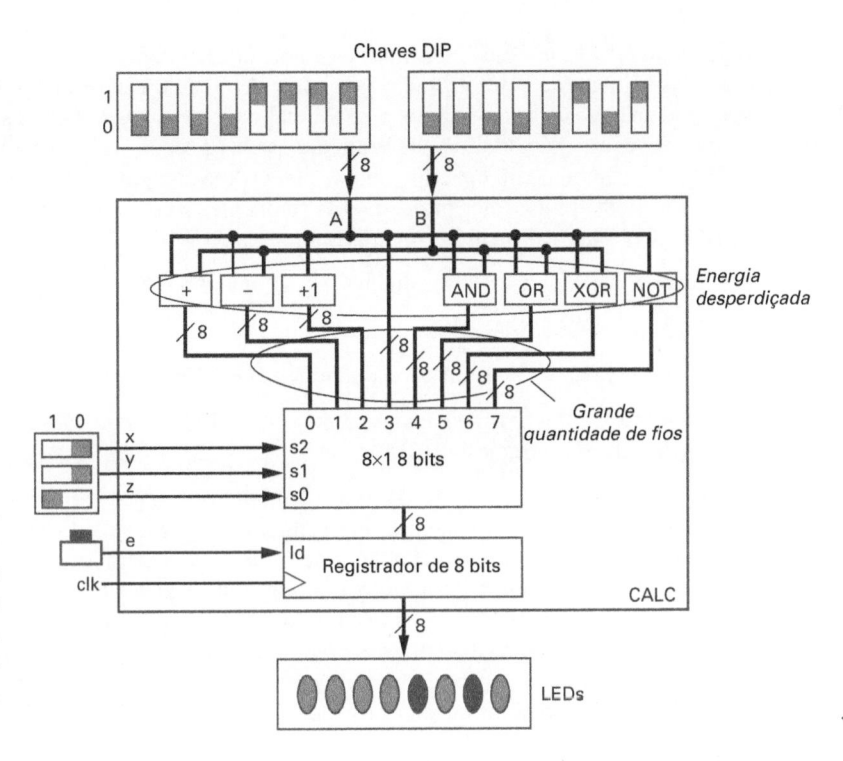

Figura 4.76 Uma calculadora multifuncional de oito bits, baseada em chaves DIP, que usa componentes separados para cada função.

Vimos no exemplo anterior que o uso de componentes separados para cada operação não é eficiente. Para resolver o problema, observe que, a cada vez, a calculadora só pode ser configurada para uma única operação. Assim, não há necessidade de computar todas as operações em paralelo, como foi feito no exemplo. Ao contrário, podemos criar um único componente (uma ALU) que pode computar qualquer uma das oito operações. Esse componente seria mais eficiente em relação à área ocupada e à energia consumida e teria atraso menor porque um multiplexador grande não seria necessário.

Vamos começar usando um somador como nosso projeto interno básico para uma ALU. Para evitar confusão, vamos chamar as entradas do somador interno de IA e IB, de "A interno" e "B interno", para distingui-las das entradas externas A e B da ALU. Começamos conforme mostrado na Fig. 4.77(a). A ALU consiste em um somador e alguma lógica à frente de suas entradas. Chamaremos essa lógica de extensor de aritmética e lógica, ou *extensor AL*. O

Figura 4.77 Unidade de aritmética e lógica: (a) projeto de ALU baseado em um somador simples, com um extensor de aritmética e lógica e (b) detalhe do extensor de aritmética e lógica.

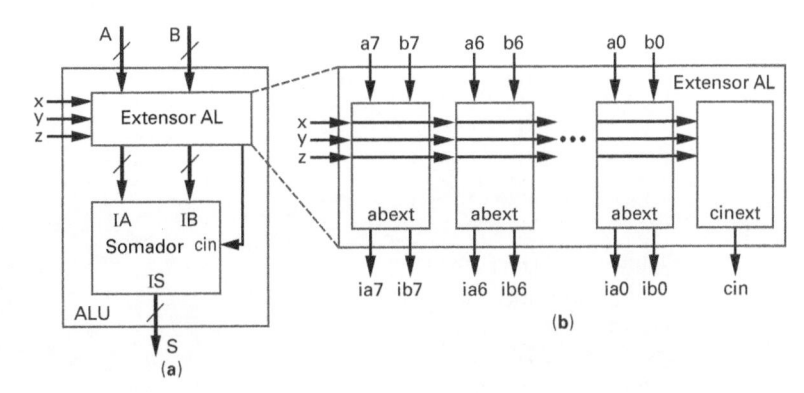

objetivo do *extensor AL* é determinar os valores das entradas do somador com base nos valores das entradas de controle x, y e z da ALU, de modo que o resultado aritmético ou lógico desejado aparece na saída do somador. Na realidade, o *extensor AL* consiste em oito componentes idênticos, chamados de *abext*, um para cada par de bits ai e bi, como mostrado na Fig. 4.77(b). Ele também tem um componente *cinext* para computar o bit cin.

Desse modo, precisamos projetar os componentes *abext* e *cinext* para completar o projeto da ALU. Considere as quatro primeiras operações da Tabela 4.2, que são aritméticas:

- Quando xyz=000, S=A+B. Assim, neste caso, queremos IA=A, IB=B e cin=0.
- Quando xyz=001, S=A–B. Assim, queremos IA=A, IA=A, IB=B' e cin=1.
- Quando xyz=010, S=A+1. Assim, queremos IA=A, IB=0 e cin=1.
- Quando xyz=011, S=A. Assim, queremos IA=A, IB=0 e cin=0. Observe que A passará através do somador porque A+0+0=A.

As quatro últimas operações da ALU são todas operações lógicas. Podemos computar a operação desejada no componente *abext* e entrar com esse resultado em IA. A seguir, fazemos IB ser 0 e cin ser 0, de modo que o valor de IA passará inalterado através do somador.

Uma possível estrutura para *abext* usa um multiplexador 8x1 à frente de cada uma das saídas dos componentes *abext* e *cinext*, sendo x, y e z as entradas de seleção. Nesse caso, deveremos definir cada uma das entradas do multiplexador, como descrito antes. Uma estrutura mais eficiente e rápida criaria um circuito customizado para cada uma das saídas dos componentes. Deixamos ao leitor, como exercício, a conclusão do projeto interno dos componentes *abext* e *cinext*.

O Exemplo 4.23 faz um novo projeto para a calculadora multifuncional do Exemplo 4.22, desta vez usando uma ALU.

▶ **EXEMPLO 4.23   Calculadora multifuncional usando uma ALU**

No Exemplo 4.22, construímos uma calculadora de oito funções sem usar uma ALU. O resultado foi o desperdício de área e energia, fiação complexa e atrasos longos. Usando a ALU projetada anteriormente, a calculadora poderia ser construída como mostrado na Fig. 4.78. Note como o projeto é simples e eficiente.   ◀

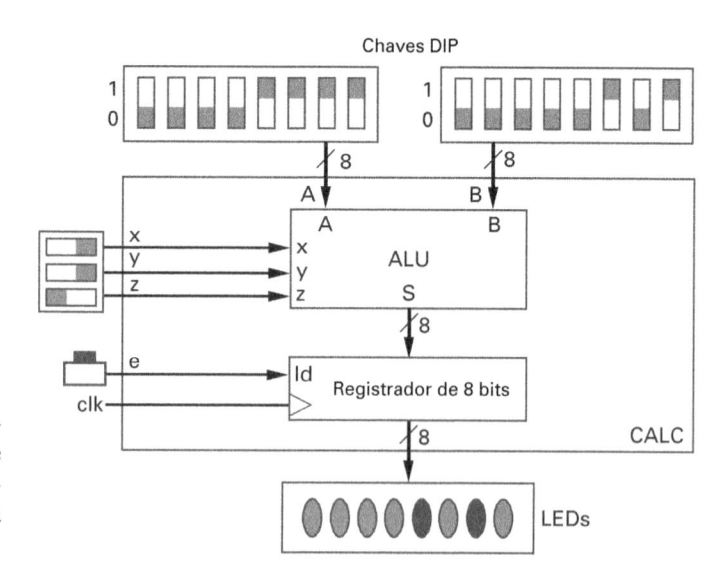

Figura 4.78 Uma calculadora multifuncional de oito bits, baseada em chaves do tipo DIP, que usa uma ALU.

4.10 BANCOS DE REGISTRADORES

Um **banco de registradores MxN** (*register file*) é um componente de memória de blocos operacionais que propicia um acesso eficiente a um conjunto de *M* registradores, onde cada registrador tem uma largura de *N* bits. Para compreender a necessidade de um banco de registradores quando se constrói bons blocos operacionais, ao invés de simplesmente usar *M* registradores separados, considere o Exemplo 4.24.

▶ **EXEMPLO 4.24**   **Sistema de display, acima do espelho retrovisor, que usa 16 registradores de 32 bits**

Lembre-se do sistema de *display* colocado acima do espelho retrovisor do Exemplo 4.4. Quatro registradores de oito bits foram multiplexados em uma saída de oito bits. Em lugar disso, suponha que o sistema requeresse dezesseis registradores de 32 bits para exibir mais valores e com mais precisão cada um. Nesse caso, necessitaríamos de um multiplexador 16x1 de 32 bits de largura, como mostrado na Fig. 4.79. De um ponto de vista puramente de lógica digital, o projeto está correto. No entanto, na prática, esse multiplexador é muito ineficiente. Conte o número de fios que seriam ligados no multiplexador: 16x32 = 512 fios. Isso é muito fio para estender entre os registradores e os multiplexadores, como demonstração prática, experimente conectar 512 fios na parte traseira de um aparelho de som. O acúmulo de muitos fios em uma área pequena é conhecido como **congestionamento**.

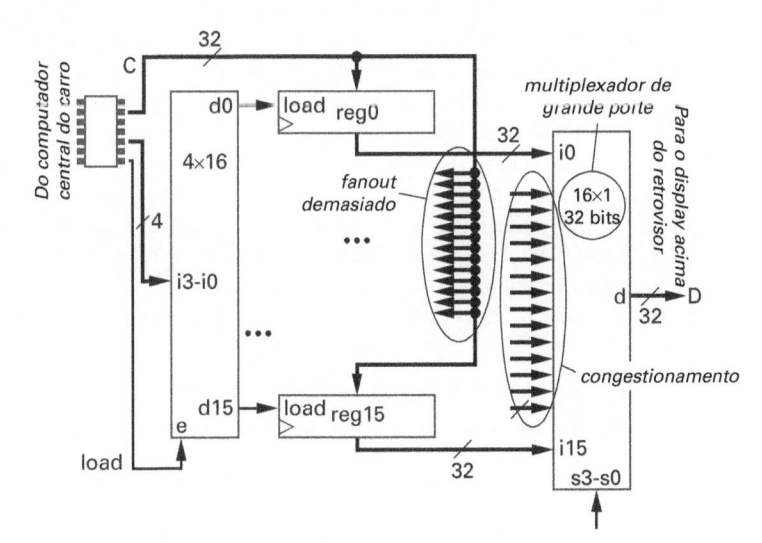

Figura 4.79   Projeto de um *display*, colocado acima do retrovisor, com dezesseis registradores de 32 bits. O multiplexador tem demasiados fios de entrada, resultando em congestionamento. Além disso, as linhas de dados C são ramificadas e enviadas a demasiados registradores, produzindo um enfraquecimento de corrente.

De forma semelhante, considere a determinação dos caminhos a serem seguidos, o chamado roteamento, pelos dados de entrada até todos os dezesseis registradores. Cada fio de entrada está sendo ramificado em dezesseis outros fios. Imagine a corrente elétrica como sendo um rio–a ramificação de um rio em dezesseis rios menores proporcionará um fluxo de água muito menor em cada um dos rios menores do que no rio principal. Do mesmo modo, a ramificação de um fio, conhecida como *fanout*,* somente pode ser feita um certo número de vezes antes que as correntes nos fios das ramificações sejam pequenas demais para poder controlar eficientemente os transistores. Além disso, os fios com baixas correntes também podem apresentar baixas velocidades, de modo que o *fanout* pode criar também atrasos demorados nos fios. ◀

---

* N. de T: Termo inglês que expressa a idéia de "saída em leque".

Os problemas de *fanout* e congestionamento, ilustrados no exemplo anterior, podem ser resolvidos observando que nunca necessitamos carregar mais de um registrador de cada vez, e que também nunca precisamos ler mais de um registrador de cada vez. Um banco de registradores *MxN* resolve os problemas de *fanout* e congestionamento. Para isso, os *M* registradores são agrupados em um único componente, tendo esse componente uma única entrada de dados de *N* bits de largura e uma única saída de dados de *N* bits de largura. A fiação dentro do componente é feita cuidadosamente para que o *fanout* e o congestionamento sejam tratados adequadamente. A Fig. 4.80 mostra um símbolo para diagrama de blocos de um banco de registradores 16x32 (16 registradores, 32 bits de largura cada um).

Considere a ação de escrever um valor em um registrador de um banco de registradores. Colocamos os dados a serem escritos na entrada W_data. Precisamos então de uma maneira para indicar em qual registrador desejamos de fato escrever. Como há 16 registradores, precisamos de quatro bits para especificar um registrador em particular. Esses bits são chamados de **endereço** do registrador. Assim, devemos colocar o endereço do registrador desejado na entrada W_addr. Por exemplo, se quisermos escrever no registrador 7, faremos W_addr=0111. Para indicar que na realidade queremos escrever em um dado ciclo de relógio (não queremos escrever a cada ciclo), colocaremos a entrada W_en em 1. O conjunto de entradas W_data, W_addr e W_en é conhecido como **porta de escrita** de um banco de registradores.

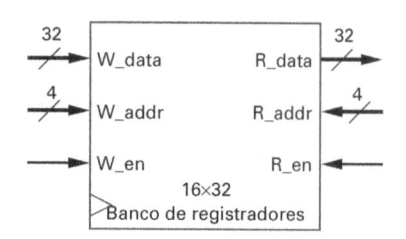

Figura 4.80 Símbolo para diagrama de blocos de um banco de registradores 16x32.

A leitura é semelhante. Especificamos o endereço do registrador a ser lido na entrada R_addr e habilitamos a leitura fazendo R_en=1. Esses valores farão com que o banco de registradores coloque na saída R_data os conteúdos do registrador que foi endereçado. O conjunto de R_data, R_addr e R_en é conhecido como **porta de leitura** de um banco de registradores. As portas de escrita e leitura são independentes entre si. Assim, durante o mesmo ciclo de relógio, podemos escrever em um registrador e ler de outro (ou do mesmo) registrador.*

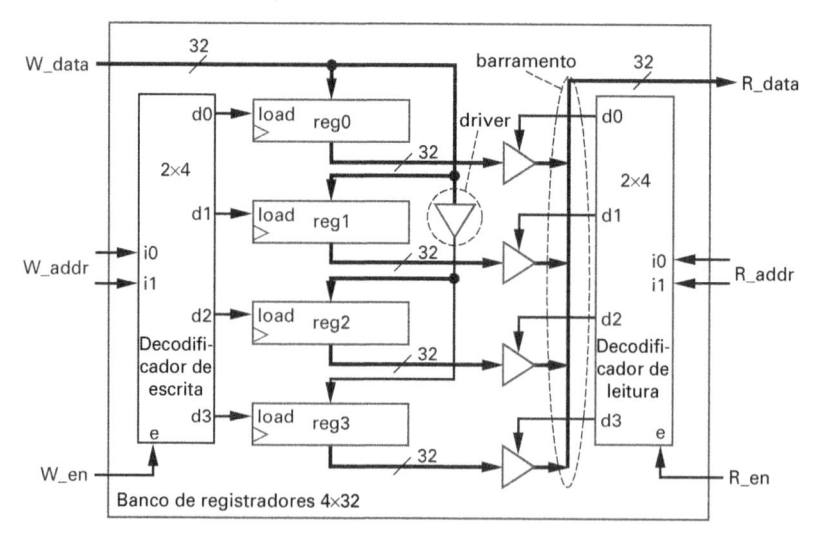

Figura 4.81 Um projeto interno possível de um banco de registradores 4x32.

---

* N. de T: Em relação aos termos usados nos sinais das portas de entrada e saída do banco de registradores, as seguintes indicações podem ser úteis: W (de *write*, escrever), R (de *read*, ler), data (dados), addr (de *address*, endereço) e en (de *enable*, habilitação).

Vamos considerar como projetar internamente um banco de registradores. Por simplicidade, considere um banco de registradores 4x32, ao invés do banco de registradores 16x32 descrito antes. Um projeto interno de um banco de registradores 4x32 está mostrado na Fig. 4.81. Vamos considerar o circuito de escrita desse banco de registradores, encontrado no lado esquerdo da figura. Se W_en=0, o banco de registradores não escreverá em nenhum registrador, porque as saídas do decodificador de escrita serão todas 0s. Se W_en=1, então o decodificador de escrita analisa W_addr e coloca um 1 na entrada de carga de exatamente um registrador. No próximo ciclo de relógio, o valor de W_data será escrito nesse registrador.

Observe o componente triangular que está no interior de uma circunferência. Ele tem uma entrada e uma saída, e está inserido na linha W_data (na realidade, haveria 32 desses componentes já que W_data tem 32 bits de largura). Esse componente é conhecido como ***driver***, também chamado de ***buffer***, e está ilustrado na Fig. 4.82(a). A saída de um *driver* é igual à sua entrada, mas o sinal de saída é mais robusto (corrente mais elevada). Você se lembra do problema de *fanout* que descrevemos no Exemplo 4.24? Um *driver* reduz esse problema. Na Fig. 4.81, a linha de W_data divide-se em apenas duas, indo a dois registradores, antes de seguir para o *driver*. A saída do *driver* divide-se então e vai para mais dois registradores apenas. Assim, ao invés de um *fanout* de quatro, a linha de W_data tem um *fanout* de apenas dois (na realidade três, se incluirmos o próprio *driver*). A inserção de

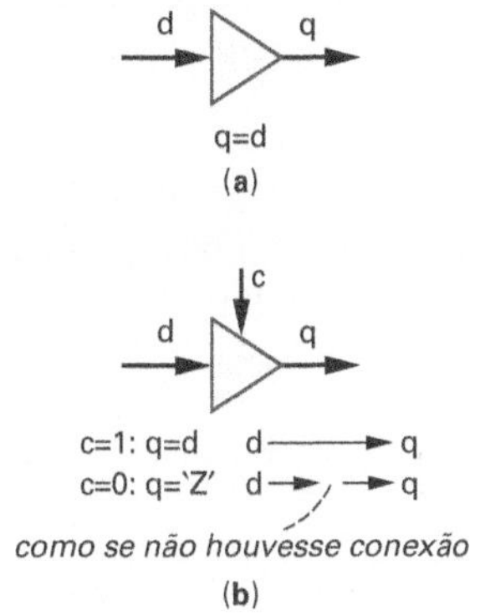

Figura 4.82 (a) *driver* e (b) *driver* de três estados.

drivers está além dos propósitos deste livro, sendo tema para um livro de projeto VLSI ou projeto digital avançado. No entanto, esperamos que, tendo visto ao menos um exemplo de uso de *driver*, você terá uma idéia de uma das razões pela qual um banco de registradores é um componente útil: o componente esconde do projetista a complexidade do seu *fanout*.

Em inglês, esses componentes são mais comumente conhecidos como "tri-state drivers (drivers tri-estado)" ao invés de "three-state drivers (drivers de três estados)". No entanto, "tri-state" é uma marca registrada da National Semiconductor Corporation. Assim, em muitos documentos, para não colocar obrigatoriamente o símbolo de marca registrada, após cada vez que "tri-state" é utilizado, usa-se "three-state".

Para compreender o circuito de leitura, você deve entender primeiro o comportamento de um outro componente – é o componente triangular com duas entradas e uma saída, ilustrado na Fig. 4.82(b), sendo conhecido como ***driver de três estados*** ou ***buffer de três estados***. Quando a entrada de controle c é 1, o componente atua como um *driver* comum – a sua saída é igual à sua entrada. No entanto, quando a entrada de controle c é 0, a saída do *driver* não é 0 nem 1, mas está no estado de alta impedância, como é conhecido, sendo escrito como 'Z'. A alta impedância pode ser pensada como se não houvesse nenhuma conexão entre a entrada e a saída do *driver*. "Três estados" significa que o *driver* tem três estados de saída possíveis: 0, 1 e Z.

Agora, na metade direita da Fig. 4.81, vamos examinar o circuito de leitura do banco de registradores. Quando R_en=0, o banco de registradores não lê nenhum registrador, já que todas as saídas do decodificador são 0s. Isso significa que as saídas de todos os *drivers* de três estados estão no estado Z e desse modo a saída R_data está em alta impedância. Quando R_en=1, então o decodificador analisa R_addr e coloca um 1 na entrada de controle de exatamente um dos *drivers* de três estados, o qual passará o conteúdo do seu registrador para a saída R_data.

Esteja ciente de que, na realidade, cada um dos *drivers* de três estados mostrados representa um conjunto de 32 *drivers* de três estados, um para cada um dos 32 fios que vêm dos 32 registradores e se dirigem à saída R_data de 32 bits. Todos os 32 *drivers* desse conjunto são controlados pela mesma entrada de controle.

Os fios alimentados pelos diversos *drivers* de três estados são conhecidos como ***barramento***, como indicado na Fig. 4.81. Quando as entradas de dados de um multiplexador têm muitos bits de largura e/ou quando um multiplexador tem muitas entradas de dados, um barramento é uma alternativa muito comum para o multiplexador porque resulta em menos congestionamento.

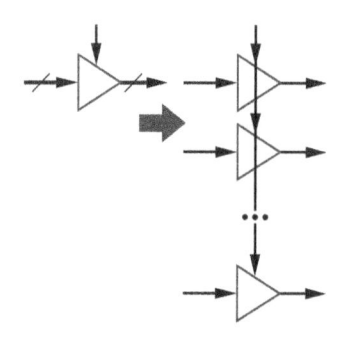

Note que o projeto de um banco de registradores presta-se bem para extensões com números grandes de registradores. As linhas de escrita de dados podem ser acionadas por mais *drivers*, se necessário. As linhas de leitura de dados são alimentadas a partir de *drivers* de três estados e, portanto, não há congestionamento como no caso de um multiplexador simples. O leitor pode querer comparar o projeto do banco de registradores da Fig. 4.81 com o da Fig. 4.6, que essencialmente era um projeto pobre de um banco de registradores.

A Fig. 4.83 mostra um exemplo com diagramas de tempo, que descreve a escrita e a leitura em um banco de registradores. Durante o *ciclo1*, não conhecemos os conteúdos do banco de registradores. Assim, esses conteúdos serão mostrados como "?". Durante o *ciclo1*, fazemos W_data=9 (em binário, naturalmente), W_addr=3 e W_en=1. Esses valores fazem com que um 9 seja escrito na posição 3 do banco de registradores, durante a primeira borda de relógio. Observe que fizemos R_en=0. Desse modo, na saída do banco de registradores não haverá nada ("Z"), e o valor que colocamos em R_addr pode ser qualquer um (é um valor que "não importa", sendo escrito como "X").

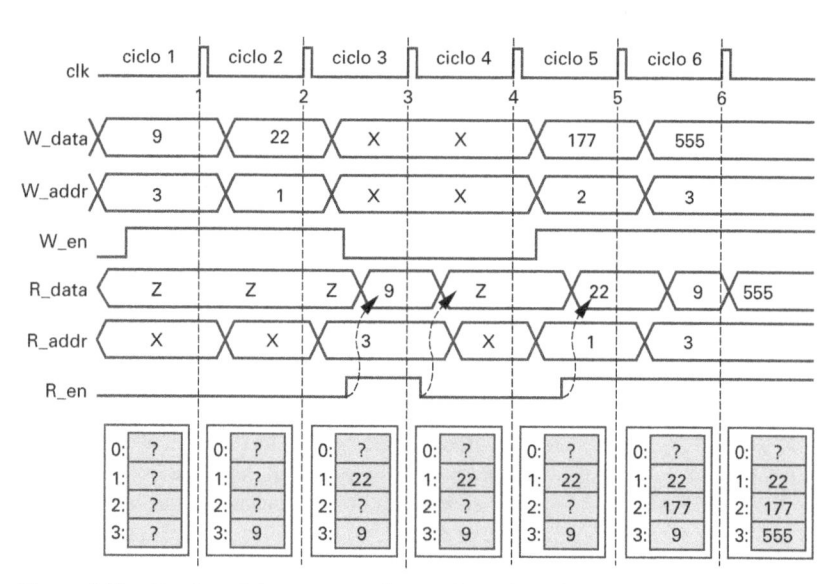

Figura 4.83 Escrita e leitura em um banco de registradores.

Durante o *ciclo2*, fazemos W_data=22, W_addr=1 e W_en=1. Esses valores fazem com que um 22 seja escrito na posição 1 do banco de registradores, durante a borda 2 de relógio.

Durante o *ciclo3*, fazemos W_en=0, de modo que não importa quais valores iremos atribuir a W_data e W_addr. Também fazemos R_addr=3 e R_en=1. Esses valores fazem com que o conteúdo da posição 3 seja lido e colocado na saída R_data do banco de registradores. O valor de R_data torna-se 9. Observe que a leitura não está sincronizada com a borda de relógio 3–R_data altera-se um pouco após R_en tornar-se 1. O exame do circuito da Fig. 4.81 deve tornar claro por que a leitura não está sincronizada – quando R_en torna-se 1, o decodificador de saída é habilitado a simplesmente ativar um dos grupos de *buffers* de três estados.

Durante o *ciclo4*, fazemos R_en retornar a 0. Note que isso faz R_data tornar-se "Z" novamente.

Durante o *ciclo5*, queremos simultaneamente ler e escrever no banco de registradores. Lemos a posição 1 (o que faz R_data tornar-se 22) e ao mesmo tempo escrevemos o valor 177 na posição 2.

Finalmente, durante o *ciclo6*, queremos simultaneamente ler e escrever na mesma posição do banco de registradores. Fazendo R_addr=3 e R_en=1, obrigaremos o conteúdo 9 da posição 3 a aparecer em R_data um pouco depois da aplicação desses valores. Fazemos também W_addr=3, W_data=555 e W_en=1. Com isso, na borda 6 de relógio, o valor 555 será armazenado na posição 3 do banco de registradores. Note que R_data também mudará tornando-se 555 um pouco após a borda de relógio.

A capacidade de ler e escrever simultaneamente nas posições de um banco de registradores, até na mesma posição, é uma característica amplamente usada. O próximo exemplo fará uso dessa capacidade.

▶ **EXEMPLO 4.25** **Sistema de display, acima do espelho retrovisor, que usa um banco de registradores 16x32**

O Exemplo 4.4 usou quatro registradores de oito bits em um sistema de *display* colocado acima do espelho retrovisor. O Exemplo 4.24 ampliou o sistema usando 16 registradores de 32 bits, resultando em problemas de *fanout* e congestionamento. Podemos refazer aquele exemplo usando um banco de registradores. O projeto está mostrado na Fig. 4.84. Como o sistema sempre coloca na saída um dos valores de registrador no *display*, fizemos a entrada R_en ter um valor constante de 1. Note que a escrita e a leitura em registradores particulares são independentes.

Figura 4.84 Projeto de *display*, colocado acima do retrovisor, usando um banco de registradores.

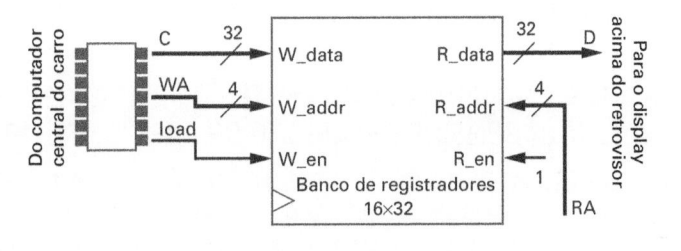

Um banco de registradores que tem uma porta de leitura e uma de escrita é conhecido às vezes como um **banco de registradores de porta dupla**. Para deixar claro que as duas portas consistem em uma porta de leitura e uma de escrita, esse banco de registradores pode ser referido como segue: *banco de registradores de porta dupla (uma de leitura, uma de escrita)*.

Na realidade, um banco de registradores pode ter apenas uma porta, que seria usada tanto para ler como para escrever. Um banco de registradores como esse tem apenas um conjunto de linhas de dados, servindo tanto de entrada como de saída, um conjunto de entradas de endereço, uma entrada de habilitação e mais uma entrada indicando se queremos escrever ou ler do banco de registradores. Esse banco de registradores é conhecido como **banco de registradores de porta simples**.

Banco de registradores de portas múltiplas (duas de leitura, uma de escrita). Muitos bancos de registradores têm três portas: uma porta de escrita e duas portas de leitura. Assim, no mesmo ciclo de relógio, dois registradores podem ser lidos simultaneamente e um outro, escrito. Esse tipo de banco de registradores é especialmente útil em microprocessadores, porque uma instrução típica de microprocessador opera com dois registradores e armazena o resultado em um terceiro registrador, como na instrução "R0 ⟵ R1 + R2".

Em um banco de registradores, podemos criar uma segunda porta de leitura, acrescentando um outro conjunto de linhas com Rb_data, Rb_addr e Rb_en. Introduziríamos um segundo decodificador de leitura, com uma entrada de endereço Rb_addr e uma de habilitação Rb_en, um segundo conjunto de *drivers* de três estados e um segundo barramento conectado à saída Rb_data.

Outras variações de bancos de registradores. Os bancos de registradores estão disponíveis em todos os tipos de configurações. O número típico de registradores em um banco de registradores varia de quatro a 1024, e larguras típicas vão de oito a 64 bits por registrador, mas os tamanhos podem ir além desses valores. Os bancos de registradores podem ter uma porta, duas portas, três portas e até mais, mas, indo além de três portas, o desempenho do banco de registradores pode baixar e seu tamanho aumentar de forma significativa, devido à dificuldade de se fazer o roteamento de todos os fios dentro do banco de registradores. No entanto, ocasionalmente você irá se deparar com bancos de registradores com possivelmente três portas de escrita e três portas de leitura, quando o chamado acesso concorrente tornar-se crítico.

O número máximo de portas que já vi em um banco de registradores de um produto comercial foi dez portas de leitura e cinco portas de escrita.

▶ 4.11 TRADEOFFS COM COMPONENTES DE BLOCO OPERACIONAL (VEJA A SEÇÃO 6.4)

Para cada componente de bloco operacional que introduzimos nas seções anteriores, criamos a implementação mais básica e fácil de entender. Nesta seção, cujos conteúdos estão de fato na Seção 6.4, descrevemos implementações alternativas de diversos componentes de bloco operacional. Cada alternativa representa um *trade off* entre um critério de projeto e um outro– a maior parte dessas alternativas faz um *trade off* buscando um atraso menor em troca de um tamanho maior. Uma forma de uso deste livro consiste em cobrir essas implementações alternativas imediatamente após a introdução das implementações básicas (isto é, agora). Um outro uso deste livro consiste em cobrir essas implementações alternativas mais tarde, após mostrar como usar os componentes de bloco operacional durante o projeto lógico em nível de transferência entre registradores.

▶ 4.12 DESCRIÇÃO DE COMPONENTES DE BLOCO OPERACIONAL USANDO LINGUAGENS DE DESCRIÇÃO DE HARDWARE (VEJA A SEÇÃO 9.4)

Esta seção, cujos conteúdos estão de fato na Seção 9.4, mostra como usar HDLs para descrever diversos componentes de bloco operacional. Uma forma de usar este livro consiste em descrever esse uso de HDL agora, ao passo que uma outra descreve esse uso de HDL mais tarde.

▶ 4.13 PERFIL DE PRODUTO: UMA MÁQUINA DE ULTRA-SOM

Se você ou alguém que você conhece já teve um bebê, então talvez você já tenha visto imagens de ultra-som do bebê antes que ele ou ela tivesse nascido, como a imagem da cabeça do feto vista na Fig. 4.85(a).

A imagem não foi obtida por uma câmera colocada de algum modo no útero, mas, pelo contrário, por uma máquina ultra-sônica, pressionada contra a pele da mãe e apontada em direção ao feto. O "imageamento" ultra-sônico é atualmente uma prática comum em obstetrícia: ajuda principalmente os médicos a acompanhar o desenvolvimento do feto e a corrigir precocemente problemas potenciais, mas também dando aos pais uma enorme emoção quando eles vislumbram de repente pela primeira vez a cabeça, as mãos e os pezinhos de seu bebê.

Visão funcional

Essa seção descreve brevemente as principais idéias funcionais de como o imageamento por ultra-som funciona. Os projetistas digitais não costumam trabalhar no vazio, eles empregam suas habilidades em aplicações particulares e, desse modo, normalmente aprendem as principais idéias funcionais que estão por baixo dessas aplicações. Portanto, iremos lhe apresentar as idéias básicas das aplicações de ultra-som. O imageamento por ultra-som trabalha enviando ondas sonoras para o interior do corpo e ouvindo os ecos que retornam. Elementos como ossos

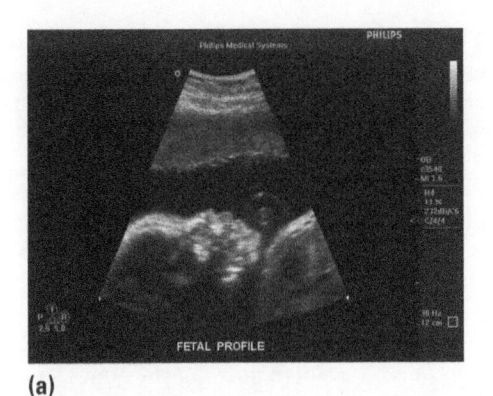

Figura 4.85 (a) Imagem ultra-sônica de um feto, criada usando um dispositivo ultra-sônico que é simplesmente colocado sobre o abdômen da mãe (b) e que forma a imagem gerando ondas sonoras e escutando os ecos. As fotos são uma cortesia da Philips Medical Systems.

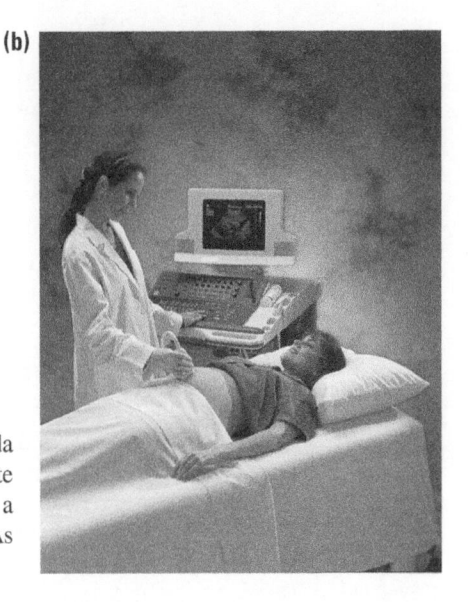

produzem ecos diferentes de elementos como pele ou fluídos. Assim, uma máquina ultra-sônica processa os diferentes ecos para gerar imagens como as da Fig. 4.85(a) – os ecos intensos podem ser exibidos como branco e os fracos, como preto. As máquinas ultra-sônicas de hoje em dia apóiam-se fortemente em circuitos digitais velozes para gerar as ondas sonoras, ouvir os ecos e processá-los, gerando imagens de boa qualidade em tempo real.

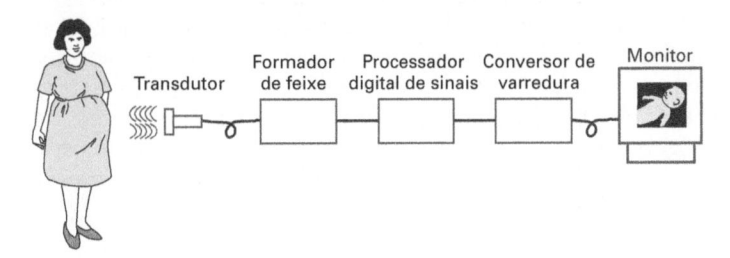

Figura 4.86 Componentes básicos de uma máquina ultra-sônica.

A Fig. 4.86 ilustra as partes básicas de uma máquina de ultra-som. Vamos discutir cada parte individualmente.

Transdutor

Um ***transdutor*** converte a energia de uma forma em outra. Certamente, você está familiarizado com um tipo de transdutor, os alto-falantes de um aparelho de som estereofônico. Eles convertem a energia elétrica em som, quando a corrente elétrica é alterada em um fio. Essa variação faz um ímã nas proximidades mover-se para frente e para trás, empurrando o ar e criando assim um som. Um outro transdutor familiar é um microfone dinâmico que converte o som em energia elétrica, deixando as ondas sonoras mover em um ímã que induz variações de corrente em um fio nas proximidades. Em uma máquina ultra-sônica, o transdutor converte os pulsos elétricos em pulsos de som e os pulsos de som (os ecos) em pulsos elétricos. No entanto, em lugar de ímãs, o transdutor usa cristais piezoelétricos. Aplicando uma corrente elétrica a um desses cristais, o cristal muda rapidamente de forma, vibrando, e assim gerando ondas sonoras tipicamente na faixa de freqüência de 1 a 30 megahertz. As pessoas não conseguem ouvir quase nada acima de 30 quilohertz (o termo "ultra-som" refere-se ao fato de que a freqüência está além da audição humana). Essas ondas sonoras (os ecos), quando se chocam contra o cristal, criam uma corrente elétrica. O componente transdutor de uma máquina ultra-sônica pode conter centenas desses cristais, os quais podem ser vistos como sendo centenas de transdutores. Cada transdutor é considerado como sendo um *canal*.

Formador de feixe

Um *formador de feixe* "focaliza" e "direciona" *eletronicamente* o feixe sonoro de um conjunto de transdutores em direção a, ou oriundo de, pontos focais específicos, sem na realidade ser necessário mover nenhuma peça, como ocorre no caso de em uma antena parabólica, para se obter esse foco e esse direcionamento.

Os projetistas, em sua vida profissional, devem freqüentemente tomar conhecimento sobre a área para a qual eles irão realizar os projetos. Muitos projetistas consideram esse aprendizado, como conhecer ultra-som, um dos aspectos fascinantes do trabalho.

Para compreender a formação de um feixe sonoro, devemos primeiro entender a idéia da adição de sons. Considere dois foguetes pirotécnicos estourando com fortes estrondos ao mesmo tempo, o primeiro a um quilômetro e o outro a dois quilômetros de você. Depois de cerca de três segundos, você ouvirá o estrondo do primeiro foguete, assumindo-se que o som viaja a 333 metros/segundo (ou um quilômetro a cada três segundos) – uma aproximação razoável. O estrondo do foguete mais distante será ouvido cerca de seis segundos após o seu estouro. Desse modo, você ouvirá "bum ... (passam-se três segundos) ... bum". No entanto, em lugar disso, assuma que o foguete mais próximo estoura três segundos após o estouro do mais distante. Nesse caso, você ouvirá ambos ao mesmo tempo: um forte "BUM!!!". Isso ocorre porque os dois sons somam-se. Agora, assuma que há 100 foguetes espalhados por uma cidade e você deseja que os sons de todos esses foguetes atinjam simultaneamente uma casa em particular (talvez de alguém que não lhe agrade muito). Você poderá conseguir isso estourando os foguetes mais próximos algum tempo depois de ter estourado os mais distantes. Se você controlar corretamente os tempos, aquela casa em particular ouvirá um estrondo único "BUM!!!", tremendamente intenso, provavelmente sacudindo bastante as paredes da casa, como se um enorme foguete tivesse explodido. Ao invés disso, as demais casas da cidade ouvirão uma série de estrondos menos barulhentos, porque os instantes das explosões não dão como resultado que todos esses sons sejam somados nessas outras casas.

Agora você entende o princípio básico da formação de um feixe sonoro: se você tiver múltiplas fontes sonoras (foguetes em nosso exemplo, transdutores em uma máquina ultra-sônica) colocadas em diversos locais, você poderá fazer com que todos os sons sejam somados, em um ponto qualquer do espaço. Para isso, você deverá controlar cuidadosamente os instantes em que os sons de todas as fontes são gerados, de modo que todas as ondas sonoras cheguem simultaneamente ao ponto desejado. Em outras palavras, você poderá focalizar e direcionar *eletronicamente* o feixe sonoro introduzindo atrasos apropriados. A focalização e o direcionamento do som são úteis porque *aquele ponto em particular produzirá um eco muito mais intenso do que todos os demais pontos*. Desse modo, poderemos ouvir facilmente o eco daquele ponto porque ele estará acima dos ecos de todos os demais pontos.

A Fig. 4.87 ilustra o conceito da focalização e do direcionamento eletrônicos, usando duas fontes sonoras para focalizar e direcionar um feixe até um ponto X desejado.

No primeiro degrau de tempo (Fig. 4.87(a)), a fonte inferior começa a emitir a sua onda sonora. No segundo degrau de tempo (Fig. 4.87(b)), a fonte superior começa a emitir a sua onda sonora. Depois de três degraus de tempo (Fig. 4.87(c)), as ondas de ambas as fontes alcançam o ponto focal, somando-se. Elas continuarão a se somar enquanto as ondas de ambas as fontes estiverem em fase entre si. Podemos simplificar o desenho, mostrando apenas as linhas desde as fontes até o ponto focal, como mostrado na Fig. 4.87(d).

Uma máquina de ultra-som usa essa capacidade para focalizar e direcionar eletronicamente o som, varrendo ponto por ponto toda a região que está à frente dos transdutores. A máquina pode fazer essa varredura dezenas ou centenas de vezes por segundo.

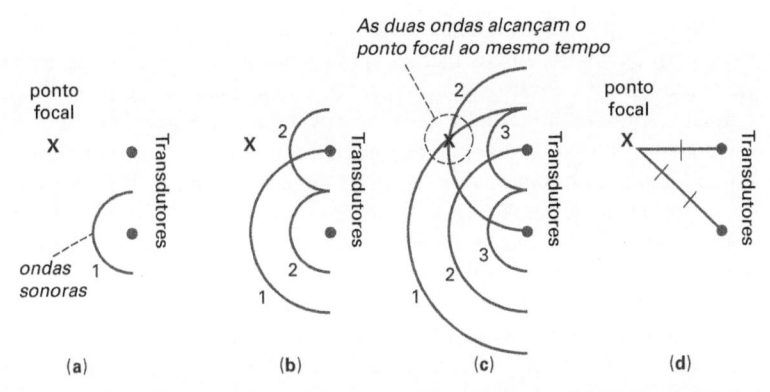

Figura 4.87 Focalizando o som em um ponto em particular usando a formação de feixe: (a) primeiro degrau de tempo – apenas o transdutor inferior gera som, (b) segundo degrau de tempo – agora o transdutor superior também gera som, (c) terceiro degrau de tempo – os dois sons somam-se no ponto focal, (d) uma ilustração mostrando que o transdutor superior está a dois degraus de tempo do ponto focal, ao passo que o transdutor inferior está a três intervalos. Isso significa que o transdutor superior deve gerar um som, com um atraso de um intervalo, após o transdutor inferior emitir um som.

Para cada ponto focal, a máquina precisa escutar o eco que retorna do tecido que está presente nesse ponto. A partir disso, ela poderá determinar se esse tecido é osso, pele, sangue, etc., utilizando o fato de que cada um desses tecidos produz um eco diferente. Lembre-se de que o eco oriundo do ponto focal é mais intenso do que os dos demais pontos, porque nesse ponto o som é o resultado de uma soma de sons. A formação de feixe também pode ser usada para focalizar um dado ponto do espaço e *escutá-lo*. Para que o som seja focalizado em um ponto em particular, quando "escutarmos" o som de um dado ponto focal, deveremos também, do mesmo modo que pulsos sonoros são produzidos com atrasos específicos, introduzir atrasos nos sinais que são recebidos pelos transdutores, porque o som chega antes aos transdutores mais próximos do que aos mais distantes. Assim, usando atrasos apropriados, poderemos "alinhar" os sinais de todos os transdutores, para que os sons captados, oriundos do ponto focal, sejam todos somados. Esse conceito está mostrado na Fig. 4.88.

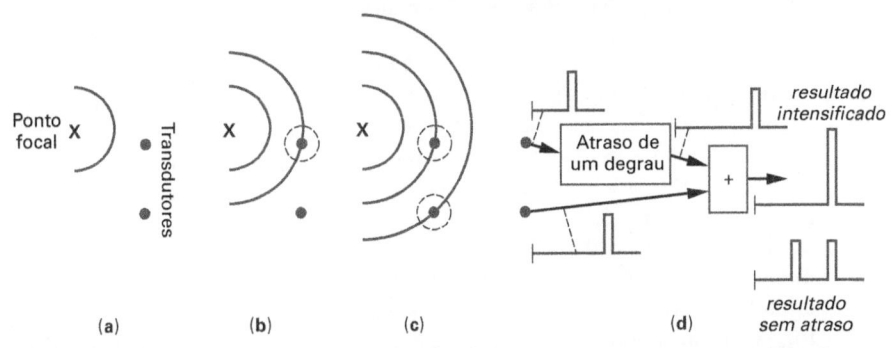

Figura 4.88 Escutando o som de um ponto em particular com a utilização da formação de feixe: (a) primeiro degrau de tempo, (b) segundo degrau de tempo – o transdutor superior escutou primeiro o som, (c) terceiro degrau de tempo – o transdutor inferior escuta agora o som, (d) atrasar o transdutor superior em um degrau de tempo faz com que as ondas vindas do ponto focal sejam somadas, amplificando o som.

Note que certamente haverá ecos dos demais pontos da região, mas os que vêm do ponto focal serão muito mais intensos; desse modo, os ecos mais fracos poderão ser filtrados e desprezados.

Observe que a formação de feixe pode ser usada para escutar um ponto em particular, mesmo que os sons vindos daquele ponto não sejam os ecos que estão retornando a partir de nossos próprios pulsos sonoros, o som pode estar sendo produzido pelo próprio objeto naquele ponto, como o motor de um carro ou uma pessoa falando. A formação de feixe é o equivalente eletrônico do apontamento de uma grande "antena parabólica" em uma direção em particular. Entretanto, a formação de feixe não requer partes móveis.

A formação de feixe é enormemente comum em uma ampla variedade de aplicações de sonar, como na observação de um feto ou coração humanos, na prospecção de petróleo no subsolo, no monitoramento das regiões vizinhas de um submarino, em espionagem, etc. A formação de feixe é usada em algumas próteses auditivas que têm microfones múltiplos para focalizar a fonte da fala que está sendo detectada; nesse caso, a formação de feixe deve ser adaptativa. A formação de feixe pode ser usada em telefones celulares com microfones múltiplos para focalizar a voz da pessoa e até em estações de rádio base de telefones celulares (usando sinais de rádio, e não ondas sonoras) para focalizar um sinal que está indo ou vindo de um celular.

Processador de sinal, conversor de varredura e monitor

O processador de sinal analisa os dados de eco de cada ponto da região varrida, extraindo o ruído (veja a Seção 5.11 para uma discussão sobre filtragem), fazendo interpolação entre pontos, atribuindo um nível de cinza a cada ponto que depende dos ecos ouvidos (ecos correspondentes aos ossos podem ser representados em branco, aos líquidos, em preto, e à pele, em cinza, por exemplo) e realizando outras tarefas. O resultado é uma imagem da região em escala de cinza. O conversor de varredura analisa gradativamente essa imagem gerando os sinais necessários para que um monitor em preto-e-branco exiba a imagem.

Circuitos digitais de um formador de feixe de uma máquina de ultra-som

Muitas das tarefas de controle e de processamento de sinais em uma máquina de ultra-som são realizadas usando *software* que é executado em um ou mais microprocessadores, geralmente especiais que foram projetados especificamente para o processamento digital de sinais, conhecidos como processadores digitais de sinal, ou DSPs (*Digital Signal Processors*). No entanto, algumas tarefas são muito mais fáceis de serem realizadas usando circuitos digitais customizados, como os do formador de feixe.

Gerador de som e circuitos de atraso de eco

A formação do feixe durante a etapa de geração do som consiste em obter atrasos apropriados para centenas de transdutores. Esses atrasos variam dependendo do ponto focal, de modo que eles não podem ser determinados dentro dos próprios transdutores. Ao contrário, podemos colocar um circuito de atraso à frente de cada transdutor, como mostrado na Fig. 4.89. Para um dado ponto focal, o DSP escreve o valor apropriado de atraso em cada circuito de atraso, escrevendo o valor de atraso no barramento denominado atraso_da_saída e o "endereço" nas linhas denominadas end, e habilitando o decodificador. O decodificador irá ativar a linha de carga de um dos componentes *Atraso_De_Saída*.

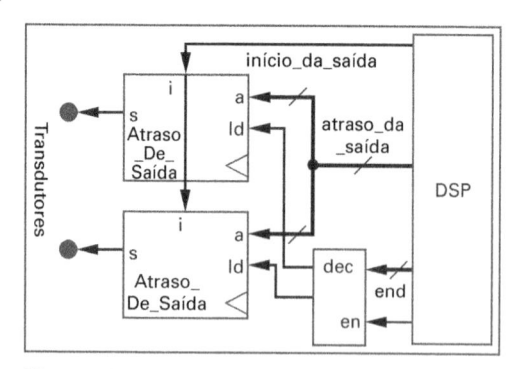

Figura 4.89 Circuitos de atraso de saída de um transdutor para dois canais.

Depois de escrever em cada componente, o DSP dá partida em todos simultaneamente tornando `início_da_saída` igual a 1. Cada componente *Atraso_De_Saída*, após o atraso especificado, produzirá um pulso em sua saída s. Vamos assumir que esse pulso faz o transdutor produzir um som. Em seguida, o DSP faz `início_da_saída` voltar a 0 e passa a escutar o eco.

Podemos implementar o componente *Atraso_De_Saída* usando um contador decrescente com carga paralela, como mostrado na Fig. 4.90. As entradas de carga paralela L e ld carregam o contador decrescente com seu valor inicial de contagem. A entrada cnt dá início à contagem decrescente, quando o contador chega a zero, ele produz um pulso em tc. A saída de dados do contador não é usada nesta implementação.

Depois que a máquina de ultra-som emitiu cada onda sonora focalizada em um ponto focal em particular, a máquina deve escutar o eco que retorna do ponto focal. Essa escuta requer atrasos apropriados em cada transdutor, para levar em consideração as diferentes distâncias entre o ponto focal e cada transdutor. Assim, cada transdutor necessita de um outro circuito de atraso para atrasar o sinal de eco recebido, como mostrado na Fig. 4.91. O componente *Atraso_De_Eco* recebe na sua entrada t o sinal do transdutor, o qual será assumido como tendo sido digitalizado com valores de *N* bits. Esse sinal deverá ser colocado na saída t_atrasado depois de ter sido atrasado adequadamente. O valor do atraso pode ser carregado pelo DSP usando as entrada a e ld do componente.

Podemos implementar o componente de *Atraso_De_Eco* usando uma série de registradores, como mostrado na Fig. 4.92. Essa implementação pode atrasar o sinal de saída em zero, um, dois ou três ciclos de relógio, simplesmente usando as linhas apropriadas de seleção do multiplexador 4x1.

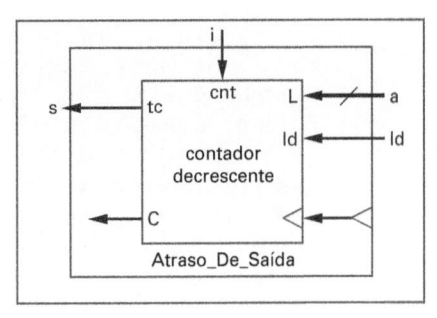

Figura 4.90 Circuito Atraso_De_Saída.

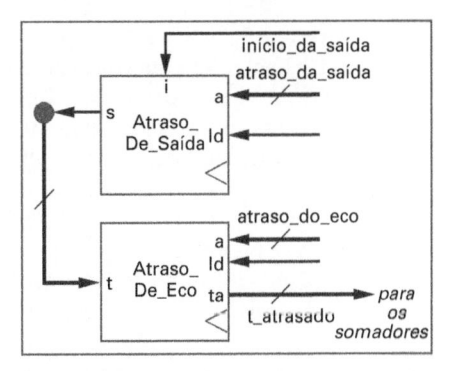

Figura 4.91 Circuitos de atrasos de saída e de eco para o transdutor de um canal.

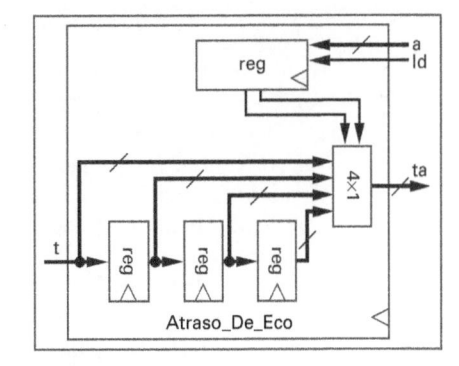

Figura 4.92 Circuito Atraso_De_Eco.

Uma cadeia mais longa de registradores, juntamente com um multiplexador maior, pode fornecer atrasos maiores. O DSP configura o valor do atraso escrevendo no registrador superior, que por sua vez ativa as linhas de seleção do multiplexador 4x1. Uma implementação mais flexível do componente de *Atraso_De_Eco* usaria em vez disso um componente temporizador.

Circuitos somadores – árvore de somadores

A saída de cada transdutor, apropriadamente atrasada, deve ser somada para criar um único sinal de eco oriundo do ponto focal, como foi ilustrado na Fig. 4.88. Aquela figura tinha apenas dois transdutores e, conseqüentemente, apenas um único somador. O que aconteceria se tivéssemos 256 transdutores, como seria mais provável em uma máquina real de ultra-som? Como somaríamos 256 valores? Poderíamos somar os valores de modo linear, como ilustrado à esquerda da Fig. 4.93(a) para o caso de oito valores. O atraso desse circuito é aproximadamente igual ao atraso de sete somadores. Para 256 valores, o atraso seria aproximadamente o de 255 somadores. Esse valor representa um atraso muito grande.

Poderemos fazer melhor se reorganizarmos a forma pela qual calculamos a soma, usando uma configuração de somadores, conhecida como uma **árvore de somadores**. Em outras palavras, ao invés de somar $((((((A+B)+C)+D)+E)+F)+G)+H$, ilustrado na Fig. 4.93(a), poderíamos calcular $((A+B)+(C+D)) + ((E+F)+(G+H))$, como mostrado na Fig. 4.93(b). A resposta é a mesma e usa o mesmo número de somadores, mas este último método realiza quatro somas em paralelo, então duas em paralelo e em seguida realiza uma última adição. O atraso é assim de apenas três somadores.

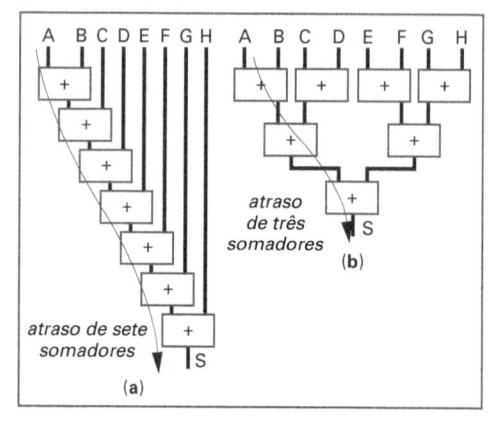

Figura 4.93 Somando muitos números: (a) linearmente, (b) usando uma árvore de somadores. Note que ambos os métodos usam sete somadores.

Para 256 valores, o primeiro nível da árvore iria computar 128 adições em paralelo, o segundo nível, 64 adições em paralelo, então 32, então 16, então oito, então quatro, então duas e finalmente uma última adição. Desse modo, a árvore de somadores teria oito níveis, significando um atraso total igual a oito atrasos de somador. Isso é bem mais rápido do que 256 atrasos de somador – *32 vezes mais rápido*, de fato.

A saída da árvore de somadores pode ser colocada em uma memória para permitir o acompanhamento dos resultados por parte do DSP, o qual poderá acessar os resultados algum tempo após terem sido gerados.

Multiplicadores

Acabamos de apresentar uma versão grandemente simplificada da formação de feixe. Na realidade, muitos outros fatores devem ser considerados durante a formação de feixe. Diversas dessas considerações poderão ser levadas em conta multiplicando-se cada canal por valores constantes, que o DSP novamente estabelece de forma individual para cada um dos canais. Por exemplo, focalizando um ponto sob a superfície da pele, próximo do dispositivo que é seguro e conduzido pela mão, pode requerer que seja dado um peso maior aos sinais que chegam oriundos dos transdutores da região próxima do centro do dispositivo. Portanto, um canal pode na realidade incluir um multiplicador, como mostrado na Fig. 4.94. O DSP pode escrever um valor no registrador mostrado. Esse valor representaria uma constante pela qual o sinal do transdutor seria multiplicado.

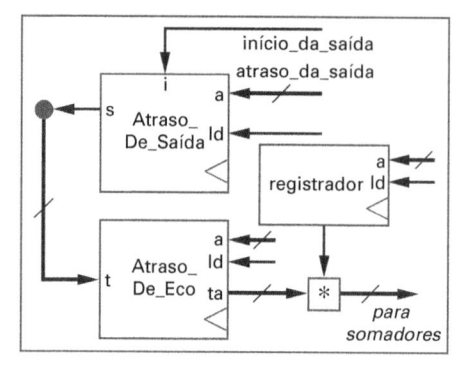

Figura 4.94 Canal ampliado com um multiplicador.

Nossa introdução à máquina de ultra-som foi grandemente simplificada em relação a uma máquina real. Mesmo nesta introdução simplificada, você pode ver em uso muitos dos componentes de bloco operacional deste capítulo. Usamos um contador decrescente para implementar o componente *Atraso_De_Saída*. Diversos registradores juntamente com multiplexadores foram usados no componente *Atraso_De_Eco*. Usamos muitos somadores para adicionar os sinais que chegam dos transdutores e usamos um multiplicador para dar pesos diferentes a esses sinais.

Desafios futuros em ultra-som

Nas duas últimas décadas, as máquinas de ultra-som passaram de quase totalmente analógicas para digitais em sua maioria. Os sistemas digitais consistem em circuitos digitais customizados e *software* executado em DSPs e microprocessadores, que trabalham em conjunto para criar imagens em tempo real.

Uma das principais tendências das máquinas de ultra-som envolve a criação de imagens tridimensionais (3D) em tempo real. A maioria das máquinas de ultra-som das décadas de 1990 e 2000 gerava imagens bidimensionais, cuja qualidade (ou seja, mais pontos focais por imagem) foi melhorando durante essas décadas. Diferentemente do ultra-som bidimensional, a geração de imagens 3D requer que a visualização da região de interesse seja feita desde diferentes perspectivas, exatamente como as pessoas vêem as coisas com seu par de olhos. Tal geração também requer uma quantidade muito grande de cálculos para que uma imagem 3D seja criada desde duas (ou mais) perspectivas. O resultado é uma imagem como a da Fig. 4.95.

Este é o rosto de um feto. Impressionante, não é? Leve em consideração que esta imagem é feita tão somente de ondas sonoras que são refletidas no ventre de uma mulher. A cor também pode ser acrescentada para distinguir entre os diversos fluídos e tecidos. Esses cálculos tomam tempo, mas processadores mais rápidos, acoplados a circuitos digitais customizados engenhosos, estão trazendo o ultrasom 3D em tempo real para mais próximo da realidade.

Uma outra tendência é em direção a máquinas menores e mais leves, de modo que possam ser usadas em uma variedade mais ampla de situações envolvendo cuidados de saúde. As primeiras máquinas eram volumosas e pesadas, as mais modernas vêm em carros móveis e algumas versões recentes são portáteis. Uma outra tendência está ocorrendo no sentido de tornar as máquinas de ultra-som mais baratas, de modo que possivelmente cada médico tenha uma em seu consultório, cada ambulância transporte uma para ajudar o pessoal de emergência médica a apurar a extensão de certos ferimentos, e assim por diante.

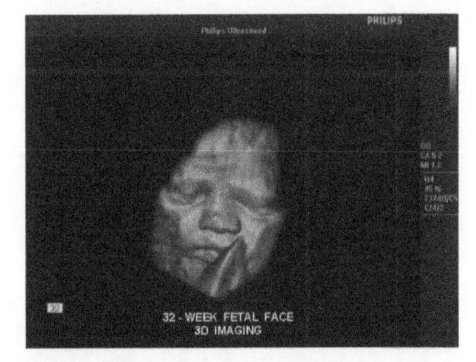

Figura 4.95 Imagem 3D do rosto de um feto. A foto é uma cortesia da Philips Medical Systems.

O ultra-som é usado em numerosas outras aplicações médicas, tal como no imageamento do coração para detectar problemas de artérias ou válvulas. Também é usado em várias outras aplicações, como no monitoramento de regiões submarinas.

▶ 4.14 RESUMO DO CAPÍTULO

Neste capítulo, começamos (Seção 4.1) introduzindo a idéia de construir blocos construtivos para serem usados em operações comuns envolvendo dados com múltiplos bits. Esses blocos são conhecidos como componentes de bloco operacional ou de nível de transferência entre registradores. A seguir, introduzimos uma série de componentes de bloco operacional, incluindo registradores, registradores de deslocamento, somadores, comparadores, contadores, multiplicadores, subtratores, unidades de aritmética e lógica e bancos de registradores. Em cada componente, examinamos dois aspectos: o projeto interno do componente e o uso do componente em aplicações.

Terminamos (Seção 4.13) descrevendo alguns princípios básicos que fundamentam o funcionamento de uma máquina de ultra-som e mostrando como diversos componentes de bloco operacional podem ser usados para implementar partes da máquina. Algo que você deve ter notado é como o projeto de uma máquina de ultra-som real requer conhecimentos da área de ultra-som. É muito comum que um programador de *software* ou um projetista digital tenham algum entendimento da área da aplicação.

No próximo capítulo, você aplicará o seu conhecimento de projeto lógico combinacional, projeto lógico seqüencial (projeto de blocos de controle) e componentes de bloco operacional para construir circuitos digitais que poderão implementar tarefas computacionais muito genéricas e poderosas.

▶ 4.15 EXERCÍCIOS

Os exercícios indicados com um asterisco (*) são mais desafiadores.

Nos exercícios relativos a componentes de bloco operacional, está indicado se a ênfase está no projeto interno ou no uso do componente.

SEÇÃO 4.2: REGISTRADORES

4.1 Analise o comportamento de um registrador de oito bits de carga paralela com entrada I, saída Q e entrada de controle de carga *ld*, completando o seguinte diagrama de tempo.

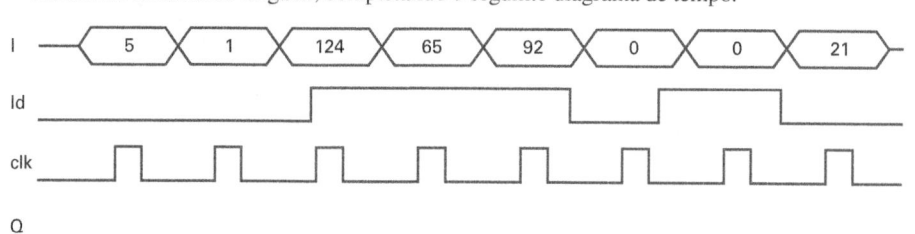

4.2 Analise o comportamento de um registrador de oito bits de carga paralela com entrada I, saída Q, entrada de controle de carga *ld* e entrada *clr* síncrona para fazer *reset*, completando o seguinte diagrama de tempo.

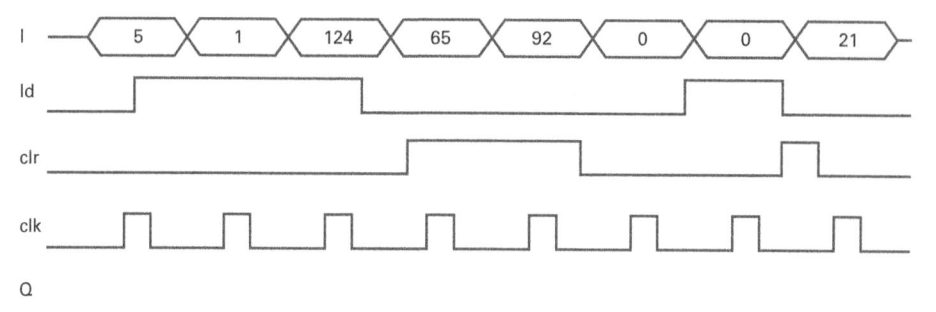

4.3 Projete um registrador de quatro bits com duas entradas de controle s1 e s0, quatro entradas de dados I3, I2, I1 e I0, e quatro saídas de dados Q3, Q2, Q1 e Q0. Quando s1s0=00, o registrador mantém o seu valor. Quando s1s0=01, o registrador carrega I3..I0. Quando s1s0=10, o registrador é carregado com 0000. Quando s1s0=11, o registrador faz o complemento do conteúdo, de modo que, por exemplo, 0000 torna-se 1111 e 1010 torna-se 0101. *(Problema de projeto de componente.)*

4.4 Repita o problema anterior, mas quando s1s0=11 o registrador inverte a ordem de seus bits, de modo que 1110 torna-se 0111 e 1010 torna-se 0101. *(Problema de projeto de componente.)*

4.5 Projete um registrador de oito bits com duas entradas de controle s1 e s0, oito entradas de dados I7..I0 e oito saídas Q7..Q0. A entrada s1s0=00 significa manter o valor atual, s1s0=01 significa carregar e s1s0=10 significa *clear*. Quando s1s0=11, o *nibble* superior troca de lugar com o *nib-*

ble inferior (um *nibble* corresponde a quatro bits), de modo que 11110000 torna-se 00001111, e 11000101 torna-se 01011100, por exemplo. *(Problema de projeto de componente.)*

4.6 O radar portátil que é usado por um policial está sempre emitindo um sinal de radar e medindo a velocidade dos carros quando passam. No entanto, quando o policial quer multar um motorista por excesso de velocidade, ele deve guardar a velocidade medida do carro, memorizando-a na unidade de radar. Construa um sistema para implementar o recurso de memorização de velocidade no radar portátil. O sistema tem uma entrada V de velocidade, uma entrada B do botão de memorização do radar portátil e uma saída D de dados que serão enviados ao mostrador de velocidade do radar. *(Problema de projeto de componente.)*

SEÇÃO 4.3: SOMADORES

4.7 Analise os valores que aparecem nas saídas de um somador de três bits com propagação de "vai um" para cada intervalo de tempo correspondente ao atraso de um somador completo, quando 111 é somado a 011. Assuma que todas as entradas foram zero anteriormente por um período longo de tempo.

4.8 Assumindo que todas as portas têm um atraso de uma unidade de tempo, calcule o tempo mais longo necessário para somar dois números usando um somador de oito bits com propagação de "vai um".

4.9 Assumindo que as portas AND têm um atraso de duas unidades de tempo, as portas OR, um atraso de uma unidade de tempo, e as portas XOR, um atraso de três unidades de tempo, calcule o tempo mais longo necessário para somar dois números usando um somador de oito bits com propagação de "vai um".

4.10 Projete um somador de dez bits com propagação de "vai um" usando somadores de quatro bits com propagação de "vai um". *(Problema de uso de componente.)*

4.11 Projete um somador que calcula a soma de três números de oito bits, usando somadores de oito bits com propagação de "vai um". *(Problema de uso de componente.)*

4.12 Projete um somador que calcula a soma de quatro números de oito bits, usando somadores de oito bits com propagação de "vai um". *(Problema de uso de componente.)*

4.13 Projete um termômetro digital que pode compensar erros na saída T da medição de temperatura do dispositivo, a qual é uma entrada de oito bits em nosso sistema. O valor da compensação pode ser positivo apenas, e chega ao nosso sistema via as entradas a, b e c, a partir de uma chave DIP de três pinos. O nosso sistema deve fornecer a temperatura compensada por meio de uma saída U de oito bits. *(Problema de uso de componente.)*

4.14 Repita o problema anterior, exceto que o valor da compensação pode ser positivo ou negativo, entrando em nosso sistema por meio de quatro entradas a, b, c e d, a partir de uma chave DIP de quatro pinos. O valor da compensação está na forma de complemento de dois (de modo que é bom que a pessoa que ajusta a chave DIP saiba disso!) Projete o circuito. Qual é o valor do intervalo de compensação possível da temperatura de entrada? *(Problema de uso de componente.)*

4.15 Podemos somar três números de oito bits, conectando cada somador de oito bits, com propagação de "vai um", à saída de outro somador de oito bits, com propagação de "vai um". Assumindo que todas as portas têm um atraso de uma unidade de tempo, calcule o atraso mais longo desse somador de três números de oito bits. Sugestão: você terá de examinar cuidadosamente o interior dos somadores, com propagação de "vai um", incluindo a parte interna dos somadores completos, para que o atraso mais longo seja calculado corretamente, indo de qualquer entrada até qualquer saída. *(Problema de uso de componente.)*

SEÇÃO 4.4: DESLOCADORES

4.16 Projete um deslocador de oito bits que desloca suas entradas de dois bits à direita (entrando 0s), quando a entrada de controle de deslocamento do deslocador é 1. *(Problema de projeto de componente.)*

4.17 Projete um circuito que fornece a média de quatro entradas de oito bits, representando números binários (não na forma de complemento de dois). *(Problema de uso de componente.)*

4.18 Projete um circuito que toma uma entrada D de oito bits, representando números binários (não na forma de complemento de dois), e fornece o dobro desse valor. *(Problema de uso de componente.)*

4.19 Projete um circuito que fornece um valor que é nove vezes o valor de sua entrada D de oito bits, representando números binários (não na forma de complemento de dois). Sugestão: use um deslocador e um somador. *(Problema de uso de componente.)*

4.20 Projete um circuito especial de multiplicação que faz o produto de sua entrada de 16 bits por 1, 2, 4, 8, 16 ou 32, especificado por três entradas a, b e c (abc=000 significa nenhuma multiplicação, abc=001 significa multiplicar por 1, abc=010, por 4, abc=011, por 8, abc=100, por 16 e abc=101 significa multiplicar por 32). Sugestão: use um componente predefinido que foi descrito neste capítulo. *(Problema de uso de componente.)*

4.21 Analise detalhadamente o funcionamento do deslocador *barrel* mostrado na Fig. 4.42, quando I=01100101, x = 1, y = 0 e z = 1. Assegure-se de mostrar como a entrada I é deslocada após cada estágio interno do deslocador.

4.22 Analise detalhadamente o funcionamento do registrador *barrel* mostrado na Fig. 4.42, quando I=10011011 , x = 0, y = 1 e z = 0. Assegure-se de mostrar como a entrada I é deslocada após cada estágio interno do deslocador.

4.23 Usando o deslocador *barrel* mostrado na Fig. 4.42, quais valores são necessários nas entradas x, y e z para que a entrada I seja deslocada seis posições à esquerda?

SEÇÃO 4.5: COMPARADORES

4.24 Analise detalhadamente o funcionamento do comparador mostrado na Fig. 4.45, quando a=15 e b=12. Assegure-se de mostrar como as comparações propagam-se através dos comparadores individuais.

4.25 Projete um comparador que determina se três números de quatro bits são iguais, conectando comparadores de magnitude de quatro bits entre si e usando componentes adicionais, se for necessário. *(Problema de uso de componente.)*

4.26 Projete um comparador de magnitude de quatro bits, com propagação de bit de transporte, que tem duas saídas, uma de maior do que ou igual, *gte*, e outra saída de menor do que ou igual, *lte*. Assegure-se de mostrar claramente as equações usadas no desenvolvimento dos comparadores individuais de um bit e como eles são conectados para formar o circuito de quatro bits. *(Problema de projeto de componente.)*

4.27 Projete um comparador de magnitude de cinco bits. *(Problema de projeto de componente.)*

4.28 Projete um circuito que fornece 1 na saída quando a entrada de oito bits do circuito é 99:
(a) usando um comparador de igualdade,
(b) usando apenas portas.
Sugestão: no caso de (b), você precisará de apenas uma porta AND e alguns inversores. *(Problema de uso de componente.)*

4.29 Use comparadores de magnitude e uma lógica para projetar um circuito que determina o mínimo de três números de oito bits. *(Problema de uso de componente.)*

4.30 Use comparadores de magnitude e uma lógica para projetar um circuito que determina o máximo de dois números de 16 bits. *(Problema de uso de componente.)*

4.31 Use comparadores de magnitude e uma lógica para projetar um circuito que fornece um 1 na saída quando uma entrada de oito bits está entre 75 e 100, inclusive. *(Problema de uso de componente.)*

4.32 Você deve projetar um sistema de alarme para temperatura corporal de pessoas, que será usado em um hospital. O seu sistema toma uma entrada de oito bits, que representa a temperatura, indo de 0 a 255. Se a temperatura medida for igual ou menor do que 35, você deverá fazer a saída A ser 1. Se a temperatura estiver entre 36 e 40, você deverá tornar a saída B igual a 1. Finalmente, se a temperatura for igual ou maior do que 41, você deverá fazer com que C seja igual a 1. *(Problema de uso de componente.)*

4.33 Você está trabalhando como adivinhador de pesos em um parque de diversões. O seu trabalho é tentar adivinhar o peso das pessoas antes que elas subam na balança. Se a sua estimativa não estiver a menos de cinco quilogramas do peso real da pessoa (para mais ou para menos), ela ganhará um prêmio. Construa um sistema que analisa a sua estimativa e fornece uma saída, indicando se o valor está a menos de cinco quilogramas. O analisador tem uma entrada E de oito bits para o valor estimado, uma entrada P de oito bits com o valor correto medido pela balança e uma saída simples C que será 1 se o peso estimado estiver dentro dos limites definidos pelas regras do jogo. *(Problema de uso de componente.)*

SEÇÃO 4.6: CONTADORES

4.34 Projete um contador crescente de quatro bits que tem duas entradas de controle: *cnt* habilita a contagem crescente, ao passo que *clear* faz o *reset* síncrono do contador colocando 0s em suas saídas:
  (a) usando um registrador de carga paralela como bloco construtivo,
  (b) usando diretamente flip-flops e multiplexadores e seguindo o procedimento de projeto de registrador da Seção 4.2. *(Problema de projeto de componente.)*

4.35 Projete um contador decrescente de quatro bits que tem três entradas de controle: *cnt* habilita a contagem crescente, *clear* faz o *reset* síncrono do contador colocando 0s em suas saídas, e *set* coloca sincronicamente 1s em todas as suas saídas:
  (a) usando um registrador de carga paralela como bloco construtivo,
  (b) usando diretamente flip-flops e multiplexadores e seguindo o procedimento de projeto de registrador da Seção 4.2. *(Problema de projeto de componente.)*

4.36 Projete um contador crescente de quatro bits com uma saída adicional *upper*. Esse sinal fornece 1 sempre que o contador estiver dentro da metade superior (*upper*) do intervalo de contagem do contador, ou seja, 8 a 15. Use um contador crescente básico de quatro bits como bloco construtivo. *(Problema de projeto de componente.)*

4.37 Projete um contador crescente/decrescente de quatro bits que tem quatro entradas de controle: *cnt_up* habilita a contagem crescente, *cnt_down* habilita a contagem decrescente, *clear* faz o *reset* síncrono do contador colocando 0s em suas saídas e *set* coloca 1s de modo síncrono em todas as suas saídas. Se ambas as entradas de controle *count_up* e *count_down* forem 1, o contador irá manter o seu valor corrente de contagem. Use um registrador de carga paralela como bloco construtivo. *(Problema de projeto de componente.)*

4.38 Projete o circuito de um contador decrescente de quatro bits. *(Problema de projeto de componente.)*

4.39 Projete um sistema de roleta de contagem eletrônica usando um contador de 64 bits. A entrada é um bit A, que será 1 durante exatamente um ciclo de relógio sempre que uma pessoa passar pela roleta. A saída é um número binário de 64 bits. Uma segunda entrada B será 1 sempre que um botão de *reset* for pressionado e 0s serão colocados em todas as saídas do contador. Sabendo que a Disneylândia da Califórnia atrai cerca de 15.000 visitantes por dia, e assumindo que todos eles passam pela sua roleta, quantos dias serão necessários antes que o contador volte a zero? *(Problema de uso de componente.)*

4.40 (a) Usando um contador crescente, com uma entrada de controle síncrona de *clear* e uma lógica extra, projete um circuito que gera uma saída 1 a cada 99 ciclos de relógio.
  (b) Projete o contador da parte (a), mas use um contador decrescente com carga paralela.
  (c) Quais são os *tradeoffs* entre os dois projetos das partes (a) e (b)?
  (Problema de uso de componente.)

4.41 (a) Dê os intervalos de contagem para contadores com as seguintes larguras de bit: 8, 12, 16, 20, 32, 40, 64 e 128 bits.
  (b) Para cada tamanho de contador da parte (a), assumindo um relógio de 1 Hz, indique quantos minutos, horas, dias, etc. o contador ficaria contando antes que retornasse a zero.

SEÇÃO 4.7: MULTIPLICADORES – ESTILO ARRAY

4.42 Assumindo que todas as portas têm um atraso de uma unidade de tempo, quais dos seguintes projetos irá calcular mais rapidamente o produto de oito bits dado por A*9:
  (a) um circuito como o projetado no Exercício 4.19, ou

(b) um multiplicador, estilo *array*, de oito bits com uma de suas entradas conectada a um valor constante de nove.

4.43 Projete um multiplicador, estilo *array*, de oito bits. *(Problema de projeto de componente.)*

4.44 Projete uma versão mais exata do conversor de graus Celsius para Fahrenheit do Exemplo 4.10. O novo circuito de conversão recebe a temperatura digitalizada em graus Celsius na forma de um número binário *C* de 16 bits, e fornece a temperatura em graus Fahrenheit na forma de uma saída *F* de 16 bits. A nossa equação mais exata para o cálculo aproximado de uma conversão de Celsius para Fahrenheit é: F = C*30/16 + 32. *(Problema de uso de componente.)*

SEÇÃO 4.8: SUBTRATORES

4.45 Desenvolva o projeto interno de um subtrator completo. *(Problema de projeto de componente.)*

4.46 Converta os seguintes números binários em complemento de dois para números decimais:
(a) 00001111
(b) 10000000
(c) 10000001
(d) 11111111
(e) 10010101

4.47 Converta os seguintes números binários em complemento de dois para números decimais:
(a) 01001101
(b) 00011010
(c) 11101001
(d) 10101010
(e) 11111100

4.48 Converta os seguintes números binários em complemento de dois para números decimais:
(a) 11100000
(b) 01111111
(c) 11110000
(d) 11000000
(e) 11100000

4.49 Converta os seguintes números binários de nove bits, em complemento de dois, para números decimais:
(a) 011111111
(b) 111111111
(c) 100000000
(d) 110000000
(e) 111111110

4.50 Converta os seguintes números decimais para números binários de oito bits na forma de complemento de dois:
(a) 2
(b) −1
(c) −23
(d) −128
(e) 126
(f) 127
(g) 0

4.51 Converta os seguintes números decimais para números binários de oito bits na forma de complemento de dois:
(a) 29
(b) 100
(c) 125
(d) −29

(e) −100
(f) −125
(g) −2

4.52 Converta os seguintes números decimais para números binários de oito bits na forma de complemento de dois:
(a) 6
(b) 26
(c) −8
(d) −30
(e) −60
(f) −90
(g) −120

4.53 Converta os seguintes números decimais para números binários de nove bits na forma de complemento de dois:
(a) 1
(b) −1
(c) −256
(d) −255
(e) 255
(f) −8
(g) −128

4.54 Usando subtratores de quatro bits, construa um subtrator que tem três entradas de oito bits, A, B e C, e uma única saída de oito bits, F, em que F=(A−B) − C. *(Problema de uso de componente.)*

4.55 Você recebe um termômetro digital que digitaliza a temperatura gerando um número binário K de 16 bits em graus Kelvin. Construa um sistema que converte a temperatura para um valor Fahrenheit de 16 bits. Use a seguinte equação para fazer uma conversão aproximada: F = (K−273)*2+32. *(Problema de uso de componente.)*

SEÇÃO 4.9: UNIDADES LÓGICO-ARITMÉTICAS – ALUs

4.56 Projete uma ALU com duas entradas A e B de oito bits e sinais de controle x, y e z. A ALU deve realizar as operações descritas na Tabela 4.3. Use um somador de oito bits e um extensor aritmético/lógico. *(Problema de projeto de componente.)*

TABELA 4.3 Operações desejadas da ALU

Entradas			Operação
x	y	z	
0	0	0	S = A − B
0	0	1	S = A + B
0	1	0	S = A * 8
0	1	1	S = A / 8
1	0	0	S = A NAND B (NAND bit a bit)
1	0	1	S = A XOR B (XOR bit a bit)
1	1	0	S = Inverter A (inversão da ordem dos bits)
1	1	1	S = NOT A (complemento bit a bit)

4.57 Projete uma ALU com duas entradas A e B de oito bits e sinais de controle x, y e z. A ALU deve realizar as operações descritas na Tabela 4.4. Use um somador de oito bits e um extensor aritmético/lógico. *(Problema de projeto de componente.)*

TABELA 4.4 Operações desejadas da ALU

Entradas			Operação
x	y	z	
0	0	0	S = A + B
0	0	1	S = A AND B (AND bit a bit)
0	1	0	S = A NAND B (NAND bit a bit)
0	1	1	S = A OR B (OR bit a bit))
1	0	0	S = A NOR B (NOR bit a bit))
1	0	1	S = A XOR B (XOR bit a bit))
1	1	0	S = A XNOR B (XNOR bit a bit))
1	1	1	S = NOT A (complemento bit a bit)

4.58 Um professor que ensina álgebra booleana quer ajudar seus alunos a aprender e entender os operadores booleanos. Para isso, deseja colocar à disposição dos estudantes uma calculadora capaz de realizar operações AND, NAND, OR, NOR, XOR, XNOR e NOT, bit a bit. Usando a ALU especificada no Exercício 4.57, construa uma calculadora lógica simples, usando chaves DIP nas entradas e LEDs na saída. A calculadora lógica deve ter também uma chave DIP de três entradas para selecionar qual operação lógica deverá ser realizada. *(Problema de uso de componente.)*

SEÇÃO 4.10: BANCOS DE REGISTRADORES

4.59 Projete um banco de registradores 8x32 de duas portas (uma de leitura, uma de escrita). *(Problema de projeto de componente.)*

4.60 Projete um banco de registradores 4x4 de três portas (duas de leitura, uma de escrita). *(Problema de projeto de componente.)*

4.61 Projete um banco de registradores 10x14 (uma porta de leitura, uma porta de escrita). *(Problema de projeto de componente.)*

4.62 *Crie um sistema de discagem rápida para telefone. Oito botões especiais b0–b7 acessam cada número previamente armazenado. O número que foi discado por último existe como nove dígitos armazenados em nove registradores R0–R8 de oito bits. Quando o usuário do telefone aperta um outro botão S juntamente com qualquer um dos botões b0–b7, o número que foi discado por último é armazenado no banco de registradores, na posição correspondente ao botão. Quando o usuário pressiona apenas um dos botões b0-b7, o número presente no banco de registradores, na posição correspondente ao botão, é lido e colocado em nove saídas P0–P8 de oito bits. *(Problema de uso de componente.)*

▶ **PERFIL DE PROJETISTA**

Roman começou a estudar ciência da computação na graduação porque se interessava por desenvolvimento de *software*. Durante a graduação, seus interesses ampliaram-se incluindo projeto digital e sistemas embarcados e, por fim, levaram-no a se envolver com pesquisa, desenvolvendo novos métodos para auxiliar os projetistas a construir rapidamente circuitos integrados (IC) de grande porte. Roman continuou seus estudos e recebeu seu grau de mestre em ciência da computação. Após, Roman trabalhou em uma grande empresa, projetando circuitos integrados (ICs) para eletrônica de consumo, e também em uma *start-up company** voltada ao processamento de alto desempenho.

Roman sente-se satisfeito trabalhando tanto como um desenvolvedor de *software*, como um engenheiro de *hardware*. Ele acredita que "basicamente, projetos de *hardware* e de *software* são muito similares, porque fundamentam-se na resolução eficiente de problemas difíceis. Embora boas habilidades para resolver problemas sejam importantes, boas habilidades para aprender também são importantes". Contrariamente ao que muitos estudantes possam acreditar, ele destaca que "aprender é uma atividade e uma habilidade fundamental, que não termina quando você recebe seu diploma. Para resolver problemas, você freqüentemente tem de aprender novas habilidades, adotar novas ferramentas e linguagens de programação, e determinar se as soluções existentes irão ajudá-lo a resolver os problemas que você encontra como engenheiro". Roman destaca que nas últimas décadas o projeto digital vem mudando a passos rápidos. Isso torna necessário que os engenheiros aprendam novas técnicas de projeto e novas linguagens de programação, como VHDL ou SystemC, e sejam capazes de adotar novas tecnologias para permanecerem bem-sucedidos. "À medida que a indústria continua a progredir rapidamente, as companhias contratam engenheiros não só pelo que já conhecem, mas mais pela capacidade que têm para continuar ampliando esse conhecimento e aprendendo novas habilidades." Ele destaca que "a graduação dá aos estudantes uma excelente oportunidade de aprender não só informações e habilidades essenciais ao seu trabalho acadêmico, mas também de aprender mais por conta própria, possivelmente aprendendo diferentes linguagens de programação, envolvendo-se com a pesquisa ou trabalhando em atividades de projeto de maior porte."

Roman está motivado pela satisfação obtida com o seu trabalho e pela possibilidade de trabalhar com outros engenheiros, compartilhando os mesmos interesses. "A motivação é uma das chaves para se ter sucesso em uma carreira de engenheira. Embora a motivação possa vir de muitas fontes, poder encontrar uma carreira, na qual se esteja verdadeiramente interessado e satisfeito, realmente ajuda. Os colegas de trabalho também são uma grande fonte de motivação, como também de conhecimentos e conselhos técnicos. Trabalhar como membro de uma equipe que se comunica bem é muito gratificante. Você é capaz de se motivar mutuamente, além de usar seus pontos fortes, juntamente com os de seus colegas, para alcançar objetivos muito além dos que você poderia atingir sozinho."

---

* N. de T: Trata-se de um novo empreendimento de risco, geralmente voltado a tecnologias avançadas recentes, não sendo ainda necessariamente lucrativo.

CAPÍTULO 5

Projeto em Nível de Transferência entre Registradores (RTL)

5.1 INTRODUÇÃO

Nos capítulos anteriores, definimos os componentes combinacionais e seqüenciais que são necessários para construir sistemas digitais. Neste capítulo, aprenderemos a construir sistemas digitais interessantes e úteis a partir desses componentes. Em particular, vamos combinar componentes de blocos operacionais para construir os blocos operacionais e usaremos blocos de controle para controlá-los. A combinação de um bloco de controle com um bloco operacional é conhecida como **processador**. Alguns processadores, como os de um computador pessoal, são programáveis – esses processadores são o tema central do Capítulo 8. Outros processadores são customizados para realizar uma tarefa em particular, não sendo programáveis – o projeto desses processadores customizados é o tema central deste capítulo.

Atualmente, os projetistas digitais concentram-se principalmente no projeto de processadores customizados, em oposição ao projeto de componentes digitais de mais baixo nível. Podemos definir um processador customizado como sendo um circuito digital que implementa um algoritmo de computador – uma seqüência de instruções que realiza uma tarefa em particular. Por exemplo, podemos definir um algoritmo que filtra o ruído presente em um fluxo de sinais digitalizados de áudio e, então, criar um processador para implementar aquele algoritmo. Um outro algoritmo pode codificar dados com propósitos de comércio eletrônico seguro. Um algoritmo poderia comparar uma impressão digital com 10.000 outras, para permitir que um policial determinasse rapidamente se alguém é um criminoso que está sendo procurado. Um algoritmo de processamento de imagem poderia detectar a presença de um tanque (militar) em uma imagem muito grande de vídeo. A formação de um feixe, parte do exemplo da máquina de ultra-som do capítulo anterior, pode ser entendida como sendo um outro algoritmo, implementado usando o procedimento de projeto de processador daquele capítulo. De fato, na realidade, diversos de nossos exemplos do capítulo anterior, como o *display* colocado acima do espelho retrovisor, a calculadora baseada em chaves DIP e o conversor de espaço de cores, podem ser entendidos como sendo processadores muito simples que implementam algoritmos igualmente simples.

Os processadores podem ser projetados usando diversos métodos de projeto. O método mais comum, praticado hoje em dia, é conhecido como projeto em nível de transferência entre registradores. O ***projeto em nível de transferência entre registradores***, ou ***projeto***

(*Register Transfer Level*), consiste em uma ampla variedade de abordagens. No entanto, geralmente um projetista especifica os registradores de um circuito, descreve as possíveis transferências e operações a serem realizadas com os dados de entrada, de saída e dos registradores, e define o controle que especifica quando transferir e operar com os dados.

Recordando os processos de projeto que definimos para circuitos combinacionais, no Capítulo 2, e para circuitos seqüenciais (blocos de controle), no Capítulo 3, tínhamos:

- No processo de projeto lógico combinacional, delineado na Tabela 2.5,
    1. O primeiro passo era *capturar* o comportamento desejado para o circuito lógico combinacional, por meio de uma tabela-verdade ou uma equação.
    2. Os demais passos eram *converter* o comportamento em um circuito.

- No processo de projeto lógico seqüencial (bloco de controle) da Tabela 3.2,
    1. O primeiro passo era *capturar* o comportamento desejado para o circuito lógico seqüencial, usando uma máquina de estados finitos.
    2. Os demais passos eram *converter* o comportamento em um circuito.

Portanto, não deve ser surpresa que:

1. O primeiro passo de um método de projeto RTL será *capturar* o comportamento desejado do processador. Introduziremos o conceito de máquina de estados de alto nível para capturar o comportamento RTL.

2. Os demais passos serão *converter* o comportamento em um circuito.

A Fig. 5.1 ilustra a idéia de que o processo de projeto pode ser visto como sendo inicialmente a captura do comportamento e, em seguida, a conversão desse comportamento em um circuito. Esse processo aplica-se a todos os casos, independentemente de estarmos realizando projeto lógico combinacional, lógico seqüencial ou RTL.

Neste capítulo, introduziremos o processo de projeto RTL, também conhecido como método de projeto RTL. Como o processo é criativo em sua maior parte, utilizaremos numerosos exemplos para ilustrar o processo. Introduziremos também diversos componentes de alto nível, que serão úteis durante o projeto RTL, incluindo componentes de memória e de fila.

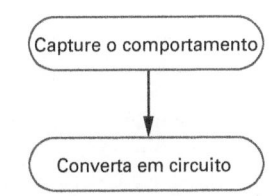

Figura 5.1 O processo de projeto.

▶ 5.2 O MÉTODO DE PROJETO RTL

Na prática, o projeto RTL é realizado usando uma ampla variedade de métodos, mas pode ser útil definir um método geral como o da Tabela 5.1.

Pode ser necessário um quinto passo, no qual a freqüência de relógio é escolhida. Os projetistas que procuram alto desempenho podem escolher uma freqüência que é a mais rápida possível, com base no atraso mais demorado, de registrador a registrador, presente no circuito final.

A implementação da FSM do bloco de controle, na forma de um circuito seqüencial, como aprendemos no Capítulo 3, completaria então o projeto.

Observe que o primeiro passo *captura* o comportamento desejado, ao passo que os demais *convertem* o comportamento em um circuito.

Primeiro, daremos um exemplo pequeno e simples, como ilustração "prévia", dos passos do método de projeto RTL, antes de definirmos cada passo mais detalhadamente.

TABELA 5.1 Método de projeto RTL

	Passo	Descrição
Passo 1	Obtenha uma máquina de estados de alto nível	Descreva o comportamento desejado do sistema na forma de uma máquina de estados de alto nível. Essa máquina consiste em estados e transições. A máquina de estados é de "alto nível" porque as condições para as transições e as ações dos estados são mais do que simplesmente operações booleanas envolvendo os bits de entrada e de saída.
Passo 2	Crie um bloco operacional	Partindo da máquina de estados de alto nível do passo anterior, crie um bloco operacional capaz de realizar as operações que envolvem dados.
Passo 3	Conecte o bloco operacional a um bloco de controle	Conecte o bloco operacional a um bloco de controle. Conecte também as entradas e saídas booleanas que são externas ao bloco de controle.
Passo 4	Obtenha a FSM do bloco de controle	Converta a máquina de estados de alto nível na máquina de estados finitos do bloco de controle (FSM). Para isso, substitua as operações que envolvem dados por sinais de controle, que são ativados ou lidos pelo bloco de controle.

▶ **EXEMPLO 5.1 Uma máquina de fornecer refrigerante**

Devemos projetar o processador de uma máquina de fornecer refrigerante. Um detector de moedas fornece ao nosso processador uma entrada c de um bit, a qual, quando uma moeda é detectada, torna-se 1 durante um ciclo de relógio e também uma entrada a de oito bits que indica o valor da moeda em centavos. Uma outra entrada s de oito bits indica o custo de um refrigerante (esse valor pode ser definido pelo proprietário da máquina). Depois do processador detectar um total de moedas cujo valor é igual ou maior do que o custo de um refrigerante, ele deverá atribuir 1 a um bit de saída d durante um ciclo de relógio, fazendo com que um refrigerante seja fornecido (essa máquina fornece apenas um tipo de refrigerante). A máquina não fornece troco – qualquer valor em excesso é retido. A Fig. 5.2 mostra um símbolo de diagrama de blocos do sistema.

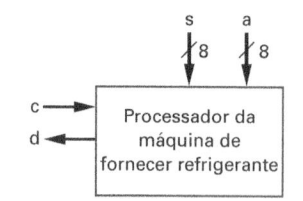

Figura 5.2 Símbolo para diagrama de blocos de uma máquina de fornecer refrigerante.

Passo 1 Neste passo do nosso método de projeto RTL, deve-se obter o comportamento desejado do sistema. A Fig. 5.3 mostra uma máquina de estados de alto nível que descreve o comportamento desejado. O primeiro estado, *Início*, coloca a saída d em 0 e inicializa um registrador local tot com 0. Esse registrador tot acumula o valor total de centavos que o sistema recebeu em moedas até o momento. Em seguida, a máquina de estados entra no estado *Esperar*. (Recorde-se do Capítulo 3 que uma transição sem indicação de condição representa uma condição que implicitamente tem valor "verdadeiro" e, conseqüentemente, na próxima borda de subida de relógio, a máquina irá para o estado seguinte.) A FSM permanecerá nesse estado, enquanto nenhuma moeda for detectada e o total de centavos acumulados

Entradas: c (bit), a(8 bits), s (8 bits)
Saídas: d (bit)
Registradores locais: tot (8 bits)

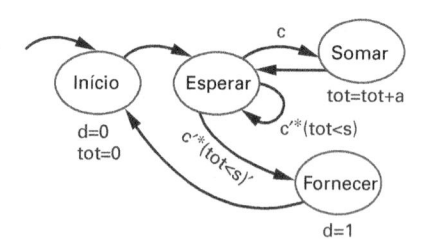

Figura 5.3 Máquina de estado de alto nível de uma máquina de fornecer refrigerante.

até o momento for menor do que o custo de um refrigerante. Quando uma moeda é detectada, a máquina de estados vai para o estado *Somar*, que adiciona o valor dessa moeda a tot e, então, retorna ao estado *Esperar*. Logo que tot for igual ou maior (em outras palavras, não for menor) do que o custo de um refrigerante, a máquina de estados irá para o estado *Fornecer*, o qual fornecerá um refrigerante fazendo d ser 1. Em seguida, a máquina de estados retorna ao estado *Início*.

Passo 2 Neste passo, é criado um bloco operacional. Precisaremos de um *registrador* local para tot, um *somador* para calcular tot + a, e um *comparador* conectado a tot e s para verificar se tot<s. O bloco operacional resultante aparece na Fig. 5.4.

Passo 3 Neste passo, o bloco operacional é conectado ao bloco de controle. A Fig. 5.5 mostra as conexões. Observe que as entradas e saídas do bloco de controle são sinais de apenas um bit.

Passo 4 Neste passo, é obtida a FSM do bloco de controle. Ela tem os mesmos estados e transições da máquina de estados de alto nível, mas utiliza o bloco operacional para realizar as operações. A Fig. 5.6 mostra a FSM do bloco de controle. Na máquina de estados de alto nível, o estado *Início* fazia a operação com dados tot = 0 (tot tem oito bits de largura, de modo que essa atribuição de 0 não é uma operação de apenas um bit). Para realizar essa operação, fazemos tot_clr=1, o que corresponde a aplicar um *clear* no registrador tot, o qual passa a ter valor 0. As transições do estado *Esperar* realizavam operações com os dados, de acordo com o resultado da comparação tot<s. Agora, no lugar do bloco de controle, temos um comparador para fazer a análise da comparação. Desse modo, o bloco de controle precisa apenas verificar o resultado da comparação através do sinal tot_lt_s* produzido pelo comparador. O estado *Somar* realizava a operação com dados tot = tot + a. O bloco operacional calcula essa soma para o bloco de controle, o qual só precisa aplicar tot_ld=1 para que o resultado da soma seja carregado no registrador tot.

Para completar o projeto, vamos implementar a FSM do bloco de controle na forma de um registrador de estado e uma lógica combinacional. A Fig. 5.7 mostra uma tabela de estados parcial para o bloco de controle, na qual os estados foram codificados como *Início*: 00, *Esperar*: 01, *Somar*: 10 e *Fornecer*: 11. Para terminar o projeto do bloco de controle, deveremos completar a tabela de estados, incluir um registrador de estado de dois bits e criar um circuito para cada uma das cinco saídas da tabela, como foi discutido no Capítulo 3. O Apêndice C fornece detalhes da finalização do projeto do bloco de controle e também analisa o funcionamento mútuo dos blocos de controle e operacional.

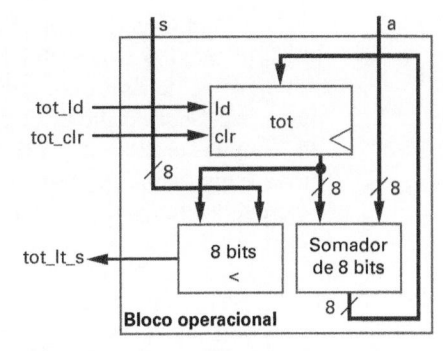

Figura 5.4 Bloco operacional da máquina de fornecer refrigerante.

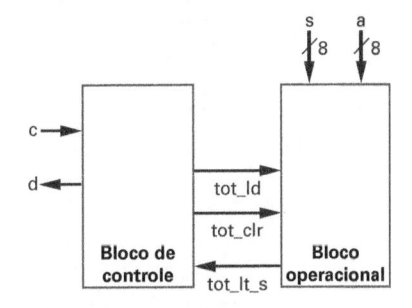

Figura 5.5 Conexões entre o bloco de controle e o bloco operacional da máquina de fornecer refrigerante.

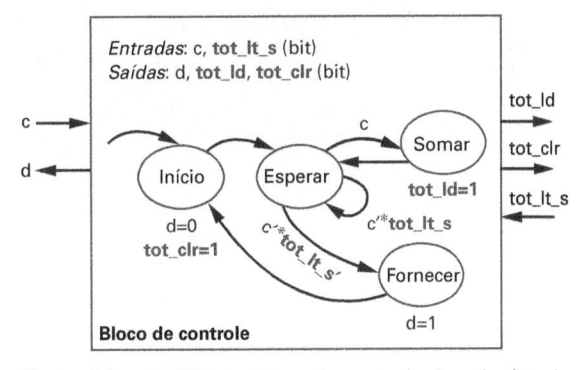

Figura 5.6 A FSM do bloco de controle da máquina de fornecer refrigerante.

---

* N. de T: Lembrando que lt vem de *less than*, menor do que.

O exemplo anterior deu uma visão prévia do método de projeto RTL. Observe que começamos com uma máquina de estados de alto nível, que não era simplesmente uma FSM porque havia registradores locais incluídos e porque havia operações com dados (ao invés de apenas operações booleanas) nos estados e nas transições. Então, criamos um bloco operacional para implementar esses registradores locais e para realizar as operações com os dados. Além disso, tivemos necessidade de um bloco de controle para controlar esse bloco operacional. Definimos que o comportamento desse bloco de controle seria o mesmo do comportamento da máquina de estados de alto nível, exceto que a FSM do bloco de controle usava sinais de controle recebidos do bloco operacional para realizar e verificar as operações do bloco operacional. Finalmente, poderíamos projetar o bloco de controle usando o processo de projeto de bloco de controle do Capítulo 3.

	s1	s0	c	tot_lt_s	n1	n0	d	tot_ld	tot_clr
Início	0	0	0	0	0	1	0	0	1
	0	0	0	1	0	1	0	0	1
	0	0	1	0	0	1	0	0	1
	0	0	1	1	0	1	0	0	1
Esperar	0	1	0	0	1	1	0	0	0
	0	1	0	1	0	1	0	0	0
	0	1	1	0	1	0	0	0	0
	0	1	1	1	1	0	0	0	0
Somar	1	0	0	0	0	1	0	1	0
	...				...				
Fornecer	1	1	0	0	0	0	1	0	0
	...				...				

Figura 5.7 Tabela de estados do bloco de controle da máquina de fornecer refrigerante (parcial).

Agora, discutiremos cada passo do método de projeto RTL com mais detalhes, ilustrando cada um deles com um novo exemplo.

Passo 1: Crie uma máquina de estados de alto nível

Uma máquina de estados de alto nível é um modelo de computação, similar a uma máquina de estados finitos, mas com características adicionais que permitem a descrição de cômputos envolvendo mais do que simplesmente dados booleanos.

Lembre-se de que uma máquina de estados finitos (FSM) consiste em entradas, saídas, estados, ações desenvolvidas nos estados (um mapeamento de estados em valores de saída) e transições de estados (um mapeamento de estados e entradas em próximos estados). No entanto, as entradas e saídas de uma FSM restringem-se a tipos booleanos, as ações estão limitadas a equações booleanas e as condições para as transições, a expressões booleanas. Essas limitações tornam incômoda a especificação de cômputos que envolvem dados que não sejam de apenas um bit.

A Fig. 5.3 mostrou uma máquina de estados de alto nível que descrevia o comportamento do processador de uma máquina de fornecer refrigerante. Observe que a máquina de estados *não* é uma FSM, devido às diversas razões realçadas (em negrito) na Fig. 5.8. Uma razão é que a máquina de estados tem entradas com tipos de dados de oito bits, ao passo que as FSMs permitem apenas entradas e saídas de tipos booleanos (um único bit, cada). Uma outra razão é que a máquina de estados contém um registrador local tot para armazenar dados intermediários, ao passo que as FSMs não permitem o armazenamento local de dados – o único item "armazenado" em uma FSM é o próprio estado.

Entradas: c (bit), **a (8 bits), s (8 bits)**
Saídas: d (bit)
Registradores locais: **tot (8 bits)**

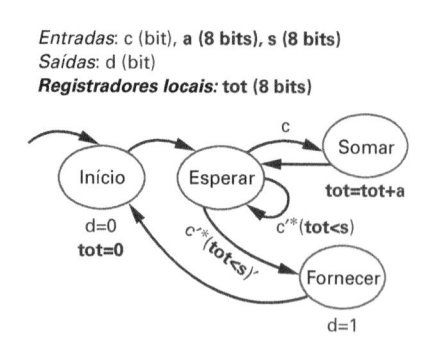

(diagrama de estados: Início → Esperar → Somar (tot=tot+a) com c; Esperar → Fornecer com c'*(tot<s)'; d=0, tot=0; c'*(tot<s); d=1)

Figura 5.8 Máquina de estado de alto nível para uma máquina fornecedora de refrigerante, em que os elementos que não pertencem à FSM foram realçados (em negrito).

Uma terceira razão é que as ações nos estados e as condições para as transições envolvem operações com dados, como `tot = 0` (lembre-se de que `tot` tem oito bits de largura), `tot < s` (o operador booleano "<" não existe), e `tot = tot + a` (em que "+" é uma soma aritmética, não um operador OR, não havendo nenhum operador booleano de soma aritmética), ao passo que uma FSM permite apenas equações e expressões booleanas.

Portanto, uma máquina de estados útil, de alto nível, será uma extensão de FSM em que:

- as entradas e as saídas podem envolver outros *tipos de dados além de simples bits*,
- *registradores locais* podem ser incluídos (com vários tipos de dados), e
- as ações e as condições podem envolver também equações e expressões *aritméticas* em geral, e não apenas booleanas.

Essa máquina de estados de alto nível não é a única extensão possível da FSM. Há dúzias de extensões diferentes da FSM. No entanto, neste capítulo, iremos utilizar a extensão de FSM que foi descrita no parágrafo anterior. Esse tipo de máquina de estados de alto nível é chamado algumas vezes de **FSM com dados**, ou **FSMD**.

Iremos continuar a usar as seguintes convenções, para as máquinas de estados de alto nível, que também usamos com as FSMs:

- Implicitamente, há uma operação AND envolvendo cada condição de transição e uma borda de subida do relógio.
- Em um estado, qualquer saída de *bit*, para a qual não foi atribuído nenhum valor, implicitamente vale 0. Nota: essa convenção não se aplica a saídas com múltiplos bits.

Agora, daremos um outro exemplo de como descrever um sistema, usando uma máquina de estados de alto nível.

▶ **EXEMPLO 5.2 Medidor de distância baseado em raio laser – Máquina de estados de alto nível**

Há incontáveis aplicações que requerem a medição exata da distância de um objeto desde um ponto conhecido. Por exemplo, os construtores de estradas precisam determinar com exatidão o comprimento de um trecho de estrada. Os cartógrafos precisam determinar com exatidão a localização e a altura de colinas e montanhas e a extensão de lagos. Um guindaste gigante, usado na construção de arranha-céus, precisa determinar com exatidão a distância do seu braço móvel desde a base. Em todas essas aplicações, esticar uma fita métrica para medir a distância não é muito prático. Um método melhor envolve a medição de distâncias com base em raio laser.

Na medição de distâncias baseada em raio laser, um laser é apontado para o objeto de interesse. A seguir, o laser é ligado durante um breve intervalo e é dada a partida em um temporizador. A luz laser, viajando à velocidade da luz, desloca-se até o objeto e é refletida. Um sensor detecta a reflexão da luz laser, fazendo com que o temporizador pare. Conhecendo o tempo T gasto pela luz para se deslocar até o objeto e retornar, e sabendo que a velocidade da luz é 3×10^8 metros/segundos, podemos calcular facilmente a distância D pela equação: $2D = T$ segundos $* 3 \times 10^8$ metros/segundo. A medição de distâncias baseada em raio laser está ilustrada na Fig. 5.9.

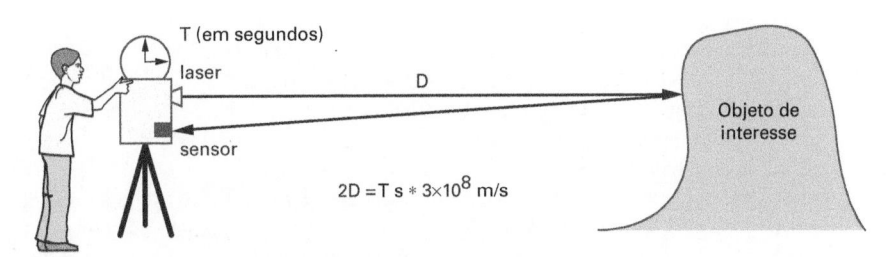

Figura 5.9   Uma medição de distância baseada em raio laser.

Vamos projetar um processador para controlar o laser e o temporizador, capaz de calcular distâncias de até 2000 metros. Um diagrama de blocos do sistema está mostrado na Fig. 5.10. O sistema tem uma entrada B de um bit, que é igual a 1 quando o usuário pressiona um botão para dar início à medição. Uma outra entrada S de um bit vem do sensor, valendo 1 quando a luz refletida do laser é detectada. Uma saída L de um bit controla o laser, ativando-o quando L é 1. Finalmente, uma saída D de *N* bits indica a distância em binário, em unidades de metros – vamos assumir que um *display* converte esse número de binário para decimal e exibe o resultado em um LCD para que possa ser lido pelo usuário. A saída D terá, no mínimo, 11 bits porque números de 0 a 2047 podem ser representados com 11 bits, e queremos medir distâncias até 2000 metros. Vamos fazer com que D tenha 16 bits.

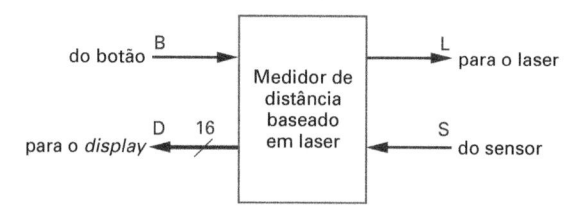

Figura 5.10 Diagrama de blocos do sistema de medição de distância, baseado em raio laser.

Passo 1: Crie uma máquina de estados de alto nível

Podemos descrever por completo o controle do sistema, usando uma máquina de estados de alto nível. Para facilitar a criação da máquina de estados, iremos enumerar a seqüência de eventos que fundamentam o sistema de medição:

- O sistema é energizado. Inicialmente, o laser do sistema está desligado e, no *display* de saída, o sistema mostra uma distância de 0 metros.
- A seguir, o sistema espera que o usuário pressione um botão, B, para iniciar a medição.
- Depois do botão ter sido pressionado, o sistema deve ligar o laser. Vamos optar por deixar o laser ligado durante um ciclo de relógio.
- Depois do laser ter sido pulsado, o sistema deve esperar que o sensor detecte a reflexão do laser. Enquanto isso, o sistema deve medir o tempo que transcorre desde o instante em que o laser foi pulsado até a detecção da reflexão pelo sensor.
- Depois da detecção da reflexão, o sistema deve usar o valor do tempo decorrido, desde que o laser foi pulsado, para computar a distância até o objeto de interesse. Então, o sistema deve voltar a esperar que o usuário pressione o botão para que uma nova medição seja realizada.

A seqüência anterior guiará a nossa construção de uma máquina de estados de alto nível. Começaremos com um estado inicial, que chamaremos de *S0*. A tarefa de *S0* é garantir que, quando nosso sistema é energizado, ele não coloque uma distância incorreta no *display* e que o laser não seja ligado (possivelmente provocando ferimentos no usuário despreparado). A especificação desse comportamento, na forma de uma máquina de estados de alto nível, é imediata, como mostrado na Fig. 5.11. Observe que a diferença entre a máquina de estados de alto nível e uma FSM está em que as ações do estado usam um tipo de dados que tem uma largura superior a um bit (isto é, D tem 16 bits). No entanto, para cada transição, a própria máquina de estados de alto nível segue a convenção de que há uma AND implícita, envolvendo a condição da transição e a borda de subida do relógio. Desse modo, a máquina de estados realiza transições somente nas bordas de relógio (exatamente como nas FSMs). Note que, apesar das atribuições L = 0 e D = 0 parecerem iguais, a atribuição L = 0 coloca um bit 0 na saída L de um bit, ao passo que a atribuição D = 0 produz um número 0 de 16 bits (que, na realidade, é

Entradas: B, S (1 bit cada)
Saídas: L (bit), D (16 bits)

L = 0 (*laser desligado*)
D = 0 (*distância = 0*)

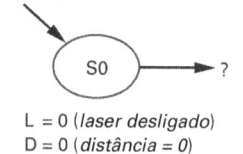

Figura 5.11 Máquina de estados parcial de alto nível do sistema de medição: inicialização.

0000000000000000) na saída D de 16 bits. Algumas outras notações fazem distinção entre atribuições de bit e de dados, usando notações diferentes, como colocar um bit entre aspas simples. Por exemplo, a atribuição de bit L = 0 poderia ser escrita alternativamente como L='0'.

Depois da inicialização, o sistema de medição espera que o usuário pressione o botão B, iniciando o processo de medição. Quando o usuário aperta o botão, B torna-se 1 e o sistema de medição deve prosseguir ativando o laser. Para realizar a espera, acrescentamos um estado após *S0*, que chamaremos de *S1*, mostrado na Fig. 5.12. As transições mostradas fazem com que a máquina de estados permaneça no estado *S1* enquanto B = 0 (o que significa B' ser verdadeiro).

Quando B = 1, o laser deve permanecer ligado durante um ciclo. Em outras palavras, quando B = 1, a máquina de estados deve fazer uma transição que a leve para um estado que liga o laser, seguido por um estado que o desliga. Chamaremos o estado que liga o laser de *S2* e o estado que o desliga de *S3*. A Fig. 5.13 mostra como *S2* e *S3* estão conectados na máquina de estados de alto nível.

No estado *S3*, a máquina de estados deve esperar até que o sensor detecte a reflexão do laser (S = 1). Durante o tempo em que S = 0, a máquina de estados permanece em *S3*. Enquanto isso, como foi mencionado na seqüência de eventos de antes, a máquina de estados deverá medir o tempo decorrido entre a pulsação do laser e a detecção da sua reflexão. Da discussão sobre temporizadores do Capítulo 4, sabemos que, para um dado período de relógio, podemos medir o tempo contando o número de ciclos de relógio e multiplicando esse número pelo período do relógio (tempo = ciclos * (1/freqüência do relógio)). Assim, para contar os ciclos de relógio, usaremos um *registrador local*, que chamaremos de Dctr. Enquanto espera pela reflexão do laser, a máquina de estados incrementa Dctr. (Por simplicidade, ignoramos a possibilidade de que nenhuma reflexão possa ocorrer.) Devemos também inicializar Dctr com 0, o que optamos por fazer no estado *S1*. Com essas modificações, nossa máquina de estados de alto nível está mostrada na Fig. 5.14.

Entradas: B, S (1 bit cada)
Saídas: L (bit), D (16 bits)

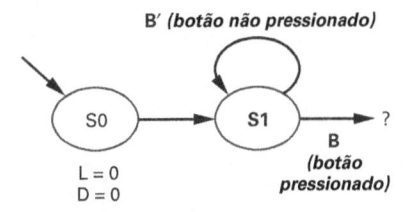

Figura 5.12 Máquina de estados parcial de alto nível do sistema de medição: esperando que o botão seja pressionado.

Entradas: B, S (1 bit cada)
Saídas: L (bit), D (16 bits)

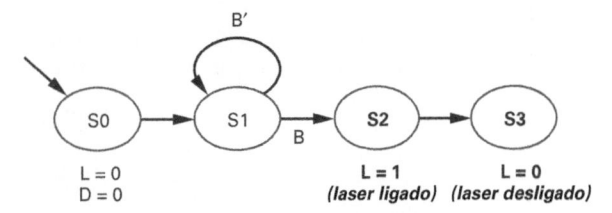

Figura 5.13 Máquina de estados parcial de alto nível do sistema de medição: pulsando o laser durante um ciclo.

Entradas: B, S (1 bit cada)   *Saídas*: L (bit), D (16 bits)
Registradores Locais: Dctr (16 bits)

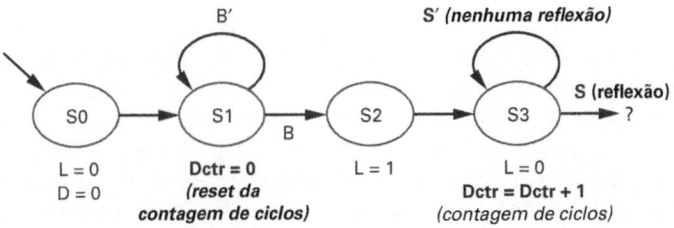

Figura 5.14 Máquina de estados parcial de alto nível do sistema de medição: esperando pela reflexão do laser e contando os ciclos de relógio.

Logo que a reflexão for detectada (S = 1), a nossa máquina de estados de alto nível deverá calcular a distância D que está sendo medida. Da Fig. 5.9, vemos que 2*D = T s * 3×10^8 m/s. Também sabemos que o tempo T, em segundos, é Dctr * (1/freqüência de relógio). Para simplificar o projeto do sistema, vamos assumir que a freqüência de relógio é 3×10^8, ou 300 MHz. Como a luz viaja a 3×10^8 metros por segundo, cada ciclo de relógio corresponde assim a um metro. Desse modo, com um relógio de 300 MHz, o contador Dctr indica o número de metros que o feixe de raio laser percorre desde o medidor até o objeto e de volta ao medidor. Para calcular apenas a distância desde o medidor até o objeto, dividiremos Dctr por 2 (fazendo manipulações algébricas nessas equações, chega-se a D = Dctr/2). Esse cálculo será feito no estado que chamaremos de *S4*. A nossa máquina de estados final de alto nível está mostrada na Fig. 5.15.

Entradas: B, S (1 bit cada)   *Saídas*: L (bit), D (16 bits)
Registradores Locais: Dctr (16 bits)

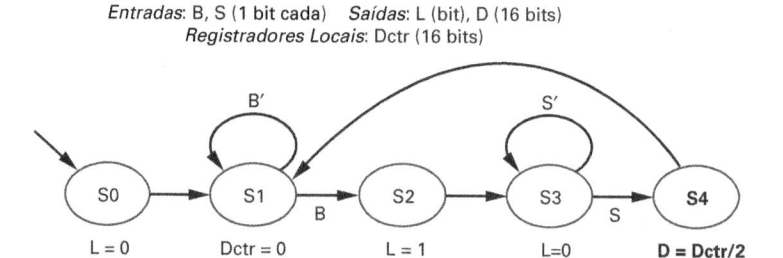

Figura 5.15   Máquina de estados parcial de alto nível do sistema de medição: calculando o valor de D.

Podemos resumir o comportamento da máquina de estados de alto nível da Fig. 5.15 como segue:

- S0 é o estado inicial. No estado S0, a máquina de estados inicializa o laser, desligando-o ao fazer L=0 e fazendo a saída ser carregada com D=0. A seguir, a máquina faz uma transição para o estado S1.
- S1 faz *clear* em Dctr, carregando-o com 0, e então espera até que o botão seja pressionado. Quando isso ocorre, a máquina faz uma transição para o estado S2.
- S2 liga o laser e, em seguida, a máquina faz uma transição para o estado S3.
- S3 desliga o laser e incrementa Dctr a cada ciclo de relógio (com um relógio de 300 MHz, cada ciclo corresponde a um metro). A máquina permanece em S3, incrementando Dctr a cada ciclo de relógio, até que a reflexão seja detectada. Nesse momento, a máquina faz uma transição para o estado S4.
- S4 carrega a saída D com o número final da contagem de ciclos, dividido por dois, o que corresponde à distância medida em metros. A máquina então retorna ao estado S1, no qual fica esperando que o botão seja pressionado novamente.

Um medidor de distância real, baseado em laser, poderia usar uma freqüência de relógio mais elevada, para medir distâncias com precisão superior a um metro apenas.   ◀

A máquina de estados de alto nível, descrita acima, é apenas um dos tipos de FSMs. Uma variedade de máquina de estados, que foi muito popular no passado, era chamada de **Máquina Algorítmica de Estados**, ou **ASM** (*Algorithmic State Machine*). As ASMs são semelhantes a fluxogramas, exceto que incluem a noção de um relógio que habilita as transições de um estado para outro (um fluxograma tradicional não contém o conceito explícito de relógio). As ASMs, como os fluxogramas, contêm mais "estrutura" do que uma máquina de estados. Uma máquina de estados pode realizar transições de qualquer estado para qualquer outro estado, ao passo que uma ASM restringe as transições de forma que os cômputos são semelhantes a um algoritmo – uma seqüência ordenada de instruções. Uma ASM usa diversos tipos de caixas, incluindo caixas de estado, condição e de saída. Tipicamente, as ASMs permitiam também o armazenamento local de dados e operações com dados.

O surgimento das linguagens de descrição de hardware (veja o Capítulo 9) parece ter substituído em grande parte o uso de ASMs, já que essas linguagens contêm os construtos que suportam a estruturação algorítmica, e muito mais. Por essa razão, não iremos aprofundar a descrição das ASMs.

Passo 2: Crie um bloco operacional

Dada uma máquina de estados de alto nível, queremos criar um bloco operacional que implemente todos os armazenamentos de dados e cômputos, envolvendo tipos de dados não booleanos, presentes na máquina. Isso nos permitirá substituir a máquina de estados de alto nível por uma FSM que controla apenas o bloco operacional. Podemos decompor esse passo de "crie um bloco operacional" em diversos passos mais simples:

Passo 2: Crie um bloco operacional

(a) Faça com que todas as entradas e saídas de *dados* sejam entradas e saídas do bloco operacional.

(b) Para cada registrador que faz parte da máquina de estados de alto nível, implemente o armazenamento de dados acrescentando um registrador ao bloco operacional. Além disso, geralmente acrescentamos um registrador para cada uma das saídas de dados.

(c) Metodicamente, examine cada estado e cada transição, acrescentando e conectando novos componentes de bloco operacional para que as novas computações com dados sejam implementadas. À medida que vão se tornando necessários, acrescentaremos multiplexadores à frente das entradas de cada componente. Assim, um componente pode ser compartilhado entre diversos sinais que usam o mesmo componente em estados diferentes. Algumas vezes, constatamos que um componente já existe (por exemplo, um registrador), mas que precisamos acrescentar uma nova entrada de controle a ele (por exemplo, uma entrada de *clear* em um registrador para que ele possa ser carregado com 0).

Um termo comum para descrever o acréscimo de um componente a um projeto é ***instanciamento***. Assim, dizemos que instanciamos um novo registrador em vez de adicionamos um novo registrador. O uso desse termo evita uma possível confusão com o termo adicionar para significar uma adição aritmética (por exemplo, "adicionamos dois registradores" poderia se tornar ambíguo). Quando acrescentamos um novo componente, devemos dar-lhe um nome que seja único, diferente de qualquer outro nome de componente do bloco operacional. Assim, se instanciarmos um registrador, poderemos chamá-lo de *Registrador1*. Se instanciarmos um outro registrador, poderemos chamá-lo de *Registrador2*. Na verdade, deveríamos dar nomes significativos sempre que possível. Desse modo, poderemos chamar um registrador de *RegTemperatura* e outro, de *RegUmidade*.

Quando acrescentamos um novo componente, entradas adicionais para o bloco operacional poderão ser criadas, correspondendo às entradas de controle do componente. Por exemplo, quando acrescentamos um registrador, serão criadas novas entradas para o bloco operacional, correspondendo às entradas de controle de carga e *clear* do registrador. Deveremos dar nomes únicos a cada entrada de controle do bloco operacional, descrevendo idealmente qual componente é controlado pela entrada e qual operação é realizada. Por exemplo, se acrescentarmos um registrador de nome *Registrador1*, poderemos então criar duas novas entradas de controle no bloco operacional, de nomes *Registrador1_load* e *Registrador1_clear* De modo semelhante, poderemos ter necessidade de usar as saídas de controle de um componente como, por exemplo, a saída de um comparador. Nesse caso, também deveremos dar nomes únicos a essas saídas.

▶ **EXEMPLO 5.3** **Medidor de distância baseado em raio laser – Crie um bloco operacional**

Continuaremos agora o Exemplo 5.2 prosseguindo com o segundo passo do método de projeto RTL.

Passo 2: Crie um bloco operacional
Podemos seguir os passos mais simples desta etapa para criar o bloco operacional mostrado na Fig. 5.17:

(a) A saída D é uma saída de dados (16 bits) e, portanto, iremos torná-la uma saída de bloco operacional, como mostrado na Fig. 5.16(i).

(b) Precisamos de um registrador para implementar o registrador local Dctr de 16 bits. Notando que as operações em Dctr são as de *clear* (no estado *S1*) e *incrementar* (no estado *S3*), poderemos implementá-lo acrescentando um contador crescente, como mostrado na Fig. 5.16(ii). Além disso, como queremos controlar quando a saída D muda (note que alteramos D apenas no estado *S4*), acrescentamos um registrador Dreg de 16 bits na saída D, como mostrado na Fig. 5.16(iii). Prolongamos os sinais de controle do contador Dctr e do registrador Dreg, tornando-os entradas do bloco operacional e tendo cada sinal um nome exclusivo, como mostrado na Fig. 5.16(iv).

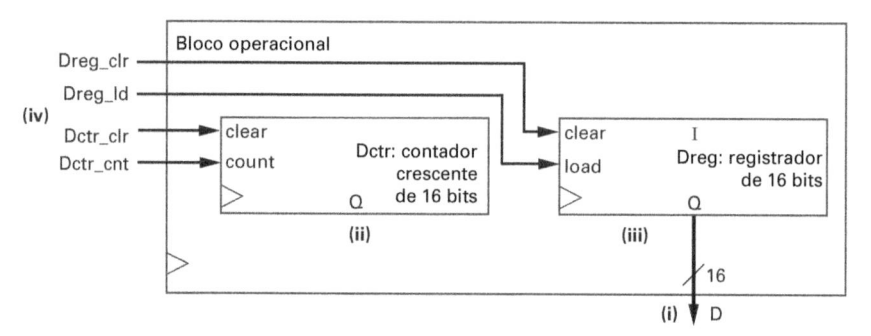

Figura 5.16 Bloco operacional parcial do medidor de distância baseado em laser.

(c) Em *S3*, observando que D é carregado com Dctr dividido por 2, vamos inserir um registrador deslocador à direita entre Dctr e Dreg para implementar a divisão por 2, como mostrado na Fig. 5.17.

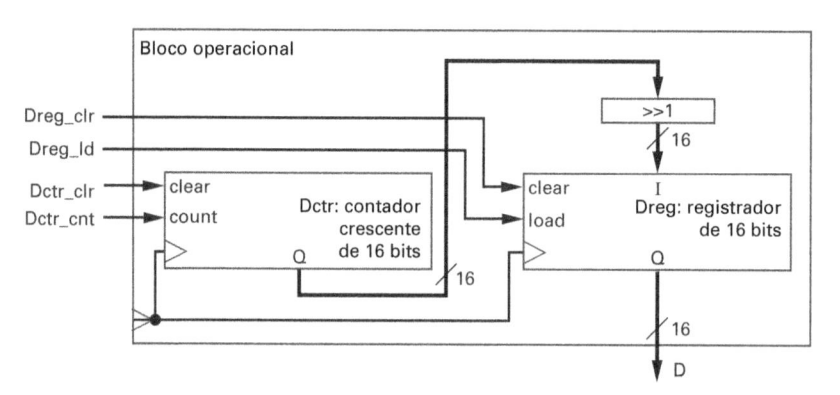

Figura 5.17 Bloco operacional do sistema de medição de distância baseado em laser.

A Fig. 5.17 mostra que o bloco operacional resultante é muito simples, mas ainda assim trata-se de um bloco operacional. ◀

No exemplo anterior, não houve necessidade de multiplexadores. Assim, iremos ilustrar em separado por que algumas vezes eles devem ser incluídos. Considere o exemplo da máquina de estados parcial de alto nível, mostrado na Fig. 5.18(a). A Fig. 5.18(b) mostra o bloco operacional depois da implementação das ações do estado *T0*. Essas ações requerem um somador, no qual os registradores *E* e *F* estão conectados às entradas *A* e *B*. A Fig. 5.18(c) mostra o bloco operacional, após a implementação das ações do estado *T1*. Esse estado também requer um somador, mas, como já existe um no bloco operacional, não precisaremos acrescentar outro. Os registradores *R* e *G* deverão ser conectados às entradas *A* e *B* do somador, mas, como essas entradas já têm conexões vindas de *E* e *F*, deveremos então acrescentar multiplexadores, como mostrado na Fig. 5.18(d). Observe que foram criados nomes únicos, para cada uma das entradas de controle dos multiplexadores.

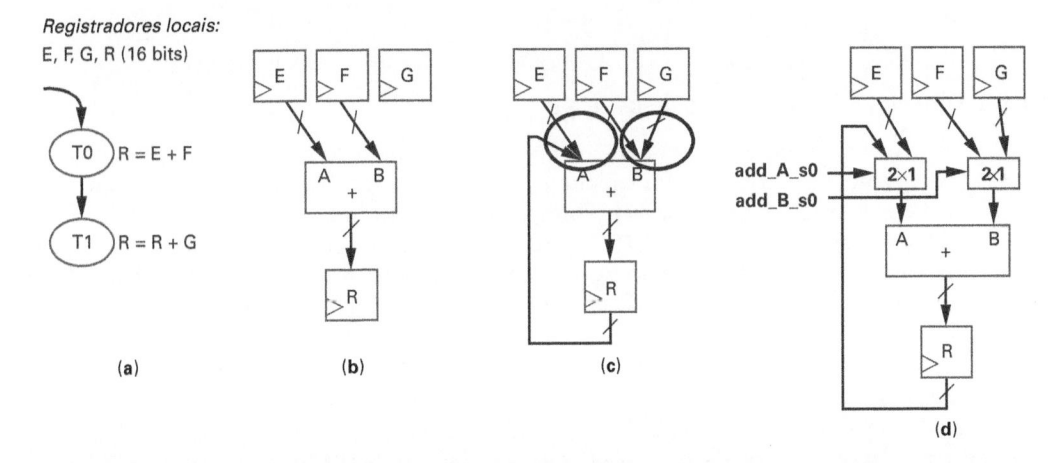

Figura 5.18 Instanciamento de multiplexadores para o bloco operacional: (a) parte de um exemplo de máquina de estados de alto nível, (b) o bloco operacional depois da implementação das ações do estado T0, (c) o bloco operacional depois da implementação das ações do estado T1, resultando duas fontes para cada uma das entradas do somador, (d) o bloco operacional depois do instanciamento dos multiplexadores para lidar com as fontes múltiplas.

Passo 3: Conecte o bloco operacional a um bloco de controle

O Passo 3 do método de projeto RTL é na verdade imediato. Simplesmente criamos um bloco de controle, com as entradas e as saídas booleanas do sistema, e em seguida o conectamos às entradas e saídas de controle do bloco operacional.

▶ **EXEMPLO 5.4** **Medidor de distância baseado em laser – Conecte o bloco operacional a um bloco de controle**

Continuando o exemplo anterior, prosseguimos com o Passo 3 do método de projeto RTL:

Passo 3: Conecte o bloco operacional a um bloco de controle
Conectaremos o bloco operacional a um bloco de controle conforme mostrado na Fig. 5.19. Ligaremos as entradas e saídas de controle (*B*, *L* e *S*) ao bloco de controle, e a saída de dados (*D*) ao bloco operacional. Também ligaremos o bloco de controle às entradas de controle do bloco operacional (*Dreg_clr*, *Dreg_ld*, *Dctr_clr*, *Dctr_cnt*). Normalmente, não mostraremos o bloco gerador de relógio, mas o estamos mostrando explicitamente nesta figura para tornar claro que o gerador deve ser exatamente de 300 MHz.

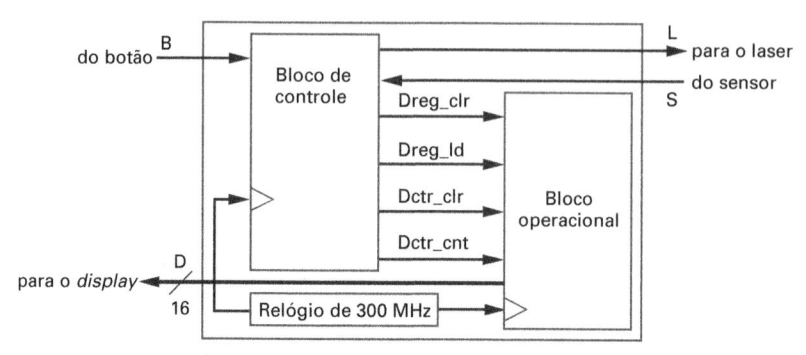

Figura 5.19 Projeto dos blocos de controle e operacional (processador) para o medidor de distância baseado em laser.

Passo 4: Obtenha a FSM do bloco de controle

Se tivermos criado corretamente o nosso bloco operacional, a obtenção de uma FSM para o bloco de controle é imediata. A FSM terá os mesmos estados e transições que a máquina de estados de alto nível. Simplesmente definimos as entradas e saídas da FSM (todos serão de um bit apenas) e, no lugar dos cômputos presentes nas ações e condições, teremos correspondentemente valores apropriados nos sinais de controle do bloco operacional. Lembre-se de que criamos o bloco operacional especificamente para realizar esses cômputos e, portanto, precisamos apenas configurar apropriadamente os sinais de controle do bloco operacional para implementar cada cômputo em particular no momento correto.

▶ **EXEMPLO 5.5** Medidor de distância baseado em laser – Obtendo a FSM do bloco de controle

Continuamos com o exemplo anterior, indo para o Passo 4 do método de projeto RTL.

Passo 4: Obtenha a FSM do bloco de controle
O último passo é projetar a parte interna do bloco de controle. Podemos descrever o comportamento do bloco de controle, refinando a nossa máquina de estados de alto nível da Fig. 5.15 e obtendo uma FSM. Substituiremos as ações e condições de "alto nível", como Dctr=0, por atribuições e condições reais para os sinais de entrada e saída do bloco de controle, como Dctr_clr=1, conforme mostrado na Fig. 5.20. Observe que a FSM não indica diretamente quais operações estão ocorrendo no bloco operacional. Por exemplo, $S4$ carrega Dreg com Dctr/2, mas a FSM em si mostra apenas que o sinal de carga de Dreg está sendo ativado. Assim, o comportamento completo do sistema pode ser determinado a partir da FSM, olhando também o bloco operacional ao mesmo tempo.

▶ **COMO FUNCIONA? CONTROLE ADAPTATIVO DE VELOCIDADE DE AUTOMÓVEL**

No início da década de 2000, surgiram controles de velocidade de automóvel que não só mantêm uma dada velocidade, como também mantêm uma dada *distância* até o carro que está à frente, diminuindo assim a velocidade quando necessário. Esse controle "adaptativo" ajusta-se assim às mudanças de tráfego em uma auto-estrada. Para isso, esses blocos de controles adaptativos devem medir a distância até o carro à frente. Uma maneira de se medir essa distância usa um medidor de distância baseado em laser, sendo que a fonte de raio laser e o sensor são instalados na grade frontal do carro, conectados a um circuito e/ou microprocessador que calcula a distância. O valor da distância é enviado a uma entrada do sistema de controle de velocidade, que determina quando aumentar ou diminuir a velocidade do automóvel.

Entradas: B, S   *Saídas*: L, Dreg_clr, Dreg_ld, Dctr_clr, Dctr_cnt

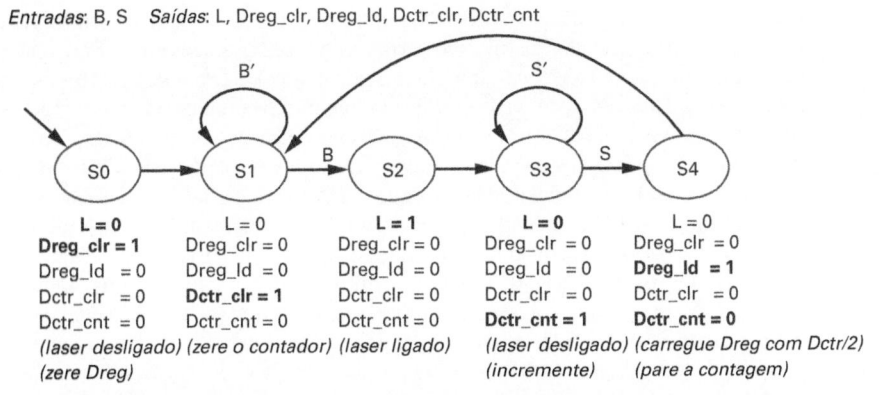

	S0	S1	S2	S3	S4
	L = 0	L = 0	L = 1	L = 0	L = 0
	Dreg_clr = 1	Dreg_clr = 0	Dreg_clr = 0	Dreg_clr = 0	Dreg_clr = 0
	Dreg_ld = 0	Dreg_ld = 0	Dreg_ld = 0	Dreg_ld = 0	**Dreg_ld = 1**
	Dctr_clr = 0	**Dctr_clr = 1**	Dctr_clr = 0	Dctr_clr = 0	Dctr_clr = 0
	Dctr_cnt = 0	Dctr_cnt = 0	Dctr_cnt = 0	**Dctr_cnt = 1**	Dctr_cnt = 0
	(laser desligado) *(zere Dreg)*	*(zere o contador)*	*(laser ligado)*	*(laser desligado)* *(incremente)*	*(carregue Dreg com Dctr/2)* *(pare a contagem)*

Figura 5.20 Descrição da FSM usada no bloco de controle do medidor de distância baseado em laser. A ação desejada em cada estado está mostrada em itálico na linha de baixo. A correspondente atribuição de sinal que permite a realização de cada ação está em negrito.

Lembre-se do Capítulo 3 que normalmente seguimos a convenção de que os sinais de saída de uma FSM, que não são mostrados explicitamente em um estado, têm implicitamente valor 0. De acordo com essa convenção, a FSM seria como a da Fig. 5.21. Mesmo assim, poderemos ainda optar por mostrar explicitamente a atribuição de um 0 (por exemplo, L = 0 no estado *S3*) se essa atribuição for uma ação chave de um estado. As ações-chave de cada estado foram colocadas em negrito na Fig. 5.20.

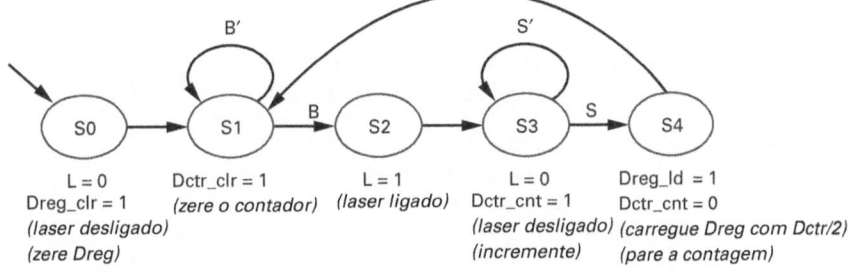

Entradas: B, S   *Saídas*: L, Dreg_clr, Dreg_d, Dctr_clr, Dctr_cnt

	S0	S1	S2	S3	S4
	L = 0	Dctr_clr = 1	L = 1	L = 0	Dreg_ld = 1
	Dreg_clr = 1	*(zere o contador)*	*(laser ligado)*	Dctr_cnt = 1	Dctr_cnt = 0
	(laser desligado) *(zere Dreg)*			*(laser desligado)* *(incremente)*	*(carregue Dreg com Dctr/2)* *(pare a contagem)*

Figura 5.21 Descrição da FSM, usada no bloco de controle do medidor de distância baseado em laser, usando a convenção de que, quando as saídas dessa FSM não são mostradas, elas têm implicitamente valor 0.

Completaríamos o projeto implementando essa FSM com um registrador de estado de três bits e uma lógica combinacional, para obter o próximo estado e a lógica de saída, como descrito no Capítulo 3. ◀

5.3 EXEMPLOS E QUESTÕES DE PROJETO RTL

O projeto RTL envolve uma certa quantidade de criatividade e *insight*. Assim, uma boa maneira de começar a aprender o projeto RTL talvez seja vendo alguns exemplos. Daremos agora exemplos adicionais do método de projeto RTL, com os quais também explicaremos detalhadamente algumas questões.

Exemplo de projeto de uma interface de projeto simples

▶ **EXEMPLO 5.6** **Interface simples de barramento**

Geralmente, os processadores precisam transferir dados entre si. Normalmente, esses dados são enviados por um barramento para reduzir os problemas de congestionamento de fios, que de outro modo poderiam ocorrer (veja a Seção 4.10). Suponha que 16 processadores diferentes, cada um com 32 bits de saída, sejam conectados a um único barramento de 32 bits de nome D. Suponha que outro processador, um processador mestre, queira ler a saída de qualquer um desses 16 processadores. (Vamos chamar esses 16 processadores de *periféricos*, um termo comum dado a um processador quando ele funciona como auxiliar de um processador mestre.) O processador mestre fornece um endereço, A, de quatro bits, em sua saída, que pode ser lido por todos os 16 periféricos, sendo que cada um deles tem o seu próprio endereço único (0000, ou 0001, ou 0010, ou etc.). Como o processador mestre sempre aplica um valor às linhas de endereço, mas nem sempre quer realizar uma leitura, ele tem uma outra saída, rd, que é tornada 1, quando está lendo, e 0, quando não está lendo. Desse modo, se o processador mestre quiser ler o valor de saída do periférico cinco, ele colocará nas linhas A o valor 0101 e, então, tornará rd igual a 1. A seguir, o processador mestre lerá as linhas de dados D (possivelmente armazenando os dados lidos em um registrador local) e então fará rd retornar a 0. Além disso, enquanto o processador mestre estiver lendo, o valor em D não deverá ser alterado.

Um diagrama de blocos do sistema está mostrado na Fig. 5.22. Essa configuração é muito similar à de um computador de mesa, em que um processador mestre pode ler os registradores dos processadores periféricos – entre os quais podem estar uma unidade de disco, uma unidade de CD-ROM, um teclado, um modem, etc.

Acabamos de descrever o que é conhecido como um protocolo de barramento. Um *protocolo de barramento* define uma seqüência de ações sobre linhas de dados, endereço e controle, de modo a realizar uma transferência de dados nessas linhas de um processador a outro.

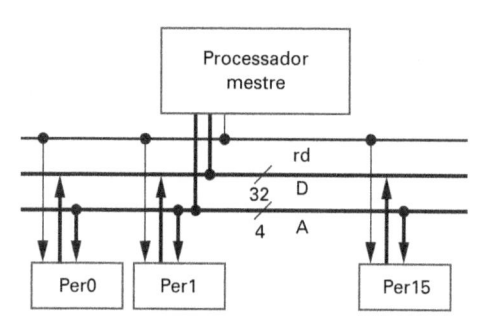

Figura 5.22 Exemplo de interface de barramento.

Uma *interface de barramento* implementa um protocolo de barramento para um processador. Vamos implementar a interface de barramento para um dos processadores periféricos. A Fig. 5.23 dá o diagrama de blocos de um dos periféricos, dividido em uma parte principal e uma de interface de barramento. A saída Q da parte principal é uma entrada da interface de barramento. Vamos assumir que o endereço próprio do periférico é dado por uma outra entrada, Faddr, da interface de barramento. O valor de Faddr poderia vir de uma chave DIP ou talvez de um outro registrador. A interface de barramento tem também entradas e saídas que estão conectadas aos sinais de barramento rd, D e A.

O **Passo 1** do nosso método de projeto RTL consiste em criar uma máquina de estados de alto nível. Com base no protocolo de barramento que definimos, a parte da interface de barramento do periférico enviará dados apenas

Figura 5.23 Diagrama de blocos de uma interface de barramento.

se o endereço presente na entrada A for igual ao endereço da entrada Faddr e (AND) se o processador estiver solicitando uma leitura fazendo rd ser 1. Enquanto uma interface de barramento estiver esperando por uma instrução do processador mestre para enviar dados, a interface de barramento não deverá interferir com aquilo que um outro processador possa estar escrevendo nas linhas compartilhadas de dados, D. Assim, enquanto espera por um endereço que combine com o seu próprio e que rd=1, a interface de barramento não deve aplicar valor algum ao barramento D (estado conhecido como de *alta impedância*, representado por "Z").

Quando a interface de barramento detecta um endereço que combina e rd=1, ela deve colocar os dados da entrada Q (oriundos da parte principal) na saída D. No entanto, devemos também assegurar que D não mudará enquanto o processador mestre estiver lendo a interface de barramento. Podemos manter estável o valor em D se armazenarmos o valor de Q em um registrador local Q1. Enquanto a interface de barramento não estiver enviando dados, ela atualizará Q1 com o valor corrente de Q. Quando estiver enviando dados, ela não atualizará Q1 e colocará o valor de Q1 no barramento D, o que fará com que D não mude durante um envio de dados.

Podemos ver que a implementação da interface de barramento, para o protocolo de barramento, pode ser descrita por uma máquina de estados de alto nível, usando os dois estados mostrados na Fig. 5.24: um estado no qual a interface de barramento espera para ficar habilitada a enviar dados (*EsperandoMeuEndereço*) e um estado no qual ela envia os dados (*EnvieDados*).

A Fig. 5.25 dá um exemplo de diagrama de tempo para o comportamento da máquina de estados (*E* significa o estado *EsperandoMeuEndereço* e *ED*, *EnvieDados*). Enquanto o sistema permanecer no estado *E*, o sistema colocará Z em D. Quando rd=1 e A=Faddr*, o sistema colocará o conteúdo de Q1 na saída, a partir da borda de subida do próximo relógio. O sistema continuará a colocar Q1 na saída enquanto rd=1. Quando o sinal de leitura retornar a 0, o sistema volta ao estado *EsperandoMeuEndereço* na borda de subida de relógio e, conseqüentemente, volta a colocar Z na saída.

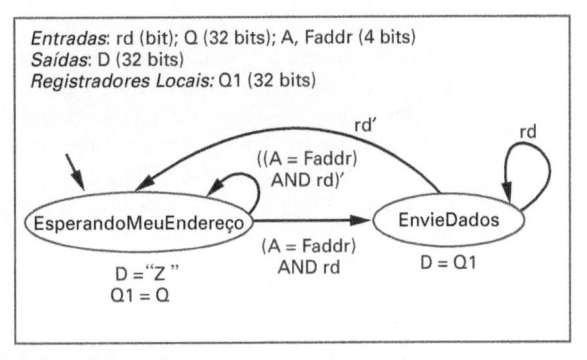

Figura 5.24 Máquina de estados de alto nível da parte que envia dados em uma interface de barramento simples.

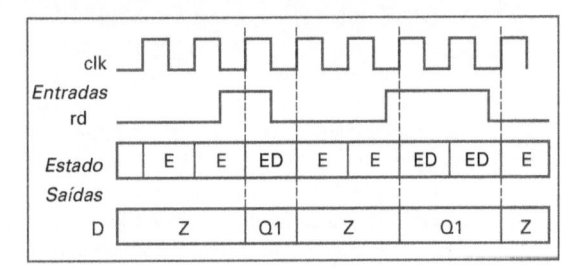

Figura 5.25 Diagrama de tempo da interface de barramento.

O **Passo 2** é criar um bloco operacional, como mostrado à direita na Fig. 5.26. O bloco operacional contém um comparador de igualdade de quatro bits para comparar A e Faddr, um registrador Q1 de 32 bits de largura e um *driver* de três estados de 32 bits de largura que possibilita colocar em D o valor de Q1 ou nada. As entradas de dados do bloco operacional são A, Faddr e Q, ao passo que a única saída de dados é D.

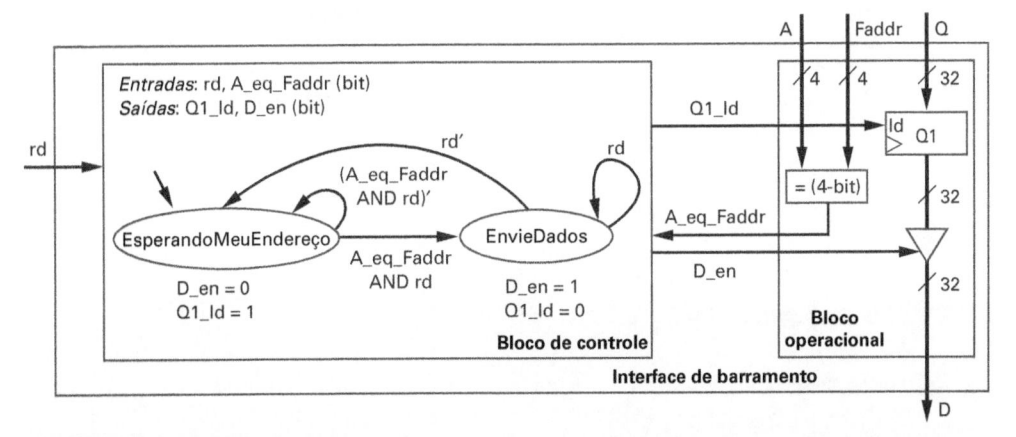

Figura 5.26 O bloco operacional (direita) e a descrição da FSM do bloco de controle (esquerda) da interface de barramento simples.

---

* N. de T: Pode ser útil ter em mente que *rd* e *addr* vêm de *read* (ler) e *address* (endereço), em inglês.

O **Passo 3** é conectar o bloco operacional a um bloco de controle, como mostrado na Fig. 5.26. O bloco de controle tem uma entrada de controle externa, `rd`, e também recebe uma entrada de controle do bloco operacional, `A_eq_Faddr`, indicando se `A` é igual a `Faddr`. O bloco de controle tem duas saídas de controle para o bloco operacional, sendo que o sinal `Q1_ld` faz com que `Q1` seja carregado com `Q` e `D_en` controla o *driver* de três estados.

O **Passo 4** é obter a FSM do bloco de controle. Simplesmente substituímos as operações que envolvem dados, realizadas pela máquina de estados de alto nível da Fig. 5.24, pelos sinais apropriados de controle, como está mostrado no lado esquerdo da Fig. 5.26. Substituímos `A=Faddr` pelo sinal `A_eq_Faddr`, as ações de `D="Z"` e de `D=Q` por `D_en=0` e `D_en=1`, e a ação de `Q1=Q` por `Q1_ld=1`.

Figura 5.27 Placa PCI encaixada em um *slot* de PC.

A seguir, implementaríamos a FSM usando um registrador de estado (neste caso de apenas um bit) e lógica combinacional.

É possível que você já tenha ouvido falar de diversos barramentos populares, como o barramento PCI (Peripheral Component Interface) de um computador pessoal. Esses são os barramentos usados por uma "placa" de PC quando é colocada em um PC, como a placa mostrada na Fig. 5.27. Na placa, você pode ver os contatos metálicos dos barramentos – cada contato corresponde a um fio do barramento. O protocolo de barramento para PCI é muito mais complexo do que o protocolo do exemplo anterior. Centenas de outros "padrões" de protocolos existem. Os projetistas que não precisam realizar interfaces com outros *chips* freqüentemente definem o seu próprio protocolo para o barramento de comunicação. ◀

Compressão de vídeo – exemplo de projeto de soma de diferenças absolutas (SAD)

▶ **EXEMPLO 5.7** Compressão de vídeo – Soma de diferenças absolutas

Progressivamente, o vídeo digitalizado está se tornando um lugar-comum, como no caso do DVD, cada vez mais popular (veja a Seção 6.7 para mais informações sobre os DVDs). Um vídeo digitalizado consiste fundamentalmente em uma seqüência de imagens digitalizadas, as quais são conhecidas como **quadros**. Porém, esse vídeo digitalizado produz arquivos enormes de dados. Cada pixel de um quadro é armazenado usando diversos bytes. Digamos que um quadro contenha cerca de um milhão de pixels. Podemos assumir então que precisaremos de 1 Mbyte por quadro, e que serão mostrados aproximadamente 30 quadros por segundo (uma taxa normal para um televisor). Desse modo, teremos 1 Mbyte/quadro * 30 quadros/segundo = 30 Mbytes/segundo. Um minuto de vídeo irá requerer 60 segundos * 30 Mbytes/segundo = 1,8 Gbytes e 60 minutos vão necessitar de 108 Gbytes. Um filme de duas horas irá exigir mais de 200 Gbytes. É uma quantidade muito grande de dados, maior do que pode ser enviado

---

▶ **NEM TODOS =s SÃO IGUAIS**

A Fig. 5.24 mostrou dois usos diferentes do símbolo "=". No caso das ações de um estado, "=" significou "atribuir o valor do lado direito ao lado esquerdo", por exemplo, `D=Q1`. No caso de uma transição, "=" significou "o lado direito é igual ao lado esquerdo", por exemplo, `A=Faddr`. Cuide para não confundir esses dois significados do símbolo "=". Algumas linguagens usam símbolos diferentes para distinguir os dois significados. Por exemplo, a linguagem C usa "=" para "atribuir" e "==" para "é igual". A VHDL usa ":=" (ou "<=") para "atribuir" e "=" para "é igual".

Em 2004, depois de um desastre natural na Indonésia, um repórter de um noticiário de televisão fez uma reportagem no local, usando um telefone celular com câmera. Quando não estavam ocorrendo mudanças significativas nas cenas, o vídeo era de boa qualidade. Quando a cena mudava (como quando se gira a câmera para obter um efeito panorâmico), o vídeo tornava-se muito intermitente, porque a câmera do celular tinha de transmitir imagens completas em vez de transmitir apenas as diferenças entre as imagens. Como resultado, menos quadros eram transmitidos através da largura de banda limitada da câmera do telefone.

rapidamente pela Internet ou armazenado em um DVD, o qual pode conter de 5 a 15 Gbytes. Para tornar mais prático o uso de vídeo digitalizado em páginas da web, filmadoras digitais, telefones celulares, ou mesmo em DVDs, precisaremos comprimir esses arquivos, tornando-os bem menores. Uma técnica chave da compressão de vídeo é levar em conta que quadros sucessivos freqüentemente têm muita semelhança entre si. Desse modo, ao invés de enviar uma seqüência de imagens digitalizadas, poderemos enviar um quadro de imagem digitalizado (um quadro "base"), seguido por dados que descrevem apenas a diferença entre o quadro base e o próximo. Assim, para uma série numerosa de quadros, poderemos enviar apenas os dados dessas diferenças antes de enviarmos um outro quadro base. Esse método produz alguma perda de qualidade, mas se enviarmos quadros de base com freqüência suficiente, a qualidade poderá ser aceitável.

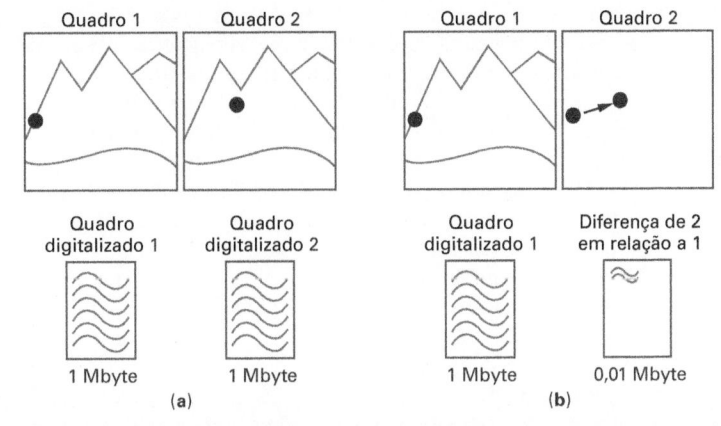

Figura 5.28 Um princípio chave da compressão de vídeo leva em consideração que quadros sucessivos têm muita similaridade: (a) envio dos quadros como imagens digitalizadas distintas, (b) alternativamente, envio de um quadro base e, em seguida, dos dados da diferença, a partir dos quais os quadros originais poderão ser reconstruídos posteriormente. Se pudermos fazer isso com dez quadros, o caso (a) irá requerer 1 Mbyte * 10 = 10 Mbytes, ao passo que o caso (b) (comprimido) irá requerer apenas 1 Mbyte + 9 * 0,01 Mbyte = 1,09 Mbytes, uma redução de tamanho de quase dez vezes.

Naturalmente, se houver uma mudança considerável de um quadro para o seguinte (como mudança de cena ou muita movimentação), não poderemos usar o método da diferença. Portanto, para determinar se os quadros podem ser enviados usando-se o método da diferença, os dispositivos de compressão de vídeo precisam estimar rapidamente a similaridade entre dois quadros digitalizados consecutivos. Um modo comum de se determinar a similaridade de dois quadros é computando o que é conhecido como **soma de diferenças absolutas (SAD*)**. Para cada pixel do quadro 1, computamos a diferença entre esse pixel e o seu correspondente no quadro 2. Cada pixel é representado por um número, de modo que uma diferença significa uma diferença de números. Suponha que representemos um pixel com um byte (um pixel real é representado usualmente por três bytes, no mínimo) e estejamos comparando os pixels no lado esquerdo superior dos quadros 1 e 2 da Fig. 5.28(a). Digamos que esse pixel no lado esquerdo superior do quadro 1 tenha um valor 255. O pixel no quadro 2 é claramente igual, de modo que teremos também o valor 255. Assim, a diferença desses dois pixels é 255 – 255 = 0. Poderemos comparar os pixels seguintes daquela linha em ambos os quadros e constatar que a diferença é zero novamente. Seguimos assim com todos os pixels daquela linha, em ambos os quadros e também nas próximas. Entretanto, quando

---

* N. de T: De *sum of absolute differences*, em inglês.

calculamos a diferença dos dois pixels, que estão bem à esquerda na linha do meio, onde o ponto preto está posicionado, vemos que esse pixel no quadro 1 é preto, digamos com um valor 0. Por outro lado, o pixel correspondente no quadro 2 é branco, digamos com um valor 255. Assim, a diferença será 255 – 0 = 255. De modo semelhante, a meio caminho naquela linha, encontramos outra diferença. Desta vez, o pixel no quadro 1 é branco (255) e o pixel no quadro 2 é preto (0) – a diferença é 255 – 0 = 255, novamente. Observe que estamos preocupados apenas com a diferença, não em saber se é menor ou maior. Desse modo, estamos na realidade procurando o valor absoluto, ou módulo, da diferença entre os pixels dos quadros 1 e 2. Somando os valores absolutos das diferenças de cada par de pixels, obtemos um número representativo da similaridade dos dois quadros – o valor zero indica igualdade e valores maiores significam similaridades menores. Se a soma resultante estiver abaixo de algum limiar (por exemplo, abaixo de 1000), poderemos então aplicar o método do envio dos dados de diferença, como mostrado na Fig. 5.28(b) – não explicamos aqui como calcular os dados de diferença, porque isso está além do escopo deste exemplo. Se a soma estiver acima do limiar, então a diferença entre os blocos será grande demais e, portanto, deveremos enviar a imagem digitalizada completa do quadro 2. Desse modo, um vídeo com similaridade entre quadros permitirá compressão mais elevada do que se houver profusão de diferenças.

Na verdade, a maioria dos métodos de compressão de vídeo calcula a similaridade não entre dois quadros inteiros, mas entre blocos correspondentes de 16x16 – no entanto, a idéia é a mesma.

O cálculo da soma das diferenças absolutas é demorado, se feito em software. Desse modo, essa tarefa poderá ser feita usando um circuito digital customizado, ao passo que as demais tarefas poderão continuar a ser feitas em software. Por exemplo, você poderá encontrar um circuito SAD dentro de uma filmadora digital ou dentro de um telefone celular que suporta vídeo. Vamos projetar esse circuito. Um diagrama de blocos está mostrado na Fig. 5.29. As entradas do circuito serão uma memória A de 256 bytes, com os conteúdos de um bloco de 16x16 pixels do quadro 1, e uma outra B de 256 bytes, com os conteúdos do Quadro 2. As memórias serão discutidas na Seção 5.6. Por enquanto, considere uma memória como sendo um banco de registradores e ignore os detalhes das interfaces das memórias. Uma outra entrada do circuito comece diz ao circuito quando começar a fazer os cálculos. Uma saída sad apresentará o resultado depois de um certo número de ciclos de relógio.

O **Passo 1** do nosso método de projeto RTL é criar uma máquina de estados de alto nível. Podemos descrever o comportamento do componente SAD, usando a máquina de estados de alto nível mostrada na Fig. 5.29(a). Na parte superior, estão declaradas as entradas, as saídas e os regis-

Entradas: A, B (memória de 256 bytes); comece (bit)
Saída: sad (32 bits)
Registradores Locais: soma, sad_reg (32 bits); i (9 bits)

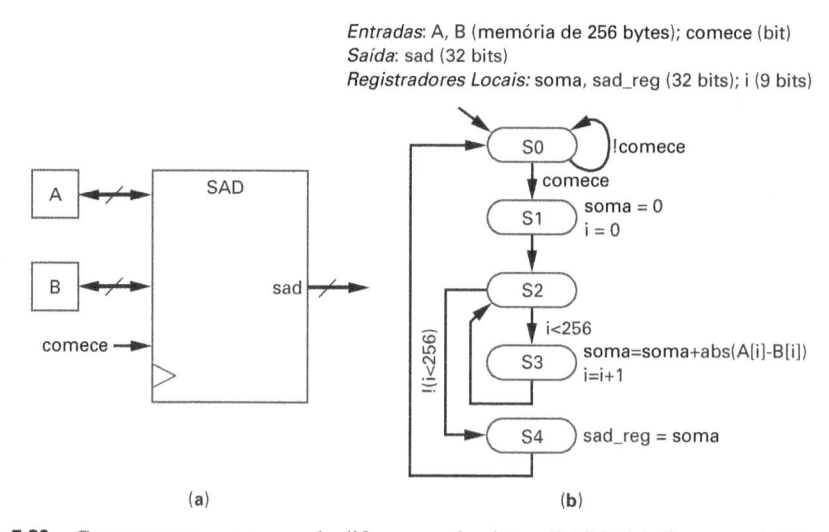

Figura 5.29 Componente para soma de diferenças absolutas (SAD): (a) diagrama de blocos e (b) máquina de estados de alto nível.

tradores locais soma, i e sad_reg, que serão usados. O registrador soma conterá o valor parcial da soma de diferenças. Daremos a esse registrador uma largura de 32 bits. O registrador i será usado para indexar o pixel corrente nas memórias de bloco; i irá de 0 a 256 e, por isso, usaremos uma largura de nove bits. O registrador sad_reg será conectado à saída sad (é uma boa prática usar registradores com as saídas de dados) e, desse modo, terá uma largura de 32 bits, como a saída sad. Inicialmente, a máquina de estados espera que a entrada comece torne-se 1. Então, inicializa os registradores soma e i com 0. Em seguida, a máquina de estados entra em um laço: se i for menor do que 256, a máquina de estados calculará o valor absoluto da diferença dos pixels, indexados por i nos dois blocos (a notação A[i] refere-se aos dados da palavra i na memória A), atualiza a soma parcial, incrementa i e volta a repetir essas operações. Em caso contrário, a máquina de estados carrega o registrador sad_reg com a soma, que agora representa a soma final, e retorna ao primeiro estado para esperar que o sinal comece torne-se 1 novamente.

Um ponto a ser enfatizado novamente é que a ordem das ações em um estado não tem impacto sobre os resultados, porque todas essas ações ocorrem simultaneamente. Assim, para o estado dentro do laço, os resultados não serão alterados se dispusermos as ações como "soma = soma + abs(A[i]−B[ai]); i = i + 1" ou como "i = i + 1; soma = soma + abs(A[i]−B[i])". Qualquer uma dessas formas usa o valor anterior de i.

O **Passo 2** do nosso método de projeto RTL é criar um bloco operacional. Vemos da máquina de estados de alto nível que precisaremos de um subtrator, um componente para o valor absoluto (que não projetamos anteriormente, mas que é simples de ser projetado), um somador e um comparador para i e 256. Construímos o bloco operacional mostrado na Fig. 5.30. O somador terá uma largura de 32 bits, de modo que a entrada de oito bits, vinda do componente que calcula *abs*, terá 0s colocados em seus 24 bits mais à esquerda.

O **Passo 3** é conectar o bloco operacional a um bloco de controle, como mostrado na Fig. 5.30. Note que definimos as interfaces para as memórias A e B como sendo constituídas pelas linhas de leitura, endereço e dados. Observe também que não listamos explicitamente as entradas e saídas da FSM do bloco de controle já que elas podem ser vistas na periferia do bloco de controle.

O **Passo 4** é converter a máquina de estados de alto nível em uma FSM. Ela está mostrada no lado esquerdo da Fig. 5.30. Por conveniência, indicamos as ações de alto nível originais (riscadas) e não mostramos suas substituições pelas ações correspondentes da FSM.

Para completar o projeto, devemos converter a FSM em uma implementação de bloco de controle (um registrador de estado e uma lógica combinacional), como foi descrito no Capítulo 3. ◄

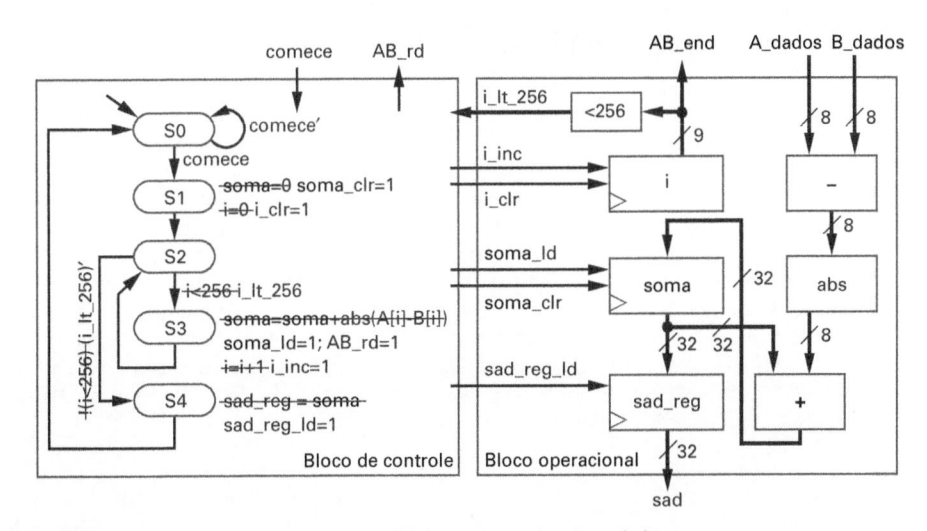

Figura 5.30 Bloco operacional SAD e FSM do bloco de controle*.

---

* N. de T: Relembrando, em i_lt_256, o lt vem de *less than* (menor do que).

Comparando implementações feitas em software e usando circuitos customizados

No Exemplo 5.7, dissemos que a saída aparece depois de um certo número de ciclos de relógio. Vamos determinar quantos ciclos exatamente. Depois que comece torna-se 1, a nossa máquina de estados irá gastar um ciclo inicializando registradores em $S1$. Em seguida, irá usar dois ciclos em cada uma das 256 iterações do laço (estados $S2$ e $S3$) e, finalmente, mais um ciclo para atualizar o registrador de saída no estado $S4$, totalizando $1 + 2*256 + 1 = 514$ ciclos.

Se tivéssemos executado a SAD em software, teríamos tido provavelmente necessidade de mais do que dois ciclos de relógio por iteração do laço. Possivelmente, necessitaríamos de dois ciclos para carregar os registradores internos, então um ciclo para a subtração, talvez dois ciclos para o valor absoluto e um ciclo para a soma, totalizando seis ciclos por iteração. Assim, para calcular uma SAD, o circuito customizado que construímos seria cerca de três vezes mais rápido, com dois ciclos por iteração e assumindo freqüências iguais de relógio.

Na realidade, veremos na Seção 6.5 que é possível construir um circuito SAD que é *muito mais* rápido.

"Armadilhas" de projeto RTL e boa prática

Armadilha: assumir que um registrador é atualizado no estado em que é escrito

Ao se criar uma máquina de estados de alto nível, talvez o erro mais comum seja supor que um registrador é atualizado no estado em que ele é carregado. Essa suposição é incorreta e poderá levar a comportamentos inesperados se a máquina de estados ler o registrador no mesmo estado. De forma semelhante, o mesmo poderá ocorrer se a máquina de estados precisar ler o registrador devido às condições de transição para o estado seguinte. Por exemplo, a Fig. 5.31(a) mostra uma máquina de estados de alto nível simples. Examine a máquina de estados e, então, responda às duas perguntas seguintes:

- Qual será o valor de Q após o estado A?
- Qual será o estado final: C ou D?

As respostas poderão lhe surpreender. O valor de Q não será 99; o valor de Q será na realidade desconhecido. A razão está ilustrada no diagrama de tempo da Fig. 5.31(b). O estado A configura o bloco operacional para que, na próxima borda de relógio, um 99 seja carregado

---

▶ VÍDEO DIGITAL – IMAGINANDO O FUTURO

As pessoas parecem ter um apetite insaciável por vídeo de boa qualidade e, por essa razão, muita atenção é dada ao desenvolvimento de codificadores e decodificadores rápidos e/ou eficientes para uso em dispositivos de vídeo digital, como tocadores e gravadores de DVD, câmeras digitais de vídeo, telefones celulares que funcionam com vídeo digital, unidades de videoconferência, televisores, *TV set-top boxes*,* etc. É interessante pensar em direção ao futuro – se assumirmos que a codificação e decodificação de vídeo irão se tornar ainda mais potentes e as velocidades da comunicação digital irão aumentar, poderemos imaginar *displays* de vídeo (com áudio), colocados nas paredes de nossos lares ou locais de trabalho, exibindo continuamente o que está acontecendo em outra casa (talvez a de nossa mãe) ou no escritório de um sócio que está no outro lado do país – como uma janela virtual que dá para um outro lugar. Poderemos imaginar também dispositivos portáteis que nos permitirão ver continuamente o que alguém mais, com uma câmera minúscula – talvez um filho ou esposa, esteja vendo. Esses avanços poderão mudar significativamente os nossos padrões de vida.

---

* N. de T: Uma *TV set-top box* é um dispositivo que recebe um sinal de vídeo e, em seguida, faz a sua decodificação e conversão, permitindo a sua exibição em uma TV. Costuma estar alojado em uma pequena caixa, geralmente colocada acima do aparelho de TV. É muito comum em TV a cabo, recepção via antena parabólica, adaptação de televisor convencional (analógico) para recepção digital, etc.

em R e também para que o valor do registrador R seja carregado no registrador Q. Quando essa borda de relógio acontecer, as duas cargas serão realizadas *simultaneamente*. Assim, na subida da borda de relógio, a saída Q ficará com o valor desconhecido qualquer que estava em R.

Além disso, o estado final não será D, mas C. A razão está ilustrada no diagrama de tempo da Fig. 5.31(b). O estado B configura o bloco operacional para que, na próxima borda de subida de relógio, o valor 100 seja carregado em R, e configura também o bloco de controle para que o próximo estado seja carregado com base nas condições de transição. O valor de R é 99 e, portanto, a condição de transição R<100 torna-se verdadeira, significando que o bloco de controle será configurado para carregar o estado C, e não o D, no registrador de estado. Na próxima borda de relógio, R irá se tornar 100 e o próximo estado será C.

A chave da questão está em sempre lembrar-se de que as *ações de um estado* **configuram** *o bloco operacional e o bloco de controle, preparando-os para que os valores desejados sejam carregados na próxima borda de relógio – enquanto não acontece essa próxima borda de relógio, os valores* **não estão carregados de fato**. Assim, todas as expressões, que participam das ações ou das condições de transição para o próximo estado, usam os valores anteriores dos registradores, não os valores que estão sendo atribuídos no próprio estado. Pelo mesmo raciocínio, todas as ações de um estado ocorrem simultaneamente na próxima borda de relógio, podendo ser escritas em qualquer ordem.

Assumindo que o projetista quer realmente que Q seja igual a 99 e que o estado final seja D, então uma solução é acrescentar um estado extra, antes de ler o valor do registrador que estamos configurando para ser carregado. A Fig. 5.32(a) mostra uma nova máquina de estados na qual a atribuição Q=R foi deslocada para o estado B, após R=99 ter se efetivado. Além disso, a máquina de estados tem um novo estado, B2, que simplesmente permite a atualização de R com o novo valor, antes que esse valor seja lido nas condições de transição. O diagrama de tempo da Fig. 5.32(b) mostra o comportamento que era esperado pelo projetista.

Figura 5.31 Máquina de estados de alto nível que se comporta de modo diferente do que muitas pessoas poderiam esperar, porque ocorre uma leitura de registrador no mesmo estado em que é carregado: (a) máquina de estados, (b) diagrama de tempo.

Neste caso, uma solução alternativa para o problema da transição é utilizar valores de comparação que levem em consideração que está sendo usado o valor anterior. Assim, em vez de comparar R com 100, as comparações podem ser com 99.

A razão pela qual o estado S2 foi incluído no Exemplo 5.2 foi para evitar essa "armadilha".

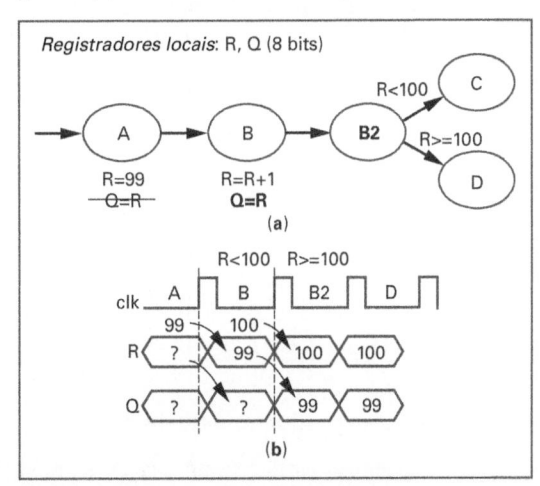

Figura 5.32 Máquina de estados de alto nível que evita a leitura de registradores recém configurados para serem carregados: (a) máquina de estados, (b) diagrama de tempo.

Armadilha: leitura de saídas

Um outro erro comum é criar uma máquina de estados de alto nível na qual uma saída externa é lida na máquina de estados. As saídas podem apenas ser escritas, não podendo ser lidas. Por exemplo, a Fig. 5.33(a) mostra uma máquina de estados de alto nível que não é válida – a leitura de P no estado T não é permitida. Se você quiser ler uma saída, então deverá criar e usar um registrador local. A Fig. 5.33(b) mostra o uso de um registrador local R para evitar a leitura da saída P.

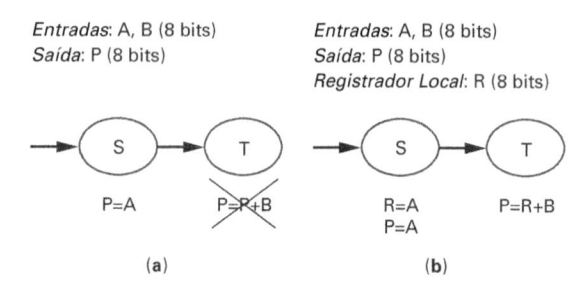

Figura 5.33 (a) A leitura de uma saída não é permitida e (b) uso de um registrador local.

Boa prática de projeto: dados de saída em registradores

É uma boa idéia assegurar-se sempre de que seu projeto tem um registrador para cada saída de dados. Fazer isso evitará que valores espúrios apareçam nessas saídas. Por exemplo, a máquina de estados da Fig. 5.33(b) poderia ser implementada como um bloco operacional no qual a saída P estaria ligada diretamente à saída de um somador, como mostrado na Fig. 5.34. Desse modo, enquanto a adição estivesse sendo calculada, P iria fornecer valores espúrios de saída durante algum tempo após R ter sido carregado com o valor de A. Além disso, se A ou B mudassem em alguns outros estados, P também mudaria, mas essa mudança provavelmente não seria o comportamento esperado da máquina de estados – o valor de P só deveria mudar quando fosse atribuído a P um novo valor em um estado. Um outro problema é que qualquer processador que use a saída P deve levar em conta o somador quando o mais longo dos atrasos entre registradores é calculado, para se determinar o caminho crítico de um circuito (veja a Seção 5.4).

Portanto, seguiremos a prática de projeto que sempre coloca um registrador diretamente antes da saída de dados, como mostrado na Fig. 5.34(b). Mesmo que explicitamente não declaremos o registrador como sendo um registrador local, sempre o assumiremos presente quando interpretarmos a máquina de estados de alto nível e sempre o incluiremos quando criarmos o bloco operacional. Alternativamente, podemos explicitamente declará-lo e, então, assumir que a saída está conectada diretamente a esse registrador – essa é a abordagem adotada no Exemplo 5.7, no qual declaramos o registrador sad_reg. É uma boa prática *não* ler esse registrador; o seu único propósito é ser conectado à porta de saída.

Dependendo do exemplo, a inclusão de registradores nas saídas de dados tem a desvantagem potencial de atrasar em um ciclo a escrita de dados nas portas de saída.

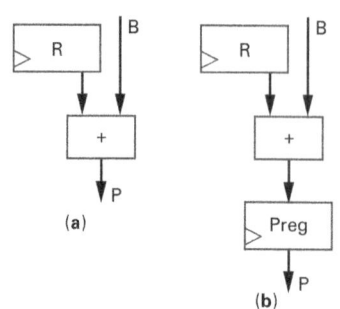

Figura 5.34 (a) valores espúrios surgirão em P, (b) o problema é resolvido fazendo P ser a saída de um registrador.

Projeto RTL com predomínio de dados

Podemos considerar um projeto como caindo em duas categorias: projetos com predomínio de controle ou com predomínio de dados.

Um ***projeto com predomínio de controle*** é um cujo bloco de controle contém a maior parte da complexidade do projeto. Quando desenvolve um projeto como esse, um projetista concentra-se principalmente no projeto do bloco de controle. Isso significa que o esforço de projeto está dirigido em sua maior parte à definição do comportamento dos estados do sistema. Logo que o projetista tenha definido esse comportamento, ele poderá obter imediatamente o bloco operacional a partir desse comportamento de estados. Um projeto com predomínio de controle responde tipicamente a entradas externas em um intervalo preciso de tempo, e geralmente tem um bloco operacional simples.

Um ***projeto com predomínio de dados*** é um cujo bloco operacional contém a maior parte da complexidade do projeto. Quando desenvolve um projeto como esse, um projetista concentra-se principalmente no projeto do bloco operacional. Isso significa que o esforço de projeto está dirigido em sua maior parte ao instanciamento e à interconexão dos componentes do bloco operacional. Logo após o projetista ter definido o bloco operacional, ele poderá definir imediatamente o comportamento dos estados do bloco de controle. Um projeto com predomínio de dados tem geralmente muito paralelismo em seu bloco operacional, o qual pode ser muito grande. Nesse tipo de projeto, os projetistas freqüentemente desconsideram o primeiro passo do nosso método de projeto RTL, descrito na Tabela 5.1.

Os termos "predomínio de controle" e "predomínio de dados" são meramente descritivos e não podem ser usados rigorosamente para classificar os projetos. Alguns projetos exibirão as propriedades de ambos os tipos. É como os termos "introvertido" e "extrovertido" para descrever as pessoas – embora os termos sejam úteis, as pessoas não podem ser classificadas rigorosamente como sendo introvertidas ou extrovertidas, porque muitas delas estão em algum lugar intermediário, ou exibem características de ambas as categorias. O exemplo da interface de barramento simples foi um caso que tem uma quantidade semelhante de controle e dados. O circuito SAD de compressão de vídeo, pelo menos segundo a forma como o projetamos, também foi uma mistura de controle e dados.

O projeto RTL é um processo que tem muito de criativo. Dois projetistas podem chegar a projetos muito diferentes para um mesmo sistema, seguindo possivelmente métodos diferentes de projeto e resultando diferenças em termos de desempenho, tamanho e outros critérios.

Exemplo de projeto de um filtro FIR

Como os nossos exemplos anteriores tinham predomínio de controle ou eram uma mistura de controle e dados, agora iremos dar um exemplo de projeto com predomínio de dados.

▶ **EXEMPLO 5.8   Filtro FIR**

Um filtro digital toma uma seqüência de entradas digitais e gera uma seqüência de saídas digitais na qual alguma característica da seqüência de entrada foi removida ou modificada. A Fig. 5.35 mostra um diagrama de blocos de um filtro digital popular, conhecido como filtro FIR. A entrada X e a saída Y têm *N* bits de largura cada uma, como por exemplo 12 bits. Como exemplo de filtragem, considere que a seguinte seqüência X, de valores digitais de temperatura, venha do sensor de temperatura de um motor de carro, sendo amostrada a cada segundo: 180, 180, 181, *240*, 180, 181. O valor 240 provavelmente não é uma medida exata, porque a temperatura de um motor não pode pular 60 graus em um segundo. Um filtro digital removeria esse "ruído" da seqüência de entrada, gerando possivelmente uma seqüência de saída em Y como: 180, 180, 181, *181*, 180, 181.

Um filtro FIR (usualmente lido pronunciando-se as letras "F" "I" "R"), sigla em inglês para resposta finita ao impulso (*Finite Impulse Response*), é um tipo de filtro genérico digital muito popular que pode ser usado com uma ampla variedade de objetivos de filtragem. A Fig. 5.35 mostra o diagrama de blocos de um filtro FIR. A idéia básica de um filtro FIR é simples: a saída corrente

Figura 5.35   Diagrama de blocos genérico de um filtro FIR.

é obtida multiplicando-se o valor atual de entrada por uma constante. A seguir, esse resultado é somado ao valor anterior de entrada que foi multiplicado por uma constante, e assim por diante. De certa forma, as adições feitas assim, envolvendo os valores anteriores, resultam em uma média ponderada. Descreveremos a filtragem digital e os filtros FIR em mais detalhes na Seção 5.11. Para os propósitos deste exemplo, precisaremos saber simplesmente que um filtro FIR pode ser descrito pela seguinte equação:

$$y(t) = c0 \times x(t) + c1 \times -x(1t) + c2 \times - x(2t)$$

Um filtro FIR com três termos, como na equação acima, é conhecido como um filtro FIR de *três taps*. Os filtros FIR reais têm normalmente muitas dezenas de *taps* – usamos três *taps* apenas com propósito ilustrativo. Quando um projetista de filtro usa um filtro FIR, ele atinge um objetivo particular de filtragem *simplesmente escolhendo as constantes do filtro FIR*.

Queremos projetar um circuito para implementar o filtro FIR. Como a equação de um filtro FIR é apenas transformação de dados e nenhum controle, vamos desconsiderar o **Passo 1** do método de projeto RTL indo diretamente ao **Passo 2** – projeto do bloco operacional. Precisaremos de um registrador em cada um dos *taps* para armazenar $x(t)$, $x(t-1)$ e $x(t-2)$. A cada ciclo de relógio, iremos mover $x(t-1)$ para $x(t-2)$, $x(t)$ para $x(t-1)$ e carregaremos $x(t)$ com a entrada atual. Assim, iniciamos o bloco operacional com três registradores, conectados como mostrado na Fig. 5.36. Observe como os dados movem-se para a direita, a cada ciclo de relógio, de modo que xt0 armazena a entrada atual, xt1, a entrada anterior e xt2, a entrada antes da anterior. Neste exemplo, vamos assumir que os dados têm 12 bits de largura.

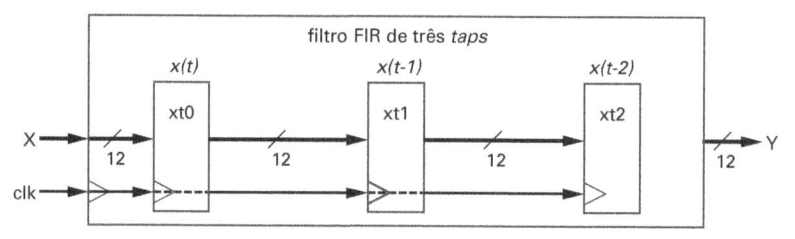

Figura 5.36 Começando a construir o bloco operacional do filtro FIR – inserção e conexão dos registradores para $x(t)$, $x(t-1)$ e $x(t-2)$.

Agora, em cada *tap*, precisaremos de mais um registrador para armazenar os valores das constantes c0, c1 e c2 – mais tarde, iremos nos ocupar com a forma de carregar esses registradores. Precisaremos também de um multiplicador em cada *tap*, para multiplicar o valor x do *tap* pelo valor c da constante. O bloco operacional com os registradores das constantes e os multiplicadores está mostrado na Fig. 5.37.

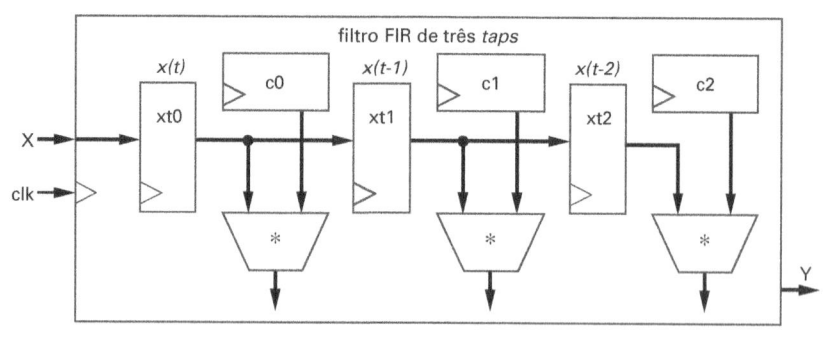

Figura 5.37 Ampliando o bloco operacional do filtro FIR – inserção e conexão dos registradores para c0, c1 e c2 de cada *tap*, juntamente com os multiplicadores. Por simplicidade, as conexões de relógio não estão mostradas e assume-se que todas as linhas de dados têm 12 bits de largura.

A saída Y é a soma dos produtos dos *taps*. Para isso, podemos inserir somadores para calcular a soma resultante e podemos conectar essa soma à saída Y, como mostrado na Fig. 5.38.

Completamos o coração do projeto do bloco operacional desse filtro FIR. Agora precisamos de um meio para que um usuário carregue os valores das constantes nos registradores c0, c1 e c2. Vamos criar uma outra entrada C para o filtro, uma linha de carga CL e um endereço de dois bits, Ca1 e Ca2, que o usuário do filtro poderá usar para carregar uma constante em um registrador em particular. O valor Ca1Ca0=00 indica que o registrador c0 deve ser carregado, 01 indica que c1 deve ser carregado, e 10, que c2 deve ser carregado. O valor de entrada C será carregado no registrador apropriado, durante uma borda de relógio, apenas quando CL=1. Podemos projetar facilmente o circuito que realiza essa carga, usando um decodificador, como mostrado na Fig. 5.39. As linhas de endereço Ca1 e Ca0 alimentam um decodificador 2x4, habilitando assim o registrador apropriado (note que o endereço 11 não é usado). A entrada de carga CL é conectada à entrada de habilitação do decodificador. Note também que acrescentamos um registrador à saída Y, o que geralmente é uma boa prática de projeto, já que esse registrador assegura que a saída não flutua quando produtos e somas parciais são computados. Isso reduz a probabilidade do usuário aumentar acidentalmente o caminho crítico, conectando Y a uma quantidade grande de lógica combinacional antes de Y ser carregado em um registrador.

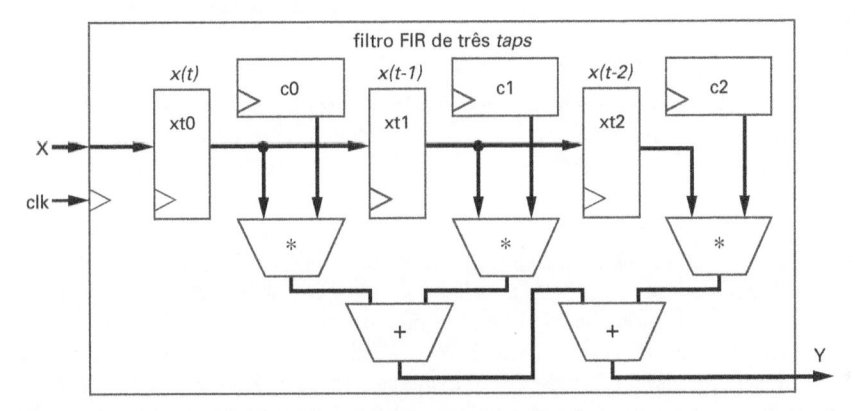

Figura 5.38 A saída Y do filtro FIR é computada como sendo a soma dos produtos dos *taps* (assume-se que todas as linhas de dados têm 12 bits de largura).

Após o término do projeto do bloco operacional, o nosso método de projeto RTL envolve mais dois passos para completar o bloco de controle. No entanto, esse projeto em particular não necessitou de um bloco de controle, nem mesmo de um simples! *Esse exemplo é na realidade um caso extremo de um projeto com predomínio de dados.* ◀

Comparação de implementações em software e com circuitos customizados

É interessante comparar o desempenho da implementação em hardware de um filtro FIR de três *taps* com uma implementação em software. O caminho crítico vai desde os registradores xt e c, passando por um multiplicador e dois somadores antes de alcançar o registrador yreg de Y. Na implementação em hardware, vamos assumir que o somador tem um atraso de 2 ns. Vamos assumir também que o encadeamento de somadores resulta na soma dos atrasos, Assim, dois somadores encadeados terão um atraso de 4 ns (uma análise detalhada das portas internas dos somadores poderia mostrar que o atraso na realidade seria um pouco menor). Vamos assumir que o multiplicador tem um atraso de 20 ns. Desse modo, o caminho crítico, ou o mais longo atraso entre registradores (a ser discutido com mais detalhes na Seção 5.4), seria de *co* a *yreg*, passando pelo multiplicador e os dois somadores, como mostrado na Fig. 5.39. O atraso desse caminho será 20 + 4 = 24 ns. Observe que o caminho de *c1* a *yreg* será igualmente longo, mas não mais longo. Um caminho crítico de 24 ns significa que o bloco

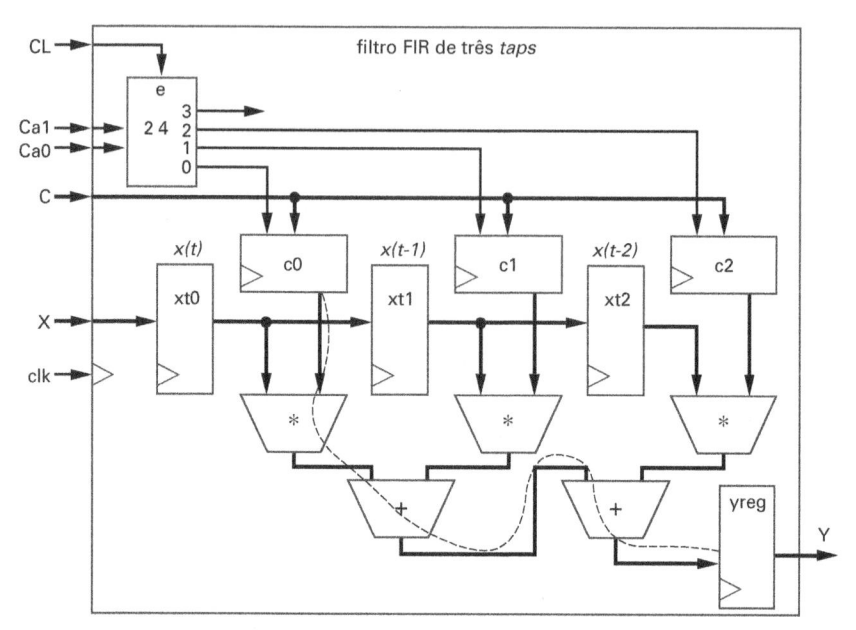

Figura 5.39 O bloco operacional do filtro FIR é finalizado com um circuito que carrega os registradores das constantes. Acrescentamos também um registrador à saída Y, o que é uma boa prática de projeto. O caminho crítico – o atraso mais longo entre registradores – está representado pela linha tracejada.

operacional poderia ter uma freqüência de 1 / 24 ns = 42 MHz. Em outras palavras, uma nova entrada poderá surgir em X a cada 24 ns, e novas saídas aparecerão em Y a cada 24 ns.

Agora, vamos considerar o desempenho em hardware de um filtro de tamanho maior: um filtro FIR de 100 *taps* em vez de três. A principal diferença de desempenho é que precisaremos acrescentar 100 valores e não apenas três. Lembre-se da Seção 4.13 que uma árvore de somadores é uma maneira rápida de se somar muitos valores. Cem valores irão necessitar de uma árvore com sete níveis – 50 adições, depois 25, então 13 (aproximadamente), então sete, então quatro, então duas e então uma. Assim, o atraso total será 20 ns (para o multiplicador) mais sete atrasos de somador (7*2 ns = 14 ns), totalizando 34 ns.

Para uma implementação em software, assumiremos 10 ns por instrução. Assuma que cada multiplicação ou adição necessite de duas instruções. Um filtro de 100 *taps* precisará

▶ **COMO FUNCIONA? QUALIDADE DE VOZ EM TELEFONES CELULARES**

Durante a década passada, os telefones celulares tornaram-se lugar-comum. Eles operam em ambientes muito mais ruidosos do que os telefones de linha comuns, incluindo o ruído de automóveis, vento, aglomerações de pessoas falando, etc. Assim, a remoção desse ruído por filtragem é especialmente importante nos telefones celulares. O seu celular contém no mínimo um, e provavelmente mais, microprocessadores e circuitos digitais customizados diversos. Depois de converter o sinal de áudio analógico do microfone em uma seqüência de bits de áudio digital, parte do trabalho desses sistemas digitais é filtrar esse ruído de fundo, retirando-o do sinal de áudio. Na próxima vez em que você conversar com alguém que esteja usando um celular, preste atenção e observe como o ruído que você ouve é muito menor do que o realmente captado pelo microfone. À medida que os circuitos continuam a ser aperfeiçoados em velocidade, tamanho e consumo, a filtragem provavelmente será melhorada ainda mais. Alguns dos telefones mais modernos podem usar mesmo até dois microfones, associados a técnicas de formação de feixe (veja a Seção 4.13) para focalizar a voz do usuário.

de aproximadamente 100 multiplicações e 100 adições, de modo que o tempo total será (100 multiplicações * 2 instruções / multiplicação + 100 adições * 2 instruções / adição) * 10 ns por instrução = 4000 ns.

Em outras palavras, a implementação em hardware seria 100 vezes mais rápida (4000 ns / 34 ns) do que a implementação em software. Portanto, uma implementação em hardware poderá processar 100 vezes mais dados do que uma implementação em software, resultando uma filtragem muito melhor.

5.4 DETERMINANDO A FREQÜÊNCIA DE RELÓGIO

O projeto RTL produz um processador, consistindo em um bloco operacional e um bloco de controle. Dentro do bloco operacional e do bloco de controle, há registradores, os quais necessitam de um sinal de relógio. Um sinal de relógio deve ter uma freqüência em particular. A freqüência determinará quão rápido o sistema irá executar a tarefa especificada. Obviamente, uma freqüência mais baixa resultará em uma execução mais lenta, ao passo que uma freqüência mais elevada resultará em uma execução mais rápida. Expresso de outra forma, com um período maior a execução fica mais lenta, ao passo que com um período menor fica mais rápida.

Os projetistas de circuitos digitais querem freqüentemente (mas nem sempre) que seus sistemas funcionem tão rapidamente quanto possível. Entretanto, um projetista não pode escolher uma freqüência de relógio arbitrariamente elevada (o que significaria um período arbitrariamente pequeno). Considere, por exemplo, o circuito simples da Fig. 5.40, no qual os registradores a e b alimentam um registrador c passando por um somador. O somador tem um atraso de 2 ns. Isso significa que, quando as entradas do somador mudam, as saídas do somador não estarão estáveis senão após 2 ns – antes de 2 ns, as saídas do somador terão valores espúrios (veja a Seção 4.3 para uma descrição dos valores espúrios que aparecem nas saídas de um somador). Se o projetista escolher um período de relógio de 10 ns, o circuito deverá trabalhar bem. Se o período for encurtado para 5 ns, a execução será acelerada, mas encurtar o período para 1 ns resultará um comportamento incorreto do circuito. Em um ciclo de relógio, novos valores devem ser carregados nos registradores a e b. No próximo ciclo de relógio, o registrador c será carregado 1 ns após (assim como a e b), mas a saída do somador não estará estável até que 2 ns tenham passado. O valor carregado no registrador c será assim algum valor espúrio que não tem nenhum significado útil, e não será a soma de a e b.

Assim, um projetista deve ser cuidadoso para não atribuir uma freqüência muito elevada ao relógio. Para determinar a freqüência mais elevada possível, um projetista deve analisar o circuito inteiro e encontrar o caminho com o mais longo dos atrasos, desde qualquer registrador até qualquer outro registrador, ou entre qualquer entrada de circuito e qualquer registrador. O atraso mais longo de um circuito, entre registradores ou entre uma entrada e um registrador, é conhecido como **caminho crítico**. Os projetistas escolhem então uma freqüência cujo período é *maior* do que o caminho crítico do circuito.

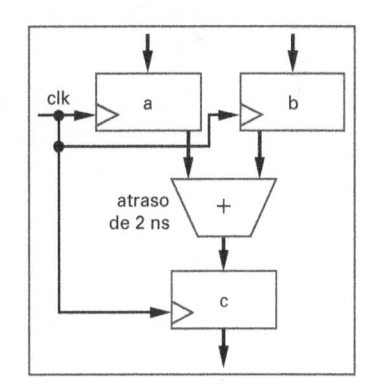

Figura 5.40 O caminho mais demorado é 2 ns.

A Fig. 5.41 ilustra um circuito com no mínimo quatro caminhos possíveis entre qualquer registrador e qualquer outro registrador:

• Um caminho começa no registrador a, passa pelo somador e termina no registrador c. O atraso desse caminho é 2 ns.

- Um outro caminho começa no registrador *a*, passa pelo somador e o multiplicador, e termina no registrador *d*. O atraso desse caminho é 2 ns + 5 ns = 7 ns.

- Um outro caminho começa no registrador *b*, passa pelo somador e o multiplicador, e termina no registrador *d*. O atraso desse caminho também é 2 ns + 5 ns = 7 ns.

- O último caminho começa no registrador *b*, passa pelo multiplicador e termina no registrador *d*. O atraso desse caminho é 5 ns.

Assim, o caminho mais longo é de 7 ns (na realidade, há dois desses caminhos). Desse modo, o período do relógio deve ter no mínimo 7 ns.

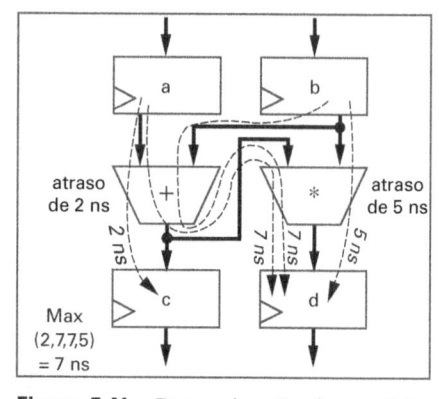

Figura 5.41 Determinação do caminho crítico.

A análise anterior assume que o único atraso entre registradores é devido aos atrasos lógicos. Na realidade, os *fios* também têm atrasos. Nos anos de 1980 e 1990, o atraso lógico predominou sobre os atrasos nos fios–esses eram freqüentemente desconsiderados. No entanto, nas tecnologias de *chip* modernas, os atrasos nos fios podem ser iguais ou mesmo maiores do que os atrasos lógicos e, portanto, não podem ser ignorados. Os atrasos nos fios são somados ao comprimento de um caminho do mesmo modo que os atrasos lógicos. A Fig. 5.42 ilustra o cálculo do comprimento de um caminho no qual foram incluídos os atrasos nos fios.

Além disso, a análise anterior não considerou os tempos de *setup* dos registradores. Lembre-se da Seção 3.5 que as entradas de flip-flops (e, conseqüentemente, as entradas de registradores) devem estar estáveis durante um período especificado de tempo *antes* da borda de um relógio. O tempo de *setup* é somado ao comprimento do caminho.

Mesmo considerando os atrasos nos fios e os tempos de *setup*, os projetistas tipicamente escolhem um período de relógio que é ainda *maior* do que o caminho crítico, com um valor que depende de quão conservador o projetista deseja ser para se assegurar de que o circuito irá trabalhar sob uma variedade de condições de operação. Certas condições podem mudar o atraso dos componentes de circuito, como temperatura muito elevada ou muito baixa, vibração, idade, etc. Geralmente, quanto maior for o período além do

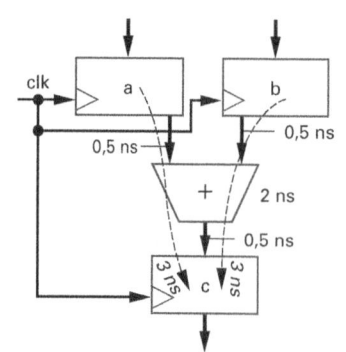

Figura 5.42 O caminho mais longo será de 3 ns se considerarmos os atrasos nos fios.

caminho crítico, mais conservador será o projeto. Por exemplo, podemos determinar que o caminho crítico tem 7 ns, mas podemos escolher um período de relógio de 10 ns, ou mesmo 15 ns, sendo este último bem conservador.

Se um objetivo do projeto for o baixo consumo, então um projetista poderá escolher um período ainda maior, como 100 ns, para reduzir a potência consumida pelo circuito. Na Seção 6.6, será discutido o porquê da redução de freqüência baixar o consumo.

Quando um projetista analisa um processador (blocos de controle e operacional) para determinar o caminho crítico, ele deve estar ciente de que os caminhos entre registradores existem não só dentro do bloco operacional (Fig. 5.43(a)), mas também dentro do bloco de controle (Fig. 5.43(b)), entre os blocos de controle e operacional (Fig. 5.43(c)), e mesmo entre o processador e os componentes externos.

▶ **FABRICANTES CONSERVADORES DE CHIPS E OVERCLOCKING DE PCs**

Usualmente, os fabricantes de *chips* publicam as freqüências máximas de relógio de seus *chips* com um valor um pouco abaixo do máximo real–possivelmente 10, 20 ou mesmo 30% abaixo. Esse conservadorismo reduz as possibilidades do *chip* vir a falhar em situações não previstas, como extremos de calor ou frio, ou ligeiras variações no processo de fabricação. Muitos entusiastas de computadores pessoais tiram vantagem desse conservadorismo e fazem o chamado "*overclocking*" de seus PCs, ou seja, alterando os ajustes do BIOS (*Basic Input/Output System*, ou sistema básico de entrada e saída) do PC, conseguem ajustar a freqüência de relógio dos *chips* para um valor superior ao máximo publicado. Numerosos *sites* na Internet publicam estatísticas a respeito dos sucessos e fracassos de pessoas que tentam acelerar a freqüência de quase todos os tipos de processadores usados em PCs – parece que o normal é um valor 10 a 40% superior ao máximo publicado. Entretanto, eu não recomendo o *overclocking* (porque você pode danificar o microprocessador devido ao superaquecimento), mas é interessante ver como projetos conservadores são uma presença freqüente.

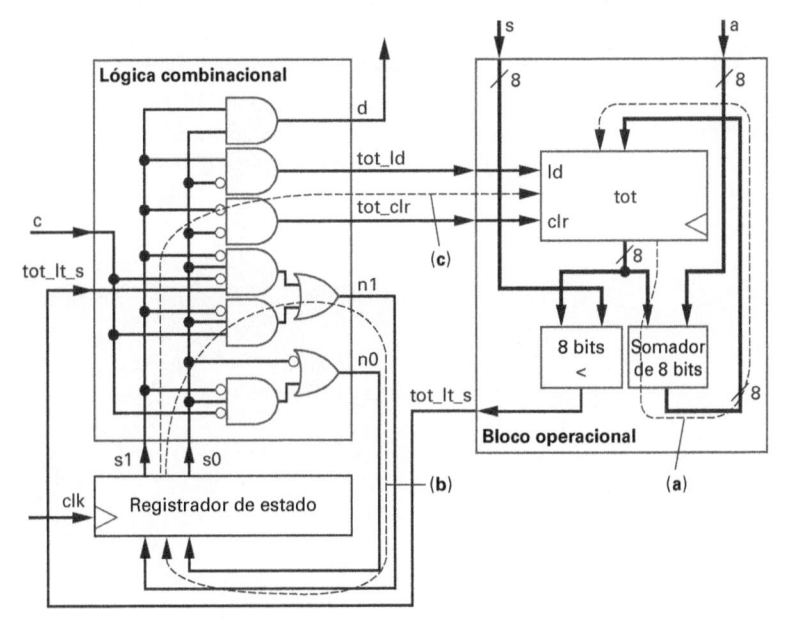

Figura 5.43 Caminhos críticos em um circuito: (a) dentro de um bloco operacional, (b) dentro de um bloco de controle e (c) entre um bloco de controle e um bloco operacional.

O número de caminhos possíveis em um circuito pode ser bem grande. Considere um circuito, com N registradores, que tem caminhos desde cada um dos registradores até todos os outros. Assim, haverá $N*N$, ou N^2 caminhos possíveis entre os registradores. Por exemplo, se N for 3 e os três registradores forem referidos como A, B e C, então os caminhos possíveis serão: $A\rightarrow A$, $A\rightarrow B$, $A\rightarrow C$, $B\rightarrow A$, $B\rightarrow B$, $B\rightarrow C$, $C\rightarrow A$, $C\rightarrow B$ e $C\rightarrow C$, ou $3*3=9$ caminhos possíveis. Para $N=50$, poderá haver até 2500 caminhos possíveis. Devido ao grande número de caminhos possíveis, ferramentas automáticas podem ser de grande auxílio. Ferramentas de **análise de tempo** podem examinar automaticamente todos os caminhos para determinar o mais longo, e assegurar também que os tempos de *setup* e *hold* sejam satisfeitos em todo o circuito.

5.5 DESCRIÇÃO EM NÍVEL COMPORTAMENTAL: PASSANDO DE C PARA PORTAS (OPCIONAL)

À medida que a quantidade de transistores por *chip* continua a aumentar e, conseqüentemente, os projetistas constroem sistemas digitais mais complexos que usam esses transistores adicionais, o comportamento dos sistemas digitais torna-se progressivamente mais difícil de ser compreendido. Freqüentemente, um projetista que está construindo um novo sistema digital acha útil descrever primeiro o comportamento desejado do sistema usando uma linguagem de programação, como C, C++ ou Java, para primeiro obter uma descrição correta do comportamento desejado. (Alternativamente, o projetista pode usar os construtos de programação de alto nível de uma linguagem de descrição de hardware, como VHDL ou Verilog, para obter uma descrição correta do comportamento desejado.) A seguir, o projetista converte essa descrição em linguagem de programação em um projeto RTL, seguindo o método de projeto RTL, o qual usualmente começa com uma descrição RTL de uma máquina de estados de alto nível. A conversão de uma descrição de um sistema, feita com uma linguagem de programação, em uma descrição RTL é conhecida como ***projeto em nível comportamental***. Introduziremos o projeto em nível comportamental por meio de um exemplo.

▶ **EXEMPLO 5.9** **Soma de diferenças absolutas em C para a compressão de vídeo**

Lembre-se do Exemplo 5.7, no qual criamos um componente que realizava a soma de diferenças absolutas. Naquele exemplo, começamos com uma máquina de estados de alto nível – mas essa máquina de estados não era muito fácil de ser compreendida. Podemos descrever mais facilmente o cômputo da soma de diferenças absolutas usando um código em linguagem C, como mostrado na Fig. 5.44.

```
int SAD (byte A [256], byte B [256]) // não é bem a sintaxe C
{
    uint soma ; short uint i;
    soma = 0;
    i = 0;
    while (i < 256) {
        soma = soma + abs (A[i] – B[i]);
        i = i + 1;
    }
    return (soma);
}
```

Figura 5.44 Descrição usando um programa em C do cômputo de uma soma de diferenças absolutas – o programa em C pode ser mais fácil de desenvolver e compreender do que uma máquina de estados.

Para a maioria das pessoas, é muito mais fácil compreender esse código do que a máquina de estados de alto nível da Fig. 5.29. Assim, em certos projetos, o código em C (ou algo similar) é o ponto de partida mais natural.

Para iniciar o método de projeto RTL, deveremos transformar esse código em uma máquina de estados de alto nível, como a da Fig. 5.29, e em seguida prosseguir completamente com o método, obtendo assim o circuito projetado. ◀

É instrutivo definir um método estruturado para converter um código C em uma máquina de estados de alto nível. A definição desse método deixará claro que um código em C pode ser *compilado automaticamente*, produzindo-se um programa, que pode ser executado em um processador programável, ou um *circuito digital customizado*. Destacamos que a maioria dos projetistas, que começa com um código em C e prossegue então segundo os passos do projeto RTL, *não* segue necessariamente um método em particular para realizar essa conversão. Entretanto, na realidade, as ferramentas automatizadas *seguem* sim um método, o qual tem algumas semelhanças com o que passaremos a descrever. Destacamos também que, algumas vezes, o método de conversão produz estados "extras" que, como é possível observar, podem ser combinados com outros – essa combinação poderia ser feita posteriormente em um passo de otimização, embora possamos ir combinando alguns deles à medida que avançamos com o método de projeto.

Iremos considerar três tipos de comandos usados nos códigos em C – comando de atribuição, laço de while e comando condicional (if-then-else). Para cada um deles, forneceremos também um modelo de máquina de estados em alto nível.

O comando de atribuição em C é convertido em uma máquina de estados, a qual contém um único estado. As ações desse estado executam a atribuição, como mostrado na Fig. 5.45.

O comando *if-then* (se-então), em C, é convertido em um estado no qual a condição do comando *if* é testada. Se essa condição for verdadeira, será feito um salto para os estados especificados na parte do *then*. Em caso contrário, o salto irá desconsiderar esses estados e irá direto para o estado "fim", como mostrado na Fig. 5.46.

Podemos converter o comando *if then-else* (se-então-senão) da linguagem C em uma máquina de estados similar, tendo um estado no qual a condição do comando *if* é testada. Desta vez, no entanto, se a condição do *if* for falsa, o salto será dirigido para os estados especificados na parte do *else*, como mostrado na Fig. 5.47.

É comum a parte do *else* conter um outro comando *if* porque os programadores em C poderão usar múltiplas partes *else if* em uma região do código.

Finalmente, o comando de laço *while* (enquanto) da linguagem C é convertido em estados semelhantes aos do comando if-then, exceto que, se a condição do *while* for verdadeira, a máquina de estados executará os comandos do *while* e saltará de volta para o estado em que a condição é testada, e não para o estado "fim", conforme mostrado na Fig. 5.48. Poderemos atingir o estado final apenas quando a condição for falsa.

Dados esses modelos simples de conversão, uma ampla variedade de programas em C poderá ser transformada em máquinas de estados de alto

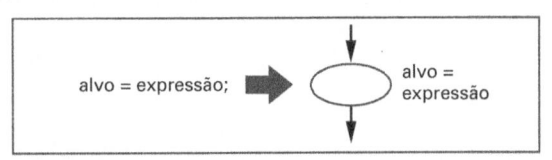

Figura 5.45 Modelo de máquina de estados para o comando de atribuição.

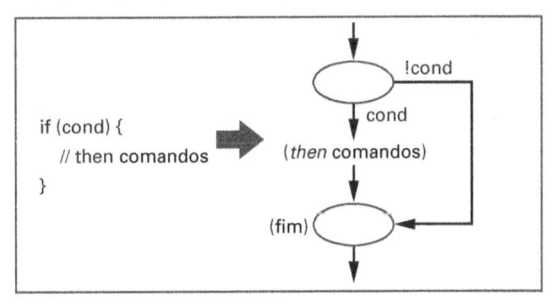

Figura 5.46 Modelo de máquina de estados para o comando if-then.

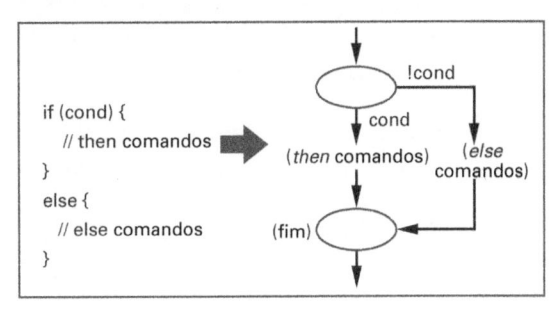

Figura 5.47 Modelo de máquina de estados para o comando if-then-else.

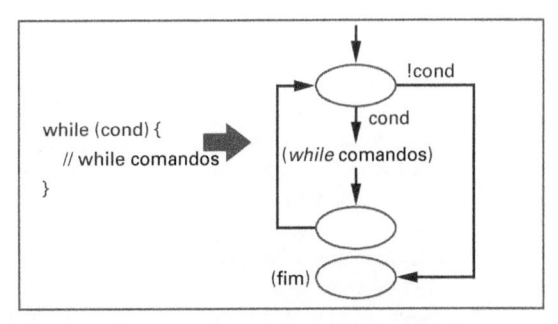

Figura 5.48 Modelo de máquina de estados para o comando de laço while.

nível, a partir das quais já sabemos como criar projetos de circuito, seguindo o nosso método de projeto RTL.

▶ **EXEMPLO 5.10 Conversão de um comando if-then-else em uma máquina de estados**

Recebemos um código semelhante a C, mostrado na Fig. 5.49(a), que computa o valor máximo de duas entradas de dados X e Y. Usando o método da Fig. 5.47, podemos transformar esse código em uma máquina de estados, convertendo primeiro o comando if-then-else em estados, como mostrado na Fig. 5.49(b). A seguir, convertemos os comandos *then* em estados, e então, os comandos *else*, resultando a máquina de estados final da Fig. 5.49(c).

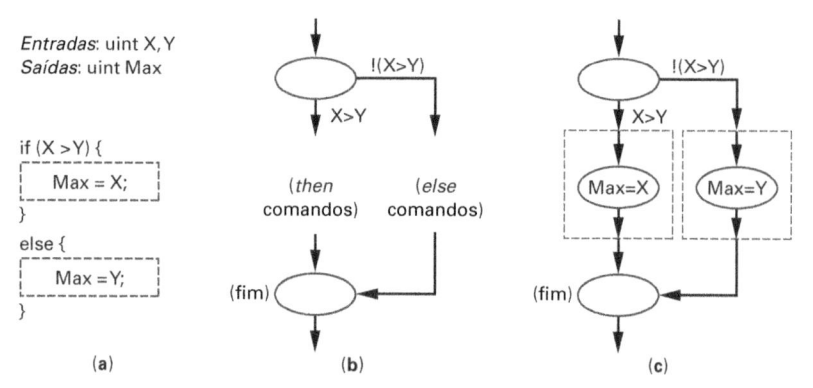

Figura 5.49 Projeto em nível comportamental a partir de código em C: (a) código em C para computar o máximo de dois números, (b) conversão do comando if-then-else em uma máquina de estados, (c) conversão dos comandos *then* e *else* em estados. A partir da máquina de estados de (c) poderemos usar o nosso método de projeto RTL para completar o projeto. Observação: o valor máximo poderia ser implementado de forma mais eficiente; aqui usamos um cálculo de máximo que pudesse resultar em um exemplo de fácil compreensão. ◀

▶ **EXEMPLO 5.11 Conversão de um código C para o cálculo de SAD em uma máquina de estados de alto nível**

Queremos converter a descrição, feita com um programa em C, da soma de diferenças absolutas do Exemplo 5.9 em uma máquina de estados de alto nível. O código, mostrado na Fig. 5.50(a), está escrito, não na forma de uma chamada de procedimento, mas sim na forma de um laço infinito. Uma entrada "comece" é usada para indicar quando o sistema deve computar a SAD. Após alguma otimização, o comando "while(1)" é convertido simplesmente em uma transição que retorna do último estado ao primeiro. Adiaremos o acréscimo dessa transição até que tenhamos definido o restante da máquina de estados. Iniciamos com o comando "while(!comece)", o qual, baseado na abordagem anterior dos modelos de conversão, é transformado nos estados mostrados na Fig. 5.50(b). Como o laço não tem comandos em seu interior, podemos simplificar os seus estados, como está mostrado na Fig. 5.50(c). Essa figura mostra também os estados correspondentes aos dois comandos seguintes de atribuição. Como essas duas atribuições podem ser feitas simultaneamente, combinamos os dois estados em um único, como mostrado na Fig. 5.50(d). A seguir, usando os modelos de conversão, transformamos o próximo laço de *while* nos estados mostrados na Fig. 5.50(e). Na Fig. 5.50(f), incluímos os estados correspondentes aos comandos do laço de *while*, e combinamos em um único os dois estados correspondentes aos comandos de atribuição, porque essas atribuições podem ser feitas simultaneamente. Na Fig. 5.50(f), também está mostrado o estado que corresponde ao último comando do código C, aquele que faz a atribuição *sad=soma*. Finalmente, os estados vazios, obviamente desnecessários, são eliminados e, considerando que o código inteiro está dentro do laço "while(1)", é acrescentada também uma transição que vai do último estado até o primeiro.

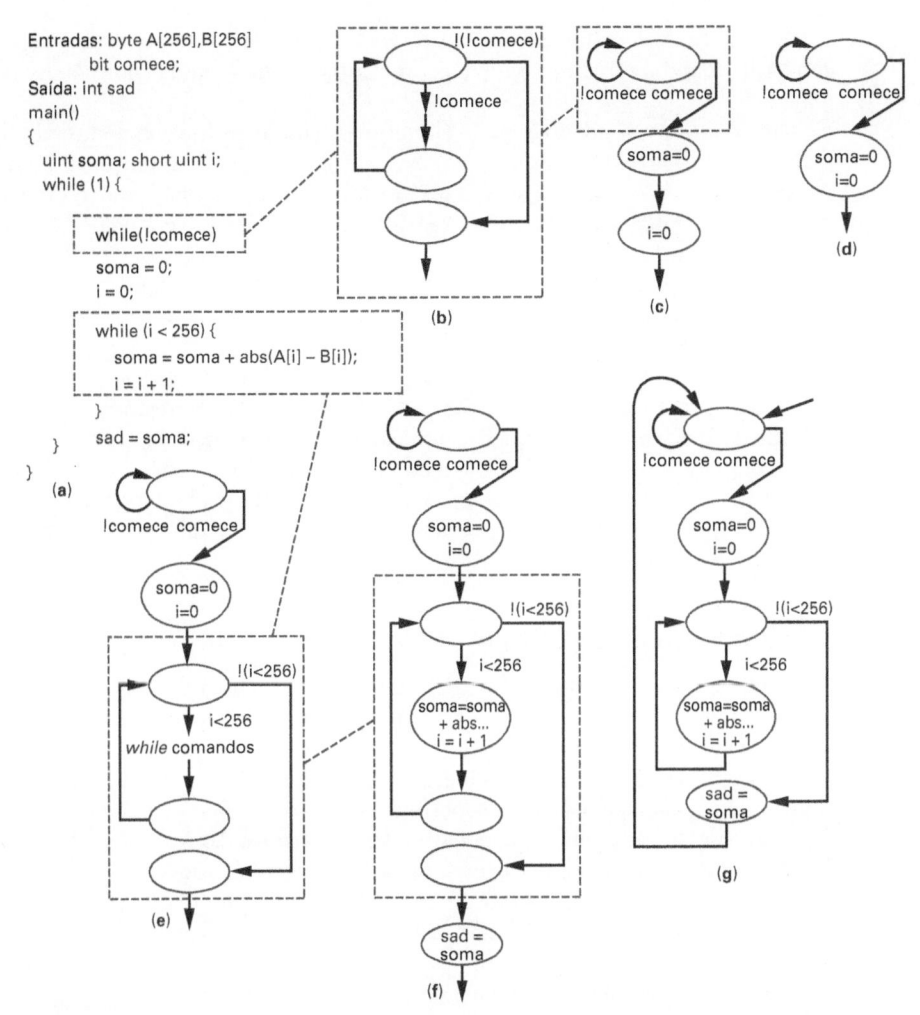

Figura 5.50 Projeto em nível comportamental do código usado para somar diferenças absolutas: (a) código original em C, escrito na forma de um laço infinito, (b) conversão do comando "while (!comece);" em uma máquina de estados, (c) estados simplificados do "while (!comece);" e estados para os comandos de atribuição que se seguem, (d) combinação de dois estados de atribuição em um único, (e) inserção do modelo de conversão do laço de while seguinte, (f) inserção dos estados para esse laço de while e combinação de dois comandos de atribuição em um único, (g) máquina de estados de alto nível final, com o "while(1)" incluído, na qual há uma transição no último estado que retorna ao primeiro estado, e onde os estados, obviamente desnecessários, foram removidos.

Observe a semelhança entre a nossa máquina de estados final de alto nível da Fig. 5.50(g) e a máquina de estados de alto nível da Fig. 5.29, que projetamos partindo do zero.

Em algum momento, precisaremos estabelecer uma relação entre os tipos de dados da linguagem C e os bits. Por exemplo, o código em C anterior declara que i é do tipo *short unsigned integer*, o que significa 16 bits sem sinal. Assim, poderíamos declarar que i é de 16 bits na máquina de estados de alto nível. Por outro lado, em vez disso, como sabemos que o intervalo de i vai de 0 a 256, poderíamos declarar que i é um tipo de dado com 9 bits de largura (a linguagem C não tem um tipo de dado com 9 bits de largura).

Em seguida, a partir dessa máquina de estados, poderemos prosseguir e projetar um bloco de controle e um bloco operacional, como foi feito na Fig. 5.30. Portanto, podemos converter um código C em portas, usando um método direto automático.

Por intermédio dos exemplos anteriores, você viu como um código em C pode ser convertido em um circuito digital customizado, usando métodos que são totalmente automatizáveis.

Um código em C genérico pode conter tipos adicionais de comandos, alguns dos quais podem ser convertidos facilmente em estados. Por exemplo, um laço de *for* pode ser convertido em estados, transformando primeiro o laço de *for* em um laço de *while*. Um comando *switch* pode ser convertido, transformando primeiro o comando *switch* em comandos *if-then-else*.

Entretanto, quando se faz a conversão para circuito, alguns constructos da linguagem C trazem problemas. Por exemplo, os ponteiros e a recursividade não podem ser facilmente convertidos. Desse modo, quando se parte de um código em C, as ferramentas de automatização de projeto em nível comportamental geralmente impõem restrições a esse código, para que possa ser manipulado pela ferramenta. Essa imposição de restrições é conhecida como redução do conjunto de instruções da linguagem (*subsetting*).

Embora, nesta seção, tenhamos dado ênfase aos códigos em C, é óbvio que quaisquer linguagens semelhantes, como C++, Java, VHDL, Verilog, etc., podem ser convertidas em circuitos digitais customizados – desde que seja feita uma redução adequada do conjunto de instruções da linguagem.

5.6 COMPONENTES DE MEMÓRIA

O projeto em nível de transferência entre registradores inclui o instanciamento e a conexão de componentes para formar blocos operacionais, que são controlados por blocos de controle. O projeto RTL freqüentemente utiliza alguns componentes adicionais além do bloco operacional e do de controle.

Um desses componentes é a memória. Uma **memória MxN** é um componente capaz de armazenar *M* itens de dados (*data*), de *N* bits cada um. Cada item de dados é conhecido como uma **palavra**. A Fig. 5.51 ilustra o armazenamento que está disponível em uma memória *MxN*.

Geralmente, podemos classificar as memórias em dois grupos: memória RAM, que pode ser escrita e lida, e memória ROM, que somente pode ser lida. Entretanto, como veremos, a separação entre as duas categorias não é nítida, devido às novas tecnologias.

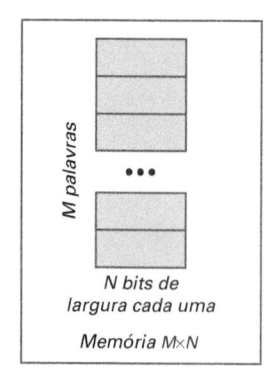

Figura 5.51 Visão lógica de uma memória.

Memória de acesso aleatório (RAM)*

Uma RAM equivale logicamente a um banco de registradores (veja a Seção 4.10) – esses dois componentes são memórias cujas palavras podem ser lidas e escritas individualmente a partir de entradas de endereço (cada palavra pode ser entendida como um registrador). As diferenças entre uma RAM e um banco de registradores são:

- O tamanho de *M* – Costumamos nos referir às memórias menores (entre 4 e 512 ou mesmo 1024 palavras ou tanto) como bancos de registradores e às maiores como RAMs.

- A implementação do armazenamento dos bits – Para quantidades crescentes de palavras, uma implementação compacta torna-se cada vez mais importante. Assim, para armazenar bits em uma RAM típica, ao invés de flip-flops, usa-se uma forma de implementação muito compacta.

---

* N. de T: De *random access memory*, em inglês.

- O formato físico da memória – Para um número elevado de palavras, o formato físico de implementação da memória torna-se importante. Se o formato for retangular e alongado, algumas conexões serão curtas e outras, compridas, ao passo que, se o formato for quadrado, todas as conexões terão um comprimento médio. Portanto, o formato de uma RAM típica é quadrado para que o seu caminho crítico seja reduzido. Para realizar as leituras, lê-se primeiro uma linha inteira de palavras e, em seguida, seleciona-se a palavra (coluna) apropriada nessa linha.

Não há uma linha divisória nítida entre a definição de um banco de registradores e a de uma RAM. As memórias (típicas) menores tendem a ser chamadas de bancos de registradores, e as maiores, de RAMs. No entanto, freqüentemente você verá esses termos sendo usados de forma inversa.

Uma memória RAM típica tem uma única porta. Algumas RAMs têm duas portas. O acréscimo de mais portas a uma RAM é muito menos freqüente do que a um banco de registradores, porque, devido ao maior formato de uma RAM, os custos extras de atraso e tamanho tornam-se muito maiores. No entanto, conceitualmente, uma RAM pode ter um número arbitrário de portas de leitura e escrita, exatamente como um banco de registradores.

A Fig. 5.52 mostra o diagrama de blocos de uma RAM 1024x32 de porta única ($M=1024$, $N=32$). A entrada de dados data, com 32 bits de largura, pode servir, quando se escreve, de linha de entrada de dados ou, quando se lê, de saída. A entrada addr tem uma largura de dez bits e, durante as leituras e escritas, serve de linha de endereço. A entrada de controle rw de um bit indica se a operação corrente deverá ser de leitura ou escrita (por exemplo, rw=0 significa ler e rw=1, escrever). A entrada de controle en de um bit habilita a RAM, permitindo que ela seja lida ou escrita–quando não queremos ler nem escrever em um ciclo de relógio em particular, fazemos en ser 0, evitando assim que a memória seja lida ou escrita (independentemente do valor de rw).

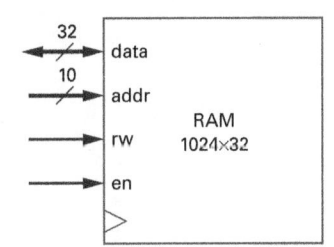

Figura 5.52 Símbolo de diagrama de blocos de uma RAM 1024x32.

A Fig. 5.53 mostra a estrutura lógica interna de uma RAM *MxN*. Quando dizemos "estrutura interna" significa que podemos pensar em uma estrutura implementada desse modo, mesmo que a implementação física real contenha uma estrutura diferente. (Como analogia, a estrutura lógica de um telefone é um microfone e um alto-falante, conectados a uma linha telefônica. Por outro lado, fisicamente, as implementações dos telefones reais são muito

▶ **POR QUE SE CHAMA MEMÓRIA DE ACESSO ALEATÓRIO?**

Nos primeiros tempos do projeto digital, não existiam RAMs. Se você tivesse informações e quisesse que seu circuito digital as armazenasse, você deveria guardá-las em uma fita ou um tambor magnético. As unidades de fita (e de tambor, também) tinham de mover a fita até que a posição desejada de memória estivesse debaixo da cabeça, a qual podia ler ou escrever nela. Se em um dado momento a posição 900 estivesse debaixo da cabeça e você quisesse escrever na posição 999, a fita deveria ser movida, passando pelas posições 901, 902, ... 998, até que a posição 999 estivesse sob a cabeça. Em outras palavras, a memória era acessada *seqüencialmente*. Quando a RAM foi inicialmente lançada, sua característica mais atrativa era que um endereço "aleatório" podia ser acessado, levando o mesmo tempo que o acesso a qualquer outro endereço, independentemente de qual endereço tinha sido lido antes. A razão é que, quando se acessa uma RAM, não há "cabeça" alguma sendo usada nem fita ou tambor girando. Desse modo, o termo memória de "acesso aleatório" (ou "acesso randômico") foi usado e tem permanecido em uso até hoje.

diferentes, podendo conter monofones, *headsets**, conexões sem fio, dispositivos internos de atendimento automático, etc.) A parte principal da estrutura de uma RAM é uma grade contendo os blocos de armazenamento de bits, também conhecidos como *células*. Um conjunto de N células forma cada uma das M palavras. Uma entrada de endereço alimenta um decodificador. Cada uma de suas saídas habilita todas as células da palavra que corresponde ao valor presente de endereço. A entrada de habilitação, en, pode desabilitar o decodificador, impedindo que uma palavra qualquer seja habilitada. A entrada de controle de leitura ou escrita, rw, também se conecta a todas as células, controlando se a célula será gravada com os dados de escrita wdata, ou se o conteúdo dela será lido e colocado na saída de dados de leitura rdata. As linhas de dados estão conectadas a todas as células das palavras. Desse modo, cada célula deve ser projetada de modo que o conteúdo aparecerá na saída apenas quando ela estiver habilitada. Quando desabilitada, nada é colocado na saída, impedindo que ocorram interferências com a saída de alguma outra célula.

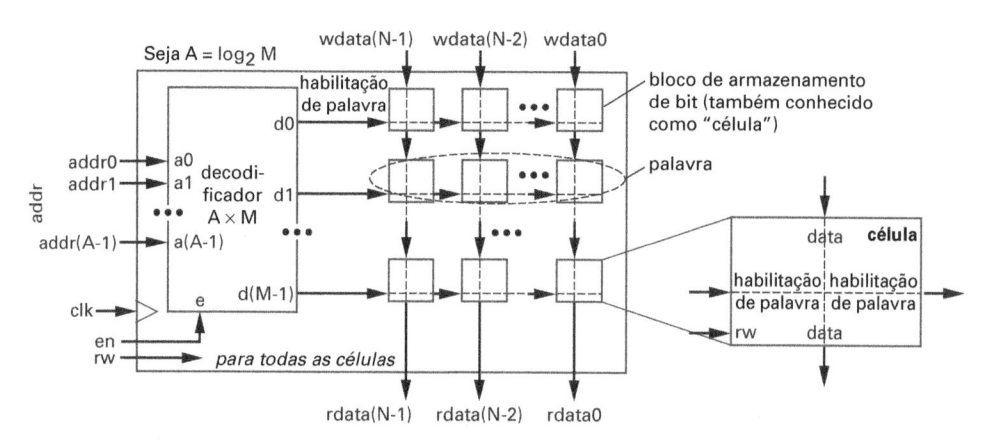

Figura 5.53 Estrutura lógica interna de uma RAM.

Observe que a RAM da Fig. 5.53 tem as mesmas entradas e saídas do diagrama de blocos da RAM da Fig. 5.52, exceto que as linhas de escrita e leitura de dados da RAM da Fig. 5.53 estão separadas, ao passo que na Fig. 5.52 há um único conjunto de linhas de dados (porta única). A Fig. 5.54 mostra como linhas separadas podem ser combinadas dentro de uma RAM que tem um único conjunto de linhas de dados.

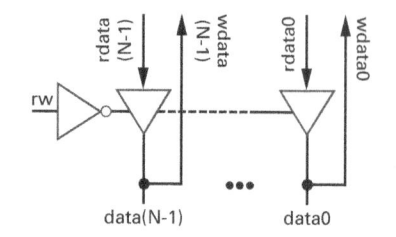

Figura 5.54 Entrada e saída de dados de uma RAM de porta única.

Armazenamento de bit em uma RAM

Comparada com um banco de registradores, a característica chave de uma RAM é a sua compacidade. Lembre-se do Capítulo 3 que usamos um flip-flop para implementar um bloco de armazenamento de bit. Como as RAMs armazenam uma grande quantidade de bits, elas utilizam um bloco de armazenamento de bit que é mais compacto do que o de um flip-flop. Desse modo, iremos discutir brevemente os projetos internos dos blocos de armazenamento de bit que são usados em dois tipos populares de RAMs – RAM estática e RAM dinâmica. No entanto, saiba antecipadamente que os projetos internos desses blocos envolvem questões de eletrônica, além do escopo deste livro, fazendo parte dos objetivos de livros sobre VLSI ou

---

* N. de T: O monofone do telefone é a parte móvel que o usuário segura com a mão enquanto fala. É constituída pelo microfone e o alto-falante (ou um fone). O *headset* é um suporte de monofone que se ajusta à cabeça, permitindo que a pessoa fique com as mãos livres.

projeto digital avançado. Felizmente, um componente do tipo RAM encobre a complexidade de sua eletrônica interna usando um controlador de memória. Assim, a interação entre um projetista digital e uma RAM continua sendo a que foi discutida na seção anterior.

RAM estática

Uma RAM estática (SRAM, de *Static RAM*) usa um bloco de armazenamento de bit constituído por dois inversores conectados em laço, como mostrado na Fig. 5.55. Um bit d passa pelo inversor inferior para tornar-se d', retorna através do inversor superior e torna-se d novamente – assim, o bit fica armazenado no laço inversor. Em comparação com a estrutura "lógica" da RAM da Fig. 5.53, observe que o bloco de armazenamento de bit contém uma linha extra de dados, data', que o atravessa.

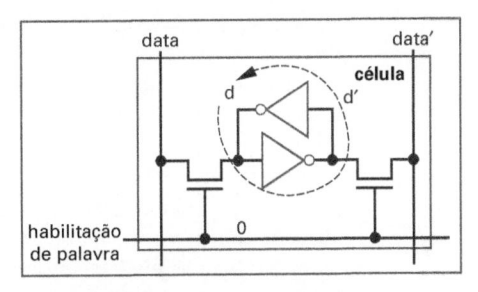

Figura 5.55 Célula de uma SRAM.

Para escrever um bit nesse laço inversor, colocamos o valor desejado do bit na linha de dados data e o seu complemento em data'. Desse modo, para armazenar um 1, o controlador de memória faz data=1 e data'=1, como mostrado na Fig. 5.56. (Para armazenar um 0, o controlador deve fazer data=0 e data'=1.) A seguir, o controlador faz enable=1, o que ativa os dois transistores mostrados. Desse modo, os valores de data e data' aparecerão no laço inversor, como mostrado (sobrepondo-se a qualquer valor que já estivesse ali antes). A compreensão completa do porquê do funcionamento desse circuito envolve detalhes elétricos que estão além do escopo desta discussão.

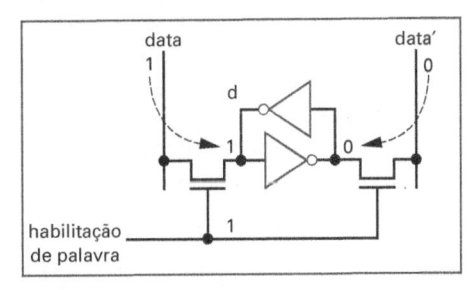

Figura 5.56 Escrevendo um 1 em uma célula de SRAM.

Para realizar a leitura do bit armazenado, pode-se colocar primeiro um 1 em *ambas* as linhas data e data' (uma ação conhecida como **pré-carga**) e, em seguida, fazer o sinal de habilitação ser 1. Em um dos lados, um dos transistores habilitados terá um 0. Com isso, o 1 pré-carregado em data ou data' sofrerá uma queda de tensão, a qual passará a ser um pouco inferior à tensão normal do 1 lógico. Ambas as linhas data e data' são conectadas a um circuito especial, chamado de **amplificador sensor de tensão**. Esse circuito detecta se a tensão em data é ligeiramente maior que a de data', significando que um 1 lógico está armazenado, ou se a tensão em data' é ligeiramente menor que a de data, significando que um 0 lógico está armazenado. Novamente, os detalhes de eletrônica estão além do escopo desta discussão.

Observe que o bloco de armazenamento de bit da Fig. 5.57 utiliza seis transistores – dois em cada um dos inversores e dois fora. Seis transistores é menos do que o necessário em um flip-flop D. Entretanto, há um custo: deve-se usar um circuito especial para ler o bit armazenado no bloco, ao passo que, em um flip-flop D, os valores lógicos usuais são produzidos diretamente na sua saída. Esse circuito especial aumenta o tempo de acesso aos bits armazenados.

Uma RAM baseada em um bloco de armazenamento de bit de seis transistores, ou em algum semelhante, é conhecida como **RAM estática**, ou **SRAM**. Enquanto houver energia

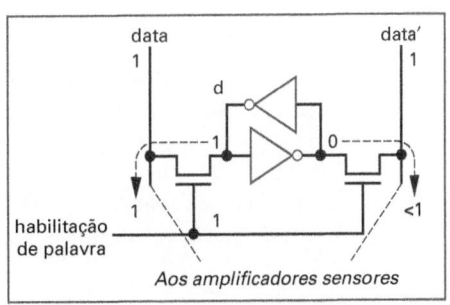

Figura 5.57 Leitura de uma SRAM.

alimentando os transistores, uma RAM estática manterá o bit armazenado. A não ser, naturalmente, que o bloco esteja sendo escrito, o bit armazenado *não muda* – é estático (invariável).

RAM dinâmica

Um bloco alternativo, muito usado no armazenamento de bits em RAM, tem apenas um único transistor por bloco. Esse bloco utiliza um capacitor (de valor relativamente elevado) na saída do transistor, como mostrado na Fig. 5.58(a).

A escrita poderá ocorrer se `enable` for 1; o sinal `data=1` irá carregar a placa superior do capacitor com 1, ao passo que `data=0` carrega-a com 0. Quando `enable` retorna a 0, o 1 na placa superior começa a ser descarregado através do capacitor até a placa inferior e daí até a terra. (Por quê? Porque é assim que um capacitor funciona.) No entanto, intencionalmente, o capacitor é projetado para ter um valor relativamente elevado, de modo que a descarga leva um tempo longo. Durante esse tempo, o bit d permanece efetivamente armazenado no capacitor. A Fig. 5.58(b) mostra um diagrama de tempo, que ilustra a carga e descarga do capacitor.

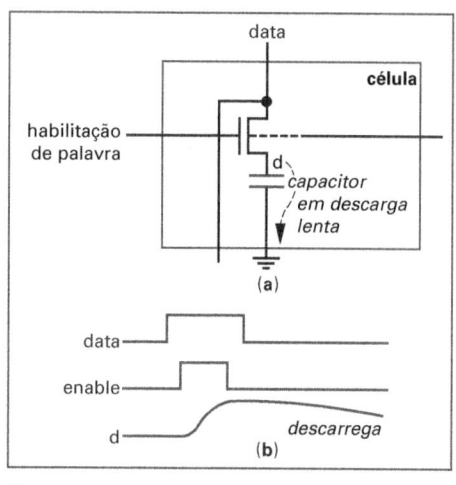

Figura 5.58 Célula de uma SRAM.

A leitura pode ser realizada fazendo primeiro `data` ter uma tensão intermediária entre 0 e 1 e, em seguida, fazendo `enable` ser 1. O valor armazenado no capacitor irá modificar a tensão presente na linha de dados. Essa tensão alterada pode ser detectada por circuitos especiais, conectados à linha de dados, que amplificam o valor detectado, tornando-o 1 ou 0 lógico.

Acontece que, quando se realiza a leitura da carga armazenada, o capacitor descarrega-se. Assim, depois de ler o bit, a RAM deve imediatamente escrevê-lo de volta no bloco de armazenamento. A RAM deve conter um controlador de memória para automaticamente fazer essa escrita.

Os chips de DRAM apareceram primeiramente no início da década de 1970 e podiam memorizar apenas uns poucos milhares de bits. As DRAMs modernas podem armazenar muitos bilhões de bits.

Como um bit armazenado no capacitor descarrega-se gradualmente para a terra, a RAM deve dar um *refresh** em cada bloco de armazenamento de bit antes que os bits sejam completamente descarregados e conseqüentemente perdidos. Para dar *refresh* em um bloco de armazenamento de bit, a RAM deve ler o bloco e então escrever o bit lido de volta no bloco. Isso deve ser repetido a cada poucos microssegundos. A RAM deve conter um controlador de memória interno para automaticamente dar *refresh*.

Note que, no momento em que queremos ler uma RAM, ela pode estar ocupada dando *refresh*. Além disso, automaticamente, cada leitura deve ser seguida de uma escrita. Assim, uma RAM baseada na tecnologia de transistor mais capacitor pode necessitar de mais tempo para ser acessada.

Como o bit armazenado *altera-se* (descarrega-se), mesmo quando se está fornecendo energia e não se está escrevendo no bloco de armazenamento de bit, uma RAM que se baseia em blocos de armazenamento, com transistor e capacitor, é conhecida como **RAM dinâmica**, ou **DRAM** (*Dynamic RAM*).

Comparada com uma SRAM, uma DRAM é ainda mais compacta, requerendo apenas um transistor por bloco de armazenamento de bit, em vez de seis transistores. O custo é que uma

---

* N. de T: Refrescar, usado com o sentido de "refrescar a memória". As expressões "dar *refresh*" e "fazer *refresh*" são bastante usadas e serão adotadas aqui.

DRAM necessita de *refresh*, o que em última análise torna mais demorado o tempo de acesso. Um outro custo, não mencionado antes, é que a construção do capacitor de valor relativamente elevado de uma DRAM requer um processo especial de fabricação de *chip*. Assim, a combinação de uma DRAM com a lógica habitual pode ser dispendiosa. Durante a década de 1990, mal se ouvia falar dessa combinação de DRAM e lógica em um mesmo *chip*. Entretanto, os avanços tecnológicos permitiram que DRAMs e circuitos lógicos aparecessem no mesmo *chip* em mais e mais casos.

Para armazenar o *mesmo* número de bits, a Fig. 5.59 mostra graficamente as vantagens da compacidade das SRAMs sobre os bancos de registradores e das DRAMs sobre as SRAMs.

Usando uma RAM

A Fig. 5.60 mostra diagramas de tempo que descrevem como se deve escrever e ler na RAM da Fig. 5.52. O diagrama de tempo da Fig. 5.60 mostra como escrever um 9 e um 13 nas posições 500 e 999 durante as bordas de relógio 1 e 2, respectivamente. A seguir, o próximo ciclo mostra como ler a posição 9 da RAM, fazendo addr=9, data=Z e rw=0 (o que significa uma leitura). Logo após rw tornar-se 0, data torna-se 500 (o valor que previamente havíamos armazenado na posição 9). Observe que primeiro tivemos de desabilitar a nossa escrita de data (fazendo-o ser Z), de modo que não houvesse interferência com os dados que estão sendo lidos da RAM. Note também que essa operação de leitura da RAM é assíncrona.

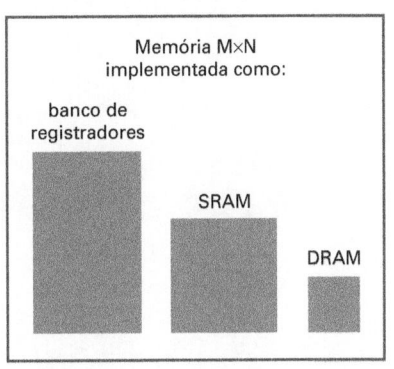

Figura 5.59 Ilustração dos benefícios da compacidade de SRAMs e DRAMs (fora de escala).

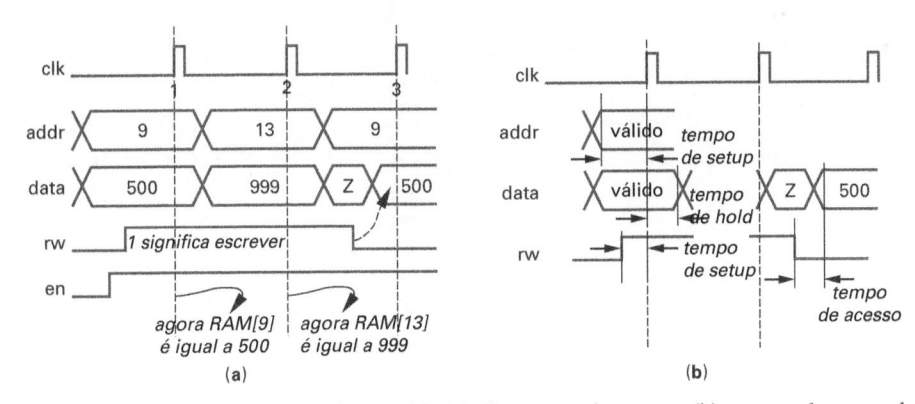

Figura 5.60 Leitura e escrita em uma RAM: (a) diagramas de tempo, (b) tempos de *setup*, *hold* e acesso.

O atraso entre o instante em que colocamos a linha rw em modo de leitura e o momento em que a saída data torna-se estável é conhecido como ***tempo de acesso*** ou ***tempo de leitura*** da RAM.

Agora daremos um exemplo do uso de uma RAM em um projeto RTL.

▶ **EXEMPLO 5.12   Gravador digital de áudio usando uma RAM**

Vamos projetar um sistema que pode gravar sons e depois reproduzi-los. Esse tipo de gravador é encontrado em diversos brinquedos, em secretárias eletrônicas telefônicas, no anúncio de mensagens pré-gravadas de celulares e em numerosos outros dispositivos. Precisaremos de um conversor analógico-digital para digitalizar o som, uma RAM para armazenar o som digitalizado, um conversor digital-analógico para dar saída ao som digitalizado e um processador para controlar os conversores e a RAM. A Fig. 5.61 mostra um diagrama de blocos do sistema.

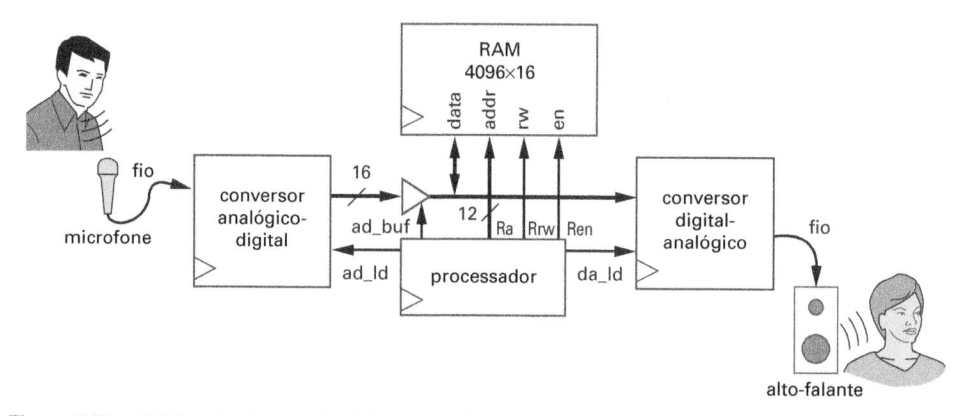

Figura 5.61 Utilização de uma RAM em um sistema digital de gravação de som.

Para armazenar sons digitalizados, o bloco processador pode implementar o segmento da máquina de estados de alto nível que está mostrado na Fig. 5.62. Primeiro, no estado S, a máquina inicializa seu contador de endereço interno a com 0. A seguir, no estado T, a máquina carrega um valor no conversor analógico-digital, para que uma nova amostra analógica de som seja digitalizada, e coloca o *buffer* de três estados no modo adequado para que esse valor digitalizado seja passado às linhas de dados data da RAM. Também, nesse estado, o valor do contador a torna-se o endereço da RAM e as linhas de controle habilitam a escrita. Em seguida, a máquina faz uma transição para o estado U, cujas transições comparam o valor de a com 4095. Esse estado também incrementa a. (Lembre-se de que as transições realizadas a partir de U irão usar o valor anterior de a, não o incrementado. Assim, nas transições, o valor é comparado com 4095, não 4096.) A máquina retorna ao estado T e, conseqüentemente, continua a escrever amostras em endereços consecutivos da memória enquanto essa não estiver preenchida (a < 4095). Observe que a comparação é feita com 4095, não 4096. É assim porque a ação do estado X, a = a + 1, não ocorre antes da próxima borda de relógio. Desse modo, a comparação a < 4095, feita na transição de X para o próximo estado, usa o valor anterior de a, não o incrementado. (Veja a discussão na Seção 5.3 sobre erros comuns.)

Para reproduzir os sons digitalizados que foram armazenados, o bloco processador pode implementar o segmento de máquina de estados de alto nível, mostrado na Fig. 5.63. Depois de inicializar o contador a no estado V, a máquina entra no estado W. Esse estado desabilita o *buffer* de três estados, evitando interferências com os dados de saída da RAM, que surgem durante as leituras da RAM. Também, nesse estado, são determinadas as linhas de endereço

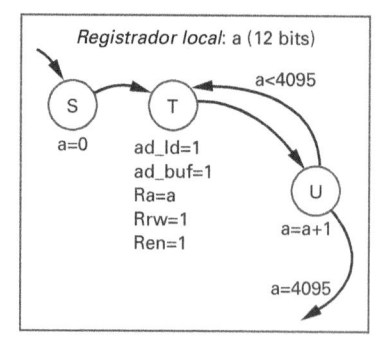

Figura 5.62 Máquina de estados para o armazenamento de sons digitalizados em uma RAM.

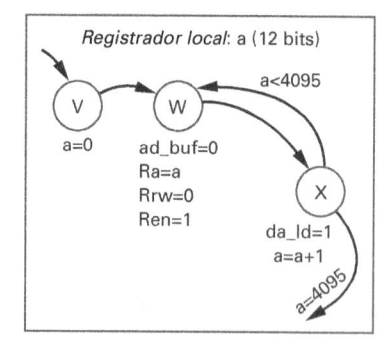

Figura 5.63 Máquina de estados para a reprodução de sons digitalizados a partir de uma RAM.

da RAM e a leitura é habilitada pelas linhas de controle. Assim, os dados lidos irão aparecer nas linhas data. O próximo estado X carrega um valor no conversor digital-analógico, o qual converterá o dado recém lido da RAM em um sinal analógico. Esse estado também incrementa o contador a. A máquina retornará ao estado W para continuar a leitura até que toda a memória tenha sido lida. ◀

Memória apenas de leitura (ROM)

Uma memória apenas de leitura (ROM, de *Read Only Memory*) é uma memória que pode ser lida, mas não pode ser escrita. Por ser apenas de leitura, o mecanismo de armazenamento de bit de uma ROM pode apresentar diversas vantagens em relação a uma RAM, entre elas:

- *Compacidade* – Em uma ROM, o volume ocupado pelo armazenamento de bit pode ser ainda menor do que o de uma RAM.

- *Não-volatilidade* – Em uma ROM, o armazenamento de bit preserva os conteúdos mesmo após o desligamento do fornecimento de energia–quando volta a ser ligado, os conteúdos da ROM podem ser lidos novamente. Diferentemente, uma RAM perde os seus conteúdos quando se desliga a energia. Uma memória assim, que perde os seus conteúdos quando a energia é cortada, é conhecida como **volátil**, ao passo que uma memória capaz de conservar os seus conteúdos sem estar energizada é conhecida como **não-volátil**.

- *Velocidade* – Pode ser mais rápido ler uma ROM do que uma RAM, especialmente do que uma DRAM.

- *Baixo consumo* – Diferentemente de uma RAM, uma ROM não consome energia para manter os seus conteúdos. Assim, uma ROM consome menos energia do que uma RAM.

Portanto, se os dados armazenados em uma memória não forem alterados, pode-se escolher uma ROM para armazenar os dados e obter as vantagens acima.

A Fig. 5.64 mostra o símbolo para diagrama de blocos de uma ROM 1024x32. A estrutura lógica interna de uma ROM *MxN* está mostrada na Fig. 5.65. Observe que a estrutura interna é muito semelhante à da RAM mostrada na Fig. 5.53. Os blocos de armazenamento de bit formam palavras que são habilitadas pelas saídas de um decodificador, sendo o endereço a entrada do decodificador. No entanto, como uma ROM pode apenas ser lida, não podendo ser escrita, não há necessidade de uma entrada de controle rw para especificar uma leitura ou uma escrita, nem de linhas wdata para dar entrada a dados

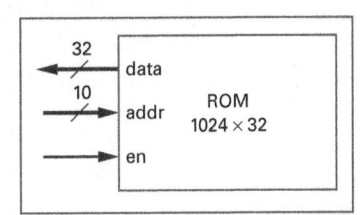

Figura 5.64 Símbolo para diagrama de blocos de uma ROM 1024x32.

que seriam escritos. Também, como não há escritas síncronas em uma ROM, ela não tem entrada de relógio. De fato, uma ROM não é apenas um componente assíncrono. Na realidade, ela pode ser pensada como sendo um componente *combinacional* (quando estamos apenas lendo a ROM; posteriormente, veremos algumas variações).

Neste ponto, alguns leitores podem estar se perguntando como escreveremos os conteúdos iniciais em uma ROM, que só poderá ser lida depois. Afinal de contas, se não pudermos escrever de jeito nenhum os conteúdos de uma ROM, então ela não terá nenhuma utilidade para nós. Obviamente, deve haver alguma maneira de se escrever os conteúdos em uma ROM. Não obstante, a escrita dos conteúdos iniciais de uma ROM é conhecida na terminologia de ROMs como sendo a ***programação da ROM***. Os tipos de ROMs diferenciam-se pelas formas de implementação dos blocos de armazenamento de bit, o que por sua vez leva a diferenças nos métodos usados para programá-las. Agora, descreveremos diversas implementações populares de blocos de armazenamento de bit de ROMs.

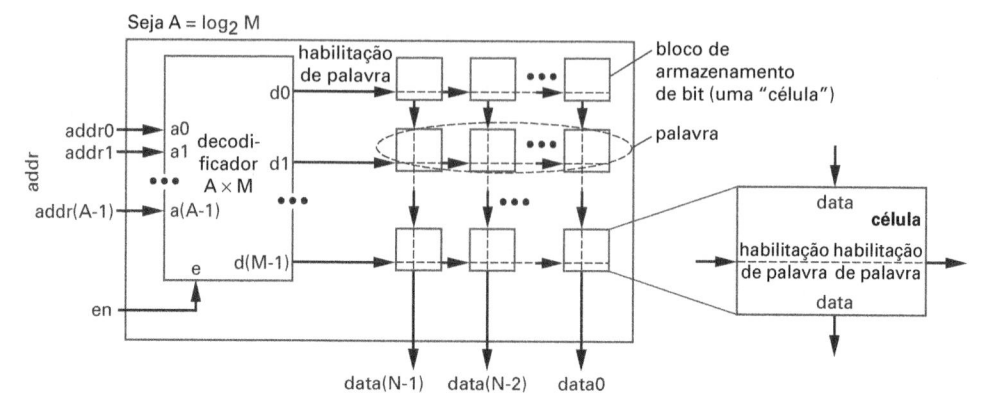

Figura 5.65 Estrutura lógica interna de uma ROM.

Tipos de ROM

ROM programável por máscara

A Fig. 5.66 ilustra a célula de armazenamento de bit de uma ROM programável por máscara. Uma ***ROM programável por máscara*** tem os seus conteúdos programados quando o *chip* é fabricado, *conectando* 1s diretamente às células que devem armazenar um 1, e 0s às células que devem armazenar um 0. Lembre-se de que um "1" é na realidade uma tensão maior do que zero, vinda de um dos diversos pinos de entrada de alimentação elétrica de um *chip* – assim, ligar um 1 significa fazer diretamente uma conexão desde o pino de entrada de alimentação até a célula. Do mesmo modo, ligar um 0 a uma célula significa conectar o pino de terra diretamente à célula. Esteja ciente de que a Fig. 5.66

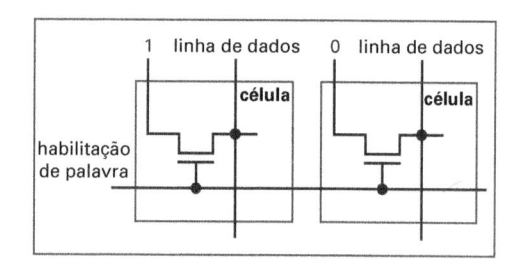

Figura 5.66 Células de uma ROM programável por máscara: célula da esquerda programada com 1, célula da direita programada com 0.

apresenta a visão *lógica* de uma célula de ROM que é programável com máscara – o projeto físico real dessas células pode ser um pouco diferente – por exemplo, uma forma comum de projeto reúne diversas células verticais, enfileirando-as para formar uma grande porta lógica semelhante a uma NOR. Deixamos os detalhes para livros mais avançados sobre o projeto CMOS digital.

As conexões são colocadas nos *chips* durante a fabricação. Usa-se uma combinação de produtos químicos sensíveis à luz e um feixe luminoso que passa através de lentes e "máscaras", as quais bloqueiam a luz impedindo-a de alcançar as regiões onde estão depositados os produtos químicos. (Veja o Capítulo 7 para mais detalhes.) Essa é a razão do termo "máscara" em ROM programada com máscara.

A ROM programável por máscara é a mais compacta de todos os tipos de ROMs, mas os conteúdos da ROM já devem ser conhecidos durante a fabricação do *chip*. Esse tipo de ROM é mais adequado a produtos bem consolidados e fabricados em grandes quantidades, nos quais a compacidade ou um custo muito baixo são críticos, e nos quais a programação da ROM nunca será feita depois da fabricação do *chip* da ROM.

ROM programável baseada em fusível – ROM programável uma vez (OTP-ROM)

A Fig. 5.67 ilustra uma célula de armazenamento de bit de uma ROM baseada em fusível. Uma *ROM baseada em fusível* usa um fusível em cada célula. Um fusível é um componente elétrico que inicialmente pode conduzir desde uma extremidade até a outra, como um fio, mas cuja ligação entre as extremidades pode ser destruída ("queimada") passando-se uma corrente acima do normal através do fusível. Um fusível queimado não conduz e é, pelo contrário, um circuito aberto (ausência de conexão). Na figura, a célula da esquerda tem o seu fusível intacto, de modo que, quando a célula está habilitada, aparece um 1 na linha de dados. A célula da direita tem o seu fusível queimado, de modo que, quando a célula está habilitada, nada aparece na linha de dados (uma eletrônica especial será necessária para converter esse nada em um 0 lógico).

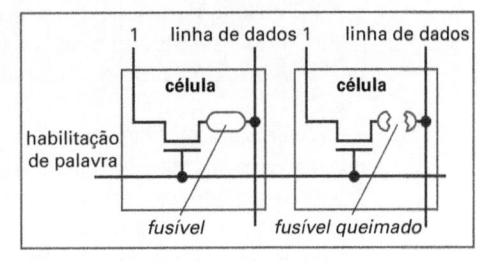

Figura 5.67 Células de uma ROM baseada em fusível: célula da esquerda programada com 1, célula da direita, com 0.

Uma ROM baseada em fusível é fabricada com todos os fusíveis intactos, de modo que os conteúdos inicialmente armazenados são todos 1s. Um usuário dessa ROM pode programar os conteúdos, ligando a ROM a um dispositivo especial, conhecido como um *programador*, que fornece correntes acima do normal apenas para os fusíveis das células que devem armazenar 0s. Como um usuário pode programar os conteúdos dessa ROM, ela é conhecida como ROM programável, ou *PROM* (*Programmable Read Only Memory*).

Um fusível queimado não pode voltar à sua condição inicial de condutor. Assim, uma ROM baseada em fusível pode ser programada apenas uma vez. As ROMs basedas em fusível são conhecidas também como ROM programável uma vez (*One Time Programmable ROM*), ou OTP-ROM.

PROM apagável-EPROM

A Fig. 5.68 dá uma visão lógica de uma célula de PROM apagável. Uma célula de *PROM apagável* (*Erasable PROM*), ou *EPROM*, usa um tipo especial de transistor, o qual contém o que é conhecido como porta flutuante, em cada célula. Os detalhes de um transistor de porta flutuante estão além do escopo desta seção, mas resumidamente – um transistor de porta flutuante tem uma porta especial na qual os elétrons podem ser "aprisionados". Um transistor, que tem elétrons aprisionados em sua porta, permanecerá no estado de não condução e, assim, está programado para armazenar um 0. Em caso contrário, considera-se que a célula está armazenando um 1.

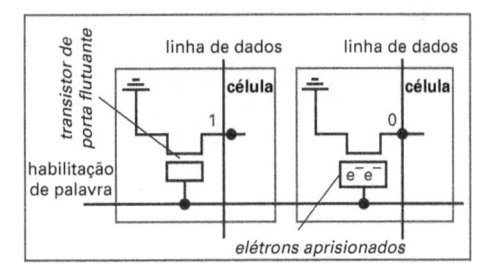

Figura 5.68 Células de uma EPROM: célula da esquerda programada com 1, célula da direita, com 0.

Inicialmente, uma célula de EPROM não tem elétrons aprisionados em nenhum transistor de porta flutuante, de modo que os conteúdos inicialmente armazenados são todos 1s. Um dispositivo programador aplica uma tensão acima do normal aos transistores daquelas células que devem armazenar 0s. Essa tensão elevada faz com que os elétrons abram um *túnel* através de um pequeno material isolante até a região da porta flutuante. Quando a tensão é removida, os elétrons não têm energia suficiente para criar um túnel de volta, permanecendo assim aprisionados na célula direita da Fig. 5.68.

Os elétrons podem ser libertados expondo-os a uma luz ultravioleta (UV) de certo comprimento de onda. A luz UV energiza os elétrons permitindo que eles abram um túnel de volta, através do pequeno material isolante, escapando assim da região da porta flutuante. Portanto, quando um *chip* de EPROM é exposto à luz UV, todos os 0s armazenados são "apagados", fazendo com que o *chip* seja restaurado, voltando a ter 1s em todos os seus conteúdos. Após, pode-se programar a EPROM novamente. Daí vem o termo PROM "apagável". Tipicamente, tal *chip* pode ser apagado e reprogramado cerca de dez mil ou mais vezes, e pode reter seus conteúdos sem consumir energia elétrica por dez ou mais anos. Como usualmente os *chips* estão dentro de encapsulamentos de cor preta que não deixam passar a luz, então são necessárias janelas no encapsulamento dos *chips* com EPROM para que a luz UV possa entrar, como mostrado na Fig. 5.69.

Figura 5.69 "Janela" do encapsulamento de um microprocessador que usa uma EPROM para armazenar programas.

EEPROM e memória flash

Uma **PROM eletricamente apagável**, ou **EEPROM** (*Electrically Erasable PROM*), utiliza um método de programação de EEPROM baseada em tensões elevadas para aprisionar elétrons em um transistor de porta flutuante. No entanto, diferentemente de uma EPROM que requer luz UV para liberar os elétrons e assim apagar a PROM, uma EEPROM utiliza uma outra tensão elevada para liberá-los. Assim, em uma EEPROM, não é necessário colocar o *chip* debaixo de luz UV.

Como as EEPROMs usam tensões no apagamento, essas tensões podem ser aplicadas apenas a células específicas. Assim, ao passo que as EPROMs precisam ser apagadas por completo, em uma EEPROM, pode-se apagar uma palavra de cada vez. Desse modo, podemos apagar e reprogramar certas palavras de uma EEPROM sem alterar os conteúdos das demais palavras.

Algumas EEPROMs requerem um dispositivo programador especial para realizar a programação. No entanto, a maioria das EEPROMs modernas não requer a aplicação de tensões especiais aos pinos, e também contém controladores de memória internos que conduzem o processo de programação. Assim, podemos reprogramar os conteúdos de uma EEPROM (ou parte de seus conteúdos) sem nunca retirar o *chip* do sistema que utiliza a EEPROM – essa EEPROM é conhecida como sendo ***in system programmable (ISP)***, ou seja, programável dentro do sistema. Portanto, a maioria desses dispositivos pode ser lida e escrita de modo muito semelhante ao de uma RAM.

A Fig. 5.70 mostra o símbolo para diagrama de blocos de uma EEPROM. Observe que as linhas de dados são bidirecionais, exatamente como foi o caso de uma RAM. A EEPROM tem uma entrada de controle write – o sinal write=0 indica uma operação de leitura (quando en=1), ao passo que write=1 indica que os dados presentes nas linhas de dados devem ser programados na palavra cujo endereço é especificado pelas linhas de endereço. No entanto, a programação de uma palavra em uma EEPROM exige tempo, talvez vários, dúzias, centenas ou mesmo milhares de ciclos de relógio. Portanto, as EEPROMs podem ter uma saída de controle busy de ocupado, para indicar que a programação ainda não está completa. Enquanto o dispositivo estiver ocupado, o usuário da EEPROM não deve tentar escrever em uma palavra diferente. Felizmente, na maioria das EEPROMs, os dados a serem programados e o endereço são carregados em registradores internos, liberando o circuito que está escrevendo na EEPROM de manter esses valores durante a programação.

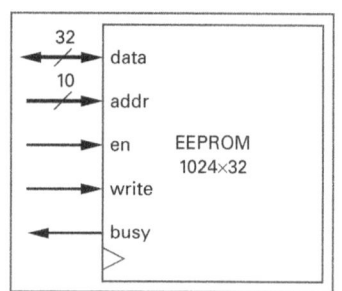

Figura 5.70 Símbolo para diagrama de blocos de uma EEPROM 1024x32.

As EEPROMs modernas podem ser programadas dezenas de milhares a milhões de vezes ou mais, e podem preservar os seus conteúdos por até cem anos ou mais sem energia elétrica.

Ao passo que o apagamento de uma palavra por vez é satisfatório em algumas aplicações que utilizam EEPROM, outras aplicações precisam que grandes blocos de memória sejam apagados rapidamente – por exemplo, uma aplicação de câmera digital pode precisar apagar o bloco de memória correspondente a uma foto inteira. Uma *memória flash* é um tipo de EEPROM na qual todas as palavras de um grande bloco de memória podem ser apagadas muito rapidamente, possivelmente ao mesmo tempo, ao invés de uma palavra por vez. Uma memória *flash* pode ser apagada completamente fazendo-se uma entrada de controle erase (apagar) ser 1. Muitas memórias do tipo *flash* permitem também que apenas uma região específica, conhecida como bloco ou setor, seja apagada deixando intocadas as outras regiões.

Usando uma ROM

Daremos agora exemplos de uso de ROM em projetos RTL.

Exemplo 5.13 Boneca falante que usa uma ROM

Queremos projetar uma boneca que dirá a mensagem "Bom te ver" sempre que o seu braço direito for movido. Um diagrama de blocos do sistema está mostrado na Fig. 5.71. Um sensor de vibração no braço direito da boneca tem uma saída v que se torna 1 quando uma vibração é detectada. Um processador detecta a vibração, e então deve enviar uma versão digitalizada da mensagem "Bom te ver" para um conversor digital-analógico conectado a um alto-falante. A mensagem "Bom te ver" será pré-gravada com a voz de uma atriz profissional. Como a mensagem não será alterada durante toda a existência da boneca, poderemos gravá-la em uma ROM.

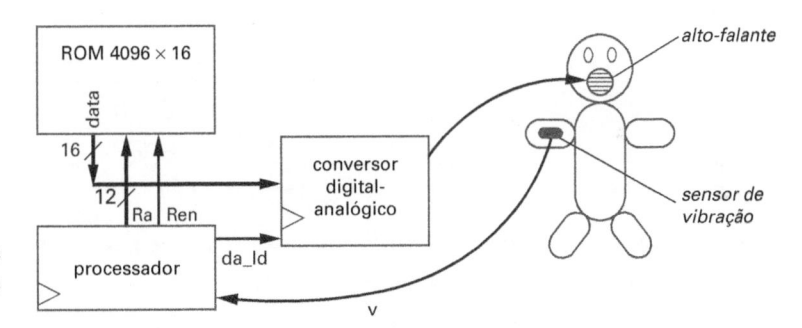

Figura 5.71 Utilização de uma ROM em um sistema de boneca falante.

A Fig. 5.72 mostra o segmento de uma máquina de estados de alto nível que reproduz a mensagem depois da detecção de uma vibração. A máquina começa no estado *S*, inicializando o contador de endereços a da ROM com 0 e esperando que uma vibração seja detectada. Quando uma vibração é detectada, a máquina avança para o estado *T*, o qual lê a posição corrente da ROM. A seguir, a máquina passa para o estado *U*, o qual carrega o conversor digital-analógico com o valor lido da ROM, incrementa a e volta ao estado *T* enquanto a não atinge 4095 (lembre-se de que a condição de transição de *U* para o próximo estado testa o valor de a antes desse ser incrementado e, portanto, a comparação é feita com 4095, não com 4096).

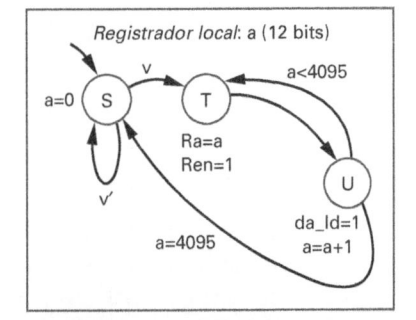

Figura 5.72 Máquina de estados para ler a ROM.

Como a mensagem dessa boneca nunca será alterada, poderemos optar por usar uma ROM programável por máscara, ou então uma OTP-ROM. Poderemos usar uma OTP-ROM durante o desenvolvimento do protótipo ou durante as vendas iniciais da boneca para então, durante a produção de grandes volumes, fabricar versões baseadas em ROM programável por máscara. ◀

▶ **EXEMPLO 5.14   Secretária eletrônica digital para telefone usando uma memória flash**

Devemos projetar a parte que reproduz a mensagem pré-gravada de uma secretária eletrônica de telefone (por exemplo, "Não estamos em casa agora, deixe uma mensagem".) Essa mensagem deve ser gravada digitalmente, deve ser gravável um número qualquer de vezes pelo proprietário da máquina, e deve permanecer gravada mesmo quando a alimentação elétrica da secretária eletrônica é desligada. A gravação começa imediatamente após o usuário pressionar um botão de gravação, que coloca um sinal `rec` (gravar) em 1. Como deve ser possível gravar mensagens, não poderemos usar uma ROM programável por máscara ou uma OTP-ROM. Como o desligamento da energia elétrica não deve causar a perda da mensagem gravada, não poderemos usar uma RAM. Assim, deveremos escolher uma EEPROM ou uma memória *flash*. Optaremos por uma memória *flash*, como mostrado na Fig. 5.73. Observe que a memória *flash* tem a mesma interface que uma RAM, exceto que a memória *flash* tem uma entrada extra de nome `erase` (apagar). Nessa memória *flash* em particular, o sinal `erase` apaga completamente os conteúdos dela. Enquanto a memória *flash* está se apagando, ela mantém a saída `busy` (ocupado) em 1. Durante esse tempo, não poderemos escrever na memória *flash*.

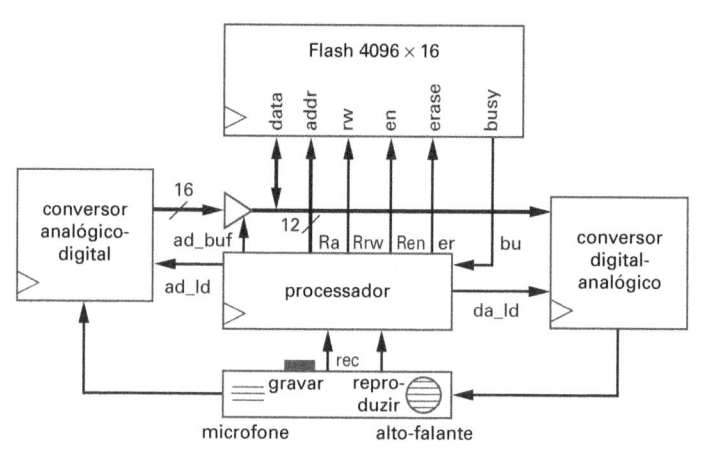

Figura 5.73   Utilização de memória *flash* em uma secretária eletrônica digital.

A Fig. 5.74 mostra o segmento de uma máquina de estados de alto nível que grava a mensagem. O segmento da máquina de estados começa quando o botão de gravar é apertado. O estado *S* ativa o apagamento da memória *flash* (`er=1`) e, em seguida, o estado *T* espera que o apagamento esteja concluído (`bu'`). Esse apagamento deve ocorrer em apenas alguns poucos milissegundos, para não perdermos nada da mensagem falada. A seguir, a máquina de estados faz uma transição para o estado *U*, o qual copia uma amostra digitalizada do conversor analógico-digital para a memória *flash*, escrevendo na palavra de endereço corrente a. O estado *U* também incrementa a. O próximo estado (*V*) verifica se a memória está completa com amostras, testando `a<4096` e retornando ao estado *U* até que a memória esteja preenchida.

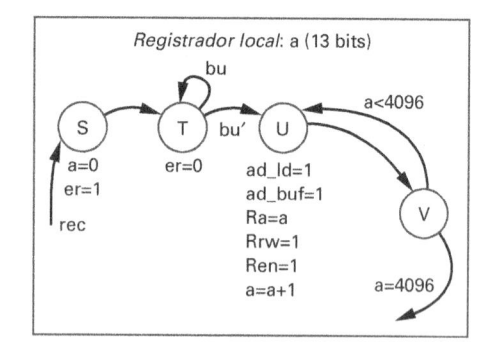

Figura 5.74   Máquina de estados para armazenar som digitalizado em uma memória *flash*.

Observe que, diferentemente dos Exemplos 5.12 e 5.13, essa máquina de estados incrementa a antes de chegar ao estado que verifica se o último endereço foi alcançado (estado *V*). Desse modo, as transições de *V* para os próximos estados usarão o valor 4096, e não 4095. Mostramos essa versão apenas por variedade. A versão do Exemplo 5.12 pode ser um pouco melhor porque requer que a e o comparador tenham apenas 12 bits de largura (representando valores de 0 a 4095), em vez de 13 bits (representando valores de 0 a 4096).

Essa máquina de estados assume que as escritas na memória *flash* requerem um ciclo de relógio. Algumas memórias *flash* requerem mais tempo para escrever, mantendo ativa a saída *busy* até que a escrita esteja terminada. Nesse caso de memória *flash*, precisaríamos acrescentar um estado entre os estados *U* e *V*, semelhante ao estado *T* entre *S* e *U*.

Para evitar a perda de amostras de som enquanto se espera, poderemos gravar primeiro todas as amostras em uma RAM 4096x16 e, em seguida, copiar todos os conteúdos da RAM para a memória *flash*. ◀

Tornando confusa a distinção entre RAM e ROM

Observe que a EEPROM e a ROM *flash* tornam confusa a distinção entre RAM e ROM. Muitos dispositivos de EEPROM modernos permitem ser escritos exatamente como uma RAM, tendo quase a mesma interface, com a única diferença de que o tempo necessário para escrever em uma EEPROM é maior do que em uma RAM. No entanto, a diferença entre esses tempos está diminuindo a cada ano.

Tornando ainda mais confusa essa distinção, há os dispositivos de memória **RAM não-volátil** (*NVRAM*, de *non-volatile RAM*), que são dispositivos de memória RAM que preservam os seus conteúdos mesmo sem alimentação elétrica. Diferentemente da ROM, o tempo de escrita em uma NVRAM é semelhante ao de uma RAM comum – tipicamente, um ciclo de relógio. Um tipo de NVRAM contém simplesmente uma SRAM e uma bateria interna. Esta é capaz de fornecer energia à SRAM por dez ou mais anos possivelmente. Um outro tipo de NVRAM contém ambas uma SRAM e uma EEPROM – o controlador da NVRAM copia automaticamente os conteúdos da SRAM para a EEPROM, normalmente no momento em que a alimentação elétrica é removida. Além disso, uma ampla pesquisa e desenvolvimento de novas tecnologias de armazenamento de bits estão levando a NVRAMs não-voláteis, ainda mais próximas da RAM, em termos de desempenho e densidade. Uma dessas tecnologias é conhecida como MAGRAM, sigla para RAM magnética, a qual usa o magnetismo para armazenar cargas, tendo tempos de acesso semelhantes aos da DRAM, sendo não-volátil e dispensando a necessidade de *refresh*.

Portanto, os projetistas digitais têm disponível uma enorme variedade de tipos de memória, os quais diferem em custo, desempenho, tamanho, não-volatilidade, facilidade de uso, tempo de escrita, duração da retenção dos dados e outros fatores.

▶ 5.7 FILAS (FIFOS)

Algumas vezes as nossas necessidades de armazenamento requerem especificamente que leiamos os itens na mesma ordem em que foram escritos, sendo que a leitura remove o item da lista. Por exemplo, um restaurante movimentado pode ter uma lista de espera de clientes – o recepcionista escreve os nomes dos clientes no *fim* da lista, mas quando uma mesa fica disponível, ele lê o nome do próximo cliente no *início* da lista, removendo esse nome da lista. Assim, o primeiro cliente escrito na lista é o primeiro cliente a ser lido dela. Uma *fila* é uma lista que é escrita no fim, mas é lida no seu início, sendo que uma leitura também remove o item lido da lista, como mostrado na Fig. 5.75. O termo comum para fila no inglês dos Estados Unidos é *"line"* (linha) – por exemplo, você fica em "linha" na mercearia, com as pessoas entrando no fim e

escreve itens no fim da fila

lê (e remove) itens do início da fila

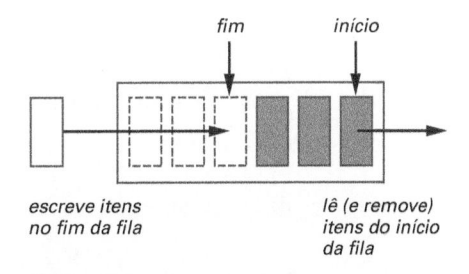

Figura 5.75 Visão conceitual de uma fila.

Faça fila a partir deste ponto

sendo atendidas no início. No inglês britânico, a palavra *queue* (fila) é usada diretamente no linguajar do dia-a-dia (confundindo algumas vezes os americanos que visitam outros países de fala inglesa). Como o primeiro item a ser escrito na lista será o primeiro item a ser lido e removido da lista, uma fila é conhecida como sendo do tipo *o primeiro que entra é o primeiro que sai* (FIFO, de *first-in first-out*). Como tal, algumas vezes as filas são chamadas de *filas FIFO*, embora esse termo seja redundante porque em uma fila, por definição, o primeiro que entra é o primeiro que sai. O termo *FIFO* em si é freqüentemente usado para se referir a uma fila. Algumas vezes, usa-se também o termo *buffer*. Uma escrita em uma fila é referida algumas vezes como *push* ou *enqueue*, e uma leitura é chamada algumas vezes de *pop* ou *dequeue*.*

Podemos implementar uma fila usando uma memória– dependendo do tamanho de fila necessário, um banco de registradores ou uma RAM. Quando se usa uma memória, o início e o fim irão se deslocar ocupando diferentes posições de memória à medida que a fila é escrita e lida, como mostrado na Fig. 5.76. A figura mostra uma fila inicialmente vazia de oito palavras, com ambos o início e o fim posicionados no endereço de memória 0. A primeira ação sobre a fila é escrever o item *A*, que será colocado no fim (endereço 0), e o endereço de fim será incrementado para 1. A próxima ação é escrever o item *B*, que será colocado no fim (endereço 1), e o fim é incrementado para 2. A próxima ação é uma leitura, que virá do início (endereço 0), fornecendo o item *A*. A seguir, o endereço de início é incrementado para 1.

As leituras e escritas subseqüentes continuarão de modo semelhante, exceto que quando o fim ou o início chegarem a 7, seu próximo valor deverá ser 0, e não 8. Em outras palavras, pode-se pensar na memória como sendo um círculo, como mostrado na Fig. 5.77.

Há duas condições em uma fila que são de interesse:

- *Vazia*: não há itens na fila. Essa condição pode ser detectada quando *início = fim*, como se pode ver na fila que está no topo da Fig. 5.76.

- *Cheia*: não há mais espaço para o acréscimo de itens à fila, significando que há *N* itens em uma fila de tamanho *N*. Isso ocorre quando o fim dá a volta no círculo e alcança o início, significando que *início = fim*.

Figura 5.76 A escrita e a leitura em uma fila, implementada em uma memória, fazem com que o início e o fim movam-se.

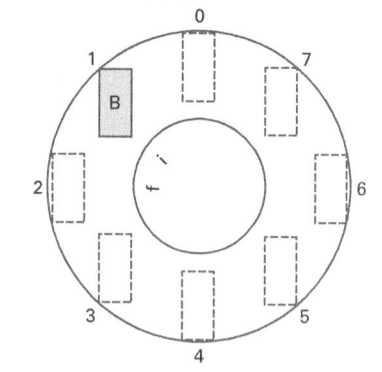

Figura 5.77 Na implementação de uma fila em uma memória, trata-se essa memória como sendo um círculo.

---

* N. de T: Também são usadas as expressões *inserir* e *remover*.

Infelizmente, note que as condições para detectar se a fila está vazia ou cheia são as mesmas – o endereço do início da fila é igual ao do fim. Uma maneira de se distinguir uma condição da outra é sabendo se, antes dos endereços de início e fim terem se tornado iguais, havia ocorrido uma leitura ou uma escrita.

Em muitos usos de uma fila, o circuito que escreve na fila opera independentemente do circuito que faz as leituras. Assim, uma fila implementada com memória pode usar uma memória de porta dupla com portas separadas de leitura e escrita.

Podemos implementar uma fila de oito palavras usando um banco de registradores, de oito palavras e porta dupla, e componentes adicionais, como na Fig. 5.78. Um contador crescente de três bits contém o endereço do início da fila, ao passo que outro contador crescente de três bits contém o endereço do fim. Quando se trata a memória como sendo um círculo, note que esses contadores voltam naturalmente de 7 para 0, ou de 0 para 7, como desejado. Um comparador de igualdade detecta se o valor do contador de início é igual ao do contador de fim. Um controlador escreve os dados de escrita no banco de registradores, incrementa o contador de fim de fila durante uma escrita, lê os dados de leitura do banco de registradores e incrementa o contador de início durante uma leitura, determinando quando a fila está cheia ou vazia com base na comparação de igualdade e se a operação anterior foi uma escrita ou uma leitura. Deixamos de descrever com mais detalhes o controlador da fila, mas ele pode ser construído a partir de uma FSM.

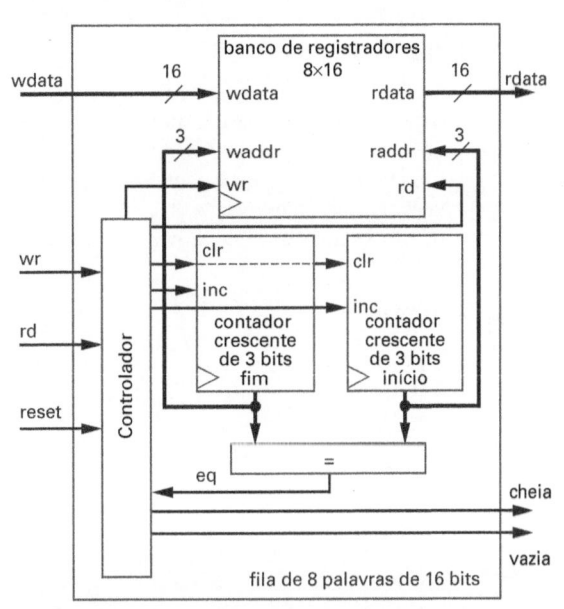

Figura 5.78 Arquitetura de uma fila de oito palavras de 16 bits.

Um usuário da fila nunca deve ler uma fila vazia nem escrever em uma fila cheia; dependendo do projeto do controlador, tal ação poderia ser simplesmente ignorada ou poderia levar a fila a um estado interno errôneo (por exemplo, os endereços de início e fim poderiam se cruzar).

A maioria das filas apresenta uma ou mais saídas adicionais de controle que indicam se a fila está meio cheia ou 80% cheia.

As filas são comuns em sistemas digitais. Alguns exemplos são:

- Um teclado de computador escreve em uma fila as teclas apertadas e solicita simultaneamente que o computador leia as teclas que foram escritas na fila. É possível que alguma vez, você tenha digitado teclas mais rapidamente do que o seu computador era capaz de ler. Nesse caso, as teclas adicionais foram ignoradas – e é possível que você tenha inclusive ouvido bipes a cada vez que você apertava as teclas adicionais, indicando que a fila estava cheia.

- Uma câmera de vídeo digital pode escrever em uma fila os quadros de vídeo capturados recentemente e, ao mesmo tempo, pode ler esses quadros da fila, comprimi-los e armazená-los em uma fita ou outra mídia.

- Uma impressora de computador pode armazenar tarefas de impressão em uma fila, enquanto essas tarefas estão esperando pela impressão.

- Um modem armazena os dados que estão chegando em uma fila e solicita que o computador leia esses dados.

- Um roteador de rede de computador recebe pacotes de dados de uma porta de entrada e escreve esses pacotes em uma fila. Enquanto isso, o roteador lê os pacotes da fila, analisa a informação de endereço do pacote e, em seguida, envia o pacote através de uma das diversas portas de saída.

▶ **EXEMPLO 5.15 Usando uma fila**

Mostre o estado interno de uma fila de oito palavras, e os valores dos dados que foram lidos, após cada uma das seguintes seqüências de escritas e leituras, assumindo-se uma fila inicialmente vazia:

1. Escreva 9, 5, 8, 5, 7, 2 e 3
2. Leia
3. Escreva 6
4. Escreva 3
5. Escreva 4
6. Leia

A Fig. 5.79 mostra os estados internos da fila. Após a primeira seqüência de sete escritas (passo 1), vemos que o endereço de fim de fila está apontando para 7. A leitura (passo 2) é feita no endereço 0 do início da fila, fornecendo um dado de valor 9. O endereço de início é incrementado para 1. Observe que, embora a fila ainda esteja com o valor 9 no endereço 0, esse 9 não é mais acessível durante o funcionamento normal da fila, estando portanto basicamente perdido. A escrita de um 6 (passo 3) incrementa o endereço de fim de fila, o qual ultrapassa 7 voltando a 0. A escrita de um 3 (passo 4) incrementa para 1 o endereço de fim, o qual agora se torna igual ao endereço de início. Isso significa que a fila está cheia. Se uma leitura ocorresse agora, o valor 5 seria lido. Entretanto, em lugar disso, ocorre a escrita de um 4 (passo 5) – essa escrita não deveria ter sido realizada, porque a fila estava cheia. Desse modo, essa escrita coloca a fila em um estado errôneo e não poderemos prever o comportamento de qualquer escrita ou leitura seguinte. ◀

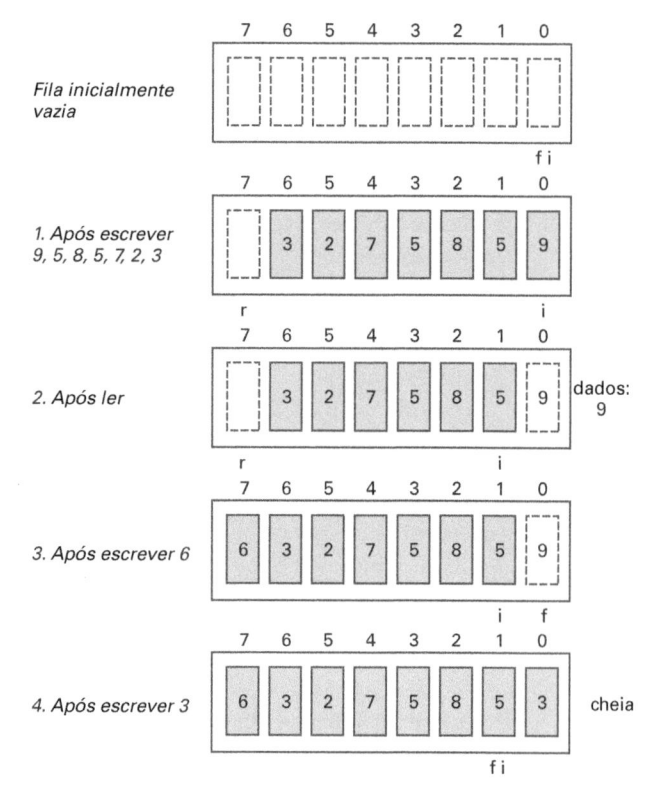

Figura 5.79 Exemplo de escritas e leituras em uma fila.

Naturalmente, uma fila poderia vir acompanhada de algum procedimento interno de tolerância a erros, como ignorar as escritas, se estivesse cheia, ou fornecer algum valor em particular (como 0), se fosse lida quando estivesse vazia.

▶ 5.8 HIERARQUIA – UM CONCEITO-CHAVE DE PROJETO

Lidando com a complexidade

Ao longo deste livro, temos utilizado um poderoso conceito de projeto conhecido como hierarquia. Define-se a *hierarquia* genericamente como sendo uma organização com umas poucas "coisas" no topo e cada uma delas consistindo possivelmente em diversas outras. Talvez o tipo mais conhecido de hierarquia seja um país. No topo está o país, que consiste em muitos estados ou províncias, cada um dos quais por sua vez consiste em muitas cidades. Uma hierarquia envolvendo um país, províncias e cidades, está mostrada na Fig. 5.80. Essa figura mostra os três níveis da hierarquia – país, províncias e cidades.

A Fig. 5.81 mostra o mesmo país, mas desta vez estão indicados apenas os dois níveis superiores da hierarquia – países e províncias. Na verdade, a maioria dos mapas de um país mostra apenas esses dois níveis superiores da hierarquia (possivelmente, indicando as principais cidades de cada província ou estado, mas certamente não todas elas) – a indicação de todas as cidades também tornaria o mapa excessivamente detalhado e confuso. Um mapa de uma província ou estado, entretanto, poderia mostrar todas as cidades desse estado. Assim, vemos que a hierarquia desempenha um papel importante na compreensão dos países (ou pelo menos dos seus mapas).

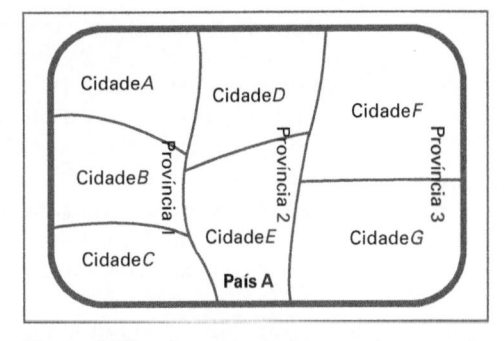

Figura 5.80 Exemplo de hierarquia com três níveis: um país constituído de províncias, cada uma das quais é constituída de cidades.

De modo semelhante, a hierarquia desempenha um papel importante no projeto digital. No Capítulo 2, introduzimos o componente mais fundamental dos sistemas digitais – o transistor. Nos Capítulos 2 e 3, introduzimos diversos componentes básicos formados a partir de transistores, como portas AND, portas OR e portas NOT, e então alguns componentes ligeiramente mais complexos formados a partir de portas: multiplexadores, decodificadores, flip-flops, etc. No Capítulo 4, combinamos esses componentes básicos para formar componentes de nível mais elevado: os componentes de bloco operacional, como registradores, somadores, ALUs, multiplicadores, etc. No Capítulo 5, introduzimos componentes que eram constituídos de componentes de bloco operacional, incluindo controladores, blocos operacionais, processadores (constituídos de bloco de controle e bloco operacional), memórias e filas.

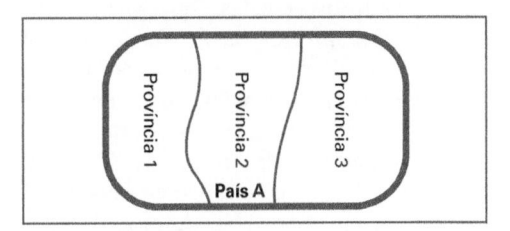

Figura 5.81 Hierarquia que mostra apenas os dois níveis superiores.

O uso de hierarquia capacita-nos a lidar com projetos complexos. Imagine tentar compreender o projeto da Fig. 5.30 em nível de portas lógicas – aquele projeto consiste provavelmente em diversos milhares de portas lógicas. As pessoas não podem compreender de vez o comportamento de diversos milhares de coisas. No entanto, podem compreender o de algumas poucas dúzias. Conseqüentemente, quando o número de coisas cresce acima de poucas dúzias, nós agrupamos essas coisas em uma nova coisa, para poder lidar com a complexidade. Entretanto, a complexidade sozinha não é suficiente – precisamos associar também um significado compreensível às coisas de nível mais elevado criadas por nós, uma tarefa conhecida como abstração.

Abstração

Uma hierarquia poderá envolver não só o agrupamento de coisas em algo maior, mas também a associação de um comportamento de nível mais elevado a essa coisa maior. Assim, quando agrupamos transistores para formar uma porta AND, não dissemos apenas que uma porta AND era um agrupamento de transistores – pelo contrário, associamos também um comportamento específico à porta AND. Esse comportamento descrevia de modo fácil de entender como funcionava o agrupamento de transistores. De modo semelhante, quando agrupamos as portas lógicas em um somador de 32 bits, não dissemos simplesmente que um somador era um agrupamento de portas lógicas – pelo contrário, associamos também um comportamento específico fácil de entender ao somador. Um somador de 32 bits faz a soma de dois números de 32 bits.

A associação de um comportamento de nível mais elevado a um componente para encobrir os detalhes complexos internos desse componente é um processo conhecido como *abstração*.

A abstração libera o projetista de precisar lembrar, ou mesmo compreender, os detalhes de baixo nível de um componente. Sabendo que um somador realiza a soma de dois números, um projetista poderá usá-lo em um projeto. Ele não precisa se preocupar se a implementação interna do somador usa propagação de "vai um" ou se usa algum circuito, talvez mais rápido, mas que é maior. Em lugar disso, o projetista precisa conhecer apenas o atraso e o tamanho do somador, os quais são novas abstrações.

Construindo um componente maior a partir de versões menores do mesmo componente

Uma tarefa comum de projeto é criar uma versão maior de um componente a partir de versões menores do mesmo componente. Por exemplo, suponha que você tenha portas AND de três entradas à disposição, mas precisa de uma porta AND de nove entradas. Você poderá combinar diversas portas AND de três entradas para formar uma porta AND de nove entradas, como mostrado na Fig. 5.82. De modo semelhante, você poderá agrupar portas OR em uma porta OR maior e portas XOR em portas XOR maiores. Algumas combinações poderão requerer mais de dois níveis – a construção de uma porta AND de oito entradas, a partir de portas AND de duas entradas, requer quatro ANDs de duas entradas no primeiro nível, duas ANDs de duas entradas no segundo nível e uma AND de duas entradas no terceiro nível. Algumas combinações podem terminar tendo entradas extras, as quais deverão ser conectadas a 0 ou 1 – uma porta AND de oito entradas construída com ANDs de três entradas seria semelhante à Fig. 5.82, porém com a entrada inferior da porta AND de baixo conectada a um 1. Depois de tentar alguns exemplos de combinação de portas AND para formar portas maiores, você poderia obter uma regra geral para combinar portas AND de qualquer tamanho para formar uma porta maior: preencha o primeiro nível com portas AND (as maiores disponíveis) até que a soma de suas entradas seja igual ao número desejado de entradas. A seguir, preencha o segundo nível de modo similar (conectando as saídas do primeiro nível às portas do segundo nível) e assim por diante até chegar a um nível que tenha apenas uma porta (esse será o último nível). Conecte as portas não usadas a 1. Para manter o mesmo padrão de construção, o agrupamento de portas NAND, NOR ou XNOR em portas maiores do mesmo tipo, exigirá mais algumas portas.

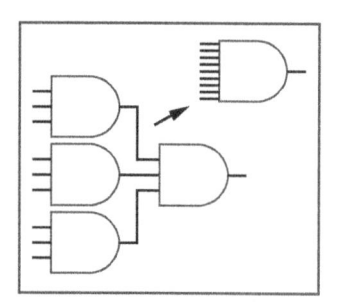

Figura 5.82 Compondo uma porta AND de nove entradas a partir de portas AND de três entradas.

Os multiplexadores também podem ser combinados para formar um multiplexador maior. Por exemplo, suponha que você tenha multiplexadores 4x1 e 2x1 à disposição, mas precisa de um multiplexador 8x1. Você poderá combinar os multiplexadores menores em um multiplexador

8x1, como mostrado na Fig. 5.83. Observe que s2 seleciona entre o grupo i0-i3 e o i4-i7, ao passo que s1 e s0 selecionam uma das entradas do grupo. Você poderá conferir que os valores das linhas de seleção permitem que a entrada apropriada passe através do multiplexador. Por exemplo, s2s1s0=000 permite a passagem da entrada i0, s2s1s0=100 permite a passagem da i4, e s2s1s0=111, a da i7.

Um problema particularmente interessante de composição que ocorre freqüentemente é o de criar uma memória maior a partir de memórias menores. A memória maior pode ter palavras mais largas, ter mais palavras, ou ambos.

Por exemplo, suponha que você tenha à disposição um grande número de ROMS 1024x8, mas você quer uma ROM 1024x32. Agrupar as ROMs menores em uma maior é imediato, como mostrado na Fig. 5.84. Precisaremos de quatro ROMs 1024x8 para obter 32 bits em cada palavra de dados. Conectamos as dez entradas de endereço às quatro ROMs. Do mesmo modo, conectamos a entrada de habilitação às quatro ROMs. Agrupamos as quatro saídas de oito bits para formar a saída desejada de 32 bits. Assim, cada ROM armazena um dos bytes da palavra de 32 bits. A leitura de uma posição, digamos a posição 99, resulta em quatro leituras simultâneas dos bytes da posição 99, uma em cada ROM.

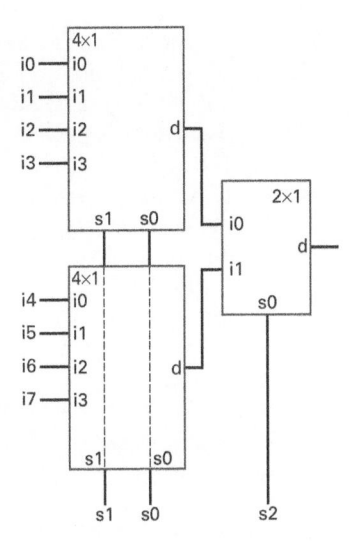

Figura 5.83 Um multiplexador 8x1 composto por multiplexadores 4x1 e 2x1.

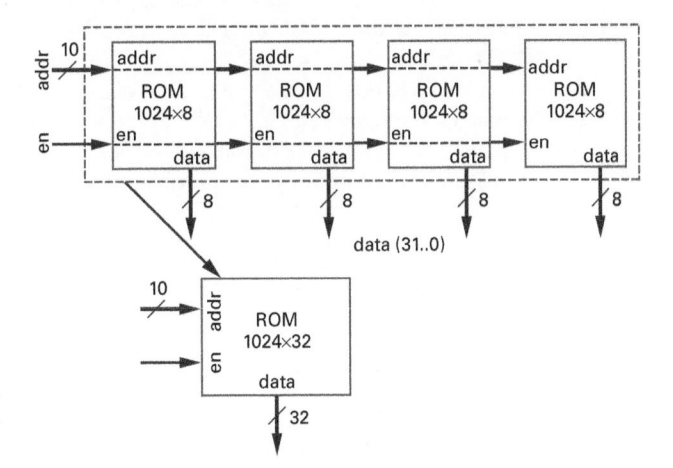

Figura 5.84 Compondo uma ROM 1024x32 a partir de ROMs 1024x8.

Como outro exemplo de uso de ROM, suponha novamente que você tenha à disposição ROMs 1024x8, mas desta vez você precisa de uma ROM 2048x8. Assim, você tem uma linha extra de endereço porque tem o dobro de palavras para endereçar. A Fig. 5.85 mostra como usar duas ROMs 1024x8 para criar uma ROM 2048x8. A ROM de cima representa a metade superior da memória (1024 palavras) e a ROM de baixo, a metade inferior (1024 palavras). Usamos a linha 11 de endereço (a10) para habilitar a ROM de cima ou a ROM de baixo – os outros dez bits representam a posição dentro de cada ROM. O bit 11 alimenta um decodificador 1x2, cujas saídas alimentam as habilitações das ROMs. A Fig. 5.86 usa uma tabela de endereços para mostrar como o bit 11 seleciona uma das duas ROMs menores.

Na verdade, poderíamos usar qualquer bit para selecionar entre a ROM superior e a ROM inferior. Geralmente, os projetistas usam o bit menos significativo (a0) para fazer a seleção. Assim, a ROM superior representaria todas as palavras de endereço par e a ROM inferior, todas as palavras de endereço ímpar.

Finalmente, em um momento qualquer, como estará ativa apenas uma das ROMs, poderemos juntar as linhas de dados de saída e conectá-las para formar a nossa saída de oito bits, como mostrado na Fig. 5.85.

Como exemplo final, suponha que você precise de uma ROM 4096x32, mas só tem ROMs 1024x8 à disposição. Nesse caso, precisamos ter mais palavras e também palavras de largura maior. A abordagem é imediata: primeiro, crie uma ROM 4096x8 usando quatro ROMs, uma em cima da outra, e conectando os dois bits mais significativos de endereço a um decodificador 2x4 para selecionar a ROM apropriada e, segundo, torne a ROM mais larga, acrescentando mais três ROMs ao lado de cada uma das quatro ROMs iniciais.

A maioria dos componentes de bloco operacional que introduzimos no Capítulo 4 pode ser combinada para formar versões de largura maior do mesmo tipo de componente.

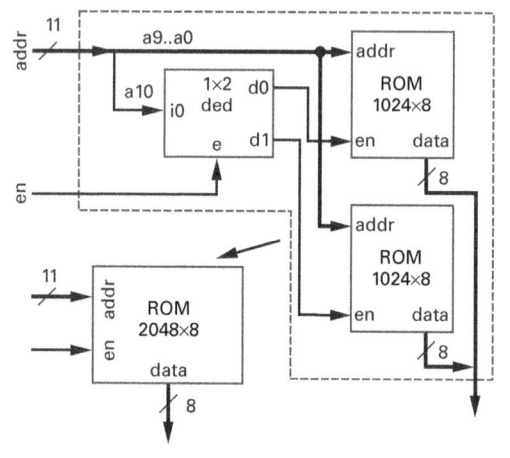

Figura 5.85 Compondo uma ROM 2048x8 a partir de ROMs 1024x8.

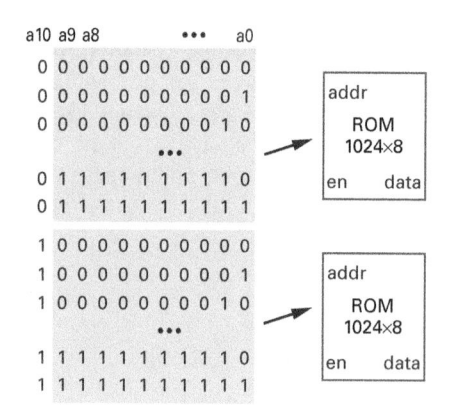

Figura 5.86 Quando se compõe uma ROM 2048x8 a partir de duas ROMs 1024x8, pode-se usar o bit mais significativo de endereço para fazer a seleção entre as duas ROMs. Os demais bits de endereço definem a posição dentro da ROM escolhida.

▶ 5.9 OTIMIZAÇÕES E TRADEOFFS EM PROJETO RTL (VEJA A SEÇÃO 6.5)

As seções anteriores deste capítulo descreveram como realizar o projeto em nível de transferência entre registradores para criar processadores, constituídos de um bloco de controle e um operacional. Esta seção, que na realidade está na Seção 6.5, descreve como criar processadores que são mais otimizados, ou que realizam o *tradeoff* de uma característica por outra (por exemplo, tamanho por desempenho). Uma forma de usar esse livro consiste em analisar essas otimizações e *tradeoffs*, logo após a introdução do projeto em nível RTL, ou seja, agora. Uma outra forma deixa essa análise para mais adiante.

5.10 DESCRIÇÃO DE PROJETO RTL USANDO LINGUAGENS DE DESCRIÇÃO DE HARDWARE (VEJA A SEÇÃO 9.5)

Essa seção, que na realidade está na Seção 9.5, descreve o uso de HDLs durante o projeto RTL. Em uma forma de usar esse livro, essa descrição de HDL é feita logo após a introdução do projeto em nível RTL, ou seja, agora. Em uma outra forma, a descrição do uso das HDLs é vista mais adiante.

5.11 PERFIL DE PRODUTO – TELEFONE CELULAR

Um celular, forma reduzida de telefone celular, também conhecido como telefone móvel, é um telefone portátil sem fio que pode ser usado para realizar chamadas telefônicas, enquanto se anda por uma cidade. Os celulares tornaram possível a comunicação entre pessoas distantes, quase em qualquer momento e em qualquer lugar. Antes dos celulares, a maioria dos telefones estava vinculada a lugares fixos como uma casa ou um escritório. Algumas cidades mantinham um sistema de telefones móveis baseado em rádio, o qual usava uma potente antena central localizada em algum lugar da cidade, possivelmente no topo de um edifício elevado. Como as freqüências de rádio são escassas e, portanto, distribuídas cuidadosamente pelos governos, esse sistema de radiotelefonia podia usar apenas algumas dezenas ou centenas de freqüências diferentes de rádio e, portanto, não podia suportar um grande número de usuários. Como conseqüência, esses poucos usuários pagavam taxas muito elevadas pelo serviço, limitando o uso desses telefones móveis a poucos indivíduos abastados e a funcionários públicos importantes. Para poder dispor do serviço, o qual geralmente não funcionava em outras cidades, esses usuários deveriam estar dentro de um certo raio, medido em dezenas de quilômetros, desde a antena central.

Células e estações base

Na década de 1990, a popularidade dos telefones celulares explodiu crescendo de poucos milhões de usuários até centenas de milhões durante aquela década (embora a primeira chamada com telefone celular tenha sido feita por Martin Cooper da Motorola, o inventor do celular, lá por 1973) e hoje é difícil para muitas pessoas se lembrar como era a vida antes dos telefones celulares. A idéia técnica, que fundamenta os telefones celulares, consiste em dividir uma cidade em numerosas regiões pequenas, conhecidas como **células** (daí o termo "telefone celular"). A Fig. 5.87 mostra uma cidade dividida em três células. Na realidade, uma cidade típica pode ser dividida em dúzias, centenas ou mesmo milhares de células. Cada célula tem a sua antena de rádio e equipamento próprios no seu centro, conhecido como **estação base**. Cada estação base pode usar dúzias ou centenas de freqüências diferentes de rádio. A antena de cada estação base precisa apenas transmitir um sinal de rádio

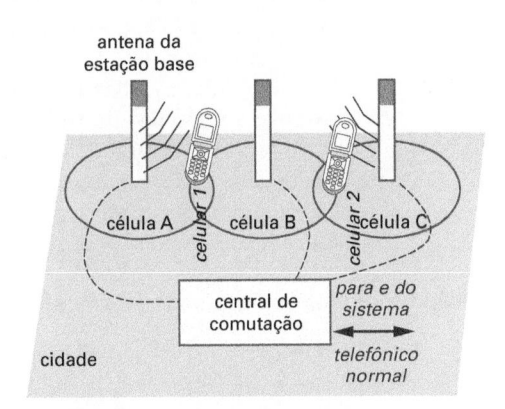

Figura 5.87 O telefone 1 na célula A pode usar a mesma freqüência de rádio que o telefone 2 na célula C. Assim, aumenta-se o número de possíveis usuários de telefones celulares em uma cidade.

suficientemente potente para cobrir a área da célula correspondente à estação base. Assim, na realidade, as células não adjacentes podem *reutilizar* as mesmas freqüências, de modo que as radiofreqüências, em número limitado, permitidas para os telefones móveis, podem ser compartilhadas por mais de um telefone em um dado momento. Conseqüentemente, muito mais usuários podem ser atendidos, o que leva a uma redução de custos por usuário. A Fig. 5.87 ilustra que o *celular 1* na célula *A* pode usar a mesma freqüência que o *celular 2* na célula *C*, porque os sinais de rádio da célula *A* não alcançam a célula *C*. Suportar mais usuários significa reduzir grandemente o custo por usuário e ter mais estações base significa disponibilizar o serviço em mais áreas do que simplesmente as grandes cidades.

A Fig. 5.88(a) mostra uma antena típica de estação base. O equipamento da estação pode estar em uma pequena construção ou comumente em uma pequena caixa, próximo da base da antena. Na realidade, a antena mostrada suporta as antenas de dois provedores diferentes de serviço de telefonia celular – uma no topo e outra um pouco abaixo no mesmo poste. O terreno para os postes custa caro. Por essa razão, os provedores o compartilham, ou algumas vezes procuram estruturas altas para montar as antenas, como edifícios, postes de iluminação em estacionamentos, e outros lugares de interesse (por exemplo, a Fig. 5.88(b)). Alguns provedores tentam encobrir as suas antenas para torná-las mais agradáveis ao olhar, como na Fig. 5.88(c) – a árvore inteira da figura é artificial.

Em uma cidade, todas as estações base de um fornecedor de serviço são conectadas a uma central de comutação. Essa central não apenas conecta o sistema de telefonia celular ao sistema regular de telefonia com "linhas terrestres", mas também atribui freqüências de rádio específicas às chamadas telefônicas e faz a comutação entre as células quando um telefone está se deslocando entre elas.

Figura 5.88 Estações base encontradas em diversos locais.

Como funcionam as chamadas de telefones celulares

Suponha que você esteja segurando o *celular 1* na *célula A* da Fig. 5.87. Quando você liga o celular, ele fica esperando por um sinal vindo de alguma estação base em uma freqüência de controle. Essa freqüência especial de rádio é usada na comunicação dos comandos (em vez dos dados de som) entre a estação base e o celular. Se o telefone não receber nenhum sinal desse tipo, ele indicará um erro de "Sem serviço". Se o telefone receber o sinal da estação base *A*, então ele transmitirá o seu próprio número de identificação (ID) para a estação *A*. Cada telefone celular tem o seu número de identificação ID exclusivo. (Na realidade, dentro de cada celular, há um cartão de memória não-volátil que contém esse número de identificação – potencialmente, um usuário pode trocar cartões entre celulares, ou ter múltiplos cartões para o mesmo aparelho, mudando de número quando troca de cartão.) Esse número ID é comunicado ao computador da central de comutação pela estação base *A* e, como conseqüência, o banco de dados no computador do provedor de serviço registra agora que o seu celular está na *célula A*. Para lembrar a central de comutação de sua presença, o celular envia periodicamente um sinal de controle.

Quando então alguém chama o número do seu celular, essa ligação pode estar vindo pelo sistema telefônico comum e indo para a central de comutação. O banco de dados no computador da central indica que seu celular está na *célula A*. Em um dos tipos de tecnologia de telefonia celular, o computador da central de comutação atribui à chamada uma freqüência específica de rádio, suportada pela estação base A. Na verdade, o computador atribui duas freqüências, uma para falar e outra para escutar, de modo que a escuta e a fala podem ocorrer simultaneamente no celular – vamos chamar esse par de freqüências de canal. A seguir, o computador diz ao seu telefone para completar a chamada, usando o canal atribuído, e o telefone toca. Naturalmente, pode acontecer que haja tantos telefones envolvidos com chamadas na *célula A* que a estação base A não tenha freqüências disponíveis – nesse caso, a pessoa que chamou poderá ouvir uma mensagem avisando que o usuário não está disponível.

Fazer uma chamada ocorre de modo semelhante, mas quem inicia a chamada é o seu celular. Como resultado, freqüências de rádio são novamente atribuídas (ou aparece uma mensagem de "Telefone ocupado", se não houver freqüências disponíveis no momento).

Suponha que neste momento o seu telefone esteja executando uma chamada com a estação base *A* e que você esteja se deslocando da *célula A* para a *célula B*, como na Fig. 5.87. A estação base *A* verá o sinal se enfraquecendo, ao passo que a estação base *B* o verá se intensificando, e as duas estações base transmitirão essa informação à central de comutação. Em algum ponto, o computador da central decidirá mudar a sua ligação da estação base *A* para a estação base *B*. O computador atribui um novo canal para a ligação na *célula B* (lembre-se, células adjacentes usam conjuntos diferentes de freqüências para evitar interferências) e envia um comando para o seu telefone (através da estação base *A*, naturalmente) para mudar de canal. O seu celular faz essa mudança e começa a se comunicar com a estação base *B*. Durante uma ligação telefônica, essa mudança pode ocorrer dúzias de vezes enquanto um carro desloca-se através de uma cidade, e é imperceptível para o usuário do telefone. Algumas vezes essa mudança falha, como quando a nova célula não tem freqüências disponíveis, e a ligação "cai".

Interior de um telefone celular

Componentes básicos

Um telefone celular necessita de circuitos digitais sofisticados para executar as ligações. A Fig. 5.59 mostra o interior de um telefone celular básico. As placas de circuito impresso contêm diversos *chips* para implementar os circuitos digitais. Um desses circuitos realiza a conversão analógico-digital da voz (ou outro som) em uma seqüência de 0s e 1s e um outro executa a conversão analógico-digital de uma seqüência digitalizada recebida, passando-a de volta para a forma de sinal analógico. Alguns dos circuitos, tipicamente software de micro-

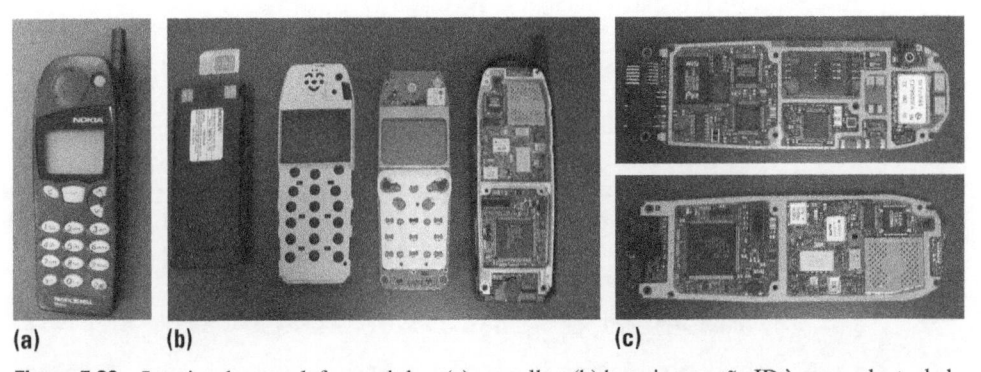

Figura 5.89 Interior de um telefone celular: (a) aparelho, (b) bateria e cartão ID à esquerda, teclado e *display* no centro, circuitos digitais sobre placa de circuito impresso à direita, (c) as duas faces da placa de circuito impresso, mostrando diversos encapsulamentos de *chips* digitais sobre a placa.

processador, executam tarefas que manipulam os vários recursos do celular, como o sistema de menu, a agenda de endereços, os jogos, etc. Observe que todos os dados que você guarda em seu celular (por exemplo, agenda de endereços, toques musicais customizados, informações sobre a pontuação máxima obtida nos jogos, etc.) serão gravados provavelmente em uma memória *flash*, cuja não-volatilidade assegura que os dados permanecerão guardados na memória, mesmo que a bateria descarregue ou seja removida. Outras tarefas importantes são as respostas dadas aos comandos da central de comutação e a filtragem realizada pelos circuitos digitais. Em um tipo de filtragem, o sinal de rádio da portadora é retirado da radiofreqüência de recepção. Em um outro tipo, o ruído presente na seqüência digitalizada de áudio que vem do microfone é removido, antes dessa seqüência ser enviada através da radiofreqüência de transmissão. Vamos examinar a filtragem com mais detalhes.

Filtragem e filtros FIR

A filtragem é possivelmente a tarefa mais comum realizada em processamento digital de sinais. Esse processamento atua sobre uma seqüência de dados digitais que vem da digitalização de um sinal de entrada como áudio, vídeo ou rádio. Tais seqüências de dados são encontradas em inúmeros dispositivos eletrônicos, como tocadores de CD, telefones celulares, monitores cardíacos, máquinas de ultra-som, rádios, controladores de motores, etc. A ***filtragem*** de uma seqüência de dados é a atividade que remove características particulares do sinal de entrada e produz um novo sinal de saída sem essas características.

Um objetivo comum de filtragem é a remoção de ruído de um sinal. Você certamente já ouviu ruído em sinais de áudio (aquele som sibilante desagradável no seu aparelho de som, celular ou telefone sem fio). Provavelmente, você também ajustou um filtro para reduzir esse ruído, quando você ajustou o controle de "Agudos" do seu aparelho de som (embora esse filtro possa ter sido implementado usando métodos analógicos ao invés de digitais). O ruído pode surgir em qualquer tipo de sinal, não apenas em áudio. O ruído pode vir de um dispositivo de transmissão imperfeito, um dispositivo imperfeito de audição (por exemplo, um microfone barato), ruído de fundo (por exemplo, ruídos de trânsito que chegam ao seu celular), interferência elétrica produzida por outros aparelhos elétricos, etc. Em um sinal, o ruído aparece tipicamente como saltos bruscos em relação a um sinal suave.

Um outro objetivo comum de filtragem é a remoção da freqüência portadora de um sinal. Uma freqüência portadora é um sinal que foi acrescentado a um sinal principal com o propósito de transmitir esse sinal principal. Por exemplo, uma estação de rádio poderia transmitir um sinal de rádio de 102,7 MHz. Essa freqüência de 102,7 MHz é a freqüência portadora. O sinal da portadora pode ser uma onda senoidal de dada freqüência em particular (por exemplo, 102,7 MHz) que é adicionada ao sinal principal, que é o sinal de música em si. Um aparelho receptor sintoniza a freqüência portadora e, em seguida, remove o sinal da portadora, restando apenas o sinal principal.

Um filtro FIR (usualmente lido pronunciando as letras "F" "I" "R"), sigla para "Finite Impulse Response", ou seja, resposta finita ao impulso, é um filtro muito genérico, que pode ser usado em uma grande variedade de objetivos de filtragem. A idéia básica de um filtro FIR é muito simples: multiplique o valor de entrada atual por uma constante e acrescente esse resultado ao valor anterior de entrada que, por sua vez, foi multiplicado por uma constante. Em seguida, acrescente esse resultado ao próximo valor anterior, vezes uma constante, e assim por diante. Um projetista que usa um filtro FIR consegue atingir um objetivo em particular de filtragem *simplesmente escolhendo as constantes do filtro FIR*.

Matematicamente, um filtro FIR pode ser descrito como:

$$y(t) = c0 \times x(t) + c1 \times -x(t-1) + c2 \times x(t-2) + c3 \times -x(t-3) + c4 \times -x(t-4) + ...$$

A variável t representa o passo atual de tempo, x é o sinal de entrada e y é o sinal de saída. Cada termo (por exemplo, $c0*x(t)$) é chamado de **tap**. Assim, a equação anterior representa um filtro de 5 *taps*.

Vamos ver alguns exemplos da versatilidade do filtro FIR. Assuma que temos um filtro FIR de 5 *taps*. Em primeiro lugar, para simplesmente passar um sinal inalterado através do filtro, fazemos $c0$ ser 1 e $c1=c2=c3=c4=0$. Para amplificar um sinal de entrada, fazemos $c0$ ser um número maior que 1, como $c0$ igual a 2. Para criar um filtro suavizador, que produz na saída a média do valor atual e os quatro valores anteriores de entrada, podemos simplesmente atribuir valores equivalentes às constantes tais que somados sejam iguais a 1, como $c0=c1=c2=c3=c4=0,2$. Os resultados desse filtro aplicado a um sinal de entrada ruidoso estão mostrados na Fig. 5.90. Para suavizar e amplificar, podemos escolher valores equivalentes para as constantes tais que somados resultem em algo maior que 1, por exemplo, $c0=c1=c2=c3=c4=1$, produzindo uma amplificação de cinco vezes. Para criar um filtro que inclui apenas os dois valores anteriores ao invés dos quatro anteriores, simplesmente fazemos $c3$ e $c4$ ser 0. Vemos que todos esses diversos filtros foram construídos, mudando-se simplesmente os valores das constantes de um filtro FIR. O filtro FIR é realmente muito versátil.

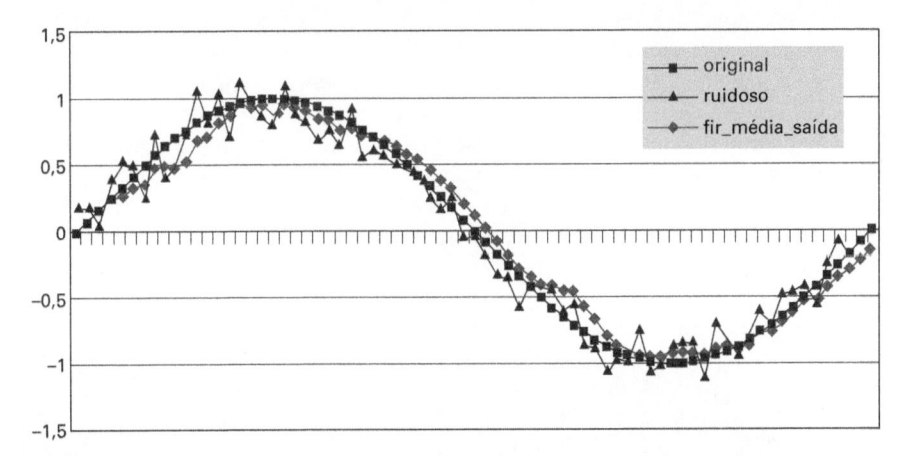

Figura 5.90 Resultados de um filtro FIR de 5 *taps* com $c0=c1=c2=c3=c4=0,2$ aplicado a um sinal ruidoso. O sinal original é uma onda senoidal. O sinal ruidoso tem saltos aleatórios. A saída FIR (fir_média_saída) é muito mais suave do que o sinal ruidoso, aproximando-se do sinal original. Observe que a saída FIR está ligeiramente deslocada para a direita, significando que a saída está ligeiramente atrasada no tempo (provavelmente uma pequena fração de um segundo de atraso). Usualmente, esse ligeiro atraso não é importante em uma aplicação em particular.

Essa versatilidade se estende ainda mais. Na realidade, podemos filtrar uma freqüência portadora usando um filtro FIR e ajustando os coeficientes com diferentes valores, cuidadosamente escolhidos para remover uma freqüência particular. A Fig. 5.91 mostra um sinal principal, *entrada1*, que queremos transmitir. Adicionamos esse sinal a um sinal de portadora, *entrada2*, para obter o sinal composto, *entrada_total*. Por exemplo, o sinal *entrada_total* é aquele que seria transmitido por uma estação de rádio, com *entrada1* sendo o sinal de áudio da música e *entrada2*, a freqüência portadora.

Agora digamos que o receptor de um aparelho de som receba esse sinal composto e precise remover o sinal de portadora, de modo que o sinal de música possa ser enviado às caixas de som. Para determinar como filtrar o sinal de portadora, examine cuidadosamente as amostras (os quadradinhos da Fig. 5.91) do sinal de portadora. Observe que a taxa de amostragem é tal que se tomarmos qualquer amostra e a somarmos à amostra de três passos antes, obteremos 0. Isso acontece porque, no caso de um ponto de valor positivo, o ponto de três amostras anteriores será negativo e de mesma magnitude. No caso de um ponto negativo, o ponto de três amostras antes será positivo e de mesma magnitude e, no caso de um ponto de valor zero, o ponto de três amostras antes também terá valor zero. De modo semelhante, a adição de uma amostra de sinal de portadora a uma amostra de três passos adiante também

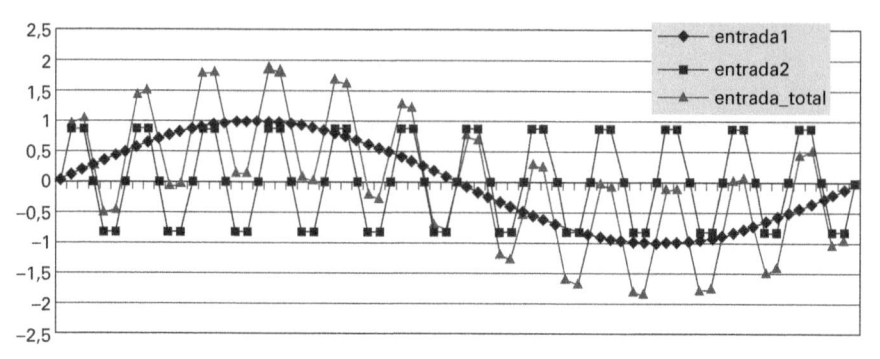

Figura 5.91 A adição de um sinal principal, *entrada1*, a um sinal de portadora, *entrada2*, resulta no sinal composto *entrada_total*.

resulta em zero. Desse modo, para filtrar o sinal de portadora, simplesmente adicionamos cada amostra à amostra de três passos antes. Podemos também somar cada amostra à metade da amostra de três passos antes com mais metade da amostra de três passos adiante. Podemos conseguir isso, usando um filtro FIR de 7 *taps* com os seguintes sete coeficientes: 0,5, 0, 0, 1, 0, 0 e 0,5. Como a soma deles é igual a 2, podemos dividi-los por dois para resultar uma soma de 1, como segue: 0,25, 0, 0, 0,5, 0, 0 e 0,25. A aplicação desse filtro FIR de 7 *taps* ao sinal composto resulta na saída FIR mostrada na Fig. 5.92. O sinal principal é recuperado. Devemos salientar que escolhemos o sinal de portadora de modo que este exemplo viesse a dar bons resultados – outros sinais poderiam não ser recuperados tão perfeitamente. No entanto, o exemplo demonstra a idéia básica.

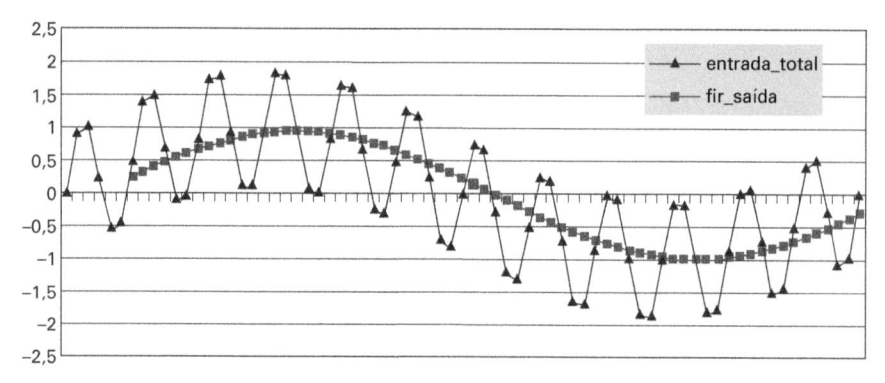

Figura 5.92 Filtragem do sinal de portadora usando um filtro FIR de 7 *taps* com as constantes 0,25, 0, 0, 0,5, 0, 0 e 0,25. O ligeiro atraso no sinal de saída normalmente não gera problemas.

Filtros FIR de cinco e sete *taps* podem ser encontrados na prática; muitos filtros FIR podem conter dezenas ou centenas de *taps*. Certamente, os filtros FIR podem ser implementados usando software (e freqüentemente o são), mas muitas aplicações requerem que as centenas de multiplicações e adições, para cada amostra, sejam executadas mais rapidamente do que é possível em software, levando a implementações customizadas de circuitos digitais. O Exemplo 5.8 ilustrou o projeto de um circuito para filtro FIR.

Há muitos tipos de filtros além dos filtros FIR. A filtragem digital de sinais faz parte de um campo mais amplo, conhecido como processamento digital de sinais, ou DSP. A área de DSP tem uma rica fundamentação matemática e é um campo de estudo em si. São os métodos avançados de filtragem que tornam as conversações telefônicas tão claras, como ocorre atualmente.

5.12 RESUMO DO CAPÍTULO

Neste capítulo, descrevemos (Seção 5.1) que muito do projeto digital atual envolve o projeto de componentes em nível de processador e que esse projeto é feito no assim chamado nível de transferência entre registradores (RTL). Introduzimos (Seção 5.2) um método de projeto RTL de quatro passos para converter o comportamento RTL em uma implementação com processador, sendo esse constituído de um bloco operacional controlado por um bloco de controle. O método de projeto RTL fez uso dos componentes de bloco operacional, definidos no Capítulo 4, e do processo de projeto de um bloco de controle, definido no Capítulo 3, o qual se baseou no processo de projeto combinacional do Capítulo 2. Demos diversos exemplos de projeto RTL (Seção 5.3), apontando ao mesmo tempo diversas falhas e as boas práticas de projeto, e discutimos também as características de projetos com predomínio de controle ou dados. Discutimos (Seção 5.4) como definir a freqüência de relógio de um circuito com base no seu caminho crítico. Demonstramos (Seção 5.5) como um programa seqüencial, como um programa em C, pode conceitualmente ser convertido em portas, usando algumas transformações diretas que convertem o C em comportamento RTL, como sabemos, pode então ser convertido em portas, usando o método de projeto RTL de quatro passos. Essa demonstração deve deixar claro que a funcionalidade de um sistema digital pode ser implementada como software em microprocessador, ou como circuito digital customizado (ou mesmo como ambos). As diferenças entre as implementações em software e em circuitos customizados não estão relacionadas com o que cada uma pode implementar – ambas podem implementar qualquer funcionalidade. As diferenças estão relacionadas com características métricas de projeto como desempenho do sistema, consumo de energia, tamanho, custo, tempo de projeto e assim por diante. Portanto, para que seja obtida a melhor implementação total em relação às restrições das características métricas de projeto, os projetistas digitais modernos devem estar à vontade para fazer a migração da funcionalidade de um software em microprocessador para circuitos digitais customizados e vice-versa. Introduzimos (Seção 5.6) diversos componentes de memória comumente usados em projeto RTL, incluindo componentes RAM e ROM. Introduzimos também (Seção 5.7) um componente de fila que pode ser útil durante o projeto RTL. Tomamos um momento para discutir (Seção 5.8) uma técnica genérica que estamos usando ao longo deste livro, a hierarquia, a qual auxilia um projetista a lidar com a complexidade.

Nos Capítulos 1 a 5, enfatizamos os métodos diretos de projeto para sistemas gradativamente mais complexos, mas não enfatizamos como projetar *bem* esses sistemas. A melhoria de nossos projetos será o foco do próximo capítulo.

5.13 EXERCÍCIOS

Os exercícios indicados com um asterisco (*) são mais desafiadores.

SEÇÃO 5.2: O MÉTODO DE PROJETO RTL

5.1 (a) Crie uma máquina de estados de alto nível que descreve o seguinte comportamento de sistema. O sistema tem uma entrada A de oito bits, uma entrada d de um bit e uma saída S de 32 bits. A cada ciclo de relógio, se d=1, o sistema deverá somar o valor de A à soma acumulada até o momento e colocar esse valor na saída S. Ao contrário, se d=0, o sistema deverá subtrair. Ignore as questões de estouros crescente e decrescente. Não esqueça de incluir um estado de inicialização. *Sugestão*: Declare e use um registrador interno para guardar a soma.

(b) Acrescente uma entrada *reset* de um bit ao sistema. Quando rst=1, o sistema deve fazer *reset* tornando a soma igual a 0.

5.2 Crie uma máquina de estados de alto nível para um dispositivo simples de encriptar e decriptar dados. Se uma entrada b de um bit for 1, o dispositivo armazenará os dados de uma entrada I de 32 bits como sendo o assim chamado valor de *offset*. Se b for 0 e uma outra entrada e de um bit for 1, então o dispositivo "encriptará" sua entrada I, somando o valor armazenado de *offset* à essa entrada I, e colocará esse valor encriptado em uma saída J de 32 bits. Se, ao contrário, uma outra entrada d de um bit for 1, o dispositivo deverá "decriptar" os dados em I, subtraindo o valor de *offset*, antes de colocar o valor decriptado em J. Assegure-se de explicitamente levar em consideração todas as combinações possíveis dos três bits de entrada.

5.3 Crie uma máquina de estados de alto nível para um controlador de mistura de água fria e quente de banheira. O sistema tem uma entrada razão de três bits que indica a razão desejada entre água fria e quente, e uma entrada abrir de um bit indicando que a água deve fluir. O sistema tem duas saídas águaquente e águafria de quatro bits cada, que controlam as taxas ou velocidades de fluxo de água quente e fria. A soma dessas duas taxas deve ser sempre igual a 16. A sua máquina de estados de alto nível deve determinar os valores de saída de águaquente e águafria, de modo que a razão entre os fluxos de água fria e quente seja o mais próximo possível da razão desejada, ao passo que o fluxo total deve ser sempre 16. *Sugestão:* Como só há 8 razões possíveis, uma solução aceitável pode usar um estado para cada razão.

5.4 Crie uma máquina de estados de alto nível que inicializa completamente com 0s os conteúdos de um banco de registradores 16x32. A inicialização começa quando uma entrada rst é 1.

5.5 (a) Crie uma máquina de estados de alto nível que soma cada registrador de um banco de registradores 128x8 ao registrador correspondente em outro banco de registradores 128x8, armazenando o resultado em um terceiro banco de registradores 128x8. O sistema deve começar a fazer a soma apenas quando uma entrada somar de um bit for 1 e não deve executar novamente a soma (de registradores) até que tenha terminado a soma corrente (somente somando novamente se a entrada somar for 1).

(b) Estenda esse sistema para realizar somas e subtrações, usando uma entrada op adicional de um bit, tal que op=1 significa somar e op=0 significa subtrair.

5.6 Projete uma máquina de estados de alto nível para um contador crescente de quatro bits, com uma entrada cnt de controle de contagem, uma entrada clr para *clear* e uma saída tc de término de contagem. Use o método de projeto RTL da Tabela 5.1 para converter a máquina de estados de alto nível em um bloco de controle e um bloco operacional. Use um registrador e um incrementador combinacional no bloco operacional, não simplesmente um registrador contador. Projete o bloco de controle até o nível de registrador de estado e portas lógicas.

5.7 Compare o contador crescente projetado no Exercício 5.6 com projetado na Fig. 4.48.

5.8 Crie um bloco operacional para a máquina de estados de alto nível da Fig. 5.93.

5.9 *Começando com o projeto da máquina de fornecer refrigerante do Exemplo 5.1, crie um diagrama de blocos e uma máquina de estados de alto nível para uma máquina de fornecer refrigerante. Essa permite escolher entre dois tipos de refrigerante e também fornece troco ao consumidor. Um detector de moedas fornece ao circuito um sinal m de um bit que torna-se 1 durante um ciclo de relógio, quando uma moeda é detectada, e também a quantia v de oito bits, com o valor da moeda em centavos. Duas entradas r1 e r2 de oito bits indicam o custo dos dois tipos de refrigerante que podem ser escolhidos. A escolha de refrigerante do usuário é controlada por dois botões b1 e b2 que, quando pressionados, ficam em 1 durante um ciclo de relógio. Se o usuário tiver colocado moedas suficientes para o refrigerante escolhido, então o circuito colocará um dos bits de saída f1 ou f2 em 1 durante um ciclo de relógio, o que levará a máquina a fornecer o refrigerante escolhido. Se for necessário troco, o circuito da máquina de fornecer refrigerante colocará um bit nt em 1 durante um ciclo de relógio e também indicará na saída vt de oito bits o valor necessário do troco. Usando o método de projeto RTL mostrado na Tabela 5.1, converta a máquina de estados de alto nível em um bloco de controle e um bloco operacional. Projete o bloco operacional até o nível de estrutura, mas projete o bloco de controle até o nível de FSM apenas, como foi feito na Fig. 5.26.

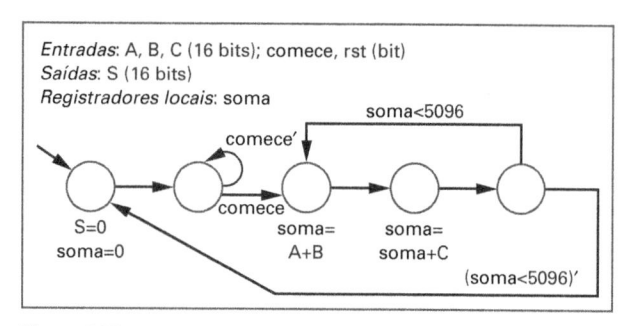

Entradas: A, B, C (16 bits); comece, rst (bit)
Saídas: S (16 bits)
Registradores locais: soma

Figura 5.93 Exemplo de uma máquina de estados de alto nível.

5.10 (a) Use o método de projeto RTL da Tabela 5.1 para converter a máquina de estados de alto nível da Fig. 5.94 em um bloco de controle e um bloco operacional. Projete o bloco operacional em nível de estrutura, mas projete o bloco de controle apenas até o nível de FSM, como foi feito na Fig. 5.26.
(b) *Projete a FSM do bloco de controle em nível de estrutura.

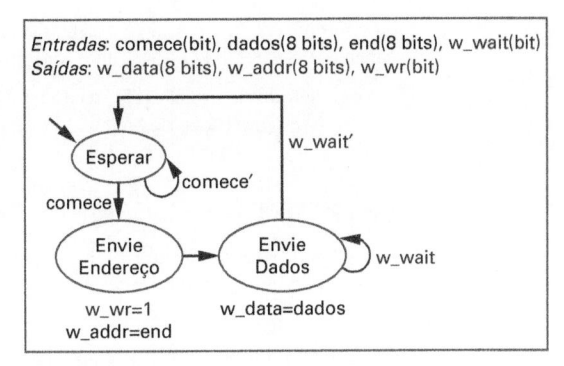

Entradas: comece(bit), dados(8 bits), end(8 bits), w_wait(bit)
Saídas: w_data(8 bits), w_addr(8 bits), w_wr(bit)

Figura 5.94 Máquina de estados de alto nível de uma interface de barramento com sinal de espera (w_wait).

5.11 Crie uma FSM que faz interface com o bloco operacional da Fig. 5.95. A FSM deve usar o bloco operacional para computar o valor médio dos 16 elementos de 32 bits de um *array** A qualquer. Esse arranjo A é armazenado em uma memória, com o primeiro elemento no endereço 26, o segundo no endereço 27, e assim por diante. Assuma que, quando um novo valor é colocado nas linhas de endereço M_end, a memória coloca os dados lidos quase que imediatamente nas linhas de saída M_dados. Ignore a possibilidade de estouro.

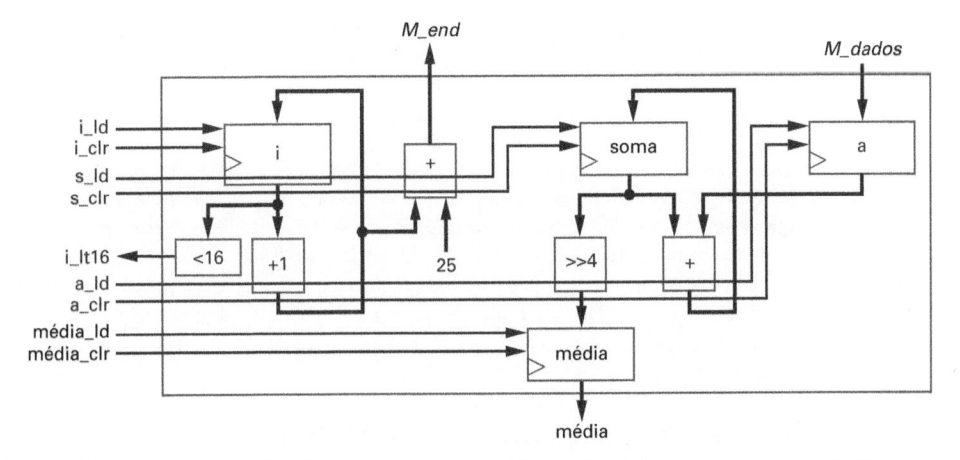

Figura 5.95 Bloco operacional para computar a média de 16 elementos de um arranjo**.

5.12 Usando o método de projeto RTL da Tabela 5.1, desenvolva um projeto RTL para um circuito medidor de tempo de reação que mede o tempo decorrido entre o acendimento de uma lâmpada e o apertar de um botão por uma pessoa. O medidor tem três entradas, uma entrada *clk* de relógio, uma entrada *rst* de *reset* e um botão de entrada *B*. Também tem três saídas, uma saída *len* de habilitação da lâmpada, uma saída *rtempo* de tempo de reação de dez bits e uma saída *lento* para indicar que o usuário não foi rápido o suficiente. O medidor de tempo de reação trabalha da seguinte maneira. Durante o *reset*, o medidor espera por 10 segundos antes de acender a lâmpada fazendo *len* ser 1. A seguir, o medidor de tempo de reação mede o intervalo de tempo decorrido em milissegundos até o usuário pressionar o botão *B*, fornecendo o tempo como um número binário de 12 bits na saída *rtempo*. Se o usuário não pressionar o botão dentro de 2 segundos (2000 milissegundos), o medidor irá ativar a saída *lento* tornando-a 1 e colocando 2000 em *rtempo*. Assuma que a entrada de relógio tem uma freqüência de 1 kHz. *Sugestão*: Este é um problema de projeto RTL com

---

* N. de T: Em português, arranjo, significando um agrupamento finito e ordenado de elementos em forma de matriz.
** N. de T: Relembrando, em i_lt16, lt significa menor do que (*less than*).

predomínio de controle. Projete o bloco operacional até o nível de estrutura e o bloco de controle apenas até o nível de FSM, como foi feito na Fig. 5.26.

5.13 Use o método de projeto RTL da Tabela 5.1 para converter a máquina de estados de alto nível da Fig. 5.74 em um bloco de controle e um bloco operacional. Projete o bloco operacional até o nível de estrutura e o bloco de controle apenas até o nível de FSM, como foi feito na Fig. 5.26.

SEÇÃO 5.3: EXEMPLOS E QUESTÕES DE PROJETO RTL

Nos seguintes problemas, projete o bloco operacional até o nível de estrutura e o bloco de controle apenas até o nível de FSM, como foi feito na Fig. 5.26.

5.14 Usando o método de projeto RTL da Tabela 5.1, desenvolva um projeto RTL que computa a soma de todos os números positivos, que estão dentro de um banco de registradores A de 512 palavras, consistindo em números de 32 bits armazenados na forma de complemento de dois.

5.15 Usando o método de projeto RTL da Tabela 5.1, desenvolva um projeto RTL que computa a soma de todos os números positivos presentes em um conjunto de 16 registradores separados, de 32 bits cada, os quais armazenam os números na forma de complemento de dois. Torne o projeto o mais rápido possível, executando tantos cálculos concorrentemente (em paralelo) quanto for possível. *Sugestão:* esse é um projeto com predomínio de dados.

5.16 Usando o método de projeto RTL da Tabela 5.1, desenvolva um projeto RTL que coloca na saída o valor máximo encontrado em um banco de registradores A consistindo em 64 números de 32 bits.

5.17 Usando o método de projeto RTL da Tabela 5.1, desenvolva um projeto RTL que fornece na saída um sinal de alerta sempre que a temperatura média das quatro últimas amostras for superior a um valor definido pelo usuário. O circuito tem uma entrada *TC* de 32 bits que indica a temperatura corrente lida, uma entrada *TA* de 32 bits que indica a temperatura especificada pelo usuário, na qual o sinal de alerta deve ser habilitado, e um botão *clr* de entrada que desabilita o sinal de alerta. Quando a temperatura média excede o nível de alerta especificado pelo usuário, o circuito deve ativar a saída *A*, habilitando o sinal de alerta. A saída de alerta deve permanecer em nível alto até que o botão *clr* seja pressionado. *Sugestão:* dentro do seu bloco operacional, você pode usar um registrador deslocador à direita para implementar a divisão.

5.18 Usando o método de projeto RTL da Tabela 5.1, desenvolva um projeto RTL de um filtro digital que coloca na saída a média da entrada corrente e da amostra anterior, ambas de 32 bits. *Sugestão:* dentro do seu bloco operacional, você pode usar um registrador deslocador à direita para implementar a divisão.

SEÇÃO 5.4: DETERMINANDO A FREQÜÊNCIA DE RELÓGIO

5.19 Assumindo que um inversor tem um atraso de 1 ns, todas as demais portas têm um atraso de 2 ns e as conexões têm um atraso de 1ns, determine o caminho crítico do circuito somador completo mostrado na Fig. 4.31.

5.20 Assumindo que um inversor tem um atraso de 1 ns, todas as demais portas têm um atraso de 2 ns e as conexões têm um atraso de 1ns, determine o caminho crítico do decodificador 3x8 da Fig. 2.50.

5.21 Assumindo que um inversor tem um atraso de 1 ns, todas as demais portas têm um atraso de 2 ns e as conexões têm um atraso de 1ns, determine o caminho crítico de um multiplexador 4x1.

5.22 Assumindo que um inversor tem um atraso de 1 ns e todas as demais portas têm um atraso de 2 ns, determine o caminho crítico de um somador de oito bits com propagação de "vai um":
(a) assumindo que as conexões não têm atraso,
(b) assumindo que as conexões têm um atraso de 1 ns.

5.23 (a) Converta a FSM do medidor de distância baseado em laser, mostrada na Fig. 5.21, em um registrador de estado e lógica combinacional.
(b) Assumindo que todas as portas têm um atraso de 2 ns, o contador crescente de 16 bits tem um atraso de 5 ns e as conexões não têm atraso, determine o caminho crítico do medidor de distância baseado em laser.
(c) Calcule a correspondente freqüência máxima de relógio para o circuito.

SEÇÃO 5.5: DESCRIÇÃO EM NÍVEL COMPORTAMENTAL: PASSANDO DE C PARA PORTAS (OPCIONAL)

5.24 Converta o seguinte código, semelhante a C, que calcula o máximo divisor comum (MDC) de dois números a e b, em uma máquina de estados de alto nível.

```
Entradas: byte a, byte b, bit comece
Saídas: byte mdc, bit terminado
MDC:
while(1) {
  while(!comece);
  terminado = 0;
  while ( a != b ) {
    if( a > b ) {
      a = a - b;
    }
    else {
      b = b - a;
    }
  }
  mdc = a;
  terminado = 1;
}
```

5.25 Use o método de projeto RTL da Tabela 5.1 para converter a máquina de estados de alto nível que você projetou no Exercício 5.24 em um bloco de controle e um bloco operacional. Projete o bloco operacional em nível de estrutura, mas projete o bloco de controle apenas até o nível de uma FSM.

5.26 Converta o seguinte código, semelhante a C, que calcula a diferença máxima entre dois números quaisquer dentro de um arranjo A constituído por 256 valores de oito bits, em uma máquina de estados de alto nível.

```
Entradas: byte a[256], bit comece
Saídas: byte dif_max, bit terminado
DIF_MAX:
while(1) {
  while(!comece);
  terminado = 0;
  i = 0;
  max = 0;
  min = 255; // valor máximo de 8 bits
  while( i < 256 ) {
    if( a[i] < min ) {
      min = a[i];
    }
    if( a[i] > max ) {
      max = a[i];
    }
    i = i + 1;
  }
  dif_max = max - min;
  terminado = 1;
}
```

5.27 Use o método de projeto RTL da Tabela 5.1 para converter a máquina de estados de alto nível que você projetou no Exercício 5.26 em um bloco de controle e um bloco operacional. Projete o bloco operacional em nível de estrutura, mas projete o bloco de controle apenas até o nível de uma FSM.

5.28 Converta o seguinte código, semelhante a C, que calcula o número de vezes que o valor *b* é encontrado dentro de um arranjo *A* constituído por 256 valores de oito bits, em uma máquina de estados de alto nível.

```
Entradas: byte a[256], byte b, bit comece
Saídas: byte freq, bit terminado
FREQÜÊNCIA:
while(1) {
  while(!comece);
  terminado = 0;
  i = 0;
  freq = 0;
  while( i < 256 ) {
    if( a[i] == b ) {
      freq = freq + 1;
    }
    
  }
  terminado = 1;
}
```

5.29 Use o método de projeto RTL da Tabela 5.1 para converter a máquina de estados de alto nível que você projetou no Exercício 5.28 em um bloco de controle e um bloco operacional. Projete o bloco operacional em nível de estrutura, mas projete o bloco de controle apenas até o nível de uma FSM.

5.30 Desenvolva um procedimento padrão para converter um laço do{ }while (em português faça{ } enquanto) com a forma seguinte em uma máquina de estados de alto nível.

```
do {
  // comandos do laço de do while
} while (cond);
```

5.31 *Converta o laço while(a != b), dentro da descrição em código C do Exercício 5.24, em um laço do{ }while, como descrito no Exercício 5.30. Usando o procedimento padrão que você criou para o laço do{ }while no Exercício 5.30, converta o código C revisto em uma máquina de estados de alto nível. Use o método de projeto RTL da Tabela 5.1 para converter a máquina de estados de alto nível, que você projetou no problema anterior, em um bloco de controle e um bloco operacional. Projete o bloco operacional em nível de estrutura, mas projete o bloco de controle apenas até o nível de uma FSM.

5.32 Desenvolva um procedimento padrão para converter um laço for() (para) com a seguinte forma em uma máquina de estados de alto nível.

```
for(i=início; i<cond; i++)
{
  // comandos de for
}
```

5.33 *Converta o laço while(a != b), dentro da descrição em código C do Exercício 5.24, em um laço for(), como descrito no Exercício 5.32. Usando o procedimento padrão que você criou para o laço for() no Exercício 5.32, converta o código C revisto em uma máquina de estados de alto nível. Use o método de projeto RTL da Tabela 5.1 para converter a máquina de estados de alto nível, que você projetou no problema anterior, em um bloco de controle e um bloco operacional. Projete o bloco operacional em nível de estrutura, mas projete o bloco de controle apenas até o nível de uma FSM.

5.34 *Converta o laço while(i < 256), dentro da descrição em código C do Exercício 5.26, em um laço for(), como descrito no Exercício 5.32. Usando o procedimento padrão que você criou para o laço for() no Exercício 5.32, converta o código C revisto em uma máquina de estados de alto nível. Use o método de projeto RTL da Tabela 5.1 para converter a máquina de estados de alto nível, que você projetou no problema anterior, em um bloco de controle e um bloco operacional. Projete o bloco operacional em nível de estrutura, mas projete o bloco de controle apenas até o nível de uma FSM.

5.35 Compare os tempos necessários para executar a computação seguinte usando um circuito customizado *versus* um software. Assuma que uma porta tem um atraso de 1 ns, um microprocessador executa uma instrução a cada 5 ns, e n=10 e m=5. Estimativas são aceitáveis; você não precisa projetar o circuito, ou determinar exatamente quantas instruções de software serão executadas.

```
for (i = 0; i<n, i++) {
    s = 0;
    for (j = 0; j < m, j++) {
        s = s + c[i]*x[i + j];
    }
    y[i] = s;
}
```

SEÇÃO 5.6: COMPONENTES DE MEMÓRIA

5.36 Calcule o número aproximado de células de armazenamento de bit de DRAM que podem ser colocadas em um IC com capacidade de 10 milhões de transistores.

5.37 Calcule o número aproximado de células de armazenamento de bit de SRAM que podem ser colocadas em um IC com capacidade de 10 milhões de transistores.

5.38 Faça um resumo das diferenças principais entre memórias DRAM e SRAM.

5.39 Desenhe a estrutura lógica interna completa de uma DRAM 4x2 (quatro palavras, dois bits cada), rotulando claramente todos os componentes e as conexões internas.

5.40 Desenhe a estrutura lógica interna completa de uma SRAM 4x2 (quatro palavras, dois bits cada), rotulando claramente todos os componentes e as conexões internas.

5.41 *Projete uma célula de memória SRAM com entrada de *reset* que, quando habilitada, irá colocar 0 nos conteúdos da célula de memória.

SEÇÃO: MEMÓRIA APENAS DE LEITURA (ROM)

5.42 Faça um resumo das diferenças principais entre memórias EPROM e EEPROM.

5.43 Faça um resumo das diferenças principais entre memórias EEPROM e *flash*.

SEÇÃO 5.7: FILAS (FIFOS)

5.44 Em uma fila de oito palavras, mostre o estado interno da fila e forneça os valores dos dados lidos para as seguintes seqüências de escritas e leituras: (1) escrever A, B, C, D, E, (2) ler, (3) ler, (4) escrever U, V, W, X, Y, (5) ler, (6) escrever Z, (7) ler, (8) ler, (9) ler.

5.45 Crie uma FSM que descreva o controlador de fila da Fig. 5.78. Preste atenção à ativação correta das saídas cheia e vazia.

5.46 Crie uma FSM que descreva o controlador de fila da Fig. 5.78, mas com um comportamento que ignora escritas, quando a fila está cheia, e leituras, quando ela está vazia (colocando um 0 na saída).

SEÇÃO 5.8: HIERARQUIA – UM CONCEITO-CHAVE DE PROJETO

5.47 Componha uma porta AND de 20 entradas a partir de portas AND de duas entradas.

5.48 Componha um multiplexador 16x1 a partir de multiplexadores 2x1.

5.49 Componha um decodificador 4x16 com habilitação a partir de decodificadores 2x4 com habilitação.

5.50 Componha uma RAM 1024x8 usando apenas RAMs 512x8.

5.51 Componha uma RAM 512x8 usando apenas RAMs 512x4.

5.52 Componha uma ROM 1024x8 usando apenas ROMs 512x4.

5.53 Componha uma ROM 2048x8 usando apenas ROMs 256x8.

5.54 Componha uma RAM 1024x16 usando apenas RAMs 512x8.

5.55 Componha uma RAM 1024x12 usando apenas RAMs 512x8 e 512x4.

5.56 Componha uma RAM 640x12 usando apenas RAMs 128x4.

5.57 *Escreva um programa que recebe um parâmetro N e automaticamente constrói uma porta AND de N entradas a partir de portas AND de duas entradas. Seu programa precisa simplesmente indicar quantas portas AND de duas entradas existem em cada nível. A partir disso, poderemos facilmente determinar as conexões.

▶ **PERFIL DE PROJETISTA**

Chi-Kai iniciou a universidade para se formar em engenharia, mas terminou se formando em ciência da computação, devido a seus interesses crescentes em algoritmos e redes. Depois de se graduar, ele trabalhou em uma "start-up company" no Silicon Valley que fabricava chips para redes de computadores. A sua primeira tarefa foi simular esses *chips* antes de serem fabricados. De dez anos para cá, ele tem trabalhado com múltiplas gerações de dispositivos de rede que executam *buffering*, *scheduling* e *switching* com células ATM e pacotes IP. "Os *chips* necessários para implementar dispositivos de rede são componentes complexos que devem funcionar todos juntos, quase que perfeitamente, para suprir os blocos construtivos das redes de telecomunicação e dados. Cada geração de dispositivos torna-se sucessivamente mais complexa."

Quando perguntado sobre quais habilidades são necessárias para esse trabalho, Chi-Kai diz: "Mais e mais, a amplitude do conjunto de habilidades de alguém é mais importante do que a profundidade. Para ser um engenheiro efetivo de *chips*, é necessário capacidade para compreender a arquitetura dos *chips* (visão global), projetar a lógica, verificar a lógica e trabalhar com o silício no laboratório. Todas essas partes do ciclo de projeto interagem cada vez mais. Para ser verdadeiramente efetivo em uma dada área em particular, é necessário ter também conhecimento prático das outras. Além disso, cada área requer habilidades muito diferentes. Por exemplo, a verificação requer uma boa capacitação em programação de software, ao passo que a fabricação do *chip* a partir do silício requer que se saiba usar um analisador lógico – boas habilidades em hardware".

Os *chips* sofisticados, como os usados em redes, são bem custosos, exigindo um projeto cuidadoso. "Os procedimentos de projeto de software e *chips* são fundamentalmente diferentes. O software pode permitir-se ter falhas porque correções podem ser aplicadas. O desenvolvimento no silício é outra história. As despesas realizadas de uma vez só para fabricar um *chip* a partir do silício estão na ordem de 500.000 dólares. Se houver alguma falha de grande extensão, você talvez precise gastar mais 500.000 dólares. Essa restrição significa que a abordagem usada para fazer a verificação é bem diferente – efetivamente: não pode haver falhas." "Ao mesmo tempo, esses *chips* devem ser projetados rapidamente para bater a concorrência do mercado, tornando o trabalho "extremamente desafiador e empolgante".

Uma das maiores surpresas que Chi-Kai encontrou em seu trabalho é a "incrível importância da boa capacidade de comunicação". Chi-Kai trabalhou em equipes de dez a trinta pessoas, e alguns *chips* exigiram até mais de cem pessoas. "Engenheiros tecnicamente excelentes são inúteis, a menos que saibam como colaborar com os outros, disseminando o seu conhecimento. Os *chips* estão ficando cada vez mais complexos – blocos individuais de código em um dado *chip* têm a mesma complexidade de um *chip* completo de apenas alguns poucos anos atrás. Para arquitetar, projetar e implementar a lógica em hardware, é necessário ter habilidade para transmitir a complexidade." Além disso, Chi-Kai destaca que "exatamente como em qualquer entidade social, há política envolvida. Por exemplo, as pessoas estão preocupadas com aspirações de promoção, ganhos financeiros e segurança no emprego. Mesmo assim, dentro desse contexto mais amplo, a equipe deve permanecer trabalhando em conjunto para entregar um *chip*". Portanto, ao contrário das concepções que muitas pessoas têm a respeito dos engenheiros, eles devem ter excelentes habilidades pessoais, além de fortes habilidades técnicas. A engenharia é uma disciplina social.

CAPÍTULO 6

Otimizações e Tradeoffs

6.1 INTRODUÇÃO

Os capítulos anteriores descreveram como projetar circuitos digitais usando técnicas diretas. Este capítulo descreverá como projetar circuitos *melhores*. Para os nossos propósitos, *melhor* significa circuitos que são menores, mais rápidos ou que consomem menos energia. No mundo real, o projeto pode envolver critérios adicionais.

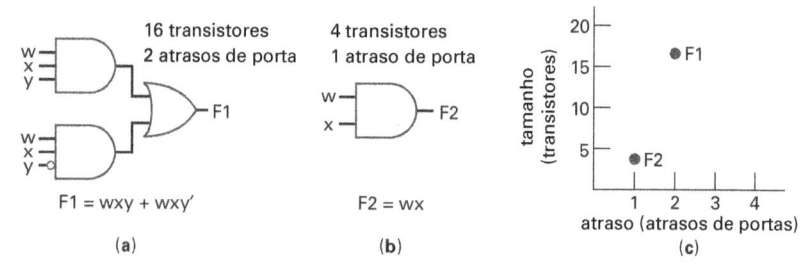

Figura 6.1 Uma transformação de circuito que melhora tanto o tamanho como o atraso é uma *otimização*: (a) circuito original, (b) circuito otimizado e (c) gráfico do tamanho e atraso de cada circuito.

Considere o circuito para a equação de F1, mostrado na Fig. 6.1(a). O tamanho do circuito, *assumindo dois transistores por entrada de porta* (e ignorando os inversores, por simplicidade), é 8 * 2 = 16 transistores. O atraso do circuito, que é o do caminho mais longo desde a entrada até a saída, é de dois atrasos de porta. Poderemos transformar algebricamente a equação, obtendo a de F2, mostrada na Fig. 6.1(b). A equação de F2 representa a mesma função que F1, mas requer apenas quatro transistores (em vez de 16) e o atraso corresponde ao de apenas uma porta (em vez de duas). A transformação melhorou tanto o tamanho como o atraso, conforme mostrado na Fig. 6.1(c). Quando fazemos transformações que melhoram todos os critérios que nos interessam, estamos realizando uma **otimização**.

Um tradeoff melhora algum critério às custas de outros critérios de nosso interesse.
Uma otimização melhora todos os critérios de nosso interesse, ou melhora alguns deles sem piorar os demais.

Agora, considere o circuito de uma função diferente, que implementa a equação de G1 na Fig. 6.2(a). O tamanho do circuito (assumindo dois transistores por entrada de porta) é de 14 transistores e o atraso do circuito é o correspondente a duas portas. Poderemos transformar algebricamente a equação, obtendo G2, mostrada na Fig. 6.2(b), resultando um circuito que tem apenas 12 transistores. Entretanto, a redução de transistores deu-se às custas de um maior atraso correspondente ao de três portas, como mostrado na Fig. 6.2(c). Qual circuito é melhor, o de G1 ou de G2? A resposta depende de qual critério é o mais importante para nós, tamanho ou atraso. Quando melhoramos um critério às custas de outro, também de nosso interesse, estamos realizando um *tradeoff*.

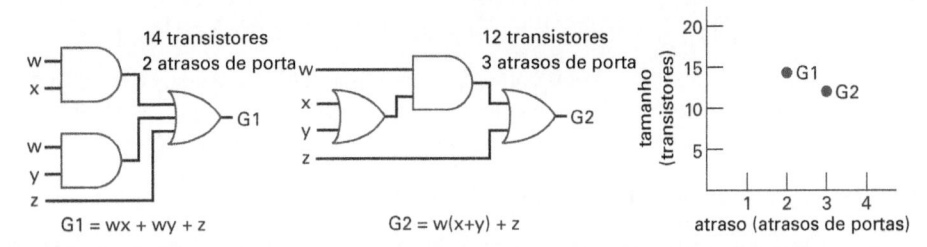

Figura 6.2 Uma transformação de circuito que melhora o tamanho mas piora o atraso é um *tradeoff*: (a) circuito original, (b) circuito transformado e (c) gráfico do tamanho e atraso de cada circuito.

Provavelmente, você faz otimizações e *tradeoffs* todos os dias. Possivelmente, você vai e retorna do serviço, entre uma cidade e outra, usando uma estrada em particular. Você pode estar interessado em dois critérios: tempo e segurança. Outros critérios podem não ser de seu interesse, como a paisagem ao longo do caminho. Quando você escolhe um novo caminho, melhorando tanto o tempo de viagem como a segurança, você está fazendo uma otimização no seu deslocamento até o trabalho. Se você escolher uma estrada que melhora a segurança às custas de um tempo de viagem aumentado, você estará fazendo um *tradeoff* (inteligente, possivelmente).

A Fig. 6.3(a) ilustra casos de otimizações *versus tradeoffs* para três projetos iniciais diferentes. Os critérios são o atraso e o tamanho, sendo que ser menor é o melhor em todos os critérios. Obviamente, preferimos otimizações e não *tradeoffs*, já que as otimizações melhoram ambos os critérios (ou pelo menos melhoram um critério sem prejudicar o outro, como mostrado pelas setas horizontal e vertical no lado esquerdo da figura). Entretanto, nem sempre podemos melhorar um critério sem prejudicar um outro. Por exemplo, se um projetista desejar melhorar o desempenho do consumo de combustível de um automóvel, é possível que ele terá de tornar o carro menor – um *tradeoff* entre os critérios de eficiência para o consumo de combustível e o conforto.

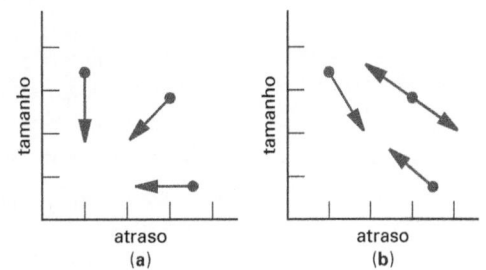

Figura 6.3 (a) Otimizações *versus* (b) *tradeoffs*.

Para os projetistas de sistemas digitais, alguns critérios gerais comumente de interesse são:

- **Desempenho**: uma medida do tempo de execução de uma computação pelo sistema.
- **Tamanho**: uma medida do número de transistores, ou da área de silício, de um sistema digital.
- **Potência consumida**: uma medida da energia consumida em um segundo por um sistema, diretamente relacionada com o calor gerado pelo sistema e a energia que é consumida das baterias pelas computações.

Há dúzias de outros critérios.

É possível realizar otimizações e *tradeoffs* em quase todas as etapas do projeto digital. Este capítulo descreve algumas otimizações e *tradeoffs* de alguns critérios comuns, em vários estágios do projeto digital.

6.2 OTIMIZAÇÕES E TRADEOFFS EM LÓGICA COMBINACIONAL

No Capítulo 2, descrevemos como projetar lógica combinacional, ou seja, como converter um comportamento combinacional desejado em um circuito com portas. Há métodos de otimização e de *tradeoff* que poderemos aplicar para melhorar esses circuitos.

Otimização do tamanho da lógica usando métodos algébricos

A implementação de uma função booleana usando apenas dois níveis de portas – um nível de portas AND seguido de um nível de porta OR – geralmente resulta em um circuito que tem atraso mínimo. Lembre-se do Capítulo 2 que qualquer equação booleana pode ser escrita na forma de uma soma de produtos, simplesmente expandindo-a por meio de multiplicações – por exemplo, xy(w+z) = xyw + xyz. Assim, qualquer função booleana pode ser implementada usando-se dois níveis de portas. A sua equação é simplesmente convertida em uma soma de produtos e, em seguida, portas AND são usadas para os produtos, seguindo-se uma porta OR para a soma.

Nas décadas de 1970 e 1980, quando os transistores eram caros (centavos de dólar cada, por exemplo), a minimização significava minimização de tamanho, a qual dominava o projeto digital. Os atuais transistores de baixo custo (0,0001 centavos de dólar cada, por exemplo) tornam as otimizações de outros critérios mais ou igualmente críticas.

Uma otimização comum é a *minimização do número de transistores* que são usados na implementação do circuito lógico de dois níveis de uma função booleana. Essa otimização é tradicionalmente chamada **otimização da lógica de dois níveis**, ou algumas vezes **minimização da lógica de dois níveis**, a qual será referida como **otimização de tamanho da lógica de dois níveis**, para distinguir essa otimização das otimizações cada vez mais comuns de *desempenho* e *potência*, além de outras possíveis.

Para otimizar o tamanho, precisamos de um método para determinar o número de transistores de um circuito dado. Usaremos um método simples para determinar o número de transistores:

- Assim, uma porta lógica de três entradas (seja uma AND, OR, NAND ou NOR) irá requerer 3 * 2 = 6 transistores. Os circuitos que estão dentro das portas lógicas mostradas na Seção 2.4 podem tornar claro porque estamos assumindo dois transistores por entrada de porta.
- Por simplicidade, iremos ignorar os inversores quando determinarmos o número de transistores.

O problema da otimização do tamanho da lógica de dois níveis pode ser visto *algebricamente* como sendo um problema de *minimização do número de termos e literais de uma equação booleana, a qual está na forma de uma soma de produtos*. A razão pela qual podemos examinar algebricamente o problema é que, lembrando a Seção 2.4, podemos converter diretamente uma equação booleana, na forma de uma soma de produtos, em um circuito, usando para isso um nível com portas AND seguido de outro com uma porta OR. Por exemplo, a equação F = wxy + wxy' da Fig. 6.1(a) tem seis literais, w, x, y, w, x e y', e dois termos, wxy e wxy', totalizando 6 + 2 = 8 literais e termos. Em um circuito, cada literal e cada termo convertem-se em uma entrada de porta aproximadamente, como mostrado na Fig. 6.1(a) – as literais convertem-se em entradas de portas AND e os termos, em entradas de porta OR. Assim, o circuito tem 3 + 3 + 2 = 8 entradas de porta. Com dois transistores por entrada de porta, o circuito tem 8 * 2 = 16 transistores. O número de termos e literais pode ser minimizado *algebricamente*: F = wxy + wxy' = wx(y+y') = wx, a qual tem apenas duas literais, w e x, resultando 2 entradas de porta, ou 2 * 2 = 4 transistores, como mostrado na Fig. 6.1(b). (Note que uma equação com um único termo não precisa de uma porta OR.)

▶ **EXEMPLO 6.1** **Otimização do tamanho de uma lógica de dois níveis usando métodos algébricos**

Minimize o número de termos e literais na implementação de dois níveis da equação:

$$F = xyz + xyz' + x'y'z' + x'y'z$$

Vamos fazer a minimização usando transformações algébricas:

$$F = xy(z + z') + x'y'(z + z')$$
$$F = xy*1 + x'y'*1$$
$$F = xy + x'y'$$

Não parece haver mais minimizações que possamos realizar. Assim, reduzimos o circuito de 12 literais e 4 termos (significando 12 + 4 = 16 entradas de porta, ou 32 transistores) para apenas 4 literais e 2 termos (significando 4 + 2 = 6 entradas de porta, ou 12 transistores). ◀

O exemplo anterior mostrou a transformação algébrica mais comum que é usada para simplificar uma equação booleana, convertendo-a à forma de soma de produtos. Em geral, essa transformação pode ser escrita como:

$$ab + ab' = a(b + b') = a*1 = a$$

Vamos chamar essa transformação de **combinação de termos para eliminar uma variável**. Mais formalmente, essa transformação é conhecida como **teorema da unificação**. No exemplo anterior, aplicamos duas vezes essa transformação, uma vez com xy sendo a, e z sendo b, e uma segunda vez com x'y' sendo a, e z sendo b.

Algumas vezes precisamos duplicar termos para aumentar as possibilidades de combiná-los e eliminar uma variável, como está ilustrado no próximo exemplo.

▶ **EXEMPLO 6.2** **Reutilização de um termo durante uma otimização do tamanho de uma lógica de dois níveis**

Minimize o número de termos e literais na implementação de dois níveis da equação:

$$F = x'y'z' + x'y'z + x'yz$$

Você poderá notar que há duas possibilidades para se combinar termos e eliminar uma variável:

1: x'y'z' + x'y'z = x'y'
2: x'y'z + x'yz = x'z

Observe que o termo x'y'z aparece em ambas os casos, mas ele aparece apenas uma vez na equação original. Portanto, iremos primeiro duplicar o termo na equação original (essa duplicação não altera a função, porque a = a + a) de modo que poderemos usar duas vezes o termo quando formos combiná-los para eliminar uma variável, como segue:

$$F = x'y'z' + x'y'z + x'yz$$
$$F = x'y'z' + x'y'z + x'y'z + x'yz$$
$$F = x'y'(z+z') + x'z(y'+y)$$
$$F = x'y' + x'z$$ ◀

Depois de combinar termos para eliminar uma variável, o termo resultante também poderá ser combinado com outros para eliminar uma outra variável, como mostrado no exemplo seguinte.

▶ **EXEMPLO 6.3** **Combinação repetida de termos para eliminar variáveis**

Minimize o número de termos e literais na implementação de dois níveis da equação:

$$G = xy'z' + xy'z + xyz + xyz'$$

Podemos combinar os dois primeiros termos para eliminar uma variável e também os dois últimos:

$$G = xy'(z'+z) + xy(z+z')$$
$$G = xy' + xy$$

Podemos combinar os dois termos restantes para eliminar uma variável:

$$G = xy' + xy$$
$$G = x(y'+y)$$
$$G = x$$

◀

Nos exemplos anteriores, como foi possível "ver" as oportunidades para combinar termos e eliminar uma variável? Acontece que as equações originais dos exemplos estavam escritas de tal modo que ficou fácil ver as possibilidades de combinação – os termos que podiam ser combinados estavam lado a lado. Em vez disso, suponha que a equação do Exemplo 6.1 tivesse sido escrita como:

$$F = x'y'z + xyz + xyz' + x'y'z'$$

Essa é a mesma função, mas os termos aprecem em uma ordem diferente. Podemos ver que os dois termos centrais podem combinados:

$$F = x'y'z + xyz + xyz' + x'y'z'$$
$$F = x'y'z + xy(z+z') + x'y'z'$$
$$F = x'y'z + xy + x'y'z'$$

Nesse caso, entretanto, é possível que deixássemos de ver que os termos à esquerda e à direita poderiam ser combinados. Portanto, poderíamos parar a minimização, pensando que já havíamos obtido uma equação totalmente minimizada.

Há um método visual que nos ajuda a *ver* as oportunidades para combinarmos termos, eliminando variáveis, um método que descreveremos agora.

Um método visual para a otimização do tamanho de uma lógica de dois níveis – mapas K

Os **mapas de Karnaugh**, ou simplesmente **mapas K**, constituem um método visual cujo objetivo é ajudar as pessoas a minimizar algebricamente as equações booleanas que têm poucas (duas a quatro) variáveis. Na verdade, na prática de projeto, eles não são mais usados comumente. No entanto, constituem um meio muito eficiente para se *compreender* os métodos básicos de otimização que fundamentam as ferramentas automatizadas atuais. Um mapa K é essencialmente uma representação gráfica de uma tabela-verdade. Isso significa que um mapa K é mais uma maneira de se representar uma função (as outras são uma equação, uma tabela-verdade e um circuito). A idéia subjacente a um mapa K é o posicionamento gráfico de mintermos adjacentes um do outro, que são diferentes entre si em apenas uma variável, de modo que poderemos realmente "ver" a oportunidade de combinarmos termos para eliminar uma variável.

Mapas K de três variáveis

A Fig. 6.4 mostra um mapa K da equação:

$$F = x'y'z + xyz + xyz' + x'y'z'$$

que é a equação do Exemplo 6.1, mas com os termos dispostos em uma ordem diferente. O mapa tem oito células, uma para cada combinação possível de valores das variáveis.

Vamos examinar as células da linha superior. A célula à esquerda no topo corresponde a xyz=000, significando x'y'z'. A próxima célula à direita corresponde a xyz=001, significando x'y'z. A célula seguinte à direita corresponde a xyz=011, significando x'yz. Finalmente, a célula mais à direita em cima corresponde a xyz=010, significando x'yz'. Observe que essas células da fila superior *não* estão ordenadas de forma binária crescente. Em vez disso, a ordem é 000, 001, *011* e 010 ao invés de 000, 001, *010* e 011. A ordem é tal que *células adjacentes diferem entre si em exatamente uma variável*. Por exemplo, as células de x'y'z (001) e x'yz (011) são adjacentes e são diferentes entre si em apenas uma variável, isto é, y. De modo semelhante, as células de x'y'z' e xy'z' são adjacentes e diferem entre si apenas na variável x. Assume-se também que o mapa tem suas *colunas esquerda e direita adjacentes*, de modo que a célula bem à direita em cima (010) é adjacente à célula bem à esquerda na mesma linha (000) – observe que essas células diferem também entre si em apenas uma variável. Adjacente significa estar contíguo na horizontal ou na vertical, mas *não diagonalmente*, porque as células diagonais são diferentes entre si em mais de uma variável. Além disso, as células de uma coluna também diferem entre si em exatamente uma variável.

Em um mapa K, as células adjacentes são diferentes entre si em exatamente uma variável.

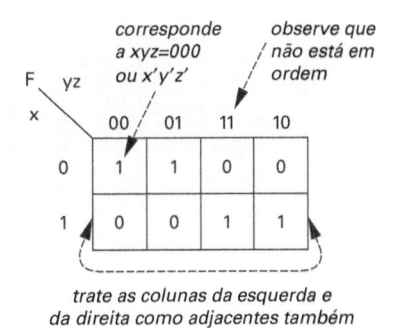

Figura 6.4 Mapa K de três variáveis.

Podemos representar uma função booleana como um mapa K colocando 1s nas células correspondentes aos mintermos da função. Assim, para a equação F anterior, colocamos um 1 nas células correspondentes aos mintermos x'y'z, xyz, xyz' e x'y'z', como mostrado na Fig. 6.4. Colocamos 0s nas células restantes. Observe que um mapa K é simplesmente mais uma forma de representação de uma tabela-verdade. Em vez de mostrar a saída para cada combinação de entradas usando uma tabela, um mapa K usa uma representação gráfica. Portanto, um mapa K é mais uma forma de se representar uma função booleana e, de fato, é uma outra representação padrão.

Os mapas K permitem-nos ver as oportunidades de combinar termos para eliminar uma variável.

A utilidade de um mapa K na minimização de tamanho é que, como o mapa é construído de modo que células adjacentes diferem entre si em exatamente uma variável, então sabemos que *dois 1s adjacentes em um mapa K indicam que podemos combinar os dois mintermos para eliminar uma variável*. Em outras palavras, um mapa K permite-nos ver facilmente quando podemos combinar dois termos e eliminar uma variável. Indicamos essa combinação desenhando um círculo que circunda os dois 1s adjacentes e, em seguida, mostramos o termo resultante após remover a variável que é diferente nas duas células adjacentes. Isso será ilustrado no próximo exemplo.

▶ **EXEMPLO 6.4** **Otimização do tamanho de uma lógica de dois níveis usando métodos algébricos**

Minimize o número de literais e termos na implementação de dois níveis da equação:

F = xyz + xyz' + x'y'z' + x'y'z

Observe que essa é a mesma equação do Exemplo 6.1. Para representar a função, criamos um mapa K, mostrado na Fig. 6.5. Vemos 1s adjacentes na região superior esquerda do mapa. Assim, iremos envolver com um círculo esses 1s para obter o termo x'y' – em outras palavras, *o círculo é uma notação abreviada para* x'y'z' + x'y'z = x'y'. De modo semelhante, vemos

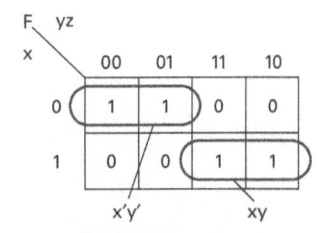

Figura 6.5 Minimização de uma função de três variáveis usando um mapa K.

1s adjacentes na região direita inferior do mapa, de modo que podemos desenhar um círculo que representa xyz + xyz' = xy. Portanto, F = x'y' + xy. ◀

Lembre-se do Exemplo 6.3 que, algumas vezes, os termos podem ser combinados repetidas vezes para eliminar variáveis, resultando um número ainda menor de termos e literais. Podemos refazer aquele exemplo usando uma ordem diferente para as simplificações como segue:

$$G = xy'z' + xy'z + xyz + xyz'$$
$$G = x(y'z' + y'z + yz + yz')$$
$$G = x(y'(z'+z) + y(z+z'))$$
$$G = x(y'+y)$$
$$G = x$$

Na segunda linha, observe que se fez uma operação AND de x com uma OR de todas as combinações possíveis das variáveis y e z. Obviamente, para quaisquer valores de y e z, uma dessas combinações de y e z será verdadeira. Desse modo, a expressão dentro dos parênteses sempre terá valor 1, como demonstramos algebricamente nas linhas finais anteriores.

Os mapa K também ajudam-nos a ver graficamente essa situação. Além de nos ajudar a ver quando podemos combinar dois mintermos para eliminar uma variável, os mapas K fornecem uma maneira gráfica de vermos quando podemos combinar quatro mintermos para eliminar duas variáveis. Simplesmente precisamos procurar quatro células adjacentes, que formam um retângulo ou um quadrado (mas não uma forma em "L"). Essas quatro células terão uma variável que será a mesma e todas as combinações possíveis das outras duas variáveis. A Fig. 6.6 mostra a função anterior G como um mapa K de três variáveis. Na coluna inferior, o mapa tem quatro 1s adjacentes. Os quatro mintermos correspondentes a esses 1s são xy'z', xy'z, xyz e xyz' – observe que x é o mesmo em todos os mintermos, ao passo que todas as quatro combinações de y e z aparecem neles. Desenhamos um círculo envolvendo os quatro 1s inferiores para representar a simplificação de G mostrada nas equações anteriores. O resultado é G = x. Em outras palavras, o "círculo" é uma notação abreviada para a simplificação algébrica de G mostrada nas cinco equações acima.

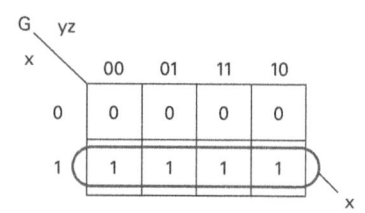

Figura 6.6 Quatro 1s adjacentes.

Sempre desenhe os maiores círculos possíveis para cobrir os 1s de um mapa K.

Observe que poderíamos ter desenhado círculos envolvendo os dois 1s da esquerda e os dois 1s da direita do mapa K, como mostrado na Fig. 6.7, resultando em G = xy' + xy. Claramente, G pode ser simplificada novamente obtendo-se x(y'+y)=x. Desse modo, para se minimizar ao máximo a equação, deve-se sempre desenhar o maior círculo possível.

Como outro exemplo de quatro 1s adjacentes, considere a equação:

$$H = x'y'z + x'yz + xy'z + xyz$$

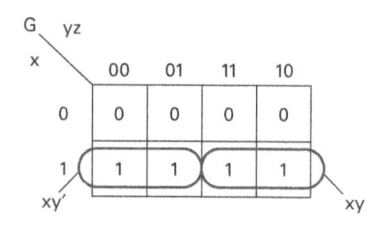

Figura 6.7 Círculos não ótimos.

A Fig. 6.8 mostra o mapa K da função da equação. Quando se faz um círculo para envolver os quatro 1s adjacentes, obtém-se a equação minimizada, H = z.

Algumas vezes, precisamos envolver o mesmo 1 duas vezes. Isso é permitido. Por exemplo, considere a equação:

I = x'y'z + xy'z' + xy'z
  + xyz + xyz'

A Fig. 6.9 mostra o mapa K da função dessa equação. Podemos envolver os quatro 1s inferiores para reduzir esses quatro mintermos a apenas x. No entanto, isso deixa sobrar um 1 isolado na linha de cima, que corresponde ao mintermo x'y'z. Temos que incluir esse mintermo na equação minimizada porque, se o descartarmos, estaremos modificando a função. Poderíamos incluir o próprio mintermo, dando I = x + x'y'z. Entretanto, essa expressão não está minimizada, porque a equação original incluía o mintermo xy'z e xy'z + x'y'z = (x+x')y'z = y'z. No mapa K, envolvemos esse 1 que está na linha de cima e também o 1 que está na célula abaixo. A função minimizada é assim I = x + y'z.

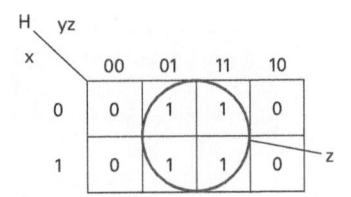

Figura 6.8 Quatro 1s adjacentes.

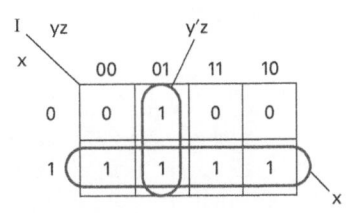

Figura 6.9 Envolvendo um 1 duas vezes.

É permitido cobrir um 1 mais de uma vez para minimizar termos múltiplos.

É permitido incluir um 1 duas vezes – isso não altera a função. Pense a respeito disso: se duplicarmos um mintermo, a função não se modificará (não esqueça, a = a + a), e essa duplicação pode permitir uma otimização maior. Em outras palavras:

I = x'y'z + xy'z' + xy'z + xyz + xyz'
I = x'y'z + xy'z + xy'z' + xy'z + xyz + xyz'
I = (x'y'z + xy'z) + (xy'z' + xy'z + xyz + xyz')
I = (y'z) + (x)

Duplicamos um mintermo, resultando em uma maior otimização.

Por outro lado, não há razão para envolver 1s mais de uma vez se os 1s já estão incluídos em termos minimizados. Por exemplo, o mapa K da equação:

J = x'y'z' + x'y'z + xy'z + xyz

aparece na Fig. 6.10. Não há razão para desenhar o círculo do qual resulta o termo y'z. Os outros dois círculos cobrem todos os 1s, significando que os termos desses dois círculos fazem a equação fornecer 1 para todas as combinações de entrada requeridas. Do terceiro círculo resulta apenas um termo extra sem que a equação seja alterada. Assim, não queremos apenas desenhar os maiores círculos possíveis para cobrir todos os 1s, mas queremos também desenhar o *mínimo* possível de círculos.

Para minimizar o número de termos, desenhe o mínimo possível de círculos.

Figura 6.10 Um termo desnecessário.

Mencionamos anteriormente que as colunas esquerda e direita de um mapa K são adjacentes. Assim, podemos desenhar círculos que cobrem os lados de um mapa K. Por exemplo, o mapa K da equação:

K = xy'z' + xyz' + x'y'z

aparece na Fig. 6.11. As duas células com 1s nos cantos são adjacentes, já que os lados esquerdo e direito de um mapa são adjacentes e, portanto, podemos desenhar um círculo que cobre ambas, resultando o termo xz'.

Algumas vezes um 1 não tem 1s adjacentes. Nesse caso, simplesmente desenhamos um círculo em torno do 1 isolado, resultando um termo que é um mintermo. O termo x'y'z da Fig. 6.11 é um exemplo.

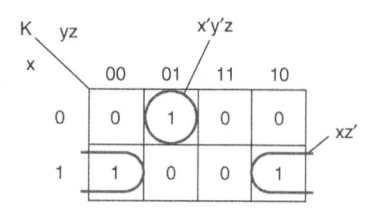

Figura 6.11 Os lados são adjacentes.

Em um mapa K de três variáveis, um círculo deve conter uma célula isolada ou duas, quatro ou oito células adjacentes. Um círculo *não* pode conter somente três, cinco, seis ou sete células. A razão é que o círculo deve representar transformações algébricas que eliminam variáveis, as quais aparecem em todas combinações possíveis. Desse modo, essas variáveis podem ser fatoradas e combinadas resultando um 1. Três células adjacentes não contêm todas as combinações de duas variáveis – está faltando uma. Assim, o círculo da Fig. 6.12 não é válido já que ele corresponde a xy'z' + xy'z + xyz, a qual não pode ser simplificada até obter-se um único termo. Para cobrir essa função, precisaríamos de dois círculos, um ao redor do par esquerdo de 1s e o outro ao redor do par direito.

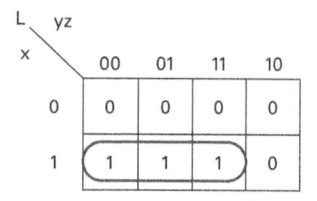

Figura 6.12 Círculo inválido.

Se todas as células de um mapa K tivessem 1s, como a função E na Fig. 6.13, então teríamos oito 1s adjacentes. Podemos desenhar um círculo ao redor dessas oito células. Como o círculo representa uma operação OR de todas as combinações possíveis das três variáveis da função, e como obviamente uma dessas combinações será verdadeira para qualquer conjunto de valores de entrada, a equação seria minimizada obtendo-se simplesmente E = 1.

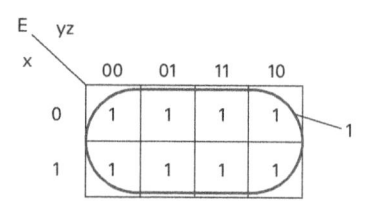

Sempre que estiver em dúvida se um círculo é válido, lembre-se simplesmente que o círculo é uma forma abreviada de se representar as transformações algébricas que combinam termos para eliminar variáveis. Um círculo deve representar um conjunto de termos que contém todas as combinações possíveis de algumas variáveis, ao passo que outras variáveis são iguais em todos os termos. As variáveis que se modificam podem ser eliminadas, resultando um termo único sem essas variáveis.

Figura 6.13 Oito 1s adjacentes.

Mapas K de quatro variáveis

Os mapas K também são úteis para minimizar funções booleanas de quatro variáveis. A Fig. 6.14 mostra um mapa K de quatro variáveis para a seguinte função:

$$F = w'xy'z' + w'xy'z + w'x'yz + w'xyz + wxyz + wx'yz$$

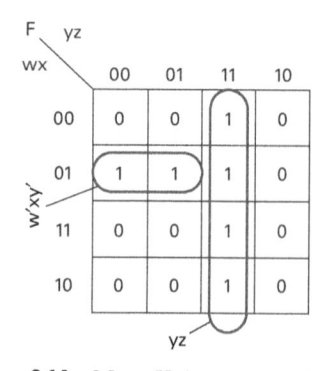

Figura 6.14 Mapa K de quatro variáveis.

Novamente, observe que as células adjacentes de cada par são diferentes entre si em exatamente uma variável. Os lados esquerdo e direito são considerados adjacentes e as linhas superior e inferior do mapa também são adjacentes – note que as células da esquerda e da direita diferem em apenas uma variável e o mesmo ocorre com as células superiores e inferiores.

Cobrimos os 1s do mapa com os dois círculos mostrados na Fig. 6.14, resultando os termos w'xy' e yz, de modo que a equação minimizada é F = w'xy' + yz.

Um círculo que cobre oito células adjacentes representa todas as combinações de três variáveis, de modo que a manipulação algébrica eliminará todas as três variáveis e produzirá um termo. Por exemplo, a função da Fig. 6.15 é simplificada obtendo-se um único termo, z, como está mostrado.

Em um mapa K de quatro variáveis, os tamanhos válidos de círculo são uma, duas, quatro, oito e dezesseis células adjacentes. Um círculo envolvendo todas as dezesseis células fornece uma função que é igual a 1.

Mapas K maiores

Mapas K de cinco e seis variáveis foram propostos, mas são muito complicados para serem usados de forma efetiva. Assim sendo, não iremos discuti-los mais detalhadamente.

Também há mapas K de duas variáveis, como está mostrado na Fig. 6.16. Entretanto, não são particularmente úteis, porque é muito fácil se minimizar algebricamente as funções de duas variáveis.

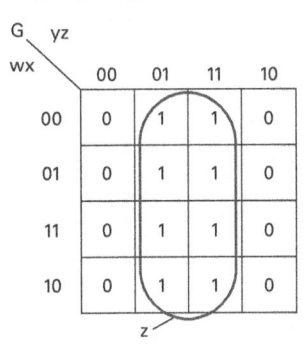

Figura 6.15 Oito células adjacentes.

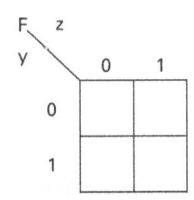

Figura 6.16 Mapa K de duas variáveis.

Usando um mapa K

Dada qualquer função booleana de três ou quatro variáveis, o seguinte método resume o uso de um mapa K para minimizar a função:

1. *Converta* a função da equação para a forma de uma soma de mintermos.

2. *Coloque* um 1 na célula apropriada do mapa K para cada mintermo.

3. *Cubra* todos os 1s desenhando um número *mínimo* de *maiores* círculos possíveis, de modo que cada 1 seja incluído ao menos uma vez, e escreva o termo correspondente.

4. *Faça OR* de todos os termos resultantes para criar a função minimizada.

O primeiro passo, conversão para a forma de uma soma de mintermos, pode ser feito algebricamente, como no Capítulo 2. Alternativamente, muitas pessoas acham mais fácil combinar os passos 1 e 2, convertendo a função da equação para a forma de uma soma de produtos (em que cada termo não é necessariamente um mintermo), preenchendo então com 1s as células correspondentes a cada termo no mapa K. Por exemplo, considere a função de quatro variáveis:

$$F = w'xz + yz + w'xy'z'$$

O termo w'xz corresponde às duas células fracamente sombreadas da Fig. 6.17. Portanto, colocamos 1s nessas células. O termo yz corresponde à coluna inteira que está fortemente sombreada na figura. O termo w'xy'z' corresponde à célula, isolada e não sombreada da esquerda, que contém um 1.

A minimização prosseguirá usando círculos para cobrir os 1s e fazendo uma operação OR de todos os termos. A função da Fig. 6.17 é idêntica à da Fig. 6.14, para a qual obtivemos a equação minimizada: F = w'xy' + yz.

▶ **EXEMPLO 6.5** Otimização do tamanho de uma lógica de dois níveis usando um mapa K de três variáveis

Minimize a seguinte equação:

G = a + a'b'c' + b*(c' + bc')

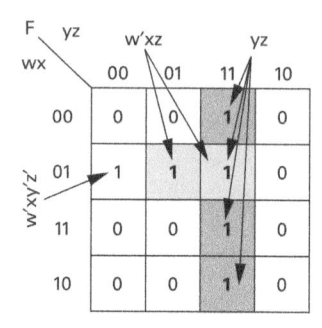

Figura 6.17 Os termos w'xz e yz.

Vamos começar convertendo a equação em uma soma de produtos:

G = a + a'b'c' + bc' + bc'

Colocamos os 1s correspondentes aos termos em um mapa K de três variáveis, como na Fig. 6.18. A linha inferior corresponde ao termo a, a célula de cima à esquerda, ao termo a'b'c', e a coluna da direita, ao termo bc' (que aparece duas vezes na equação).

Em seguida, cobrimos os 1s usando os dois círculos mostrados na Fig. 6.19. Uma operação OR com os termos resultantes produz a equação minimizada G = a + c'. ◀

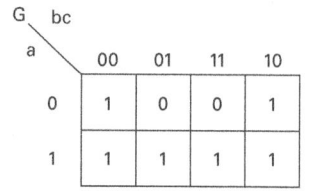

Figura 6.18 Termos no mapa K.

▶ **EXEMPLO 6.6** Otimização do tamanho de uma lógica de dois níveis usando um mapa K de quatro variáveis

Minimize a seguinte equação:

H = a'b'(cd' + c'd') + ab'c'd' + ab'cd' + a'bd + a'bcd'

Convertendo para a forma de soma de produtos, obtém-se:

H = a'b'cd' + a'b'c'd' + ab'c'd' + ab'cd' + a'bd + a'bcd'

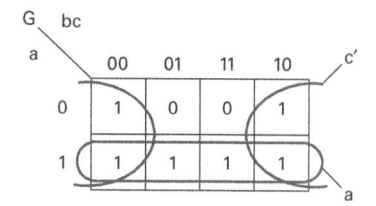

Figura 6.19 Uma cobertura.

Preenchemos com os 1s correspondentes aos termos, resultando o mapa K mostrado na Fig. 6.20. O termo a'bd corresponde às duas células cujos 1s estão em itálico. Todos os demais termos são mintermos e, portanto, correspondem a células isoladas.

Cobrimos os 1s usando círculos como está mostrado na figura. Um "círculo" cobre os quatro cantos, resultando o termo b'd'. Esse círculo pode parecer estranho, mas lembre-se que as células superiores e inferiores são adjacentes e que as células à esquerda e à direita também o são. Há um outro círculo no termo a'bd e um terceiro no termo a'bc. A equação minimizada de dois níveis é, portanto:

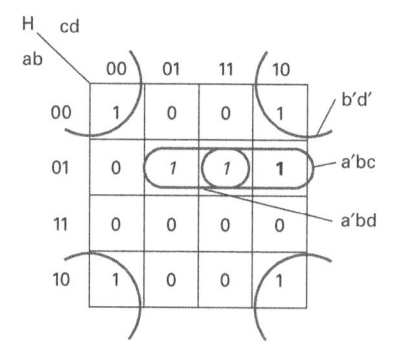

Figura 6.20 Exemplo de mapa K.

H = b'd' + a'bc + a'bd ◀

Observe o 1 em negrito na Fig. 6.20. Cobrimos esse 1 desenhando um círculo que incluiu o 1 à esquerda, resultando o termo a'bc. Alternativamente, poderíamos ter desenhado um círculo que incluísse esse 1 em negrito, obtendo a equação minimizada:

$$H = b'd' + a'cd' + a'bd$$

Essa equação representa não apenas a mesma função, mas requer também o mesmo número de transistores que a equação anterior. Portanto, vemos que pode haver muitas equações minimizadas, que são igualmente boas.

Combinações don't care* de entrada

Algumas vezes, temos garantia de que certas combinações de entrada em uma função booleana nunca poderão ocorrer. Para essas combinações, não precisaremos nos importar se a saída da função será 1 ou 0, porque, na realidade, a função nunca verá esses valores na entrada – as saídas correspondentes a essas entradas simplesmente não interessam, são irrelevantes (*don't care*). Como exemplo intuitivo, se você se tornasse o soberano do mundo, você viveria em um palácio ou em um castelo? Não importa a sua resposta (a saída), porque a entrada (você tornar-se soberano do mundo) simplesmente não acontecerá.

De modo a obter a melhor minimização possível, portanto, quando for dada uma combinação irrelevante de entrada, poderemos escolher se a saída será 1 ou 0 para cada uma dessas combinações. Como as saídas correspondentes a essas combinações *don't care* de entrada não importam, poderemos escolher qualquer saída que seja capaz de produzir a melhor otimização possível, já que elas simplesmente não irão ocorrer.

Algebricamente, podemos usar termos *don't care* introduzindo-os em uma equação durante a minimização algébrica, criando uma situação que permitirá combinar termos e eliminar uma variável. Como exemplo simples, considere a função F = xy'z', para a qual temos garantia, por alguma razão, de que os termos x'y'z' e xy'z nunca serão 1. Notamos que, se acrescentarmos o primeiro termo *don't care* à equação, resultará xy'z' + x'y'z' = (x+x') y'z' = y'z'. Assim, a introdução do termo *don't care* x'y'z' na equação propicia um benefício para a otimização. Entretanto, se introduzirmos o segundo termo *don't care*, não teremos esse benefício. Portanto, optamos por não introduzir esse termo.

Em um mapa K, as combinações *don't care* de entrada podem ser manipuladas facilmente colocando-se um X em cada mintermo *don't care* do mapa. Não *temos* que cobrir os Xs com círculos, mas *podemos* cobrir alguns 1s se isso nos ajudar a desenhar círculos maiores, enquanto estivermos cobrindo os 1s. Isso significa que menos variáveis aparecerão nos termos correspondentes aos círculos. No exemplo anterior, desenharíamos o mapa K mostrado na Fig. 6.21, o qual tem um 1 correspondente a xy'z' quando a função *deve* fornecer 1, e dois Xs correspondentes a x'y'z' e xy'z quando a função *puder* fornecer 1, se isso nos ajudar a minimizar a função. Desenhando um único círculo, obteremos a equação minimizada F = y'z'. (Nessa discussão, seja cuidadoso para não confundir o X maiúsculo, correspondente a uma saída *don't care*, com o x minúsculo, correspondente a uma variável.)

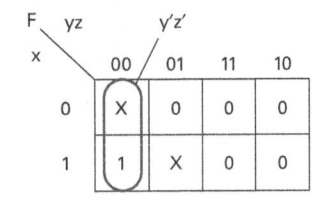

Figura 6.21 Mapa com saídas *don't care*.

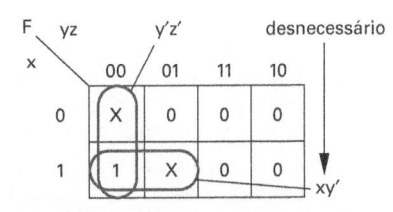

Figura 6.22 Uso de Xs com desperdício.

---

* N. de T: Significa que não importa, que não é de se preocupar.

Lembre-se, os casos *don't care* não precisam ser cobertos. A cobertura da Fig. 6.22 dá um exemplo de uso com desperdício de casos *don't care*. O círculo que cobre o X inferior, produzindo o termo xy', não é necessário. Esse termo não está errado, porque não nos importa se a saída será 1 ou 0 quando xy' for 1. No entanto, esse termo levaria a um circuito maior, porque a equação resultante seria F = y'z' + xy'. Como não nos importa, por que não tornar a saída 0 quando xy' for 1 e, desse modo, obter um circuito menor?

▶ **EXEMPLO 6.7 Minimização do tamanho de uma lógica de dois níveis com termos don't care no mapa K**

Minimize a seguinte equação:

$$F = a'bc' + abc' + a'b'c$$

sabendo que os termos a'bc e abc são *don't care*. Intuitivamente, esses termos significam que bc nunca poderá ser 11.

Começamos criando o mapa K de três variáveis da Fig. 6.23. Colocamos 1s nas três células correspondentes aos mintermos da função. Em seguida, colocamos Xs nas células dos dois termos *don't care*. Podemos cobrir o 1 de cima à esquerda com um círculo que contém um X. De modo semelhante, colocando os dois Xs dentro de um círculo, podemos cobrir os dois 1s da direita com um círculo maior. A equação minimizada resultante é F = a'c + b.

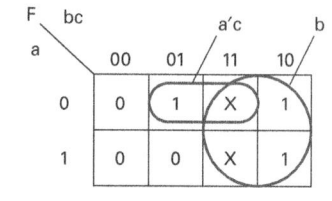

Figura 6.23 Usando termos *don't care*.

Sem os termos *don't care*, a equação teria sido minimizada obtendo-se F = a'b'c + bc'. Assumindo dois transistores por entrada de porta e ignorando os inversores, a equação minimizada sem os termos *don't care* iria requerer (3+2+2)*2 = 14 transistores (3 entradas de porta na primeira porta AND, 2 na segunda porta AND e 2 na porta OR, vezes 2 transistores por entrada de porta). Por outro lado, a equação minimizada com os termos *don't care* requer apenas (2+0+2)*2 = 8 transistores. ◀

▶ **EXEMPLO 6.8 Combinações de entrada don't care em um exemplo de chave deslizante**

Considere uma chave deslizante, mostrada na Fig. 6.24, que pode estar em uma de cinco posições, com três saídas x, y e z indicando a posição em binário. Assim, xyz pode assumir os valores 001, 010, 011, 100 e 101. Os outros valores de xyz não são possíveis, ou seja, os valores 000, 110 e 111 (ou x'y'z', xyz' e xyz). Desejamos projetar uma lógica combinacional, com entradas x, y e z, que fornecerá uma saída 1 se a chave estiver nas posições 2, 3 ou 4, correspondendo aos valores 010, 011 e 100 de xyz.

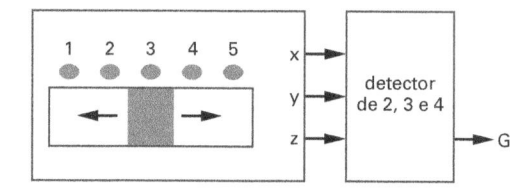

Figura 6.24 Exemplo de chave deslizante.

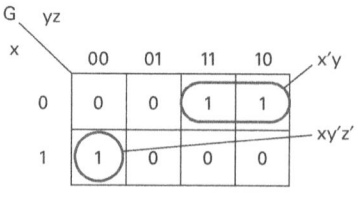

Uma equação booleana que descreve a lógica desejada é: G = x'yz' + x'yz + xy'z'. Podemos minimizá-la usando um mapa K, como mostrado na Fig. 6.25. A equação minimizada resultante é: G = xy'z' + x'y.

Entretanto, se levarmos em consideração os casos *don't care*, poderemos obter uma equação minimizada mais simples. Em particular, sabemos que jamais nenhum dos três mintermos x'y'z', xyz' e xyz poderá ser

Figura 6.25 Sem os casos *don't care*.

verdadeiro, porque a chave poderá estar apenas em uma das cinco posições indicadas antes. Desse modo, no caso desses outros três mintermos, não importa se colocamos 1 ou 0 na saída. Essas combinações de entrada *don't care* podem ser incluídas na forma de Xs no mapa K, como mostrado na Fig. 6.26. Se, na linha superior, cobrirmos os 1s da direita, poderemos desenhar um círculo maior, resultando o termo y. Se, na linha inferior, cobrirmos os 1s da esquerda, poderemos desenhar um círculo maior, resultando o termo z'. Embora terminamos cobrindo todos os Xs deste exemplo, lembre-se de que não temos que cobri-los–eles serão usados apenas se nos ajudarem a cobrir os 1s com círculos maiores. A equação minimizada resultante é: G = y + z'.

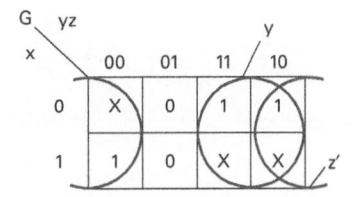

Figura 6.26 Com os casos *don't care*.

Essa equação minimizada com os casos *don't care* é bem diferente da equação minimizada sem os casos *don't care*. No entanto, lembre-se que o circuito ainda funciona da mesma forma. Por exemplo, se a chave estiver na posição 1, então xyz será 001 e o valor calculado de G = y + z' será 0, como desejado.

Os casos don't care devem ser usados com cuidado. Quando estamos decidindo se usaremos os casos *don't care*, devemos estabelecer um equilíbrio entre tamanho e os outros critérios, como circuitos confiáveis, seguros e tolerantes a falhas. Devemos nos perguntar–é *realmente* possível que combinações de entrada *don't care possam* ocorrer, mesmo em situações de erro? Então, no caso *afirmativo*, não nos importa *realmente* quais serão as saídas do nosso circuito nessa situação? Freqüentemente, nós nos importamos *sim* e queremos assegurar que a saída apresente um valor em particular. Por exemplo, no caso da chave deslizante, é possível que valores temporários apareçam nas saídas xyz, à medida que a chave é movimentada. Portanto, nesses casos *don't care*, é possível que queiramos assegurar um 0 na saída.

Diversas situações comuns levam a casos *don't care*. Algumas vezes, as saídas *don't care* vêm das limitações físicas das entradas – uma chave não pode estar em duas posições ao mesmo tempo, por exemplo. Se você leu o Capítulo 3, então poderá perceber que uma outra situação comum em que podem aparecer casos *don't care* é no projeto de um bloco de controle. Ele pode estar representando mais estados do que o necessário. Por exemplo, um bloco de controle com 17 estados pode usar um registrador de estado de cinco bits. Isso significa que não seriam utilizados 15 dos 32 estados possíveis do registrador de estado. Esses 15 estados poderiam ser tratados como *don't care* (para ficarmos seguros, eles poderiam na realidade fazer uma transição indo ao estado inicial, caso venhamos realmente a entrar em um desses estados não usados, devido a ruídos ou outros erros). Se você leu o Capítulo 5, então poderá perceber que uma outra situação comum em que ocorrem saídas *don't care* é em um bloco de controle que está controlando o bloco operacional. Se, durante um dado estado, não estivermos lendo ou escrevendo em uma memória ou banco de registradores em particular, então será irrelevante qual endereço será enviado à memória ou ao banco de registradores nesse estado. De modo semelhante, durante um estado, se um multiplexador alimentar um registrador e não estivermos fazendo uma carga nesse registrador, então será realmente irrelevante quais dados de entrada passarão pelo multiplexador nesse estado. Se, durante um estado, não formos carregar a saída de uma ALU em um registrador, então será realmente irrelevante qual função a ALU computará nesse estado.

Automatização da otimização do tamanho de uma lógica de dois níveis

O uso de mapas K é bastante limitado

Embora o método visual do mapa K seja útil na otimização de funções de dois níveis e três e quatro variáveis, esse método não pode ser usado para lidar com funções com muito mais variáveis. Um problema é que não podemos visualizar efetivamente funções além de cinco ou seis variáveis. Um outro problema é que as pessoas cometem erros e podem acidentalmente deixar de desenhar o maior círculo possível em um mapa K. Além disso, a ordem pela qual um projetista começa a cobrir com 1s pode levar a uma função com mais termos do que seria possível obter, caso fosse usada uma ordem diferente. Por exemplo, considere a função mostrada no mapa K da Fig. 6.27(a). Começando da esquerda, um projetista poderia desenhar primeiro o círculo que fornece o termo y'z', então o círculo que fornece x'y', depois o que fornece yz e, finalmente, o círculo que fornece xy, totalizando quatro termos. O mapa K da Fig. 6.27(b) mostra uma cobertura alternativa. Depois de desenhar o círculo que fornece y'z', o projetista desenha o círculo que fornece x'z e então o que fornece xy. A cobertura alternativa usa apenas três termos ao invés de quatro.

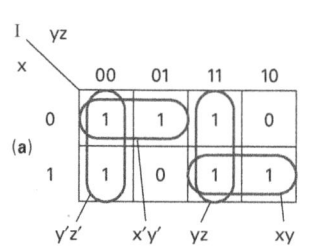

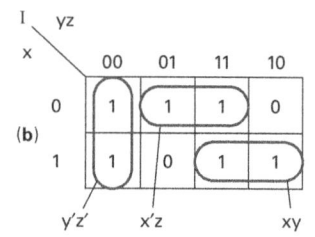

Figura 6.27 Uma cobertura não é necessariamente ótima: (a) uma cobertura com quatro termos e (b) uma cobertura com três termos para a mesma função.

Conceitos que fundamentam a otimização automatizada de tamanho em dois níveis

Devido aos problemas mencionados anteriormente, a otimização do tamanho de uma lógica de dois níveis é feita primariamente usando ferramentas automatizadas, baseadas em computador, que fazem heurística ou executam algoritmos exatos. Uma **heurística** é um método de resolução de problemas que *usualmente* fornece uma boa solução, idealmente próxima da ótima, mas que *não é necessariamente* a ótima. Um **algoritmo exato**, ou simplesmente algoritmo, é um método de resolução de problemas que fornece a solução ótima. Do ponto de vista dos critérios que nos interessam, uma **solução ótima** é uma solução tão boa ou melhor do que qualquer outra possível.

Primeiro, vamos definir alguns conceitos que fundamentam a heurística e os algoritmos exatos que são usados na otimização do tamanho da lógica de dois níveis. Ilustraremos graficamente esses conceitos com mapas K, mas o propósito dessas ilustrações é simplesmente dar ao leitor uma visão intuitiva dos conceitos – as ferramentas automatizadas *não* usam mapas K.

Lembre-se que uma função pode ser escrita como sendo uma equação na forma de uma soma de mintermos. Um **mintermo** é um termo de produto que inclui todas as variáveis da função exatamente uma vez, na forma afirmativa ou na complementada. O chamado ***on-set*** de uma função é o conjunto de mintermos que definem quando o valor da função deve ser 1 (isto é, quando a função está "*on*", ligada). Para a função da Fig. 6.28, o *on-set* é: {x'y'z, xyz, xyz'}. O chamado ***off-set*** de uma

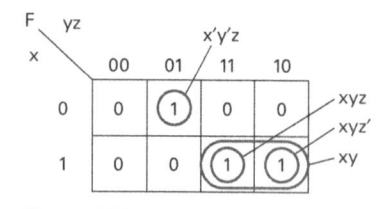

Figura 6.28 Implicantes.

função é o conjunto de todos os demais mintermos. Para a função da Fig. 6.28, o *off-set** é: {x'y'z', x'yz', x'yz, xy'z', xy'z}. Usando a representação compacta de mintermos (veja a Seção 2.6), o *on-set* é {1,6,7} e o *off-set* é {0,2,3,4,5}.

---

* N. de T: Corresponde ao conjunto de mintermos que define quando o valor da função deve ser 0 (isto é, quando a função está "*off*", desligada). Daí vêm *off*, desligado, e *set*, conjunto, em inglês.

Um ***implicante*** é um termo de produto que pode conter menos do que todas as variáveis da função, mas que será 1 somente se o valor da função for 1 – em outras palavras, um implicante de função é um termo que será 1, para um dado conjunto de valores de variáveis, somente se, para esses valores de variáveis, ao menos um dos mintermos pertencentes ao *on-set* da função for 1. Por exemplo, a função F = x'y'z + xyz' + xyz tem quatro implicantes: x'y'z, xyz', xyz e xy. Graficamente, um implicante é qualquer círculo válido (mas não necessariamente o maior possível) em um mapa K, como mostrado na Fig. 6.28. Obviamente, todos os mintermos são implicantes, mas nem todos os implicantes são mintermos.

Dizemos que o termo xy ***cobre*** os mintermos xyz' e xyz da função G. Graficamente, o círculo de um implicante envolve os 1s dos mintermos cobertos. Intuitivamente, sabemos que podemos substituir os mintermos cobertos pelo implicante, que cobre esses mintermos, e ainda obter a mesma função. Em outras palavras, podemos substituir xyz'+ xyz por xy. Um conjunto de implicantes que cobre o *on-set* de uma função (e não cobre nenhum outro mintermo) é conhecido como ***cobertura*** da função. Para a função acima, uma cobertura da função é x'y'z + xyz + xyz'; uma outra é x'y'z + xy e ainda outra é x'y'z + xyz + xyz'+ xy.

Em um termo, a remoção de uma variável é conhecida como ***expansão*** do termo, que é o mesmo que expandir o tamanho de um círculo em um mapa K. Por exemplo, para a função da Fig. 6.28, a expansão do termo xyz para xy (pela eliminação de z) resulta em um implicante da função. A expansão do termo xyz' para xy também resulta em um implicante (o mesmo). Entretanto, a expansão de xyz para xz (pela eliminação de y) não resulta em um implicante – xz cobre o mintermo xy'z, o qual não pertence ao *on-set* da função.

Um ***implicante primo*** de uma função é um implicante com a propriedade de que, se uma variável qualquer for eliminada do implicante, o resultado será um termo que cobre um mintermo não pertencente ao *on-set* da função. Graficamente, um implicante primo corresponde a círculos que são os maiores possíveis – um aumento a mais no círculo acabaria cobrindo 0s e modificando a função. Na Fig. 6.28, x'y'z e xy são implicantes primos. A remoção de qualquer variável do implicante x'y'z, digamos z, produzirá um termo (x'y') que cobre um mintermo não pertencente ao *on-set* – x'y' cobre x'y'z', por exemplo, o qual não pertence ao *on-set* da função. De modo semelhante, a remoção de x' ou y' desse termo cobrirá um mintermo que não pertence ao *on-set* da função. A remoção de qualquer variável do implicante xy, digamos y, produzirá um termo (x) que cobre mintermos não pertencentes ao *on-set*. Por outro lado, xyz não é um implicante primo, porque z pode ser removido desse implicante sem que a função seja alterada, porque xy cobre os mintermos xyz e xyz', ambos não pertencentes ao *on-set*. De modo semelhante, xyz' não é um implicante primo, porque z' pode ser removida. Não há razão para cobrir uma função com qualquer coisa que não sejam implicantes primos, porque os implicantes primos permitem obter a mesma função com menos variáveis do que os implicantes que não são primos (essa é a razão de sempre desenharmos os maiores círculos possíveis em mapas K).

Um ***implicante primo essencial*** é o *único* implicante primo que cobre um dado mintermo pertencente ao *on-set* da função. Graficamente, um implicante primo essencial é o único círculo (naturalmente, o maior possível, já que o círculo deve representar um implicante primo) que cobre um 1 em particular. Na Fig. 6.28, x'y'z é um implicante primo essencial, assim como xy, porque cada um deles é o único implicante primo que cobre um 1 particular. Um implicante primo não essencial é um implicante primo cujos mintermos cobertos são também cobertos por um ou mais implicantes primos diferentes. A Fig. 6.29 mostra uma função diferente que tem quatro implicantes, mas dos quais apenas dois são essenciais. O termo x'y' é um implicante primo essencial porque ele é o único implicante primo que cobre x'y'z'. O termo xy é um implicante primo essencial porque é o único implicante primo que cobre o mintermo xyz'. O termo y'z é um implicante primo não essencial porque ambos os seus mintermos cobertos são também cobertos por outros implicantes (esses outros implicantes primos podem ou não ser implicante primos essenciais). De modo semelhante, xz não é essencial. A importância dos implicantes primos essenciais é a seguinte: sabemos que *devemos* incluir todos os implicantes primos essenciais em uma cobertura de função, senão haveria alguns mintermos que poderiam não estar cobertos. Para cobrir completamente a função, podemos ou não precisar incluir implicantes primos não essenciais, mas devemos incluir todos os implicantes primos.

Dadas as noções de implicantes primos e implicantes primos essenciais, uma abordagem simples para a otimização de uma lógica de dois níveis está dada na Tabela 6.1.

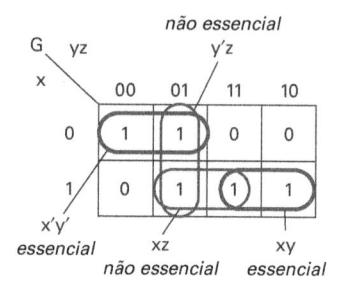

Figura 6.29 Implicantes primos essenciais.

TABELA 6.1 Abordagem para a otimização automatizada do tamanho de uma lógica de dois níveis

Passo		Descrição
1	Determine os implicantes primos	Para cada mintermo do *on-set* da função, expanda esse termo ao máximo (ou seja, elimine variáveis no termo) de modo que o termo ainda cubra mintermos do *on-set* da função (é como desenhar em um mapa K o maior círculo possível ao redor de cada 1). Repita para cada mintermo. Se houver casos don't care, use-os para expandir mintermos ao máximo, obtendo implicantes primos (é como usar Xs para criar os maiores círculos possíveis para um dado 1 em um mapa K).
2	Acrescente implicantes primos à cobertura da função	Encontre todos os mintermos cobertos por apenas um implicante primo (isto é, por um implicante primo essencial). Acrescente esses implicantes primos à cobertura e marque os mintermos cobertos por esses implicantes como já estando cobertos.
3	Cubra os demais mintermos com implicantes primos não essenciais	Cubra os demais mintermos usando o número mínimo de implicantes primos restantes.

Os primeiros dois passos são exatos. O último passo é bastante engenhoso. Como escolher os implicantes primos que serão usados para cobrir os demais mintermos? Lembre-se do exemplo da Fig. 6.27 no qual, após o acréscimo de implicantes primos essenciais, a cobertura da Fig. 6.27(a) usava dois implicantes primos para cobrir os dois 1s que sobravam, ao passo que a cobertura da Fig. 6.27(b) usava apenas um implicante primo para cobrir esses dois 1s restantes. Quando há apenas duas possibilidades, podemos tentar cada uma e escolher a que tem menos implicantes primos na cobertura final. No entanto, como seria se houvesse milhões, ou bilhões, de possibilidades? Poderíamos não dispor de tempo de computação suficiente para tentar todas essas possibilidades. Na verdade, para funções maiores com centenas de mintermos e milhares de implicantes primos, pode haver milhões de coberturas a serem consideradas no último passo.

Se uma abordagem tentar todas as possibilidades, essa abordagem será um algoritmo exato. Se uma abordagem testar apenas algumas poucas dessas possibilidades, poderá ser heurística a abordagem completa para a otimização do tamanho de uma lógica de dois níveis (a menos que a abordagem garanta que as possibilidades ignoradas não fazem realmente parte de uma solução ótima).

Demonstraremos essa abordagem para otimizar o tamanho de uma lógica de dois níveis com o exemplo seguinte.

▶ **EXEMPLO 6.9** Otimização do tamanho de uma lógica de dois níveis por meio da abordagem da Tabela 6.1 e ilustrada com um mapa K

A Fig. 6.30 mostra o mapa K para a função da Fig. 6.27, na qual vimos que coberturas diferentes produziram números diferentes de termos. O primeiro passo é determinar todos os implicantes primos, mostrados na parte superior da figura. Para cada 1, desenhamos todos os círculos possíveis, envolvendo 1s adjacentes e assegurando que cada círculo seja o maior possível.

O segundo passo é acrescentar implicantes primos essenciais à cobertura da função. Observe que o 1 correspondente ao mintermo x'yz (o 1 à direita em cima) está coberto apenas por um implicante primo, isto é, x'z. Assim, sabemos que precisaremos usá-lo e, portanto, incluiremos o implicante primo x'z na cobertura. Observe também que o 1 correspondente ao mintermo xyz' (o 1 à direita em baixo) está coberto apenas por um implicante primo, a saber, xz'. Assim, incluiremos também esse implicante primo xz' na cobertura. Marcamos todos os 1s cobertos por esses implicantes primos essenciais, indicando-os por 1s em itálico na figura.

O último passo é cobrir os 1s restantes com o menor número possível de implicantes primos. Há apenas um 1 não coberto e esse 1 está coberto por dois implicantes primos. Podemos escolher qualquer um para a cobertura – escolheremos y'z'. Assim, a cobertura final é:

$$I = x'z + xz' + y'z'$$

Nesse exemplo, um mapa K é usado meramente para ilustrar o leitor a respeito dos passos que ocorrem em uma ferramenta automatizada – internamente tal ferramenta *não* usa mapas K, usa outras formas para representar os termos de uma função. ◀

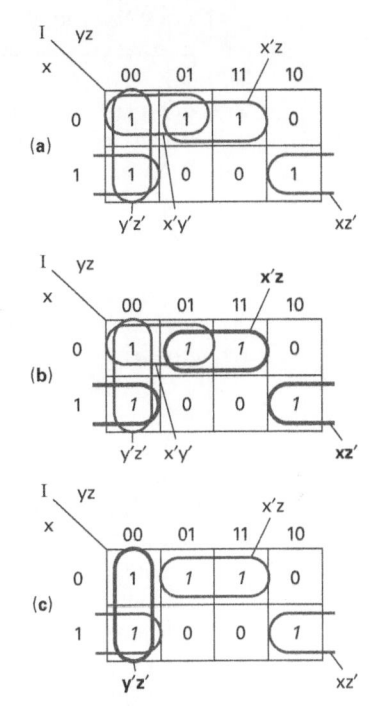

Figura 6.30 Ilustração de uma otimização de dois níveis: (a) todos os implicantes primos, (b) inclusão dos implicantes primos essenciais na cobertura e (c) cobertura dos 1s restantes.

Otimização automatizada do tamanho de uma lógica de dois níveis usando o método de Quine-McCluskey

A abordagem mais conhecida, e de fato a original, para a otimização automatizada do tamanho de uma lógica de dois níveis é o método de **Quine-McCluskey**, chamado algumas vezes de *método tabular*.

Nesse método, o primeiro passo encontra todos os implicantes primos. O passo começa com os mintermos da função–se estivermos minimizando uma função de três variáveis, então poderemos chamá-los de termos de três variáveis. Para encontrar todos os implicantes primos, o método compara primeiro cada termo de três variáveis com todos os demais termos de três variáveis e, se forem encontrados dois termos que diferem entre si em apenas uma variável, o método acrescentará um novo termo (sem a variável que é diferente) a um novo conjunto de termos de duas variáveis. Por exemplo, xyz' e xyz diferem em uma variável, z. Disso resulta um novo termo xy que é acrescentado ao conjunto de termos de duas variáveis. Uma vez terminada a comparação de todos os termos de três variáveis, o método compara todos os pares de termos de duas variáveis, procurando termos que diferem entre si em apenas uma variável, resultando um conjunto de termos de uma variável. Termos de uma variável podem então ser comparados, procurando-se os termos que diferem entre si em uma variável. No entanto, se tais termos forem encontrados, o valor da função será simplesmente 1. Na realidade, nem todos os termos de um conjunto precisam ser comparados – apenas aqueles cujo *número de literais não complementadas, diferentes entre si, seja um*. Por exemplo, x'yz' e xyz não precisam ser comparados, porque o número de literais não complementadas, diferentes entre si, é dois, não um. Portanto, eles não poderão ser simplificados para produzir um novo termo pela eliminação de uma variável. Durante esse passo, no momento em que um termo não puder mais ser combinado com algum outro, iremos marcá-lo como sendo um implicante primo. Assim, após esse passo, todos os termos *marcados* representarão todos os implicantes primos. Portanto, o método propicia uma abordagem para se encontrar implicantes primos, de forma mais eficiente do que pela simples expansão ao máximo de cada termo.

O segundo passo é acrescentar à cobertura todos os implicantes primos essenciais e marcar como estando "cobertos" todos os mintermos cobertos por esses implicantes primos.

O passo final é cobrir todos os demais mintermos não cobertos, escolhendo-se o menor número possível de implicantes primos restantes para cobri-los. Se todas as possibilidades forem testadas, resultará uma versão do método de Quine-McCluskey que é um algoritmo exato. Se apenas um subconjunto for testado, resultará uma heurística.

Os métodos que enumeram todos os mintermos ou que computam todos os implicantes primos podem ser ineficientes

O método de Quine-McCluskey funciona razoavelmente bem com as funções que têm até possivelmente dezenas de variáveis. Entretanto, com funções maiores, apenas a listagem de todos os mintermos pode resultar em uma quantidade enorme de dados. Uma função de 10 variáveis pode ter até 2^{10} mintermos – ou seja, 1024 mintermos, o que é bem razoável. Entretanto, uma função de 32 variáveis pode ter até 2^{32} mintermos, ou seja, até cerca de quatro bilhões de mintermos. A representação desses mintermos em uma tabela requer uma quantidade proibitiva de memória de computador. Além disso, a comparação desses mintermos com outros poderia requerer computações na ordem de quatro bilhões ao quadrado, ou seja, quatrilhões de computações (um quatrilhão é mil vezes um trilhão). Mesmo um computador que executasse dez bilhões de computações por segundo iria necessitar de 100.000 segundos para executar todas essas computações, ou seja, 27 horas. No caso de 64 variáveis, os números chegam a 2^{64} mintermos possíveis, ou quatrilhões de mintermos, e quatrilhões ao quadrado de computações, o que poderia exigir um mês de computação. Funções com cem entradas, o que não é tão incomum, iria requerer uma quantidade absurda de memória e muitos anos de computação. Mesmo a computação de todos os implicantes primos, sem listar primeiro todos os mintermos, é computacionalmente proibitiva para muitas funções com os tamanhos atuais.

Heurística iterativa para a otimização do tamanho de uma lógica de dois níveis

No caso de funções com muitas variáveis, a enumeração de todos os mintermos de uma função, ou mesmo de apenas todos os implicantes primos, é proibitiva em termos de memória de computador e tempo de computação. Assim, a maioria das ferramentas automatizadas usa métodos que, ao invés, simplesmente transformam iterativamente a equação da função original, tentando encontrar melhoramentos para a equação. O **melhoramento iterativo** significa fazer repetidamente pequenas alterações em uma solução existente até decidirmos parar, talvez porque não conseguimos encontrar uma solução melhor, ou talvez porque a ferramenta trabalhou por tempo suficiente. Como exemplo da realização de pequenas alterações em uma solução já existente, considere a equação:

F = abcdefgh + abcdefgh'+ jklmnop

Claramente, podemos reduzir essa equação simplesmente combinando os dois primeiros termos e removendo a variável h, resultando F = abcdefg + jklmnop. No entanto, a enumeração dos mintermos, como é requerido nos métodos anteriores da otimização de tamanho, teria resultado em cerca de 1000 mintermos e, em seguida, em milhões de computações para encontrar os implicantes primos – mas obviamente não há necessidade dessa enumeração e dessa computação para minimizar a equação.

Portanto, as modernas ferramentas automatizadas de otimização lógica não tentam enumerar todos os mintermos das funções de muitas variáveis. Essas ferramentas começam com uma dada equação da função, na forma de uma soma de produtos, como a descrição de F anterior. Então, essas ferramentas tentam transformar a equação pouco a pouco em uma equação melhor, significando uma equação com menos termos e/ou menos literais. Essas ferramentas ficam em repetição, ou *iteração*, até que não consigam novos melhoramentos ou até que tenha expirado algum tempo máximo atribuído para que a ferramenta fique em execução.

Nas ferramentas modernas, a heurística para essa otimização de uma lógica de dois níveis pode ser bem complexa. No entanto, uma heurística simples e bastante efetiva usa a aplicação repetida da operação de expansão. A operação de *expansão* significa remover uma literal de um termo e então verificar se o novo termo é válido. A remoção de uma literal faz com que o termo cubra mais mintermos, é como desenhar um círculo maior em um mapa K–daí o nome "expansão". Por exemplo, considere a função F = x'z + xy'z + xyz. Podemos tentar expandir o termo x'z removendo x', ou z. Note que a expansão de um termo *reduz* o número de literais – pode ser necessário um pouco de tempo para você se acostumar com o conceito de que *expandir* um termo *reduz* o seu número de literais. Pode ser útil pensar em círculos em um mapa K, como mostrado na Fig. 6.31 – quanto maior o círculo, menor o número resultante de literais. Uma expansão será válida se o novo termo cobrir apenas mintermos pertencentes ao *on-set* da função, ou de forma equivalente *não* cobrir um mintermo do *off-set* da função – em outras palavras, uma expansão será válida se o novo termo ainda for um implicante da função. A Fig. 6.31(a) mostra que,

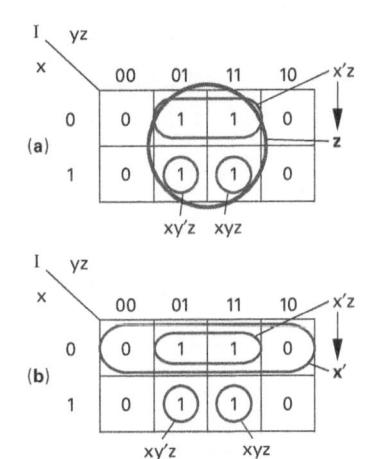

Figura 6.31 Expansões do termo x'z na função F = x'z + xy'z + xyz: (a) válida e (b) não válida (porque o termo expandido cobre 0s).

para a função dada, é valida a expansão do termo x'z para z, já que o termo expandido cobre apenas 1s. Por outro lado, a expansão de x'z para x' não é válida, pois o termo expandido cobre um 0 no mínimo. Se uma expansão for válida, iremos substituir o termo original pelo expandido e, em seguida, *iremos procurar e remover qualquer outro termo coberto pelo termo expandido*. Na Fig. 6.31(a), o termo expandido z cobre os termos xy'z e xyz. Assim, esses dois últimos podem ser removidos.

Observe que ilustramos a operação de expansão usando um mapa K, simplesmente para ajudar a compreender intuitivamente a operação – os mapas K não são encontrados em nenhum lugar das ferramentas heurísticas para minimizar o tamanho de uma lógica de dois níveis.

Como outro exemplo, usaremos a função apresentada antes:

F = abcdefgh + abcdefgh'+ jklmnop

Poderíamos começar tentando expandir o primeiro termo, abcdefgh. Uma das expansões desse termo é bcdefgh (isto é, removemos a literal a). Entretanto, esse termo cobre o termo a'bcdefgh, o qual cobre mintermos que não pertencem ao *on-set* da função. Desse modo, essa expansão não é válida. Poderemos tentar outras expansões, descobrindo que elas também não são válidas, até que chegamos à expansão abcdefg (isto é, removemos a literal h).

Esse termo cobre exatamente abcdefgh e abcdefgh', ambos são claramente implicantes porque eles aparecem na função original e, assim, o novo termo deve ser também um implicante. Portanto, substituímos o primeiro termo pelo expandido:

$$F = abcdefg\cancel{h} + abcdefgh' + jklmnop$$

e removemos também o segundo termo, porque esse está coberto pelo termo expandido:

$$F = abcdefg\cancel{h} + \cancel{abcdefgh'} + jklmnop$$
$$F = abcdefg + jklmnop$$

Desse modo, usando apenas a operação de expansão, melhoramos a equação.

▶ **EXEMPLO 6.10 Heurística iterativa para otimizar o tamanho de uma lógica de dois níveis usando expansão**

Minimize a seguinte equação, que também foi minimizada no Exemplo 6.4, usando a aplicação repetida da operação de expansão:

$$F = xyz + xyz' + x'y'z' + x'y'z$$

Em outras palavras, o *on-set* consiste nos mintermos: {7, 6, 0, 1} e o *off-set*, nos mintermos: {2, 3, 4, 5}.

Vamos expandir os termos indo da esquerda para a direita, de modo que começaremos com xyz. Podemos tentar expandir xyz para obter xy. Essa expansão é válida? O termo xy cobre os mintermos xyz' (mintermo 6) e xyz (mintermo 7), ambos pertencentes ao *on-set*. Portanto, a expansão é válida, de modo que substituímos xyz por xy, obtendo a nova equação:

$$F = xy\cancel{z} + xyz' + x'y'z' + x'y'z$$

Procuramos também implicantes que estejam cobertos pelo novo implicante xy. O termo xyz' está coberto por xy, de modo que eliminamos xyz', obtendo:

$$F = xy + \cancel{xyz'} + x'y'z' + x'y'z$$

Vamos continuar tentando expandir esse primeiro termo. Podemos tentar expandir xy para obter x. O termo x cobre os mintermos xy'z' (mintermo 4), xy'z (mintermo 5), xyz' (mintermo 6) e xyz (mintermo 7). O termo x cobre assim os mintermos 4 e 5, os quais não estão no *on-set*, mas em vez disso, no *off-set*. Portanto, essa expansão não é válida. Podemos também tentar expandir xy e obter y, mas verificaremos novamente que essa expansão não é válida.

A seguir, poderemos considerar o termo seguinte, x'y'z'. Vamos tentar expandi-lo para obter x'y'. Esse termo cobre os mintermos x'y'z' (mintermo 0) e x'y'z (mintermo 1), ambos pertencentes ao *on-set*, de modo que a expansão é válida. Assim, substituímos esse termo pelo expandido:

$$F = xy + x'y'\cancel{z'} + x'y'z$$

Verificamos se há outros termos cobertos pelo termo expandido e encontramos que x'y'z está coberto por x'y', de modo que removemos x'y'z, ficando:

$$F = xy + x'y' + \cancel{x'y'z}$$

Podemos tentar expandir novamente o termo x'y', mas verificaremos que as duas expansões possíveis (x' ou y') não são válidas. Desse modo, a equação anterior é a equação minimizada. Observe que aconteceu desse resultado ser o mesmo que obtivemos quando minimizamos a mesma equação inicial no Exemplo 6.4. ◀

Mesmo que tenha acontecido da heurística baseada em expansão ter gerado a equação otimamente minimizada, não há garantia de que os resultados heurísticos serão sempre os ótimos.

Uma heurística mais avançada utiliza operações adicionais além do simples uso da operação de expansão. Uma dessas operações é a de redução, a qual pode ser entendida como sendo o oposto da expansão. A operação de *redução* toma um termo e tenta acrescentar-lhe uma literal, verificando se a equação com o novo termo ainda cobre a função. Acrescentar uma literal a um termo é como reduzir o tamanho de um círculo em um mapa K. Esse acréscimo reduz o número de mintermos cobertos pelo termo, daí o nome *redução*. Uma outra operação é a chamada *irredundância* que tenta remover inteiramente um termo, verificando se a nova equação ainda cobre a função. Se afirmativo, o termo removido era "redundante", daí o nome *irredundância*. Uma heurística pode iterativamente realizar operações de expansão, redução e irredundância. Outras realizam operações como as da heurística seguinte: tente dez operações aleatórias de expansão, então, cinco operações aleatórias de redução, a seguir, duas operações de irredundância e, então, repita (iteração) a seqüência completa até que não ocorram mais melhoramentos de uma iteração para a seguinte. As ferramentas modernas de otimização de tamanho em dois níveis diferem grandemente quanto à ordem das operações e ao número de iterações.

Lembre-se de que dissemos que as heurísticas modernas não enumeram todos os mintermos de uma função, mesmo que tenhamos enumerado todos os mintermos no exemplo anterior –na realidade, os mintermos nos foram fornecidos na equação inicial. Quando inicialmente não conhecemos os mintermos, existem muitos métodos avançados que representam eficientemente o *on-set* e o *off-set* de uma função, sem enumerar os mintermos desses conjuntos. Além disso, verificam rapidamente se um termo cobre termos do *off-set*. Esses métodos estão além dos objetivos deste livro, sendo o tema de livros de síntese de projetos digitais. No entanto, esperamos que agora você já tenha apreendido a idéia básica da minimização heurística de dois níveis.

Uma das ferramentas originais que executavam heurísticas automatizadas, assim como otimização exata de dois níveis, era chamada de *Espresso*, tendo sido desenvolvida na Universidade da Califórnia, em Berkeley. Os algoritmos e as heurísticas usadas no Espresso formaram a base de muitas ferramentas comerciais modernas de otimização lógica.

Otimização lógica de múltiplos níveis – tradeoffs de desempenho e tamanho

Até agora, discutimos a otimização do tamanho de lógicas de dois níveis. Entretanto, na prática, poderemos não necessitar da velocidade correspondente a dois níveis lógicos. Poderemos estar dispostos a usar três, quatro ou mais níveis de lógica, se esses níveis adicionais reduzirem a quantidade de lógica necessária. Como exemplo simples, considere a equação:

$$F1 = ab + acd + ace$$

Essa equação não pode ser minimizada. O circuito resultante de dois níveis está mostrado na Fig. 6.32(a).

No entanto, podemos manipular algebricamente a equação como segue:

$$F2 = ab + ac(d + e) = a(b + c(d + e))$$

Essa equação pode ser implementada com o circuito mostrado na Fig. 6.32(b). Essa implementação lógica de múltiplos níveis usa menos transistores às custas de mais atrasos de porta, como ilustrado na Fig. 6.32(c). Portanto, essa implementação de múltiplos níveis representa um *tradeoff*, quando comparada com a implementação de dois níveis.

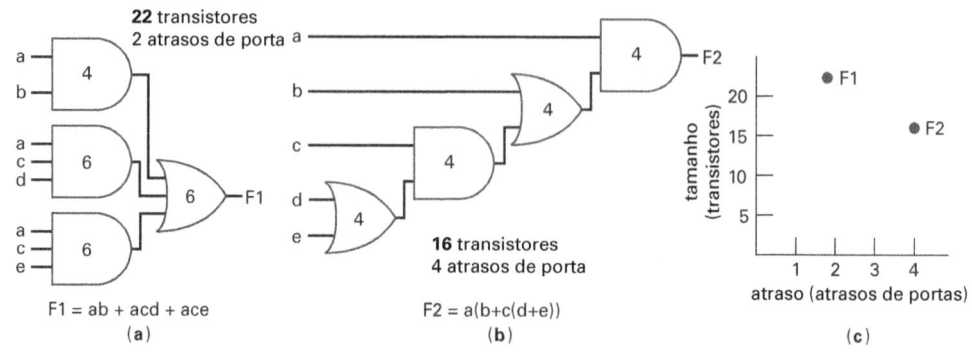

Figura 6.32 Uso de lógica de múltiplos níveis para realizar *tradeoff* entre desempenho e tamanho: (a) circuito de dois níveis, (b) circuito de múltiplos níveis com menos transistores e (c) ilustração do *tradeoff* de tamanho *versus* atraso. Os números dentro das portas representam números de transistores.

De forma semelhante à otimização lógica de dois níveis, na otimização lógica de múltiplos níveis, as heurísticas automatizadas transformam iterativamente a equação inicial da função, otimizando um dos critérios às custas de algum outro.

▶ **EXEMPLO 6.11 Otimização lógica de múltiplos níveis**

Usando manipulação algébrica, minimize o tamanho do circuito da seguinte função, possivelmente às custas de menor desempenho. Faça o gráfico do *tradeoff* do circuito inicial e do de tamanho otimizado em relação ao tamanho e ao atraso.

$$F1 = abcd + abcef$$

O circuito correspondente a essa equação está mostrado na Fig. 6.33(a). O circuito requer 22 transistores e tem um atraso correspondente a dois atrasos de porta.

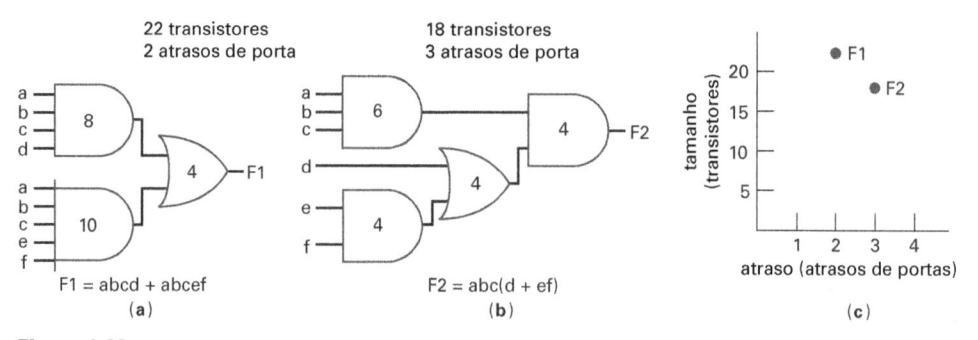

Figura 6.33 Lógica de múltiplos níveis para realizar *tradeoff* entre desempenho e tamanho: (a) circuito de dois níveis, (b) circuito de múltiplos níveis com menos transistores e (c) *tradeoff* de tamanho *versus* atraso. Os números dentro das portas representam números de transistores.

Podemos manipular algebricamente a equação fatorando os dois termos e colocando em evidência o termo abc, como segue:

$$F2 = abcd + abcef = abc(d + ef)$$

O circuito dessa equação está mostrado na Fig. 6.33(b). O circuito requer apenas 18 transistores, mas tem um atraso maior de três atrasos de porta. O gráfico na Fig. 6.33(c) mostra o tamanho e o desempenho de cada projeto. ◀

▶ **EXEMPLO 6.12** Redução do comprimento de um caminho não crítico com lógica de múltiplos níveis

Use lógica de múltiplos níveis para reduzir o tamanho do circuito da Fig. 6.34(a), sem aumentar o atraso do circuito. Note que o circuito inicialmente tinha 26 transistores. Além disso, desde uma entrada qualquer até a saída, o maior atraso corresponde a um atraso de três portas. Esse atraso ocorre conforme mostrado pela linha tracejada na figura. O caminho mais longo através de um circuito é o **caminho crítico** desse circuito.

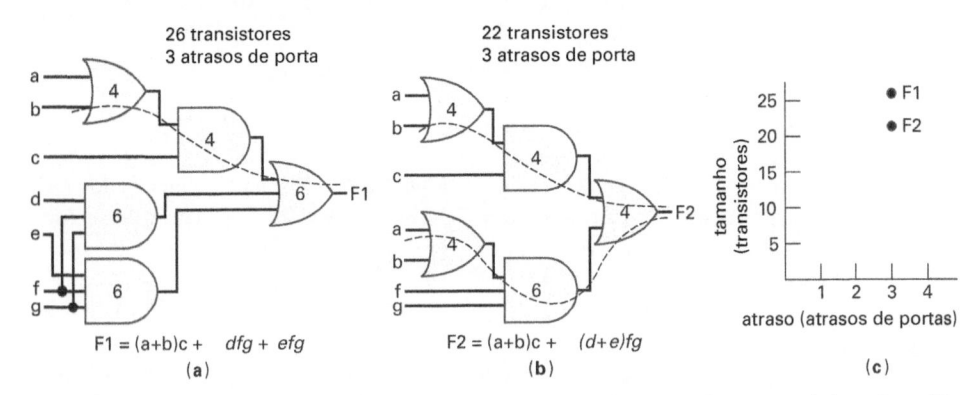

Figura 6.34 Otimização de múltiplos níveis obtida pela alteração de um caminho não crítico reduzindo o tamanho sem aumentar o atraso: (a) circuito original, (b) novo circuito com menos transistores mas de mesmo atraso (c) ilustração da otimização de tamanho sem *tradeoff* de atraso.

Os outros caminhos presentes no circuito apresentam atrasos correspondentes a duas portas. Assim, se reduzirmos o tamanho da lógica nos caminhos não críticos e aumentarmos o atraso desses caminhos para três portas, o atraso total do circuito não será aumentado. Vamos nos concentrar nas partes não críticas da equação de F1 na Fig. 6.34(a); as partes não críticas estão em itálico. Podemos modificar algebricamente as partes não críticas, colocando em evidência o termo fg, resultando a equação e o circuito novos mostrados na Fig. 6.34(b). Um dos caminhos modificados tem agora também um atraso correspondente a três portas, de modo que agora temos dois caminhos de comprimentos iguais, ambos tendo um atraso correspondente a três portas. Comparando, o circuito original tem 26 transistores e o circuito resultante tem apenas 22 transistores e, não obstante, o atraso de três portas ainda permanece sendo o mesmo, como mostrado na Fig. 6.34(c). Assim, no total, realizamos uma otimização de tamanho sem penalizar o desempenho. ◀

Em geral, a otimização de lógicas de múltiplos níveis usa a fatoração, colocando em evidência algum termo (por exemplo, abc + abd = ab(c+d)) para reduzir o número de portas.

Atualmente, a otimização de lógicas de múltiplos níveis é usada provavelmente com mais freqüência do que a de dois níveis. A otimização de lógicas de múltiplos níveis é amplamente usada também por ferramentas automáticas que mapeiam os circuitos para FPGAs. Essas ferramentas serão discutidas no Capítulo 7.

▶ 6.3 OTIMIZAÇÕES E TRADEOFFS EM LÓGICA SEQÜENCIAL

No Capítulo 3, descrevemos o projeto de lógica seqüencial dos chamados blocos de controle. Quando criamos uma FSM e a convertemos em um registrador de estado e uma lógica, podemos aplicar algumas otimizações e *tradeoffs*.

Redução de estados

Redução de estados, também conhecida como ***minimização de estados***, é uma otimização que reduz o número de estados de uma FSM sem alterar o seu comportamento. Reduzindo o número de estados, poderemos reduzir o tamanho do registrador de estado necessário à implementação da FSM, reduzindo assim o tamanho do circuito. A redução do número de estados é possível quando a FSM contém estados que são equivalentes entre si. Por exemplo, considere a FSM da Fig. 6.35(a), que tem a entrada x e a saída y. Um exame revela que os estados *S2* e *S3* parecem ser os mesmos que os estados *S0* e *S1*. Independentemente de começarmos em *S0* ou *S2*, as saídas serão idênticas. Por exemplo, se começarmos em *S0* e a seqüência de entrada para quatro bordas de relógio for 1, 1, 0, 0, a seqüência de estados será *S0*, *S1*, *S1*, *S2*, *S2*, de modo que a seqüência de saída será 0, 1, 1, 0, 0. Se, ao invés, começarmos em *S2*, a mesma seqüência de entradas resultará na seqüência de estados *S2*, *S3*, *S3*, *S0*, *S0*, de modo que a seqüência de saída será novamente 0, 1, 1, 0, 0. De fato, se tentássemos todas as seqüências possíveis de entrada, encontraríamos que a seqüência de saída que começa no estado *S0* seria idêntica à que começa no estado *S2*. Portanto, os estados *S0* e *S2* são equivalentes. De modo idêntico, os estados *S1* e *S3* são equivalentes pela mesma razão. Assim, podemos redesenhar a FSM como na Fig. 6.35(b). Na Fig. 6.35(a) e (b), as FSMs têm exatamente o mesmo comportamento – para a mesma seqüência de entradas, as duas FSMs fornecem exatamente a mesma seqüência de saídas. Se encapsularmos a FSM em uma caixa, como na Fig. 6.35(c), o mundo exterior não poderá distinguir entre as duas FSMs baseando-se nas saídas.

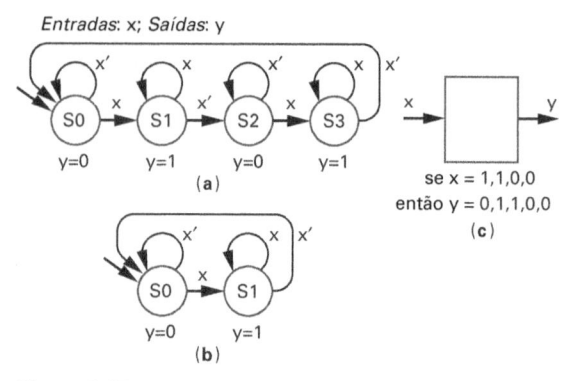

Figura 6.35 Eliminação de estados redundantes: (a) FSM original, (b) FSM equivalente com menos estados, (c) desde o lado externo, não é possível distinguir as FSMs, que produzem comportamentos de saída idênticos para qualquer seqüência de entrada.

Dois estados serão equivalentes se:

- eles atribuírem os mesmos valores às saídas E;
- para todas as seqüências possíveis de entradas, as saídas da FSM serão as mesmas quando se inicia em qualquer um desses dois estados.

Para FSMs grandes, uma inspeção visual é incapaz de garantir que removemos todos os estados redundantes – é necessário uma abordagem mais sistemática, que passamos a apresentar.

Tabelas de implicação

Intuitivamente, sabemos que dois estados não poderão ser equivalentes se eles produzirem saídas diferentes para a mesma seqüência de entradas. Considere a FSM da Fig. 6.36, que é quase idêntica à FSM da Fig. 6.35 com uma pequena modificação–agora, no estado *S2*, a saída produz y=1 no lugar de y=0. Portanto, claramente os estados *S0* e *S2* não são equivalentes, porque eles têm valores diferentes de saída. Os estados *S1* e *S3* produzem a mesma saída, mas quando realizamos uma transição para o correspondente próximo estado a partir de qualquer um desses dois estados, a saída é diferente. Por exemplo, se a FSM começar no estado *S1* e x tornar-se 0, o próximo estado (*S2*) dará y=1 na saída, mas se a FSM tivesse começado em *S3*, o próximo estado (*S0*) daria y=0 na saída. Assim, *S1*

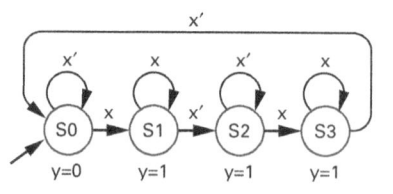

Figura 6.36 Uma variante da FSM da Fig. 6.35 – os estados *S0* e *S2* não podem ser equivalentes porque dão valores diferentes de saída e, para os mesmos valores de entrada, os estados *S1* e *S3* não podem ser equivalentes porque seus próximos estados não são equivalentes.

e *S3* não podem ser equivalentes, porque a mesma seqüência de entrada produz seqüências diferentes de saída.

Se as saídas de dois estados não forem iguais, é claro que os dois estados não serão equivalentes. Além disso, para um dado valor de entrada, se os *próximos estados* dos dois estados não forem equivalentes, então os dois estados também não serão equivalentes. Usando esses conceitos de estados não equivalentes, a Tabela 6.2 descreve um algoritmo para reduzir o número de estados de uma FSM.

TABELA 6.2 Algoritmo para redução de estados

Passo		Descrição
1	Marque como sendo não equivalentes os pares de estados que têm saídas diferentes.	Obviamente, os estados que têm saídas diferentes não podem ser equivalentes.
2	Para cada par de estados não marcado, escreva os pares de próximos estados que correspondem aos mesmos valores de entrada.	
3	Para cada par de estados não marcado, assinale como sendo não equivalentes os pares de estados cujos pares de próximos estados não são equivalentes. Repita esse passo até que não ocorram mais alterações, ou até que todos os estados estejam marcados.	Para os mesmos valores de entrada, os estados cujos próximos estados não são equivalentes não podem ser equivalentes. Cada execução desse passo é chamada de uma *passada*.
4	Combine os pares restantes de estados.	Os pares de estados restantes devem ser equivalentes.

Quando todos os pares possíveis são comparados manualmente, o uso de uma tabela gráfica assegura que não deixaremos de examinar nenhum par. Considere a FSM da Fig. 6.35(a). A FSM tem quatro estados, portanto, há $4^2 = 16$ pares de estados possíveis. A Fig. 6.37(a) mostra graficamente em uma tabela os pares possíveis, com os estados listados ao longo dos cabeçalhos das linhas e colunas. Cada célula corresponde a um par de estados. Podemos simplificar o tamanho da tabela se removermos as células redundantes (por exemplo, a linha *S0* com a coluna *S1* é o mesmo que a linha *S1* com a coluna *S0*) e as células sem sentido ao longo da diagonal da tabela (o estado *S0* é obviamente equivalente ao estado *S0*). A tabela reduzida está mostrada na Fig. 6.37(b).

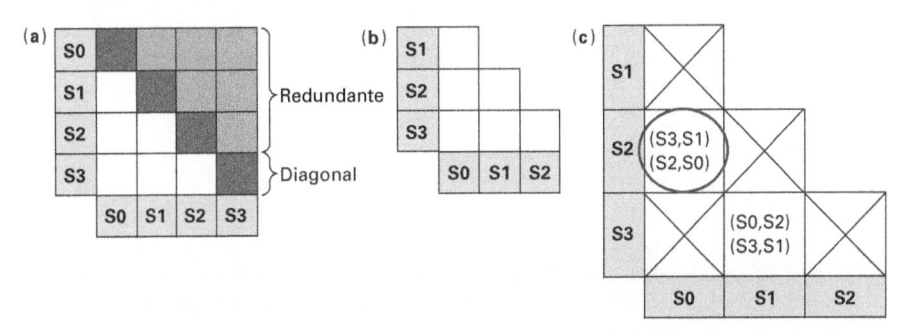

Figura 6.37 Tabela de pares de estados: (a) tabela original para comparar todos os pares, (b) tabela mais simples para comparar uma única vez os pares relevantes, (c) após o preenchimento inicial com as informações de estado da FSM.

A Fig. 6.47(c) mostra a execução do algoritmo de redução da Tabela 6.2, passando por todos os seus passos, para o caso da FSM da Fig. 6.35(a).

No **passo 1**, cada célula da tabela é examinada, sendo marcada com um grande "X" se os seus estados tiverem saídas diferentes. Vamos nos referir a essas células como estando *marcadas*. Os estados do primeiro par (*S1,S0*) não são equivalentes, porque a saída de *S0* é y=0, ao passo que a saída de *S1* é y=1. A seguir, examinamos os pares de estados (*S2,S0*), (*S2,S1*) e assim por diante até finalmente (*S3,S2*), marcando os pares que têm saídas diferentes e resultando os Xs mostrados na Fig. 6.37(c).

No **passo 2**, para cada célula não marcada restante, são escritos os pares de próximos estados. Há duas células que não foram marcadas;

- (*S2,S0*) (dentro do círculo na Fig. 6.37(c)): quando x=1, o próximo estado de *S2* é *S3*, ao passo que o próximo estado de *S0* é *S1* (vemos isso examinando a FSM da Fig. 6.35(a)). Assim, escrevemos "(*S3,S1*)" nessa célula (não importa a ordem), significando que, para os estados *S2* e *S0* serem equivalentes, *S3* e *S1* devem ser equivalentes. A seguir, consideramos o caso da entrada x=0, caso em que os próximos estados são *S2* e *S0*. Assim, escrevemos também "(*S2,S0*)" nessa célula.

- (*S3,S1*): quando x=0, os próximos estados são *S0* e *S2*, assim, escrevemos "(*S0,S2*)" na célula. Quando x=1, escrevemos "(*S3,S1*)" na célula.

No **passo 3**, são marcadas como não equivalentes todas as células não marcadas cujos pares de próximos estados já tinham sido marcados como sendo não equivalentes. Examinando a célula (*S2,S0*), o par de próximos estados (*S3,S1*) não está marcado nem o par de próximos estados (*S2,S0*) (que por acaso é a célula corrente), de modo que não podemos marcar essa célula. De forma semelhante, no caso da célula (*S3,S1*), o par de próximos estados (*S0,S2*) não está marcado nem o par (*S3,S1*). Assim, não podemos marcar essa célula.

Como demos uma passada no passo 3 sem que houvesse qualquer alteração, não iremos repeti-lo. Iremos diretamente para o passo 4.

No **passo 4**, são declarados equivalentes os pares não marcados de estados. Desse modo, *S2* e *S0* são declarados equivalentes e também *S3* e *S1*. Para finalizar esse passo, combinamos os estados equivalentes da FSM. Após combinar os estados *S2* e *S0* e também *S3* e *S1*, obtemos a FSM da Fig. 6.35(b).

O método que acabamos de empregar é conhecido como método da ***tabela de implicação*** para redução de estados.

Naturalmente, nem toda FSM pode ter o seu número de estados reduzido. Como exemplo, vamos usar o método da tabela de implicação na FSM da Fig. 6.36. Com quatro estados, a tabela de implicação da FSM terá o mesmo tamanho que a do exemplo anterior, como mostrado na Fig. 6.38(a). O **passo 1** marca os pares de estados com saídas diferentes, mostrados na Fig. 6.38(a). O **passo 2** lista, para cada célula não marcada, os pares de próximos estados com valores de entrada idênticos, como também está mostrado na Fig. 6.38(a).

Na **primeira passada do passo 3**, examinamos primeiro a célula do par de estados (*S2,S1*). Naturalmente, o par de próximos estados (*S2,S2*) é equivalente. O par de próximos estados (*S3,S1*) não está marcado, de modo que não podemos marcar (*S2,S1*). A seguir, examinamos a célula do par de estados (*S3,S1*) e verificamos que o par de próximos estados (*S0,S2*) tem marcada a sua célula. Isso nos diz que *S3* e *S1* não podem ser equivalentes (porque, para os mesmos valores de entrada, eles poderiam realizar transições para estados não equivalentes). Desse modo, marcamos a célula de (*S3,S1*). De modo semelhante, marcamos (*S3,S2*) já que o seu primeiro par de próximos estados, (*S0,S2*), tem marcada a sua célula. Quando a primeira passada do passo 3 está completa, resulta a tabela da Fig. 6.38(b).

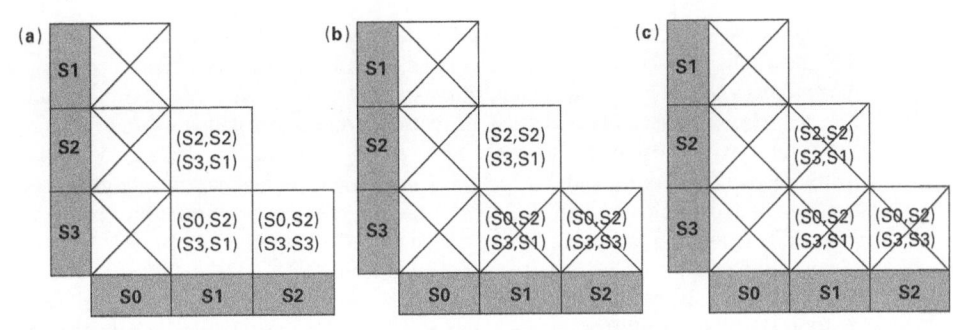

Figura 6.38 Tabela de implicação da FSM da Fig. 6.36: (a) a tabela após a preparação inicial e os passos 1 e 2, (b) após a primeira passada do passo 3 por toda a tabela, (c) após a segunda e última passada por toda a tabela.

Como a tabela sofreu alterações durante a primeira passada (marcamos dois pares de estados), deveremos realizar uma **segunda passada**, porque modificações na tabela podem afetar pares de estados que já examinamos e deixamos desmarcados. Na segunda passada, examinamos novamente o par de estados (*S2,S1*). Naturalmente, o par de próximos estados (*S2,S2*) é equivalente. O par de próximos estados (*S3,S1*), entretanto, agora está marcado e, portanto, marcamos (*S2,S1*).

Como todos os pares da tabela estão marcados, como se pode ver na Fig. 6.38(c), podemos concluir que não há estados equivalentes na FSM e, portanto, deixamos a FSM inalterada.

Agora, daremos mais um exemplo de redução de estados.

▶ **EXEMPLO 6.13** **Minimização dos estados de uma FSM usando uma tabela de implicação**

Considere a FSM da Fig. 6.39(a). Diferentemente dos exemplos anteriores, essa FSM tem cinco estados, resultando em mais pares de estados possíveis do que nos exemplos anteriores. A primeira tarefa a realizar na minimização de estados da FSM é construir uma tabela de implicação de modo que possamos comparar cada estado com todos os demais, formando pares de estados.

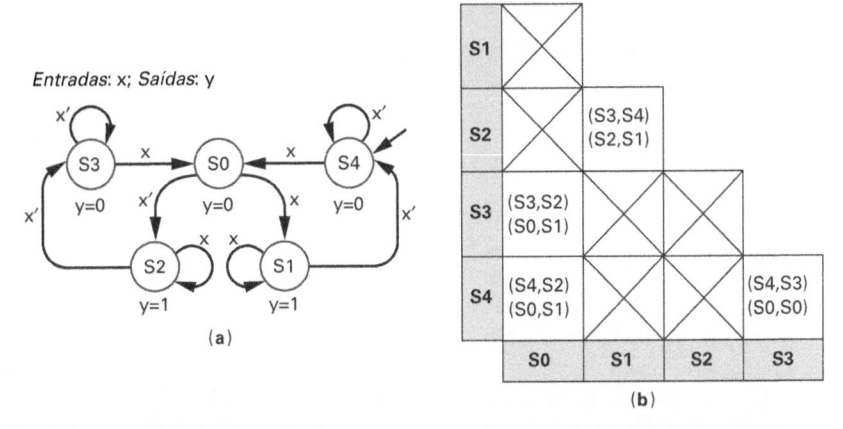

Figura 6.39 Uma FSM que necessita de uma redução de estados: (a) FSM original, (b) a tabela de implicação após os passos 1 e 2.

No **passo 1** do nosso algoritmo de redução de estados, marcamos com um X os pares de estados que facilmente podemos ver que não são equivalentes, porque suas saídas são diferentes, como mostrado na Fig. 6.39(b).

No **passo 2**, escrevemos todos os pares de próximos estados nas células não marcadas da tabela de implicação, como mostrado na Fig. 6.39(b). Como há apenas duas combinações possíveis de entradas (x=0 ou x=1), cada célula não marcada terá dois pares de próximos estados.

Na **primeira passada do passo 3**, marcamos todo par de estados, em que está marcado um dos pares de próximos estados. Durante a nossa primeira passada pela tabela, examinaremos quatro pares de estados. Começando com (*S2,S1*), vemos que ambos os pares de próximos estados não estão marcados. Olhando (*S3,S0*), vemos que um dos pares de próximos estados, (*S3,S2*), está marcado, de modo que marcamos a célula de (*S3,S0*). Também marcamos (*S4,S0*) porque seu par de próximo estado (*S4,S2*) está marcado. Deixamos (*S4,S3*) desmarcado já que ambos os seus pares de próximos estados não estão marcados. Assim, completamos a primeira passada. A Fig. 6.40(a) reflete os resultados dessa nossa passada após percorrer toda a tabela de implicação.

Como tínhamos marcado novos pares de estados na primeira passada, realizaremos uma **segunda passada** no passo 3. Durante essa passada, não encontramos novas células para serem marcadas, deixando a tabela inalterada. Assim, vamos para o passo 4.

No **passo 4**, declaramos como equivalentes os estados dos pares não marcados (*S2,S1*) e (*S4,S3*). Combinamos os estados *S2* e *S1*, e os estados *S4* e *S3*, resultando a nova FSM mostrada na Fig. 6.40(b). Observe que as duas transições com as condições x' e x partindo de *S0* poderiam ser substituídas por uma única transição sem nenhuma condição.

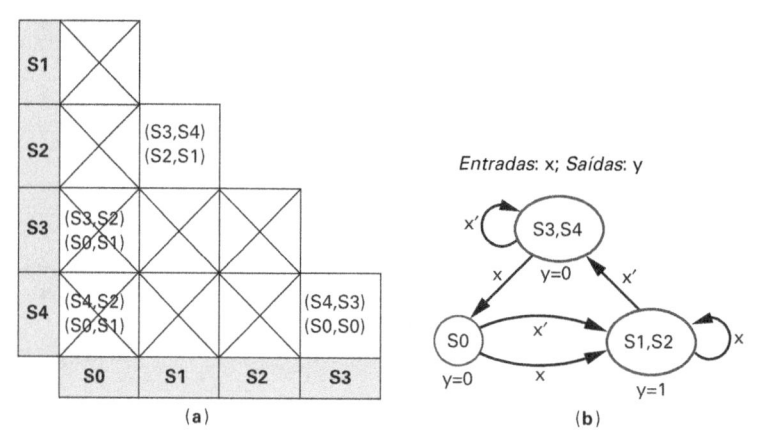

Figura 6.40 Tabela de implicação e FSM minimizada: (a) tabela de implicação após a primeira passada, (b) máquina de estados minimizada com a combinação dos estados *S1* com *S2*, e *S3* com *S4*.

Neste exemplo, ao reduzir o número de estados de 5 para 3, reduzimos o tamanho mínimo do registrador de estado de 3 para 2 bits, possivelmente reduzindo o tamanho do circuito. ◄

Algumas vezes, os estados equivalentes podem se sobrepor. Por exemplo, em uma FSM com estados {*T0, T1, T2, T3, T4*}, assuma que você verificou que os pares de estados (*T0,T1*), (*T1,T2*) e (*T2,T0*) são equivalentes. Como você lida com as equivalências sobrepostas? A resposta é simples: os três estados *T0*, *T1* e *T2* podem ser combinados em um único estado.

O método da tabela de implicação é adequado para otimizar manualmente pequenas FSMs, como as introduzidas nos exemplos anteriores, mas que rapidamente pode se tornar de difícil manejo para FSMs de mais estados. Considere a FSM de 15 estados da Fig. 6.41. Sua tabela de implicação reduzida iria requerer 14 linhas, 14 colunas e 105 pares de estados. Com duas combinações de entradas (a saber, a=0 e a=1), cada par de estados teria dois pares de próximos estados e, no pior caso, precisaríamos verificar 105*2=210 pares de próximos estados apenas durante a nossa primeira passada. O que aconteceria se a mesma FSM tivesse quatro entradas (digamos, a, b, c e d) em vez de uma? Com quatro entradas, haveria 4^2=16 combinações de entradas (isto é, a'b'c'd', a'b'c'd, a'b'cd', ... , abcd) e até 16 pares de próximos estados em cada uma das células da tabela de implicação. Se, em vez disso, a FSM tivesse, digamos, 100 estados (um número razoável), a tabela de implicação teria na ordem de 100*100 = 10.000 pares de estados.

Entradas: x; *Saídas*: z

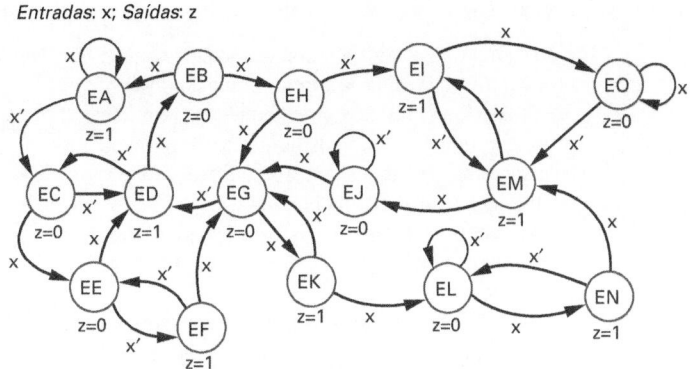

Figura 6.41 Uma FSM de 15 estados.

Portanto, a redução de estados é realizada geralmente usando-se ferramentas automatizadas. No caso de FSMs menores, as ferramentas podem implementar o método da tabela de implicação. No caso de FSMs maiores, pode ser necessário que as ferramentas recorram a heurísticas para evitar tamanhos de tabela ou números de pares de próximos estados excessivamente grandes.

Mesmo quando reduzimos o número de estados, não temos garantia de que tal redução irá realmente diminuir o tamanho da lógica resultante. Uma razão é que a redução de estados poderá não diminuir o número de bits necessários ao registrador de estado – a redução de estados de 15 para 12 não diminui o tamanho mínimo do registrador de estado, que é quatro em qualquer um dos casos. Mesmo que a redução de estados venha a diminuir o tamanho do registrador de estado, uma outra razão é que, se for usado um registrador menor, o tamanho da lógica combinacional possivelmente venha a *aumentar*, já que a lógica necessita decodificar os bits de estados. Na realidade, portanto, pode ser necessário que as ferramentas automatizadas de redução de estados implementem a lógica combinacional antes e após a redução de estados, para determinar se, em última análise, a redução de estados produz melhoramentos em uma FSM em particular.

Codificação de estados

A *codificação de estados* é a tarefa de atribuir uma representação única de bits para cada um dos estados de uma FSM. Algumas codificações de estados podem otimizar o circuito resultante do bloco de controle reduzindo o tamanho do circuito, ou permitindo *tradeoff* entre tamanho e desempenho. Discutiremos agora diversos métodos de codificação de estados.

Codificações binárias alternativas com largura de bits mínima

Anteriormente, atribuímos uma codificação binária única para cada um dos estados de uma FSM usando o menor número possível de bits. Isso constitui uma **codificação binária com largura de bits mínima**. Se houvesse quatro estados, usaríamos dois bits. Se houvesse cinco, seis, sete ou oito bits, usaríamos três bits. O estado era representado por essa codificação no registrador de estado do bloco de controle. Há muitas maneiras de se mapear as codificações binárias com largura mínima de bits para um conjunto de estados. Digamos que nos sejam fornecidos quatro estados, *A*, *B*, *C* e *D*. Uma codificação é *A*:00, *B*:01, *C*:10 e *D*:11. Uma outra é *A*:01, *B*:10, *C*:11 e *D*:00. De fato, há 4*3*2*1 = 4! = 24 codificações possíveis com dois bits (4 escolhas de codificação para o primeiro estado, 3 para o seguinte, 2 para o próximo e 1 para o último estado). Para oito estados, há 8!, ou seja, acima de 40.000 codificações possíveis com três bits. Para *N* estados, há *N*! (fatorial de *N*) codificações possíveis – um número enorme para qualquer *N* maior ou igual a 10. Uma codificação pode resultar em uma lógica combinacional menor do que outra. As ferramentas automatizadas podem tentar diversas codificações diferentes (mas não todas as *N*!) para reduzir a lógica combinacional do bloco de controle.

► **EXEMPLO 6.14** Codificação binária alternativa para um temporizador que liga um laser durante três ciclos

No Exemplo 3.7, codificamos os estados usando uma codificação binária direta, começando com 00, então 01, a seguir 10 e finalmente 11. O projeto resultante tinha 15 entradas de portas (ignorando os inversores). Podemos tentar a codificação binária alternativa mostrada na Fig. 6.42.

A Tabela 6.3 fornece os estados tabulados com a nova codificação, mostrando as diferenças da codificação original.

Da tabela de estados, obtemos as seguintes equações para as saídas da lógica combinacional de um bloco de controle:

```
x  = s1 + s0        (observe na tabela que x=1
                     se s1=1 ou s0=1)
n1 = s1'sob' +s1's0b + s1s0b' + s1s0b
n1 = s1's0 + s1s0
n1 = s0
n0 = s1's0'b + s1's0b + s1'sOb'
n0 = s1's0'b + s1's0b + s1'sOb' +
     s1'sOb'
n0 = s1'b(s0' + s0) + s1's0(b + b')
n0 = s1'b + s1's0
```

O circuito resultante terá apenas 8 entradas de portas: 2 para x, 0 para n1 (n1 está ligado diretamente a s0 por uma conexão) e 4+2 para n0. Oito entradas de porta é significativamente menos do que as quinze que foram necessárias na codificação binária do Exemplo 3.7. Essa codificação reduz o tamanho sem aumentar o atraso, representando assim uma otimização. ◄

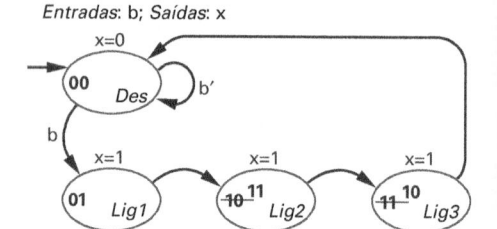

Entradas: b; *Saídas:* x

Figura 6.42 Diagrama de estados de um temporizador de laser com uma codificação binária alternativa de estados.

TABELA 6.3 Tabela de estados, com codificação alternativa, para o bloco de controle do sistema que liga um laser

	Entradas			Saídas		
	s1	s0	b	x	n1	n0
Des	0	0	0	0	0	0
	0	0	1	0	0	1
Lig1	0	1	0	1	1	**1**
	0	1	1	1	1	**1**
Lig2	1	1	0	1	1	**0**
	1	1	1	1	1	**0**
Lig3	1	0	0	1	0	0
	1	0	1	1	0	0

Codificação usando um bit por estado

Não há exigência de que a codificação de um conjunto de estados deva ser feita usando-se o menor número possível de bits. Por exemplo, poderíamos codificar quatro estados A, B, C e D, usando três bits ao invés de apenas dois bits, como A:000, B:011, C:110 e D:111. O uso de mais bits irá requerer um registrador de estado mais largo, mas possivelmente menos lógica. Um esquema popular de codificação é chamado de **um bit por estado** (*one-hot encoding*), no qual o número de bits usado na codificação é o mesmo que o de estados, sendo que cada bit corresponde exatamente a um estado. Por exemplo, uma codificação com um bit por estado para os quatro estados A, B, C e D usará quatro bits, como A:0001, B:0010, C:0100 e D:1000. A principal vantagem dessa codificação que usa um bit por estado está na velocidade – como o estado pode ser detectado a partir de um bit apenas e, portanto, como não é necessário decodificá-lo usando uma porta AND, o próximo estado do bloco de controle e a lógica de saída podem envolver menos portas e/ou portas com menos entradas, resultando um atraso menor.

► **EXEMPLO 6.15** Exemplo de codificação que usa um bit por estado

Considere a FSM simples da Fig. 6.43, que repetidamente gera a seqüência de saída: 0, 1, 1, 1, 0, 1, 1, 1, etc. Uma codificação binária mínima direta está mostrada. A seguir, ela é riscada e substituída por uma codificação que usa um bit por estado.

A codificação binária produz a tabela de estados mostrada na Tabela 6.4. As equações resultantes são:

$$n1 = s1's0 + s1s0'$$
$$n0 = s0'$$
$$x = s1 + s0$$

A codificação que usa um bit por estado produz a tabela mostrada na Tabela 6.5. As equações resultantes são:

$$n3 = s2$$
$$n2 = s1$$
$$n1 = s0$$
$$n0 = s3$$
$$x = s3 + s2 + s1$$

A Fig. 6.44 mostra os circuitos resultantes de cada codificação. A codificação binária produz mais portas, mas requer dois níveis de lógica, o que é mais importante. A codificação usada neste exemplo, com um bit por estado, requer apenas um nível de lógica. Observe que neste exemplo a lógica necessária para gerar o próximo estado consiste simplesmente em conexões (outros exemplos poderão exigir alguma lógica). A Fig. 6.44(c) ilustra que na codificação de um bit por estado o atraso é menor. Isso significa que neste circuito poderíamos usar um relógio mais veloz, com uma freqüência mais elevada. ◄

Entradas: nenhuma; *Saídas*: x

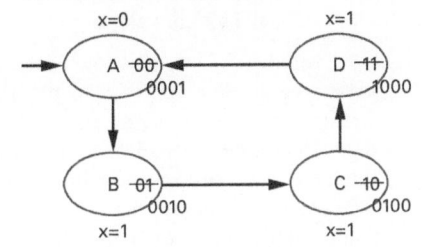

Figura 6.43 FSM para uma seqüência dada.

TABELA 6.4 Tabela de estados que usa codificação binária

	Entradas		Saídas		
	s1	s0	n1	n0	x
A	0	0	0	1	0
B	0	1	1	0	1
C	1	0	1	1	1
D	1	1	0	0	1

TABELA 6.5 Tabela de estados que usa codificação com um bit por estado

	Entradas				Saídas				
	s3	s2	s1	s0	n3	n2	n1	n0	x
A	0	0	0	1	0	0	1	0	0
B	0	0	1	0	0	1	0	0	1
C	0	1	0	0	1	0	0	0	1
D	1	0	0	0	0	0	0	1	1

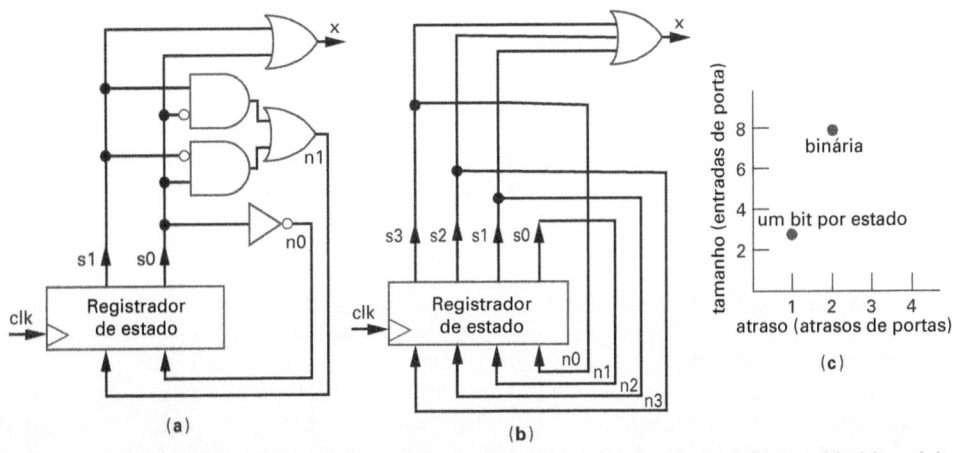

Figura 6.44 A codificação com um bit por estado pode reduzir o atraso: (a) codificação binária mínima, (b) codificação usando um bit por estado e (c) embora os tamanhos totais possam ser aproximadamente iguais (a codificação de um bit por estado usa menos portas, mas mais flip-flops), a codificação de um bit por estado produz um caminho crítico mais curto.

▶ **EXEMPLO 6.16** Temporizador para ligar um laser durante três ciclos, usando codificação de um bit por estado

No Exemplo 3.7, codificamos os estados usando uma codificação binária direta, começando com 00, então 01, a seguir 10 e finalmente 11. Aqui, realizaremos uma codificação de um bit por estado para os quatro estados, requerendo quatro bits, como mostrado na Fig. 6.45.

A Tabela 6.6 mostra os estados da FSM da Fig. 6.45, usando a codificação de um bit por estado. Não mostramos todas as linhas possíveis, já que a tabela seria grande demais.

O último passo é projetar a lógica combinacional. A dedução das equações de cada saída diretamente da tabela (assumindo que todas as outras combinações de entrada são *don't care*) e a minimização algébrica dessas equações produzem o seguinte:

x = s3 + s2 + s1
n3 = s2
n2 = s1
n1 = s0*b
n0 = s0*b' + s3

Esse circuito irá requerer 3+0+0+2+(2+2) = 9 entradas de porta. Assim, o circuito tem menos entradas de porta do que as 15 da codificação binária original – mas deve-se também levar em conta que a codificação de um bit por estado usa mais flip-flops.

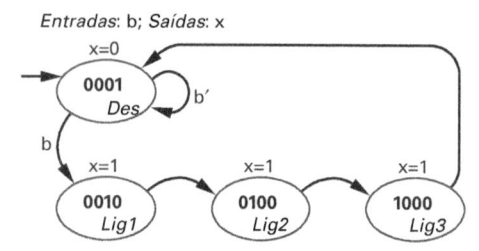

Entradas: b; *Saídas*: x

Figura 6.45 Diagrama de estados para um temporizador de laser, usando codificação de um bit por estado.

TABELA 6.6 Tabela de estados para o controlador ativador de laser, usando codificação de um bit por estado

	Entradas					Saídas			
	s3	s2	s1	s0	b	x	n3	n2	n1	n0
Des	0	0	0	1	0	0	0	0	0	1
	0	0	0	1	1	0	0	0	1	0
Lig1	0	0	1	0	0	1	0	1	0	0
	0	0	1	0	1	1	0	1	0	0
Lig2	0	1	0	0	0	1	1	0	0	0
	0	1	0	0	1	1	1	0	0	0
Lig3	1	0	0	0	0	1	0	0	0	1
	1	0	0	0	1	1	0	0	0	1

Mais importante, o circuito com codificação de um bit por estado é ligeiramente mais rápido. O caminho crítico desse circuito é n0 = s0*b' + s3. O caminho crítico do circuito com codificação binária regular é n0 = s1's0'b + s1s0'. Esse último circuito requer uma porta AND de três entradas que alimenta uma porta OR de duas entradas, ao passo que o circuito com codificação de um bit por estado tem uma porta AND de duas entradas que alimenta uma porta OR de duas entradas. Como uma porta AND de duas entradas tem na realidade um atraso ligeiramente menor do que uma porta AND de três entradas, o circuito que usa a codificação de um bit por estado tem um caminho crítico menor. ◀

No caso de exemplos com mais estados, as reduções no caminho crítico, obtidas com a codificação de um bit por estado, podem ser ainda maiores e as reduções no tamanho da lógica também podem ser mais pronunciadas. Em algum ponto, naturalmente, a codificação de um bit por estado resultará em um registrador de estado grande demais – por exemplo, na codificação binária, uma FSM com 1000 estados irá requerer um registrador de estado com 10 bits, ao passo que na codificação de um bit por estado será necessário um registrador de estado de 1000 bits, o que provavelmente seria grande demais para ser levado em consideração. Nesses casos, poderíamos considerar codificações que usam um número de bits intermediário entre os de uma codificação binária e de uma codificação que usa um bit por estado.

Codificação de saída

Algumas descrições de problemas podem exigir que uma dada seqüência de valores seja gerada em um conjunto de saídas. Por exemplo, um problema poderia requerer que a seqüência a seguir fosse produzida de forma repetida em duas saídas, x e y: 00, 11, 10 e 01. Poderemos descrever o seu comportamento usando a FSM de quatro estados A, B, C e D, mostrada na Fig. 6.46. Uma codificação binária imediata para esses estados seria: A:00, B:01, C:10 e D:11, como mostrado na Fig. 6.46. Quando projetarmos um bloco de controle para esse sistema, teremos um registrador de estado de dois bits, uma lógica para determinar o próximo estado e uma lógica para produzir a saída a partir do estado atual. No entanto, se usássemos uma codificação na qual os estados fossem idênticos aos valores de saída de cada estado, faria sentido? Se usarmos tal codificação, continuaremos a ter um registrador de estado de dois bits e uma lógica para gerar o próximo estado. Entretanto, não teremos mais a lógica que gera a saída a partir do estado atual. As saídas simplesmente estarão ligadas por conexões diretamente aos bits do registrador de estado, reduzindo assim o número necessário de portas lógicas.

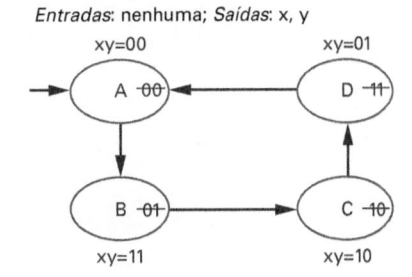

Figura 6.46 FSM para uma dada seqüência.

Se uma FSM tiver no mínimo tantas saídas quantas as necessárias para a codificação binária dos estados e se cada estado tiver uma combinação única de saída, então poderemos considerar o uso dessa combinação de saída para um estado como sendo o código do próprio estado. Tal forma de codificação pode reduzir a quantidade de lógica requerida. Dessa forma, elimina-se a necessidade de uma lógica para gerar saídas a partir do código do estado atual – essa lógica ficará reduzida apenas a conexões.

O uso da codificação de saída requer que o sistema tenha no mínimo tantas saídas quantos os bits de uma codificação binária mínima de estados. Caso contrário, as saídas não poderão representar códigos suficientes para identificar de forma única todos os estados. Além disso, não poderemos usar a codificação de saída se a seqüência de saída desejada contiver os mesmos valores de saída em dois estados diferentes, já que cada código de estado deve ser único. Por exemplo, se quisermos gerar de forma repetida a seqüência 00, 11, 01 e 11, não poderemos usar a codificação de saída, porque, se o fizéssemos, então dois estados teriam os mesmos códigos. Mesmo em uma situação como essa, no entanto, poderemos tentar usar a codificação de saída em tantos estados quanto for possível.

▶ **EXEMPLO 6.17** Gerador de seqüência, usando codificação de saída

O Exemplo 3.10 envolvia o projeto de um gerador de seqüência, no qual tínhamos de gerar a seqüência 0001, 0011, 1100 e 1000 usando um conjunto de quatro saídas, como mostrado na Fig. 6.47. Naquele exemplo, codificamos os estados usando codificação binária, na qual A era 00, B era 01, C era 10 e D era 11. No presente exemplo, usaremos codificação de saída. As saídas têm bits suficientes, quatro, ao passo que precisamos de no mínimo dois bits para codificar os quatro estados. Assim, neste exemplo, poderemos considerar o uso de codificação de saída.

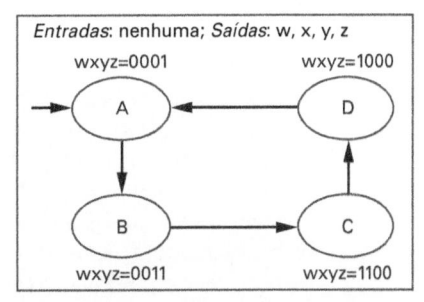

Figura 6.47 FSM para um gerador de seqüência.

A Tabela 6.7 mostra uma tabela de estados parcial para o gerador de seqüência, usando-se codificação de saída. Observe que as saídas w, x, y e z não precisam aparecer na tabela, já que elas serão as mesmas que s3, s2, s1 e s0. Usamos uma tabela parcial para evitar de mostrar todas as 16 linhas e assumimos que todas as linhas que não estão mostradas representam casos *don't care*.

Da tabela, deduzimos as equações de cada saída como segue:

n3 = s1 + s2
n2 = s1
n1 = s1's0
n0 = s1's0 + s3s2'

Obtivemos essas equações examinando todos os 1s para uma saída em particular e determinando por inspeção visual uma equação mínima com as entradas tal que gerasse esses 1s e também os 0s das outras casas mostradas da coluna (todos os outros valores de saída, não mostrados, são *don't care*).

A Fig. 6.48 mostra o circuito final. Observe que não há lógica de saída, as saídas w, x, y e z estão conectadas diretamente ao registrador de estado.

Na realidade, em comparação com o circuito obtido no Exemplo 3.10, que usa codificação binária, o circuito com codificação de saída da Fig. 6.48 parece usar mais transistores. Em outros exemplos, um circuito com codificação de saída pode usar menos transistores.

TABELA 6.7 Tabela de estados parcial do bloco de controle de um gerador de seqüência que usa codificação de saída

	Entradas				Saídas			
	s3	s2	s1	s0	n3	n2	n1	n0
A	0	0	0	1	0	0	1	1
B	0	0	1	1	1	1	0	0
C	1	1	0	0	1	0	0	0
D	1	0	0	0	0	0	0	1

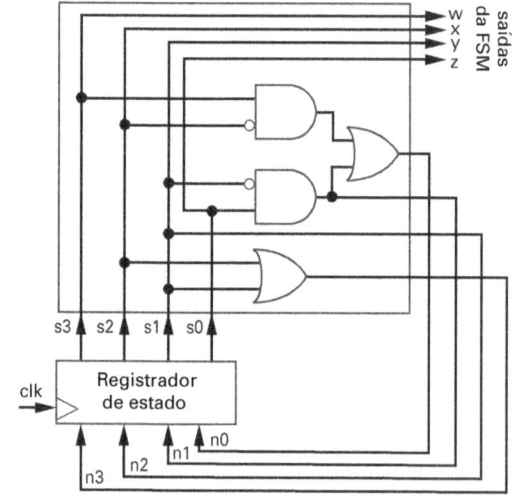

Figura 6.48 Bloco de controle de um gerador de seqüência que usa codificação de saída.

Dependerá do próprio exemplo se as codificações, de um bit por estado, binária, de saída ou que usa alguma variante, resultarão em menos transistores ou em caminho crítico menor. Assim, as ferramentas modernas podem tentar diversas codificações em um dado problema para ver qual delas funciona melhor.

FSMs Moore versus Mealy

Arquitetura Básica Mealy

Até agora, todas as FSMs descritas neste livro têm sido de um tipo conhecido como FSM Moore. Uma **FSM Moore** é uma FSM cujas saídas são uma função do estado da FSM. Um tipo alternativo de FSM é a FSM Mealy. Uma **FSM Mealy** é uma FSM cujas saídas são uma função dos estados da FSM *e das entradas*. Algumas vezes, uma FSM Mealy produz menos estados do que uma FSM Moore, representando portanto uma otimização. Ocasionalmente, esses estados em menor número são obtidos às custas de complexidades de tempo que devem ser tratadas, representando um *tradeoff*.

Lembre-se da arquitetura padrão de um bloco de controle, que foi mostrada na Fig. 3.48 e reproduzida na Fig. 6.49. A arquitetura mostra um bloco de lógica combinacional que é responsável pela conversão do estado atual e das entradas externas no próximo estado e nas saídas externas.

Como as saídas de uma FSM Moore são funções somente do estado atual (e não das entradas externas), então podemos refinar a arquitetura dividindo-a em dois blocos de lógica combinacional: o bloco da *lógica de próximo estado* converte o estado atual e as entradas externas em um próximo estado e o bloco da *lógica de saída* converte o estado atual (mas *não* as entradas externas) em saídas externas, como mostrado na Fig. 6.50(a).

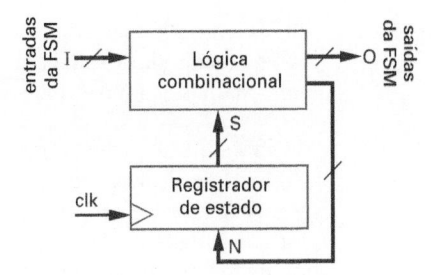

Figura 6.49 Arquitetura padrão de um bloco de controle.

Em comparação, as saídas de uma FSM Mealy são funções de ambos o estado atual e as entradas externas. Assim, o bloco de lógica de saída de uma FSM Mealy usa como entrada o estado atual *e* as entradas externas da FSM, ao invés de somente o estado atual, como mostrado na Fig. 6.50(b). A lógica de próximo estado é a mesma de uma Moore, usando como entrada ambos o estado atual e as entradas externas da FSM.

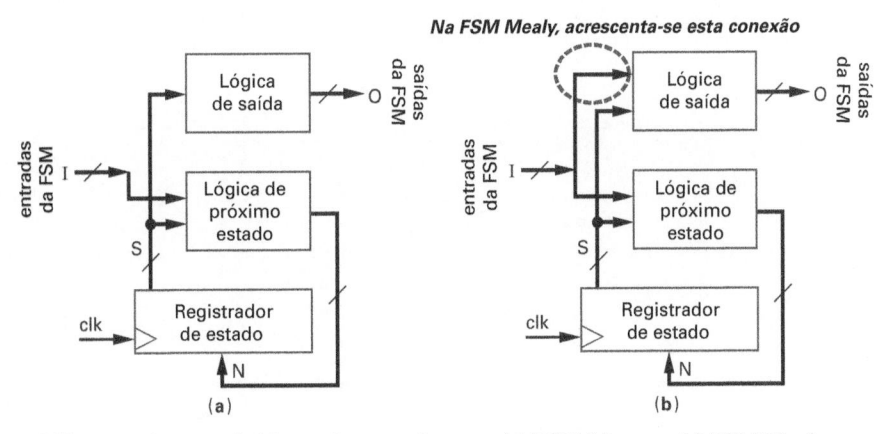

Figura 6.50 Arquiteturas de blocos de controle para: (a) FSM Moore e (b) FSM Mealy.

Graficamente, as atribuições de saída de uma FSM Mealy são listadas com cada transição, e não com cada estado, porque cada transição representa um estado atual e um valor de entrada em particular. A Fig. 6.51 mostra uma FSM Mealy de dois estados, com uma entrada b e uma saída x. Quando está no estado *S0* e b=0, a FSM coloca x=0 na saída e permanece no estado *S0*, como está indicado pela transição rotulada com "b'/x=0". Quando está no estado *S0* e b=1, a FSM coloca x=1 na saída e passa para o estado *S1*. Usamos o "/" simplesmente para separar as condições de entrada das atribuições de saída– aqui, o "/" não significa "divi-

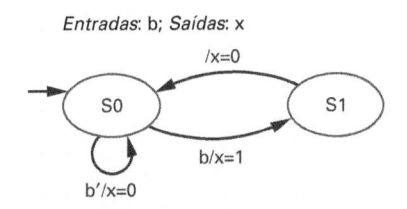

Entradas: b; *Saídas*: x

Figura 6.51 Uma FSM Mealy associa as saídas às transições, não aos estados.

dir". Como a transição de *S1* para *S0* sempre ocorrerá, independentemente de qual seja o valor de entrada, listamos a transição como "/x=0", significando que não há condição de entrada, mas há uma atribuição de saída.

As FSMs Mealy podem ter menos estados

No caso de alguns comportamentos, a diferença aparentemente pequena entre uma FSM Mealy e uma Moore, ou seja, que a saída de uma FSM Mealy é função do estado *e* das entradas atuais, poderá levar a menos estados quando esses comportamentos forem implementados na forma de máquinas Mealy. Por exemplo, considere a FSM simples do bloco de controle da máquina de fornecer refrigerante da Fig. 6.52(a). Quando se faz f=1, um refrigerante é fornecido. A máquina inicia no estado *Iníc (Início)*, o qual faz f=0 e ativa uma saída zerar=1, a qual supostamente zera um dispositivo usado para contar o valor depositado em moedas na máquina de fornecer refrigerante. A FSM faz uma transição para o estado *Esp (Esperar)*, no qual a FSM espera para ser informada, por meio da entrada suficiente, que uma quantia suficiente foi depositada em moedas. Logo que uma quantia suficiente tiver sido depositada, a FSM fará uma transição para o estado *For (Fornecer)*, o qual fornecerá uma garrafa de refrigerante fazendo d=1 na saída. Em seguida, a FSM fará uma transição retornando ao estado *Iníc*. (Os leitores que leram o Capítulo 5 poderão notar que este exemplo é uma versão simplificada do Exemplo 5.1; no entanto, para acompanhar a presente discussão, não há necessidade de estar familiarizado com aquele exemplo.)

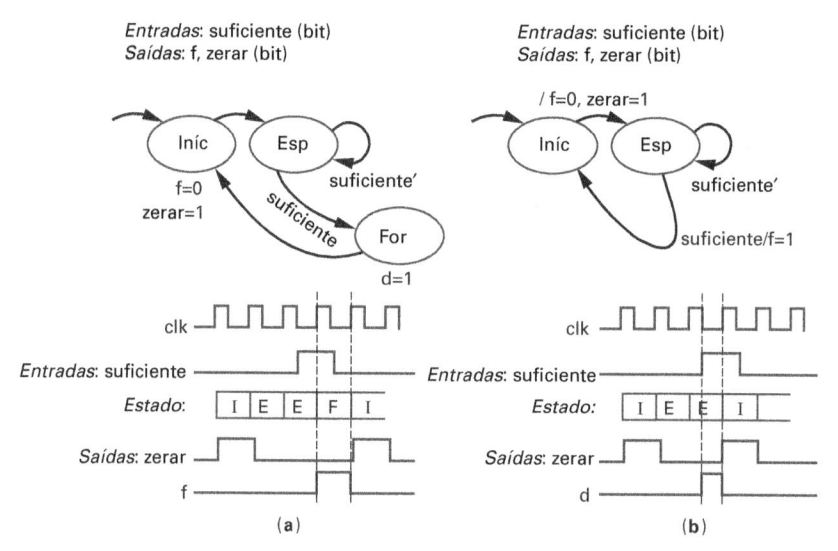

Figura 6.52 FSMs para blocos de controle de uma máquina de fornecer refrigerante: (a) a FSM Moore tem as ações nos estados e (b) a FSM Mealy têm as ações nas transições, resultando em menos estados neste caso.

No diagrama de estados de uma FSM Mealy, como no das FSMs Moore, seguimos a convenção de que 0s são atribuídos implicitamente às saídas sem atribuição.

A Fig. 6.52(b) mostra uma FSM Mealy para o mesmo bloco de controle. O estado inicial *Iníc* não realiza nenhuma ação em si, mas faz uma transição incondicional para o estado *Esp*, o qual realiza as ações de inicialização f=0 e zerar=1. No estado *Esp*, uma transição com a condição suficiente') retorna ao estado *Esp* sem realizar nenhuma ação. Outra transição, com a condição suficiente, executa a ação f=1 e leva a FSM de volta ao estado *Iníc*. Observe que a FSM Mealy não precisa do estado *For* para fazer f=1; essa ação é realizada durante uma transição. Desse modo, fomos capazes de criar uma FSM Mealy contendo menos estados do que uma FSM Moore.

O diagrama de estados da Fig. 6.52(b) usa uma convenção similar à que usamos com as FSMs do tipo Moore (Seção 3.4), ou seja, um 0 é atribuído implicitamente a qualquer saída que explicitamente não tenha nenhuma atribuição. Como no caso de muitas FSMs do tipo Moore, continuaremos a fazer atribuições explícitas com 0s se essas atribuições forem fundamentais para o comportamento da FSM (como na atribuição f=0 da Fig. 6.52(b)).

▶ **EXEMPLO 6.18** **FSM para um relógio de pulso com bipe, usando uma máquina Mealy**

Crie uma FSM para um relógio de pulso que pode mostrar um de quatro registradores ajustando duas saídas s1 e s2, as quais controlam um multiplexador 4x1 que deixa passar o conteúdo de um dos quatro registradores. Os quatro registradores correspondem à hora atual do relógio (s1s0=00), ao horário de alarme (01), à data (10) e ao tempo de um cronômetro (11). A FSM deve percorrer uma seqüência indo para o próximo registrador, na ordem listada acima, a cada vez que um botão b é pressionado (assuma que b está sincronizado com o relógio, permanecendo alto por apenas 1 ciclo de relógio toda vez que o botão é apertado). A cada vez que o botão é pressionado, a FSM deve colocar uma saída p em 1, fazendo com que um bipe seja ouvido.

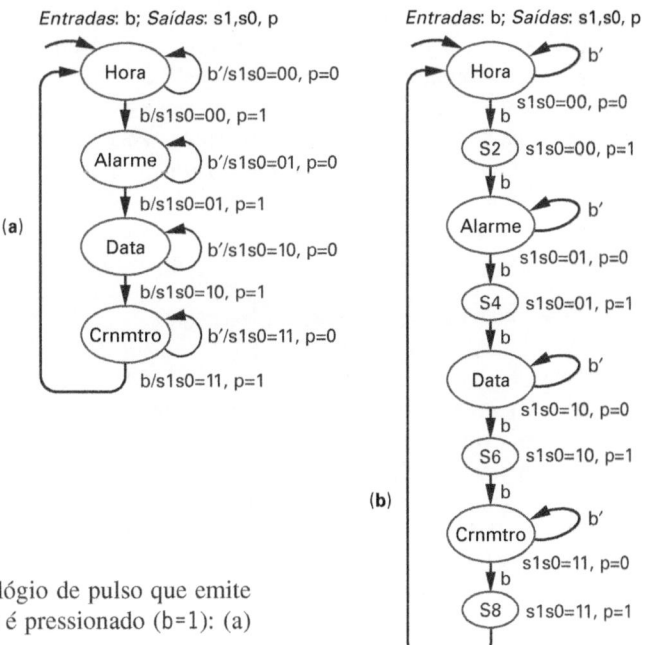

Figura 6.53 A FSM de um relógio de pulso que emite um bipe (p=1) quando o botão é pressionado (b=1): (a) Mealy e (b) Moore.

A Fig. 6.53(a) mostra uma FSM Mealy que descreve o comportamento desejado. Observe que a FSM Mealy descreve facilmente o comportamento do bipe, simplesmente fazendo p=1 nas transições correspondentes aos apertos de botão. Na FSM Moore da Fig. 6.53(b), tivemos que acrescentar um estado extra a cada par de estados da Fig. 6.53(a). Cada um desses estados extras realiza a ação p=1 e faz uma transição incondicional para o próximo estado.

Observe que a FSM Mealy tem menos estados do que a máquina Moore. Uma desvantagem é que não temos garantia de que o bipe irá durar no mínimo um ciclo de relógio devido a questões envolvendo o tempo, conforme iremos descrever. ◀

Questões envolvendo o tempo nas FSMs do tipo Mealy

As saídas de uma FSM Mealy não estão sincronizadas com as bordas de relógio, mas pelo contrário podem se modificar entre as bordas de relógio quando uma entrada apresenta alterações. Por exemplo, considere o diagrama de tempo mostrado na Fig. 6.52(a) para a FSM Moore de uma máquina de fornecer refrigerante. Observe que a saída f torna-se 1 *não ime-*

diatamente após a entrada suficiente ter se tornado 1, mas *na primeira borda de relógio após* suficiente ter se tornado 1. Em comparação, o diagrama de tempo da FSM Mealy da Fig. 6.52(b) mostra que a saída f torna-se 1 *imediatamente após* a entrada suficiente ter se tornado 1. As saídas do tipo Moore estão sincronizadas com o relógio; particularmente, elas somente se alteram quando se entra em um novo estado. Isso significa que as saídas do tipo Moore modificam-se somente um pouco após a borda de subida do relógio carregar um novo estado no registrador de estado. Em comparação, as saídas do tipo Mealy poderão se modificar não apenas quando se entra em um novo estado, mas também a qualquer instante em que as entradas apresentarem alterações, porque as saídas do tipo Mealy são funções tanto do estado como das entradas. Tiramos vantagem desse fato para eliminar o estado *For* da FSM Mealy da máquina de fornecer refrigerante da Fig. 6.52(b). Observe, entretanto, que no diagrama de tempo a saída f da FSM Mealy *não permanece 1 durante um ciclo completo de relógio*. Se estivermos inseguros sobre o intervalo de tempo em que f permanece alto ser suficientemente longo, poderemos incluir um estado *For* na FSM Mealy. Esse estado terá uma única transição, sem nenhuma condição e com ação d=1, apontando de volta ao estado *Iníc*. Nesse caso, d seria 1 durante mais de um ciclo de relógio (mas menos de dois ciclos).

Esta característica da máquina do tipo Mealy das saídas serem funções do estado e das entradas, permitindo que em alguns casos o número de estados seja reduzido, também tem uma propriedade indesejável: se as entradas apresentarem *glitches* durante os ciclos de relógio, então o mesmo poderá ocorrer com as saídas. Ao usar uma FSM Mealy, um projetista deve determinar se esses *glitches* representam um problema para um dado circuito em particular. Uma solução para os *glitches* é inserir flip-flops entre as entradas assíncronas e a lógica de uma FSM Mealy, ou entre a lógica e as saídas da FSM. Tais flip-flops tornarão síncrona a FSM Mealy e as saídas irão se modificar a intervalos previsíveis. Naturalmente, esses flip-flops introduzem um atraso correspondente a um ciclo de relógio.

Implementação de uma FSM Mealy

Usando o método da Tabela 3.2, criamos um bloco de controle que implementa uma FSM Mealy de modo aproximadamente idêntico ao que usamos para criar os blocos de controle das FSMs do tipo Moore da Seção 3.4. A única diferença é que, quando criamos uma tabela de estado, os valores de saída de todas as linhas de um estado em particular da FSM não serão necessariamente idênticos. Por exemplo, a Tabela 6.8 mostra uma tabela de estados para a FSM Mealy da Fig. 6.52(b). Observe que a saída f poderia ser 0 no estado *Esp* (s0=1) se suficiente=0, mas deveria ser 1 se suficiente=1. Em comparação, na tabela de estados do tipo Moore, os valores de saída eram todos idênticos em um dado estado. Dada a tabela de estados da Tabela 6.8, prosseguiríamos implementando a lógica combinacional da mesma maneira que foi descrito na Seção 3.4.

TABELA 6.8 Tabela de estados Mealy para a máquina de fornecer refrigerante

	Entradas		Saídas		
	s0	suficiente	n0	d	zerar
Iníc	0	0	1	0	1
	0	1	1	0	1
Esp	1	0	1	0	0
	1	1	0	1	0

Combinação de FSMs dos tipos Moore e Mealy

Ver os dois "oo" da palavra Moore como sendo estados pode ajudá-lo a lembrar que as ações de uma FSM Moore ocorrem nos estados, ao passo que as de uma Mealy estão nas transições.

Freqüentemente, os projetistas utilizam FSMs que são uma combinação dos tipos Moore e Mealy. Tal combinação permite que o projetista especifique algumas ações nos estados e outras nas transições. Essa combinação oferece a vantagem do número reduzido de estados de uma FSM Mealy e, além disso, evita que as ações de um estado apareçam repetidas em todas as transições que saem desse estado. Essa simplificação é realmente apenas uma conveniência para um projetista descrever a FSM. Provavelmente, a implementação subjacente será igual à de uma FSM Mealy que tem as ações repetidas nas transições que saem de um estado.

▶ **EXEMPLO 6.19** **FSM para um relógio de pulso com bipe, usando uma máquina Moore/Mealy combinada**

A Fig. 6.54 mostra o diagrama de estados de uma FSM Moore/Mealy combinada que descreve o relógio de pulso com bipe do Exemplo 6.18. A FSM tem o mesmo número de estados que a FSM Mealy da Fig. 6.53(a), porque a FSM ainda está associando o comportamento do bipe p=1 às transições, evitando a necessidade de estados extras para descrever o bipe. No entanto, o diagrama de estados da FSM combinada é de mais fácil compreensão do que o da FSM Mealy, porque as atribuições feitas a s1s0 estão associadas aos estados e não duplicadas em todas as transições que saem de cada estado. ◀

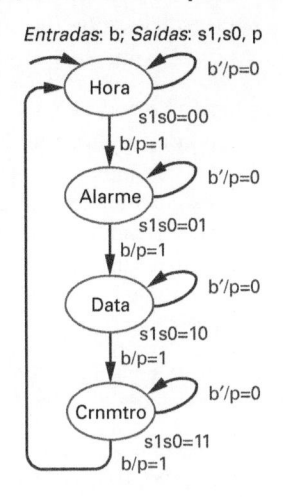

Figura 6.54 A combinação de FSMs dos tipos Moore e Mealy produz uma FSM mais simples para um relógio de pulso.

▶ **6.4 TRADEOFFS DE COMPONENTES DE BLOCO OPERACIONAL**

No Capítulo 4, criamos diversos componentes que são úteis em blocos operacionais. Naquele capítulo, criamos as versões mais básicas e fáceis de compreender desses componentes. Nesta seção, descreveremos métodos para construir versões mais rápidas ou menores de alguns deles.

Somadores mais rápidos

A adição de dois números é uma operação extremamente comum em circuito digitais, de modo que faz sentido para nós tentar criar um somador que seja mais rápido do que um somador com propagação de "vai um". Lembre-se de que um somador com propagação do bit de transporte de "vai um" requer que os bits de "vai um" propaguem-se através de todos os somadores completos antes que todas as saídas fiquem corretas. O caminho mais longo através do circuito, mostrado na Fig. 6.55, é conhecido como *caminho crítico* do circuito. Como cada somador completo tem um atraso correspondente ao atraso de duas portas, então um somador com propagação de "vai um" de 4 bits terá um atraso de 4 * 2 = 8 atrasos de porta. O atraso de um somador com propagação de "vai um" de 32 bits será 32 * 2 = 64 atrasos de porta. Isso é bastante lento, mas a coisa boa a respeito do somador com propagação de "vai um" é que ele não requer muitas portas. Se um somador completo usar 5 portas, então um somador com propagação de "vai um" de 4 bits necessitará de apenas 4 * 5 = 20 portas, e um somador com propagação de "vai um" de 32 bits necessitará de apenas 32 * 5 = 160 portas.

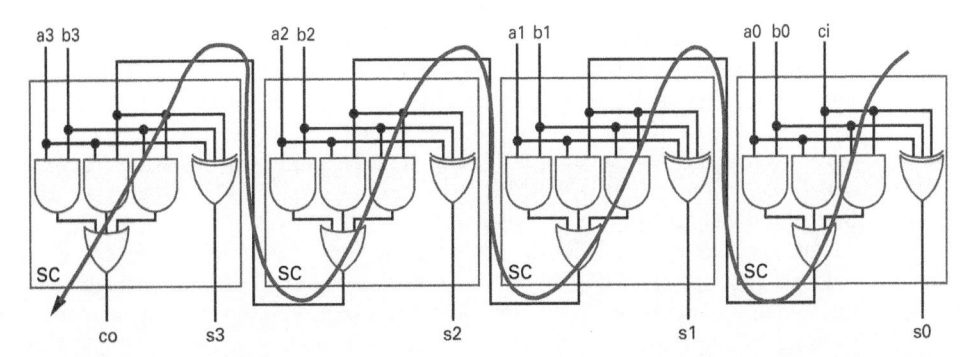

Figura 6.55 Um somador com propagação de "vai um" de quatro bits, no qual está mostrado o caminho mais longo (o caminho crítico).

Gostaríamos de projetar um somador cujo atraso estivesse bastante próximo de apenas umas poucas portas, talvez em torno de cinco ou seis atrasos de porta, ao possível custo de mais portas.

Somador com lógica de dois níveis

Uma maneira óbvia de se criar um somador mais rápido às custas de mais portas é usar o nosso processo de projeto de lógica combinacional definido anteriormente. Um somador projetado com o uso de uma lógica de dois níveis tem um atraso de apenas duas portas. Isso certamente é bastante rápido, mas lembre-se da Fig. 4.25 que a construção de um somador de N bits usando dois níveis de lógica resulta em circuitos excessivamente grandes à medida que N cresce acima de oito ou tanto. Para termos certeza de que você entendeu esse ponto, vamos repetir de leve a frase anterior:

> A construção de um somador de N bits usando dois níveis de lógica resulta em *circuitos chocantemente grandes* à medida que N cresce acima de oito ou tanto.

Por exemplo, estimamos (no Capítulo 4) que um somador de 16 bits com lógica de dois níveis iria requerer cerca de dois milhões de transistores e um somador de 32 bits com lógica de dois níveis, cerca de cem bilhões de transistores.

Por outro lado, a construção de um somador de quatro bits, usando dois níveis de lógica, resulta em um somador grande, mas de tamanho razoável – cerca de 100 portas, como foi mostrado na Fig. 4.25. Poderemos construir um somador maior, se cascatearmos esses somadores rápidos de quatro bits. Digamos que queremos um somador de oito bits.

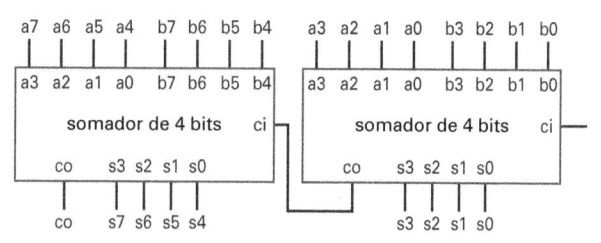

Figura 6.56 Somador de oito bits construído com dois somadores rápidos de quatro bits.

Poderemos construí-lo cascateando dois somadores rápidos de quatro bits, como mostrado na Fig. 6.56. Se cada somador de quatro bits for construído com dois níveis de lógica, então cada somador de quatro bits terá um atraso de duas portas. O somador de quatro bits da direita necessitará de dois atrasos de porta para gerar os bits de soma e "vai um", após o que o somador de quatro bits da esquerda também necessitará de dois atrasos de porta para gerar as suas saídas, resultando um atraso total de 2 + 2 = 4 atrasos de porta. Para um somador de 32 bits, construído com oito somadores de quatro bits, o atraso será de 8 * 2 = 16 atrasos de porta e o tamanho será em torno de 8 * 100 portas = 800 portas. Isso é muito melhor do que os 32 * 2 = 64 atrasos de porta de um somador com propagação de "vai um", embora o aumento de velocidade seja obtido às custas de mais portas do que as 32 * 5 = 160 portas do somador com propagação de "vai um". Qual deles é melhor? A resposta depende de nossas necessidades: o projeto que usa somadores de quatro bits com lógica de dois níveis será melhor se você precisar de mais velocidade e puder arcar com as portas extras, ao passo que o projeto que usa somadores de quatro bits com propagação do bit de transporte de "vai um" será melhor se você não precisar de velocidade ou não puder arcar com as partes extras. É um *tradeoff*.

Somador com antecipação de transporte

Em um somador com antecipação do transporte (*carry-lookahead adder*), a velocidade do somador com propagação de "vai um" é aumentada, mas não são usadas tantas portas como em um somador com dois níveis de lógica. A idéia básica é olhar antecipadamente (*lookahead*) os estágios inferiores para determinar se um bit de transporte será criado no estágio em consideração. Esse conceito de olhar antecipadamente é muito elegante e pode ser generalizado para outros problemas. Portanto, gastaremos algum tempo apresentando intuitivamente os fundamentos da antecipação do bit de transporte. Considere a soma de dois números de quatro bits, mostrada na Fig. 6.57(b), com os bits de transporte em cada coluna sendo rotulados com c0, c1, c2, c3 e c4.

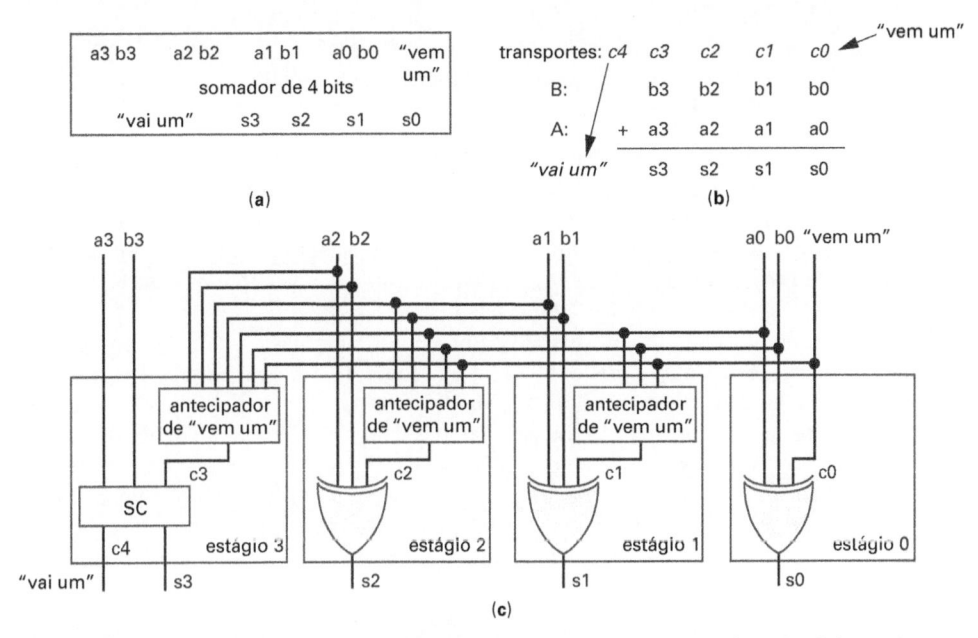

Figura 6.57 Adição de dois números binários usando um esquema simples e ineficiente de antecipação do bit de transporte – cada estágio olha para todos os bits precedentes e computa se o bit de "vem um" daquele estágio será um 1. O maior atraso está no estágio 3, o qual tem dois níveis lógicos no antecipador de "vem um" e dois no somador completo, totalizando um atraso de apenas quatro portas.

Um Esquema Simples e Ineficiente de Antecipação do Bit de Transporte. Uma maneira simples mas não muito eficiente de se olhar antecipadamente o bit de "vai um" é exposta a seguir. Lembre-se de que as equações de saída de um somador completo, com entradas a, b, c e saídas co (*carry out*, "vai um") e s, são:

$$s = a \text{ xor } b \text{ xor } c$$
$$co = bc + ac + ab$$

Desse modo, podemos saber que as equações para os bits de transporte de "vai um" c1, c2 e c3 em um somador de quatro bits serão:

$$c1 = co0 = b0c0 + a0c0 + a0b0$$
$$c2 = co1 = b1c1 + a1c1 + a1b1$$
$$c3 = co2 = b2c2 + a2c2 + a2b2$$

Em outras palavras, a equação do bit de "vem um" em um estágio em particular é a mesma que a equação do bit de "vai um" do estágio anterior.

Podemos substituir a equação de c1 na equação de c2, resultando:

$$c2 = b1c1 + a1c1 + a1b1$$
$$c2 = b1(b0c0 + a0c0 + a0b0) + a1(b0c0 + a0c0 + a0b0) + a1b1$$
$$c2 = b1b0c0 + b1a0c0 + b1a0b0 + a1b0c0 + a1a0c0 + a1a0b0 + a1b1$$

A seguir, poderemos substituir a equação de c2 na equação de c3, resultando:

```
c3 = b2c2 + a2c2 + a2b2
c3 = b2(b1b0c0 + b1a0c0 + b1a0b0 + a1b0c0 + a1a0c0 +
  a1a0b0 + a1b1) + a2(b1b0c0 + b1a0c0 + b1a0b0
  + a1b0c0 + a1a0c0 + a1a0b0 + a1b1) + a2b2
c3 = b2b1b0c0 + b2b1a0c0 + b2b1a0b0 + b2a1b0c0 +
  b2a1a0c0 + b2a1a0b0 + b2a1b1 + a2b1b0c0
  + a2b1a0c0 + a2b1a0b0 + a2a1b0c0 + a2a1a0c0
  + a2a1a0b0 + a2a1b1 + a2b2
```

Omitiremos a equação de c4 para economizarmos algumas folhas de papel.

Poderemos criar cada estágio com as entradas necessárias e incluir um componente lógico de antecipação para implementar essas equações, como mostrado na Fig. 6.57(c). Observe que não há propagação de bits de transporte de estágio para estágio – cada estágio computa o seu próprio bit de "vem um", examinando antecipadamente os valores dos estágios precedentes.

Embora o acima apresentado demonstre a idéia básica da antecipação de transporte, o esquema não é muito eficiente. O bit c1 requer 4 portas, c2 requer 8 portas e c3, 16 portas, sendo que cada porta necessita de mais entradas a cada estágio. Quando contamos as entradas das portas, vemos que c1 requer 9 entradas de porta, c2 requer 27 entradas e c3, 71 entradas. Usando esse esquema de antecipação de transporte, a construção de um somador maior, digamos um de oito bits, resultará provavelmente em um somador de tamanho excessivamente grande. Portanto, embora o esquema apresentado não seja prático, ele serviu para introduzir a idéia básica da antecipação do bit de transporte: quando fazemos com que cada estágio olhe antecipadamente as entradas dos estágios precedentes e compute por conta própria se o bit de transporte de "vem um" será 1, em vez de esperar que ele se propague desde os estágios anteriores, obtemos um somador de quatro bits com atraso de apenas quatro portas.

Um Esquema Eficiente de Antecipação do Bit de Transporte. Um esquema mais eficiente de antecipação do bit de transporte é o que segue. Considere novamente a adição de dois números de quatro bits A e B, mostrada na Fig. 6.58(a). Suponha que vamos somar os dois bits dos operandos de cada coluna (por exemplo, a0 + b0) usando um meio somador e ignorando o bit de "vem um" daquela coluna. As saídas resultantes do meio somador ("vai um" e soma) dão algumas informações úteis a respeito do transporte para o próximo estágio. Em particular:

- Se a adição de a0 com b0 resultar em um "vai um" de 1, então saberemos com segurança que c1 será 1, independentemente de c0 ser 1 ou 0. Por quê? Porque se considerarmos a soma a0+b0+c0, então 1+1+0=10 e 1+1+1=11 (aqui, o "+" representa uma soma e não uma OR) – ambos os casos geram um "vai um" de 1. Lembre-se de que um meio somador computa o seu "vai um" como ab.

- Se a adição de a0 com b0 resultar em uma soma de 1, então c1 será 1 apenas se c0 for 1. Em particular, se considerarmos a0+b0+c0, então 1+0+1=10 e 0+1+1=10. Lembre-se de que um meio somador computa a sua soma como a xor b.

Em outras palavras, c1 será 1 se a0b0=1 OR se a0 xor b0 = 1 AND c0=1. Assim, obtemos as seguintes equações para os bits de transporte:

```
c1 = a0b0 + (a0 xor b0)c0
c2 = a1b1 + (a1 xor b1)c1
c3 = a2b2 + (a2 xor b2)c2
c4 = a3b3 + (a3 xor b3)c3
```

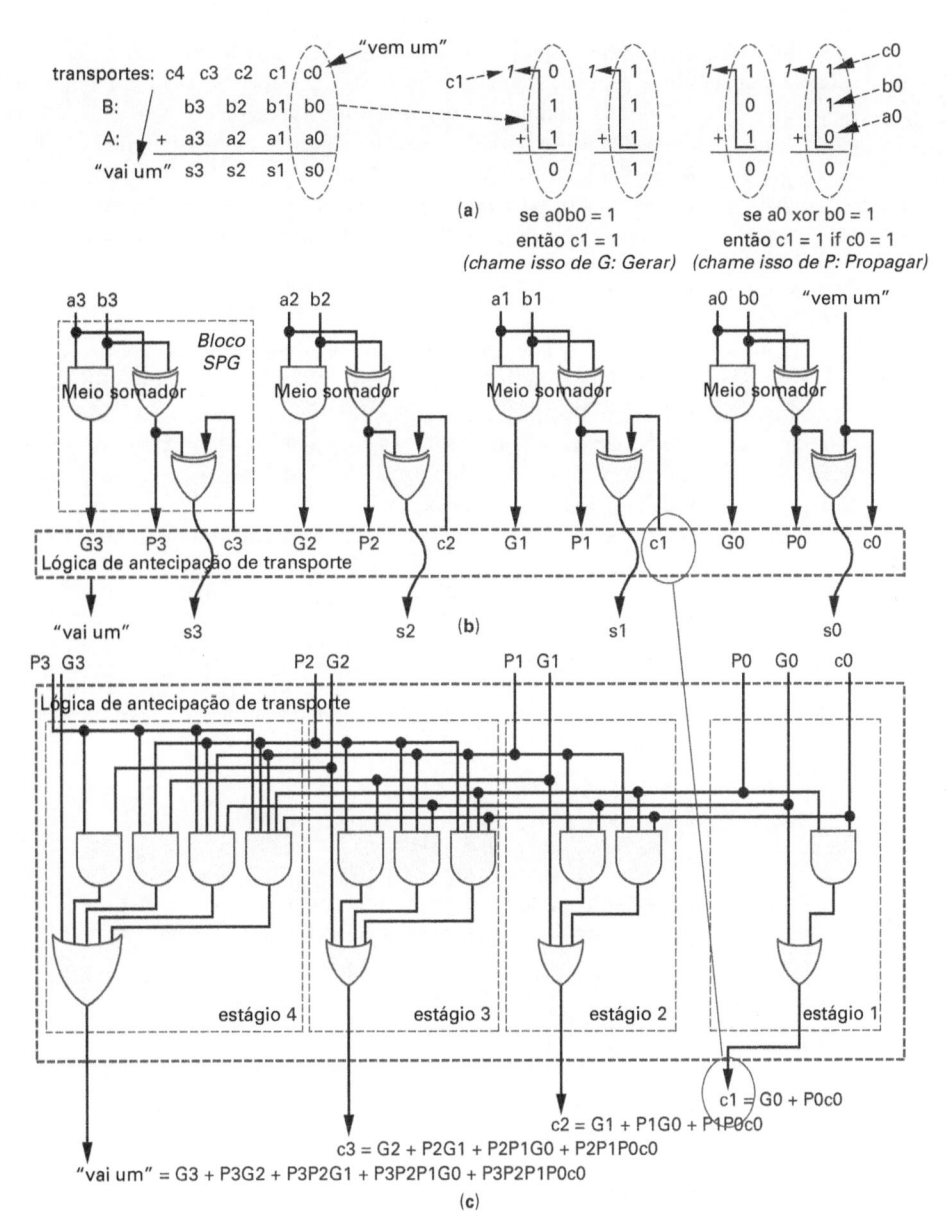

Figura 6.58 Adição de dois números binários usando um esquema rápido de antecipação do bit de transporte: (a) idéia do uso de termos de propagação e geração, (b) computação dos termos de propagação e geração, e envio para a lógica de antecipação do bit de transporte e (c) uso dos termos de propagação e geração para rapidamente computar os transportes de cada coluna. A correspondência entre c1 nas figuras (c) e (b) está mostrada por dois círculos conectados por uma linha; correspondências similares existem para c2 e c3.

Vamos incluir um meio somador em cada estágio para adicionar os dois bits dos operandos daquela coluna, como mostrado na Fig. 6.58(b). Cada meio somador produz na saída um bit de "vai um" (que é ab) e um bit de soma (que é a xor b). Observe na figura que, em uma dada coluna, para computar o bit de soma dessa coluna, precisamos fazer simplesmente uma operação xor da saída da soma do meio somador com o bit de "vem um" da coluna, porque o bit de soma de uma coluna é simplesmente a xor b xor c (veja a Seção 4.3, página 165).

*Por que esses nomes? Quando a0b0=1, sabemos que devemos **gerar** um 1 em c1. Quando a0 xor b0 = 1, sabemos que devemos **propagar** o valor de c0 para que seja o valor de c1, significando que c1 deverá ser igual a c0.*

Vamos mudar para **gerar** o nome da saída de "vai um" do meio somador, simbolizando-o por G – assim, G0 significa a0b0, G1 significa a1b1, G2 significa a2b2 e G3 significa a3b3. Vamos mudar também o nome da saída de soma do meio somador para **propagar** – assim, P0 significa a0 xor b0, P1 significa a1 xor b1, P2 significa a2 xor b2 e P3 significa a3 xor b3. Em resumo:

$$G_i = a_i b_i \text{ (gerar)}$$
$$P_i = a_i \text{ xor } b_i \text{ (propagar)}$$

Quando executarmos a antecipação do bit de transporte, ao invés de olharmos diretamente os bits dos operandos dos estágios anteriores, como fizemos no esquema simples de antecipação do transporte (por exemplo, o estágio 1 olhando a0 e b0), vamos olhar as saídas do meio somador do estágio anterior (por exemplo, o estágio 1 olha G0 e P0). Por quê? Porque a lógica de antecipação do bit de transporte torna-se menos complexa do que no esquema simples visto anteriormente.

Portanto, podemos reescrever nossas equações para cada bit de transporte como:

$$c1 = G0 + P0c0$$
$$c2 = G1 + P1c1$$
$$c3 = G2 + P2c2$$
$$c4 = G3 + P3c3$$

Substituindo, como fizemos no esquema simples, obtemos as seguintes equações de antecipação de transporte:

$$c1 = G0 + P0c0$$
$$c2 = G1 + P1c1 = G1 + P1(G0 + P0c0)$$
$$c2 = G1 + P1G0 + P1P0c0$$
$$c3 = G2 + P2c2 = G2 + P2(G1 + P1G0 + P1P0c0)$$
$$c3 = G2 + P2G1 + P2P1G0 + P2P1P0c0$$
$$c4 = G3 + P3G2 + P3P2G1 + P3P2P1G0 + P3P2P1P0c0$$

Lembre-se, os símbolos P e G representam termos simples: $G_i = a_i * b_i$ e $P_i = a_i$ xor b_i.

A Fig. 6.58(c) mostra os circuitos que implementam as equações de antecipação de transporte para computar o bit de transporte de cada estágio.

A Fig. 6.59 dá uma visão de alto nível do projeto de somador com antecipação de transporte da Fig. 6.58(b) e (c). Na parte de cima, os quatro blocos são responsáveis pela determinação da soma e pela propagação e geração de bits – vamos chamá-los de *Blocos SPG*. Você poderá se lembrar da Fig. 6.58(b) que cada bloco SPG consiste em apenas três portas. A lógica de quatro bits de antecipação dos bits de transporte usa os bits de propagação e geração

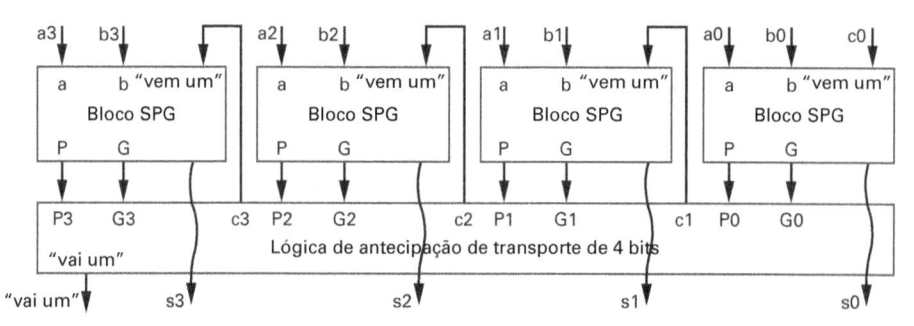

Figura 6.59 Visão de alto nível de um somador de quatro bits com antecipação de transporte.

para pré-computar os bits de transporte dos estágios de ordens mais elevadas, usando apenas dois níveis de portas.

O somador de quatro bits com antecipação de transporte requer apenas 26 portas (4*3=12 portas para a lógica que não faz antecipação de transporte e, então, 2+3+4+5=14 portas para a lógica que faz antecipação de transporte).

O atraso desse somador de 4 bits é de apenas 4 portas – 1 porta no meio somador, 2 portas na lógica de antecipação de transporte e 1 para finalmente gerar o bit de soma (podemos ver essas portas na Fig. 6.58(b) e (c)). Um somador de 8 bits construído com o mesmo esquema de antecipação de transporte ainda terá um atraso de apenas 4 portas, mas necessitará de 64 portas (8*3=24 portas para a lógica que não faz antecipação de transporte e 2+3+4+5+6+7+8+9=44 portas para a lógica que faz antecipação de transporte). Um somador de 16 bits com antecipação de transporte ainda terá um atraso de 4 portas, mas necessitará de 200 portas (16*3=48 portas para a lógica que não faz antecipação de transporte e 2+3+4+5+6+7+8+9+10+ 11+12+13+14+15+16+17=152 portas para a lógica que faz antecipação de transporte). Um somador de 32 bits com antecipação de transporte terá um atraso de 4 portas, mas necessitará de 656 portas (32*3=96 portas para a lógica que não faz antecipação de transporte mais 152+18+19+20+21+22+23+24+25+ 26+27+28+29+30+31+32+33=560 portas).

Infelizmente, há problemas que tornam menos atrativos o tamanho e o atraso dos somadores com antecipação de transporte de grande tamanho. Primeiro, a análise anterior contou as portas e não as entradas de porta. No entanto, as entradas de porta dizem melhor do número necessário de transistores. Observe na Fig. 6.58 que as portas continuam tornando-se mais largas nos estágios de ordens mais elevadas. Por exemplo, o estágio 3 tem uma porta OR de 4 entradas e uma porta AND de 4 entradas, ao passo que o estágio 4 tem uma porta OR de 5 entradas e uma porta AND de 5 entradas, como está destacado na Fig. 6.60. O estágio 32 de um somador de 32 bits com antecipação de transporte terá portas OR e AND de 33 entradas, juntamente com outras portas de grande tamanho. Como as portas com mais entradas precisam de mais transistores, então, em termos de transistores, o projeto com antecipação de transporte é na realidade de tamanho bastante grande. Além disso, essas portas de tamanho enorme não teriam o mesmo atraso que uma porta AND ou OR de 2 entradas. Essas portas grandes são construídas tipicamente usando uma árvore de portas menores, de modo que teríamos atrasos de porta maiores.

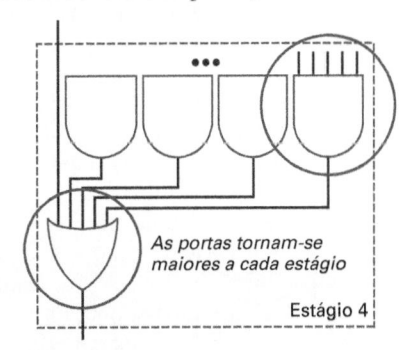

Figura 6.60 Problema do tamanho das portas.

Somadores Hierárquicos com Antecipação do Bit de Transporte. A construção de um somador de 4 ou mesmo 8 bits com antecipação de transporte, usando o método da seção anterior, pode ser razoável em relação aos tamanhos das portas, mas somadores maiores com antecipação de transporte começam a usar portas com demasiadas entradas.

Podemos construir um somador maior conectando somadores menores, como quando se usa propagação do bit de transporte de "vai um" (*ripple carry*). Por exemplo, suponha que tenhamos à disposição somadores de 4 bits com antecipação de transporte (*look ahead*). Poderemos construir um somador de 16 bits, se conectarmos quatro somadores de 4 bits com antecipação de transporte, conforme está mostrado na Fig. 6.61. Se cada somador de 4 bits com antecipação de transporte tiver um atraso de 4 portas, então o atraso total do somador de 16 bits será de 4+4+4+4+4=16 portas. Compare isso com o atraso de um somador de 16 bits com propagação do bit de transporte–se cada somador completo tiver duas portas de atraso, então um somador de 16 bits com propagação de transporte terá um atraso de 16*2 = 32 portas. Assim, o somador de 16 bits, construído a partir de quatro somadores com antecipação de transporte e conectados no modo de propagação do bit transporte (*ripple carry*), é duas vezes mais rápido do que um somador de 16 bits que usa propagação do bit de transporte. (Na realidade, um exame cuidadoso da Fig. 6.55 revela que o "vai um" de um somador de quatro bits com antecipação de transporte é gerado com um atraso de três portas e não de quatro, resultando uma operação ainda mais rápida do somador de 16 bits construído a partir de quatro somadores com antecipação de transporte; por simplicidade, não iremos examinar o interior desses componentes do ponto de vista de uma análise detalhada de tempo.) Um atraso de dezesseis portas é bom, mas poderemos fazer melhor? Há como evitar a espera de que os bits de transporte propaguem-se desde os somadores de 4 bits de ordem mais baixa até os de ordem mais elevada?

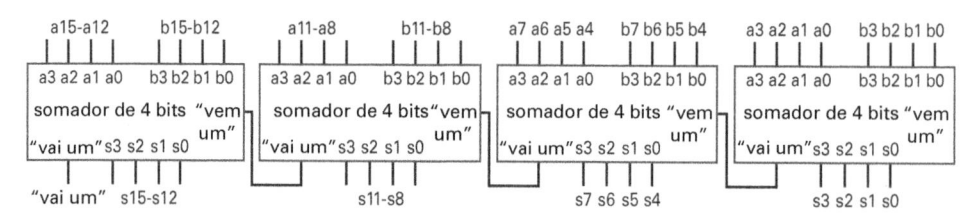

Figura 6.61 Um somador de 16 bits implementado com o uso de somadores de 4 bits e conectados no modo de propagação do bit de transporte.

De fato, evitar a propagação dos bits é exatamente o que fizemos quando desenvolvemos o próprio somador de quatro bits com antecipação do transporte. Desse modo, podemos *repetir o mesmo processo de olhar antecipadamente para fora* dos somadores de quatro bits e fornecer rapidamente os valores de "vem um" para os somadores de quatro bits de ordem elevada. Para conseguir isso, acrescentamos um outro bloco, com a lógica de antecipação de transporte de quatro bits, fora dos quatro somadores de quatro bits, como mostrado na Fig. 6.62. O bloco da lógica de antecipação de transporte tem exatamente o mesmo projeto interno que foi mostrado na Fig. 6.58(c). Observe que a lógica de antecipação precisa propagar (P) e gerar (G) sinais em cada bloco somador. Anteriormente, cada bloco de entrada fornecia os sinais P e G simplesmente fazendo operações AND e XOR com os bits de entrada a_i e b_i. No entanto, cada bloco da Fig. 6.62 é um somador com antecipação de transporte. Portanto, deveremos modificar o projeto interno do somador de quatro bits, com antecipação de transporte, para que forneça os sinais P e G, de modo tal que esses somadores possam ser usados juntamente com um gerador de transporte antecipado de segundo nível.

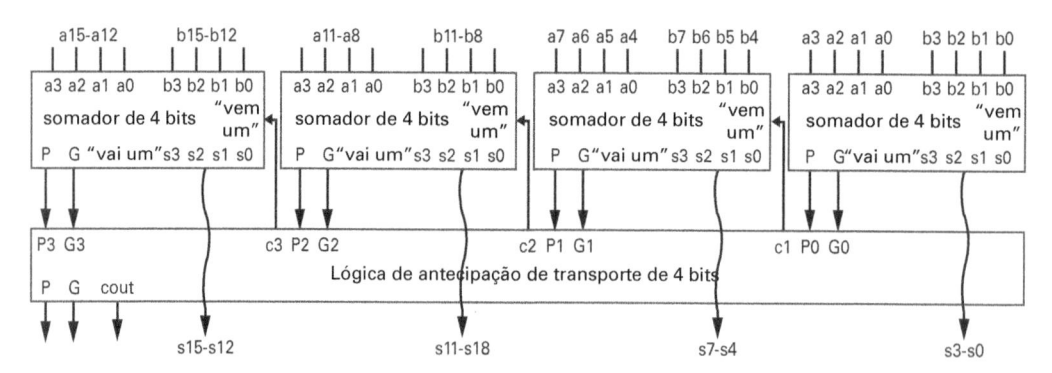

Figura 6.62 Um somador de 16 bits implementado com o uso de quatro somadores AT* de 4 bits e um segundo nível de antecipação de transporte.

---

* N. de T: A sigla AT vem de "antecipação de transporte", conforme o autor definirá mais adiante. No original, é CAT, *carry look ahead*.

Agora, vamos estender a lógica de antecipação de transporte de quatro bits da Fig. 6.58 para fornecer os sinais P e G. As equações das saídas P e G de um somador de quatro bits com antecipação de transporte podem ser escritas como:

P = P3P2P1P0
G = G3 + P3G2 + P3P2G1 + P3P2P1G0

Para compreender essas equações, lembre-se de que o sinal "propagar" significa que a saída de transporte ("vai um") de uma coluna deve ser igual à entrada de transporte ("vem um") dessa mesma coluna (daí a propagação do bit de transporte através da coluna). Para que isso seja o caso com o "vem um" e o "vai um" de um somador de quatro bits, o primeiro estágio do somador de quatro bits deve propagar o seu "vem um" de entrada até a sua saída "vai um", o segundo estágio deve propagar o seu "vem um" de entrada até a sua saída "vai um", e assim por diante para o terceiro e quarto estágios. Em outras palavras, cada sinal interno de propagação deve ser 1, daí a equação P = P3P2P1P0.

De modo similar, lembre-se que o sinal de gerar significa que a saída "vai um" de uma coluna deve ser 1 (daí a geração do bit de transporte com valor 1). O sinal de gerar deverá ser 1 se o primeiro estágio gerar um "vai um" (G0) e todos os estágios superiores propagarem o bit de transporte (P3P2P1), produzindo o termo P3P2P1G0. O sinal de gerar também deverá ser 1 se o segundo estágio gerar um "vai um" e todos os estágios superiores propagarem o bit de transporte produzindo o termo P3P2G1. De modo similar, no terceiro estágio o termo é P3G2. Finalmente, o sinal de gerar deverá ser 1 se o quarto estágio gerar um "vai um", representado por G3. Fazendo uma operação OR de todos esses quatro termos, obtém-se a equação G = G3 + P3G2 + P3P2G1 + P3P2P1G0.

Com isso, deveremos então revisar a lógica de quatro bits, com antecipação de transporte, da Fig. 6.58(c) para incluir duas portas adicionais no estágio quatro, uma porta AND para computar P = P3P2P1P0 e uma porta OR para computar G = G3 + P3G2 + P3P2G1 + P3P2P1G0 (observe que o estágio quatro já tem portas AND para cada termo, de modo que só necessitamos acrescentar uma porta OR para realizar a operação OR dos termos). Por brevidade, omitimos a figura que mostraria essas duas novas portas.

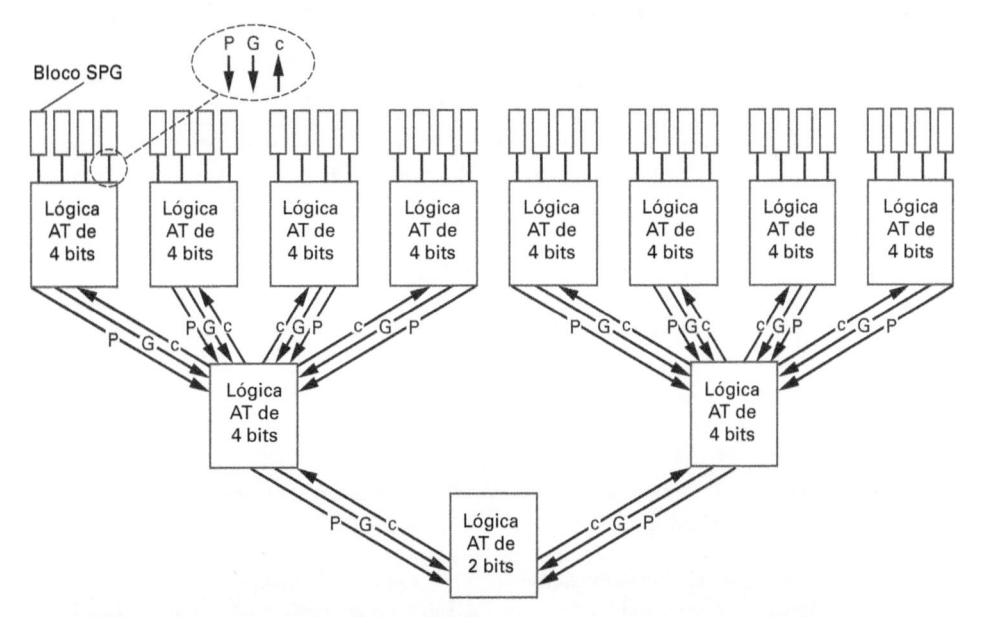

Figura 6.63 Uma visão da lógica de múltiplos níveis para antecipação dos bits de transporte, permitindo adição rápida e usando números e tamanhos razoáveis de portas. Cada nível acrescenta atrasos de apenas duas portas.

Usando geradores de antecipação de transporte de quatro bits, podemos introduzir níveis adicionais para criar somadores ainda maiores. A Fig. 6.63 fornece uma visão de alto nível de um somador de 32 bits, que foi construído usando 32 blocos SPG e três níveis de uma lógica de quatro bits para antecipação dos bits de transporte. Observe que essa lógica de quatro bits forma uma árvore. O atraso total do somador de 32 bits é de apenas duas portas lógicas nos blocos SPG e de duas portas lógicas em cada nível de antecipação de transporte (AT), totalizando um atraso de 2+2+2+2 = 8 portas. (Na realidade, um exame mais de perto dentro de cada componente iria mostrar que o atraso total do somador de 32 bits é na verdade inferior a 8 portas.) Somadores com antecipação de transporte, construídos com múltiplos níveis de lógica de antecipação de transporte, são conhecidos como **somadores com antecipação de transporte de múltiplos níveis** ou **hierárquicos**.

Em resumo, na abordagem por antecipação de transporte (*carry-lookahead*), a adição dos números binários grandes (mais de oito bits ou tanto) resulta em adições mais rápidas do que na abordagem por propagação de transporte (*carry-ripple*), às custas de mais portas. Não obstante, na abordagem por antecipação de transporte, o tamanho das portas é mantido razoável por meio de um projeto engenhoso.

Somadores com seleção do bit de transporte

Outra maneira de se construir um somador maior a partir de somadores menores é conhecido como seleção do bit de transporte. Considere a construção de um somador de oito bits usando somadores de quatro bits. Uma abordagem por seleção do bit de transporte usa dois somadores de quatro bits para os quatro bits de ordem mais alta, que chamamos de *AL4_1* e *AL4_0* na Fig. 6.64. O somador *AL4_1* assume que o bit de "vem um" será 1, ao passo que *AL4_0* assume que o "vem um" será 0, de modo que ambos geram saídas estáveis ao mesmo tempo que o somador *BA4** gera saídas estáveis–após um atraso de quatro portas (assumindo que o somador de quatro bits tem um atraso de quatro portas). Usamos o valor de "vai um" de *BA4* para selecionar entre *AL4_1* ou *AL4_0*, usando um multiplexador 2x1 de cinco bits de largura – daí vem o termo **somador com seleção (do bit) de transporte** (*carry-select adder*).

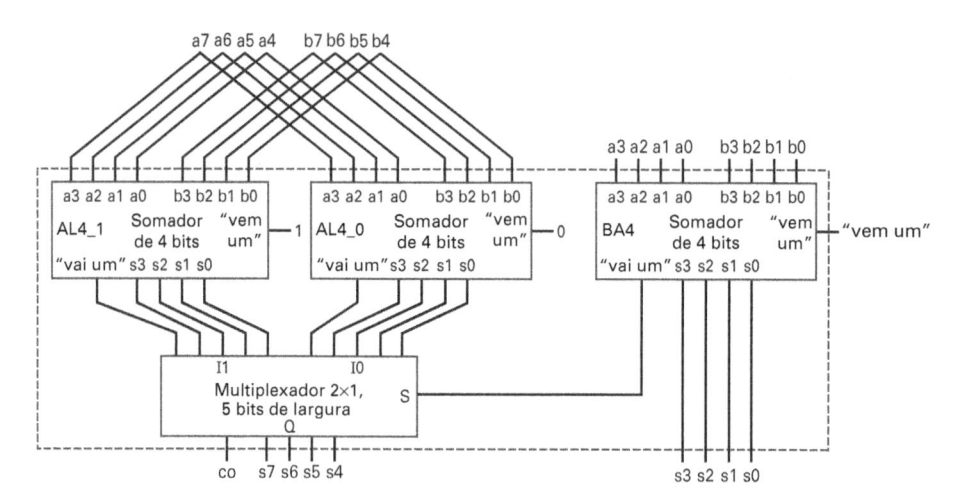

Figura 6.64 Um somador de 8 bits implementado usando seleção do bit de transporte e somadores de quatro bits.

O atraso de um multiplexador 2x1 é de 2 portas, de modo que o atraso total do somador de oito bits é de 4 portas em *AL4_1* e *AL4_0* para que gerem os bits corretos da soma (*BA4* opera

---

* N. de T: Somador de ordem mais baixa.

em paralelo), mais um atraso de 2 portas para o multiplexador (cuja linha de seleção está pronta depois de apenas 3 portas de atraso), totalizando um atraso de 6 portas. Em comparação com uma implementação com antecipação de transporte que usa dois somadores de quatro bits, reduzimos o atraso total de 7 para 6 portas. O custo é um somador extra de quatro bits. Se um somador de quatro bits com antecipação de transporte requerer 26 portas, então o projeto que usa dois somadores de quatro bits necessitará de 2*26=52 portas, ao passo que o somador com seleção do bit de transporte irá requerer 3*26=78 portas, mais as portas para o multiplexador 2x1 de cinco bits.

Poderíamos construir também um somador de 16 bits, com seleção do bit de transporte, utilizando somadores de quatro bits com antecipação de transporte, e múltiplos níveis de multiplexação. Cada *nibble* (quatro bits) teria dois somadores de quatro bits, um assumindo um "vem um" de 1 e o outro assumindo um 0. O bit de "vai um" de Nibble0 iria selecionar, usando um multiplexador, o somador apropriado para Nibble1. O "vai um" de Nibble1 iria então selecionar o somador apropriado para Nibble2. Finalmente, o "vai um" de Nibble2 iria selecionar o somador apropriado para Nibble3. O atraso desse somador seria de 6 portas para Nibble1, mais um atraso de 2 portas para a seleção de Nibble2, e mais um atraso de 2 portas para a seleção de Nibble3 – totalizando um atraso de apenas 10 portas. Se tivéssemos cascateado quatro somadores de quatro bits, teríamos um atraso de 4+4+4+4 = 16 portas. O incremento de velocidade da versão com seleção do bit de transporte em relação à versão cascateada seria 16 / 10 = 1,6. O tamanho total seria 7*26 = 182 portas, mais as portas para os três multiplexadores 2x1 de cinco bits. Trata-se de um tamanho bem eficiente para uma velocidade bem boa.

A Fig. 6.65 ilustra os *tradeoffs* entre os projetos de somadores. O projeto com propagação do bit de transporte (*carry-ripple*) é o menor mas tem o maior atraso. O projeto com antecipação de transporte (*carry-lookahead*) é o mais rápido mas tem o maior tamanho. Finalmente, o projeto com seleção do bit de transporte (*carry-select*) é um meio-termo entre os dois, envolvendo alguma antecipação e alguma propagação do bit de transporte. A escolha do somador mais apropriado para um projeto dependerá das restrições de velocidade e tamanho que lhe forem impostas.

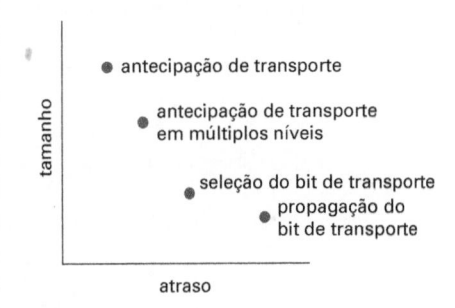

Figura 6.65 *Tradeoffs* de somadores.

Multiplicadores menores – estilo seqüencial (deslocar e somar)

Um multiplicador do estilo *array* pode ser rápido, mas pode requerer muitas portas no caso de multiplicadores com grandes larguras de bits, como nos multiplicadores de 32 bits. Nesta seção, desenvolveremos um multiplicador seqüencial, não combinacional, para reduzir o tamanho do multiplicador. A idéia de um multiplicador seqüencial é ter a soma corrente dos produtos parciais e computar um produto parcial de cada vez, ao invés de computá-los todos ao mesmo tempo, somando-os em seguida.

A Fig. 6.66 fornece um exemplo de multiplicação de quatro bits. Assuma que começamos com uma soma corrente de 0000. Cada passo corresponde a um bit no multiplicador (o segundo número). No passo 1, computamos o produto parcial obtendo 0110, que adicionamos à soma corrente 0000 para obter 00110. No passo 2, computamos o produto parcial obtendo 0110, que é somado às colunas apropriadas da soma corrente 00110, totalizando 010010. No passo 3, computamos o produto parcial obtendo 0000, que adicionamos às colunas apropriadas da soma corrente. O mesmo ocorre no passo 4. A soma corrente final é 00010010, que é o produto correto de 0110 e 0011.

O cálculo de cada produto parcial é fácil – simplesmente fazemos uma operação AND do bit corrente do multiplicando com cada bit do multiplicador para obter o produto parcial. Assim, se o bit corrente do multiplicando for 1, então a AND criará uma cópia do multiplicador

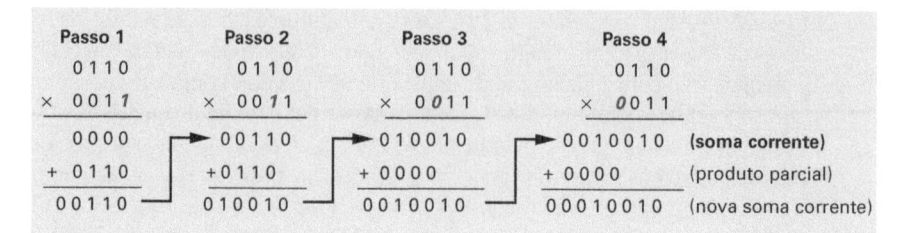

```
Passo 1         Passo 2         Passo 3         Passo 4
  0 1 1 0         0 1 1 0         0 1 1 0         0 1 1 0
× 0 0 1 1       × 0 0 1 1       × 0 0 1 1       × 0 0 1 1
  ───────         ───────         ───────         ───────
  0 0 0 0         0 0 1 1 0       0 1 0 0 1 0     0 0 1 0 0 1 0   (soma corrente)
+ 0 1 1 0       + 0 1 1 0       + 0 0 0 0       + 0 0 0 0         (produto parcial)
  ───────         ───────         ───────         ───────
  0 0 1 1 0       0 1 0 0 1 0     0 0 1 0 0 1 0   0 0 0 1 0 0 1 0 (nova soma corrente)
```

Figura 6.66 Multiplicação realizada pela geração de um produto parcial para cada bit do multiplicador (o número de baixo), acumulando os produtos parciais em uma soma corrente.

que será o produto parcial. Se o bit corrente do multiplicando for 0, então a AND produzirá 0 como sendo o produto parcial.

Precisamos determinar como adicionar cada produto parcial às colunas adequadas da soma corrente. Observe que o produto parcial deve ser deslocado à esquerda de um bit depois de cada passo, em relação à soma corrente. Podemos ver isso de outro modo – a soma corrente deve ser deslocada à *direita* de um bit depois de cada passo. Observe a ilustração da multiplicação na Fig. 6.66 até que você "veja" como a soma corrente move-se de um bit à direita relativamente a cada produto parcial.

Portanto, podemos computar a soma corrente inicializando um registrador de oito bits com 0. A cada passo, o produto parcial, que correspondente ao bit corrente do multiplicando, é adicionado aos quatro bits mais à esquerda da soma corrente. A seguir, deslocamos a soma corrente de um bit à direita, colocando um 0 no bit mais à esquerda. Desse modo, o registrador de soma corrente deverá ter as funções de zerar (*clear*), carga paralela (*load*) e deslocamento à direita (*shift right – shr*). Um circuito, mostrando o registrador de soma corrente e o somador necessário para adicionar cada produto parcial ao registrador, está mostrado na Fig. 6.67.

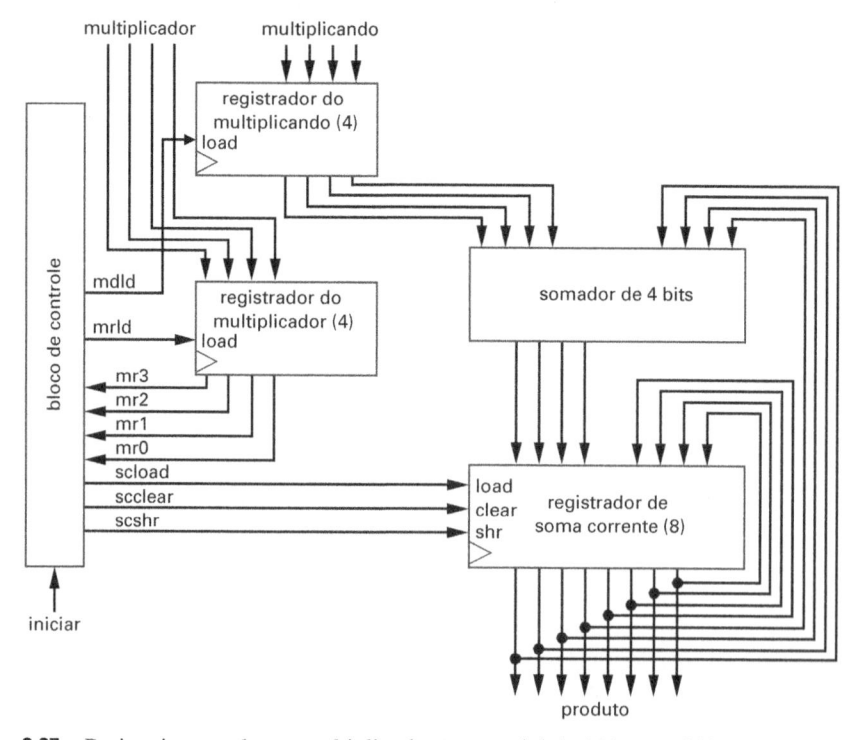

Figura 6.67 Projeto interno de um multiplicador seqüencial de 4 bits por 4 bits.

A última coisa que precisamos determinar é como controlar o circuito de modo que ele faça a coisa certa a cada passo – isso é exatamente o que os blocos de controle fazem. A Fig. 6.68 mostra a FSM que descreve o comportamento desejado do bloco de controle do nosso multiplicador seqüencial.

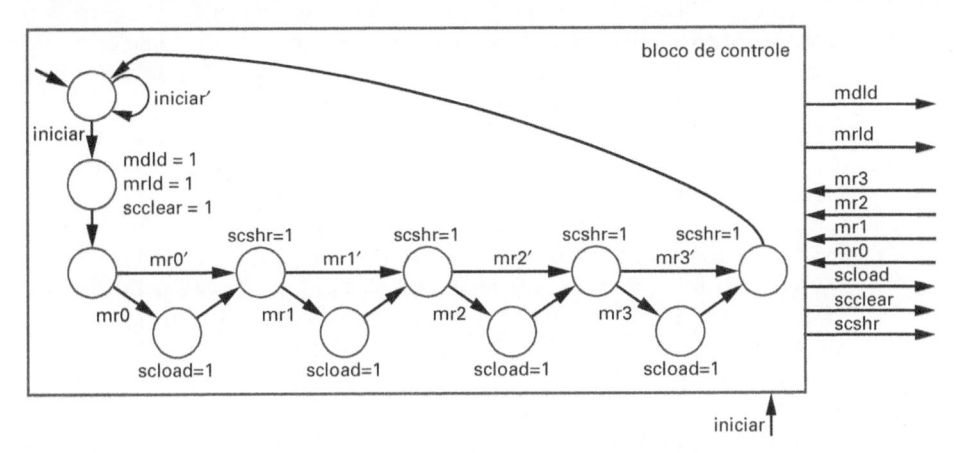

Figura 6.68 Uma FSM para descrever o bloco de controle do multiplicador de quatro bits.

Em termos de desempenho, o multiplicador seqüencial requer 2 ciclos por bit, mais 1 ciclo para a inicialização. Assim, um multiplicador de 4 bits irá requerer 9 ciclos, ao passo que um multiplicador de 32 bits precisará de 65 ciclos. O atraso mais longo entre registradores é o que inicia em um registrador, passa por um somador e chega a um registrador. Se construirmos o somador do tipo de transporte antecipado, tendo um atraso de apenas 4 portas, então o atraso total para uma multiplicação de 4 bits será 9 ciclos * 4 portas de atraso / ciclo = 36 portas de atraso. O atraso total para uma multiplicação de 32 bits será 65 ciclos * 4 portas de atraso / ciclo = 260 portas de atraso. Mesmo lento, observe que o tamanho desse multiplicador é bastante bom, requerendo apenas um somador, uns poucos registradores, um registrador de estado e alguma lógica para o bloco de controle. Para um multiplicador de 32 bits, o tamanho seria bem menor que o de um multiplicador em estilo *array*, requerendo 31 somadores.

O projeto do multiplicador pode ser melhorado ainda mais usando um deslocador no bloco operacional, mas omitiremos os detalhes desse projeto.

6.5 OTIMIZAÇÕES E TRADEOFFS EM PROJETO RTL

No Capítulo 5, descrevemos o processo de projeto RTL. Enquanto criamos o bloco operacional durante o processo de projeto RTL, há várias otimizações e *tradeoffs* que poderemos fazer para desenvolver projetos menores ou mais rápidos.

Pipelining

Os microprocessadores continuam a tornar-se menores, mais rápidos e de menor custo. Por isso, sempre que possível, os projetistas usam microprocessadores para implementar os comportamentos desejados dos sistemas digitais. Por outro lado, em muitos sistemas digitais, os projetistas seguem optando por construir os seus próprios circuitos digitais na implementação dos comportamentos desejados. Nesse caso, a razão principal da escolha é a *velocidade*. Um método

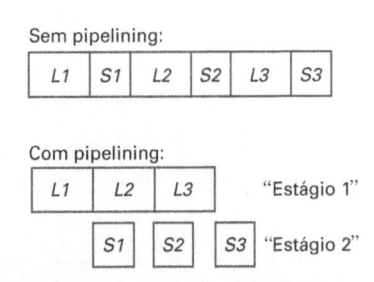

Figura 6.69 Aplicando *pipelining* à lavagem de pratos – a lavagem e a secagem dos pratos podem ser feitas concorrentemente.

para se obter velocidade em circuitos digitais é por meio do uso de *pipelining**. Na técnica de *pipelining*, isso significa dividir uma tarefa grande em estágios sucessivos, de tal modo que os dados passam por eles como as partes que se deslocam através de uma linha de montagem de uma fábrica. Cada estágio produz uma saída que será usada pelo estágio seguinte e todos os estágios trabalham concorrentemente (isto é, ao mesmo tempo). Desse modo, obtém-se um desempenho melhor do que se os dados da tarefa tivessem de ser completamente processados antes que novos dados pudessem começar a ser processados. Lavar pratos com um amigo é um exemplo de *pipelining*, você lavando e o seu amigo secando (Fig. 6.69). Você (o primeiro estágio) pega um prato (prato 1) e o lava. A seguir, você passa o prato para o seu amigo (o segundo estágio), pega o prato seguinte (prato 2) e o lava *concorrentemente* enquanto o seu amigo seca o prato 1. Em seguida, você lava o prato 3 enquanto o seu amigo seca o prato 2. A lavagem de pratos feita dessa maneira é quase duas vezes mais rápida do que quando a lavagem e a secagem não são feitas concorrentemente.

Considere um sistema com entradas de dados W, X, Y e Z que repetidamente deve fornecer na saída a soma S = W + X + Y + Z. Podemos implementar o sistema usando uma árvore de adição, como mostrado na Fig. 6.70(a). O relógio mais veloz para este projeto não deve ser mais rápido do que o caminho mais demorado entre qualquer par de registradores, conhecido como caminho crítico. Há quatro caminhos possíveis, desde a saída de qualquer registrador até a entrada de qualquer registrador, e todos os caminhos passam através de dois somadores. Se cada somador tiver um atraso de 2 ns, então cada um terá um comprimento correspondente a 2+2 = 4 ns. Assim, o caminho crítico é de 4 ns, de modo que o relógio mais rápido terá um período mínimo de 4 ns, significando uma freqüência não superior a 1 / 4 ns = 250 MHz.

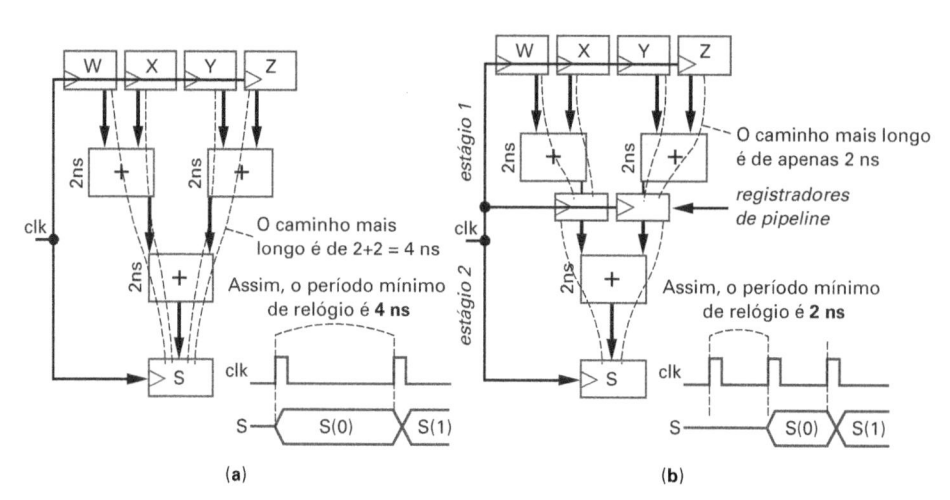

Figura 6.70 Bloco operacionais sem e com *pipeline*: (a) quatro caminhos de registrador a registrador, de 4 ns cada um, de modo que o caminho mais longo é de 4 ns, significando um período de relógio mínimo de 4 ns, ou 1/4 ns = 250 MHz e (b) seis caminhos de registrador a registrador, de 2 ns cada um, de modo que o caminho mais longo é de 2 ns, significando um período de relógio mínimo de 2 ns, ou 1/2 ns = 500 MHz

A Fig. 6.70(b) mostra uma versão com *pipeline* desse projeto. Simplesmente, acrescentamos registradores entre a primeira e a segunda linhas de somadores. Como o propósito desses

---

* N. de T: Esse termo deriva de *pipeline*, que é uma tubulação de grande comprimento usada para o transporte de líquidos, gases e sólidos, estes na forma de partículas. Como exemplos, temos o oleoduto (*oil pipeline*) e o gasoduto (*gas pipeline*). Conforme o comprimento e a topografia do terreno por onde passa a tubulação, são inseridas estações de bombeamento (estágios) para manter o material em movimento.

registradores está relacionado somente com o *pipelining*, eles são conhecidos como **registradores de pipeline**, embora o seu projeto interno seja igual ao de qualquer outro registrador. As computações feitas entre os registradores de *pipeline* são conhecidas como **estágios**. Inserindo esses registradores e criando assim um *pipeline* de dois estágios, reduziremos o caminho crítico de 4 ns para apenas 2 ns. Desse modo, o relógio mais rápido tem um período de no mínimo 2 ns, significando uma freqüência não superior a 1/2 ns = 500 MHz. Em outras palavras, pela simples inserção desses registradores de *pipeline*, *dobramos o desempenho* do nosso projeto.

Latência versus Throughput

O termo "desempenho" precisa ser refinado tendo em vista o conceito de *pipelining*. Na Fig. 6.70(b), observe que o primeiro resultado S(0) não aparece senão após dois ciclos. Por outro lado, no projeto da Fig. 6.70(a), o primeiro resultado aparece na saída após um ciclo apenas. Isso ocorre porque agora os dados devem passar por uma linha extra de registradores. O termo **latência** refere-se ao atraso necessário para que os novos dados de entrada transformem-se em novos dados de saída. Latência é um tipo de desempenho. Ambos os projetos da figura têm uma latência de 4 ns. A Fig. 6.70(b) mostra também que um novo valor de S aparece a cada 2 ns, *versus* os 4 ns do projeto da Fig. 6.70(a). O termo **throughput*** refere-se à taxa com a qual novos dados podem entrar no sistema e, de modo semelhante, a taxa com a qual novas saídas aparecem no sistema. O *throughput* do projeto da Fig. 6.70(a) é de 1 amostra a cada 4 ns, ao passo que no projeto da Fig. 6.70(b) é de 1 amostra a cada 2 ns. Assim, podemos descrever mais precisamente a melhoria de desempenho do nosso projeto com *pipeline* como tendo sido *dobrado* o seu *throughput*.

▶ **EXEMPLO 6.20   Filtro FIR com pipeline**

Lembre-se do filtro FIR de 100 *taps* do Exemplo 5.8. Estimamos que a implementação em microprocessador exigiria 4000 ns, ao passo que uma implementação com um circuito digital customizado iria requerer apenas 34 ns. Aquele circuito digital customizado utilizava uma árvore de somadores, com sete níveis de somadores–50 adições, a seguir 25, 13 (aproximadamente), 7, 4, 2 e finalmente 1. O atraso total era 20 ns (para o multiplicador) mais o atraso dos sete somadores (7*2 ns=14 ns), totalizando um atraso de 34 ns. Podemos melhorar ainda mais o *throughput* daquele filtro usando *pipelining*. Observando que o atraso de 20 ns dos multiplicadores é aproximadamente igual ao atraso de 14 ns da árvore de somadores, podemos decidir inserir registradores de *pipeline* (50 deles, porque no topo da árvore de somadores há 50 multiplicadores alimentando 50 somadores) entre os multiplicadores e a árvore de somadores, resultando na divisão em dois estágios da tarefa, como mostrado na Fig. 6.71. Esses registradores de *pipeline* diminuem o caminho crítico de 34 ns para apenas 20 ns, significando que o relógio poderá acionar o circuito mais rapidamente e conseqüentemente melhorar o *throughput*. O aumento

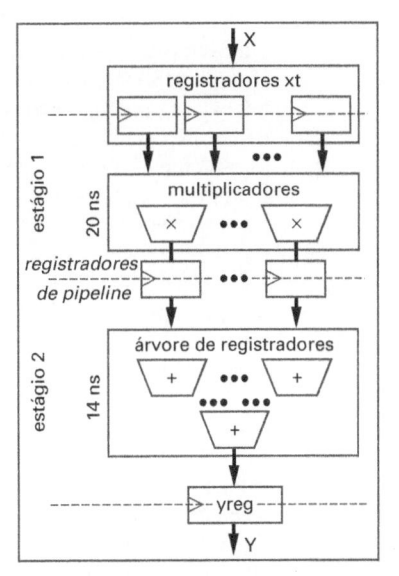

Figura 6.71   Filtro FIR com *pipeline*.

da velocidade de *throughput* da versão sem *pipeline*, em relação à implementação com microprocessador, foi 4000/34 = 117, ao passo que o aumento da velocidade de *throughput* da versão com *pipeline* foi 4000/20 = 200. Um aumento adicional de velocidade bastante bom pela simples inserção de alguns registradores!

---

*N. de T: Traduzido às vezes por "fluxo".

Embora pudéssemos usar também *pipelining* na árvore de somadores, isso não nos daria um *throughput* mais elevado, porque o estágio do multiplicador ainda representaria o caminho crítico. Um relógio não pode acionar um sistema, com *pipeline*, mais rapidamente do que o estágio mais lento, porque senão esse estágio apresentaria falhas quando os valores corretos fossem carregados nos registradores de *pipeline* de suas saídas.

A latência do projeto sem *pipeline* é um ciclo de 34 ns, ou 34 ns no total. A latência do projeto com *pipeline* é 20 ns, ou 40 ns no total. Assim, vemos que o uso de *pipelining* melhora o *throughput* às custas da latência. ◀

Concorrência

Uma razão chave para se projetar um circuito digital customizado, ao invés de escrever *software* para ser executado em um microprocessador, é conseguir um melhor desempenho. Um método comum de se obter desempenho é através de concorrência. Em projeto digital, **concorrência** significa dividir uma tarefa em diversas subpartes independentes e, então, executá-las simultaneamente. Como analogia, se tivermos uma pilha de 200 pratos para lavar, poderemos dividi-la em 10 pilhas menores de 20 pratos cada e, então, dar essas pilhas para dez vizinhos nossos. Simultaneamente, esses vizinhos vão para casa, lavam e secam as suas respectivas pilhas e depois nos devolvem os pratos lavados e secos. Obteríamos um aumento de velocidade na lavagem dos pratos de dez vezes (ignorando o tempo necessário para dividir a pilha e levar as pilhas de casa em casa).

Já usamos concorrência em diversos exemplos. Por exemplo, no bloco operacional do filtro FIR da Fig. 5.38, havia três multiplicadores trabalhando concorrentemente.

Vamos usar concorrência para criar uma versão mais rápida de um exemplo anterior.

▶ **EXEMPLO 6.21** **Componente com concorrência para soma de diferenças absolutas**

No Exemplo 5.7, projetamos um circuito customizado para um componente de soma de diferenças absolutas (SAD) e estimamos que esse componente era três vezes mais rápido do que uma solução baseada em microprocessador. Podemos fazer ainda melhor. Observe que a comparação de um par de pixels correspondentes de dois quadros é independente da comparação de um outro par. Assim, essas comparações são candidatos ideais para concorrência.

Primeiro, precisamos estar capacitados para ler concorrentemente os pixels. Podemos fazer isso reprojetando os bancos de memória *A* e *B*, que anteriormente foram projetados como memórias de 256 bytes. Em vez disso, vamos projetá-los como memórias de 16 palavras, de 16 bytes cada uma (o total ainda é 256 bytes). Assim, cada leitura de memória corresponde a ler uma linha inteira de pixels de um bloco 16x16. A seguir, poderemos determinar concorrentemente as diferenças entre todos os 16 pares de pixels de *A* e *B*. A Fig. 6.72 mostra um novo bloco operacional e uma FSM para o bloco de controle de um componente SAD com maior concorrência.

O bloco operacional consiste em 16 subtratores, operando concorrentemente sobre os 16 pixels de uma linha, seguidos de 16 componentes para determinar os valores absolutos. As 16 diferenças resultantes alimentam uma árvore de somadores, cujo resultado é adicionado à soma corrente e escrito de volta no registrador de soma. O bloco operacional compara o seu contador *i* com o valor 16, pois há 16 linhas em um bloco e, desse modo, devemos computar a diferença entre as linhas 16 vezes. O laço de controle da FSM é repetido 16 vezes para acumular as diferenças de cada linha e, em seguida, carregar o resultado final no registrador *sad_reg*, que está conectado à saída sad do componente SAD.

No Exemplo 5.7, estimamos que uma solução de *software* iria exigir cerca de seis ciclos por pixel para cada comparação de par de pixels. Como há 256 pixels em um bloco 16x16, o *software* iria requerer 256*6=1536 ciclos para comparar um par de blocos. Ao invés disso, o nosso circuito SAD, usando concorrência, requer apenas 1 ciclo para comparar cada linha de 16 pixels, o que deve ser feito 16 vezes para cada bloco, resultando apenas 16*1 = 16 ciclos. Assim, o aumento de velocidade do circuito SAD em relação ao *software* é 1536/16 = 96. Em outras palavras, esse circuito SAD relativamente simples, usando concorrência, opera 100 vezes mais rapidamente do que uma solução em *software*. Conseqüentemente, em qualquer aparelho de vídeo que estejamos projetando, esse aumento de velocidade irá se traduzir em um vídeo digitalizado de melhor qualidade. ◀

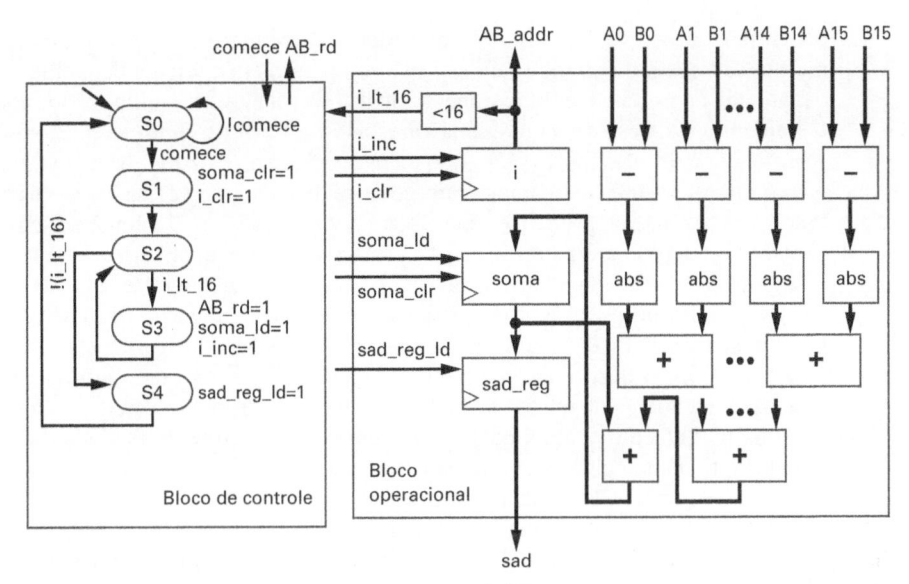

Figura 6.72 Bloco operacional de um componente SAD que usa concorrência para obter maior velocidade, juntamente com a FSM do bloco de controle.

Pipelining e concorrência podem ser combinados para se obter melhorias de desempenho ainda maiores.

Alocação de componentes

Quando a mesma operação é usada em dois estados diferentes de uma máquina de estados de alto nível, podemos optar por incluir duas unidades funcionais, uma para cada estado, ou por uma unidade funcional, que será compartilhada pelos dois estados. Por exemplo, a Fig. 6.73 mostra uma porção de uma máquina de estados com dois estados, A e B, sendo que cada um realiza uma operação de multiplicação. Podemos optar por usar dois multiplicadores distintos, como mostrado na Fig. 6.73(a) (na qual assumimos que as variáveis t representam registradores). A figura também mostra os sinais de controle que são ativados em cada estado da FSM, a qual controla o bloco operacional, sendo que o registrador t1 é carregado no primeiro estado (t1ld=1) e o registrador t4 é carregado no segundo estado (t4ld=1).

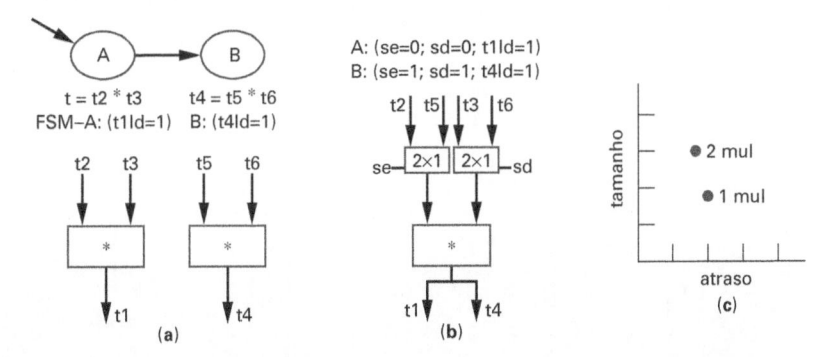

Figura 6.73 Duas alocações diferentes de componentes: (a) dois multiplicadores, (b) um multiplicador e (c) a alocação de um multiplicador representa um *tradeoff* de tamanho às custas de um atraso ligeiramente maior.

Entretanto, como uma máquina de estados não pode estar em dois estados ao mesmo tempo, sabemos que a FSM irá realizar apenas uma multiplicação de cada vez. Desse modo, poderemos fazer com que um multiplexador seja compartilhado pelos dois estados. Como multiplicadores rápidos são grandes, esse compartilhamento pode economizar uma grande quantidade de portas. Um bloco operacional com apenas um multiplicador aparece na Fig. 6.73(b). Em cada estado da máquina de estados, a FSM de controle configura as linhas de seleção dos multiplexadores, para que os operandos apropriados passem através deles indo para o multiplicador, assim como carrega os registradores apropriados de destino como foi feito antes. Assim, no primeiro estado A, a FSM colocará em 0 a linha de seleção do multiplexador esquerdo para permitir que t2 passe (se=0), e também em 0 a linha de seleção do multiplexador direito para permitir que t3 passe (sd=0), além de fazer t1ld=1 para carregar o resultado da multiplicação no registrador t1. Do mesmo modo, a FSM no estado B ativa os multiplexadores para que t5 e t6 passem através deles, além de carregar t4.

A Fig. 6.73(c) ilustra que o projeto com um multiplicador teria um tamanho menor, às custas possivelmente de um atraso ligeiramente maior devido aos multiplexadores.

Uma biblioteca de componentes pode consistir em numerosas unidades funcionais diferentes que potencialmente poderiam implementar uma operação desejada – para a multiplicação, pode haver diversos componentes multiplicadores: MUL1 poderá ser muito rápido, mas grande, ao passo que MUL2 poderá ser muito pequeno, mas lento, e MUL3 poderá estar em uma posição intermediária. Poderá haver também somadores rápidos, mas grandes, somadores pequenos, mas lentos, e diversas opções intermediárias. Além disso, alguns componentes poderão suportar múltiplas operações, como um componente somador/subtrator, ou uma ALU. A escolha de um conjunto particular de unidades funcionais para implementar um conjunto de operações é conhecida como **alocação de componentes**. Ferramentas automatizadas de projeto RTL examinam dúzias ou centenas de possíveis alocações de componentes para encontrar as que melhor representam um *tradeoff* entre tamanho e desempenho.

Os termos "operador" e "operação" referem-se a comportamento, como adição ou multiplicação. O termo "componente" (também conhecido como "unidade funcional") refere-se ao hardware, como um somador ou um multiplicador.

Mapeamento de operadores

Dada uma alocação de componentes, ainda teremos de escolher quais operações serão associadas a quais componentes. Por exemplo, a Fig. 6.74 mostra três operações de multiplicação, uma no estado A, uma no estado B e uma no estado C. A Fig. 6.74(a) mostra um possível mapeamento de componentes a dois multiplicadores, do qual resultam dois multiplexadores. A Fig. 6.74(b) mostra um mapeamento alternativo para dois multiplicadores, do qual resulta apenas um multiplexador, porque o mesmo operando (t3) alimenta o mesmo multiplicador *MULA* em

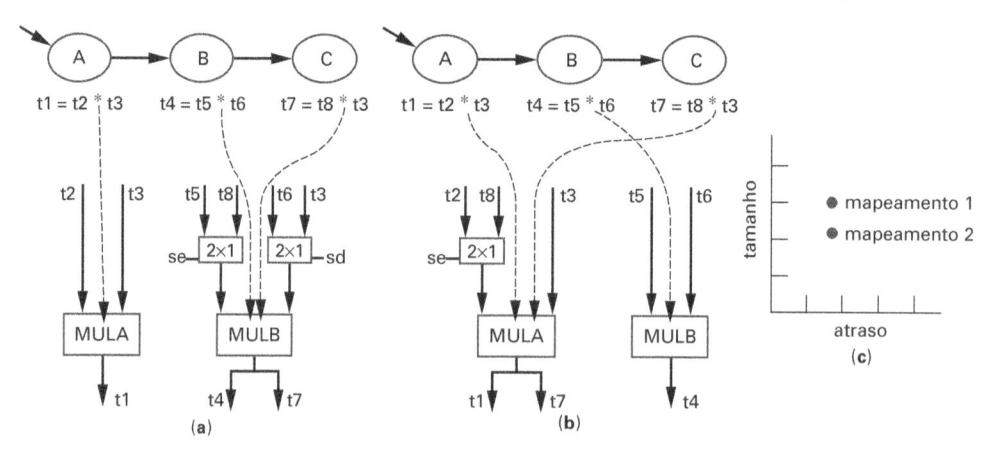

Figura 6.74 Dois mapeamentos diferentes de operadores: (a) o mapeamento 1 usa dois multiplexadores, (b) o mapeamento 2 usa apenas um multiplexador e (c) o mapeamento 2 representa uma otimização em relação ao mapeamento 1.

dois estados diferentes e, portanto, essa entrada do multiplicador não necessita de multiplexador. Assim, o segundo mapeamento produz menos portas, sem perda de desempenho – uma otimização, como mostrado na Fig. 6.74(c). Observe que esse mapeamento não apenas mapeia operadores a componentes, mas também faz a escolha de qual operando será associado a qual entrada de componente. Se tivéssemos associado t3 ao operando esquerdo de *MULA* na Fig. 6.74(b), então *MULA* teria requerido dois multiplexadores ao invés de apenas um.

O mapeamento de um conjunto dado de operações a uma alocação de componentes em particular é conhecido como **mapeamento de operadores** (*operator binding*). Tipicamente, as ferramentas automatizadas exploram centenas de diferentes mapeamentos para uma dada alocação de componentes.

Naturalmente, as tarefas de alocação de componentes e mapeamento de operadores são interdependentes. Se alocarmos apenas um componente, então todos os operadores deverão ser associados a esse componente. Se alocarmos dois componentes, então teremos algumas opções de mapeamento. Se alocarmos muitos componentes, então teremos muito mais opções de mapeamento. Assim, algumas ferramentas executarão simultaneamente a alocação e o mapeamento, ou então farão iteração entre as duas tarefas. Em conjunto, a alocação de componentes e o mapeamento de operadores são referidos algumas vezes como **compartilhamento de recursos**.

Escalonamento de operadores

Dada uma máquina de estados de alto nível, podemos introduzir estados adicionais para nos habilitar a criar um bloco operacional menor. Por exemplo, considere a máquina de estados de alto nível da Fig. 6.75(a). A máquina de estados tem três estados, tendo o estado *B* duas multiplicações. Como essas duas multiplicações ocorrem no mesmo estado e sabendo que cada estado tem um único ciclo de relógio, então precisaremos de dois multiplicadores (no mínimo) no bloco operacional para suportar as duas multiplicações simultâneas no estado *B*. No entanto, o que aconteceria se tivéssemos portas suficientes para apenas um multiplicador?

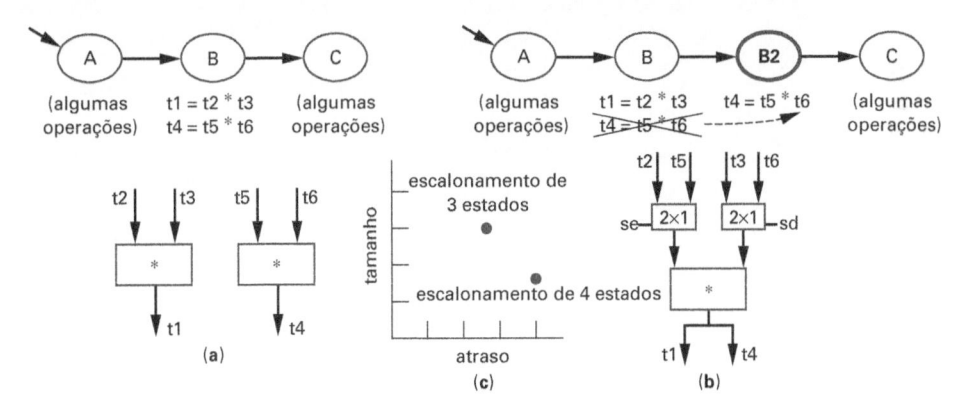

Figura 6.75 Escalonamento: (a) o escalonamento inicial com três estados requer dois multiplicadores, (b) um novo escalonamento de quatro estados requer apenas um multiplicador e (c) o novo escalonamento faz um *tradeoff* entre tamanho e atraso (estado extra).

Nesse caso, deveríamos fazer um novo escalonamento (*scheduling*) para as operações, de modo que seja necessário, no máximo, apenas uma multiplicação em qualquer estado, como na Fig. 6.75(b). Assim, quando alocarmos os componentes, será necessário alocar apenas um multiplicador, como está mostrado e também como foi feito na Fig. 6.73(b). O resultado é um projeto menor mas mais lento, mostrado na Fig. 6.75(c). Esse exemplo de escalonamento assumiu que a computação de t4 não poderia ser deslocada para o estado *A* ou *C*, talvez porque esses estados já usassem um multiplicador ou porque t5 e t6 ainda não estivessem prontos no estado *A* e o novo resultado de t4 fosse necessário no estado *C*.

A conversão de uma computação, que é realizada concorrentemente em um estado, para ser realizada ocupando diversos estados é conhecida como **serialização** de uma computação.

Naturalmente, é possível fazer um novo escalonamento ao inverso. Suponha que comecemos com a máquina de estados de alto nível da Fig. 6.75(b). Se tivermos abundância de portas à disposição e quisermos melhorar o desempenho do nosso projeto, poderemos fazer um novo escalonamento para as operações de modo que combinaremos as operações do estado $B2$ e B em um estado B, como na Fig. 6.75(a). O resultado é um projeto mais rápido, mas maior, requerendo dois multiplicadores ao invés de um.

Geralmente, a introdução ou combinação de estados e a atribuição de operações a esses estados é uma tarefa conhecida como **escalonamento de operadores** (*operator scheduling*).

Você pode ter notado que o escalonamento *de operadores* é interdependente da alocação de componentes, a qual, você pode lembrar, era interdependente do mapeamento de operadores. Assim, as tarefas de escalonamento, alocação e mapeamento são todas interdependentes. As ferramentas modernas podem combinar um pouco as tarefas e/ou podem realizar iteração entre as tarefas diversas vezes, à procura de bons projetos.

▶ **EXEMPLO 6.22 Um filtro FIR menor usando escalonamento de operadores**

Considere o filtro FIR de 3 *taps* do Exemplo 5.8. Aquele projeto não tinha bloco de controle, significando que na realidade a máquina de estados de alto nível possuía apenas um estado que continha todas as ações do bloco operacional, como mostrado na Fig. 6.76(a). Poderíamos reduzir o tamanho do bloco operacional distribuindo as operações por diversos estados, de modo que no máximo ocorresse uma multiplicação e uma adição por estado, como mostrado na Fig. 6.76(b). O primeiro estado carrega os registradores x com as amostras. Note que a ordem dessas ações, que estão indicadas próximo do estado, não é importante, porque todas as ações ocorrem simultaneamente. Esse estado também zera um novo registrador de nome "soma", que tivemos de incluir para guardar as somas dos *taps* intermediários, as quais participarão de cômputos em estados posteriores. O segundo estado computa o primeiro *tap* do resultado do filtro, o próximo estado computa o segundo *tap* e o próximo estado computa o terceiro *tap*. O último estado coloca o resultado na saída e, então, a máquina retorna novamente ao primeiro estado.

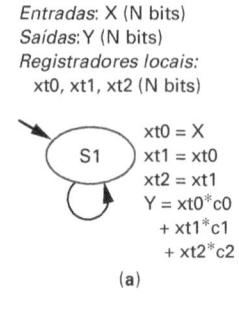

Figura 6.76 Máquina de estados de alto nível para um filtro FIR de 3 *taps*: (a) máquina de um estado original, (b) máquina de cinco estados com no máximo uma adição e uma multiplicação por estado. Por simplicidade, ignoramos a escrita de constantes nos registradores (c0, c1, c2) no exemplo.

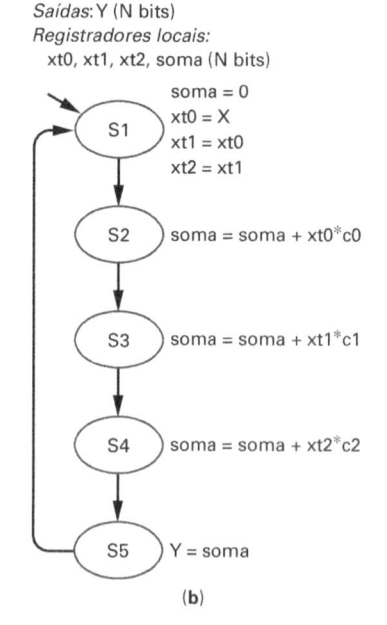

Um bloco operacional para essa máquina de estados está mostrado na Fig. 6.77. O bloco operacional requer apenas um multiplicador e um somador, porque há no máximo uma multiplicação e uma soma em qualquer estado dado da Fig. 6.76. A configuração particular de multiplicador, somador e registrador da Fig. 6.77 é extremamente comum em circuitos simples de processamento e é conhecida geralmente como unidade de *multiplicar e acumular* (*MAC*). O bloco operacional multiplexa as entradas da unidade MAC.

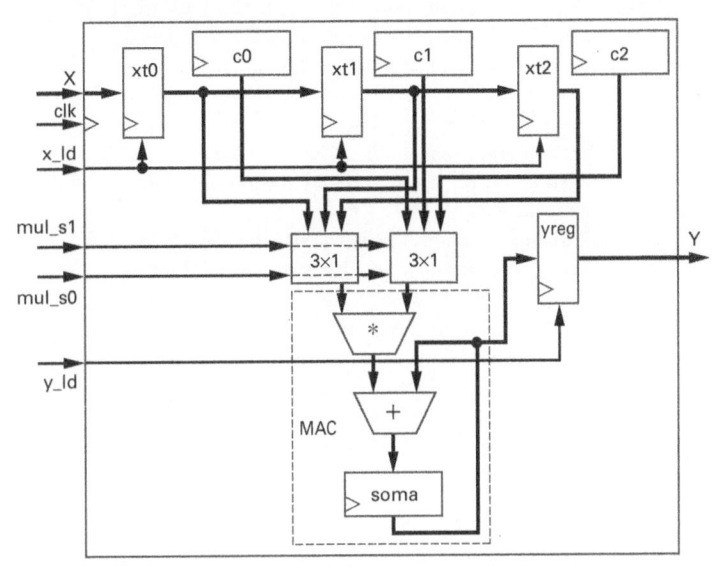

Figura 6.77 Bloco operacional de um filtro FIR serial. Os componentes que estão dentro do retângulo tracejado compreende o que é conhecido como componente de multiplicar e acumular (MAC).

Uma diferença a mais entre esse bloco operacional e o bloco operacional concorrente do Exemplo 5.8 é que esse tem linhas de carga nos registradores x e em yreg. O projeto com concorrência carregava esses registradores a cada ciclo de relógio, ao passo que no projeto serial esses registradores são carregados apenas durante estados particulares; os outros estados produzem resultados intermediários.

No projeto concorrente do Exemplo 5.8, para estimar o desempenho, assumimos 1 ns por porta, 2 ns por somador e 20 ns por multiplicador. O projeto tinha um caminho crítico de 20 ns para o multiplicador e em seguida 4 ns para dois somadores em série, totalizando 24 ns. Esse era também o tempo entre novos dados serem apresentados nas entradas e resultados serem gerados na saída: 24 ns. Usando as medidas de desempenho mais precisas de latência e *throughput*, definidas na Seção 6.5, o projeto concorrente tem uma latência de 24 ns (atraso desde a entrada até a saída) e um *throughput* de 1 amostra a cada 24 ns. O projeto serial tem caminho crítico igual ao atraso de um multiplexador, um multiplicador e um somador. Assumindo um atraso de duas portas para o multiplexador, obtemos um atraso de 2 ns + 20 ns + 2 ns, ou 24 ns. A latência da entrada até a saída é de cinco estados, significando 5*24 ns = 120 ns. O *throughput* é de 1 amostra a cada 120 ns. Assim, o filtro FIR concorrente de 3 *taps* tem uma latência 120/25 = 5 vezes mais rápida, assim como um *throughput* 5 vezes mais rápido, em comparação com o filtro FIR serial. Lembre-se do Exemplo 6.20 que um filtro FIR concorrente com *pipeline* tem um *throughput* ainda mais rápido.

A diferença de desempenho entre as implementações serial e concorrente se tornará ainda mais pronunciada se olharmos um filtro FIR com mais *taps*. Na Seção 5.3, após o Exemplo 5.8, estimamos a latência de um filtro FIR concorrente de 100 *taps* como sendo de 34 ns (o atraso é maior do que no filtro concorrente de 3 *taps*, porque o filtro de 100 *taps* precisa de uma árvore de somadores). O projeto serial ainda teria um caminho crítico de 24 ns, mas iria requerer 102 estados (1 para inicialização, 100 para realizar os cômputos nos *taps* e 1 para fornecer o resultado na saída), com uma latência de 102*24 ns = 2448 ns. Assim, o aumento da velocidade de latência do projeto concorrente seria 2448/34 = 72.

Deveríamos considerar também a diferença de tamanho entre os projetos serial e concorrente. Com propósitos ilustrativos, vamos assumir que um somador requer aproximadamente 500 portas e um multiplicador, 5000 portas. Assim, o único multiplicador e o único somador do projeto serial iriam requerer apenas 5500 portas. Em um filtro FIR de 3 *taps*, os 3 multiplicadores e os 2 somadores do projeto concorrente iriam requerer 5000*3 + 500*2 = 16.000 portas. Em um filtro FIR de 100 *taps*, só os 100 multiplicadores do projeto concorrente apenas iriam requerer 100*5000 = 500.000 portas –100 vezes mais portas do que no projeto serial.

Intuitivamente, esse números fazem sentido. Em comparação com um projeto serial, um projeto concorrente de 100 *taps* usa cerca de 100 vezes mais portas (devido ao uso de 100 multiplicadores em vez de apenas 1), atingindo ainda um desempenho cerca de 100 vezes melhor (devido à computação concorrente nos 100 multiplicadores em vez de computar uma multiplicação de cada vez).

Dependendo de nossas necessidades de desempenho e restrições de tamanho, poderíamos considerar projetos intermediários entre os dois extremos, serial e concorrente, tais como um projeto com dois multiplicadores, que grosseiramente seria duas vezes maior e duas vezes mais rápido do que o projeto serial, ou com dez multiplicadores, que seria grosseiramente dez vezes maior e dez vezes mais rápido do que o projeto serial. A Fig. 6.78 ilustra os *tradeoffs* entre os projetos serial e concorrente de um filtro FIR. ◄

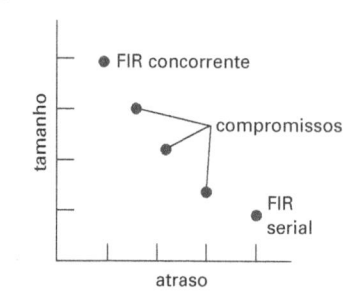

Figura 6.78 *Tradeoffs* do projeto FIR.

As seções anteriores devem ter deixado claro que o projeto RTL apresenta uma faixa enorme de soluções possíveis para o projetista. Uma máquina de estados de alto nível simples pode ser implementada como qualquer uma de uma enorme variedade de implementações possíveis, que se diferenciam tremendamente em tamanho e desempenho.

Máquinas de estados de alto nível Moore versus Mealy

Da mesma forma que podemos criar uma FSM Moore ou Mealy (veja a Seção 6.3), poderemos criar máquinas de estados de alto nível Moore ou Mealy. No caso de máquinas de estados de alto nível, uma do tipo Moore pode ter as ações associadas apenas aos estados, ao passo que uma do tipo Mealy pode ter as ações associadas às transições. Como foi o caso com as FSMs, o uso de uma máquina do tipo Mealy pode resultar em menos estados. A combinação dos tipos Moore e Mealy é feita comumente em máquinas de estados de alto nível.

▶ 6.6 MAIS SOBRE OTIMIZAÇÕES E TRADEOFFS

Computação serial versus concorrente

Após ter visto numerosos exemplos de técnicas de *tradeoff* em vários níveis de projeto, podemos detectar um tema comum fundamentando alguns desses *tradeoffs*. Esse tema é a computação serial *versus* a concorrente. **Serial** significa realizar uma tarefa de cada vez. **Concorrente** significa realizar tarefas simultaneamente.

Por exemplo, no projeto lógico combinacional, podemos reduzir o tamanho da lógica fatorando e colocando termos em evidência. Ao fazer isso, estamos basicamente serializando a computação, computando primeiro os termos colocados em evidência e então combinando os resultados com outros termos. No projeto de componentes de bloco operacional, podemos melhorar a velocidade de um somador computando os bits de transporte concorrentemente, ao invés de esperar que o bit de transporte propague-se serialmente. No projeto RTL, podemos distribuir as operações por diversos estados, serializando-as para reduzir o tamanho, ao invés de realizá-las concorrentemente em um único estado. Os Exemplos 6.21 e 6.22 ilustram ambos os *tradeoffs* da computação serial *versus* a concorrente, para um circuito SAD e um FIR, respectivamente.

A realização de *tradeoffs* entre a computação serial e a concorrente é um conceito que abrange todos os níveis do projeto digital. Como regra geral, um projeto concorrente é mais rápido, mas maior, ao passo que um projeto serial é menor, mas mais lento.

Tipicamente, há numerosas opções de projeto que abrangem a faixa intermediária entre os projetos que são totalmente serial ou concorrente.

Otimizações e tradeoffs em níveis alto *versus* baixo de projeto

Como regra geral, as otimizações e *tradeoffs* feitos nos níveis altos de projeto podem ter um impacto muito maior sobre os critérios de projeto do que as otimizações e os *tradeoffs* feitos nos níveis inferiores de projeto. Por exemplo, imagine que você queira ir de carro a uma cidade no outro lado do país no menor tempo possível. Poderíamos reduzir o tempo diminuindo o número de paradas para realizar as refeições, significando que carregaríamos os nossos próprios alimentos no carro. Poderíamos reduzir também o tempo diminuindo o número de paradas para abastecer, significando que usaríamos um carro com um tanque de combustível que permitisse o máximo de deslocamento. Algumas pessoas (não você, naturalmente) poderiam pensar em viajar a velocidades acima do limite legal. No entanto, tipicamente, essas não são as primeiras coisas em que você pensa quando tenta reduzir o tempo de deslocamento de uma viagem através do país. A decisão mais importante é sobre qual itinerário seguir. Um itinerário pode ter 7000 quilômetros e outro, apenas 4000 quilômetros de comprimento. A decisão em alto nível sobre qual itinerário seguir tem muito mais impacto do que todas as demais decisões de baixo nível mencionadas anteriormente. Realmente, estas últimas nos serão úteis apenas se tomarmos a decisão correta em alto nível e, então, quisermos reduzir ainda mais o tempo.

No projeto digital, as decisões de otimização e *tradeoff* tomadas em alto nível (como as decisões RTL) podem ter um impacto muito maior do que aquelas tomadas em baixo nível (como decisões sobre os componentes do bloco operacional ou sobre a lógica de múltiplos níveis). Por exemplo, na construção de um filtro FIR, a decisão RTL sobre ele ser concorrente ou serial (Exemplo 6.22) terá um impacto muito maior sobre o tamanho e o desempenho do circuito do que as decisões tomadas em nível de componente sobre um somador ser de bit propagado ou antecipado (*carry-ripple* ou *carry-lookahead*), ou a decisão em nível de lógica combinacional sobre uma lógica ser de dois ou múltiplos níveis. Essas decisões em níveis inferiores fazem simplesmente um ajuste fino nas decisões de alto nível sobre tamanho e desempenho. A Fig. 6.79(a) ilustra esse conceito. Uma analogia poderia ser uma luminária com refletor iluminando um terreno, como mostrado na Fig. 6.79(b) – o deslocamento da luminária à direita ou à esquerda desde uma altura elevada (decisões de alto nível) terá um impacto maior sobre qual região do terreno será iluminada (soluções possíveis) do que os movimentos de baixa altura (decisões de baixo nível).

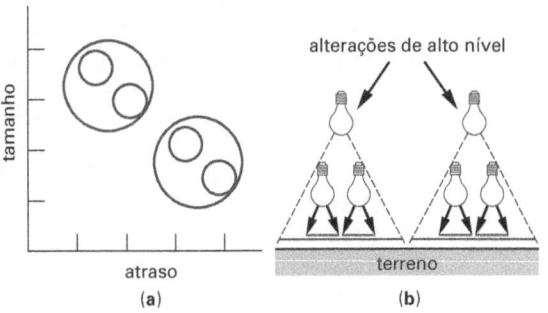

Figura 6.79 Decisões de alto nível *versus* baixo nível: (a) decisões de alto nível (indicadas pelos dois círculos maiores) focalizam o projeto em uma região, ao passo que as decisões de baixo nível atuam dentro da região e (b) analogia com uma luminária refletora.

Seleção de algoritmo

Quando se tenta implementar um sistema como um circuito digital, talvez a decisão de projeto de nível mais elevado, tendo portanto o impacto mais significativo sobre os critérios de projeto, como tamanho, desempenho, consumo, etc, seja a escolha de um algoritmo. Um *algoritmo* é um conjunto de passos que resolve o problema. O mesmo problema pode ser resolvido por diferentes algoritmos. Algoritmos para o mesmo problema, quando implementados na forma de circuitos digitais, podem resultar em desempenhos e/ou tamanhos tremendamente diferentes. Alguns algoritmos podem simplesmente ser melhores do que outros (otimização sem muito *tradeoff*), ao passo que outros podem representar um *tradeoff* entre desempenho, tamanho e outros critérios. A seleção de um algoritmo para um problema de projeto digital talvez esteja no nível mais elevado e pode ter o máximo de impacto sobre os critérios de projeto. Por exemplo, os exemplos anteriores mostraram várias implementações de um filtro FIR. No entanto, existem muitos outros algoritmos de filtragem que são bem diferentes do algoritmo usado naqueles filtros FIR. Alguns algoritmos podem fornecer uma filtragem de qualidade mais elevada às custas de uma necessidade maior de computação, outros podem fornecer uma qualidade inferior mas precisam de menos computação.

Ilustraremos a seleção de algoritmo por meio de um exemplo.

▶ **EXEMPLO 6.23** **Compressão de dados usando diferentes algoritmos de pesquisa em tabela**

Queremos comprimir dados que serão enviados através de uma rede de computadores de longa distância para conseguir uma comunicação mais rápida enviando menos bits. Um método para essa compressão é usando códigos curtos para os valores que aparecem mais freqüentemente. Por exemplo, suponha que cada item de dado tenha 32 bits de tamanho. Poderíamos analisar os dados que esperamos enviar e descobrir os 256 valores de dados que aparecem mais freqüentemente. Então, poderíamos atribuir um código único de 8 bits para cada um desses 256 valores. Ao enviar os dados pela rede, enviamos primeiro um bit que indica se enviaremos em seguida um item de dado codificado com 8 bits, ou um item de dado bruto de 32 bits – se o primeiro bit fosse 1, isso poderia significar codificado, e se fosse 0, significaria dado bruto. Se ocorrer de todos os itens de dados que estão sendo enviados estarem no topo entre os 256 mais freqüentes, então estaremos enviando 9 bits por item de dado (1 bit para indicar se é codificado mais os 8 bits de dados codificados) ao invés de 32 bits por item de dado – uma compressão de aproximadamente 4 vezes, o que poderia se traduzir em uma comunicação cerca de 4 vezes mais veloz.

Há um algoritmo usado para pesquisar uma lista de valores em uma memória que é conhecido como *pesquisa linear*. Começando no endereço 0, comparamos os conteúdos de cada palavra de memória com o item de dado que estamos procurando (conhecido como chave), incrementamos o endereço e repetimos o processo até encontrarmos uma igualdade. Nesse ponto, tratamos o valor do endereço onde se deu a igualdade como sendo o valor codificado. Se chegarmos ao endereço 256 e não tiver ocorrido uma igualdade, transmitiremos o dado bruto. O algoritmo de pesquisa linear é um modo lento de se pesquisar uma lista ordenada em uma memória. Para os itens de dados que não estão na memória, o algoritmo necessitará de 256 leituras e comparações, o que se traduzirá em 256 ciclos. Para os dados que estão na memória, precisaremos de 128 leituras, em média.

Um algoritmo mais rápido para pesquisar uma lista de itens em uma memória é conhecido como *pesquisa binária*. Primeiro ordenamos a lista e então a armazenamos na memória (precisamos ordená-la apenas uma vez). Para procurar um item, começamos no meio da memória, ou seja,

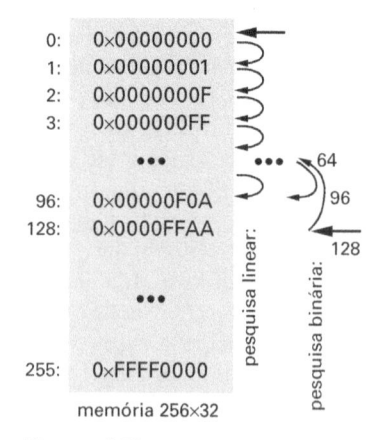

```
0:    0x00000000
1:    0x00000001
2:    0x0000000F
3:    0x000000FF
      •••                    64
96:   0x00000F0A            96
128:  0x0000FFAA
                            128
      •••
255:  0xFFFF0000
      memória 256×32
```

Figura 6.80 Pesquisa em uma memória ordenada usando a chave 0x00000F0A – a pesquisa linear requer 97 leituras e comparações, a pesquisa binária, apenas 3.

no endereço 128, e comparamos o conteúdo dessa palavra com a chave. Se o valor do conteúdo for maior que a chave, então saberemos que a chave, se ela existir na memória, deverá estar em algum lugar entre 0 e 127. Desse modo, vamos para o meio desse intervalo, ou seja, no endereço 64, e comparamos novamente. Se o valor ali for maior que a chave, iremos procurar entre 0 e 63; se menor, entre 65 e 127. Assim, após cada comparação reduzimos à metade o intervalo restante de endereços no qual a chave poderá estar. A divisão repetida de 256 à metade só pode ser feita 8 vezes: 256, 128, 64, 32, 16, 8, 4, 2 e 1. Em outras palavras, após um máximo de 8 comparações, teremos encontrado a chave ou, então, reduzido o intervalo a 1, significado que a chave não pôde ser encontrada na memória. Quando a chave não se encontra na memória, a pesquisa binária é 256/8 = 32 vezes mais rápida do que a pesquisa linear e também aproximadamente esse valor quando a chave se encontra na memória. Além disso, a pesquisa binária requer apenas um bloco de controle ligeiramente mais inteligente.

Vemos que a escolha do algoritmo correto faz uma grande diferença no desempenho deste exemplo, diferença muito maior do que a determinada, digamos, pela velocidade do comparador que está sendo usado. ◀

Otimização do consumo de energia

O consumo de energia está se tornando um importante critério de projeto, tanto na computação avançada como na embarcada*. A unidade de potência é o *watt*, que representa a energia por segundo (isto é, joules por segundo). Na computação avançada, como em PCs de mesa, servidores, ou consoles de *videogames*, os *chips* no interior do computador dissipam muita potência, fazendo com que se tornem muito quentes. Por exemplo, um *chip* típico no interior de um PC pode consumir 60 watts–pense em tocar uma lâmpada incandescente de 60 watts (sem de fato tocá-la) para perceber quão quente é isso. Na computação avançada, o projeto de *chips* de baixo consumo reduz a necessidade de outros métodos de resfriamento que não sejam simples ventiladores, reduzindo também os custos com eletricidade, que podem se tornar bem significativos no caso de companhias que trabalham com grandes números de computadores.

Na computação embarcada, freqüentemente, mesmo os métodos simples de resfriamento, como os ventiladores, não estão disponíveis – por exemplo, o seu telefone celular não tem ventilador (se o tivesse, as gravatas e os lenços das pessoas poderiam ficar presos nele). Os dispositivos portáteis embarcados podem ter *chips* que operam com apenas 1 watt ou menos.

Além disso, os dispositivos portáteis obtêm tipicamente a sua energia de baterias e, portanto, são necessários *chips* de baixo consumo para prolongar a vida das baterias – especialmente considerando o fato de que as baterias não estão se tornando melhores com velocidade suficiente para mantê-las acompanhando o consumo crescente de energia. Segundo algumas medidas, a demanda de energia por *chip* está dobrando aproximadamente a cada três anos (seguindo a lei de Moore). A Fig. 6.81 mostra um gráfico dessas demandas de energia, comparadas com as melhorias de densidade de energia das baterias, as quais crescem a uma taxa atual de apenas 8% ao ano. Essa diferença crescente que está ilustrada traduz-se em vidas úteis menores para as baterias de um dispositivo, como um telefone celular, ou em baterias maiores.

Atualmente, a mais popular das tecnologias de ICs está usando os transistores CMOS, sendo que

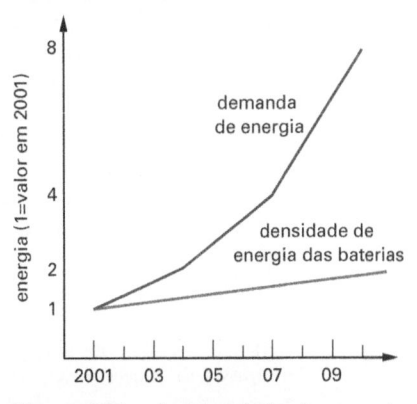

Figura 6.81 A densidade de energia das baterias está aumentando mais lentamente do que as demandas crescentes de energia dos *chips* digitais.

---

* N. de T.: *Embedded computing*, em inglês.

o consumo de potência, em sua maior parte, vem do chaveamento ou transição de valores de 0 para 1. A razão é que as conexões não são perfeitas, apresentando capacitância (não colocamos um capacitor de propósito nas conexões – isso resulta simplesmente do fato de que as conexões não são condutores perfeitos de eletricidade). Para chavear uma conexão de 0 para 1 é necessário carregar esse capacitor. O chaveamento de volta dessa conexão de 1 para 0 faz essa carga ser descarregada para a terra. O resultado desse chaveamento é um consumo de energia. Esse consumo é conhecido como **potência dinâmica**, porque vem das mudanças nos sinais (dinâmico significa mudança). O consumo devido à potência dinâmica em uma conexão CMOS é proporcional ao valor da capacitância (C) da conexão, multiplicado pela tensão (V) ao quadrado e a freqüência na qual a conexão está sendo chaveada, ou seja:

$$P = k * CV^2 f \quad \text{(equação do consumo CMOS devido à potência dinâmica)}$$

em que k é alguma constante. Para computar a potência dinâmica de um circuito, deveremos somar as potências calculadas em todas as conexões segundo a equação acima.

Olhando a equação acima, pode-se ver claramente que a maior redução na potência dinâmica será causada pela diminuição da tensão, porque a tensão entra com uma contribuição quadrática (ao quadrado) à potência. Os projetistas de circuitos de baixa tensão procuram reduzir o consumo criando transistores que operam na menor tensão possível, reduzindo assim o termo V, e que tenham conexões com a menor capacitância possível, reduzindo o termo C. Portanto, os projetistas digitais podem optar por utilizar portas que trabalham com baixas tensões.

Infelizmente, as portas de tensões mais baixas tem um atraso maior do que as portas de tensões mais elevadas, resultando um *tradeoff* entre potência e desempenho.

Uma outra maneira de se reduzir a potência dinâmica consumida por um circuito é baixando a freqüência do relógio do circuito, o que obviamente leva à diminuição do termo f em todas as conexões de relógio, assim como em muitas outras conexões que sofrem modificações a cada borda de relógio (como as conexões de registradores e as lógicas conectadas às suas saídas). Novamente, no entanto, a redução da freqüência do relógio deixa o desempenho mais lento, resultando um *tradeoff* entre potência e desempenho.

O diretor técnico de uma das maiores empresas de projeto de chips disse-me em 2004 que, na empresa dele, "A potência consumida é o inimigo número um." A razão é que eles diminuíram a tensão até o mínimo possível e, além disso, a cada ano vêm colocando mais transistores nos ICs, devido ao menor tamanho deles, significando mais chaveamento nas conexões. Entretanto, por outro lado, a capacitância não vêm diminuindo na mesma velocidade que o tamanho dos transistores. À medida que acrescentamos transistores ao IC, esse passa a consumir cada vez mais energia, podendo surgir problemas devido ao calor excessivo e ao consumo acelerado da energia das baterias.

Clock gating (técnica avançada)

Assumindo que os termos V e C tenham sido reduzidos ao máximo possível, por meio de técnicas de projeto em nível de transistor, a potência poderá ser reduzida ainda mais diminuindo-se f, a freqüência na qual as conexões sofrem chaveamento. Um método para se reduzir esse consumo de energia é conhecido como *clock gating*. O ***clock gating**** é a desabilitação do sinal de relógio em regiões do *chip* nas quais sabemos que não há computações sendo realizadas em um dado momento. O *clock gating* economiza energia porque uma porcentagem significativa das conexões que estão sofrendo transições em um *chip* são as que distribuem o sinal relógio para todos os registradores e flip-flops – possivelmente, 20 a 30% do consumo de energia é devido ao chaveamento do sinal de relógio presente em todo o *chip*. O *clock gating* reduz f sem baixar a freqüência do próprio relógio.

No *clock gating*, o sinal de relógio é desabilitado submetendo-o a uma porta AND juntamente com um sinal de habilitação, o qual é ativado pela máquina de estados. Lembre-se de que, a cada borda de subida do relógio, um registrador com carga paralela volta a carregar

---

* N. de T: Aparece traduzido algumas vezes por "habilitação de relógio".

nele próprio os mesmos valores presentes nos flip-flops do registrador. Quando se impede que a borda de relógio apareça, os mesmos valores são mantidos nos flip-flops, o que leva ao mesmo resultado final; os conteúdos do registrador não se alteram.

O *clock gating* não é algo que os projetistas digitais fazem eles próprios. Pelo contrário, as modernas ferramentas de síntese permitem que possamos especificar a habilitação e desabilitação do relógio, por meio de comandos especiais que são usados em cada estado. Essas ferramentas devem se valer de cautela extrema, porque o acréscimo de uma porta a um sinal de relógio retarda-o. Disso resultam ligeiras diferenças entre os sinais de relógio que estão presentes em diferentes partes do circuito, um efeito conhecido como ***clock skew****. As ferramentas devem realizar uma cuidadosa análise de tempo para assegurar que o *clock skew* não irá alterar o comportamento global do circuito. Além disso, a inserção de portas no caminho de um sinal de relógio poderá diminuir a agudeza das bordas desse relógio. Portanto, isso deve ser feito com cuidado devendo-se, algumas vezes, usar portas especiais. Na prática, entretanto, essa técnica é amplamente usada pelas ferramentas de baixa potência.

Iremos demonstrar o *clock gating* através de um exemplo.

▶ **EXEMPLO 6.24** **Filtro FIR serial com clock gating para reduzir a potência**

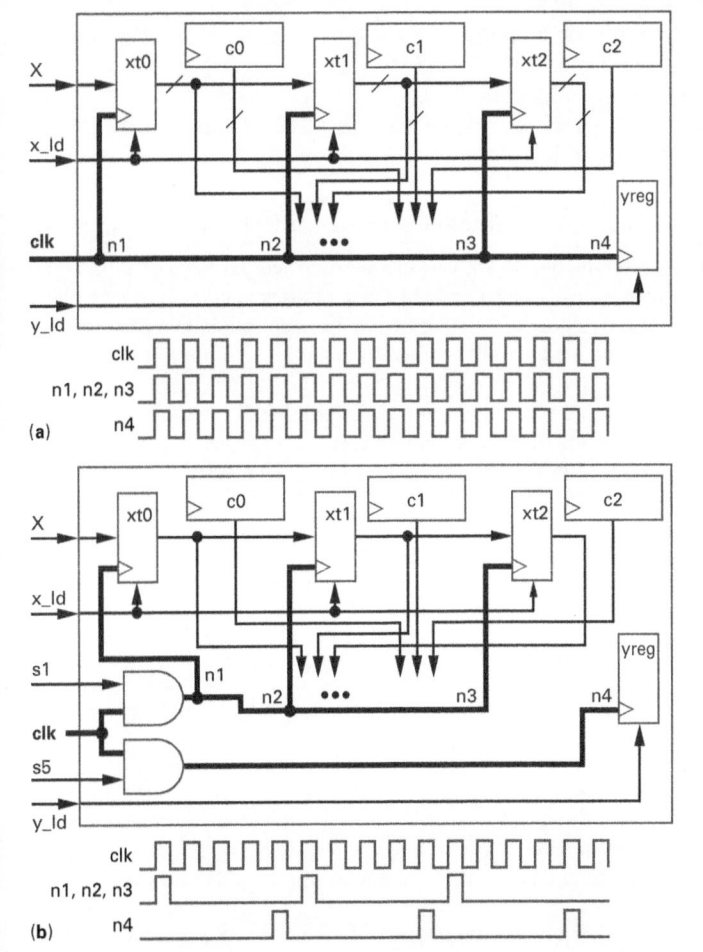

Projetamos um filtro FIR serial no Exemplo 6.22. Uma máquina de estados de cinco estados controlava o bloco operacional. A máquina de estados carregava os três registradores xt apenas no primeiro estado, estado *S1*, e o registrador yreg apenas no último estado, estado *S5*. Ainda, o projeto distribuía o sinal de relógio a todos os quatro registradores utilizando quatro conexões, indicadas por n1-n4 na Fig. 6.82(a). Observe com base no diagrama de tempo, na parte superior da figura, que os sinais n1-n4 mudam acompanhando as transições do relógio e lembre-se que cada uma dessas transições consome potência dinâmica.

Figura 6.82 *Clock gating*: (a) a cada ciclo, o sinal de relógio sofre chaveamento em todas as conexões desenhadas com traço bem cheio, mas os registradores xt são carregados apenas no estado *S1* e o yreg, no estado *S5*–de modo que a maior parte dos chaveamentos de relógio é desperdiçada; (b) passando o sinal de relógio por uma porta reduz o chaveamento nas conexões de relógio.

---

* N. de T: Literalmente, é "inclinação de relógio". É uma alusão à forma inclinada em escada que, devido aos diferentes atrasos, pode assumir o conjunto dos sinais de relógio presentes em diversos pontos do circuito quando são dispostos de forma adequada em um gráfico.

A Fig. 6.82(b) mostra um projeto com *clock gating*. O bloco de controle habilita o relógio por meio de uma porta enviando-o aos registradores xt, fazendo s1 ser 0 em todos os estados, exceto *S1*. De modo similar, o bloco de controle encaminha o relógio ao registrador yreg, fazendo s5 ser 0 em todos os estados, exceto *S5*. Note a redução significativa de chaveamento de sinal nas conexões de relógio n1-n4, mostrados na parte inferior da Fig. 6.82. ◀

Portas de baixa potência em caminhos críticos

Nem todas as portas são igualmente rápidas. Os engenheiros que constroem as portas a partir de transistores podem tornar uma porta mais rápida aumentando o tamanho dos transistores da porta, ou operando-a com uma tensão mais elevada, ou por diversos outros meios. Assim, uma porta AND de duas entradas pode ter um atraso de 1 ns, ao passo que uma outra pode ter um atraso de 2 ns. Esta última AND poderá consumir menos potência, devido a seu tamanho ou tensão menores.

Se quisermos reduzir a potência consumida por um circuito, poderemos construir o circuito completo usando portas de baixa potência para conseguir um baixo consumo, às custas de um desempenho mais lento, como mostrado na Fig. 6.83.

Alternativamente, podemos colocar as portas de baixa potência somente nos caminhos não críticos, de modo que tornaremos mais compridos esses caminhos, mas mantendo os seus atrasos não superiores ao do caminho crítico, como se mostra no exemplo seguinte.

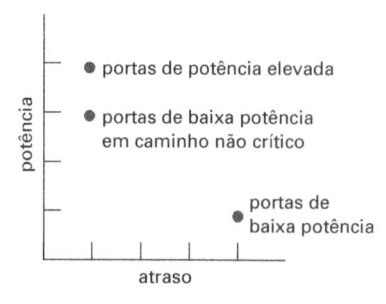

Figura 6.83 Usando portas de baixa potência.

▶ **EXEMPLO 6.25** Redução da potência de caminhos não críticos pelo uso de uma lógica de múltiplos níveis

No Exemplo 6.12, reduzimos o comprimento de um caminho não crítico pelo uso de uma lógica de múltiplos níveis. Neste exemplo, ao invés disso, reduziremos a potência consumida em caminhos não críticos usando portas de baixa potência. Assuma que portas normais têm um atraso de 1 ns e consomem 1 nanowatt de potência e que portas de baixa potência têm um atraso de 2 ns e consomem 0,5 nanowatt de potência.

O lado esquerdo da Fig. 6.84 mostra o mesmo circuito do Exemplo 6.12, tendo um caminho crítico com um atraso de 3 portas. Assuma que todas as portas são normais, significando que o atraso do caminho crítico é 3 ns e que o consumo total de potência é 5 nanowatts.

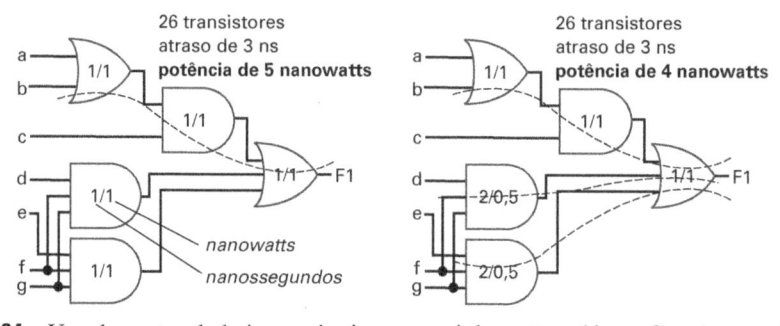

Figura 6.84 Uso de portas de baixa potência em caminhos não críticos. Os números dentro de cada porta representam o atraso da porta em nanossegundos e o consumo em nanowatts.

As duas portas AND inferiores estão em dois caminhos não críticos, tendo atrasos de apenas 2 ns. Assim, podemos substituir essas portas AND por portas AND de baixa potência. O resultado é que os atrasos dos dois caminhos aumentam para 3 ns, de modo que se tornam iguais, mas não superiores, ao atraso do caminho crítico. O resultado é que também a potência total torna-se apenas 4 nanowatts ao invés de 5 nanowatts (uma redução de 20%). ◀

▶ 6.7 PERFIL DE PRODUTO – GRAVADOR E TOCADOR DIGITAL DE VÍDEO

Visão geral de vídeo digital

Na década de 1990, a digitalização de vídeo tornou-se prática devido aos circuitos digitais mais rápidos, menores e de potência mais baixa. Anteriormente, o vídeo era capturado, armazenado e exibido na maior parte por meio de métodos analógicos. O vídeo digitalizado opera amostrando o sinal de vídeo analógico e convertendo as amostras em valores digitais. Essa digitalização é similar ao exemplo de digitalização de áudio da Fig. 1.1, mas com um trabalho adicional.

Na realidade, um vídeo é uma série de imagens estáticas exibidas rapidamente, conhecidas como **quadros** (*frames*), mostrado na Fig. 6.85(a). Um segundo de vídeo pode consistir em cerca de 30 quadros–os olhos e cérebros das pessoas vêem essa seqüência rápida de quadros como sendo um vídeo contínuo e suave.

Um *display* digital pode ser dividido em algumas centenas de milhares de minúsculos "elementos de imagem" (*picture elements*) ou **pixels**. Um de tamanho típico tem cerca de 720 linhas por 480 colunas. Para cada quadro, a digitalização de uma amostra captura diversos valores em cada pixel, como as intensidades das componentes vermelha, azul e verde da luminosidade daquele pixel, convertendo as medidas analógicas dessas intensidades em números digitais. O resultado é a representação de um quadro digitalizado como sendo uma série (grande) de 0s e 1s e a representação de um vídeo digitalizado como

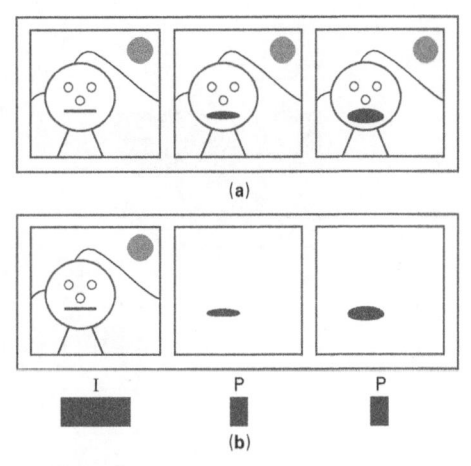

Figura 6.85 Vídeo: (a) é uma série de imagens ou quadros, com muita redundância entre os quadros, (b) ele pode ser construído a partir de quadros I (intra) e P (previsto), mostrados com os tamanhos relativos das codificações em bits.

sendo uma série grande de quadros digitalizados. O vídeo digitalizado pode ser transmitido, armazenado, exibido e copiado com uma qualidade muito superior à de um vídeo analógico. Além disso, o vídeo digitalizado pode ser comprimido, resultando um vídeo de qualidade possivelmente superior à de um vídeo analógico que é transmitido ou armazenado usando a mesma mídia.

DVD – uma forma de armazenamento de vídeo digital

Um disco de vídeo digital (também conhecido por disco versátil digital), ou ***DVD***, armazena vídeo em formato digital. Vendidos inicialmente em 1997, os DVDs substituíram a tecnologia analógica de vídeo conhecida como fita VHS. Os tocadores de DVD apareceram em centros de entretenimento domésticos, computadores pessoais, automóveis (especialmente em veículos orientados à família) e mesmo como unidades portáteis autônomas. Em 2001, as companhias de eletrônica voltadas ao consumo introduziram no mercado o primeiro *gravador* de DVD, permitindo que as pessoas gravassem programas de televisão em DVDs graváveis especiais. A popularidade dos DVDs, em comparação com a tecnologia analógica anteriormente popular de VHS, provém de diversas vantagens, incluindo melhor qualidade de vídeo, ausência de deterioração na qualidade de vídeo ao longo do tempo e a capacidade de saltar diretamente para partes particulares de um vídeo sem necessidade de enrolar a fita para frente ou para trás.

Os DVDs armazenam grandes quantidades de dados em uma fina camada refletiva de metal. Embora essa camada metálica no interior de um DVD pareça plana desde a nossa perspectiva, há na realidade bilhões de microscópicas cavidades sobre a superfície metálica que armazenam os dados. Essas cavidades (*pits*), ou ausência delas (*lands*), armazenam os dados binários no DVD. A Fig. 6.86 mostra como um tocador de DVD extrai a informação do disco. Usando um laser muito preciso, a luz é focada sobre a camada metálica no interior do DVD. Essa camada reflete a luz até um sensor ótico que pode detectar se a luz está sendo refletida de uma cavidade ou da superfície plana. Detectando as diferentes regiões, o sensor ótico cria um fluxo de valores binários à medida que lê o DVD.

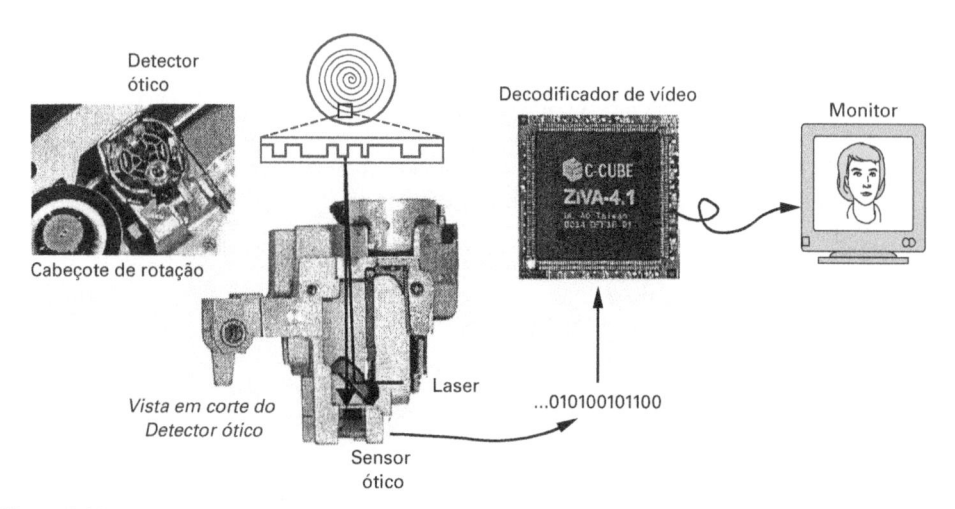

Figura 6.86 Leitura de um DVD em um tocador de DVDs. O elemento de detecção ótica do tocador de DVD emite um feixe laser para a superfície do DVD. Esse reflete o laser de volta ao sensor ótico o qual usa a intensidade da luz refletida para produzir a seqüência de 0s e 1s armazenados no DVD. Um circuito decodificador de DVD converte os dados binários em uma seqüência de quadros que as pessoas interpretam como uma imagem em movimento.

Os dados binários do DVD são organizados de forma serial em uma espiral que se afasta do centro do DVD. Quando o DVD está lendo os dados, o laser e o sensor ótico devem se deslocar lentamente do centro até a borda externa do DVD. Se o DVD for de camada dupla, os dados na segunda camada do disco estarão armazenados em uma espiral que se desloca da periferia do disco para o seu centro. A razão para a espiral da segunda camada estar ao contrário é para evitar que o laser e o sensor ótico tenham necessidade de se reposicionar no centro do disco, após a focalização da segunda camada durante uma mudança de camada. (Você pode ter notado uma pausa momentânea em um certo ponto de um filme, quando ocorre a mudança de camada em um DVD.)

Um DVD de um lado e camada simples pode armazenar 4,7 gigabytes de dados (ou seja, 37,6 gigabits), mas essa quantia não é suficiente para um filme a menos que os dados sejam comprimidos. Considere um vídeo com uma resolução de 720 pixels por 480 pixels, usando 24 bits de informação por pixel e exibido a 30 quadros por segundo. Um quadro irá requerer 720*480*24 = 8.294.400 bits, ou cerca de 8 Mbits. Um segundo de vídeo, ou 30 quadros, irá necessitar 30*8.294.400 = 248.832.00 bits, ou cerca de 250 Mbits. Portanto, um filme de 100 minutos irá requerer cerca de 250 Mbits/segundo * 100 minutos * 60 segundos/minuto = 1500 Gbits. Entretanto, um DVD pode armazenar apenas 37,6 Gbits. Para armazenar um vídeo, um DVD deve armazená-lo em formato comprimido.

Um DVD é apenas um de muitos meios diferentes de armazenamento digital de vídeo. Um vídeo digitalizado pode ser armazenado em qualquer mídia capaz de armazenar 0s e 1s de alguma forma, tais como uma fita (usada em muitas câmeras digitais de vídeo), em uma memória *flash* (usada em câmeras digitais e telefones celulares com capacidade de gravação de vídeo), em um CD, ou em uma unidade de disco rígido de computador. Tipicamente, todos esses processos são ainda bastante limitados e, portanto, necessitam de métodos de compressão.

Codificação de vídeo MPEG-2 – enviando as diferenças entre quadros usando quadros I, P e B

A compressão de vídeo MPEG-2 foi definida e padronizada pelo Motion Picture Expert Group em 1994 (como uma melhoria do padrão MPEG-1 de 1992) e é usada em DVDs, televisão digital e numerosos outros dispositivos de vídeo. As taxas de compressão MPEG-2 vão de 30:1 até 100:1 ou mais. A taxa de compressão é determinada pela divisão do número de bits do vídeo digitalizado antes da compressão pelo número de bits após a compressão. Assim, se um vídeo digitalizado requerer 400 gigabytes sem compressão e apenas 4 gigabytes com compressão, a taxa de compressão será 400/4 = 100:1. Note que a colocação dos 1500 Gbits de um filme em 37,6 Gbits iria requerer uma taxa de compressão de 1500 Gbits/37,6 Gbits = 40,1.

A observação chave que levou ao método de compressão MPEG-2 é que tipicamente existe pouca diferença entres dois quadros sucessivos de um vídeo; em outras palavras, um vídeo tem tipicamente muita redundância entre quadros. Por exemplo, um quadro pode consistir em uma pessoa parada à frente de uma montanha, como na Fig. 6.85(a). O próximo quadro (que representa talvez 1/30 de um segundo após) pode ser quase idêntico ao quadro anterior, exceto que a boca da pessoa abriu-se ligeiramente. O próximo quadro ainda pode ser quase idêntico, com a boca da pessoa aberta mais um pouco, e assim por diante.

Portanto, o MPEG-2 não codifica simplesmente cada quadro como sendo uma imagem distinta. Em vez disso, para tirar vantagem da redundância entre os quadros, o MPEG-2 pode optar por codificar cada quadro em uma das seguintes formas:

- Um *quadro I*, ou assim chamado "quadro intracodificado", é a imagem completa.

- Um *quadro P*, ou "quadro previsto", é um quadro que simplesmente descreve a diferença entre o quadro corrente e o anterior. Assim, para obter a imagem desse quadro, deve-se combinar o quadro P com o quadro anterior.

Por exemplo, a Fig. 6.85(b) mostra quadros P que contêm apenas a diferença em relação ao anterior. Obviamente, um quadro P irá requerer menos bits do que um quadro I. Alguns exemplos de tamanhos de quadros poderiam ser cerca de 8 Mbits para um quadro I e apenas 2 Mbits para um quadro P. Assim, ao invés de representar 30 quadros como 30 imagens completas (30 quadros I), um método de compressão poderia representar esses quadros usando a seguinte seqüência de quadros I P P P P P P P P P P P P P I P P P P P P P P P P P P P P P. A taxa de compressão neste exemplo seria assim 8 Mbits * 30 / (2 * 8 Mbits + 28 * 2 Mbits) = 240 / 72 = 3,3 : 1. Obviamente, uma imagem criada por quadros preditos (P) combinados com um quadro anterior não será uma representação perfeita da imagem original, especialmente se há muita movimentação no vídeo. Assim, o MPEG-2 faz um *tradeoff*, perdendo alguma qualidade e obtendo compressão.

Para conseguir reduções ainda maiores, o MPEG-2 usa um terceiro tipo de quadro:

- Um *quadro B*, ou "quadro previsto bidirecional", é um quadro que pode armazenar diferenças entre quadros *futuros* e anteriores.

Desse modo, os quadros B podem ser ainda menores do que os quadros P. Um exemplo de quadro B poderia conter apenas 1 Mbits.

▶ **EXEMPLO 6.26** Computando as taxas de compressão envolvendo quadros I, P e B

Assuma que uma seqüência MPEG-2 de 30 quadros tem a seguinte seqüência de quadros: I B B P B B P B B P B B P B B I B B P B B P B B P B B P B B. Assuma os seguintes tamanhos médios de 8 Mbits para os quadros I, 2 Mbits para os quadros P e 1 Mbits para os quadros B. Compute a taxa de compressão.

A taxa de compressão neste exemplo será 8 Mbits * 30 / (2 * 8 Mbits + 2 Mbits + 20 * 1 Mbits) = 240 / 52 = 4,6 : 1.

O exemplo de seqüência de quadros é de fato bem típico de um vídeo MPEG-2, com os quadros I ocorrendo a cada 12–15 quadros. ◀

É possível que os codificadores de vídeo MPEG-2 procurem criar cerca de 30 quadros por segundo. Com centenas de milhares de pixels por quadro que devem ser comparados com os de outro quadro, a codificação MPEG-2 requer uma grande quantidade de computações para determinar quais quadros deverão ser I, P ou B, e quais deverão ser os valores para os quadros P e B. Além disso, a maioria dessas computações consistirá na *mesma* computação, realizada entre regiões correspondentes de dois quadros. Assim, muitos codificadores MPEG-2 utilizam circuitos digitais customizados para paralelizar essas computações, às custas de um tamanho maior de hardware. Por exemplo, o circuito para calcular a soma das diferenças absolutas, construído no Exemplo 6.21, usava mais paralelismo do que o do Exemplo 5.9, às custas de um tamanho maior de circuito. Esse circuito seria útil em um codificador de vídeo que necessitasse determinar rapidamente se um quadro deveria ser codificado como um quadro P ou B, ou como um quadro I. Circuitos adicionais poderiam computar os valores reais dos quadros P e B.

De modo semelhante, a partir dos quadros I, P e B, um decodificador MPEG-2 de vídeo poderia usar circuitos para reconstruir rapidamente os quadros completos das imagens–além do que, em MPEG-2, é mais fácil fazer a decodificação de vídeo do que a codificação, porque os conteúdos dos quadros P e B são determinados efetivamente apenas durante a codificação; na decodificação, é necessário apenas que os quadros P e B sejam combinados com os quadros que lhe são vizinhos.

Passando para o domínio de freqüência para obter uma compressão maior

DCT – transformada co-seno discreta

Vimos na seção anterior que a transmissão de um quadro (P ou B), que é simplesmente uma diferença em relação a um quadro anterior ou futuro, pode produzir alguma compressão. Entretanto, as taxas de compressão obtidas eram de apenas 4:1. Vimos antes que, para armazenar um filme completo, um DVD necessita de uma taxa de compressão em torno de 40:1. Assim, torna-se necessário realizar uma compressão maior.

Portanto, o MPEG-2 comprime individualmente cada quadro I, P e B ainda mais. O método de compressão envolve a aplicação do que é conhecido como transformada co-seno discreta a blocos constituídos de 8x8 valores de pixels em cada quadro. A transformada co-seno discreta é usada também no bem conhecido padrão JPEG para comprimir imagens estáticas, como as de uma câmera digital. A **transformada co-seno discreta** (*Discrete Cosine Transform*), ou **DCT**, transforma informações do domínio do espaço para o domínio da freqüência. (A DCT é similar a outra técnica popular, conhecida como transformada rápida de Fourier (*Fast Fourier Transform*), ou FFT, usada também na conversão para o domínio da freqüência.)

A passagem para o domínio da freqüência é um conceito poderoso, amplamente usado no processamento digital de sinais. Para compreender esse conceito, vamos considerar que queremos armazenar digitalmente os sinais analógicos mostrados na Fig. 6.87, usando o menor número de bits possível. O sinal é uma onda co-seno de 1 Hz, com uma amplitude de 10 unidades. Para armazenar o sinal digitalmente, poderíamos armazená-lo a intervalos freqüentes, talvez a cada milissegundo, e gravar o valor medido do sinal na forma de um número binário, talvez de 8 bits de largura. Para um segundo, seriam necessários 1000 * 8 = 8000 bits. Por outro lado, poderíamos armazenar o fato de que o sinal é uma onda co-seno, com uma freqüência de 1 Hz e uma amplitude de 10. Se armazenarmos cada um desses números como um valor de 8 bits, então precisaremos armazenar 8 + 8 = 16 bits. Dezesseis bits é bem menos do que 8000 bits.

Naturalmente, nem todos os sinais que queremos digitalizar são ondas co-senos simples. No entanto – e essa é a idéia-chave que fundamenta a representação no domínio da freqüência – *podemos realizar uma aproximação de qualquer sinal original na forma de uma soma de ondas co-senos de diferentes freqüências e amplitudes*. Se partirmos o sinal original em pequenas regiões, poderemos obter uma aproximação ainda melhor. Por exemplo, poderíamos aproximar uma região como sendo a soma de uma onda co-seno de 1 Hz e amplitude 5, mais uma onda co-seno de 2 Hz e amplitude 3. Poderíamos aproximar uma outra região como sendo a soma de 50 ondas co-senos de diferentes freqüências e amplitudes. Quanto menor a região e mais freqüências de ondas co-senos diferentes que considerarmos, mais exata será a nossa aproximação em relação ao sinal real.

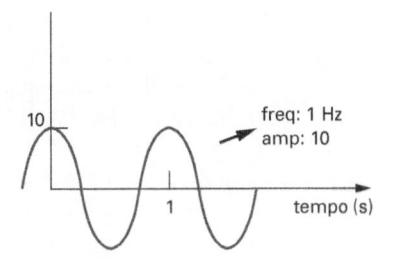

Figura 6.87 Digitalizando sinais pela conversão para o domínio da freqüência.

Ao invés de armazenar apenas as freqüências reais, juntamente com as amplitudes das ondas co-senos, poderemos decidir considerar o uso de apenas determinadas freqüências, tais como: 1 Hz, 2 Hz, 4 Hz, 8 Hz, 16 Hz e assim por diante. Então, poderemos simplesmente enviar as amplitudes dessas freqüências particulares: (5, 3, 0, 0, 0, ...). Vamos nos referir a essas amplitudes como sendo coeficientes.

Em MPEG-2, a DCT transforma um bloco 8x8 de entrada, cujos valores são as intensidades dos pixels, em um bloco 8x8, o qual representa os coeficientes das "freqüências" predeterminadas. No domínio de vídeo, cada freqüência representa um padrão de bloco diferente, em que as baixas freqüências são padrões quase constantes e as altas freqüências, padrões mutáveis (como um tabuleiro de xadrez). A DCT determina um conjunto tal de coeficientes que será produzido um padrão resultante muito similar ao bloco de entrada original, quando os padrões predeterminados são multiplicados pelos seus coeficientes e somados.

A equação de uma DCT bidimensional que é aplicada a um bloco de 8x8 números é:

$$F(u, v) = \frac{1}{4}C(u)C(v)\sum_{x=0}^{8}\sum_{y=0}^{8} D[x, y]\cos\left(\frac{\pi(2x+1)u}{16}\right)\cos\left(\frac{\pi(2y+1)v}{16}\right)$$

$$C(h) = \begin{cases} \frac{1}{\sqrt{2}}, h = 0 \\ 1, \text{ em caso contrário} \end{cases}$$

A entrada é um bloco 8x8 *D[x, y]*. A saída é outro bloco 8x8, sendo que *F(u, v)* computa o coeficiente da linha *u* e coluna *v* do bloco de saída.

Um codificador MPEG-2 pode utilizar circuitos digitais customizados para realizar rapidamente o cálculo da DCT. Observe que a computação de cada coeficiente requer que seja realizado 64 vezes o cálculo do termo mais à direita (vamos chamá-lo de termo interno), e isso deverá ser feito com cada um dos 64 coeficientes, significando avaliar esse termo 64*64 = 4096 vezes. Além disso, a DCT opera em blocos 8x8, havendo 5400 desses blocos em um quadro do tipo I de tamanho 720x480. Assim, a DCT de um quadro I poderá requerer que o termo interno seja computado 5400*4096 = 22 milhões de vezes. Cada uma dessas codificações ocorre a 30 quadros por segundo. Você pode começar a ver porque um codificador MPEG-2 poderá precisar usar circuitos digitais customizados para computar rapidamente a DCT, usando extensivamente paralelismo e *pipelining* para obter o desempenho necessário.

A computação da DCT pode ser acelerada ainda mais computando-se previamente os co-senos dos termos internos. Observe que a DCT calcula dois co-senos com base nos valores de entrada de u e x, e de v e y. No entanto, como a DCT opera em blocos 8x8, as variáveis u, v, x e y variam em valor apenas dentro do intervalo de 0 a 7. Portanto, podemos computar previamente os 64 valores de co-seno possíveis, necessários para a computação da DCT, e armazená-los em uma tabela 8x8, a qual pode ser programada em uma ROM. Assim, podemos reescrever a transformada DCT como segue:

$$F(u, v) = \frac{1}{4}C(u)C(v)\sum_{x=0}^{8}\sum_{y=0}^{8} D[x, y]\cos[x, u]\cos[y, v]$$

O uso de uma ROM, para armazenar os valores de co-seno calculados previamente, acelera a computação dos termos internos da DCT.

Quantização

Usando-se a DCT, a conversão para o domínio da freqüência não produz uma compressão diretamente –simplesmente convertemos um bloco 8x8 de entrada em um bloco 8x8 de saída. Esse bloco 8x8 de saída representa as amplitudes das ondas co-senos das freqüências particulares. Poderemos conseguir uma compressão arredondando essas amplitudes, de modo que usemos menos bits para representá-las. Por exemplo, suponha que usemos 8 bits para representar uma amplitude. Isso significa que poderemos representar as amplitudes dentro do intervalo de 0 a 255. Suponha que representemos apenas amplitudes pares, isto é, 2, 4, ..., 254. Nesse caso, na representação da amplitude, poderemos descartar o bit menos significativo, resultando apenas 7 bits. O decodificador irá simplesmente acrescentar um 0 ao número de 7 bits para obtermos novamente um número de 8 bits. Por exemplo, o número 00001111 de 8 bits será comprimido no número 0000111 de 7 bits, com um 0 implícito no oitavo bit. O decodificador irá expandir esse número de 7 bits de volta para o número 00001110 de 8 bits – observe que o número decodificado é ligeiramente diferente do original, sendo 14 ao invés do 15 original (um exemplo de por que na compressão MPEG-2 há alguma perda de qualidade na imagem). Podemos levar mais adiante esse conceito de arredondamento, representando apenas as amplitudes que são múltiplos de 4 (descartando assim os dois bits menos significativos e produzindo uma representação de 6 bits), ou múltiplos de 8 (descartando os três bits menos significativos e dando uma representação com 5 bits). O número 00001111 poderá ser representado por 00001 com três 0s implícitos, o qual será decodificado de volta como 00001000. Devido ao arredondamento, o número 8 decodificado é diferente do número original 15.

O arredondamento descrito para se obter uma compressão, resultante do descarte dos bits menos significativos, é conhecido como **quantização**. Observe o *tradeoff*: um arredondamento maior produz mais compressão, às custas da exatidão. Felizmente, *as pessoas não se dão conta desse arredondamento nas componentes de alta freqüência da imagem*, a nossa visão simplesmente não é tão precisa. Também não notamos pequenas diferenças nas componentes de alta freqüência do som porque a nossa audição também não é tão precisa. Imagine um som de freqüência muito alta, tão agudo que poderia quebrar uma taça. Provavelmente, você não conseguiria diferenciar dois sons tão agudos com freqüências ligeiramente diferentes – ambos são simplesmente agudos. De mesmo modo, em uma cena altamente complexa, os nossos olhos não podem detectar ligeiros arredondamentos nos valores das cores. Assim, o MPEG-2 aplica mais agressivamente a quantização aos coeficientes de alta freqüência do bloco de saída da DCT do que aos de baixa freqüência.

Após a quantização, os 64 valores do bloco 8x8 são tratados como uma lista de 64 números. A seguir, esses 64 números são submetidos à chamada codificação *run-length*. A **codificação run-length*** é um método de compressão que reduz as ocorrências de zeros consecutivos usando um número para indicar o número de zeros consecutivos, ao invés de representar os próprios zeros. Por exemplo, vamos considerar que queremos representar os seguintes cinco números: 0, 0, 0, 0, 24. Se o valor de cada um for de 6 bits, os cinco números necessitarão de 5*6 = 30 bits. Por outro lado, poderemos simplesmente enviar um par de números, o primeiro indicando o número de zeros iniciais e o segundo, o número que é diferente de zero. Assim, 0, 0, 0, 0, 24 seria codificado como (4, 24) – 4 zeros iniciais, seguidos pelo número 24. Se cada valor for de 6 bits, a versão codificada usando *run-length* requer apenas 2*6 = 12 bits. De modo semelhante, qualquer seqüência de números poderia ser substituída por uma seqüência de pares de números, cada par substituindo uma seqüência de zeros e um número. Assim, a seqüência 0, 0, 0, 0, 24, 0, 0, 8, 0, 0, 0, 0, 0, 0, 16 poderia ser substituída por três pares: (4, 24), (2, 8) e (6, 16), reduzindo o número de bits de 15*6 = 90 para 6*6 = 36 bits. Observe que o número de zeros no começo da seqüência, ou entre números diferentes de zero, pode ser zero e o último número pode ser zero. Por exemplo, a seqüência 2, 0, 0, 63, 2, 0, 0, 0, 0, 0 poderia ser codificada como (0, 2), (2, 63), (0, 2), (4, 0).

A codificação *run-length* produzirá uma boa compressão apenas se houver muitos 0s na seqüência de números. Felizmente, a natureza da DCT leva a muitos números 0 (nem todas as freqüências de co-senos são necessárias para fazer uma aproximação em uma dada região do sinal, de modo que essas freqüências terão coeficientes 0s), especialmente após a quantização (muitos coeficientes são exatamente números pequenos que se tornam 0 durante a quantização). Desse modo, a aplicação da codificação *run-length* após a quantização leva a mais compressão.

▶ **EXEMPLO 6.27** Cálculo das taxas de compressão envolvendo a quantização e a codificação run-length

Continuando o Exemplo 6.26, assuma que a seqüência MPEG-2 de 30 quadros por segundo tem a mesma seqüência e tamanhos médios daquele exemplo, mas cada quadro é comprimido ainda mais pela conversão DCT para o domínio da freqüência, seguido por quantização e codificação *run-length*. Assuma que o bloco de saída DCT consiste em 64 números de 8 bits, a quantização reduz o tamanho médio do número para números de 5 bits e a codificação *run-length* reduz o tamanho da seqüência de números resultante a 30% de seu tamanho.

A taxa de compressão será 8 Mbits * 30 / 5 / 8 * 0,30 * (2 * 8 Mbits + 8 * 2 Mbits + 20 * 1 Mbits) = 240 / 9,7 = 25:1.   ◀

Código de Huffman

Após a codificação *run-length*, cada bloco consistirá em uma seqüência de números. Alguns desses números irão aparecer na seqüência mais freqüentemente do que outros. A **codificação de Huffman** é um método de se reduzir o número de bits requeridos para representar um conjunto de valores, criando códigos mais curtos para os valores que ocorrem com mais freqüência e códigos mais longos para os valores menos freqüentes.

---

* N. de T: *Run-length encoding (RLE)* significa literalmente "codificação por comprimento de seqüência".

A codificação de Huffman, uma forma de codificação conhecida como codificação entrópica, é um outro conceito fundamental na compressão digital de dados. Suponha que você deseje representar uma seqüência original de 16 números: 0, 3, 3, 31, 0, 3, 5, 8, 9, 7, 15, 14, 3, 0, 3 e 0. Assumindo 5 bits por número, uma codificação binária imediata poderia ser 00000 00011 00011 11111 00000 00011 00101 e assim por diante, totalizando 16 * 5 = **80 bits**. Podemos reduzir esse total, observando primeiro que há apenas 9 símbolos diferentes: 0, 3, 5, 7, 8, 9, 14, 15 e 31. Na realidade, precisamos apenas de 4 bits para identificar de forma única cada símbolo. Desse modo, poderíamos atribuir os nove símbolos únicos a códigos de 4 bits, usando as seguintes definições: 0=0000, 3=0001, 5=0010, 7=0011, ..., 31=1001 (observe que os códigos não são mais as representações em numeração binária dos números originais). Assim, a seqüência original de números (0, 3, 3, 31, 0, 3, 5, ...) seria codificada como 0000 0001 0001 1001 0000 0001 0010 etc., totalizando 16 * 4 = **64 bits**. A observação chave aqui é que podemos codificar os números usando quaisquer padrões arbitrários de bits que desejarmos, desde que o codificador e o decodificador estejam ambos cientes das definições da codificação.

Podemos levar essa definição do conceito um passo adiante, usando codificações de comprimentos diferentes. Observando que 3 e 0 ocorrem com mais freqüência do que os outros números, poderíamos dar códigos mais curtos ao 3 e ao 0. Assim, poderíamos criar as seguintes definições de códigos: 0=00, 3=10, 5=010, 7=0110, 8=0111, 9=1100, 14=1101, 15=1110, 31=1111. Como essas definições foram criadas é um assunto que está além do escopo desta discussão, embora não seja realmente muito difícil de se aprender. Observe que os códigos são tais que os códigos mais curtos não aparecem à esquerda de qualquer um dos códigos mais longos. Por exemplo, 00 não aparece à esquerda de nenhum dos códigos mais longos como 010, 0110, 0111, etc. Essa característica permite que o decodificador saiba quando chegou ao final da palavra de código: quando o decodificador vê 00, ele sabe que encontrou um 0 codificado (porque nenhum outro código inicia com 00); quando ele vê 10, sabe que encontrou um 3 (porque nenhum outro código inicia com 10). No entanto, quando o decodificador vê 01, ele deve olhar o próximo bit e, se ele ver 010, saberá que encontrou um 5 (porque nenhum outro código inicia com 010). Usando esse esquema de codificação de comprimento variável, a seqüência original (0, 3, 3, 31, 0, 3, 5, ...) seria codificada como 00 10 10 1111 00 10 010 etc. Inserimos os espaços simplesmente pela legibilidade; a codificação real seria apenas 00101011110010010 etc. O número total de bits seria 4 * 2 (para os quatro 0s codificados com dois bits 00) + 5 * 2 (para os cinco 3s, codificados com os dois bits 10) + 1 * 3 (para o único 5, codificado com três bits 010) mais 6 * 4 (para os seis números restantes 31, 8, 9, 7, 15 e 14, cada um codificado com 4 bits) totalizando **45 bits** – um total bastante reduzido quando comparado com os 80 bits originais requeridos pela codificação binária direta.

A codificação de Huffman consegue uma boa compressão quando há alguns números que ocorrem muito mais freqüentemente do que outros na seqüência de números que deve ser codificada. Felizmente, em um bloco de um quadro, esse é o caso depois de estarem concluídas as tarefas de DCT, quantização e codificação *run-length*. Por exemplo, pode haver muitos 0s, 1s, 2s, etc. e poucas ocorrências de números maiores.

▶ **EXEMPLO 6.28 Cálculo das taxas de compressão envolvendo a codificação de Huffman**

Continuando o Exemplo 6.27, assuma que, após a quantização e a codificação *run-length*, pares de números são submetidos à codificação de Huffman e que essa codificação reduz o número de bits em 50%.

A taxa de compressão será assim 240 / 0,50 * 9,7 = 50:1. ◀

Resumo

Resumindo a codificação MPEG-2 de vídeo:

- O uso de quadros I, P e B consegue compressão não reenviando a informação redundante de quadros sucessivos, mas em lugar disso enviando apenas as diferenças.
- A DCT transforma blocos 8x8 de quadros para o domínio da freqüência, o que em si não representa uma compressão, mas ao contrário permitirá compressão nos passos seguintes.
- A codificação *run-length* consegue mais compressão substituindo seqüências de coeficientes zeros por um número que indica o número de tais zeros.
- A codificação de Huffman consegue mais compressão codificando os números dos coeficientes que ocorrem com mais freqüência com códigos mais curtos do que os que ocorrem com menos freqüência.

A seqüência de passos está mostrada graficamente na Fig. 6.88.

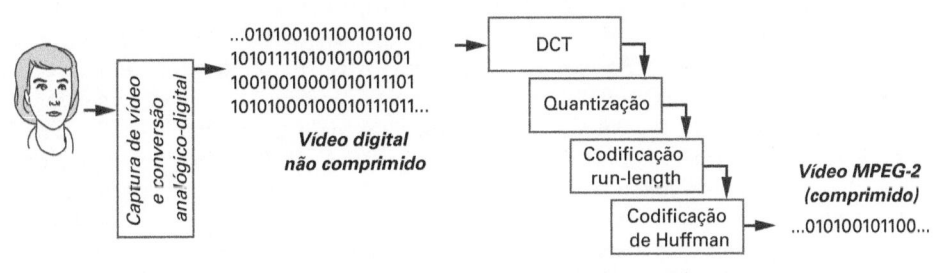

Figura 6.88 Visão geral da codificação e compressão MPEG-2 de vídeo.

O nosso exemplo de cálculos de taxas de compressão produziu uma taxa em torno de 50:1. De fato, a taxa de compressão pode ser variada alterando-se cada um dos passos anteriores. Podemos usar menos quadros do tipo I para conseguir uma compressão ainda maior às custas de uma degradação na qualidade de vídeo, ou mais quadros I para obter uma qualidade melhor às custas de mais bits. De modo semelhante, podemos variar o grau de quantização para realizar um *tradeoff* entre qualidade e taxa de compressão. Como um filme típico terá algumas cenas com modificações lentas e outras com cenas que se alteram rapidamente, e alguns quadros com cores complexas e outros quadros mais simples, a taxa de compressão para diferentes partes de um vídeo podem na realidade variar. Observe como os *tradeoffs* (basicamente entre a qualidade e a taxa de compressão) estão presentes em todas as partes da codificação MPEG-2.

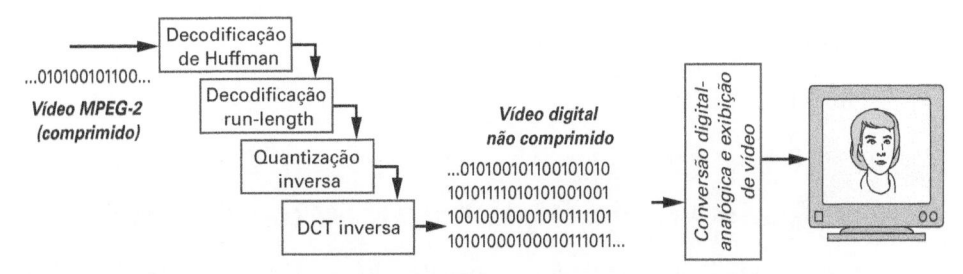

Figura 6.89 Visão geral da decodificação MPEG-2 de vídeo.

Para converter de volta uma seqüência MPEG-2 de bits em uma série de imagens ou vídeos, um decodificador MPEG-2 precisa simplesmente aplicar os passos anteriores ao contrário, como mostrado na Fig. 6.89.

Claramente, a codificação e decodificação MPEG-2 requerem muita computação, que deve ser realizada em velocidade suficientemente elevada para criar um vídeo contínuo, sem interrupções e de boa qualidade.

6.8 RESUMO DO CAPÍTULO

Neste capítulo, introduzimos (Seção 6.1) a idéia de que algumas vezes podemos melhorar um dos critérios de projeto em particular sem prejudicar outros (otimização), mas usualmente podemos melhorar um critério às custas de outro (*tradeoff*). Descrevemos (Seção 6.2) o problema da minimização do tamanho da lógica de dois níveis, introduzindo mapas K como método gráfico e então descrevendo heurísticas automatizadas para otimizar o tamanho de lógicas de dois e também de múltiplos níveis. Discutimos (Seção 6.3) métodos para realizar otimizações e *tradeoffs* durante o projeto da lógica seqüencial, incluindo a minimização de estados, a codificação de estados e as máquinas FSMs Moore *versus* Mealy. Destacamos (Seção 6.4) diversos métodos alternativos para implementar alguns componentes do bloco operacional, incluindo um somador mais rápido usando antecipação do bit de "vai um" (*carry-lookahead*) e um multiplicador menor usando multiplicação seqüencial. Descrevemos (Seção 6.5) métodos para otimizações e *tradeoffs* RTL, incluindo os poderosos conceitos de *pipelining* e concorrência como meios de se conseguir execução paralela – um objetivo-chave do projeto digital customizado. Também descrevemos os métodos RTL de alocação de componentes e de mapeamento e escalonamento de operadores. Mencionamos brevemente (Seção 6.6) alguns métodos de nível mais elevado, incluindo a idéia geral das computação serial *versus* a concorrente e a seleção de algoritmos eficientes. Introduzimos também alguns conceitos básicos de redução do consumo elétrico, incluindo *clock gating* e o uso de portas de baixa potência.

Como você pôde ver neste capítulo, há muitos métodos para melhorar os nossos projetos. Por outro lado, este capítulo mal arranhou a superfície desses métodos. Uma indústria de muitos bilhões de dólares anuais especializou-se em desenvolver ferramentas automatizadas para converter as descrições comportamentais da funcionalidade de sistema desejada em implementações de circuito altamente otimizadas. Essa indústria é conhecida como Electronic Design Automation (EDA) ou como Computer Aided Design (CAD). Com este capítulo, a intenção é que seja abrangente o suficiente para que você compreenda no mínimo a idéia básica da otimização de circuitos, em vários níveis de abstração de projeto, indo desde o nível de porta até o de RTL e além.

6.9 EXERCÍCIOS

SEÇÃO 6.1: INTRODUÇÃO

6.1 Defina os termos "otimização" e "*tradeoff*" e dê exemplos do dia-a-dia para cada um deles.

SEÇÃO 6.2: OTIMIZAÇÕES E TRADEOFFS EM LÓGICA COMBINACIONAL

6.2 Otimize o tamanho da lógica de dois níveis para a equação F(a,b,c) = ab'c + abc + a'bc + abc' usando (a) métodos algébricos e (b) um mapa K. Expresse as respostas como somas de produtos.

6.3 Otimize o tamanho da lógica de dois níveis para a equação F(a,b,c) = a + a'b'c + a'c usando um mapa K. Expresse a resposta como uma soma de produtos.

6.4 Otimize o tamanho da lógica de dois níveis para a equação F(a,b,c,d) = a'bc' + abc'd' + abd usando um mapa K. Expresse a resposta como uma soma de produtos.

6.5 Otimize o tamanho da lógica de dois níveis para a equação F(a,b,c,d) = ab + a'b'd' usando um mapa K. Expresse a resposta como uma soma de produtos.

6.6 Otimize o tamanho da lógica de dois níveis para a equação F(a,b,c) = a'b'c + abc assumindo que as combinações de entrada a'bc e ab'c nunca podem ocorrer (esses dois termos representam casos *don't care*). Expresse a resposta como uma soma de produtos.

6.7 Otimize o tamanho da lógica de dois níveis para a equação F(a,b,c,d) = a'bc'd + ab'cd' assumindo que a e b nunca podem ambos ser 1 ao mesmo tempo e que c e d nunca podem ambos ser 1 ao mesmo tempo (isto é, há casos *don't care*).

6.8 Considere a equação F(a,b,c) = a'c + ac + a'b. Usando um mapa K, determine quais dos termos seguintes são implicantes (mas não necessariamente implicantes primos) da equação: a'b'c', a'b', a'bc, a'c, c, bc, a'bc' e a'b.

6.9 Repita o problema anterior, mas desta vez determine quais termos são os implicantes primos da função.

6.10 Na equação F(a,b,c) = a'c + ac + a'b, determine todos os implicantes primos e todos os implicantes primos essenciais da função.

6.11 Na equação F(a,b,c,d) = ab'c' + abc'd + abcd + a'bcd + a'bcd', determine todos os implicantes primos e todos os implicantes primos essenciais da função.

6.12 Na equação anterior, use o método heurístico da Tabela 6.1 para obter uma equação de dois níveis de tamanho otimizado e expressa na forma de uma soma de produtos.

6.13 Use a aplicação repetida da operação de expansão para minimizar heuristicamente a equação F(a,b,c) = a'b'c + a'bc + abc. Tente expandir cada termo segundo cada variável. Forneça a equação minimizada na forma de uma soma de produtos.

6.14 Use a aplicação repetida da operação de expansão para minimizar heuristicamente a equação F(a,b,c,d,e) = abcde + abcde' + abcd'e'. Tente expandir cada termo segundo cada variável.

6.15 Usando métodos algébricos, reduza o número de entradas de porta para a seguinte equação, criando um circuito de múltiplos níveis: F(a,b,c,d,e,f,g) = abcde + abcd'e'fg + abcd'e'f'g'. Assuma que serão usadas apenas portas AND, OR e NOT. Desenhe os circuitos da equação original e da equação de múltiplos níveis. Liste claramente o atraso e o número de entradas de porta para cada circuito.

SEÇÃO 6.3: OTIMIZAÇÕES E TRADEOFFS EM LÓGICA SEQÜENCIAL

6.16 Reduza o número de estados da máquina FSM da Fig. 6.90 eliminando os estados redundantes por meio de uma tabela de implicações.

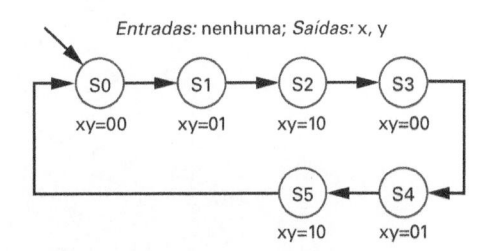

Figura 6.90 Exemplo de FSM.

6.17 Reduza o número de estados da máquina FSM da Fig. 6.91 usando uma tabela de implicações.

6.18 Reduza o número de estados da máquina FSM da Fig. 6.92 usando uma tabela de implicações.

6.19 Compare o tamanho da lógica (número de entradas de portas) e o atraso (número de atrasos de porta) da FSM da Fig. 6.93, que usa codificação binária direta de 2 bits, com uma codificação de saída de 3 bits e uma de um bit por estado para a mesma FSM.

6.20 Compare o tamanho da lógica (número de entradas de portas) e o atraso (número de atrasos de porta) entre uma codificação de estados com largura mínima de bits e uma codificação de saída para a FSM do medidor de distância a laser mostrado na Fig. 5.20.

6.21 Compare o tamanho da lógica (número de entradas de portas) e o atraso (número de atrasos de porta) entre uma codificação binária mínima (se não for possível, diga a razão) e uma codificação de saída, e uma de um bit por estado para a FSM da Fig. 3.39.

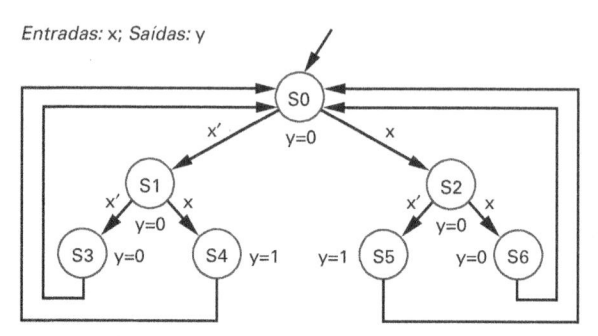

Figura 6.91 Detector de seqüência para os padrões de bits "01" e "10".

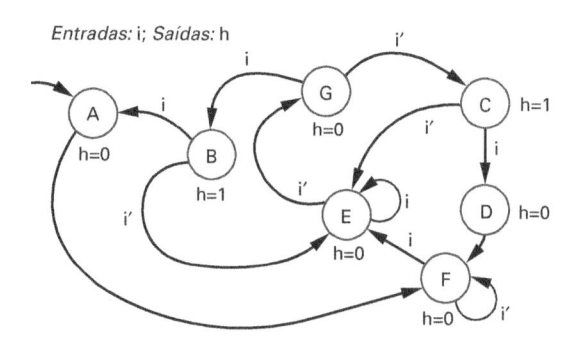

Figura 6.92 Exemplo de FSM.

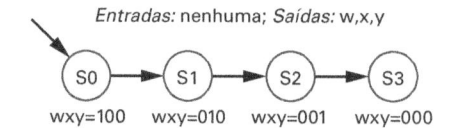

Figura 6.93 Exemplo de FSM.

6.22 Converta a FSM Moore do circuito detector de código mostrado na Fig. 3.46 na FSM Mealy equivalente mais próxima.

6.23 Converta a seguinte FSM Moore na FSM Mealy equivalente mais próxima.

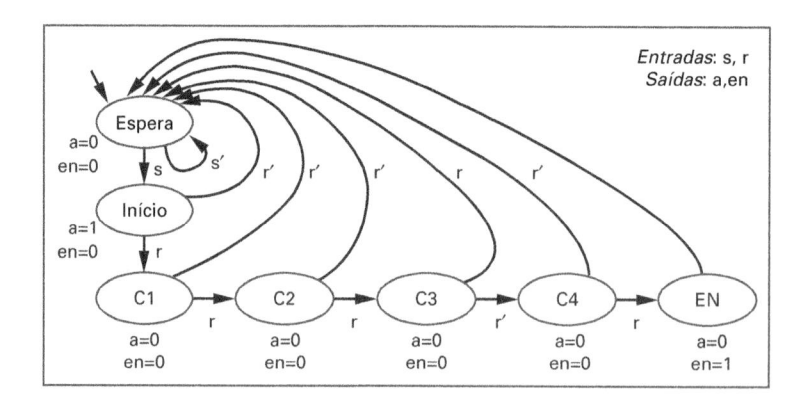

6.24 Converta a seguinte FSM Mealy na FSM Moore equivalente mais próxima.

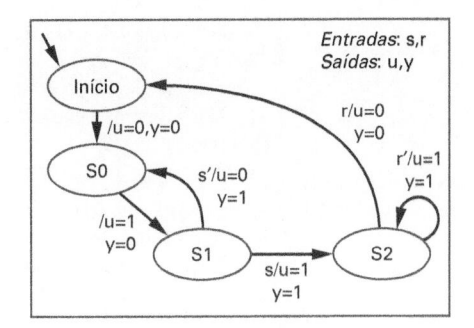

Entradas: s,r
Saídas: u,y

Início
/u=0,y=0
S0
s'/u=0, y=1
/u=1, y=0
S1
s/u=1, y=1
S2
r'/u=1, y=1
r/u=0, y=0

6.25 Converta a seguinte FSM Mealy na FSM Moore equivalente mais próxima.

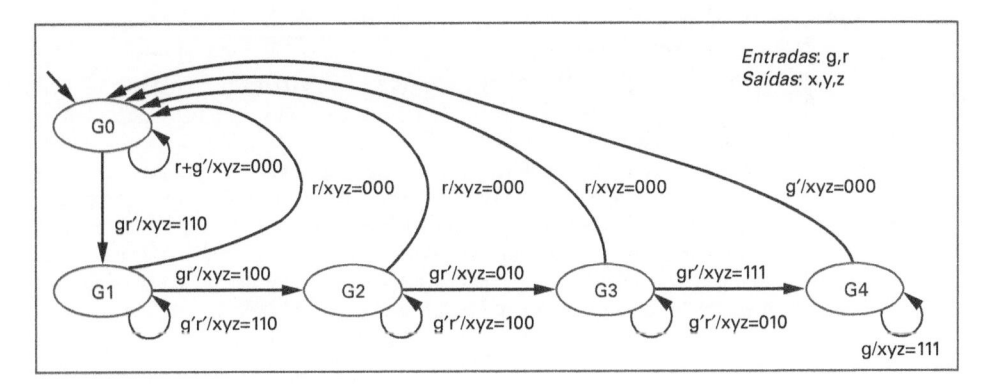

Entradas: g,r
Saídas: x,y,z

G0
r+g'/xyz=000
gr'/xyz=110
G1
gr'/xyz=100
g'r/xyz=110
r/xyz=000
G2
gr'/xyz=010
g'r/xyz=100
r/xyz=000
G3
gr'/xyz=111
g'r/xyz=010
r/xyz=000
G4
g'/xyz=000
g/xyz=111

SEÇÃO 6.4: TRADEOFFS DE COMPONENTES DE BLOCO OPERACIONAL

6.26 Analise passo a passo a execução do somador de quatro bits com antecipação de "vai um" mostrado na Fig. 6.59 quando a = 11 e b = 7.

6.27 Analise passo a passo a execução do somador de quatro bits com antecipação de "vai um" mostrado na Fig. 6.59 quando a = 5 e b = 4.

6.28 Analise passo a passo a execução do somador de 16 bits com antecipação de "vai um" mostrado na Fig. 6.59 quando a = 43690 e b = 21845. Não analise passo a passo o comportamento interno dos somadores de quatro bits com antecipação de "vai um".

6.29 Projete um somador hierárquico de 64 bits com antecipação de "vai um" usando somadores de quatro bits com antecipação de "vai um". Qual é o atraso total do somador de 64 bits? Quantas vezes mais rápido é somador com antecipação de "vai um" em relação somador de 64 bits com propagação de "vai um" (calcule a razão "tempo mais demorado" / "tempo mais curto").

6.30 Projete um somador hierárquico de 24 bits com antecipação de "vai um" usando somadores de quatro bits com antecipação de "vai um".

6.31 Projete um somador de 16 bits com seleção de "vai um" usando somadores de quatro bits com antecipação de "vai um".

SEÇÃO 6.5: OTIMIZAÇÕES E TRADEOFFS EM PROJETO RTL

6.32 A árvore de somadores mostrada na Fig. 6.94 é usada para computar a soma de oito entradas a cada ciclo de relógio, em que a soma é S = R + T + U + V + W + X + Y + Z.

(a) Projete uma versão *pipeline* da árvore de somadores para maximizar a velocidade com a qual podemos operar a entrada clk de relógio.
(b) Crie um diagrama de tempo.

6.33 Assuma que o atraso de um somador é 3 ns. Com que rapidez podemos operar a árvore de somadores mostrada na Fig. 6.94 e a do Exercício 6.32 que usa *pipeline*?

6.34 Qual é a latência e o *throughput* da árvore de somadores com *pipeline* projetada por você no Exercício 6.32?

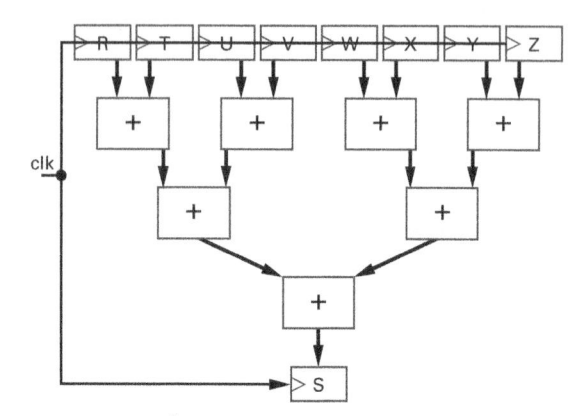

Figura 6.94 Árvore de somadores usada para computar a soma de oito entradas a cada ciclo de relógio.

6.35 (a) Converta o seguinte código semelhante a C em uma máquina de estados de alto nível.
(b) Use o processo de projeto RTL mostrado na Tabela 5.1 para converter a máquina de estados de alto nível correspondente ao código C em blocos operacional e de controle. Projete um circuito para o bloco operacional, mas vá até o ponto de FSM para o bloco de controle.
(c) Reprojete o seu bloco operacional para permitir concorrência na qual quatro multiplicações e duas adições podem ser executadas de forma concorrente.

```
Entradas: byte a[256], b[256]
Saídas: byte soma, byte c[256]
MULT:
int i=0;
int soma = 0;
while( i < 256 ) {
   c[i] = a[i] * b[i];
   soma = soma + c[i];
   i++;
}
```

6.36 Reprojete os blocos operacional e de controle projetados no Exercício 6.35. Permita até quatro adições concorrentes e insira registradores de *pipeline* no bloco operacional. Se for necessário, atualize o bloco de controle. Assumindo que um somador tem um atraso de 3 ns e um multiplicador, 20 ns, quanto tempo será necessário para terminar a computação.

6.37 (a) Converta o seguinte código semelhante a C em uma máquina de estados de alto nível.
(b) Use o processo de projeto RTL mostrado na Tabela 5.1 para converter a máquina de estados de alto nível, correspondente ao código C, em blocos operacional e de controle. Projete um circuito para o bloco operacional, mas vá até o ponto de uma FSM para o bloco de controle.
(c) Reprojete o seu bloco operacional para permitir concorrência na qual três comparações, três adições e três multiplicações podem ser executadas de forma concorrente.

```
Entradas: byte a[256], byte b[256], byte cy
Saídas: byte somax, byte somay, byte c[256]
MULT_OU_SOMAR:
int i=0;
int somax = 0;
int somay = 0;
while( i < 256 ) {
   if( a[i] > 128 ) {
      c[i] = a[i] * b[i];
      somax = somax + c[i];
   } else {
      c[i] = a[i] * (b[i] + cy);
      somay = somay + c[i];
   }
   i++;
}
```

6.38 Reprojete os blocos operacional e de controle projetados no Exercício 6.37. Permita até nove adições concorrentes e insira registradores de *pipeline* no bloco operacional. Se for necessário, atualize o bloco de controle. Assumindo que um comparador tem um atraso de 4 ns, um somador, 3 ns, e um multiplicador, 20 ns, quanto tempo será necessário para terminar a computação.

6.39 Dada a máquina de estados de alto nível da Fig. 6.95, crie dois projetos diferentes: um otimizado para apresentar um atraso mínimo e o outro, para um tamanho mínimo de circuito. Assegure-se de claramente indicar a alocação dos componentes e o mapeamento e o escalonamento dos operadores que forem usados para projetar os dois circuitos.

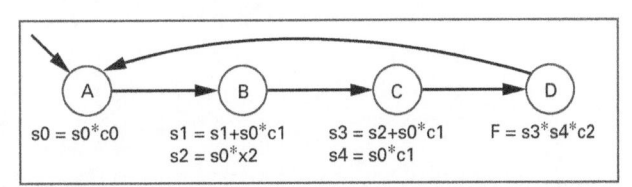

Estados: A → B → C → D (com retorno de D para A)
- A: $s0 = s0*c0$
- B: $s1 = s1+s0*c1$, $s2 = s0*x2$
- C: $s3 = s2+s0*c1$, $s4 = s0*c1$
- D: $F = s3*s4*c2$

Figura 6.95 Máquina de estados de alto nível para o Exercício 6.39.

SEÇÃO 6.6: MAIS SOBRE OTIMIZAÇÕES E TRADEOFFS

6.40 Analise passo a passo a execução do algoritmo de pesquisa binária quando está pesquisando o número 86 na seguinte lista ordenada de 15 números: 1, 10, 25, 62, 74, 75, 80, 84, 85, 86, 87, 100, 106, 111, 121. Quantas comparações foram necessárias para encontrar o número usando pesquisa binária e quantas seriam necessárias se fosse usada pesquisa linear?

6.41 Analise passo a passo a execução do algoritmo de pesquisa binária quando está pesquisando o número 99 na seguinte lista ordenada de 15 números: 1, 10, 25, 62, 74, 75, 80, 84, 85, 87, 99, 100, 106, 111, 121. Quantas comparações foram necessárias para encontrar o número usando pesquisa binária e quantas seriam necessárias se fosse usada pesquisa linear?

6.42 Analise passo a passo a execução do algoritmo de pesquisa binária quando está pesquisando o número 121 na lista de números do exemplo anterior. Quantas comparações foram necessárias para encontrar o número usando pesquisa binária e quantas seriam necessárias se fosse usada pesquisa linear?

6.43 Usando a lista de 15 números do Exercício 6.41, quantos números poderíamos encontrar mais rapidamente usando um algoritmo de pesquisa linear do que se usássemos um de pesquisa linear?

SEÇÃO 6.7: OTIMIZAÇÃO DO CONSUMO DE ENERGIA

6.44 Dadas as portas lógicas mostradas na Fig. 6.96, otimize o seguinte circuito reduzindo o consumo de energia sem aumentar o atraso do circuito.

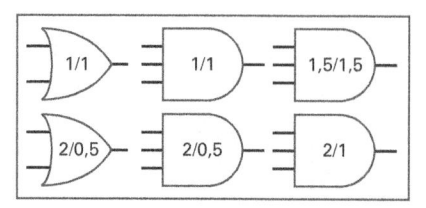

Figura 6.96 Biblioteca de portas lógicas. A expressão 2/0,5 significa "atraso de 2 ns"/"potência de 0,5 nW".

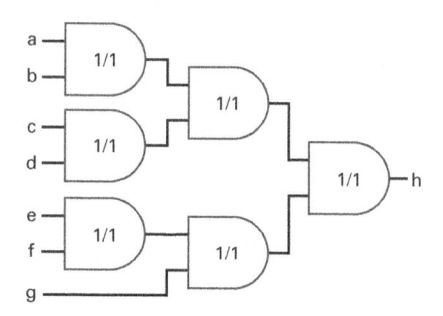

6.45 Dadas as portas lógicas mostradas na Fig. 6.96, otimize o seguinte circuito reduzindo o consumo de energia sem aumentar o atraso do circuito.

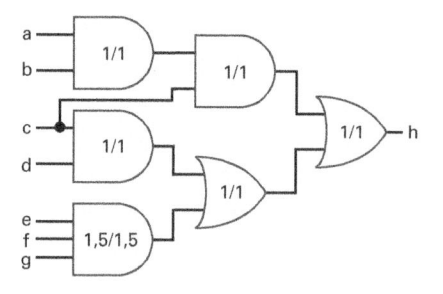

6.46 Dadas as portas lógicas mostradas na Fig. 6.96, otimize o seguinte circuito reduzindo o consumo de energia sem aumentar o atraso do circuito.

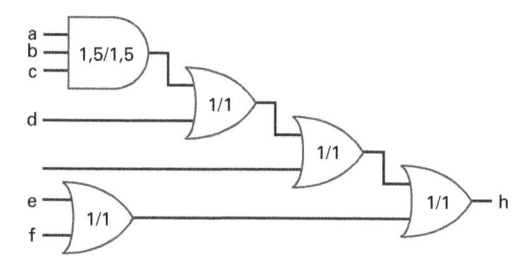

6.47 Dadas as portas lógicas mostradas na Fig. 6.96, otimize o seguinte circuito reduzindo o consumo de energia sem aumentar o atraso do circuito.

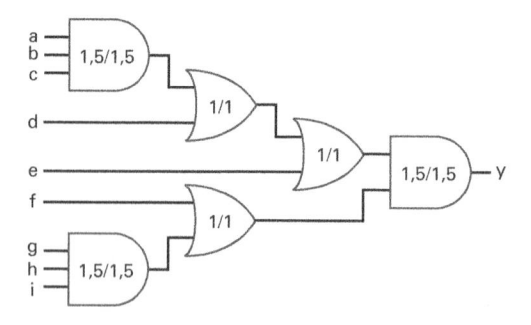

▶ **PERFIL DE PROJETISTA**

Smita se graduou em engenharia eletrônica e ciência da computação e vem trabalhando no campo de projeto digital por quase uma década. Ela gastou muito tempo pensando nas opções. "Em que curso eu deveria investir minha atenção, energia, coração e alma durante os anos que seriam alguns dos mais produtivos de minha vida?" Ela optou pela engenharia, por diversas razões. "Primeiro, a engenharia é uma carreira em si – diferentemente de alguns outros cursos, empregos específicos para formados em engenharia estão por aí. Na engenharia, eu viria a aprender a mais valiosa e universal das habilidades: a resolução de problemas. Segundo, devido a sua capacidade de resolver problemas, os engenheiros têm muitas opções sendo altamente valorizados por outras profissões, como consultoria em administração, marketing e atividades bancárias de investimento. Além disso, os engenheiros eletricistas e de computação podem escolher entre diversas indústrias para trabalhar: telecomunicações, processamento de imagem, aparelhos médicos, fabricação de ICs e mesmo atividades bancárias. Essa foi uma descoberta fenomenal para mim!"

Smita prosseguiu com a sua educação fazendo pós-graduação em ciência da computação, em que pesquisou métodos para o projeto automatizado de circuitos integrados (CIs) ou *chips* –"um campo fascinante porque envolve uma mistura de habilidades e conhecimentos de hardware e software. Após a universidade, eu permaneci nessa profissão e trabalhei em uma empresa que desenvolve software para projeto auxiliado por computador (CAD) usado por projetistas de hardware que trabalham com um tipo de *chip* chamado FPGA (Field Programmable Gate Array). Os FPGAs podem ser usados em uma variedade surpreendente de aplicações, abrangendo completamente desde *chips* usados em telecomunicações de alta velocidade até *chips* de velocidade e custo baixos, que são usados em brinquedos e jogos eletrônicos. O nosso software permite que os projetistas economizem muitos meses ou mesmo anos de tempo. De fato, sem nosso software, seria absolutamente impossível que as pessoas projetassem a maioria dos *chips*, mesmo se dispusessem de uma década ou mais para fazê-lo."

Smita (na foto, fazendo alpinismo) adora o seu trabalho. "O meu trabalho é intelectualmente estimulante e tenho a oportunidade de inovar, criar e construir algo realmente útil." Ela também aprecia os aspectos pessoais de seu trabalho. "Trabalho com equipes de pessoas dinâmicas porque atualmente a maioria dos projetos, de hardware ou software, são realizados por equipes de três a oito pessoas. As pessoas da minha equipe são também meus amigos e é bem divertido trabalhar com elas."

Nesses seus dez anos de trabalho, Smita assumiu algumas responsabilidades de gerenciamento. "Como gerente de um dos quatro produtos que minha companhia desenvolve, eu desempenho diferentes papéis. Trabalho com minha equipe de sete desenvolvedores de software para determinar que características devem ser incorporadas ao produto e qual é a melhor forma de construí-las. Eu trabalho com a equipe de marketing e vendas para compreender as necessidades dos clientes e como anunciar e posicionar da melhor forma possível o nosso produto. Finalmente, trabalho com outros grupos que estão envolvidos com o lançamento de um produto, como publicações técnicas, engenharia de aplicação e de produto. A diversidade do meu trabalho torna-o muito interessante."

Smita preza o respeito que os engenheiros recebem. "Como engenheira, sou muito respeitada por clientes, empresas parceiras e nossas organizações de marketing e vendas, porque compreendo profundamente nossos produtos. Eu realmente entendo do meu produto pois eu o construí e sou reconhecida por isso." Em relação ao salário: "Sou muito bem compensada por minhas capacidades". Ela também gosta do seu estilo de vida. "Chego no trabalho pelas 10 horas da manhã e saio pelas 19 horas. Eu não tenho reuniões bem no início da manhã, diferentemente do pessoal de marketing e de vendas, e posso trabalhar em casa uma vez por semana ou mais se quiser. Essa também é uma grande carreira para as mulheres – se tiver filhos, posso me ausentar e retornar ao trabalho sem muitos inconvenientes. À medida que eles forem crescendo, eu posso ir adequando o meu horário de trabalho. Finalmente, dou-me conta de que posso mudar da engenharia para outras funções, como marketing e vendas, mas não ao contrário! Essa é uma grande vantagem de ser engenheira: mais opções".

Smita aconselha os estudantes de engenharia e ciência de computação a se concentrarem em certas coisas enquanto estiverem na graduação.

"Primeiro, consiga um bom entendimento de hardware e de software. Os sistemas são altamente integrados hoje em dia e poucas companhias desenvolvem um sem prestar muita atenção ao outro. Por exemplo,

▶ **PERFIL DE PROJETISTA (continuação)**

embora eu escreva software, eu preciso compreender completamente o hardware em que será usado. Meu marido, por outro lado, projeta *chips* para telecomunicações, mas trabalha muito de perto com a sua equipe de software, especialmente durante os estágios iniciais de um projeto quando decidem o que implementar em hardware e em software e como projetar a interface de hardware para que os algoritmos de software funcionem de forma eficiente."

"Bem, o que entendo eu por um bom entendimento de hardware e software? Em software, penso que é muito importante desenvolver bons "hábitos" de programação. Trate o seu programa como um jardim bem cuidado – você o quer bonito e livre de ervas daninhas. Compreenda bem as estruturas de dados e perceba quando uma é mais apropriada do que outra. Organize o seu programa, seja disciplinado, coloque o traço nos Ts e o ponto nos Is, documente cuidadosamente, faça com que o seu programa seja revisado pelos amigos e finalmente não tenha medo de jogá-lo fora e reescrevê-lo se você descobrir um jeito melhor."

"Em hardware, compreender o básico de projeto lógico e então assegurar-se de que você entende as propriedades capacitivas, indutivas e resistivas dos circuitos, já que elas desempenham um enorme papel no projeto dos circuitos de alta velocidade de hoje."

"Além dessas habilidades em hardware e software, torne-se competente em matemática e cálculo diferencial e integral. Aprenda a enquadrar os problemas e a desmontá-los até que você possa resolvê-los. Use a experimentação e tente diferentes ferramentas e métodos. Faça uma hipótese e então vá em frente para provar se ela é verdadeira ou falsa. Se você ainda não descobriu, em breve descobrirá que a engenharia não é apenas divertida, mas também lhe proporciona muitas oportunidades de realização – assim, prenda-se a ela e faça o máximo dela!"

CAPÍTULO 7

Implementação Física

7.1 INTRODUÇÃO

Um projeto de circuito digital criado por nós, mas talvez simplesmente desenhado com lápis e papel, ou na forma de uma figura deste livro, é apenas um desenho. No fim, de algum modo, deveremos implementar esse projeto de circuito digital em um dispositivo físico real, de maneira que possa então ser colocado em algum produto eletrônico onde realizará a função desejada. Hoje em dia, usualmente, esse dispositivo é algum tipo de circuito integrado, ou IC, também conhecido como *chip* de computador, ou simplesmente *chip*. Em outras palavras, observando a Fig. 7.1, como poderemos ir de (a), o circuito de luz de alerta para cinto de segurança, que projetamos no Capítulo 2, até (b), uma implementação física que usa um IC?

Neste capítulo, descreveremos diversas tecnologias populares para a implementação física de circuitos digitais.

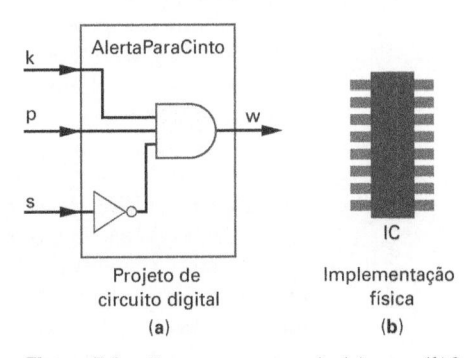

Figura 7.1 Como passamos de (*a*) para (*b*)?

7.2 TECNOLOGIAS DE ICS MANUFATURADOS

Se estivermos determinados a esperar semanas ou meses pela implementação física do nosso projeto de circuito digital e a gastar entre dezenas de milhares a milhões de dólares por essa implementação, então poderemos considerar a implementação do nosso circuito usando uma das diversas técnicas que envolvem a fabricação de um IC customizado ou semicustomizado.

Circuitos integrados totalmente customizados

Uma das tecnologias de implementação física é conhecida como IC customizado. Um *IC totalmente customizado* (*full-custom IC*) é um *chip* criado especificamente para implementar as portas (na realidade, os transistores) do projeto de circuito digital desejado (Fig. 7.2). Nós, os projetistas digitais, usualmente não construímos nós mesmos ICs totalmente customizados, mas em lugar disso enviamos o projeto do circuito digital desejado para um grupo ou uma companhia especializada em transformar projetos digitais em ICs customizados. Engenheiros, assistidos por ferramentas de projeto auxiliado por computador (CAD – *Computer Aided Design*), transformam o projeto de circuito digital desejado por nós em um circuito constituído de transistores. A seguir, decidem onde colocar cada transistor sobre a superfície do *chip*, como orientar cada um deles (por exemplo, da esquerda para a direita, da direita para a esquerda, de cima para baixo, etc.), de que tamanho será cada transistor, etc. Toda essa informação sobre como os transistores deverão ser dispostos na superfície de um *chip* é conhecida como **leiaute**. A seguir, os engenheiros desses ICs totalmente customizados enviam essa informação de *leiaute* a uma fábrica em particular, especializada na fabricação de ICs, sendo conhecida como planta de fabricação ou simplesmente *fab*. A fabricação de um IC é freqüentemente chamada de **silicon spin***.

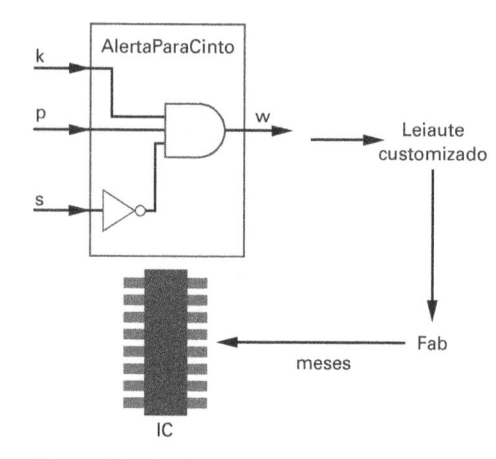

Figura 7.2 Projeto de IC totalmente customizado.

A fabricação de um IC é um processo extremamente dispendioso, delicado e sujeito a erros, que utiliza equipamentos de ponta envolvendo laser e processos fotográficos e químicos, custando centenas de milhões de dólares. O processo de fabricação pode durar muitas semanas, ou mesmo meses, porque os transistores e as conexões são formadas por camadas na superfície de um *chip* e cada camada pode necessitar de horas ou mesmo dias para ser formada por meio de processos químicos.

A implementação de um circuito digital na forma de um IC totalmente customizado é uma tarefa complexa e dispendiosa. Os custos necessários para preparar e colocar em funcionamento o processo de fabricação de um IC, conhecidos como **custos não recorrentes de engenharia**, ou **custos NRE** (*nonrecurring engineering*), podem ultrapassar facilmente muitos milhões de dólares no caso de um IC totalmente customizado. Além disso, essa preparação do processo de fabricação leva tempo, talvez meses, e esse tempo pode sair caro para nós – o produto para o qual estamos fabricando o *chip* pode estar perdendo a fatia de mercado para um produto concorrente, já acabado e posto à venda, enquanto esperamos que o nosso *chip* seja fabricado. Uma vez que tenhamos preparado os detalhes necessários à fabricação, o processo de fabricação em si é menos dispendioso. Entretanto, como fizemos um projeto customizado em tudo, é alta a probabilidade de termos cometido um erro com os transistores ou a fiação em algum lugar. Portanto, após a fabricação de um IC totalmente customizado, poderemos encontrar erros que exigirão que o IC seja fabricado novamente, processo conhecido como **respin**. A refabricação de um IC pode ocorrer duas ou três vezes, cada uma delas exigindo semanas ou meses, representando mais custos para nós. Para amortizar os elevados custos NRE, deveremos fabricar milhões de *chips* ou atribuir preços elevados a cada *chip*.

De acordo com um levantamento, apenas cerca de 10% dos circuitos digitais de 2002 foram implementados na forma de ICs customizados.

É desnecessário dizer que a fabricação de ICs totalmente customizados não é extremamente comum. Os projetistas optam por implementar um circuito digital na forma de um IC totalmente customizado quando sabem que produzirão o *chip* em volumes extremamente elevados, como na produção em massa de *chips* encontrado em calculadoras ou relógios de pulso, ou de um *chip* de microprocessador produzido em massa, como um Pentium. Volumes elevados, na ordem de dezenas de milhões ou mais unidades, são necessários para compensar o custo e o tempo necessários para produzir um IC customizado. Alternativamente, os projetistas podem optar por implementar um circuito digital na forma de um IC customizado quando o custo não é uma restrição apertada, mas o máximo de desempenho é imprescindível, como poderá ser o caso em aplicações militares ou espaciais.

---

* N. de T: As expressões *fab* e *silicon spin,* além de outras, próprias do campo de fabricação de ICs, serão mantidas no original, pois ainda não têm traduções consolidadas.

Circuitos integrados semicustomizados (específicos para aplicação) – ASICs

Como a implementação física em ICs totalmente customizados é tão dispendiosa e demorada, tecnologias semicustomizadas evoluíram durante as décadas de 1980 e 1990, reduzindo os custos e o tempo de fabricação de um *chip*, sendo conhecidas como **Circuitos Integrados Específicos para Aplicação**, ou **ASICs** (*Application-Specific Integrated Circuits*). Duas tecnologias ASIC são as de *gate array* e *standard cell*.

Gate arrays

A parte mais trabalhosa do projeto de um IC customizado é o projeto e a fabricação dos transistores que estarão sobre a superfície do *chip*. Por outro lado, o projeto e a fabricação das *conexões* que ligam esses transistores é mais simples. A tecnologia ASIC de **gate array** (arranjo ou matriz de portas) utiliza um *chip* cujos transistores foram pré-projetados formando filas (*arranjos*) de *portas* lógicas no *chip*, como mostrado na Fig. 7.3. Os *gate arrays* são referidos às vezes como *sea-of-gates* (mar de portas). Para que um circuito digital desejado por nós seja implementado em um *chip* do tipo *gate array*, precisamos simplesmente criar as *conexões* que ligam essas portas. A criação dessas conexões corresponde a apenas os últimos passos da fabricação. Desse modo, a tecnologia de *gate array* elimina muito do tempo e custo necessários à fabricação do *chip* de um projeto em particular. Uma empresa de *gate arrays* pré-projeta e produz em massa o *chip* de *gate array*. A seguir, customiza uma porção desses *chips* de acordo com as especificações do circuito de cada cliente – o *chip* é parcialmente customizado, daí o termo *semicustomizado*, e a customização é feita para uma aplicação de circuito em particular, daí o termo *específico para aplicação*. A Fig. 7.3 ilustra como poderemos implementar a nossa luz de alerta para cinto de segurança (Fig. 7.3(a)) usando um *chip* de *gate array* (Fig. 7.3(b)). A Fig. 7.3(c) mostra como poderemos mapear a porta AND desejada de três entradas em portas AND de duas entradas de um *gate array* e também mapear o inversor em um dos inversores do *gate array*. A figura mostra também como poderemos implementar no *gate array* as conexões desejadas entre pinos, porta AND e inversor. As portas e pinos restantes do *chip* do *gate array* serão inutilizados. A fabricação dessas conexões fará com que o IC seja particularizado para a nossa aplicação de cinto de segurança (Fig. 7.3(d)).

Figura 7.3 Tecnologia de *gate array*: (a) circuito desejado, (b) *gate array* antes do acréscimo das conexões, (c) *gate array* depois do acréscimo das conexões, implementando assim o circuito desejado, (d) a fabricação das conexões completa o IC. Observação: os *gate arrays* reais contêm muitos milhares ou milhões de portas, não apenas alguns.

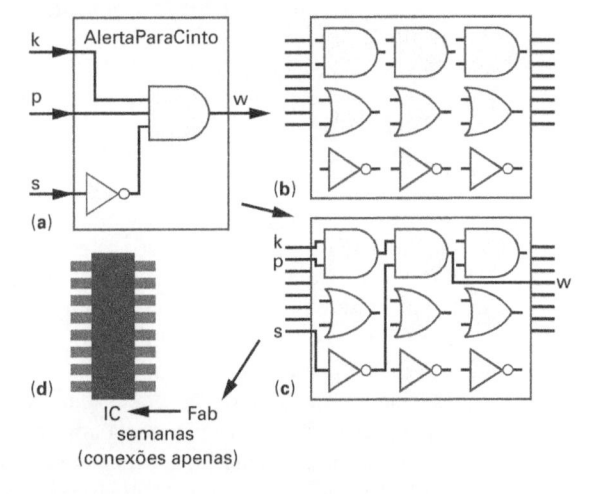

Destacamos que na realidade o mapeamento do circuito digital desejado em um *gate array* é realizado tipicamente por meio de uma ferramenta automatizada. Os projetistas raramente, para não dizer nunca, realizam à mão esse mapeamento e, de fato, usualmente nem mesmo chegam a vê-lo de forma nenhuma; o mapeamento é todo feito por ferramentas, resultando enormes arquivos de dados, os quais poderão ser processados em uma fábrica por outras ferramentas para controlar o processo de fabricação. Destacamos também que um *chip* típico de *gate array* pode conter *muitos milhares* ou *milhões de portas*. Na Fig. 7.3, o *gate array* mostrado tem menos de dez portas, sendo trivialmente pequeno e servindo apenas para propósitos ilustrativos – *gate arrays com apenas dez portas não existem*. Além disso, tipicamente não usaremos *gate arrays* a não ser que o nosso projeto contenha milhares de portas ou mais. No seu lugar, em projetos com apenas algumas poucas portas, usaremos ICs de portas lógicas; veja a Seção 7.4.

A tecnologia de *gate array* é muito mais barata do que a de ICs totalmente customizados, custando possivelmente algumas dezenas ou centenas de milhares de dólares para serem instaladas e postas em funcionamento (custos NRE), ao invés de milhões de dólares. Além disso, o tempo de fabricação é tipicamente de apenas semanas ou possivelmente um ou dois meses, ao invés de muitos meses. A refabricação de ICs é também menos comum. A desvantagem está em que a implementação é menos otimizada, tendo desempenho mais lento, tamanho maior e um consumo maior de energia do que é possível quando se usa a tecnologia de ICs totalmente customizados. Por exemplo, observe que a implementação de *gate array* da Fig. 7.3 utiliza um nível a mais de portas lógicas do que o circuito original, tem conexões mais longas e desperdiça superfície devido a portas e pinos não utilizados. Entretanto, essas desvantagens são contrabalanceadas pela economia de custo e tempo de fabricação em relação à tecnologia de ICs customizados.

▶ **EXEMPLO 7.1** Implementação de um meio-somador em um gate array

Vamos implementar um componente meio somador no *chip* de *gate array* da Fig. 7.3. Lembre-se de que as equações de um meio somador são: co = ab e s = a'b + ab'. Assim, precisaremos de uma porta AND para co e dois inversores, duas portas AND e uma porta OR para s. O *chip* de *gate array* da Fig. 7.3 tem três portas AND, três portas OR e três inversores, de modo que o *chip* tem portas suficientes para implementar o circuito desejado por nós. Podemos implementar o circuito de meio somador no *chip* de *gate array*, como mostrado na Fig. 7.4. ◀

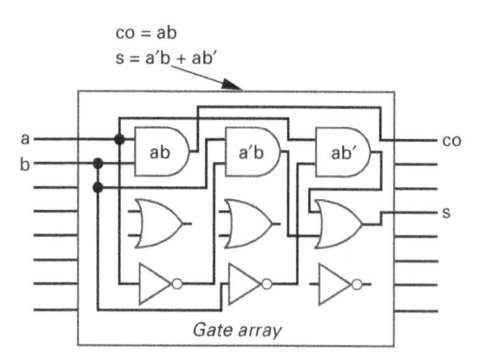

Figura 7.4 Meio somador em um *gate array*.

Standard cells

A tecnologia de *standard cell* (célula padronizada, ou célula padrão) é outra tecnologia ASIC que reduz os custos de implementação física e tempo de projeto em relação à tecnologia de ICs totalmente customizados. A tecnologia ASIC **standard cell** usa bibliotecas de portas ou de pequenos circuitos lógicos, para os quais já foram feitos *leiautes* prévios, conhecidos como *células*, que devem ser escolhidas e conectadas com fios pelo projetista para implementar um circuito digital. As portas de um *gate array* foram escolhidas previamente, o projetista apenas liga essas portas fazendo as conexões.

Uma célula pode conter uma porta AND de duas entradas, ou um multiplexador 2x1, ou uma combinação muito usada de portas, como duas portas AND de duas entradas conectadas a uma porta OR, à qual se conecta um inversor (conhecida como célula AND-OR-INVERT, ou AOI). Todas as células têm tipicamente a mesma altura *padrão* (daí o termo *standard cells*, ou células padrão), de modo que essas células podem ser dispostas em um *chip* formando filas ou faixas de altura padrão. Uma companhia de *standard cells* pré-projeta o *leiaute* de cada célula. Podemos converter o nosso circuito digital, de luz de alerta para cinto de segurança (Fig. 7.5(a)), em uma implementação física. Para isso, deveremos escolher as células apropriadas de uma biblioteca de células (Fig. 7.5(b)), posicioná-las, fazer a fiação entre elas (Fig. 7.5(c)) e finalmente fabricar o IC (Fig. 7.5(d)).

Tipicamente, como no caso de *gate arrays*, os projetistas não escolhem eles próprios as células padronizadas, mapeando os seus circuitos nessas células. Ao invés, ferramentas automatizadas convertem os circuitos digitais desejados em células padronizadas, produzindo resultados na forma de grandes arquivos de dados que serão processados pelas fábricas para controlar o processo de fabricação. Destacamos também que uma biblioteca típica de células poderá conter centenas ou milhares de células. A biblioteca de células mostrada na Fig. 7.5(b), com apenas cinco células, é *trivialmente pequena e serve apenas para propósitos ilustrativos*. Além disso, normalmente não usaríamos células padronizadas a menos que nosso projeto requeresse milhares de células ou mais.

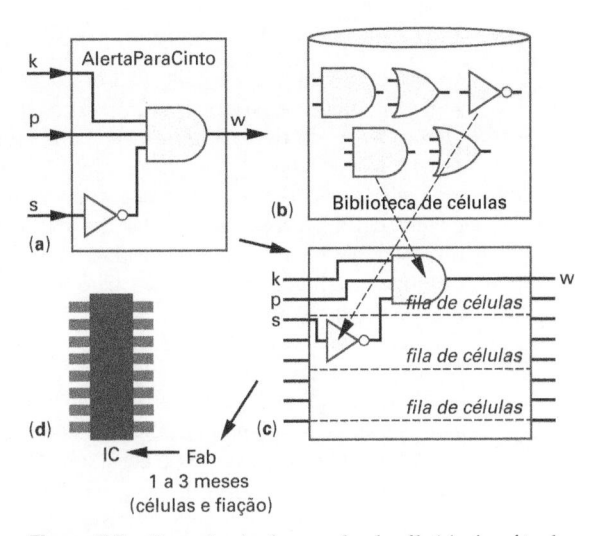

Figura 7.5 Tecnologia de *standard cell*: (a) circuito desejado, (b) biblioteca de células, (c) *leiaute* das células padronizadas e (d) a fabricação dos transistores e das conexões cria o IC.

Em comparação com a tecnologia de *gate array*, a tecnologia de *standard cell* pode ser melhor otimizada, já que decidimos que células incluir e onde colocá-las em cada fila. A comparação da Fig. 7.5(c) com a Fig. 7.3(c) ilustra que a flexibilidade da tecnologia *standard cell* de escolher e posicionar células resulta em um projeto mais compacto, com menos portas e menos conexões, do que na tecnologia de *gate array*. Entretanto, a tecnologia de *standard cell* pode requerer mais tempo de projeto do que a de *gate array*, porque os transistores não podem ser pré-fabricados.

Em comparação com a tecnologia de ICs totalmente customizados, a de *standard cell* é menos otimizada porque as células estão limitadas em termos de tamanho e variedade e o seu posicionamento é restrito a filas predeterminadas. No entanto, a tecnologia de *standard cell* requer menores custos NRE e menos tempo, porque não necessitamos realizar nenhum dos projetos em nível de transistor nem de *leiaute*, já que foram feitos previamente pela empresa de *standard cells*. Além disso, as refabricações, embora ainda comuns, são menos freqüentes. Em comparação com a tecnologia de *gate array*, a de *standard cell* é mais otimizada, mas é mais dispendiosa e exige mais tempo.

Cell array e ASICs estruturados

Uma outra tecnologia que se tornou popular é um cruzamento entre as tecnologias de *gate array* e *standard cell*, conhecida como *cell array*. Em um *cell array*, as células padronizadas são posicionadas previamente no IC (exatamente como as portas são posicionadas de antemão em um *gate array*), ficando apenas a fiação para ser completada para que um circuito em particular seja criado. Os *cell arrays* são referidos algumas vezes como **mar de células**. A diferença entre um *gate array* e um *cell array* está apenas na complexidade da célula – as células de um *cell array* podem ser mais complexas do que simples portas lógicas. Naturalmente, os fabricantes de *gate arrays* também usam itens que são mais complexos do que simples portas e os de *cell arrays* usam células que são simplesmente portas, de que modo que essas expressões tornam-se confusas em parte. Em geral, o termo **ASIC estruturado** tornou-se popular para descrever ASICs cujas portas ou células foram previamente posicionadas, significando que é necessário apenas completar a fiação para que um circuito seja implementado no IC (além disso, a expressão *gate array* parece estar entrando em desuso).

▶ **EXEMPLO 7.2   Implementação de um meio somador usando standard cells**

Usando a biblioteca de células padronizadas da Fig. 7.5, vamos implementar um meio somador em um ASIC do tipo *standard cell*. Lembre-se de que as equações de um meio somador são: co = ab e s = a'b + ab'. Assim, usaremos duas células de inversores, três células de ANDs de duas entradas e uma célula OR de duas entradas, da biblioteca. Implementaremos o meio somador usando células, como mostrado na Fig. 7.6, e assumiremos que cada fila de células pode conter três células no máximo.

Observe que a nossa implementação usando *standard cells* posiciona as células de modo que a fiação é minimizada, ao passo que a implementação usando *gate arrays* da Fig. 7.4 requereu que colocássemos os fios entre as posições prexistentes das portas, resultando em uma fiação mais longa. Assim, a implementação com *standard cells* pode ser mais rápida do que com *gate arrays*, já que fios mais curtos têm tipicamente atrasos menores. ◀

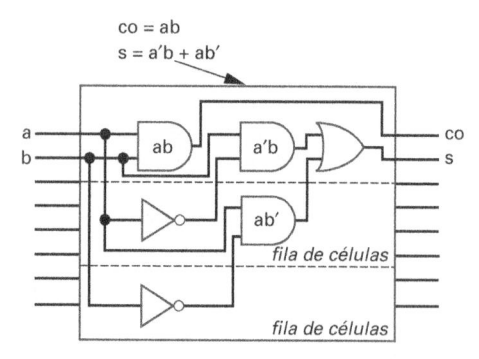

Figura 7.6   Meio somador usando *standard cells*.

Implementação de circuitos usando apenas portas NAND

Você talvez se lembre do Capítulo 2 que os transistores CMOS prestam-se melhor para criar portas NAND e NOR do que portas AND e OR. A razão expressa para fundamentar isso foi que os transistores pMOS conduzem bem os 1s, mas não os 0s, ao passo que os transistores nMOS conduzem bem os 0s, mas não os 1s. Em qualquer caso, os *gate arrays* contêm tipicamente muitas portas NAND e/ou NOR, em vez de portas AND e OR, e os projetos com *standard cells* também serão mais eficientes se forem implementados usando portas NAND ou NOR. A criação de um *gate array* é muito mais fácil quando se usa somente um tipo de porta, como apenas NANDs ou apenas NORs, em vez de ter de decidir quantas portas AND, OR e NOT deverão ser colocados previamente nos *gate arrays*. Portanto, dada a pronta disponibilidade de portas NAND ou NOR nas tecnologias ASIC que usam CMOS, queremos um método para converter circuitos AND/OR em circuitos NAND ou NOR.

Felizmente, a conversão de qualquer circuito AND/OR em um circuito que usa apenas portas NAND é possível porque a porta NAND é universal, como foi mencionado na Seção 2.8. Uma **porta universal** é um tipo de porta lógica que permite implementar qualquer função booleana usando unicamente portas desse tipo. Uma forma de se compreender a universalidade da porta NAND é perceber que podemos implementar as portas NOT, AND e OR substituindo cada uma dessas por um circuito equivalente, constituído apenas de portas NAND. Portanto, qualquer circuito constituído de portas NOT, AND e OR pode ser implementado usando-se apenas portas NAND.

Para implementar uma porta NOT usando portas NAND, podemos substituir a porta NOT por uma porta NAND de duas entradas com as suas duas entradas ligadas juntas, como mostrado na Fig. 7.7. A tabela-verdade da figura mostra que a porta NAND, com suas entradas ligadas juntas, funciona como um inversor. Quando a entrada x é 0, ambas as entradas da porta NAND são 0, obrigando a porta NAND a fornecer um 1 na saída. Quando a entrada x é 1, ambas as entradas da porta NAND são 1, obrigando a porta NAND a produzir um 0 na saída.

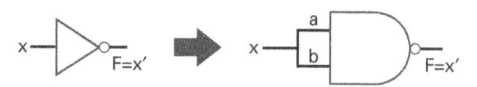

Entradas		Saída
x	a b	F
0	0 0	1
1	1 1	0

Figura 7.7   Implementação de uma porta NOT usando uma porta NAND.

Alternativamente, poderíamos simplesmente ligar x a uma das entradas da porta NAND e um 1 à outra entrada NAND. Então, se x for 0, a porta NAND produzirá um 1 de saída e, se x for 1, a NAND fornecerá um 0 de saída, conseguindo-se assim o comportamento desejado de porta NOT.

Para implementar uma porta AND usando-se portas NAND, podemos substituir a porta AND por uma porta NAND seguida de uma porta NOT (que sabemos ser uma porta NAND de duas entradas com suas entradas ligadas juntas), como mostrado na Fig. 7.8. Isso funciona porque, se forem dadas as entradas a e b, então a primeira NAND computará (ab)' e em seguida a porta NOT computará (ab)''=ab, ou seja, uma AND.

Para implementar uma porta OR usando portas NAND, podemos substituir a porta OR por uma porta NAND com as entradas invertida, como mostrado na Fig. 7.8. Isso funciona porque, se forem dadas as entradas a e b, então o circuito de portas NAND da Fig. 7.9 computará (a'b')', o que pela lei de DeMorgan é a'' + b'', podendo ser simplificado obtendo-se a + b –, ou seja, uma OR.

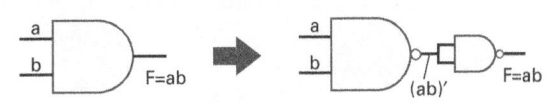

Figura 7.8 Implementação de uma porta AND usando-se portas NAND.

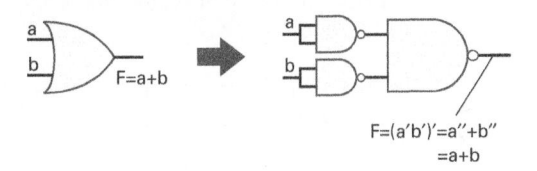

Figura 7.9 Implementação de uma porta OR usando portas NAND.

Quando substituímos um circuito originalmente constituído de portas AND, ORs e NOTs por um circuito com apenas portas NAND, usando as substituições anteriores, descobrimos que certos sinais são invertidos duas vezes – o sinal alimenta um inversor e, então, imediatamente alimenta um outro inversor. Inversões duplas de um sinal produzem o sinal original, de modo que inversões duplas podem ser substituídas simplesmente por uma conexão, como mostrado na Fig. 7.10. Essa eliminação reduz os transistores necessários sem alterar a função do circuito.

Figura 7.10 Inversões duplas podem ser eliminadas.

▶ **EXEMPLO 7.3 Implementação do circuito que realiza a soma em um meio somador usando portas NAND**

A Fig. 7.11(a) mostra o circuito que realiza a soma em um meio somador (veja a Seção 4.3), usando portas AND, ORs e NOTs. Podemos implementar esse circuito usando apenas portas NAND, substituindo cada porta por um circuito NAND equivalente, como mostrado na Fig. 7.11(b). Após as substituições, notamos que há dois sinais com inversões duplas. A eliminação dessas inversões duplas resulta no circuito mostrado na Fig. 7.11(c).

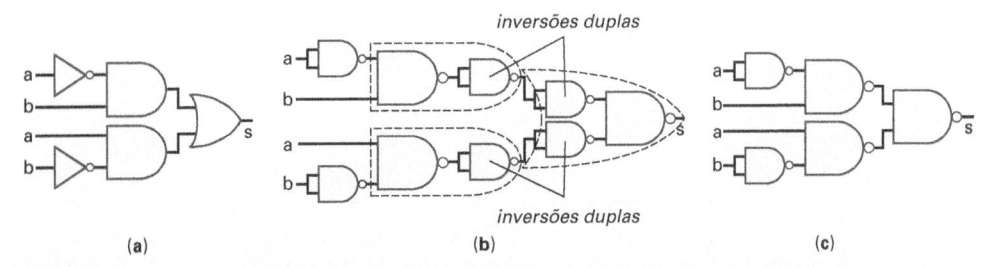

Figura 7.11 Implementação do circuito que realiza a soma em um meio somador, usando apenas portas NAND: (a) circuito original com ANDs, ORs e NOTs, (b) circuito obtido após a substituição de cada porta por um circuito NAND equivalente e (c) circuito após a eliminação das inversões duplas. ◀

Quando convertem à mão circuitos de ANDs, ORs e NOTs em circuitos constituídos de NANDs, algumas pessoas acham mais fácil simplesmente desenhar "bolhas" de inversão no lugar dos inversores baseados em NANDs, como mostrado na Fig. 7.12. Então, bolhas duplas de inversão presentes em um sinal cancelam-se. Cada bolha de inversão isolada restante torna-se uma porta NOT baseada em NAND. Assim, o circuito da Fig. 7.12 terminaria idêntico ao circuito da Fig. 7.11(c).

Se estiverem disponíveis portas NAND com um número fixo de entradas, como apenas portas NAND de duas entradas, poderemos primeiro modificar o circuito de portas AND e OR usando apenas portas AND e OR de duas entradas (compondo portas maiores a partir de portas menores – veja a Seção 5.8), antes de convertê-lo em um circuito com portas NAND.

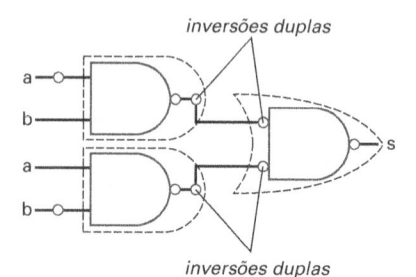

Figura 7.12 Inversores desenhados como bolhas de inversão durante a conversão para NAND.

Implementação de circuitos usando portas NOR

A conversão de circuitos com portas AND, ORs e NOTs em circuitos de portas NOR é similar à conversão para NANDs, já que uma porta NOR também é uma porta universal. O processo de transformação de um circuito em um outro com portas NOR substituiu as portas AND, NORs e NOTs por circuitos equivalentes baseados em portas NOR, como mostrado na Fig. 7.13. Podemos substituir uma porta NOT por uma porta NOR de duas entradas com as entradas ligadas juntas

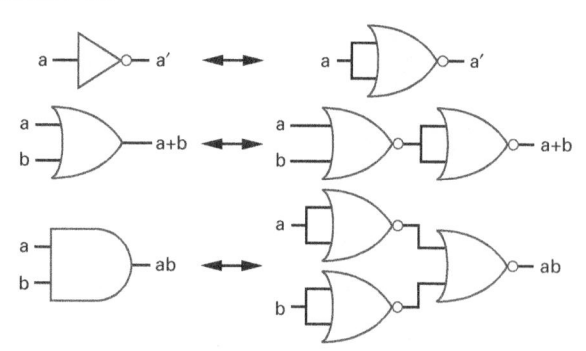

Figura 7.13 Equivalências com portas NOR.

(ou alternativamente, por uma porta NOR de duas entradas com uma das entradas ligada a um 0). Podemos substituir uma porta OR por uma porta NOR seguida de um inversor, resultando (a+b)'' = a+b. Podemos substituir uma porta AND por uma porta NOR cujas entradas foram invertidas, resultando (a'+b')' = a''*b'' = ab (observe o uso da lei de DeMorgan).

▶ **EXEMPLO 7.4** Implementação do circuito que realiza a soma em um meio somador usando portas NOR

Anteriormente, demonstramos como representar a saída da soma de um meio somador usando portas NAND. De forma igualmente fácil, poderemos implementar a saída da soma usando portas NOR. O circuito da soma de um meio somador está mostrado novamente na Fig. 7.14(a). Na Fig. 7.14(b), substituímos cada porta NOT, AND e OR por seu circuito equivalente NOR, usando bolhas de inversão em vez de portas NOT baseadas em NORs, por conveniência. Eliminamos as inversões duplas e substituímos as bolhas de inversão isoladas por portas NOT baseadas em NORs, como mostrado na Fig. 7.14(c).

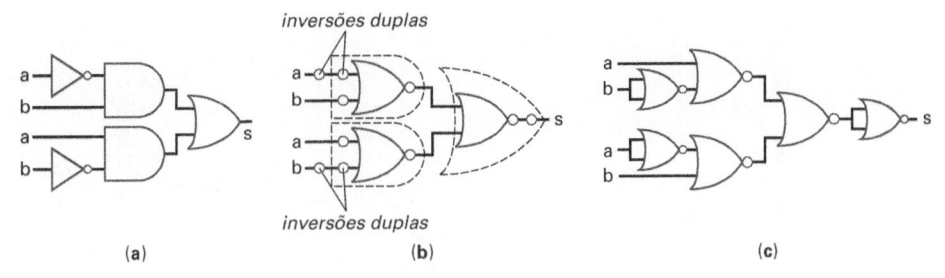

Figura 7.14 Implementação de um circuito com portas AND, ORs e NOTs usando apenas NORs: (a) circuito original, (b) circuito obtido após a substituição das portas AND, ORs e NOTs por circuitos NORs equivalentes, usando bolhas de inversão para facilitar o desenho do circuito e (c) circuito final após a eliminação das inversões duplas e a substituição das bolhas de inversão isoladas por portas NOT baseadas em NORs. ◀

O circuito da soma do meio somador foi implementado com menos portas NAND do que com portas NOR. Dependendo do circuito original, o inverso poderia ser verdadeiro. Vimos que as portas NAND eram bem adequadas a circuitos, na forma de soma de produtos. As portas NOR são melhor usadas quando um circuito está na forma de um produto de somas (um nível de portas OR alimentando uma única porta AND).

As bibliotecas de *gate arrays* e *standard cells* incluem tipicamente, além de portas NAND e NORs apenas, outros componentes que apresentam implementações CMOS eficientes. Por exemplo, um desses componentes muito comum é conhecido como AND-OR-INVERT, ou *AOI*, abreviadamente. Esse componente tem duas portas AND de duas entradas (totalizando assim quatro portas) as quais alimentam uma porta NOR de duas entradas. Esse circuito pode ser projetado eficientemente usando transistores CMOS. Assim, tanto quanto possível, poderemos utilizar componentes AOI e outros componentes compactos, que estão disponíveis em uma biblioteca.

A tarefa de converter um circuito lógico genérico em um circuito que usa somente os componentes da biblioteca de uma tecnologia em particular (isto é, uma dada biblioteca de *gate array* ou de *standard cell*) é conhecida como **mapeamento de tecnologia**. A tarefa de determinar onde colocar esses componentes em um *chip* é conhecida como **posicionamento** e a tarefa de conectar esses componentes por fios é conhecida como **roteamento**. Atualmente, todas as três tarefas, conhecidas coletivamente como **projeto físico**, são feitas tipicamente por ferramentas automatizadas.

▶ **EXEMPLO 7.5 Implementação da luz de alerta para cinto de segurança usando um gate array baseado em NORs**

Implemente o circuito *AlertaParaCinto* da Fig. 7.1(a), usando o *gate array* baseado em NORs da Fig. 7.15(a). Após observar que o *gate array* contém apenas portas NOR de duas entradas, transformamos primeiro o circuito *AlertaParaCinto* de modo que sejam usadas somente portas AND e OR de duas entradas, como mostrado na Fig. 7.15(b). A seguir, o circuito de ANDs e ORs é convertido no circuito da Fig. 7.15(c) que usa somente portas NOR. São usadas as equivalências da Fig. 7.13 e bolhas de inversão no lugar de inversores baseados em NORs. A seguir, vemos que há inversões duplas no fio da entrada s. Conseqüentemente, eliminamos essas duas inversões. Observe que não eliminamos as inversões duplas entre os pontos 3 e 4 da Fig. 7.15(c), porque a primeira inversão é parte de uma porta NOR – a eliminação dessa primeira inversão converteria a porta NOR em uma OR, frustrando o nosso objetivo de ter apenas portas NOR. Após convertermos as demais inversões isoladas em inversores baseados em portas NOR, mapeamos o circuito em portas NOR de duas entradas do *gate array*, como mostrado na Fig. 7.15(d) – numeramos as portas NOR da Fig. 7.15(c) e (d) para mostrar a correspondência entre os dois circuitos.

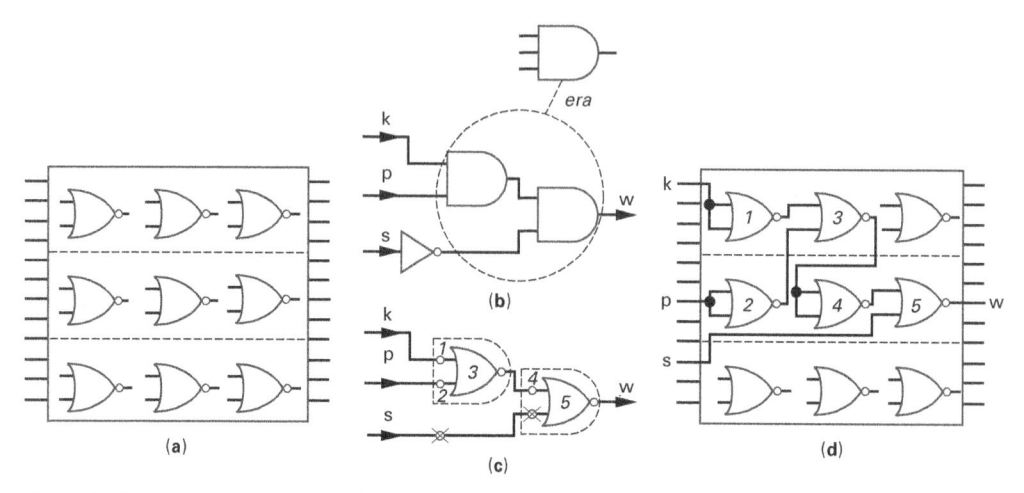

Figura 7.15 Implementação do circuito *AlertaParaCinto* usando um IC de *gate array* baseado em NORs: (a) *gate array* original, (b) – (c) conversão do circuito desejado em um que usa somente portas NOR de duas entradas e (d) *gate array* final com os fios de conexão.

7.3 TECNOLOGIA DE ICS PROGRAMÁVEIS – FPGA

Para converter o projeto de um circuito digital desejado em um IC concreto, as tecnologias de ICs manufaturados requerem algumas semanas, no mínimo, sendo que tipicamente o mais provável é necessitarem em torno de diversos meses. O que fazer se quisermos para *hoje* a implementação de um circuito que estamos desenvolvendo? Nesse caso, poderemos usar uma das diversas tecnologias de ICs programáveis. Em uma ***tecnologia de IC programável***, implementamos o circuito desejado simplesmente escrevendo uma seqüência particular de bits em uma memória (ou uma série delas) contida no IC. O uso de uma tecnologia de IC programável tem as desvantagens de desempenho, tamanho e consumo piores, se comparado com o uso de tecnologias customizadas ou semicustomizadas de IC. No entanto, como é para hoje que teremos a nossa implementação, os benefícios desse fato poderão superar as desvantagens.

A forma mais popular de tecnologia de IC programável é conhecida como ***Field-Programmable Gate Array (arranjo ou matriz de portas programável em campo)***, ou ***FPGA***. Uma empresa que trabalha com FPGAs pré-fabrica o *chip* de FPGA, significando que o *chip* contém todos os transistores e todos os fios que o *chip* final poderá vir a ter. Compramos esses *chips* FPGA e, então, os *programamos* para implementar o circuito que desejamos. Nesse contexto, *programar* significa simplesmente escrever uma série de bits nas memórias do *chip* – isso não deve ser confundido com escrever programas de software em alto nível como códigos em C ou C++. Essa programação ocorre no *campo*, significando no nosso laboratório, local de trabalho ou casa, em oposição a uma planta de fabricação. Daí vem a expressão *programável em campo* no nome FPGA. Além disso, tipicamente a programação necessita de segundos apenas, ou possivelmente minutos, no máximo. A Fig. 7.16 mostra alguns *chips* do tipo FPGA. O *chip* no topo, com as partes anterior e posterior mostradas, tem cerca de 2 cm de lado. O *chip* inferior mede um pouco mais de 2,5 cm de lado.

Figura 7.16 *Chips* de FPGA.

Gate arrays programáveis em campo (FPGAs) não contêm gate arrays em seu interior – o nome está ali devido a razões históricas.

A expressão *gate array* aparece no nome porque, quando os FPGAs começaram a se tornar populares em meados da década de 1980, eles eram comercializados como uma alternativa à tecnologia dos *gate arrays*, que era muito popular na época. Assim, um FPGA era um IC semicustomizado (quase sinônimo de *gate array* naquela época) que podia ser programado no campo ao invés de uma planta de fabricação. Entretanto, esteja prevenido que o projeto interno de um *chip* FPGA não se parece em nada com um *gate array* – o nome é um tanto infeliz.

Dentro de um FPGA, os dois tipos básicos de componentes são tabelas de consulta e matrizes de chaveamento. Esses componentes são repetidos centenas de vezes segundo padrões regulares no interior de um FPGA. Agora, descreveremos cada um dos tipos desses componentes.

Tabelas de consulta (lookup)

Uma idéia básica que fundamenta os FPGAs é que *uma memória pode implementar lógica combinacional*. Mais especificamente, uma memória com 1 bit de largura, N linhas de endereço, e portanto 2^N palavras, configurada para ler a palavra correspondente ao endereço atual, pode implementar qualquer função combinacional de N variáveis.

Lembre-se de que uma memória configurada para leitura fornecerá em sua saída os conteúdos da palavra correspondente ao endereço presente nas linhas de endereço da memória. Assim, se as linhas de endereço a1a0 de uma memória 4x1 forem 00, a memória fornecerá os conteúdos da palavra 0. Se as linhas de endereço forem 01, a memória fornecerá os conteúdos da palavra 1. De modo semelhante, a leitura do endereço 10 fornecerá a palavra 2 e 11, a palavra 3.

A idéia chave que fundamenta os FPGAs é que uma memória com N linhas de endereço pode implementar qualquer função combinacional de N entradas.

Portanto, a implementação em uma memória de uma função booleana pode ser feita conectando-se simplesmente as entradas da função às linhas de endereço da memória e armazenando um 0 ou um 1 em cada palavra de memória de modo que, para cada combinação de valores de entrada, corresponda à saída desejada de memória. Por exemplo, considere a função $F(x,y) = x'y' + xy$. A tabela-verdade da função está mostrada na Fig. 7.17(a). Para implementar a função desse exemplo, poderemos conectar x e y respectivamente às linhas de endereço a1 e a0 da memória 4x1. A seguir, com base na tabela-verdade, armazenamos um 1 na palavra 0, um 0 na palavra 1, um 0 na palavra 2 e um 1 na palavra 3 – em outras palavras, armazenamos na memória as saídas da tabela-verdade. Desse modo, a memória implementa a função desejada, como mostrado na Fig. 7.17(b). Por exemplo, quando xy=00, queremos que a saída seja 1. A Fig. 7.17(c) mostra que quando xy=00, as linhas de endereço da memória serão 00 e, assim, a memória fornecerá na saída o conteúdo da palavra 0, que é o valor 1, como desejado.

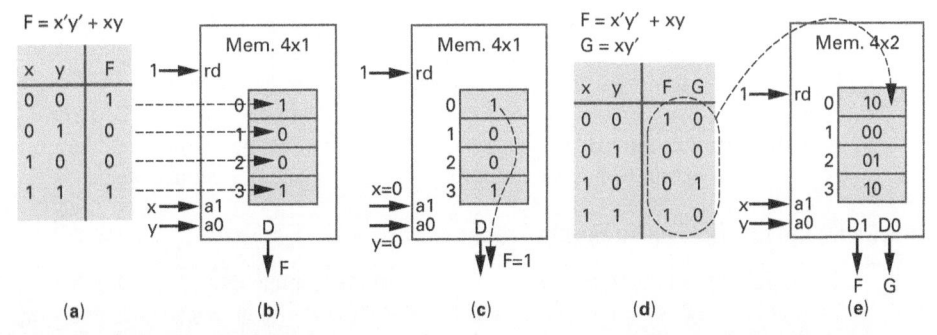

Figura 7.17 Implementação de funções lógicas usando uma memória: (a) tabela-verdade de uma função de duas entradas, (b) conteúdos e conexões correspondentes da memória, (c) a saída apropriada aparece para os valores dados de entrada, (d) duas funções que têm as mesmas duas entradas e (e) conteúdos da memória para as duas funções.

Uma memória com M bits por palavra, em vez de apenas 1 bit por palavra, pode implementar M funções, desde que todas essas M funções tenham as mesmas entradas. Por exemplo, considere as duas funções F(x,y) = x'y' + xy e G(x,y) = xy'. A tabela-verdade dessas duas funções está mostrada na Fig. 7.17(d). Uma memória 4x2, que tem 2 bits por palavra, pode implementar essas duas funções, como está mostrado na Fig. 7.17(e).

Uma memória usada para implementar um circuito combinacional é conhecida (na terminologia FPGA) como uma *lookup table* (tabela de consulta, ou tabela *lookup*). Quando usada como tabela *lookup*, nós nos referimos tipicamente à memória pelo número de *entradas* (linhas de endereço) e o número de saídas (bits por palavra), em vez do número de *palavras* e o número de saídas. Por exemplo, iremos nos referir a uma memória 8x2, que está sendo usada como tabela *lookup*, como sendo uma "tabela *lookup* de 3 entradas e 2 saídas", ao invés de uma tabela *lookup* 8x2.

A partir deste ponto, iremos assumir que a memória está configurada para leitura e, portanto, não mostraremos que a linha de leitura está em 1.

▶ **EXEMPLO 7.6   Implementação da luz de alerta para cinto de segurança usando uma tabela lookup**

Use uma tabela *lookup* para implementar a luz de alerta para cinto de segurança da Fig. 7.1, cujo circuito aparece na Fig. 7.18(a), e cuja equação é:

w = kps'

Geramos a tabela-verdade da função, como mostrado na Fig. 7.18(b). Como o circuito tem três entradas, sabemos que precisaremos de uma tabela *lookup* (memória) de 3 entradas e 1 saída. Conectamos as entradas às linhas de endereço da memória e armazenamos a tabela-verdade na memória, como mostrado na Fig. 7.18(c). Desse modo, implementamos a função desejada. Se a memória de 3 entradas e 1 saída for um IC, então a implementação estará terminada e poderemos inserir o IC no sistema eletrônico com o qual ele deverá interagir.   ◀

Você acabou de ver um exemplo muito simples de tecnologia de IC programável – uma memória. Podemos usar um *chip* de memória, com N linhas de endereço, ou seja, 2^N palavras, e com M bits por palavra, para implementar M funções booleanas diferentes das mesmas N entradas. Poderemos adquirir um *chip* de memória antes de precisarmos dele em nosso projeto e então poderemos "programá-lo" em nosso laboratório para implementar uma função booleana desejada.

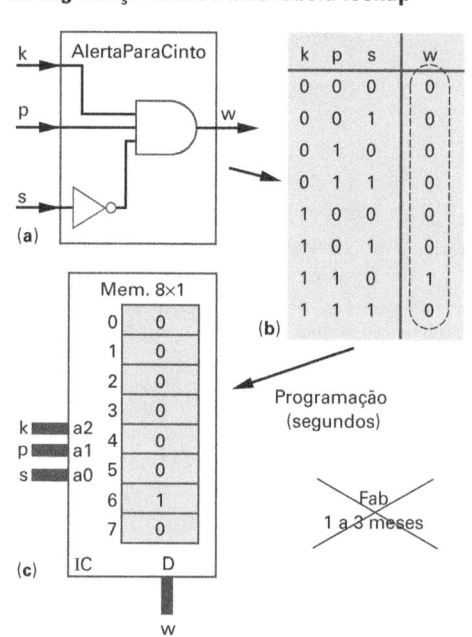

Figura 7.18   Implementação com tabela *lookup*.

Partição de um circuito entre tabelas lookup

Infelizmente, o uso de uma memória para implementar uma função booleana não funciona bem com funções de numerosas entradas. Por exemplo, ao passo que uma função de quatro entradas precisa apenas de uma memória de 16 palavras, uma função de 16 entradas irá requerer uma memória de 64 Kpalavras (em que 1 K = 1024) e uma função de 32 entradas iria requerer uma memória de 4 bilhões de palavras. O tamanho da memória necessária cresce da mesma forma que o tamanho da tabela-verdade da função, que sabemos crescer segundo 2^N, em que N é o número de entradas da função. Em resumo, uma tabela-verdade *não* é uma representação eficiente de uma função booleana de muitas entradas e, conseqüentemente, uma tabela *lookup* não será uma implementação eficiente para funções de numerosas entradas.

A partição do circuito de uma função entre múltiplas tabelas *lookup* pode produzir uma implementação mais eficiente no caso de funções maiores. Considere o circuito expandido de alerta para cinto de segurança do Exemplo 2.8. Vamos expandir esse circuito ainda mais, acrescentando uma terceira entrada de "diagnóstico" chamada d que forçará a lâmpada de alerta a se acender quando d=1 – talvez um mecânico, que esteja examinando uma lâmpada de alerta defeituosa, possa querer forçar a lâmpada a acender e verificar se ela queimou, ou para ajudar a determinar se o sensor do cinto está com defeito. O circuito expandido está mostrado na Fig. 7.19(a). Esse circuito não poderá ser mapeado para uma tabela *lookup* de 3 entradas e 1 saída porque o circuito tem cinco entradas. Entretanto, o circuito poderia ser mapeado para uma tabela *lookup* de 5 entradas e 1 saída. Alternativamente, poderíamos implementar o circuito usando uma tabela *lookup* de 3 entradas e 1 saída que esteja conectada a uma outra tabela *lookup* de 3 entradas e 1 saída, como mostrado na Fig. 7.19(c). Conseguimos isso fazendo a partição do circuito original em dois grupos, de modo que o primeiro grupo tenha 3 entradas e 1 saída e o segundo grupo tenha 3 entradas e 1 saída, como está assinalado por círculos na Fig. 7.19(b). A saída do primeiro grupo, que indicamos por x, tem a equação x = kps'. A saída do segundo grupo tem a equação w = x + t + d. Para implementar essas funções, iremos programar as tabelas *lookup* como mostrado na Fig. 7.19(c). Dessa forma, implementamos o circuito desejado usando duas tabelas *lookup*.

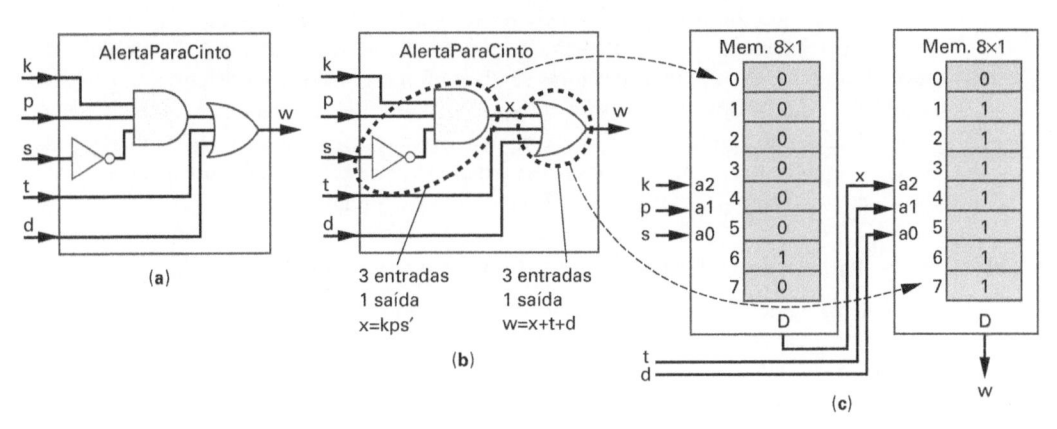

Figura 7.19 Fazendo a partição de um circuito em duas tabelas *lookup*: (a) circuito desejado, (b) partição do circuito em grupos de 3 entradas e 1 saída, no máximo e (c) grupos mapeados para tabelas *lookup* de 3 entradas e 1 saída.

Observe que a implementação com duas tabelas *lookup* tem um total de 8 + 8 = 16 palavras, em comparação com as 32 palavras que estariam presentes em uma tabela *lookup* de 5 entradas. Assim, a partição de um circuito entre tabelas *lookup* pequenas pode resultar em melhor eficiência do que o uso de uma tabela *lookup* maior.

Essa eficiência pode ser vista ainda mais dramaticamente em exemplos com mais entradas. Por exemplo, a função F = abc + def + ghi, mostrada na Fig. 7.20(a), tem 9 entradas. A implementação da função com uma única tabela *lookup* iria requerer uma tabela com 2^9

= 512 palavras. Entretanto, poderemos fazer a partição do circuito em grupos, de modo que cada grupo tenha 3 entradas e 1 saída – o primeiro grupo computará abc, o segundo, def, o terceiro, ghi e o quarto fará a OR das saídas dos três primeiros grupos, gerando a saída F. Cada grupo poderia ser implementado usando-se uma tabela *lookup* de 3 entradas e 1 saída, ou seja, uma memória 8x1. A implementação resultante teria quatro dessas tabelas *lookup*, como mostrado na Fig. 7.20(b). O total de palavras dessa implementação com quatro tabelas seria de apenas 8 + 8 + 8 + 8 = 32 palavras – bem menos do que as 512 palavras que são requeridas com uma única tabela *lookup* de 9 entradas. A Fig. 7.20(c) mostra uma comparação entre os tamanhos relativos de uma memória de 512 palavras e quatro de 8 palavras.

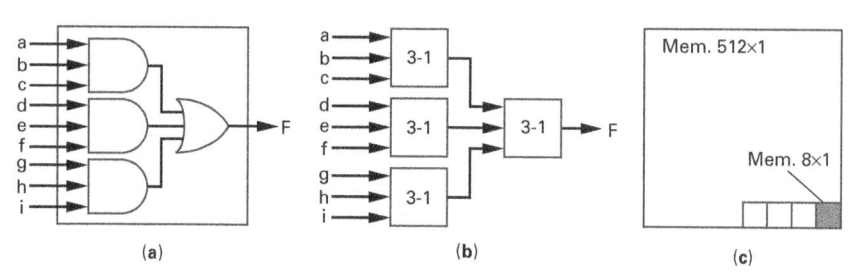

Figura 7.20 A divisão de um circuito, com muitas entradas, entre tabelas *lookup* menores reduz o tamanho total da tabela *lookup*: (a) circuito de 9 entradas, (b) circuito mapeado para tabelas *lookup* de 3 entradas e 1 saída, (c) economia de tamanho em relação a uma tabela *lookup* de 9 entradas e 1 saída.

A partição de uma função entre pequenas tabelas *lookup* é mais eficiente do que a implementação de uma função em uma tabela *lookup* de grande porte. No entanto, o que é uma tabela *lookup* "pequena" – uma tabela de 2 entradas, 3 entradas, 4 entradas, 7 entradas ou talvez mesmo 10 entradas? Os pesquisadores realizaram numerosos estudos em uma grande quantidade de circuitos típicos e descobriram que, na maioria dos circuitos, as tabelas *lookup* de 3 ou 4 entradas parecem trabalhar melhor. Além disso, eles descobriram que tabelas *lookup* de 2 saídas também parecem trabalhar bem na maioria dos exemplos. Assim, a partir deste ponto em diante, usaremos tabelas *lookup* de 3 entradas e 2 saídas.

▶ **EXEMPLO 7.7** **Partição de um circuito entre tabelas lookup com 3 entradas e 2 saídas**

Implemente o circuito mostrado na Fig. 7.21(a) usando tabelas *lookup* de 3 entradas e 2 saídas. Começamos tentando fazer a partição do circuito em grupos, de modo que cada grupo tenha no máximo 3 entradas e 2 saídas. Entretanto, a porta AND de quatro entradas impede-nos de sermos bem-sucedidos nessa partição porque, qualquer que seja a porta em que esse grupo esteja, ele terá no mínimo quatro entradas. Para remediar esse problema, decompomos essa porta em duas portas menores, mantendo simultaneamente a mesma funcionalidade, como mostrado na Fig. 7.21(b). A seguir, poderemos fazer a partição do circuito em dois grupos, cada um com 3 entradas e 1 saída, como está mostrado na figura – numeramos as entradas de cada grupo para tornar claro que cada grupo tem três entradas. Então, mapeamos esses grupos para duas tabelas *lookup* de 3 entradas e 2 saídas, como mostrado na Fig. 7.21(c). Observe que a saída D1 da primeira tabela *lookup* não é usada e a saída D0 da segunda tabela também não é usada. A coluna D0 da primeira tabela implementa t=abc e a coluna D1 da segunda tabela implementa F = td + e.

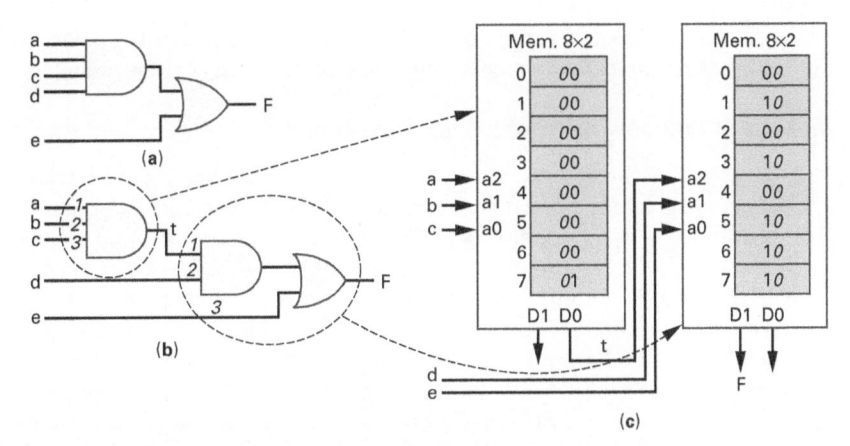

Figura 7.21 Fazendo a partição de um circuito em duas tabelas *lookup*: (a) circuito original, (b) circuito transformado que divide a porta AND de quatro entradas em duas portas menores e então mostra os agrupamentos de 3 entradas e 1 saída e (c) mapeamento de cada grupo para uma tabela *lookup*, sendo que a função do grupo foi convertida em bits programados na tabela *lookup*. Os bits em itálico não são usados. ◀

No exemplo anterior, observe que não usamos uma das colunas da primeira tabela *lookup* nem uma das colunas da segunda tabela. Algumas vezes, o uso das tabelas *lookup* resulta em células de memória não usadas. Outras vezes, o uso das tabelas *lookup* pode resultar também em palavras da tabela não sendo usadas, como está ilustrado no exemplo a seguir.

▶ **EXEMPLO 7.8 Mapeando um decodificador 2x4 para tabelas lookup de 3 entradas e 2 saídas**

Vamos implementar um decodificador 2x4, sem habilitação, usando tabelas *lookup* de 3 entradas e 2 saídas. Um decodificador 2x4 tem duas entradas, i1 e i0, e quatro saídas, d0, d1, d2 e d3. Um mapeamento está mostrado na Fig. 7.22. As equações de cada saída são d0 = i1'i0', d1=i1'i0, d2=i1i0' e d3=i1i0. As tabelas *lookup* implementam essas equações usando as metades superiores das palavras das tabelas, as metades inferiores não são usadas.

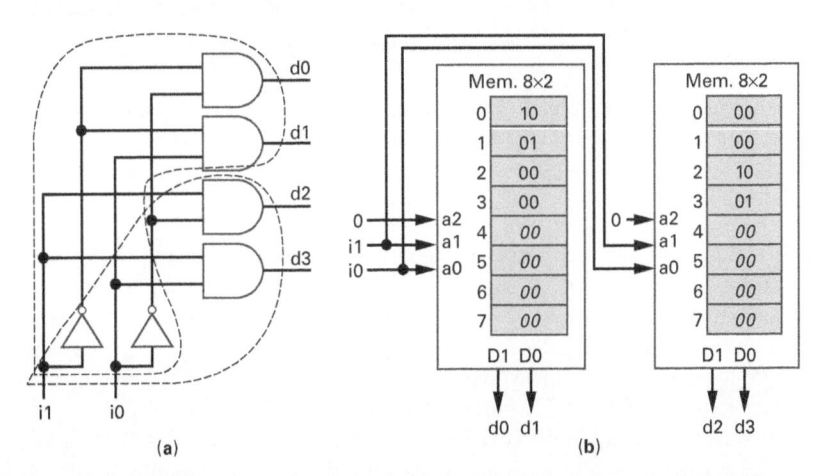

Figura 7.22 Mapeamento de um decodificador 2x4 para duas tabelas *lookup* de 3 entradas e 2 saídas: (a) circuito desejado e (b) mapeamento para as duas tabelas *lookup*. Os bits em itálico não são usados. ◀

Um FPGA pode vir com dezenas, centenas ou mesmo milhares de tabelas *lookup*, podendo assim implementar grandes quantidades de lógica combinacional.

Interconexões programáveis (matrizes de chaveamento)

Nos exemplos anteriores, estivemos criando conexões customizadas entre as tabelas *lookup*. No entanto, o essencial em relação aos FPGAs é que o *chip* inteiro é pré-fabricado – incluindo os fios. Portanto, os FPGAs vêm com **interconexões programáveis** (*programmable interconnects*), algumas vezes chamadas de **matrizes de chaveamento** (*switch matrices*), que nos permitem *programar* as conexões entre as tabelas *lookup*. A Fig. 7.23 mostra um *chip* de FPGA simples, que tem seis entradas (*P0-P5*), duas tabelas *lookup* de 3 entradas e 2 saídas, uma matriz de chaveamento de 4 entradas e 2 saídas, e quatro saídas (*P6–P9*). As três entradas da tabela *lookup* da esquerda vêm das entradas externas *P1*, *P2* e *P3* – as entradas dessa tabela *lookup* não podem ser alteradas. Entretanto, duas das entradas da tabela *lookup* da direita podem vir ou das saídas da tabela *lookup* da esquerda, ou das entradas externas *P4* e *P5*. A matriz de chaveamento determina quais dessas conexões serão feitas.

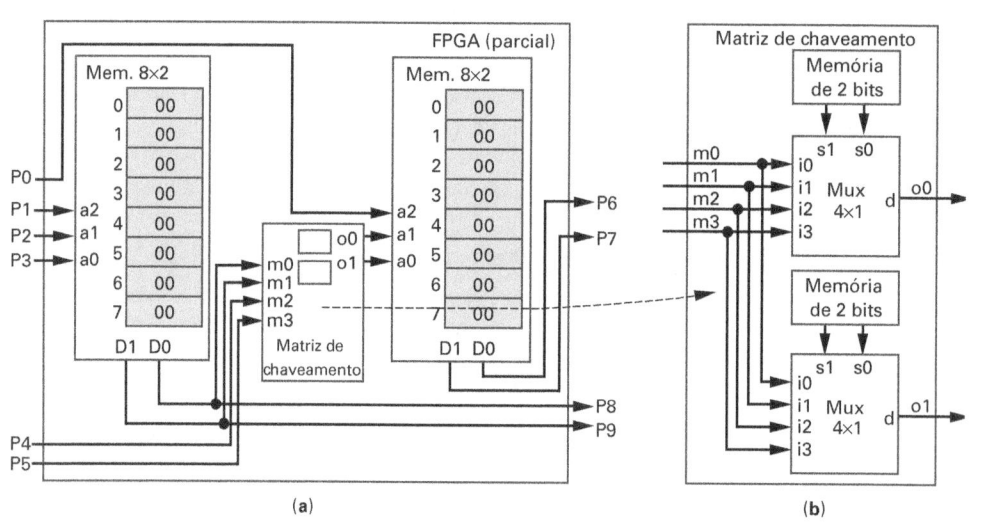

Figura 7.23 Uma arquitetura simples de FPGA: (a) um FPGA que contém uma matriz de chaveamento e (b) a parte interna da matriz de chaveamento mostrando dois multiplexadores (mux) 4x1 controlados por dois registradores de dois bits. Nota: FPGAs reais têm centenas de tabelas *lookup* e matrizes de chaveamento, não apenas algumas.

A parte interna da matriz de chaveamento aparece à direita na Fig. 7.23. Consiste em dois multiplexadores (mux) 4x1. O multiplexador de cima conecta a saída *o0* da matriz de chaveamento a uma das quatro entradas da matriz. O multiplexador de baixo conecta a saída *o1* a uma das quatro entradas da matriz. Uma memória de dois bits (que é na realidade um registrador de dois bits, mas que é chamado de memória por consistência com a memória presente no interior de uma tabela *lookup*) mantém os dois bits que determinam os valores das duas linhas de seleção de cada multiplexador. Desse modo, poderemos programar as conexões desejadas simplesmente escrevendo os bits apropriados nessas duas memórias de dois bits. Observe que a saída de cada matriz de chaveamento pode ser configurada independentemente uma da outra. De fato, poderíamos inclusive fazer a mesma entrada aparecer em ambas as saídas, embora isso não fosse útil neste projeto de FPGA.

Ilustraremos o uso da matriz de chaveamento com um exemplo.

▶ **EXEMPLO 7.9   Um decodificador 2x4 em um FPGA com uma matriz de chaveamento**

Repetiremos aqui o Exemplo 7.8, usando o FPGA mostrado na Fig. 7.23(a). Podemos obter facilmente as entradas apropriadas da primeira tabela *lookup* fazendo-as iguais às do Exemplo 7.8, ou seja, conectando um 0, a entrada externa *i1* e a entrada externa *i0* às entradas apropriadas do FPGA, como está mostrado na Fig. 7.24(a). Para obter as entradas adequadas para a segunda tabela *lookup*, primeiro conectamos as entradas externas *i1* e *i0* às entradas do FPGA, as quais alimentam a matriz de chaveamento. A seguir, configuramos a matriz de chaveamento, de modo que a sua entrada *m2* passe até a sua saída *o0*, significando que a entrada externa *i1* passa até a saída *o0* da matriz de chaveamento. Conseguimos essa configuração programando 10 no registrador superior de dois bits da matriz de chaveamento, como mostrado na Fig. 7.24(b). De modo similar, configuramos a matriz de chaveamento de modo que a sua entrada *m3* passe até a sua saída *o1*, ou seja, a entrada externa *i0* passa até a saída *o1* da matriz de chaveamento. Conseguimos essa configuração programando 11 no registrador inferior de dois bits da matriz de chaveamento. Como as saídas da matriz de chaveamento conectam-se às entradas da tabela *lookup* da direita, conseguimos ligar com sucesso as entradas externas *i1* e *i0* às entradas da segunda tabela *lookup*, como era desejado. Programamos as duas tabelas *lookup* como fizemos no Exemplo 7.8. Assim, as saídas externas *d0–d3* podem ser encontradas nos pinos externos do FPGA, como mostrado na Fig. 7.24(a).   ◀

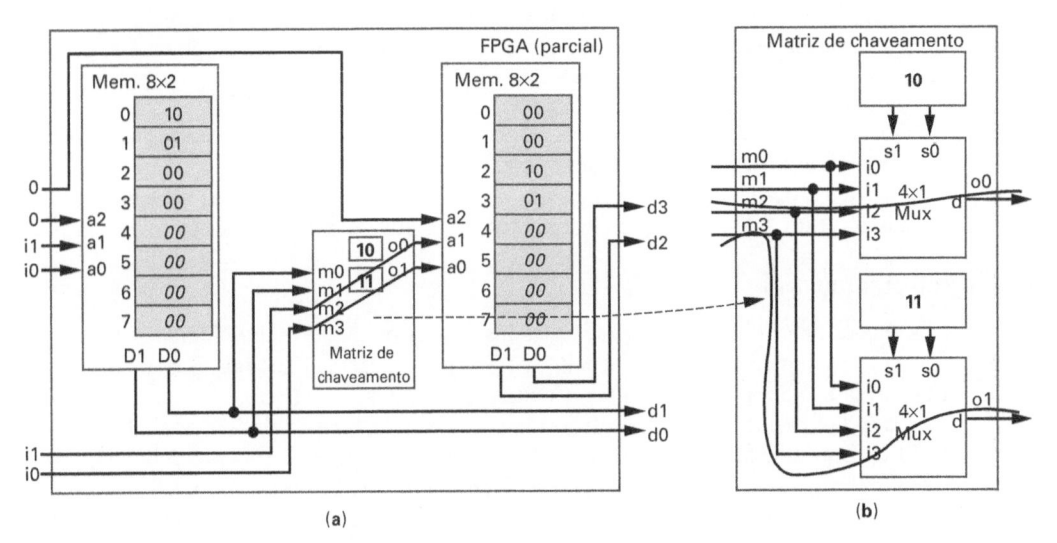

Figura 7.24   Implementação de um decodificador 2x4 no interior de um FPGA que contém uma matriz de chaveamento: (a) conexões externas e bits programados nas tabelas *lookup* e na matriz de chaveamento e (b) uma vista interna da matriz de chaveamento, mostrando as conexões programadas entre as saídas e as entradas. Os bits em itálico nas tabelas *lookup* não são usados.

▶ **EXEMPLO 7.10   Luz de alerta para cinto de segurança com expansão em um FPGA**

Estamos prestes a implementar o sistema expandido de luz de alerta para cinto de segurança do Exemplo 2.8, usando o FPGA mostrado na Fig. 7.23. (A Fig. 7.19 mostrou como fazer a partição de um circuito similar em dois grupos, com as equações x = kps' e w = x + t + d. Neste exemplo, w = x + t.) Conectamos k, p e s aos pinos do FPGA que vão para a tabela *lookup* da esquerda e então programamos essa tabela para implementar a função kps', como mostrado na Fig. 7.25. Ligamos uma saída da tabela *lookup* da esquerda, representada por x, à tabela *lookup* da direita, programando a matriz de chaveamento para conectar m0 com o0. Ligamos também t à tabela *lookup* da direita, conectando t ao pino externo que está ligado à entrada m2 da matriz de chaveamento e, em seguida, configurando a matriz de chaveamento para conectar m2 com o1. Então, programamos a tabela *lookup* da direita para implementar a função x + t, como mostrado na Fig. 7.25.

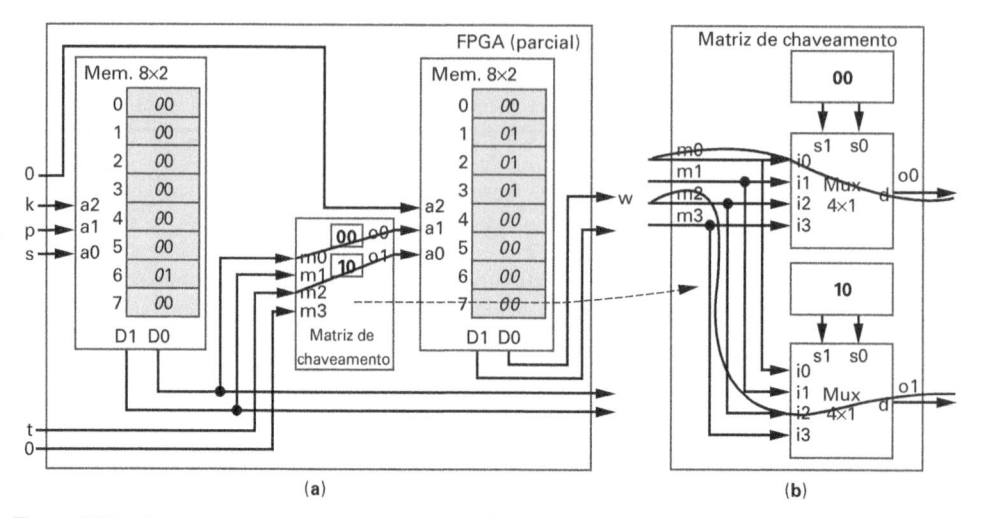

Figura 7.25 Implementação do circuito expandido de luz de alerta para cinto de segurança em um FPGA que contém uma matriz de chaveamento: (a) conexões externas e bits programados e (b) uma vista interna da matriz de chaveamento, mostrando as conexões programadas. Os bits em itálico nas tabelas *lookup* não são usados.

Observe que, nos dois exemplos anteriores, implementamos *dois circuitos diferentes* usando o *mesmo chip de FPGA*. Para implementar os dois circuitos diferentes, simplesmente tivemos que programar bits diferentes nas tabelas *lookup* e na matriz de chaveamento. Esse é o apelo dos FPGAs – eles implementam o nosso circuito simplesmente sendo programados.

Bloco lógico programável

Nas seções anteriores, os FPGAs ilustrados não dispunham de um elemento crítico que é necessário à implementação de circuitos genéricos, a saber, os *flip-flops*. Sem os flip-flops, os FPGAs não poderiam implementar circuitos seqüenciais.

Os FPGAs podem incluir um flip-flop para cada uma das saídas da tabela *lookup* – dois flip-flops, no caso de uma tabela *lookup* de duas saídas. Uma tabela *lookup* juntamente com os seus flip-flops são conhecidos como **bloco lógico configurável**, ou **CLB** (*Configurable Logic Block*). Um CLB simples está mostrado na Fig. 7.26. Cada bloco lógico configurável tem uma tabela *lookup* de 3 entradas e 2 saídas, duas saídas e dois flip-flops. A cada ciclo de relógio, cada flip-flop é carregado com a saída correspondente da tabela *lookup*. Cada saída do CLB pode ser configurada para vir ou do flip-flop de saída, ou diretamente da saída correspondente da tabela *lookup*. Uma memória de um bit (ela própria um flip-flop, mas que chamaremos de memória para evitar confusão) é programada para realizar essa configuração, conforme mostrado na Fig. 7.26. Essa memória controla um multiplexador 2x1 em cada saída do CLB.

Os flip-flops de saída capacitam-nos a implementar circuitos seqüenciais no FPGA, isto é, circuitos com registradores.

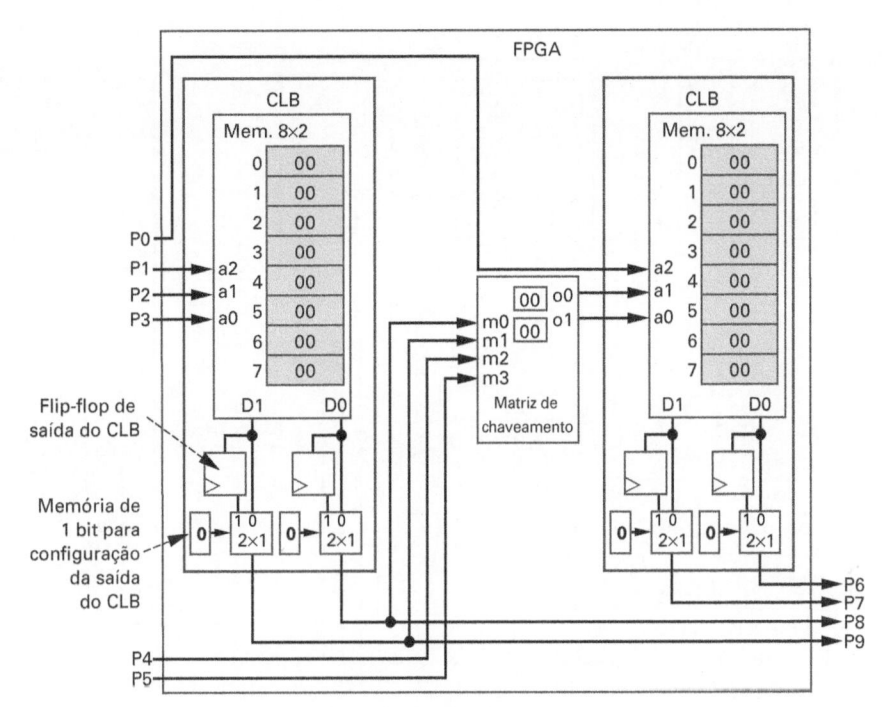

Figura 7.26 Um FPGA com blocos lógicos configuráveis, os quais contêm flip-flops juntamente com uma tabela *lookup*. Colocamos 0s em todas as células de bits de configuração da figura.

▶ **EXEMPLO 7.11** Implementação de um circuito seqüencial em um FPGA

Queremos que o circuito mostrado na Fig. 7.27(a) seja implementado no FPGA da Fig. 7.26. Primeiro conectamos a e b à tabela *lookup* da esquerda e c e d à tabela *lookup* da direita, por meio da matriz de chaveamento, como mostrado na Fig. 7.27(c). Programamos a tabela *lookup* da esquerda para gerar na sua saída as funções a' e b', como mostrado na Fig. 7.27(b). De modo similar, programamos a tabela *lookup* da direita para gerar na sua saída as funções c e d. Programamos todas as saídas do bloco lógico configurável para serem conectadas a seus flip-flops, escrevendo 1s nas memórias de configuração das saídas do CLB, como mostrado na Fig. 7.27(c). ◀

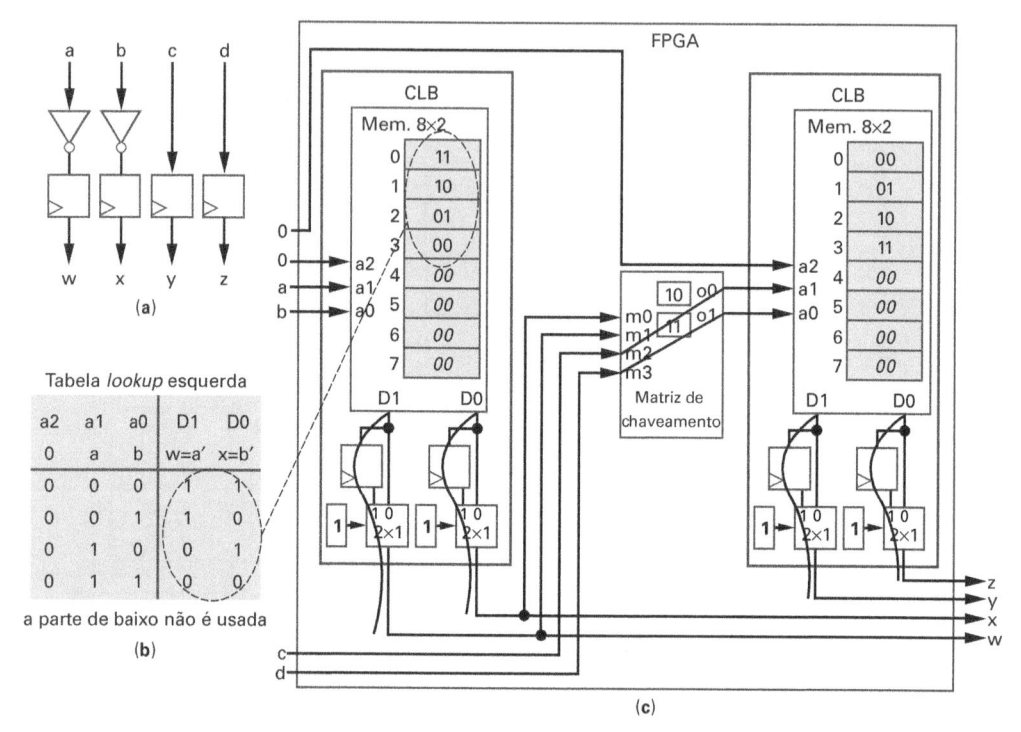

Figura 7.27 Implementação de um circuito seqüencial em um FPGA: (a) circuito seqüencial desejado, (b) bits de programa da tabela *lookup* esquerda do CLB e (c) FPGA programado. Os bits não utilizados estão em itálico.

Devemos tomar cuidado para evitar confusão entre os flip-flops de saída eles próprios e as "memórias" de configuração da saída do CLB – as memórias de configuração armazenam os bits que programam o FPGA para implementar o circuito desejado, antes da operação do circuito, ao passo que os flip-flops de saída armazenam os bits carregados pelo circuito durante o seu funcionamento.

Os elementos de armazenamento da tabela *lookup*, a configuração das saídas do CLB e as matrizes de chaveamento são conhecidos coletivamente como **memória de configuração** do FPGA, embora a "memória" seja constituída por numerosas memórias menores e mesmo registradores ou flip-flops.

Arquitetura completa de um FPGA

Grade de CLBs e matrizes de chaveamento

Um FPGA comercializado contém centenas ou mesmo milhares de CLBs e matrizes de chaveamento, dispostos segundo um padrão regular no *chip*. Um exemplo de disposição está mostrado na Fig. 7.28. Os CLBs estão conectados a canais de roteamento horizontais e verticais, os quais se conectam às matrizes de chaveamento. Um exemplo de conexão entre um CLB e os canais de roteamento está mostrado para o CLB central no topo. Os canais de roteamento consistem em dezenas de fios, representados na figura por fios simples em linha cheia.

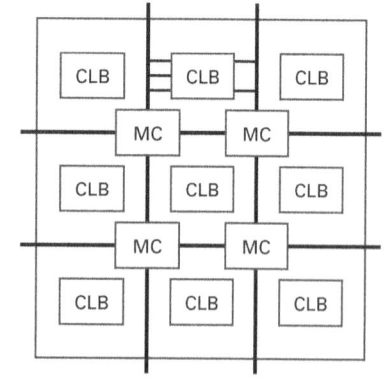

Figura 7.28 Arquitetura de um FPGA.

Os CLBs e as matrizes de chaveamento dos FPGAs comercializados são mais complexos do que os descritos neste capítulo. Por exemplo, os CLBs podem conter duas tabelas *lookup* ou conexões diretas para os CLBs adjacentes, permitindo encadeamentos de bits de transporte. As matrizes de chaveamento podem conter opções mais flexíveis de chaveamento e mais entradas e saídas. Além disso, internamente os FPGAs comercializados também podem conter multiplicadores e grandes memórias RAM para o armazenamento de dados, ou unidades para multiplicar e acumular, que são usadas em multiplicações rápidas.

Programando um FPGA

Ainda não dissemos nada sobre como na realidade as tabelas *lookup*, as memórias de configuração das matrizes de chaveamento e as memórias de configuração das saídas dos CLBs são programadas; particularmente, como os bits de programa serão colocados nas memórias de configuração? As memórias de configuração compreendem todas as memórias de tabelas *lookup*, as de matrizes de chaveamento e as de configuração das saídas dos CLBs. Conceitualmente, a programação é habilitada fazendo-se com que todas as células de armazenamento de bits das memórias de configuração do FPGA sejam conectadas na forma de um grande registrador deslocador. Nesse registrador, as células de armazenamento de bits estão espalhadas pelo *chip*. Portanto, não constituem um registrador tradicional cujos bits estão usualmente em um único lugar, mas pensar nelas como se fossem um registrador deslocador ajuda a compreender a sua conectividade. Na realidade, quando as células de armazenamento estão encadeadas como em um registrador deslocador, elas são referidas tipicamente como sendo uma ***scan chain****. O FPGA terá um pino extra para a entrada da programação, servindo como entrada de deslocamento para o registrador deslocador. Um outro pino extra de entrada serve para indicar que uma programação está ocorrendo. Durante a programação, nós deslocamos para dentro os bits necessários para implementar o circuito desejado por nós. Lembre-se de que as células das memórias de configuração são escritas somente durante a programação do FPGA – durante a operação normal do FPGA, as células dessa memória de configuração tornam-se apenas de leitura. Assim, pode-se conceber FPGAs cujas memórias de configuração são construídas usando-se a tecnologia das memórias programáveis do tipo somente leitura (PROM, EPROM, ou EEPROM), embora atualmente, na maioria das memórias de configuração, os componentes RAM e flip-flops sejam usados pelos FPGAs. Provavelmente as RAMs e os flip-flops são usados porque esses componentes (FPGAs) precisam ser programados rapidamente por meio do método *scan chain*, o que é conseguido facilmente usando-se os componentes RAM e flip-flop, mas não tão facilmente se forem usados os componentes EPROM ou EEPROM.

Ferramentas automatizadas que fazem a programação de FPGAs começam usualmente com um arquivo que contém os bits que deverão ser deslocados para dentro das células encadeadas de armazenamento do FPGA – esse arquivo é conhecido como **arquivo de bits**. A ferramenta que cria o arquivo de bits deve obviamente conhecer o número e as finalidades de todas as células de bits da *scan chain* do FPGA. Assim, essas ferramentas irão gerar arquivo de bits diferentes para dispositivos FPGAs diferentes.

▶ **EXEMPLO 7.12   Programação de um FPGA**

Esse exemplo demonstra a programação de um FPGA usando o FPGA e o circuito desejado mostrado no Exemplo 7.11. A Fig. 7.27 do Exemplo 7.11 mostra os conteúdos necessários à memória de configuração do FPGA para que o circuito desejado seja implementado. Repetimos os conteúdos na Fig. 7.29(a), desta vez ilustrando o modo pelo qual o FPGA tem os bits da memória de configuração encadeados formando uma *scan chain*. A Fig. 7.29(b) mostra como essa *scan chain* forma conceitualmente um registrador deslocador de 40 bits. A Fig. 7.29(c) mostra os conteúdos

---

* N. de T: Literalmente, corrente ou cadeia de varredura.

de um arquivo de bits que poderia ser usado para programar o FPGA, implementando o circuito desejado. Criamos o arquivo de bits simplesmente seguindo a linha tracejada que representa a *scan chain*, colocando 1s e 0s no arquivo de bits como os vemos na figura. ◀

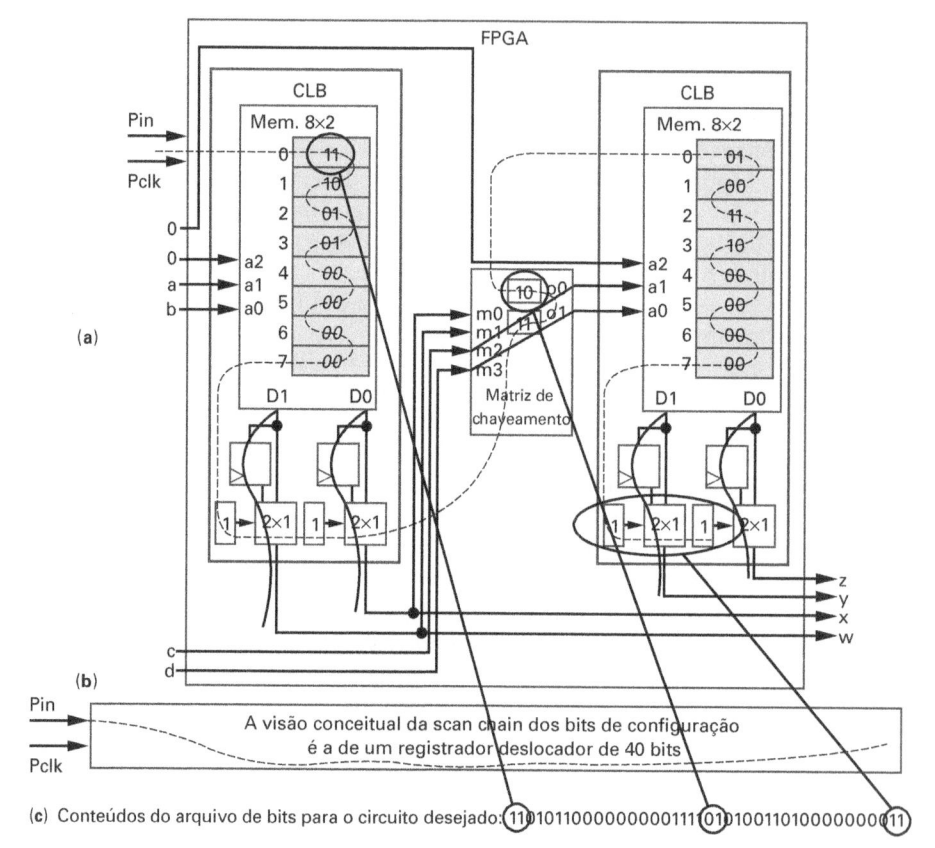

Figura 7.29 Programação de um FPGA: (a) todas as células dos bits de configuração existem encadeadas formando uma *scan chain*, (b) conceitualmente, uma *scan chain* é um grande registrador deslocador e (c) os conteúdos de um arquivo de bits é deslocado para dentro durante a programação – algumas relações entre os bits do arquivo e as células dos bits de configuração estão mostradas.

Quantas portas são implementadas por um FPGA?

Pensamos usualmente no tamanho de um circuito digital usando a noção de "portas" para representar o tamanho do projeto. Um projeto com 3000 portas é provavelmente maior do que um projeto com 2000 portas. Naturalmente, se essa afirmação é verdadeira dependerá dos tipos de portas usadas em cada projeto (por exemplo, como as portas XORs são maiores do que as portas NAND, um circuito de 2000 portas XORs pode na realidade ser maior do que um de 3000 portas NAND), assim como do número de entradas de cada porta (uma porta de 20 entradas é maior do que uma porta de duas entradas). Assim, um método comum para indicar o tamanho do projeto de um circuito é fazendo uma *estimativa do número de portas NAND de duas entradas* que seriam necessárias para implementar o circuito. Desse modo, quando dizemos que um circuito consiste em 3000 portas ou 2000 portas, estamos entendemos que se esses circuitos fossem implementados usando portas NAND de duas entradas, eles iriam requerer 3000 portas NAND de duas entradas ou 2000 portas NAND de duas entradas, respectivamente.

Os FPGAs têm tabelas *lookup* e matrizes de chaveamento em seu interior, não portas. Portanto, os tamanhos dos FPGAs são indicados tipicamente considerando com que tamanho um circuito constituído por portas NAND de duas entradas poderia ser implementado usando a arquitetura de um FPGA. Os vendedores de FPGAs informam os tamanhos dizendo que um dado FPGA tem uma "densidade de 100.000 portas de sistema" ou "100.000 portas típicas". Esses números são *estimativas* e muitas pessoas vêem de forma muito cética esses números que são informados (porque algumas vezes as companhias gostam de exagerar). Os vendedores de FPGAs podem também indicar o tamanho dos FPGAs em termos de número de "blocos lógicos" ou "tabelas *lookup*", o que é útil quando são comparados os tamanhos de FPGAs que têm os mesmos tipos de blocos lógicos ou tabelas *lookup*.

FPGA versus ASICs e microprocessadores

Os FPGAs são menos eficientes do que os ASICs em termos de atraso, tamanho e consumo. Por exemplo, o circuito da Fig. 7.22(a) poderia ser implementado com um atraso de apenas uma porta em um IC de tecnologia customizada ou semicustomizada. No entanto, quando mapeado para o FPGA da Fig. 7.26, esse circuito terá um atraso maior–as entradas deverão passar através da tabela *lookup* do CLB esquerdo (a qual pode ter um atraso de duas portas), em seguida através dos multiplexadores de saída do CLB esquerdo (mais um atraso de duas portas), depois através da matriz de chaveamento (mais outro atraso de duas portas), em seguida através da tabela *lookup* do CLB direito (mais um atraso de duas portas) e finalmente através dos multiplexadores de saída do CLB direito, resultando em um atraso total de dez portas. Em termos de tamanho, uma implementação com ASIC do circuito da Fig. 7.22(a) iria requerer cerca de 20 transistores, ao passo que a implementação com FPGA usando CLBs e uma matriz de chaveamento iria requerer diversas centenas de transistores.

Assim, uma implementação em FPGA de um circuito será mais lenta e maior do que uma em ASIC do mesmo circuito. Alguns estudos mostraram que os FPGAs são aproximadamente 10 vezes mais lentos, e de 10 a 30 vezes maiores, do que as implementações com ASIC do mesmo circuito. De modo similar, um circuito implementado em um FPGA pode consumir cerca de 10 vezes mais energia do que quando implementado em um ASIC. No entanto, a vantagem de se poder programar os FPGAs imediatamente e a custo quase nulo, ao invés de ter de esperar semanas ou meses, enquanto são gastos dezenas de milhares de dólares, freqüentemente supera essas desvantagens.

Apesar da sobrecarga (*overhead*) em termos de desempenho, tamanho e consumo em comparação com os ASICs, em muitas tarefas os FPGAs são mesmo assim muito mais rápidos do que um software em um microprocessador, em parte porque os FPGAs podem efetivamente implementar operações em *pipelining*, em nível de bit e concorrentes. Assim, os FPGAs possuem a flexibilidade de programação de um software em um microprocessador e por outro lado estão próximos do desempenho de um ASIC, o que representa uma excelente opção de implementação por muitas razões.

▶ 7.4 OUTRAS TECNOLOGIAS

Nesta seção, descreveremos outras tecnologias para implementar fisicamente os circuitos digitais. Algumas dessas tecnologias são antigas, mas ainda são úteis em situações particulares. Outras são tecnologias mais novas que estão começando a ganhar popularidade.

ICs standard de lógica combinacional (SSI)

Algumas vezes, simplesmente necessitamos implementar um circuito que tem apenas umas poucas portas. Nesses casos, o uso de um FPGA pode ser um exagero, já que os FPGAs tipicamente contêm milhares ou milhões de portas. De modo semelhante, o uso de um ASIC também seria um exagero. Nos casos em que precisamos de apenas umas poucas portas, poderemos em seu lugar usar um ou mais ICs *standard**. Um *IC de lógica combinacional* contém umas poucas, talvez dez ou menos, portas conectadas diretamente aos pinos do IC, como mostrado na Fig. 7.30. O IC mostrado tem quatro portas AND e 14 pinos. Um pino é para a alimentação elétrica do IC (conhecido como *VCC*) e um outro é o de terra (*GND* de *ground*). Os demais pinos conectam-se às quatro portas AND do IC, como mostrado na figura. Diferentes ICs de lógica combinacional contêm tipos de portas que são diferentes da AND, como OR, NAND, NOR ou NOT. Para construir um pequeno circuito a partir desses ICs *standard*, simplesmente colocamos os ICs em uma placa de montagem e interligamos os pinos apropriados. ICs que contêm apenas umas poucas portas são conhecidos como *chips* com **integração em pequena escala** (*Small Scale Integration*), ou *chips* **SSI**.

Figura 7.30 Exemplo de IC de lógica combinacional.

ICs 7400

Os ICS SSI *standard* mais populares são conhecidos genericamente como ICs da **série 7400**. Um IC 7400 contém tipicamente quatro a seis portas lógicas e cerca de 14 pinos. Um IC 7400 em particular está mostrado na Fig. 7.31. O IC mede transversalmente cerca de meia polegada. O encapsulamento do IC mostrado tem duas filas, ou linhas, de pinos e é assim conhecido como **dual-inline package** (encapsulamento de fila ou linha dupla) ou **DIP**.

Os ICs da série 7400 tornaram-se inicialmente disponíveis no começo da década de 1960. O *chip* 7400 original tinha quatro portas NAND e custava cerca de 1000 dólares cada em 1962. É isso mesmo – 1000 dólares. Isso era em dólares da década de 1960, quando um engenheiro americano ganhava cerca de 10.000 dólares por ano. O custo caiu significativamente durante aquela década, graças em grande parte à utilização de enormes quantidades desses dispositivos pelo míssil americano Minuteman e pelos programas espaciais envolvendo o foguete Apollo, e continuou a cair desde então devido a transistores mais baratos e enormes volumes. Hoje, você pode comprar ICs da série 7400 por apenas dezenas de centavos de dólar cada.

Partes com portas diferentes têm números diferentes. A Tabela 7.1 mostra algumas

Figura 7.31 IC da série 7400.

TABELA 7.1 ICs comumente usados da série 7400

Parte	Descrição	Pinos
74LS00	Quatro NANDs de 2 entradas	14
74LS02	Quatro NORs de 2 entradas	14
74LS04	Seis inversores	14
74LS08	Quatro ANDs de 2 entradas	14
74LS10	Três NANDs de 3 entradas	14
74LS11	Três ANDs de 3 entradas	14
74LS14	Seis inversores (Schmitt trigger)	14
74LS20	Duas NANDs de 4 entradas	14
74LS27	Três NORs de 3 entradas	14
74LS30	Uma NAND de 8 entradas	14
74LS32	Quatro ORs de 2 entradas	14
74LS74	Dois flip-flops D, disparado pela borda positiva, com preset e reset	14
74LS83	somador completo binário de 4 bits	16
74LS85	comparador de magnitude de 4 bits	16

Fonte: www.digikey.com

---

* N. de T: Os assim chamados componentes *standard*, ou de prateleira, são produzidos em grandes quantidades e estão disponíveis para entrega imediata em lojas especializadas e distribuidores de componentes eletrônicos.

partes comumente usadas da série 7400, pertencentes à subfamília 74LS00 da série 7400 da Fairchild. Além das portas básicas, a tabela mostra um IC com flip-flops D, um somador completo e um comparador de magnitude. Partes também existem para XORs, XNORs, *buffers*, decodificadores, multiplexadores, contadores incrementadores, contadores decrementadores e mais.

Na série 7400, há várias e diferentes subfamílias de partes – partes de uma subfamília podem ser usadas com outras partes da mesma subfamília, mas em geral não podem ser usadas com partes de outras subfamílias. A razão é que o conjunto de tensões e correntes de uma subfamília é projetado de tal modo que os ICs podem ser ligados sem precisarmos nos preocupar sobre ajustes de tensão e corrente entre os ICs. A série *74* (por exemplo, 7400, 7402, etc) é a subfamília básica, fundamentando-se em um tipo de transistor conhecido como TTL – os projetistas que usam ICs de lógica combinacional utilizam ICs da série 74 apenas quando devem fazer integrações com projetos antigos e geralmente não usam a série em novos projetos. A subfamília *74LS* (por exemplo, 74LS00, 74LS02) usa um tipo especial de tecnologia TTL conhecido como Schottky, que resulta em consumo mais baixo e uma velocidade ligeiramente maior do que na série 74 – o "L" no nome significa baixo (*Low*) consumo e o "S" significa Schottky. A subfamília *74HC* usa transistores CMOS (indicado pelo "C") de alta velocidade (indicado pelo "H" de *High*). A subfamília *74F* foi introduzido pela Fairchild, consistindo em lógica TTL Schottky, avançada e rápida (daí o "F", de *fast*). Existem numerosas outras subfamílias 7400, com novas subfamílias ainda sendo introduzidas.

Além disso, séries adicionais de ICs SSI *standard* também existem em acréscimo à série 7400. Outra série popular é a *série 4000* de ICs. É uma série CMOS que evoluiu na década de 1970 como alternativa de baixo consumo à série 7400 baseada em TTL. Existem também outras séries.

▶ **EXEMPLO 7.13**   **Implementação de alerta para cinto de segurança usando ICs standard 7400**

Usando ICs da série 74LS, mostrados na Tabela 7.1, implemente fisicamente o circuito de luz de alerta para cinto de segurança da Fig. 7.1, mostrado novamente na Fig. 7.32(a). Poderemos implementar o inversor usando um 74LS04. O 74LS08 tem portas AND de duas entradas e precisamos de uma porta AND de três entradas. Uma solução simples é decompor a porta AND de três entradas em duas portas AND de duas entradas, como mostrado na Fig. 7.32(b). A implementação final está mostrada na Fig. 7.32(c).

Figura 7.32 Implementação do circuito de alerta para cinto de segurança, usando ICs da série 74LS: (a) circuito desejado, (b) circuito transformado que usa portas AND de duas entradas e (c) circuito mapeado em dois ICs 74LS. Conexões adicionais que não estão mostradas são alimentação para o pino *I14* e terra para o pino *I7* de cada IC.

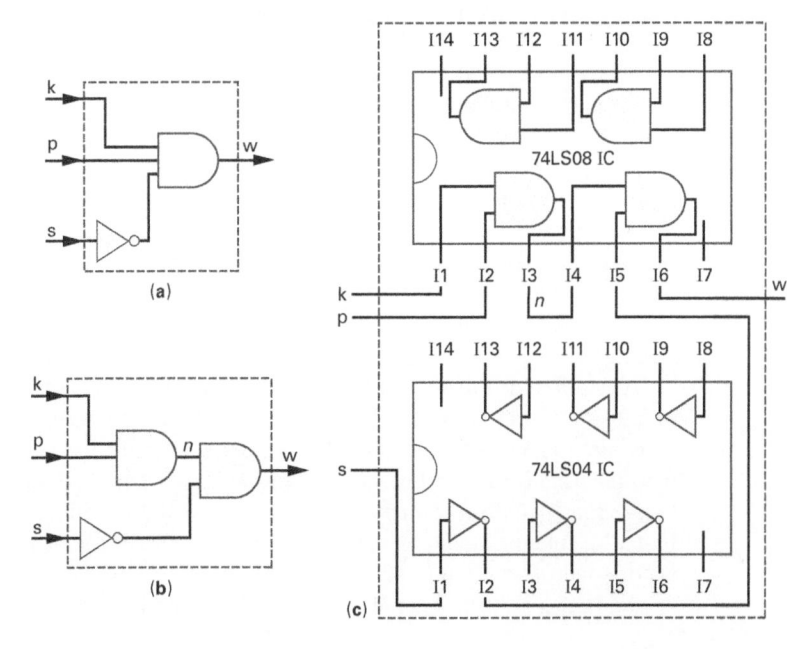

De preferência, implementaríamos o circuito usando apenas um IC, permitindo reduzir o tamanho de placa, o custo e o consumo. A conversão do circuito para que use apenas um tipo de porta, como somente portas NAND ou NOR, pode resultar em um único IC. Por exemplo, se pudéssemos convertê-lo para portas NOR de três entradas, poderíamos usar o *chip* 74LS27. Começamos convertendo o circuito para somente portas NOR, como na Fig. 7.33(a). Removemos as inversões duplas e substituímos a inversão simples por portas NOR de três entradas. A implementação usando um IC 74LS27 está mostrada na Fig. 7.33(c).

Figura 7.33 Implementação do circuito de alerta para cinto de segurança com um IC 74LS, o 74LS27, que consiste em três portas NOR de três entradas: (a) o circuito desejado que foi transformado para portas NOR com bolhas de inversão, (b) circuito com as inversões duplas eliminadas e as simples substituídas por portas NOR de uma entrada e (c) circuito mapeado em um *chip* 75LS27. Conexões adicionais que não estão mostradas são a alimentação para o pino *I14* e terra para o pino *I7*.

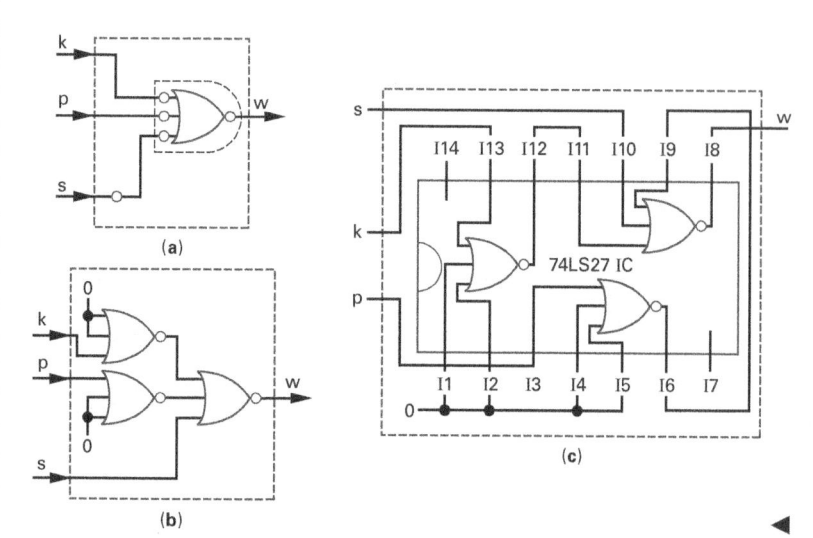

Dispositivo lógico programável simples (SPLD)

Um ***dispositivo lógico programável***, ou ***PLD*** (*Programmable Logic Device*), é um IC que pode ser configurado para implementar uma variedade de funções lógicas, com dezenas a milhares de portas. Os PLDs tornaram-se populares na década de 1970 (antecipando os FPGAs) já que podiam implementar bem mais funcionalidade em um único IC do que seria possível usando ICs SSI.

Um dispositivo PLD contém um circuito pré-fabricado com um conjunto de entradas externas que alimentam uma grande estrutura AND-OR. Apresenta a característica especial de que o usuário pode configurar (via "programação") quais entradas externas são conectadas às portas AND. Por exemplo, a Fig. 7.34 mostra um PLD básico com três entradas que alimentam três portas AND seguidas de uma porta OR. As entradas alimentam as portas AND nas formas complementada e não complementada. Cada fio que alimenta cada porta AND passa por um nó. Esse nó pode ser programado para permitir que o valor presente na sua entrada passe até a sua saída, ou para desconectar a entrada do nó de sua saída. Assim, programando os nós, poderemos programar o PLD para implementar *qualquer* função de três termos das três entradas.

A estrutura de um nó programável varia entre os diversos tipos de PLDs. A Fig. 7.35 mostra dois tipos. O tipo mostrado na Fig. 7.35(a) baseia-se em um fusível. Um fusível conduz como um fio, a menos que nós o "queimemos", significando que uma corrente maior do que o normal será passada através dele, literalmente fazendo o fusível ser queimado e romper-se. Obviamente, um fusível queimado não conduz a eletricidade. O tipo mostrado na Fig. 7.35(b) baseia-se em uma memória e um transistor–programamos um 1 na memória para fazer o transistor conduzir, ou um 0, para não conduzir. Omitimos os detalhes de como programar os fusíveis ou as próprias memórias. Os PLDs baseados em memória usualmente podem ser re-

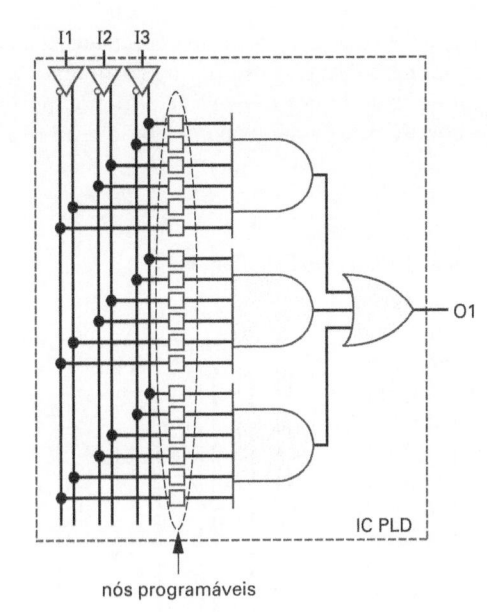

Figura 7.34 Um exemplo básico de um dispositivo lógico programável. (As portas AND são *wired*-ANDs.)

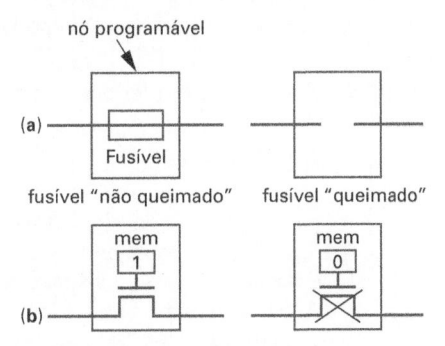

Figura 7.35 Dois tipos de nós programáveis: (a) baseado em fusível e (b) baseado em memória.

programados, diferentemente dos PLDs baseados em fusíveis, os quais podem ser programados uma única vez, sendo conhecidos como dispositivos **programáveis uma vez** (*OTP, one-time programmable*). Os PLDs baseados em fusíveis são populares nas aplicações eletricamente ruidosas, como nas aplicações espaciais, porque as memórias podem ter os seus conteúdos alterados por causa da radiação presente no espaço. São também muitos populares em aplicações que demandam alta segurança, porque os indivíduos mal-intencionados não podem reprogramar o dispositivo. No entanto, dispositivos baseados em memórias são mais comuns, já que eles podem ser reprogramados e desse modo podem reduzir custos quando fazemos alterações nos projetos. As memórias usadas são quase sempre não voláteis, significando que elas não precisam de energia para conservar os bits armazenados. (Veja a Seção 5.6 para mais informações sobre memórias não voláteis.)

Você pode estar se perguntando como essas portas AND funcionam quando o nó programável está programado para desconectar uma entrada – como a porta AND tratará uma entrada desconectada? Como 0, ou 1, ou como alguma coisa mais? Na realidade, os PLDs não usam portas AND normais. Ao invés, usam tipicamente o que é conhecido como porta *wired*-AND. A explicação de como uma *wired*-AND* funciona está além do escopo deste livro, sendo tema de disciplinas sobre circuitos em nível de transistor. Para os nossos propósitos, poderemos pensar em uma porta *wired*-AND como sendo uma porta AND que simplesmente ignora as entradas desconectadas.

Os PLDs reais têm mais do que simplesmente três entradas, três portas AND e uma saída. Desse modo, os desenhos das estruturas dos PLDs precisam de um modo mais conciso de serem desenhados em circuitos. Um desses métodos está mostrado na Fig. 7.36. Esse desenho não mostra os nós programáveis e simplesmente utiliza um "x" para

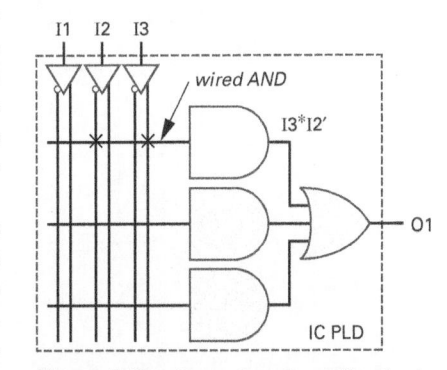

Figura 7.36 Desenho simplificado de um PLD.

---

* N. de T: De fio (*wire*, em inglês), usado para fazer conexões, obtendo-se a porta AND simplesmente pela fiação elétrica.

indicar uma conexão. No desenho, os fios que se cruzam *não* estão conectados, a menos que exista um "x" no cruzamento. Além disso, esse desenho usa um único fio para representar todas as entradas da porta AND, representado uma *wired*-AND. A figura mostra como usaríamos esse desenho para indicar as conexões necessárias para gerar o termo I3*I2'. O "x" à esquerda representa o I2' que alimenta a porta AND superior. O "x" à direita indica o I3 que alimenta a mesma porta.

▶ **EXEMPLO 7.14   Luz de alerta para cinto de segurança usando um PLD simples**

Estamos prestes a implementar o sistema de luz de alerta para cinto de segurança da Fig. 7.1, usando o PLD da Fig. 7.36. Podemos fazer isso programando-o como mostrado na Fig. 7.37. Geramos o termo kps' desejado, programando as conexões da porta AND de cima, como está mostrado. Queremos que os dois ANDs de baixo gerem saídas 0s, de modo que a saída da porta OR seja igual à saída da porta AND de cima. Podemos obter 0s fazendo uma operação AND de uma entrada e seu complemento – o resultado de a*a' sempre será 0. A figura mostra dois modos de se obter 0s, com a porta do meio usando apenas uma das entradas e a porta de baixo usando todas as três entradas – o resultado é o mesmo. ◀

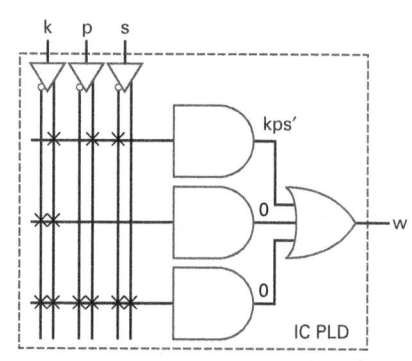

Figura 7.37 Sistema de alerta para cinto de segurança em um PLD simples.

Tipicamente, os PLDs têm mais do que apenas uma saída. A Fig. 7.38(a) mostra um PLD com duas saídas ao invés de apenas uma. Cada saída é uma OR de até três termos.

Muitos PLDs têm um flip-flop D para armazenar cada bit de saída. O pino de saída do PLD pode ser programado para ser conectado à saída da porta OR ou à do flip-flop, sendo conhecidas como saídas combinacional e de registrador, respectivamente. Um PLD que permite saídas combinacionais ou de registrador está mostrado na Fig. 7.38(b).

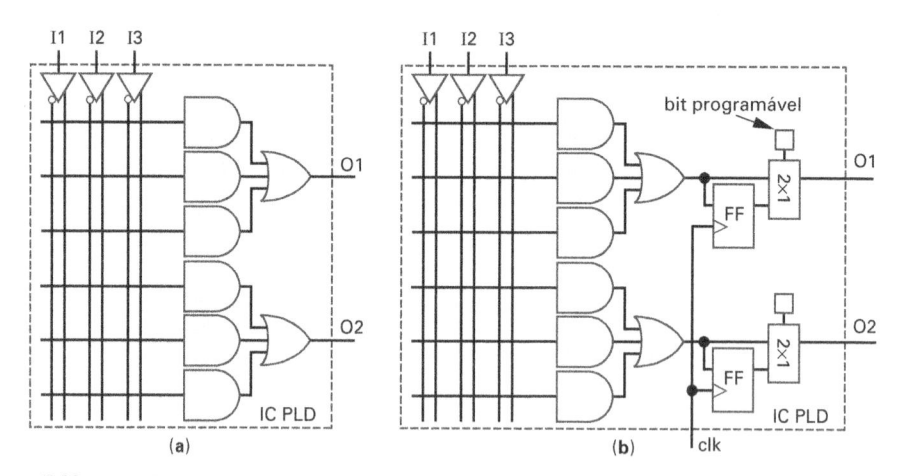

Figura 7.38 (a) PLD com duas saídas e (b) PLD com saídas programáveis de registrador.

Uma outra extensão é permitir que a saída do PLD seja o valor afirmado ou complementado da saída da porta OR, ou do flip-flop, usando um multiplexador 2x1 que é controlado por um bit programável. Ainda uma outra extensão é fazer a saída alimentar de volta à matriz de entrada. Um uso dessa realimentação é na implementação de funções com mais termos. Isso é conseguido enviando o valor da saída combinacional de volta à entrada. Outro uso comum da realimentação, que se consegue enviando o valor da saída com registrador de volta à entrada, é a implementação de um registrador de estado e de uma lógica de controle (isto é, um bloco de controle) – a matriz de ANDs recebe suas entradas das saídas com registrador e de entradas externas e as portas OR geram então as saídas externas e os valores de próximo estado do registrador de estado.

Alguns PLDs têm não só uma matriz programável de ANDs como também uma matriz programável de ORs. Isso significa que a porta OR pode receber as suas entradas de qualquer uma das portas AND.

SPLD versus PAL versus GAL versus PLA

Como tantos outros nomes do campo rapidamente crescente da alta tecnologia, os nomes de PLDs são um tanto vagos e confusos. Originalmente (década de 1970), os PLDs consistiam em arranjos (matrizes) programáveis de portas AND e arranjos programáveis de portas OR, sendo conhecidos como *arranjos lógicos programáveis* (*Programmable Logic Arrays*), ou *PLAs*. Em meados da década de 1970, uma companhia chamada AMD (Applied Micro Devices, Inc.) desenvolveu PLDs que, ao invés, tinham portas OR com entradas fixas e não programáveis, como na Fig. 7.38 e outras figuras de PLDs que mostramos antes, denominando esses dispositivos de *lógica programável com arranjo* (*Programmable Array Logic*), ou *PALs* ("PAL" é uma marca registrada da AMD). As PALs baseavam-se originalmente em fusíveis e portanto eram programáveis somente uma vez. Uma companhia chamada Lattice Semicondutor Corporation desenvolveu um PLD que usava uma abordagem de programação baseada em memória, no lugar de fusíveis, resultando em reprogramabilidade, e denominou esses dispositivos de *lógica genérica com arranjos* (*Generic Array Logic*) ou *GAL* (que são marcas registradas da Lattice Semicondutor Corporation). À medida que os PLDs tornaram-se mais complexos (como discutiremos na próxima seção), os PLDs baseados em arquiteturas PAL ou GAL (arquiteturas PLA parecem ser bem raras) tornaram-se conhecidos como *Simple PLDs*, ou *SPLDs*, para diferenciá-los das variedades mais complexas de PLDs. Hoje, numerosas companhias fabricam SPLDs e freqüentemente afirmam que a sua arquitetura SPLD é baseada nas arquiteturas "PAL" ou "PAL/GAL", sendo que a distinção entre PAL e GAL não é aparentemente relevante nesse contexto.

Tipicamente, os SPLDs contêm dezenas ou centenas de portas lógicas.

Dispositivo lógico programável complexo (CPLD)

À medida que as densidades de transistores aumentavam nos ICs, as companhias começaram a construir PLDs que permitiam milhares de portas. Entretanto, a arquitetura de PLD descrita na seção anterior não se presta bem para ser expandida até milhares de portas – quem precisa de um enorme circuito com lógica de dois níveis? Em lugar disso, arquiteturas evoluíram passando a consistir em numerosos SPLDs em um único dispositivo, interligados por matrizes de chaveamento (também conhecidas como interconexões programáveis) – veja a Seção 7.3 para detalhes sobre matrizes de chaveamento. Esses dispositivos são conhecidos hoje como *Complex PLDs*, ou *CPLDs*. Tipicamente, os CPLDs podem implementar projetos com milhares de portas.

SPLDs versus CPLDs versus FPGAs

Qual é a diferença entre SPLDs, CPLDs e FPGAs? Em geral, o termo SPLD é usado para dispositivos que contêm de dezenas a centenas de portas, CPLD para dispositivos que consistem em milhares de portas e FPGAs para dispositivos que suportam de dezenas de milhares a milhões de portas.

Além disso, atualmente, os SPLDs e os CPLDs são quase sempre não voláteis, significando que eles podem manter armazenados seus programas mesmo depois que a alimentação elétrica é removida, ao passo que um FPGA é quase sempre volátil, significando que perde o seu programa quando a alimentação elétrica é removida – e portanto deve ter circuitos externos que armazenam o programa em memória não volátil e que programam o FPGA a partir dessa memória quando o FPGA é energizado. Provavelmente, os FPGAs de hoje em dia são voláteis por causa do modo que é usado para programá-los. Esse método usa uma *scan chain* e é de fácil execução quando são usados flip-flops e células de RAM, mas que se torna de difícil execução quando são usados bits de memória não volátil. Entretanto, conceitualmente, qualquer dispositivo SPLD, CPLD ou FPGA pode ser construído para ser ou não volátil. Pode-se antecipar que os futuros FPGAs irão incluir FPGAs não voláteis.

Novas migrações de FPGA para ASIC

Um nova e interessante tecnologia que evoluiu no início da década de 2000 é uma que cria um ASIC a partir de um projeto baseado em FPGA. Muitos projetistas usam FPGAs para a construção de protótipos ASIC. Eles usam ferramentas automatizadas para implementar seus circuitos em FPGAs e, em seguida, fazem extensos testes com o circuito no ambiente onde ele será instalado, por exemplo, em um protótipo de tocador de DVD. A implementação do protótipo baseada em FPGA poderá ser de maior porte, mais cara e mais ávida de energia do que uma implementação baseada em ASIC, mas pode ser muito útil para se detectar e corrigir erros no circuito, assim como para demonstrar o produto final. Uma vez satisfeitos com o circuito, os projetistas podem então usar ferramentas automatizadas para reimplantar o circuito em um ASIC. Tradicionalmente, uma implementação ASIC não usa nenhuma informação a respeito da implementação FPGA.

A implementação de circuitos de grande porte em ASICs é uma tarefa difícil, mesmo com ferramentas automatizadas. Os custos não recorrentes de engenharia podem ultrapassar centenas de milhares ou mesmo milhões de dólares e a fabricação do IC pode levar semanas ou meses. Além disso, qualquer problema com o ASIC fabricado pode requerer um segundo ciclo de fabricação, necessitando de semanas ou meses adicionais. No ASIC, podem surgir problemas que não apareceram no FPGA, por se tratar de uma implementação totalmente nova do circuito–talvez possam surgir problemas de tempo, por exemplo, porque os componentes do circuito foram colocados e roteados de um modo completamente diferente do que fora o caso no FPGA.

Para facilitar a migração de um circuito de FPGA para ASIC, alguns vendedores de tecnologia FPGA oferecem uma abordagem ASIC estruturada. Em uma abordagem de ***ASIC estruturado***, uma ferramenta automatizada converte a *implementação FPGA* em uma ASIC, o que é diferente de se converter o *circuito original* em uma implementação ASIC. Em outras palavras, um ASIC estruturado irá refletir as estruturas da tabela *lookup* e da matriz de chaveamento do FPGA original. Entretanto, o ASIC estruturado não será programável e, portanto, terá tabelas *lookup* e matrizes de chaveamento mais rápidas, porque seus conteúdos estarão *"hardwired"** no ASIC. As células do ASIC estruturado podem ser colocadas antecipadamente, ficando apenas as conexões por completar para que um circuito particular seja implementado. O resultado é um custo NRE menor (dezenas de milhares de dólares ao invés de centenas de milhares ou milhões) e menor tempo até o silício (semanas ao invés de meses), assim como menor probabilidade de problemas imprevistos. A desvantagem é que o ASIC será maior, mais lento e mais ávido de energia do que um ASIC tradicional, mas mesmo assim ainda melhor do que um FPGA.

SOCs

O surgimento de ICs com um bilhão de transistores levou a ICs, que continham o que costumava existir distribuído em múltiplos ICs. Assim, um único IC pode conter dúzias ou centenas de microprocessadores, circuitos digitais customizados, memórias, barramentos, etc. Um IC com numerosos processadores, circuitos customizados e memórias é conhecido como **sistema em um chip** (System-on-a-Chip, ou **SoC**).

---

* N. de T: Termo que se refere a elementos que não podem ser alterados, descrevendo funcionalidades que estão construídas dentro dos próprios circuitos (isto é, nos fios, *wires*) de um dispositivo.

Ao passo que muitos SoCs são criados por projetistas para uma dada aplicação (por exemplo, para um tocador de DVD em particular), outros SoCs são criados para serem usados em uma variedade de aplicações diferentes. Tais *plataformas SoCs* podem conter processadores e circuitos customizados especificamente para uma área de aplicação. Por exemplo, uma plataforma SOC para processamento de vídeo pode conter circuitos digitais customizados, com hardware otimizado para compressão e decompressão (conhecido como *codecs*) de alta velocidade e baixo consumo– freqüentemente tais plataformas contêm *codecs* para uma larga variedade de protocolos (por exemplo, MPEG 2, MPEG 4, H.264, etc.), já que a plataforma poderá ser usada em produtos diversos que suportam padrões diferentes. Um exemplo é a plataforma Nexperia da Philips. Além disso, algumas plataformas SoCs contêm FPGAs no IC, além de um ou mais microprocessadores e circuitos digitais customizados. Exemplos incluem a plataforma Virtex II Pro da Xilinx e a plataforma Excalibur da Altera. Os projetistas poderão utilizar uma plataforma SoC para fazer um protótipo em um ASIC, ou para fisicamente implementar um sistema em um produto final.

▶ 7.5 COMPARAÇÕES ENTRE TECNOLOGIAS DE ICS

Popularidade relativa das tecnologias de ICs

Descrevemos numerosas tecnologias neste capítulo. Nesta seção, iremos lhe dar uma idéia da popularidade relativa de algumas dessas tecnologias. A Tabela 7.2 fornece a porcentagem relativa de projetos que foram implementados fisicamente em várias tecnologias em 2001, com base em um estudo particular. A tabela considera cada novo projeto uma única vez, significando que não importa quantas cópias do mesmo projeto foram fabricadas. Essa tabela não inclui ICs SSI ou SPLDs *standard* (ambos representam apenas uma pequena fração do mercado de ICs desde uma perspectiva de dólares totais e, assim, freqüentemente são excluídos de tais levantamentos). Um estudo diferente descreve as receitas de ICs em 2002 (diferentemente de projetos únicos) totalizando 11 bilhões de dólares como segue: célula padrão 54 %, customização total 20 %, *gate array* 10 %, PLD/FPGA 17 % e outras 5 % (fonte: WSTS, IC Insights). Um outro estudo lista ainda receitas de ASICs em 2002 de 10,9 bilhões de dólares, receitas de PLDs/FPGAs de 2,5 bilhões de dólares e receitas de SoCs de 7,6 bilhões de dólares (fonte: Business Communications Company, 2003). Os números de diferentes estudos variam; fornecemos esses números apenas para lhe dar um sentimento geral da popularidade das várias tecnologias.

Somente em 2002, foram produzidos cerca de 80 bilhões de ICs de todos os tipos. (Fonte: IC Insights McClean Report, 2003.)

TABELA 7.2 Percentual de amostras de novas implementações em várias tecnologias. O total é superior a 100% devido à sobreposição entre categorias

Tecnologia	%
Células padrão	55%
Gate array	5%
Sistema em um *chip*	30%
Customização total	10%
CPLD/FPGA	10%
Outras	5%

Fonte: Synopsys, DAC 2002, painel

Algumas tendências gerais parecem ser a crescente popularidade dos FPGAs, o crescente uso de abordagens de ASIC estruturados e o crescente surgimento de sistemas em um *chip*.

As ferramentas usadas para mapear os projetos digitais em implementações físicas, coletivamente conhecidas como ferramentas de ***Electronic Design Automation***, ou ***EDA***, formam elas próprias um mercado com receitas de 3 bilhões de dólares em 2002, 3,6 bilhões de dólares em 2003 e receitas previstas de 6 bilhões de dólares em 2006 (fonte: Gartner Dataquest, 2004).

Tradeoffs entre as tecnologias de ICs

A Fig. 7.39 ilustra os *tradeoffs* gerais entre as tecnologias chaves de ICs descritas neste capítulo. As tecnologias mais à direita podem ter os circuitos particulares desejados mais customizados e, assim, podem ter desempenho mais rápido, densidade mais elevada (*chips* menores para um dado circuito), menos consumo e maior capacidade nos *chips* (mais circuitos em um único *chip*). Entretanto, essas tecnologias customizadas terão maior custo e levarão mais tempo para serem projetadas. As tecnologias mais à esquerda têm os circuitos particulares desejados menos customizados e, assim, poderão estar disponíveis mais rapidamente e ter menores custo de projeto, mas às custas de um desempenho inferior, menor densidade, menor consumo e menor capacidade no *chip* (um número menor dos nossos circuitos em um *chip* simples). De forma mais genérica, as tecnologias em direção mais para a direita permitem mais otimização. As tecnologias mais para a esquerda permitem menos otimização, mas permitem um projeto mais fácil.

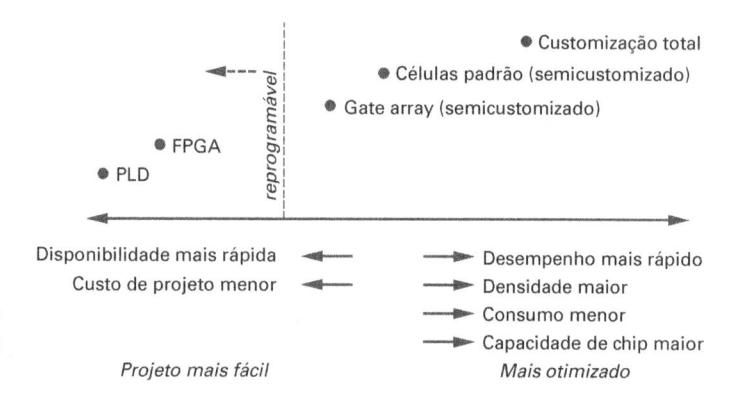

Figura 7.39 *Tradeoffs* entre diversas tecnologias de ICs.

Além disso, os FPGAs e os PLDs não só permitem um projeto mais fácil, mas também podem ser reprogramados, uma característica que permite alterar o circuito no final do ciclo de projeto, ou mesmo após o IC do circuito ter sido utilizado em um produto final.

A escolha de uma tecnologia de IC para um projeto em particular dependerá, portanto, das restrições impostas a esse projeto. Quando um projeto deve estar rapidamente no mercado, essa restrição favorece as tecnologias PLD e FPGA. Quando um projeto deve ser extremamente rápido, essa restrição favorece as tecnologias semicustomizada ou totalmente customizada. Quando um projeto deve consumir muito pouca energia ou ocupar muito pouco espaço, essas restrições favorecem as tecnologias semicustomizada ou totalmente customizada. Se alterações de circuito forem prováveis, então essa restrição favorecerá as tecnologias PLD ou FPGA. A escolha da melhor tecnologia é um problema difícil, exigindo o exame cuidadoso de numerosas restrições concorrentes.

Tecnologias de ICs versus tipos de processadores

As tecnologias de IC e os tipos de processadores são características ortogonais de implementação. Duas características serão **ortogonais** se pudermos escolher independentemente cada uma delas (em matemática, ortogonal significa formar um ângulo reto). Sabemos que há diversos tipos de processadores que podem implementar uma função desejada para o sistema, incluindo um processador customizado e um processador programável. A Fig. 7.40 ilustra que a escolha do tipo de processador não depende da escolha da tecnologia de IC. O ponto *1* ilustra uma escolha feita para implementar uma funcionalidade desejada para o sistema, usando um circuito customizado de processador, com tecnologia de IC totalmente customizada. Essa escolha resulta em um projeto altamente otimizado. O ponto *2* ilustra uma escolha feita para implementar um circuito de processador, usando um FPGA. Embora o circuito possa ser otimizado, a tecnologia FPGA de IC resulta em uma implementação menos otimizada (em comparação à implementação totalmente customizada), mas de mais fácil projeto. O ponto *3* ilustra uma escolha feita para implementar uma funcionalidade desejada para o sistema, usando um software que é executado em um processador programável, implementado em células padrão. O ponto *4* ilustra uma escolha feita para implementar um software em um processador programável, implementado na realidade em FPGA. Embora esse conceito possa parecer estranho, um processador programável é simplesmente um outro circuito, de modo que aquele circuito pode ser mapeado em um FPGA, como qualquer outro circuito. Processadores programáveis mapeados em FPGAs estão de fato tornando-se cada vez mais populares, porque um projetista pode escolher quantos processadores irá colocar em um único IC (talvez o projetista queira nove processadores programáveis em um IC) e porque um projetista pode colocar processadores de propósito único, juntamente com processadores programáveis – tudo isso sem precisar fabricar um novo IC.

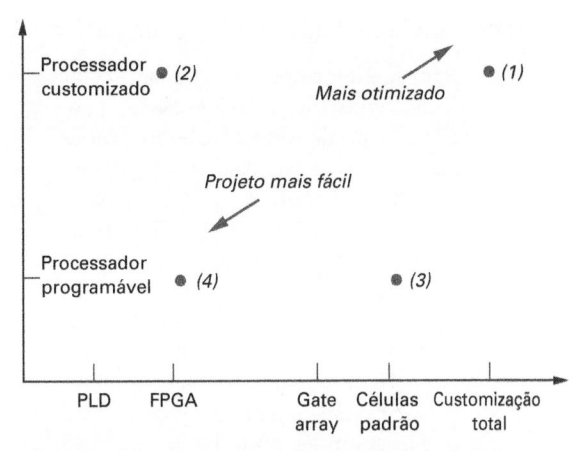

Figura 7.40 As tecnologias de IC e os tipos de processadores são características ortogonais de implementação. Quatro das dez escolhas possíveis estão mostradas.

Naturalmente, os processadores programáveis podem ser comprados freqüentemente como ICs *standard*, de modo que um projetista que esteja usando um processador programável não precisa se preocupar com a tecnologia de IC do processador.

No entanto, cada vez mais, os projetistas devem colocar um processador programável dentro de seu próprio IC, coexistindo com outros processadores. Quando um processador programável coexiste em um IC juntamente com outros processadores (programáveis ou customizados), esse processador programável é referido frequentemente como um ***core*** (núcleo).

Até agora, a nossa discussão de tecnologias de IC e tipos de processadores assumiu apenas um tipo de cada item (por exemplo, um tipo de FPGA). Na realidade, cada tipo em si tem muitas variedades. Por exemplo, dúzias de tipos diferentes de FPGAs estão disponíveis, variando em seu tamanho, velocidade, consumo, custo, etc. De modo semelhante, dúzias de tipos diferentes de processadores programáveis estão disponíveis, variando também nessas características. Sabemos também que podemos criar diferentes tipos de processadores customizados, variando também em seu tamanho, velocidade, consumo, etc. Assim, cada ponto da Fig. 7.39 e da Fig. 7.40 é na realidade uma grande coleção de pontos que se espalham em diferentes direções nos gráficos, podendo mesmo sobreporem-se a outros tipos. Além disso, outras tecnologias de IC, assim como tipos de processadores, existem e continuam a evoluir.

Destacamos também que um único IC pode na realidade incorporar diversas tecnologias de IC. Assim, em um único IC, alguns circuitos podem ser criados usando-se tecnologia totalmente customizada e outros, usando-se tecnologia ASIC ou FPGA. De modo similar, um único processador pode ter partes diferentes implementadas em tecnologias de IC diferentes. Por exemplo, uma situação comum é um processador programável ter o seu bloco operacional implementado em tecnologia totalmente customizada, tendo no entanto o seu bloco de controle implementado em tecnologia ASIC – a razão é que o bloco operacional é muito regular, ao passo que o bloco de controle é lógica combinacional desestruturada na maioria das vezes.

Em resumo, os projetistas têm um número *enorme* de opções ao escolher os tipos de processadores e as tecnologias de IC para implementar seus sistemas.

Tendência da tecnologia de IC – lei de Moore

Para compreender as tendências das tecnologias de IC, é necessário conhecer a lei de Moore. A *lei de Moore* afirma que a capacidade dos ICs dobra aproximadamente a cada 18 meses. A Fig. 7.41 mostra um gráfico dessa duplicação, começando com cerca de 10 milhões de transistores por IC em 1997. O gráfico usa uma escala logarítmica no eixo Y – cada marca representa 10 vezes mais do que a anterior. A taxa de crescimento é espantosa – os ICs crescem de 10 milhões em 1997 até mais de 10 *bilhões* em 2015. Isso significa que o IC de 2015 poderá alojar 1000 vezes mais transistores do que o IC de 1997. Em outras palavras, o IC de 2015 será tão potente como cerca de 1000 ICs de 1997. Essa tendência crescente de capacidade também resultou na queda do custo dos transistores, em aproximadamente a mesma taxa espantosa.

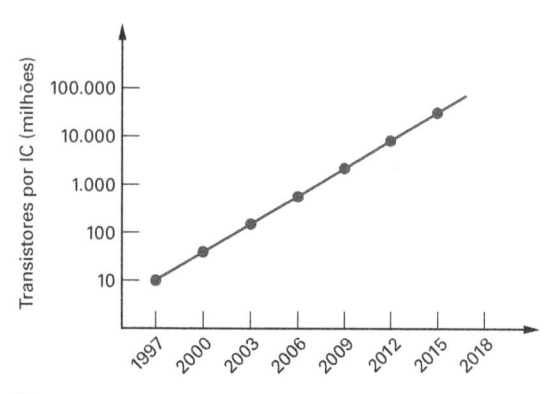

Figura 7.41 A tendência do aumento de transistores por IC.

Em um discurso de 2004, um vice-presidente da Intel sugeriu que já poderíamos considerar os transistores como sendo essencialmente grátis.

A tendência de capacidade dos ICs tem muitas implicações. Uma delas é que será possível criar projetos massivamente paralelos, usando números enormes de registradores e unidades funcionais, para criar sistemas de alto desempenho que não eram práticos anteriormente. O número de transistores necessários a esses projetos poderia ter sido considerado absurdo há apenas uma década. Uma outra implicação é que, devido ao tamanho dos FPGAs, a sobrecarga (*overhead*), em relação aos ASICs (cerca de 10x), torna-se menos relevante, tornando os FPGAs uma escolha cada vez mais popular em mais sistemas. Uma outra implicação é que os projetistas precisam cada vez mais de ferramentas automatizadas para ajudar a construir esses circuitos contendo muitos milhões de circuitos transistorizados. Cada vez mais, eles podem desejar usar o nível RTL e mesmo níveis mais elevados de projeto (por exemplo, projeto baseado em C) como método para descrever os circuitos, deixando o restante do projeto às ferramentas.

Em algum ponto, a lei de Moore deverá chegar a um ponto final, porque os transistores não podem encolher até um tamanho infinitamente pequeno. Quando se dará esse ponto final tem sido tema de debate há muitos anos. Alguns previram que a lei de Moore se adentrará no século 21 por duas décadas.

▶ 7.6 PERFIL DE PRODUTO – DISPLAY DE VÍDEO GIGANTE

No final da década de 1990 e no início da de 2000, *displays* gigantes de vídeo a cores tornaram-se populares em estádios esportivos, revendas de carros, cassinos, painéis de auto-estradas e em outros locais. A maioria desses *displays* usa uma enorme grade de diodos emissores de luz (LEDs), acionados por circuitos digitais.

Um ***diodo emissor de luz*** (***LED***) é um dispositivo semicondutor que emite luz quando uma corrente passa através dele. Em comparação, uma lâmpada "incandescente" tradicional emite luz quando uma corrente passa através do filamento interno da lâmpada, que é um fio de alta resistência que se aquece e brilha quando a corrente circula pelo fio–o fio, entretanto, ele não se queima porque está contido em vácuo ou gás inerte dentro do bulbo. Como a luz dos LEDs origina-se em um material semicondutor e não em um filamento aquecido brilhando dentro de um bulbo, os LEDs consomem menos, duram mais e podem mesmo suportar vibrações que romperiam uma lâmpada comum.

Há muito tempo, os LEDs têm sido usados para exibir os estados simples de um dispositivo (por exemplo, ligado ou desligado), mensagens de texto, ou mesmo gráficos simples. Entretanto, até recentemente, os LEDs estavam disponíveis apenas nas cores branco, amarelo, vermelho e verde, e não eram muito brilhantes. Assim, os primeiros *displays* de vídeo com LEDs eram geralmente pequenos, usavam apenas uma única cor e eram projetados para uso interior. Entretanto, com o desenvolvimento do LED azul em 1993 e de LEDs mais brilhantes, os *displays* de LEDs totalmente coloridos evoluíram, podendo exibir vídeo de forma muito semelhante à de um monitor de computador ou de uma televisão, mesmo em ambientes exteriores ensolarados. De fato, os LEDs, sendo de tecnologia de semicondutor, vêm melhorando a uma taxa semelhante à dos transistores (que também usam tecnologia de semicondutor). O melhoramento tem seguido o que é conhecido como **lei de Haitz** (o equivalente LED da lei de Moore), a qual afirma que o "fluxo por invólucro" duplica a cada 18 a 24 meses, o que tem sido o caso há diversas décadas. Devido a essa melhoria, muitos prevêem que os LEDs irão substituir as lâmpadas incandescentes nas casas e nos locais de trabalho. Os LEDs já começaram a substituir as lâmpadas incandescentes em semáforos, como mostrado na Fig. 7.42.

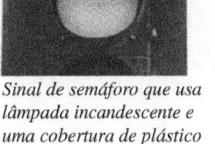

Sinal de semáforo que usa lâmpada incandescente e uma cobertura de plástico vermelho

Sinal feito de diversas centenas de LEDs vermelhos

Figura 7.42 Os LEDs estão substituindo as lâmpadas incandescentes em semáforos, assim como em outras áreas.

A Fig. 7.43(a) mostra um grande *display* de vídeo com LEDs, sendo capaz de exibir um vídeo totalmente a cores em uma tela de 13,7 x 7,3 metros quadrados. Cada LED é relativamente grande (largura de 1/8 de polegada, aproximadamente 3 mm) em relação aos pixels de um monitor de computador. Assim, para ver a imagem sem notar os LEDs individuais, deve-se estar a alguns metros do *display* de LEDs. Se observarmos o *display* de LEDs mais de perto, como se vê na Fig. 7.43(b), poderemos ver as linhas individuais dos *displays*. Se olharmos ainda mais de perto, poderemos ver finalmente os LEDs individuais dentro do *display*, como está mostrado na Fig. 7.43(c). Essa figura mostra que os LEDs estão reunidos em grupos de LEDs vermelhos, verdes e azuis – cada agrupamento representa um pixel. Para o *display* de vídeo de LEDs mostrado na Fig. 7.43, cada agrupamento de LEDs consiste em cinco LEDs: dois vermelhos, dois verdes e um azul. Na realidade, os *displays* gigantes de vídeo são planejados para serem vistos à distância, de modo que a maioria das pessoas não vêem os LEDs individuais.

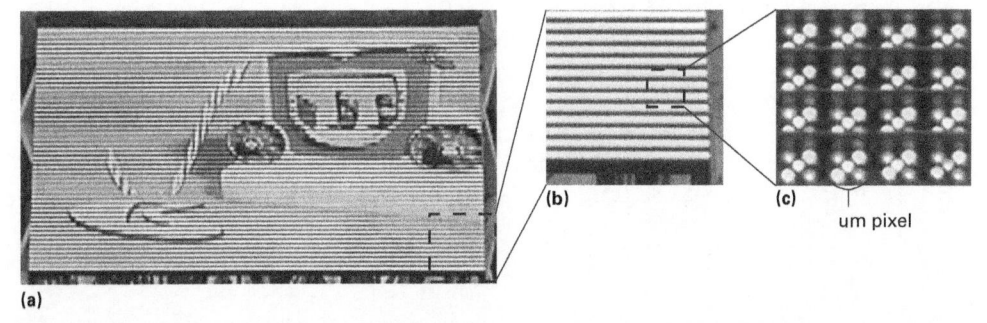

Figura 7.43 *Display* de vídeo com LEDs: (a) um grande *display* de LEDs (cerca de 9 metros de largura e 4,5 metros de altura), (b) uma vista mais de perto, mostrando um pouco menos de um metro quadrado, (c) uma vista bem próxima, mostrando cerca de uma polegada quadrada (aproximadamente seis centímetros quadrados): podem ser vistos 16 "pixels", tendo cada pixel 2 LEDs vermelhos (à esquerda, em cima, e à direita, em baixo), dois verdes (à direita, em cima, e à esquerda, em baixo) e um azul (no centro do pixel).

Assuma que queremos criar um *display* de vídeo com LEDs, capaz de mostrar 720x480 pixels de vídeo, em que cada pixel consiste simplesmente em um LED vermelho, um verde e um azul. Se cada agrupamento de LEDs tiver uma largura de apenas um pouco mais de 3/8 de polegada (10 milímetros) e uma altura de 3/8 de polegada, o nosso *display* terá aproximadamente uma largura de 7,3 metros e uma altura de 4,8 metros. Além disso, o nosso *display* conterá cerca de um milhão de LEDs individuais, porque 720*480 = 345.600 pixels e os LEDs por pixel resultam em 1.036.800 pixels.

Para controlar cada LED usando um circuito digital simples, seriam necessários milhões de pinos de saída e quilômetros de fio para ligar todos os LEDs. Ao invés disso, como está mostrado na Fig. 7.44, um *display* de vídeo com LEDs é construído com componentes cada vez menores. O *display* de LEDs consiste em uma matriz de componentes menores chamados *painéis*, mostrados na Fig. 7.44(a). Os painéis são componentes de exibição de grande tamanho, geralmente projetados de forma modular, tais que os fabricantes podem facilmente criar *displays* de vídeo feitos sob medida e consertar os componentes estragados dentro de um *display* simplesmente substituindo painéis. Os painéis de exibição de LEDs são novamente subdivididos em *módulos* de LEDs, os quais controlam os LEDs propriamente ditos, mostrados na Fig. 7.44(b). Um módulo de LEDs é o componente básico de exibição e, dependendo do projeto do módulo, pode controlar desde centenas até alguns milhares de LEDs. Por exemplo, ao projetar um *display* de 720x480 pixels, é possível que queiramos usar um arranjo de 6x6 painéis, em que cada painel consistirá em um conjunto de 5x5 módulos de LEDs. Cada módulo de LEDs precisaria então controlar uma matriz de 24x16 pixels, em que cada pixel é composto por três LEDs.

O *display* de vídeo de LEDs funciona dividindo o fluxo dos dados de vídeo que chegam em fluxos separados para cada painel. Os painéis fazem um novo processamento do fluxo de dados de vídeo, dividindo-o em fluxos ainda menores para os módulos de LEDs. Finalmente, os módulos de LEDs exibem os quadros de vídeo, controlando os LEDs para que acendam com as cores corretas em cada pixel, ou aglomerado de LEDs.

Módulo de LEDs

O módulo de LEDs controla os LEDs individuais dentro do *display* de vídeo, *ligando* e *desligando* os LEDs nos momentos apropriados para criar as imagens coloridas finais. Como cada módulo de LEDs pode consistir em milhares de LEDs, seriam necessários fios demasiados para controlar diretamente cada LED. Em vez disso, como está mostrado na Fig. 7.45, os LEDs dentro de um módulo de LEDs estão conectados na forma de uma matriz, com um único fio de controle para cada linha e três fios de controle para cada coluna (um fio para cada LED de cor dentro dos agrupamentos de LEDs). Na figura, o controlador do módulo de LEDs controla uma matriz de 2x3 pixels, em que cada pixel consiste em três LEDs individuais, totalizando 18 LEDs. No entanto, como está mostrado, o controlador usa apenas 9 fios para controlar esses 18 LEDs. A economia de fio obtida, usando essa abordagem de linha e coluna, torna-se ainda mais significativa com mais pixels. Um módulo de LEDs de 24x16 pixels e três LEDs por pixel teria 24*16*3 = 1152 LEDs, mas o controlador precisaria de apenas 16 fios (um por linha) mais 24*3 fios (três por coluna), totalizando apenas 88 fios.

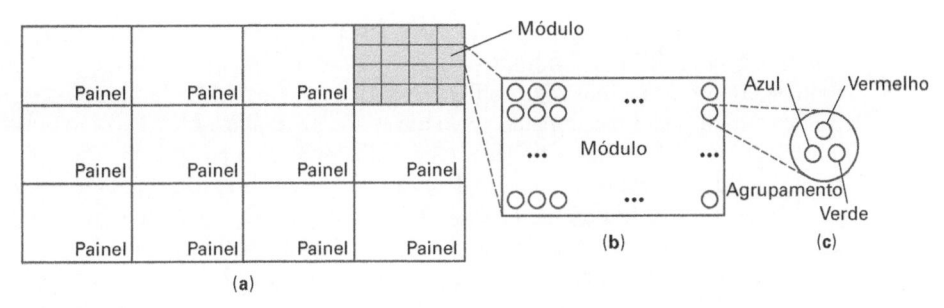

Figura 7.44 Os *displays* de vídeo com LEDs são projetados de forma hierárquica: (a) O *display* de LEDs consiste em diversos painéis de grande tamanho, que podem ser combinados para criar *displays* de diversos tamanhos e ser substituídos individualmente para consertar os estragados, (b) cada painel consiste em diversos módulos menores de LEDs, responsáveis por controlar os pixels individuais e (c) cada pixel consiste em um agrupamento de LEDs vermelho, verde e azul.

O controlador do módulo de LEDs exibe uma imagem de vídeo varrendo, ou habilitando, sequencialmente cada linha e exibindo os valores de pixel para cada coluna dentro da imagem de vídeo. Usando essa técnica, apenas uma linha de LEDs é iluminada em um dado instante. Contudo, o módulo de LEDs varre as linhas com rapidez suficiente para que o olho humano perceba as linhas como estando todas iluminadas.

O módulo de LEDs deve controlar os LEDs para criar a cor desejada de cada pixel. Para representar cada um deles dentro de um quadro de vídeo, usa-se tipicamente um espaço de cores RGB. Um espaço RGB (*red/green/blue*) é um método de se criar qualquer intensidade de cor adicionando-se intensidades específicas, ou luminosidades, das cores vermelho, verde e azul. Cada pixel dentro de um quadro de vídeo pode ser representado como três números binários de oito bits, os quais especificam as intensidades das cores vermelho, verde ou azul. Assim, para cada cor, o módulo de LEDs deve ser capaz de fornecer 256 níveis distintos de luminosidade. Entretanto, um LED em si admite apenas dois valores: *ligado* e *desligado*, ou máximo de brilho e nenhum brilho.

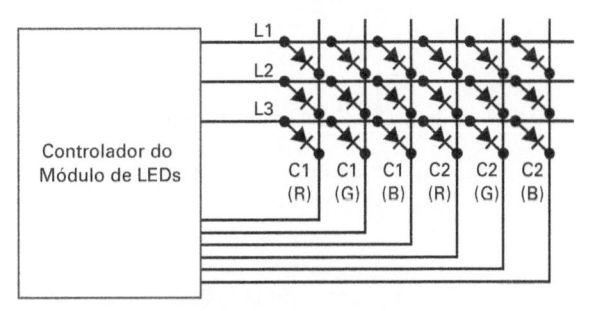

Figura 7.45 Módulo de LEDs consistindo em uma matriz de LEDs vermelhos (R), verdes (G) e azuis (B)* que são controlados pelo controlador do módulo de LEDs. L1, L2 e L3 são as linhas de 1 a 3 e C1 e C2 são as colunas 1 e 2; assim, a matriz mostrada tem 2x3 pixels, totalizando 6 pixels e 18 LEDs (3 LEDs por pixel).

Em 2004, o maior display de LEDs tinha cerca de 41 metros de largura e 8 metros de altura, construído com 10 FPGAs de grande porte, 323 FPGAs de tamanho médio, 333 memórias flash e 3800 PLDs. (Fonte: Xcell Journal, Inverno de 2004)

Para suportar 256 níveis de luminosidade, o controlador do módulo de LEDs usa modulação por largura de pulso. Na **modulação por largura de pulso** (também conhecido como **PWM**, de *pulse width modulation*), um controlador aciona um fio com 1, durante uma porcentagem específica de um período de tempo – quando o sinal é 1, ele é conhecido como pulso, a duração do 1 é conhecida como largura de pulso e a porcentagem do período em que ele fica em 1 é conhecida como *ciclo de trabalho*. Quando esse pulso aciona um LED, um pulso mais largo faz o LED parecer mais luminoso para o olho humano. A Fig. 7.46 ilustra como o controlador do módulo de LEDs usa a modulação

---

* N. de T: Relembrando: RGB ou *Red, Green, Blue*, isto é, vermelho, verde e azul.

por largura de pulso para possibilitar vários níveis de brilho para os LEDs. Para que um LED ilumine-se com brilho máximo, o controlador simplesmente aciona o LED com 1 durante todo o período, como mostrado na Fig. 7.46(a). Para que o LED ilumine-se com a metade do brilho, o controlador usa um pulso com um ciclo de trabalho de 50%, como mostrado na Fig. 7.46(b). Para 25% de luminosidade, o controlador ativa o pulso com 1 durante 25% do período, ou seja, um ciclo de trabalho de 25%, como mostrado na Fig. 7.46(c). Em um *display* de vídeo, o controlador do módulo de LEDs divide o intervalo de tempo, em que cada linha é varrida, em 255 segmentos de tempo e controla a luminosidade dos LEDs *acendendo* cada LED durante 0 a 255 segmentos de tempo, permitindo assim 256 níveis de intensidade.

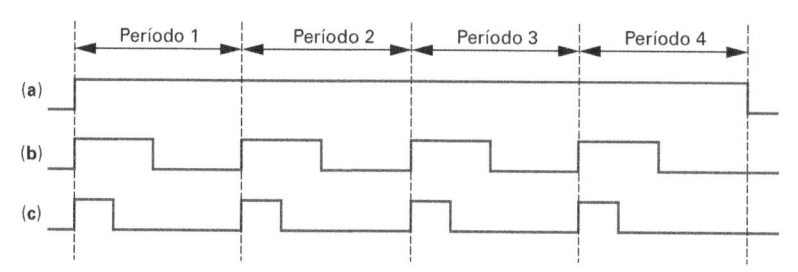

Figura 7.46 A modulação por largura de pulso pode ser usada para criar diversos níveis de brilho para os LEDs: (a) para o máximo de brilho, o LED permanece sempre ligado, (b) para metade de brilho, o LED é ligado durante 50% do tempo e (c) para um quarto de brilho, o LED é ligado durante 25% do tempo.

Como um controlador de módulo de LEDs precisa fornecer sinais precisamente definidos no tempo, a uma taxa elevada, os processadores customizados são comumente usados ao invés de simples microprocessadores. Para implementar esses circuitos customizados de processadores, nos *displays* de vídeo com LEDs, os FPGAs são uma opção comum, devido a diversas razões. Primeiro, os FPGAs são suficientemente velozes para suportar as taxas de varredura necessárias. Segundo, os circuitos nos FPGAs podem ser facilmente alterados, tornando possível que o fabricante de *displays* conserte *bugs* do circuito e faça inclusive atualizações no circuito, sem a necessidade do alto custo de criação de um novo ASIC. Terceiro, os *displays* em si são bastante grandes, dispendiosos e consomem muita energia. Portanto, o maior tamanho, o custo mais elevado e o maior consumo de energia dos FPGAs, em relação aos ASICs, não têm um impacto significativo demais sobre o tamanho, o custo e o consumo totais do *display*.

7.7 RESUMO DO CAPÍTULO

Neste capítulo, discutimos (Seção 7.1) a idéia de que devemos mapear nossos circuitos em uma implementação física de modo que esses circuitos possam ser inseridos em um sistema real. Introduzimos (Seção 7.2) algumas tecnologias que requerem que um novo *chip* seja fabricado para implementar o nosso circuito. A tecnologia totalmente customizada propicia a implementação mais otimizada, mas é cara e necessita de tempo para o projeto. Tecnologias semi-customizadas dão implementações muito boas e custam menos, exigindo menos tempo para o projeto, por meio do projeto prévio das portas ou células que serão usados no IC. Descrevemos (Seção 7.3) a tecnologia cada vez mais popular dos FPGAs e mostramos como um circuito poderia ser mapeado em um conjunto de tabelas *lookup* e matrizes de chaveamento. Destacamos (Seção 7.4) diversas outras tecnologias, incluindo ICs SSI/MSI *standard* e dispositivos lógicos programáveis. Fornecemos alguns dados (Seção 7.5), mostrando a relativa popularidade das tecnologias descritas no capítulo.

Uma tendência interessante da implementação física é a tendência em direção aos ICs programáveis (FPGAs em particular). A implementação da funcionalidade em um FPGA envolve a tarefa de gravar uma seqüência de bits no IC do FPGA. Poder-se-ia notar a semelhança entre essa tarefa e a implementação de uma funcionalidade em microprocessador, a qual envolve também a gravação de bits em um dispositivo IC. Assim, a diferença entre software em um microprocessador e circuitos digitais customizados continua a estar confusa–especialmente quando se considera que os FPGAs modernos também podem conter um ou diversos microprocessadores dentro do mesmo IC. Para mais informação sobre essa confusão, veja "The Softening of Hardware," F. Vahid, *IEEE Computer*, April, 2003.

7.8 EXERCÍCIOS

SEÇÃO 7.2: TECNOLOGIAS DE ICS MANUFATURADOS

7.1 Explique por que a tecnologia *gate array* de ICs tem um tempo de produção menor do que o da tecnologia totalmente customizada de ICs.

7.2 Explique por que o uso de portas NAND ou NOR em uma implementação de circuito, usando *gate array* CMOS, é geralmente preferida a uma implementação AND/OR/NOT de um circuito.

7.3 Desenhe um IC de *gate array* que tem três filas. A primeira fila tem quatro portas AND de duas entradas, a segunda fila tem quatro portas OR de duas entradas e a terceira tem quatro portas NOT. Mostre como colocar os fios de conexão no *gate array* para implementar a função F(a,b,c) = abc + a'b'c'.

7.4 Assuma que uma biblioteca de células padrão tem uma porta AND de duas entradas, uma porta OR de duas entradas e uma porta NOT. Faça um desenho para mostrar como instanciar e posicionar células padrão em um IC, fazendo as conexões entre elas para implementar a função do Exercício 7.3. Desenhe as suas células com o mesmo tamanho das portas do Exercício 7.3 e assegure-se de que as suas filas são do mesmo tamanho.

7.5 Desenhe um IC de *gate array* que tem três filas. A primeira fila tem quatro portas AND de duas entradas, a segunda fila tem quatro portas OR de duas entradas e a terceira tem quatro portas NOT. Mostre como colocar os fios de conexão no *gate array* para implementar a função F(a,b,c,d) = a'b + cd + c'.

7.6 Assuma que uma biblioteca de células padrão tem uma porta AND de duas entradas, uma porta OR de duas entradas e uma porta NOT. Faça um desenho para mostrar como instanciar e posicionar células padrão em um IC, fazendo as conexões entre elas para implementar a função do Exercício 7.3. Desenhe as suas células com o mesmo tamanho das portas do Exercício 7.5. Assegure-se de que as suas filas são do mesmo tamanho.

7.7 Considere as implementações de um meio-somador com o *gate array* da Fig. 7.4 e com as células padrão da Fig. 7.6. Assuma que cada porta ou célula (incluindo inversores) tem um atraso de 1 ns. Assuma também que cada centímetro de fio (para cada centímetro no seu desenho, não em um IC real) tem um atraso de 1,2 ns (os fios são relativamente lentos nessa era de transistores minúsculos e rápidos). Estime os atrasos dos circuitos com *gate array* e com células padrão.

7.8 Nas soluções dos Exercícios 7.3 e 7.4, assuma que cada porta ou célula tem um atraso de 1 ns e cada centímetro de fio (cada centímetro no seu desenho, não em um IC real) corresponde a um atraso de 1,2. Estime os atrasos dos circuitos com *gate array* e com células padrão.

7.9 Desenhe um circuito usando portas AND, OR e NOT para a seguinte equação: F(a,b,c) = a'bc + abc'. Coloque bolhas de inversão para converter o circuito usando:
  (a) portas NAND apenas,
  (b) portas NOR apenas.

7.10 Desenhe um circuito usando portas AND, OR e NOT para a seguinte equação: F(a,b,c) = abc + a' + b' + c'. Coloque bolhas de inversão para converter o circuito usando:
(a) portas NAND apenas,
(b) portas NOR apenas.

7.11 Desenhe um circuito usando portas AND, OR e NOT para a seguinte equação: F(a,b,c) = (ab + c)(a' + d) + c'. Converta o circuito em um outro usando:
(a) portas NAND apenas,
(b) portas NOR apenas.

7.12 Desenhe um circuito usando portas AND, OR e NOT para a seguinte equação: F(w,x,y,z) = (w + x)(y + z) + wy + xz. Converta o circuito em um outro usando:
(a) portas NAND apenas,
(b) portas NOR apenas.

7.13 Desenhe um circuito usando portas AND, OR e NOT para a seguinte equação: F(a,b,c,d) = (ab)(b' + c) + (a'd + c'). Converta o circuito em um outro usando:
(a) portas NAND apenas,
(b) portas NOR apenas.

7.14 Construa um gabarito que sirva de modelo para converter uma porta AND de três entradas em um circuito que usa apenas portas NAND de três entradas.

7.15 Construa um gabarito que sirva de modelo para converter uma porta OR de três entradas em um circuito que usa apenas portas NAND de três entradas.

7.16 Construa um gabarito que sirva de modelo para converter uma porta NOT em um circuito que usa apenas portas NAND de três entradas.

7.17 Assuma que uma biblioteca de células padrão consiste em portas NAND com um atraso de 1 ns cada uma, portas AND e OR de duas e três entradas com um atraso de 1,8 ns cada e uma porta NOT com um atraso de 1 ns. Compare o número de transistores e o atraso de uma implementação que usa apenas portas AND, OR e NOT com uma implementação que usa apenas portas NAND para a função F(a,b,c)=ab'c + a'b. Para calcular o tamanho de uma implementação, assuma que cada entrada de porta requer dois transistores.

7.18 Assuma que uma biblioteca de células padrão consiste em portas AND e OR de duas entradas com um atraso de 1 ns cada uma, portas AND e OR de três entradas com um atraso de 1,5 ns cada e uma porta NOT com um atraso de 1 ns. Compare o número de transistores e o atraso de uma implementação, que usa apenas portas AND e OR de duas entradas e portas NOT, com uma implementação que usa apenas portas AND e OR de três entradas e portas NOT para a função F(a,b,c)= abc + a'b'c + a'b'c'. Para calcular o tamanho de uma implementação, assuma que cada entrada de porta requer dois transistores.

7.19 Assuma que uma biblioteca de células padrão consiste em portas NAND e NOR de duas entradas, com um atraso de 1 ns cada uma, e portas NAND e NOR de três entradas com um atraso de 1,5 ns cada. Compare o número de transistores e o atraso de uma implementação, que usa apenas portas NAND e NOR de duas entradas, com uma implementação que usa apenas portas NAND e NOR de três entradas para a função F(a,b,c)= a'bc + ab'c + abc'. Para calcular o tamanho de uma implementação, assuma que cada entrada de porta requer dois transistores.

SEÇÃO 7.3: TECNOLOGIA DE ICs PROGRAMÁVEIS – FPGA

7.20 Mostre como implementar em uma tabela *lookup*, de três entradas e duas saídas, a função F(a,b,c) = a + bc.

7.21 Mostre como implementar em duas tabelas *lookup*, de três entradas e duas saídas, a função F(a,b,c,d) = ab + cd. Assuma que você pode conectar as tabelas *lookup* de forma customizada (isto é, não use uma matriz de chaveamento, simplesmente ligue diretamente os seus fios).

7.22 Mostre como implementar em duas tabelas *lookup*, de três entradas e duas saídas, a seguinte função: F(a,b,c,d) = a'bd + b'cd'. Assuma que as duas tabelas *lookup* estão conectadas do modo mostrado na Fig. 7.47. É possível que você não precise usar todas as saídas das tabelas *lookup*.

7.23 Mostre como implementar em duas tabelas *lookup*, de três entradas e duas saídas, as seguintes funções: F(x,y,z) = x'y + xyz' e G(w,x,y,z) = w'x'y + w'xyz'. Assuma que as duas tabelas *lookup* estão conectadas do modo mostrado na Fig. 7.47.

7.24 Mostre como implementar em duas tabelas *lookup*, de três entradas e duas saídas, as seguintes funções: F(a,b,c,d) = abc + d e G = a'. Você deve implementar F e G com apenas duas tabelas *lookup* conectadas do modo mostrado na Fig. 7.47.

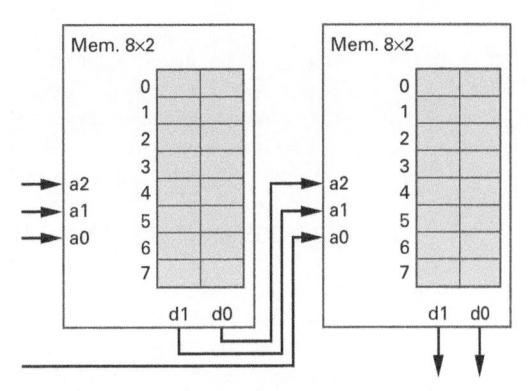

Figura 7.47 Duas tabelas *lookup*, de 3 entradas e 2 saídas, implementadas usando memórias 8x2.

7.25 Implemente um comparador de dois bits, que compara dois números de dois bits, e tem três saídas, indicando "maior do que", "menor do que" e "igual a". Podem ser usados um número qualquer de tabelas *lookup*, de três entradas e duas saídas, e conexões customizadas entre as tabelas *lookup*.

7.26 Mostre como implementar um somador de quatro bits, com propagação de "vai um", usando um número qualquer de tabelas *lookup*, de três entradas e duas saídas, e conexões customizadas entre as tabelas *lookup*. Sugestão: mapeie um somador completo para cada tabela *lookup*.

7.27 Mostre como implementar um somador de quatro bits, com propagação de "vai um", usando um número qualquer de tabelas *lookup*, de quatro entradas e uma saída, e conexões customizadas entre as tabelas *lookup*.

7.28 Mostre como implementar um comparador, que compara dois números de oito bits, e tem uma única saída "igual a". Podem ser usados um número qualquer de tabelas *lookup*, de quatro entradas e uma saída, e conexões customizadas entre as tabelas *lookup*.

7.29 Mostre qual é o arquivo de bits necessário para programar a estrutura do FPGA da Fig. 7.29 para que seja implementada a função F(a,b,c,d) = ab + cd, em que a, b, c e d são entradas externas.

7.30 Mostre qual é o arquivo de bits necessário para programar a estrutura do FPGA da Fig. 7.29 para que seja implementada a função F(a,b,c,d) = abcd, em que a, b, c e d são entradas externas.

7.31 Mostre qual é o arquivo de bits necessário para programar a estrutura do FPGA da Fig. 7.29 para que seja implementada a função F(a,b,c,d) = a'b' + c'd, em que a, b, c e d são entradas externas.

SEÇÃO 7.4: OUTRAS TECNOLOGIAS

7.32 Use qualquer combinação de ICs 7400 listados na Tabela 7.1 para implementar a função F(a,b,c,d) = ab + cd.

7.33 Use qualquer combinação de ICs 7400 listados na Tabela 7.1 para implementar a função F(a,b,c,d) = abc + ab'c' + a'bd + a'b'd'.

7.34 Desenhando Xs no circuito, programe o PLD da Fig. 7.38(a) para implementar um somador completo.

7.35 Desenhando Xs no circuito, programe o PLD da Fig. 7.38(a) para implementar um comparador de igualdade de dois bits. Assuma que o PLD tem uma entrada I4 adicional.

7.36 *(a) Projete um dispositivo PLD capaz de implementar um somador de dois bits com propagação de "vai um". Desenhando Xs no circuito do seu PLD, programe-o para implementar o somador de dois bits com propagação de "vai um".

(b) Usando um dispositivo CPLD, que consiste em diversos PLDs da Fig. 7.38, e assumindo que você pode conectar os PLDs de forma customizada, implemente o somador de dois bits com propagação de "vai um" desenhando Xs nos PLDs.

(c) Compare os tamanhos do seu PLD e do CPLD determinando as portas necessárias para ambos os projetos (assegure-se de comparar o número de portas dentro do PLD e do CPLD e não o número de portas usadas na sua implementação).

SEÇÃO 7.5: COMPARAÇÕES ENTRE TECNOLOGIAS DE ICS

7.37 Para cada uma das restrições de sistema abaixo, escolha a tecnologia mais apropriada, entre as tecnologias FPGA, célula padrão e totalmente customizada de IC, para implementar um dado circuito. Justifique as suas respostas.

(a) O sistema deve existir como protótipo físico na próxima semana.

(b) O sistema deve ser tão pequeno e tão pouco consumidor de energia quanto possível. Tempos curtos de projeto e baixo custo *não* são prioridades.

(c) O sistema deve ser reprogramável mesmo depois que o produto final tenha sido fabricado.

(d) O sistema deve ser tão rápido e deve consumir tão pouca energia quanto possível, sujeito a estar completamente implementado em apenas alguns meses.

(e) Apenas cinco cópias do sistema serão produzidas e temos até 1000 dólares para gastar com todos os ICs.

7.38 Quais das seguintes implementações *não* são possíveis? (1) Um processador customizado em um FPGA. (2) Um processador customizado em um ASIC. (3) Um processador customizado em um IC totalmente customizado. (4) Um processador programável em um FPGA. (5) Um processador programável em um ASIC. (6) Um processador programável em um IC totalmente customizado. Explique as suas respostas.

CAPÍTULO 8

Processadores Programáveis

8.1 INTRODUÇÃO

Os circuitos digitais projetados para executar uma única tarefa de processamento, como uma luz de alerta para cinto de segurança, um marca-passo, ou um filtro FIR, são na realidade uma classe muito comum de circuitos digitais. Poderemos nos referir a um circuito que executa uma única tarefa de processamento como sendo um *processador de propósito único*. Esses processadores representam uma classe de circuitos digitais que permite uma computação tremendamente rápida ou eficiente em termos de consumo energético. Entretanto, uma outra classe de circuitos digitais, conhecida como processadores programáveis, também é extremamente popular, além de ser mais amplamente conhecida. O processador programável é largamente responsável pela revolução da computação que vem ocorrendo há várias décadas, levando ao que muitos chamam de idade da informação. Um *processador programável*, também conhecido como *processador de propósitos gerais*, é um circuito digital cuja tarefa de processamento em particular, ao invés de ser construída no próprio circuito, fica armazenada em uma memória. A representação dessa tarefa de processamento é conhecida como *programa*. A Fig. 8.1 ilustra processadores de propósito único *versus* propósitos gerais. Poderíamos criar um circuito digital customizado para uma luz de alerta de cinto de segurança (Capítulo 2) ou para um sistema de filtro FIR (Capítulo 5). Em lugar disso, poderíamos programar o circuito de um processador de propósitos gerais para implementar esses sistemas.

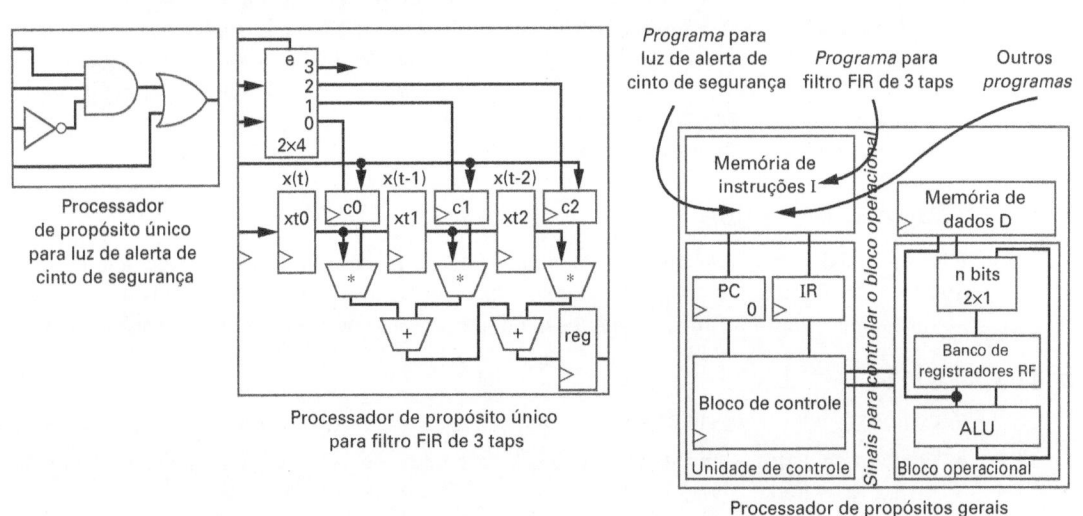

Figura 8.1 Processadores de propósito único *versus* de propósitos gerais.

Alguns processadores programáveis, como o bem conhecido processador Pentium da Intel ou o processador Sparc da Sun, foram planejados para serem usados em computadores de mesa (*desktop*). Outros processadores programáveis, como os processadores ARM, MIPS, 8051 e PIC (que são amplamente conhecidos na comunidade de projeto, mas são menos conhecidos pelo público em geral), foram planejados para serem usados em sistemas embarcados, como telefones celulares, automóveis, jogos de vídeo, ou mesmo tênis com luzes piscantes. Alguns processadores programáveis, como o PowerPC, foram projetados para as áreas de computadores de mesa e embarcados.

Um dos benefícios de um processador programável é que o seu circuito pode ser construído em massa e então programado para fazer quase que qualquer coisa. Assim, o mesmo processador programável de mesa pode executar programas Windows 98, Windows XP, Linux ou qualquer sistema operacional novo que surgir. De modo semelhante, esse mesmo processador pode executar programas aplicativos como editores de texto, planilhas eletrônicas, jogos de vídeo, navegadores de *web*, etc. Além disso, o mesmo processador programável embarcado pode ser usado em telefones celulares, automóveis, jogos de vídeo ou tênis, programando o processador para realizar a tarefa desejada de processamento. A fabricação em massa resulta em preços baixos devido à amortização dos custos de projeto (veja "Por que essas calculadoras de baixo custo?" no Capítulo 4 para uma discussão sobre amortização.

Naturalmente, como os processadores programáveis são produzidos em massa e usados então em uma ampla variedade de aplicações, não há tantos processadores programáveis incomuns quanto há projetos de processadores de propósito único. Conclui-se assim que há muito menos *projetistas* de processadores programáveis do que há de processadores programáveis de propósito único. No entanto, mesmo que seja possível que você nunca venha a projetar um processador programável como parte do seu trabalho, é interessante e instrutivo compreender como funciona tal processador programável. Alguns afirmam inclusive que as pessoas que compreendem como um processador funciona são melhores programadores de software. Por outro lado, as tendências da tecnologia levaram a uma situação em que os projetistas são capazes de criar processadores semi-customizados (processadores "específicos para aplicação"), os quais têm exatamente a arquitetura certa para uma aplicação ou um pequeno número delas, tornando importante o conhecimento do projeto de processadores programáveis. Finalmente, na realidade, há pessoas que de fato projetam arquiteturas de processadores programáveis e nunca se sabe se você não acabará se deparando com uma delas.

Neste capítulo, usando os nossos métodos de projeto digital que foram descritos anteriormente, mostraremos como projetar um processador programável simples. O nosso propósito principal é desmistificar esses dispositivos e dar um visão intuitiva de como os processadores programáveis funcionam. Destacamos que os processadores reais produzidos em massa são projetados usando-se diferentes métodos e seus projetos podem ser muito mais complexos do que os descritos neste capítulo – o aprendizado desses projetos de processador é o assunto de muitos livros-texto sobre arquitetura de computador.

8.2 ARQUITETURA BÁSICA

Um processador programável consiste em duas partes principais: um bloco operacional (*datapath*) e uma unidade de controle. Daremos uma introdução geral a essas duas partes nesta seção e, então, daremos uma visão mais detalhada dessas partes em uma seção subseqüente.

Bloco operacional básico

Podemos ver um processamento como sendo:

- a *carga* de dados, significando ler os dados, com os quais queremos trabalhar, de alguns locais de entrada;
- a *transformação* desses dados, significando realizar algumas computações com esses dados, resultando novos dados; e

- o *armazenamento* dos novos dados, significando escrever os novos dados em alguns locais de saída.

Por exemplo, um sistema de alerta para cinto de segurança lê bits de dados de sensores, os quais indicam se um cinto de segurança está engatado e se uma pessoa está sentada no assento. A seguir, transforma esses dados computando um novo bit de dados, o qual indicará se uma luz de alerta deve ser acesa. Finalmente, escreverá esse novo dado enviando-o a uma luz de alerta. Um filtro FIR lê dados, que representam o conjunto mais recente de amostras dos sinais de entrada, transforma esses dados, executando multiplicações e somas, e escreve esses novos dados em uma saída, que representa o sinal filtrado.

Uma **memória de dados** guarda todos os dados que um processador programável poderá acessar, como os dados de entrada e saída – por enquanto, assuma que as palavras dessa memória de dados estão conectadas de algum modo ao mundo exterior (por exemplo, aos sensores do cinto de segurança ou aos sinais FIR de entrada e saída). Para processar esses dados, um processador programável precisa ser capaz de *carregar* os dados da memória em um de diversos registradores (tipicamente, um banco de registradores) que estão dentro do processador. Ele precisa ser capaz de alimentar unidades funcionais que, a partir de um subconjunto de registradores, podem executar todas as operações de *transformação* que poderemos vir a cogitar (tipicamente, em uma unidade de lógica e aritmética – ALU). Os resultados devem ser carregados de volta em um dos registradores. É preciso que o processador seja capaz de *armazenar* os dados de qualquer registrador colocando-os de volta na memória. Portanto, vemos a necessidade de um processador programável conter o circuito básico ilustrado na Fig. 8.2, o qual mostra uma memória de dados, um banco de registradores e uma ALU. Esse circuito é conhecido como o **bloco operacional** (*datapath*) do processador. Em um dado ciclo de relógio, o bloco operacional básico mostrado na Fig. 8.2 pode executar as seguintes **operações de bloco operacional**:

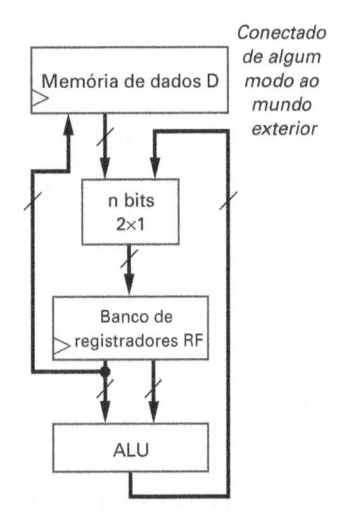

Figura 8.2 Bloco operacional básico de um processador programável.

- *Operação de carga:* Essa operação carrega (lê) dados, que estão em qualquer local da memória de dados, colocando-os em qualquer um dos registradores do banco de registradores (*Register file – RF*). Uma operação de carga está ilustrada na Fig. 8.3(a).

- *Operação de ALU:* Essa operação transforma dados de dois registradores, passando os seus conteúdos através da ALU, que está configurada para qualquer uma das operações suportadas por ela, e colocando o resultado de volta em qualquer um dos registradores do banco de registradores. Uma operação ALU está ilustrada na Fig. 8.3(b). Operações típicas de ALU são adição, subtração, AND lógico, OR lógico, etc.

- *Operação de armazenamento:* Essa operação armazena (escreve) dados, que estão em qualquer um dos registradores do banco de registradores, em qualquer local da memória de dados. Uma operação de armazenamento está ilustrada na Fig. 8.3(c).

Essas operações possíveis do bloco operacional estão ilustradas na Fig. 8.3. Cada uma delas requer a ativação de entradas de controle apropriadas na memória de dados, no multiplexador, no banco de registradores e na ALU–essas entradas de controle serão mostradas em breve. Por enquanto, simplesmente familiarize-se com as capacidades básicas do bloco operacional. Observe que, usando um único ciclo de relógio, o bloco operacional da Fig. 8.2 não pode usar a ALU para operar diretamente com as posições de memória, porque primeiro os dados devem ser carregados no banco de registradores, requerendo ele próprio um ciclo de relógio, antes que os dados possam ser tratados pela ALU. Um bloco operacional, que requer que todos os dados passem pelo banco de registradores antes que possam ser transformados pela ALU, é conhecido como *arquitetura de carga e armazenamento*.

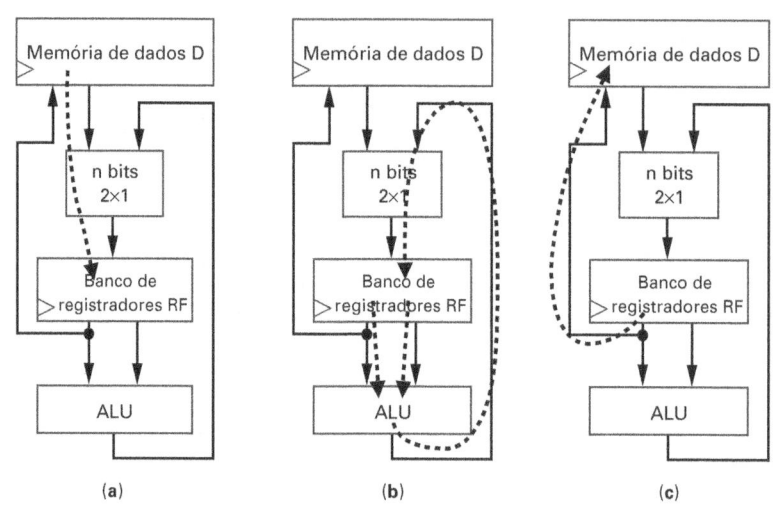

Figura 8.3 Operações básicas do bloco operacional: (a) carga (leitura), (b) operações (transformações) de ALU e (c) armazenamento (escrita).

▶ **EXEMPLO 8.1** **Compreendendo as operações do bloco operacional**

No bloco operacional da Fig. 8.2, quais das seguintes são operações válidas de bloco operacional, usando um único ciclo de relógio?

1. Copiar dados de uma posição de memória, colocando-os em uma posição de um banco de registradores.
2. Ler dados de duas posições de uma memória de dados, colocando-os em duas posições de um banco de registradores.
3. Somar dados de duas posições de uma memória de dados e armazenar o resultado em uma posição de um banco de registradores.
4. Copiar dados de uma posição de um banco de registradores, colocando-os em outra posição do banco de registradores.
5. Subtrair os dados, que em uma posição de um banco de registradores, de uma posição de uma memória de dados. O resultado será armazenado em uma posição do banco de registradores.

A operação (1) é válida, sendo conhecida como operação de carga. A (2) *não* é uma operação válida. Durante uma operação de bloco operacional (esse bloco em particular), podemos ler apenas uma posição da memória de dados e escrever em apenas uma posição do banco de registradores. A (3) *não* é uma operação válida. Durante um operação, não só não podemos ler de duas posições da memória de dados como também não podemos alimentar diretamente a ALU com os valores lidos para efetuar a soma–primeiro deveremos realizar operações que leiam os itens de dados e os coloquem em posições do banco de registradores. A (4) é uma operação válida. Poderemos configurar a ALU com uma operação que simplesmente deixa uma de suas entradas passar até a saída (talvez somando 0), armazenando o resultado no banco de registradores. A (5) *não* é uma operação válida. Não podemos alimentar diretamente a ALU com dados que estejam sendo lidos de uma posição da memória de dados–não existe tal conexão no bloco operacional. Os valores lidos da memória de dados devem ser carregados primeiro no banco de registradores. ◀

Unidade de controle básica

Suponha que queiramos usar o bloco operacional básico da Fig. 8.2 para realizar uma tarefa de processamento simples que consiste em somar os conteúdos das posições 0 e 1 da memória de dados e escrever o resultado na posição 9 da memória de dados – em outras palavras, queremos computar *D[9] = D[0] + D[1]*. Podemos realizar essa tarefa de processamento "instruindo" o bloco operacional a realizar as seguintes operações:

- *carregue* o conteúdo da posição 0 da memória de dados no registrador *R0* do banco de registradores (*Register File*) (isto é, *RF[0] = D[0]*),
- *carregue* o conteúdo da posição 1 da memória de dados no registrador *R1* do banco de registradores (isto é, *RF[1] = D[1]*),
- realize uma operação de *ALU* que soma *R0* e *R1* e escreva o resultado de volta em *R2* (isto é, *RF[2] = RF[0] + RF[1]*, e
- *armazene R2* na posição 9 da memória de dados (isto é, *D[9] = RF[2]*).

Observe que poderíamos ter usado quaisquer registradores do banco de registradores, ao invés de *R0*, *R1* e *R2*.

Se *D[0]* contivesse o valor 99 (em binário, naturalmente) e *D[1]* contivesse o valor 102, então *D[9]* conteria 201 após realizar as operações acima.

Você pode pensar que ter de instruir o bloco operacional, para realizar quatro operações distintas, é uma maneira complicada de somar dois itens de dados. Se você pudesse construir seu próprio circuito digital customizado para implementar *D[9] = D[0] + D[1]*, provavelmente você iria simplesmente enviar *D[0]* e *D[1]* a um somador cuja saída você conectaria a *D[9]*, evitando assim as quatro operações que envolvem o banco de registradores e a ALU. Vemos o *tradeoff* básico dos processadores de propósito único *versus* os programáveis – os processadores programáveis têm a desvantagem de uma sobrecarga de computação, porque devem ser genéricos, mas propiciam os benefícios de um processador fabricado em massa, que pode ser programado para fazer quase que qualquer coisa.

De algum modo, precisamos descrever a seqüência de operações– *RF[0]=D[0]*, então *RF[1]=D[1]*, a seguir *RF[2]=RF[0] + RF[1]*, e finalmente *D[9]=RF[2]*–que desejamos executar no bloco operacional. Essa descrição das operações desejadas de processador são conhecidas como **instruções** e uma coleção de instruções é conhecida como **programa**. Iremos armazenar o programa desejado como palavras em uma outra memória, chamada **memória de instruções***. Mais adiante, iremos descrever como representar essas instruções. Por enquanto, assuma que as quatro instruções estão armazenadas de algum modo nas posições 0, 1, 2, e 3 da memória de instruções *I*, como está mostrado na Fig. 8.4.

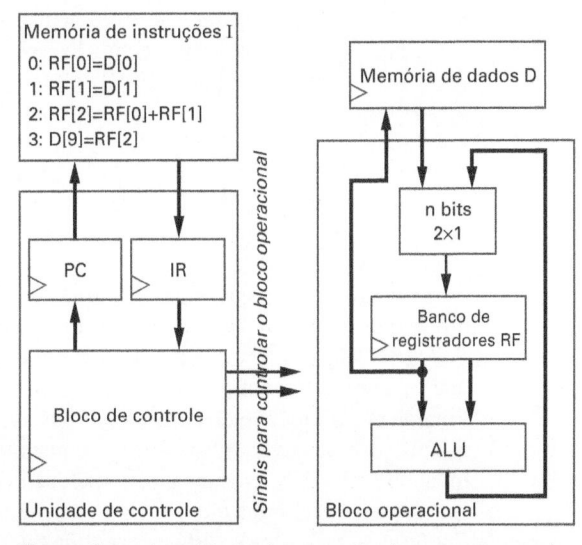

Figura 8.4 A unidade de controle de um processador programável.

---

* N. de T: Também conhecida como memória de programa.

Agora é o momento em que a unidade de controle desempenha um papel. A **unidade de controle** lê cada instrução da memória de instruções e então executa essa instrução no bloco operacional. Para executar o nosso programa simples, a unidade de controle começaria fazendo as seguintes tarefas, conhecidas como *estágios*, para executar a primeira instrução:

1. *Busca*: A unidade de controle começa lendo o conteúdo de *I[0]* que é colocado em um registrador local, uma tarefa conhecida como *busca*. Esse estágio requer um ciclo de relógio.

2. *Decodificação*: A seguir, a unidade de controle determina qual é a operação que está sendo solicitada pela instrução, uma tarefa conhecida como *decodificação*. Esse estágio também requer um ciclo de relógio.

3. *Execução*: Quando vê que essa instrução está solicitando que bloco operacional execute a operação *RF[0] = D[0]*, a unidade de controle ativa as linhas do bloco operacional para ler *D[0]*, passar os dados lidos pelo multiplexador 2x1 à frente do banco de registradores e escrever esses dados em *R[0]*. A tarefa de efetuar a operação é conhecida como *execução*. A maioria das operações são de bloco operacional (como as operações de carga, ALU e armazenamento), mas nem todas as operações requerem o bloco operacional (um exemplo é a instrução de salto que será discutida mais adiante). Esse estágio requer um ciclo de relógio.

Assim, os estágios básicos que são efetuados pela unidade de controle nesta primeira instrução são: *busca*, *decodificação* e *execução*, requerendo três ciclos de relógio somente para completar a primeira instrução.

A unidade de controle armazena a instrução buscada em um registrador local que é conhecido como **registrador de instrução**, ou **IR** (*Instruction Register*), como está mostrado na Fig. 8.4. Observe que a unidade de controle precisa saber qual é a posição onde a próxima instrução deverá ser buscada na memória de instruções. Como as posições das instruções estão usualmente em seqüência, podemos usar um simples contador crescente para guardar a instrução corrente de programa–tal contador é conhecido como **contador de programa**, ou **PC** (*Program Counter*), abreviadamente. O processador começa com *PC=0*, de modo que a instrução em *I[0]* representa a primeira instrução do programa.

A Fig. 8.5 ilustra os três estágios da execução da instrução *RF[0] = D[0]*, que foi armazenada em *I[0]*. Assumindo que *PC* tinha sido inicializado anteriormente com 0, a Fig. 8.5(a) mostra o primeiro estágio buscando os conteúdos de *I[0]*, ou seja, a instrução *RF[0] = D[0]*, e colocando-os em *IR*. A Fig. 8.5(b) mostra o segundo estágio decodificando a instrução e determinando assim que a instrução é uma de "carregar". A Fig. 8.5(c) mostra o bloco de controle executando a instrução. Para isso, o bloco operacional é configurado para ler o valor de *D[0]* e armazenar esse valor em *RF[0]*. Se *D[0]* contiver 99, então *R[0]* conterá 99 após o término do estágio de execução.

Depois de processar a instrução que está em *I[0]*, a unidade de controle irá buscar, decodificar e executar a instrução que está em *I[1]*, requerendo mais três ciclos (e efetuando assim *RF[1] = D[1]*). A seguir, a unidade de controle irá buscar, decodificar e executar a instrução que está em *I[2]*, requerendo mais três ciclos (e efetuando assim *RF[2]=RF[0] + RF[1]*). Finalmente, a unidade de controle irá buscar, decodificar e executar a instrução que está em *I[3]*, requerendo mais três ciclos (e efetuando assim *D[9]=RF[2]*). As quatro instruções irão requerer 4*3 = 12 ciclos para a sua execução completa no processador programável.

A unidade de controle irá necessitar de um bloco de controle, tal como foi descrito no Capítulo 3. Neste caso, efetuará repetidamente os passos de busca, decodificação e execução (após o registrador *PC* ter sido inicializado com 0)–observe que um bloco de controle aparece dentro da unidade de controle da Fig. 8.4. A FSM desse bloco de controle aparece na Fig. 8.6. Após a obtenção de cada instrução no estado *Busca*, o bloco de controle incrementa o contador de programa para que a próxima instrução seja obtida no próximo estado de busca (ob-

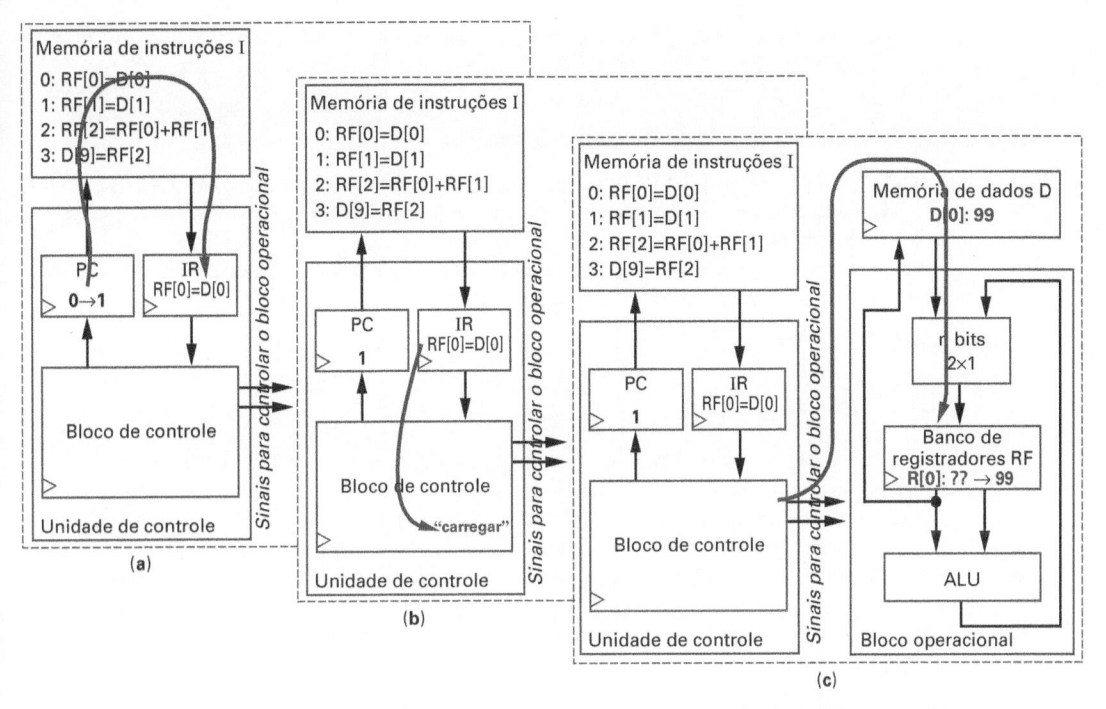

Figura 8.5 Três estágios do processamento de *uma* instrução (a) busca, (b) decodificação e (c) execução.

serve na Fig. 8.5(a) que o *PC* é incrementado no final do estágio de busca). Iremos descrever posteriormente as ações dos estados *Decodificação* e *Execução*.

Assim, as partes básicas da unidade de controle são o contador de programa *PC*, o registrador de instrução *IR* e um bloco de controle, como está mostrado na Fig. 8.4. Nos capítulos anteriores, os nossos processadores não programáveis consistiam apenas em um bloco de controle e um bloco operacional. Observe que, em lugar disso, o processador programável contém uma unidade de controle, a qual ela própria consiste em alguns registradores e um bloco de controle.

Resumindo, a unidade de controle processa cada instrução em três estágios:

1. Primeiro *busca-se* a instrução. Para isso, carrega-se a instrução corrente em *IR* e incrementa-se o *PC* para a próxima busca.

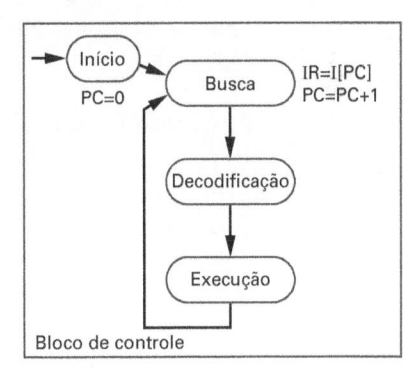

Figura 8.6 Estados básicos do bloco de controle.

2. A seguir, *decodifica-se* a instrução para determinar qual é a operação.
3. Finalmente, *executa-se* a operação. Para isso, se for o caso, são ativadas as linhas de controle apropriadas para o bloco operacional. Se a operação for de bloco operacional, a operação poderá ser uma de três tipos possíveis:
   (a) *carregar* o conteúdo de uma posição da memória de dados em uma posição do banco de registradores;
   (b) *transformar* dados fazendo uma operação de ALU, com os conteúdos das posições do banco de registradores, e escrevendo os resultados de volta em uma posição do banco de registradores; ou

(c) *armazenar* o conteúdo de uma posição do banco de registradores em uma posição da memória de dados.

▶ **EXEMPLO 8.2 Criando uma seqüência simples de instruções**

Para o processador da Fig. 8.4, crie um conjunto de instruções para computar $D[3] = D[0] + D[1] + D[2]$. Cada instrução deve representar uma operação válida de bloco operacional, usando um único ciclo de relógio.

Poderíamos começar com três operações para ler as posições na memória de dados e colocar os seus conteúdos em posições do banco de registradores:

0. $R[3] = D[0]$
1. $R[4] = D[1]$
2. $R[2] = D[2]$

Para deixar claro que podemos usar quaisquer registradores, observe que intencionalmente escolhemos posições de registrador arbitrárias.

Em seguida, precisamos somar os três valores e armazenar o resultado em uma posição do banco de registradores, digamos $R[1]$. Em outras palavras, queremos executar a seguinte operação: $R[1] = R[2] + R[3] + R[4]$. Entretanto, o bloco operacional da Fig. 8.4 não pode somar os conteúdos das três posições do banco de registradores em uma única operação, mas apenas duas posições. Desse modo, para descrever a computação da soma desejada, poderemos dividi-la em duas operações de bloco operacional:

3. $R[1] = R[2] + R[3]$
4. $R[1] = R[1] + R[4]$

Finalmente, escrevemos o resultado em $D[3]$:

5. $D[3] = D[1]$

Assim, o nosso programa consistirá nas seis instruções que aparecem acima, que poderíamos armazenar nas posições de memória 0 a 5. ◀

▶ **EXEMPLO 8.3 Calculando o tempo de execução de um programa**

Determine o número necessário de ciclos de relógio para que o processador da Fig. 8.4 execute o programa de seis instruções do Exemplo 8.2.

O processador requer três ciclos para processar cada instrução: um ciclo para buscar a instrução, um ciclo para decodificar a instrução buscada e um ciclo para executá-la. Usando 3 ciclos por instrução, o total de ciclos para 6 instruções será: 6 instruções * 3 ciclos/instrução = 18 ciclos. ◀

8.3 UM PROCESSADOR PROGRAMÁVEL DE TRÊS INSTRUÇÕES

Um primeiro conjunto de instruções com três instruções

A lista das instruções possíveis e a maneira de se representar essas instruções na memória de instruções são conhecidas como **conjunto de instruções** do processador programável. Vamos assumir que um processador usa instruções de 16 bits e que a memória de instruções *I* tem 16 bits de largura. Tipicamente, um certo número de bits da instrução é reservado pelos conjuntos de instruções para indicar qual é a operação que deverá ser realizada. Os bits restantes especificam informações adicionais que são necessárias à execução da operação, como registradores de origem ou de destino. Definiremos um conjunto de instruções simples que tem três instruções. Os quatro bits mais significativos (significando esquerda) identificam a operação apropriada e os 12 bits menos significativos indicam endereços no banco de registradores e na memória de dados, como segue:

- Instrução *Carregar*– 0000 $r_3r_2r_1r_0$ $d_7d_6d_5d_4d_3d_2d_1d_0$: Essa instrução especifica uma movimentação de dados que vai desde uma posição da memória de dados, cujo endereço é especificado pelo bits $d_7d_6d_5d_4d_3d_2d_1d_0$, até um registrador do banco de registradores, cuja posição é especificada pelo bits $r_3r_2r_1r_0$. Por exemplo, a instrução "0000 0000 00000000" especifica uma movimentação de dados desde a posição 0 da memória de dados, ou *D[0]*, até a posição 0 do banco de registradores, ou *RF[0]*; em outras palavras, essa instrução representa a operação *RF[0]=D[0]*. De modo similar, "0000 0001 00101010" especifica *RF[1]=D[42]*. Inserimos espaços em branco entre alguns bits para facilitar a leitura do leitor–esses espaços não têm nenhum outro significado e não existem na memória de instruções.

- Instrução *Armazenar*– 0001 $r_3r_2r_1r_0$ $d_7d_6d_5d_4d_3d_2d_1d_0$: Essa instrução especifica uma movimentação de dados no sentido oposto ao da instrução anterior, ou seja, uma movimentação que vai do banco de registradores até a memória de dados. Assim, "0001 0000 00001001" especifica *D[9]=RF[0]*.

- Instrução *Somar*– 0010 $ra_3ra_2ra_1ra_0$ $rb_3rb_2rb_1rb_0$ $rc_3rc_2rc_1rc_0$: Essa instrução especifica somar os conteúdos de dois registradores do banco de registradores, especificados por $rb_3rb_2rb_1rb_0$ e $rc_3rc_2rc_1rc_0$. O resultado é armazenado em um banco de registradores, no registrador especificado por $ra_3ra_2ra_1ra_0$. Por exemplo, "0010 0010 0000 0001" especifica a instrução *RF[2]=RF[0]+RF[1]*. Observe que *somar* é uma operação de ALU.

Nenhuma dessas instruções modifica os conteúdos dos operandos de origem. Em outras palavras, a instrução carregar faz com que os conteúdos de uma posição da memória de dados sejam copiados no registrador especificado. Os conteúdos dessa posição da memória de dados permanecem inalterados. De modo similar, a instrução armazenar copia na memória de dados os conteúdos do registrador especificado, deixando inalterados os conteúdos desse registrador. A instrução somar lê seus registradores *b* e *c* sem alterá-los.

Usando esse conjunto de instruções, iremos descrever o programa anterior que computava *D[9]=D[0]+D[1]*, como mostrado na Fig. 8.7.

Observe que os primeiros quatro bits de cada instrução são um código binário que indica a operação da instrução. Esses bits são conhecidos como *código de operação* da instrução, ou *opcode*, abreviadamente. Com base no conjunto de instruções definido na lista anterior, o nibble "0000" significa uma movimentação desde a memória de dados até o banco de registradores, "0001" significa uma movimentação desde o banco de registradores até a memória de dados e "0010" significa uma soma de dois registradores. Os bits restantes da instrução representam

Programa desejado
0: RF[0]=D[0]
1: RF[1]=D[1]
2: RF[2]=RF[0]+RF[1]
3: D[9]=RF[2]

Memória de instruções I
0: 0000 0000 00000000
1: 0000 0001 00000001
2: 0010 0010 0000 0001
3: 0001 0010 00001001

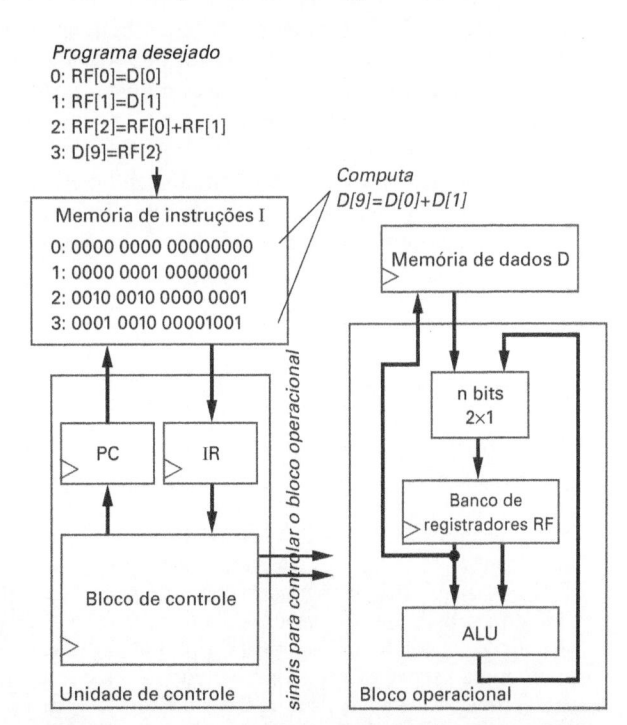

Figura 8.7 Um programa que computa *D[9]=D[0]+D[1]*, usando um dado conjunto de instruções. Inserimos espaços em branco entre os bits da memória de instruções apenas por legibilidade – esses espaços não existem na memória.

os **operandos**, indicando com quais dados deve-se operar.

Usando o mesmo conjunto de instruções de três instruções, poderíamos escrever um programa diferente. Por exemplo, poderíamos escrever um programa que calcula *D[5]=D[5]+D[6]+D[7]*. Devemos executar essa computação usando instruções escolhidas do conjunto de instruções de três instruções. Poderíamos escrever o programa conforme está mostrado na Fig. 8.8. O número antes do sinal de dois pontos representa o endereço da instrução na memória de instruções *I*. O texto após o travessão duplo (//) representa algum comentário e não faz parte da instrução.

```
0: 0000 0000 00000101  // RF[0] = D[5]
1: 0000 0001 00000110  // RF[1] = D[6]
2: 0000 0010 00000111  // RF[2] = D[7]
3: 0010 0000 0000 0001 // RF[0] = RF[0] + RF[1]
                       // que é D[5]+D[6]
4: 0010 0000 0000 0010 // RF[0] = RF[0] + RF[2]
                       // agora D[5]+D[6]+D[7]
5: 0001 0000 00000101  // D[5] = RF[0]
```

Figura 8.8 Um programa para computar *D[5]=D[5]+D[6]+D[7]* usando o conjunto de instruções de três instruções.

Observe que o programa termina efetuando a soma desejada. Essa talvez seja a primeira vez que você está pensando a respeito de computações usando instruções de baixo nível de um processador programável. No início, pode ser difícil pensar em termos dessas operações em nível de registradores, mas vai se tornando mais fácil à medida que você vê e desenvolve programas nesse nível.

Código de máquina versus código assembly

Como você viu, em uma memória de instruções, as instruções de um programa existem como 0s e 1s. Um programa representado por 0s e 1s é conhecido como **código de máquina**. As pessoas não são particularmente boas nas tarefas de escrever e ler programas representados por 0s e 1s. Nós humanos não conseguimos compreender facilmente esses 0s e 1s e, assim, faremos provavelmente muitos erros quando escrevermos tais programas. Por essa razão, para ajudar as pessoas a escrever outros programas, os primeiros programadores de computador desenvolveram uma ferramenta conhecida por **assembler*** (que em si é simplesmente um outro programa). Um *assembler* permite-nos escrever instruções usando **mnemônicos**, ou símbolos, que o *assembler* traduz automaticamente para código de máquina. Assim, a partir do nosso conjunto de instruções de três instruções, um *assembler* pode nos dizer que podemos escrever essas instruções, usando os seguintes mnemônicos:

▶ COMPUTADORES COM LUZES PISCANTES

Os grandes computadores mostrados no cinema têm freqüentemente muitas fileiras de pequenas lâmpadas piscantes. No início da computação, os programadores faziam a programação usando código de máquina e, para dar entrada a esse código na memória de instruções, acionavam chaves para cima e para baixo para representar 0s e 1s. Para permitir a depuração (*debugging*) do programa, assim como para mostrar os dados computados, esses primeiros computadores usavam fileiras de lâmpadas: acesas significavam 1s e apagadas significavam 0s. Atualmente, ninguém em juízo perfeito tentaria escrever ou depurar um programa usando código de máquina. Desse modo, os computadores de hoje parecem-se com grandes caixas – sem fileira de lâmpadas. No entanto, caixas grandes e singelas não servem como fundo interessante nos filmes. Assim, para representar os computadores nas cenas filmadas, os realizadores de filmes continuam usando objetos acessórios com muitas luzes piscantes – luzes que não têm uso algum, mas que são interessantes.

---

* N. de T: Literalmente, significa "montador".

▶ FAZENDO "BOOTING" EM UM COMPUTADOR

Quando um computador pessoal é ligado, o sistema operacional é carregado. Esse processo é conhecido como dar *booting* ou *boot** no computador. O computador executa as instruções a partir do endereço 0, no qual usualmente há uma instrução que faz um salto para um pequeno programa interno que é usado para carregar o sistema operacional (o pequeno programa é freqüentemente chamado de sistema básico de entrada e saída, ou BIOS, de *Basic Input/Output System*). A maioria dos dicionários de computação afirma que o termo *boot* origina-se na expressão popular "puxar-se para cima pelas alças (*bootstraps*) das próprias botas", o que significa erguer-se sem nenhuma ajuda, embora, obviamente, você não possa fazer isso segurando as alças de suas próprias botas e puxando-se para cima – daí a perspicácia da expressão. Como o computador carrega o seu próprio sistema operacional, ele está de certa forma erguendo-se sem nenhuma ajuda. O termo *bootstrap* acabou sendo abreviado para *boot*. Um colega meu, que tem estado na área de computação há muito tempo, dá um origem diferente. Nos primeiros computadores, uma maneira de se carregar um programa na memória de instruções era criando uma fita de papel com fileiras de perfurações. Cada fila podia ter espaço suficiente para, digamos, 16 perfurações. Assim, cada fileira representava uma instrução de máquina de 16 bits–um furo significava um 0 e sua ausência, um 1 (ou vice-versa). Um programador fazia as perfurações para armazenar o programa na fita (usando uma máquina especial de perfurar fita) e então colocava a fita na leitora de fita do computador, a qual lia as fileiras de 0s e 1s e carregava esses 0s e 1s na memória de instruções do computador. Essas fitas podiam ter alguns metros de comprimento e pareciam-se muito com as alças de uma bota, vindo daí o termo *bootstrap*, abreviado para *boot*. Independentemente de qual seja a verdadeira origem, podemos estar bastante certos de que o termo *boot* veio das alças das botas (*bootstraps*) que usamos em nossos pés.

- Instrução *Carregar*–**MOV Ra, d**: especifica a operação *RF[a]=D[d]*. O valor de *a* deve ser 0, 1, ..., ou 15–assim *R0* significa *RF[0]*, *R1* significa *RF[1]*, etc. O valor de *d* deve ser 0, 1, ..., 255.

- Instrução *Armazenar*–**MOV d, Ra**: especifica a operação *D[d]=RF[a]*.

- Instrução *Somar*–**ADD Ra, Rb, Rc**: especifica a operação *RF[a]=RF[b]+RF[c]*.

Usando esses mnemônicos, poderíamos reescrever o programa *D[9]=D[0]+D[1]* como segue:

0: MOV R0, 0
1: MOV R1, 1
2: ADD R2, R0, R1
3: MOV 9, R2

Esse programa é muito mais fácil de ser entendido do que os 0s e 1s da Fig. 8.7. Um programa escrito com mnemônicos é conhecido como **código assembly**, o qual será traduzido para código de máquina por um *assembler*. Nos dias atuais, dificilmente alguém escreveria diretamente em código de máquina. O programa *assembly* anterior seria traduzido automaticamente por um *assembler* para o código de máquina mostrado na Fig. 8.7.

Você pode estar se perguntando como o *assembler* pode distinguir entre as instruções anteriores de carregar e armazenar, já que os mnemônicos para as duas instruções são o mesmo – "MOV". O *assembler* faz a distinção entre esses dois tipos de instruções olhando o primeiro caractere após o mnemônico "MOV" – se o primeiro caractere for um "R", esse operando será um registrador e, portanto, a instrução deverá ser uma instrução de carregar.

---

* N. de T: Esse termo inglês vem de *bootstraps*, ou seja, são as alças que, quando presentes, são colocadas no topo e nas laterais dos canos das botas, servindo para puxá-las quando são colocadas nos pés.

Unidade de controle e bloco operacional para o processador de três instruções

Após definir o conjunto de instruções de três instruções e compreender a arquitetura básica dos blocos de controle e operacional de um processador programável, como mostrado na Fig. 8.4, poderemos projetar o circuito digital completo de um processador programável de três instruções. Na realidade, o processo de projeto é muito similar ao processo de projeto RTL do Capítulo 5.

Por meio de uma máquina de estados de alto nível, começamos com a descrição mostrada na Fig. 8.9. Assuma que *op* é uma forma abreviada de *IR[15..12]*, significando os quatro bits mais à esquerda do registrador de instrução. De modo similar, assuma que *ra* é uma forma abreviada de *IR[11..8]*, *rb*, de *IR[7..4]*, *rc*, de *IR[3..0]* e *d*, de *IR[7..0]*.

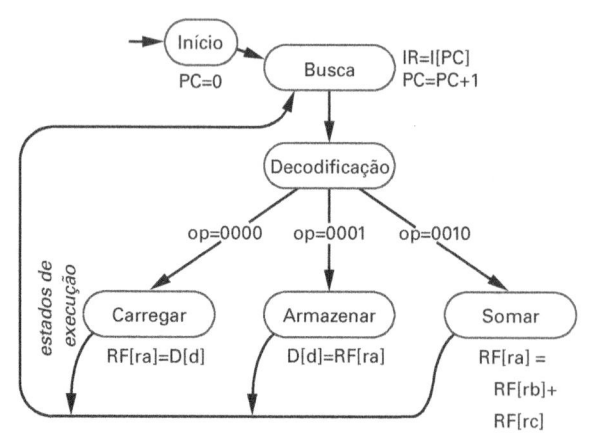

Figura 8.9 Descrição de um processador programável de três instruções por meio de uma máquina de estados de alto nível.

Lembre-se que o próximo passo do processo de projeto RTL é criar o bloco operacional. Nós já criamos um bloco operacional na Fig. 8.4, o qual será detalhado para mostrar todos os sinais de controle do bloco de controle, como mostrado na Fig. 8.10. Esse bloco operacional detalhado tem sinais de controle para cada porta de leitura e escrita do banco de registradores (veja o Capítulo 4 para obter informações sobre os bancos de registradores). O

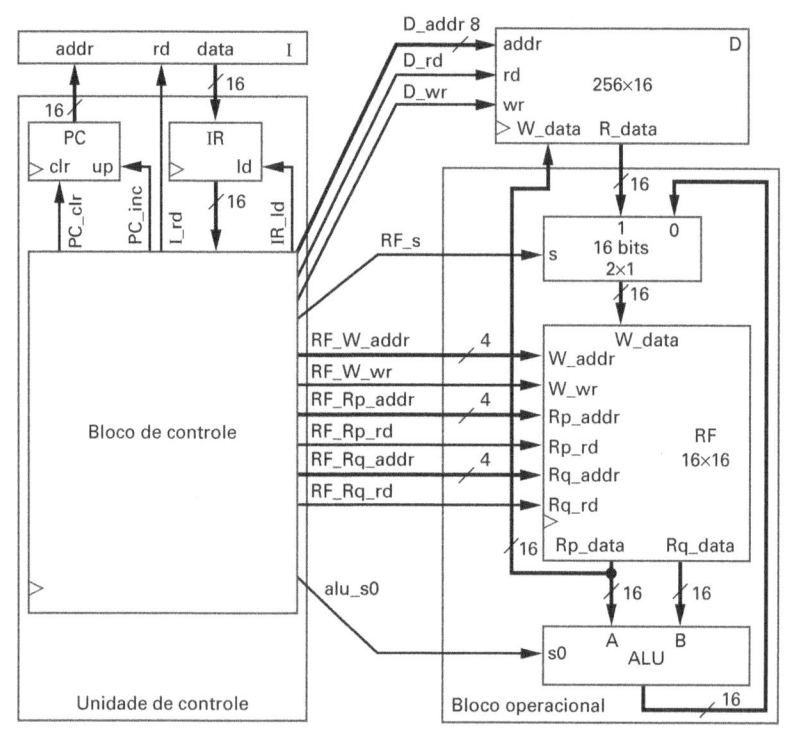

Figura 8.10 Bloco operacional refinado e unidade de controle para o processador de três instruções.

banco de registradores tem 16 registradores porque as instruções dispõem de quatro bits para endereçá-los. O bloco operacional tem um sinal de controle para a ALU chamado alu_s0— assumiremos que, quando alu_s0=1, essa ALU elementar soma as suas entradas e, quando alu_s0=0, simplesmente deixa passar a entrada A. O bloco operacional tem uma linha de seleção para o multiplexador 2x1 que se encontra na frente da porta de escrita de dados do banco de registradores. Finalmente, incluímos também sinais de controle para a memória de dados, a qual assumimos ter uma única porta de endereço, podendo assim suportar apenas ou leitura ou escrita, mas não ambas simultaneamente. A memória de dados tem 256 palavras, já que a instrução tem apenas oito bits para endereçar a memória de dados.

Agora, o bloco operacional está capacitado a efetuar todas as operações de carga, armazenamento e aritméticas de que precisamos na máquina de estados de alto nível da Fig. 8.9. Assim, podemos prosseguir indo para o terceiro passo do processo de projeto RTL, fazendo a conexão do bloco operacional a um bloco de controle. A Fig. 8.10 mostra essas conexões, assim como as conexões do bloco de controle aos registradores *PC* e *IR* da unidade de controle e à memória de instruções *I*.

O último passo do processo de projeto RTL é obter a FSM do bloco de controle. De imediato, podemos fazer isso substituindo as ações de alto nível da máquina de estados da Fig. 8.9 por operações booleanas aplicadas às linhas de entrada e saída do bloco de controle, como está mostrado na Fig. 8.11. (Lembre-se de que *op*, *d*, *ra*, *rb* e *rc* são formas abreviadas para *IR[15..12]*, *IR[7..0]*, *IR[11..8]*, *IR[7..4]* e *IR[3..0]*, respectivamente.). Usando os métodos do Capítulo 3, poderemos então terminar o projeto do bloco de controle, convertendo a FSM em um registrador de estado e uma lógica combinacional.

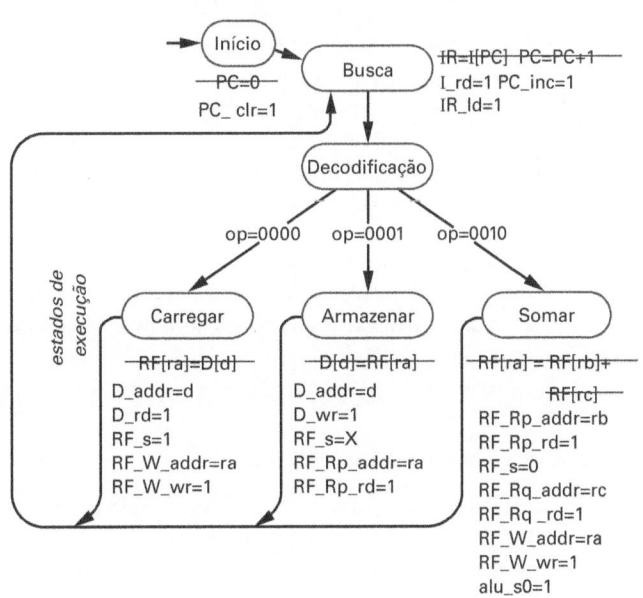

Figura 8.11 FSM para o bloco de controle do processador de três instruções.

Teremos assim projetado um processador programável.

Vamos analisar passo a passo o comportamento da FSM do bloco de controle, para ver como um programa seria executado no processador de três instruções. Como lembrete, tenha em mente que estamos seguindo as convenções FSM de que todas as transições estão implicitamente fazendo uma operação AND com a borda de subida do relógio e que, em um estado, um sinal terá implicitamente o valor 0, a não ser que explicitamente lhe tenha sido atribuído um valor.

- Inicialmente, a FSM começa no estado *Início*, o qual faz PC_clr=1. Isso limpa o registrador *PC* deixando-o com 0.

- No próximo ciclo de relógio, a FSM entra no estado de *Busca*, no qual ela lê a memória de instruções no endereço 0 (porque *PC* é 0) e carrega o valor lido em *IR* – esse valor lido será a instrução que foi armazenada em *I[0]*. Ao mesmo tempo, a FSM incrementa o valor de *PC*.

- No próximo ciclo de relógio, a FSM entra no estado de *Decodificação*, no qual não há ações, mas haverá na próxima borda de relógio um salto para um dos três estados *Car-*

regar, *Armazenar* ou *Somar*, dependendo dos valores dos quatro bits mais à esquerda do registrador *IR* (o código de operação da instrução corrente).

- No estado de *Carregar*, a FSM prepara as linhas de endereço da memória de dados usando os oito bits mais à direita de *IR* e colocando em 1 a habilitação de leitura da memória de dados. Ativa também a linha de seleção do multiplexador 2x1 para que o valor da saída da memória de dados passe para o banco de registradores e prepara o endereço de escrita do banco de registradores, usando *IR[11..8]* e colocando a habilitação de escrita em 1. Isso faz com que qualquer conteúdo que esteja na memória de dados seja carregado no registrador apropriado do banco de registradores.

- De modo semelhante, os estados *Armazenar* e *Somar* preparam as linhas de controle conforme a necessidade das operações de armazenamento e soma.

- Finalmente, a FSM retorna ao estado de *Busca* e começa a buscar a próxima instrução.

Observe que, como o estado *Armazenar* não escreve no banco de registradores, então o valor do bit da linha de seleção do multiplexador não é importante. Assim, nesse estado, fazemos a atribuição de sinal RF_s=X, significando que o valor do sinal é irrelevante. O uso desse valor *don't care* (veja a Seção 6.2) pode nos ajudar a minimizar a lógica do bloco de controle.

Você pode estar se perguntando por que é necessário o estado *Decodificação*, já que esse estado não contém ações – no lugar disso, não poderíamos fazer as transições de *Decodificação* originarem-se no estado *Busca*? Lembre-se da Seção 5.3 de que as atualizações de registrador atribuídas a um estado só ocorrem de fato na próxima borda de relógio. Isso significa que as transições originárias de um estado irão usar os valores anteriores dos registradores. Assim, não poderíamos realizar as transições de *Decodificação* a partir do estado *Busca*, porque essas transições estariam usando o código de operação antigo do registrador de instrução *IR*, não o novo valor que é lido durante o estado *Busca*.

▶ 8.4 UM PROCESSADOR PROGRAMÁVEL DE SEIS INSTRUÇÕES

Estendendo o conjunto de instruções

É claro que dispor de um conjunto de instruções que contém apenas três instruções torna limitado o comportamento dos programas que poderemos escrever. Tudo o que poderemos fazer com essas instruções é somar números. Um processador programável real suportará muito mais instruções, talvez 100 ou mais, de modo que uma variedade mais ampla de programas poderá ser escrita.

Vamos estender o conjunto de instruções do nosso processador programável acrescentando mais algumas poucas instruções. Isso lhe dará uma idéia ligeiramente melhor de como seria um processador programável se ele tivesse um conjunto completo de instruções.

Começaremos introduzindo uma instrução que é capaz de carregar o valor de uma constante em um dos registradores de um banco de registradores. Por exemplo, suponha que quiséssemos computar *RF[0] = RF[1] + 5*. O 5 é uma constante. Uma **constante** é um valor que faz parte do nosso programa, não algo que se encontra na memória de dados. Precisamos de uma instrução que nos permita carregar uma constante em um registrador. Depois disso, poderemos somar o conteúdo desse registrador a *RF[1]* usando a instrução ADD. Assim, introduzimos uma nova instrução com as seguintes representações em códigos de máquina e *assembly*:

- Instrução *Carregar constante*– **0011** $r_3r_2r_1r_0$ $c_7c_6c_5c_4c_3c_2c_1c_0$: especifica que o número binário representado pelos bits $c_7c_6c_5c_4c_3c_2c_1c_0$ deve ser carregado no registrador especificado por $r_3r_2r_1r_0$. O número binário que está sendo carregado é conhecido como uma *constante*. O mnemônico dessa instrução é:

    MOV Ra, #c–especifica a operação *RF[a] = c*

a pode ser 0, 1, ..., ou 15. Assumindo a representação em complemento de dois (veja a Seção 4.8), *c* pode ser –128, –127, ..., 0, ..., 126, 127. O "#" permite que o *assembler* distinga essa instrução de uma instrução regular de armazenamento.

Continuamos introduzindo uma instrução para realizar a subtração de dois registradores, semelhante à soma de dois registradores, tendo as seguintes representações em códigos de máquina e *assembly*:

- Instrução *Subtrair*– 0100 $ra_3ra_2ra_1ra_0$ $rb_3rb_2rb_1rb_0$ $rc_3rc_2rc_1rc_0$: especifica a subtração dos conteúdos de dois registradores do banco de registradores, especificados por $rb_3rb_2rb_1rb_0$ e $rc_3rc_2rc_1rc_0$. O resultado é armazenado no registrador do banco de registradores especificado por $ra_3ra_2ra_1ra_0$. Por exemplo, "0100 0010 0000 0001" especifica a instrução $RF[2]=RF[0] - RF[1]$. O mnemônico dessa instrução é:

    SUB Ra, Rb, Rc–especifica a operação $RF[a] = RF[b] - RF[c]$

    Vamos introduzir também uma instrução que nos permitirá saltar para outras partes de um programa:

- Instrução *Saltar se zero*– 0101 $ra_3ra_2ra_1ra_0$ $o_7o_6o_5o_4o_3o_2o_1o_0$: especifica que se o conteúdo do registrador especificado por $ra_3ra_2ra_1ra_0$ for 0, então nós deveremos carregar o *PC* com o valor corrente de *PC* mais $o_7o_6o_5o_4o_3o_2o_1o_0$, que é um número de oito bits, na forma de complemento de dois, representando um valor positivo ou negativo de *offset**. O mnemônico dessa instrução é:

    JMPZ ** **Ra, offset**–especifica a operação $PC = PC[b] + offset$ se $RF[a]$ for 0.

Se usarmos complemento de dois no *offset* do salto, permitindo a representação de números positivos e negativos, o programa poderá saltar para frente e para trás dentro do programa, implementando assim um laço. Com um *offset* de oito bits, a instrução poderá especificar um salto para frente de até 127 endereços, ou para trás de até 128 endereços (-128 até +127).

A Tabela 8.1 resume o conjunto de instruções de seis instruções. Um processador programável vem acompanhado de um manual de especificações que lista as instruções do processador e dá o significado de cada instrução, usando um formato similar ao da Tabela 8.1. Processadores programáveis típicos têm dúzias, e mesmo centenas, de instruções.

Tabela 8.1 Conjunto de instruções de seis instruções

Instrução	Significado
MOV Ra, d	Rf[a]=D[d]
MOV d, Ra	D[d]=RF[a]
ADD Ra, Rb, Rc	RF[a]=RF[b]+RF[c]
MOV Ra, #C	RF[a]=C
SUB Ra, Rb, Rc	RF[a]=RF[b]-RF[c]
JMPZ Ra, offset	PC=PC+offset se RF[a]=0

Estendendo a unidade de controle e o bloco operacional

Como se mostra na Fig. 8.12, as três novas instruções requerem algumas extensões na unidade de controle e no bloco operacional da Fig. 8.10. Primeiro, a instrução *carregar constante* requer que o banco de registradores seja capaz de carregar dados de *IR[7..0]*, além da memória de dados e da saída da ALU. Assim, aumentamos o multiplexador do banco de registradores de 2x1 para 3x1, adicionamos mais um sinal de controle ao multiplexador e criamos também um novo sinal, de nome *RF_W_data*, que vem do bloco de controle ligando-se à *IR[7..0]* – essas alterações estão destacadas na Fig. 8.12 pelo círculo tracejado de nome "*1*". Segundo, a instrução *subtrair*

---

* N. de T: Termo usado para se referir a um valor que é acrescentado a alguma outra quantidade, representando um incremento em relação a esta última.

** N. de T: De *jump if zero*, em inglês, ou seja, saltar se zero.

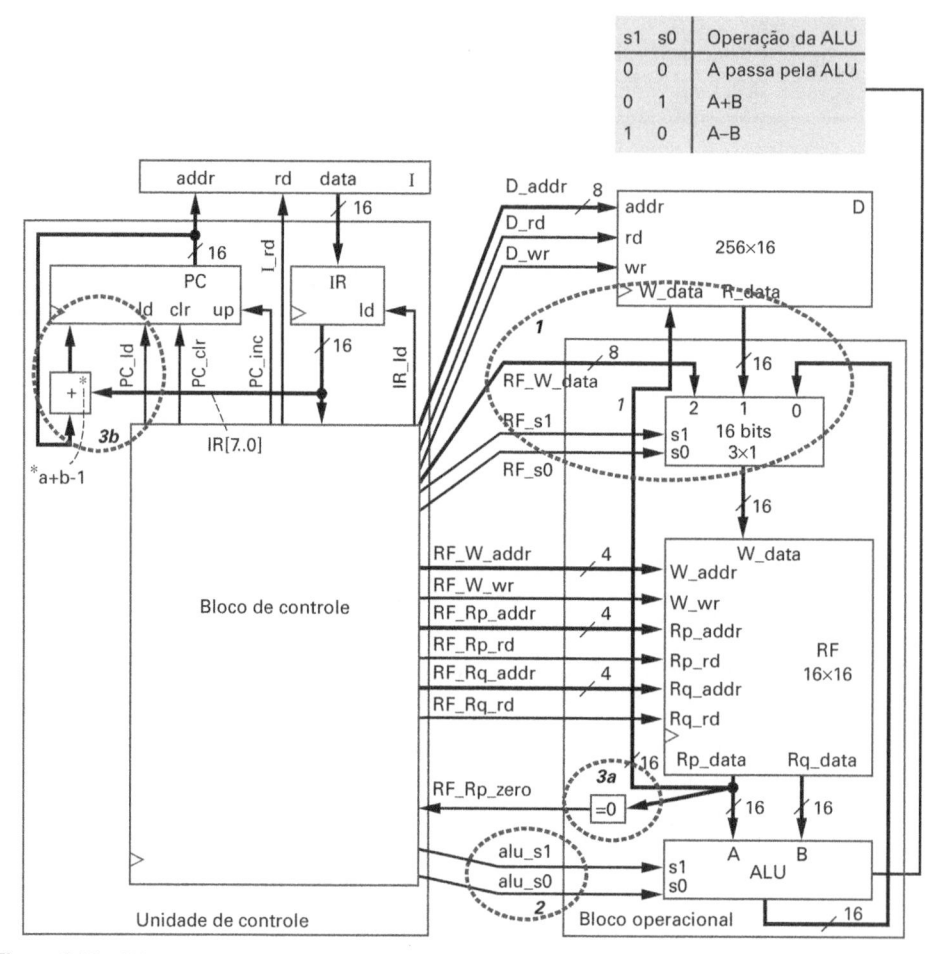

s1	s0	Operação da ALU
0	0	A passa pela ALU
0	1	A+B
1	0	A–B

Figura 8.12 Blocos de controle e operacional para o processador de seis instruções.

requer que usemos uma ALU capaz de fazer subtração. Assim, acrescentamos um outro sinal de controle à ALU, destacado pelo círculo tracejado de nome "*2*" na figura. Terceiro, a instrução *saltar se zero* requer que sejamos capazes de detectar se um registrador é zero e somar *IR[7..0]* ao *PC*. Desse modo, inserimos um componente de bloco operacional para determinar se a porta de leitura *Rp* do banco de registradores está com todos os bits em zero (esse componente seria apenas uma porta NOR). Ele está indicado pelo círculo tracejado de nome "*3a*" na figura. Modificamos também o registrador *PC* de modo que ele possa ser carregado com o valor de *PC* mais o de *IR[7..0]*, indicado por "*3b*" na figura. O somador usado para isso também subtrai 1 da soma, para compensar o fato de que o estado *Busca* já acrescentou 1 ao *PC*.

Também precisamos estender a FSM do bloco de controle que está dentro da unidade de controle para que seja capaz de lidar com as três instruções adicionais. A Fig. 8.13 mostra a FSM estendida. Os estados *Início* e *Busca* permanecem os mesmos. Partindo do estado *Decodificação*, acrescentamos três novas transições para os três novos códigos de operação de instruções. Fizemos uma pequena revisão das ações dos estados *Carregar*, *Armazenar* e *Somar* (as novas ações estão em itálico), já que o multiplexador do banco de registradores tem um

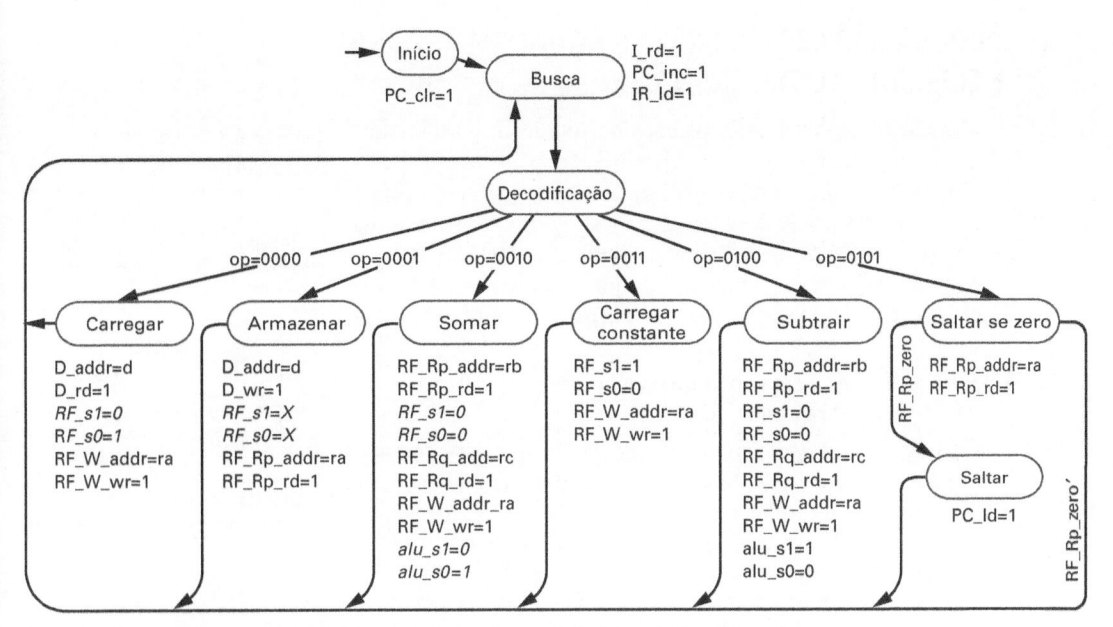

Figura 8.13 FSM para o bloco de controle do processador de seis instruções.

multiplexador com duas linhas de seleção ao invés de uma. De modo semelhante, revisamos as ações do estado *Somar* para que a ALU seja configurada com duas linhas de controle ao invés de uma. Adicionamos quatro novos estados, *Carregar constante*, *Subtrair*, *Saltar se zero* e *Saltar*, para as três novas instruções. Os novos estados dessas instrução realizam as seguintes funções no bloco operacional:

- No estado *Carregar constante*, configuramos o multiplexador do banco de registradores para deixar passar o sinal RF_W_data e o banco de registradores para escrever no endereço especificado por *ra* (que é *IR[11..8]*).

- No estado *Subtrair*, executamos as mesmas ações do estado *Somar*, exceto que a ALU é configurada para subtração ao invés de adição.

- No estado *Saltar se zero*, configuramos o banco de registradores para que o registrador especificado por *ra* seja lido e seu conteúdo colocado na porta de leitura *Rp*. Se o valor *Rp* do registrador lido contiver apenas 0s, então RF_Rp_zero irá se tornar 1 (e 0, em caso contrário). Assim, incluímos duas transições partindo do estado *Saltar se zero*. Uma transição será tomada se RF_Rp_zero for 0, significando que o registrador lido não contém somente 0s–essa transição leva a FSM de volta ao estado *Busca*, significando que não ocorre nenhum salto de fato. A outra transição será tomada se RF_Rp_zero for 1, significando que o registrador lido é todo só de 0s. Essa transição vai para um outro estado, *Saltar*, o qual deverá efetivamente realizar o salto. Esse estado efetua a transição simplesmente ativando a linha de carga do *PC*.

Observe que, com o acréscimo da instrução *Saltar se zero*, o processador poderá precisar de até quatro ciclos para completar uma instrução. Especificamente, quando o registrador *ra* de uma instrução *Saltar se zero* for todo de 0s, então um estado extra será necessário para carregar o *PC* com o endereço da instrução para a qual se deve saltar.

8.5 PROGRAMAS EXEMPLOS EM LINGUAGEM ASSEMBLY E EM CÓDIGO DE MÁQUINA

Usando o conjunto de instruções de seis instruções da seção anterior e usando o processador de seis instruções para realizar uma tarefa em particular, daremos agora um exemplo de programação em linguagem *assembly* e mostraremos como esse código seria convertido em código de máquina por um *assembler*. A Tabela 8.2, que mapeia as instruções em códigos de operação, seria usada pelo *assembler*.

TABELA 8.2 Códigos de operação de instruções

Instrução	Código de operação
MOV Ra, d	0000
MOV d, Ra	0001
ADD Ra, Rb, Rc	0010
MOV Ra, #C	0011
SUB Ra, Rb, Rc	0100
JMPZ Ra, offset	0101

▶ **EXEMPLO 8.4** Códigos de máquina e assembly de um programa simples

Escreva um programa que conta o número de palavras que são diferentes de zero nas posições 4 e 5 da memória de dados e que armazena o resultado na posição 9 da memória de dados. Assim, os resultados que poderiam ser armazenados na posição 9 são zero, um e dois.

Usando o conjunto de instruções da Tabela 8.2, poderemos escrever o programa *assembly* que está mostrado na Fig. 8.14(a). O programa guarda o valor da contagem no registrador *R0*, o qual é inicializado com 0. Mais tarde, o programa poderá precisar somar 1 a esse registrador, de modo que ele carrega o valor 1 no registrador *R1*. A seguir, o programa carrega o conteúdo da posição 4 da memória de dados no registrador *R2*. Então, se o valor de *R2* for zero, o programa saltará para a instrução de rótulo "rot1". Se *R2* não for zero, o programa executará uma instrução de soma que adicionará 1 ao registrador *R0* e, então, irá prosseguir com a instrução de rótulo "rot1", já que essa instrução é a próxima instrução. A instrução de rótulo "rot1" carrega o conteúdo da posição 5 da memória de dados no registrador *R2*. Se *R2* for zero, o programa saltará para a instrução de rótulo "rot2". Se *R2* não for zero, o programa executará uma instrução de somar que adicionará 1 ao registrador *R0* e, então, seguirá para a próxima instrução, que é a instrução com rótulo "rot2". Essa instrução armazena os conteúdos do registrador *R0* na posição 9 da memória de dados.

```
      MOV R0, #0; // inicialize o resultado com 0              0011 0000 00000000
      MOV R1, #1; // constante 1 para incrementar o resultado  0011 0001 00000001
      MOV R2, 4; // pegue a posição 4 da memória de dados       0000 0010 00000100
      JMPZ R2, rot1; // se zero, salte a próxima instrução     0101 0010 00000010
      ADD R0, R0, R1; // não zero, resultando portanto um incremento  0010 0000 0000 0001
rot1: MOV R2, 5; // pegue a posição 5 da memória de dados      0000 0010 00000101
      JMPZ R2, rot2; // se zero, salte a próxima instrução     0101 0010 00000010
      ADD R0, R0, R1; //não zero, resultando portanto um incremento   0010 0000 0000 0001
rot2: MOV 9, R0; // armazene o resultado na posição 9 da memória de dados  0001 0000 00001001
```

(a) (b)

Figura 8.14 Um programa que conta o número de palavras diferentes de zero em *D[4]* e *D[5]* e armazena o resultado em *D[9]*: (a) código *assembly* e (b) código de máquina correspondente, gerado por um *assembler*. Nas instruções de 16 bits do código de máquina, os espaços em branco estão ali para a conveniência do leitor durante a leitura deste livro; nos códigos de máquina reais, não há esses espaços.

Quando escrevemos o programa *assembly*, os registradores que usamos para armazenar o resultado, a constante 1 e a cópia dos conteúdos da posição da memória de dados são escolhidos arbitrariamente. Com esse propósito, poderíamos ter usado qualquer registrador. Por exemplo, poderíamos ter usado o registrador *R7* para guardar o resultado. Isso significa que, no código, todas as ocorrências de *R0* poderiam ser substituídas por *R7*. Além disso, ao escrever o programa *assembly*, escolhemos arbitrariamente os rótulos "rot1" e "rot2". Poderíamos ter usado outros nomes para esses rótulos, tais como "salta1" e "pronto", ou "Fred" e "George". O melhor, no entanto, é usar rótulos descritivos que ajudem as pessoas a ler o código *assembly* e a entender o programa.

Um *assembler* converteria automaticamente o código *assembly* no código de máquina mostrado na Fig. 8.14(b). Para cada instrução *assembly*, o *assembler* determina o tipo específico de instrução olhando o mnemônico e, se necessário, os operandos. Então, fornece os bits apropriados para o código de operação (quatro bits) daquele tipo de instrução, como está definido na Tabela 8.2. Por exemplo, o *assembler* olhará a primeira instrução "MOV R0, #0" e saberá assim, com base nas três primeiras letras "MOV", que essa é uma das instruções de movimentação de dados; o *assembler* olhará os operandos e vendo "R0" saberá que se trata de uma instrução comum de carga ou uma que carrega uma constante. Finalmente, o *assembler* verá o "#" e concluirá que se trata de uma instrução de carga de uma constante, produzindo assim o código de operação "0011" de uma instrução de carga de constante, como está mostrado na primeira instrução de máquina da figura.

O *assembler* também converte os operandos em bits, convertendo o "R0" da primeira instrução em "0000" e "#0" em "00000000", como mostrado na primeira instrução de máquina da figura.

A instrução JMPZ requer algumas manipulações a mais. O *assembler* reconhece que se trata de uma instrução *Saltar se zero*, fornecendo assim o código de operação "0101". O *assembler* converte o primeiro operando "R2" em "0010". A seguir, ele chega ao segundo operando, "rot1," e não sabe quais bits produzir, pois ele não sabe ainda qual é o endereço da instrução cujo rótulo é "rot1", porque o *assembler* ainda não chegou até essa instrução do programa. Para resolver esse problema, muitos *assemblers* dão *duas passadas* no código *assembly*: durante a primeira passada, o *assembler* cria uma tabela com todos os rótulos e seus endereços e, então, na segunda passada, o *assembler* fornece o código de máquina. Portanto, durante a segunda passada, tal *assembler* saberá que a instrução de rótulo "rot1" está em um endereço localizado dois endereços após a primeira instrução JMPZ – especificamente, que a instrução de rótulo "rot1" está no endereço 5, ao passo que a instrução JMPZ está no endereço 3 (assumindo que a primeira instrução está no endereço 0, não 1). Desse modo, o *assembler* dá um *offset* de 2 para que seja efetuado um salto de 2 endereços para a frente. Observe que os rótulos "rot1" e "rot2" não aparecem no código de máquina, são meramente elementos construtivos que o *assembler* oferece ao programador de linguagem *assembly*. ◀

8.6 OUTRAS EXTENSÕES DO PROCESSADOR PROGRAMÁVEL

Extensões do conjunto de instruções

A extensão com mais instruções do conjunto de instruções iria requerer tipos semelhantes de extensões e modificações da unidade de controle, do bloco operacional e da FSM. Um processador programável pode conter dúzias de **instruções de movimentação de dados** para transferir dados entre a memória de dados e o banco de registradores, ou entre registradores. Por exemplo, um processador pode ter instruções que copiam os conteúdos de um registrador em um outro (como MOV R0, R1, que copia os conteúdos de *R1* em *R0*). O processador executa essas instruções usando um estado que lê o registrador de origem, faz passar inalterado o valor lido através da ALU e escreve o valor da saída da ALU no registrador destino. Como outro exemplo, um processador pode ter instruções que usam os conteúdos de um registrador para indicar o endereço na memória de dados onde será feita a leitura. Isso é conhecido como endereçamento *indireto*.

Um processador programável também pode conter dúzias de **instruções aritméticas e lógicas**, as quais efetuam operações aritméticas e lógicas com os registradores do banco de registradores. Por exemplo, um processador pode incluir não apenas instruções de soma e subtração, mas também instruções de incremento, complemento, decremento, AND, OR, XOR, deslocamento à esquerda, deslocamento à direita e outras, que poderiam ser realizadas em uma ALU.

Um processador programável pode conter também diversas ***instruções de controle de fluxo***, as quais determinam o próximo valor do *PC*. Por exemplo, um processador pode incluir não só uma instrução de saltar se zero, mas também instruções de saltar se não zero, um salto incondicional, um salto indireto e talvez mesmo instruções como saltar se negativo e outras similares. Além disso, um processador pode incluir instruções que fazem saltos maiores do que um pequeno *offset* em relação ao valor corrente do *PC* e talvez mesmo saltos para endereços absolutos ao invés de endereços relativos (*offset*).

Extensões de entrada e saída

A Seção 1.3 introduziu um microprocessador básico que continha oito entradas *I0*, *I1*, ..., *I7* e oito saídas *P0*, *P1*, ..., *P7*. Podemos estender o processador programável básico da Fig. 8.12 para implementar essas entradas e saídas externas. Um método para essa fazer essa extensão utiliza uma memória de dados especialmente projetada. Nessa memória, podemos substituir as últimas 16 palavras da memória por conexões diretas com os pinos de entrada e saída, como está ilustrado na Fig. 8.15. Para fazer armazenamentos nas posições 0 a 239, a memória de dados usa uma RAM normal. Entretanto, a posição 240 é na realidade uma palavra especial, cujos 15 bits mais significativos são todos 0s e cujo bit menos significativo vem de um flip-flop, que é carregado a cada ciclo com o valor que está no pino externo *I0*. Assim, a leitura da posição 240 dará 00...01 (inteiro 1), ou 00...00 (inteiro 0), dependendo do valor que aparecer em

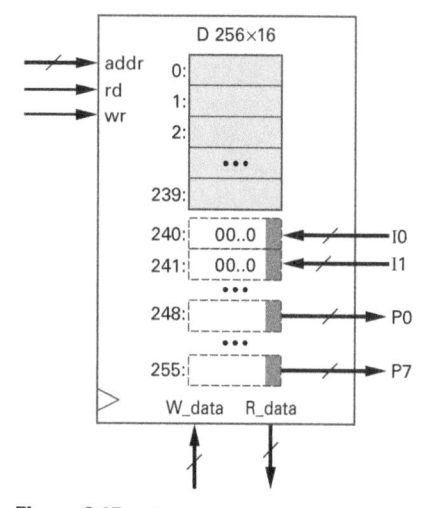

Figura 8.15 Conexão de pinos externos.

I0. De modo similar, a posição 241 está conectada ao pino *I1*, a posição 242 a *I2*, e assim por diante, com a posição 247 estando conectada a *I7*. As posições 248 até 255 estão conectadas aos pinos *P0* a *P7*, exceto que os pinos estão ligados às saídas, e não às entradas, dos flip-flops dessas posições. Por exemplo, quando se escreve na posição 255, o flip-flop é carregado com 0 ou 1 (apenas interessa o bit menos significativo durante a escrita), sendo que esse flip-flop aciona o pino externo *P7* de saída.

▶ **EXEMPLO 8.5** Detector de movimento no escuro usando linguagem assembly

A Seção 1.3 continha um exemplo, ilustrado na Fig. 1.13, que utilizava um microprocessador para implementar um detector de movimento no escuro. Aquela seção utilizou código C para computar a expressão P0 = I0 && !I1. Neste exemplo, mostramos o código *assembly* subjacente que implementa essa expressão em C. Assumindo que os pinos externos *I0..I7* e *P0..P7* estão mapeados nas posições da memória de dados como se ilustra na Fig. 8.15, poderemos programar a expressão em *assembly* como segue:

```
0: MOV R0, 240      // mova D[240], que é o valor no pino I0, para R0
1: MOV R1, 241      // mova D[241], que é o valor no pino I1, para R1
2: NOT R1, R1       // compute !I1, assumindo que há instrução para complementar
3: AND R0, R0, R1   // compute I0 && !I1, assumindo que há instrução AND
4: MOV 248, R0      // mova o resultado para D[248], que é o pino P0
```
◀

Extensões de desempenho

Uma diferença entre processadores reais e o processador com arquitetura básica deste capítulo é que muitos processadores reais usam *pipelining* (veja a Seção 6.5 para uma introdução ao *pipelining*). A arquitetura básica, de três instruções, utilizava um bloco de controle com três estágios: *busca*, *decodificação* e *execução*. Se inserirmos registradores apropriados de *pipeline* no projeto e modificarmos o bloco de controle apropriadamente, poderemos fazer *pipelining* nos estágios de busca, decodificação e execução. Em outras palavras, quando a unidade de controle decodifica a instrução 1, ela pode buscar simultaneamente a instrução 2. A seguir, enquanto a unidade de controle executa a instrução 1, ela pode decodificar a instrução 2 e buscar a instrução 3. Assim, ao invés de processar apenas uma instrução a cada 3 ciclos, a unidade de controle pode processar uma instrução a cada ciclo. Cada instrução ainda necessita de 3 ciclos para o processamento (uma latência de 3 ciclos), mas com o *pipelining* obtém-se um *throughput* de um único ciclo. O resultado líquido será que os programas serão executados com uma rapidez três vezes maior.

Uma outra extensão envolve a criação de *pipelines* com maior profundidade. Assim, ao invés de apenas três estágios (busca, decodificação, execução), poderemos desmontar os estágios obtendo uma granularidade mais fina (por exemplo, busca, decodificação, leitura de operandos, execução, armazenamento de resultados). A criação de estágios mais refinados pode encurtar o atraso mais longo entre um registrador e outro, o que permite uma freqüência de relógio mais rápida. O resultado líquido será novamente uma execução mais rápida de programas.

Uma outra extensão envolve o bloco operacional dispor de múltiplas ALUs. Assim, simultaneamente a unidade de controle pode realizar múltiplas operações de ALU no bloco operacional. Uma forma dessa extensão consiste em um processador cujo conjunto de instruções usa instruções tais que uma única instrução contém múltiplos códigos de operação além dos respectivos operandos, sendo conhecido como processador de **palavra de instrução muito larga** (**VLIW** de *Very Large Instruction Word*). Uma outra forma usa um processador cuja unidade de controle lê simultaneamente múltiplas instruções e, então, atribui essas instruções às ALUs disponíveis para que sejam executadas simultaneamente. É conhecido como processador **superescalar**. Um processador *desktop* mais avançado pode suportar possivelmente 5 instruções simultâneas, com talvez 10 estágios de *pipelining*. Assim, a qualquer instante, esse processador pode estar no meio do processamento de 5*10=50 instruções diferentes. Desnecessário dizer, mas as arquiteturas modernas de processadores podem se tornar bem complexas.

Este capítulo descreveu a idéia básica de como o projeto de um processador programável funciona e como o projeto pode ser estendido para suportar um conjunto mais completo de instruções. Deixamos para os livros-textos sobre arquitetura de computadores a tarefa de descrever um processador completo e também as técnicas atuais (como *pipelining*, *caching*, etc.) que são usadas para melhorar o desempenho dos processadores modernos

▶ 8.7 RESUMO DO CAPÍTULO

Neste capítulo, afirmamos (Seção 8.1) que os processadores programáveis são amplamente usados para implementar a funcionalidade desejada do sistema, devido em parte à sua pronta disponibilidade e ao curto tempo de projeto (especificamente, escrita do software). Fornecemos (Seção 8.2) a arquitetura básica de um processador programável, consistindo em um bloco operacional de propósitos gerais com um banco de registradores e uma ALU; uma unidade de controle com um bloco de controle, um *PC* e um *IR*; e memórias para armazenar o programa e os dados. A unidade de controle busca a próxima instrução na memória de programa, decodifica essa instrução e, então, executa a instrução, configurando o bloco operacional para efetuar a operação especificada pela instrução. Em seguida, projetamos (Seção 8.3) um processador programável simples de três instruções e mostramos como um programa podia ser representado por 0s e 1s (código de máquina) na memória de programa do processador. Fomos ainda mais além projetando (Seção 8.4) um processador de seis instruções e discutindo como poderiam ser feitas outras extensões para acrescentar mais instruções e, portanto, conseguir uma arquitetura de processador mais razoável. Demos (Seção 8.5) um exemplo de códigos *assembly* e de máquina para o processador de seis instruções. Discutimos algumas extensões para a arquitetura do processador programável (Seção 8.6).

Os processadores programáveis são produzidos tipicamente em enormes quantidade (com números na ordem de dezenas de milhões, ou mesmo bilhões) e, portanto, uma atenção tremenda é dada a seu projeto. Os leitores devem perceber que os projetos dos processadores programáveis deste capítulo são extremamente simplistas e são usados apenas com propósitos ilustrativos. Contudo, mesmo tendo visto projetos simplistas, esperamos que você tenha agora uma compreensão do princípio de funcionamento de um processador programável. Os modernos processadores comerciais baseiam-se nos mesmos princípios – as instruções são armazenadas na memória de programa na forma de códigos de máquina, as unidades de controle buscam, decodificam e executam as instruções, e os blocos operacionais suportam as operações das instruções, usando bancos de registradores e ALUs. Os processadores modernos fazem um trabalho muito melhor, usando concorrência, *pipelining* e muitas outras técnicas para obter freqüências elevadas de relógio e execução rápida de programas.

▶ 8.8 EXERCÍCIOS

SEÇÃO 8.2: ARQUITETURA BÁSICA

8.1 Se o contador de programa de um processador tiver 20 bits de largura, até quantas palavras a memória de instruções do processador poderá conter (ignore quaisquer artifícios especiais para expandir o tamanho da memória de instruções)?

8.2 Quais das seguintes são operações de bloco operacional, válidas e de um único ciclo, para o bloco operacional da Fig. 8.2? Explique a sua resposta.
(a) Copiar os dados de uma posição da memória em uma outra posição da memória.
(b) Copiar os conteúdos de duas posições de registrador em duas posições da memória.
(c) Somar os dados de uma posição do banco de registradores com os de uma posição da memória. O resultado é armazenado em uma posição da memória.

8.3 Quais das seguintes são operações de bloco operacional, válidas e de um único ciclo, para o bloco operacional da Fig. 8.2? Explique a sua resposta.
(a) Copiar os dados de uma posição do banco de registradores em uma posição da memória.
(b) Subtrair os dados de duas posições da memória e armazenar o resultado em uma outra posição da memória.
(c) Somar os dados de uma posição do banco de registradores e de uma posição da memória, armazenando o resultado na mesma posição da memória.

8.4 Assuma que estamos usando uma memória de porta dupla, a qual nos permite ler duas posições simultaneamente. Modifique o bloco operacional do processador programável da Fig. 8.8 para suportar uma instrução que executa uma operação de ALU, usando os dados de duas posições quaisquer de memória e armazenando o resultado em uma posição do banco de registradores. Analise passo a passo a execução dessa operação, como está ilustrado na Fig. 8.3.

8.5 Determine as operações requeridas para instruir o bloco operacional da Fig. 8.2 para realizar a operação: $D[8] = (D[4] + D[5]) - D[7]$, em que D representa a memória de dados.

SEÇÃO 8.3: UM PROCESSADOR PROGRAMÁVEL DE TRÊS INSTRUÇÕES

8.6 Se uma instrução de processador tiver um código de operação de 4 bits, quantas instruções possíveis poderão ser efetuadas pelo processador?

8.7 Usando o conjunto de instruções de três instruções deste capítulo, o que computa o seguinte programa *assembly*? MOV R5, 19; ADD R5, R5, R5; MOV 20, R5.

8.8 O que computa o seguinte programa *assembly*,? MOV R4, 20; MOV R9, 18; ADD R4, R4, R9; MOV R5, 30; ADD R9, R4, R5; MOV 20, R9.

8.9 Usando o conjunto de instruções de três instruções deste capítulo, escreva um programa *assembly* que atualiza a memória de dados D como segue: D[0] = D[0] + D[1].

8.10 Usando o conjunto de instruções de três instruções deste capítulo, escreva um programa *assembly* que atualiza a memória de dados D como segue: D[4] = D[1]*2 + D[2].

8.11 Com base no conjunto de instruções de três instruções deste capítulo, converta o seguinte programa *assembly* em código de máquina: MOV R5, 19; ADD R5, R5, R5; MOV 20, R5.

8.12 Com base no conjunto de instruções de três instruções deste capítulo, liste as transferências básicas entre os registradores e a memória e as operações que ocorrem a cada ciclo de relógio no seguinte programa,: MOV R0, 1; MOV R1, 9; ADD R0, R0, R1.

SEÇÃO 8.4: UM PROCESSADOR PROGRAMÁVEL DE SEIS INSTRUÇÕES

8.13 Com base no conjunto de instruções de seis instruções deste capítulo, liste as transferências básicas entre os registradores e a memória e as operações que ocorrem a cada ciclo de relógio no seguinte programa, assumindo que o conteúdo de D[9] é 0: MOV R6, #1; MOV R5, 9; JMPZ R5, rótulo1; ADD R5, R5, R6; rótulo1: ADD R5, R5, R6. Qual é o valor de R5 após o término do programa?

8.14 Ao conjunto de instruções de seis instruções deste capítulo, acrescente uma nova instrução que realiza uma operação AND bit a bit entre dois registradores e armazena o resultado em um terceiro registrador. Estenda o bloco operacional, a unidade de controle e a FSM do bloco de controle, conforme for necessário.

8.15 Ao conjunto de instruções de seis instruções deste capítulo, acrescente uma nova instrução que realiza um salto incondicional (sempre salta) para uma posição especificada por um *offset* de 12 bits. Estenda o bloco operacional, a unidade de controle e a FSM do bloco de controle, conforme for necessário.

8.16 Ao conjunto de instruções de seis instruções deste capítulo, acrescente uma nova instrução que, se dois registradores forem iguais, realizará um salto para uma posição especificada por um *offset* de 12 bits. Estenda o bloco operacional, a unidade de controle e a FSM do bloco de controle, conforme for necessário.

8.17 Usando o conjunto de instruções de seis instruções deste capítulo, escreva um programa *assembly* para o seguinte código em C, o qual computa a soma dos primeiros N números, em que N é um outro nome para D[9]. *Sugestão*: Use um registrador para primeiro armazenar N.

```
i=1;
soma=0;
while (i!=N) {
   soma = soma + i;
   i = i + 1;
}
```

8.18 Usando o conjunto de instruções estendido que você projetou no Exercício 8.16, escreva um programa *assembly* para o código em C do Exercício 8.17.

SEÇÃO 8.5: PROGRAMAS EXEMPLOS EM LINGUAGEM ASSEMBLY E EM CÓDIGO DE MÁQUINA

8.19 Defina duas novas instruções de movimentação de dados para o conjunto de instruções de seis instruções deste capítulo. Estenda o bloco operacional, a unidade de controle e a FSM do bloco de controle,conforme for necessário.

8.20 Defina duas novas instruções aritméticas e lógicas para o conjunto de instruções de seis instruções deste capítulo. Estenda o bloco operacional, a unidade de controle e a FSM do bloco de controle,conforme for necessário.

8.21 Defina duas novas instruções de controle de fluxo para o conjunto de instruções de seis instruções deste capítulo. Estenda o bloco operacional, a unidade de controle e a FSM do bloco de controle,conforme for necessário.

8.22 Assumindo que os pinos externos $I0..I7$ e $P0..P7$ do microprocessador estão mapeados nas posições da memória de dados, conforme a Fig. 8.15, e uma instrução AND foi acrescentada ao conjunto de instruções de seis instruções deste capítulo, crie um programa *assembly* que produz uma saída 0 em $P4$ quando todas as oito entradas $I0..I7$ são 1s.

▶ PERFIL DE PROJETISTA

Carole cresceu em um local onde os melhores estudantes iam para a escola de engenharia, pois a engenharia era altamente respeitada. "Eu era boa aluna na escola, de modo que a engenharia parecia ser uma opção natural. Eu também estava muito interessada em construir coisas e muito curiosa a respeito de como novas coisas são construídas – por isso muito cedo fui atraída para a engenharia, em torno dos 10 anos de idade."

Carole trabalhou na Intel por 15 anos. Ela foi uma das arquitetas originais de uma parte popular do processador Pentium, conhecida por MMX (Multimedia Extension of the Intel Architecture). "Era fascinante aprender os algoritmos usados para comprimir vídeo e áudio e inventar novas instruções para que a arquitetura Intel executasse eficientemente essas aplicações. Nem sempre é fácil para os arquitetos de processadores quantificar os benefícios de novas características e justificar o custo das respectivas áreas no silício (ou o tamanho de um chip die) para novas instruções. No caso de aplicações de multimídia, os benefícios eram bem compreendidos: exibir um clip de vídeo a uns poucos quadros por segundo, ou exibi-lo em tempo real (cerca de 30 quadros por segundo), fazia uma enorme diferença, visível para qualquer um." Como é o caso com muitos engenheiros, ela está muito orgulhosa do que conseguiu: "Quando apareceu o primeiro processador Pentium com MMX, era realmente compensador pensar que um pequeno pedaço da minha mente estava em todas essas máquinas, exibindo vídeos em tempo real e surgindo em todos os lugares."

Carole foi também um dos arquitetos da equipe da Intel e Hewlett-Packard que definiu a arquitetura do computador Itanium. "Essa foi uma oportunidade única para definir um processador, a partir do zero'. Tecnicamente, esse foi um projeto muito desafiante e trabalhar com tantos arquitetos excelentes foi muito enriquecedor. Entretanto, eu também aprendi o que é construir alguma coisa grande, com o envolvimento de uma equipe muito grande e de duas empresas de grande porte. As duas empresas tinham culturas diferentes e metodologias diferentes. Algumas vezes, reconciliar essas diferenças era mais desafiador do que resolver os problemas técnicos. No entanto, tudo isso faz parte de 'se construir coisas' e foi uma grande lição de liderança."

O que Carole mais gosta a respeito de sua carreira é "a mudança constante. Após 22 anos como arquiteta de computadores, eu ainda estou fazendo coisas novas todos os dias. A ciência da computação é um trabalho em andamento, oferecendo novas oportunidades às quais temos de nos agarrar e sair correndo com elas. É aqui que está a parte divertida."

Solicitada a dar alguns conselhos aos estudantes, Carole sugere duas coisas:

- "Permaneçam na escola enquanto for possível. Consiga um doutorado, se você puder. Seja capaz de se adaptar às constantes mudanças, você precisará de fundamentos muito robustos e teóricos. Simplesmente aprender como fazer coisas não é suficiente; vai lhe dar emprego por dois anos, mas então suas habilidades estarão obsoletas."

- "Esteja aberto para as mudanças. É importante construir um conhecimento aprofundado de uma área. No meu caso, é arquitetura de computadores. No entanto, deve-se estar pronto para usar esse conhecimento em muitos projetos diferentes, com pessoas diferentes e cada vez mais em diversas partes do mundo. Há quinze anos, as aplicações de multimídia eram o foco de muitos arquitetos de computador. Hoje, é a bioinformática e a mineração de dados. As mudanças requerem muito trabalho para se aprender novos domínios, mas não se adaptar às mudanças não é uma opção."

CAPÍTULO 9

Linguagens de Descrição de Hardware

9.1 INTRODUÇÃO[1]

Neste livro, estivemos desenhando os circuitos projetados por nós. Por exemplo, no Capítulo 2, projetamos um circuito abridor de porta automático e desenhamos o circuito mostrado na Fig. 9.1. Um desenho tem mais informação do que é realmente necessário para se descrever um circuito. Em particular, o desenho informa as posições das entradas e saídas: no desenho da Fig. 9.1, as entradas estão à esquerda, a saída está à direita, a entrada c está em cima, a entrada h está no meio e a entrada p está em baixo. O desenho também dá informações sobre o tamanho e a localização dos componentes no circuito: o inversor está em cima, a porta OR está abaixo do inversor, a porta AND está à direita e cada componente tem cerca de meia polegada por meia polegada. O desenho também dá informações a respeito dos fios: por exemplo, o fio que sai do inversor segue para a direita, então para baixo e em seguida novamente para a direita. Na realidade, entretanto, toda essa informação sobre o desenho é irrelevante, não tendo nada a ver sobre como o projeto será implementado fisicamente. Era necessário que o circuito fosse desenhado de algum modo. Assim, optamos por desenhá-lo como está mostrado na figura. No entanto, também poderíamos ter desenhado o circuito de muitos outros modos. O desenho de um circuito é referido comumente como o *esquemático* do circuito.

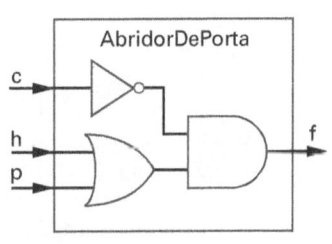

Figura 9.1 Circuito desenhado.

Quando lidamos com circuitos maiores, surge um problema com o desenho de todos os nossos circuitos. O esquemático da Fig. 9.2 significa alguma coisa para você? Esse esquemático tem apenas algumas poucas dúzias de componentes; como seria se houvesse alguns milhares de componentes, como é bem comum? Para desenhar um circuito grande, seria necessário um esforço tremendo de nossa parte para imaginar como colocar cada componente no desenho e como passar os fios entre os componentes. Se uma ferramenta gerasse o circuito, ela teria de usar tempo de computação para que o desenho desse circuito fosse produzisse de modo visualmente atraente (ao invés de algo confuso parecido com espaguete). Essa computação precisaria de muito tempo e assim mesmo poderia não produzir um bom desenho. Além disso, os arquivos usados para armazenar esses esquemáticos seriam muito grandes, já que conteriam toda uma informação extra sobre a localização e tamanho precisos

---

[1] Uma parte substancial do conteúdo deste capítulo é uma contribuição de Roman Lysecky.

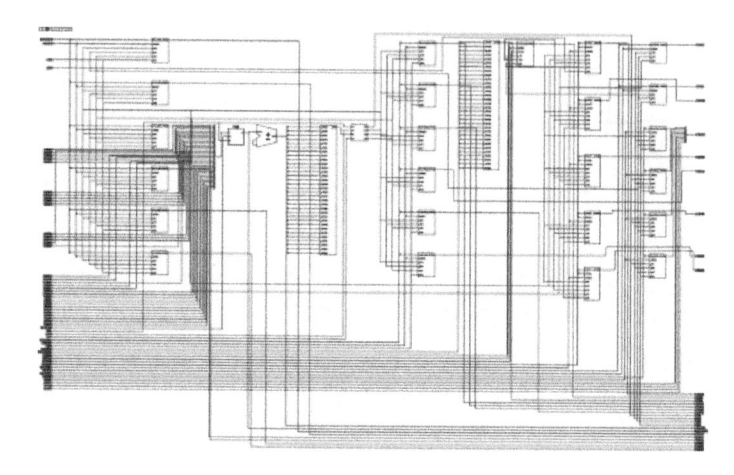

Figura 9.2 Os esquemáticos tornam-se difíceis de serem lidos quando há mais de uma dúzia ou tanto de componentes – a informação gráfica torna-se incômoda ao invés de servir de auxílio.

de todos os componente. Todo esse esforço, tamanho de arquivo e tempo extras seriam necessários para algo que não seria realmente muito útil – as pessoas não conseguem compreender os desenhos de circuitos que contenham mais de uma centena de portas. Portanto, qual é o objetivo de se desenhar tais circuitos? O que realmente desejamos é simplesmente uma maneira para descrever o circuito em si: quais são as entradas e as saídas, quais componentes estão presentes e quais são as conexões? Idealmente, faríamos essa descrição usando uma linguagem textual. Assim, as pessoas poderiam escrever essas descrições usando um teclado de computador, do mesmo modo que escrevemos mensagens e programas em C.

Poderíamos, portanto, descrever o circuito da Fig. 9.3(a) usando uma linguagem textual em português, como mostrado na Fig. 9.3(b). Demos nomes a cada porta do circuito e aos fios internos da Fig. 9.3(a).

(b) Descreveremos agora um circuito cujo nome é AbridorDePorta.
As entradas externas são c, h e p, que são bits.
A saída externa é f, que é um bit.

Assumimos que você conhece o comportamento desses componentes:
Um inversor, que tem um bit x de entrada e um bit F de saída.
Uma porta OR de 2 entradas, que tem os bits de entrada x e y, e o bit F de saída.
Uma porta AND de 2 entradas, que tem os bits de entrada x e y, e o bit F de saída.

O circuito tem os fios internos n1 e n2, ambos bits.
O circuito AbridorDePorta consiste internamente em:
Um inversor de nome Inv_1, cuja entrada x conecta-se à entrada externa c e cuja saída conecta-se a n1.
Uma porta OR de nome OR2_1, cujas entradas conectam-se às entradas externas h e p, e cuja saída conecta-se a n2.
Uma porta AND de nome AND2_1, cujas entradas conectam-se a n1 e n2, e cuja saída conecta-se à saída externa f.
Isso é tudo.

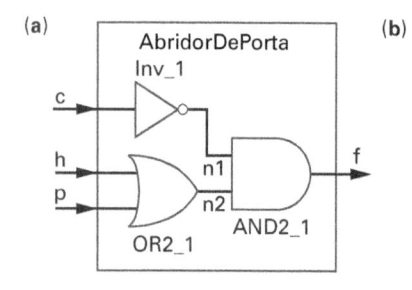

Figura 9.3 Descrição de um circuito usando uma linguagem textual ao invés de um desenho: (a) esquemático, (b) descrição textual em português.

Naturalmente, o português não seria uma boa língua se você quisesse usar uma ferramenta de computador que lesse essa descrição, uma ferramenta de computador requer uma linguagem com sintaxe exata e um significado preciso para cada elemento construtivo da linguagem. Desse modo, as linguagens que podem ser entendidas por computadores evoluíram nas décadas de 1970 e 1980 para descrever os circuitos de hardware. Tais linguagens tornaram-se conhecidas como **linguagens de descrição de hardware**, ou **HDLs** (*Hardware Description Languages*). As linguagens de descrição de hardware capacitam-nos não só a descrever as interconexões estruturais entre os componentes, mas também a incluir métodos que nos permitem descrever o comportamento dos próprios componentes. O projeto digital moderno baseia-se pesadamente no uso de linguagens de descrição de hardware em todos os estágios do projeto.

Neste capítulo, daremos uma breve introdução às linguagens de descrição de hardware mais populares: VHDL, Verilog e SystemC. No entanto, para realmente aprender cada uma dessas linguagens, deve-se consultar livros-textos dedicados especificamente a cada linguagem. Cada seção deste capítulo pode ser coberto imediatamente após os capítulos anteriores correspondentes (Seção 9.2 após o Capítulo 2, Seção 9.3 após o Capítulo 3, Seção 9.4 após o Capítulo 4 e Seção 9.5 após o Capítulo 5) ou essas seções podem ser cobertas de uma vez, após termos completado esses capítulos anteriores. Além disso, cada seção tem três partes, uma para VHDL, uma para Verilog e uma para SystemC. Cada uma dessas partes é independente das outras da seção. Assim, um leitor que esteja mais interessado em uma das linguagens de descrição de hardware, digamos Verilog, poderá ler apenas as partes sobre Verilog de cada seção, pulando as partes sobre VHDL e SystemC.

Um leitor interessado em fazer uma comparação entre as três linguagens de descrição de hardware poderá ler as seções sobre cada uma dessas três linguagens. Ao fazer isso, você poderá notar que as linguagens de descrição de hardware têm capacidades semelhantes, diferindo basicamente em sua sintaxe. Assim, depois de aprender completamente uma HDL, um projetista poderá também fazer um aprendizado rápido de outras HDLs.

9.2 DESCRIÇÃO DE LÓGICA COMBINACIONAL USANDO LINGUAGENS DE DESCRIÇÃO DE HARDWARE

Estrutura

A introdução deste capítulo procurou descrever um circuito por meio de uma linguagem textual. Mostraremos agora como um circuito é descrito por algumas HDLs diferentes entre si. Algumas vezes, o termo *estrutura* é usado para se referir a um circuito, significando uma interconexão de componentes.

VHDL

A Fig. 9.4(c) mostra uma descrição em VHDL do circuito *AbridorDePorta* da Fig. 9.4(a). Por conveniência, mostramos também na Fig. 9.4(b) a descrição em português e a correspondência entre as descrições em português e VHDL.

A descrição começa com uma declaração **entity*** (*entidade*), a qual define o nome do projeto e a lista de suas entradas e saídas, conhecida como **port** (*porta*). Uma declaração de entidade nada diz sobre as partes internas do projeto, apenas o nome e a interface do projeto. A descrição lista os nomes das portas e define os seus tipos, o qual é `std_logic`, neste caso. Basicamente, esse tipo significa um bit, mas que internamente não faz parte da VHDL (o tipo *bit* predefinido em VHDL é limitado demais, devido a razões que estão além dos nossos objetivos aqui). Na realidade, para usar `std_logic`, devemos incluir o comando: "`library ieee; use ieee.std_logic_1164.all;`" no início do arquivo.

A descrição continua com uma definição da **architecture** (*arquitetura*), a qual descreve as partes internas do projeto. Demos o nome *Circuito* à arquitetura, mas poderíamos tê-la denominado de qualquer coisa que quiséssemos: *CircuitoAbridorDePorta*, *EstruturaDoAbridorDePorta*, *Estrutura*, ou mesmo *Fred*, embora queiramos um nome que seja útil à com-

---

* N. de T: Este termo e outros que virão a seguir serão mantidos em inglês, pois são próprios das linguagens de descrição de hardware.

(a)

Descreveremos agora um circuito cujo nome é AbridorDePorta.
As entradas externas são c, h e p, que são bits.
A saída externa é f, que é um bit.

Assumimos que você conhece o comportamento desses componentes:
Um inversor, que tem um bit x de entrada e um bit F de saída.
Uma porta OR de 2 entradas, que tem os bits de entrada x e y, e o bit F de saída.
Uma porta AND de 2 entradas, que tem os bits de entrada x e y, e o bit F de saída.

O circuito tem os fios internos n1 e n2, ambos bits.

O circuito AbridorDePorta consiste internamente em:
Um inversor de nome Inv_1, cuja entrada x conecta-se à entrada externa c e cuja saída conecta-se a n1.
Uma porta OR de 2 entradas e de nome OR2_1, cujas entradas conectam-se às entradas externas h e p, e cuja saída conecta-se a n2.
Uma porta AND de 2 entradas e de nome AND2_1, cujas entradas conectam-se a n1 e n2, e cuja saída conecta-se à saída externa f.

Isso é tudo.
(b)

```vhdl
library ieee;
use ieee.std_logic_1164.all;
entity AbridorDePorta is
    port ( c, h, p: in std_logic;
           f: out std_logic
         );
end AbridorDePorta;

architecture Circuito of AbridorDePorta is
    component Inv
        port (x: in std_logic;
              F: out std_logic);
    end component;
    component OR2
        port (x,y: in std_logic;
              F: out std_logic);
    end component;
    component AND2
        port (x,y: in std_logic;
              F: out std_logic);
    end component;
    signal n1,n2: std_logic; --fios internos
begin
    Inv_1: Inv port map (x=>c, F=>n1);
    OR2_1: OR2 port map (x=>h,y=>p,F=>n2);
    AND2_1: AND2 port map (x=>n1,y=>n2,F=>f);
end Circuito;
```
(c)

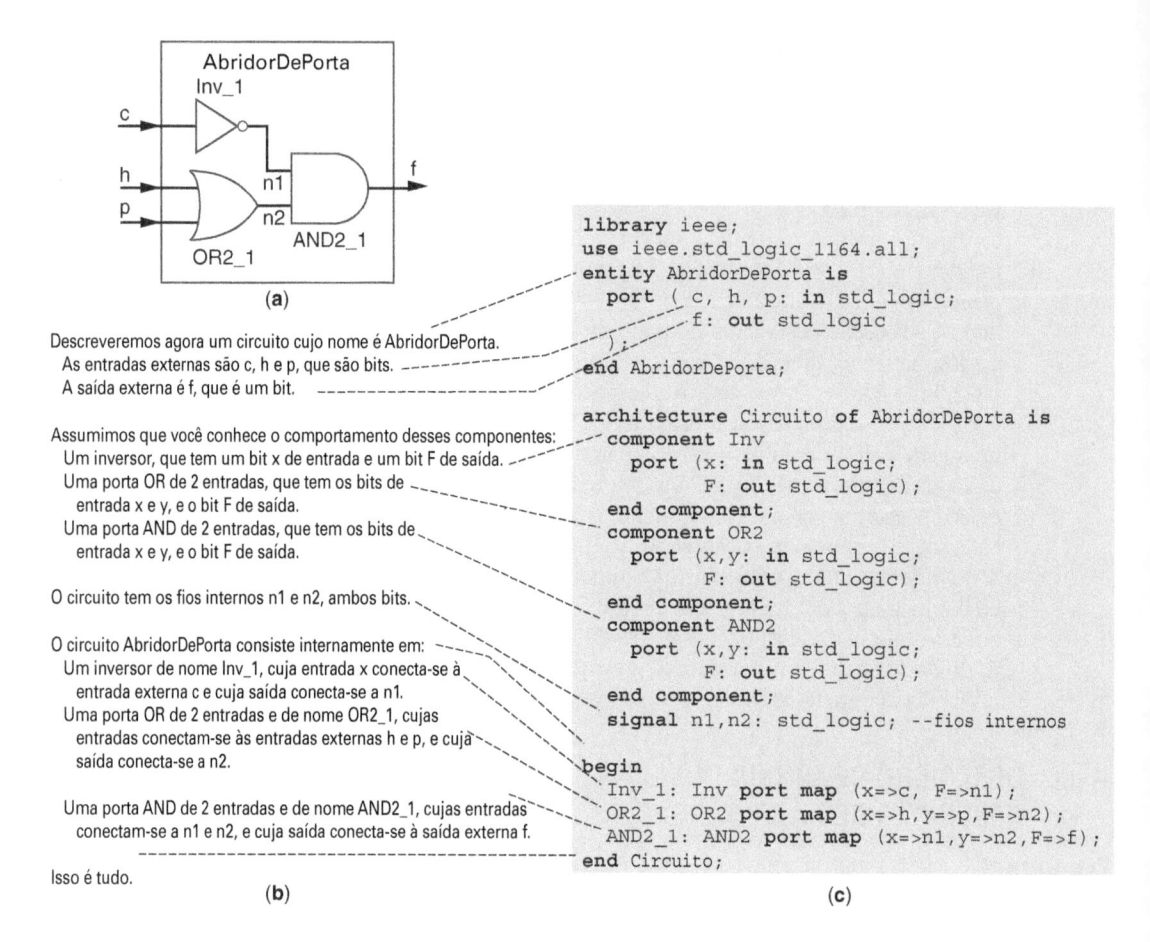

Figura 9.4 Descrição de um circuito usando uma linguagem textual, ao invés de desenhos: (a) esquemático, (b) descrição textual em língua portuguesa e (c) descrição textual em linguagem.

preensão da arquitetura. A arquitetura começa declarando quais componentes serão usados no projeto. Esses componentes devem ser definidos em algum outro lugar, possivelmente no início do arquivo de descrição, ou talvez em algum outro arquivo. Discutiremos mais tarde as definições desses componentes; por enquanto, assuma que de algum modo elas já estejam definidas. Cada declaração de componente deve conter a definição de suas entradas e saídas, sendo que essas entradas e saídas devem estar exatamente de acordo com a declaração de entidade do componente (encontrada em algum outro lugar).

Então, a descrição incluirá uma declaração *signal* (*sinal*) dos sinais internos do projeto, os quais essencialmente são fios internos. Juntamente com essa declaração, a descrição mostra um exemplo de comentário em VHDL: "-- fios internos". Os comentários começam com "--", seguindo-se no resto da linha um texto qualquer que queiramos. As ferramentas VHDL ignoram esse texto, mas é útil às pessoas que devem ler as descrições.

Finalmente, a descrição faz o instanciamento dos componentes do circuito e define as suas conexões. Por exemplo, a descrição faz o instanciamento de um componente denominado *Inv_1*, que é um componente do tipo *Inv* (o qual foi declarado anteriormente na descrição em VHDL) e indica que a entrada *x* de *Inv_1* está conectada a *c*, que é uma entrada externa. Uma notação alternativa, mais concisa, omite os nomes das portas. Usando essa notação, poderíamos instanciar o nosso inversor escrevendo "Inv_1: Inv port map (c, n1);". A ordem dos sinais no mapeamento de porta (*port map*) de *Inv* corresponde à ordem das portas que foi adotada na definição de componente de *Inv*. Nos exemplos subseqüentes, usaremos essa notação alternativa.

Na descrição, as palavras em negrito representam palavras reservadas, também conhecidas como palavras-chaves em VHDL. Não podemos usar palavras reservadas para nomes de entidades, arquiteturas, sinais, componentes instanciados, etc., já que essas palavras têm significados especiais que orientam as ferramentas VHDL na compreensão das nossas descrições.

Resumindo, a descrição estrutural em VHDL contém uma entidade que descreve o nome, as entradas e as saídas do projeto; uma declaração de quais componentes serão usados; uma declaração dos sinais internos e, finalmente, o instanciamento de todos os componentes, juntamente com as suas interconexões.

Então, a entidade que acabamos de definir poderá ser usada como componente em uma outra entidade.

Verilog

A Fig. 9.5(c) mostra uma descrição em Verilog do circuito *AbridorDePorta* da Fig. 9.5(a). Por conveniência, na Fig. 9.5(b) mostramos também a descrição em português e a correspondência entre as descrições em português e Verilog.

(a)

Descreveremos agora um circuito cujo nome é AbridorDePorta.
  As entradas externas são c, h e p, que são bits.
  A saída externa é f, que é um bit.

Assumimos que você conhece o comportamento desses
  componentes:
  Um inversor, que tem um bit x de entrada e um bit F de saída.
  Uma porta OR de 2 entradas, que tem os bits de entrada
x e y, e o bit F de saída.
  Uma porta AND de 2 entradas, que tem os bits de entrada
x e y, e o bit F de saída.

O circuito tem os fios internos n1 e n2, ambos bits.

O circuito AbridorDePorta consiste internamente em:
  Um inversor de nome Inv_1, cuja entrada x conecta-se à
    entrada externa c e cuja saída conecta-se a n1.
  Uma porta OR de 2 entradas e de nome OR2_1, cujas entradas
    conectam-se às entradas externas h e p, e cuja saída conecta-se a n2.
  Uma porta AND de 2 entradas e de nome AND2_1, cujas
    entradas conectam-se a n1 e n2, e cuja saída conecta-se à saída externa f.
Isso é tudo.

(b)

```verilog
module Inv(x, F);
  input x;
  output F;
  // detalhes não mostrados
endmodule
module OR2(x, y, F);
  input x, y;
  output F;
  // detalhes não mostrados
endmodule
module AND2(x, y, F);
  input x, y;
  output F;
  // details not shown
endmodule
module AbridorDePorta(c, h, p, f);
  input c, h, p;
  output f;
  wire n1, n2;
  Inv Inv_1(c, n1);
  OR2 OR2_1(h, p, n2);
  AND2 AND2_1(n1, n2, f);
endmodule
```

(c)

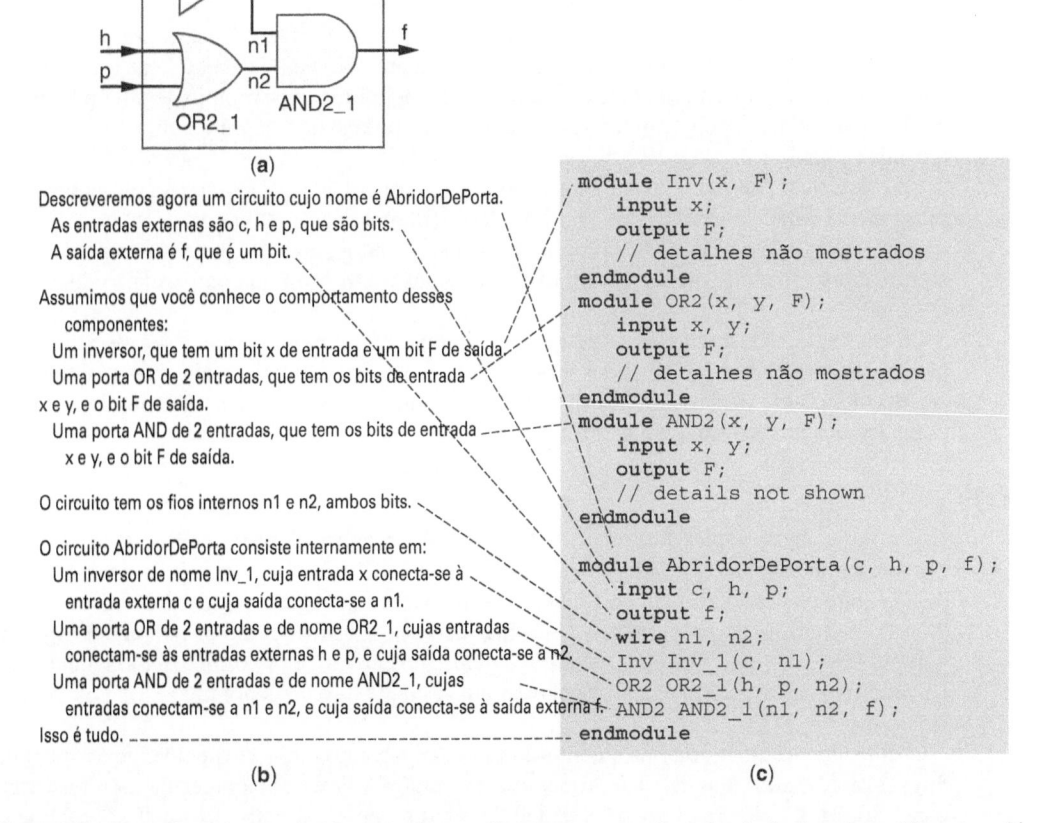

Figura 9.5 Descrição de um circuito usando uma linguagem textual, ao invés de desenhos: (a) esquemático, (b) descrição textual em língua portuguesa e (c) descrição textual em linguagem VHDL. As palavras em negrito são palavras reservadas de Verilog.

A descrição começa definindo módulos para um inversor *Inv*, uma porta OR de duas entradas *OR2* e uma porta AND de duas entradas *AND2*. Passaremos por cima da discussão desses módulos e começaremos a nossa discussão com a definição do quarto módulo *AbridorDePorta*.

A descrição declara um **module** (*módulo*) de nome *AbridorDePorta*. A declaração de módulo define um nome para o projeto e os nomes de suas entradas e saídas, conhecidas como portas. A declaração de módulo não diz nada sobre as portas ou as partes internas do projeto–apenas o nome e a interface do projeto.

A seguir, a descrição define o tipo de cada porta, atribuindo os tipos **input** (*entrada*) e **output** (*saída*), neste exemplo.

Então, a descrição inclui uma declaração para os **wires** (*fios*, ou *conexões*) internos, de nomes *n1* e *n2*.

Finalmente, a descrição faz o instanciamento dos componentes do circuito e define as conexões desses componentes. No módulo *AbridorDePorta*, a descrição instancia um componente de nome *Inv_1*, que é um componente do tipo *Inv*. As conexões às entradas e saídas dos componentes instanciados são especificadas na ordem em que os módulos dos componentes declaram as entradas e saídas. No instanciamento de *Inv_1*, a entrada *c* é ligada à entrada *x* do componente *Inv*. Em Verilog, o módulo que instancia um componente não precisa especificar a interface desse componente. Por exemplo, o módulo *AbridorDePorta* não contém uma declaração de quais componentes serão instanciados por ele ou qualquer informação relativa a esses componentes. Naturalmente, os componentes devem ser definidos em algum outro lugar, possivelmente no início desse mesmo arquivo, como está mostrado na Fig. 9.5(c), ou talvez em algum outro arquivo. Com propósitos de referência, o exemplo mostrado aqui dá especificações incompletas dos componentes *Inv*, *AND2* e *OR2* para que as portas e a interface desses componentes sejam mostradas claramente. Em vez de especificar o comportamento interno desses componentes, simplesmente incluímos um exemplo de um comentário em Verilog, os quais começam com "//" e a seguir, no restante da linha, um texto qualquer que queiramos.

Na descrição, as palavras em negrito representam palavras reservadas, também conhecidas como palavras-chaves em Verilog. Não podemos usar palavras reservadas para nomes de módulos, portas, fios, componentes instanciados, etc., já que essas palavras têm significados especiais que orientam as ferramentas de Verilog na compreensão de nossas descrições.

Resumindo, a descrição estrutural em Verilog inclui um módulo que descreve o nome do projeto, lista as entradas e as saídas do módulo e especifica o tipo de cada entrada e saída. A seguir, inclui uma declaração dos fios internos e, finalmente, o instanciamento de todos os componentes juntamente com as suas interconexões.

SystemC

A Fig. 9.6(c) mostra uma descrição em SystemC do circuito *AbridorDePorta* da Fig. 9.6(a). Por conveniência, na Fig. 9.6(b) mostramos também a descrição em português e a correspondência entre as descrições em português e SystemC. A linguagem SystemC é construída em cima da linguagem de programação C++, mas não é necessário ser um programador especialista em C++ para usar SystemC. Como resultado, no entanto, é importante ter em mente que há certas restrições, como não usar palavras chaves de C++ para denominar módulos, portas, sinais, etc.

Antes de definir o comportamento do circuito, devemos incluir o comando "`#include "systemc.h"`" no início de cada arquivo de SystemC. A descrição começa com uma declaração **SC_MODULE** (*módulo SC*), a qual define o nome do projeto, *AbridorDePorta*, neste caso. Uma declaração de módulo nada diz sobre as partes internas do projeto, apenas o nome

Linguagens de Descrição de Hardware ◀ **469**

(a)

Descreveremos agora um circuito cujo nome é AbridorDePorta.
As entradas externas são c, h e p, que são bits.
A saída externa é f, que é um bit.

Assumimos que você conhece o comportamento desses componentes:
Um inversor, que tem um bit x de entrada e um bit F de saída.
Uma porta OR de 2 entradas, que tem os bits de entrada x e y, e o bit F de saída.
Uma porta AND de 2 entradas, que tem os bits de entrada x e y, e o bit F de saída.

O circuito tem os fios internos n1 e n2, ambos bits.

O circuito AbridorDePorta consiste internamente em:
Um inversor de nome Inv_1, cuja entrada x conecta-se à entrada externa c e cuja saída conecta-se a n1.
Uma porta OR de 2 entradas e de nome OR2_1, cujas entradas conectam-se às entradas externas h e p, e cuja saída conecta-se a n2.
Uma porta AND de 2 entradas e de nome AND2_1, cujas entradas conectam-se a n1 e n2, e cuja saída conecta-se à saída externa f.
Isso é tudo.

(b)

```
#include "systemc.h"
#include "inv.h"
#include "or2.h"
#include "and2.h"

SC_MODULE (AbridorDePorta)
{
    sc_in<sc_logic> c, h, p;
    sc_out<sc_logic> f;
    // fios internos
    sc_signal<sc_logic> n1, n2;
    // declarações de componente
    Inv Inv1;
    OR2 OR2_1;
    AND AND2_1;
    // instanciamentos de componente
    SC_CTOR(AbridorDePorta):Inv_1("Inv_1"),
       OR2_1("OR2_1"), AND2_1("AND2_1")
    {
        Inv_1.x(c);
        Inv_1.F(n1);
        OR2_1.x(h);
        OR2_1.y(p);
        OR2_1.F(n2);
        AND2_1.x(n1);
        AND2_1.y(n2);
        AND2_1.F(f);
    }
};
```

(c)

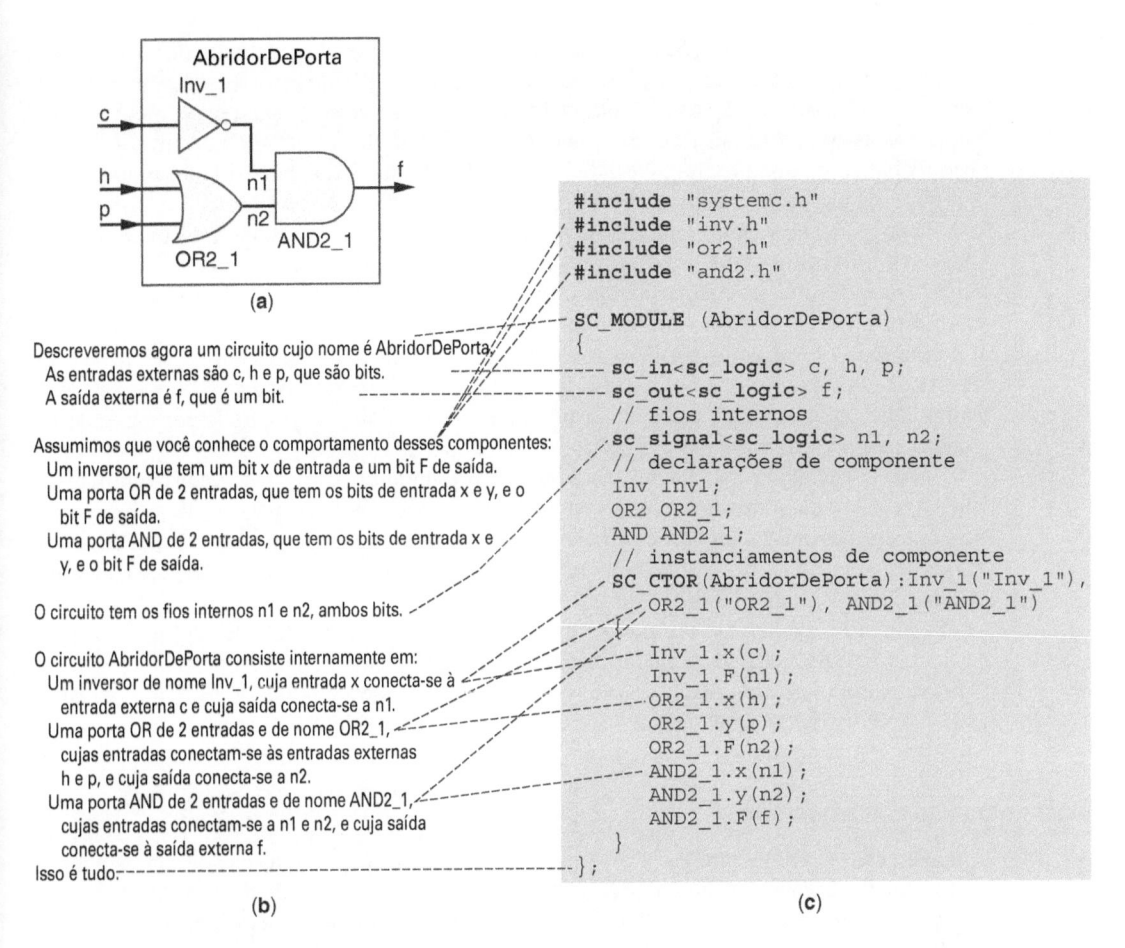

Figura 9.6 Descrição de um circuito usando uma linguagem textual ao invés de desenhos: (a) esquemático, (b) descrição textual em língua portuguesa e (c) descrição textual na linguagem SystemC. As palavras em negrito são palavras reservadas de SystemC.

do projeto. Dentro da descrição de módulo, as portas de entrada e saída do projeto são especificadas usando os comandos *sc_in<>* (*entrada SC*) e *sc_out<>* (*saída SC*), respectivamente. A descrição lista os nomes das portas e define os seus tipos, que neste caso é o tipo `sc_logic`, o qual especifica um único bit.

A seguir, a descrição inclui uma declaração dos sinais internos do projeto, especificados por *sc_signal* (*sinal SC*), que essencialmente são fios internos. Junto à declaração, incluiu-se na descrição um exemplo de comentário em SystemC: "`// fios internos`". Os comentários começam com "//" e então, no resto da linha, coloca-se um texto qualquer que queiramos.

Em seguida, o módulo declara que componentes serão usados no projeto. Um módulo de SystemC não precisa especificar a interface dos componentes, mas ao invés apenas o tipo de componente e um nome exclusivo para cada componente dentro do projeto.

O módulo define uma função construtiva **SC_CTOR** que é responsável pelo instanciamento e pelas conexões dos componentes no nosso projeto em SystemC. A função construtiva adota como argumento o nome do módulo corrente em SystemC, o qual neste caso é *AbridorDePorta*. Após o comando **SC_CTOR**, depois dos dois pontos, há uma lista de instanciamentos de componentes. Em SystemC, as instâncias de um módulo são usadas para chamar as funções construtivas de cada componente instanciado. No entanto, enfatizamos que as conexões entre os componentes individuais não são especificadas neste ponto. Ao invés, são os comandos dentro da função construtiva que definem no final quais são as conexões entre os componentes. Por exemplo, a entrada x do inversor *Inv_1* é conectada a *c*, a qual é uma entrada externa. Em SystemC, o módulo não requer que a interface de um componente seja especificada dentro dele. Naturalmente, os componentes devem estar completamente definidos em algum outro lugar, possivelmente antes no mesmo arquivo, ou talvez em algum outro arquivo. Na nossa descrição do *AbridorDePorta* em SystemC, as descrições dos componentes *Inv*, *AND2* e *OR2* são especificados em outros arquivos também em SystemC. Para usar esses componentes, deveremos incluir um comando no início do arquivo corrente para indicar onde poderemos encontrar essa descrição. Por exemplo, a nossa descrição de *AbridorDePorta* contém o comando "`#include "inv.h"`", especificando um arquivo dentro do qual a descrição do componente *Inv* poderá ser encontrada.

Em uma descrição, as palavras em negrito representam palavras reservadas, também conhecidas como palavras-chaves em SystemC e C++. Não podemos usar palavras reservadas como nomes de módulos, portas, sinais e componentes instanciados, etc., já que essas palavras têm significados especiais que orientam as ferramentas de SystemC e C++ na compreensão de nossas descrições.

Resumindo, a descrição estrutural em SystemC contém: um módulo que define o nome do projeto, a lista das entradas e saídas do módulo especificando os seus tipos, uma declaração dos sinais internos, uma declaração dos componentes dando o nome de cada um; a seguir, uma função construtiva que instancia os componentes do módulo e, finalmente, as interconexões dos componentes.

Comportamento combinacional

Tipicamente, as HDLs têm a capacidade de descrever as partes internas de um projeto na forma de um comportamento ao invés de um circuito. Essa capacidade permite-nos descrever os componentes construtivos de baixo nível que usamos em um projeto, como o comportamento de uma porta AND ou uma OR.

VHDL

A Fig. 9.7 mostra uma descrição comportamental de uma porta OR de duas entradas, que usamos como componente na Fig. 9.4(c), como você se recorda. A descrição começa com as declarações necessárias para usar `std_logic`. A seguir, ela declara a entidade denominada *OR2* como tendo duas portas *x* e *y* de entrada e uma porta *F* de saída, todas do tipo `std_logic`, ou seja, um bit cada uma. Então, a descrição define uma arquitetura denominada *comportamento* para *OR2*. Ela consiste em um **process** (*processo*) que é o construto de VHDL usado para descrever comportamento. Aqui, a declaração para o processo é "`process(x,y)`", ou seja, ele deverá ser executado do começo ao fim sempre que

```
library ieee;
use ieee.std_logic_1164.all;

entity OR2 is
  port (x, y: in std_logic;
        F: out std_logic
  );
end OR2;

architecture comportamento of OR2 is
begin
  process (x, y)
  begin
    F <= x or y;
  end process;
end comportamento;
```

Figura 9.7 Descrição comportamental de uma porta OR em VHDL.

houver uma alteração em *x* ou *y*; em outras palavras, o processo é **sensível** a *x* e *y*. O corpo do processo (a parte entre o começo e o fim do processo) pode conter comandos em seqüência, exatamente como os usados em C, mas com sintaxe diferente. O processo mostrado contém apenas um desses comandos, atribuindo o valor de "x or y" a *F*. Ocorre que o "or" é um operador interno de VHDL, o que torna simples a descrição interna da porta OR.

Como outro exemplo de uma descrição comportamental, vamos revisitar o nosso exemplo *AbridorDePorta* da Fig. 9.4(c), para o qual criamos uma arquitetura que tem uma descrição estrutural. Agora, poderemos alternativamente criar uma arquitetura com uma descrição comportamental – uma entidade VHDL pode ter múltiplas descrições de arquitetura da mesma entidade. Assumindo a mesma descrição de entidade da Fig. 9.4(c), a Fig. 9.8 mostra uma definição alternativa de arquitetura. O comportamento consiste em um processo sensível às entradas *c*, *h* e *p*. Quando o processo é executado (ou seja, sempre que *c*, *h* ou *p* sofrerem alguma alteração), então o seu único comando é executado, atualizando o valor de *f*.

Ao projetarmos o circuito *AbridorDePorta*, poderíamos começar com a descrição comportamental e realizar uma simulação para verificar se o comportamento está correto. A seguir, poderíamos criar uma descrição estrutural e realizar novamente uma simulação para verificar se o circuito apresenta a mesma funcionalidade da descrição comportamental. Na realidade, há ferramentas que automaticamente convertem tal comportamento em um circuito.

```
architecture b of AbridorDePorta is
begin
  process(c, h, p)
  begin
    f <= not(c) and (h or p);
  end process;
end b;
```

Figura 9.8 Descrição comportamental em VHDL do projeto AbridorDePorta.

Quando se escreve um processo VHDL para descrever o comportamento de um circuito combinacional, deve-se tomar cuidado para incluir todas as entradas do circuito na lista de sensitividade (*sensitivity list*) do processo. A omissão de uma entrada não constitui um erro em VHDL, mas essa omissão resultará em um comportamento que será diferente do combinacional: se uma entrada for omitida, a saída não irá se modificar quando essa entrada se alterar, significando que deve haver algum armazenamento no circuito.

Verilog

A Fig. 9.9 contém uma descrição comportamental de uma porta OR de duas entradas, que nós usamos como componente na Fig. 9.5, como você se recorda. A descrição começa com a declaração de um módulo denominado *OR2* e a especificação de que esse módulo tem três portas denominadas *x*, *y* e *F*. A seguir, a declaração define que ambas as portas *x* e *y* são entradas e a porta *F* é uma saída. Então, a descrição define que a saída *F* é do tipo *reg*. Em Verilog, a não ser que seja expresso algo em contrário, assume-se que todas as portas são implicitamente do tipo **wires** (*fios*), as quais não armazenam valores. Fios só podem criar conexões entre componentes. Se quisermos atribuir um valor a uma porta de saída, deveremos definir a porta como sendo do tipo **reg**, indicando que a porta de saída armazenará os valores que lhe atribuirmos. O código do nosso projeto em Verilog continua agora com um procedimento **always** (*sempre*), o qual define um bloco de código que deverá ser executado repetidamente sempre que ocorrer uma alteração em uma das entradas da

```
module OR2(x,y,F);
  input x, y;
  output F;
  reg F;

  always @(x or y)
  begin
    F <= x | y;
  end
endmodule
```

Figura 9.9 Descrição comportamental de uma porta OR em Verilog.

lista de entradas do bloco. A declaração para o procedimento *always* é "always @(x or y)", significando que o procedimento deverá ser executado do início ao fim sempre que houver uma alteração em *x* ou (*or*) *y*; em outras palavras, o procedimento é *sensível* a *x* e *y*. Os comandos do procedimento *always* (a parte entre os comandos *begin* (*começo*) e *end* (*fim*) do procedimento) podem ser seqüenciais, exatamente como os comandos seqüenciais em C, mas com sintaxe diferente. O bloco mostrado tem apenas um desses comandos, o qual atribui o valor " x | y" à saída *F*. Aqui, | é uma operação inerente ao Verilog que computa uma OR.

Como outro exemplo de uma descrição comportamental, vamos revisitar o nosso exemplo *AbridorDePorta* da Fig. 9.5(c), para o qual criamos uma descrição estrutural em Verilog. Alternativamente, podemos agora criar uma descrição comportamental. A Fig. 9.10 apresenta uma descrição comportamental em Verilog do circuito *AbridorDePorta*. A declaração de módulo é similar à descrição estrutural da Fig. 9.5(c), mas na descrição comportamental precisamos declarar que a saída *f* é do tipo **reg**. O comportamento consiste em um procedimento *always*, sensível às entradas *c*, *h* e *p*. Quando o procedimento é executado (ou seja, sempre que *c*, *h* e *p* sofrem alterações), então o procedimento executa um único comando que atualiza o valor de *f*, atribuindo o valor "(~c) & (h | p) ". Aqui, ~, & e | executam as operações de inversão, AND e OR, respectivamente.

```
module AbridorDePorta(c,h,p,f);
  input c, h, p;
  output f;
  reg f;

  always @(c or h or p)
  begin
    f <= (~c) & (h | p);
  end
endmodule
```

Figura 9.10 Descrição comportamental do projeto AbridorDePorta em Verilog.

Ao projetarmos o circuito *AbridorDePorta*, poderíamos começar com a descrição comportamental e realizar uma simulação para verificar se o comportamento está correto. A seguir, poderíamos criar uma descrição estrutural e realizar novamente uma simulação para verificar se o circuito apresenta a mesma funcionalidade da descrição comportamental. De fato, há ferramentas que automaticamente convertem tal comportamento em um circuito.

SystemC
A Fig. 9.11 contém uma descrição comportamental em SystemC de uma porta OR de duas entradas que usamos como componente na Fig. 9.6(c), como você se recorda. A descrição em SystemC declara um módulo denominado *OR2*, o qual tem duas portas *x* e *y* de entrada e uma porta *F* de saída, todas do tipo sc_logic, indicando que as entradas e a saída são bits individuais. O módulo define a função construtiva **SC_CTOR** que consiste em um único processo denominado *logicacomb* e definido como um **SC_METHOD** (*método SC*). Em SystemC, um **SC_METHOD** é um construto que descreve um comportamento. Aqui, a declaração do processo é "SC_METHOD (logicacomb); sensitive << x << y;". Isso significa que o processo executará o

```
#include "systemc.h"

SC_MODULE(OR2)
{
  sc_in<sc_logic> x, y;
  sc_out<sc_logic> F;

  SC_CTOR(OR2)
  {
    SC_METHOD(logicacomb);
    sensitive << x << y;
  }

  void logicacomb()
  {
    F.write(x.read() | y.read());
  }
};
```

Figura 9.11 Descrição comportamental de uma porta OR em SystemC.

comportamento do circuito, descrito na função *logicacomb*, sempre que houver uma alteração em *x* ou *y*. Em outras palavras, o processo é *sensível* a *x* e *y*. O corpo do processo está definido na função *logicacomb* sendo declarado como "`void logicacomb()`". A função do processo (a parte entre a chave de abertura "{" e a de fechamento "}") pode conter comandos seqüenciais, exatamente como os comandos seqüenciais em C ou C++, mas algumas vezes requer uma sintaxe diferente. O processo mostrado tem apenas um desses comandos escrevendo o valor de "`x.read( ) | y.read( )`" em *F*, em que | executa a operação OR. Em SystemC, pode-se ler o valor corrente de uma porta de entrada usando a função *read()* (ler) e pode-se escrever um valor em uma porta de saída usando a função *write()* (escrever). Embora possamos usar outros métodos para ter acesso às portas de entrada e saída, as funções *read()* e *write()* são as recomendadas.

Como outro exemplo de uma descrição comportamental, vamos revisitar o nosso exemplo *AbridorDePorta* da Fig. 9.6(c), para o qual tínhamos criado uma descrição estrutural em SystemC. Alternativamente, agora poderemos criar uma descrição comportamental. A Fig. 9.12 apresenta uma descrição comportamental em SystemC do circuito *AbridorDePorta*. A declaração de módulo é a mesma da descrição estrutural da Fig. 9.6(c). O comportamento consiste em um único processo denominado *logicacomb* que é sensível às entradas *c*, *h* e *p*. Quando o processo é executado (ou seja, sempre que *c*, *h* e *p* sofrem alterações), ele executa o seu único comando, o qual atualiza o valor de *f* atribuindo o valor "`(~c.read( )) & (h.read( ) | p.read( ) )`". Aqui, ~ executa uma operação de inversão, & executa uma operação AND e |, uma operação OR.

```
#include "systemc.h"

SC_MODULE(AbridorDePorta)
{
  sc_in<sc_logic> c, h, p;
  sc_out<sc_logic> f;

  SC_CTOR(AbridorDeporta)
  {
    SC_METHOD(logicacomb);
    sensitive << c << h << p;
  }

  void logicacomb()
  {
    f.write((~c.read()) & (h.read() |
            p.read()));
  }
};
```

Figura 9.12 Descrição comportamental do projeto *AbridorDePorta* em SystemC.

Ao projetarmos o circuito *AbridorDePorta*, poderíamos começar com a descrição comportamental e realizar uma simulação para verificar se o comportamento está correto. A seguir, poderíamos criar uma descrição estrutural e realizar novamente uma simulação para verificar se o circuito apresenta a mesma funcionalidade da descrição comportamental. De fato, há ferramentas que automaticamente convertem tal comportamento em um circuito.

Bancadas de teste

Um dos principais usos de uma HDL é a simulação de um novo projeto para assegurar que ele está correto. Para simular um projeto, precisamos colocar certos valores nas entradas do projeto e, em seguida, verificar se os valores de saída são os valores que esperávamos. Um sistema que prepara os valores de entrada e verifica os valores de saída é conhecido como **bancada de testes** (*testbench*). Mostraremos agora como criar uma bancada de teste em HDL para verificar o nosso circuito *AbridorDePorta*.

VHDL

A Fig. 9.13 mostra uma bancada de teste em VHDL para o projeto *AbridorDePorta* da Fig. 9.4(c). Observe que a entidade denominada *bancada de teste* não tem portas–a entidade é contida em si mesma, não necessita de entradas e não gera nenhuma saída. A arquitetura declara o componente que planejamos testar, especificamente o componente *AbridorDePorta*. A arquitetura instancia o componente *AbridorDePorta* produzindo uma instância que denominamos *AbridorDePorta1*. Um único processo na arquitetura ativa as entradas do componente e verifica se a saída é a correta. Essa bancada de teste verifica todos os casos possíveis para três entradas, havendo oito casos. Muitos componentes têm entradas demais para que todos os casos possíveis sejam testados; nesta situação, poderemos testar casos específicos (por exemplo, tudo 0, tudo 1) e então alguns casos aleatórios.

```vhdl
library ieee;
use ieee.std_logic_1164.all;

entity BancadaDeTeste is
end BancadaDeTeste;

architecture comportamento of BancadaDeTeste is
   component AbridorDePorta
      port ( c, h, p: in std_logic;
             f: out std_logic
      );
   end component;
   signal c, h, p, f: std_logic;
begin
   AbridorDePorta1: AbridorDePorta port map (c,h,p,f);

   process
   begin
      -- caso 0
      c <= '0'; h <= '0'; p <= '0';
      wait for 1 ns;
      assert (f='0') report "Caso 0 falhou";

      -- caso 1
      c <= '0'; h <= '0'; p <= '1';
      wait for 1 ns;
      assert (f='1') report "Caso 1 falhou";
      -- (casos 2-6 omitidos da figura)
      -- caso 7
      c <= '1'; h <= '1'; p <= '1';
      wait for 1 ns;
      assert (f='0') report "Caso 7 falhou";

      wait; -- o processo não "acorda" novamente
   end process;
end comportamento;
```

Figura 9.13 Descrição comportamental em VHDL da bancada de teste para *AbridorDePorta*.

Em cada caso, as três entradas do componente são preparadas com uma combinação de valores de entrada em particular. A seguir, espera-se até que esses valores propaguem-se pelo componente. Arbitrariamente esperaremos 1 ns de tempo de simulação, mas poderíamos ter escolhido qualquer tempo, porque na realidade nós não tínhamos criado um atraso de tempo para o componente. No entanto, nós temos que realmente esperar algum tempo porque uma simulação em VHDL é definida de modo que nenhum sinal seja atualizado instantaneamente, mas somente após um intervalo infinitamente pequeno de tempo de simulação. Em cada caso, após a espera, verifica-se a correção do valor na saída *f* usando um comando **assert** (*afirmar*). Se a condição do comando *assert* for verdadeira, a simulação prosseguirá no próximo comando, mas se a condição for falsa, a mensagem de erro correspondente será relatada e a simulação será encerrada.

Verilog

A Fig. 9.14 mostra uma bancada de teste em Verilog para o projeto *AbridorDePorta* da Fig. 9.5(c). Observe que o módulo denominado *Bancada de teste* não tem portas – o módulo está contido em si mesmo, não requer entradas e não gera nenhuma saída. O módulo declara primeiro três sinais *c*, *h* e *p*, do tipo registrador, e um único fio *f*. Os sinais *c*, *h* e *p* são declarados como **reg** porque deveremos atribuir valores aos sinais que serão conectados às entradas do projeto que estamos testando. Entretanto, como não precisamos atribuir um valor à saída que estamos monitorando,

```
module BancadaDeTeste;
  reg c, h, p;
  wire f;

  AbridorDePorta AbridorDePorta1(c, h, p, f);

  initial
  begin
    // caso 0
    c <= 0; h <= 0; p <= 0;
    #1 $display("f = %b", f);
    // caso 1
    c <= 0; h <= 0; p <= 1;
    #1 $display("f = %b", f);
    // (casos 2-6 omitidos da figura)
    // caso 7
    c <= 1; h <= 1; p <= 1;
    #1 $display("f = %b", f);
  end
endmodule
```

Figura 9.14   Descrição comportamental em Verilog da bancada de teste para *AbridorDePorta*.

o sinal *f* é declarado como sendo do tipo **wire** (*fio*). A bancada de teste instancia primeiro o componente *AbridorDePorta*, produzindo uma instância de nome *AbridorDePorta1*, e conecta as entradas e saídas do componente aos nossos sinais internos. A seguir, a bancada de teste inclui um procedimento de nome **initial** (*inicial*) que define um bloco de código que será executado apenas uma vez quando tiver início a execução da bancada de teste. O procedimento inicial prepara as entradas do componente *AbridorDePorta* e exibe o valor que é gerado na saída do componente. Essa bancada de teste tenta todos os casos possíveis com as três entradas, havendo oito deles. Muitos componentes têm entradas demais para que todos os casos possíveis sejam testados; nesta situação, poderemos tentar casos específicos (por exemplo, tudo 0, tudo 1) e então alguns casos aleatórios.

Em cada caso, as três entradas do componente são preparadas com uma combinação de valores de entrada em particular. A seguir, espera-se até que esses valores propaguem-se pelo componente. Arbitrariamente esperaremos 1 unidade de tempo de simulação usando o comando de controle de atraso " #1 ", mas poderíamos ter escolhido qualquer intervalo de tempo porque na realidade nós não tínhamos criado um atraso de tempo para o componente. A linguagem Verilog não define unidades padronizadas de tempo, como um nanossegundo, mas ao invés define simplesmente o tempo em termos de unidades de tempo, as quais podem ser usadas por um projetista dentro de um ambiente de simulação. De fato, temos que esperar um certo tempo porque na bancada de teste as atribuições são comandos do tipo *nonblocking*, os quais não são atualizados até que a simulação corrente esteja completada. Em cada caso, após o tempo de espera, o valor da saída *f* será gerado usando-se o comando *$display* (*exibir*). O comando "$display("f = %b", f)" fornece o valor de saída de *f* em binário. Por exemplo, se o valor de *f* for 1, então o comando *display* produzirá "f = 1". O comando *display* consiste em uma especificação de formato seguida de uma lista de fios, registradores e portas, separados por vírgulas. Dentro da especificação de formato do nosso comando *display*, o %b indica que o valor do sinal especificado após o formato será exibido em binário. Após a simulação estar completa, para determinar se o nosso circuito está funcionando corretamente, poderemos comparar os valores de saída da simulação com os valores esperados.

SystemC

A Fig. 9.15 mostra uma bancada de teste em SystemC para o projeto *AbridorDePorta* da Fig. 9.6(c). Observe que o módulo denominado *BancadaDeTeste* têm três portas de saída c_t, h_t e p_t, e uma porta de entrada f_t. Em SystemC, projetamos o circuito da bancada de teste como um módulo separado que se conecta ao projeto que está sendo testado. Portanto, para cada porta de entrada do circuito que estamos testando, a nossa bancada de teste terá uma porta de saída correspondente. De modo semelhante, para cada porta de saída do circuito que estamos testando, a nossa bancada de teste terá uma porta de entrada correspondente. O módulo da bancada de teste define um único processo de nome *bancada_de_teste_proc*. Esse processo de bancada de teste é definido como **SC_THREAD**, que é similar a um processo **SC_METHOD**, exceto que **SC_THREAD** permite-nos usar a função *wait()* (esperar) dentro do corpo de um processo **SC_METHOD**. O processo de bancada de teste controla as entradas do circuito que estamos testando e verifica se as saídas estão corretas. Essa bancada de teste tenta todos os casos possíveis para as três entradas de *AbridorDePorta*, havendo oito deles. Muitos

```
#include "systemc.h"

SC_MODULE(BancadaDeTeste)
{
  sc_out<sc_logic> c_t, h_t, p_t;
  sc_in<sc_logic> f_t;

  SC_CTOR(BancadaDeTeste)
  {
    SC_THREAD(bancada_de_teste_proc);
  }

  void bancada_de_teste_proc()
  {
    // caso 0
    c_t.write(SC_LOGIC_0);
    h_t.write(SC_LOGIC_0);
    p_t.write(SC_LOGIC_0);
    wait(1, SC_NS);
    assert( f_t.read() == SC_LOGIC_0 );

    // caso 1
    c_t.write(SC_LOGIC_0);
    h_t.write(SC_LOGIC_0);
    p_t.write(SC_LOGIC_1);
    wait(1, SC_NS);
    assert( f_t.read() == SC_LOGIC_1 );

    // (casos 2-6 omitidos da figura)
    // caso 7
    c_t.write(SC_LOGIC_1);
    h_t.write(SC_LOGIC_1);
    p_t.write(SC_LOGIC_1);
    wait(1, SC_NS);
    assert( f_t.read() == SC_LOGIC_0 );

    sc_stop();
  }
};
```

Figura 9.15 Descrição comportamental em SystemC da bancada de teste para *AbridorDePorta*.

componentes têm entradas demais para que todos os casos sejam testados; nesta situação, poderemos tentar casos específicos (por exemplo, tudo 0, tudo 1) e alguns casos aleatórios.

Em cada caso, as três entradas do circuito *AbridorDePorta* são preparadas com uma dada combinação de valores de entrada. A seguir, espera-se até que esses valores propaguem-se pelo componente. Arbitrariamente esperaremos 1 ns de tempo de simulação, mas poderíamos ter escolhido qualquer tempo, porque na realidade não tínhamos criado um atraso de tempo para o componente. No entanto, temos que realmente esperar algum tempo porque uma simulação em SystemC é definida de tal modo que nenhum sinal é atualizado instantaneamente, mas somente após um intervalo infinitamente pequeno de tempo de simulação. Em cada caso, verifica-se a correção do valor de saída após a espera. Para isso, fazemos uma leitura da porta *f* e usamos um comando **assert** (*afirmar*). Se a condição do comando *assert* for verdadeira, a simulação prosseguirá no próximo comando. Entretanto, se a condição for falsa, a simulação irá parar e a mensagem de erro correspondente será relatada.

Em SystemC, valores tais como 0 e 1 são valores inteiros e não lógicos. Por outro lado, os valores lógicos 0 e 1 são definidos na linguagem SystemC como *SC_LOGIC_0* e *SC_LOGIC_1*, respectivamente, os quais foram usados por nós na descrição.

▶ 9.3 DESCRIÇÃO DE LÓGICA SEQÜENCIAL USANDO LINGUAGENS DE DESCRIÇÃO DE HARDWARE

Registrador

Em lógica seqüencial, o componente mais básico é o registrador. Mostraremos agora como modelar um registrador básico em HDLs.

VHDL

A Fig. 9.16 mostra um registrador básico de quatro bits em VHDL. O registrador é idêntico ao descrito na Fig. 3.30. A entidade define a entrada *I* e a saída *Q*, ambas de dados, assim como a entrada de relógio *clk*. A entrada *I* e a saída *Q* deste projeto correspondem a valores de quatro bits. Ao invés de usar oito entradas e saídas individuais do tipo *std_logic*, as portas *I* e *Q* da entidade são definidas como sendo do tipo *std_logic_vector*. Um *std_logic_vector* é um vetor, ou arranjo (*array*) com múltiplos elementos do tipo *std_logic*.

```
library ieee;
use ieee.std_logic_1164.all;

entity Reg4 is
    port ( I: in std_logic_vector(3 downto 0);
           Q: out std_logic_vector(3 downto 0);
           clk: in std_logic
    );
end Reg4;

architecture comportamento of Reg4 is
begin
    process(clk)
    begin
        if (clk='1' and clk'event) then
            Q <= I;
        end if;
    end process;
end comportamento;
```

Figura 9.16 Descrição comportamental em VHDL de um registrador de quatro bits.

Por exemplo, a declaração de tipo "std_logic_vector(3 downto 0)" define um vetor de 4 bits com elementos do tipo *std_logic*, em que as posições dos bits dentro do vetor são numeradas de 3 a 0. O comando **downto** (*decrescendo até*) define a ordem dos elementos dentro do vetor, indicando que o elemento 3 está localizado na posição mais à esquerda. Assim, o comando "I<="1000"" irá atribuir o valor '1' à posição 3 do vetor I e o valor '0' às três posições restantes. Quando se atribui um valor a um *std_logic_vector*, o valor do vetor deve ser especificado com aspas duplas. Por exemplo, o valor decimal 5 seria especificado como um *std_logic_vector* de valor "0101".

A arquitetura descreve o registrador de forma comportamental, usando um comando de processo. Esse processo é sensível apenas à sua entrada *clk*–como o processo só deve atualizar a sua saída durante uma borda de subida do relógio, não é necessário executar esse processo quando a entrada *I* é alterada. Se *clk* for alterado, então o processo começará a executar os seus comandos. O primeiro comando verifica se o processo começou a ser executado devido a uma borda de subida do relógio (0 a 1), em oposição a uma borda de descida (1 a 0). Para verificar se ocorreu uma borda de subida, o comando testa se a entrada *clk* acabou de se alterar (clk'event) e se essa alteração foi para 1 (clk='1'). Se o processo começar a ser executado devido a uma borda de subida do relógio, então ele atualizará os conteúdos do registrador usando o comando "q <= I". No caso de ter ocorrido uma borda de descida do relógio, o processo começará a ser executado, verificando a condição do comando *if* (*se*) e chegando então ao seu final. A execução do processo é interrompida sem que a saída *Q* tenha sido atualizada. Idealmente, a VHDL deveria ter um modo para que a execução de um processo fosse iniciada apenas na borda de subida do relógio, mas ela não conta com esse recurso.

Em VHDL, portas de saída são um tipo de sinal e em uma simulação os sinais têm memória. Assim, a atribuição do valor de *I* à saída *Q* faz com que *Q* retenha o novo valor, mesmo quando o processo pára de ser executado. Desse modo, implementamos a parte de armazenamento do registrador.

Verilog

A Fig. 9.17 mostra um registrador básico de quatro bits em Verilog. O registrador é idêntico ao descrito na Fig. 3.30. O módulo define a entrada *I* e a saída *Q*, ambas de dados, assim como a entrada de relógio *clk*. A entrada *I* e a saída *Q* deste projeto correspondem a valores de quatro bits. Ao invés de usar oito entradas e saídas individuais, as portas *I* e *Q* do módulo são definidas como vetores. Por exemplo, a declaração de tipo "input [3:0] I" define um vetor de entrada de 4 bits, em que as posições dos bits dentro do vetor são numeradas de 3 a 0. O [3:0] define a ordem dos elementos no vetor, indicando que o elemento 3 está localizado na posição mais à esquerda. Assim, o comando "I<=4'b1000" iria atribuir o valor 1 à posição 3 do vetor *I* e o valor 0 às três posições restantes. Quando se atribui um valor a um vetor, devemos especificar o número de bits que esse valor terá, a base com a qual estamos especificando o valor e o próprio valor. Por exemplo, o valor decimal 5 seria especificado como *4'b0101*, um valor binário de 4 bits.

```
module Reg4(I, Q, clk);
  input [3:0] I;
  input clk;
  output [3:0] Q;
  reg [3:0] Q;

  always @(posedge clk)
  begin
    Q <= I;
  end
endmodule
```

Figura 9.17 Descrição comportamental em Verilog de um registrador de quatro bits.

O módulo descreve o registrador de forma comportamental, usando um procedimento *always*. Esse procedimento é sensível à borda positiva da entrada *clk*. Isso é especificado com o uso da palavra-chave *posedge* (*borda positiva*) – como o processo só deve atualizar a sua saída durante uma borda de subida do relógio, o procedimento *always* não precisa ser executado quando a entrada *I* é alterada. Na borda positiva do relógio, o procedimento atualiza os conteúdos do registrador usando o comando "Q <= I". Como a saída *Q* foi definida por nós como sendo do tipo *reg*, a atribuição do valor de *I* à saída *Q* faz com que *Q* retenha o novo valor, mesmo quando o processo pára de ser executado. Desse modo, implementamos a parte de armazenamento do registrador.

SystemC

A Fig. 9.18 mostra um registrador básico de quatro bits em SystemC. O registrador é idêntico ao descrito na Fig. 3.30. O módulo define a entrada *I* e a saída *Q*, ambas de dados, assim como a entrada de relógio *clk*. A entrada *I* e a saída *Q* deste projeto correspondem a valores de quatro bits. Ao invés de usar oito entradas e saídas individuais do tipo *sc_logic*, as portas *I* e *Q* do módulo são definidas como vetores lógicos do tipo *sc_lv* (*lv* de *logical vector*). Um vetor *sc_lv* tem múltiplos elementos do tipo *sc_logic*. Por exemplo, a declaração de tipo "sc_lv<4>" define um vetor com 4 bits de elementos do tipo *sc_logic*, em que as posições dos bits no vetor são numeradas de 3 a 0. Em SystemC, a ordem dos elementos dentro do vetor é definida de modo que a posição mais à esquerda é o bit mais significativo. Por exemplo, o comando "I<="1000"" atribui o valor 1 à posição 3 do vetor *I* e o valor 0 às três posições restantes. Quando se atribui um valor a um vetor do tipo *sc_lv*, o valor deve ser especificado com aspas duplas. Por exemplo, o valor decimal 5 seria especificado como sendo *sc_lv* de 4 bits e valor *"0101"*. Observe que, quando definimos a porta de entrada de *I*, incluímos um espaço em branco entre os dois sinais finais "maior do que", >. Em SystemC, esse espaço é necessário.

O módulo consiste em um único processo de nome *logica_seq*, que é sensível à borda positiva da entrada *clk*. Isso foi especificado com o uso do comando *sensitive_pos* que é utilizado para definir a lista de sensitividade. Como o módulo só deve atualizar a sua saída durante uma borda de subida do relógio, o processo *logica_seq* não precisará ser "acordado" se a entrada *I* for alterada. Na borda positiva do relógio, o registrador tem os seus conteúdos atualizados por meio do comando "Q.write(I.read())"

Em SystemC, as portas de saída são um tipo de sinal e sinais têm memória. Assim, a atribuição do valor de *I* à *Q* faz com que *Q* retenha o novo valor, mesmo quando o processo pára de ser executado. Desse modo, implementamos a parte de armazenamento do registrador.

```
#include "systemc.h"

SC_MODULE(Reg4)
{
  sc_in<sc_lv<4> > I;
  sc_out<sc_lv<4> > Q;
  sc_in<sc_logic> clk;

  SC_CTOR(Reg4)
  {
    SC_METHOD(seq_logic);
    sensitive_pos << clk;
  }

  void logic_seq()
  {
    Q.write(I.read());
  }
};
```

Figura 9.18 Descrição comportamental em SystemC de um registrador de quatro bits.

Oscilador

VHDL

O registrador apresentado na Fig. 9.16 tem uma entrada de relógio. Assim, precisamos definir um componente oscilador que gera um sinal de relógio. A Fig. 9.19 ilustra um oscilador que está descrito em VHDL. A entidade define uma saída *clk*. A arquitetura consiste em um processo, mas observe que o processo não possui uma lista de sensitividade. Implicitamente, esse processo executa os seus comandos como se eles estivessem contidos em um laço infinito. Assim, ele atribui 0 ao sinal de relógio, fica "adormecido" até que tenham se passado 10 ns do tempo de simulação, atribui 1 ao relógio, fica adormecido por mais 10 ns do tempo de simulação, retorna ao primeiro comando do processo, aquele que atribui 0 ao relógio, e assim por diante. A forma de onda desse oscilador será idêntica à mostrada na Fig. 3.17.

Em VHDL, o comando ***wait for*** (*espere por*) diz ao simulador durante quanto tempo de simulação a execução do processo deve ser interrompida. Um processo *sem* uma lista de sensitividade *deve* ter ao menos um comando de espera, senão o simulador nunca irá parar de simular esse processo (porque o processo está em um laço infinito) e, portanto, o simulador nunca terá a oportunidade de atualizar as saídas ou simular outros processos. Por outro lado, um processo *com* uma lista de sensitividade *não pode* conter comandos de espera, porque por definição a lista de sensitividade define quando o processo deve ser executado.

```vhdl
library ieee;
use ieee.std_logic_1164.all;

entity Osc is
  port ( clk: out std_logic );
end Osc;

architecture comportamento of Osc is
begin
  process
  begin
    clk <= '0';
    wait for 10 ns;
    clk <= '1';
    wait for 10 ns;
  end process;
end comportamento;
```

Figura 9.19 Descrição de um oscilador em VHDL.

Verilog

O registrador apresentado na Fig. 9.17 tem uma entrada de relógio. Assim, precisamos definir um componente oscilador que gera um sinal de relógio. A Fig. 9.20 ilustra um oscilador descrito em Verilog. O módulo define uma saída, *clk*. O módulo consiste em um procedimento *always*, mas observe que o procedimento *always* não possui uma lista de sensitividade. Implicitamente, esse procedimento executa os seus comandos como se eles estivessem contidos em um laço infinito. Assumindo que estamos usando uma escala de tempo em nanossegundos, o procedimento *always* atribui 0 ao sinal de relógio, espera 10 ns de tempo de simulação, atribui 1 ao relógio, atrasa-se por mais 10 ns de tempo de simulação, retorna ao primeiro comando do procedimento, aquele que atribui 0 ao relógio, e assim por diante. A forma de onda desse oscilador será idêntica à mostrada na Fig. 3.17.

```
module Osc(clk);
  output clk;
  reg clk;

  always
  begin
    clk <= 0;
    #10;
    clk <= 1;
    #10;
  end
endmodule
```

Figura 9.20 Descrição de um oscilador em Verilog.

O comando de controle de atraso, especificado com o caractere #, diz ao simulador durante quanto tempo de simulação a execução do processo deve ser interrompida. Um processo *sem* uma lista de sensitividade *deve* ter ao menos um comando de controle de atraso, senão o simulador nunca iria parar de simular esse procedimento (já que este está em um laço infinito) e, portanto, nunca teria a oportunidade de atualizar as saídas ou simular outros procedimentos. Por outro lado, um procedimento *com* uma lista de sensitividade *não pode* conter comandos de controle de atraso, porque por definição a lista de sensitividade define quando o procedimento deve ser "acordado".

SystemC

O registrador apresentado na Fig. 9.18 tem uma entrada de relógio. Assim, precisamos definir um componente oscilador que gera um sinal de relógio. A Fig. 9.21 ilustra um oscilador que está descrito em SystemC. O módulo define uma saída *clk*. O módulo consiste em um único processo denominado *logica_seq* e implementado como **SC_THREAD**. Implicitamente, um processo **SC_THREAD** é executado apenas uma vez. Para assegurar que o processo seja executado continuamente, colocamos os comandos do processo em um laço infinito, o qual é implementado com o uso do comando "while(true)" (*enquanto* (*verdadeiro*)). Assim, os comandos dentro das chaves serão executados para sempre pelo laço. Durante a execução, o processo atribui 0 ao sinal de relógio, suspende a execução durante 10 ns do tempo de simulação, atribui 1 ao relógio, fica "adormecido" por mais 10 ns do tempo de simulação, atribui 0 ao sinal de relógio, e assim por diante. A forma de onda desse oscilador será idêntica à mostrada na Fig. 3.17.

```
#include "systemc.h"

SC_MODULE(Osc)
{
  sc_out<sc_logic> clk;

  SC_CTOR(Osc)
  {
    SC_THREAD(logic_seq);
  }

  void logic_seq()
  {
    while(true) {
      clk.write(SC_LOGIC_0);
      wait(10, SC_NS);
      clk.write(SC_LOGIC_1);
      wait(10, SC_NS);
    }
  }
};
```

Figura 9.21 Descrição de um oscilador em SystemC.

Em SystemC, a função *wait()* diz ao simulador durante quanto tempo de simulação a execução do processo deverá permanecer interrompida. Por exemplo, o comando "wait(10, SC_NS);" irá suspender a execução do processo durante 10 ns. Um processo **SC_THREAD**, que explicitamente implementa um laço infinito, *deve* ter ao menos um comando de espera, senão o simulador nunca irá parar de simular esse processo (porque o processo está em um laço infinito) e, portanto, o simulador não poderá atualizar as saídas ou simular outros processos.

Blocos de controle

Lembre-se de que um tipo comum de circuito seqüencial é um bloco de controle, o qual implementa uma máquina de estados finitos. O bloco de controle consiste em um registrador de estado e uma lógica combinacional.

VHDL

A Fig. 9.22 mostra um modo de se modelar um bloco de controle em VHDL. O bloco de controle modelado é descrito pela FSM mostrada nas Figs. 3.38 e 3.39. A entidade VHDL denominada *TemporizadorDeLaser* define as entradas e saídas do bloco de controle.

A arquitetura VHDL descreve o comportamento da entidade. Ela consiste em dois processos, um que modela o registrador de estado e outro que modela a lógica combinacional. Os dois formam a arquitetura padrão do bloco de controle da Fig. 3.47.

Figura 9.22 Descrição comportamental em VHDL do bloco de controle de *TemporizadorDeLaser*.

```vhdl
library ieee;
use ieee.std_logic_1164.all

entity TemporizadorDeLaser is
   port (b: in std_logic;
         x: out std_logic;
         clk, rst: in std_logic
   );
end TemporizadorDeLaser;

architecture comportamento of LaserTimer is
   type tipoestado is
      (S_Desligado, S_Ligado1, S_Ligado2, S_Ligado3);
   signal estadoatual, proximoestado:
      tipoestado;
begin
   registradordeestado: process(clk, rst)
   begin
      if (rst='1') then -- estado inicial
         estadoatual <= S_Desligado;
      elsif (clk='1' and clk'event) then
         estadoatual <= proximoestado;
      end if;
   end process;

   logicacomb: process (estadoatual, b)
   begin
      case estadoatual is
         when S_Desligado =>
            x <= '0'; -- laser desligado
            if (b='0') then
               proximoestado <= S_Desligado;
            else
               proximoestado <= S_Ligado1;
            end if;
         when S_Ligado1 =>
            x <= '1'; -- laser ligado
            proximoestado <= S_Ligado2;
         when S_Ligado2 =>
            x <= '1'; -- laser ainda ligado
            proximoestado <= S_Ligado3;
         when S_Ligado3 =>
            x <= '1'; -- laser ainda ligado
            proximoestado <= S_Desligado;
      end case;
   end process;
end comportamento;
```

O primeiro processo descreve o registrador de estado do bloco de controle. Esse processo denominado *registradordeestado* é sensível às entradas *clk* e *rst*. Se a entrada *rst* estiver habilitada, então o processo atribuirá assincronamente o estado inicial *S_ Desligado* da FSM ao sinal *estadoatual*. Em caso contrário, se o relógio estiver subindo, o processo atualizará o registrador de estado com o próximo estado.

Os sinais *estadoatual* e *proximoestado* são definidos como sendo de um tipo definido pelo usuário, de nome *tipoestado*. Esse tipo é definido pelo comando **type** (*tipo*) e especifica os valores possíveis que um sinal desse tipo pode assumir. Ao se especificar *tipoestado* para representar os estados de uma FSM, a declaração **type** listará os nomes de todos os estados do bloco de controle, especificamente *S_ Desligado*, *S_Ligado1*, *S_Ligado2* e *S_Ligado3*.

O segundo processo descreve a lógica combinacional do bloco de controle. Esse processo denominado *logicacomb* é sensível às entradas da lógica combinacional da Fig. 3.47, especificamente, às entradas externas (nesse caso, *b*) e às saídas do registrador de estado (*estadoatual*). Quando qualquer um desses itens sofre uma alteração, o processo coloca o valor apropriado do estado atual na saída *x*, neste caso, da FSM. O processo também determina qual deve ser o estado seguinte, baseado no estado atual e nos valores das entradas (isto é, nas condições das transições da FSM). Na próxima borda de subida do relógio, o próximo estado será carregado no registrador de estado pelo processo do registrador de estado.

Observe que a arquitetura declara os dois sinais *estadoatual* e *proximoestado*. Sinais são visíveis em todos os processos de uma arquitetura. O sinal *estadoatual* representa o valor atual que está armazenado no registrador de estado. O sinal *proximoestado* representa o valor que vem da lógica combinacional e que se dirige ao registrador de estado. Observe também que a arquitetura declara esses sinais como sendo do tipo *tipoestado*, o qual foi definido na arquitetura como um tipo cujo valor pode ser *S_Desligado*, *S_Ligado1*, *S_Ligado2* ou *S_Ligado3*.

Verilog

A Fig. 9.23 mostra um modo de se modelar um bloco de controle em Verilog. O bloco de controle modelado é descrito pela FSM mostrada nas Figs. 3.38 e 3.39. O módulo Verilog, de nome *TemporizadorDeLaser*, define as entradas e saídas do bloco de controle.

O módulo consiste em dois procedimentos, um que modela o registrador de estado e outro que modela a lógica combinacional, formando a arquitetura padrão do bloco de controle da Fig. 3.47.

O procedimento do registrador de estado é sensível às bordas positivas das entradas *clk* e *rst*. O registrador de estado tem um sinal assíncrono de *reset* e, para modelar esse *reset* assíncrono, o procedimento do registrador de estado deve ser sensível à borda positiva da entrada *rst*. Nessa borda, o procedimento será "acordado" assincronamente

```verilog
module TemporizadorDeLaser(b, x, clk, rst);
   input b, clk, rst;
   output x;
   reg x;

   parameter S_Desligado = 2'b00,
             S_Ligado1   = 2'b01,
             S_Ligado2   = 2'b10,
             S_Ligado3   = 2'b11;

   reg [1:0] estadoatual;
   reg [1:0] proximoestado;
   // procedimento para o registrador de estado
   always @(posedge rst or posedge clk)
   begin
     if (rst==1) // estado inicial
        estadoatual <= S_Desligado;
     else
        estadoatual <= proximoestado;
   end
   // procedimento para a lógica combinacional
   always @(estadoatual or b)
   begin
     case (estadoatual)
       S_Desligado: begin
         x <= 0; // laser desligado
         if (b==0)
            proximoestado <= S_Desligado;
         else
            proximoestado <= S_Ligado1;
       end
       S_Ligado1: begin
         x <= 1; // laser ligado
         proximoestado <= S_Ligado2;
       end
       S_Ligado2: begin
         x <= 1; // laser ainda ligado
         proximoestado <= S_Ligado3;
       end
       S_Ligado3: begin
         x <= 1; // laser ainda ligado
         proximoestado <= S_Desligado;
       end
     endcase
   end
endmodule
```

Figura 9.23 Descrição comportamental em Verilog do bloco de controle de *TemporizadorDeLaser*.

e atribuirá o estado inicial *S_Desligado* da FSM ao sinal *estadoatual*. Na borda de subida da entrada de relógio *clk*, se a entrada de *reset* não estiver habilitada, então o procedimento atualizará o registrador de estado com o valor de *proximoestado*, o qual foi determinado pelo procedimento da lógica combinacional.

Em Verilog, devemos especificar explicitamente o tamanho dos registradores de estado, assim como definir os valores associados a cada estado da FSM. Dentro do módulo *TemporizadorDeLaser*, declaramos quatro valores de parâmetros, a saber, *S_ Desligado*, *S_Ligado1*, *S_Ligado2* e *S_Ligado3*, os quais especificam os valores atribuídos a cada um dos estados da FSM. Por exemplo, "`S_Desligado = 2'b00`" define o nome de estado *S_Desligado* e atribui o valor de dois bits "00" a esse estado. Então, no módulo inteiro, ao invés de usarmos valores específicos de bits, poderemos nos referir a esse estado usando *S_Desligado*. Mesmo que não seja exigido na definição de uma máquina de estados, o uso de parâmetros aumenta a legibilidade do projeto e torna as revisões da FSM muito mais fáceis. Como a FSM do *TemporizadorDeLaser* tem quatro estados, precisamos de um registrador de estado de dois bits. Portanto, declaramos os sinais *estadoatual* e *proximoestado* como sendo registradores de dois bits.

O segundo procedimento é o da lógica combinacional que implementa a lógica de controle da FSM. Esse procedimento é sensível às entradas da lógica combinacional da Fig. 3.47, especificamente, às entradas externas (nesse caso, *b*) e às saídas do registrador de estado (*estadoatual*). Quando qualquer um desses itens sofre uma alteração, o procedimento coloca o valor apropriado do estado atual na saída *x*, neste caso, da FSM. O procedimento determina também qual deve ser o estado seguinte, baseado no estado atual e nos valores das entradas (isto é, nas condições das transições da FSM). Na próxima borda de subida do relógio, o próximo estado será carregado no registrador de estado pelo procedimento de registrador de estado.

Observe que o módulo declara os dois sinais *estadoatual* e *proximoestado*. Sinais são visíveis em todos os procedimentos de um módulo. O sinal *estadoatual* representa o valor atual que está armazenado no registrador de estado. O sinal *proximoestado* representa o valor que vem da lógica combinacional e que é enviado ao registrador de estado.

SystemC

A Fig. 9.24 mostra um modo de se modelar um bloco de controle em SystemC. O bloco de controle modelado é descrito pela FSM mostrada nas Figs. 3.38 e 3.39. O módulo denominado *TemporizadorDeLaser* define as entradas e saídas do bloco de controle.

O módulo consiste em dois processos, um denominado *registradordeestado* que modela o registrador de estado e outro denominado *logicacomb* que modela a lógica combinacional. Os dois em conjunto formam a arquitetura padrão do bloco de controle da Fig. 3.47.

O processo do registrador de estado é sensível às bordas positivas das entradas *rst* e *clk*. O registrador de estado tem um sinal assíncrono de *reset*. Para se modelar o *reset* assíncrono, o processo do registrador de estado deve ser sensível à borda positiva da entrada *rst*. Nessa borda, o processo será "acordado" assincronamente e atribuirá o estado inicial *S_Desligado* da FSM ao sinal *estadoatual*. Na borda de subida da entrada de relógio *clk*, se a entrada de *reset* não estiver habilitada, então o processo atualizará o registrador de estado com o valor de *proximoestado*, o qual foi determinado pelo processo de lógica combinacional.

Os sinais *estadoatual* e *proximoestado* são definidos como sendo de um tipo definido pelo usuário, de nome *tipoestado*. Esse tipo é definido pelo comando **enum** (de *enumeração*) e especifica os valores possíveis que um sinal desse tipo pode assumir. Ao especificar *tipoestado*, que representa os estados de uma FSM, a declaração **enum** lista os nomes de todos os estados do nosso bloco de controle, especificamente *S_ Desligado*, *S_Ligado1*, *S_Ligado2* e *S_Ligado3*.

O segundo processo denominado *logicacomb* é sensível às entradas da lógica combinacional da Fig. 3.47, especificamente, às entradas externas e às saídas do registrador de estado. Quando qualquer um desses itens sofre uma alteração, o processo coloca o valor apropriado do estado atual na saída *x*, neste caso, da FSM. O processo também determina qual deve ser o próximo estado, baseado no estado atual e nos valores das entradas (isto é, nas condições das transições da FSM). Na próxima borda de subida do relógio, o próximo estado será carregado no registrador de estado pelo processo do registrador de estado. No primeiro estado, dependendo do valor da entrada *b*, determinamos o estado seguinte realizando a comparação "b.read() == SC_LOGIC_0". Observe que a comparação de igualdade usa a sintaxe "==". Ao invés, se acidentalmente tivéssemos usado a sintaxe "=", o que é um comando válido, o nosso projeto não funcionaria corretamente.

Observe que o módulo declara dois sinais do tipo *sc_signal*, a saber, *estadoatual* e *proximoestado*. Sinais são visíveis em todos os processos de um módulo. O sinal *estadoatual* representa o valor atual que está armazenado no registrador de estado. O sinal *proximoestado* representa o valor que vem da lógica combinacional e que é enviado ao registrador de estado. Observe também que a arquitetura declara esses sinais como sendo do tipo *tipoestado*, definido na arquitetura como sendo um tipo cujo valor pode ser *S_ Desligado*, *S_Ligado1*, *S_Ligado2* ou *S_Ligado3*.

```
#include "systemc.h"

enum tipoestado { S_Desligado, S_Ligado1,
    S_Ligado2, S_Ligado3 };

SC_MODULE(TemporizadorDeLaser)
{
  sc_in<sc_logic> b, clk, rst;
  sc_out<sc_logic> x;
  sc_signal<tipoestado> estadoatual, proximoestado;

  SC_CTOR(TemporizadorDeLaser) {
    SC_METHOD(registradordeestado);
    sensitive_pos << rst << clk;
    SC_METHOD(logicacomb);
    sensitive << estadoatual << b;
  }

  void registradordeestado() {
    if( rst.read() == SC_LOGIC_1 )
      estadoatual = S_Deligado; // estado inicial
    else
      estadoatual = proximoestado;
  }
  void logicacomb() {
    switch (estadoatual) {
      case S_Desligado:
        x.write(SC_LOGIC_0); // laser desligado
        if( b.read() == SC_LOGIC_0 )
          proximoestado = S_Desligado;
        else
          proximoestado = S_Ligado1;
        break;
      case S_Ligado1:
        x.write(SC_LOGIC_1); // laser ligado
        proximoestado = S_Ligado2;
        break;
      case S_Ligado2:
        x.write(SC_LOGIC_1); // laser ainda ligado
        proximoestado = S_Ligado3;
        break;
      case S_Ligado3:
        x.write(SC_LOGIC_1); // laser ainda ligado
        proximoestado = S_Desligado;
        break;
    }
  }
};
```

Figura 9.24 Descrição comportamental em SystemC do bloco de controle de *TemporizadorDeLaser*.

9.4 DESCRIÇÃO DE COMPONENTES DE BLOCO OPERACIONAL USANDO LINGUAGENS DE DESCRIÇÃO DE HARDWARE

Somadores completos

Lembre-se de que um somador completo é um circuito combinacional que adiciona três bits (a, b e ci) e gera uma soma (s) e um bit de transporte "vai um" (co). Esta seção mostra como descrever hierarquicamente um somador completo em VHDL.

VHDL

A Fig. 9.25 mostra um somador completo que foi descrito de forma comportamental em VHDL. O projeto do somador completo corresponde ao somador completo descrito na Fig. 4.31. A entidade VHDL denominada *SomadorCompleto* define as três entradas do somador completo *a*, *b* e *ci* e as duas saídas *s* e *co*.

A arquitetura descreve o comportamento desse somador completo. A arquitetura consiste em um único processo que descreve o comportamento combinacional do somador completo. O processo é sensível a todas as três entradas (*a*, *b* e *ci*) do somador completo. Quando qualquer uma das entradas sofre alguma alteração, o processo executa os seus dois comandos atualizando os valores da soma (*s*) e do "vai um" (*co*).

```
library ieee;
use ieee.std_logic_1164.all;

entity SomadorCompleto is
    port ( a, b, ci: in std_logic;
           s, co: out std_logic
    );
end SomadorCompleto;

architecture comportamento of SomadorCompleto is
begin
    process (a, b, ci)
    begin
        s <= a xor b xor ci;
        co <= (b and ci) or (a and ci) or (a and b);
    end process;
end comportamento;
```

Figura 9.25 Descrição comportamental de um somador completo em VHDL.

Verilog

A Fig. 9.26 mostra um somador completo que foi descrito de forma comportamental em Verilog. O projeto desse somador completo corresponde ao somador completo descrito na Fig. 4.31. O módulo Verilog denominado *SomadorCompleto* define as três entradas do somador completo *a*, *b* e *ci* e as duas saídas *s* e *co*.

O módulo descreve o comportamento do somador completo e consiste em um único procedimento *always* que descreve o comportamento combinacional do somador completo. O procedimento é sensível a todas as três entradas (*a*, *b* e *ci*) do somador completo. Quando qualquer uma das entradas sofre alguma alteração, o procedimento executa os seus dois comandos atualizando os valores da soma (*s*) e do "vai um" (*co*).

```
module SomadorCompleto(a, b, ci, s, co);
    input a, b, ci;
    output s, co;
    reg s, co;

    always @(a or b or ci)
    begin
        s <= a ^ b ^ ci;
        co <= (b & ci) | (a & ci) | (a & b);
    end
endmodule
```

Figura 9.26 Descrição comportamental de um somador completo em Verilog.

SystemC

A Fig. 9.27 mostra um somador completo que foi descrito de forma comportamental em SystemC. O projeto desse somador completo corresponde ao somador completo descrito na Fig. 4.31. O módulo em SystemC denominado *SomadorCompleto* define as três entradas do somador completo *a*, *b* e *ci* e as duas saídas *s* e *co*.

Esse módulo descreve o comportamento do somador completo e consiste em um único processo denominado *logicacomb* que descreve o comportamento combinacional do somador completo. O processo é sensível às três entradas (*a*, *b* e *ci*) do somador completo. Quando qualquer uma das entradas sofre alguma alteração, o processo executa os seus dois comandos atualizando os valores da soma (*s*) e do "vai um" (*co*).

```
#include "systemc.h"

SC_MODULE(SomadorCompleto)
{
  sc_in<sc_logic> a, b, ci;
  sc_out<sc_logic> s, co;

  SC_CTOR(SomadorCompleto)
  {
    SC_METHOD(logicacomb);
    sensitive << a << b << ci;
  }

  void logicacomb()
  {
    s.write(a.read() ^ b.read() ^ ci.read());
    co.write((b.read() & ci.read()) |
             (a.read() & ci.read()) |
             (a.read() & b.read()));
  }
};
```

Figura 9.27 Descrição comportamental de um somador completo em SystemC.

Somadores com propagação de "vai um" (carry-ripple adder)

Agora, mostraremos como descrever estruturalmente um somador com propagação de bit de transporte, ou "vai um", de quatro bits usando o somador completo que projetamos na seção anterior.

VHDL

A Fig. 9.28 é uma descrição em VHDL de um somador de quatro bits com propagação de "vai um" e bit de "vem um", como foi mostrado na Fig. 4.33. A entidade VHDL denominada *SomadorDeVaiUmPropagado4* tem duas entradas de quatro bits *a* e *b* e uma entrada de "vem um" *ci*. O somador com propagação de "vai um" fornece uma soma de quatro bits *s* e um bit final de "vai um" *co*.

A arquitetura descreve estruturalmente o somador com propagação de "vai um", o qual é composto por quatro somadores completos. A arquitetura começa pela

```
library ieee;
use ieee.std_logic_1164.all;

entity SomadorDeVaiUmPropagado4 is
  port ( a:  in std_logic_vector(3 downto 0);
         b:  in std_logic_vector(3 downto 0);
         ci: in std_logic;
         s:  out std_logic_vector(3 downto 0);
         co: out std_logic
  );
end SomadorDeVaiUmPropagado4;

architecture estrutura of SomadorDeVaiUmPropagado4 is
  component SomadorCompleto
    port ( a, b, ci: in std_logic;
           s, co: out std_logic
    );
  end component;
  signal co1, co2, co3: std_logic;
begin
  SomadorCompleto1: SomadorCompleto
    port map (a(0), b(0), ci, s(0), co1);
  SomadorCompleto2: SomadorCompleto
    port map (a(1), b(1), co1, s(1), co2);
  SomadorCompleto3: SomadorCompleto
    port map (a(2), b(2), co2, s(2), co3);
  SomadorCompleto4: SomadorCompleto
    port map (a(3), b(3), co3, s(3), co);
end estrutura;
```

Figura 9.28 Descrição estrutural em VHDL de um somador de quatro bits com propagação de "vai um".

declaração do componente *SomadorCompleto* que foi descrito na seção anterior. O projeto tem três sinais internos *co1*, *co2* e *co3* que são usados nas conexões internas entre os somadores completos. Então, a arquitetura instancia quatro componentes do tipo *SomadorCompleto*. Em VHDL, cada instância de componente deve ter um nome exclusivo. Neste projeto, os quatro componentes do tipo *SomadorCompleto* serão identificados pelos nomes exclusivos *SomadorCompleto1*, *SomadorCompleto2*, *SomadorCompleto3* e *SomadorCompleto4*.

Em VHDL, o tipo *std_logic_vector* propicia um método conveniente para se especificar portas ou sinais que são constituídos de múltiplos bits. Em um projeto, entretanto, pode ser necessário o acesso aos bits individuais desses vetores. Os bits individuais de um vetor do tipo *std_logic_vector* podem ser acessados se a posição do bit desejado for especificada dentro de parênteses após o nome do vetor. Por exemplo, para acessar o bit 0 da entrada de quatro bits *a* deste projeto, usaremos a sintaxe "a(0)". Quando, no somador com propagação de "vai um", são definidas as conexões dos componentes instanciados, os bits individuais das entradas *a* e *b* e da saída *s* são acessados usando essa sintaxe. O primeiro somador completo *SomadorCompleto1* conecta o bit 0 de cada entrada *a* e *b* e também o bit de "vem um" *ci*, do somador com propagação de "vai um", às três entradas do somador completo. A saída *s* do *SomadorCompleto1* está conectada ao bit 0 da saída de soma *s*, representado como *s(0)*, do somador de quatro bits. Então, o projeto conecta o bit de "vai um" do *SomadorCompleto1* ao sinal interno *co1*, o qual é conectado subsequentemente à entrada de "vem um" do próximo somador completo, *SomadorCompleto2*. As conexões entre os componentes dos três somadores completos restantes são realizadas de forma similar, com exceção do último somador completo da cadeia de propagação de "vai um". O "vai um" desse último somador completo, *SomadorCompleto4*, é conectado à saída de "vai um" *(co)* do somador com propagação de "vai um".

Verilog

A Fig. 9.29 é uma descrição em Verilog de um somador de quatro bits com propagação de "vai um" e bit de "vem um", como foi mostrado na Fig. 4.33. O módulo Verilog denominado *SomadorDeVaiUmPropagado4* tem duas entradas de quatro bits *a* e *b* e uma entrada de "vem um" *ci*. O somador com propagação de "vai um" fornece uma soma de quatro bits *s* e um bit final de "vai um" *co*.

O módulo descreve estruturalmente o somador

```
module SomadorDeVaiUmPropgado4(a, b, ci, s, co);
  input [3:0] a;
  input [3:0] b;
  input ci;
  output [3:0] s;
  output co;

  wire co1, co2, co3;

  SomadorCompleto SomadorCompleto1(a[0], b[0], ci,
                                   s[0], co1);
  SomadorCompleto SomadorCompleto2(a[1], b[1], co1,
                                   s[1], co2);
  SomadorCompleto SomadorCompleto3(a[2], b[2], co2,
                                   s[2], co3);
  SomadorCompleto SomadorCompleto4(a[3], b[3], co3,
                                   s[3], co);
endmodule
```

Figura 9.29 Descrição estrutural em Verilog de um somador de quatro bits com propagação de "vai um".

com propagação de "vai um", o qual é composto por quatro somadores completos. O projeto tem três fios internos *co1*, *co2* e *co3* que são usados nas conexões internas entre os somadores completos. O módulo instancia quatro componentes do tipo *SomadorCompleto*. Em Verilog, cada instância de componente deve ter um nome exclusivo. Neste projeto, os quatro componentes do tipo *SomadorCompleto* serão identificados pelos nomes exclusivos *SomadorCompleto1*, *SomadorCompleto2*, *SomadorCompleto3* e *SomadorCompleto4*.

Em Verilog, o uso de vetores propicia um método conveniente para se especificar portas ou sinais que são constituídos de múltiplos bits. Em um projeto, entretanto, poderá ser necessário o acesso aos bits individuais desses vetores. Esses bits individuais poderão ser acessados se a posição do bit desejado for especifica dentro de colchetes após o nome do vetor. Por exemplo, para acessar o bit 0 da entrada de quatro bits *a* deste projeto, usaremos a sintaxe "a[0]". Quando, no somador com propagação de "vai um", são definidas as conexões dos componentes instanciados, os bits individuais das entradas *a* e *b* e da saída *s* são acessados usando essa sintaxe. O primeiro somador completo, *SomadorCompleto1*, conecta o bit 0 de cada entrada *a* e *b* e também o bit de "vem um" *ci*, do somador com propagação de "vai um", às três entradas do somador completo. A saída *s* do *SomadorCompleto1* está conectada ao bit 0 da saída de soma *s*, representado como *s[0]*, do somador de quatro bits. Então, o projeto conecta o bit de "vai um" do *SomadorCompleto1* ao sinal interno *co1*, o qual é conectado subseqüentemente à entrada de "vem um" do próximo somador completo, *SomadorCompleto2*. As conexões entre os componentes dos três somadores completos restantes são realizadas de forma similar, com exceção do último somador completo da cadeia de propagação de "vai um". O "vai um" desse último somador completo, *SomadorCompleto4*, é conectado à saída de "vai um" (*co*) do somador com propagação de "vai um".

SystemC

A Fig. 9.30 é uma descrição em SystemC de um somador de quatro bits com bit de "vem um", como foi mostrado na Fig. 4.33. O módulo em SystemC denominado *SomadorDeVaiUmPropagado4* tem duas entradas de quatro bits *a* e *b* e uma entrada de "vem um" *ci*. O somador com propagação de "vai um" fornece uma soma de quatro bits *s* e um bit final de "vai um" *co*.

```
#include "systemc.h"
#include "somadorcompleto.h"

SC_MODULE(SomadorDeVaiUmpropagado4)
{
  sc_in<sc_logic> a[4];
  sc_in<sc_logic> b[4];
  sc_in<sc_logic> ci;
  sc_out<sc_logic> s[4];
  sc_out<sc_logic> co;

  sc_signal<sc_logic> co1, co2, co3;

  SomadorCompleto SomadorCompleto_1;
  SomadorCompleto SomadorCompleto_2;
  SomadorCompleto SomadorCompleto_3;
  SomadorCompleto SomadorCompleto_4;

  SC_CTOR(PropagaçãoDosBits4):
    SomadorCompleto_1("SomadorCompleto_1"),
    SomadorCompleto_2("SomadorCompleto_2"),
    SomadorCompleto_3("SomadorCompleto_3"),
    SomadorCompleto_4("SomadorCompleto_4")
  {
    SomadorCompleto_1.a(a[0]); SomadorCompleto_1.b(b[0]);
    SomadorCompleto_1.ci(ci); SomadorCompleto_1.s(s[0]);
    SomadorCompleto_1.co(co1);

    SomadorCompleto_2.a(a[1]); SomadorCompleto_2.b(b[1]);
    SomadorCompleto_2.ci(co1); SomadorCompleto_2.s(s[1]);
    SomadorCompleto_2.co(co2);

    SomadorCompleto_3.a(a[2]); SomadorCompleto_3.b(b[2]);
    SomadorCompleto_3.ci(co2); SomadorCompleto_3.s(s[2]);
    SomadorCompleto_3.co(co3);

    SomadorCompleto_4.a(a[3]); SomadorCompleto_4.b(b[3]);
    SomadorCompleto_4.ci(co3); SomadorCompleto_4.s(s[3]);
    SomadorCompleto_4.co(co);
  }
};
```

Figura 9.30 Descrição estrutural em SystemC de um somador de quatro bits com propagação de "vai um".

O módulo descreve estruturalmente o somador com propagação de "vai um", o qual é composto por quatro somadores completos. O projeto tem três sinais internos *co1*, *co2* e *co3* que são usados nas conexões internas entre os somadores completos. Primeiro, o módulo instancia quatro componentes do tipo *SomadorCompleto*. Em SystemC, cada instância de componente deve ter um nome exclusivo. Neste projeto, os quatro componentes do tipo *SomadorCompleto* serão identificados pelos nomes exclusivos *SomadorCompleto_1*, *SomadorCompleto_2*, *SomadorCompleto_3* e *SomadorCompleto_4*.

Anteriormente, as entradas que têm múltiplos bits foram definidas por nós como sendo vetores de entrada do tipo *sc_lv*. Em uma descrição estrutural, entretanto, o SystemC não suporta bits individuais em sinais ou portas que sejam desse tipo *sc_lv*. Neste projeto de *SomadorDeVaiUmPropagado4*, ao invés de usar o tipo *sc_lv*, definimos as entradas e saídas *a*, *b* e *s* como sendo arranjos do tipo *sc_logic* com quatro elementos cada um. Os bits individuais do arranjo poderão ser acessados se a posição do bit desejado for especificada dentro de colchetes após o nome do arranjo. Por exemplo, para acessar o bit 0 do arranjo de quatro elementos *a* deste projeto, usaremos a sintaxe "a[0]". Quando, no somador com propagação de "vai um", são definidas as conexões dos componentes instanciados, os bits individuais das entradas *a* e *b* e da saída *s* são acessados usando essa sintaxe. O primeiro somador completo *SomadorCompleto_1* conecta o bit 0 de cada entrada *a* e *b* e também o bit de "vem um" *ci*, do somador com propagação de "vai um", às três entradas do somador completo. A saída *s* do *SomadorCompleto_1* está conectada ao bit 0 da saída de soma *s*, representado como *s[0]*, do somador de quatro bits. Então, o projeto conecta o bit de "vai um" do *SomadorCompleto_1* ao sinal interno *co1*, o qual é conectado subsequentemente à entrada de "vem um" do próximo somador completo, *SomadorCompleto_2*. As conexões entre os componentes dos três somadores completos restantes são realizadas de forma similar, com exceção do último somador completo da cadeia de propagação de "vai um". O "vai um" desse último somador completo, *SomadorCompleto_4*, é conectado à saída de "vai um" (*co*) do somador com propagação de "vai um".

Contador crescente

VHDL

A Fig. 9.31 é uma descrição em VHDL de um contador crescente de quatro bits, como foi mostrado na Fig. 4.48. A entidade VHDL, de nome *ContadorCrescente*, define as entradas e saídas do contador, que consistem em uma entrada de relógio *clk*, uma entrada de controle de habilitação de contagem *cnt*, o valor de contagem *C* de quatro bits e uma saída de contagem terminal *tc*.

A arquitetura do *ContadorCrescente* descreve de forma estrutural o projeto, o qual consiste em três componentes, especificamente, *Reg4*, *Inc4* e *AND4*. O componente *Reg4* é um registrador de carga paralela de quatro bits com uma entrada de controle de carga *ld*. O componente *Inc4* é um incrementador de quatro bits. O componente *AND4* é uma porta AND de quatro entradas que irá gerar uma saída 1 se e apenas se todas as quatro entradas forem 1. Além disso, a arquitetura especifica dois sinais, *Ctemp* e *Cinc*, que são usados como fios internos na descrição estrutural.

```vhdl
library ieee;
use ieee.std_logic_1164.all;

entity ContadorCrescente is
   port ( clk: in std_logic;
          cnt: in std_logic;
          C: out std_logic_vector(3 downto 0);
          tc: out std_logic
   );
end ContadorCrescente;

architecture estrutura of ContadorCrescente is
   component Reg4
      port ( I: in std_logic_vector(3 downto 0);
             Q: out std_logic_vector(3 downto 0);
             clk, ld: in std_logic
      );
   end component;
   component Inc4
      port ( a: in std_logic_vector(3 downto 0);
             s: out std_logic_vector(3 downto 0)
      );
   end component;
   component AND4
      port ( w,x,y,z: in std_logic;
             F: out std_logic
      );
   end component;
   signal Ctemp: std_logic_vector(3 downto 0);
   signal Cinc: std_logic_vector(3 downto 0);
begin
   Reg4_1: Reg4 port map(Cinc, Ctemp, clk, cnt);
   Inc4_1: Inc4 port map(Ctemp, Cinc);
   AND4_1: AND4 port map(Ctemp(3), Ctemp(2),
                         Ctemp(1), Ctemp(0), tc);

   saidaC: process(Ctemp)
   begin
      C <= tempC;
   end process;
end estrutura;
```

Figura 9.31 Descrição estrutural em VHDL de um contador crescente de quatro bits.

A arquitetura instancia cada um dos três componentes e especifica as conexões entre eles. O componente *Reg4* é o único seqüencial presente no contador crescente e, portanto, é necessário que a entrada *clk* seja ligada apenas à entrada de relógio desse registrador. Nós controlamos a contagem no contador crescente ligando a entrada de habilitação de contagem *cnt* à habilitação de carga *ld* do registrador. A saída *Q* de *Reg4_1* é ligada ao sinal interno *Ctemp* (C temporário), o qual faz a conexão da saída do registrador a ambos os componentes *Inc4_1* e *AND4_1*. O componente *Inc4_1* recebe o valor corrente de contagem da conexão *Ctemp* e produz o valor incrementado de contagem em sua saída *s*, a qual é conectada ao outro sinal interno *Cinc* (C incrementado). O sinal *Cinc* faz a conexão entre o valor incrementado de contagem de *Inc4_1* e a entrada *I* de carga paralela de *Reg4_1*. A contagem corrente também é conectada às quatro entradas do componente *AND4_1*. A seguir, a saída *F* de *AND4_1* é ligada à saída de contagem terminal *tc* do contador.

No projeto *ContadorCrescente*, precisamos conectar a saída do registrador de quatro bits ao incrementador, à porta AND e à porta de saída *C* do contador. Em VHDL, não é possível conectar múltiplos sinais ou portas dentro do comando *port map* de um componente instanciado. Desse modo, a arquitetura usa o sinal *Ctemp* para conectar a saída de *Reg4_1* a ambos os componentes *AND4_1* e *Inc4_1*. Precisamos ainda ligar a saída do registrador à porta de saída *C*. A arquitetura faz essa conexão especificando um processo denominado *saidaC* que é usado para conectar a saída do registrador à porta de saída *C*. O processo *saidaC* é sensível ao sinal *Ctemp* que foi usado antes como fio de conexão interna entre os três componentes. Sempre que houver uma alteração em *Ctemp*, o que corresponderá a uma alteração no valor armazenado de contagem do contador crescente, o processo *saidaC* atribuirá o novo valor de contagem à porta de saída *C*.

Verilog

A Fig. 9.32 é uma descrição em Verilog de um contador crescente de quatro bits, como foi mostrado na Fig. 4.48. O módulo Verilog, de nome *ContadorCrescente*, define as entradas e saídas do contador, que consistem em uma entrada de relógio *clk*, uma entrada de controle de habilitação de contagem *cnt*, o valor de contagem *C*, de quatro bits, e uma saída de contagem terminal *tc*.

O módulo *ContadorCrescente* descreve de forma estrutural o projeto que consiste em três componentes, especificamente, *Reg4*, *Inc4* e *AND4*. O componente *Reg4* é um registrador de carga paralela de quatro bits com uma entrada de controle de carga *ld*. O componente *Inc4* é um incrementador de quatro bits. O componente *AND4* é uma porta AND de quatro entradas que irá gerar uma saída 1 se e apenas se todas as quatro entradas forem 1. Além disso, o módulo especifica dois fios de quatro bits, *Ctemp* e *Cinc*, que são usados como fios internos na descrição estrutural.

O módulo instancia cada um dos três componentes e especifica as conexões entre eles. O componente *Reg4* é o único seqüencial presente no contador crescente e, portanto, é necessário que a entrada *clk* seja ligada apenas à entrada de relógio desse registrador. Controlamos a contagem no contador crescente ligando a entrada de habili-

```
module Reg4(I, Q, clk, ld);
  input [3:0] I;
  input clk, ld;
  output [3:0] Q;
  // detalhes não mostrados
endmodule

module Inc4(a, s);
  input [3:0] a;
  output [3:0] s;
  // detalhes não mostrados
endmodule

module AND4(w,x,y,z,F);
  input w, x, y, z;
  output F;
  // detalhes não mostrados
endmodule

module ContadorCrescente(clk, cnt, C, tc);
  input clk, cnt;
  output [3:0] C;
  reg [3:0] C;
  output tc;

  wire [3:0] Ctemp;
  wire [3:0] Cinc;

  Reg4 Reg4_1(Cinc, Ctemp, clk, cnt);
  Inc4 Inc4_1(Ctemp, Cinc);
  AND4 AND4_1(Ctemp[3], Ctemp[2],
          Ctemp[1], Ctemp[0], tc);

  always @(Ctemp)
  begin
    C <= Ctemp;
  end
endmodule
```

Figura 9.32 Descrição estrutural em Verilog de um contador crescente de quatro bits.

tação de contagem *cnt* à habilitação de carga *ld* do registrador. A saída *Q* de *Reg4_1* é ligada ao sinal interno *Ctemp* (C temporário) o qual faz a conexão da saída do registrador a ambos os componentes *Inc4_1* e *AND4_1*. O componente *Inc4_1* recebe o valor corrente da contagem que vem da conexão *Ctemp* e produz o valor incrementado de contagem em sua saída *s*, a qual é conectada ao outro sinal interno *Cinc* (C incrementado). O sinal *Cinc* faz a conexão entre o valor incrementado de contagem de *Inc4_1* e a entrada de carga paralela *I* de *Reg4_1*. A contagem corrente também é conectada às quatro entradas do componente *AND4_1*. A seguir, a saída *F* de *AND4_1* é ligada à saída de contagem terminal *tc* do contador.

No projeto *ContadorCrescente*, precisamos conectar a saída do registrador de quatro bits ao incrementador, à porta AND e à porta de saída *C* do contador. Desse modo, o módulo usa o sinal *Ctemp* para conectar a saída de *Reg4_1* a ambos os componentes *AND4_1* e *Inc4_1*. Precisamos ainda ligar a saída do registrador à porta de saída *C*. O módulo faz essa conexão especificando um procedimento que é usado para conectar a saída do registrador à porta de saída *C*. O procedimento é sensível ao sinal *Ctemp* que foi usado anteriormente como fio de conexão interna entre os três componentes. Sempre que houver uma alteração em *Ctemp*, o que corresponderá a uma alteração no valor armazenado de contagem do contador crescente, o procedimento atribuirá o novo valor de contagem à porta de saída *C*.

SystemC

A Fig. 9.33 é uma descrição em SystemC de um contador crescente de quatro bits, como foi mostrado na Fig. 4.48. O módulo SystemC, de nome *ContadorCrescente*, define as entradas e saídas do contador, que consistem em uma entrada de relógio *clk*, uma entrada de controle de habilitação de contagem *cnt*, o valor de contagem *C* de quatro bits e uma saída de contagem terminal *tc*.

O módulo *ContadorCrescente* descreve de forma estrutural o projeto que consiste em três componentes, especificamente, *Reg4*, *Inc4* e *AND4*. O componente *Reg4* é

```
#include "systemc.h"
#include "reg4.h"
#include "inc4.h"
#include "and4.h"

SC_MODULE(ContadorCrescente)
{
  sc_in<sc_logic> clk, cnt;
  sc_out<sc_lv<4> > C;
  sc_out<sc_logic> tc;

  sc_signal<sc_lv<4> > Ctemp, Cinc;
  sc_signal<sc_logic> Ctemp_b[4];

  Reg4 Reg4_1;
  Inc4 Inc4_1;
  AND4 AND4_1;

  SC_CTOR(ContadorCrescente) : Reg4_1("Reg4_1"),
                               Inc4_1("Inc4_1"),
                               AND4_1("AND4_1")
  {
    Reg4_1.I(Cinc); Reg4_1.Q(tempC);
    Reg4_1.clk(clk); Reg4_1.ld(cnt);

    Inc4_1.a(Ctemp); Inc4_1.s(Cinc);

    AND4_1.w(Ctemp_b[0]); AND4_1.x(Ctemp_b[1]);
    AND4_1.y(Ctemp_b[2]); AND4_1.z(Ctemp_b[3]);
    AND4_1.F(tc);

    SC_METHOD(logicacomb);
    sensitive << Ctemp;
  }

  void logicacomb()
  {
    Ctemp_b[0] = Ctemp.read()[0];
    Ctemp_b[1] = Ctemp.read()[1];
    Ctemp_b[2] = Ctemp.read()[2];
    Ctemp_b[3] = Ctemp.read()[3];
    C.write(Ctemp);
  }
};
```

Figura 9.33 Descrição estrutural em SystemC de um contador crescente de quatro bits.

um registrador de carga paralela de quatro bits com uma entrada de controle de carga *ld*. O componente *Inc4* é um incrementador de quatro bits. O componente *AND4* é uma porta AND de quatro entradas que irá gerar uma saída 1 se e apenas se todas as quatro entradas forem 1. Além disso, o módulo especifica dois sinais de quatro bits, *Ctemp* e *Cinc*, que são usados como fios internos na descrição estrutural. O módulo define também um arranjo (*array*) de quatro elementos com sinais do tipo *sc_logic*, de nome *Ctemp_b*, usado para acessar os bits individuais dentro do vetor *Ctemp* de quatro bits.

O módulo instancia primeiro cada um dos três componentes e então especifica as conexões entre eles. O componente *Reg4* é o único seqüencial presente no contador crescente e, portanto, é necessário que a entrada *clk* seja ligada apenas à entrada de relógio desse registrador. Nós controlamos a contagem no contador crescente ligando a entrada de habilitação de contagem, *cnt*, à habilitação de carga, *ld*, do registrador. A saída *Q* de *Reg4_1* é ligada ao sinal interno *Ctemp* (C temporário), que faz a conexão da saída do registrador a *Inc4_1*. O componente *Inc4_1* recebe o valor corrente de contagem da conexão *Ctemp* e produz o valor incrementado de contagem em sua saída *s*, a qual é conectada ao sinal interno *Cinc* (C incrementado). O sinal *Cinc* faz a conexão entre o valor incrementado de contagem de *Inc4_1* e a entrada *I* de carga paralela de *Reg4_1*. Para acessar os bits individuais, a contagem corrente também é conectada às quatro entradas do componente *AND4_1* por meio do arranjo *Ctemp_b*. A seguir, a saída *F* de *AND4_1* é ligada à saída de contagem terminal *tc* do contador.

No projeto *ContadorCrescente*, precisamos conectar a saída do registrador de quatro bits ao incrementador, à porta AND e à porta de saída *C* do contador. Portanto, o módulo usa o sinal *Ctemp* para conectar a saída de *Reg4_1* ao componente *Inc4_1* e usa o arranjo *Ctemp_b* para conectar a saída de *Reg4_1* ao componente *AND4_1*. Assim, precisamos ainda ligar a saída do registrador à porta de saída *C* e atribuir os bits individuais da saída do registrador ao arranjo *Ctemp_b*. O módulo faz essas conexões definindo um processo, de nome *logicacomb*, que é sensível ao sinal *Ctemp*. Sempre que houver alteração em *Ctemp*, o que corresponderá a uma alteração no valor armazenado de contagem do contador crescente, o processo *logicacomb* atribuirá o novo valor de contagem à porta de saída *C*. Além disso, o processo atribui os bits do vetor *Ctemp* aos sinais individuais de tipo *sc_logic* do arranjo *Ctemp_b*. Para ter acesso aos bits individuais do sinal vetor *Ctemp*, usamos a sintaxe "Ctemp.read()[0]".

▶ 9.5 PROJETO RTL USANDO LINGUAGENS DE DESCRIÇÃO DE HARDWARE

Mostramos agora como criar descrições RTL usando HDLs. Mostraremos algumas descrições para o ponto inicial do projeto RTL, ou seja, as máquinas de estados de alto nível, e para o ponto final do projeto RTL, ou seja, a conexão dos blocos de controle e operacionais. É comum os projetistas RTL criarem uma bancada de teste para verificar as descrições das máquinas de estados de alto nível e, em seguida, usarem essa mesma bancada de teste na descrição dos blocos operacional e de controle, ajudando assim a verificar se o projetista criou uma implementação correta para os blocos de controle e operacional.

Máquina de estados de alto nível para o medidor de distância baseado em laser

VHDL

As Figs. 9.34 e 9.35 apresentam uma descrição em VHDL de uma máquina de estados de alto nível para o medidor de distância baseado em laser que foi mostrado na Fig. 5.15. A entidade, de nome *MedidorDistLaser*, define as entradas e saídas, incluindo-se um botão *B* apertado pelo usuário, uma entrada *S* para o sensor de laser, uma saída *L* de controle para o laser e uma saída de 16 bits para a distância medida *D*.

```vhdl
library ieee;
use ieee.std_logic_1164.all;
use ieee.std_logic_arith.all;

entity MedidorDistLaser is
  port ( clk, rst: in std_logic;
    B, S: in std_logic;
    L: out std_logic;
    D: out unsigned(15 downto 0)
  );
end MedidorDistLaser;

architecture comportamento of MedidorDistLaser is
  type tipoestado is (S0, S1, S2, S3, S4);

  signal estado : tipoestado;
  signal Dctr : unsigned(15 downto 0);

  constant U_ZERO :
    unsigned (15 downto 0) := "0000000000000000";
  constant U_UM : unsigned(0 downto 0) := "1";
begin
  maquinadeestado: process(clk, rst)
  begin
    if (rst='1') then
      L <= '0';
      D <= U_ZERO;
      Dctr <= U_ZERO;
      estado <= S0;                    -- estado inicial
    elsif (clk='1' and clk'event) then
      case estado is
        when S0 =>
          L <= '0';                    -- laser desligado
          D <= U_ZERO;                 -- zere D
          estado <= S1
(continua na Fig. 9.35)
```

Figura 9.34 Descrição comportamental em VHDL para a máquina de estados de alto nível do medidor de distância baseado em laser.

Ao invés de usar um vetor do tipo *std_logic_vector* de 16 bits, definimos a saída *D* como sendo *unsigned*. Em operações lógicas, um *unsigned* comporta-se da mesma forma que um *std_logic_vector*. No entanto, podemos realizar também operações aritméticas com valores *unsigned*. Sempre que usarmos *unsigned*, deveremos incluir o comando "use ieee.std_logic_arith.all;" no topo da nossa descrição em VHDL. O comando *use* (*use*) especifica quais são os pacotes que usaremos em nosso projeto. O pacote *ieee.std_logic_arith* define o tipo *unsigned* e também um conjunto de operações e funções que poderemos realizar com valores *unsigned*.

A entidade também define uma entrada *clk* de relógio e uma entrada *rst* de *reset*. Assumimos que a entrada de relógio é de 300 MHz, como no projeto do medidor de distância baseado em laser mostrado na Fig. 5.19. Omitimos detalhes da geração do relógio de 300 MHz (veja a Seção 9.3 para um exemplo de descrição de um oscilador).

A arquitetura VHDL descreve o comportamento da entidade. Ao invés de usar dois processos, como foi mostrado na Fig. 9.22, a arquitetura consiste em um único processo que descreve o comportamento da nossa máquina de estados de alto nível. O processo da máquina de estados de alto nível denominado *maquinadeestado* é sensível às entradas *clk* e *rst*. Se *rst* for 1, então o processo assincronamente atribuirá o estado inicial *S0* da máquina de estados ao sinal *estado*. O processo também carrega as saídas *L* e *D* e o sinal do contador interno *Dctr* com seus valores iniciais. Os valores iniciais devem corresponder aos valores

Figura 9.35 Descrição comportamental em VHDL para a máquina de estados de alto nível do medidor de distância baseado em laser *(continuação)*.

```
(continuação da Fig. 9.34)
            when S1 =>
              Dctr <= U_ZERO;          -- zera a contagem
              if (B='1') then
                estado <= S2;
              else
                estado <= S1;
              end if;
            when S2 =>
              L <= '1';                -- laser ligado
              estado <= S3;
            when S3 =>
              L <= '0';                -- laser desligado
              Dctr <= Dctr + 1;
              if (S='1') then
                estado <= S4;
              else
                estado <= S3;
              end if;
            when S4 =>
              D <= SHR(Dctr, U_UM);    -- calcule D
              estado <= S1;
          end case;
        end if;
      end process;
end comportamento;
```

que, no estado inicial da nossa máquina de estados de alto nível, foram atribuídos aos sinais. Observe que definimos uma constante denominada *U_ZERO* que corresponde ao valor zero *unsigned* de 16 bits. Na subida do relógio, quando o sinal *rst* não está habilitado, o processo define o estado atual, atribui as saídas adequadas para o estado atual, determina o próximo estado e atualiza o sinal *estado* de registrador de estado. Na nossa descrição de uma máquina de estados de alto nível, ao invés dos dois sinais *estadoatual* e *proximoestado* que usamos anteriormente no projeto de bloco de controle mostrado na Fig. 9.22, precisamos apenas de um único sinal de registrador de estado para modelar o comportamento da nossa máquina de estados.

A máquina de estados de alto nível do medidor de distância baseado em laser executa duas operações aritméticas, a saber, uma adição e um deslocamento. Com o tipo *unsigned*, usamos a sintaxe "Dctr <= Dctr + 1;" para incrementar o sinal *Dctr* do contador no estado *S3*. Esse comando somará um ao valor corrente de *Dctr* e armazenará o resultado em *Dctr*. No estado *S4*, calculamos a distância *D*, dividindo o valor de *Dctr* por 2. No entanto, realizamos essa divisão usando uma operação de deslocamento de um bit à direita. Para realizar o deslocamento e atribuir o valor à saída *D*, usaremos o comando "D <= SHR(Dctr, U_UM);". A função **SHR()**, definida no pacote ieee.std_logic_arith, desloca o primeiro parâmetro *Dctr* de um número de bits especificado pelo segundo parâmetro *U_UM*. Esse parâmetro *U_UM* é uma constante que é definida antes na arquitetura.

Verilog

As Figs. 9.36 e 9.37 apresentam uma descrição em Verilog de uma máquina de estados de alto nível para o medidor de distância baseado em laser que foi mostrado na Fig. 5.15. O módulo denominado *MedidorDistLaser* define as entradas e saídas. Incluem-se um botão *B* apertado pelo usuário, uma entrada *S* para o sensor de laser, uma saída *L* de controle para o laser e uma saída de 16 bits para a distância medida *D*.

O módulo também define uma entrada *clk* de relógio e uma entrada *rst* de *reset*. Assumimos que a entrada de relógio é de 300 MHz, como no projeto do medidor de distância baseado em laser mostrado na Fig. 5.19. Omitimos detalhes da geração do relógio de 300 MHz (veja a Seção 9.3 para um exemplo de descrição de um oscilador).

O módulo Verilog descreve de forma comportamental a máquina de estados de alto nível do *MedidorDistLaser*. Em vez de usar dois procedimentos, como foi mostrado na Fig. 9.23, o módulo consiste em um único procedimento que descreve o comportamento da nossa máquina de estados de alto nível. O procedimento da máquina de estados de alto nível é sensível à borda positiva das entradas *rst* e *clk*. Se *rst* estiver habilitada, então o procedimento atribuirá assincronicamente o estado inicial *S0* da máquina de estados ao sinal *estado*. O procedimento também carrega as saídas *L* e *D* e o registrador contador interno *Dctr* com seus valores iniciais. Os valores iniciais devem corresponder aos valores que foram atri-

```
module MedidorDistLaser(clk, rst, B, S, L, D);
  input clk, rst, B, S;
  output L;
  output [15:0] D;
  reg L;
  reg [15:0] D;

  parameter S0 = 3'b000,
            S1 = 3'b001,
            S2 = 3'b010,
            S3 = 3'b011,
            S4 = 3'b100;

  reg [2:0] estado;
  reg [16:0] Dctr;

  always @(posedge rst or posedge clk)
  begin
    if (rst==1) begin
      L <= 0;
      D <= 0;
      Dctr <= 0;
      estado <= S0; // estado inicial
    end
    else begin
      case (state)
        S0: begin
          L <= 0;            // laser desligado
          D <= 0;            // zere D
          estado <= S1;
        end
        S1: begin
          Dctr <= 0;         // zere o contador
          if (B==1)
            estado <= S2;
          else
            estado <= S1;
        end
        S2: begin
          L <= 1;            // laser ligado
          estado <= S3;
        end
```

(continua na Figura 9.37)

Figura 9.36 Descrição comportamental em Verilog para a máquina de estados de alto nível do medidor de distância baseado em laser.

buídos aos sinais no estado inicial da nossa máquina de estados de alto nível. Na subida do relógio, quando o sinal *rst* não está habilitado, o procedimento define o estado atual, atribui as saídas adequadas para o estado atual, determina o próximo estado e atualiza o sinal de registrador de estado. Na nossa descrição de uma máquina de estados de alto nível, ao invés dos dois sinais *estadoatual* e *proximoestado*, que usamos anteriormente no projeto de bloco de controle mostrado na Fig. 9.23, precisamos apenas de um único sinal de registrador de estado para modelar o comportamento da nossa máquina de estados.

A máquina de estados de alto nível do medidor de distância baseado em laser executa duas operações aritméticas, uma adição e um deslocamento. Usamos a sintaxe "Dctr <=

`Dctr + 1;`" para incrementar o contador *Dctr* no estado *S3*. Esse comando adicionará um ao valor corrente de *Dctr* e armazenará o resultado em *Dctr*. No estado *S4*, calculamos a distância *D* dividindo o valor de *Dctr* por 2. No entanto, realizamos essa divisão usando uma operação de deslocamento de um bit à direita. Para realizar o deslocamento e atribuir o valor à saída *D*, usaremos o comando "`D <= Dctr >> 1;`", em que `>>` significa realizar uma operação de deslocamento à direita.

SystemC

As Figs. 9.38 e 9.39 apresentam uma descrição em SystemC de uma máquina de estados de alto nível para o medidor de distância baseado em laser que foi mostrado na Fig. 5.15. O módulo denominado *MedidorDistLaser* define as entradas e saídas. Incluem-se um botão *B* apertado pelo usuário, uma entrada *S* para o sensor de laser, uma saída *L* de controle para o laser e uma saída de 16 bits para a distância medida *D*.

O módulo também define uma entrada *clk* de relógio e uma entrada *rst* de *reset*. Assumimos que a entrada de relógio é de 300 MHz, como foi assumido no projeto de um medidor de distância baseado em laser, mostrado na Fig. 5.19. Omitimos detalhes da geração do relógio de 300 MHz (veja a Seção 9.3 para um exemplo de descrição de um oscilador).

(continuação da Figura 9.36)
```
      S3: begin
         L <= 0;              // laser desligado
         Dctr <= Dctr + 1;
         if (S==1)
            estado <= S4;
         else
            estado <= S3;
      end
      S4: begin
         D <= Dctr >> 1; // calcule D
         estado <= S1;
      end
      endcase
   end
 end
endmodule
```

Figura 9.37 Descrição comportamental em Verilog para a máquina de estados de alto nível do medidor de distância baseado em laser *(continuação)*.

```
#include "systemc.h"

enum tipoestado { S0, S1, S2, S3, S4 };

SC_MODULE(MedidorDistLaser)
{
  sc_in<sc_logic> clk, rst;
  sc_in<sc_logic> B, S;
  sc_out<sc_logic> L;
  sc_out<sc_lv<16> > D;

  sc_signal<tipoestado> estado;
  sc_signal<sc_uint<16> > Dctr;

  SC_CTOR(MedidorDistLaser)
  {
    SC_METHOD(maquinadeestado);
    sensitive_pos << rst << clk;
  }

  void maquinadeestado()
  {
    if( rst.read() == SC_LOGIC_1 ) {
      L.write(SC_LOGIC_0);
      D.write(0);
      Dctr = 0;
      estado = S0; // estado inicial
    }
    else {
      switch (estado) {
        case S0:
          L.write(SC_LOGIC_0);      // laser desligado
          D.write(0);               // zere D
          estado = S1;
          break;
        case S1:
          Dctr = 0;                 // zere o contador
          if (B.read() == SC_LOGIC_1)
            estado = S2;
```
(continua na Figura 9.39)

Figura 9.38 Descrição comportamental em SystemC para a máquina de estados de alto nível do medidor de distância baseado em laser.

O módulo em SystemC descreve de forma comportamental a máquina de estados de alto nível do *MedidorDistLaser*. Ao invés de usar dois processos, como foi mostrado na Fig. 9.24, o módulo consiste em um único processo que descreve o comportamento da nossa máquina de estados de alto nível. O processo da máquina de estados de alto nível denominado *maquinadeestado* é sensível à borda positiva das entradas *rst* e *clk*. Se *rst* estiver habilitada, então o processo atribuirá assincronamente

```
(continuação da Figura 9.38)
    case S2:
      L.write(SC_LOGIC_1);     // laser ligado
      estado = S3;
      break;
    case S3
      L.write(SC_LOGIC_0);     // laser desligado
      Dctr = Dctr.read() + 1;
      if (S.read() == SC_LOGIC_1)
        estado = S4;
      else
        estado = S3;
      break;
    case S4:
      D.write(Dctr.read()>>1); // calcule D
      estado = S1;
      break;
    }
  }
 }
};
```

Figura 9.39 Descrição comportamental em SystemC para a máquina de estados de alto nível do medidor de distância baseado em laser *(continuação)*.

o estado inicial *S0* da máquina de estados ao sinal *estado*. O processo também carrega as saídas *L* e *D* e o registrador contador interno *Dctr* com seus valores iniciais. Os valores iniciais devem corresponder aos valores que foram atribuídos aos sinais no estado inicial da nossa máquina de estados de alto nível. Na subida do relógio, quando o sinal *rst* não está habilitado, o processo define o estado atual, atribui as saídas adequadas para o estado atual, determina o próximo estado e atualiza o sinal *estado* de registrador de estado. Na nossa descrição de uma máquina de estados de alto nível, ao invés dos dois sinais *estadoatual* e *proximoestado*, que usamos anteriormente no projeto do bloco de controle mostrado na Fig. 9.23, precisaremos somente de um único sinal de registrador de estado para modelar o comportamento da nossa máquina de estados.

A máquina de estados de alto nível do medidor de distância baseado em laser executa duas operações aritméticas, uma adição e um deslocamento. Usamos a sintaxe "Dctr = Dctr.read() + 1;" para incrementar o contador *Dctr* no estado *S3*. Esse comando adicionará um ao valor corrente de *Dctr* e armazenará o resultado em *Dctr*. No estado *S4*, calculamos a distância *D*, dividindo o valor de *Dctr* por 2. No entanto, realizamos essa divisão usando uma operação de deslocamento de um bit à direita. Para realizar o deslocamento e atribuir o valor à saída *D*, usaremos o comando "D.write(Dctr.read()>>1;", em que >> realiza uma operação de deslocamento à direita.

Blocos de controle e operacional para o medidor de distância baseado em laser

VHDL

A Fig. 9.40 é uma descrição em VHDL do medidor de distância baseado em laser que foi mostrado na Fig. 5.19. A entidade denominada *MedidorDistLaser* define as entradas e saídas, incluindo-se um botão de entrada *B* apertado pelo usuário, uma entrada *S* para o sensor de laser, uma saída *L* de controle para o laser e uma saída *D* de 16 bits para a distância medida. A entidade também define uma entrada de relógio *clk* de 300 MHz e uma entrada *rst* de *reset* para o bloco de controle de projeto.

A arquitetura do *MedidorDistLaser* descreve estruturalmente as conexões dos componentes correspondentes ao blocos de controle e operacional. A arquitetura instancia dois com-

```vhdl
library ieee;
use ieee.std_logic_1164.all;

entity MedidorDistLaser is
    port ( clk, rst: in std_logic;
           B, S: in std_logic;
           L: out std_logic;
           D: out std_logic_vector(15 downto 0)
         );
end MedidorDistLaser;

architecture estrutura of MedidorDistLaser is
    component BlocoDeControle_MDL
        port ( clk, rst: in std_logic;
               B, S: in std_logic;
               L: out std_logic;
               Dreg_clr, Dreg_ld: out std_logic;
               Dctr_clr, Dctr_cnt: out std_logic
             );
    end component;
    component BlocoOperacional_MDL
        port ( clk: in std_logic;
               Dreg_clr, Dreg_ld: in std_logic;
               Dctr_clr, Dctr_cnt: in std_logic;
               D: out std_logic_vector(15 downto 0)
             );
    end component;
    signal Dreg_clr, Dreg_ld: std_logic;
    signal Dctr_clr, Dctr_cnt: std_logic;
begin
    BlocoDeControle_MDL_1: BlocoDeControle_MDL
        port map (clk, rst, B, S, L,
                  Dreg_clr, Dreg_ld, Dctr_clr,
                  Dctr_cnt);
    BlocoOperacional_MDL_1: BlocoOperacional_MDL
        port map (clk, Dreg_clr, Dreg_ld,
                  Dctr_clr, Dctr_cnt, D);
end estrutura;
```

Figura 9.40 Descrição estrutural para a descrição de alto nível em VHDL do medidor de distância baseado em laser.

ponentes. O componente *BlocoDeControle_MDL_1* é o bloco de controle do medidor de distância baseado em laser e *BlocoOperacional_MDL_1* é o bloco operacional desse projeto. A arquitetura conecta as entradas *clk*, *rst*, *B* e *S* da entidade às entradas do *BlocoDeControle_MDL_1* e conecta a saída do bloco de controle para comandar o laser à porta de saída *L* correspondente. Além disso, os quatro sinais *Dreg_clr*, *Dreg_ld*, *Dctr_clr* e *Dctr_cnt* fazem a conexão entre os quatro sinais de controle do bloco de controle com as quatro entradas de *BlocoOperacional_MDL_1*. O bloco operacional do *MedidorDistLaser* tem uma única saída *D* que fornece a distância medida e está conectada à porta de saída D da entidade.

A Fig. 9.41 é uma descrição em VHDL do componente correspondente ao bloco operacional do *MedidorDistLaser* que foi mostrado na Fig. 5.17. A entidade denominada *BlocoOperacional_MDL* define uma entrada de relógio *clk*, quatro entradas de controle *Dreg_clr*, *Dreg_ld*, *Dctr_clr* e *Dctr_cnt*, e uma saída de 16 bits para a distância *D*.

A arquitetura define três componentes, a saber, um contador crescente de 16 bits, um registrador de 16 bits e um deslocador à direita de 16 bits, o qual faz deslocamentos de uma posição à direita. O componente *ContadorCrescente16* é um contador crescente de 16 bits, tendo uma entrada de controle *cnt* e uma entrada *clr* (*clear*) para zerar o contador. O componente *Reg16* é um registrador de carga paralela de 16 bits, tendo um sinal de controle *ld* para carregar o registrador e um sinal *clr* para zerá-lo. O componente *DeslocadorDireitaUm16* é um registrador deslocador à direita de 16 bits, o qual faz o deslocamento

Figura 9.41 Descrição estrutural em VHDL para o bloco operacional do medidor de distância baseado em laser.

```vhdl
library ieee;
use ieee.std_logic_1164.all;

entity BlocoOperacional_MDL is
   port ( clk: in std_logic;
          Dreg_clr, Dreg_ld: in std_logic;
          Dctr_clr, Dctr_cnt: in std_logic;
          D: out std_logic_vector(15 downto 0)
        );
end BlocoOperacional_MDL;

architecture estrutura of BlocoOperacional_MDL is
   component ContadorCrescente16
      port ( clk: in stdlogic;
             clr, cnt: in std_logic;
             C: out std_logic_vector(15 downto 0)
           );
   end component;
   component Reg16
      port ( I: in std_logic_vector(15 downto 0);
             Q: out std_logic_vector(15 downto 0);
             clk, clr, ld: in std_logic
           );
   end component;
   component DeslocadorDireitaUm16
      port ( I: in std_logic_vector(15 downto 0);
             S: out std_logic_vector(15 downto 0)
           );
   end component;
   signal Ctemp : std_logic_vector(15 downto 0);
   signal Cdeslocado : std_logic_vector(15 downto 0);
begin
   Dctr: ContadorCrescente16
      port map (clk, Dctr_clr, Dctr_cnt, Ctemp);
   DeslocadorDireita: DeslocadorDireitaUm16
      port map (Ctemp, Cdeslocado);
   Dreg: Reg16
      port map (Cdeslocado, D, clk, Dreg_clr, Dreg_ld);
end estrutura;
```

da entrada *I* de uma posição à direita e atribui esse valor deslocado à saída *S*. A arquitetura instancia um componente *ContadorCrescente16* denominado *Dctr*, um componente *Reg16* denominado *Dreg* e um componente *DeslocadorDireitaUm16* de nome *DeslocadorDireita*. O instanciamento de *Dctr* faz a conexão das entradas *Dctr_clr* e *Dctr_cnt* do bloco operacional com as entradas de controle de *clear* e de contagem de *Dctr*. A saída de contagem *C* de *Dctr* é então conectada ao sinal interno *Ctemp* da arquitetura. Assim, o valor da contagem é conectado à entrada do deslocador *DeslocadorDireita*. Em seguida, a contagem deslocada é conectada à entrada do registrador *Dreg* por meio do sinal interno *Cdeslocado*. O instanciamento do registrador *Dreg* conecta as entradas de controle, para zerar e carregar o registrador, às portas de entrada *Dreg_clr* e *Dreg_ld* do bloco operacional. Finalmente, a saída de dados *Q* do registrador é conectada à saída da distância medida *D* do *BlocoOperacional_MDL*.

As Figs. 9.42 e 9.43 são a descrição em VHDL da FSM do bloco de controle do medidor de distância baseado em raio laser que foi descrita na Fig. 5.21. A entidade denominada *BlocoDeControle_MDL* define uma entrada de relógio *clk*, um sinal *rst* de *reset*, um botão *B* apertado pelo usuário, uma entrada *S* para o sensor de laser e cinco sinais de saída de controle, a saber, *L*, *Dreg_clr*, *Dreg_ld*, *Dctr_clr* e *Dctr_cnt*. A saída *L* é usada para ligar e desligar o laser, sendo que o laser está ligado quando *L* é 1. Os quatro outros sinais de saída são usados para controlar os componentes do bloco operacional do projeto RTL.

A arquitetura VHDL descreve o comportamento da entidade. De forma semelhante à do projeto do bloco de controle mostrado na Fig. 9.22, a arquitetura consiste em dois processos, um que modela o registrador de estado e outro que modela a lógica combinacional. O processo do registrador de estado denominado *regestado* é sensível às entradas *clk* e *rst*. Se *rst* estiver habilitada, então o processo atribuirá assincronicamente o estado inicial *S0* da FSM ao sinal *estadoatual*. Em caso contrário, se o relógio estiver subindo, o processo atualizará o registrador de estado com o próximo estado.

O segundo processo denominado *logicacomb* é sensível às entradas da lógica combinacional da Fig. 5.21, especificamente, às entradas externas *B* e *S*, e à saída *estadoatual* do registrador de estado. Quando qualquer um desses itens é alterado, o processo atribui valores próprios do estado atual às saídas da FSM, que neste caso são *L*, *Dreg_clr*, *Dreg_ld*, *Dctr_clr* e *Dctr_cnt*. No exemplo do bloco de controle da Fig. 9.22, a saída *x* da FSM foi definida dentro do comando *case* para todos os estados possíveis. Com cinco saídas que devem ser definidas pelo *BlocoDeControle_MDL* e cinco estados possíveis, a atribuição dos valores a todas as saídas de cada estado seria trabalhoso. Além disso, a localização de um erro e a realização de correções ou modificações no bloco de controle iria se tornar muito difícil em máquinas FSM maiores que consistissem em mais estados e que tivessem muito mais saídas. O processo *logicacomb* usa uma abordagem diferente. Primeiro, atribuem-se valores iniciais às saídas e posteriormente atribuem-se somente valores que forem diferentes

```vhdl
library ieee;
use ieee.std_logic_1164.all;

entity BlocoDeControle_MDL is
   port ( clk, rst: in std_logic;
          B, S: in std_logic;
          L: out std_logic;
          Dreg_clr, Dreg_ld: out std_logic;
          Dctr_clr, Dctr_cnt: out std_logic
);
end BlocoDeControle_MDL;

architecture comportamento of BlocoDeControle_MDL
is type tipoestado is (S0, S1, S2, S3, S4);
   signal estadoatual, proximoestado: tipoestado ;
begin
   regestado: process(clk, rst)
   begin
      if (rst='1') then
         estadoatual <= S0; -- estado inicial
      elsif (clk='1' and clk'event) then
         estadoatual <= proximoestado;
      end if;
   end process;

   logicacomb: process(estadoatual, B, S)
   begin
      L <= '0';
      Dreg_clr <= '0';
      Dreg_ld <= '0';
      Dctr_clr <= '0';
      Dctr_cnt <= '0';
      case estadoatual is
         when S0 =>
            L <= '0';              -- laser desligado
            Dreg_clr <= '1';       -- zere Dreg
            proximoestado <= S1;
         when S1 =>
            Dctr_clr <= '1'        -- zere o contador
            if (B='1') then
               proximoestado <= S2;
            else
               proximoestado <= S1;
            end if;
```

(continua na Figura 9.43)

Figura 9.42 Descrição comportamental em VHDL para o bloco de controle do medidor de distância baseado em laser.

desses iniciais. O processo atribui primeiro um valor inicial 0 a todas as cinco saídas. A seguir, o processo determina o estado atual e atribui valores às saídas somente quando elas devem ser 1. O processo também atribui o valor 0 a diversos sinais dentro do comando **when** (*quando*). No entanto, essas atribuições foram incluídas apenas para indicar claramente o comportamento do bloco de controle (elas são redundantes, mas ajudam a tornar a descrição mais fácil de ser entendida).

Com base no estado atual e nos valores das entradas *B* e *S*, o processo também determina qual deverá ser o próximo estado. Na próxima borda de subida do relógio, o registrador de estado será carregado pelo processo do registrador de estado com o valor do próximo estado.

```
(continuação da Figura 9.42)
      when S2 =>
        L <= '1';            -- laser ligado
        proximoestado <= S3;
      when S3 =>
        L <= '0';            -- laser desligado
        Dctr_cnt <= '1';     -- incremente
        if (S='1') then
           proximoestado <= S4;
        else
           proximoestado <= S3;
        end if;
      when S4 =>
        Dreg_ld  <= '1';     -- carregue Dreg
        Dctr_cnt <= '0';     -- pare a contagem
        proximoestado <= S1;
    end case;
  end process;
end comportamento;
```

Figura 9.43 Descrição comportamental em VHDL para o bloco de controle do medidor de distância baseado em laser *(continuação)*.

Verilog

A Fig. 9.44 é uma descrição em Verilog do medidor de distância baseado em laser que foi mostrado na Fig. 5.19. O módulo denominado *MedidorDistLaser* define as entradas e saídas, incluindo-se um botão de entrada *B* apertado pelo usuário, uma entrada *S* para o sensor de laser, uma saída *L* de controle para o laser e uma saída *D* de 16 bits para a distância medida. O módulo também define uma entrada de relógio *clk* de 300 MHz e uma entrada *rst* de *reset* para o bloco de controle do projeto.

```
module MedidorDistLaser(clk, rst, B, S, L, D);
   input clk, rst, B, S;
   output L;
   output [15:0] D;

   wire Dreg_clr, Dreg_ld;
   wire Dctr_clr, Dctr_cnt;

   BlocoDeControle_MDL
     BlocoDeControle_MDL_1(clk, rst, B, S, L,
                  Dreg_clr, Dreg_ld,
                  Dctr_clr, Dctr_cnt);
   BlocoOperacional_MDL
     BlocoOperacional_MDL_1(clk, Dreg_clr, Dreg_ld,
                  Dctr_clr, Dctr_cnt, D);
endmodule
```

Figura 9.44 Descrição estrutural para a descrição de alto nível em Verilog para o medidor de distância baseado em laser.

O *MedidorDistLaser* descreve estruturalmente as conexões dos componentes correspondentes aos blocos de controle e operacional. O módulo instancia dois componentes. O componente *BlocoDeControle_MDL_1* é o bloco de controle do medidor de distância baseado em laser e *BlocoOperacional_MDL_1* é o bloco operacional desse projeto. A arquitetura conecta as entradas *clk*, *rst*, *B* e *S* do módulo às entradas do *BlocoDeControle_MDL_1* e conecta a saída de comando para o laser do bloco de controle à porta de saída *L* correspondente. Além disso, os quatro fios internos *Dreg_clr*, *Dreg_ld*, *Dctr_clr* e *Dctr_cnt* fazem a conexão entre os quatro sinais de controle do bloco de controle e as quatro entradas do *BlocoOperacional_MDL_1*. O bloco operacional de *MedidorDistLaser* tem uma única saída *D* que fornece a distância medida e está conectada à porta de saída D da entidade.

A Fig. 9.45 é uma descrição em Verilog do componente correspondente ao bloco operacional de *MedidorDistLaser*, que foi mostrado na Fig. 5.17. O módulo, denominado *BlocoOperacional_MDL*, define uma entrada de relógio *clk*, quatro entradas de controle, *Dreg_clr*, *Dreg_ld*, *Dctr_clr* e *Dctr_cnt*, e uma saída para a distância *D* de 16 bits.

O bloco operacional consiste em três componentes, um contador crescente de 16 bits, um registrador de 16 bits e um deslocador à direita de 16 bits que faz deslocamentos de uma posição à direita. O componente *ContadorCrescente16* é um contador crescente de 16 bits, tendo uma entrada de controle *cnt* e uma entrada *clr* (*clear*) para zerar o contador. O componente *Reg16* é um registrador de carga paralela de 16 bits, tendo

```
module ContadorCrescente16(clk, clr, cnt, C);
  input clk, clr, cnt;
  output [15:0] C;
  // detalhes não mostrados
endmodule

module Reg16(I, Q, clk, clr, ld);
  input [15:0] I;
  input clk, clr, ld;
  output [15:0] Q;
  // detalhes não mostrados
endmodule

module DeslocadorDireitaUm16(I, S);
  input [15:0] I;
  output [15:0] S;
  // detalhes não mostrados
endmodule

module BlocoOperacional_MDL(clk, Dreg_clr,
                Dreg_ld, Dctr_clr, Dctr_cnt, D);
  input clk;
  input Dreg_clr, Dreg_ld;
  input Dctr_clr, Dctr_cnt;
  output [15:0] D;

  wire [15:0] Ctemp, Cdeslocado;

  ContadorCrescente16 Dctr(clk, Dctr_clr,
                Dctr_cnt, Ctemp);
  DeslocadorDireitaUm16 DeslocadorDireita(Ctemp,
                Cdeslocado);
  Reg16 Dreg(Cdeslocado, D, clk, Dreg_clr, Dreg_ld);
endmodule
```

Figura 9.45 Descrição estrutural em Verilog para o bloco operacional do medidor de distância baseado em laser.

um sinal de controle *ld* para carregar o registrador e um sinal *clr* para zerar o registrador. O componente *DeslocadorDireitaUm16* é um registrador deslocador à direita de 16 bits que faz o deslocamento da entrada *I* de uma posição à direita e atribui o valor deslocado à saída *S*. O módulo do bloco operacional instancia um componente *ContadorCrescente16* denominado *Dctr*, um componente *Reg16* denominado *Dreg* e um componente *DeslocadorDireitaUm16* de nome *DeslocadorDireita*. O módulo conecta as entradas *Dctr_clr* e *Dctr_cnt* do bloco operacional às entradas de controle de *clear* e de contagem de *Dctr*, respectivamente. A saída de contagem *C* do contador é então ligada ao fio interno *Ctemp* de 16 bits Assim, o valor da contagem é conectado à entrada do deslocador *DeslocadorDireita*. Em seguida, a contagem deslocada é conectada à entrada do registrador *Dreg* usando o fio interno *Cdeslocado* de 16 bits. O módulo conecta as entradas de controle *clear* e *Dreg* de carga do registrador às portas de entrada *Dreg_clr* e *Dreg_ld* do bloco operacional. Finalmente, a saída de dados *Q* do registrador é conectada à saída da distância medida *D* do *BlocoOperacional_MDL*.

As Figs. 9.46 e 9.47 são a descrição em Verilog da FSM do bloco de controle para o medidor de distância baseado em raio laser, que foi descrita na Fig. 5.21. O módulo denominado

BlocoDeControle_MDL define uma entrada de relógio *clk*, um sinal *rst* de *reset*, um botão *B* apertado pelo usuário, uma entrada *S* para o sensor de laser e cinco sinais de saída de controle, a saber, *L*, *Dreg_clr*, *Dreg_ld*, *Dctr_clr* e *Dctr_cnt*. A saída *L* é usada para ligar e desligar o laser, sendo que o laser está ligado quando *L* é 1. Os quatro outros sinais de saída são usados para controlar os componentes do bloco operacional do projeto RTL.

```verilog
module BlocoDeControle_MDL(clk, rst, B, S, L, Dreg_clk,
                           Dreg_ld, Dctr_clr,
                           Dctr_cnt);
  input clk, rst, B, S;
  output L;
  output Dreg_clk, Dreg_ld;
  output Dctr_clr, Dctr_cnt;
  reg L;
  reg Dreg_clr, Dreg_ld;
  reg Dctr_clr, Dctr_cnt;

  parameter S0 = 3'b000,
            S1 = 3'b001,
            S2 = 3'b010,
            S3 = 3'b011,
            S4 = 3'b100;

  reg [2:0] estadoatual;
  reg [2:0] proximoestado;

  always @(posedge rst or posedge clk)
  begin
    if (rst==1)
      estadoatual <= S0; // estado inicial
    else
      estadoatual <= proximoestado;
  end

  always @(estadoatual or B or S)
  begin
    L <= 0;
    Dreg_clr <= 0;
    Dreg_ld <= 0;
    Dctr_clr <= 0;
    Dctr_cnt <= 0;
    case (estadoatual)
      S0: begin
        L <= 0;                  // laser desligado
        Dreg_clr <= 1;           // zere Dreg
        proximoestado <= S1;
      end
```

Figura 9.46 Descrição comportamental em Verilog para o bloco de controle do medidor de distância baseado em laser.

(continua na Figura 9.47)

O módulo em Verilog descreve o comportamento da FSM do *BlocoDeControle_MDL*. De forma semelhante à do projeto do bloco de controle mostrado na Fig. 9.23, o módulo consiste em dois procedimentos, um que modela o registrador de estado e outro que modela a lógica de controle da FSM. O procedimento do registrador de estado é sensível às bordas positivas das entradas *rst* de *reset* e *clk* de relógio. Se a entrada *rst* estiver habilitada, então o procedimento atribuirá assincronamente o estado inicial *S0* da FSM ao sinal *estadoatual*. Em caso contrário, na borda positiva do relógio, o procedimento atualizará o registrador de estado com o próximo estado.

O segundo procedimento é sensível às entradas da lógica combinacional da Fig. 5.21, especificamente, às entradas externas *B* e *S*, e à saída *estadoatual* do registrador de estado. Quando qualquer um desses itens é alterado, o procedimento atribui valores, próprios do estado atual, às saídas da FSM, neste caso, *L*, *Dreg_clr*, *Dreg_ld*, *Dctr_clr* e *Dctr_cnt*. No exemplo de bloco de controle da Fig. 9.22, a saída *x* da FSM é definida dentro do comando *case* para cada um dos estados possíveis. Com cinco saídas que devem ser definidas pelo *BlocoDeControle_MDL* e cinco estados possíveis, a atribuição dos valores a todas as saídas de cada estado seria trabalhoso. Além disso, a localização de um erro e a realização de correções ou modificações dentro do bloco de controle iria se tornar muito difícil em máquinas FSM maiores que consistissem em mais estados e tivessem muito mais saídas. Ao invés disso, o procedimento usa uma abordagem diferente. Primeiro, atribuem-se valores iniciais a todas as saídas e posteriormente atribuem-se somente os valores que forem diferentes desses iniciais. O procedimento atribui primeiro um valor inicial 0 a todas as cinco saídas. A seguir, determina o estado atual e atribui valores às saídas somente quando elas devem ser 1. Dentro do comando *case* (*caso*), o procedimento também atribui o valor 0 a diversos sinais. No entanto, essas atribuições foram incluídas somente para poder indicar claramente o comportamento do bloco de controle (elas são redundantes, mas ajudam a tornar a descrição mais fácil de ser entendida).

Com base no estado atual e nos valores das entradas *B* e *S*, o procedimento também determina qual deverá ser o próximo estado. Na próxima borda de subida do relógio, o registrador de estado é carregado com o próximo estado pelo procedimento do registrador de estado.

```
(continuação da Figura 9.46)
    S1: begin
      Dctr_clr <= 1;      // zere o contador
      if (B==1)
        proximoestado <= S2;
      else
        proximoestado <= S1;
    end
    S2: begin
      L <= 1;             // laser ligado
      proximoestado <= S3;
    end
    S3: begin
      L <= 0;             // laser desligado
      Dctr_cnt <= 1;      // incremente
      if (S==1)
        proximoestado <= S4;
      else
        proximoestado <= S3;
    end
    S4: begin
      Dreg_ld <= 1;       // carregue Dreg
      Dctr_cnt <= 0;      // pare a contagem
      proximoestado <= S1;
    end
  endcase
  end
endmodule
```

Figura 9.47 Descrição comportamental em Verilog para o bloco de controle do medidor de distância baseado em laser *(continuação)*.

SystemC

A Fig. 9.48 é uma descrição em SystemC do medidor de distância baseado em laser que foi mostrado na Fig. 5.19. O módulo denominado *MedidorDistLaser* define as entradas e saídas, incluindo um botão de entrada *B* apertado pelo usuário, uma entrada *S* do sensor de laser, uma saída *L* de controle do laser e uma saída *D* de 16 bits para a distância medida. O módulo também define uma entrada de relógio *clk* de 300 MHz e uma entrada *rst* de *reset* para o bloco de controle de projeto.

O *MedidorDistLaser* descreve estruturalmente as conexões dos componentes correspondentes aos blocos de controle e operacional. A arquitetura instancia dois componentes. O componente *BlocoDeControle_MDL_1* é o bloco de controle do medidor de distância baseado em laser e *BlocoOperacional_MDL_1* é o bloco operacional desse projeto. O módulo conecta as entradas *clk*, *rst*, *B* e *S* do módulo às entradas do *BlocoDeControle_MDL_1* e conecta a saída de comando de laser do bloco de controle à porta de saída *L* correspondente. Além disso, os quatro fios internos *Dreg_clr*, *Dreg_ld*, *Dctr_clr* e *Dctr_cnt* fazem a conexão entre os quatro sinais de controle do bloco de controle e as quatro entradas do *BlocoOperacional_MDL_1*. O bloco operacional do *MedidorDistLaser* tem uma única saída *D* que fornece a distância medida e está conectada à porta de saída D da entidade.

```
#include "systemc.h"
#include "BlocoDeControle_MDL.h"
#include "BlocoOperacional_MDL.h"

SC_MODULE(MedidorDistLaser)
{
  sc_in<sc_logic> clk, rst;
  sc_in<sc_logic> B, S;
  sc_out<sc_logic> L;
  sc_out<sc_lv<16> > D;

  sc_signal<sc_logic> Dreg_clr, Dreg_ld;
  sc_signal<sc_logic> Dctr_clr, Dctr_cnt;

  BlocoDeControle_MDL BlocoDeControle_MDL_1;
  BlocoOperacional_MDL BlocoOperacional_MDL_1;

  SC_CTOR(MedidorDistLaser) :
    BlocoDeControle_MDL_1("BlocoDeControle_MDL_1"),
    BlocoOperacional_MDL_1("BlocoOperacional_MDL_1")
  {
    BlocoDeControle_MDL_1.clk(clk);
    BlocoDeControle_MDL_1.rst(rst);
    BlocoDeControle_MDL_1.B(B);
    BlocoDeControle_MDL_1.S(S);
    BlocoDeControle_MDL_1.Dreg_clr(Dreg_clr);
    BlocoDeControle_MDL_1.Dreg_ld(Dreg_ld);
    BlocoDeControle_MDL_1.Dctr_clr(Dctr_clr);
    BlocoDeControle_MDL_1.Dctr_cnt(Dctr_cnt);

    BlocoOperacional_MDL_1.clk(clk);
    BlocoOperacional_MDL_1.Dreg_clr(Dreg_clr);
    BlocoOperacional_MDL_1.Dreg_ld(Dreg_ld);
    BlocoOperacional_MDL_1.Dctr_clr(Dctr_clr);
    BlocoOperacional_MDL_1.Dctr_cnt(Dctr_cnt);
    BlocoOperacional_MDL_1.D(D);
  }
};
```

Figura 9.48 Descrição estrutural para a descrição de alto nível em SystemC do medidor de distância baseado em laser.

A Fig. 9.49 é uma descrição em SystemC do componente correspondente ao bloco operacional de *MedidorDistLaser*, como foi mostrado na Fig. 5.17. O módulo denominado *BlocoOperacional_ MDL* define uma entrada de relógio *clk*, quatro entradas de controle *Dreg_clr*, *Dreg_ld*, *Dctr_clr* e *Dctr_cnt*, e uma saída *D* de 16 bits da distância.

O bloco operacional consiste em três componentes, a saber, um contador crescente de 16 bits, um registrador de 16 bits e um deslocador à direita de 16 bits o qual efetua deslocamentos de uma posição à direita. O componente *ContadorCrescente16* é um contador crescente de 16 bits, tendo uma entrada de controle *cnt* e uma entrada *clr* (*clear*) para zerar o contador. O componente *Reg16* é um registrador de carga paralela de 16 bits, tendo um sinal de controle *ld* para carregar o registrador e um sinal *clr* para zerar o registrador. O componente *DeslocadorDireitaUm16* é um registrador deslocador à direita de 16 bits que faz o deslocamento de uma posição à direita da entrada *I* e atribui o valor deslocado à saída *S*. O módulo do bloco operacional instancia um componente *Conta-*

```
#include "systemc.h"
#include "contadorcrescente16.h"
#include "reg16.h"
#include "deslocadordireitaum16.h"

SC_MODULE(BlocoOperacional_MDL)
{
  sc_in<sc_logic> clk;
  sc_in<sc_logic> Dreg_clr, Dreg_ld;
  sc_in<sc_logic> Dctr_clr, Dctr_cnt;
  sc_out<sc_lv<16> > D;

  sc_signal<sc_lv<16> > Ctemp;
  sc_signal<sc_lv<16> > Cdeslocado;

  ContadorCrescente16 Dctr;
  Reg16 Dreg;
  DeslocadorDireitaUm16.h DeslocadorDireita;

  SC_CTOR(BlocoOperacional_MDL) :
    Dctr("Dctr"), Dreg("Dreg"),
    DeslocadorDireita("DeslocadorDireita")
  {
    Dctr.clk(clk);
    Dctr.clr(Dctr_clr);
    Dctr.cnt(Dctr_cnt);
    Dctr.C(Ctemp);

    DeslocadorDireita.I(Ctemp);
    DeslocadorDireita.S(Cdeslocado);

    Dreg.I(Cdeslocado);
    Dreg.Q(D);
    Dreg.clk(clk);
    Dreg.clr(Dreg_clr);
    Dreg.ld(Dreg_ld);
  }
};
```

Figura 9.49 Descrição estrutural em SystemC para o bloco operacional do medidor de distância baseado em laser.

dorCrescente16 denominado *Dctr*, um componente *Reg16* denominado *Dreg* e um componente *DeslocadorDireitaUm16* de nome *DeslocadorDireita*. O módulo conecta as entradas *Dctr_clr* e *Dctr_cnt* do bloco operacional às entradas de controle de *clear* e de contagem de *Dctr*, respectivamente. A saída de contagem *C* do contador é então conectada ao fio interno *Ctemp* de 16 bits. Assim, o valor da contagem é conectado à entrada do deslocador *DeslocadorDireita*. Em seguida, a contagem deslocada é conectada à entrada do registrador *Dreg* por meio do sinal interno *Cdeslocado*. O módulo conecta as entradas de controle de *clear* e de carga do registrador *Dreg* às portas de entrada *Dreg_clr* e *Dreg_ld* do bloco operacional. Finalmente, a saída de dados *Q* do registrador é conectada à saída da distância medida *D* do *BlocoOperacional_MDL*.

As Figs. 9.50 e 9.51 são a descrição em SystemC da FSM do bloco de controle do medidor de distância baseado em raio laser, que foi descrita na Fig. 5.21. O módulo denominado *BlocoDeControle_MDL* tem uma entrada de relógio *clk*, um sinal *rst* de *reset*, um botão *B* apertado pelo usuário, uma entrada *S* do sensor de laser e cinco sinais de saída de controle, isto é, *L*, *Dreg_clr*, *Dreg_ld*, *Dctr_clr* e *Dctr_cnt*. A saída *L* é usada para ligar e desligar o laser, sendo que o laser está ligado quando *L* é 1. Os quatro outros sinais de saída são usados para controlar os componentes do bloco operacional do projeto RTL.

```
#include "system.h"

enum tipoestado { S0, S1, S2, S3, S4 };

SC_MODULE(BlocoDeControle_MDL)
{
  sc_in<sc_logic> clk, rst, B, S;
  sc_out<sc_logic> L;
  sc_out<sc_logic> Dreg_clr, Dreg_ld;
  sc_out<sc_logic> Dctr_clr, Dctr_cnt;

  sc_signal<tipoestado> estadoatual, proximoestado;

  SC_CTOR(BlocoDeControle_MDL)
  {
    SC_METHOD(regestado);
    sensitive_pos << rst << clk;
    SC_METHOD(logicacomb);
    sensitive << estadoatual << B << S;
  }

  void regestado() {
    if ( rst.read() == SC_LOGIC_1 )
      estadoatual = S0; // estado inicial
    else
      estadoatual = proximoestado;
  }

  void logicacomb() {
    L.write(SC_LOGIC_0);
    Dreg_clr.write(SC_LOGIC_0);
    Dreg_ld.write(SC_LOGIC_0);
    Dctr_clr.write(SC_LOGIC_0);
    Dctr_cnt.write(SC_LOGIC_0);

    switch (estadoatual) {
      case S0:
        L.write(SC_LOGIC_0);        // laser desligado
        Dreg_clr.write(SC_LOGIC_0); // zere Dreg
        proximoestado = S1;
        break;
```
(continua na Figura 9.51)

Figura 9.50 Descrição comportamental em SystemC do bloco de controle do medidor de distância baseado em laser.

O módulo em SystemC descreve o comportamento da FSM do *BlocoDeControle_MDL*. De forma semelhante à do projeto do bloco de controle mostrado na Fig. 9.24, o módulo consiste em dois processos, um que modela o registrador de estado e outro que modela a lógica de controle da FSM. O processo denominado *regestado* do registrador de estado é sensível às bordas positivas das entradas de *reset rst* e de relógio *clk*. Se a entrada *rst* estiver habilitada, então o processo atribuirá assincronamente o estado inicial *S0* da FSM ao sinal *estadoatual*.

Em caso contrário, na borda positiva do relógio, o processo atualizará o registrador de estado com o *proximoestado*.

O segundo processo, de nome *logicacomb*, é sensível às entradas da lógica combinacional da Fig. 5.21, especificamente, às entradas externas *B* e *S* e à saída *estadoatual* do registrador de estado. Quando qualquer um desses sinais é alterado, o processo atribui valores, próprios do estado atual, às saídas da FSM, neste caso, *L*, *Dreg_clr*, *Dreg_ld*, *Dctr_clr* e *Dctr_cnt*. No exemplo do bloco de controle da Fig. 9.24, a saída *x* da FSM foi definida dentro do comando *case* para todos os estados possíveis. Com cinco saídas que devem ser definidas pelo *BlocoDeControle_MDL* e cinco estados possíveis, a atribuição dos valores a todas as saídas de cada estado seria trabalhoso. Além disso, a localização de um erro e a realização de correções ou modificações no bloco de controle iria se tornar muito difícil em máquinas FSM maiores consistindo em mais estados e tendo muito mais saídas. Ao invés disso, o processo usa uma abordagem diferente. Primeiro atribuem-se valores iniciais a todas as saídas e posteriormente atribuem-se somente os valores que forem diferentes desses iniciais. O processo atribui primeiro um valor inicial 0 a todas as cinco saídas. A seguir, o processo determina o estado atual e atribui valores às saídas somente quando elas devem ser 1. O processo também atribui o valor 0 a diversos sinais dentro do comando *case*. No entanto, essas atribuições foram incluídas apenas para indicar claramente o comportamento do bloco de controle (elas são redundantes, mas ajudam a tornar a descrição mais fácil de ser entendida).

Figura 9.51 Descrição comportamental em SystemC do bloco de controle do medidor de distância baseado em laser *(continuação)*.

```
(continuação da Figura 9.50)

      case S1
        Dctr_clr.write(SC_LOGIC_1);    // zere o contador
        if (B.read() == SC_LOGIC_1)
          proximoestado = S2;
        else
          proximoestado = S1;
        break;
      case S2:
        L.write(SC_LOGIC_1);           // laser ligado
        proximoestado = S3;
        break;
      case S3:
        L.write(SC_LOGIC_0);           // laser desligado
        Dctr_cnt.write(SC_LOGIC_1);    // incremente
        if (S.read() == SC_LOGIC_1)
          proximoestado = S4;
        else
          proximoestado = S3;
        break;
      case S4:
        Dreg_ld.write(SC_LOGIC_1);     // carregue Dreg
        Dctr_cnt.write(SC_LOGIC_0);    // pare a contagem
        proximoestado = S1;
        break;}
    }
};
```

O processo também determina qual deverá ser o próximo estado, com base no estado atual e nos valores das entradas *B* e *S*. O próximo estado será carregado no registrador de estado pelo processo do registrador de estado na próxima borda de subida do relógio.

9.6 RESUMO DO CAPÍTULO

Neste capítulo, dissemos que as linguagens de descrição de hardware (HDLs) são largamente usadas no projeto digital moderno. Demos breves introduções a diversas HDLs amplamente usadas, especificamente, VHDL, Verilog e SystemC. Basicamente, introduzimos essas HDLs pelo uso de exemplos, ilustrando como cada HDL pode ser usada para descrever lógica combinacional, lógica seqüencial, componentes de bloco operacional e também o comportamento e a estrutura RTL. Para se tornar proficiente no uso de HDLs, pode ser útil o estudo mais completo de uma HDL em particular. Este capítulo ilustra também o ponto de que HDLs diferentes têm diversos atributos em comum.

9.7 EXERCÍCIOS

Os seguintes exercícios podem feitos usando qualquer uma das HDLs descritas neste capítulo.

SEÇÃO 9.2: DESCRIÇÃO DE LÓGICA COMBINACIONAL USANDO LINGUAGENS DE DESCRIÇÃO DE HARDWARE

9.1 Para o *display* descrito no Exemplo 2.23, crie a descrição estrutural em HDL do conversor de número binário em sete segmentos, o qual consiste em portas lógicas simples, isto é, *Inv*, *AND2* e *OR2*. Assegure-se de incluir as descrições comportamentais combinacionais para as portas lógicas simples.

9.2 Em HDL, crie descrições comportamentais combinacionais para cada uma das portas lógicas de duas entradas seguintes, em que cada uma tem duas entradas a e b, e uma única saída F.
   (a) NAND2
   (b) NOR2
   (c) XOR2
   (d) XNOR2

9.3 (a) Crie uma descrição comportamental combinacional em HDL para o detector de um padrão composto por três 1s que foi descrito no Exemplo 2.24.
   (b) Crie uma bancada de teste para verificar se a sua descrição funcionou apropriadamente.

9.4 (a) Crie uma descrição comportamental combinacional em HDL para o contador do número de 1s mostrado na Fig. 2.41, descrevendo o comportamento combinacional de ambas as saídas x e y na forma de uma soma de mintermos.
   (b) Crie uma bancada de teste para verificar se a sua descrição funcionou apropriadamente.

9.5 Crie uma descrição em HDL para o decodificador 2x4 mostrado na Fig. 2.50, na forma de:
   (a) comportamento combinacional,
   (b) estrutura.
   (c) Crie uma bancada de teste para verificar as duas descrições (a mesma bancada de teste pode testar qualquer uma das descrições).

9.6 Crie uma descrição em HDL para o multiplexador 4x1 descrito na Fig. 2.55, na forma de:
   (a) comportamento combinacional,
   (b) estrutura.
   (c) Crie uma bancada de teste para verificar as duas descrições (a mesma bancada de teste pode testar qualquer uma das descrições).

9.7 Crie uma descrição comportamental em HDL para o multiplexador 2x1 descrito na Fig. 2.54. A seguir, crie uma descrição estrutural em HDL que combina três multiplexadores 2x1 para criar um multiplexador 4x1 como está mostrado na Fig. 9.52.

9.8 Crie uma descrição comportamental combinacional em HDL para um multiplexador 4x1 de oito bits. Assegure-se de especificar as portas de entrada e saída do projeto usando um tipo de dados com múltiplos bits.

9.9 Explique claramente qual é a diferença entre uma descrição estrutural em HDL e uma descrição comportamental em HDL. Explique os benefícios de se usar ambos os tipos de descrição.

9.10 Explique por que a lista de sensitividade de uma descrição comportamental combinacional em HDL deve incluir todas as entradas do circuito combinacional. Em particular, explique porque, na realidade, a omissão de uma entrada descreve um circuito seqüencial.

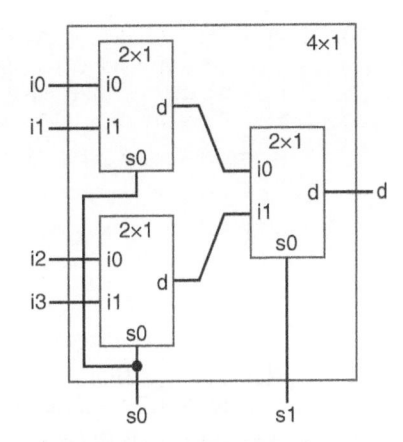

Figura 9.52 Multiplexador 4x1 composto por três multiplexadores 2x1.

9.11 Crie uma descrição comportamental em HDL para um codificador 16x4 com prioridade. Esse codificador tem 16 entradas, $d15, d14, ..., d1, d0$, e quatro saídas, $e3, e2, e1, e0$. A saída do codificador com prioridade fornece um número binário de quatro bits indicando qual das 16 entradas é um 1. Se houver mais de uma entrada em 1, o codificador com prioridade dará o número binário correspondente à entrada numerada com o valor mais alto.

SEÇÃO 9.3: DESCRIÇÃO DE LÓGICA SEQÜENCIAL USANDO LINGUAGENS DE DESCRIÇÃO DE HARDWARE

9.12 (a) Crie uma descrição comportamental em HDL de um registrador de carga paralela de 32 bits.
(b) Crie uma bancada de teste para testar a descrição.

9.13 (a) Crie uma descrição comportamental em HDL para a FSM do bloco de controle do detector melhorado de código que foi descrito na Fig. 3.46.
(b) Crie uma bancada de teste para testar a descrição.

9.14 (a) Crie uma descrição comportamental em HDL para o sincronizador de aperto de botão que foi descrito na Fig. 3.53.
(b) Crie uma bancada de teste para testar a descrição.

9.15 (a) Crie uma descrição comportamental em HDL para o bloco de controle da chave de carro segura, como foi descrito nas Figs. 3.57 e 3.58.
(b) Crie uma bancada de teste para testar a descrição.

SEÇÃO 9.4: DESCRIÇÃO DE COMPONENTES DE BLOCO OPERACIONAL USANDO LINGUAGENS DE DESCRIÇÃO DE HARDWARE

9.16 (a) Crie uma descrição comportamental em HDL de um registrador de carga paralela, com oito bits e entrada *clr* para zerar o registrador.
(b) Crie uma bancada de teste para testar a descrição.

9.17 (a) Crie uma descrição comportamental em HDL de um registrador de carga paralela de oito bits. Ele tem uma entrada de *clear* em nível baixo (*low*), de nome *clr_l*, e uma entrada de *set* em nível alto (*high*), de nome *set_h*. Quando a entrada *clr_l* é 1, os conteúdos do registrador devem ser zerados tornando-se "00000000". Quando a entrada *set_h* é 1, os conteúdos do registrador devem se tornar "11111111". Se ambas as entradas forem 1, a entrada *clear* em nível baixo tem a prioridade.
(b) Crie uma bancada de teste para testar a descrição.

9.18 Crie uma descrição comportamental em HDL para um registrador de oito bits com duas entradas de controle $s0$ e $s1$ que tem o comportamento de controle descrito na Fig. 9.53

9.19 Crie uma descrição estrutural em HDL para um meio somador.

9.20 Crie uma descrição estrutural em HDL para um somador com propagação de "vai um" (*carry-ripple adder*) de quatro bits sem a entrada de "vem um". Primeiro, crie uma descrição comportamental de um somador completo e, então, use o componente somador completo na sua descrição do somador com propagação de "vai um".

s1	s0	Operação
0	0	Mantenha o valor atual
0	1	Carga paralela
1	0	Deslocamento à direita
1	1	Rotação à direita

Figura 9.53 Tabela de operação do registrador de oito bits do Exercício 9.18.

9.21 Crie uma descrição comportamental em HDL para o conversor aproximado de graus Celsius em Fahrenheit, como descrito na Fig. 4.40.

9.22 Crie uma descrição comportamental em HDL para o conversor aproximado de graus Fahrenheit em Celsius, usando a seguinte aproximação para a conversão: C = (F − 32)/2.

9.23 (a) Crie uma descrição comportamental em HDL para um comparador de um bit.
(b) Crie uma descrição estrutural em HDL para um comparador de quatro bits, usando comparadores de um bit.

9.24 Crie uma descrição comportamental em HDL para um comparador de igualdade de 32 bits com três entradas de oito bits a, b e c.

9.25 Crie uma descrição estrutural em HDL para o contador crescente/decrescente de quatro bits que foi descrito na Fig. 4.55. Assegure-se de criar primeiro uma descrição comportamental em HDL para cada componente usado no seu projeto estrutural em HDL.

9.26 Crie uma descrição estrutural em HDL para um contador decrescente de quatro bits com carga paralela. Assegure-se de criar primeiro uma descrição comportamental em HDL para cada componente usado no seu projeto estrutural em HDL.

9.27 Crie uma descrição estrutural em HDL para o conversor de RGB para CMYK que foi descrito na Fig. 4.68. Assegure-se de criar primeiro uma descrição comportamental em HDL para cada componente usado no seu projeto estrutural em HDL.

9.28 Crie uma descrição estrutural em HDL para um conversor de CMYK para RGB. Sugestão: Use a informação apresentada no Exemplo 4.20, que descreve o conversor de RGB para CMYK, para ajudá-lo no projeto do conversor de CMYK para RGB.

9.29 Crie uma descrição estrutural em HDL para um circuito somador/subtrator de quatro bits. Assegure-se de criar primeiro uma descrição comportamental em HDL para cada componente usado no seu projeto estrutural em HDL.

SEÇÃO 9.5: PROJETO RTL USANDO LINGUAGENS DE DESCRIÇÃO DE HARDWARE

9.30 Crie uma descrição comportamental em HDL para a máquina de estados de alto nível da interface de barramento simples que foi mostrado na Fig. 5.24.

9.31 Crie uma descrição estrutural em HDL para os blocos de controle e operacional da interface de barramento simples, como mostrado na Fig. 5.26.

9.32 Crie uma descrição comportamental em HDL da máquina de estados de alto nível do componente para a soma de diferenças absolutas, como mostrado na Fig. 5.29.

9.33 Crie uma descrição estrutural em HDL para o projeto dos blocos de controle e operacional do componente que fornece a soma de diferenças absolutas, como mostrado na Fig. 5.30.

9.34 Crie um projeto RTL para um circuito medidor de tempo de reação que mede o tempo decorrido entre o acendimento de uma lâmpada e o pressionamento de um botão por uma pessoa. O medidor do tempo de reação tem três entradas, uma entrada *clk* de relógio, uma entrada *rst* de *reset* e um botão de entrada *B*. Também tem três saídas, uma saída *len* de habilitação da lâmpada, uma saída *rtempo* de tempo de reação de dez bits e uma saída *lento* para indicar que o usuário não foi rápido o suficiente. O temporizador de reação trabalha da seguinte maneira. Durante o *reset*, o medidor espera 2 segundos antes de acender a lâmpada fazendo *len* ser 1. A seguir, o medidor do tempo de reação mede o intervalo de tempo decorrido em milissegundos até o usuário pressionar o botão *B*, fornecendo o tempo na saída *rtempo* como um número binário de 10 bits. Se o usuário não pressionar o botão dentro de 1 segundo (1000 milissegundos), o medidor irá ativar a saída *lento* tornando-a 1 e colocando 1000 na saída *rtempo*. Assuma uma freqüência de 1 kHz. (a) Usando uma máquina de estados de alto nível, comece capturando o projeto em uma HDL. (b) Converta a máquina de estados de alto nível em uma descrição em HDL dos blocos de controle e operacional.

9.35 Começando com a descrição em C mostrada na Fig. 9.54, crie um projeto RTL para uma calculadora de máximo divisor comum (MDC) que toma como entrada duas entradas *a* e *b* de 16 bits, uma entrada de habilitação *comece* e uma saída *D* de 16 bits. Quando *comece* é '1', a calculadora de MDC computa o máximo divisor comum e coloca o MDC na saída *D*. Usando uma HDL, inicie com uma máquina de estados de alto nível e, então, crie uma implementação com bloco operacional, bloco de controle e todos os seus componentes internos descritos em HDL.

```
uint MDC(uint a, uint b)  // não é bem sintaxe C
{
    while ( a != b ) {
        if( a > b ) {
            a = a - b;
        } else {
            b = b - a;
        }
    }
    return(a);
}
```

Figura 9.54 Descrição de uma calculadora usando um programa em C.

APÊNDICE A

Álgebra Booleana

Este apêndice é reproduzido com permissão do livro "Introduction to Digital Systems" de autoria de Ercegovac, Lang e Moreno, ISBN 0-471-52799-8, John Wiley and Sons Editores, 1999.

As **álgebras booleanas** são uma classe importante das álgebras, que têm sido estudadas e usadas extensamente para muitos propósitos (veja a Seção A.5). A **álgebra de chaveamento**, usada na descrição de expressões de chaveamento, discutidas na Seção 2.4, é um caso da classe de álgebras booleanas. Conseqüentemente, os teoremas desenvolvidos para as álgebras booleanas também são aplicáveis à álgebra de chaveamento; sendo assim, elas podem ser usadas para a transformação de expressões de chaveamento. Além disso, certas identidades da álgebra booleana são a base para as técnicas gráficas e tabulares usadas para a minimização de expressões de chaveamento.

Neste apêndice, apresentaremos a definição de álgebras booleanas, bem como os teoremas que são úteis para a transformação de expressões booleanas. Mostraremos também a relação entre as álgebras booleanas e de chaveamento; em especial, mostraremos que a álgebra de chaveamento satisfaz os postulados de uma álgebra booleana. Esboçaremos também outros exemplos das álgebras booleanas, os quais são úteis para um melhor entendimento das propriedades desta classe de álgebras.

A.1 ÁLGEBRA BOOLEANA

Uma **álgebra booleana** é uma n-upla $\{B, +, \times\}$, em que
- B é um conjunto de elementos;
- $+$ e $\times$ são operações binárias aplicadas sobre os elementos de B,

que satisfazem os seguintes postulados:

P1: Se $a, b \in B$, então
  i. $a + b = b + a$
  ii. $a \times b = b \times a$

Ou seja, $+$ e $\times$ são comutativos.

P2: Se $a, b, c \in B$, então
  i. $a + (b \times c) = (a + b) \times (a + c)$
  ii. $a \times (b + c) = (a \times b) + (a \times c)$

P3: O conjunto B tem dois **elementos de identidade** distintos, denotados como 0 e 1, tal que para cada elemento de B

   i. $0 + a = a + 0 = a$
   ii. $1 \times a = a \times 1 = a$

Os elementos 0 e 1 são chamados **elemento aditivo de identidade** e **elemento multiplicativo de identidade**, respectivamente (estes elementos não devem ser confundidos com os números inteiros 0 e 1).

P4: Para todo elemento de $a \in B$ existe um elemento a', chamado **complemento de** a, tal que

   i. $a + a' = 1$
   ii. $a \times a' = 0$

Os símbolos + e × não devem ser confundidos com os símbolos de adição e multiplicação aritméticos. Porém, por conveniência, + e × freqüentemente são chamados "mais" e "vezes," e a expressão $a + b$ e $a \times b$ são chamados "soma" e "produto," respectivamente. Além disso, + e × também são chamados "OR" (OU) e "AND" (E), respectivamente.

Os elementos do conjunto B são chamados **constantes**. Os símbolos que representam elementos arbitrários de B são **variáveis**. Os símbolos a, b e c nos postulados acima são variáveis, enquanto que 0 e 1 são constantes.

Uma **ordem de precedência** é definida para os operadores: × tem precedência sobre +. Portanto os parênteses podem ser eliminados do produto. Além disso, sempre que símbolos simples forem usados para variáveis, o símbolo × poderá ser eliminado nos produtos. Por exemplo,

$$a + (b \times c) \text{ pode ser escrito como } a + bc$$

A.2 ÁLGEBRA DE CHAVEAMENTO

A **álgebra de chaveamento** é um sistema algébrico usado para descrever funções de chaveamento por meio de expressões de chaveamento. Neste sentido, uma álgebra de chaveamento cumpre o mesmo papel para com as funções de chaveamento que a álgebra comum para com as funções aritméticas.

A álgebra de chaveamento consiste no conjunto de dois elementos $B = \{0, 1\}$ e duas operações AND e OR, definidas da seguinte maneira:

AND	0	1
0	0	0
1	0	1

OR	0	1
0	0	1
1	1	1

Estas operações são usadas para avaliar expressões de chaveamento, conforme é indicado na Seção 2.4.

Teorema 1
A álgebra de chaveamento é uma álgebra booleana
Prova Mostramos que a álgebra de chaveamento satisfaz os postulados de uma álgebra booleana.

P1: Comutatividade de (+), (×). Isto é mostrado pela inspeção das tabelas de operação. A propriedade de comutatividade se sustenta se uma tabela for simétrica em relação à diagonal principal.

P2: Distributividade de (+), (×). Mostrada por **indução perfeita**, ou seja, considerando todos os valores possíveis para os elementos a, b e c. Considere a seguinte tabela:

abc	$a + bc$	$(a + b)(a + c)$
000	0	0
001	0	0
010	0	0
011	1	1
100	1	1
101	1	1
110	1	1
111	1	1

Uma vez que $a + bc = (a + b)(a + c)$ para todos os casos, P2(i) é satisfeita. Uma prova similar mostra que P2(ii) também é satisfeita.

P3: Existência de elemento de identidade aditivo e multiplicativo. A partir das tabelas de operação

$$0 + 1 = 1 + 0 = 1$$

Portanto, 0 é o elemento de identidade aditivo. Similarmente,

$$0 \times 1 = 1 \times 0 = 0$$

de forma que 1 é o elemento de identidade multiplicativo.

P4: Existência do complemento. Por indução perfeita:

a	a'	$a + a'$	$a \times a'$
1	0	1	0
0	1	1	0

Conseqüentemente, 1 é o complemento de 0 e 0 é o complemento de 1.

Uma vez que todos os postulados são satisfeitos, a álgebra de chaveamento é uma álgebra booleana. Em conseqüência, todos os teoremas verdadeiros para as álgebras booleanas também são verdadeiros para a álgebra de chaveamento.

A.3 TEOREMAS IMPORTANTES NA ÁLGEBRA BOOLEANA

Apresentaremos, agora, alguns teoremas importantes na álgebra booleana; estes teoremas podem ser aplicados à transformação de expressões de chaveamento.

Teorema 2 Princípio da Dualidade

Toda identidade algébrica dedutível dos postulados de uma álgebra booleana permanece válida se

- as operações + e × são intercambiadas entre si em toda a expressão; e
- os elementos de identidade 0 e 1 também são intercambiados entre si em toda a expressão.

Prova A prova decorre imediatamente do fato de que, para cada um dos postulados, há um outro (o dual) que é obtido intercambiando-se + e ×, bem como 0 e 1.

Este teorema é útil porque ele reduz o número de diferentes teoremas que devem ser provados: todo teorema tem seu dual.

Teorema 3

Todo elemento de B tem um complemento **único**.

Prova Admitamos que $a \in b$; vamos supor que a'_1 e a'_2 sejam ambos complementos de a. Então, usando os postulados, podemos realizar as seguintes transformações:

$$
\begin{aligned}
a'_1 &= a'_1 \times 1 & &\text{por P3(ii)} & &\text{(identidade)} \\
&= a'_1 \times (a + a'_2) & &\text{por hipótese} & &(a'_2 \text{ é o complemento de } a) \\
&= a'_1 \times a + a'_1 \times a'_2 & &\text{por P2(ii)} & &\text{(distributividade)} \\
&= a \times a'_1 + a'_1 \times a'_2 & &\text{por P1(ii)} & &\text{(comutatividade)} \\
&= 0 + a'_1 \times a'_2 & &\text{por hipótese} & &(a'_1 \text{ é o complemento de } a) \\
&= a'_1 \times a'_2 & &\text{por P3(i)} & &\text{(identidade)}
\end{aligned}
$$

Mudando o índice 1 por 2 e vice-versa, e repetindo todos os passos para a'_2, obtemos

$$
\begin{aligned}
a'_2 &= a'_2 \times a'_1 \\
&= a'_1 \times a'_2 \text{ por P1(ii)}
\end{aligned}
$$

e, portanto, $a'_2 = a'_1$.

A unicidade do complemento de um elemento permite considerar ′ como uma operação binária chamada **complementação**.

Teorema 4

Para qualquer $a \in B$:

    1. $a + 1 = 1$

    2. $a \times 0 = 0$

Prova Usando os postulados, podemos realizar as seguintes transformações:

Caso (1):   por

$$\begin{align} a+1 &= 1 \times (a+1) & \text{P3(ii)} \\ &= (a+a') \times (a+1) & \text{P4(i)} \\ &= a + (a' \times 1) & \text{P2(i)} \\ &= a + a' & \text{P3(ii)} \\ &= 1 & \text{P4(i)} \end{align}$$

Caso (2)   por

$$\begin{align} a \times 0 &= 0 + (a \times 0) & \text{P3(i)} \\ &= (a \times a') + (a \times 0) & \text{P4(ii)} \\ &= a \times (a' + 0) & \text{P2(ii)} \\ &= a \times a' & \text{P3(i)} \\ &= 0 & \text{P4(ii)} \end{align}$$

O Caso (2) também pode ser provado por meio do Caso (1) e o princípio da dualidade.

Teorema 5

O complemento do elemento 1 é 0, e vice-versa. Ou seja,

  1. $0' = 1$

  2. $1' = 0$

Prova Pelo Teorema 4,

$$0 + 1 = 1 \text{ e}$$
$$0 \times 1 = 0$$

Uma vez que, pelo Teorema 3, o complemento de um elemento é único, o Teorema 5 se justifica.

Teorema 6   **Lei da Idempotência**

Para todo $a \in B$

  1. $a + a = a$

  2. $a \times a = a$

Prova por

(1):   por

$$\begin{align} a + a &= (a+a) \times 1 & \text{P3(ii)} \\ &= (a+a) \times (a+a') & \text{P4(i)} \\ &= (a + (a \times a')) & \text{P2(i)} \\ &= a + 0 & \text{P4(ii)} \\ &= a & \text{P3(i)} \end{align}$$

(2): dualidade

Teorema 7 Lei da Involução
Para todo $a \in B$,

$$(a')' = a$$

Prova A partir da definição de complemento, $(a')'$ e a são ambos complementos de a'. Mas, pelo Teorema 3, o complemento de um elemento é único, o que prova o teorema.

Teorema 8 Lei da Absorção
Para todo par de elementos $a, b \in B$,

1. $a + a \times b = a$
2. $a \times (a + b) = a$

Prova por

(1):
$$\begin{aligned}
a + ab &= a \times 1 + ab & \text{P3 (ii)} \\
&= a(1 + b) & \text{P2 (ii)} \\
&= a(b + 1) & \text{P1 (i)} \\
&= a \times 1 & \text{Teorema 4 (1)} \\
&= a & \text{P3 (ii)}
\end{aligned}$$

(2) dualidade

Teorema 9
Para todo par de elementos $a, b \in B$.

1. $a + a'b = a + b$
2. $a(a' + b) = ab$

Prova por

(1):
$$\begin{aligned}
a + a'b &= (a + a')(a + b) & \text{P2 (i)} \\
&= 1 \times (a + b) & \text{P4 (i)} \\
&= a + b & \text{P3 (ii)}
\end{aligned}$$

(2): dualidade

Teorema 10
Em uma álgebra booleana, cada uma das operações binárias (+) e (×) é associativa. Ou seja, para todo $a, b, c \in B$,

1. $a + (b + c) = (a + b) + c$
2. $a(bc) = (ab)c$

A prova deste teorema é bastante extensa. O leitor interessado deve consultar as leituras adicionais sugeridas no final deste apêndice.

Corolário 1
1. A ordem na aplicação do operador + entre n elementos não importa. Por exemplo,

$$a + \{b + [c + (d + e)]\} = \{[(a + b) + c] + d\} + e$$
$$= \{a + [(b + c) + d]\} + e$$
$$= a + b + c + d + e$$

2. A ordem na aplicação do operador × entre n elementos não importa.

Teorema 11   Lei de DeMorgan
Para todo par de elementos $a, b \in B$,

1. $(a + b)' = a'b'$
2. $(ab)' = a' + b'$

Prova Provamos primeiro que $(a + b)$ é o complemento de $a'b'$. Pela definição de complemento (P4) e sua unicidade (Teorema 3), isto corresponde a mostrar que $(a + b) + a'b' = 1$ e que $(a + b)a'b' = 0$. Fazemos esta prova pelas seguintes transformações:

		por
$(a + b) + a'b'$	$= [(a + b) + a'][(a + b) + b']$	P2(i)
	$= [(b + a) + a'][(a + b) + b']$	P1(i)
	$= [b + (a + a')][a + (b + b')]$	associatividade
	$= (b + 1)(a + 1)$	P4(i)
	$= 1 \times 1$	Teorema 3 (1)
	$= 1$	idempotência

$(a + b)(a'b')$	$= (a'b')(a + b)$	comutatividade
	$= (a'b')a + (a'b')b$	distributividade
	$= (b'a')a + (a'b')b$	comutatividade
	$= b'(a'a) + a'(b'b)$	associatividade
	$= b'(a\,a') + a'(bb')$	comutatividade
	$= b' \times 0 + a' \times 0$	P4(ii)
	$= 0 + 0$	Teorema 3(2)
	$= 0$	Teorema 5(1)

Por dualidade $(a \times b)' = a' + b'$

Teorema 12 Lei de DeMorgan generalizada
Admitamos que {a, b,..., c, d} seja um conjunto de elementos em uma álgebra booleana. Então as identidades seguintes se sustentam:

1. $(a + b... + c + d)' = a'b'... c'd'$

2. $(ab...cd)' = a' + b' +... + c' + d'$

Prova Pelo método da **indução finita**. A base é fornecida pelo Teorema 11, o qual corresponde ao caso com dois elementos.

Etapa indutiva: suponhamos que a lei de DeMorgan seja verdadeira para n elementos e que mostremos que ela é verdadeira para $n + 1$ elementos. Suponhamos que $a, b,..., c$ sejam os n elementos, e que d seja o $(n + 1)$-ésimo elemento.

Então, por associatividade e a base,

$$(a + b + ... + c + d)' = [(a + b + ... + c) + d]'$$
$$= (a + b + ... + c)'d'$$

Pela hipótese de indução

$$(a + b + ...c)' = a'b'...c'$$

Dessa forma

$$(a + b + ...c + d)' = a'b'...c'd'$$

Os teoremas de DeMorgan são úteis para manipular expressões de chaveamento. Por exemplo, a obtenção do complemento de uma expressão de chaveamento que contém parênteses é realizada aplicando-se a lei de DeMorgan e a lei da Involução repetidamente para colocar todos os (') dentro dos parênteses. Ou seja,

$$[(a + b')(c' + d') + (f' + g)']' = [(a + b')(c' + d')]'[(f' + g)']'$$
$$= [(a + b')' + (c' + d')']'(f' + g)$$
$$= (a'b + cd)(f' + g)$$

Os símbolos $a, b, c,...$ que aparecem nos teoremas e postulados são **variáveis genéricas**. Ou seja, podem ser substituídas por variáveis ou expressões (fórmulas) complementadas sem mudar o significado destes teoremas. Por exemplo, a lei de DeMorgam pode ser lida como

$$(a' + b')' = ab$$

ou

$$[(a + b)' + c']' = (a + b)c$$

Descrevemos um sistema matemático geral, chamado álgebra booleana, e estabelecemos um conjunto básico de identidades algébricas, verdadeiras para qualquer álgebra booleana, sem de fato especificarmos a natureza das duas operações binárias, (+) e (×). No capítulo 2, apresentamos uma álgebra útil para a representação de funções de chaveamento através de expressões de chaveamento.

A.4 OUTROS EXEMPLOS DE ÁLGEBRAS BOOLEANAS

Há outras álgebras que também são casos de álgebras booleanas. Resumiremos, agora, as duas mais comumente usadas.

Álgebra dos conjuntos. Os elementos de B são todos subconjuntos de um conjunto S (o conjunto de todos os subconjuntos de S é denotado por $P(S)$) e as operações são o conjunto união ($\cup$) e o conjunto intersecção ($\cap$). Ou seja,

$$M = (P((S), (\cup, \cap)))$$

A identidade aditiva é um conjunto vazio, denotado por ϕ, e a identidade multiplicativa é o conjunto S. O conjunto $P(S)$ tem $2^{|S|}$ é o número de elementos de S.

Pode-se demonstrar que toda álgebra booleana é isomórfica com uma álgebra de conjuntos. Conseqüentemente, toda álgebra booleana tem 2^n elementos para algum valor $n > 0$.

Diagramas de Venn são usados para representar conjuntos, bem como as operações de união e intersecção. Conseqüentemente, desde que a álgebra dos conjuntos é uma álgebra booleana, diagramas de Venn podem ser usados para ilustrar os teoremas de uma álgebra booleana.

Álgebra de lógica (Cálculo Proposicional). Nesta álgebra, os elementos são T e F (true e false – verdadeiro e falso), e as operações são LOGICAL AND (E LÓGICO) e LOGICAL OR (OU LÓGICO). Ela é usada para avaliar proposições lógicas. Esta álgebra é isomórfica com a álgebra de chaveamento.

A.5 LEITURAS ADICIONAIS

O tópico das álgebras booleanas foi extensamente estudado e existem muitos livros bons sobre o assunto. O que expomos a seguir é uma lista parcial, na qual o leitor pode obter um material adicional que vai significativamente além do limitado tratamento deste apêndice: *Boolean Reasoning: The Logic of Boolean Equations*, de F. M. Brown, Kluwer Academic Publishers, Boston, MA, 1990; *Introduction to Switching and Automata Theory*, de M. A. Harrison, McGraw-Hill, New York, 1965; *Switching and Automata Theory*, de Z. Kohavi, 2ª edição, McGraw-Hill, New York, 1978; *Switching Theory*, de R. E. Miller, Vols. 1 e 2, Wiley, New York, 1965; *Introduction to Discrete Structures*, de F. Preparata e R. Yeh, Addison-Wesley, Reading, MA, 1973; e *Discrete Mathematical Structures*, de H. S. Stone, Science Research Associates, Chicago, IL, 1973.

APÊNDICE B

Tópicos Adicionais de Sistemas Binários de Numeração

B.1 INTRODUÇÃO

No Capítulo 1, introduzimos o conceito de números **binários** ou de base dois. Mostramos como pode-se converter um número decimal para binário usando o ***método da subtração*** ou o ***método da divisão por dois***. Entretanto, os números que usamos em projeto digital nem sempre podem ser representados como números inteiros.

Considere um médico que usa um termômetro auricular* que funciona em graus Celsius para verificar se a temperatura corporal de um paciente está normal. Sabemos que a temperatura corporal normal de uma pessoa é 37 graus Celsius (98,6 graus Fahrenheit). Se o sensor de temperatura do termômetro fornecer valores inteiros, então uma leitura de 37 graus Celsius corresponderá a uma temperatura real que pode ser qualquer uma entre 36,5 e 37,4 graus Celsius, assumindo que o sensor de temperatura faz um arredondamento para o inteiro mais próximo. Está claro que um termômetro que trabalha desse modo será de pouca utilidade para um médico, porque ele precisa de temperaturas mais precisas para poder afirmar se a temperatura de um paciente está fora do normal. Uma leitura de 37 graus Celsius pode significar que o paciente tem uma temperatura corporal normal ou que ele está perto de ter uma febre. Para ser útil, precisamos que o termômetro forneça a parte fracionária da temperatura de modo que o médico possa diferenciar entre 37,0 e 37,9 graus Celsius, por exemplo.

Neste apêndice, discutiremos como os números reais são representados em binário e quais são os métodos usados pelos projetistas digitais modernos para trabalhar com números reais.

B.2 REPRESENTAÇÃO DE NÚMEROS REAIS

Assim como, antes de termos passado para a numeração binária, tínhamos olhamos de perto como os números inteiros são representados na base decimal, poderá ser esclarecedor compreender como os números reais são representados na base decimal.

No Capítulo 1, vimos que cada dígito de um número tinha um certo peso que era uma potência de dez. A casa das unidades tinha um peso igual a $10^0 = 1$, a casa das dezenas, um

---

* N. de T: Um tipo de termômetro que é inserido no canal auditivo e usado para determinar a temperatura corporal. Essa determinação é feita medindo-se a temperatura do tímpano por meio de um sensor que capta a radiação infravermelha emitida por ele sem tocá-lo.

peso igual a $10^1 = 10$, a casa das centenas, um peso igual a $10^2 = 100$ e assim por diante. Se um número decimal tivesse um 8 na casa das centenas, um 6 na casa das dezenas e um 0 na casa das unidades, poderíamos calcular o valor do número multiplicando os dígitos pelos seus pesos e somando-os todos: $8*10^2 + 6*10^1 + 0*10^0 = 860$. Como estamos manipulando números decimais a toda hora, esse cálculo nos é trivial.

O mesmo conceito de pesos para cada dígito pode ser estendido à parte fracionária de um número. Considere o número decimal "923,501". Referimo-nos à vírgulas no meio dos dígitos como sendo a ***vírgula decimal***. Ela separa a parte fracionária do número da parte inteira.

	9	2	3	,	5	0	1	
10^3	10^2	10^1	10^0		10^{-1}	10^{-2}	10^{-3}	10^{-4}

Figura B.1 Representação de números reais na base dez.

Ao passo que os pesos dos dígitos da parte inteira do número são potências crescentes de 10, os pesos dos dígitos da parte fracionária são potências decrescentes de 10, constituindo assim os pesos dos dígitos fracionários (por exemplo, $10^{-1} = 0,1$ e $10^{-2} = 0,01$). Portanto, os dígitos "923,501" representam $9*10^2 + 2*10^1 + 3*10^0 + 5*10^{-1} + 0*10^{-2} + 1*10^{-3}$, como mostrado na Fig. B.1.

*Geralmente a vírgula, que é usada para separar a parte inteira da parte fracionária do número, é denominada **vírgula fracionária** (radix point), um termo que é aplicável à qualquer base.*

Os números reais poderão ser representados de modo similar em binário. No lugar de uma vírgula decimal, os números reais em binário apresentam uma ***vírgula binária***. Os dígitos

	1	0	,	1	1	0	1	
2^2	2^1	2^0		2^{-1}	2^{-2}	2^{-3}	2^{-4}	2^{-5}

Figura B.2 Representação de números reais na base dois.

à direita da vírgula binária recebem pesos que são potências negativas de 2. Por exemplo, o número binário 10,1101 é igual a $1*2^1 + 0*2^0 + 1*2^{-1} + 1*2^{-2} + 0*2^{-3} + 1*2^{-4}$ ou 2,8125 em numeração decimal, como está mostrado na Fig. B.2.

Agora você já deve estar à vontade com as potências crescentes de dois (1, 2, 4, 8, 16, 32, etc.). Por outro lado, pode ser difícil memorizar as potências decrescentes de dois. No entanto, elas poderão ser obtidas facilmente se efetuarmos divisão por 2: 1, 0,5, 0,25, e assim por diante. A Tabela B.1 ilustra essa seqüência.

O método da subtração, que usamos no Capítulo 1 para converter números inteiros decimais para binário, também é um método adequado para se converter números reais, sem necessitar de nenhuma modificação a não ser trabalhar com potências negativas de dois.

TABELA B.1 Potências de dois

Potência	Valor
2^2	4
2^1	2
2^0	1
2^{-1}	0,5
2^{-2}	0,25
2^{-3}	0,125
2^{-4}	0,0625
2^{-5}	0,03125

▶ **EXEMPLO B.1   Conversão de números reais de decimal para binário usando o método da subtração**

Converta o número 5,75 para binário usando o método da subtração.
    Para realizar essa conversão, seguiremos o processo de dois passos discutidos na Seção 1.2. A conversão está detalhada na Fig. B.3.

	Decimal	Binário					
1. Coloque 1 na casa mais elevada A casa 8 é grande demais, mas 4 serve 2. Atualize o número decimal Decimal diferente de zero, retorne ao Passo 1	5,75 5,75 − 4 1,75	1 4	0 2	0 , 1	0 0,5	0 0,25	(o valor corrente é: 4)
1. Coloque 1 na casa mais elevada A próxima casa é 2, grande demais (2>1,75) 1 serve (1<1,75) 2. Atualize o número decimal O número decimal não é zero, retorne ao Passo 1	 1,75 − 1 0,75	1 4	0 2	1 , 1	0 0,5	0 0,25	(o valor corrente é: 5)
1. Coloque 1 na casa mais elevada A próxima casa é 0,5, serve (0,5<0,75) 2. Atualize o número decimal Decimal diferente de zero, retorne ao Passo 1	 0,75 − ,5 0,25	1 4	0 2	1 , 1	1 0,5	0 0,25	(o valor corrente é: 5,5)
1. Coloque 1 na casa mais elevada A próxima casa é 1, serve 0,25=0,25) 2. Atualize o número decimal O número decimal é zero, fim	 0,25 −0,25 0	1 4	0 2	1 , 1	1 0,5	1 0,25	(o valor corrente é: 5,75)

Figura B.3 Conversão do número decimal 5,75 para binário usando o método da subtração.

O método alternativo do Capítulo 1, o método da divisão por dois, que é usado para se converter um número decimal em um número binário, pode ser adaptado para manipular os números decimais. Primeiro, separamos a parte inteira da parte fracionária do número e em separado aplicamos o método da divisão por dois à parte inteira. Segundo, tomamos a parte fracionária do número e a *multiplicamos* por dois. Em seguida, o dígito que aparece na casa das unidades do produto é acrescentado à casa que se encontra logo após a vírgula do número convertido. Continuamos multiplicando a parte fracionária do produto e acrescentando dígitos da casa das unidades até que a parte fracionária do produto seja 0.

Por exemplo, vamos converter o número decimal 9,8125 para binário usando uma variante do método da divisão por dois. Primeiro, convertemos 9 para binário, que sabemos ser 1001. A seguir, tomamos a parte fracionária do número, 0,8125, e a multiplicamos por 2: 0,8125*2=1,625. O dígito na casa das unidades é 1. Portanto, escrevemos um 1 após a vírgula binária do número convertido: 1001,1. Como a parte fracionária do número não é 0, continuamos a multiplicar a parte fracionária do produto por 2: 0,625*2=1,25. Acrescentamos um 1 ao final do nosso número convertido, resultando 1001,11 e continuamos a multiplicar por 2: 0,25*2=0,5. Agora, acrescentamos um 0 ao final do nosso número convertido, resultando 1001,110. Multiplicamos por 2 mais uma vez: 0,5*2=1,0. Após acrescentar o 1 ao nosso número convertido, ficamos com 1001,1101. Como a parte fracionária deste último produto é 0, terminamos a conversão do número e podemos dizer que $9,8125_{10} = 1001,1101_2$.

Freqüentemente, um número real decimal pode requerer uma longa seqüência de bits depois da vírgula binária para se representar o número em binário. Em projeto digital, estamos tipicamente limitados a um número finito de bits disponíveis para armazenar um número. Como resultado, pode ser necessário truncar o número binário, o qual se torna uma aproximação.

B.3 ARITMÉTICA DE PONTO FIXO*

Se fixarmos a vírgula binária de um número real em uma dada posição (por exemplo, após o quarto bit), poderemos adicionar ou subtrair números reais binários tratando-os como inteiros e efetuando normalmente as somas ou subtrações. Na soma ou diferença resultante, conservamos a posição da vírgula binária. Por exemplo, assuma que estamos trabalhando com números de oito bits sendo que metade dos bits são usados para representar a parte fracionária do número. Se quisermos somar 1001,0010 (9,125) e 0011,1111 (3,9375), poderemos simplesmente somar os dois números como se fossem inteiros. A soma mostrada na Fig. B.4 pode ser convertida de volta em um número real se a posição da vírgula binária na soma for mantida. Poderemos verificar que o cálculo está correto convertendo a soma para decimal: $1*2^3 + 1*2^2 + 0*2^1 + 1*2^0 + 0*2^{-1} + 0*2^{-2} + 0*2^{-3} + 1*2^{-4}$ = 8 + 4 + 1 + 0,0625 = 13,0625.

```
    1 1 1   1 1
    1 0 0 1 , 0 0 1 0
  + 0 0 1 1 , 1 1 1 1
    1 1 0 1 , 0 0 0 1
```

Figura B.4 Adição de dois números de ponto fixo.

A multiplicação de dois números também é imediata e não requer que a vírgula binária tenha posição fixa. Primeiro, multiplicamos os dois números como se fossem inteiros. Segundo, colocamos uma vírgula binária no produto de modo que a precisão do produto seja a soma das precisões do multiplicando e do multiplicador (os dois números que estão sendo multiplicados), exatamente como fazemos quando multiplicamos dois números decimais. A Fig. B.5 mostra como poderíamos multiplicar os números 01,10 (1,5) e 11,01 (3,25) usando o método dos produtos parciais descrito na Seção 4.7. Após calcularmos o produto dos dois números, colocamos uma vírgula binária na posição apropriada. Ambos os multiplicador e o multiplicador têm dois bits de precisão. Portanto, como o produto deverá ter quatro bits de precisão, inserimos uma vírgula binária para refletir isso. Poderemos verificar que o cálculo está correto convertendo o produto para decimal: $0*2^3 + 1*2^2 + 0*2^1 + 0*2^0 + 1*2^{-1} + 1*2^{-2} + 1*2^{-3} + 0*2^{-4}$ = 4 + 0,5 + 0,25 + 0,125 = 4,875.

```
        0 1 , 1 0
      × 1 1 , 0 1
        0 1 1 0
        0 0 0 0
        0 1 1 0
    +   0 1 1 0
    0 1 0 0 , 1 1 1 0
```

Figura B.5 Multiplicação de dois números de ponto fixo.

O exemplo anterior foi conveniente porque, quando somamos os produtos parciais, nunca tivemos de somar quatro 1s em uma coluna. Ao invés disso, para tornar os cálculos mais simples e para permitir que as somas de produtos parciais sejam implementadas por meio de somadores completos, os quais simultaneamente só podem somar três 1s, somaremos os produtos parciais de forma incremental e não todos de uma vez só. Por exemplo, vamos multiplicar 1110,1 (14,5) por (0111,1) 7,5. Como se vê na Fig. B.6, começaremos gerando os produtos parciais como já tínhamos feito antes. No entanto, os produtos

1 1 1 0,1	*multiplicando*
× 0 1 1 1,1	*multiplicador*
1 1 1 0 1	*produto parcial 1 (pp1)*
+ 1 1 1 0 1	*pp2*
1 0 1 0 1 1 1	*spp1 = pp1 + pp2*
+ 1 1 1 0 1	*pp3*
1 1 0 0 1 0 1 1	*spp2 = spp1 + pp3*
+ 1 1 1 0 1	*pp4*
1 1 0 1 1 0 0 1 1	*spp3 = spp2 + pp4*
+ 0 0 0 0 0	*pp5*
0 1 1 0 1 1 0 0,1 1	*produto = spp3 + pp5*

Figura B.6 Multiplicação de dois números de ponto fixo usando produtos parciais intermediários.

parciais serão somados de imediato resultando somas de produto parciais, denominadas *spp* na figura. No final, encontramos que o produto é 01101100,11, correspondendo à resposta correta 108,75. Em vez de usar as somas intermediárias de produtos parciais, talvez você queira tentar somar os cinco produtos parciais de uma vez só para ver porque esse método é útil.

---

* N. de T: Cabe alertar que o correto seria aritmética de vírgula fixa. No entanto, como a expressão "aritmética de ponto fixo" já está consagrada, ela será mantida. Deve-se ao fato de que há países nos quais, no lugar da vírgula, usa-se o ponto.

Antes de tratarmos da divisão dos números reais binários, vamos introduzir a divisão dos números inteiros binários, a qual não foi discutida nos capítulos anteriores.

Para dividir dois números binários, podemos usar o processo familiar de efetuar divisões. Por exemplo, considere a divisão binária de 101100 (44) por 10 (2). O cálculo completo está mostrado na Fig. B.7. Observe como o procedimento é exatamente igual ao da divisão decimal, exceto que agora os números são binários.

Assim como a multiplicação, a divisão de números reais binários também não requer que a vírgula binária seja fixa. No entanto, para simplificar o cálculo, deslocamos as vírgulas binárias do dividendo e do divisor até que o divisor não tenha mais uma parte fracionária. Por exemplo, considere a divisão de $1,01_2$ (1,25) por $0,1_2$ (0,5). O divisor $0,1_2$ tem um dígito na sua parte fracionária. Portanto, deslocamos as vírgulas binárias do dividendo e do divisor de uma casa, mudando o nosso problema para $10,1_2$ dividido por 1_2. Agora, trataremos os números como inteiros (ignorando a vírgula binária) e poderemos dividi-los usando o procedimento de divisão. Trivialmente, $101_2/1_2$ é 101_2. A seguir, colocamos a vírgula binária de volta onde ela estava no dividendo, dando-nos a resposta $10,1_2$ ou 2,5.

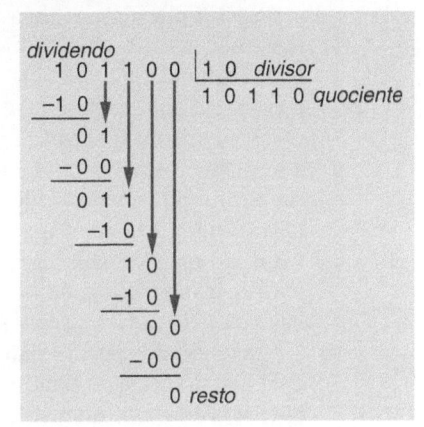

Figura B.7 Divisão de dois números de ponto fixo usando o algoritmo da divisão.

Por que o deslocamento da vírgula binária não altera a resposta? Em geral, deslocar a vírgula uma casa é o mesmo que multiplicar o número pela sua base. No caso de números binários, o deslocamento da vírgula binária é equivalente a multiplicar o número por dois. A divisão de dois números dá a razão dos números entre si. Multiplicar os dois números pelo mesmo número (deslocando a vírgula binária) não afetará essa razão, já que isso é equivalente a multiplicar a razão por 1.

Os números de ponto fixo são simples de serem manipulados, mas são limitados pelo intervalo de valores que eles podem representar. Para um número fixo de bits, o aumento da precisão de um número dá-se às custas do intervalo de números inteiros que poderemos usar e vice-versa. Os números de ponto fixo são adequados a uma variedade de aplicações, tais como termômetros digitais. Entretanto, as aplicações mais exigentes precisam de mais flexibilidade e intervalo maiores para representar os números reais.

▶ B.4 REPRESENTAÇÃO EM PONTO FLUTUANTE*

Quando trabalhamos com números decimais, freqüentemente representamos números muito pequenos ou muito grandes usando a notação científica. Em vez de escrever um *googol*** como um 1 seguido de cem 0s, poderemos escrever $1,0*10^{100}$. Em vez de 299.792.458 m/s, poderíamos escrever a velocidade da luz como $3,0*10^8$ m/s, ou $2,998*10^8$, ou mesmo $299,8*10^6$.

Se tal notação pudesse ser convertida em binário, poderíamos armazenar um intervalo muito maior de números do que se a vírgula binária fosse fixa. Quais características dessa notação precisariam ser incluídas em uma representação binária?

---

* N. de T: Aplica-se aqui a mesma observação feita anteriormente em relação à "aritmética de ponto fixo".

** N. de T: O matemático Edward Kasner popularizou o termo *googol* em seu livro *Mathematics and Imagination* de 1940. Originalmente essa palavra tinha sido cunhada pelo seu sobrinho de nove anos. Em 1968, na tradução brasileira do livro, o termo *googol* aparece traduzido como gugol.

Primeiro, a combinação, chamada de *mantissa* (ou *significando*), das partes inteira e fracionária do número seria multiplicada por uma potência de 10, como está mostrado na Fig. B.8. Não precisaremos armazenar a parte inteira do número se nos assegurarmos de que o número está em um determinado formato. Dizemos que um número escrito em notação científica está *normalizado* se a parte inteira do número for maior do que zero e menor do que a base. Nos exemplos anteriores envolvendo a velocidade da luz, $3,010^8$ e $2,998*10^8$ estão normalizados porque 3 e 2 são maiores do que zero, respectivamente, mas inferiores a 10. O número $299,8*10^6$, por outro lado, não está normalizado. Se um número real binário estiver normalizado, então a parte inteira da mantissa só pode ser um 1. Para economizar bits, podemos assumir que a parte inteira da mantissa é 1 e armazenar apenas a parte fracionária.

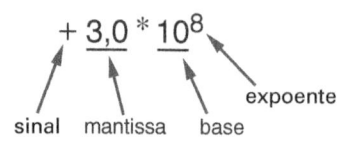

Figura B.8 Partes de um número em notação científica.

Segundo, a especificação da base (algumas vezes chamadas de *raiz*) e do expoente pelo qual a mantissa seria multiplicada, como está mostrado na Fig. B.8. Não é por acaso que a base será 10 – esse número é o mesmo da base do número inteiro. Em binário, naturalmente, a base será 2. Sabendo disso, não precisamos armazenar o 2. Podemos simplesmente assumir que 2 é a base e armazenar o expoente.

Terceiro, precisaríamos obter o sinal do número.

O padrão IEEE 754-1985

O padrão 754-1985 do Institute of Electrical and Electronic Engineers (IEEE) especifica uma forma de se representar os três valores descritos acima na forma de números binários de 32 ou 64 bits, referidos como sendo de precisão simples ou dupla, respectivamente. Embora haja outras formas de se representar números reais, o padrão IEEE é de longe o mais amplamente usado. Referimo-nos a esses números como sendo de *ponto flutuante**.

O bit de sinal será 0 se o número for positivo e será 1 se o número for negativo. Os bits da mantissa são os bits da parte fracionária da mantissa do número original. Por exemplo, se a mantissa for 1,1011, iremos armazenar 1011 seguido de 19 zeros nos bits 22 a 0. Como parte do padrão, somamos 127 ao expoente que armazenamos nos bits de expoente. Portanto, se o expoente de um número de ponto flutuante for 3, iremos armazenar 130 nos bits de expoente. Se o expoente fosse –30, iríamos armazenar 97 nos bits de expoente. O número assim ajustado é chamado expoente ajustado (*biased exponent*). Bits de expoente contendo só 0s ou só 1s têm significados especiais e não podem ser usados. Sob essas condições, o intervalo de expoentes ajustados é de 1 a 254, significando que o intervalo de expoentes não ajustados é de –126 a 127. Por que não armazenamos simplesmente o expoente na forma de um número com sinal, em complemento de dois (discutido na Seção 4.8)? Porque, com o ajuste de expoentes, circuitos mais simples resultam para comparar as magnitudes (valores absolutos ou módulos) dos dois números de ponto flutuante.

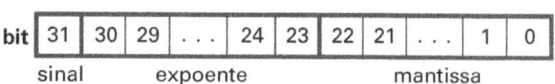

Figura B.9 Disposição dos bits em um número de ponto flutuante de 32 bits.

Quando os conteúdos dos bits do expoente são uniformes, o padrão IEEE define certos valores especiais. Se os bits dos expoentes forem só 0s, ocorrerão duas possibilidades:

---

* N. de T: Pelas mesmas razões vistas anteriormente para se usar a expressão "ponto fixo", aqui dizemos "ponto flutuante" e não "vírgula flutuante".

1. Quando os bits da mantissa são só 0s, então o número todo é zero.

2. Quando os bits da mantissa são diferentes de zero, então o número não está normalizado. Isto é, a parte inteira da mantissa é o zero binário e não a unidade (por exemplo, $0,1011$).

Se os bits dos expoentes forem só 1s, ocorrerão duas possibilidades:

1. Quando os bits da mantissa são só 0s, então o número completo é + ou – infinito, dependendo do bit de sinal.

2. Quando os bits da mantissa são diferentes de zero, então o "número" todo é classificado como sendo um "não número" (NaN, *not a number*).

Também há classes específicas de NaNs, que estão além dos objetivos deste apêndice e que são usadas em computações envolvendo NaNs.

Com essas informações, podemos converter números reais decimais em números de ponto flutuante. Assumindo-se que o número decimal a ser convertido não é um dos valores especiais da notação de ponto flutuante, a Tabela B.2 descreve como realizar a conversão.

TABELA B.2 Método de conversão de números reais decimais para ponto flutuante

	Passo	Descrição
1	Converta o número da base 10 para a base 2.	Use o método descrito na Seção B.2.
2	Converta o número para a notação científica normalizada.	Inicialmente multiplique o número por 2^0. Ajuste a vírgula binária e o expoente de modo que a parte inteira do número seja 1_2.
3	Preencha os campos de bits.	Preencha adequadamente usando os bits de sinal, expoente *ajustado* e mantissa.

▶ **EXEMPLO B.2** Conversão de números reais decimais para ponto flutuante

Converta os seguintes números da forma decimal para ponto flutuante de 32 bits, segundo o padrão IEEE 754: 9,5, infinito e $-52406,25 * 10^{-2}$.

Vamos seguir o procedimento da Tabela B.2 para converter 9,5 para ponto flutuante. No passo 1, convertemos 9,5 para binário. Usando o método da subtração, encontramos que 9,5 é 1001,1 em binário. De acordo com o passo 2, para converter o número para notação científica, multiplicamos o número por 2^0 resultando $1001,1 * 2^0$ (por questões de legibilidade, escrevemos a parte 2^0 na base 10). Para normalizar o número, devemos deslocar a vírgula binária de três casas. Para não alterar o valor do número após o deslocamento da vírgula binária, mudamos o expoente da base 2 para 3. Depois do passo 2, o nosso número torna-se $1,0011 * 2^3$.

No passo 3, colocamos tudo junto na seqüência de bits com formato adequado. O bit de sinal é 0, indicando um número positivo. Os bits de expoente são 3+127=130 (precisamos ajustar o expoente) em binário e os bits da mantissas são 0011_2, que é a parte fracionária dela. Lembre-se de que o 1 à esquerda da vírgula binária está implícito já que o número foi normalizado. O número adequadamente codificado está mostrado na Fig. B.10.

Agora, vamos converter infinito em um número de ponto flutuante. Como infinito é um valor especial, não poderemos empregar o método que usamos na conversão de 9,5 para ponto flutuante. Em vez disso, preencheremos os campos de bits com valores especiais para indicar que o número é infinito. Da discussão anterior sobre valores especiais, sabemos que todos os bits do expoente devem ser 1s e todos os da mantissa devem ser 0s porque o infinito é positivo. Portanto, o número de ponto flutuante equivalente é 0 11111111 00000000000000000000000.

Usando o método da Tabela B.2, a conversão de $-52406,25 * 10^{-2}$ para ponto flutuante é imediata. No passo 1, convertemos o número para binário. Lembre-se de que, para representar o sinal do número, usamos um único bit e não usamos a representação em complemento de dois. Assim, precisamos apenas converter $52406,25 * 10^{-2}$ para binário e determinar o bit de sinal para indicar que o número é negativo. O número $52406,25 * 10^{-2}$ é o mesmo que 524,0625. Usando os métodos da subtração ou da divisão por dois, sabemos que 524 é 1000001100 em binário. A parte fracionária, 0,0625 é 2^{-4} convenientemente. Assim, 524,0625 é 1000001100,0001 em binário. No passo 2, escrevemos o número em notação científica: 1000001100,0001 $* 2^0$. Para também normalizar o número, devemos deslocar a vírgula binária 9 posições à esquerda e compensar esse deslocamento no expoente: 1,0000011000001 $* 2^9$. Finalmente, combinamos o sinal (que é 1 porque o número original é negativo), o expoente ajustado (9+27=136) e a parte fracionária da mantissa, formando o número de ponto flutuante: 1 10001000 00000110000010000000000.

Passo 1: Converta para binário
$9,5_{10}$ <=> $1001,1_2$

Passo 2: Converta para a notação científica normalizada
$1001,1$ <=> $1001,1 * 2^0$ <=> $1,0011 * 2^3$

Para normalizar, mova a vírgula binária 3 dígitos à esquerda e some 3 ao expoente

Passo 3: Preencha os campos de bits

⊕ (0011) * 2³

0   10000010   00110000000000000000000
sinal   expoente   mantissa
        (ajustado)

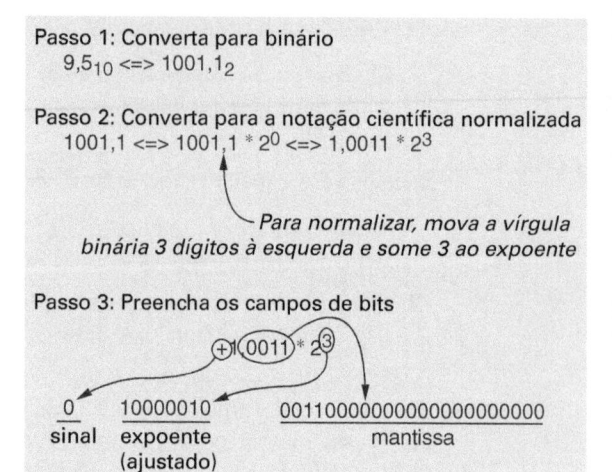

Figura B.10 Representação de 9,5 como um número de ponto flutuante de 32 bits, tendo primeiro os bits mais significativos.

▶ **EXEMPLO B.3** Conversão de números de ponto flutuante em números decimais

Converta o número 11001011101010100000000000000000 da forma de ponto flutuante IEEE 754 de 32 bits para a decimal.

Para efetuar essa conversão, decompomos primeiro o número em suas partes de sinal, expoente e mantissa: 1 10010111 01010100000000000000000. Imediatamente, podemos ver que o bit de sinal do número é negativo.

A seguir, convertemos o expoente de 8 bits e a mantissa de 23 bits de binário para decimal. Encontramos que 10010111 é 151. Para reverter o ajuste de expoente, subtraímos 127 de 151, dando um expoente sem ajuste de 24. Lembre-se de que a mantissa é o padrão de bits que representa a sua parte fracionária e está armazenada sem o 1 inicial da parte inteira da mantissa (assumindo que o número original estava normalizado). Restaurando o 1 e acrescentando uma vírgula binária obtemos o número 1,01010100000000000000000, que é o mesmo número 1,010101. Aplicando pesos aos dígitos, vemos que $1,010101 = 1*2^0 + 0*2^{-1} + 1*2^{-2} + 0*2^{-3} + 1*2^{-4} + 0*2^{-5} + 1*2^{-6} = 1,328125$.

Com a obtenção do sinal, do expoente e da mantissa originais, poderemos combiná-los em um único número: $1,327125 * 2^{24}$. Realizando as multiplicações, obtemos $-22.265.462,784$ que é equivalente a $-2,2265462784 * 10^7$. ◀

O formato dos números de ponto flutuante com precisão dupla (64 bits) é semelhante, tendo três campos com números definidos de bits. O primeiro, o mais

bit	63	62	61	...	53	52	51	50	...	1	0
	sinal		expoente				mantissa				

Figura B.11 Disposição de bits em um número de ponto flutuante de 64 bits.

significativo, representa o sinal do número. Os próximos 11 bits contêm o expoente ajustado e os demais 52 bits são a parte fracionária da mantissa. Além disso, ao invés de 127, somamos 1023 ao expoente para formar o expoente ajustado. Essa configuração está ilustrada na Fig. B.11.

Aritmética de ponto flutuante

A aritmética de ponto flutuante está além dos objetivos deste livro, mas daremos uma breve visão do conceito.

A adição e a subtração em ponto flutuante devem ser efetuadas *alinhando-se* primeiro os dois números de ponto flutuante de modo que seus expoentes sejam iguais. Por exemplo, considere a soma dos dois números decimais $2,52*10^2 + 1,44*10^4$. Como os expoentes são diferentes, podemos mudar $2,52*10^2$ para $0,0252*10^4$. Somando $0,0252*10^4$ e $1,44*10^4$ obtém-se a resposta $1,4652*10^4$. De modo semelhante, poderíamos ter mudado $1,44*10^4$ para $144*10^2$. Somando $144*10^2$ e $2,52*10^2$, obteríamos a soma $146,52*10^2$, que é o mesmo número que obtivemos na primeira vez. Uma situação análoga ocorre quando trabalhamos com números de ponto flutuante. Tipicamente, antes de somar ou subtrair as mantissas (com os 1s implícitos recuperados), o hardware que realiza a aritmética de ponto flutuante, referido frequentemente como **unidade de ponto flutuante**, ajustará a mantissa do número para o menor expoente e preservará o expoente comum. Antes de realizar a adição ou a subtração, observe que os expoentes dos dois números são comparados. Essa comparação é facilitada quando são usados bit de sinal e expoente ajustado. Essa facilidade não ocorre quando o expoente é representado na forma de complemento de 2.

A multiplicação e a subtração em ponto flutuante não requerem esse alinhamento. Como na multiplicação e divisão decimais de números em notação científica, dependendo da operação, multiplicamos ou dividimos as mantissas e somamos ou subtraímos os dois expoentes. Quando multiplicamos, somamos expoentes. Por exemplo, vamos multiplicar $6,44*10^7$ por $5,0*10^{-3}$. Ao invés de fazer 64.400.000 vezes 0,005, multiplicaremos as duas mantissas e somaremos os expoentes. Assim, $6,44*5,0$ é $32,2$ e $7+(-3)$ é 4, resultando a resposta $32,2*10^4$. Quando dividimos, o expoente do divisor é subtraído do expoente do dividendo. Por exemplo, vamos dividir $31,5*10^{-4}$ (dividendo) por $2,0*10^{-12}$ (divisor). A divisão de 31,5 por 2,0 dá 15,75. Quando o expoente do divisor é subtraído do expoente do dividendo, obtemos $-4-(-12)=8$. Assim, a reposta é $15,75*10^8$. A divisão em ponto flutuante atribui resultados para diversos casos limites, como o da divisão por 0, que corresponde a infinito positivo ou negativo, dependendo do sinal do dividendo. A divisão de um número diferente de zero por infinito é definida como sendo 0. Em caso contrário, essa divisão será um NaN.

B.5 EXERCÍCIOS

SEÇÃO B.2: REPRESENTAÇÃO DE NÚMEROS REAIS

1. Converta os seguintes números de decimal para binário:
   (a) 1,5
   (b) 3,125
   (c) 8,25
   (d) 7,75

2. Converta os seguintes números de decimal para binário:
   (a) 9,375
   (b) 2,4375
   (c) 5,65625
   (d) 15,5703125

SEÇÃO B.3: ARITMÉTICA DE PONTO FIXO

3. Some os seguintes dois números binários sem sinal usando a adição binária e convertendo o resultado para decimal:
   (a) 10111,001 + 1010,110
   (b) 01101,100 + 10100,101
   (c) 10110,1 + 110,011
   (d) 1101,111 + 10011,0111

SEÇÃO B.4: REPRESENTAÇÃO EM PONTO FLUTUANTE

4. Converta os seguintes números decimais para ponto flutuante de 32 bits:
   (a) −50.208
   (b) $42.427523 * 10^3$
   (c) $-24.551.152 * 10^{-4}$
   (d) 0

5. Converta os seguintes números em ponto flutuante de 32 bits para decimal:
   (a) 01001100010110110101100001011000
   (b) 01001100010110110101001000000000
   (c) 01111111111000110000000000000000
   (d) 01001101000110101000101000000000

APÊNDICE C

Exemplo Estendido de Projeto RTL

▶ C.1 INTRODUÇÃO

No Capítulo 5, realizamos o projeto RTL de uma máquina para fornecer refrigerantes. Começamos com uma máquina de estados de alto nível, criamos uma estrutura para o bloco operacional e então descrevemos o bloco de controle por meio de uma máquina de estados. Não aprofundamos o projeto do bloco de controle até o nível de estrutura porque isso seria assunto do Capítulo 3. Não queríamos estender a discussão sobre projeto RTL daquele capítulo com detalhes demasiados do material já estudado antes. Neste apêndice, completaremos o projeto RTL com o desenvolvimento da FSM do bloco de controle até o nível de portas e registrador de estado, resultando assim a implementação de um processador customizado completo com bloco de controle e bloco operacional. Finalmente, analisaremos o comportamento da implementação completa. O propósito desta demonstração de um projeto completo é dar ao leitor um entendimento claro de como o bloco de controle e o bloco operacional trabalham juntos.

O símbolo de diagrama de blocos para o processador da máquina de fornecer refrigerante aparece na Fig. C.1. Lembre-se de que a máquina de fornecer refrigerante têm as três entradas c, s e a. A entrada de oito bits s representa o custo de cada garrafa de refrigerante. Quando uma moeda é inserida, a entrada c de um bit torna-se 1 durante um ciclo de relógio. Além disso, o valor na entrada de oito bits a indica qual é o valor da moeda que foi inserida. A máquina de fornecer refrigerante tem uma saída d, a qual é usada para indicar quando se deve fornecer um refrigerante. Depois que o valor de moedas inseridas na máquina se torna maior ou igual a s, a saída d de um bit torna-se 1 durante um ciclo. A máquina não fornece troco.

No Capítulo 5, desenvolvemos a máquina de estados de alto nível vista na Fig. C.2. Depois, decompusemos a máquina de estados de alto nível em um bloco de controle (representado comportamentalmente como uma FSM) e em um bloco operacional, mostrados na Fig. C.3. O bloco operacional suporta as operações que envolvem dados e que são necessárias à máquina de estados de alto nível. Estão incluídas a operação para zerar o valor de *tot* (*tot=0* no estado *Início*), a comparação para determinar se *tot* é menor do que s (para as transições do estado *Esperar*) e a operação para somar *tot* com

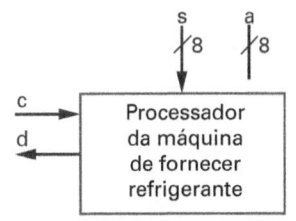

Figura C.1 Símbolo para diagrama de blocos de uma máquina de fornecer refrigerante.

a (no estado *Somar*). A FSM do bloco de controle é similar à máquina de estados de alto nível. Ela foi modificada para poder controlar o bloco operacional e aceitar uma entrada de condição vinda do bloco operacional (isto é, *tot_lt_s*)* em vez de realizar diretamente as operações com os dados. Os blocos de controle e operacional estão mostrados na Fig. C.3.

Entradas: c (bits), a (8 bits), s (8 bits)
Saídas: d (bit)
Registradores locais: tot (8 bits)

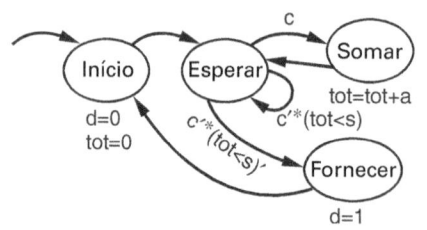

Figura C.2 Máquina de estado de alto nível para a máquina de fornecer refrigerante.

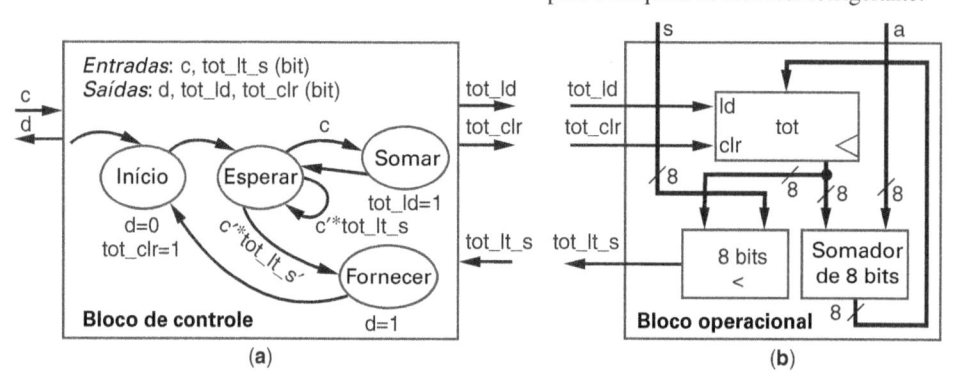

Figura C.3 Máquina de fornecer refrigerante: (a) bloco de controle (descrito de forma comportamental) e (b) bloco operacional (estrutura).

▶ C.2 PROJETANDO O BLOCO DE CONTROLE DA MÁQUINA DE FORNECER REFRIGERANTES

Usando o processo de cinco passos para o projeto de blocos de controles, que foi introduzido no Capítulo 3, poderemos completar o projeto do bloco de controle. Os cinco passos são:

Capture a FSM. A FSM do bloco de controle da máquina de fornecer refrigerante foi criada durante o passo 4 do método de projeto RTL. A FSM do bloco de controle está mostrada na Fig. C.3(a).

Capture a arquitetura. Como foi indicado pela FSM do bloco de controle, a arquitetura da máquina de estados requer no mínimo duas entradas (c e tot_lt_s) e três saídas (d, tot_ld e tot_clr). Além disso, usaremos dois bits para representar os estados do bloco de controle. Assim, acrescentaremos mais duas entradas (o estado atual s1s0) e mais duas saídas (o próximo estado n1n0) à arquitetura do bloco de controle. A arquitetura do bloco de controle correspondente está mostrada na Fig. C.4.

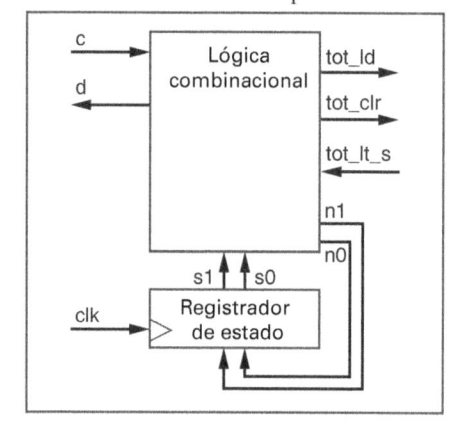

Figura C.4 Arquitetura padrão para o bloco de controle da máquina de fornecer refrigerante.

---

* N. de T: Relembramos que o *lt* na expressão tot_lt_s significa *less than* (menor do que).

Codifique os estados. Uma codificação imediata para os quatro estados da máquina de fornecer refrigerantes é: *Início*: 00, *Esperar*: 01, *Somar*: 10 e *Fornecer*: 11.

Crie a tabela de estados. Da arquitetura do bloco de controle, que projetamos em um passo anterior, sabemos que a tabela de estados deve ter quatro entradas (c, tot_lt_s, s1 e s0) e cinco saídas (c, tot_ld, tot_clr, n1 e n0). Com 4 entradas, a tabela de estados terá 2^4=16 linhas (Fig. C.5).

	Entradas				Saídas				
	s1	s0	c	tot_lt_s	d	tot_ld	tot_clr	n1	n0
Início	0	0	0	0	0	0	1	0	1
	0	0	0	1	0	0	1	0	1
	0	0	1	0	0	0	1	0	1
	0	0	1	1	0	0	1	0	1
Esperar	0	1	0	0	0	0	0	1	1
	0	1	0	1	0	0	0	0	1
	0	1	1	0	0	0	0	1	0
	0	1	1	1	0	0	0	1	0
Somar	1	0	0	0	0	1	0	0	1
	1	0	0	1	0	1	0	0	1
	1	0	1	0	0	1	0	0	1
	1	0	1	1	0	1	0	0	1
Fornecer	1	1	0	0	1	0	0	0	0
	1	1	0	1	1	0	0	0	0
	1	1	1	0	1	0	0	0	0
	1	1	1	1	1	0	0	0	0

Figura C.5 Tabela de estados do bloco de controle da máquina de fornecer refrigerantes.

Examinando as saídas que foram especificadas na FSM do bloco de controle, a qual convenientemente está repetida na Fig. C.6, preenchemos as colunas correspondentes d, lot_ld e tot_clr da tabela de estados. Na Fig. C.6, por exemplo, quando a FSM do bloco de controle está no estado *Início*, vemos que d=0 e tot_clr=1 ao passo que tot_ld é 0 implicitamente. Assim, nas linhas da tabela de estados correspondentes ao estado *Início* – especificamente, nas quatro linhas em que s1s0=00, já que "00" foi escolhido por nós para ser o código do estado *Início* – colocamos 0 em toda a coluna d, 1 na coluna tot_clr e 0 na coluna tot_ld.

Entradas: c, tot_lt_s (bit)
Saídas: d, tot_ld, tot_clr (bit)

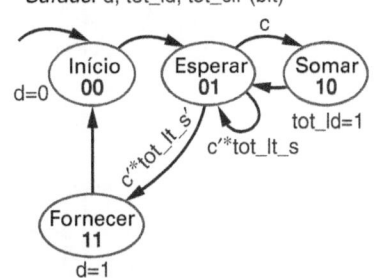

Figura C.6 FSM do bloco de controle da máquina de fornecer refrigerantes com os códigos dos estados.

Com base nas transições especificadas na FSM do bloco de controle e nos códigos de estado, que escolhemos em um passo anterior, iremos preencher as colunas n1 e n0 de próximo estado. Por exemplo, considere o estado *Esperar*. Como está indicado na Fig. C.6, a FSM realizará uma transição para o estado *Somar* se c=1. Assim, nas linhas em que s1s0c=011 (s1s0=01 corresponde ao estado *Esperar*), faremos a coluna n1 ser 1 e a coluna n0 ser 0 (n1n0=10 corresponde ao estado *Somar*). Quando c=0, a FSM realizará uma transição para o estado *Fornecer* se tot_lt_s=0 ou permanecerá no estado *Esperar* se tot_lt_s=1. Na tabela de estados, representamos a transição de *Esperar* para

Fornecer fazendo n1 ser 1 e n0 ser 1 (*Fornecer*) na linha em que temos s1s0=01 (*Esperar*), c=0 e tot_lt_s=0. De modo semelhante, para representar a transição que sai de *Esperar* e retorna a *Esperar*, escreveremos n1n0=01 na linha em que s1s0=01, c=0 e tot_lt_s=1. A seguir, de forma semelhante, examinamos as demais transições preenchendo as colunas com valores apropriados para n1 e n0 até que todas as transições tenham sido examinadas. A tabela de estados completa está mostrada na Fig. C.5.

Implemente a lógica combinacional. Para cada uma das saídas da tabela de estados, escrevemos a correspondente equação booleana. Da tabela de estados, obtemos as seguintes equações:

$$d = s1s0$$
$$tot\_ld = s1s0'$$
$$tot\_clr = s1's0'$$
$$n1 = s1's0c'tot\_lt\_s' + s1's0c$$

$$n0 = s1's0' + s1's0c' + s1s0'$$
$$n0 = s0' + s1's0c'$$

Observe que as quatro primeiras equações obtidas da tabela de estados já estão minimizadas. A quinta equação, correspondente a n0, pode ser minimizada para s0' + s1's0c' por meio de métodos algébricos ou usando um mapa K, como mostrado na Fig. C.7. Os mapas K foram discutidos na Seção 6.2.

Usando as técnicas discutidas no Capítulo 2, convertemos as equações booleanas anteriores em um circuito equivalente de dois níveis baseado em portas. Essa conversão é imediata porque as equações booleanas que estamos convertendo já se encontram na forma de soma de produtos. O circuito seqüencial final do bloco de controle e o bloco operacional da máquina de fornecer refrigerante estão mostrados na Fig. C.8.

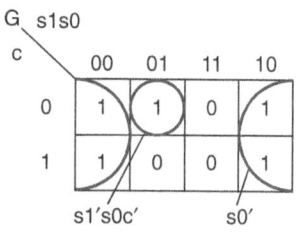

Figura C.7 Mapa K para a equação inicial de n0.

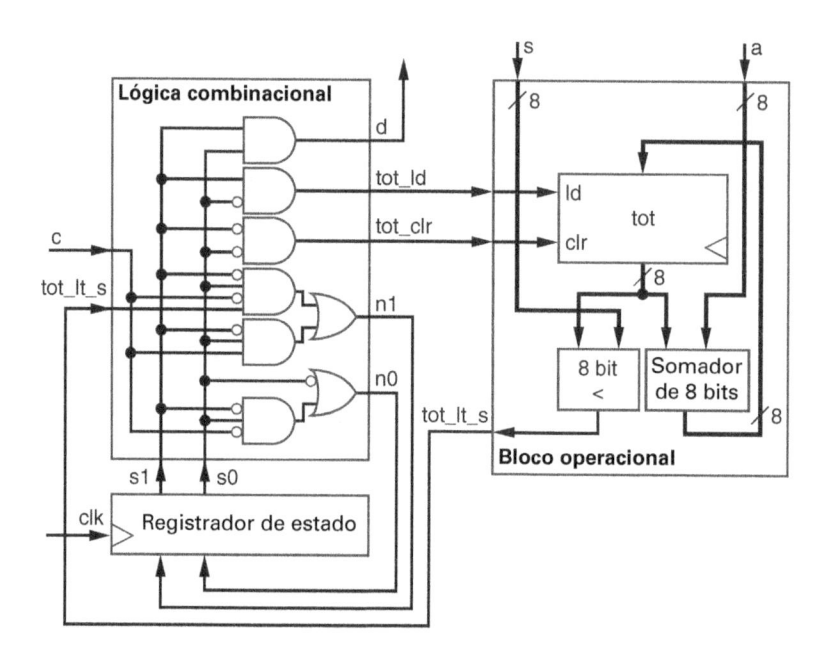

Figura C.8 Implementação final do bloco de controle da Fig. C.3(a) com o bloco operacional da máquina de fornecer refrigerante.

C.3 COMPREENDENDO O COMPORTAMENTO DOS BLOCOS DE CONTROLE E OPERACIONAL DA MÁQUINA DE FORNECER REFRIGERANTES

Nesta seção, olharemos de perto a interação entre o bloco de controle e o bloco operacional, os quais tinham sido projetados para a máquina de fornecer refrigerante, constituindo uma implementação funcional da nossa máquina de estados inicial de alto nível.

A Fig. C.9 ilustra o comportamento dos blocos de controle e operacional da máquina de fornecer refrigerante e como a máquina comporta-se quando uma pessoa insere uma moeda de 25 centavos no sistema. Os cinco ciclos de relógio mostrados na figura são indicados por 1 a 5. Vamos assumir que o custo de um refrigerante é 60 centavos e que, durante o primeiro ciclo de relógio, o bloco de controle da máquina de fornecer refrigerante estará no estado *Início*. Vamos examinar o que ocorre em cada ciclo de relógio:

- Inicialmente, durante o ciclo de relógio 1, o bloco de controle está no estado *Início*, como se mostra na Fig. C.9(b). Quando está nesse estado *Início*, o bloco de controle faz d ser 0, tot_ld ser 0 e tot_clr ser 1. Além disso, o bloco de controle faz os sinais de próximo estado n1n0 serem iguais a 01, correspondendo ao estado *Esperar*. No bloco operacional, os valores de *tot* e *tot+a* são desconhecidos, estando indicados por "*??*". Observe que, embora o bloco de controle tenha feito tot_clr ser 1 durante esse ciclo de relógio, o registrador *tot* não é zerado imediatamente (assincronamente). Ao invés, *tot* será zerado logo após o início do próximo ciclo de relógio, um comportamento síncrono. Finalmente, note que o preço do refrigerante s está ajustado para 60 centavos e, inicialmente, os sinais c e a de entrada de moeda são 0 e 0, respectivamente.

- A Fig. C.9(c) mostra a máquina de fornecer refrigerante durante o ciclo 2. Agora, o bloco de controle está no estado *Esperar*. Consequentemente, o bloco de controle tornará d, tot_ld e tot_clr iguais a 0. O valor de *tot* torna-se zero e um pouco depois os dois sinais tot_lt_s e *tot+a* assumem um valor conhecido. O comparador do bloco operacional faz tot_lt_s ser igual a 1 porque o total, 0, é menor do que o preço do refrigerante, 60. Como agora *tot* e a são conhecidos, o somador do bloco operacional faz o sinal intermediário *tot+a* ser igual a 0. Os sinais de próximo estado permanecem sendo 01 (*Esperar*) porque c é 0 e tot_lt_s é 1.

- A Fig. C.9(d) mostra a máquina de fornecer refrigerante durante o ciclo 3. Nesse terceiro ciclo de relógio, o usuário insere uma moeda de 25 centavos na máquina. Isso será indicado por c que se tornará 1, e por a que se tornará 25. Um pouco depois, a saída *tot+a* do somador muda para 25, que é a soma de *tot* e a. Como c é 1, o bloco de controle faz o próximo estado ser 10 (*Somar*). Os valores de d, tot_ld e tot_clr permanecem os mesmos porque o bloco de controle não mudou de estado desde o (segundo) ciclo anterior.

- Durante o ciclo 4 de relógio, mostrado na Fig. C.9(e), o bloco de controle está no estado *Somar* fazendo tot_ld ser 1, ao passo que d e tot_clr são mantidos em 0. Como já tinha sido o caso com tot_clr durante o estado *Início*, o registrador *tot* não será atualizado senão no próximo ciclo de relógio. Fazendo n1n0 ser 01 (*Esperar*), o bloco de controle retornará incondicionalmente ao estado *Esperar*.

- No ciclo 5 de relógio, mostrado na Fig. C.10, o bloco de controle torna d, tot_ld e tot_clr iguais a 0 porque ele está no estado *Esperar*. O registrador *tot* é carregado com o valor de *tot+a*, armazenando 25. Um pouco depois, *tot+a* muda para 50 refletindo o novo valor de *tot*. Entretanto, 50 não é carregado em *tot* porque a carga em *tot* só ocorrerá de forma síncrona na borda de subida do sinal de relógio.

O procedimento de soma mostrado nos ciclos 3 a 5 é repetido para cada moeda inserida até que moedas suficientes tenham sido introduzidas para cobrir o custo de um refrigerante, conforme está indicado pelo sinal de entrada s.

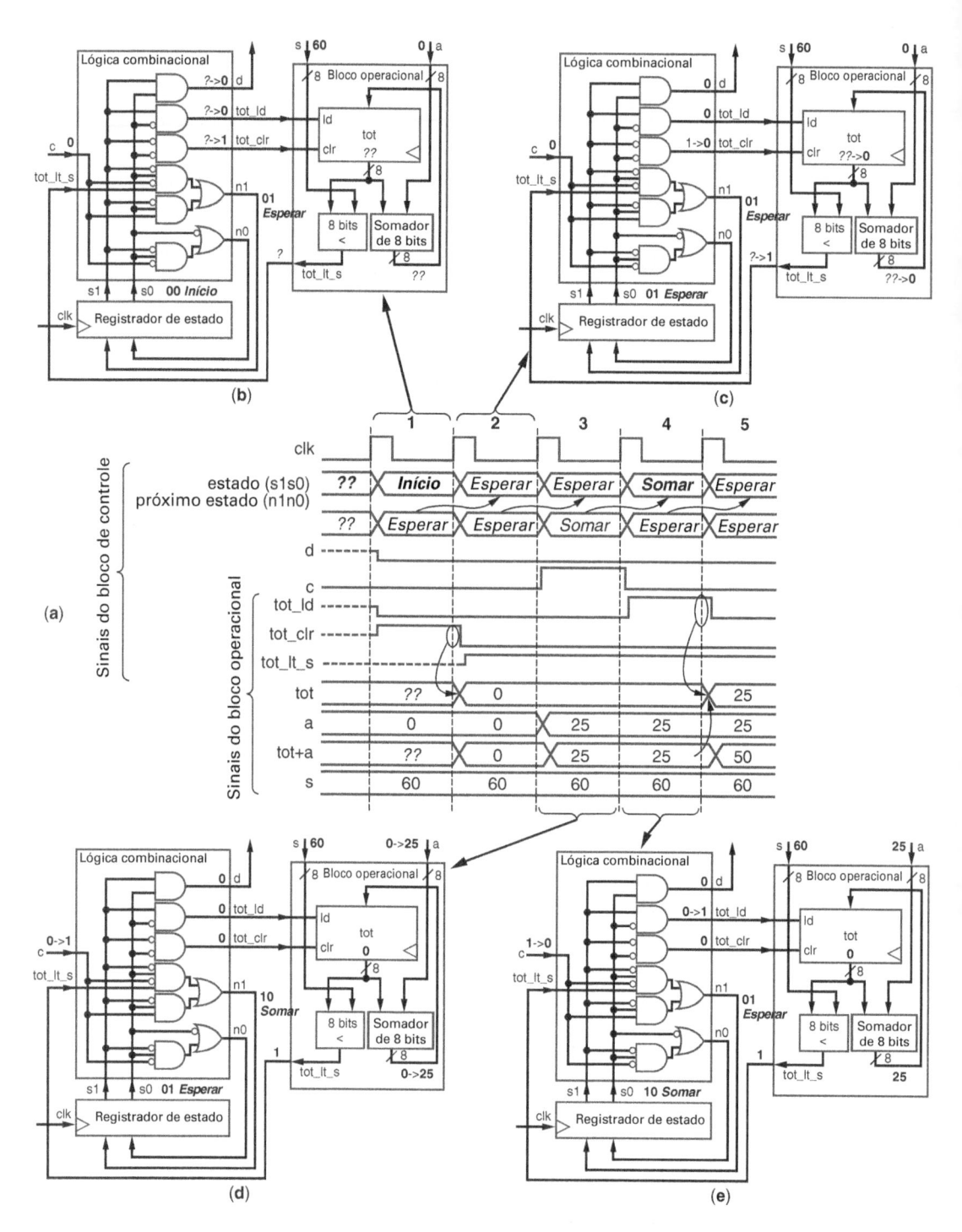

Figura C.9 Operação da máquina de fornecer refrigerante desde a inicialização até a inserção da moeda de 25 centavos: (a) diagrama de tempo, (b)–(e) valores dos sinais durante os ciclos 1–4 do relógio.

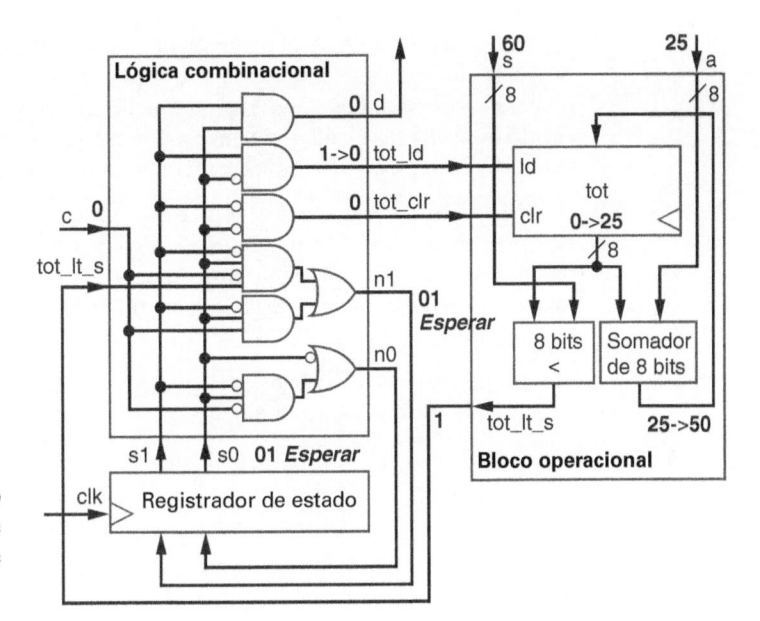

Figura C.10 Operação dos blocos de controle e operacional: ciclo 5 de relógio da Fig. C.9(a).

A Fig. C.11 detalha o comportamento da máquina de fornecer refrigerante quando o usuário já inseriu moedas suficientes para que ela esteja em condições de fornecer um refrigerante. No diagrama de tempo mostrado na Fig. C.11(a), repetimos o ciclo 5 de relógio da Fig. C.9(a) para servir de referência. Durante os cem ciclos de relógio seguintes, assumimos que o usuário insere uma moeda de 5 centavos, seguida de outra de 25 centavos. Como resultado, o registrador *tot* contém o valor 55 (25+5+25 centavos). Vamos examinar o comportamento da máquina de fornecer refrigerante quando o usuário insere uma moeda de 10 centavos na máquina:

- Na Fig. C.11(b), correspondendo ao ciclo 100 de relógio, o bloco de controle da máquina de fornecer refrigerante está no estado *Esperar*. Se a pessoa introduzir uma moeda de 10 centavos na máquina, a entrada c assumirá um nível alto durante um ciclo de relógio e a entrada a irá se modificar para 10, o valor da moeda. Um pouco depois de a mudar de valor, o sinal intermediário *tot+a* muda para 65 (55+10). Com c em nível alto, os sinais de próximo estado n1n0 tornam-se 10 (*Somar*).

- No ciclo 101 de relógio, mostrado na Fig. C.11(c), o bloco de controle está no estado *Somar* e ativa tot_ld. O registrador *tot* não carregará o novo total senão na borda de subida do próximo ciclo de relógio. O bloco de controle incondicionalmente faz o próximo estado ser 01 (*Esperar*).

- A Fig. C. 11(d) mostra o *status* da máquina de fornecer refrigerante no ciclo 102 de relógio, no qual o bloco de controle encontra-se no estado *Esperar*. Como está indicado pelas setas na Fig. C.11(a), o fato do sinal tot_ld estar ativado durante a borda de subida do relógio fará com que o registrador *tot* seja carregado com o valor que está em sua entrada, que é 65. Um pouco após *tot* ser carregado com um novo valor, a saída tot_lt_s do comparador muda de 1 para 0 refletindo o fato de que *tot* (65) não é menor do que s (60). Como o bloco de controle está no estado *Esperar* e como c e tot_lt_s são 0, o bloco de controle torna os sinais de próximo estado iguais a 11 (*Fornecer*). Observe que, antes dos sinais de próximo estado apontarem para o estado *Fornecer*, o próximo estado foi *Esperar* por um breve intervalo de tempo. Dependendo do tempo necessário para que os sinais propaguem-se através dos blocos operacional e de controle, certos sinais podem conter inicialmente valores não esperados, mas no final esses sinais acabarão se acomodando e assumindo os valores esperados. Poderemos evitar quaisquer problemas associados a esse período de incerteza se escolhermos um período de relógio que seja suficientemente longo. Isso permitirá que os sinais intermediários do nosso circuito acomodem-se em um estado estável e permaneçam estáveis durante tempo suficiente para atender a qualquer tempo de *setup*, requerido pelos componentes do nosso circuito seqüencial.

- Na Fig. C.11(e), o bloco de controle está no estado *Fornecer*. Ele ativa d, indicando que um refrigerante deve ser fornecido por algum componente externo. O bloco de controle incondicionalmente fará uma transição para o estado *Início*, no qual o procedimento de inicialização mostrado na Fig. C.9 é repetido (ilustrado parcialmente no ciclo 104 de relógio da Fig. C.11(a)).

Vemos que os blocos de controle e operacional trabalham juntos para implementar a máquina de estados de alto nível original.

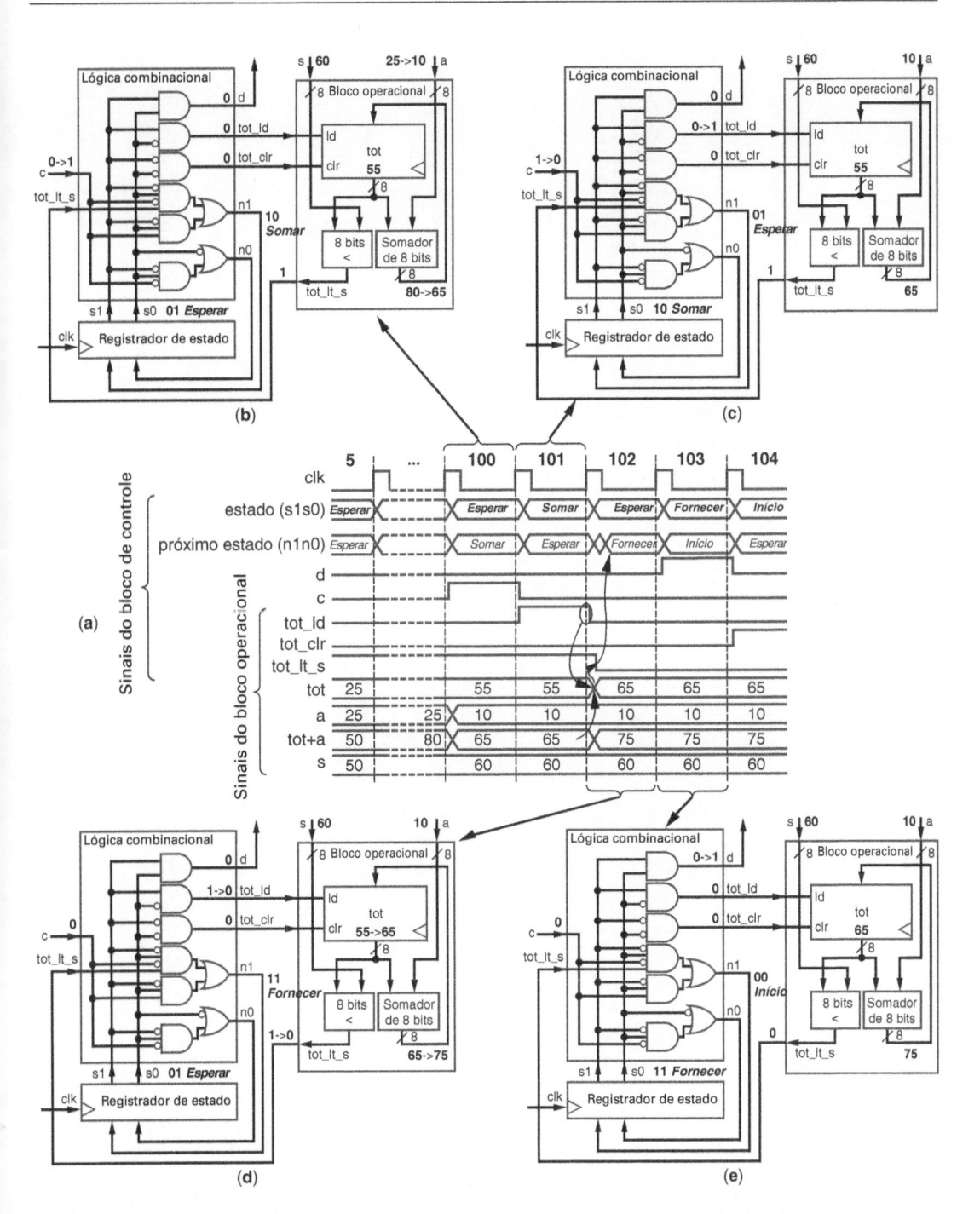

Figura C.11 Operação da máquina de fornecer refrigerante depois que moedas suficientes foram introduzidas: (a) diagrama de tempo, (b)–(e) valores dos sinais durante os ciclos 100–103 do relógio.

Índice

=, 258-259

A

Abstração (em projeto RTL), 294
Adaptativo, controle de velocidade de automóvel, 254-255
Ajustado (*biased*), expoente, 530
Álgebra(s):
  de chaveamento, 425-426, 515-516
  de conjuntos, 522-523
  de lógica, 522-523
Álgebra booleana, 54-55, 63-71, 515-523
  avaliando expressões em, 64-65
  de chaveamento, 515-517
  literais em, 66
  operadores da, 54-55, 64-65
  propriedades da, 66-71
  soma de produtos em, 66
  teoremas em, 517-522
  terminologia, 65-66
  termos de produto e, 66
  variáveis em, 65
Algoritmos:
  exatos, 325-326
  ferramenta Espresso em, 332-333
  para a redução de estados, 336-337
  seleção de, 374-375
Alocação de componentes, 366-369
Alta impedância, 256-257
Alto-falantes estereofônicos, 226-228
ALUs, *veja* Unidades de aritmética e lógica
Amostrador de peso (exemplo), 169-170
Amostragem, 22-23
Ampères, 46-48
Amplificador sensor, 278-279
Análise de tempo, 271-272
Antecipação (em jogos de computador), 172-174
Aplicação de detector de movimento no escuro, 33-37, 458
Aritmética:
  de ponto fixo, 528-529
  de ponto flutuante, 533
Armazenamento de bits, 112. *Veja também* tipos específicos, por exemplo: Latches SR
Armazenamento de múltiplos bits, 125-127
Arquitetura, 465-466

Arquitetura de carga e armazenamento, 441-442
Arquitetura padrão (para blocos de controle), 135
Arquivo de bits, 417-418
Arranjos (*Arrays*). *Veja também* Arranjos de portas programáveis em campo (FPGAs)
  célula, 401-402
  lógico programáveis, 425-426
  porta, 399-401, 407
Arranjos de portas programáveis em campo (FPGAs), 395-396, 406-419
  arquitetura dos, 416-419
  ASICs *versus*, 419
  blocos lógicos configuráveis com, 414-416
  CPLDs *versus*, 425-427
  matrizes de chaveamento com, 412-414
  microprocessadores *versus*, 419
  programação de, 417-419
  SPLDs *versus*, 425-427
  tabelas *lookup* com, 407-412
Arranjos lógicos programáveis (PLAs), 425-426
Arrays, *veja* Arranjos
Árvore de somadores, 232
ASCII, 27-28
ASICs, *veja* Circuitos integrados específicos para aplicação
ASMs (máquinas algorítmicas de estado), 248-249
Assert (termo), 152-153
Atraso (em portas), 101
Atraso de saída, 230-232
Atuador, 27-28
Áudio digitalizado, 22-24
Aurículas (do coração), 154, 155
Auto-estrada, sistema medidor de velocidade (exemplo), 204-206
Automação
  com o método Quine-McCluskey, 328-330
  da otimização do tamanho de uma lógica de dois níveis, 325-333

B

Balança, compensação de peso (exemplo), 189-190
Bancadas de teste, 473-477
Bancos de registradores, 221-226
  de porta única, 225-226
  de portas duplas, 225-226

de portas múltiplas, 225-226
MxN, 221-222
Bardee, John, 49-50
Barramento (em bancos de registradores), 223-224
Base, 530
Base dez, 27-29
Bell, Alexander Graham, 24
Bell Laboratories, 49-50
B-frames, *veja* Quadros previstos bidirecionais
BIOS (sistema básico de entra e saída), 449-450
Bit, 20-21
Bit de sinal, 213-214
Bloco operacional, 440-442
    conexão de um bloco de controle com um, no projeto RTL, 253-254
    criação de, no projeto RTL, 251-254
    em processadores programáveis de seis instruções, 453-455
    em processadores programáveis de três instruções, 449-452
    em processadores programáveis, 440-442
    na máquina de fornecer refrigerante (exemplo), 538-543
    no medidor de distância baseado em laser (exemplo), 498-509
Bloco(s) de controle, 127, 135-146, 151-156
    armadilhas comuns com, 144-145
    arquitetura padrão para, 135
    comportamento de, no exemplo da máquina de fornecer refrigerante, 538-543
    conexão do bloco operacional com o, no projeto RTL, 253-254
    definição, 127
    e implementação de FSMs, 138-139
    em marca-passos, 154-156
    estado inicial de, 151-152
    exemplos de projeto usando, 132-134, 136-137, 139-143
    glitches de saída em, 152
    lógica negativa em, 152-153
    na descrição de lógica seqüencial, 480-484
    no exemplo do medidor de distância baseado em laser, 498-509
    no módulo de LEDs, 432-435
    obtenção da FSM do, 254-256
    processo de projeto para, 136-137,142
    projeto de, no exemplo da máquina de fornecer refrigerante, 536-538
Blocos lógicos configuráveis (CLBs)
    como ICs programáveis, 414-416
    grade de, em FPGAs, 416-418
    memória de configuração de saída em, 417-418
Blocos SPG, 356-357
Boneca falante (exemplo), 286-289
Boole, George, 54-55
Booting de computadores, 449-450

Borda de subida, flip-flops sensíveis à, 123
Botão de chamada de aeromoça (exemplo), 124
Brattain, Walter, 49-50
Buffers, 223-224, 289-290

C

C (linguagem de programação) 35-36, 271-276, 406
C++ (linguagem de programação), 271-272, 274-276, 406
Calculadora baseada em chaves DIP (exemplos):
    adição, 186-189
    adição/subtração, 208-210, 215-216
    funções múltiplas sem usar ALUs, 218
    usando ALU, 220
Calculadoras, 217
Cálculo proposicional, 522-523
Câmeras digitais, 37-39
Caminho crítico (em circuitos), 269-272, 335, 351
Caminhos não críticos, 378
CAN (*controller area network*), 176-177
Canais (em transdutores), 226-228
Captura (passo do processo de projeto combinacional), 83-85, 88
Características da implementação ortogonal, 428-429
Carga (de dados), 167
carry-lookahead, *veja* Somador(es), com antecipação do bit de transporte
carry-ripple, *veja* Somador(es), com propagação do bit de transporte
carry-select, *veja* Somador(es), com seleção do bit de transporte
Cell arrays, *veja* Arranjos, células
Celsius, 191-192
Células (regiões de telefones celulares), 297-298
Células padrão (ASIC), 400-402
Chave(s), 46-52
    deslizantes (exemplo), 324-325
    Dual Inline Package (DIP), 186-189, 420-421
    e circuitos integrados, 49-51
    e transistores discretos, 49-50
    e válvulas termiônicas, 48-50
    relés em, 48
Chave de carro segura (exemplo), 132-134, 141-142
Chips de silício, 49-52. *Veja também* Circuitos integrados (ICs)
    e economia de escala, 217
    fabricação de, 398-399
Ciclo de relógio, 118-119
Circuito de alerta de cinto de segurança, 405-406
Circuitos:
    amplificador sensor, 278-279
    analógico, 21-22
    assíncrono, 118-119
    caminho crítico em, 269-272
    combinacionais, 46, 81, 101, 111

construção usando portas, 60-63
definição, 37-38
digitais, 20-22, 36-38, 54-56, 230-232
divisor de relógio, 204-205
e funções booleanas, 72
e simplificação da notação, 85-88
estado dos, 111
formalismos matemáticos no projeto, 145-146
integrados, *veja* Circuitos integrados (ICS)
partição entre tabelas *lookup*, 408-412
seqüenciais, *veja* Circuitos seqüenciais
simplificação dos desenhos de, 145-146
síncronos, 118-119
Circuitos combinacionais, 46, 101
   de múltiplas saídas, 81
   saída de, 111
Circuitos de atraso, 230-232
Circuitos de atraso de eco, 231-232
Circuitos de soma, 231-232
Circuitos geradores de áudio, 230-232
Circuitos integrados (ICs), 49-52
   semi-customizados (ASICs), 398-406
   totalmente customizados, 397-399
Circuitos integrados específicos para aplicação (ASICs), 325-406
   arranjos de células (*cell arrays*), 401-402
   arranjos de portas (*gate arrays*), 399-401
   células padrão (*standard cells*), 400-402
   estruturados, 401-402, 426-427
   FPGAs *versus*, 419
   implementação, usando apenas portas NAND, 402-404
   implementação, usando portas NOR, 404-406
Circuitos seqüenciais, 46, 101-102, 111, 142-143. *Veja também* Máquinas de estados finitos (FSMs)
   blocos de controle, 127, 135-146, 151-156
   conversão para FSM (exemplo), 142-143
   flip-flops, 112-127, 145-152
CLBs, *veja* Blocos lógicos configuráveis
Clear síncrono, 180-181
Clock gating, *veja* Habilitação de relógio
CMY, espaço de cores, 209-212
CMYK, espaço de cores, 210-212
Cobertura (termo), 327
Codecs, 427-428
Codificação, 27-30
   binária com largura de bits mínima, 341-343
   de fenômenos analógicos, 27-28
   de fenômenos digitais, 27-28
   de Huffman, 384-387
   de números, 27-30
   entrópica, 386
   MPEG-2, 381-384, 387-388
   na otimização de lógica seqüencial, 341-346
   run-length, 384-385, 387
   usando um bit por estado (*one-hot*), 341-345

Codificação de estados:
   binária alternativa com largura de bits mínima, 341-343
   de saída, 345-346
   na otimização de lógica seqüencial, 341-346
   um bit por estado, 341-345
Codificadores, 101-102
Codificadores com prioridade, 470-471
Código *assembly*, 449-450
Código de máquina, 448-449
Código de operação, 447-448
Comando assert , 474, 476-477
Comando de laço while, 273-274
Comando $display, 475
Comando display, 475
Comando downto, 476-477
Comando enum, 482-483
Comando if then, 272-273
Comando if then else, 272-274
Comando SC_CTOR, 469-472
Comando sc_in<>, 469
Comando sc_out<>, 469
Comando sc_signal, 469
Comando type, 480-481
Comando use, 494
Comando wait for, 478-479
Combinando termos para eliminar uma variável, 315
Comparador(es), 193-198
   de igualdade, 193-195
   de magnitude, 194-197
   exemplo usando, 196-198
Compartilhamento de recursos, 369
Compensação da escala de peso (exemplo), 189-190
Complementação, 518
Complemento(s), 64, 210-215, 515-516
   definição, 212-213
   existência de, 518
   único, 518
Complemento de dois, 213-215
   construção de um subtrator usando somadores e, 214-217
   definição, 213-214
   detecção de estouro usando, 216-217
Complemento de um, 213-214
Complexidade, lidando com a (projeto RTL), 293
component allocation, *veja* Alocação de componentes
Componente abext (extensor AL), 220
Componente cinext (extensor AL, 220
Componentes de bloco operacional, 167
   e multiplicadores menores, *tradeoff* entre, 361-364
   e somadores mais rápidos, *tradeoff* entre, 351-362
Componentes do nível de transferência entre registradores (RTL), 167
Comportamento não ideal (em flip-flops), 147-151
Compressão, 23

e computação da taxa de compressão em vídeo, 382-386
e transformação para o domínio da freqüência, 382-384
em vídeo digital, 381-387
quantização em, 383-385, 387
Compressão de vídeo (exemplos):
usando código em C, 271-274
usando um sistema de soma de diferenças absolutas (SAD), 258-262
Computação concorrente, 372-373
Computação serial, 372-373
Computadores, 20-21
booting, 449-450
com lâmpadas piscantes, 448-449
Comunicação:
de dados, 177-178
sem fio, 177-178
serial, 176-177
Concorrência (em projeto RTL), 366-368
Condição de corrida, 116
Condutores, 52
Configuração (em projeto RTL), 262-263
Congestionamento, 221-222
Conjunto de instruções:
em processadores programáveis de seis instruções, 452-453
em processadores programáveis de três instruções, 446-450
Constantes, 452, 515-516
Contador de programa (PC), 444-445
Contadores, 197-206
como temporizadores, 204-205
crescentes, 197-200, 489-493
crescentes/decrescentes, 201
de carga paralela, 202-205
de N bits, 197-198
decrescentes, 197-200
exemplos usando, 199-201, 203-206
Contagem terminal (saída de contador), 197-198
Controle de velocidade de automóvel adaptativo, 254-255
Controller area network (CAN), 176-177
Conversão(ões), 74
como passo do projeto lógico combinacional, 83-85, 88
de binário para decimal, 28-29
de circuitos para equações, 74-75
de circuitos para tabelas-verdade, 76
de decimal para binário, 29-32
de equações para tabelas-verdade, 75
de qualquer base para qualquer outra base, 31-33, 76
de tabelas-verdade para circuitos, 76
de tabelas-verdade para equações, 76
entre funções booleanas, 74-76
Conversão de decimal para binário:
método da divisão por dois, 30-32
método da subtração, 29-31

Conversor de espaços de cor-RGB para CMYK (exemplo), 209-212
Conversor de varredura, 230-231
Conversor para termômetro digital (exemplo), 191-192
Conversor(es):
de FSMs para circuitos, *veja* Bloco(s) de controle
digital-analógico, 27-28
RGB para CMYK (exemplo), 209-212
Coração humano, 154
Core, *veja* Núcleo
Corrente (termo), 46-48
CPLD, *veja* Dispositivo lógico programável complexo
Cristais piezoelétricos, 226-228
Cristal líquido em silício (LCoS), *chip*, 110

D

DCT, *veja* Transformada co-seno discreta
Dctr, *veja* Registradores locais
Debugging, 49-50
Declaração(ões):
enum, 482-483
entity, 465-466
process, 470-471
type, 480-481
Decodificadores, 93-95, 413
Decrementador, 199-200
Decremento (em contadores), 197-198
Deep Blue (computador), 172-174
Demultiplexadores, 101
Depuração, *veja Debugging*
Dequeue, 289-290
Descrição de componentes do bloco operacional:
contadores crescentes na, 489-493
e somadores com propagação do bit de transporte (*carry-ripple*), 486-489
e somadores completos, 485-487
usando linguagens de hardware na, 485-493
Descrição de lógica combinacional:
bancadas de teste, 473-477
comportamento de portas na, 470-473
estrutura na, 465-470
usando linguagens de hardware, 465-477
Descrição de lógica seqüencial:
blocos de controle na, 480-484
osciladores na, 478-481
registradores na, 476-479
usando linguagens de hardware na, 476-484
Desempenho (em sistemas digitais), 312-313
Deslocadores, 189-193
barrel, 192-193
exemplos de uso, 191-192
simples, 190-191
Detecção de estouro, 215-217
Detector de código (exemplo) 132-135, 145-146
Deterioração, 22-23
Diagrama de estados, 130

Diagramas de tempo, 36
Digitalizadas, imagens, 24
Diodo emissor de luz (LED), 186-189, 430-435
DIP, *veja* Chave(s)
Direcionamento (de som), 228-230
Discos de vídeo digitais (DVDs), 379-381
Display acima do espelho retrovisor (exemplo):
    com 16 registradores de 32 bits, 221-225
    com banco de registradores 16x32, 225-226
    com contadores crescentes, 199-200
    com registradores de carga paralela, 170-173
    com registradores deslocadores, 175-177
Display de vídeo gigante, 430-435
Display para contagem regressiva de véspera de Ano Novo (exemplo), 203-204
Dispositivo lógico programável (PLD), 422-426
Dispositivo lógico programável complexo (CPLD), 425-427
    FPGAs *versus*, 425-427
    SPLDs *versus*, 425-427
Dispositivo lógico programável simples (SPLD), 422-426
    CPLDs *versus*, 425-427
    FPGAs *versus*, 425-427
Divisor de relógio, 204-205
Dois níveis, implementações de lógica de, 83
Dois níveis, otimização do tamanho de lógicas de, 314-333
    automação da, 325-333
    e combinações de entrada *don't care*, 323-325
    e mapas K, 316-324
    usando métodos algébricos, 314-316
Dois níveis, somadores com lógica de, 352-353
Don't care, combinações de entrada, 323-325
DRAM, *veja* Memória de acesso aleatório dinâmica
Dreno (saída), 51-52
Driver de três estados, 223-224
Drivers, 223-224
DSP, *veja* Processamento/processadores digital de sinais (DSP)
Dualidade, princípio da, 518
DVDs, *veja* Discos de vídeo digitais

E

Economia de escala, 217
EDA (electronic design automation), 427-428
EEPROM, *veja* PROM eletricamente apagável
Electronic design automation (EDA), 427-428
Elemento de identidade aditivo, 515-516
Elemento de identidade multiplicativo, 515-516
Elementos de identidade, 515-516
Elementos nulos, 68
Eletromagnetismo, 21-22
Eletrônica, 46-48
Endereço (para registrador), 222
Engenharia não recorrente (NRE), 217, 398-399

Engenharia reversa, 142
ENIAC (computador), 49-50
Enqueue, 289-290
Entrada(s):
    assíncrona, 149-152
    ativa em nível alto, 152
    ativa em nível baixo, 152-153
    condições de, 130
    de *clear*, 150-151
    de controle, 46-48, 166-167. *Veja também* Porta(s)
    de dados, 166-167
    de fonte, 46-48, 51-52
    de habilitação (*enable*), 117
    de *reset*, 150-152
    na descrição de lógica combinacional, 468-469
    síncrona, 150-152
Entradas assíncronas de *reset*, 151-152
Entradas assíncronas de *set*, 151-152
EPROM, *veja* PROM apagável
EPROMs programáveis no sistema, 285-286
Equações, 72
Escalonamento de operadores (*operator scheduling*), 369-373
Espresso (ferramenta heurística), 332-333
Esquemático, 463-464
Estações de base (telefones celulares), 297-299
Estado(s);
    de circuitos, 101-102, 111, 127
    equivalência entre, 336
Estado Esperar, 348
Estado Fornecer, 348
Estado inicial (blocos de controle), 151-152
Estado Início, 348
Estado metaestável, 148-149
Estados equivalentes, 336
Estágio de busca, 444-446
Estágio de decodificação, 444-446
Estágio de execução, 444-446
Estágios:
    processadores programáveis, 443-447
    registradores de *pipeline*, 364-365
Estrutura (na descrição lógica combinacional), 465-470
Existência:
    do complemento, 518
    do elemento de identidade aditivo, 517
    do elemento de identidade multiplicativo, 515-516
Expansão (termo), 327
Expoente ajustado (*biased*), 530
Extensões de desempenho (processadores programáveis), 459-460
Extensões de entrada/saída (processadores programáveis), 458
Extensões do conjunto de instruções (processadores programáveis), 446-447, 457-458
Extensor aritmético/lógico (Extensor AL), 219-220

F

Fahrenheit, 191-192
Fanout, 221-222
Fenômenos analógicos, codificação de, 27-28
Fenômenos digitais, codificação de, 27-28
Ferramenta de captura de esquemático (uso em circuitos), 100-101
FFT (transformada rápida de Fourier), 382-383
FIFO (primeiro que entra, primeiro que sai), 289-290
Filas, 288-290
Filas "primeiro que entra, primeiro que sai" (FIFO), 289-290
Filtragem (em processamento digital de sinais), 299-300
Filtro digital, 265-266
Filtros de resposta finita ao impulso (FIR), 299-302
    com habilitação de relógio (*clock gating*), 377-378
    e *pipelining*, 365-366
    exemplo usando, 265-268
    usando escalonamento de operadores, 370-373
Fitas cassete, 21-23
Flip-flops, 112-127, 145-152
    comportamento não ideal em, 147-151
    D, *veja* Flip-flops D
    e latches D, 118-120
    e latches SR, 113-117
    e realimentação no armazenamento de bit, 112-114
    e registradores no armazenamento de bit, 125-128
    entradas de *reset* em, 150-152
    entradas de *set* em, 151-152
    JK, 147-148
    latches *versus*, 123
    sinais de relógio em, 118-119
    SR, 124, 147-148
    T, 147-148
Flip-flops D, 118-125
    de 4 bits, 125. *Veja também* Registrador(es)
    e latch D sensível à nível, 118-120
    sensíveis à borda, 120-123
Flops, 124. *Veja também* Flip-flops
Focagem eletrônica (de som), 228-230
Forma canônica (funções booleanas), 79-81
Forma de onda (de entradas), 100-101
Formadores de feixe, 226-231
    em máquinas de ultra-som, 228-232
    princípio do, 226-229
Formato MP3, 23
FPGAs, *veja* Arranjos de portas programáveis em campo
Frames, *veja* Quadros
Freqüência:
    de relógio, 118-119, 267-272
    ondas sonoras, 226-228
FSM não determinística, 144
FSMs, *veja* Máquinas de estados finitos

FSMs Mealy, 346-351
    com FSMs Moore, 350-351
    exemplo usando, 349-350
    máquinas de estados de alto nível, 372-373
    questões envolvendo o tempo em, 349-350
FSMs Moore, 346-351
    com FSMs Mealy, 350-351
    máquinas de estados de alto nível, 372-373
Função SHR(), 494-495
Função wait(), 476, 480
Função write(), 473
Funções booleanas, 71-83
    circuitos para representar, 72
    conversão de, 74-76
    definição, 71
    e circuitos combinacionais, 81
    equações para representar, 72
    forma canônica, 79-81
    tabelas-verdade para representar, 72-74, 78-79
Funções construtivas, 469-470

G

GAL (lógica genérica com arranjos), 425-426
Gate arrays, *veja* Arranjos, portas
Gerador(es):
    de pulso de 1 kHz (exemplo), 199-200, 203-205
    de seqüência (exemplo), 140-141, 345-346
Gerar (em somadores com propagação de bit de transporte), 356, 358-359-359-360
Gigahertz (GHz), 118-119
Gigante, *display* de vídeo (perfil de produto), 430-435
Glitches (sinais espúrios), 116, 152
Google, 27-28
Gravação de áudio, 21-23
Gravador digital de áudio (exemplo), 281-283

H

Habilitação (decodificadores), 93
Habilitação de relógio (*clock gating*), 376-378
Habilitação, entrada, 117
HDLs, *veja* Linguagens de descrição de hardware
HDTV (TV de alta definição), 110
Hertz (Hz), 118-119
Heurística, 325-326, 331-333
    ferramenta Espresso em, 332-333
    iterativa, 330
Hierarquia (no projeto RTL), 293-296
Hold time, *veja* Tempo de *hold*
Hz (hertz), 118-119

I

IC lógico, 420-421
IC lógico (SSI) *standard*, 419-423

ICs, *veja* Circuitos integrados
ICs da série 4000, 421
ICs da série 7400, 420-423
ICs da subsérie 74F, 421
ICs da subsérie 74HC, 421
ICs da subsérie 74LS, 421
ICs semi-customizados, *veja* Circuitos integrados específicos para aplicação (ASICs)
ICs totalmente customizados, 397-399
I-frames, *veja* Quadros intracodificados
Imageamento por ultra-som, 226-228
Imagens digitalizadas, 24
Impedância, alta, 256-257
Implementação física, 397-436
   comparação de tecnologias para, 427-430
   de *display* gigante de vídeo, 430-435
   e tecnologias de ICs manufaturados, 397-406
   e tecnologias de ICs programáveis, 406-419
   tecnologias alternativas para, 419-428
Implementação(ões):
   como passo do projeto de lógica combinacional, 83-85, 88
   física, *veja* Implementação física
   lógica de dois níveis, 83
Implicante (termo), 327
Implicante primo, 327
Implicante primo essencial, 327-328
Impressoras, 209-212
Incrementador, 198-200
Incremento (contadores), 197-198
Indução:
   finita, 522
   perfeita, 517
Indutância, 205-206
Instanciamento (em projeto RTL), 251-252
Instrução armazenar, 447-450, 452
Instrução carregar, 446-450, 452
Instrução carregar constante, 452-453, 455
Instrução *jump if zero*, 453-455
Instrução somar, 447-450, 452
Instrução subtrair, 453-455
Instruções, 443-447. *Veja também* as instruções específicas
   aritméticas/lógicas, 457
   de controle de fluxo, 458
   de movimentação de dados, 457
Instruções mnemônicas, 448-449
Integração de média escala (MSI), 50-51
Integração em escala muito larga (VLSI), 50-51
Integração em pequena escala, *veja* SSI
Intel, 36-37
Interconexões programáveis, 412-414
Interface de barramento, 255-259
Inverso, 64
Inversores, 58
IR (registrador de instrução), 444-445

Isoladores, 52
Iteração (termo), 331
Iterativo, melhoramento, 330

J

Java (linguagem de programação), 271-272, 274-276
Jogos de tabuleiro computadorizados (exemplo), 171-175

L

Laço indutivo, 205-206
Lâmpadas piscantes (em computadores) 448-449
Lands (em DVDs), 380
Laser(s):
   em cirurgia, 127-129
   no temporizador de laser ativo durante três ciclos (exemplo), 127-129, 131-132, 136-139, 341-345
Laser, medidor de distância baseado em (exemplo), 245-256
   bloco de controle no, 498-509
   bloco operacional no, 251-254, 498-509
   conectando o bloco operacional com o bloco de controle no, 253-254
   máquina de estados de alto nível no, 246-249, 493-498
   obtendo a FSM do bloco de controle da FSM no, 254-256
Latch D, 118-122
   mestre, 121-122
   servo, 121-122
Latches, 113-117, 118-120, 123
   D sensível ao nível, 118-120
   flip-flops *versus*, 123
   SR básico, 113-115
   SR sensível ao nível, 115-117
Latência (em registradores de *pipelining*), 365-366
LCoS (Cristal líquido em silício), *chip*, 110
LED, *veja* Diodo emissor de luz
Lei da absorção, 520
Lei da idempotência, 69, 519-520
Lei da involução, 69, 520
Lei de DeMorgan, 69, 521,522
Lei de Haitz, 431
Lei de Moore, 50-52, 430
Lei de Ohm, 46-48
   gerador de pulsos de 1 Hz (exemplo), 199-200, 203-205
Leiaute (de transistores no *chip*), 398-399
Leitura (dados), 167
Linguagens de descrição de hardware (HDLs), 464-466
Linguagens de hardware:
   na descrição de componentes do bloco operacional, 485-493
   na descrição de lógica combinacional, 465-477

na descrição de lógica seqüencial, 476-484
no projeto em nível de transferência entre registradores (RTL), 493-509
Linguagens de programação, 271-276
Listas de sensitividade, 478-480
Literais, 66, 314-316
Lógica:
de próximo estado, 347
de saída, 347
Lógica de múltiplos níveis, 378
Lógica genérica com arranjos (GAL), 425-426
Lógica negativa, 152-153
Lógica programável com arranjo (PAL), 425-426
Lookup, tabelas, *veja* Tabelas *lookup*
Luz de alerta para cinto de segurança (exemplo):
com extensão, em um FPGA, 413-414
implementação, com uma tabela *lookup*, 408
usando *gate array* baseado em NOR, 405-406
usando ICs *standard* 7400, 421-423
usando PLD simples, 424
Luzes seqüenciais (exemplo), 201

M

MAGRAN (RAM magnética), 288-289
Mantissa, 530
Mapas K:
de quatro variáveis, 320-321
de três variáveis, 316-317
e otimização de tamanho de uma lógica de dois níveis, 316-324
Mapeamento de operadores (*operator binding*), 368-369
Mapeamento de tecnologia, 405
Máquina de fornecer refrigerante (exemplo), 244-247, 535-543
compreendendo o comportamento dos blocos de controle e operacional, 538-543
projeto do bloco de controle, 536-538
Máquina(s) de estados de alto nível, 246-249
e Moore *versus* Mealy, 372-373
no medidor de distância baseado em laser (exemplo), 493-498
Máquinas algorítmicas de estado (ASMs), 248-249
Máquinas de escrever, 87
Máquinas de estados finitos (FSMs), 129-135, 144-146
arquitetura do bloco de controle para, 135
com dados (FSMD), 245
comportamento nas, 134-135
conversão de circuito para, 142-143
definição, 130
exemplos de projeto usando, 131-135, 145-146
não determinística, 144
notação simplificada para, 131-132, 145-146
obtenção das, para blocos de controle, 254-256
tipo Mealy, 346-351
tipo Moore, 346-351

Máquinas de ultra-som, 226-234
circuitos digitais em, 230-232
conversor de varredura em, 230-231
desafios futuros com as, 233-234
formador de feixe em, 226-231
monitor em, 230-231
processador de sinal em, 230-231
transdutor em, 226-228
Marca-passos, 152-156
Mark II (computador), 49-50
Mars Climate Orbiter (nave espacial), 191-192
Matrizes de chaveamento, 412-414, 416-418. *Veja também* Interconexões programáveis
Maxtermo, 80
Média de temperatura, sistema para determinar (exemplo), 191-192
Megahertz (MHz), 118-119, 226-228
Meio-somadores, 183-185
em esquemas de antecipação do bit de transporte (*carry-lookahead*), 355-357
implementação do circuito de soma usando portas NAND (exemplo), 403
implementação do circuito de soma usando portas NOR (exemplo), 404-405
implementação em um *gate array* (exemplo), 400-401
implementação usando células padrão (exemplo), 401-403 (exemplo), 401-403
Melhoramento iterativo, 330
Memória, 127. *Veja também* Circuitos seqüenciais
apenas de leitura, *veja* Memória apenas de leitura (ROM)
de configuração, 416
de dados, 440-441
de instruções, 443-444
flash, 286-287
MxN, 274-276
não volátil, 282-283
no projeto RTL, 274-289
volátil, 282-283
Memória apenas de leitura (ROM):
em projeto RTL, 282-289
exemplos usando, 286-289
tipos de, 284-287
Memória de acesso aleatório (RAM):
armazenamento de bit em, 277-279
dinâmica (DRAM), 279-281
em projeto RTL, 276-283, 288-289
estática, 278-280
exemplo usando, 281-283
função read(), 473
Memória de acesso aleatório dinâmica (DRAM), 279-281, 288-289
Memória de acesso aleatório estática (SRAM), 278-280, 288-289
Memória de programa, *veja* Memória de instruções
Metaestabilidade, 147-151
Método da divisão por dois, 30-32, 525-526

Método da divisão por *n*, 31-33
Método da subtração, 29-31, 525-526
Método Quine-McCluskey, 328-330
Método tabular, 328-330
Métodos algébricos, na otimização do tamanho de uma
  lógica de dois níveis, 314-316
Meucci, Antonio, 24
MHz (megahertz), 118-119, 226-228
Microfones, 21-22, 226-228
Microprocessadores, 36-37, 440
  circuitos digitais em, 20-22
  definição, 34-35
  FPGAs *versus*, 419
  software em, 34-37
Minimização de estados, 335-341
Mintermo, 79, 325-326
Modulação por largura de pulso (PWM), 433-434
Módulo:
  em LEDs, 432-435
  na descrição de lógica combinacional, 468-469
  SC, 468-470
Monitor(es):
  em máquinas de ultra-som, 230-231
  RGB, 209-210
Monitores de computador, 209-210
Moore, Gordon, 50-51
MOS (termo), 53
Mostrador para exibir a história de temperaturas
  (exemplo), 125-127, 170-171
Motorola, 36-37
MPEG-1, 381
MSI (Integração de escala média), 50-51
MTBF (tempo médio entre falhas), 150-151
Multiplexadores (muxes), 95-99
  $M \times 1$ de N bits, 97-99
  projeto interno de, 95-96
Multiplicadores:
  em formadores de feixe, 232
  em números binários, 205-208
  seqüenciais, 361-364
Multiplicadores $N \times M$, 205-207
Muxes, *veja* Multiplexadores

N

N bits, comparadores de igualdade de, 193-195
N bits, comparadores de magnitude de, 194-197
N bits, contadores de, 197-198
N bits, deslocadores *barrel* de, 192-193
N bits, deslocadores de, 190-191
N bits, registradores de, 167
N bits, somadores de, 181-183
N bits, subtratores de, 207-209
N bits, unidades de aritmética e lógica de, 218
Nanossegundo (ns), 116
Nanowatts, 378
Negativa, flip-flops sensíveis à borda, 123

Notação(ões):
  em álgebra booleana, 64-65
  simplificação de circuitos, 85-86
  simplificação para FSMs, 131-132, 145-146
NRE, *veja* Engenharia não recorrente
ns (nanossegundo), 116
Núcleo (*core*), 429
Números:
  binários, 27-34, 525-526
  codificação de, 27-30
  hexadecimais, 32-34
  octais, 33-34
  representação de números negativos, 210-215
  subtratores para números positivos, 207-209
Números de ponto flutuante, 530
Números normalizados, 530
Números reais, 525-527
NVRAM (RAM não volátil), 288-289

O

Off-set, 325-326
Ondas co-seno, 382-384
Ondas sonoras, 226-230
On-set, 325-326
Opcode, 447-448
Operação(ões):
  bit a bit, 218
  expansão, 331
  irredundância, 332-333
  redução, 332-333
Operações de armazenamento, 440-442
Operações de bloco operacional, 440-442
Operações de carga, 440-442
Operações de transformação, 440-442
Operador(es):
  AND, 54-56
  em álgebra booleana, 54-55, 64-65
  NOT, 54-56
  OR, 54-56
Operandos, 447-448
Operator binding, *veja* Mapeamento de operadores
Operator scheduling, *veja* Escalonamento de operadores
Oscilação, 115-116
Osciladores:
  a quartzo, 118-119
  definição, 118-119
  na descrição de lógica seqüencial, 478-481
Otimização de lógica combinacional, 314-335
  otimização de lógica de múltiplos níveis, 332-335
  otimização do tamanho de uma lógica de dois níveis,
    314-333
Otimização de lógica seqüencial, 335-351
  codificação de estados como, 341-346
  e FSMs Moore *versus* Mealy, 346-351
  redução de estado como, 335-341
Otimização do consumo de energia, 374-378

Otimização(ões), 312-315. *Veja também Tradeoff(s)*
   consumo de energia, 374-378
   critérios para, 312-313
   definição, 312-313
   e seleção de algoritmos, 374
   em níveis de projeto elevado *versus* baixo, 373
   em projeto RTL, 363-373
   lógica combinacional, 314-335
   lógica de múltiplos níveis, 332-335
   lógica seqüencial, 335-351
   tamanho de uma lógica de dois níveis, 314-333
OTP, ROM, *veja* ROM programável uma vez
Overclocking (em PCs), 270-271

P

PAL (lógica programável com arranjo), 425-426
Partição, 39
Passada, primeira (redução de estados), 338, 340
Passada, segunda (redução de estados), 339-340
PC (contador de programa), 444-445
PCI, *veja Peripheral component interface*
Perfis de produtos:
   display de vídeo gigante, 430-435
   máquinas de ultra-som, 226-234
   marca-passos, 152-234
   telefones celulares, 297-302
   tocadores e gravadores de vídeo digitais, 379-388
Perfis de projetistas, 45, 110, 241, 311, 395-396, 462
Periféricos, 255-256
Período (sinal de relógio), 118-119
Peripheral component interface (PCI), 257-259
Pesquisa(s):
   binária, 374-375
   linear, 374
P-frames, *veja* Quadros previstos
Pipelining, 363-366
Pixels, 209-210, 379
Planta de fabricação (fab), 398-399
PLAs (arranjos lógicos programáveis), 425-426
Plataforma Excalibur (Altera), 427-428
Plataforma Nexperia (Philips), 427-428
Plataforma Virtex II Pro (Xilinx), 427-428
PLD, *veja* Dispositivo lógico programável
Ponto binário, *veja* Vírgula binária
Ponto decimal, *veja* Vírgula decimal
Pop (em filas), 289-290
Porta(s), 51-52, 57-60, 89-92
   AND, 59-60, 422, 426
   atrasos com, 101
   construindo circuitos usando, 60-63
   de baixa potência em caminhos críticos, 378
   de escrita, 222
   de leitura, 222
   e comportamento combinacional, 470-473
   e FPGAs, 418-419
   na descrição de lógica combinacional, 465-466
   NAND, 89-91, 402-404
   NOR 89-91, 404-406
   NOT, 58
   número de portas possíveis, 92
   OR, 58-59
   universal, 91, 402-403
   XNOR, 90-91
   XOR, 90-91
Portas lógicas booleanas, *veja* Porta(s)
Portas lógicas, *veja* Porta(s)
Posicionamento (em componentes de *chips*), 405
Potência consumida:
   dinâmica, 376-377
   em sistemas digitais, 312-313
Pré-carga (armazenamento de bit em RAM), 278-279
Preset (*set* assíncrono), 151-152
Primeiro que entra, primeiro que sai (FIFO), 289-290
Primo (termo), 64
Procedimento always, 470-472
Processador(es):
   de propósito único, 439
   definição, 242-243
   palavra de instrução muito larga (VLIW), 459-460
   RS-6000 SP, 172-174
   sinal digital, 230-231
   superescalar, 459-460
Processadores programáveis, 439-460
   bloco operacional para, 440-442
   de seis instruções, 452-457
   de três instruções, 446-452
   extensões do desempenho de, 459-460
   extensões dos conjuntos de instruções de, 457-458
   Power Pc, 440
   unidade de controle para, 441-447
Processamento/processadores digitais de sinais (DSP), 230-231, 301-302
Processo de bancada de teste SC_THREAD, 476, 480-481
Processo de projeto:
   de blocos de controle, 136-137, 142
   para registradores, 179-180
Processo logicacomb, 473, 481-484
Processos sensíveis, 470-471, 473
Produto, 64
Produto de maxtermos, forma, 80
Programa, 439, 443-444
Programação de memórias apenas de leitura, 282-283
Programadores (de ROM), 285
Programas *assembler*, 448-449
Projeto com predomínio de controle, 264-265
Projeto com predomínio de dados, 264-268
   definição, 264-265
   exemplo usando, 265-268
Projeto de lógica combinacional, 83-88
   e notações de circuito, 85-88
   passos no, 83-85,88

Projeto em nível comportamental, 271-276
Projeto em nível de transferência entre registradores (RTL), 242-304
  abstração no, 294
  alocação de componentes no, 366-369
  armadilhas no, 262-263
  bloco operacional, criação do, 251-254
  com predomínio de dados, 264-266
  componentes de memória no, 274-289
  concorrência no, 366-368
  conexão do bloco operacional com o bloco de controle, 253-254
  e saídas de dados com registrador, 262-265
  escalonamento de operadores no, 369-373
  escopo do, 242-244
  exemplos de, 255-256-261-262, 265-268, 286-289, 297-302
  freqüência do relógio, determinação da, 267-272
  FSM do bloco de controle, obtenção da, 254-256
  hierarquia no, 293-296
  lidando com a complexidade no, 293
  mapeamento de componentes em, 368-369
  máquina de estados de alto nível, criação da, 246-249
  método de, 243-256
  nível comportamental, 271-276
  otimizações e *tradeoffs* no, 363-373
  pipelining no, 363-373
  RAMs no, 276-283, 288-289
  ROMs no projeto, 282-289
  saída reg, 470-471, 475, 477-478
  uso de fila, 288-292
  uso de linguagens de hardware no, 493-509
  uso de linguagens de programação no, 271-276
Projeto físico, 405
Projeto lógico combinacional, 83-88, 184-186
PROM apagável (EPROM), 285-286
PROM eletricamente apagável (EEPROM), 285-289
PROM, *veja* ROM programável
Propagação, 120
Propagar (em somadores com antecipação do bit de transporte), 356, 358-360
Propósito gerais, processadores, 439. *Veja também* Processadores programáveis
Propriedade associativa, 66, 520
Propriedade comutativa, 66, 517
Propriedade da identidade, 66
Propriedade distributiva, 66, 517
Propriedade do complemento, 67
Protocolo de barramento, 256-257
Push (em filas), 289-290
  PWM (modulação por largura de pulso), 433-434

Q

Quadros, 258-259, 379, 381-383, 387
Quadros intracodificados (*I-frames*), 381-383, 387
Quadros previstos (*P-frames*), 381-383, 387

Quadros previstos bidirecionais (*B-frames*), 381-383, 387
Quantização (em compressão de vídeo), 383-385, 387
Quartzo, 118-119
Questões de tempo em FSMs Mealy, 349-350
Quilohertz, 226-228

R

RAM magnética (MAGRAN), 288-289
RAM não volátil (NVRAM), 288-289
Realimentação, 112-114
Redução de estados:
  algoritmo para, 336-337
  exemplo para, usando tabela de implicação, 339-340
  na otimização de lógica seqüencial, 335-341
  passos na, 338-339
  tabelas de implicação, 336-338
Registrador de instrução (IR), 444-445
Registrador(es), 125-127, 167-182
  atualização de, 262-263
  circular, 175-177
  de carga paralela e deslocamento, 176-180
  de carga paralela, 167-169, 176-179
  de múltiplas funções, 176-180
  de N bits, 167
  deslocador, 173-176
  em armazenamento de múltiplos bits, 125-127
  exemplos usando, 167-177, 180-182
  local (Dctr), 247-249
  na descrição de lógica seqüencial, 476-479
  pipeline, 364-365
  processo de projeto de, 179-180
Relés, 48
Relógio de pulso, bipe de (exemplo):
  usando uma máquina combinada Moore/Mealy, 351
  usando uma máquina Mealy, 349-350
Relógio, habilitação de (*clock gating*), 376-378
Representação de ponto flutuante, 528-533
Representação padrão, 78
Representações binárias, 20-21
Resetting, 114
Resistência, 46-48
Respin (na fabricação de ICs), 398-399
RGB, espaço de cores, 209-212
Rolling over, 197-198
ROM de máscara programável, 284
ROM programável, 285
ROM programável uma vez (OTP), 285, 423-424
ROMs, *veja* Memórias apenas de leitura
Roteador de rede, 108
Roteamento (em *chips*), 405

S

SAD, *veja* Soma de diferenças absolutas
Saída(s), 46-48
  leitura de, 262-263

na descrição de lógica combinacional, 468-469
reg, 470-472, 477-478
Saída de dados em registradores, 262-265
Saída wire, 468-471
SC_METHOD, 471-473, 476
SC_module, 468-470
Scan chain, 417-418
Secretária eletrônica digital (exemplo), 287-289
Seis instruções, processadores programáveis de, 452-457
    bloco operacional em, 453-455
    conjunto de instruções em, 452-453
    unidade de controle em, 453-455
Seletores, 95. *Veja também* Multiplexadores (muxes)
Semicondutores, 52
Sensíveis à borda de descida, flip-flops, 123
Sensiveis à borda, flip-flops D, 120-123
    definição, 121-122
    projeto mestre/servo, 121-122
Sensível ao nível, latch D, 118-120
Sensível ao nível, latch SR, 115-117
Sensor(es), 27-28
    botão, 27-28
    de movimento, 27-28
    luminoso, 26
    semáforo, 205-206
Seqüência, gerador, *veja* Gerador
Serialização (em computações), 370
Set síncrono, 180-181
Setting (em latches), 115
Setup time, *veja* Tempo de *setup*
Shannon, Claude, 56
Shockley, William, 49-50
Significando, 530
Silício (elemento), 53
Silicon Valley (Califórnia), 53
Símbolo para diagrama de blocos, 167-169
Simulação (em circuitos), 100-101
Simulador, 100-101
Sinal(is), 466-467
    digital, 20-23
    estado atual, 480-484
    estado, 494
    próximo estado, 480-484
Sinais analógicos, 20-21
Sinais espúrios, *veja* Glitches
Sinal de relógio, 118-122
Sinal e magnitude, 210-212
Sinal wire, 475
Sincronizador de aperto de botão (exemplo), 139-141
Sistema básico de entrada e saída (BIOS), 449-450
Sistema em um *chip* (SOC), 426-428
Sistema Opticom, 205-206
Sistemas:
    detector, 33-37
    digitais, 20-21, 33-35
    embarcados, 20-21

Sistemas de numeração binária, 525-533
    aritmética de ponto fixo em, 528-529
    representação de números reais em, 525-527
    representação em ponto flutuante, 528-533
Sistemas/aplicações de detector, 33-37
Skew de relógio, 377
SOC, *veja* Sistema em um *chip*
SOCs como plataformas, 426-428
Software, 34-35
Solução ótima, 325-326
Som, 226-230
Som aditivo, 228-229
Soma, 64
Soma de diferenças absolutas (SAD):
    com concorrência (exemplo), 366-368
    exemplo de projeto, 258-262
    exemplos usando código em C, 271-276
Soma de mintermos, forma, 79-81
Soma de produtos, 66
Somador(es), 181-190, 214-215
    com lógica de dois níveis, 352-353
    completo, 184-186
    construção de um subtrator usando, 214-217
    criando somadores mais rápidos, 351-362
    de 4 bits com propagação de bit de transporte, 185-188
    de N bits, 181-183
    exemplos de projeto usando, 186-190
    meio, 183-185
Somadores com antecipação de transporte de múltiplos níveis, 360-361
Somadores com antecipação do bit de transporte (*carry-lookahead*), 352-361
    exemplo eficiente, 354-357
    exemplo ineficiente, 353-354
    hierárquicos, 356-361
    meio-somadores em, 355-357
Somadores com propagação do bit de transporte (*carry-ripple*), 182-190
    de 8 bits, 189-190
    de 4 bits, 185-189
    e somadores hierárquicos com antecipação do bit de transporte, 356-359
    meio-somadores, 183-185
    na descrição de componentes de bloco operacional, 486-489
    somadores completos, 184-186
Somadores com seleção do bit de transporte (*carry-select*), 360-362
Spin (na fabricação de ICs), 398-399
SPLD, *veja* Dispositivo lógico programável simples
SRAM, *veja* Memória de acesso aleatório estática
SSI (integração em pequena escala), 50-51, 419-421
Standard cells, *veja* Células padrão (ASIC)
Subsetting (em linguagens de programação), 274-276
Subtração (usando adição), 212-214

Subtrator(es), 207-217
  de números positivos, 207-212
  detecção de estouro em, 215-217
  exemplos usando, 208-212, 215-216
  usando somador para construir um, 214-217
SystemC, 468-473, 476-484, 486-489, 492-493, 496-498, 506-509

T

Tabela(s)-verdade, 58
  como representação padrão de funções booleanas, 78-79
  definição, 72
  e funções booleanas, 72-74
Tabelas de implicação, 336-341
Tabelas *lookup*, 407-412
  exemplos usando, 409-412
  partição de um circuito entre, 408-412
Tabuleiro de damas computadorizado (exemplo), 171-175
Tamanho (em sistemas digitais), 312-313
Tap (como termo matemático) de filtro digital, 299-300
Teclados de computador, 87
Tecnologia de circuito integrado (IC) programável, *veja* Arranjos de portas programáveis em campo
Tecnologia(s) de circuito integrado (IC), 397-430
  conversão de FPGA para ASIC como, 426-427
  CPLDs como, 425-427
  e a lei de Moore, 430
  e tipos de processadores, 428-429
  fabricação, 397-406
  FPGAs como, 406-419
  ICs SSI *standard* (*off the shelf*) como, 419-423
  popularidade relativa dos, 427-428
  programáveis, 406
  SOCs como, 426-428
  SPLDs como, 422-426
  tradeoffs entre, 427-429
Telefone Bell, 24
Telefones, 24
Telefones celulares, 23, 297-302
  componentes de, 299-302
  qualidade da voz em, 267-269
Tempo de acesso (RAM), 280-281
Tempo de *hold* (em entradas de flip-flops), 147-149
Tempo de leitura, 280-281
Tempo de *setup* (em entradas de flip-flops), 147-149
Tempo médio entre falhas (MTBF), 150-151
Temporizador, como um tipo de contador, 204-206
Temporizador para laser de três ciclos em nível alto (exemplo):
  bloco de controle para, 136-139
  codificação binária alternativa para, 341-343
  FSM para, 131-132
  imagens 3D (ultra-som), 233-234
  primeiro projeto pobremente feito, 127-129
  usando codificação de um bit por estado, 344-345

Tensão, 46-48
Teorema da unificação, 315
Termiônicas, válvulas, 48-50
Termos:
  combinação de termos para eliminar uma variável, 315
  de produto, 66
Throughput (em registradores de *pipeline*), 365-366
Tipo estado, 480-484
Tocadores/gravadores de vídeo digitais, 379-388
  codificação MPEG-2 e, 381-384, 387-388
  compressão em, 381-387
  e codificação Huffman, 384-387
  e DVDs, 379-381
  transformada co-seno discreta em, 382-385, 387
Tradeoff(s). *Veja também* Otimização(ões)
  componente de bloco operacional, 351-364
  definição, 312-313
  e seleção de algoritmo, 374
  em níveis de projeto elevado *versus* baixo, 373
  em projeto RTL, 363-373
  entre computação serial e concorrente, 372-373
  entre tecnologias de ICs, 427-429
Transdutores, 27-28, 226-228
Transformada co-seno discreta (DCT), 382-385, 387
Transformada rápida de Fourier (FFT), 382-383
Transições, 130
Transistores:
  CMOS, 51-53, 57-58, 374-377
  discretos, 49-50
  nMOS, 51-52, 58-60, 89
  pMOS, 53, 58-60, 89
Transistores de estado sólido, 49-50
Três instruções, processadores programáveis de, 446-452
  bloco operacional em, 449-452
  primeiro conjunto de instruções em, 446-450
  unidade de controle em, 450-452
TV de alta definição (HDTV), 110

U

Ultra-som (termo), 226-228
Unidade de controle, 441-447
  em processadores programáveis de seis instruções, 453-455
  em processadores programáveis de três instruções, 449-450-452
Unidade de multiplicar e acumular (MAC), 371-372
Unidade de ponto flutuante, 533
Unidade MAC (multiplicar e acumular), 371-372
Unidades de aritmética e lógica (ALUs), 218-220
  calculadora de múltiplas funções usando, 220
  operação, 440-442
USB (Universal serial bus), 177-178
Uso de *clear* síncrono, 201
Uso de fila, 288-292

V

Valores espúrios, 186-188
Válvulas termiônicas, 48-50
Variável(eis), 65, 515-516
   combinação de termos para eliminar uma, 315
   genérica, 522
Ventilador (pulmonar) LTV 1160, 18-19
Verilog (linguagem de descrição de hardware),
   271-272, 274-276, 467-472, 475, 477-478, 480-483,
   485, 487-488, 491-492, 494-497, 501-505
VHDL (linguagem de descrição de hardware),
   271-272, 274-276, 465-467, 470-471, 474, 476-482,
   485-495, 498-502

Vídeo digital, 261-262
Vídeo digitalizado, 24, 261-262
Vírgula binária, 526
Vírgula decimal, 526
VLIW, *veja* Processador(es)
VLSI (integração em escala muito alta), 50-51

W

Watt (unidade), 374-375
Western Union, 24
Word (item de dados), 274-276
Wrapping around (contadores), 197-198